华北显晶质石墨矿床

刘敬党　肖荣阁　张艳飞　梁　帅　赵　青
白凤军　张永兴　王继春　杨培奇　刘　剑　等　著

科学出版社
北　京

内 容 简 介

石墨矿床及石墨矿物是现代矿床及矿物材料研究的热点。本书从地球动力学和生态演化、石墨岩系形成地质背景分析入手，根据含矿建造、沉积相、变质作用、同位素年代学、岩石地球化学、石墨矿物学、矿化特征、石墨碳同位素组成等测试资料的系统研究，总结了石墨矿床的成因类型。根据石墨矿物晶体结构、矿石类型、含矿建造类型，划分石墨矿床为深变质矿床、浅变质矿床和煤变质矿床三种主要成因类型。总结石墨的成矿模式：原生碳沉积富集→高温热变质无定形碳转变为石墨核晶→碳硅有机热液氧化还原交代石墨核晶生长形成鳞片状粗晶石墨，定义为石墨矿床三阶段成矿模式：简称为“碳质沉积富集—有机碳热结晶—碳硅有机热液交代成矿模式”。分不同石墨矿带论述了华北古陆显晶质石墨矿床成矿背景、矿床矿石类型及矿化特征。

本书是一部全面系统研究石墨矿床成因、成矿作用及矿石矿物类型的学术专著，对矿产地质勘查、科研、教学具有重要参考价值。

图书在版编目(CIP)数据

华北显晶质石墨矿床/刘敬党等著. —北京：科学出版社，2017.4

ISBN 978-7-03-052136-1

Ⅰ. ①华… Ⅱ. ①刘… Ⅲ. ①石墨矿床–研究–华北地区 Ⅳ. ①P619.25

中国版本图书馆 CIP 数据核字(2017)第 052552 号

责任编辑：王 运 李 静/责任校对：贾伟娟 彭珍珍

责任印制：肖 兴/封面设计：铭轩堂

科学出版社 出版

北京东黄城根北街 16 号

邮政编码：100717

http://www.sciencep.com

中国科学院印刷厂 印刷

科学出版社发行 各地新华书店经销

*

2017 年 4 月第 一 版 开本：889×1194 1/16

2017 年 4 月第一次印刷 印张：46 1/4

字数：1 400 000

定价：478.00 元

(如有印装质量问题，我社负责调换)

序

石墨是碳素材料的基础原料矿产，由于其特殊的物理化学性质，在现代工业具有广泛的用途，是不可替代的矿物材料矿产。近年来石墨烯的发现与开发，增加了石墨的新用途，使得石墨矿床勘探及研究成为热点。

中国石墨矿产资源丰富，矿床类型齐全，晶质石墨资源储量居世界前列，对系统研究石墨矿床成因，总结石墨矿床成矿理论具有天然的有利条件。该书从地球动力学和生态演化、石墨岩系形成地质背景分析入手，通过含矿建造、沉积相、变质作用、同位素年代学、岩石地球化学、石墨矿物学、矿化特征、石墨碳同位素组成等测试资料的系统研究，总结了石墨矿床的成因类型。对华北古陆鳞片状晶质石墨矿床进行重点研究论述，按不同石墨矿带分析其成矿背景、矿床矿石类型及矿化特征。

该书概述了如下主要研究成果：

(1)根据石墨矿物晶体结构、矿石类型、含矿建造类型，将石墨矿床划分为深变质矿床、浅变质矿床和煤变质矿床三种主要成因类型。深变质矿床以粗晶鳞片状石墨为主，浅变质以微晶石墨为主，煤变质则属于隐晶质土状石墨。

深变质石墨矿床是我国主要石墨矿床类型，其矿石矿物都是粗晶鳞片状晶质石墨，主要产于早前寒武纪孔兹岩系深变质杂岩中，含矿岩石是片麻岩、蚀变大理岩、变粒岩、麻粒岩、斜长角闪岩及混合岩；浅变质石墨矿床，以晚前寒武纪浅变质岩型石墨矿床为主，分布较广，主要形成于黑色岩系的动力变质带，或热动力变质带；煤变质石墨矿床，是品位高储量大的土状石墨，我国煤变质石墨分布广泛，资源储量较大。受接触变质的煤层一般为高级无烟煤—亮煤深变质煤，在石墨与无烟煤之间有石墨与煤的过渡带，从接触带向外渐次为：石墨—半石墨—无烟煤。

(2)根据锆石 U-Pb 同位素系统测试，获得华北古陆各石墨矿带深变质型石墨岩系沉积年龄比较一致，基本是古元古代晚期 2.0Ga 前后的年龄，随后发生了吕梁运动，导致广泛强烈的区域变质作用，形成含石墨深变质岩系。

(3)系统的岩石地球化学研究揭示了深变质晶质石墨矿床沉积建造属于滨海—浅海相裂谷、陆棚环境沉积孔兹岩系和黑色岩系，包括了各种与黑色页岩共生的细碎屑岩和化学沉积岩，其物源系海源陆源物质不同含量的混合物，因此其岩石化学组成有较大的差异，海源物质以化学沉积为主，陆源物质以碎屑沉积为主，化学沉积物胶结碎屑物质一般为海陆混合物源。

(4)矿床变质相及矿化蚀变研究显示，石墨矿床的矿化蚀变是与区域变质作用同时发生的，因此矿化蚀变强弱与变质程度有关。

深变质型石墨矿床孔兹岩系的变质程度一般为高角闪岩相到麻粒岩相，以含蓝晶石的麻粒岩相矿物组合为标志。具有混合岩化作用和蛇纹石化、透辉石化、透闪石化、阳起石化、金云母化等蚀变，热液交代现象比较明显。浅变质岩型石墨矿床黑色岩系是低压片岩相，以含红柱石、夕线石片岩为特征，不发育混合岩化作用，热液交代作用也较弱。

(5)石墨碳同位素组成，显示石墨碳同位素的组成介于无机碳酸盐碳同位素（$\delta^{13}C_{PDB}$=0±‰）和有机碳同位素（$\delta^{13}C_{PDB}$=−30‰～−35‰）组成之间，深变质型石墨矿碳同位素偏离有机同位素，浅变质型石墨矿碳同位素接近有机碳同位素一端。

(6)综合石墨矿床矿化特征及地球化学特征，系统总结了石墨的成矿模式：原生碳沉积富集→高温热变质无定形碳转变为石墨核晶→碳硅有机热液氧化还原交代石墨核晶生长形成鳞片状粗晶石墨，因而定义为石墨矿床三阶段成矿模式：简称为“碳质沉积富集—有机碳热结晶—碳硅有机热液交代成矿模式”。

以石墨与黑色页岩有机碳同位素和大理岩无机碳同位素比较，估算深变质鳞片状石墨碳来源一般是 70%的有机来源和 30%的无机来源混合作用的结果，这个结果与封闭环境高碳氢化合物与无机二氧化碳的氧化还原公式比较吻合。在开放环境中由于空气中游离氧的氧化作用，石墨碳同位素将保持以有机碳为主，$\delta^{13}C_{PDB}$基本没有明显变化。以此可以判别，石墨$\delta^{13}C_{PDB}$值较小的矿床是开放环境成矿，$\delta^{13}C_{PDB}$值较大的矿床是封闭环境成矿。但是很多石墨矿床是在半开放半封闭环境成矿，既有有机碳和无机碳的氧化还原反应，又有有机碳的氧化作用。

该书从地球动力学演化及生命起源、生态演化开始，逐步深入研究石墨矿床的沉积环境、沉积建造、变质作用、岩石矿床地球化学及主要的成矿作用，全面系统地总结了成矿模式及石墨矿床类型。刘敬党教授在指导石墨矿床勘探过程中，结合石墨资源及石墨矿物作为新型材料的发展前景，率先提出对石墨矿床成矿作用和矿床类型进行深入系统研究的总体思路，以填补国内外在石墨矿床系统研究方面的空白。肖荣阁教授结合矿床学及成矿理论研究的经验，指导承担了主要的研究内容。

该书是一部全面系统研究石墨矿床成因、成矿作用及矿石矿物类型的学术专著，其出版填补了历史上石墨矿床理论研究的空白，对地质勘查、科研、教学都具有重要参考意义。

赵鹏大

2016 年 12 月 23 日

前言

石墨(Graphite)是重要的非金属材料矿产，具有金属材料的导电、导热性能、可塑性的特性，并具有耐高温的热性、化学稳定性及良好的润滑性，同时能涂敷在固体材料表面等具有良好的工艺性能。因此，石墨在冶金、机械、电气、化工、纺织、轻工、建筑及国防等许多工业部门都得到广泛的应用，近年来石墨烯的发现和研究，增加了石墨的新用途，使得石墨矿床研究成为矿床研究的热点。

中国石墨矿产资源丰富，总资源储量位世界前列，尤其是晶质石墨资源储量居世界领先地位。我国石墨矿产地分布广泛而又相对集中，绝大多数地区都已发现石墨矿床，但是优质晶质石墨主要集中在华北古陆的佳木斯地块、胶北地块、大青山—乌拉山与太行山交汇带、东秦岭地区，以及华南武夷山、西北昆仑山等早前寒武纪变质岩分布区。近几年石墨矿床找矿勘探不断有新成果，2015 年内蒙古阿拉善盟探明巨大型高品位优质石墨矿床；2015 年四川南江县探明超大型高品位优质石墨矿床。

本书从地球动力学和生态演化、石墨岩系形成地质背景分析入手，逐渐深入到对华北古陆鳞片状晶质石墨矿床进行重点研究论述，分不同石墨矿带分析其成矿背景、矿床矿石类型及矿化特征。本书是一部全面系统研究石墨矿床成因、成矿作用及矿石矿物类型的学术专著，本书的出版填补了历史上石墨矿床理论研究的空白。

一、工作方法

本书系统收集分析了前人的研究成果和地质资料，对地球动力学演化、区域地质、含矿建造进行综合分析总结，系统调查采集了华北主要石墨成矿带典型石墨矿床岩矿石样品，进行了岩矿石显微鉴定、岩石化学测试、碳同位素及锆石 U-Pb 同位素测试，综合总结了石墨矿床矿化特征。

岩矿石光薄片制样在中国地质大学(北京)中心实验室制样室完成；光薄片鉴定在中国地质大学(北京)矿石矿相实验室和辽宁省化工地质勘查院鉴定室利用徕卡偏反显微镜完成；岩石化学、微量元素及稀土元素分析由国土资源部地质科学院廊坊地球物理地球化学勘查研究所实验室完成；单矿物石墨、锆石分选由河北省地勘局区调队实验室完成；石墨碳同位素、岩石 Rb-Sr 同位素及 Sm-Nd 同位素测试由核工业北京地质研究院地质分析测试研究中心完成；锆石 U-Pb 测年在中国地质科学院中心实验室利用激光多接收等离子体质谱仪(LA-MC-ICP-MS)完成。

本书根据含矿建造、沉积相、变质作用、同位素年代学、岩石地球化学、石墨矿物学、矿化特征、石墨碳同位素等测试资料的系统研究，总结了石墨矿床的成因类型。

本书的研究得益于现代办公条件和信息技术的进步，充分利用了国家数字图书馆，检索查阅了与研究内容有关的全部电子文献资料，并重点收集专题研究文献；通过数字分析软件计算绘制了岩石地球化学图表，并迅速总结出地球化学特征和演化规律；同时现代测试技术的进步和测试精度的提高，也是获得高精度地球化学数据，准确总结地球化学演化规律的必要基础；现代多功能偏反显微镜可以直观鉴定矿石矿物与脉石矿物的共生组合关系，清晰分辨矿化特征。

本书的撰写和图件清绘工作全部在计算机上完成，能在短时间内快速、系统完成这样一部学术巨著，因此本书不只是石墨矿床研究的成果，也是现代科学技术的综合成果。

二、主要研究成果

以往的矿产地质研究中，石墨矿床是研究比较薄弱的矿床，本次从地球动力学演化、构造背景、岩石建造、成矿地球化学、成矿模式各个方面进行全面研究总结，获得如下 11 点系统认识。

1. 石墨矿物学

石墨是单元素矿物，晶体构造为典型的层状构造，晶体形态呈六方片状，集合体常呈鳞片状、土状、块状。石墨呈现铁黑色或钢灰色，条痕为黑色；沿底面{0001}解理完全，易剥成薄片，一般为鳞片构造。石墨具很低的表面能(约 $119\times10^{-7}J/cm^2$)，平行解理面的硬度只有 1~2，垂直解理面的硬度达 5.5，易污手，手摸具滑感；呈现光学非均质性，半金属光泽，不透明；密度低，几个典型矿床测试的石墨比重只有 $2.25\sim2.37g/cm^3$。

石墨具可曲性或挠性但无弹性；耐高温、熔点 3652℃，沸点 4200℃，在 4500℃左右升华；热传导性能良好，具高度的导电性，电阻率为 $10^{-6}\sim10^{-4}\Omega\cdot m$；化学稳定性强，不溶于酸碱，在有氧气的条件下，620~670℃燃烧。

石墨矿物以结晶性质为分类依据，分为晶质鳞片石墨和隐晶质石墨。晶质鳞片石墨，系指石墨单晶大于 1μm 的石墨；隐晶质石墨，系指由细小的微晶粒(0.01~1μm)构成的致密状石墨块体，其结晶只有用高倍显微镜才能辨别。隐晶石墨也称无定形石墨、土状石墨，也称“非晶质石墨”，实质上所有的石墨都是结晶的，隐晶石墨只不过要在显微镜下才能观察到结晶，即显微晶质。

石墨晶体的基本结构是六方晶格，单位晶胞含有六个原子，具典型的层状结构。碳原子排列成六方网状层，层内碳原子成三角形排列，其配位数为 3，间距为 1.42Å，相互之间以 120°排列，具共价-金属键。面网结点上的碳原子连接于上下邻层构成网格的中心，层与层间以分子键相连，间距为 3.40Å。正是由于石墨中碳原子的这种层状结构和多键型化学键性，决定了它的物理性质上的一系列特点，如有一组完全的底面解理{0001}，良导电性等。

只有 1.42Å 厚度的单层石墨称为石墨烯，既是最薄的材料，也是最强韧的材料，同时它又有很好的弹性；石墨烯结构致密，即使是最小的气体原子(氦原子)也无法穿透；石墨烯透光率高，几乎完全透明，只吸收 2.3%的光。石墨烯这些特征使得它适合作为透明电子产品的原料，制造透明的触摸显示屏、发光板和太阳能电池板，并将成为硅的替代品，制造超微型晶体管。

2. 石墨矿石学

按矿化岩石、矿石矿物成分、结构构造划分石墨矿石的成因类型，分为硅酸盐岩型片麻岩石墨矿石、黑云斜长变粒岩石墨矿石、绢云石英片岩石墨矿石、千枚岩石墨矿石、变质煤层矿石、花岗岩石墨矿石等；碳酸盐岩及蚀变碳酸盐岩型大理岩石墨矿石、透辉透闪变粒岩石墨矿石等。以工业类型划分为鳞片晶质石墨矿石、微晶-隐晶质石墨矿石、混合晶型石墨矿石等。或者可按风化程度分原生石墨矿石和风化石墨矿石，按品位的相对高低分为石墨富矿石和石墨贫矿石工业类型等。

矿石矿物石墨光学性质具有半金属光泽，属于不透明矿物，在矿相显微镜下为低反射率，灰褐色反射色，强多色性、强非均质性。石墨的光学性质和石墨化程度有关，角闪岩相和麻粒岩相中的石墨呈六方形片状、板状及鳞片状，显微镜下边缘平直，其单晶大小 0.10mm 至几毫米不等，呈单体或集合体出现。石墨化程度差的绿片岩相的石墨，往往呈隐晶质或极细小的鳞片集合体，在透射光下一般不透明，特别薄的薄片微弱透光，呈浅绿灰-深蓝灰色，折射率为 1.83~2.07，一轴晶负光性。在反射光下反射色、反射多色性和双反射均很显著，显示较强的非均质性。R_o 灰色带橙棕色，R_e 深蓝灰色，多色性为稻草黄-暗棕、紫灰色。其反射率随着石墨化程度(μm)的增强而增加，沸石相 Ru%(最大)$<$3.0，绿色片岩相为 3.0~9.0，角闪岩相和麻粒岩相$>$9.0。

3. 石墨岩系锆石 U-Pb 测年

石墨岩系是沉积变质岩系，理论上说利用锆石测年不能够直接获得沉积年龄，岩石中锆石或者是沉积期间搬运来的沉积前的碎屑锆石，或者是后期区域变质过程中重结晶的变质锆石，因此石墨岩系的沉积年龄介于最年轻的碎屑锆石和最早的变质锆石年龄之间。但是这个区间往往很长，很难获得准确的年龄，因此经常在同位素年龄曲线上以实测的变质锆石的和谐曲线与年龄曲线的上交点年龄推测沉积年龄。上交点年龄的主要依据，是假设区域变质作用是在一个封闭体系中完成的，这个体系中放射铅同位素的含量可以改变，但放射铅的相对比值，即 $^{206}Pb/^{238}U$ 对 $^{207}Pb/^{235}Th$ 相对值是不变的，$^{206}Pb/^{238}U$ 对 $^{207}Pb/^{235}Th$ 和谐线将与年龄线相交。但是地质作用中很难保持完全的封闭体系，每次构造变质或者岩浆作用都会有外来物质加入改变岩石体系中同位素的相对比值，因此实际利用中需要分别考虑不同阶段或者不同成因锆石的特征。本书研究测得华北古陆各石墨矿带深变质型石墨岩系沉积年龄比较一致，基本是古元古代晚期 2.0Ga 前后的年龄，随后发生了吕梁运动，导致广泛强烈的区域变质作用，形成深变质岩系。

4. 石墨岩系物源性质及沉积环境

石墨矿床成矿岩系，简称石墨岩系有三种原岩建造，即形成深变质岩型石墨矿床的孔兹岩系、形成浅变质岩型石墨矿床的黑色岩系和形成热变质型石墨矿床的煤系建造。孔兹岩系和黑色岩系是同类岩石建造，孔兹岩系是早前寒武纪深变质的黑色岩系。

沉积变质岩岩石化学分析结果显示，晶质石墨矿床沉积建造属于滨海-浅海相孔兹岩系和黑色岩系，含有机碳的孔兹岩系和黑色岩系中包括了各种与黑色页岩共生的细碎屑岩和化学沉积岩，其物源系海源陆源物质不同含量的混合物，因此其岩石化学组成有较大的差异，硅质页岩的 SiO_2 含量在 80%，甚至 90%以上，化学沉积碳酸盐岩、菱锰矿、磷块岩等，SiO_2 含量小于 30%，一般黑色页岩 SiO_2 含量为 50%~70%。海源物质以化学沉积为主，陆源物质以碎屑沉积为主，化学沉积物胶结碎屑物质一般为海陆混合物源。

孔兹岩系及黑色岩系的沉积环境，主要是一些裂谷、海床、陆棚沉积环境，这种环境沉积矿源岩可以划分为海源和陆源物质来源，除了一般沉积分异富集的元素之外，海相与陆相沉积富集元素有一定区别。海床沉积岩物质来源大部分来自玄武岩洋壳海蚀作用剥蚀的碎屑及化合物，以富含 Na_2O、TiO_2、CaO、FeO、MgO、Sr、Ni、Co、V、Cu、Au 等为特征，其元素地球化学特征与洋壳及幔源物质具有可比性；而浅海陆棚及陆相裂谷沉积岩物质来源主要为陆源风化碎屑及化合物，以富含 K_2O、Al_2O_3、Mo、W、Rb、Zr 等为特征，其元素地球化学与陆壳物质具有可比性。

根据碳酸盐岩 MgO/CaO 值分析沉积区域的水体盐度条件，辽吉石墨矿带、胶北石墨矿带、乌拉山—太行山地区石墨矿带均属于高盐度裂谷环境，而佳木斯地区石墨矿带及东秦岭地区石墨矿带都属于低盐度开阔海环境，与区域地质背景研究吻合。开阔海沉积区域的构造稳定性划分为活动陆缘区域及被动陆缘区域沉积环境，以被动陆缘区域构造最稳定，沉积物分选好，富含钾铝，海洋岛弧区域最活跃，沉积物分选差，富含铁镁。

5. 石墨岩系微量元素地球化学

微量元素含量变化规律与元素本身地球化学相容性及沉积环境有关，不相容元素与碱性不相容元素化合物组相关性好，并且具有相似的演化规律，如 Rb、Nb、Th、U 等与 K_2O、Na_2O 一样随着 SiO_2 含量升高而升高。相容元素与铁镁相容元素化合物组相关，并且具有相同的演化趋势，如 Cr、Ni、Co、Sr 与 FeO、MgO 一样，随着 SiO_2 含量升高而降低。根据岩石地球化学分析及图解资料，通常以 Rb、Sr、Ba、Zr、Hf、Th、U、Y、Nb、Ta、Cr、Ni、Co、V 等微量元素组成及其相对变化规律分析判别沉积环境及其分异作用，因此有必要首先分析这些元素的地球化学性质。

6. 石墨岩系稀土元素地球化学

稀土元素中(不包括 Pm 和 Y)，La—Eu 元素称为轻稀土元素，具有较大的离子半径(La 115pm)和较高的电荷，其性质类似 Th、U，是不相容元素；Gd—Lu 元素称为重稀土元素，具有较小的离子半径(Lu 93pm)和较低的电荷，与某些矿物是相容的，如在石榴子石(以下简称石榴石)中可以替代 Al^{3+}进入矿物晶格(Hanson，1980)。在还原条件下，Eu 以 Eu^{2+}存在时，可以进入斜长石晶格替代 Ca^{2+}，因此斜长石中出现正铕异常，而与斜长石平衡的其他相则出现铕亏损形成负铕异常(Drake et al.，1975)。在海水及潮坪相沉积物中，Ce 以 Ce^{4+}存在，经常与其他稀土元素分离，出现负铈异常(Elderfield et al.，1982)。

本书系统总结了稀土元素判别沉积岩形成环境的标志，以稀土元素总量(ΣREE)、轻重稀土元素比值(LREE/HREE)、δCe、δEu 特征值及其相互关系来判别沉积环境和沉积物来源。一般碎屑沉积岩中稀土元素总量较高，轻重稀土元素分异明显；而化学沉积岩中稀土元素较低，轻重稀土元素分异较弱。统计分析显示石墨岩系中 δCe 正负范围较宽，滨浅海潮坪相沉积显示负铈异常，中深海沉积显示正铈异常；一般正常沉积的沉积岩中 δEu 值均小于 1，显示负铕异常，只有热水沉积岩显示大于 1，显示正铕异常。

海源海相沉积岩中 LREE/HREE-ΣREE 一般呈正相关，即稀土元素总量越高轻重稀土元素比值越大，稀土元素配分曲线斜率越大，显示稀土元素总量主要与轻稀土元素含量相关；δEu-LREE/HREE 呈负相关，即斜率越大的稀土元素配分曲线负铕异常越明显，显示轻重稀土元素分异过程中造成 Eu 元素逐渐亏损；δCe-LREE/HREE 呈正相关，即斜率越大的曲线正铈异常越显著，表示海源物质越多，Ce 元素含量越高。

7. 石墨岩系变质及矿化蚀变

晶质石墨矿床属于沉积变质矿床，与岩浆侵入及热液矿床的矿化蚀变类似，具有明显的热液交代及花岗岩脉侵入导致矿化蚀变，但是与热液矿床又明显不同，岩浆侵入和热液交代不能带入成矿物质，而只是导致成矿物质的再分配和矿物结构的变化。石墨矿床的矿化蚀变是与区域变质作用同时发生的，因此矿化蚀变强弱与变质程度有关。

深变质型石墨矿床孔兹岩系的变质程度一般为高角闪岩相到麻粒岩相，变质峰期的温度、压力，分别达 760℃、1000MPa，形成中-高压麻粒岩相变质阶段的矿物组合，以含蓝晶石的麻粒岩相矿物组合为标志。该阶段重要的岩石的物相变化，是长英质低熔点矿物的部分熔融，及变质矿物的脱水作用释放大量的变质热液交代周围岩石，尤其是交代碳酸盐岩形成蛇纹石化、透辉石化、透闪石化、阳起石化、金云母化等蚀变。因此晶质石墨矿床变质过程中的矿化蚀变包括部分熔融硅酸盐岩浆的混合岩化作用和碳酸盐岩被硅铝质热液交代作用。深变质石墨矿床中石墨矿物重结晶次生富集的现象和热液交代及构造富集的现象都比较明显，表明石墨矿物不是简单的热变质结晶，而是具有复杂的热液交代成矿特征。

浅变质岩型石墨矿床黑色岩系是低压变质相，典型低温矿物组合有石英、白云母、黑云母、绿泥石、红柱石；泥质变质岩中 K_2O 过剩，泥质变质岩中出现石英、白云母、黑云母、斜长石和微斜长石；如果 K_2O 不足，可出现一系列高铝硅酸盐矿物，如红柱石、堇青石等，不与钾长石共生。高温矿物组合为红柱石、夕线石、堇青石、钾长石和石英，少见白云母和石英的组合；钙质变质岩的矿物组合有斜长石、透辉石、钙铝榴石、符山石和硅灰石。岩浆接触低压高温变质矿物组合富铝泥质变质岩的矿物组合多为铝红柱石、夕线石、堇青石、透长石、钙长石、鳞石英等，有时甚至出现玻璃质称玻化岩。浅变质岩型矿床中，基本不发育混合岩化作用，热液交代作用也较弱。

8. 石墨碳同位素组成

石墨碳同位素研究是探讨石墨物质来源的有效方法，对于石墨矿床的碳质来源，即生物碳或非生物碳的研究形成石墨矿床有机成因和无机成因两种认识。

有机论认为，石墨由有机碳变质形成的，嵌留在各种片岩、千枚岩、板岩、生物灰岩和变质无烟煤里的有机物碎屑，被视为有机成因的有力证据。油母页岩、沥青、石墨色素、石墨尘、石墨纹层和石墨晶片等被解释为水生植物及微体古生物在外生作用、区域变质作用和接触热变质作用的不同阶段的产物。一些矿床学家明确指出，区域变质石墨矿床是一种变成矿床，它是由原始沉积的沥青质的岩层受区域变质作用而成的，结晶石墨主要属于角闪岩相深变质产物，致密石墨则主要属于绿片岩相浅变质产物。

无机成因认为石墨是脱碳酸盐化作用产生的二氧化碳，提供了石墨碳的无机来源(Hapuarachehi，1977)，无机脱碳酸盐反应的矿物组合是那些在与石墨产状密切相关的变质沉积物中大量存在的矿物组合。含镁橄榄石、镁橄榄石-透辉石、镁橄榄石-金云母或镁橄榄石-透辉石-金云母的不纯的大理岩和含硅灰石的钙-麻粒岩，都是脱碳蚀变矿物，因为它们可能都是形成石墨碳所必需的二氧化碳的来源。

我们测试了石墨碳同位素的组成，与无机碳酸盐碳同位素($\delta^{13}C_{PDB}=0\pm‰$)和有机碳同位素($\delta^{13}C_{PDB}=-30‰\sim-35‰$)进行比较，一般介于有机碳和无机碳同位素组成之间，深变质型石墨矿碳同位素偏离有机同位素，浅变质型石墨矿碳同位素接近有机同位素。因此认为，石墨是有机碳与无机碳混合的产物。

9. 地球动力学及生态演化

前人资料和我们的研究都明确了石墨岩系是20亿年前的深变质岩系，石墨碳是有机碳为主，这就涉及远古时期有机质来源和生态系统的问题。

地球的史前时期冥古宙(Hadean Eon)始于地球形成之初，结束于38亿年前，这一时期地球由熔融岩浆球逐渐冷却发生从外向内的物质分异，依次出现大气—海洋—地壳—地幔—地核逐渐完善的地球层圈，理论推测地壳岩石形成的顺序是岩浆岩—化学沉积岩—碎屑岩，在化学沉积岩出现时，地球上开始出现生命。在澳大利亚西北3.47Ga的披巴拉群(Pilbara Supergroup)岩层中发现有蓝藻沉积的燧石(Apex cherts)，是最古老的化石，而在更古老的沉积岩(3.7~3.9Ga前)中发现有机碳存在，表明冥古宙晚期地壳形成时期地球上就有生命出现。在石墨岩系广泛大量沉积的2.0Ga前后，生命已经接近高级形态的复杂生态系统，是原核生物进化到真核生物的时代，并且生物更加繁盛，随着气候变暖，出现了生物爆发的发展期，为石墨形成奠定了物质基础。

10. 晶质石墨矿床成矿模式

综合石墨矿床矿化特征及地球化学特征，总结石墨的成矿模式：原生碳沉积富集→高温热变质无定形碳转变为石墨核晶→碳硅有机热液氧化还原交代石墨核晶生长形成鳞片状粗晶石墨，定义为石墨矿床三阶段成矿模式：简称为“碳质沉积富集—有机碳热结晶—碳硅有机热液交代成矿模式”。

以石墨与黑色页岩有机碳同位素和大理岩无机碳同位素比较，估算深变质鳞片状石墨碳来源一般有70%的有机来源和30%的无机来源混合作用的结果，这个结果与封闭环境高碳氢化合物与无机二氧化碳的氧化还原公式比较吻合。在开放环境中由于空气中游离氧的氧化作用，石墨碳同位素将保持有机碳为主，$\delta^{13}C_{PDB}$基本没有明显变化。以此可以判别，石墨$\delta^{13}C_{PDB}$值较小的是开放环境成矿，$\delta^{13}C_{PDB}$值较大的是封闭环境成矿。而事实上很多石墨矿床是在半开放半封闭环境成矿，既有有机碳和无机碳的氧化还原反应，也有机碳的氧化作用。

11. 石墨矿床类型

根据石墨矿床石墨晶体结构、矿石类型、含矿建造类型，石墨矿床主要是沉积变质成因，可以划分深变质矿床、浅变质矿床和煤变质矿床，深变质矿床是粗晶鳞片状石墨为主，浅变质是微晶石墨为主，煤变质则属于隐晶质土状石墨。

深变质石墨矿床，是我国主要石墨矿床类型，其矿石矿物都是粗晶鳞片状晶质石墨，具有较大的工业价值。此类矿床主要产于早前寒武纪孔兹岩系深变质杂岩中，含矿岩石是片麻岩、蚀变大理岩、变粒岩、麻粒岩、斜长角闪岩及混合岩。含矿岩系构造变形变质复杂，岩浆活动强烈，混合岩化作用普遍。石墨矿层有一定层位，常多层产出，一般规模较大，单矿层厚数米至数十米，延长数百米至数千米。矿石自然类型有石墨片麻岩、石墨大理岩、石墨透辉岩、石墨变粒岩及石墨长英岩脉。矿石共生矿物主要为硅酸盐矿物，少量碳酸盐矿物，有长石、石英、云母、方解石(或白云石)等，特征矿物有透辉石、透闪石、红柱石、夕线石、石榴石、硬柱石、阳起石、黝帘石、硬绿泥石、蓝闪石及橄榄石、蛇纹石等。

浅变质石墨矿床，以晚前寒武纪浅变质岩型石墨矿床分布较广。石墨矿床主要形成于黑色岩系的动力变质带，矿床呈线形分布，矿体边界附近及内部个别地段可有超深断裂和复杂褶皱构造，并伴有超基性-基性岩活动。常受多期变质作用，变质梯度较大，温压范围变化大，为低(中)温高(中)压相系，属于热动力或动力型变质。变质程度低，混合岩化作用微弱，但构造痕迹明显。晚前寒武纪浅变质岩型石墨矿床一般为细晶或者微晶石墨，微晶致密石墨，形成于绿片岩相，形成温度为 300~550℃，压力 200~500MPa。以秦岭祁连一带、华北北缘及滇藏三江褶皱带最有特征，典型矿有四川坪河、陕西骊山、江西金溪峡山、内蒙古大乌淀、辽宁北镇等石墨矿床。

煤变质石墨矿床，是品位高储量大的土状石墨，我国煤变质石墨分布广泛，资源储量较大，于环太平洋构造域及西部一些主干岩浆构造带，更多地集中于郯庐断裂(包括北段依兰—依通一线)以东地区，有 31 个重要成矿区。该类矿床系由岩浆侵入煤系地层引起煤层接触变质而成，接触变质晕可达 2~3km。接触变质晕内，形成各种板岩、千枚岩、变质砂页岩及煤变成的石墨。侵入岩体一般为中生代中酸性花岗岩、闪长岩。受接触变质的煤层一般为高级无烟煤—亮煤深变质煤，在石墨与无烟煤之间有石墨与煤的过渡带，从接触带向外渐次为：石墨—半石墨—无烟煤。

三、撰 写 工 作

本书从地球动力学演化及生命起源、生态演化开始，逐步深入研究石墨矿床的沉积环境、沉积建造、变质作用、岩石矿床地球化学及主要的成矿作用，全面系统地总结了成矿模式及石墨矿床类型。刘敬党教授在指导石墨矿床勘探过程中，结合石墨资源及石墨矿物作为新型材料的发展前景，首先提出对石墨矿床成矿作用和矿床类型进行深入系统研究的总体思路，以填补国内外在石墨矿床系统研究方面的空白。肖荣阁教授结合矿床学及成矿理论研究的经验，制订了系统的研究计划，并指导承担了主要的研究内容。

本书研究历时 5 年时间，调查了十几个典型矿床，查阅检索了上千篇文献资料，采集了近千件岩矿石样品进行分析鉴定和系统测试，在此基础上进行全面总结分析，完成项目研究和学术专著的撰写工作。

全书共十一章：第一章综述石墨矿床的基本知识，从碳原子化学性质、赋存状态、矿物学特征，到矿石矿床及成矿作用的基本特征，归纳总结石墨矿床类型；第二章综述地球演化动力学、生命起源及生态演化，分析石墨碳起源的基础，论述石墨碳无机起源或者有机来源的碳酸盐岩或者生态演化的机理；第三章阐述产生石墨岩系的地质背景及其共生沉积建造，如 TTG 岩系及绿岩岩系特征，重点分析含碳质黑色岩系的沉积环境标志；第四章主要研究华北古陆前寒武纪大地构造演化、地质背景及沉积建造特征；第五章重点研究华北古陆早前寒武纪石墨岩系及孔兹岩系及石墨矿床区带分布规律，并对主要石墨矿床产出地质背景、矿化特征进行对比分析；第六章到第十章分别介绍各区带深变质型石墨矿床的构造背景、石墨岩系特征、地层年龄及主要石墨矿床矿化特征；第十一章分别介绍内蒙古乌拉特中旗大乌淀浅变质石墨矿床和辽宁北镇浅变质石墨矿床和南秦岭浅变质石墨矿床的构造背景、石墨岩系特征、地层年龄及主要石墨矿床矿化特征。

本书特色是突出岩石化学、微量元素及稀土元素地球化学、同位素地球化学的研究，做到以数据分析为依据，配合地质矿化特征的观察描述，进行综合归纳总结，结合理论推测，获得依据充分可靠的结论。

参加本书科研工作及著作编写的有辽宁省化工地质勘查院、河南省有色金属地质勘查总院、内蒙古自治区地质调查院、山西省地质勘查局 217 地质队、黑龙江佳木斯地质调查院的勘查技术人员和肖荣阁教授指导的 2012~2014 级硕士研究生。山东科技大学魏久传教授及河北联合大学许英霞博士无私提供了有关研究、测试资料。

刘敬党教授负责项目研究指导及辽东、内蒙古自治区石墨矿床勘查规划和专著内容结构安排；肖荣阁教授负责地球动力学、生态演化、沉积建造的研究撰写，并统编全部书稿；张艳飞、梁帅、赵青、白凤军、张永兴、王继春、杨培奇、刘剑承担了有关矿床的地质调查、采样和有关典型矿床章节的撰写工作；柴丽洁、闫涛、刘新新、崔蒙、姜雨奇、卞玉捷、丁赛、史会娟、张腾飞、涂建等负责项目资料收集、数据分析；陈婷芳、龙涛、孟辉、韩玥等负责数据收集及图件清绘等工作；刘剑、韩玥、兰开军、赵鹏、程先钰等，进行了校对工作。参加项目研究生结合项目专题研究，其中有两人完成了博士学位论文，九人完成硕士学位论文。

所有石墨都是晶质的，石墨矿物间的区别只是结构粗细大小，是可见与不可见的区别，不是晶质与非晶质的区别，所以书名定义为显晶质石墨矿床，旨在研究传统的晶质石墨或鳞片状石墨矿床。

封面图案设计为突出石墨矿床研究方法，左边大图是石墨矿床照片，右边叠置图底部向上依次是地层学研究照片—含矿岩石学研究照片—矿化蚀变研究照片—石墨矿物学研究照片。

本书是多个地勘单位技术人员和研究生共同参与完成的一项浩大工程，没有这些单位支持和人员参加，很难在短时间内完成如此大工作量的研究成果和撰写工作，因此这一专著成果是大家共同努力的结果。

四、致　谢

本书研究中得到辽宁省化工地质勘查院、内蒙古自治区地质调查院、山西省地质勘查局 217 地质队、河南省有色金属地质勘查总院、黑龙江省第六地质勘查院、河南省淅川县矿管局及黑龙江省萝北县云山石墨矿、鸡西县柳毛石墨矿、内蒙古自治区兴和县黄土窑石墨矿及河南省淅川县五里梁石墨矿、镇平县小岔沟石墨矿等矿山公司给予支持、配合。

本书参考引用了近 20 年来发表的国内外文献期刊资料及研究生的学位论文资料，其中包括地球动力学演化、大地构造研究、区域地质地层测年资料、典型岩系、石墨矿床地质资料、岩石化学、微量元素、稀土元素地球化学及碳同位素等资料。根据本书研究需要和认识，对数据资料重新进行了统计分析，并大量补充了岩石地球化学测试资料，进行印证，使得矿床研究资料更加系统完善，此处对前人的工作和提供的研究资料深表感谢。

由于时间仓促，文中引用的一些资料来源恐有遗漏，深表歉意。

作　者

2016 年 12 月

目　　录

第一章　概　　论

石墨(Graphite)是重要的非金属材料矿产，但是具有金属材料导电、导热性能、具有可塑性，并且耐高温和特殊的热性能、化学稳定性、润滑，能涂敷在固体表面等良好工艺性能，因此，石墨在冶金、机械、电气、化工、纺织、轻工、建筑及国防等许多工业部门都得到广泛的应用。

中国石墨矿产资源丰富，总资源储量位世界前列，晶质石墨资源储量也居世界领先地位。我国石墨矿产地分布广泛而又相对集中，绝大多数省、市、自治区都已发现石墨矿床，但是主要集中在华北古陆的黑龙江省鸡西、胶北、山西省、内蒙古自治区、豫西等地。近几年石墨矿床找矿勘探不断有新成果，2015 年内蒙古自治区阿拉善盟探明巨大型大鳞片晶质石墨矿床，石墨资源总量达 130Mt，品位 5.45%；2015 年四川省南江县上两庙坪发现新的高品位石墨矿床，测算石墨矿物量在 10Mt 以上，截止到 2014 年年初该区域内已查明部分石墨矿石储量为 53.61Mt。

我国石墨矿石工业类型有晶质石墨矿石和隐晶质石墨矿石，而以工业利用价值高的晶质石墨为主。部分矿床大鳞片石墨含量高，矿石品位一般为 3%~13.50%，部分矿石品位较高。虽多属中、低品位，但易于选矿富集；隐晶质石墨品位一般可高达 60%~80%，由于进一步富集困难，其工业价值受到一定的限制。然而，我国的无论是晶质石墨或是隐晶质石墨，工艺性能均良好，与斯里兰卡、马达加斯加的优质石墨在国际市场中共享盛誉。

1949 年后，我国对石墨评价及找矿勘查作了一些工作，并新发现了一大批石墨矿产地，如内蒙古自治区什报气、湖北省三岔垭、江西省金溪峡山、云南省元阳棕皮寨、新疆维吾尔自治区苏吉泉等大、中型矿床，现在已知的大、中型矿床大多已进行了勘探或详查，众多的矿点也作了不同程度的评价，探明了数量可观的资源储量，从而掌握了我国石墨资源的情况。总之，石墨地质工作程度不高，不如金属矿床受到重视，很多石墨矿床的勘探科研深度较低，甚至很多人不了解石墨矿床。近几年随着石墨开发应用的持续升温，人们开始重视石墨矿床的开发，但是科研勘探工作仍没有提上日程，因此对很多人来讲石墨矿床研究仍属于空白。

第一节　碳元素地球化学

一、碳　元　素

碳是人类最早接触和利用的元素之一，碳元素的拉丁文名称 Carbonium 来自 Carbon 一词，就是“煤”的意思，英文名称是 Carbon。碳是作为元素出现的。碳在古代的燃素理论的发展过程中起了重要的作用，根据这种理论，碳不是一种元素而是一种纯粹的燃素，由于研究煤和其他化学物质的燃烧，拉瓦锡首先指出碳是一种元素。

碳在地壳中的质量分数为 0.027%，丰度并不高，但分布相当广泛，主要集中于结晶页岩和碳酸盐岩中，至于碳在地球中的分配，大部分集中于地壳，地核中少量，地幔中极少。以化合物形式存在的碳有煤、石油、天然气、动植物体、石灰石、白云石、二氧化碳等。美国化学文摘上登记的化合物总数为 18.8 百万种，其中绝大多数是碳的化合物。碳构成碳氢化合物及碳水化合物是生命机体蛋白质、核酸-单细胞基本化合物。现代超深钻探证实，岩石圈的 CH_4 是颇丰富的。

1. 碳的化学性质

碳在元素地球化学分类中被列为亲石(岩)元素，中性岩浆元素，矿化剂或挥发分元素。它的地球化学性质表现了强烈的亲石性、亲氧性和亲生物性。地壳上层，氧化还原电位很高，碳几乎总是与氧结合成$[CO_3]^{2-}$络阴离子。这是因为常见的碳离子有C^{4+}和CO_3^{2-}，C^{4+}是一种半径小而电价高的阳离子，它电离势大，极化力强，往往使低价的大阴离子强烈极化而形成络阴离子，因而在水中它易与氧结合形成$[CO_3]^{2-}$。这是含碳矿物大多为络阴离子化合物的原因所在。

碳在元素周期表中属第ⅣA 族第一元素，位于非金属性最强的卤素元素和金属性最强的碱金属之间。它的价电子层结构为 $2s22p^2$，在化学反应中它既不容易失去电子，也不容易得到电子，难以形成离子键，而是形成特有的共价键，它的最高共价数为 4，通过碳原子杂化形成各种化合物。

碳原子 sp^3 杂化：sp^3 杂化可以生成 4 个 σ 键，形成正四面体构型，如金刚石、甲烷 CH_4、四氯化碳 CCl_4、乙烷 C_2H_6 等。在甲烷分子中，C 原子 4 个 sp^3 杂化轨道与 4 个 H 原子生成 4 个 σ 共价键，分子构型为正四面体结构。

碳原子 sp^2 杂化：sp^2 杂化生成 1 个 σ 键，2 个∏键，平面三角形构型，如石墨、$COCl_2$、C_2H_4、C_6H_6 等。在 $COCl_2$ 分子中，C 原子以 3 个 sp^2 杂化轨道分别与 2 个 Cl 原子和 1 个 O 原子各生成 1 个 σ 共价键外，它的未参加杂化的那个 p 轨道中的未成对的 p 电子 O 原子中的对称性相同的 1 个 p 轨道上的 p 电子生成了一个∏共价键，所以在 C 和 O 原子之间是共价双键，分子构型为平面三角形。

碳原子 sp 杂化-1：生成 2 个 σ 键，未杂化轨道生成 2 个 Π 键，直线形构型，如 CO_2、HCN、C_2H_2 等。在 CO_2 分子中，C 原子以 2 个 sp 杂化轨道分别与 2 个 O 原子生成 2 个 σ 共价键，它的 2 个未参加杂化的 p 轨道上的 2 个 p 电子分别与 2 个 O 原子的对称性相同的 2 个 P 轨道上的 3 个 p 电子形成 2 个三中心四电子的大∏键，所以 CO_2 是 2 个双键。在 HCN 分子中，C 原子分别与 H 和 N 原子各生成 1 个 σ 共价键外，还与 N 原子生成了 2 个正常的∏共价键，所以在 HCN 分子中是一个单键，1 个叁键。

碳原子 sp 杂化-2：生成 1 个 σ 键，1 个∏键，未杂化轨道生成 1 个配位∏键和 1 对孤对电子对，直线型构型。例如，在 CO 分子中，C 原子与 O 原子除了生成一个 σ 共价键和 1 个正常的∏共价键外，C 原子的未参加杂化的 1 个空的 p 轨道可以接受来自 O 原子的一对孤电子对而形成一个配位∏键，所以 CO 分子中 C 与 O 之间是叁键，还有 1 对孤电子对。

碳原子不仅仅可以形成单键、双键和叁键，碳原子之间还可以形成长长的直链、环形链、支链等。纵横交错，变幻无穷，再配合上氢、氧、硫、磷和金属原子，就构成了种类繁多的碳化合物。

2. 固态碳

碳在自然界中以非晶质无定形碳(焦炭，木炭、活性炭和炭黑)和多种晶质同素异形体(金刚石、石墨、石墨烯、碳纳米管、C_{60})存在。

无定形活性炭疏松多孔，有很强的吸附能力，可作防毒口罩的滤毒层，或作防毒面具的滤毒罐、净水过滤器；炭黑常温下非常稳定，故用炭黑墨汁绘的画和书写的字经久不变色。

金刚石和石墨早已被人们所知，拉瓦锡做了燃烧金刚石和石墨的实验后，确定这两种物质燃烧都产生了 CO_2，发现金刚石和石墨中含有相同的“物质”，称为碳。

石墨是自然界最软的矿石，石墨的密度比金刚石小，熔点比金刚石仅低 50K，为 3773K。

在石墨晶体中，碳原子以 sp^2 杂化轨道和邻近的三个碳原子形成共价单键，构成六角平面的网状结构，这些网状结构又连成片层结构。层中每个碳原子均剩余一个未参加 sp^2 杂化的 p 轨道，其中有一个未成对的 p 电子，同一层中这种碳原子中的 m 电子形成一个 m 中心 m 电子的大∏键。这些电子在碳原子平面层中活动，所以石墨具有层向良好的导电导热性质，化学惰性，耐高温，易于加工成型。

石墨的层与层之间是以分子间力结合起来的，因此石墨容易沿着与层平行的方向滑动、裂开，石墨质软具有润滑性。石墨层中有自由电子存在，石墨的化学性质比金刚石稍显活泼。

C_{60}是 1985 年由美国休斯敦赖斯大学的化学家哈里可劳特等发现的，它是由 60 个碳原子组成的一种球状的稳定的碳分子，是金刚石和石墨之后的碳的第三种同素异形体。C_{60}是由 60 个碳原子组成的球形 32 面体，即由 12 个五边形和 20 个六边形组成。

3. 碳化合物

自然界中由碳元素组成的化合物多达 40 多万种，其中大部分是有机物，所以碳有“生命基础”的称呼。碳在自然界中，通过 CO_2 在无机循环和有机循环中平衡，如地幔物质分异，CO_2 进入大气圈与岩石作用而被消耗，碳酸盐岩在高温下分解 CO_2 返回大气圈；植物吸收 CO_2 产生复杂的有机物，后经微生物作用分解 CO_2，一部分变成碳酸盐沉积成石灰岩。据 K.H.Wedpohl 等 1969 年的资料，高盐度(35%)海水含无机碳和溶解的有机碳分别为 28000×10^{-9} 和 500×10^{-9}。实际上，海水中碳主要以碳酸盐和重碳酸盐形式存在，游离的 CO_2 并不多，它们在一定条件下保持平衡。碳化合物主要是碳氢氧结合形成的化合物，自然界有碳氧化物、碳氢化合物及碳水化合物。

碳氧化物：CO_2–无色、无臭的气体，在大气中约占 0.03%，海洋中约占 0.014%，它还存在于火山喷射气和某些泉水中。地面上的 CO_2 气主要来自煤、石油、天然气及其他含碳化合物的燃烧、碳酸钙矿石的分解、动物的呼吸，以及发酵过程。当太阳光通过大气层的时候，CO_2 吸收波长 13~17nm 的红外线，如同给地球罩上一层硕大无比的塑料薄膜，留住温暖的红外线，不让它散失掉，使地球成为昼夜温差不太悬殊的温室。植物通过光合作用，每年将大气里 CO_2 转化为碳氢化合物，并且释放出 O_2 气。

CO 是无色、无臭、无味、有毒的气体，标准状况下气体密度为 1.25g/L，比空气小，难溶于水。碳的最外层有四个电子氧的最外层有 6 个电子，这样碳的两个单电子进入到氧的 p 轨道和氧的两个单电子配对成键，这样就形成两个键，然后氧的孤电子对进入到碳的空的 p 轨道中形成一个配键，这样氧和碳之间就形成了三个键。

碳氢化合物(hydrocarbon)：“碳”“氢”二字连读音成为“烃”音，是一种有机化合物，只由碳和氢组成，其中包含了烷烃、烯烃、炔烃、环烃及芳烃，是许多其他有机化合物的基体。烃分为饱和烃和不饱和烃，石油天然气中的烃类多是饱和烃，而不饱和烃如乙烯、乙炔等，一般只在石油加工过程中才能得到。石油天然气中的烃有三种类型。

(1)烷烃：碳原子间以单键相连接的链状碳氢化合物。根据分子里所含的碳原子数目命名烷烃的名字，碳原子数在 10 个以下的，从 1~10 依次用甲、乙、丙、丁、戊、己、庚、辛、壬、癸烷来表示，碳原子数在 11 个以上的，就用数字来表示。

烷烃的分子式的通式为 C_nH_{2n+2}，其中“n”表示分子中碳原子的个数。“$2n+2$”表示氢原子的个数。在常温常压下，C_1—C_4 的烷烃呈气态，存在于天然气中；C_5—C_{16} 的烷烃是液态，是石油的主要成分；C_{16} 以上的烷烃为固态。

(2)环烷烃：又称为环烷族碳氢化合物，是环状结构，最常见的是五个碳原子(环戊烷)或六个碳原子(环己烷)组成的环。环烷烃的分子通式为 C_nH_{2n}。

(3)芳香烃：又称芳香族碳氢化合物，一般有一个或多个具有特殊结构的六圆环(苯环)组成，最简单的芳香烃是苯、甲苯、二甲苯。芳香族碳氢化合物的分子式的通式为 C_nH_{2n-6}。

碳水化合物(carbohydrate)：由碳、氢和氧三种元素组成，由于它所含的氢氧的比例为 2∶1，和水一样，故称为碳水化合物。它是为生物机体提供热能的三种主要的营养素中最廉价的营养素。食物中的碳水化合物分成两类：机体可以吸收利用的有效碳水化合物，如单糖、双糖、多糖和不能消化的无效碳水化合物，如纤维素，是机体必需的物质。

糖类化合物是生物机体维持生命活动所需能量的主要来源，不仅是营养物质，而且有些还具有特殊的生理活性。同时，核酸的组成成分中也含有糖类化合物——核糖和脱氧核糖。

碳水化合物分子通式 $C_x(H_2O)_y$，有单糖、寡糖、淀粉、半纤维素、纤维素、复合多糖，以及糖的衍生物，由植物经光合作用而形成，是光合作用的初期产物。从化学结构特征来说，它是含有多羟基的醛类或酮类的化合物或经水解转化成为多羟基醛类或酮类的化合物，如葡萄糖，含有一个醛基、六个碳原子，叫己醛糖。果糖则含有一个酮基、六个碳原子，叫己酮糖。它与蛋白质、脂肪同为生物界三大基础物质，为生物的生长、运动、繁殖提供主要能源。

二、碳同位素

碳同位素是用来判别含碳矿物的成因或起源的有效方法，通过多年各地质体碳同位素组成资料的积累，对未知成因的碳矿物及含碳矿物提供了可以进行 $\delta^{13}C_{PDB}$ 比较的基础。随着对碳同位素分馏机理认识的深化，推断也更趋客观。用作碳同位素测试的含碳矿物有石墨、金刚石等自然碳矿物和方解石、白云石、菱铁矿等碳酸盐类矿物。由于矿物成因不同，各种矿物的碳同位素组成是不同的。

$^{12}C:^{13}C$ 值常被利用来判断石墨碳源属性，这是由于生物可造成碳同位素分馏，光合作用产生的有机质分子的 ^{12}C 相对富集。因而，与生物成因有关的沉积物的 $^{12}C:^{13}C$ 值较高。例如，沥青及其类似的沉积物的 $^{12}C:^{13}C$ 值，一般高达 90.5~90.4，石油和天然气的 $^{12}C:^{13}C$ 值最高，达 91.0~94.2。但是，非生物成因的碳的 $^{12}C:^{13}C$ 值较低。只要实测石墨的碳的同位素比值，通过类比，便可判断其碳源属性。

一般采用简单的同位素对比来判断矿物成因及碳源，如若 $\delta^{13}C_{PDB}$ 是一个绝对值很大的负值（−25‰）且变化较大（>10‰），则含碳矿物被认为是生物成因的，而 $\delta^{13}C_{PDB}$ 值在−5‰~−8‰的碳化合物则可能是岩浆成因的，如果 $\delta^{13}C_{PDB}$ 在 0 附近，则可能来自海相碳酸盐。

1. 碳同位素分馏机理

自然界碳有两种稳定同位素 ^{12}C（98.893%）、^{13}C（1.107%）组成，此外还含微量放射性同位素 ^{14}C。在自然界由于不同的地质作用会造成碳同位素分馏，稳定同位素分馏的基本特征是有机质及有机作用吸收轻同位素 ^{12}C，而无机作用吸收重同位素 ^{13}C，以此可以示踪物质起源及演化，碳同位素的分析对于解决前寒武纪铁建造的来源、生命起源及石墨矿床成因是具有重要意义的。引起自然界稳定碳同位素分馏的主要机理为：

光合作用：植物发生光合作用，空气中二氧化碳转化为碳水化合物释放出氧气：

$$6CO_2+H_2O = C_6H_{12}O+6O_2\uparrow$$

由于 $^{12}CO_2$ 的键较之 $^{13}CO_2$ 的键易破坏，所以光合作用时，植物组织中优先富集了 ^{12}C，而大气中 ^{12}C 减少。因此植物乃至整个生物都是富 ^{12}C 的，平均 $\Delta^{13}C= -25$‰左右，而与此相平衡的大气 CO_2 平均 $\delta^{13}C_{PDB}$ 为−7‰左右。一般说 CO_2 浓度高，植物生长速度中等，分馏效应最大。

碳化合物同位素平衡交换：由于能量差异，不同含碳化合物之间发生同位素交换反应。设△A、△B 分别代表化合物 A 和 B 的同位素组成，则平衡分馏系数 α_B^A 会和同位素相对富集系数 Δ_B^A 为

$$\alpha_B^A = \frac{\delta A + 1000}{\delta B + 1000};\quad \Delta_B^A = \delta_A - \delta_B$$

α_B^A 和 Δ_B^A 有如下关系：$\Delta_B^A = 1000\ln\alpha_B^A$

通常以 $\delta^{13}C$ 表示碳的同位素组成，其计算式为

$$\delta^{13}C‰ = \frac{R_{样品} - R_{标准}}{R_{标准}} \times 1000$$

式中，R 为同位素比值 $^{13}C/^{12}C$。

碳同位素的国际通用标准是 PDB，标准值 $^{13}C/^{12}C=1123.72\times10^{-5}$(或 $^{12}C:^{13}C=88.99$)。该值取自美国南加利福尼亚州白垩纪 Pee Dee 层箭石鞘(PDB 级皮狭层箭石的缩写)。由于 PDB 标准样品已用完，目前常用 NBS-18(碳酸盐)和 NBS-19(海相石灰岩)作为新的碳酸盐的参考标准，它们相对于 PDB 的 $\delta^{13}C$ 值已分别测定。

在各种变质作用中，碳酸盐与石墨之间的碳同位素是平衡的，碳同位素的分馏主要取决于温度。同位素相对富集系数主要为温度的函数，许多学者做了理论计算和实验验证。目前主要采用 Mrieh(1970)和 Bottinga(1969)的数据(图 1-1、图 1-2)，但尚缺乏不同碳酸盐矿物间的碳同位素分馏资料。

物理作用：碳氢化合物热裂化时的动力效应，导致轻的化合物中总是富 ^{12}C，重的化合物中则相对富 ^{13}C，又如扩散作用，一般也导致像甲烷这样轻的碳氢化合物中富 ^{12}C。

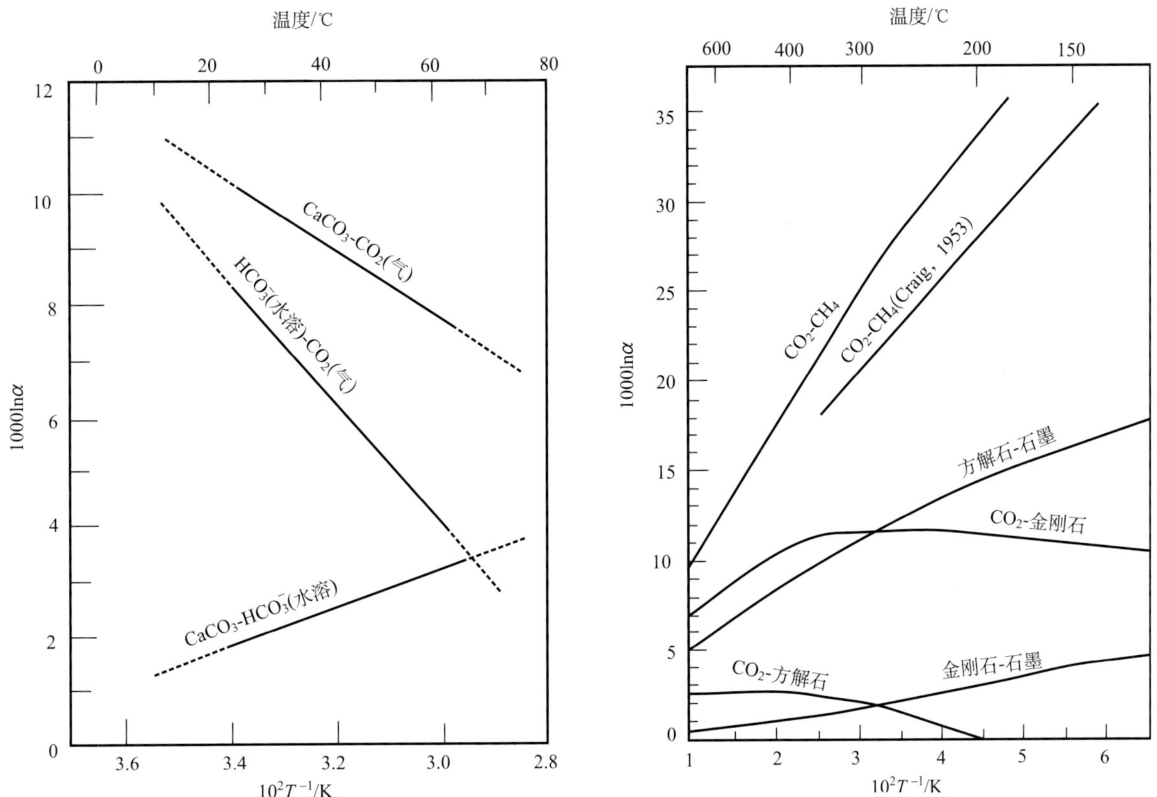

图 1-1 CO_2-HCO_3^-(溶液)-$CaCO_3$(固)系统中碳同位素分馏系数随温度的变化(据 K.Emrich)

图 1-2 方解石-CO_2-金刚石-石墨-CH_4 系统中碳同位素分馏系数随温度的变化(据 Y.Bottinga)

2. 碳同位素在自然界的分布

(1) 自然界中一般是以氧化态出现的碳酸盐富 ^{13}C，而以还原态出现的动植物碳氢化合物中富 ^{12}C，生物碳平均 $\delta^{13}C_{PDB}=-25‰$，由有机物形成的石油和煤也是富 ^{12}C 的，它们燃烧所形成的 CO_2 同样也富 ^{12}C。

(2) 大气圈中的 CO_2 气体在与 HCO_3(溶液)和 $CaCO_3$(固体)平衡系统中也总较碳酸盐类富 ^{12}C(如 20℃时 $\delta^{13}C_{PDB}=-10‰$)。

(3) 海相沉积碳酸盐 $\delta^{13}C_{PDB}=0‰$，且不随年代变化，前寒武至现代的沉积碳酸盐 $\delta^{13}C_{PDB}$ 相同，都接近 0；陆相沉积碳酸盐较海相碳酸盐略富 ^{12}C，这是由于与土壤中有机物腐烂释出富 ^{12}C 的 CO_2 有关。

(4) 根据以上 $\delta^{13}C_{PDB}$ 的分布，又鉴于沉积碳酸盐约占地壳总碳的 73%，煤、石油及无定形碳约占 27%，气圈、水圈和生物圈中碳仅占 0.2%，估算地壳平均 $\delta^{13}C_{PDB}=-7‰$。

(5)深源的碳酸盐岩 $\delta^{13}C_{PDB}$= −2.0‰~+8.0‰，金刚石 $\delta^{13}C_{PDB}$= −2‰~ −10‰，可见，地幔 $\delta^{13}C_{PDB}$ 不易确定，因高温下(1200℃)不同碳化合物间的分馏效应仍十分显著，也可能地幔中碳同位素分布不均一。上述碳酸盐岩和金刚石的 $\delta^{13}C_{PDB}$ 正在高温下的分馏范围之内，又假定地壳上大部分碳是来自地幔排气，所以可认为，地幔平均 $\delta^{13}C_{PDB}$= −7‰是合理的。

(6)陨石的 $\delta^{13}C_{PDB}$ 与地幔的 $\delta^{13}C_{PDB}$ 一样不确定，其原因可能是一样的。

3. 含碳矿物的碳同位素组成

长期以来，以碳同位素分析含碳矿物的成因或其碳质来源问题的根据有两点：一是矿物 $\delta^{13}C_{PDB}$ 与其碳源 $\delta^{13}C_{PDB}$ 相同；二是不同碳化合物之间的同位素交换反应。

地球上某些重要含碳物质的 $^{13}C/^{12}C$ 值(图 1-3)。

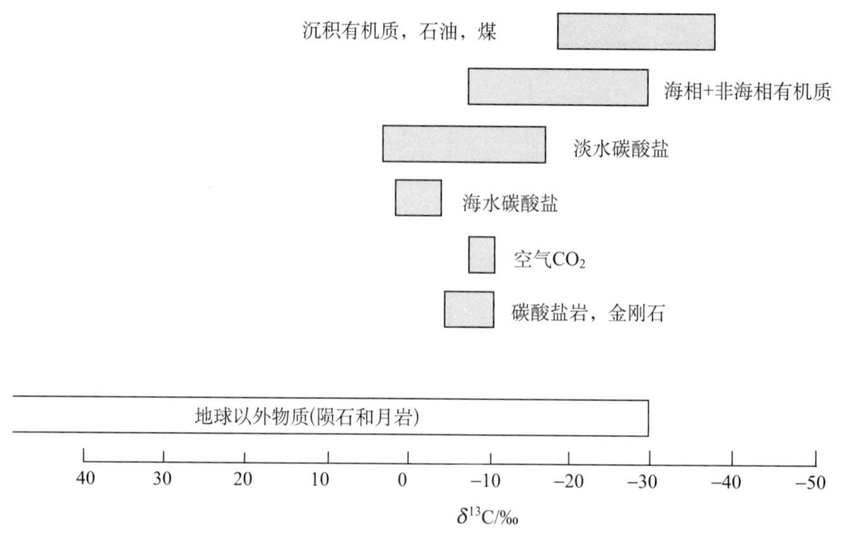

图 1-3　自然碳物质的 $\delta^{13}C_{PDB}$

1)*碳酸盐类矿物*

岩浆碳酸岩：岩浆碳酸盐来自地壳以下的岩浆物质，一般与富钾的火成岩共生。对其各类碳酸盐矿物测定表明，$\delta^{13}C_{PDB}$=−2.0‰~−8.0‰，方解石一般较白云石、铁白云石明显缺 ^{13}C，各地碳酸盐岩样品 $\delta^{13}C_{PDB}$ 有显著的差异(表 1-1)。

不同地区碳同位素差异可能是由于地壳下碳酸盐源的 $\delta^{13}C_{PDB}$ 不均一或在碳酸盐岩浆演化过程中发生了同位素分馏，或两者兼有之。

火成岩中碳酸盐矿物 $\delta^{13}C_{PDB}$ 变异远较岩浆碳酸盐为大，约+2.9‰~ −18.2‰，因此，也可能是次生的，如可能是热液或地下水的循环作用，或不同 $\delta^{13}C_{PDB}$ 碳源混合所致。

表 1-1　世界各地岩浆碳酸岩碳同位素组成表

产地	国家	$\delta^{13}C_{PDB}$/‰
Oka	加拿大	−5.08±0.49
Leaeher	德国	−7.14±0.33
Kaiserstahl	德国	−6.21±0.48
Chadobets	俄罗斯	−3.3G±0.51

沉积碳酸盐岩：不同沉积环境中的碳酸盐矿物 $\delta^{13}C_{PDB}$ 有明显差异。根据 321 个不同时代海相碳酸盐样品(Keith et al.，1964)统计结果，$\delta^{13}C_{PDB}$ 变化小，且接近 0，平均 $\delta^{13}C_{PDB}$=+0.56‰±1.55‰，其他人也证实自寒武纪到现代的海相沉积碳酸盐 $\delta^{13}C_{PDB}$ 接近 0。对 183 个淡水相沉积碳酸盐样品的测定表明，其 $\delta^{13}C_{PDB}$ 变化大，平均 $\delta^{13}C_{PDB}$= −4.93‰±2.75‰。

原因可由分馏机理来考察，因为水相中 $CaCO_3$ 的 $\delta^{13}C_{PDB}$ 由 CO_2-HCO_3^--$CaCO_3$ 系统同位素交换反应所控制。而在淡水沉积环境中大量 CO_2 的碳来自有机物，故 CO_2 的 $\delta^{13}C_{PDB}$ 变异大，偏负值。因此，与之平衡的 $CaCO_3$ 也相对富 ^{12}C。海生动物贝壳 $\delta^{13}C_{PDB}$=+4.2‰~−1.7‰，淡水动物贝壳 $\delta^{13}C_{PDB}$= −0.6‰~ −15.2‰，说明碳酸盐 $\delta^{13}C_{PDB}$ 作为成矿环境指示值的可能性。

根据燕山地区及西南地区中元古界潮坪相泥晶碳酸盐岩的碳氧同位素分析，$\delta^{13}C_{PDB}$ 为+2‰~ −2‰，$\delta^{18}O_{PDB}$ 为−10‰~−2‰(表 1-2)，而分析的菱铁矿及菱锰矿的碳氧同位素分布范围较宽(图 1-4)。综合统计分析碳酸盐岩无机碳同位素频率峰值是−0.51‰(图 1-5)；氧同位素的峰值是−4.9‰(图 1-6)。因此前寒武沉积碳酸盐与现代的 $\delta^{13}C_{PDB}$ 相似，都接近 0。

根据侏罗纪碳酸盐岩沉积环境判别的经验公式：

Z=2.048($\delta^{13}C_{PDB}$+50)+0.498($\delta^{18}O_{PDB}$+50)，若 Z>120，则为海相；Z<120，则为淡水相。

燕山地区及西南地区中元古界潮坪相泥晶碳酸盐岩 Z 值都大于 120，显示是海相沉积为主，而菱铁矿和菱锰矿的 Z 值很小，不到 110，显然与钙镁碳酸盐岩石是不同沉积环境的产物，或者是由于经历了变质改造作用，导致同位素发生分馏。

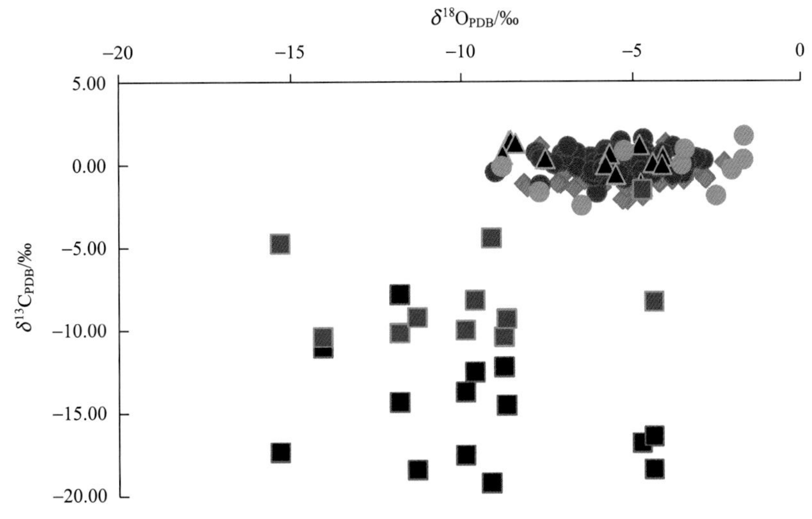

图 1-4 碳酸盐岩石碳同位素组成图解

表 1-2 燕山地区中元古界潮坪相泥晶灰岩碳氧同位素组成

分析项目	$\delta^{18}O_{PDB}$/‰	$\delta^{13}C_{PDB}$/‰								Z
		燕山	蓟县菱铁矿	洛南	黔东菱镁矿	瓮安	鲁山	方城	永济	
样品数	219	111	10	23	11		16	15	33	
平均值	−5.53	−0.10								124
最高值	−2.28	1.56								128
最低值	−9.00	−2.12								120
平均值	−9.55		−15.00							92
最高值	−4.37		−7.80							105
最低值	−15.32		−19.20							83

续表

分析项目	$\delta^{18}O_{PDB}$/‰	$\delta^{13}C_{PDB}$/‰								Z
		燕山	蓟县菱铁矿	洛南	黔东菱镁矿	瓮安	鲁山	方城	永济	
样品数	219	111	10	23	11	20	16	15	33	
平均值	−7.08			−0.45						123
最高值	−3.40			2.50						130
最低值	−13.30			−8.10						106
平均值	−9.78				−7.84					106
最高值	−4.37				−1.51					122
最低值	−15.32				−10.38					99
平均值	−4.33					−0.24				125
最高值	−1.70					1.75				130
最低值	−8.82					−2.45				119
平均值	−5.46						−0.49			124
最高值	−4.30						1.70			128
最低值	−10.50						−0.90			123
平均值	−5.16							−0.38		124
最高值	−4.10							0.80		126
最低值	−7.20							−1.00		123
平均值	−5.75								−0.41	124
最高值	−4.00								0.40	126
最低值	−7.90								−0.80	122

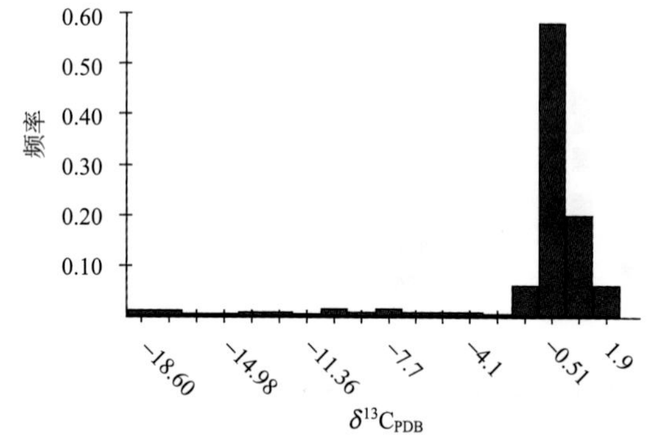

图 1-5　无机碳同位素频率图

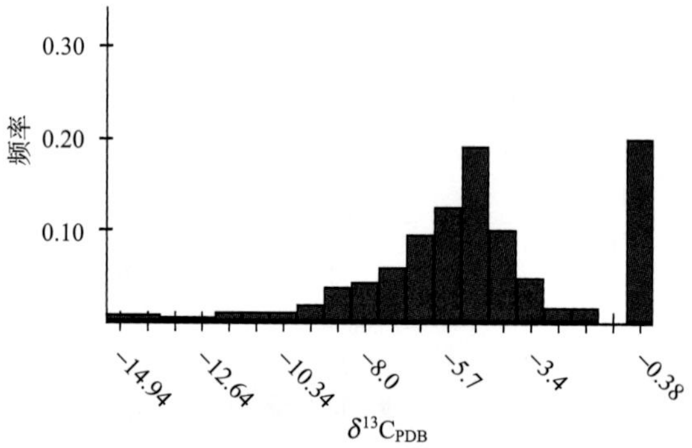

图 1-6　碳酸盐岩氧同位素频率图

变质碳酸盐岩：灰岩和白云岩经重结晶变质作用而成大理岩，在变质作用过程中碳酸盐矿物发生变化。施瓦茨(1970)和拉伊(1974)等的研究资料指出，富大理岩带变质分泌的石英包裹体中 CO_2 的 $\delta^{13}C_{PDB}$ 值为−0.8%～+3.6%，高的 $\delta^{13}C_{PDB}$ 值是从大理岩受变质脱碳作用而来，负的 $\delta^{13}C_{PDB}$ 值则可能来自石墨或岩浆岩。由此可见，变质水(变质作用条件下达到同位素交换平衡时所生成矿物的“理想”介质水)及变质分泌水(变质作用包括混合岩化作用形成的流动迁移的碱质流体、水汽和 CO_2 等组成的混合介质水)的稳定同位素组成变化及特征是基本一致的，都与主岩有密切的关系。但是深部来源的流体(如水和 CO_2 等)对上部变质岩石有影响(尤其是中—高级变质作用)，变质作用中主岩体本身大规模脱水和脱碳作用的影响，深部来源流体与变质岩脱水脱碳所产生的分泌水流体混合，变质分泌水流体在垂直裂隙系统中流动反映等，都可能对稳定同位素组成产生影响。

海相碳酸盐遭受接触变质作用时，$\delta^{13}C_{PDB}$ 值有着向接触带降低并接近侵入体 $\delta^{13}C_{PDB}$ 的趋势。随着靠近接触带，白云石和方解石 $\delta^{13}C_{PDB}$ 均减少，在含钙硅岩的大理岩中方解石 $\delta^{13}C_{PDB}$ 明显减少，而在夕卡岩中达最低值 $\delta^{13}C_{PDB}$=–3‰，有人观察到晚奥陶世沉积岩和早白垩纪侵入体的接触带出现钙硅岩矿物，并且方解石 $\delta^{13}C_{PDB}$ 逐渐降低，由+1.13‰～–3.91‰这可能是由于发生了下列矿物的脱碳反应所致：

方解石($CaCO_3$)+石英(SiO_2) ⟶ 硅灰石($CaSiO_3$)+CO_2↑

2 白云石+石英 ⟶ 2 方解石+镁橄榄石+2CO_2↑

3 白云石+钾长石+水 ⟶ 金云母+3 方解石+3CO_2↑

5 白云石+8 石英+水 ⟶ 3 方解石+透闪石+7CO_2↑

上述脱碳反应中所释出的 CO_2 较方解石富 ^{13}C($\delta^{13}C_{PDB}$=+6‰)，所以，接触变质作用加强，方解石 $\delta^{13}C_{PDB}$ 就降低。格陵兰伊苏亚 3.8Ga 变质沉积岩中碳酸盐矿物 $\delta^{13}C_{PDB}$=–4.1‰~+1.8‰，平均值为–1.0‰，接近所有地质年代方解石和白云石等沉积碳酸盐矿物的 $\delta^{13}C_{PDB}$ 值。

高级变质作用一般可引起碳同位素比值的偏移，变质脱碳酸盐反应通常可导致贫 ^{13}C 碳酸盐的生成，因此，低的 $^{13}C/^{12}C$ 值与新形成的钙-硅酸盐矿物的存在相关。脱碳酸盐化作用时释放出的 CO_2 气体，相应富集重同位素。Sehidlowski 等(1979)提出，与未变质的海相碳酸盐相比，在伊苏拉岩石中所观察到的负 $\delta^{13}C_{碳酸盐}$值的偏移，以及伊苏拉沉积物“石墨”组分显著的正 $\delta^{13}C_{有机}$值都是变质作用造成的，Dobner 等(1978)得出了斯里兰卡脉状石墨的 $\delta^{13}C_{PDB}$ 中间值为–7.76‰，认为是高级变质作用的结果。

2)金刚石

金刚石产自金伯利岩等来自地壳深部的岩石中，它需要高达 1200℃的温度和高压(相当于深度在 150km 以下，压力在 4.5GPa 以上)。

测定世界各地无色金刚石的 $\delta^{13}C_{PDB}$ 均落在–20‰~–10.0‰范围之内，平均 $\delta^{13}C_{PDB}$=–7‰，此值指示了无色金刚石的碳源来自地幔，是在高温高压下形成的。各种颜色的天然金刚石 $\delta^{13}C_{PDB}$ 变异大，且趋于富集 ^{12}C。Kovalskiy 等(1973)测得各种颜色金刚石样品 $\delta^{13}C_{PDB}$= –5.0‰~–32.3‰，平均 $\delta^{13}C_{PDB}$= –11.8‰，远较上述无色金刚石富 ^{12}C，且变异大，和生物成因碳 $\delta^{13}C_{PDB}$ 相重叠，显然，这类金刚石的碳源很可能还包括了生物成因碳。这支持了 Mitehell 等(1971)所提出的上述假说，即金刚石也可能在较稳定场所指示的深度和温度为小的条件下，以亚稳态出现在自然界中。

因此，即使在高温下，不同碳化合物之间还可能有显著的碳同位素分馏，金刚石和其他含碳化合物间的同位素交换反应主要是温度的函数，所以进一步研究金刚石和其他碳化合物在各温度下特别是高温下的同位素分馏，将有助于探讨金刚石的形成条件及其变化。

3)石墨

前寒武含铁建造中的石墨所进行的大量 $\delta^{13}C_{PDB}$ 的测定十分引人关注，20 世纪 60 年代发现了前寒武含铁建造中与现代沉积物相似的富 ^{12}C 的石墨碳，其 $\delta^{13}C_{PDB}$= –1.5‰~ –40‰(Hoefs et al.，1967)，因而推断，可能是生物的光合作用所致。据此，生命活动已可追溯到 3.7Ga 的格陵兰依苏亚含铁建造。与此同时，在陨石、超镁铁岩及夕卡岩中也发现不少 $\delta^{13}C_{PDB}$= –2.0‰~ –8.0‰的“重”石墨。如果说这些石墨也是生物成因的，那就值得怀疑。

我国鞍本地区前寒武含铁建造中也含有石墨，南京古生物所在该地区地层中还发现了丰富的微古生物化石和氨基酸，这是当时已有生命活动的佐证。这些石墨的形成问题关系到富矿的成矿机理，因而引起广泛的兴趣和争议。李曙光等(1979)对该区石墨样品 $\delta^{13}C_{PDB}$ 测定发现，有两组 $\delta^{13}C_{PDB}$ 显然不同的石墨，他们认为该区石墨具有不同成因，又依据石墨和碳酸盐间的同位素分馏及该区富矿的元素地球化学研究，判断富矿石墨来自菱铁矿的变质作用(无机成因)，从而证实富矿由菱铁矿变质生成的看法。总之，测定石墨的 $\delta^{13}C_{PDB}$ 对探讨石墨成因，解决世界范围的前寒武纪含铁建造的成因乃至原始生命的起源和演化有十分重要的意义。

石墨主要出现在变质沉积岩中，也出现在某些火成岩中。许多研究者均报道变质沉积岩中石墨 $\delta^{13}C_{PDB}$

与生物成因碳 $\delta^{13}C_{PDB}$ 的重叠，因此，一般认为石墨是由有机物经脱氢作用后，进一步发生碳的重结晶过程而生成的。例如，Garelin(1957)测定了瑞典北部前寒武到下古生界沉积变质岩中 108 个石墨样品，其平均 $\delta^{13}C_{PDB}$=−24.39‰±3.06‰和生物成因碳的 $\delta^{13}C_{PDB}$ 重叠。加拿大密支哥必坦铁矿区(2.7Ga)石墨 $\delta^{13}C_{PDB}$ 平均值为−20.4‰~−20.7‰(Goodwin et al.，1976)。对这类富 ^{12}C 的“轻”石墨的成因无多大争议。

然而，与此同时，在前寒武纪沉积变质岩中也发现了较生物成因碳的 $\delta^{13}C_{PDB}$ 明显变“重”的石墨，$\delta^{13}C_{PDB}$ 约为−14‰，其成因颇有争议。格陵兰西部伊苏兰地区铁建造中石墨 $\delta^{13}C_{PDB}$ 的几个报道尽管有差异，但均发现有“重”石墨。Perry 等(1977)测得“重”石墨 $\delta^{13}C_{PDB}$= −16.3‰~−9.3‰，平均 $\delta^{13}C_{PDB}$= −12.5‰，与之伴生的菱铁矿 $\delta^{13}C_{PDB}$=6‰。他们认为“重”石墨 $\delta^{13}C_{PDB}$ 证实了石墨由下列变质反应生成：

$$6FeCO_3 = 2Fe_3O_4 + 5CO_2 + C$$

该区氧同位素地质温度计和共生矿物平衡温度表明，变质温度为 390~465℃，按理论计算(图 1-2)，该温度下 $\Delta_{(碳酸盐-石墨)}$约为 7，几乎与上述实测结果(Δ=6)相吻合，说明碳酸盐和石墨达到了化学和同位素平衡。此外，岩石的结构也与结论相一致，细的石墨以浸染状分布在菱铁矿中。该铁建造的主要矿物集合体为石英-磁铁矿-铁闪石，推断可能有下列反应：

$$14Fe_3O_4 + 48SiO_2 + 7C + 6H_2O = 6Fe_7Si_8O_{22}(OH)_2 + 7CO_2$$

实际观察在含石墨集合体中的磁铁矿以大颗粒(1mm)存在。还有，“重”石墨中最“轻”的样品($\delta^{13}C_{PDB}$= −16.1‰)最远离碳酸盐源，这与 ^{12}C 选择性扩散相一致。总之上述作者认为从碳同位素资料及其他岩石、共生矿物证据均表明“重”石墨是无机成因的。

Oehler 等(1977)也报道过该铁建造变质岩中石墨。$\delta^{13}C_{PDB}$ −11.3‰~ −17.4‰，他们也认为石墨是无机成因的，即“重”石墨可能是碳酸盐为氢分子还原反应所致：

$$CaCO_3 + 4H_2 \longrightarrow CH_4 + H_2O + Ca(OH)_2 \qquad (200\sim600℃)$$

在更高温度(>700℃)下，CH_4 又分解为石墨和氢气。另一种无机成因可能性就是该建造过去存在的含重碳物质经热交代作用产生轻的富 ^{12}C 的碳氢化合物，又进一步分解为石墨。

但也有人认为“重”石墨仍是有机成因的，Schidlowski 等(1979)报道该建造石墨 $\delta^{13}C_{PDB}$=−22.2‰~−5.9‰，平均 $\delta^{13}C_{PDB}$= −15.3‰±6.2‰。在变质作用中有机物优先释放同位素组成轻的甲烷等，而使残余物 $\delta^{13}C_{PDB}$ 增加。也可能在变质过程中，生物成因“轻”石墨与“重”碳酸盐间发生同位素交换反应而产生了“重”石墨。

总之，上述说明对平均 $\delta^{13}C_{PDB}$= −25‰的石墨的有机成因争议较少，而对“重”石墨争议大。单纯利用 $\delta^{13}C_{PDB}$ 来判断是困难的，必须结合其他地球化学研究手段，如 Perry 等(1977)认为元古宙铁建造中 Eh 灵敏的矿物沉淀环境的研究也许有助于石墨成因的判断。

李曙光等(1979)对我国鞍本地区前寒武铁建造中石墨 $\delta^{13}C_{PDB}$ 的研究(表 1-3)引起国内同行的广泛注意和兴趣。有两组显然不同的石墨 $\delta^{13}C_{PDB}$ 值，平均 $\delta^{13}C_{PDB}$= −26.5‰的石墨被认为是生物成因的，而该区富磁铁矿中“重”石墨，依其产状和 $\delta^{13}C_{PDB}$ 认为是无机成因的。而且这种“重”石墨($\delta^{13}C_{PDB}$= −4.6‰)较上述报道世界各地“重”石墨还要偏“重”，似乎也是罕见的。

表 1-3　鞍本地区前寒武铁建造中石墨碳同位素

序号	样品类型			$\delta^{13}C_{PDB}$/‰	平均 $\delta^{13}C_{PDB}$/‰
1	含石墨磁铁富矿中石墨	弓长岭二矿区(Fe6)	14	−0.9~−7.3	−4.6
		八盘岭(YK93 孔)	4		
2	石榴云母石英片岩(Ks)中石墨		1	−27.1~−25.8	−26.5
3	磁铁石英岩(Fe6)中碳酸盐岩层中石墨		1		−1.1
4	富矿蚀变围岩中脉状菱铁矿中石墨		1		−1.2

第二节 石墨矿物学及工业价值

一、石墨矿物学

石墨是单元素矿物，晶体构造为典型的层状构造，石墨晶体形态呈六方片状，集合体常呈鳞片状、土状、块状。呈现铁黑色或钢灰色，条痕为黑色；沿底面{0001}解理完全，易剥成薄片，一般为鳞片构造。具很低的表面能(约 $119\times10^{-7}J/cm^2$)，平行解理面的硬度只有1~2，垂直解理面的硬度达5.5，易污手，手摸具滑感；呈现光学非均质性，半金属光泽，不透明；密度低，几个典型矿床测试的石墨比重只有2.25~2.37，鲁塘隐晶质石墨的密度最小，与岩浆热液交代变质的苏吉泉石墨的密度最高，区域变质石墨介于两者之间(表1-4)。

表1-4 典型矿床石墨密度

矿床	密度/(g/cm^3)	矿床	密度/(g/cm^3)
苏吉泉	2.37	鲁塘	2.25
南墅	2.29	南江-1	2.34
柳毛	2.29	南江-2	2.32

测定者：煤炭科学院地质勘探分院物化室。

石墨具可曲性或挠性但无弹性；耐高温、熔点3652℃，沸点4827℃，在4500℃左右升华；热传导性能良好，具高度的导电性，电阻率为 10^{-6}~$10^{-4}\Omega\cdot m$；化学稳定性强，不溶于酸碱，在有氧气的条件下，687℃燃烧生成二氧化碳。

石墨矿物以结晶性质为分类依据，分为晶质鳞片石墨和隐晶质石墨。晶质鳞片石墨，系指石墨单晶大于1μm的石墨；隐晶质石墨，系指由细小的微晶粒(0.01~1μm)构成的致密状石墨块体，其结晶只有用高倍显微镜才能辨别。隐晶石墨也称无定形石墨、土状石墨，也称“非晶质石墨”，实质上所有的石墨都是结晶的，隐晶石墨只不过要在显微镜下才能观察到结晶，即显微晶质。

自然界中还存在一种“半石墨”，实际上是隐晶石墨与煤的混生体，是煤与石墨的过渡性产物，它们相互间的鉴别需根据化学分析结果和物性参数来判断。

除天然石墨外，石墨还可人工合成，称“人造石墨”或“电石墨”。人造石墨是用石油焦在电炉中强热(2600~3000℃)而成。人造石墨以较高的纯度和较低的结晶度为特征，主要用于电极。人造石墨的生产一般局限于缺乏天然石墨资源的发达国家，如西欧、美国、加拿大和日本。

(一)晶体结构

石墨晶体的基本结构是六方晶格，单位晶胞含有四个原子，具典型的层状结构。碳原子排列成六方网状层，层内碳原子成三角形排列，其配位数为3，间距为1.42Å，相互之间以120°排列，具共价-金属键(图1-7)。面网结点上的碳原子连接于上下邻层构成网格的中心(图1-8)，层与层间以分子键相连，间距为3.40Å。正是由于石墨中碳原子的这种层状结构和多键型化学键性，决定了它的物理性质上的一系列特点，如有一组完全的底面解理{0001}，良导电性等。

石墨晶体结构属六方或三方晶系，由于碳原子层在空间的排列有两种类型：即按 *AB*、*AB*、*AB*…顺序排列的是六方结构；按*ABC*、*ABC*、*ABC*…顺序排列的是菱形或菱面体多型变体(Lipson et al.，1942)。由于上述周期重复层数不同，才有2H和3R两种多型变体之分。前者第三层与第一层重复，为通常的石墨-2H型(重复层数为2，属六方晶系)；后者第四层与第一层重复，为石墨-3R型(重复层数为3，属菱形或三方晶系)。

石墨-2H 型(简称为 H)。即重复层次为 2，属六方晶系(hexagonal system)。对称型为 $L^6 6L^2 7PC$，空间群为 $D_{4/6h}$~P_{63} / mmc(图 1-9)，晶胞参数 a_o=2.462~2.466Å；c_o=6.711~6.746Å，Z=4。石墨-2H 型的热动力性能稳定在一个较大的范围内(t<2000℃，P<13GPa)，所以在自然界能广泛出现，人们通常称的石墨就是指石墨-2H 型。

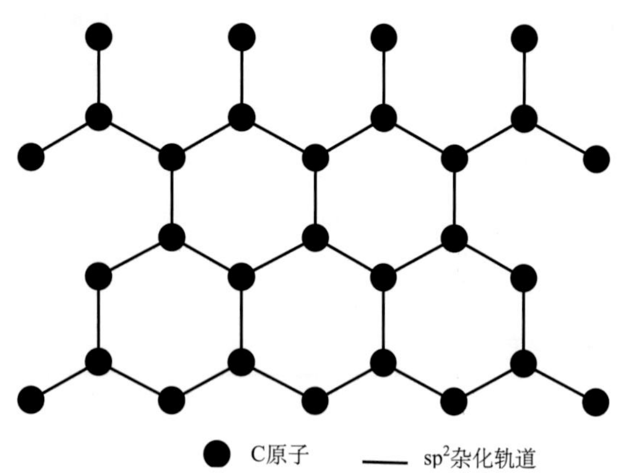

图 1-7　石墨面网平面碳原子排列成六方网状层

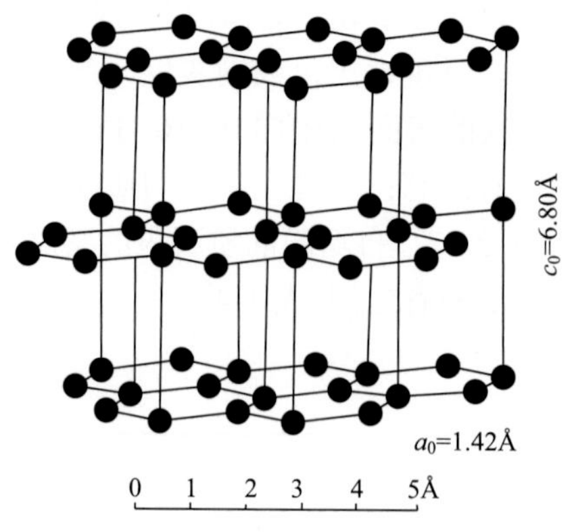

图 1-8　石墨多层面网结构图

石墨-3R 型(rhombohedral system)结构状态和主要参数如下：对称型为 $L^3 3L^2 3PC$，空间群为 $D_{5/3d}$~R_{3mo}(图 1-10)，晶胞参数 a_o=2.46，c_o=10.06Å，Z=6(每单位晶胞所含化学式单位的数目为 6)，此多型变体属亚稳定相，当温度升高时(t>2000℃)便消失，此种形式在天然石墨结构中是不能被单独分离出来的。

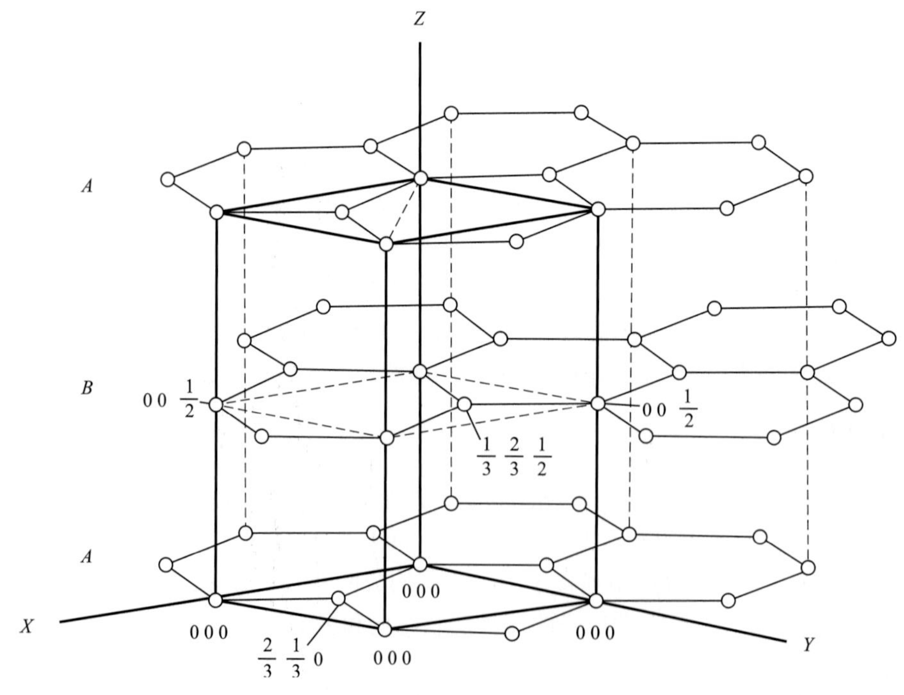

图 1-9　石墨-2H 型晶体面网图

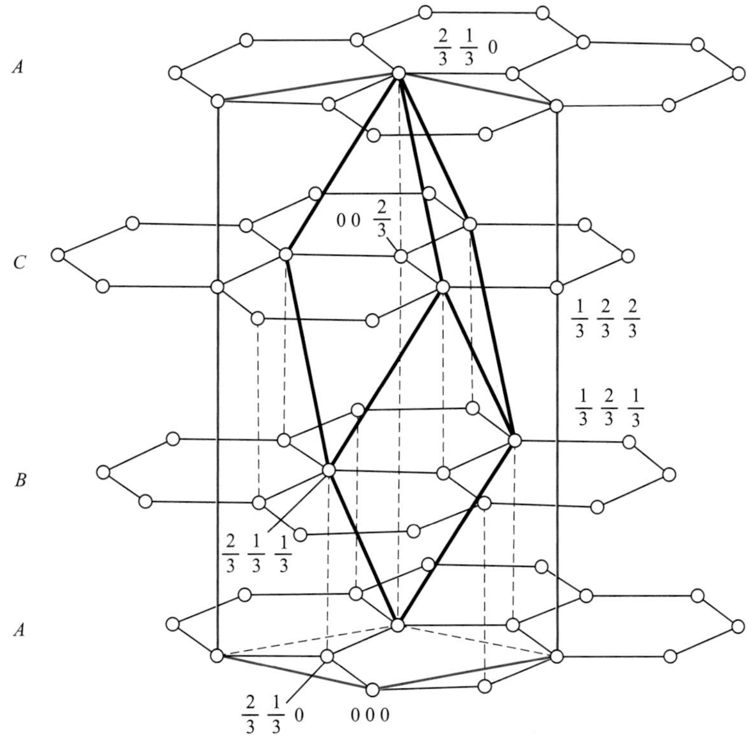

图 1-10 石墨-3R 型晶体面网图

石墨-2H 型(H)和石墨-3R 型(RH)两种多型变体的含量与变质程度有关，变质作用程度越浅，石墨晶体越小，RH 相的数量就越多，如微晶质或隐晶质石墨中，RH 相的含量可达 27%，在半石墨中可达 35%。但对直径大于 5mm 的鳞片状、片状、板状粗晶，其 RH 相的含量仅 3%~10%。RH 多型的形成一般是在 H 型晶格底面增长时完成的。

超石墨(chaoite)又称亮石墨，它是碳质的另一同质多象变体，仍具有层状结构，属六方原始格子，六方晶系，空间群为 $D_{1/6h}$~P_6/mm。晶胞参数 a_o=8.948Å，c_o=14.078Å，Z=168。“X”射线粉晶衍射主要谱线：4.47(10)、4.26(10)、4.12(8)。电子探针分析其成分主要为碳，含少量硅和痕量氯。形态呈薄片状，硬度比石墨略高，比重大于石墨(约为 3.43)。它与石墨、金红石、锆石等产于石墨片麻岩中，在球粒陨石中也曾有发现。按同质多相和晶体结构多型变体结构特征不同(表 1-5)。

天然石墨(H)的外观形态反映了它的内部结构特点，属复六方双锥晶系，沿{0001}呈六方板状晶体(图 1-11)。常见单形有平行双面 C{0001}，六方双锥 P{$10\bar{1}0$}、Q{$11\bar{2}2$}、O{$10\bar{1}2$}，六方柱为 m{1010}。底面常具三角形条纹，依照{$11\bar{2}1$}成双晶。实际上，完好的晶体十分罕见。一般常呈鳞片状、片状及板状，集合体成土状、球状及致密块状等。球体内部往往具同心圆状或放射状构造。

表 1-5 石墨按晶体的结构分类

结构及结晶常数	石墨多型变体		亮石墨
	石墨-2H 型	石墨-3R 型	
成分	碳	碳	碳
晶系	六方	三方	六方
对称性	$L^6 6L^2 7PC$	$L^3 3L^2 3PC$	
空间群	D^4_{6h}~P_{63}/mmc	D^5_{3d}~R_3m	D^1_{6h}~P_6/mmm
a_0	2.462~2.466	2.46	8.948
c_0	6.711~6.746	100.6	14.078
Z	4	6	168

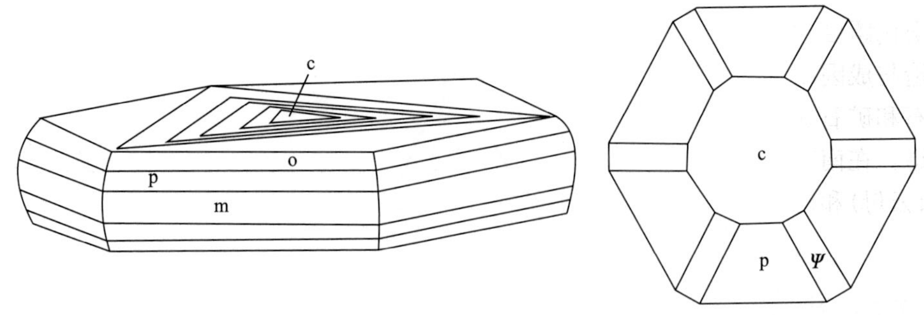

图 1-11　石墨-2H 型(H)晶体形态图

在 2 万~6 万倍电子显微镜下，石墨的六边形碎片具有清晰的外观，其图像类似螺旋生长，尤其是在麻粒岩相中生成的石墨具有最规则的形状，表面呈现平坦均匀。在绿色片岩相中的石墨，具有发育完整的粒状，表面为多孔状和海绵状，透射电镜下同时能观察到类似有机质的结构(照片 1-1)。

(二)石墨晶体特征

1. 光学性质

石墨具有半金属光泽，属于不透明矿物，在矿相显微镜下属于低反射率，灰褐色反射色，强多色性、强非均质性。石墨的光学性质和石墨化程度有关，角闪岩相和麻粒岩相中的石墨呈六方形片状、板状及鳞片状，显微镜下边缘平直，其单晶大小 0.10mm 至几毫米不等，成单体或集合体出现。石墨化程度差的绿片岩相的石墨，往往成隐晶质或极细小的鳞片集合体，在透射光下一般不透明，特别薄的薄片微弱透光，呈浅绿灰-深蓝灰色，折射率为 1.83~2.07，一轴晶负光性。在反射光下反射色、反射多色性和双反射均很显著，显示较强的非均质性。R_o灰色带橙棕色，R_e深蓝灰色，多色性为稻草黄-暗棕、紫灰色。其反射率随着石墨化程度(μm)的增强而增加，沸石相 Ru%(最大)<3.0，绿色片岩相为 3.0~9.0，角闪岩相和麻粒岩相>9.0(表 1-6)。

表 1-6　典型矿石晶质石墨反射率表

光波	438nm			546nm			590nm			646nm		
光性	反射率/%		双反射	反射率/%		双反射	反射率/%		双反射	反射率/%		双反射
	R_o	R_e		R_o	R_e		R_o	R_e		R_o	R_e	
南墅	19.9	7.8	12.1	19.2	7.4	11.8	19.9	7.6	12.3	21.0	7.4	13.6
柳毛	16.0	9.5	6.5	15.9	9.5	6.4	16.3	9.4	6.9	16.8	9.6	7.2
苏吉泉	19.6	6.8	12.8	20.7	6.8	13.9	22.0	6.4	15.6	22.1	6.1	16.0

测试者：中国地质科学院矿产资源研究所。

由于与石墨共生的矿物主要是石英、长石、云母等粒状透明矿物共生，因此从晶形及光性特征，在显微镜下都易于识别鉴定石墨矿物。矿相显微鉴定主要是为了鉴定矿物成分、矿物共伴生关系、矿石结构构造。矿石中矿物晶粒大小、切面形状，在一定程度上反映其矿床形成条件和作用，如变质程度较深的角闪岩相和麻粒岩相中的石墨，具有规则的鳞片状、片状和板状外形，晶粒较大(从 0.5cm 至几厘米不等)，边缘平直，表面平坦均匀；而变质程度较浅的绿片岩中的石墨，颗粒较细，呈粒状，多孔状和海绵状。在区域变质成矿作用形成的矿石中，可发现残余与交代结构广泛存在，从而改正了以往认为区域变质作用只能在封闭系统条件下发生重结晶的认识。在区域变质作用条件下，由于压力差异，引起变质水溶液的运动，破坏了原来的平衡条件，形成相对的开放系统，从而产生交代作用。在区域变质的石墨矿床中，经常发现斜长石、黑云母等早期形成的矿物被微斜长石、石英交代而形成的交代蚕食、交代蠕虫、交代残余等各种交代结构，说明矿石形成的晚期有碱质和硅质热液活动。

矿石构造与成因相关，区域变质作用形成的石墨矿石，由于在均匀压力和定向压力，以及热力的作用下，岩石和矿石受到重结晶作用、定向作用和褶皱作用，并由此而产生片状、片麻状、条带状、皱纹状等构造。在南墅、柳毛等石墨矿床的石墨黑云斜长片麻岩、石英石墨片岩中，经常见到暗色矿物(石墨和黑云母)和浅色矿物(长石和石英)分别集中呈条带状相间排列，反映了原岩不同成分的微层理构造。

2. "X"射线衍射谱线

利用 X 射线衍射法(XRD)研究晶体物质的内部结构，"X"射线粉晶衍射分析是求得晶体 d_{hkl} 的面网间距，单位是埃(Å)，是鉴定矿物的主要参数：

$$d_{hkl}=\lambda/2\sin\theta_{hkl}$$

式中，λ 为"X"射线的波长(已知)；θ_{hkl} 为衍射角(又称反射角)，θ 值大者称高衍射角，反之称低衍射角，衍射角是从实验获得的德拜图或衍射仪记录的衍射数据和衍射谱线求出。

特定矿物有一定的系列衍射数据(不同的衍射指数 hkl 代表一系列不同方向的面网间距和粗应的衍射强度)。以被鉴定矿物的衍射数据与标准衍射谱对比或查鉴定表便可鉴定矿物。

凡有衍射峰出现，就说明晶体中存在一组相应的面网，衍射峰(或称反射峰)的高度大致代表它的相对衍射强度。在衍射谱中，一般把最强的衍射线定为 100 或 10，最弱者定为 1。按 100 或 10 级读出所有衍射线的相对强度(I)，也有的文献资料把强度分为 5 级，以英文字头标出 VS(很强)、S(强)、M(中等)、W(弱)、VW(很弱)。

石墨-2H 型的衍射特征值和强衍射线是 3.36(10)、1.68(4)、1.23(4)(表 1-7、图 1-12)。

表 1-7　石墨-2H 型"X"射线粉晶衍射主要谱线

hkl	*d*/Å	*I*	*hkl*	*d*/Å	*I*
002	3.35~3.37	10	110	1.22~1.23	1~3
100	2.11~2.13	1~2	112	1.154~1.159	1~2
101	2.01~2.04	1~3	006	1.119~1.120	2~5
004	1.67~1.68	4~8		0.991~0.994	1~2

石墨碳原子网之间的距离与变质程度有明显关系，即石墨化程度越高，或变质程度越深，碳的含量高，氢和挥发分越小，则碳原子网之间的距离越小，有序度高，反映在 d_{002} 的数值越小，一般在 3.37Å 以下，同时(100)和(101)两组面网的衍射峰分开得越明显，而超无烟煤等的(100)和(101)两组面网的衍射峰则重叠在一起区分不开。

根据 d_{002} 值是随其结构中原子堆积的有序度增加而减小这一定理来分析，苏吉泉和南墅的石墨的 d_{002} 最小(分别为 3.356Å 和 3.358Å)，说明它们的有序度最好。而鲁塘石墨的 d_{002} 最大(3.378Å)，说明其有序度最差。柳毛和南江的石墨的 d_{002} 分别为 3.366Å、3.363Å，它们的有序度介于中间(表 1-8)。

表 1-8　石墨的 X 射线衍射数据

hkl	苏吉泉		南墅		柳毛		南江(1)		南江(2)		鲁塘	
	d/Å	*I*	*d*/Å	*I*	*d*/Å	*I*	*d*/Å	*I*	*d*/Å	*I*	*d*/Å	*I*
002	3.356	10	3.358	10	3.366	10	3.666	10	3.363	10	3.378	10
100	2.134	2	2.135	1	2.135	1	2.139	1	2.139	1	2.130	2
101	2.039	0.5	2.039	3	2.041	2	2.041	2	2.042	3	2.045	1

续表

hkl	苏吉泉		南墅		柳毛		南江(1)		南江(2)		鲁塘	
	d/Å	I	d/Å	I	d/Å	I	d/Å	I	d/Å	I	d/Å	I
102									1.801	1		
004	1.680	7	1.681	8	1.681	8	1.681	8	1.681	8	1.687	4
103	1.545	2	1.545	2	1.548	1	1.547	2	1.548	2		
110	1.233	1	1.233	2			1.233	1	1.234	1	1.233	3
112	1.157	1	1.158	2	1.159	1	1.158	2	1.159	1.5	1.159	2
006	1.120	4	1.120	5	1.120	4	1.120	4	1.120	4		
202	1.016	1										
106 114	0.9934	1	0.9941	2	0.9942	1	0.9948	2	0.9942	2		

所求得的晶胞参数(a_0，c_0)和晶胞体积(V)，以苏吉泉的最小(a_0=2.463Å、c_0=6.713Å，V=35.268Å^3)，鲁塘的最大(a_0=2.467Å，c_0=6.746Å，V=35.556Å^3)，其他介于两者之间(表 1-9)。

鸡西柳毛、莱西南墅、兴和黄土窑三地鳞片石墨均为具有 4 个原子的密排六方石墨，石墨晶格参数，其数值也表明是属于六方晶系。

表 1-9　石墨的晶胞参数

矿床	a_0/Å	c_0/Å	V/Å^{3*}
苏吉泉	2.463	6.713	35.268
南墅	2.465	6.716	35.341
柳毛	2.466	6.712	35.348
南江(1)	2.466	6.712	35.348
南江(2)	2.466	6.717	35.375
鲁塘	2.467	6.746	35.556

*按六方晶胞计算出的晶胞体积($V=a^2C_{3/2}$)。

晶体结构的有序度及石墨中碳和氢的含量与石墨化程度有关，对比煤岩的变质演化，可分为：纯石墨、半石墨(天然过渡型石墨)、变质无烟煤和无烟煤，自然界中很少见到完整的石墨晶体，而是呈现各种无序状态和晶体的非均一性。综合变质程度(μ)、面网间距(d_{002})，最大反射率(Ru)与氢/碳原子比值(H/C)之间的关系，随着石墨化程度升高 H/C 值降低，晶体面网间距减小，反射率升高(表 1-10)。

表 1-10　不同变质相中石墨的某些参数

变质相		石墨相	石墨化程度/%	H/C	面网间距 d_{002}/Å	Ru(最大)% 546mm(波长)的反射率
沸石相		无烟煤(A)	6~2.69	0.20	3.43~3.40	3.0
绿片岩相	绿泥石	变质无烟煤(MA)	26.9~45	0.15~0.20	3.40~3.38	3.0~6.5
	黑云母	半石墨(SG)	45~56.7	0.10~0.15	3.38~3.37	6.5~9.0
角闪岩相		石墨	56.7~100	0.005~0.10	3.37~3.36	9.0
麻粒岩相					3.36~3.354	

(三)物理化学性质

石墨成因及石墨化程度决定了晶体的结构、晶体特征及物理化学特征，首先决定晶体成分，即氢与碳原子比值(H/C)，随石墨化程度的增高而减小；石墨化程度(μ)与变质作用正相关，变质程度越高石墨结晶程度越好，晶体也越大(往往是垂直 C 轴方向扩展)，晶形最完整的石墨作标准，最大值为 1(既是 100%)；石墨化程度越高，石墨有序度越高；石墨晶体面网间距 d_{002} 的值越小，在 3.43~3.54Å；石墨化程度越高，石墨晶体反射率(Ru)越高，一般以绿光(λ=546nm)反射光测定。

1. 物理性质

由于石墨特殊的原子结构，具层状结构，晶体原子层之间以分子键结合，彼此间的联系松弛，以致出现完全的底面解理。石墨结构中层状平面网之间的距离比平面网中原子间距离要大两倍多(前者 3.40Å，后者 1.42Å(图 1-12))，因此石墨具有强的非均质性及硬度的不均一性。

石墨薄片的结合相当松弛，也很柔软，具滑腻感，滑腻性随摩擦系数的缩小而相对增长。晶体越大，在一个平面中的取向一致，则摩擦系数越小。鳞片石墨的滑腻性最好，鳞片越大，其滑腻性越佳。由于是鳞片状、叶片状外形，摩擦系数小和高度的黏着力，这正是石墨具有可塑性能的原因。

碳原子在石墨结晶格子的原子层中紧密排列使它们的热振动特别困难，因此石墨的熔点极高(3652~3850℃)。加之热膨胀系数低，吸热性能差，这是石墨耐高温的根本原因。

石墨结晶格子里存在着容易运动的电子，能传递电流并将热波在原子与原子之间传递，所以它具有良好的导电性和传热性。

2. 热效应

差热分析是利用矿物在不同温度下产生热效应(吸热和放热效应)的特点来鉴定和研究矿物的一种方法，常用的是差热分析(DTA)和热失重或热天平分析(TG)。

不同矿物受热达到一定温度，如发生脱水(包括吸附水、结晶水等)、结构破坏崩解、相变(同质多象变化)、分解(CO_2、SO_3 逸出)等，便产生吸热效应(矿物吸收外部热量引起物理化学变化)，在差热曲线上出现吸热谷。矿物如发生氧化或燃烧(C、S、Fe^{2+}、其他有机质)，非晶质转变重新结晶为新物相等，便产生放热效应(矿物晶格内部放出热量而引起的物理化学变化)，在差热曲线上出现放热峰。差热曲线上峰谷的面积(或高度)及热失重曲线上的失重量，与反应的热效应热量呈正比，也就是与矿物含量大致呈正比关系，这便是差热分析对矿物定量分析的基础(郭海珠，1989)。

差热分析鉴定的方法，一般是把要研究的物质的热谱与典型标本的标准热谱相对比，主要对比其吸热谷底和放热峰尖，以及发生热效应的起始和结束通度、差热曲线峰谷的大小、形状等。需要注意的是有些温度有时提前或者推后，可能与外界实验条件或者矿物内在有序度不同有关。

石墨矿物在加热至 460~800℃时，产生氧化或燃烧而出现放热峰，它的起始温度与石墨的天然鳞片大小、石墨结构的有序度，以及变质程度呈正比关系，这是差热分析研究石墨矿物特征的重要内容。

根据差热分析曲线(图 1-13)，综合出的放热峰的起始温度及终止温度(表 1-11)，不同成因类型的石墨放热峰起始温度不同，鲁塘隐晶质石墨放热峰的起始温度相对低些(588℃)、南墅等(区域变质)石墨的放热峰的起始温度则相对高些，苏吉泉(与岩浆热液有关)石墨最高(640℃)。

3. 石墨化学组分

自然产出的石墨常含有不定量的杂质(10%~20%)，包括 SiO_2、Al_2O_3、MgO、CaO、P_2O_5、CuO、V_2O_5、H_2O、CO_2、CH_4、NH_3 等，这些杂质常以石英、黄铁矿、碳酸盐、黏土、沥青等物相出现，其中石墨晶格中 H 的含量及 H/C 值是鉴定石墨成因的重要参数。区域变质矿床(南墅、柳毛、南江等)的晶质石墨的含碳量为 85.94%~99.34%，而含氢量在 0.04%~0.10%，氢与碳原子比值(H/C)较低，在

0.005~0.014；与岩浆热液型苏吉泉矿床的细晶石墨，含碳量为 64.88%，含氢量则为 0.15%，H/C 原子比值为 0.028；煤层接触变质的鲁塘矿床的石墨，含碳量为 88.61%，含氢量为 0.26%，而 H/C 原子比值比前面两种成因的石墨显得更高，达 0.035(表 1-12)。

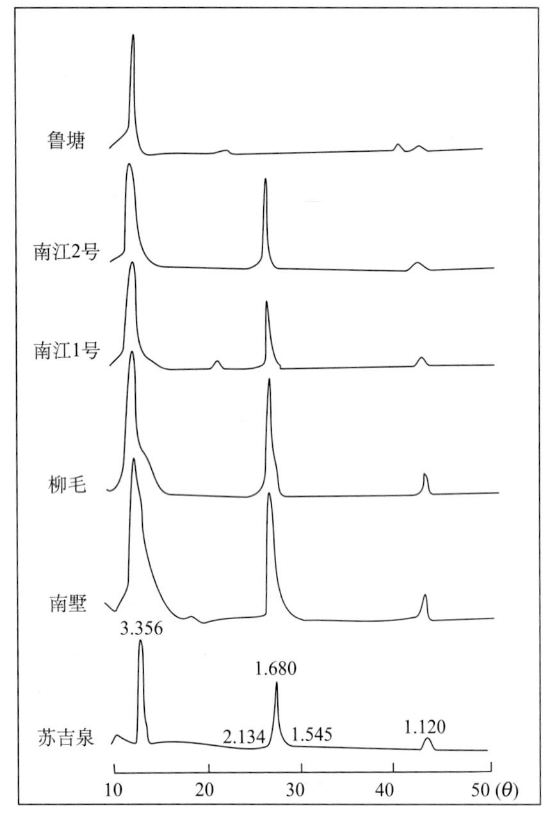

图 1-12　典型矿床石墨 X 射线衍射谱(铜靶)

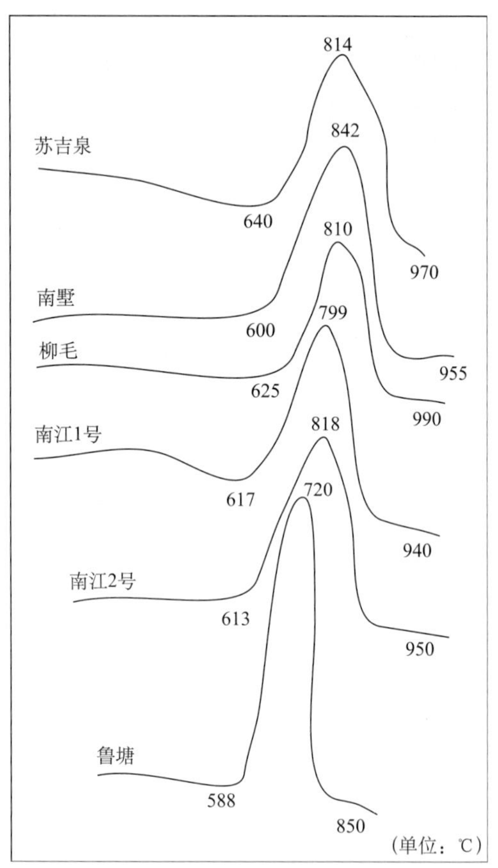

图 1-13　典型矿床石墨差热曲线(分析者：杨雅秀)

表 1-11　典型矿床石墨的放热峰的起始及终止温度　　(单位：℃)

矿名	峰起始温度	峰终止温度	峰的温度区间
鲁塘	588	850	262
南墅	600	955	355
南江-1	613	950	337
南江-2	617	940	323
柳毛	625	990	365
苏吉泉	640	970	330
大衢	728	903	175
龙游	772	970	138
东阳	681	948	267
义乌上陈	568	838	300
诸暨	538	838	300
青田	515	746	231
义乌尚阳	784	956	172
龙泉	669	819	150

表 1-12　石墨化学组分表　(单位：%)

矿床	C	H	N	S	H/C	*W*(湿度)	*A*(灰分)	*V*(挥发分)	FeO
南墅	99.34	0.06		0.05	0.007	0.58	0.37	0.89	0.18
柳毛	95.27	0.04		0.03	0.005	0.54	4.16	1.21	0.35
南江-1	85.94	0.10		0.25	0.014	0.54	13.38	1.52	0.37
南江-2	90.27	0.04		0.28	0.005	0.58	8.56	1.57	0.68
鲁塘	88.61	0.26		0.07	0.035	0.53	9.04	2.10	0.67
苏吉泉	64.88	0.15		0.09	0.028	0.73	35.73	0.82	0.25

分析者：煤炭科学院地质勘探分院物化室。

(四)石墨物理化学参数

1. 石墨化

持续的高温高压条件下，碳质物质都可以转变为石墨，称为石墨化，但是不同的地质作用条件下，石墨化程度不同。用 X 射线衍射等方法研究一些无定形碳及石墨的衍射特征，根据 X 射线衍射结果把变质岩中的碳质物质分成结晶好的石墨和无序石墨两类(黄伯钧和 Buseek，1986；茹德俊等，1994)，无序石墨分成三种，分别以 D_1，D_2，D_3 石墨命名，D 的下标的数值越大，无序程度越高。用 G 表示结晶好的石墨。

石墨结晶作用是在变质程度很宽的范围内由变质作用形成的，它不受退化变质作用的影响，石墨结晶作用是不可逆的，因此碳质物性形态可以用作区域地质体变质程度的指示剂。

D_3 的晶格象中，碳原子层呈波状，直径不超过 35Å，且无一定取向，可见到 2~3 层的碳层堆，平均层间距为 4.00Å，所谓碳层堆或石墨雏晶，是指若干平坦的或近似平坦的碳原子层，彼此平行堆砌形成的一种构造。碳层堆的数量、长度以及堆中碳原子层的数目随结晶度的增加而增加。

D_2 的晶格象显示弯曲的碳原子层，大致沿一定方向或呈同心圆排列，形成涡流层构造。2~7 层，长度为 7~20Å 的碳层堆到处可见，平均层间距为 3.48Å。这种物质的电子衍射谱上出现弥散的(002)衍射环和(100)、(110)衍射环，表明它只有二维结晶。

D_1 石墨的晶格象中，碳原子层的平面度和取向都比 D_2 的好得多，碳层堆的层数和长度分别为 3~16 层和 10~30Å，平均层间距为 3.39Å。这种物质的碳原子层在 *C* 方向已开始按石墨构造有序堆砌，即开始出现三维有序。

G 的晶格象中，碳原子层非常平坦，彼此完全平行，层间距为 3.36Å。电子衍射谱为六边形斑点谱。

分析结果(表 1-13)在碳质物质种类栏中，包含两种以上的碳质物质前面为主，后面次之，如 D_1+G，D_1 是大量的，G 次之。表内无序石墨中层间距是算术平均值。表内列出的粒度范围是在电镜下统计的。

试验研究揭示，温度、压力和加热时间是影响碳石墨化作用的首要因素，变质岩中碳质物质的石墨化作用随变质程度的增加而增强，在低变质度的岩石中，碳质物质实际上是非晶质的，在绿泥石带中碳原子层开始有序堆砌，到十字石带，它们几乎全部转变成结晶好的石墨。同时在变质岩中，碳的原始物质种类和原岩类型也会影响碳质物质的石墨化作用。

在绿泥石变质带中，煤的碳原子层具涡流层构造，属 D_2 石墨，煤变石墨化都是以 D_3 或 D_2 石墨为主，而黑色板岩中的碳质物质则以 D_1 石墨为主。二者的结晶程度明显不同，其原因可能在于煤和板岩中碳质物质的原始种类不同。

由于不同类型的有机物质转变成石墨的途径和难易程度不同，黑色页岩样品中以 D_1 石墨为主，也发现有碳原子层呈同心排列的碳粒，这种结构与炭黑和木炭的结构十分相似，表明这种碳粒可能是在沉积过程中夹带的植物碎屑转变成的。尽管它们和其他的碳质物质处于同一岩石中，但由于它们的原始物质种类不同，石墨的程度也不同。

表 1-13　变质岩中碳质物质的透射电子显微镜观察结果

样号	变质带	岩类	d_{002}层间距/Å		碳质种类	碳颗粒结构
			X 射线	光衍射		
1	浅变质	页岩	3.580	4.00±0.07	D_3	胶状
2	绿泥石	煤	—	3.50±0.07	D_2+D_3	细鳞片状和针状，粒度小于 0.05μm
3	绿泥石	黑色板岩	3.362±0.002	3.42±0.07	D_1+D_2+G	无规则卷边薄片，粒度 0.12~0.25μm
4	石榴石	黑色板岩	3.360±0.002	3.42±0.07	D_1+G	无规则薄片有的卷边，粒度 0.3~0.5μm
5	石榴石	钙质变粒岩	3.356±0.002	3.36±0.07	G+D_1	假六边形和无规则片状，粒度 0.7~1.5μm
6	十字石	黑色板岩	3.358±0.002	3.39±0.07	G	无规则片状，粒度 0.5~1μm
7	十字石	云母片岩	3.358±0.002	3.36±0.07	G	假六边形和无规则片状，粒度 0.5~1.5μm
8	夕线石	石墨片岩	3.358±0.002	3.36±0.07	G	无规则片状，粒度 1~1.5μm

在石榴子石带中，黑色板岩中的碳质物质以 D_1 石墨为主，含有部分结晶好的石墨，而钙质变粒岩中的碳质物质大部分为结晶好的石墨，含少量 D_1 石墨。这种差别可能是由于原岩的类型不同所造成的，钙质变粒岩中含有大量的方解石，可能对碳质物质的石墨化作用起了催化作用，试验显示当碳与石灰石一起加热时，碳的石墨化温度会大大降低。

可见影响碳质物质石墨化作用的因素中的温度、压力及热作用时间与岩石的变质作用有密切关系；同时碳物质原始种类和原岩类型等对变质作用也有一定影响。因此，在根据碳质物质的石墨化程度判断岩石的变质作用时，必须考虑这些因素的影响。

2. 石墨化程度

影响石墨物理化学性质的主要因素是形成石墨的变质程度或变质相，以及石墨化程度。根据 X 射线分析技术、电子衍射技术分析，天然石墨有正六方型及菱面体型两种多型结构，综合分析国内外石墨矿物学的基础资料(表 1-14)，以次统计分析石墨化学成分、晶体结构、物理性质、变质程度之间的关系(黄伯钧和 Buseek，1986)。

表 1-14　石墨矿物学数据表

样号	石墨化	菱面体(实测)	菱面体(计算)	H/C	油浸反应率	氧化温度	变质相	产地
	μ	R_{hs}/%	R_{hc}/%		$R_{浸油}$/%	(T_{max}/℃)		
1	0.74		15.50			742.00	角闪岩	山东南墅
2	0.73		16.20			736.00		
3	0.80		13.50			710.00		
4	0.74		15.50			705.00		
5	0.76		14.80			655.00		
6	0.72		16.40			695.00		
7	0.79		13.70			760.00		
8	0.78		14.00			651.00		
9	0.79		13.80			740.00		
10				0.01				
11	0.37			0.38		380.00		俄罗斯
12	0.63		20.00			700.00		

续表

样号	石墨化	菱面体(实测)	菱面体(计算)	H/C	油浸反应率	氧化温度	变质相	产地
	μ	R_{hs}/%	R_{hc}/%		$R_{浸油}$/%	(T_{max}/℃)		
13	0.60		21.20			660.00	绿片岩	意大利
14	0.60	25.60	21.20	0.07	10.08	640.00		
15	0.68		18.10	0.08		700.00		
16	0.47	32.90	26.00	0.13	6.32			福莫萨
17	0.72	31.90	16.60	0.05		820.00	接触变质	英格兰
18	0.51		24.70		6.45	600.00		
19	0.72		16.60			700.00		
20	0.70		17.40	0.09	11.32		角闪岩	
21	0.45		26.90	0.16	6.57	380.00		
22	0.54	35.00	23.30	0.10	8.81	570.00		
23	0.19		36.80	0.24	2.86			波兰
24	0.27		33.90	0.21		540.00		
25	0.45					460.00		
26	0.57		22.30			630.00		
27	0.57		22.30			740.00		
28	0.47		26.00			620.00		
29	0.72		16.60			800.00		
30	0.63		20.00			680.00		
31	0.57		22.30			580.00		
32	0.76		14.00			820.00		
33	0.57		22.30			700.00		
34	0.72	10.50	16.60	0.04		860.00		德国
35	0.76		14.90		12.45			
36	0.63	27.60	20.00	0.08		840.00		
37	0.57		22.30			640.00		
38	0.60		21.20			650.00		
39	0.49		25.20		7.08	700.00		法国
40	0.76		14.90			640.00		芬兰
41	0.74		15.80			830.00		保加利亚
42	0.63	18.20	20.00	0.04	9.50	640.00		捷克斯洛伐克
43	0.68		18.10			700.00		
44	1.00	3.00	5.50	0.02	13.72	860.00	麻粒岩	斯里兰卡
45	0.89		9.70			860.00		
46	1.00	21.00	5.50	0.01		860.00		
47	0.74		15.80			740.00		南非
48	0.81	5.50	12.80	0.01		860.00		马达加斯加
49	0.35		30.60		6.07			加拿大
50	0.60	21.00	21.20	0.07		750.00	角闪岩	
51	0.89	10.00	9.70	0.01	14.27		麻粒岩	美国
52	0.27	31.20	33.90	0.16	3.60	660.00	接触变质	墨西哥
53	0.85		11.40		14.40			巴拿马
54	0.56			0.15		640.00		澳大利亚

*R_{hc}%据公式 R_{hs}=44.3113−38.7846μ 计算。

石墨矿物的一些基本性质及与变质程度等有明显的关系，H/C 原子比率与石墨化程度(μ)、浸油中的反射率 $R_{浸油}$、氧化温度(T_{max})呈负相关关系，与菱面体多型(R_h)含量呈正相关关系；石墨化程度与浸油中的反射率 $R_{浸油}$(%)、氧化温度呈正相关关系，菱面体多型含量与 $R_{浸油}$、T_{max} 呈负相关关系；随石墨矿床变质程度的加深，石墨的 H/C 原子比率、菱面体多型含碳逐渐减小，而石墨的氧化温度、浸油中的反射率逐渐增大(表 1-15)。

表 1-15　石墨成分、结构及物理性质相关性显著检验表

变量	相关系数 γ	显著水平 α	自由度 $\upsilon=N-2$	临界值	显著性检验结果
H/C–μ	−0.814	0.05	18	0.444	较显著
H/C–R_h	0.762	0.05	11	0.553	较显著
H/C–$R_{浸油}$	−0.90	0.05	8	0.632	较显著
H/C–T_{max}	−0.83	0.05	14	0.497	显著
μ–$R_{浸油}$	0.97	0.05	13	0.514	极显著
R_h–$R_{浸油}$	−0.97	0.05	13	0.514	极显著
μ–T_{max}	0.724	0.05	44	0.287	极显著
R_h–T_{max}	−0.750	0.05	41	0.304	极显著

3. 石墨化程度检验

石墨化程度与氧化温度呈正相关性：石墨样品氧化温度(T_{max})的测定和石墨化程度数据的计算(表 1-14)，进行了一元线性回归分析，求出石墨中石墨化程度及其氧化温度间的相关系数 r=0.724。相关性的显著性检验表明(表 1-15)，石墨的石墨化程度与其氧化温度间存在显著的正相关关系，即随着石墨化程度的加深，即 μ 值的增大，石墨的氧化温度(T_{max})也随之升高(图 1-14)。

同理，石墨的 d_{002} 值与其氧化温度存在着显著的负相关关系，相关系数 r=−0.74、因此，我们可依据实测的氧化温度来推断石墨的石墨化程度及 d_{002} 值，进而确定石墨结构的完整程度。

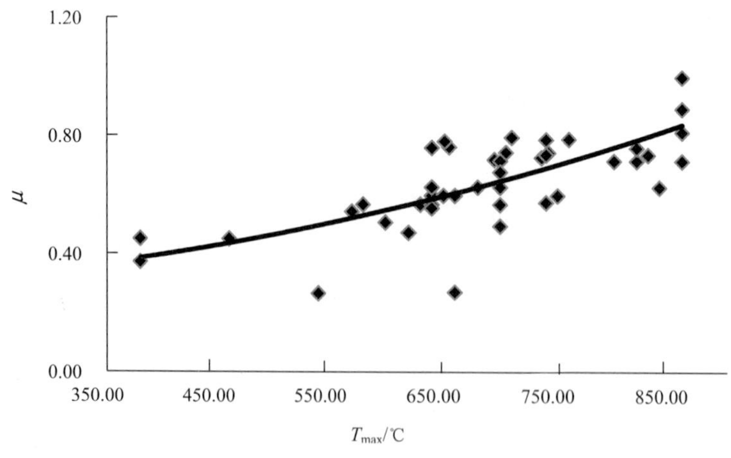

图 1-14　石墨 μ 值–氧化温度(T_{max})相关图

石墨化程度(μ)与 H/C 原子比率呈负相关性：测试样品的 H/C 原子比率及石墨化程度的资料，用回归分析的方法，求得二者的相关系数为−0.814。相关性显著性检验表明(表 1-15)，μ 与 H/C 原子比率间存在着较显著的负相关关系，即随着石墨的石墨化程度的提高，石墨中 H/C 原子比率将逐渐减小，即随着石墨化程度升高，石墨碳纯度越来越高(图 1-15)。

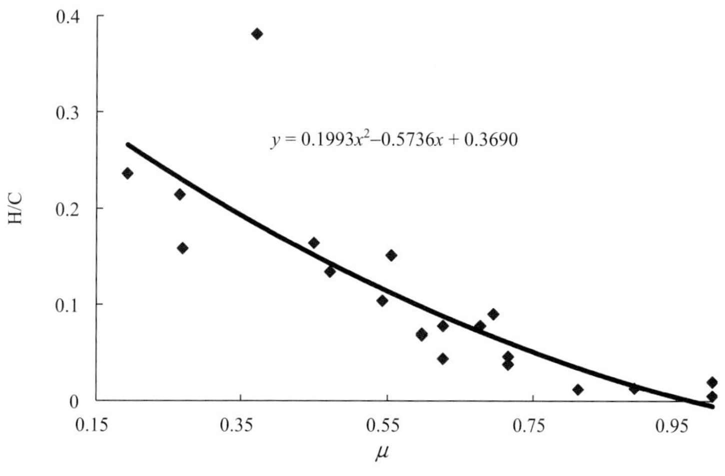

图 1-15　石墨 H/C-μ 值相关图

$R_{浸油}$与石墨化程度呈正相关性：样品 $R_{浸油}$与 μ 间的相关系数为 0.97，显著性检验表明，两变量间存在极显著的正相关关系(表 1-15)，并接近直线性分布(图 1-16)。由此可知，在石墨中，随着石墨化程度的不断加深，相应的石墨在浸油中的反射率 $R_{浸油}$也将随之增大。石墨化程度(μ)是石墨晶体结构完整程度的一个衡量指标，可以据 X 光粉末图谱中 d_{002}[Å]求取石墨化程度，即 $d_{002}=[3.440-0.086\mu(2-\mu)]\times 0.1$(Franklin，1951)。

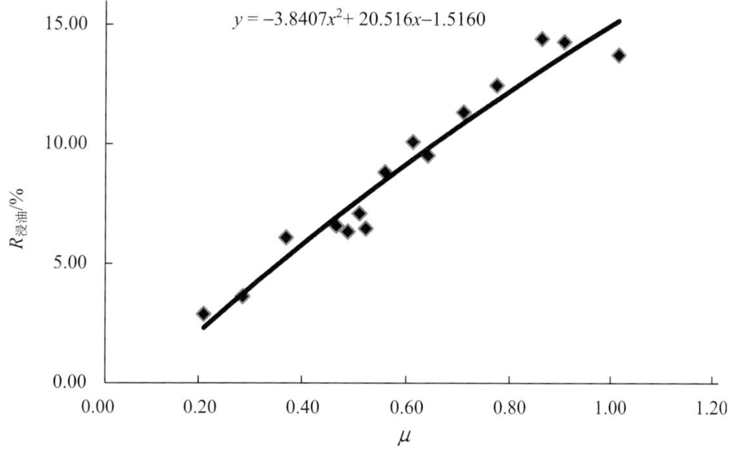

图 1-16　石墨的 $R_{浸油}$与石墨化程度关系图

H/C 原子比率与石墨菱面体多型(R_{hc})含量呈正相关性：样品的 H/C 原子比率与菱面体多型(R_h)含量，经回归分析求得相关系数为 0.762。相关性显著性检验表明(表 1-15)，H/C 原子比率与 R_h 含量间存在着较显著的正相关关系，即 H/C 原子比率越高，石墨中菱面体多型的含量也将越高，则其结构完整程度就越低(图 1-17)。可以理解为石墨含 H 高，纯度低易于形成石墨菱面体多型。

石墨 H/C 原子比率与 $R_{浸油}$呈负相关性：样品的 H/C 原子比率与石墨在浸油中的反射率 $R_{浸油}$间的相关系数为–0.9，相关性显著性检验表明(表 1-15)，H/C 原子比率与 $R_{浸油}$间存在较显著的负相关关系，即石墨碳纯度越高反射率越高，随着石墨 H/C 原子比率的增大，$R_{浸油}$则随之减小，可以大致推测其 $R_{浸油}$的大小(图 1-18)。

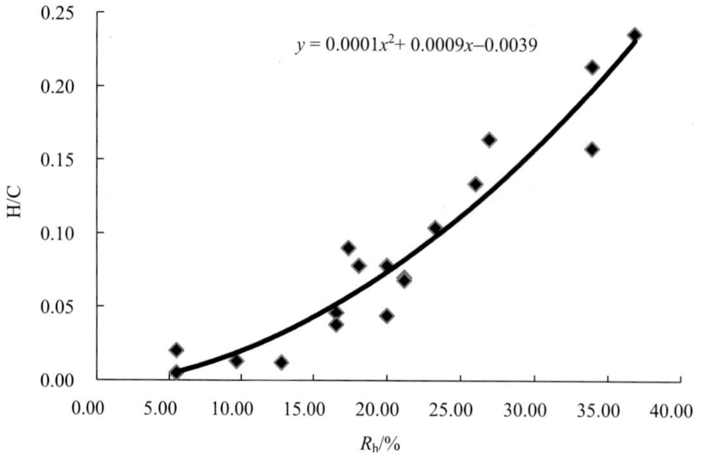

图 1-17　石墨的 H/C 原子比率与 R_h 含量关系图

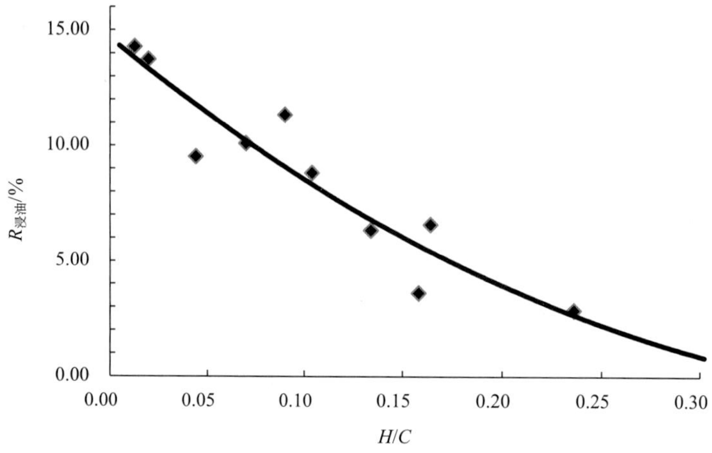

图 1-18　石墨的 $R_{浸油}$与 H/C 原子比率关系图

H/C 原子比率与氧化温度呈负相关性：样品的 H/C 原子比率及其氧化温度(T_{max})均进行了回归分析，所求相关系数 $r=-0.83$。相关性显著性检验表明(表 1-15)，两变量存在显著的线性负相关关系，即在石墨中，随着 H/C 原子比率的增加，相应的氧化温度也随之而降低(图 1-19)。

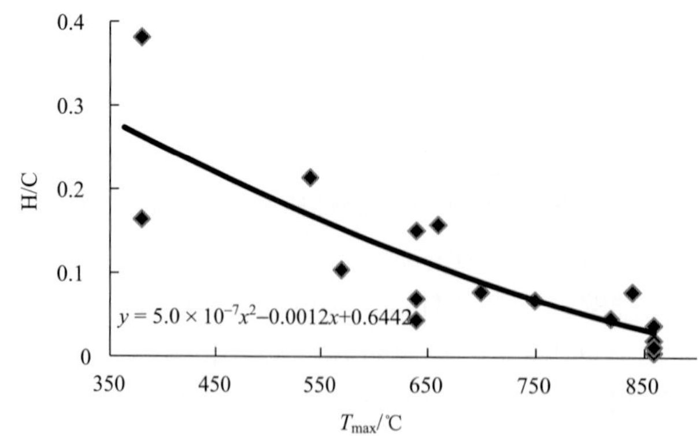

图 1-19　石墨的 H/C 原子比率与氧化温度(T_{max})关系图

从上可知，H/C 原子比率与石墨化程度、浸油中的反射率、氧化温度有负相关关系，与菱面体多型有正相关关系，是衡量石墨结构完整程度、影响石墨的热学性质的一个重要指标。作者曾对 $C_{固}$、$A_{灰}$与石墨化程度、菱面体多型含量、d_{002}值和氧化温度的关系进行过研究，未发现有明显的相关关系。

菱面体多型含量与 $R_{浸油}$ 呈负相关性：根据石墨化程度（表 1-14），按 R_{hc}=44.3113~38.7846μ，求出了这 15 个样品的菱面体多型含量，并根据测得的 $R_{浸油}$ 值，求出了这两个变量间的相关系数 r=–0.97。相关性显著性检验表明（表 1-15），石墨菱面体多型的含量与其反射率之间存在极显著的负相关关系（图 1-20），即随着石墨菱面体多型（R_h）含量的增加，石墨在浸油中的反射率 $R_{浸油}$ 也将逐渐降低。同理，石墨中 d_{002} 值的大小也与反射率呈负相关关系，即是说，石墨中 d_{002} 值越大，石墨的反射率越低。因此，可以据测得的 d_{002} 值、μ 值、R_h 值判断石墨反射率的高低。

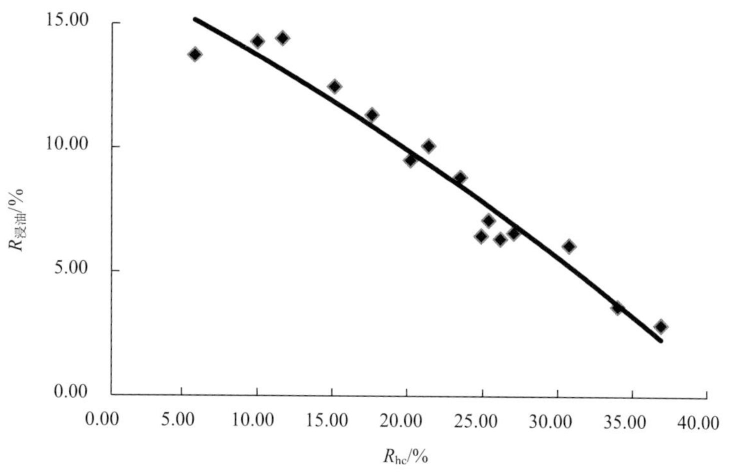

图 1-20 石墨 $R_{浸油}$ 与菱面体多型（R_{hc}）含量关系图

菱面体多型含量与氧化温度呈负相关性：石墨的晶体结构主要存在六方体和菱面体两种结构多型。六方石墨在 T>约 2000℃，P<约 130kbar 范围内是稳定的。而菱面体石墨多型则是一种准稳定相，在 T>约 2000℃范围消失。

43 个样品的菱面体多型（R_h）含量与氧化温度（T_{max}）资料，求得两者的相关系数 r= –0.75。显著性检验表明（表 1-15），石墨菱面体多型含量与其氧化温度间存在极显著的负相关关系（图 1-21），即随着石墨中菱面体多型含量的增加，石墨的氧化温度逐渐降低。因此，我们也就有可能根据石墨的放热峰峰值温度（氧化温度）粗略地估计菱面体多型的含量。

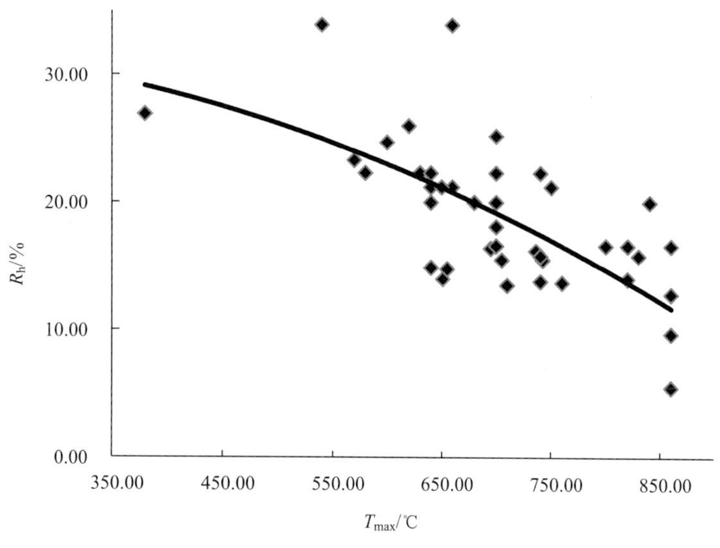

图 1-21 石墨 $R_{浸油}$ 与菱面体多型（R_h）含量关系图

4. 变质相检验

变质相影响石墨中 H/C 原子比率：在高级变质相——麻粒岩相中，H/C 原子比率的范围为 0.005%~0.020%，中级变质相——角闪岩相中，H/C 原子比率大小为 0.007%~0.09%，低级变质相——包括绿片岩相-角闪岩相、绿片岩-黑云母带、接触和区域变质带，则为 0.044%~0.079%，因此，随着变质程度的降低，石墨中 H/C 原子比率逐渐增大的趋势。故有理由推论，随着石墨形成的变质作用程度的进一步加深，石墨的 H/C 原子比率则逐渐降低。

变质相石墨影响石墨晶体结构：石墨菱面体多型的含量是衡量石墨结构完整程度的一个重要指标。石墨中菱面体多型含量越高，则结构越不完善，因此重点是探讨石墨菱面体多型(R_h)的含量与变质相关系。

21 个样品的 R_h 值均据实测的 d_{002} 值、μ 值，按 R_{h1}=44.3213−38.7846μ；R_{h2}=684.33×d_{002}−2283.022 计算；R_{h3}(%)表示上述两种计算的平均值(表 1-16)。结果显示，高级变质的麻粒岩相中，石墨菱面体多型(R_h)含量的平均值 R_{h3}(%)为 8.58%~13.53%；中级变质的角闪岩相，则为 14.10%~21.83%；而低级变质的绿片岩-角闪岩相、绿片岩-黑云母带、接触和区域变质带，则为 16.80%~21.83%。因此，一般说来，随着石墨形成的变质程度的降低，石墨中菱面体多型(R_h)的含量将逐渐增加。

表 1-16　石墨菱面体多型(R_h)含量与变质相

序号	来源	d_{002}(λ)	μ	R_{h1}/%	R_{h2}/%	R_{h3}/%	温度/℃	变质相
1	Kwiecinska(1980)	3.3540	1.000	5.53	12.22	8.88		麻粒岩
3		3.3550	0.892	9.72	12.91	11.31		
4		3.3570	0.813	12.78	14.28	13.53		
5	南墅	3.3576	0.795	13.48	14.72	14.10		角闪岩
6		3.3578	0.789	13.71	14.85	14.28		
7		3.3579	0.787	13.79	14.90	14.35		
8		3.3581	0.781	14.02	15.04	14.53		
9		3.3589	0.762	14.76	15.57	15.17		
10		3.3597	0.744	15.45	16.10	15.78		
11		3.3597	0.743	15.49	16.17	15.83		
12		3.3605	0.726	16.15	16.64	16.40		
13		3.3608	0.719	16.43	16.88	16.66		
14	Kwiecinska(1980)	3.3610	0.715	16.58	17.02	16.80		
15		3.3620	0.695	17.36	17.71	17.53		
16		3.3660	0.626	20.03	20.44	20.24		
17		3.3690	0.597	21.16	22.50	21.83		
18		3.3660	0.626	20.03	20.44	20.04		绿片岩-角闪岩
19		3.3630	0.677	18.05	18.39	18.22		绿片岩-黑云母带
20		3.3610	0.715	16.58	17.02	16.80		接触变质带
21		3.3690	0.597	21.16	22.50	21.83		
1	大衢	0.336	0.736	15.77	16.33	16.31	867	角闪岩相
5	义乌	0.336	0.892	9.77	12.91	11.32	910	
2	东阳	0.337	0.567	2.30	23.20	22.80	860	
3	龙泉	0.337	0.626	20.00	20.40	20.20	749	

续表

序号	来源	$d_{002}(\lambda)$	μ	R_{h1}/%	R_{h2}/%	R_{h3}/%	温度/℃	变质相
4	青田	0.336	0.736	15.77	16.33	16.31	645	低绿片岩相
6	诸暨	0.336	0.784	13.90	14.96	14.43	768	
7	龙游	0.337	0.597	21.15	21.80	21.48	923	
8*	南墅	0.335	0.743	15.49	16.17	15.83	742	
9*	马达加斯加	0.336	0.813	128.00	14.30	13.60	860	麻粒岩相
10*	西德	0.337	0.626	20.00	20.40	20.20	840	角闪岩相
11*	加拿大	0.336	0.715	16.60	16.80	16.70	860	角闪岩相
12*	波兰	0.338	0.450	26.80	30.00	28.40	460	—
13*	波兰	0.337	0.567	22.30	23.20	22.80	700	—
14*	加拿大	0.336	0.597	21.20	13.60	17.40	750	角闪岩相

注：μ 根据公式 d_{002}=[3.440−0.086μ(2−μ)]×0.1；R_{h1}=44.3113−38.7846μ；R_{h2}=684.33d_{002}−2283.022；R_{h3}=0.5(R_{h1}+R_{h2})。

*代表深变质矿床样品。

浙江石墨的石墨化程度为0.57~0.89，但不同矿点之间石墨化程度差别较大，石墨化程度与变质作用程度之间呈正相关性，因此，浙江石墨矿石受变质作用最深的是义乌石墨矿，最浅的是东阳石墨矿。石墨化程度还与原岩类型和碳的原始物质种类有关，如青田石墨矿，原岩主要为碳质页岩、含碳泥岩和白云质灰岩等组成，虽然经较浅的绿片岩相变质，但具有较高的石墨化程度。

变质相影响石墨的物理性质：石墨的物理性质重点是石墨的氧化温度(T_{max})及在浸油中的反射率$R_{浸油}$，以及与变质程度的关系。

石墨的氧化温度(T_{max})与变质相相关，高级变质的麻粒岩相石墨，其氧化温度(T_{max})为860℃；中级变质的角闪岩相石墨的T_{max}为651~860℃，平均值为734℃，低级变质的绿片岩-角闪岩相、绿片岩-黑云母带、接触和区域变质带中的石墨的T_{max}为640~820℃，平均值为700℃。

显然，随着变质程度的降低，石墨的氧化温度也呈下降的趋势。因此，可以根据实测的氧化温度值来大致判断变质程度的高低。

石墨的$R_{浸油}$与变质相相关，实测的石墨化程度，按$R_{浸油}$=15.92μ−0.33，计算出石墨的$R_{浸油}$，显示麻粒岩相中的石墨，其$R_{浸油}$为12.16%~15.59%；中级变质的角闪岩相，则为9.17%~12.33%；低级变质相中的石墨，为9.17%~11.05%。因此，随着变质程度的降低，石墨在浸油中的反射率也随之减小。

二、石墨的工业价值

(一)石墨的用途

据传说1546年的一天，英国某地遭到了暴风雨袭击，狂风把一颗巨大的橡树连根拔起，人们发现树根下有一堆黑黝黝的石头，伸指一摸就被污黑。当时，人们误认为它含有铅，就称它“黑铅”，当地牧童用“黑铅”在羊群身上标记号。后来，城里人把“黑铅”切割成条，作为“标记石”卖给商人，用它在货物上划码标价。直到18世纪，以“黑铅”“笔铅”一类称谓石墨一直相当盛行，用它作书写材料。

1761年，化学家卡斯帕尔·费伯把石墨粉和硫黄、锑、树脂等混溶铸成细棒，并加上一层外衣，这便是铅笔的雏形。1789年维尔尼(Werner)将石墨矿物正式命名为Graphite，这个由希腊语“γραφειυ”转化而来的名称，其意是“写”，系指石墨能作书写材料之用。1812年美国人威廉·门罗发明了一种机器，先把小木条劈成两半，然后在木条中间刻上一道细槽，再把石墨条放入槽里，把两半木条粘合一起，这就制成了世界最早的铅笔。

19 世纪初，石墨除用于制造铅笔芯外，还用于油漆和火药。19 世纪末，随着冶金、机械工业的发展，石墨的用途也扩及这些工业领域。在 1877 年德国首次采用浮选法将石墨与脉石分离，可以从质量好但品位低的晶质石墨矿石中选出含碳高的优质石墨，从而奠定了石墨浮选工艺的基础。此后，石墨生产得到了迅速发展，也得到了广泛的利用，被大量用作耐火材料和润滑剂、电气制品原料和化学制品原料。工业的发展使石墨由主要作铅笔书写材料一跃成为众多工业部门不可缺少的重要材料之一。1942 年美国利用石墨作减速剂，成功地造出了原子弹，翻开了石墨在尖端技术领域中大有作为的极为重要的一页。由于石墨一系列独特的工艺性能被揭示，它已被作为一种特殊轻材料用于许多现代科学技术部门。总之，一方面石墨的传统用途仍未过时，而另一方面石墨的新用途又不断扩大。

石墨在工业上具有广泛用途，石墨可制取耐火材料、导电材料、散热材料、密封材料、隔热材料、耐高温材料和防辐射材料等，石墨功能材料广泛应用于冶金、化工、机械设备、新能源汽车、核电、电子信息、航空航天和国防等行业。既是传统工业材料，也是新型的工业，许多用途正在研制开发中。

(1) 在冶金工业中利用石墨的耐高温性，石墨被用作耐火材料，石墨是能耐高温的轻质耐火材料，其特征是高温损失量最小，在 7000℃超高温电弧下 10s，石墨的重量损失仅 8‰；温度升高时它不熔软，强度反而增高；石墨的吸热量每千克高达 16500kcal[①]，而膨胀系数甚小，仅 1.2×10^{-6}，因此石墨具有优良的热稳定性。石墨制品能抵抗急冷急热的变化，温度剧烈变化时，体积变化不大，不会产生裂纹；石墨又具有可塑性，可以加工成任意体形的耐火材料产品。

石墨作为冶金耐火材料，最重要的是用石墨坩埚，石墨消耗量占国内石墨用量的 7%~8%。石墨坩埚能耐 1700~1800℃的高温，最大优点是既耐高温又使用寿命长，用石墨坩埚可熔铜 60 次，熔钢 10~15 次，用来冶炼有色金属、合金钢、特种钢。冶炼高温炉中的石墨熔炉砖，特别是镁碳砖，在钢铁中也已广为使用。

等静压石墨也叫同向性石墨，是制造单晶炉、金属连铸石墨结晶器、电火花加工用石墨电极等不可替代的材料，更是制造火箭喷嘴、石墨反应堆的减速材料和反射材料的绝好材料。

等静压石墨主要用于大型铜材生产线，每吨铜材需要石墨量约为 2.5kg。用于炼钢工业作保护渣及增碳剂的石墨消费量最大，占总消费量的 30%以上。

(2) 在机械工业中利用石墨的润滑性，主要用作涂料和润滑剂，目前，用作润滑剂的石墨已占润滑剂总量的 10%。石墨具有良好的涂敷性能，即把石墨涂敷于固体物件的表面，能形成黏附牢固的光滑薄膜。为此，一方面广泛利用石墨作渗碳和钢锭模的涂敷剂，另一方面大量用石墨作铸模涂料和防锈剂。使用石墨作涂敷剂，铸件表面和模面既光滑又易于脱模避免粘连。我国用于铸造涂敷剂的石墨量很大，约占国内石墨总用量的 30%。

石墨的润滑性能良好，摩擦系数在润滑介质中小于 0.1，因此可用作机械润滑剂。石墨润滑剂的品种很多，常见的有水剂、油剂、胶体石墨，以及润滑脂等。液体润滑剂石墨乳是许多金属加工时必不可少的润滑剂，如水剂胶体石墨是难熔金属钨、钼拉丝及金属压延的润滑剂；油剂胶体石墨是生产玻璃器皿和飞机轮船的高速运转机械的润滑剂。

石墨固体润滑剂，湿润性能好，又耐高温，使用很方便，适应性广。忌污染的纺织、食品机械和在拉制钢丝及冲击无缝钢管时都用固体石墨润滑剂。用石墨与石墨纤维或植物纤维可制成润滑性机械零件、密封环、活塞阀、车辆制动器等。石墨还可与金属制成无油润滑轴承及石墨密封圈等。它们能耐高温、防腐蚀，广泛用于深井水泵及用作航空、轮船、车辆、气缸等机械传动装置中。

利用石墨的润滑研磨性能，可以制造铅笔芯、黑色颜料、复写纸、印油、鞋油及油漆等。粉剂胶体石墨是染料和火药的研磨剂，它能控制无烟火药的燃烧速度并防止火药柱间的过分摩擦。石墨在玻璃生产时作镜面抛光剂。在橡胶工业中，石墨作混合剂和涂料。石墨也可作防腐剂涂在金属烟囱、屋

① 1kcal=4.1868×10^{3}J。

顶、桥梁、管道的表面，防止 SO_2 和酸碱等的腐蚀。将石墨涂敷锅炉可以防止结垢。地质钻探中，用石墨作泥浆的添加剂可以加强其润滑性能。

(3) 电气工业中利用石墨良好的导电性导热性，石墨用作电碳制品，被广泛用于制造电极、电刷、电池碳棒、碳管、阳极板、垫圈等电碳制品件，我国用于电气工业的石墨约占总用量的 10%~12%。

石墨电极用于冶金电弧炉和电解中；石墨电刷用于发动机、电动机的整流和集电；石墨与二氧化锰混合物制造干电池和碱性蓄电池；石墨碳棒用于电影机，探照灯发光器及焊接发热器；石墨碳管用于电滤器和电炉。此外，石墨还可以制成许多特殊碳素制品，应用于通信器材，如作电话机零件、水银整流器的阴极，以及集电插板、轴承垫圈、无感电阻传导涂敷剂和电接触器的充填剂等。硅剂胶体石墨用作现代电子工业示波管、高真空阴极射线管内外部的涂敷剂及电视机的显像管。

(4) 在化学工业中利用石墨的不渗透性制造不渗性石墨制品，在常温下石墨化学性能稳定，不受任何强酸强碱及有机溶剂的侵蚀。但在高温时却非常活泼，在 500℃时开始氧化，700℃时可被高温水蒸气侵蚀，900℃时连不太活泼的 CO_2 气体也对它起侵蚀作用。这是因为气体和液体可渗入石墨分子的空间，使石墨的片层产生“剥片侵蚀现象”，所以天然石墨并不能用来制造化学设备。

经过特殊加工后将石墨形成不透性石墨，它的特点是密度高，对气体和液体的渗透性很小，可视为零泄漏；它的导热性比一般石墨更好，也有良好的化学稳定性和热稳定性，在温度骤变的情况下能保持体积不变形、不裂纹；质量轻、易于加工成型，又不污染介质，不结垢。正因为不透性石墨制品具有以上优点，被公认为防腐蚀的超级材料，可以保证化学反应的正常进行。尤其在制造高纯度化学物品时它常起着决定性作用。还可以代替大量的不锈钢材和贵重的有色金属合金。不渗性石墨已广泛用来制造热交换器、反应槽、凝缩器、燃烧塔、冷却塔、加热器、过滤器、泵设备，以及输送氨气及氯化氢气的防腐蚀管材和石墨热交换管材等。

在石油、湿法冶金、合成纤维、造纸等方面不透性石墨也得到利用，石墨和纤维合在一起制成的石墨纤维布和多孔质碳素，已被有效地用作化学液体及气体的过滤和吸附剂，如用石墨纤维布制成的煤气过滤器已在煤气的综合利用上发挥作用。石墨纤维和塑料可以制成各种耐腐蚀性的器皿和设备。此外，石墨还可作生产化肥的催化剂。

(5) 在原子能工业利用石墨耐辐射性作中子减速剂，铀-石墨反应堆是当前应用较多的一种原子反应堆，用高纯石墨做原子能反应堆中的中子减速剂，能使核裂变时产生的中子减速而不被俘获。在国防工业和宇航工业中，可用石墨作固体燃料的喷嘴、导弹的鼻锥、宇航设备零件和导电结构材料等。许多材料在宇宙射线长时间照射后自身结构遭到严重破坏，唯有石墨不受影响，因此石墨成为最理想的防射线材料。用石墨作火箭发动机的喷嘴，能耐 2700℃的瞬时高温，并且容易加工到很精细的程度。国外曾用石墨和石膏掺水合成混合料把火箭的喷嘴固定在不锈钢外壳里，并在石墨上涂抹铝和锆的氧化物、碳化硅、浸渍树脂、脂油类和金属等制成火箭和导弹上的各种机件。原子能工业中也需要经过特殊处理的不透性石墨。另外，有一种定向高密度的石墨，是通过人工方法使天然高纯石墨晶体的质点从杂乱无章状态变为定向排列，使其顺向的导热系数大大提高。这种定向石墨遭到高温时容易传热，不留下任何热区。因此，耐高温的天然石墨变成能耐超高温的定向高密度石墨，其制品可在火箭和其他尖端技术中应用。

(6) 石墨烯(Graphene)新材料，是一种由碳原子以 sp^2 杂化轨道组成六角型呈蜂巢晶格、只有一个碳原子厚度的二维薄膜材料。2004 年，英国曼彻斯特大学物理学家安德烈·海姆(Andre Geim)和康斯坦丁·诺沃肖洛夫(Konstantin Novoselov)，成功地从石墨中分离出石墨烯，证实它可以单独存在，两人也因“在二维石墨烯材料的开创性实验”，共同获得 2010 年诺贝尔物理学奖。

石墨烯是已知的世上最薄、韧性最好、重量最轻、最坚硬的纳米材料，它几乎是完全透明的，只吸收 2.3%的光；导热系数高达 5300W/(m·K)，高于碳纳米管和金刚石，常温下其电子迁移率超过 $15000cm^2/(V \cdot s)$，又比纳米碳管或硅晶体高，而电阻率只约 $10^{-8}\Omega \cdot m$，比铜或银更低，为世上电阻率最小的材料。因其电阻率极低，电子迁移的速度极快，因此被期待可用来发展更薄、导电速度更快的新一代电子元件或晶体管。由于石墨烯实质上是一种透明、良好的导体，也适合用来制造透明触控屏幕、光板，甚至是太阳能电池。石墨烯在能源、生物技术、航天航空等领域都展现出宽广的应用前景。

2014 年西班牙 Graphenano 公司同西班牙科尔瓦多大学合作研究出首例石墨烯聚合材料电池，其储电量是目前市场最好锂电池产品的三倍，其能量密度超过 600Wh/kg，用此电池提供电力的电动车最多能行驶 1000km，而其充电时间不到 8 分钟。其成本将比锂电池低 77%，完全在消费者承受范围之内。此外，在汽车燃料电池等领域，石墨烯还有望带来革命性进步。

总而言之，石墨的用途很广。石墨制品正朝着取代部分金属材料和其他非金属材料，以及有机材料的方向发展。它在工业上的地位越来越高。人们盛誉石墨为一种既有个性而又适应性广的材料，不无道理。

(二)石墨矿产品技术指标

不同的工业部门对石墨产品的要求是不一样的，同一用途的石墨产品又因使用者不同而提出的工业要求也不一致。这是由于石墨产品在工业的适用性，除了石墨的纯度(即含固定碳的高低)以外，还与它的结晶程度、鳞片大小、硬度、耐热性能、导电性能、密度，以及杂质含量等有关。而石墨的一些物理性质的变化往往又比较大，目前，尚缺乏科学易行的测定方法，因而难以确定统一的工业技术要求。通常，消费者往往是根据自身的经验和应用过程中的考核来具体确定某一种类或级别石墨的工业技术要求的。下面介绍几种工业上大宗使用的石墨的一般工业要求。

(1)坩埚石墨一般采用鳞片石墨，在于鳞片石墨具有更好的可塑性和延展性，制出的坩埚能够承受较大的热应力，鳞片石墨制成的坩埚比角粒状石墨制成的坩埚坚固耐用。

影响坩埚石墨适用性的因素包括石墨鳞片大小、鳞片形状、硬度、柔性、松散度和燃烧速度等。石墨坩埚的质量好坏与石墨鳞片的大小最有关系，石墨片度大，更便于与其他组分胶结，纯度高的石墨更耐高温。所以，坩埚石墨常用+80 目(0.177mm)甚至+50 目(0.297mm)的大鳞片石墨，固定碳含量通常要求 85%以上。

(2)炼钢保护渣、增碳剂石墨较多使用固定碳含量 5%~35%(一般为 15%~30%)的低碳鳞片石墨，粒度–100 目(0.149mm)或+200 目(0.074mm)。对用作保护渣石墨中硅、钙、铝的氧化物含量有一定限量范围，对熔点、熔速也有一定标准。有害组分磷允许微量，硫小于 0.15%。

(3)铸造涂料石墨一般使用中、低碳鳞片石墨或隐晶石墨，个别情况下也可使用高级鳞片石墨。固定碳含量 40%~80%，粒度+200 目(0.074mm)。石墨中的硫化物和其他易熔矿物对铸件是不利的，均有一定限制。

(4)润滑石墨要求使用纯度高、粒度细的石墨。固定碳含量 95%以上，甚至要求达 99%。粒度 10~20μm，甚至要达 2μm。要求石墨耐磨、耐高温、柔软、稳定性好。石墨中应不含硬质杂质如长石和石英等。

(5)电气石墨要求石墨纯度要高，粒度控制也很严格。固定碳含量 85%以上。常用粒度为 150 目(0.1mm)、200 目(0.074mm)和 325 目(0.044mm)。有害杂质金属铁应控制在 1%以下。F 电池石墨的含碳量一般应达 85%~90%，粒度–200 目(0.074mm)，金属元素仅允许痕量存在。无论隐晶石墨或细鳞片石墨都可用于干电池。电刷石墨一般使用隐晶石墨，含碳量应达 85%，研磨细度应达–100 目(0.149mm)。用作碱性蓄电池和特殊电碳制品件的石墨的纯度要求更高一些，固定碳含量在 99%以上。电影机碳棒石墨的含碳量也应达 98%~99%，粒度应达–325 目(0.044mm)。

(6)铅笔石墨一般使用质软、纯度高的隐晶石墨。要求石墨的颜色暗黑，淡灰色的石墨制作的铅笔销量不广。通常不用晶质鳞片石墨，因为成片性高反而容易剥落。但是，固定碳含量应在 95%以上，粒度在 10μm 以下的鳞片石墨则又是制造高级铅笔的重要原料。

(7)尖端技术石墨，即用于原子能等尖端技术方面的石墨要求高纯度、高密度，固定碳含量 99%以上，粒度 150 目(0.1mm)~325 目(0.044mm)。

为了适应各种工业用途的需要，世界上主要石墨生产国都制定了各自的石墨产品标准。虽然各国石墨产品的标准不尽一致，但是，制定产品标准的依据都大体相同。一般都是根据石墨的结晶程度、鳞片大小和用户的要求，以及用途来区别种类和分级的。中国石墨产品标准是由国家标准局1983年3月10日批准发布的，1983年12月1日实施的UDC661.666中华人民共和国国家标准，按石墨的工业类型分为两种，即GB3518—83《鳞片石墨》和GB3519—83《无定形石墨》两个标准，其中无定形石墨即指隐晶石墨，本书统称显晶质石墨和隐晶质石墨。

我国石墨产品标准中，对鳞片石墨(Flake graphite)定义为：凡属天然晶质石墨，其形似鱼鳞状，称为鳞片石墨。根据生产方法和固定碳含量不同，将鳞片石墨分为：高纯石墨、高碳石墨、中碳石墨、低碳石墨四种。各种石墨又按粒度、固定碳含量的不同分为106种牌号。其中，高纯石墨中固定碳99.9%~99.99%、粒度25~80目，主要用于膨胀石墨密封材料及填料；−100目的石墨主要用于代替白金坩埚材料及润滑剂基料。高碳石墨的固定碳含量为94.0%~99.0%，依次用于电碳制品、铅笔原料、电池原料、耐火材料、电刷原料、润滑剂基料、涂料及填充料等。中碳石墨的固定碳含量为80.0%~93.0%，主要用于铸造材料、耐火材料、铸造涂料、电池原料、铅笔原料、染料及坩埚等。低碳石墨的固定碳含量为50.0%~79.0%，主要用于铸造涂料。

无定形石墨(Amorphous graphite)定义为：凡天然石墨，其晶体直径小于1μm，在一般显微镜下，也难看到其晶形的致密状石墨集合体，称为无定形石墨(土状石墨)，本书称为隐晶质石墨。根据其粒度粗细不同，分为无定形石墨粉和无定形石墨粒两种，共53个牌号。其中：无定形石墨粉的粒级分0.149mm、0.074mm及0.044mm，固定碳55%~80%的主要用于铸造涂料，固定碳83%~85%的主要用于铸造涂料、耐火材料及染料等；固定碳85%~92%的，主要用于铅笔、电池、电碳焊条及石墨轴承等配料；无定形石墨粒的粒级分粗粒(6~13mm)、中粒(0.6~6mm)及细粒(0.149~0.6mm)，固定碳75.0%~78.0%的，主要用于电极糊原料；固定碳含量80%~85%的，主要用于炼钢增碳及耐火材料、碳砖、电极糊原料等。

石墨产品的化学分析方法，按中华人民共和国国家标准GB3521—83执行；石墨粒度测定方法，按中华人民共和国国家标准GB3520—83执行，大于400目粒度的石墨检验皆采用筛析法，其网目与孔径应符合ASTM标准的要求(表1-17)。

表1-17 筛析网目与孔径对照表

网目(孔/in)	孔径/μm	网目(孔/in)	孔径/μm
16	1000	80	177
20	841	100	149
25	707	120	125
30	595	140	105
35	500	170	88
40	420	200	74
45	354	230	63
50	297	270	53
60	250	325	44
70	210	400	37

注：1in=2.54cm。

(三)石墨价格走势

目前世界上有20多个国家开采石墨矿，中国石墨产量世界第一，2012年世界石墨产量为161.90

万t，中国石墨产量127万t(晶质石墨47万t，隐晶质石墨80万t)，占世界石墨产量的78.4%，其次为印度15万t、巴西7.5万t、朝鲜3万t、加拿大2.5万t、俄罗斯1.4万t。中国、印度、巴西和加拿大等10多个国家是天然石墨出口国。1981年中国石墨出口5.94万t，1989年增加到16.6万t，年均增长14%。

世界上有60个国家和地区进口石墨，进口量超过万吨的主要是日本、美国、韩国、荷兰、德国、意大利、英国、新加坡和印度尼西亚等，美国有90个石墨制品企业，天然石墨完全依靠进口。石墨主要消费领域为耐火材料占总消费量的26%、铸造15%、润滑14%、制动衬片13%、铅笔7%、其他(碳刷、电池、膨胀石墨等)25%。未来石墨消费的主要增长领域是高技术产业和新能源领域，如锂电池、燃料电池、计算机芯片、显示器和手机触摸屏等及石墨烯产品。

由于中国石墨过量出口，国际市场石墨价格大幅度下降，1993~2004年国际市场石墨价格，几乎接近成本价在谷底徘徊，大部分外国石墨企业停产，这期间国际市场天然石墨90%来源于中国。1981~2009年中国石墨出口累计700万t，2007年中国石墨出口量达到历史最高，为67.06万t，受金融危机影响，2008年和2009年石墨出口量下降。2009年中国出口石墨增加了一种新产品——球化石墨，全年出口天然石墨45.89万t，其中：鳞片石墨9.76万t，隐晶质石墨30.85万t，球化石墨0.68万t，其他石墨4.6万t。目前中国石墨出口量占世界的比例大于85%。

2005年石墨价格开始上涨，2008年10月天然石墨价格达到1993~2008年的最高价位，之后受金融危机影响，天然石墨价格普遍下降，2010年3月高碳大、中鳞片石墨价格率先开始上涨。近5年合成高纯石墨价格呈直线上升趋势，并没有受全球金融危机的影响(表1-18)。

表1-18　国际市场石墨价格

品质			价格/(美元/t)					
晶质石墨	C品位/%	粒度/目	2004	2005.6	2008.10	2009.2	2010.10	2011.2
晶质石墨	85~87	+100~80	230~350	450~555	700~850	670~770	900~1100	1000~1400
晶质石墨	90	−100	350~400	410~475	560~710	550~650	800~1050	950~1400
晶质石墨	90	+100~80	370~410	440~495	720~870	680~780	850~1050	1050~1300
大鳞片石墨	90	+80	480~550	570~655	760~910	700~800	900~1050	1100~1350
晶质石墨	94~97	~100	450~600	525~640	1050~1090	1000~1050	900~1250	1400~1850
晶质石墨	94~97	+100~80	560~640	630~710	1150~1300	1200~1300	1150~1600	1500~2000
大鳞片石墨	94~97	+80	570~750	660~795	1350~1390	1000~1350	1350~2000	1750~2300
隐晶质石墨粉	80~85			240~260	500	460	430~450	430~450
合成石墨	99.95			2070	5000~15900	5500~17900	6200~19000	7000~20000

资料来源：*Industrial Minerals* 2004.12，2005.6，2008.10，2009.2，2010.10，2011.2。

第三节　石 墨 矿 石

按矿化岩石矿石矿物成分、结构构造划分石墨矿石的成因类型，分为片麻岩石墨矿石、片岩石墨矿石、大理岩石墨矿石、变粒岩石墨矿石、千枚岩石墨矿石、变质煤层矿石、花岗岩石墨矿石等；以工业类型划分为鳞片晶质石墨矿石、隐晶质石墨矿石、混合晶型矿石等。或者可按风化程度分原生矿石和风化矿石，按品位的相对高低分为富矿石和贫矿石工业类型，适用于矿山生产。

一、矿 石 类 型

1. 成因类型

晶质石墨矿床主要是在区域变质中形成的，含矿及矿化岩石主要是片麻岩类、片岩类、大理(透辉)

岩类、变粒岩类；煤层接触变质石墨矿床主要发育板岩类和千枚岩类矿石，主要形成隐晶质或土状石墨；岩浆热液结晶石墨矿床主要发育花岗岩类、闪长岩类和长英岩类矿石(表 1-19)。

片麻岩类石墨矿石，花岗片麻岩型石墨矿石、黑云斜长片麻岩型石墨矿石、夕线透辉片麻岩型石墨矿石、辉石片麻岩型石墨矿石等。石墨呈鳞片状或聚片状，与片状矿物(如黑云母、白云母)或纤维状矿物(如透闪石、夕线石)紧密共生并定向排列，比较均匀地分布于脉石矿物(长石、石英等)的颗粒间，构成鳞片变晶结构，片麻状构造。

片岩类石墨矿石包括石墨片岩、石墨石英片岩、云母石墨片岩、石英石墨片岩等。石墨呈鳞片集合体与片状矿物云母、绢云母等紧密共生，定向排列于粒状矿物(如石英、斜长石)之间，构成花岗鳞片变晶结构片状构造。

两类矿石因受不同程度的混合岩化作用，局部可出现条带构造、眼球构造、阴影构造。其石墨片径为 0.1~0.5mm，品位 3%~12%。

变粒岩型和大理岩(透辉岩)型石墨矿石都呈粒状变晶结构、块状构造，石墨一般呈鳞片状或不规则片状，杂乱地浸染状在脉石矿物颗粒间或解理内，构成填隙结构。品位一般 3%~5%，但石墨片径相对较大些，可达 0.1~1mm。这两类矿石通常与石墨片麻岩或片岩矿石共存于一个矿床内，并互为顶底板，多呈夹层状或透镜状产出。

条带状长英质脉状石墨矿石一般是混合岩化脉体叠加于片麻岩、片岩或变粒岩类矿石之上，常呈条带状或脉状构造。由于混合岩化重熔再结晶和组分迁移和再结晶的结果，原岩的组构又发生重大变化，石墨呈栉状生长。

隐晶质石墨是煤层接触变质矿床中最为常见的石墨矿石，这类矿石实质上是由隐晶-微晶石墨(有时含部分未变质的无烟煤)和黏土矿物(伊利石、高岭石等)及石英组成，变质不彻底部分则保留煤岩结构和成分。该类矿石常残留变余原岩的层理构造，并含黄铁矿。

煤层接触变质隐晶石墨矿石品位较高，达 60%~80%，矿石采出后粉磨至一定程度即可供工业利用，故称直接矿石。该类矿石含钒、锶、锗等多种有益组分，部分矿床还含红柱石等高铝耐火矿物原料。

花岗岩型石墨矿石是指各种含石墨的花岗岩，矿石由岩浆热液结晶矿物和石墨组成，石墨呈浸染状分布，一些富气液的岩浆矿床，石墨可呈球状，豆状聚积，构成球状石墨花岗岩。该类矿石的石墨结晶一般较好，但片径偏小，多为细鳞片，品位也较低，一般 3%~5%。该类矿石常含多种金属和稀有金属，综合回收的潜力很大。

2.工业类型

石墨的工艺性能及用途主要决定于它的结晶程度，我国石墨产品标准规定，片径大于 1μm 的为鳞片状石墨，小于 1μm 的为无定形即隐晶质石墨。因此，工业上相应的将石墨矿石分为晶质(鳞片状)石墨矿石和隐晶质(土状)石墨矿石两种工业类型。

晶质(鳞片状)石墨矿石：石墨晶体鳞片片径大于 1μm。矿石固定碳含量较低，可选性好。与石墨伴生的矿物有云母、长石、石英、透闪石、透辉石、石榴石和少量硫铁矿、方解石等；有时还伴有金红石及钒等有用组分。矿石为鳞片状，花岗鳞片变晶结构、片状、片麻状或块状构造。此类矿石岩性为区域变质作用形成的各类含石墨的变质岩，包括片麻岩类、片岩类、大理(透辉)岩类、变粒岩类和长英岩类等石墨矿石自然类型，以及条带状、脉状热液型、花岗岩类等石墨矿石。

根据矿石成因类型，上述传统的晶质石墨都是早前寒武纪斜长角闪岩相深变质石墨，石墨晶片片径都在 100μm 以上，定为粗晶石墨。而晚前寒武纪浅变质绿片岩相的石墨晶片片径都小于 100μm，可以进一步细分为粉晶质(1~20μm)、微晶(20~50μm)、细晶(50~100μm)。

隐晶质(土状)石墨矿石：石墨晶体片径小于 1μm，呈微晶的集合体，在电子显微镜下才能见到晶形。矿石特点是固定碳含量高，可选性差。与石墨伴生的矿物常有石英、方解石等。矿石为微细鳞片-隐晶质结构，块状或土状构造。此类矿石多为接触变质作用形成的煤层变质石墨矿石。

表 1-19　典型石墨矿床矿石特征

矿床	工业类型	自然类型	颜色	结构	构造	矿物成分	石墨矿物特征
南墅岳石	显晶质鳞片状	石墨片麻岩	灰-黑灰	鳞片花岗变晶纤维花岗变晶	片麻状	主要矿物：斜长石、透闪石、透辉石、石英、方解石、石墨等；次要矿物：黑云母、绢云母、绿帘石、绿泥石、阳起石、白云母、褐云母、符山石、硅灰石、石榴石、高岭土等；副矿物：锆英石、金红石、黄铁矿、榍石、磷灰石、电气石等	呈鳞片状，常与纤维状透闪石，片状黑云母、绢云母等紧密相连，定向排列。石墨片度大小 0.2~1.2mm，随脉石矿物颗粒大小而变化。矿石品位 4.5%~6%，高者达 11.95%
		石墨透辉岩	深灰	鳞片变晶	块状	主要矿物有透辉石、石墨等	呈鳞片状不规则分布，片度一般 1~1.5mm，矿石品位 2.88%~5.22%。局部石墨呈脉状充填于裂隙中，石墨结晶完好，有的片度大，达 5~10mm，垂直脉壁生长
		石墨大理岩	灰白	鳞片变晶	块状	主要矿物有方解石、石墨等	呈鳞片状镶嵌于方解石颗粒间，矿石品位 3.49%~4.22%
	隐晶质	石墨片麻岩	黑	片状、碎裂状、糜棱状	土状	由石墨片麻岩经构造破坏碎裂而成，其矿物成分同石墨片麻岩	石墨鳞片被破坏，碎裂，其片度肉眼难以辨别，常被挤压呈不规则的弯曲条带。矿石品位 6%~9%
	显晶质隐晶质混合	碎裂糜棱岩化石墨片麻岩	灰黑	鳞片花岗变晶	片麻状	矿物成分同石墨片麻岩	鳞片状石墨与石墨片麻岩相当，但含较多的隐晶石墨，呈不规则的脉络状集合体。矿石品位 5.83%~9.64%
柳毛	鳞片显晶质	含钒榴透辉石墨片岩	黑-灰黑	鳞片花岗变晶	片状	主要矿物：石英、斜长石、透辉石、石榴石、石墨等；其他矿物：钙钒榴石、葡萄石、符山石、黄铁矿、磁黄铁矿、云母等	呈鳞片状集合体，定向排列，分布不均匀、分不放心与片理基本一致；有时与毗邻矿物穿插。石墨片度为 0.1~0.6mm。矿石品位为 13%~16%
		夕线石石墨石英片岩	黑灰	鳞片花岗变晶	片状	主要矿物：夕线石、石英；其他矿物：斜长石、堇青石	
		石墨夕线透辉片麻岩	灰-黑灰	鳞片花岗变晶	片麻状	主要矿物：石英、斜长石、钾长石、透辉石、夕线石和石墨等；其他矿物：云母、黄铁矿、电气石、褐帘石、榍石等。钾长石为混合岩化脉体的主要成分，它与石英呈不规则条带状或条纹状，局部可膨大呈团块状	呈较规整的鳞片状，定向排列。石墨片度 0.1~0.3mm。 品位 3%~10%
		石墨黑云斜长变粒岩	灰 灰白	粒状变晶	块状	主要矿物：斜长石、石英、黑云母和石墨等；脉体成分有钾长石和石英，多呈不规则粒状分布	呈不规则片状，无定向排列，均匀分布。石墨片度 0.1~0.3mm，矿石品位 3%~6%
		石墨大理岩	灰 灰白	粒状变晶	块状	主要由方解石、白云石和石墨组成，含少量蛇纹石、橄榄石、透辉石及金云母	矿石品位 3%~6%，一般不构成独立的具工业意义的矿体。石墨呈浸染状分布

续表

矿床	工业类型	自然类型	颜色	结构	构造	矿物成分	石墨矿物特征
南墅刘家庄	鳞片显晶质	石墨片麻岩	灰黑	花岗变晶、填隙结构（少量）	片麻状、浸染状（少量）	主要矿物：斜长石、微斜长石、石英、透闪石、透辉石及石墨等；次要矿物：磁黄铁矿、黄铁矿、褐铁矿、白云母、绢云母、金云母、黑云母、石榴石、绿泥石、黝帘石、方解石等；副矿物有金红石、钛铁矿、榍石、磷灰石等，金红石一般粒径 0.3mm×0.15mm，他形粒状，大部分为单体	呈鳞片状或聚片状，分布在脉石矿物颗粒间，定向排列，少数鳞片穿插于矿物解理裂隙中，鳞片常已弯曲。石墨片度一般(0.4~1) mm×(0.1~0.2) mm，最大者(2~6) mm×0.5mm×1mm，矿石品位 4.10%~5.02%
	碎裂显晶质	石墨片麻岩	灰黑	压碎	碎裂	同 上	石墨鳞片虽被压碎，但大部分还是肉眼可辨认的鳞片状
兴和	鳞片显晶质	石墨斜长片麻岩	青灰	花岗变晶、鳞片变晶	片麻状、条带状	主要矿物有斜长石、石英、黑云母和石墨等；其他矿物有辉石、绿泥石、绢云母、高岭土、黄铁矿和锆石	呈鳞片状分布于粒状矿物之间，常与黑云母伴生，定向排列。石墨片度一般 1~1.3mm。矿石品位一般 4.33%，最高达 7.2%
什报气	鳞片显晶质	石墨斜长片麻岩	青灰	鳞片花岗变晶	片麻状	主要矿物有斜长石、钾长石、石英、透辉石、角闪石、方解石、白云石和石墨等；其他矿物有白云母、金云南、绿泥石、次闪石、纤闪石、黑云母、绢云母、绿帘石、黄铁矿、褐铁矿、榍石、磷灰石、硅灰石等	呈鳞片状星散分布于脉石矿物之间，石墨片度一般为 0.1~0.5mm，大者＞1mm，矿石品位 3.66%
		石墨透辉岩	暗灰	鳞片花岗变晶	块状	主要矿物有透辉石、斜长石、石墨等；其他矿物有透闪石、方解石、白云岩、金云母、绿泥石、黝帘石、次闪石、黄铁矿、褐铁矿等	呈鳞片状，星散状嵌布于透辉石颗粒之间，或以微脉状沿透辉石裂隙穿插。石墨片度一般为 0.1~0.5mm，大者＞1mm，随脉石晶体增大而变大。矿石品位 3.59%
		石墨大理岩	灰白	鳞片花岗变晶	块状	主要矿物有方解石、石英和石墨；其他矿物有透辉石、透闪石、白云母、金云母、叶蛇纹石、黄铁矿、褐铁矿、磷灰石等	呈鳞片状星散地分布于脉石矿物颗粒之间。石墨片度一般为 0.1~0.5mm，矿石品位 2.54%
三岔垭	鳞片显晶质	石墨片岩	灰黑	花岗鳞片变晶	片状、局部片麻状及眼球状	主要矿物有石英、绢云母、长石与石墨等；其他矿物有黑云母、白云母、电气石、黝帘石、绿泥石、绿帘石、褐铁矿、黄铁矿、磁铁矿、金红石、锆石	主要呈鳞片状与绢云母等紧密共生，易定向排列，石墨往往夹绢云母细片呈分支复合状。石墨鳞片常被扭曲及弯折，有的石墨呈隐晶状混于石英和电气石裂隙中，也有的呈细鳞片状，星点状 石英绢云母组成眼球体，甚至有的成为长石的包裹体。石墨片度 0.16~0.50mm，以 0.25~0.50mm 为主。矿石品位 9.44%~13.61%
		石墨黑方斜长片麻岩	黑灰	鳞片花岗变晶	片麻状，片状（局部）	主要由石英、长石、黑云母、绢云母、白云母等组成，还含褐铁矿、黄铁矿、石榴石等	呈鳞片状与片状矿物(绢云母、黑云母、白云母等)紧密共生，石墨片度一般为 0.1~0.4mm，大者可达 1.5mm。矿石品位 2.45%~2.73%

续表

矿床	工业类型	自然类型	颜色	结构	构造	矿物成分	石墨矿物特征
峡山	鳞片显晶质	含钒白云母石墨片岩	灰黑	花岗鳞片变晶	片状、眼球状(局部)	主要矿物有石英、含钒白云母、绢云母和石墨等；其他矿物有黄铁矿、绿泥石、白云母、长石、绿帘石、锆石、磷灰石、黄玉、电气石、铁金红石、金红石、磁黄铁矿、褐铁矿等	自形、半自形六方及四方鳞片状晶体，呈不规则板条状沿片理方向不均匀分布。石墨片度0.06~0.2mm，大部分<0.15mm，部分可达0.6mm。在较粗大的石英粒间和含钒白云母变斑晶周围可见重结晶的石墨晶体，其片度较大，可达0.1~0.5mm，个别可达1.5mm。矿石品位7.26%~16.24%
		云母石墨片岩	灰黑	花岗鳞片变晶	片状、条带状及眼球状(局部)	主要矿物有石英、含钒白云母、白云母、黑云母及石墨等；其他矿物有长石、绿泥石、绢云母、黄铁矿、磷灰石、电气石、金红石等	呈细鳞片状，有事呈鳞片集合体，与黄铁矿一起沿片理定向排列。石墨片度0.01~0.2mm，矿石品位5.69%~9.18%
		石英石墨片岩	灰-灰黑	花岗鳞片变晶	片状、块状及条带状(局部)	主要矿物有石英、含钒白云母及石墨等；其他矿物有白云母、褐铁矿、长石铁、黄铁矿、磁黄铁矿、磷灰石、铁金红石、电气石、金红石、闪锌矿、钼铅矿等	呈片状、六方片状与石英均匀相间分布。石墨片度0.03~0.6mm，矿石品位4.14%~6.93%
坪河	显晶质及隐晶质混合	石墨片岩	灰黑	花岗鳞片变晶	片状	主要矿物有石英、绢云母或白云母和石墨等；其他矿物有黄铁矿、褐铁矿、长石、绿泥石等	石墨鳞片大小变化无规律，含白云母多且片度大时，石墨鳞片较大，含绢云母或绿泥石多时则石墨鳞片较小。石墨鳞片的片度以0.01~0.001mm的细鳞片为主，>0.01mm者极少，尚含一部分隐晶石墨。矿石品位4.58%~19.76%
苏吉泉	鳞片显晶质	石墨混染花岗岩	浅灰	残斑状细粒花岗结构	块状、豆状、球状	组成矿物复杂，主要矿物有石英、条纹长石、更长石、角闪石、石墨等；其他矿物有钛铁矿、磁铁矿、磁黄铁矿、锆石、萤石、刚玉、独居石、褐帘石、黄铜矿、黄铁矿、辉钼矿、重晶石。天青石、黄钾铁矾、褐铁矿、孔雀石、蓝铜矿等	星叶片状或鳞片集合体，构成豆状球状体，直径1~10cm，球内有角闪花岗岩残留体，构成核体，石墨在球体外壳分布。石墨片度一般0.1~0.2mm，小的0.01~0.015mm，大者可达0.5mm。矿石品位2.5%~10%，一般为4%~5%
鲁塘	隐晶质	煤层变质石墨	灰黑		致密块状、板状及叶片状	主要矿物除石墨外，还有红柱石及黏土矿物(如伊利石、高岭土)、石英、绢云母、黄铁矿、电气石等	主要为隐晶鳞片集合体，呈无定型花瓣状六方片状，片晶0.2μm，互相紧密镶嵌，连生成块。另外有微晶鳞片状石墨分布于隐晶质块状石墨的裂隙、节理及空洞内，石墨片度一般1~2μm，呈羽毛状或束状集合体充填于裂隙内，伴生矿物有黏土矿物和铁的氧化物等

石墨鳞片片径是参差不齐的或者混合晶型的，鳞片石墨矿石也含有少量隐晶石墨。有些鳞片石墨矿石中含有较多隐晶质石墨时，这种矿石通常称为混合型石墨矿石。反之，隐晶质石墨矿石也可能含少部分片径略大于 1μm 的鳞片。

3. 风化矿石

在表生风化作用下，片麻岩和片岩岩类石墨矿石中的铝硅酸盐矿物长石和云母，可以水解为高岭石和水云母，其中的黄铁矿氧化分解形成含水氧化铁(褐铁矿、针铁矿、含水针铁矿等)，含水氧化铁也可脱水形成赤铁矿，其反应式是：

$$2FeS_2+7O_2+2H_2O = 2FeSO_4+2H_2SO_4$$

$$4FeSO_4+2H_2SO_4+O_2 = 2Fe_2(SO_4)_3+2H_2O$$

$$Fe_2(SO_4)_3+6H_2O = 2Fe(OH)_3+3H_2SO_4$$

$$2Fe(OH)_3+nH_2O = Fe_2O_3\cdot nH_2O$$

矿石经风化后在颜色上呈褐黄色，俗称“黄矿石”。

“黄矿石”结构松散，易磨易选，石墨单体容易分离，而且大鳞片易于保留，化学成分中有害杂质硫较低，因此，风化作用越彻底，矿石质量就越好，深受生产企业的欢迎。我国一些开发较早的片麻岩和片岩型石墨矿山，对“黄矿石’的认识和开发已积累丰富的经验。所以，《石墨矿地质勘探规范》中明确风化矿石应与原生矿石区分，分别加以研究。

二、矿石的化学成分

各种石墨矿石的化学成分可以反映原岩的基本成分，对变质成因的石墨矿石，由于变质过程的组分迁移和交换，其成分略有变化。

1.变质相带

矿石化学成分与矿石成因类型有关，岩浆热液石墨矿床矿石的矿物相，主要取决于含矿浆液的结晶阶段，各个阶段有其专属的结晶矿物谱列，可以是单一的，也可以是重叠的。变质成因(包括区域变质和接触变质)石墨矿床的矿石的矿物相，既取决于原岩成分，也取决子变质相。

区域变质石墨矿床一般形成于角闪岩相和麻粒岩相。角闪岩相岩石分布是非常广的，它的温压条件也是较宽的，不同的压力类型地体，矿物相有差别，不同原岩和不同变质相的具有不同的矿物组合，其中角闪岩相以苏格兰高地达尔累丁片岩系的中—高级变质带为代表(表 1-20)。

从表中泥质岩的不同变质相矿物组成比较，有如下一些规律：①在角闪岩相，稳定的斜长石从钠长石变化到较钙质，而微斜长石则向正长石转化；②在夕线石带，白云母同石英反应生成正长石和夕线石，白云母分解直至消失；③黑云母只有达到相当高温度的麻粒岩相时才分解消失，在没有石英的情况下，黑云母的分解需要格外高的温度。

接触变质作用一般是在低压条件下进行的，不同温区产生不同的矿物组合。例如，当泥质岩和砂屑岩石被捕虏发生高热接触时，形成以透长石、歪长石、高温斜长石、鳞石英、方英石、莫来石等透长石相矿物组合。接触变质泥岩的常见指相矿物是红柱石和夕线石。内接触带的温度较高，形成红柱石(及堇青石)，如果这个温度相对是低的，红柱石将出现在整个接触带中。有时在低温区出现红柱石，在高温区出现夕线石。如果压力介于低压与中压的过渡性质，除出现红柱石和夕线石外，还可出现蓝晶石。在接触变质过程中，高铝岩石首先产生斑点，形成斑点板岩或千枚岩，这些斑点通常是石英、白云母和绿泥石。斑点板岩之外，通常有一个以发育黑云母为标志的过渡带。过渡带之外则为角岩带，发育红柱石和堇青石或夕线石(表 1-21、表 1-22)。

表 1-20　区域变质作用条件下不同原岩和不同变质相的矿物组合

变质相及带		原岩性质		
		白云质泥灰岩	泥质岩	泥质碳酸盐岩
角闪岩相（巴罗式）	十字石-蓝晶石带	斜长石（<An_{30}）+普通角闪石（±铁铝榴石±绿帘石）	斜长石（<An_{20}）+白云母+黑云母+蓝晶石±（十字石）+铁铝榴石（+石英）	中长石（An_{50}）+透辉石+钙铝榴石+黝帘石+方解石（±石英）+透闪石
	夕线石带	斜长石（An_{30}）+普通角闪石+铁铝榴石	斜长石（An_{30}）+黑云母+铁铝榴石+夕线石+钾长石+石英	斜长石（An_{90}）+透辉石+钙铝榴石+黝帘石+方解石
角闪岩相（布羌式）	红柱石（堇青石）带	斜长石+普通角闪石（±绿帘石±绿泥石）	斜长石（>An_{30}）+白云母+黑云母+铁镁铝榴石（含 MnO 10%~18%）+红柱石（±堇青石）（±石英）	方解石+普通角闪石+阳起石+单斜辉石+斜长石（±绿帘石）（±石英）
	夕线石-堇青石带	斜长石+普通角闪石+单斜辉石（镁铁闪石）	斜长石（>An_{30}）+白云母+黑云母+铁镁铝榴石（含 MnO<10%）+夕线石+堇青石（±正长石）（+石英）	方解石+普通角闪石+单斜辉石+斜长石（±硅灰石）（±石英）
	夕线石-钾长石带	斜长石+普通角闪石+镁铁闪石+斜方辉石	斜长石（>An_{30}）+黑云母+铁镁铝榴石+夕线石+堇青石+正长石（±石英）	单斜辉石+硅灰石（±普通角闪石+方解石）
麻粒岩相		斜长石（>An_{30}）+斜方辉石+单斜辉石±铁铝榴石±普通角闪石	钾长石（通常为条纹长石）+酸性斜长石（$An_{17\text{-}30}$）+石英±蓝晶石/夕线石±斜方辉石±堇青石+黑云母	方解石+透辉石+斜长石+石英；方解石+金云母+镁橄榄石+透辉石

表 1-21　主要石墨矿石岩石化学组成　（单位：%）

成分	石墨片麻岩	石墨片岩	煤变质石墨	石墨变粒岩	石墨大理岩	石墨透辉岩	石墨花岗岩
SiO_2	43.46~66.83	48.00~87.67	44.75~50.10	63.40	37.31	39.15	47.56~69.66
TiO_2	0.32~0.65	0.06~0.68	1.49~1.98	0.65	0.35	0.35	0.33~0.61
Al_2O_3	8.09~17.39	3.44~10.54	28.96~29.22	13.98	9.33	10.68	10.36~15.67
Fe_2O_3	2.30~12.32	1.49~6.06	7.90~20.52	3.58	8.79	10.90	1.75~5.90
MgO	1.24~9.26	0.17~2.77	1.26~1.32	7.39	12.35	12.01	0.66~2.24
CaO	0.78~24.40	0.07~14.23	0.78~1.09	12.96	13.36	13.62	0.93~1.39
Na_2O	0.46~4.35	0.03~1.14		0.58	0.60	0.51	0.77~2.24
K_2O	2.35~4.20	0.57~2.79	36.00~50.95	3.68	2.02	1.36	3.48~4.28
SO_3	1.01~3.61	0.01~2.11	0.26~1.16		4.30	3.44	0.11~0.94
P_2O_5	0.06~0.55			0.15	0.27	0.34	0.02~0.07

2. 元素迁移机理

在变质作用中，一些组分（如钛、铁、钒等）迁移或活化产生新的矿物相，当富含钛的岩石变质时，钛从岩石中析出形成浸染状金红石，分布于片麻岩、片岩、角闪岩或其他变质岩中。在前进变质作用过程中，当 $TiO_2 \cdot nH_2O$ 水化物加热至 490℃时生成锐钛矿，温度到达 860℃时，锐钛矿转变成板钛矿，而在 1040℃时则生成金红石。

在变质作用中，钛与铁的固熔体结构发生改变。当含钛较高的铁矿石受强区域变质（800℃以上）作用时，钛和铁重熔，离子重新组合，形成钛铁矿-磁铁矿或钛铁矿-赤铁矿固溶体。当温度缓慢降到 800℃时，即形成磁铁矿-钛铁矿固溶体分解，甚至钛运移并聚集于磁铁矿颗粒间隙呈单矿物颗粒析出。在浅变质作用下，钒无明显变化，当受强烈变质时，钒可部分发生活化转移。在较深变质作用中，当温度到达 1000℃以上时，钛铁矿可析出铁而生成金红石，这些铁则以次生铁矿物出现。此外，黄铁矿在变质作用下常活化重新结晶，改变结晶形态。

表 1-22 我国部分石墨矿床主要矿石类型化学成分 （单位：%）

矿床	矿石	固定碳	SiO_2	TiO_2	Al_2O_3	Fe_2O_3	FeO	CaO	MgO	K_2O	Na_2O	V_2O_5	S	P_2O_5
岳石	1	2.59~4.96	37.76~66.83	0.32~0.65	8.09~16.64	2.30~6.68	0.68~4.56	5.50~24.40	1.24~9.20	1.32~5.22	0.46~2.04		0.01~2.26	
	2	8.56	55.25	0.72	14.08	6.94	0.81	2.32	2.80	2.86	1.73		1.16	
	3	6.66	53.29	0.57	13.25	5.62	2.57	6.73	5.32	2.64	1.43		2.02	
柳毛	4	13.08~15.91	48.16~56.13	0.36~0.68	8.29~9.54	3.08~6.05		9.67~16.36	1.42~4.12	1.04~2.27	0.15~1.14	0.17~0.33	0.016~1.49	
	5	6.15~8.87	46.56~60.40	0.35~0.60	10.14~13.06	6.24~7.38		4.00~15.26	1.36~2.42	2.38~3.23	0.23~0.69	0.07~0.12	2.46~2.82	
	6	5.41	50.56	0.56	10.99	7.96		8.06	3.20	4.18	0.45	0.04	3.33	
	7	10.97	46.00	0.44	8.68	4.60			5.00	2.17	0.59	0.17	1.11	
刘家庄	8	4.10~5.02	52.67~56.68	0.56~0.60	11.34~12.11	7.80~10.16	2.63~7.28	4.33~6.19	4.45~5.85	2.35	1.80		1.60~3.33	
兴和	9	4.33	57.09~63.23		12.06~14.50	5.90~13.11		1.21~2.28	1.29~2.47	2.00~4.01	2.07~2.91		0.51~1.57	
什报气	10	3.66	43.46	0.40	8.78	12.32		10.12	5.58	2.36	0.91		3.61	
	11	3.59	39.15	0.35	10.68	10.90		13.62	12.01	1.36	0.51		3.44	0.34
	12	2.54	37.31	0.33	9.33	8.79		13.36	12.35	2.02	0.60		4.30	0.27
岭根墙	13	4.40	77.99	0.64	8.18	1.90	0.91	0.59	0.33	1.91	0.29	0.05~0.085	0	0.10
三岔垭	14	9.44~13.61	52.05~58.82	0.37~0.75	13.87~14.85	5.44~5.98		0.48~0.87	1.64~1.83	3.45~4.20	1.21~1.83		0.17~1.65	
金溪峡山	15	7.26~16.24	60.75~81.87	0.12~0.41	3.44~10.54	2.03~6.06		0.07~1.81	2.47~2.81	0.86~2.79	0.04~0.38	0.22~0.53	0.01~2.11	
	16	5.69~9.18	72.36~85.62	0.06~0.22	2.77~7.46	1.93~3.98		0.16~1.44	0.31~1.00	0.57~1.86	0.03~0.82	0.16~0.34	0.02~0.97	
	17	4.14~6.93	82.71~87.67	0.06~0.26	2.76~6.18	1.49~3.55		0.20~0.71	0.17~0.61	0.87~1.16	0.03~0.05	1.24~2.31	0.05~0.46	
南江坪河	18	4.58~19.76	50.35~71.34		12.33~16.65	7.17~10.17		1.42~3.32	1.68~3.79	3.14~4.59			0.02~4.90	0.08~0.55
苏吉泉	19	4.16~6.70	47.56~69.66	0.33~0.61	10.36~15.67		2.6~3.4	0.93~1.68	0.28~1.29	3.02~4.28	0.66~2.24			0.02~0.07
鲁塘	20	77.19~81.96	48~53	2~3	28~29	5~7		2~3	0.8~1.6	4~5	0.8~1		0.07~1.30	

1. 石墨片麻岩；2. 石墨片麻岩；3. 碎裂及糜棱岩化石墨片麻岩；4. 含钒榴透辉石墨片岩；5. 石墨夕线透辉片麻岩；6. 石墨黑云斜长变粒岩；7. 石墨大理岩；8. 石墨片麻岩；9. 石墨斜长片麻岩；10. 石墨斜长片麻岩；11. 石墨透辉岩；12. 石墨大理岩；13. 石墨云英片岩；14. 石墨片岩；15. 含钒白云母石墨片岩；16. 云英石墨片岩；17. 石英石墨片岩；18. 石墨片岩；19. 石墨混杂花岗岩；20. 煤层变质块状石墨。

石墨矿石的矿物相是其质量的标志，特别是晶质鳞片矿石，其矿物相直接与浮选工艺相关。脉石矿物的种类是选择抑制剂的依据，片状矿物和黏土矿物的存在与否及其多寡，对浮选有直接影响。矿物颗粒大小及其结构类型是磨矿必须考虑的因素，而一些特殊的有益、有害组分的矿物相的改变，如铁、硫、钛、钒、铀的赋存状态，是考虑综合回收的依据。因此，研究石墨矿石的矿物相，对石墨矿石加工有十分重要的意义。

三、石墨岩系地球化学

1. 沉积岩化学组分

沉积岩是经过地表分异分选沉积的碎屑物及化学沉积物，基本由(SiO_2-Al_2O_3-$CaCO_3$)三个端元组分组成，其他组分与三个端元组分的化学相关性，分别集中的不同的岩石中。

含有机碳的黑色岩系中包括了各种与黑色页岩共生的碎屑岩和化学沉积岩，因此其岩石化学组成有较大的差异，硅质页岩的 SiO_2 含量在 80%，甚至 90%以上，化学沉积碳酸盐岩、菱锰矿、磷块岩等，SiO_2 含量小于 30%，一般黑色页岩 SiO_2 含量为 50%~70%。

根据岩石化学组成计算的地球化学参数可以反映沉积岩的形成环境及化学组成，本书涉及的地球化学参数有：K_2O+Na_2O、K_2O/Na_2O、$A/CNK=Al_2O_3/(CaO+Na_2O+K_2O)_{mol}$、$A/NK=Al_2O_3/(Na_2O+K_2O)_{mol}$、$C/M=CaO/MgO_{mol}$。

对现代沉积环境分析认为，一定沉积环境形成的沉积物既是提供沉积物的原岩环境，也是碎屑物质沉积的环境，主要是一些裂谷、海床、大陆架沉积物，这种沉积矿源岩可以划分为海相和陆相沉积，除了一般沉积分异富集的元素之外，海相与陆相沉积富集元素有一定区别。海床沉积岩物质来源大部分来自玄武岩洋壳海蚀作用剥蚀的碎屑及化合物，以富含 Na_2O、TiO_2、CaO、FeO、MgO、Sr、Ni、Co、V、Cu、Au 等为特征，浅海大陆架及陆相裂谷沉积岩物质来源主要为陆源风化碎屑及化合物，以富含 K_2O、Al_2O_3、Mo、W、Rb、Zr 等为特征。根据沉积区域的构造稳定性划分为海洋岛弧区域、大陆岛弧区域、活动陆缘区域、被动陆缘区域，其中以被动陆缘区域构造最稳定，沉积物分选好富含钾铝，海洋岛弧区域最活跃，沉积物分选差富含铁镁(图 1-22)。

在现代板块俯冲海沟集中了大量浊积沉积物，火山岛弧前俯冲带以海相沉积物为主；在陆缘俯冲带具有海相沉积物和陆相沉积物混合的特点；在陆陆碰撞带以碰撞前的陆相裂谷沉积物为主。

2. 微量元素化学

岩浆岩中微量元素组成变化规律与元素本身地球化学相容性有关，不相容元素与碱性不相容元素化合物组相关性好，并且有相似的演化规律，如 Rb、Nb、Th、U 等与 K_2O、Na_2O 一样随着 SiO_2 含量升高而升高。相容元素与铁镁相容元素化合物组相关，并且具有相同的演化趋势，如 Cr、Ni、Co、Sr 与 FeO、MgO 一样，随着 SiO_2 含量升高而降低。

根据目前研究者总结的岩石地球化学分析及图解资料，通常以 Rb、Sr、Ba、Zr、Hf、Th、U、Y、Nb、Ta、Cr、Ni、Co、V 等微量元素组成及其相对变化规律分析判别沉积环境及其分异作用，因此有必要首先分析这些元素的地球化学性质。

铷(Rb)，是ⅠA 族碱金属，原子序数 37，属于碱金属元素，原子量 85.4678，地壳中含量 90×10^{-6}，共有 45 个同位素($^{71}Rb\cdots^{102}Rb$)，自然界 ^{87}Rb 有放射性。

铷与锂、铯等碱金属共生，在碱性岩中富集，铷无单独工业矿物，常分散在云母、铁锂云母、铯榴石。沉积岩中与含钾黏土矿物呈正相关关系，可以替代钾离子进入黏土矿物晶格，因此在被动陆缘分选好的黏土岩中铷含量相对较高。由于黏土矿物都是陆壳岩石矿物分解产物，因此可以认为铷是陆源元素的代表。

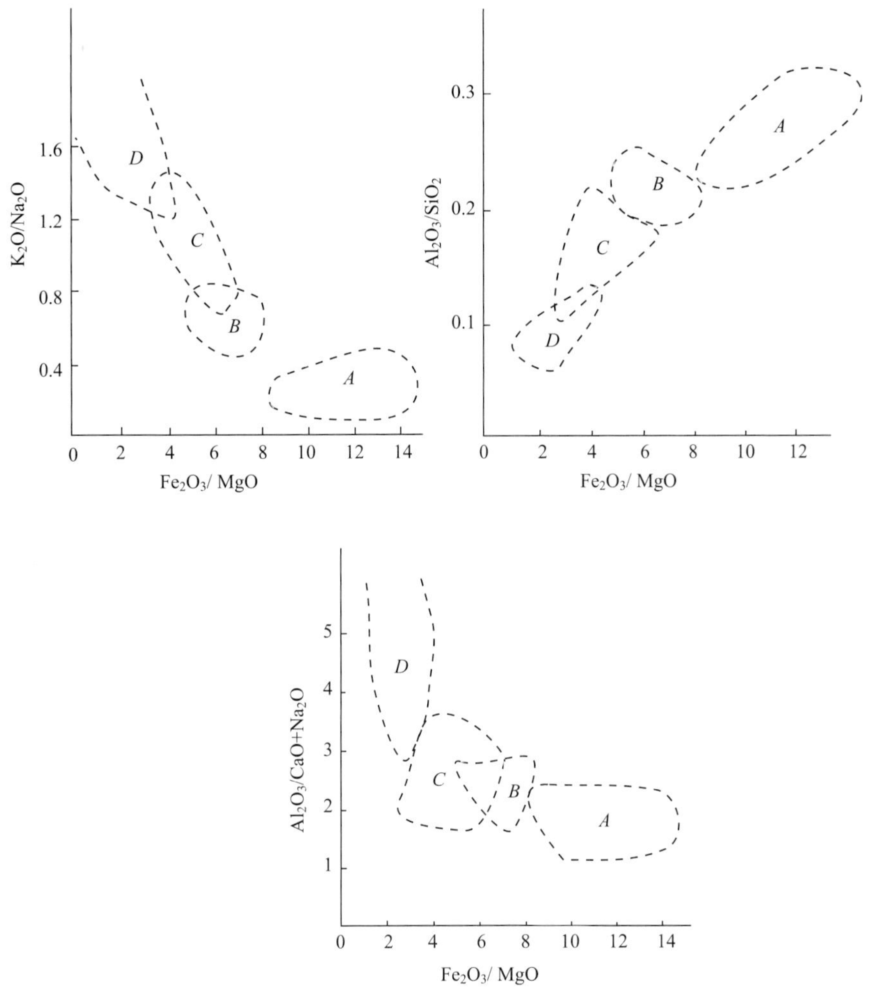

图 1-22　不同构造环境杂砂岩岩石化学组成图解

A.海洋岛弧区域；*B*.大陆岛弧区域；*C*.活动陆缘区域；*D*.被动陆缘区域；Fe_2O_3代表全氧化铁 TFe_2O_3

锶、钡都是ⅡA 族碱土金属，化学性质类似，也有一定差异。

锶(Sr)，原子序数 38，原子量 87.62，在地壳中的含量为 0.02%，有 ^{84}Sr、^{86}Sr、^{87}Sr 和 ^{88}Sr 四个稳定同位素，锶化合价 Sr^{2+}，独立锶矿物有天青石和碳酸锶矿，但是锶常与碱土金属元素共生，尤其是各类含钙(Ca)质岩石中锶含量较高。

钡(Ba)，原子序数 56，原子量 137.327，钡在地壳中的含量为 0.05%，化合价 Ba^{2+}，主要矿物有重晶石和毒重石。钡是最活跃的碱土金属，金属活动性顺序位于钾、钠之间，因此钾钠岩石中有较高的钡含量，钡长石和钡冰长石中以含钡为特征。

锶钡都可以形成硫酸盐，但是硫酸锶($SrSO_4$)的溶解度大于硫酸钡($BaSO_4$)，而由于海水中硫酸根含量较高，因此海水中锶离子含量要高于钡离子含量，因此可以 Sr/Ba 值来判别海陆沉积环境。

锆与铪在元素周期表里同属ⅥB 族，化学性质相似，又是共生在一起的两个金属，且伴有放射性物质。

锆(Zr)，它的原子序数是 40，原子量 91.224，锆在地壳中的含量为 250×10^{-6}，但分布非常分散。化合价 Zr^{2+}、Zr^{3+}和 Zr^{4+}，含锆硅酸盐 $ZrSiO_4$ 矿物为锆石(Zircon)、锆英石及斜锆石。

锆石在酸性和碱性岩浆岩中广泛分布，基性岩和中性岩中亦常产出。

铪(Hf)，原子序数 72，原子量 178.49，铪在地壳中的含量为 4.5×10^{-6}，有 ^{174}Hf、^{176}Hf、^{177}Hf、^{178}Hf、^{179}Hf、^{180}Hf 天然稳定同位素，常见化合价为 Hf^{4+}，常与锆伴生，存在于锆石中。

铀、钍放射性元素，同属ⅢB族锕系元素，均为不相容元素，化学性质相似，经常共生。

铀(U)，原子序数92，原子量238.0289，地壳中铀的平均含量约为2.5×10^{-6}，比钨、汞、金、银等元素的含量还高，铀是极不相容元素，因此在碱性花岗岩中的含量明显高于其他岩性，平均3.5×10^{-6}。自然界中存在^{234}U、^{235}U、^{238}U三种同位素，^{238}U最多，自然丰度99.275%，三个同位素均带有放射性。铀有U^{3+}、U^{4+}、U^{5+}、U^{6+}四种价态，U^{4+}和U^{6+}价化合物稳定，自然界已知的铀矿物有170多种，最重要的有沥青铀矿(U_3O_8)、晶质铀矿(UO_2)、钒钾铀矿、含铀云母、铀石和铀黑等。少量存在于独居石等稀土矿石中，除了碱性花岗岩之外，在磷酸盐矿、褐煤及页岩等岩石中呈分散状态存在。

沉积环境中U在强还原条件下以不能溶解的U^{3+}形式存在，导致U在沉积物中富集，而U在氧化条件下以可溶性的U^{4+}存在，导致U从沉积物中流失。

钍(Th)，原子序数90，原子量232.0381，地壳中平均钍含量为$(7\sim13)\times10^{-6}$，是铀含量的4~6倍，钍是极不相容元素，因此在碱性花岗岩中的含量明显高于其他岩性。在自然界中钍只有一种同位素^{232}Th，在化学性质上与锆、铪相似，所有钍盐都显示出Th^{4+}，以化合物的形式存在于矿物内，如钍石($ThSiO_4$)、独居石[(Ce，La，Nd，Th)[PO_4]]及方钍石[(Th，U)O_2]等，通常与稀土金属联系在一起，榍石和锆石也含少量钍。

Th不受氧化还原条件的影响，通常以不能溶解的Th^{4+}形式存在，氧化条件下，铀(U)易于氧化流失，导致U/Th值降低，因此，Th / U值被用作沉积环境氧化还原条件的代用指标，在缺氧的环境中Th/U值为0~2，在强氧化环境中为8。或者沉积岩的U-Th/3反映自生铀的相对含量，以$\delta U=2U/(U+Th/3)$指标表示氧化还原条件，缺氧环境$\delta U>1$，正常的海水环境$\delta U<1$(吴朝东等，1999)。

钇(Y)，原子序数39，原子量88.91，与钪、镧系元素同属ⅢB族稀土金属元素，地壳中含量30×10^{-6}，化合价Y^{3+}，主要在稀土矿物，如硅铍钇矿、磷钇矿、钇铌钽铁矿、黑稀金矿、褐钇铌矿、钇萤石[(Y，Ce)CaF_2O]中与稀土共生，钇与铈是稀土元素中在地壳中含量较大的两种元素，因而它们在稀土元素中首先被发现。与轻稀土元素一样，钇属于不相容元素，在碱性岩中富集，沉积岩中与锆铪铷等呈正相关性，因此在黏土矿物中含量高。

铌、钽在元素周期表里同属ⅤB族，物理、化学性质很相似，在自然界伴生在一起。

铌(Nb)，原子序数41，原子量92.90638，在地壳中的含量为20×10^{-6}，铌的氧化态以Nb^{5+}价化合物最稳定。钽(Ta)，原子序数73，原子量180.9479，在地壳中的含量为2×10^{-6}，常见化合价为Ta^{5+}。

铌钽矿物的赋存形式和化学成分复杂，其中除钽、铌外，往往还含有稀土金属、钛、锆、钨、铀、钍和锡等。含铌钽矿物主要有：铌钽铁矿[(Fe,Mn)$(Ta,Nb)_2O_6$]、重钽铁矿($FeTa_2O_6$)、烧绿石[$(Ca,Na)_2(Nb,Ta,Ti)_2O_6(OH,F)$]、黑稀金矿[(Y,Ca,Ce,U,Th)$(Nb,Ta,Ti)_2O_6$]、细晶石[(Na,Ca)$Ta_2O_6$(O,OH,F)]和褐钇铌矿、钛铌钙铈矿等。铌钽铁矿主要产于花岗伟晶岩矿中，与石英、长石、白云母、锂云母、绿柱石、黄玉、锆石、独居石等共生，因此铌钽是碱性矿物，主要产于碱性花岗岩中。在沉积岩中，主要存在于黏土矿物中。

铬(Cr)，原子序数为24，原子量51.996，属于ⅥB族金属元素，铬是亲铁元素，主要产于铁镁质岩浆岩中以氧化物形式存在，是地壳中分布较广的元素，含量83×10^{-6}，它比钴、镍、钼、钨含量都高。化合价有Cr^{2+}、Cr^{3+}和Cr^{6+}，以Cr^{3+}化合物常见，自然界没有游离状态的铬，主要的矿物有铬铁矿[(Fe，Mg)Cr_2O_4]、铬尖晶石[(Fe，Mg)$(Cr，Al)_2O_4$]、铬铅矿($PbCrO_4$)。

镍(Ni)，原子序数为28，原子量58.69，属于Ⅷ族金属元素，镍是亲铁元素，在铁镁质岩浆岩中产出，主要分布于地幔地核，镍在地壳中的含量仅为0.018%。镍化合价Ni^{1+}、Ni^{2+}、Ni^{3+}、Ni^{4+}，以Ni^{2+}最稳定，自然界中最主要的是以硫、砷、镍化合物形式存在的镍矿物，镍黄铁矿〔$(Ni，Fe)_9S_8$〕、硅镁镍矿〔(Ni，Mg)$SiO_3\cdot nH_2O$〕、辉砷镍矿(硫砷化镍)、针镍矿或黄镍矿(NiS)、红砷镍矿(NiAs)等，海底的锰结核中镍含量很高，在铁镁质岩浆岩也分散状态存在。

钴(Co)，原子序数为27，原子量为58.93，钴是具有钢灰色和金属光泽的硬质金属，属于ⅧB族过渡金属，它的主要物理、化学参数与铁、镍接近，属铁族元素，因此铁镁质岩浆是钴的主要载体，但是热液中钴活动性较强，因此海底锰结核、热液型矿床中钴都比其他亲铁元素含量高。

钴在地壳中的平均含量为 0.001%(质量)，氧化态为 Co^{2+}、Co^{3+}，自然界主要以砷化物、氧化物和硫化物存在，如硫钴矿(Co_3S_4)、纤维柱石($CuCo_2S_4$)、辉砷钴矿(CoAsS)、砷钴矿($CoAs_2$)、钴华($3CoO·As_2O_5·8H_2O$)等。有四种钴矿类型：①铜钴矿，以扎伊尔、赞比亚储量为最大，扎伊尔的产钴量占全世界产量的一半以上；②镍钴矿，包括硫化矿和氧化矿；③砷钴矿；④含钴黄铁矿。这些钴矿含钴均较低，大多伴生于镍、铜、铁、铅、锌、银、锰等硫化物矿床中，且含钴量较低。

钒(V)，原子序数 23，原子量 50.9414，属 VB 族过渡金属，属于亲铁元素，主要分布于铁镁质岩石中，地球平均含量约 0.02%，常见化合价为 V^{5+}、V^{4+}、V^{3+}、V^{2+}。钒是机体生长必需的生命元素，因此，海水及海相有机质页岩中钒含量高于陆相沉积岩。

V 也是一种对氧化还原条件敏感的元素，容易在缺氧或近缺氧水的下伏沉积物中富集。V 的浓度以 Sc 的丰度来校正，V 的富集程度显示更有效，因为 V 和 Sc 都是不可溶性的，而且 V 随 Sc 呈比例地变化。

主要钒矿物有钒钛磁铁矿、钒铅锌铜矿、钒铀矿、钒酸钾铀矿、褐铅矿和绿硫钒矿。钒矿主要产于钒钛磁铁矿型矿床中，其次产于黑色页岩及磷块岩矿床中，含铀砂岩、粉砂岩、铝土矿中，含碳质的原油、煤、油页岩及沥青砂中都有钒矿产出。

上述元素分析可以看出，Rb、Sr、Ba、Zr、Hf、Th、U、Y、Cr、Ni、Co、V 等微量元素地球化学性质可以分为两组，Rb、Ba、Zr、Hf、Th、U、Y 等属于碱性不相容元素组，Cr、Ni、Sr、Co、V 等则属于基性相容元素组。这两组元素在岩石中的赋存状态及含量都是不同的，前者在分选性好的硅铝黏土矿物高的碎屑岩中富集，而后者在分选差的存在铁镁矿物的沉积岩中富集。其次不相容元素的富集代表了氧化环境，而相容元素的富集代表了还原环境。

3. 稀土元素化学

稀土元素是化学元素周期表中ⅢB 族中原子序数为 21、39 和 57~71 的 17 种化学元素的统称。其中原子序数为 57~71 的 15 种化学元素又统称为镧系元素，包括镧(La)、铈(Ce)、镨(Pr)、钕(Nd)、钷(Pm)、钐(Sm)、铕(Eu)、钆(Gd)、铽(Tb)、镝(Dy)、钬(Ho)、铒(Er)、铥(Tm)、镱(Yb)、镥(Lu)，以及与镧系的 15 个元素密切相关的两个元素——钪(Sc)和钇(Y)共 17 种元素，称为稀土元素。

稀土元素的共性是：①它们的原子结构相似；②离子半径相近[REE^{3+}离子半径(1.06×10^{-4}~0.84×10^{-4})μm，但是呈二价 Sm^{2+}、Er^{2+}原子及离子半径较大，呈四价 Ce^{4+}、Pr^{4+}较小，因此可以与其他元素相对分离]；③它们在自然界密切共生。

一般分为轻重稀土元素两组，La-Eu 铈族稀土元素，称轻稀土元素(LREE)；Gd-Lu 钇族稀土元素，称重稀土元素(HREE)。

14 个稀土元素中(不包括 Pm 和 Y)，轻稀土元素 La-Eu 具有较大的离子半径(La 115×10^{-12}m)和较高的电荷，其性质类似 Th、U，是不相容元素；而重稀土元素 Gd-Lu 具有较小的离子半径(Lu 93×10^{-12}m)和较低的电荷(图 1-23)。稀土元素与某些矿物是相容的，在石榴石中可以替代 Al^{3+}进入矿物晶格(Hanson，1980)；在还原条件下，Eu 以 Eu^{2+}存在时，可以进入斜长石晶格替代 Ca^{2+}，因此斜长石中出现正铕异常，而与斜长石平衡的其他相则出现铕亏损形成负铕异常(Drake，1975)；在海水及海相沉积物中，Ce 以 Ce^{4+}存在，经常与其他稀土元素分离，出现负铈异常(Elderfield et al.，1982)。

在利用稀土元素判别沉积岩形成环境中，一般是以稀土元素总量、轻重稀土元素比值、δCe、δEu 值来判别，一般碎屑沉积岩中稀土元素总量较高，而化学沉积岩中稀土元素较低。统计分析显示沉积岩中 δCe 正负范围较宽，滨浅海沉积显示负铈异常，中深海沉积显示正铈异常；而一般正常沉积的沉积岩中 δEu 值均小于 1，显示负铕异常，只有热水沉积岩显示大于 1，显示正铕异常(肖荣阁等，2015)。

海相沉积岩中 LREE/HREE-REE 一般呈正相关，即稀土元素总量越高轻重稀土元素比值越大，稀土元素配分曲线斜率越大；δEu-LREE/HREE 呈负相关，即斜率越大的稀土元素配分曲线负铕异常越明显；δCe-LREE/HREE 呈正相关，即斜率越大的曲线正铈异常越显著。

一般以球粒陨石标准化分析稀土元素配分曲线特征，稀土元素配分曲线一般以对数坐标表示，由于一般岩石轻稀土元素含量高于重稀土元素，对数坐标压缩了轻稀土元素部分的差异，突出了重稀土元素的差异。对于海相沉积物，陆源物质和海源物质影响稀土元素总量的元素不同，海源物质是轻稀土元素决定稀土元素总量高低，陆源物质是重稀土元素决定稀土元素总量。因此本书为了分析轻稀土元素的变化规律一般选择以算术坐标绘制稀土元素配分曲线图，轻稀土元素段散开的曲线表示海源物质为主，这一特征与幔源物质类似；为了分析重稀土元素的变化规律一般选择对数坐标绘制稀土元素配分曲线图，重稀土元素段散开的代表陆源物质为主，与壳源岩浆岩类似。

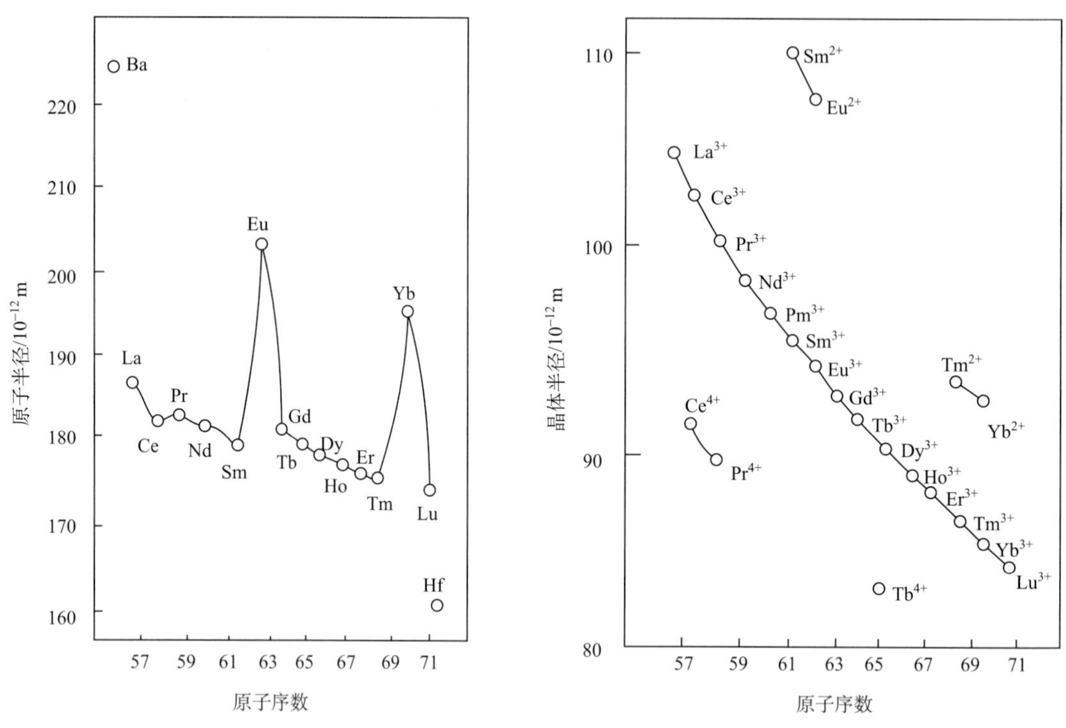

图 1-23　稀土元素原子半径及晶体半径图

第四节　石 墨 矿 床

一、世界石墨矿床

石墨在世界上的分布比较广泛，亚洲产出石墨最多，矿床类型和矿石类型都较齐全；欧洲的石墨资源也较丰富，而且矿床开发较早；非洲的石墨集中分布于莫桑比克海峡两岸的国家；美洲的石墨不多，大洋洲的石墨很少(尹丽文，2011)。

许多国家都已发现石墨矿床，但具有工业价值的并不多，除中国具有特大型及少数国家有大型矿床外，一般多为中、小型矿床。而且石墨资源比较集中地分布于中国、俄罗斯、墨西哥、朝鲜、斯里兰卡、马达加斯加、德国、印度及奥地利等十多个国家中。其中晶质(鳞片)石墨矿床石墨主要蕴藏在中国、乌克兰、斯里兰卡、巴西等国；隐晶质石墨主要分布在中国、印度、墨西哥和奥地利等国。根据美国地质调查局统计，截止到2012年年底，世界石墨保有储量(矿物量)39.44Mt。其中，中国24.04Mt，占世界储量的52%；印度11Mt，占24%；墨西哥3.10Mt，占7%；马达加斯加0.94Mt，占2%；巴西0.36Mt，占0.8%；其他国家6.40Mt，包括斯里兰卡、朝鲜、韩国、俄罗斯，占14%。由此看出，我国是世界石墨资源大国，资源优势明显(表 1-23)。

表 1-23 世界石墨储量和基础储量 (单位：万 t)

国家或地区	储量	基础储量	国家或地区	储量	基础储量
中国	2404	14000	巴西	36	100
捷克		1400	美国	—	100
墨西哥	310	310	其他	640	4400
马达加斯加	94	96			
印度	520	1100	世界总计	3944	22000

注：储量数据来源 USGS *Mineral Commodity Summaries 2012*；基础储量数据来源 USGS *Mineral Commodity Summaries* 2008。

1. 欧洲石墨矿床

乌克兰早前寒武纪结晶岩带的科沙尔—亚历山大罗夫岩系是产石墨最多的一个岩系，由石墨黑云片麻岩、含夕线石堇青石片麻岩、石榴黑云片麻岩、长石石英岩和碳酸盐岩组成。这一岩系具有二分和三分的韵律性，剖面下部是含石墨片麻岩类，上部则具有碳酸盐岩类，非矿石英岩与含石墨片麻岩、片岩、大理岩互层。石墨片麻岩矿层分布于石榴片麻岩、夕线石片岩、石英岩、大理岩中，矿体呈层状产出，具有三个矿层。含石墨片麻岩分层的厚度为 30~50m，矿石石墨含量达 10%~20%，如查瓦利耶夫、彼得洛夫斯克、鲁里阿莫尔的索尤兹耶，以及乌拉尔的太金、穆尔金都有大型石墨矿床。矿体呈透镜状或似层状，长 400~500m，甚至达 1km，厚几米甚至百余米。矿石品位 2.5%~3.5%，富者 10%~25%。

俄罗斯的致密微晶石墨矿床有波托戈尔和塔斯—加兹南矿床等，矿体呈透镜状或巢状，透镜状矿体长达 100m，宽达 20~30m；巢状矿体直径达 50m。这类矿床多分布于岩浆岩与石灰岩的接触带上或接触带附近，矿石品位一般为 20%~30%，个别高达 60%~80%。分布于乌拉尔、西伯利亚及中亚细亚的隐晶石墨由古生代煤层与岩浆岩接触变质而成。矿体呈厚 1~20m 的层状或透镜状，品位 60%~80%，高者达 92%~97%。

奥地利是世界著名的隐晶质石墨产出国之一，有两个矿带，较大一个矿带分布在该国南部阿尔卑斯山脉东部山麓，从累欧本向多登曼延伸。主要矿床在凯社贝格和特利本，由 3~7 层厚度不一的矿层组成，连续伸展数千米，矿体赋存在细粒板岩中，是由煤变质而成的，品位 40%~88%。另一较小矿带位于该国北部与捷克斯洛伐克的国界线一带。隐晶石墨矿床赋存于石墨页岩与千枚岩之间，也是由煤接触变质形成的。矿石品位 45%~50%。此外，在维也纳南部多瑙河岸区还有少量鳞片石墨分布，可能是德国帕骚石墨矿带的延续部分。矿体赋存在片麻岩、石英岩、变质灰岩和角闪岩中。矿石质地较硬、鳞片细小，但品位较高，一般达 45%。奥地利拥有世界有名的选矿厂，于 1952 年首创隐晶质石墨浮选，选出精矿品位达 90%~92%，经化学处理后可获品位 99%~99.75%的高纯石墨。

德国也是世界上鳞片石墨主要产出国之一，中世纪以来一直在开采，主要产地在巴伐利亚的帕骚地区。鳞片石墨矿床产于博米安山丘的变质片麻岩和片岩中(当地称结晶基岩)，如克洛夫尔矿床，石墨矿体夹于大理岩和云母片麻岩中，约有 20 层石墨，层厚 0.3~1.5m，长 137m，矿石品位 10%~30%。

2. 亚洲石墨矿床

吉尔吉斯天山早前寒武纪结晶岩带是重要的深变质鳞片石墨矿床成矿带，典型的奎柳大鳞片石墨矿，石墨资源储量有 7Mt。

斯里兰卡脉状致密晶质石墨矿床世界闻名，是世界上唯一的高度石墨化的脉状石墨矿床，主要分布于该岛国的西南和萨巴拉加穆瓦省，主要石墨矿床有斯里兰卡科隆加哈(kolongaha)石墨矿、卡哈塔加哈—科隆加哈(kahatagaha kolongaha)和博加拉(Bagala)矿区。

含矿岩系格林维尔群孔兹岩系，矿石为石墨片麻岩，围岩麻粒岩、石英岩、大理岩、石榴夕线片麻岩，矿体呈脉状、透镜状、囊状及洞穴填充状，基本平行于围岩产出，分布于片麻岩中，有的呈透镜状或囊状充填在变质石灰岩和结晶页岩的洞穴中。由纤维状石墨晶体组成石墨脉的外带，石墨晶体与脉壁垂直，内带由扁豆形石墨组成并有伟晶岩或石英细脉穿插。石墨脉体厚数米，长达数百米。洞穴型充填的石墨矿体长达 20 多米，宽 3~6m。与石墨共生的矿物有黄铁矿、磷灰石、石英、长石、云母、黄玉、电气石、辉钼矿和自然铜等。石墨按结晶性质分为致密晶质石墨和隐晶石墨两种，致密晶质石墨具鳞片结构，金属光泽，柔软光滑；隐晶石墨颗粒微小，光泽暗淡，呈致密块状，矿石品位较高，可以达到 75%。

印度石墨矿床的成因和类型与斯里兰卡相似，除致密晶质石墨外，也有隐晶石墨。共有几十个矿床，主要分布在奥里萨邦和拉贾斯坦邦，最大的矿床延伸达 6.4~11.3km，矿体厚 120m。根据《印度矿业年报》，印度石墨储量为 10.75Mt，资源量为 158.03Mt。

印度蒂德勒格尔石墨矿，矿带分布于印度加尔各答以西约 282km 奥里萨巴朗伊尔县(Balangir)及格拉亨迪县，含矿孔兹岩系中矿石有石墨片岩、石墨片麻岩，围岩为石榴石英岩、石榴夕线片麻岩、麻粒岩，局部地段产有紫苏花岗岩，矿体呈雁行排列的层状、透镜状分布。

朝鲜的鳞片状石墨矿主要分布于慈江道和咸镜道，是辽吉裂谷的东延部分，成矿地质背景及矿床类型与中国辽吉裂谷基本一致，属于深变质型鳞片状石墨矿床。咸镜道长江郡的东方石墨矿是最大的石墨矿床，矿体产于云母片岩和绿泥石片岩中，围岩为石榴花岗片麻岩、混合花岗片麻岩等。位于平安北道东的泰川石墨矿，距离新义州 160km，矿床产于片麻岩和花岗混合片麻岩中，矿层东西延长 800m，宽 40~60m，倾角 70°~ 80°。石墨呈细鳞片状或致密块状，鳞片较小，多在 0.1mm 以下，矿石品位 10%左右。

韩国的隐晶石墨很丰富，鳞片石墨较少。石墨矿床主要分布于忠清南道、京畿道及全罗南道。隐晶石墨是无烟煤接触变质而成，包括从无烟煤到石墨的一系列过渡产物。矿石经手选，品位可达 85%~90%。

在吉尔吉斯山脉西端古元古代阿奇克塔什组结晶片岩中，发育有呈粉末分散状的细鳞片状石墨，在阿克蒂兹—克明斯克区太古宙克明斯克组结晶片岩中和在许多其他地方，也有类似的石墨产出。天山山脉东部萨雷扎兹地区太古宙奎柳变质岩系石墨-片麻岩层中，发现了一系列具有工业价值的粗鳞片状石墨矿化和矿床，储量规模大，石墨质量高，工艺可选性极佳。无论是奎柳矿床还是变质岩层的整个发育带，在本质上都具有这些突出特点。例如，奎柳矿床的预测储量估计为 6~7Mt。在长 100 多千米的整个岩层中，揭示出一系列粗鳞片状石墨矿化点，也就是说，我们在该岩层中划分出一个巨大的、极有远景的石墨成矿带。

3. 非洲石墨矿床

马达加斯加的石墨主要分布于马达加斯加岛东部沿海长 600~800km 的范围内，此外，该岛中部塔那利佛和菲亚纳兰措瓦附近也有发现(王世杰等，2014)。

矿区出露太古宙格拉菲特(Graphite)岩系、夫黑博瑞(Vohibory)岩系(Arv)。

格拉菲特岩系主要为黑云变粒岩、石墨黑云变粒岩、角闪变粒岩、磁铁石英岩、石榴角闪变粒岩、(石榴)斜长角闪岩、粗粒大理岩等。岩石多呈条带状、似层状带状分布。局部黑云二长片麻岩侵入肢解格拉菲特岩系，二者片麻理总体一致，局部反映为穿插关系。夫黑博瑞岩系有浅粒岩、黑云变粒岩、石墨大理岩、石英岩、二云石英片岩、白云母片岩等。岩石呈似层状、层状分布。

矿体产于云母片岩和云母片麻岩中，呈透镜状、脉状、囊状，厚矿体厚 2.72~17.64m。矿石品位一般为 3.1%~10.11%，少数矿脉的品位可高达 30%~40%，个别囊状的富矿体的品位甚至高达 60%以上。

石墨呈鳞片状，片度较大，粗者可达 4mm，甚至 10mm 以上，一般大于 80 目(0.177mm)的鳞片占 80%以上。石墨不但片度大而且薄，厚度均匀，质地纯净、柔软而又坚韧，具有优良的工艺性能。因此，马达加斯加是坩埚石墨的传统供应地。

坦桑尼亚 Lindi 州的 Ruangwa 地区 Nachu 石墨矿， 分 B、D、F、J 共 4 个勘查区块，共提交矿石资源量 156Mt，石墨矿物品位 5.2%， 矿物资源量 8.00Mt(表 1-24)。

表 1-24 坦桑尼亚石墨精矿粉品质表

鳞片晶粒分类	筛孔尺寸		重量分布/%	石墨 C_{TG}/%
	μm	目		
巨大	＞500	+35	9.1	96.9
超大	300~500	−35~+50	32.6	95.8
大	180~300	−50~+80	32.0	94.9
中	150~180	−80~+100	9.2	94.4
细	＜150	−100	17.1	93.5
总计			100	95.0

4. 美洲石墨矿床

墨西哥是西半球最主要的石墨产出国，其隐晶石墨在世界上占有重要地位，生产隐晶石墨的历史悠久，早在 1867 年已发现位于北部埃塞西略东南约 60 多千米的索内拉州的隐晶石墨。矿体赋存于经过褶皱成为背斜构造的变质的石英岩和板岩中。有些矿体明显具有煤层热变质特征，是接触变质的产物。但也有一些矿体切穿围岩，是热液脉型，与岩浆热液有关。索内拉州的矿床规模较大，是世界上大型隐晶矿床之一。矿体厚 7.3m，主要矿体的品位较高，一般为 80%，最高者达 95%。另外，南部瓦哈卡州也发现有石墨矿床，其中有少量晶质矿床。

巴西石墨矿分布在米纳斯吉拉斯(Minas Gerais)、塞阿腊(Ceara)和巴伊亚(Bahia)，最好的石墨分布在米纳斯吉拉斯州派德拉亚朱尔(Pedra Azul)，探明矿石储量 2.5 亿 t。

此外，捷克斯洛伐克既产隐晶石墨，也产晶质石墨；挪威的石墨储量不大，但鳞片较粗；意大利、美国、巴西、加拿大、南斯拉夫、肯尼亚、坦桑尼亚、莫桑比克等国家都产出晶质石墨；瑞士、美国等国家都产出隐晶石墨。

二、成 矿 模 式

1. 石墨的形成条件

根据实验：绝氧条件下无烟煤在电炉内强热至 2500℃以上时也可形成石墨，无烟煤和 CaF 混入硅酸熔融体内，然后缓慢冷却亦可生成六方板状石墨晶体，表明高浓度碳在高温条件下可以形成石墨。因此，一般认为：天然石墨是在高温下生长的，温度与时间、地热梯度是渐进石墨化工程的主要热动力学因素。也有一些研究者强调压力的作用，认为多孔介质中的剪切应力，是石墨产生不可缺少的因素。

自然条件下温度压力是石墨形成的两个重要而相关的因素。通过对法国中央地块无烟煤-半石墨-石墨系列样品的石墨结构研究，发现渐进的“地热”石墨化作用和突然相转变的模式，认为后者是增加温度、压力和构造应力造成的，即无烟煤在受到地热梯度和高压和构造应力作用(与变质作用有关)时，可以从变质无烟煤、半石墨最后变成石墨，强调了压力的重要。

在较深区域变质阶段的适宜温压条件下，可使有机碳改变内部结构而直接变成石墨；在接触变质的热作用下，同样能使有机碳(煤)直接变成石墨；在岩浆热液活动过程中，岩浆同化围岩的碳而使 CO_2 大增，当它冷却时，CO_2 可通过还原作用析出碳而结晶出石墨。可见，自然条件下石墨的形成，必须是碳质和一定的热力学条件相结合，而富含碳质的岩石经石墨化后即形成石墨矿石。

石墨矿床都是变质作用和内生作用的产物，而最有价值的晶质石墨矿床均与区域变质作用有关。在进变质作用中，有机物转变成石墨的过程，实际上是碳的构造有序化。在沸石相岩石中，有机碳尚属非晶质或仅仅显示出一种发育不全的石墨构造。当达到绿帘石角闪岩相或角闪岩相时，有机碳才实现有序化的石墨构造。化学分析和物相分析研究显示，未变质的有机碳与变质了的有机碳，除构造上的差异外，在化学成分上或 X 光衍射图像上仍然与煤相近似。长期以来，对于石墨矿床的碳源属性(生物碳或非生物碳)的研究形成石墨矿床有机成因和无机成因两种认识。

有机论认为，石墨由有机碳变质形成的，嵌留在各种片岩、千枚岩、板岩、生物灰岩和变质无烟煤里的有机物碎屑，被视为有机成因的有力证据。油母页岩、沥青、石墨色素、石墨尘、石墨纹层和石墨晶片等被解释为水生植物及微体古生物在外生作用、区域变质作用和接触热变质作用的不同阶段的产物。一些矿床学家明确指出，区域变质石墨矿床是一种变成矿床，它是由原始沉积的沥青质的岩层受区域变质作用而形成的，结晶石墨主要属于角闪石相，致密石墨则主要属于绿片岩相。

碳来源是石墨形成的核心问题，根据对斯里兰卡石墨矿床的研究，最早认为石墨是脱碳酸盐化作用产生的二氧化碳，提供了石墨碳的无机来源(Hapuarachchi，1977)：

$$2CaMg(CO_3)_2+SiO_2 \longrightarrow 2CaCO_3+Mg_2SiO_4+2CO_2\uparrow$$

白云石+石英 ⟶ 方解石+镁橄榄石+二氧化碳：

$$Mg_2SiO_4+2CaCO_3+3SiO_2 \longrightarrow 2CaMgSi_2O_6+2CO_2\uparrow$$

镁橄榄石+方解石+石英 ⟶ 透辉石+二氧化碳：

$$3CaMg(CO_3)_2+KAlSi_3O_8+H_2O \longrightarrow KMg_3AlSi_3O_{10}(OH)_2+3CaCO_3+3CO_2\uparrow$$

白云石+钾长石+水化 ⟶ 金云母+方解石+二氧化碳：

$$CaCO_3+SiO_2 \longrightarrow CaSiO_3+CO_2\uparrow$$

方解石+石英 ⟶ 硅灰石+二氧化碳：

而石墨碳的生成是还原反应：

$$CO_2+4FeO \longrightarrow 2Fe_2O_3+C\downarrow$$

以上无机脱碳酸盐反应的矿物组合是那些在与石墨产状密切相关的变质沉积物中大量存在的矿物组合。含镁橄榄石、镁橄榄石–透辉石、镁橄榄石–金云母或镁橄榄石–透辉石–金云母的不纯的大理岩和含硅灰石的钙–麻粒岩，都被认为是最有意义的，因为它们可能都是形成碳所必需的二氧化碳的来源。

无机论认为，石墨主要由无机 CO_2 或 CO 通过还原作用及 CH_4 的分解作用来实现的，其反应式是：

$$2CO \longrightarrow CO_2\uparrow+C\downarrow$$

$$CO+H_2O \longrightarrow CO_2\uparrow+H_2\uparrow$$

$$CO_2 \longrightarrow C\downarrow+2H_2O$$

$$CaCO_3+4H_2 \longrightarrow CH_4\uparrow+H_2O+Ca(OH)_2$$

$$CH_4 \longrightarrow C\downarrow+H_2\uparrow$$

$$CH_4+4Fe^{3+} \longrightarrow C\downarrow+4Fe^{2+}+2H_2\uparrow$$

上地幔的 CH_4 是 H 的来源，也是 C 的来源之一，而 CO_2 的来源则可能是多渠道的，有岩浆射气产生 CO_2，变质作用产生 CO_2，如斜长石的钙长石化，镁质碳酸盐的透闪石化或透辉石化，白云石的橄榄石化以及在变质作用下菱铁矿被分解等情况均可产生CO_2。

石墨电化学成因模式也值得注意，石墨矿床中黄铁矿–磁黄铁矿–菱铁矿–石墨的共生组合经常出现，而磁黄铁矿是一种负电性矿物，它可作为负极，表面吸附 CO_3^{2-}离子，然后通过还原产生石墨。

2. 石墨矿床矿化特征

自然界石墨矿物分布非常广泛，区域变质沉积岩、接触变质煤系地层、热水沉积岩、绿岩岩系、火山岩、各类岩浆岩中都有石墨发现，甚至一些热液脉状岩石及流体包裹体中都有发现。对中国华北古陆前寒武纪晶质石墨矿床的调查研究，有几点值得注意的现象，可能反映石墨矿床成因的特殊性。

(1)产于早前寒武纪斜长角闪岩相的中深变质的片麻岩、变粒岩中都是粗晶鳞片状石墨，而产于晚前寒武纪及寒武纪黑色片岩中产出的石墨矿是微晶或者粉晶的细晶石墨。接触交代煤变质石墨基本都是隐晶质土状石墨。

高级区域变质石墨的结晶晶形以中级鳞片为主，即以100~200目居多，粗鳞片比例较高的矿床不多，少数矿床的石墨鳞片偏细，甚至出现细晶-隐晶混合型矿石(表1-25)。处于构造活动带的石墨一些被构造摩擦破碎成细鳞片状，而低级区域变质石墨鳞片普遍呈细晶或者微晶石墨。

表1-25 中国典型矿床石墨鳞片片径分类表

矿床	+100目		+150目		+200目		+300目	+400目	+500目	−500目		结构
	>150μm		>106μm		>80μm		>53μm	>38μm	>25μm	>1μm	<1μm	
	大鳞片		中鳞片		小鳞片		细晶	微晶		粉晶	隐晶	
兴和黄土窑	■	■	■									中-粗鳞片
土左旗什报气	■	■	■									
北秦岭镇平	■	■	■	■								
鄂三岔垭	■	■	■	■								
鲁北南墅	■	■	■	■	■							
岭根墙	■	■	■	■	■							
鸡西柳毛	■	■	■	■	■	■						
宽甸一集安	■	■	■	■	■	■						
河南淅川			■	■	■	■	■					中-细鳞片
陕西骊山				■	■	■	■					
元阳宗皮寨				■	■	■	■					
内蒙古大乌淀						■	■	■	■	■		微晶-粉晶
辽中北镇县							■	■	■	■		
金溪峡山							■	■	■	■		
四川坪河							■	■	■	■	■	

石墨生态结构比较复杂，同一矿床可生成不同世代的石墨，其结晶程度不同并相互重叠交切，如一些中粗片为主的矿床也不乏细鳞片、细晶甚至隐晶石墨与之共存。粗鳞片石墨通常呈聚片状集合体嵌布于脉石矿物颗粒间，石墨鳞片与片状矿物(如云母、拉长状石英等)定向排列。一些粉晶状、隐晶或微晶石墨，或与绢云母及隐晶再生石英微粒构成灰色豆状(或眼球状)体，或作为填充物填充于硬脆易碎矿物——电气石、石英的裂隙中，或呈细小鳞片密密嵌布于长石和透辉石晶体上成为包裹体。这

些不同结晶形态的石墨是多期变质作用的结果。由重熔分异作用形成的长英脉中的石墨，其鳞片比母岩—片麻岩(或片岩)的石墨要粗数倍，其片径往往在 1mm 以上。

早前寒武纪深变质石墨矿床品位低，晚前寒武纪浅变质石墨矿床品位逐渐提高，煤层接触变质石墨矿床品位最高。

(2) 石墨矿床含矿建造的原岩一般为钙质胶结泥砂质黏土岩-黑色页岩-硅质岩-碳酸盐岩组成的黑色岩系，部分矿床夹绿岩建造，或者与 BIF 岩系相伴。沉积碎屑的粒度下粗上细，下部以细碎屑为主，向上过渡为黏粒级或泥灰质混合物，或者夹硅质岩层、碳酸盐岩层。

根据晚前寒武纪及早古生代黑色岩系的研究，其形成环境主要为浅海陆棚环境，包括滨海潮汐相、大陆架相，很少深海相和裂谷盆地相沉积。沉积物有陆源碎屑、海源化学物质及生物碎屑，沉积作用有碎屑沉积、化学沉积及热水沉积作用。晚前寒武纪黑色岩系一般含磷、钒、钼等，至早寒武世钒含量明显增加，钒呈吸附态存在，与碳呈正相关。

黑色岩系是化学沉积碳酸盐岩和物理沉积碎屑岩的复合体，并有热水沉积作用的硅质岩夹层，因此在沉积古地理位置上处于低纬度区的化学沉积带和高纬度区的物理沉积带之间的过渡带。华北古陆大量的深变质晶质石墨矿床的形成表明，华北在古元古代是处于中低纬度温带古地理环境。

(3) 石墨矿层中有碳酸盐岩夹层，局部碳酸盐岩中可以见到星点状散布的石墨晶片。新疆哈密石墨矿矿石为含鳞片状石墨白云石大理岩，白云石含量达到 90%，其次为方解石和石墨，没有其他矿物。这一方面显示含石墨黑色岩系的浅水沉积环境，同时表明在变质过程中碳酸盐岩的脱碳酸盐化分解释放出 CO_2，有利于促进石墨的结晶或者晶体生长，确实也有无机成因石墨存在。

(4) 深变质石墨矿床含矿岩系属于沉积变质的副变质岩系，称为孔兹岩系，其中副矿物锆石具有 4 种成因类型，即碎屑锆石、重结晶锆石、自生锆石及次生锆石。

碎屑锆石是来自沉积基底的风化残余锆石；重结晶锆石是岩石变质过程中碎屑锆石重熔再结晶或者地质体内提供氧化锆物质围绕碎屑锆石再结晶形成的环带；自生锆石是混合岩化部分熔融岩浆中氧化锆自生结晶形成的锆石，具有岩浆物理化学条件变化的震荡环带，但是没有碎屑锆石核；次生锆石是指各种锆石晶体外环热液结晶的环边。

孔兹岩系的锆石 U-Pb 测年及其他同位素测年方法不能给出孔兹岩系的直接沉积年龄，一般根据碎屑锆石和重结晶锆石年龄推测，介于最年轻的碎屑锆石和最早重结晶锆石年龄之间即为沉积年龄；或者根据自生锆石 U-Pb 协和曲线上交点年龄确定沉积年龄。一般认为在封闭体系中自生锆石 U-Pb 协和曲线上交点是沉积体系初始同位素比值。但是孔兹岩系沉积之后在历次构造运动中，总有外来物质的加入，改变 U-Pb 的初始值，在其后重结晶的锆石 U-Pb 上交点年龄只能是新平衡体系的初始值，一般小于沉积体系的初始值。

(5) 变质石墨矿主要呈层状与围岩整合产出，但是褶皱构造转折端及褶皱构造核部矿化富集明显；沿着构造破碎带或者热液脉，具有明显富集形成富矿脉，构造摩擦面上有亮晶石墨富集。一些深变质岩区在构造转折端形成典型的长英质或石英脉型矿化，如斯里兰卡脉型石墨矿床产于高地岩系和西南群的变质沉积岩褶皱转折端断裂系统中矿化，在西南群，倒转背斜褶皱转折端成矿；高地岩群的紧密倒转背斜褶皱核部断裂中形成脉状矿化。

(6) 一般石墨矿区都发育后期的长英质花岗岩脉，在成因上与混合岩化作用及重熔作用有关，一般是叠加于含矿片麻岩或片岩上，花岗岩脉有顺层整合产出，也有斜交层产出的，但是所测试花岗岩脉的年龄一般为古生代 0.50Ga 左右。沿着花岗岩脉两侧蚀变较强，具有钾化、金云母化、透闪石化、硅灰石化等蚀变，边缘有石墨富集或者结构变粗，呈粗晶鳞片状石墨。

(7) 石墨晶体常与白云母共生，顺着云母片或者鳞片沿着白云母的解理缝隙生长，具有较强的定向优选性，与云母形成共生聚合晶体。

(8) 石墨的碳同位素 $\delta^{13}C_{PDB}$ 一般在−16.80‰~−25.90‰，较有机碳同位素 $\delta^{13}C_{PDB}$ 略高，而较石墨岩系中大理岩及各地碳酸盐岩无机碳同位素 $\delta^{13}C_{PDB}$ 明显低。碳酸盐岩 $\delta^{13}C_{PDB}$ 在 0‰左右，有机碳包括原油、煤炭、沥青质的碳同位素 $\delta^{13}C_{PDB}$ 一般在<−25.00‰，最低在−31.20‰，寒武纪黑色页岩碳同位素值最低，$\delta^{13}C_{PDB}$ 为−31.18‰~−34.99‰。石墨的碳同位素 $\delta^{13}C_{PDB}$>−25.90‰，介于有机碳和无机碳碳同位素组成之间，更接近有机碳同位素组成(表 1-26)。表明石墨碳是大理岩、灰岩无机碳和沥青煤、原油有机碳来源混合产物，而与沥青煤、原油有机碳的轻重同位素比值对比，认为石墨碳更接近有机碳(陈衍景等，2000)。

表 1-26 我国区域石墨矿床的石墨和大理岩的碳同位素及与国内部分有机碳和无机碳对比

测定物	地点	$\delta^{13}C_{PDB}$/‰	测定物	地点	$\delta^{13}C_{PDB}$/‰
石墨	柳毛	−16.80~−24.80	黑色页岩	遵义下寒武统牛蹄塘组	−31.18~−34.99
	南墅	−14.70~−25.90	煤	安吉	−26.80~−31.20
	南江	−24.57~−25.07	沥青	开化	−29.40~−30.20
	黄土窑	−25.70		淳安	−21.70~−30.60
	苏吉泉	−20.72	原油	任丘	−26.40
大理岩	柳毛	+3.00~−5.60		渤海	−24.00
	南墅	+1.50~−2.70		大港	−27.00
灰岩	山东	+5.60~−8.20	氯仿 A	渤海	−24.20~−27.30
	海南岛	+1.80~−1.50		双阳	−29.90~−30.10
	大庆	+5.00~0.00		东海	−25.50~−26.50

(9) 苏吉泉花岗岩型石墨矿床的矿化特征。矿床产于花岗岩及与花岗岩同源的混染花岗岩中，矿体多见于岩体(混染花岗岩)的膨大部位和拐弯处，而这些部位常常是构造交汇点；含石墨混染花岗岩是黑云母花岗岩残浆同化混染角闪花岗岩的产物，沿角闪花岗岩与黑云母花岗岩的接触带分布；含矿残浆的温度高、内压大，活动能量足，具有“沸腾”性质，当它结晶的时候角闪花岗岩的角砾碎屑或残熔物被驱动翻滚，逐渐凝固结晶黑云母和石墨球，残浆或沿裂隙填充成为含石墨花岗岩脉，或交代角闪花岗岩形成浸染状石墨；矿床石墨碳属有机碳性质：①在石墨的内核，残存着被高温(岩浆热)焦化和干馏的含碳岩石的碎块，I 号矿体和 IV 号矿体表部的露头见到保存完好的炭质黏土岩角砾，原始层理清晰可见；②矿床 I 号矿体精矿碳同位素 $\delta^{13}C_{PDB}$ 为−20.72‰(表 1-26)，与变质成因石墨同位素组成接近，各种矿化石墨碳同位素组成一致，岩浆熔融结晶过程中已经结晶的石墨没有同位素分馏。

类似于苏吉泉的这种球状石墨花岗岩矿床，是十分罕见的石墨矿床类型，但是从岩浆岩成因分析，可以作为表壳岩重熔形成花岗岩浆的代表。因此，深入探讨它的成矿作用对研究石墨矿床学及花岗岩成因都有重要的意义。

3. 成矿模式

上述石墨的矿化结晶特征表明：①石墨是有迁移富集的，微晶石墨可以进入热液迁移，而其富集则是碳氢化合物气态物质附着结晶的结果；②石墨由无定形碳转变为石墨晶核、成核结晶是突变过程，而石墨晶核生长成鳞片状石墨是个漫长的高热液交代变质过程；③石墨矿床形成过程中有热液活动和热液交代作用，而不只是简单的热变质重结晶；④交代作用形成石墨的热液是富含碳硅有机热液，区域变质成矿作用是在一些矿化剂和水(包括间隙水、化合水、脱水作用的水、岩浆水等)、$C_nH_{(2n+2)}$、CO_2、H_2S，以及其他易挥发性化合物的参与下进行的，形成了中高温碳硅有机热液，参与交代成矿。

云南大坪金矿含金石英脉中发现含高结晶度石墨的流体包裹体(熊德信等，2006)及云南中甸浪都铜金矿床发现含石墨微晶流体包裹体(张兴春和秦朝建，2009)是石墨可以进入热液的直接证据。由于石墨质轻、解理发育，易于破碎成微晶，在构造活动期易于呈微晶悬浮物进入热液被迁移，并随着碳硅有机热液结晶而沉淀在微构造中，受碳氢化合物或碳氧化物的氧化还原作用发生重结晶而形成粗晶鳞片。云南中甸浪都铜金矿床含石墨流体包裹体有石墨-碳酸盐-水溶液型、石墨-甲烷型、石墨-碳酸盐-甲烷-水溶液型等类型(张兴春和秦朝建，2009)，是这种碳硅有机热液的实例。

根据上述矿化特征，我们总结石墨的成矿模式：原生碳沉积富集→高温热变质无定形碳转变为石墨核晶→碳硅有机热液氧化还原交代石墨核晶生长形成鳞片状粗晶石墨，定义为石墨矿床三阶段成矿模式：简称为“碳质沉积富集—有机碳热结晶—碳硅有机热液交代成矿模式”。

原生碳沉积富集阶段：原生有机碳和无机碳酸盐岩沉积富集，富含原生生物有机质的钙质胶结砂页岩、碳硅质页岩与碳酸盐岩在一定环境下形成黑色岩系沉积体，形成碳质的初始富集。黑色岩系的形成环境一般为滨海潮汐带、陆棚浅海、潟湖及裂谷环境，另一部分为深海相沉积。沉积作用有碳酸盐岩的化学沉积、碎屑岩的物理沉积、碳硅质岩石的热水沉积及泥页岩的胶体沉积作用。

晶核生成阶段：如同煤经过接触变质形成隐晶质石墨，在高温缺氧条件下，是无定形碳快速转变为定形石墨核晶的相变。实验也显示，在无氧低压高温条件下，碳氢化合物也可以分步裂解形成单质碳并结晶为石墨，甲烷在 1500℃时首先热解为乙炔和氢，乙炔再裂解为单质碳和氢，结晶为石墨：

$$2CH_4 \longrightarrow C_2H_2\uparrow + 3H_2\uparrow;\quad C_2H_2 \longrightarrow 2C\downarrow + H_2\uparrow$$

如以金属镍粉为催化剂，于 500~700℃，即能将甲烷热裂解成单质碳：

$$CH_4 \longrightarrow C\downarrow + 2H_2\uparrow$$

在高温、低压条件下，一氧化碳气化生成单质碳和二氧化碳：

$$2CO \longrightarrow 2C\downarrow + CO_2\uparrow$$

晶体生长阶段：石墨晶体生长是从高温到低温漫长的过程，因此起点高温的地质作用有利于石墨晶体生长，如产于伟晶岩气成石墨矿床，常出现石墨巨晶，石墨晶片结构与其相邻的脉石矿物粒径尺寸同步变化。

石墨晶体生长非常重要的一点是碳硅有机热液成因及热液性质的认识，碳硅有机热液中碳氢化合物敷罩在石墨晶核周围结晶，可以有封闭和开放两种环境。

开放条件下有机碳氢化合物被大气游离氧的氧化作用，碳氢化合物通过低温氧化形成无定形碳，在以后的地质热事件中变质转化为晶质石墨，岩石中氢有利于石墨结晶生长。

$$C_2H_6 + O_2 = C\downarrow + CO\uparrow + 2H_2\uparrow + H_2O;\quad C_nH_{(2n+2)} + O_2 \longrightarrow nC\downarrow + (n+1)H_2O$$

$$C_nH_{(2n+2)} + (2n+2)Fe^{3+} \longrightarrow nC\downarrow + (2n+2)Fe^{2+} + (n+1)H_2\uparrow$$

封闭条件下有机碳氢化合物与无机二氧化碳氧化还原反应：

$$C_nH_{(2n+2)} + CO_2 \longrightarrow C\downarrow + (n+1)H_2O$$

根据矿床地质研究，封闭环境是石墨形成的有利环境，区域变质过程中碳酸盐矿物的分解可以提供无机 CO_2，易于与有机质分解的碳氢化合物发生氧化还原反应形成石墨。由于交代过程中发生有机碳同位素和无机碳同位素交换混合作用，导致石墨碳同位素 ^{13}C 增加，因此石墨 $\delta^{13}C_{PDB}$ 升高，高于黑色页岩和煤炭、石油等的有机碳 $\delta^{13}C_{PDB}$ 值(表 1-26)。

封闭环境下有机碳与无机碳同位素的交换，如果在固态状态下进行， 根据白云石-石墨 $\delta^{13}C$ 同位素平衡公式(Wada and Suzuki，1983)：$T^2 = \dfrac{5.900\times10^6}{1000\ln\alpha + 1.9}$ ，温度越高时白云石-石墨同位素分馏系数越小，碳酸盐矿物和石墨的碳同位素组成将趋近于接近，碳酸盐矿的同位素组成 $\delta^{13}C_{PDB}$ 逐渐降低，石墨的 $\delta^{13}C_{PDB}$ 值逐渐升高。而事实上我们见到石墨矿床中大理岩的碳同位素组成与未变质碳酸盐岩石的碳同位素组成基本没有变化(表 1-26)，因此固态状态下很难进行同位素交换，需要通过流动性大的媒介 CO_2 进行，而这种交换量也是有限的。因此更大的可能是碳酸盐矿物分解提供的无机 CO_2 与有机 CH_4

提供石墨碳的氧化还原作用混合结晶成石墨。

在上述表中，以石墨与黑色页岩有机碳同位素和大理岩无机碳同位素比较，估算深变质鳞片状石墨碳来源有 70%的有机来源和 30%的无机来源混合作用的结果，这个结果与封闭环境高碳氢化合物与无机二氧化碳的氧化还原公式比较吻合。在开放环境中由于空气中游离氧的氧化作用，石墨碳同位素将保持有机碳为主，$\delta^{13}C_{PDB}$基本没有明显变化。以此可以判别，石墨 $\delta^{13}C_{PDB}$值较小的是开放环境成矿，$\delta^{13}C_{PDB}$值较大的是封闭环境成矿。而事实上很多石墨矿床是在半开放半封闭环境成矿，既有有机碳和无机碳的氧化还原反应，也有有机碳的氧化作用。

低变质微晶石墨和煤变质隐晶质石墨，由于经历很短的晶体生长阶段，无机碳参与较少，碳同位素较鳞片状石墨碳同位素 $\delta^{13}C_{PDB}$要低，更接近原生有机碳同位素组成。

在上述模式的含碳质岩系发生重熔作用，可以形成重熔岩浆岩型石墨矿床，富含石墨的深变质岩在混合岩化重熔过程中，由于石墨化学稳定性及不可逆性，石墨不能够被分解熔融，而只能以固态物质混入岩浆中，在岩浆分异过程中富集在一定地段形成岩浆型石墨矿。岩浆热液阶段重结晶阶段碳硅有机热液可以继续交代石墨晶体形成粗晶鳞片状晶质石墨。

三、石墨矿床类型

石墨矿床分类基础主要是成矿作用类型、含矿建造、石墨结构、碳源属性等因素。以含矿建造与矿床成因相结合是石墨矿床分类的基础，俄罗斯学者提出的石墨矿床分类方案(查哈罗，1953)，将石墨矿床分为：

(1)深成矿床：①正岩浆矿床，霞石正长岩石墨建造；②岩浆期后矿床，夕卡岩中的硅灰石-透闪石-方柱石-石墨建造；

(2)变质矿床：①结晶页岩中的石英-冰长石-黄铁矿-石墨建造；②变质页岩中的石灰岩-石墨建造。

一些研究者强调碳源属性的重要性并将之纳入分类的基础，把石墨矿床分为生物有机碳和非生物无机碳两大系列。但是不能排除同一石墨矿床出现双碳源的可能性，至今没有发现完全独立无机碳成因石墨矿床，因此这一分类基础并不适应。

根据前述成矿模式分析，我国区域变质石墨矿床都是黑色岩系有机碳变质成因石墨矿床，其重要特征是多期变形变质叠加成矿，表现为矿物相和构造形迹的重叠、改造和置换，以及同位素年龄的多期性。一般情况下，多期变质作用中的主期变质作用决定矿床基本面貌，因此是矿床分类的依据(姜继圣和刘祥，1992)。

我国华北地块南缘前寒武纪发生多期多幕的构造-热事件，嵩山期第一幕发生于 3.0~2.8Ga，以深融作用、花岗岩化、塑性流变及广泛的变质和强烈混合岩化为特征，使登封群及太华群下部形成小型混合片麻岩弯隆及其间复杂的褶曲，具花岗-绿岩带构造特征，变质程度以绿片岩相为主；嵩山期第二幕发生于 2.5Ga(新太古代)，使太华群上部及其相当层位强烈区域变质，其变质程度达到角闪岩—麻粒岩相，形成东西向紧闭线形褶皱，使登封花岗岩-绿岩区穹隆挤压，改造为短轴紧闭的倒转褶皱、等斜褶皱、轴面片理交切。进入五台期和中条期后，构造线方位变为南北向、区域变质以绿片岩相为主。可见上太华群含石墨地层的变质改造主要受嵩山期第二幕控制。为此，作为矿床分类的依据，是 2.5Ga 嵩山运动的后高峰期的构造-热事件。

根据上述分类原则划分石墨矿床成因类型，分沉积-变质及岩浆热液两大成因系列，主要的矿床类型是区域变质型和接触变质型，形成众多巨大型矿床，具有普遍的成因意义(表 1-27)。我国还发现一些诸如分布于构造破碎带的和分布于次生堆积层中的石墨矿床，一般规模甚小，无工业价值和成因意义。

表 1-27　中国石墨矿床类型划分

<table>
<tr><th>成因系列</th><th colspan="2">矿床类型</th><th>成矿作用</th><th>围岩</th><th>石墨结晶性质</th><th></th></tr>
<tr><td rowspan="3">沉积-变质系列</td><td rowspan="2">区域变质矿床</td><td>深变质型矿床(南墅型)</td><td>基底(陆核、地盾)区含碳岩系受高温中-低压区域变质作用重结晶</td><td rowspan="2">片麻岩、片岩、透辉岩、大理岩、麻粒岩</td><td>浸染状中-粗鳞片状晶质石墨</td><td>南墅、柳毛、三岔垭</td></tr>
<tr><td>浅变质型矿床(坪河型)</td><td>活动带(或基底边缘)含碳岩系受热动力或动力区域变质作用重结晶</td><td>浸染状细晶或微晶-隐晶质混合型石墨</td><td>坪河、金溪、骊山</td></tr>
<tr><td>接触变质矿床</td><td>煤变质型矿床(鲁塘型)</td><td>构造岩浆岩带内含煤层，经中酸性岩浆热源接触变质重结晶</td><td>变质砂岩、板岩千枚岩</td><td>致密块状微晶-隐晶石墨</td><td>鲁塘、磐石、加卡</td></tr>
<tr><td rowspan="2">岩浆-热液系列</td><td rowspan="2">岩浆热液矿床</td><td>花岗岩型矿床(苏吉泉型)</td><td>构造岩浆带内重熔及同化混染花岗质岩浆成矿</td><td>花岗岩</td><td>浸染状或球状中-细鳞片晶质石墨</td><td>苏吉泉、青谷</td></tr>
<tr><td>花岗质热液脉型矿床(托克布拉克型)</td><td>岩浆期后含碳硅热液沿构造裂隙结晶充填</td><td>—</td><td>浸染状细-中鳞片晶质石墨或细晶-隐晶混合型石墨</td><td>托克布拉克</td></tr>
</table>

1. 深变质石墨矿床

该类矿床是我国主要石墨矿床类型，其矿石矿物都是粗晶鳞片状晶质石墨，具有较大的工业价值。此类矿床主要产于早前寒武纪孔兹岩系深变质杂岩中，含矿岩石为片麻岩、片岩、大理岩、变粒岩、麻粒岩、斜长角闪岩及混合岩(图 1-24)。含矿岩系构造变形变质复杂，岩浆活动强烈，混合岩化作用普遍。石墨矿层有一定层位，常呈多层产出，一般规模较大，单矿层厚数米至数十米，延长数百米至数千米。矿石自然类型有石墨片麻岩、石墨片岩、石墨大理岩、石墨透辉岩、石墨变粒岩及石墨长英脉。矿石共生矿物主要为硅酸盐矿物，少量碳酸盐矿物，有长石、石英、云母、方解石(或白云石)等，特征矿物有透辉石、红柱石、夕线石、石榴石、硬柱石、阳起石、黝帘石、硬绿泥石、蓝闪石及橄榄石、蛇纹石等(表 1-28)。

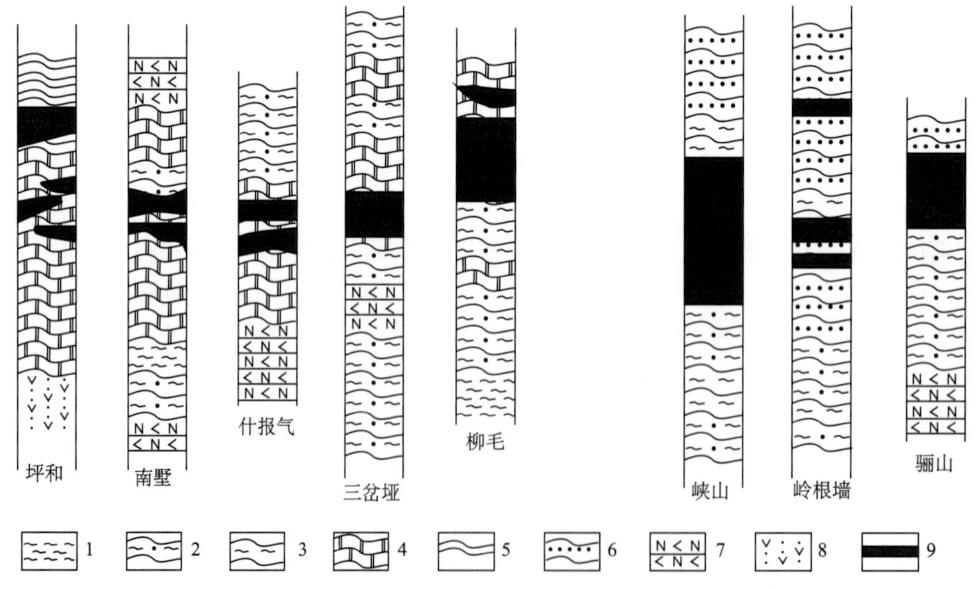

图 1-24　中国典型区域变质石墨矿床含矿建造对比

1. 混合岩；2. 片麻岩；3. 云母片岩；4. 蚀变大理岩；5. 板岩；6. 石英岩或石英片岩；7. 斜长角闪岩；8. 变中酸性凝灰质火山岩；9. 石墨矿层(体)

石墨呈鳞片状，比较均匀地分布于脉石矿物颗粒间，构成鳞片变晶结构定向构造或填隙构造。石墨片径一般为 0.01~1mm，部分粗片可达 3~6mm。矿石品位较低，一般含碳 3%~14%。矿石中还含铁、铀等有益组分，也可考虑浮选时综合回收，矿层常伴生高铝矿物如石榴石、夕线石、红柱石、蓝晶石等，可兼采回收利用。

区域变质作用形成石墨的温压范围是比较宽的，结晶鳞片状石墨形成于角闪岩相或麻粒岩相，形成温度为 600~800℃，压力 400~600MPa；深变质型石墨矿床呈层状面状分布，一般情况下无未变质边界，递变梯度不大且较均匀。属于热流型变质作用，高(中)温低(中)压相系，以变质程度深、混合岩化作用发育及伴有重融花岗岩浆活动等为特点，此类型作用形成粗晶鳞片石墨。主要分布在前寒武纪古陆内部相对稳定的陆核区，如秦岭、鸡西、集宁、鄂尔多斯、胶东、淮阳、费陵背斜等地。成矿作用一般在新太古代及古元古代，典型矿床有山东南墅、内蒙古兴和、湖北三岔娅、黑龙江柳毛等(沈保丰等，2010)。

处于构造活动带的矿床由于受后期构造作用叠加有一定的动力作用，形成构造叠加变质特点，沿着构造带发生富集或者破碎。

混合岩化作用是超变质作用，主要表现为部分重熔再结晶作用、交代重组合作用，在片麻岩里产生特殊的长英质伟晶岩(脉体)。在混合岩化过程中，一些共生的有害或有益组分(钛、铁、硫、钒等)迁移或活化，改变自身矿物相，石墨也随之发生局部迁移并且结晶长大。深变质型石墨矿床的混合岩化现象相当普遍，但强弱程度有较大差异，一般与高热点有关。石墨矿床的混合岩化作用主要表现为重结晶、局部重熔和碱交代作用、水化作用，重结晶作用使造岩矿物颗粒变粗，长石和石英伟晶化，与此同时，石墨也随之鳞片粗大。重熔分异作用产生一些变斑晶(如绢云母石英豆状体眼球体，钒云母变斑晶、长石变斑晶等)和长英质脉体。一部分组分在混合岩化过程中发生运移和聚集，其中钛-铁和硫-铁组分变更了赋存状态，乃至产生矿物相变。

混合岩化的交代作用表现为早期的钠-钙交代和后期的钾交代。前者以斜长石陡增为特征，多见于部分混合岩化或条带状混合岩化地带，后者以钾长石增加，斜长石减少并且牌号降低为特征，多见于眼球状混合岩或均质混合岩带。混合岩化的晚期普遍发生水化作用，如橄榄石的蛇纹石化，斜长石的黝帘石化、绿帘石化和绢云母化等。一些粗鳞片比例较高的矿床(如兴和、灵宝、南墅等)多与混合岩化作用有关，一方面，重结晶作用使片麻岩、片岩中的石墨鳞片变粗，另一方面，由重熔分异产生的石墨长英脉又提供了一部分特别粗大的鳞片石墨，从而使整个矿床的石墨粗鳞片比例大为提高。

表 1-28 典型区域变质石墨矿床的含矿建造及变质特征

矿床	鸡西柳毛	胶东南墅	湖北黄陵三岔垭	福建西武夷峡山
地层及时代	麻山群(Pt_1)	荆山群(Pt_1)	崆岭群(Pt_1)	罗峰溪群(Pt_1)
主变质期	扬子期	中条期	中条期	加里东期
变质相	麻粒岩相	角闪岩相	角闪岩相	绿片岩—角闪岩相
含矿建造	黏土半黏土-碳酸盐岩-基性火山岩	基性火山岩-碳酸盐-黏土半黏土岩	基性火山岩-黏土半黏土-碳酸盐岩	黏土半黏土-碳酸盐岩
特征矿物	钙钒榴石、红柱石、堇青石、夕线石、铁铝榴石、紫苏辉石	金红石、石榴石、夕线石、紫苏辉石	黄铁矿、红柱石、堇青石、十字石、夕线石、刚玉、紫苏辉石	钒白云母、夕线石、绿帘石
混合岩化作用	广泛，程度高，出现眼球混合岩及均质混合岩，钾交代	广泛，程度低，以条带注入混合岩为主，钾交代	广泛，程度低，以条带混合岩为主，局部阴影状，钾交代	局部发育，微弱
花岗质岩脉	花岗闪长岩或混合岩化混染闪长岩	同构造期花岗岩	同构造期混染花岗岩	同构造期斜长花岗岩

我国区域变质石墨的原矿品位贫富悬殊，一些富矿石含固定碳达 8%~14%，如柳毛、金溪峡山、三岔垭、南江坪河等，但相当多矿床的品位较低，这类贫矿含固定碳仅 3%~5%，如南墅、兴和、岭根墙、吴川、灵宝等。原矿品位的高低，主要取决于沉积建造含碳量的丰富程度，一般碳酸盐发育的建造含矿较富，相反，碳酸盐不发育或硅质岩类频繁出现者含矿较贫。而富矿石又通常含有高硫和高钒的特点。

区域变质石墨矿床伴生不同的有益组分，主要有硫、钛、钒等，分别赋存在黄铁矿和磁黄铁矿、钛铁矿和金红石、钒云母和钙钒榴石中。按有益组分可将区域变质石墨矿床分集为伴生硫型(S)、硫-钛型(S-Ti)、钛-钒型(Ti-V)三种(表 1-29)。

表 1-29　典型矿床综合回收组分对比表

组合分类	矿床	组合含量/%		
		SO_3	TiO_2	V_2O_5
S	湖北三岔垭	3.2~5.2	T	*
	兴和黄土窑	3.51	T	*
S-Ti(或 Ti)	土默特左旗什报气	3.4~3.6	0.6	T
	莱西南墅	3.4~4.3	0.35~0.40	T
	岭根墙	0.04~1.20	0.83~1.08	T
Ti-V	坪河	1.05~1.28	T	0.59
	金溪峡山	0.42~2.03	0.30~0.54	0.33
	鸡西柳毛	1.91	0.35~0.68	0.13~0.33

T.少量；*.痕量。

黄铁矿与有机物是同生沉积物，钛铁矿为陆源碎屑组分，金红石则多属变质的产物，钒总是以等价类质同象方式进入云母或钙榴石的晶格内，成为钒云母和钒钙榴石，而不单独构成矿物。

一般认为，钒的运移和沉积与生物和黏土矿物有密切联系，钒在沉积水盆地中主要与类叶绿素卟啉结合成卟啉络合物的细小悬浮体的形式搬运，并为黏土矿物吸附或进入晶格内而沉积下来。由于 V^{2+}、V^{4+}与 Fe^{2+}、Al^{3+}、Ti^{4+}的晶体化学性质相仿，于是钒以等价类质同象方式进入相应矿物的晶格。在生物圈里，钒又可为低等生物(如浮游藻类)吸取，生物死后堆积在煤、石油及地沥青内，然后分解析出。我国已知含钒的石墨成矿区有兴凯湖区、西武夷区、米仓山区，含钒建造分别为麻山群，罗峰溪群和火地垭群。含钒石墨矿床的发现是近年我国石墨主要找矿成就，具有重要的实践意义和理论价值，它既丰富了我国石墨矿床的工业类型，又为开发我国潜在的钒资源找到了新途径。

深变质石墨的成矿作用比较复杂，有不同类型构造环境，即使同类型构造环境，但变质程度及变质相系也不尽一致。

斯里兰卡石墨矿床产于早前寒武纪深变质杂岩中，在伟晶岩和围岩中分别呈脉状和浸染薄层状产出，其中脉状石墨矿具有最重要意义，品质优良。

区域上斯里兰卡主要分布太古宙变质岩，包括高地岩系、维贾延岩系和西南群三个岩群。高地岩系构成斯里兰卡的中央部分，由变质沉积岩、大理岩、石英岩、夕线石石榴石片麻岩等孔兹岩系岩层组成，直接与变质沉积物接触的紫苏花岗岩，推测为太古宙深变质火山岩。

一般认为西南群是高地岩系的低压部分，是一种由堇青石片麻岩、紫苏花岗岩和含钙、镁硅酸岩大理岩等组成的杂岩，石墨局限产于中部变质岩带，矿床主要于西南群中呈脉状和浸染状产出。

脉型石墨矿床产于高地岩系和西南群的变质沉积岩褶皱转折端断裂系统中，在西南群倒转背斜褶皱转折端成矿；在高地岩群的紧密倒转背斜褶皱核部断裂中形成脉状矿化(Silva，1974)。

浸染状石墨呈薄层状产于高地岩系中，围岩是麻粒岩、紫苏花岗岩、结晶灰岩，含石墨矿层是石榴-夕线石石墨片岩。石墨晶片，大小为几毫米，含量从少量到10%。石墨矿体呈大小不等的透镜状、扁透镜状和晶洞产出。

2. 浅变质石墨矿床

晚前寒武纪区域变质较弱，但是晚前寒武纪黑色岩系尤为发育，所以晚前寒武纪浅变质岩型石墨矿床分布较广。石墨矿床主要形成于黑色岩系的动力变质带，矿床呈线形分布，边界附近及内部个别地段可有超壳断裂或壳断裂，并伴有超基性-基性岩浆活动。常受多期变质作用，变质梯度较大，温压范围变化大，为低(中)温高(中)压相系，属于热动力或动力型变质。变质程度低，混合岩化作用微弱，但构造痕迹明显。晚前寒武纪浅变质岩型石墨矿床一般为细晶或者微晶石墨，微晶致密石墨，形成于绿片岩相，多形成于晚前寒武纪或早寒武世古陆边缘及相近的槽区，形成温度为300~550℃，压力200~500MPa。以秦岭祁连一带及滇藏三江褶皱带最具有代表性，典型矿床有四川省坪河、陕西省骊山、江西省金溪峡山等石墨矿床。

(1)溪峡山石墨矿床位于雪峰山—九峰山—天目山降起带东侧，正处在隆起褶皱带与沉降褶皱带的转换部位。区域构造以近东西向的紧密线状褶皱基底叠加北东向褶皱和断裂，尤以断裂发育为特征，并伴有强烈的岩浆活动。

含矿岩系下寒武统罗峰溪群的原岩属粒状沉积岩和混合沉积岩区的长石绢云母石英岩和长石砂岩、硬砂岩类复矿碎屑岩。碎屑岩磨圆度差，距陆源区不远。原岩沉积于浅水海湾，即早寒武世湘赣海湾东端。沉积区夹于北武夷海底高地和九岭海底高地之间，更靠近前者之北东侧。罗峰溪群发育水平和交错层理，底部见磷结核或眼球体和鲕状赤铁矿，表明沉积水盘初期水体动静频繁更替的特点，也具有还原-氧化变化的性质。

罗峰溪变质形成石英片岩夹变粒岩、片麻岩、板岩、千枚岩及变质粉砂岩，区域内呈现从西而东，其变质程度由浅至深，即水云母绿泥石相-绿片岩相-低角闪岩相，峡山矿床位于东部深变质区。

峡山矿床的石墨矿体主要赋存于罗峰溪群下部石墨片岩段。依岩性分为上中下三层，均含石墨，自上至下分为Ⅲ、Ⅱ、Ⅰ矿层，合计厚度达200m。Ⅰ、Ⅲ矿层由含钒白云母石墨片岩和云母石墨片岩组成，含固定碳10%左右，同时含V_2O_5较高，平均0.33%左右，称为含钒富矿；Ⅱ矿层主要由石英石墨组成，沿走向可相变为云母石墨片岩和含钒云母石墨片岩，含固定碳6.62%，V_2O_5 1.99%，称为贫矿。三矿层内夹少量石英片岩，绢英片岩、夕线片岩、大理岩等矿化夹石(图1-25)。主要的矿石自然类型有含钒白云母石墨片岩(富矿石)和石英石墨片岩(贫矿石)，花岗鳞片变晶结构、斑状变晶结构、鳞片变晶结构、片状、眼球状构造，局部条带状。矿石组成矿物为石英，含钒白云母和石墨，两种(自然类型)矿石的区别主要在于含钒白云母的多少。石墨呈自形-半自形六方(或四方)鳞片状结晶，并呈不规则板条状，沿片理不均匀分布。鳞片片径偏细，一般0.06~0.2mm，近半数鳞片<0.1mm。含钒白云母常与磷结核构成眼球状斑晶(照片3-2)。贫富矿石品位相差悬殊，富矿为贫矿的2~3倍，矿石的含碳量与V_2O_5含量呈线性正相关(表1-30)。

区域变质程度较低，矿区南段以板岩和千枚岩为主，变质矿物以绢云母和黑云母雏晶为特征，北段则属钠长石-白云母-黑云母带，绿片岩相，局部受岩浆影响，向角闪岩相过渡，出现特征的夕线石变质矿物。

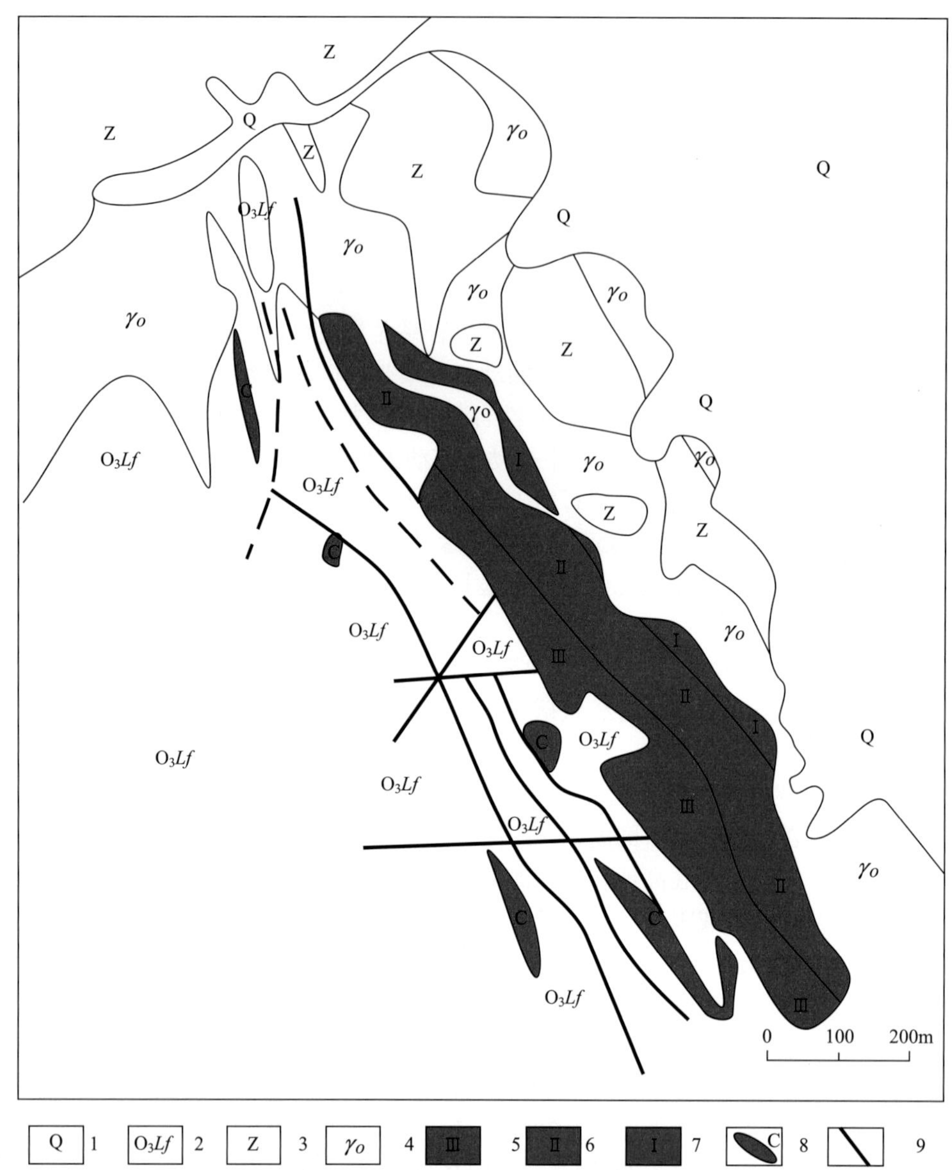

Q 1　O3Lf 2　Z 3　γo 4　Ⅲ 5　Ⅱ 6　Ⅰ 7　C 8　9

图 1-25　金溪峡山矿床矿层分布略图

1. 第四系；2. 罗峰溪群石英片岩段；3. 震旦系；4. 斜长花岗岩；5. Ⅲ矿层；6. Ⅱ矿层；7. Ⅰ矿层；8. 透镜状矿体；9. 断层

表 1-30　金溪峡山矿床矿石组分含量　（单位：%）

矿石	固定碳		V_2O_5		Fe_2O_3	SO_3
	一般	平均	一般	平均		
含钒白云母石墨片岩	9~14	11.48	0.25~0.46	0.38	2~6	1~2
云母石墨片岩	4.5~8	6.16	0.12~0.30	0.19		
石英石墨片岩	4.3~6	5.05	0.10~0.19	0.14		

变质温度较低，因此石墨构造的有序度较低，南段的石墨为隐晶状，北段的石墨为细鳞片结晶。区内岩浆活动强烈，东侧有加里东期峡山斜长花岗岩岩体，岩体中、细粒结构为主，局部具斑状结构，由斜长石、微斜长石、石英、白云母组成。化学成分上为硅铝过饱和并富含钠。岩体的自变质交代作用对石墨的富集和长大有显著作用，如钾交代形成的斑状花岗岩，在其伸入云母石墨片岩的接触部位，产生重结晶石墨晕带或石墨脉，晕带宽 0.5~5cm，石墨鳞片比片岩中的石墨大 5~10 倍。局部云英岩化

形成的云英斜长花岗岩，当其与石墨片岩接触时，有 0.5~2cm 的石墨结晶长大富集带，鳞片片径比石墨片岩的石墨大 2~3 倍。

区内混合岩化现象微弱，但是岩体侵入(热点)引起局部同化混合岩化，局部重熔形成石英石墨脉，局部重结晶形成含钒白云母变斑晶和石英、钾长石粗粒晶体。这些石英石墨脉垂直或斜切地层，脉体宽 0.3~0.8cm，脉的中心部位为粗晶石英，两旁为密集的粗片石墨，呈梳状生长脉内石墨的片径较围岩的石墨片径大 1~5 倍(脉内片径 0.1~0.5mm，个别达 1.5mm，围岩片径 0.02~0.1mm)，同时，脉内的石墨生长方向和石英的拉长方向与围岩片理协调一致，并可跨越脉壁进入围岩内。这类石英石墨脉一般只见于石墨片岩矿层中而不出现于非矿围岩里，表明碳的就地迁移和富集的特点。

峡山矿床的含矿建造含 V_2O_5 普遍较高，但主要的是集中于含钒白云母石墨片岩、云母石墨片岩、石英石墨片岩和石墨石英片岩中，由手工淘洗出重砂和电子探针扫描检测，含钒矿物有含钒白云母，电气石、白钛矿、绢云母和铁质黏土等，其中以含钒白云母的 V_2O_5 含量最高，达 0.65%~2.96%。含钒白云母有两种赋存状态：一种是细鳞片状，同重结晶的石英、石墨作定向排列构成片理；另一种是呈粗大变斑晶，包含着夕线石、石英、磷灰石、电气石和石墨，其中未见气液包体。

变斑晶状含钒白云母常与变质分异作用形成的条带状石英、石墨或粗晶石英相共生，镜下可见小揉曲，有的还为后期石英、方解石及黄铁矿细脉穿切。在鲜绿色变斑晶(单矿物含量较高)出现部位，就近的石墨片岩中 V_2O_5 就贫化，说明变斑晶形成时，钒离子的运移是在一个化学封闭体完成的，这从一个侧面证明钒来自原始沉积物。

含钒白云母呈鲜绿色，片状或页片状，片径 1~2mm，薄片无弹性，较脆，丝绢光泽或珍珠光泽，硬度 3 左右。油浸特征：$N_g > N_m > N_p$，$N_g = 1.605$，$N_m = 1.600$，$N_p = 1.576$，$2V = 35° \sim 10°$ 。钒白云母的化学组成富 Al_2O_3，含 V_2O_5 2.78%(表 1-31)。

表 1-31 含钒白云母化学成分 (单位：%)

样号	SiO_2	TiO_2	Al_2O_3	Fe_2O_3	MgO	CaO	Na_2O	K_2O	V_2O_5	H_2O^+
选 I	49.48	1.60	30.58	0.34	1.20	0.07	0.64	8.60	2.78	2.60

(2)坪河石墨矿床系秦岭构造带南(江)—旺(苍)含钒浅变质岩型晶质石墨矿床，东西延长近 50 余千米，为岩浆-变质复合作用地带。区域含矿地层为古元古界火地垭群变质杂岩，属正常碎屑-碳酸盐-中酸性火山岩、火山碎屑岩沉积。岩性为微结晶镁质碳酸盐岩、绢云板岩、粉砂质板岩、石墨板岩及变质火山岩、变火山凝灰角砾岩等。火地垭群区域变质程度较低，主要形成浅变质板岩及片岩，岩石结构除少数具鳞片变晶结构外，大部分为变泥质结构。受岩浆期后的热液作用，碳酸盐岩普遍发生大理岩化、透辉石化、硅化、黄铁矿化及蛇纹石化蚀变，石墨矿层赋存于火地垭群下组(麻窝子组)的富大理岩段内。

火地垭群变质杂岩下部为铁船山组变质火山岩，中部为麻子窝组变质浅海相白云岩，上部为变质滨海-浅海相砂页岩夹粉砂岩(上两组)。

区域构造呈紧闭的复式倒转褶皱，轴部强烈挤压，导致岩浆侵入频繁。区内断层面强烈挤压破碎、片理化发育，并产生大量构造透镜体和断层角砾岩。

区域多旋回多期次岩浆侵入和喷发，岩性从超基性岩、基性岩、中酸性岩到碱性岩均有出现，尤以碱性岩及酸性岩最为发育。碱性岩为基性-超基性岩的分异系列，化学成分相互接近，碱性岩和大理岩接触处，热液活动颇盛。由于同化混染的结果，酸性岩在化学成分上也表现出富碱性(长石增多、含钙量偏高)。

区内各类岩石中动力作用痕迹清楚，除产生大量碎裂岩外，还出现应力敏感矿物(如石英)的波状消光、矿物双晶的挫动和弯曲、矿物解理的位移等。总之，整个区域呈现出“活动带”的特点。

区域属鹰嘴岩—官坝构造区上两复背斜南翼之次级构造坪河—官坝倒转背斜西端，挤压极其强烈，发育吕梁期走向逆断层和燕山期的 NEE—SWW 向断裂、构造碎裂十分发育，大理岩、石墨矿体、各种脉岩均有碎裂现象，有时连续成带。因此，本区实际上是一个挤压构造破碎带，北东向延伸达 30km 以上，而坪河矿体正位于该破碎带中。

坪河矿床仅出露麻窝子组上段和上组之王家河段。前者为白云大理岩、角砾状白云大理岩夹石墨片岩及二云片岩透镜体；后者零星分布于矿区西北侧或作为碱性杂岩的俘虏体，主要为绢云板岩和粉砂板岩。矿区岩浆岩十分发育，以霓霞正长岩规模最大，呈岩株、岩脉状产出，其产出和分布受北东向构造带控制，其总体走向与构造带方位基本一致(图 1-26)。

坪河矿床矿体形态复杂，透镜状、楔状、板状、膨缩、急剧尖灭或变为石墨断层泥线。长数米到百余米、厚数米到数十米。

矿石类型以石墨片岩为主，含石墨细脉的大理岩次之，石墨片岩矿石主要矿物有石墨、石英、绢云母和白云母，并普遍含黄铁矿，局部还含绿泥石和长石。粒状鳞片变晶结构或碎裂结构、片状构造或松散碎块状构造。

大理岩型矿石有两种构造类型：一种是片岩型矿石的角砾不均匀地嵌布于白云石大理岩上，由于后期构造继承活功，矿石具碎裂结构或松散碎屑状、砂状；另一种是石墨鳞片集合体成不规则的细脉分布于古构造带近旁的白云石大理岩的裂缝中。

石墨鳞片多在 0.01~0.001mm，>0.1mm 的极少，尚含一部分隐晶石墨，为晶质与隐晶质混合型矿石。该矿床的石墨结晶状态很不稳定，矿床的不同地段，甚至同一矿体的不同部位，可出现晶质、隐晶质乃至含碳断层泥，说明矿床的物理化学条件是不均衡稳定的。

矿石品位以片岩型最高，一般 5%~20%，特高品位可达 43%。大理岩型矿石品位低，只有 5%~10%。片岩型矿石含硫铁较高，硫为 1.58%，Fe_2O_3 为 8.53%，此外还含钒 0.41%~0.77%。

3. 接触变质石墨矿床

我国煤变质石墨分布广泛，资源储量较大，分布于环太平洋构造域及西部一些主干岩浆构造带，更多地集中于郯庐断裂(包括北段依兰—依通一线)以东地区，有 31 个重要成矿区带(表 1-32)。

该类矿床系由岩浆侵入煤系地层引起煤层接触变质而成，接触变质晕可达 2~3km。接触变质晕内，形成各种板岩、千枚岩、变质砂页岩及煤变成的石墨。侵入岩体一般为中生代中酸性花岗岩、闪长岩。受接触变质的煤层一般为高级无烟煤-亮煤深变质煤，在石墨与无烟煤之间有石墨与煤的过渡带，从接触带向外渐次为：石墨—半石墨—无烟煤。

含煤岩系一般为细碎屑岩、黏土质岩类、碳酸盐岩类。接触变质后，岩石不同程度重结晶、角岩化、夕卡岩化、硅化蚀变。从接触带向外依次渐变排列：砂页岩为硅化—斑点角岩—未变质岩石；碳酸盐岩为夕卡岩化—硅化—重结晶大理岩—未变质碳酸盐岩。具有工业价值的石墨，几乎都出现在角岩带。岩石一般变质为板岩、千枚岩、片岩、大理岩，以板岩最广泛。特征变质矿物有红柱石、蓝晶石、堇青石、黑云母、绿泥石等，以红柱石最发育，且具有重要的指相意义。

该类矿床的变质程度一般为绿片岩相低压相系，变质温度范围从高温到低温，如我国北方的神树矿床，主要发育红柱石、堇青石、云母、绿泥石，可分出红柱石-堇青石角岩带、云母板岩带(包括云母斑点板岩)和绿泥石-云母板岩带。

如湖南省鲁塘矿床位于扬子古陆粤桂湘赣褶皱带耒阳—临武褶皱区鲁塘复向斜东翼。印支期骑田岭花岗岩侵入复向斜东翼，岩体与围岩均为上二叠统斗岭组煤系地层的接触变质岩，煤变成隐晶石墨。

斗岭组系滨海沼泽相含煤碎屑建造，主要岩性为黑色、灰黑色、深灰色板岩、石墨板岩、石墨硅质板岩及石英细砂岩、韵律性较强，可分多个层段。煤层主要赋存于该组上部，其底部含菱铁矿和黄铁矿结核。斗岭组变质宽度 0.2~2km，产生角岩化和硅化。红柱石板岩是矿区分布甚广的岩石，岩石

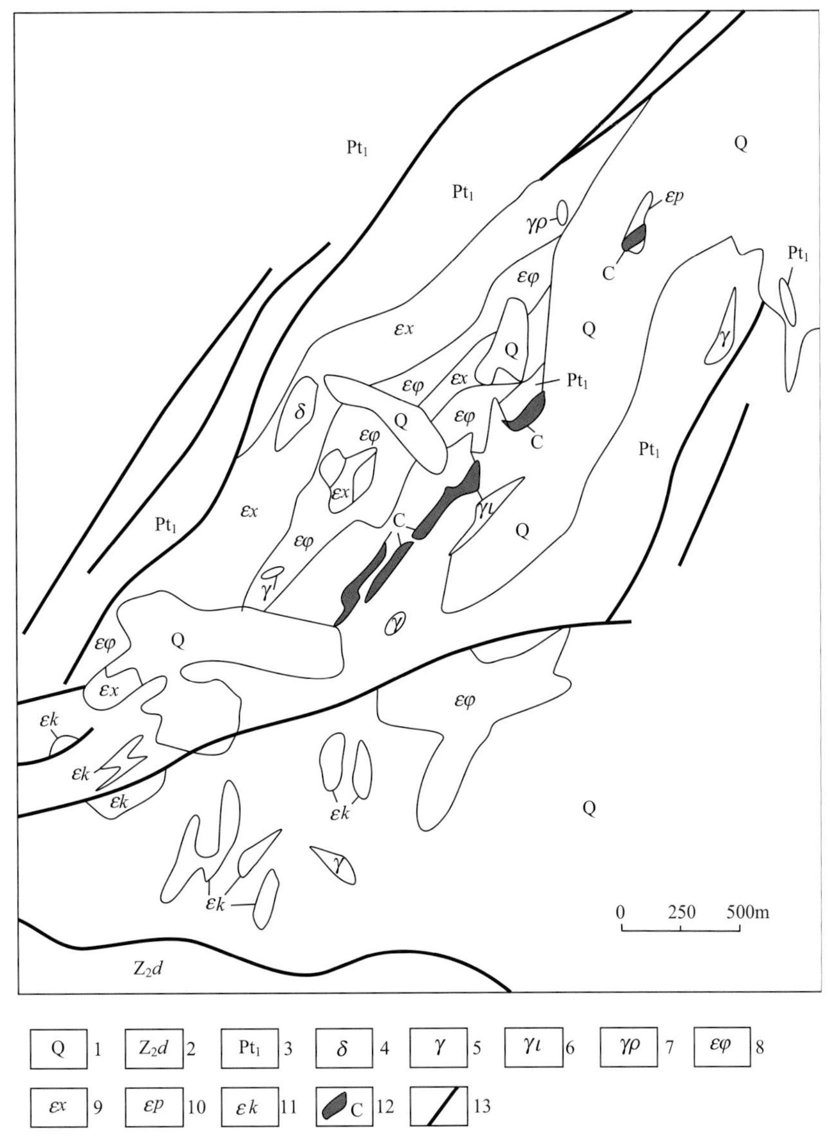

图 1-26　坪河矿床地质略图(据四川地质局 407 队)

1. 第四系；2. 上震旦统灯影组；3. 古元古界火地垭群麻窝子组大理岩段；4. 闪长岩脉；5. 花岗岩脉；6. 细晶花岗岩；7. 伟晶花岗岩脉；8. 钛铁霞辉岩；9. 霓霞岩；10. 霞石矿；11. 钾长石矿；12. 石墨矿；13. 断层

表 1-32　中国接触变质石墨成矿带简表

断裂		岩体	煤系地层	含矿带
构造域	体系			
滨太平洋	郯庐系	$\gamma_{4\text{-}5}$	鸡西群	白石粒山带、老松岭带
		γ_5—δ_5	二道梁子组、龙潭组、象山组、斗岭组、嵩夹组	敦化带、哈达岭带、宁静山带、宜城带、大别山带、五仙峰带、骑田岭带、冷水江带、罗浮山带
	东南沿海系	γ_5^2—γ_5^1	乌灶组、龙潭组、梨山组、岭文组、西湾组、合山组	绍兴带、博平岭带、东武夷山带、琼海带、大容山带、凭祥带、百色带
	华北系	γ_5	太原-石盒子组	房子带
	汾渭系	γ_4	勉县组	渭河带
	大巴系	γ_3	乐平统	九龙山带

续表

断裂		岩体	煤系地层	含矿带
构造域	体系			
古亚洲	内蒙地轴北缘	γ_4^3	兴安群	狼山、呼玛带、东兴安岭带
	中天山南北缘	γ_4^2	本溪-石盒子组	天山带
	南蒙—天山系	γ_5	土门格拉群	天山带、公格尔山带
特提斯	喜马拉雅系	γ_6—$\gamma_{4\text{-}5}$	色龙群	托托河带、拉萨带
	三江系	γ_5—δ_5	妥坝群	澜沧江带
	雅鲁藏布江	$\gamma_{5\text{-}6}$		拉萨

呈浅灰黑色、花岗鳞片变晶结构、变余泥质显微花岗鳞片变晶结构或变斑状结构。主要组成矿物有石英、绢云母和红柱石，含少量铁质和泥质，红柱石含量多达10%~30%。红柱石单体呈粒状、短柱状和棒状；集合体呈菊花状、放射状及脉状。以菊花状最常见，常由多个红柱石单体集结成花瓣状，柱径1.5mm左右。粒状红柱石则星散状分布，粒径0.05mm左右。

鲁塘矿床，主要热变质矿物有红柱石、堇青石、蓝晶石及电气石。这些矿物的分带也有鲜明的规律性，电气石(高温气成矿物)主要见于近岩体的百米范围内，向外依次为堇青石和红柱石，堇青石出现在更靠近岩体的一侧，而红柱石则出现在更远离岩体一侧且范围相当宽。

骑田岭花岗岩体内外接触带形成青谷石墨矿和鲁塘石墨矿，鲁塘矿床距岩体100m区为电气石发育区，100~400m区为堇青石发育区，400m为红柱石发育区，石墨则分布于200~1200m区，基本重叠在堇青石红柱石发育区上。青谷矿床石墨也是分布在非电气石发育区(表1-33)。

鲁塘矿床变成石墨煤层内夹薄层条带状黏土夹层，含星点状或薄膜状黄铁矿。煤岩主要组分是凝胶化基质，有结构的植物很少。凝胶质基质是基质的主体，呈条带状或线理状，局部破碎或呈不规则状。丝碳化基质呈片状、纤维状或微细质点分布于凝胶化基质中。黏土矿物在煤中普遍呈浸染状，也可富集呈带状、线状、发丝状，分布于凝胶化基质中或丝碳化基质中，或充填于腔孔或裂隙内。煤的氢含量极低，碳氢比较高，属变质程度高而可燃性挥发分较低的无烟煤。

表1-33　内外接触带石墨与红柱石、堇青石、电气石分布关系

外接触带						内接触带		
鲁塘石墨矿(斗岭组煤系)						青谷石墨矿(花岗岩)		
1200m→	900m→	400m→	200m→	100m→		→	←650m	
红柱石带			堇青石带		电气石带		电气石带	
无烟煤区	半石墨区	石墨区				石墨区		

矿床有四层石墨，其中Ⅱ矿层规模最大，品位高，含硫低，纵横变化较稳定，矿体呈等间距(46~57m)埋藏。矿层厚0.3~5.63m，平均0.6~1.1m，属薄矿体，矿体形态呈现复杂的枝状、囊状、根须状、束状分裂和复合。

石墨矿石呈灰黑或钢灰色，强金属光泽，低硬度，具滑感且污手，致密块状、层状及页片状构造，原始层理清晰可见，节理裂隙发育。矿石中主要组成矿物有石英(5%~10%)，石墨(70%~80%)，伊利石和高岭石(5%~10%)。次要矿物黄铁矿呈粒状(粒径0.05mm)、细脉状沿层理或裂隙分布，或呈集合体嵌布于石墨中。这些黄铁矿系沿石墨条带或微层中分布，反映了两者的密切联系，具有同沉积的特点。

石墨以隐晶鳞片为主，有一部分(约15%)为微晶鳞片，在显微镜下难分辨。电镜微区分析，在不同放大倍数下，隐晶石墨呈无定形花瓣状(花瓣大小不一)、叠层状(不规则状)、六方片状(自形半自形六方形、片径 0.22μm 左右)。微晶石墨主要见于隐晶石墨的节理裂隙或空洞内，晶片相对粗些，1~2μm，沿裂隙填充呈羽毛状或囊状集合体。

石墨矿石高碳低硫，平均含固定碳 80%左右，含硫 0.1%~0.7%，矿石品位与原煤含碳量有关，与变质程度也有一定关系，即矿体变质深的部位，矿石较纯，石墨结晶较好，鳞片也相应大些。这时，矿石轻，且易碎，光泽强；滑感好，反之亦然。

在石墨与无烟煤之间，无烟煤与石墨的混生带，称半石墨带。各带距岩体的距离为：石墨带 200~900m，半石墨带 900~1200m，石化无烟煤带>1200m。

半石墨在品位含量上与石墨无多大区别，固定碳略低但降幅不大，而在挥发分上却有显著的区别。半石墨的挥发分含量要比石墨高出 1~4 倍。除此之外，半石墨与石墨在一系列物理性质上也是不同的，这是内部结构差异的反映(表 1-34)。

表 1-34　鲁塘Ⅱ矿层石墨、半石墨、无烟煤物性比较

种类	光泽	颜色	比重	滑感	电阻率/(Ω·m)
石墨	金属	铅灰	1.95~2.10	强	$(1\sim4)\times10^{-4}$
半石墨	半金属	暗灰	＜1.95	弱	介于上下之间
无烟煤	光亮	灰黑	1.4~1.7	无	$(1\sim9)\times10^{-3}$

鲁塘接触变质石墨矿床有两个显著特点：一是变质的渐变过渡性，这是热变质的表征；二是构造在成矿过程中起到作用。

渐变性表现在地层(及矿体)的变质程度及一系列物理化学性质随与岩体距离的远近而渐变，煤系地层逐渐硅化—斑点角岩—板岩—未变质(或极弱变质)的砂页岩的序列；煤的变质有石墨—半石墨—无烟煤的过渡性。此外，矿石中石墨结晶程度、晶片尺寸、杂质矿物多寡、若干化学组分含量的高低以及电阻率值等，都表现梯次递变的特点。

距离岩体近的 1 号样的品位最高，晶形自形程度最好(自形片状，晶片边界平直)，片径最大，杂质少。随着与花岗岩距离的增加，2~4 号样的品位递减，晶片尺寸变小，自形程度变差，2 号和 3 号样除含伊利石外，还有少量高岭石，而 4 号样(石墨化无烟煤)仍保留大量轻微变质的无烟煤及其杂质，而受热易失组分(如挥发分、硫、水分)离岩体越近者越少，电阻率则由小到大(表 1-35)。

Al_2SiO_5 矿物同质多形体红柱石-蓝晶石-夕线石之间三相点(txiple point)的温度和压力分别为 620℃和 550MPa。在接触变质条件下，红柱石稳定于低压域(即压力<600MPa)，温度不大于 600℃。在同样的温度下，红柱石比蓝晶石在较低的岩压下稳定。在低压变质地体内，红柱石在较低温部分出现，而夕线石则在较高温部分出现。随着温度的升高，红柱石将变为夕线石(图 1-27)。本区以红柱石为代表性变质矿物，偶见蓝晶石，未出现夕线石，故应为低压相系，大体相当于中低温区变质。

表 1-35　鲁塘矿床Ⅱ矿层不同部位石墨矿石性质比较(张振儒等，1983)

样品	1	2	3	4
距岩体/m	390	700	1000	1200
石墨结晶	微晶	微晶	微晶	微晶-隐晶
晶形	自形-半自形	半自形-他形	半自形-他形	他形-半自形
鳞片/μm	3.00	2.50	1.50	1.00
脉石矿物	伊利石 10%~15%；石英 5%	伊利石 10%~15%；高岭石 5%；石英 5%~10%	伊利石 10%~15%；高岭石 10%~15%；石英 5%	伊利石 10%~15%；高岭石 5%~10%；石英 5%；无烟煤 40%~45%

续表

样品	1	2	3	4
品位/%	80~85	75~80	70~75	30~35
水分/%	2.83~3.17	3.17~4.17	4.17~6.88	6.88~7.80
含硫/%	0.01~0.07	0.07~0.10	0.10~0.15	1.4~1.65
挥发分/%	2.37	2.42	3.80	11.39
电阻率/(Ω·m)	1.5×10^{-4}	0.29×10^{-3}	$(1.31\text{~}4.5)\times10^{-1}$	$(0.113\text{~}1.27)\times10^{-1}$

综合考虑骑田岭岩体边部出现自形程度较好的六方双锥石英斑晶这一事实，判断岩体边部温度不低于 575℃，故认为该矿床的接触变质温度相当于中低温。

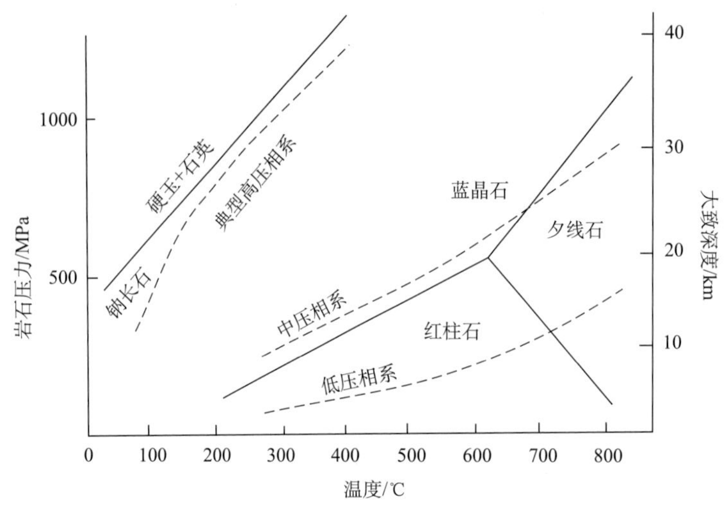

图 1-27　Al_2SiO_5矿物同质多形体变质相范围

4. 重熔花岗岩浆型石墨矿床

该类矿床仅见于与中酸性岩浆有关的含石墨花岗岩或石墨长英质岩脉中，由于成矿作用的有限性，故其分布不广，通常只限于一定范围内。一般只形成一些小型矿床或者矿化。矿体实际就是石墨化的花岗岩或石墨化的长英岩脉。矿体形态很不规则，石墨与岩浆热液矿物共生，不同结晶阶段有其专属的矿物，相互重叠，成分比较复杂。矿石组成矿物主要是长石、石英，此外还有一系列次要矿物、副矿物和蚀变次生矿物，往往还有金属矿物和丰富的稀土元素矿物。矿石品位一般较低，以 3%~6%者居多。石墨结构混杂不均，多以中细级鳞片为主，有时甚至含隐晶石墨。

该类矿床见于我国西部一些古生代—中生代的构造岩浆带内，如北天山深断裂系克拉麦里断裂带—海西旋回花岗岩带，博罗霍洛—中天山断裂带—海西旋回花岗岩带，西藏怒江—澜沧江断裂系澜沧江断裂带—燕山旋回花岗岩带等。

以上三大断裂带，都属于陆缘型深断裂，在我国西北地区，海西构造旋回使天山褶皱隆起，并发生强烈的花岗岩浆活动；西南地区，燕山旋回有大规模的褶皱断裂和酸性岩浆活动。事实上，海西和燕山旋回是我国中酸性陆壳重熔岩浆活动的极盛期，这一地质条件为岩浆型和热液型石墨矿床的形成提供了有利条件。在花岗岩、闪长岩、辉长岩中也能看到类似的石墨混杂体，如西藏左贡青谷和福建某两处石墨矿床。

苏吉泉花岗岩型石墨矿床，矿床位于新疆东准格尔褶皱带克拉麦里山哈萨坟复背斜南翼库普大断裂和清水—苏古泉大断裂之间的一个狭长地带内。矿区地层下泥盆统平顶山组及下石炭统南明水组和清水组，是一套以凝灰碎屑岩为主，正常沉积岩为辅的海相喷发-沉积岩，其岩性有火山凝灰岩，凝灰质砂岩、层凝灰岩、含砾凝灰岩、凝灰质角砾岩，以及砾岩、砂岩、粉砂岩等。中石炭统巴塔玛依内山组和双井子组为一套海相碎屑岩、石灰岩，其中夹炭质页岩和煤线，矿区南 20km 外有侏罗系煤系分布。

清水—苏吉泉大断裂是一条逆断裂、延伸数十千米，它与克拉麦里深断裂构成一个冲断带，成为岩浆的通道，致使大片花岗岩侵入其北盘。该区以海西中期的花岗岩分布最广，与石墨成矿相关的岩体是海西期的斑状黑云母花岗岩及同源混染花岗岩。石墨矿体赋存于黑云母花岗岩与角闪花岗岩接触带上的混染花岗岩中，混染花岗岩含石墨，富集处即构成石墨矿体。含石墨混染花岗岩纵长 8km、横宽 1~2km，呈狭长带状。

角闪花岗岩分布于含矿带之北侧，岩体分异性差且无分带，含中性岩析离体(如细晶英闪岩、细晶闪长岩、花岗斑岩、花岗闪长斑岩等)。在角闪花岗岩边部紧靠混染花岗岩部位，因受混染同化而变为含石墨混染角闪花岗岩。暗色矿物常被烘烤褪色或被绿泥石、沸石替代，但仍保持角闪石外形，这时，岩石呈浅灰白色或褐红灰色。岩石交代结构发育，部分石英重结晶，有的受动力作用而糜棱岩化。靠近含石墨混染花岗岩的角闪花岗岩中，局部出现霓石化花岗岩，其矿物组成与角闪花岗岩类似。

黑云母花岗岩则分布于含矿带南侧，蚀变形成褪色化准文象黑云花岗岩，含萤石，含少量石墨，与含石墨混染花岗岩接触部位，偶尔见有含黑云母球的细粒混染花岗岩，也含少量石墨，并伴生有微粒黄铜矿。准文象花岗岩及含黑云母球的细粒混染花岗岩，即为石墨矿体之直接底板。

含石墨混染花岗岩系黑云母花岗岩残余熔浆混染交代角闪花岗岩的产物，因混染交代的不均匀性，其结构粒度有颇大的变化。有的粒度小，变残斑或残留体少；有的粒度较粗，更长石质变残斑较多。岩石普遍含石墨，富集处即构成石墨矿体。含石墨混染花岗岩的钛铁矿含量比角闪花岗岩高 3~5 倍，而角闪花岗岩比黑云母花岗岩又高 2~3 倍。

角闪花岗岩属正常系列岩石，黑云母花岗岩和混染花岗岩属偏碱过饱和岩石，霓石角闪花岗岩属碱过饱和岩石，总的来看，混染花岗岩 SiO_2 偏低，Al_2O_3 也偏低。就副矿物而言，角闪花岗岩属锆石型花岗岩，黑云母花岗岩属萤石型花岗岩(表 1-36)。

表 1-36　苏吉泉矿床主要岩浆岩化学成分　(单位：%)

成分	角闪花岗岩	霓石角闪花岗岩	含石墨混染花岗岩	脉状混染花岗岩	文象黑云花岗岩	黑云花岗岩
SiO_2	73.53	66.47	61.22	70.85	76.35	76.31
TiO_2	0.272	0.384	0.46	0.272	0.156	0.098
Al_2O_3	12.4	15.22	12.92	10.05	11.69	11.42
Fe_2O_3	0.62	3.04	3.39	0.98	0.32	0.43
FeO	2.55	0.88		1.76	1.09	1.93
MnO	0.044	0.045	0.005	0.037	0.03	0.032
MgO	0.48	0.58	0.82	0.19	0.11	0.103
CaO	1.07	1.02	3.82	0.95	0.55	0.49
Na_2O	4.47	7.8	1.36	3.92	3.92	4.14
K_2O	4.57	4.62	3.74	4.42	4.99	4.56
P_2O_5	0.075	0.04	0.03	0.04	0.04	0.03
Los			有机碳	有机碳		
总计	100.081	100.099	87.765	93.469	99.246	99.543
Na_2O+K_2O	9.04	12.42	5.1	8.34	8.91	8.7
K_2O/Na_2O	1.02	0.59	2.75	1.13	1.27	1.10
A/CNK	0.87	0.77	0.97	0.77	0.91	0.90
A/NK	1.01	0.85	2.05	0.89	0.99	0.97

苏吉泉矿床有 20 多个石墨矿体，断续分布于 NW 向线状延伸的含石墨混染花岗岩内，构成一个长 1.7km、宽 0.1~0.2km 的石墨含矿带。它的分布严格受接触带控制。石墨矿体分群集结为五个群，每群都有一主矿体并在周围伴生有若干卫星式小矿体。五个主矿体的平面形态均呈短轴状或近似等轴状、在剖面上则呈盘状、透镜状或似层状(图 1-28)。矿体产状平缓，埋藏浅，主要在地表 50m 以内。

石墨矿石即品位达到工业指标的石墨混染花岗岩，矿石组成矿物有三个系列：岩浆(含混染)阶段有石墨、条纹长石、更长石、石英、普通角闪石、黑云母、钛铁矿、磁铁矿、磁黄铁矿、锆石、黄石、刚玉、独居石、磷灰石、金红石等；热液阶段有黄铜矿、黄铁矿、磁黄铁矿、辉铜矿、重晶石、天青石、沸石等；次生阶段有黄钾铁矾、孔雀石、蓝铜矿、褐铁矿等。

石墨矿石具独特的球状构造，石墨集成大小不一(球径 1~59cm)的球体，均匀地分布在花岗岩中。石墨球体内含大量长石和石英质角砾(照片 1-2)。有些石墨球具层环结构，表壳为石墨鳞片聚集的薄层，其内为黑云母与鳞片石墨混生层，内核为钾长石、钠长石、石英、绿泥石、黑云母的残熔体，还可见到含碳泥岩角砾及经过焦化和干馏的煤渣状物及少量隐晶石墨。石墨球中的石墨呈叶片-鳞片状集合体，常伴生少量黄铁矿。石墨除集结于球体中，并在混合花岗岩中呈浸染状分布，石墨片径一般为 7~15μm，此外，石墨球核心和角砾内常含少量隐晶石墨。

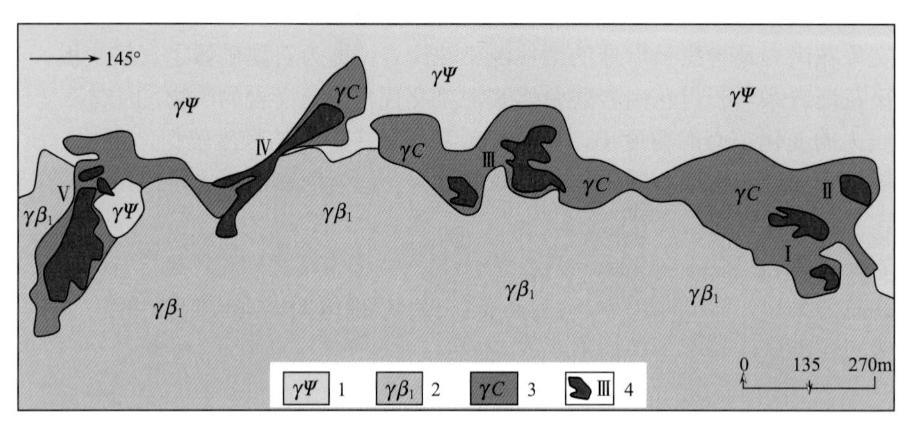

图 1-28　苏吉泉石墨矿主要矿体平面分布图

1. 角闪花岗岩；2. 细粒黑云母花岗岩；3. 混染花岗岩；4. 石墨矿体及编号

苏吉泉花岗岩型石墨矿床石墨样品，$\delta^{13}C_{PDB}$ 值变化很小，为−20.5‰~−23.9‰，极差为 3.4‰。不同产状的石墨 $\delta^{13}C_{PDB}$ 都接近，球状石墨 $\delta^{13}C_{PDB}$ 为−20.5‰~−23.3‰，平均值−21.9‰；豆状石墨 $\delta^{13}C_{PDB}$ 为−21.6‰~−23.9‰，平均值−22.2‰;浸染状石墨 $\delta^{13}C_{PDB}$ 为−21.7‰~−21.8‰，平均值−21.8‰。说明在石墨形成过程中碳同位素分馏很小，且具相同来源，与深变质石墨的碳同位素组成基本一致，显示为有机碳来源。

该矿床石墨矿石的原始品位仅 2.5%~8.78%，一般 4%~6%，但石墨球体本身的品位颇高，可达 20%~50%。球体的品位与自身大小成反比，球大夹心多品位低，反之亦然。有害杂质 Fe_2O_3 平均为 3.10%，SO_3 平均为 0.88%。矿石中还伴生多种微量元素，其中钛、锆、铪、铜含量较高，TiO_2 达 0.34%，铜达 0.046%。铜除以单矿物存在外，还以黄铜矿细脉穿插石墨球。凡石墨球和黑云母球发育处，含铜量就高，局部(如Ⅲ矿体)偶成工业小型铜矿体。

类似的岩浆型石墨矿床还有俄罗斯伊尔库茨克以西的波托果尔霞石正长岩中的石墨矿床，围岩是前寒武纪的结晶片岩，北部主要是结晶灰岩，南部则以云母片岩、硅质片岩、页岩和绿片岩为主，霞石正长岩侵入变质岩中，岩体中常见有石灰岩的捕虏体，在与石灰岩的侵入接触带灰岩变为硅灰石夕卡岩。霞石正长岩体内石墨矿化形成矿床，矿体呈大小不同的株状、巢状、透镜状、细脉状或分散鳞片状，散布于整个岩体内。矿体成群出现，但矿体规模都不大，单个矿体直径 2~25m，长达 50m，矿体中石墨品位一般可达 60%~85%，易于手选。矿石中，石墨多呈细鳞片的集合体，伴生矿物主要是围岩的造岩矿物。石墨呈细鳞片状，平均大小为 0.25~1mm，很少大于 3mm。

日本北海道广尾郡广尾町音调津有镍铁硫化物矿床中产出块状、球状和脉状等类型的石墨，块状和脉状石墨矿沿断层和剪切带分布，球状石墨与镍铁硫化物矿紧密共生，主要出现在辉长岩体中(森原望等，2007)。在加拿大安大略、魁北克和美国的安德鲁克也有夕卡岩型球状石墨矿产出，此外，乌拉尔和乌克兰还有少量岩浆矿床，与苏吉泉花岗岩型石墨矿床类似。一般认为这类矿床都属于岩浆捕获碳质围岩的有机质同化混染形成了石墨球粒。

5. 伟晶岩脉型石墨矿床

塔里木古陆北缘库鲁克塔格断隆库尔勒—赛列克布拉克台拱托克布拉克矿床，是一个以古元古界变质岩为基底的背斜褶皱带，断裂和岩浆活动强。沿断裂岩浆岩的分布与区域构造线协调一致。中元古界变质岩系与新、古元古界不整合接触，新元古界为变质火山岩、千枚岩和石灰岩，古元古界为蚀变大理岩及混合片麻岩，称库尔勒群，是石墨矿脉产出层位。

库尔勒群上亚组为含石墨大理岩、含石墨金云母大理岩、透辉大理岩、蛇纹橄榄大理岩。大理岩呈细至中粒变晶结构，泥质已蚀变为绢云母及白云母。大理岩含石墨甚微，固定碳仅 0.2%~0.5%，但这种含石墨大理岩遍布全区，石墨呈鳞片状沿大理岩层理方向分布。库尔勒群下亚组主要为绿泥绢云片岩、黑云斜长片麻岩、石英斜长片麻岩等，原岩属粉砂泥质沉积岩。

吕梁期中酸性侵入岩发育，有片麻状花岗岩、花岗闪长岩和石英闪长岩。花岗伟晶岩侵入库尔勒群大理岩内，形成同化混染，岩石普遍绢云母化、碳酸岩化蚀变。石墨在花岗伟晶岩脉中呈浸染状分布，或在花岗伟晶岩脉边缘构造节理裂隙中充填为石墨细脉，凡花岗伟晶岩出现处，往往都有石墨矿脉分布。

石墨矿体以结晶充填方式产出，主要赋存于大理岩与花岗伟晶岩的接触带上。断层破碎带及裂隙是石墨脉赖以填充的空间，该矿床中部有一近东西向的纵向大断裂，破碎带宽 30cm 至数米，花岗伟晶岩体分布普遍，石墨矿化脉发育。两组节理裂隙(130°~140°，∠60°和 195°~220°，∠70°~80°)，均为容矿构造，形成细脉群或分枝不规则状的大脉石墨矿脉。

该矿床有两种矿石：一种是块状晶质石墨或浸染状晶质石墨；另一种是隐晶与浸染状鳞片混合型矿石，矿石品位较低，仅 3%~8%(表 1-37)。

表 1-37 托克布拉克矿床矿体简表

矿体	规模/m	形态产状特征	矿石类型	品位/%
C_1		呈细脉沿 130°~140° 及 195°~215° 两组张裂隙充填。脉宽 5~10cm，长 10~100cm。产于花岗伟晶岩内	晶质块状石墨为主，晶质浸染状石墨次之	5~38
C_2		细脉状产于花岗伟晶岩的节理中。产状 210° ∠72°，脉宽 1cm 左右	晶质块状石墨及晶质浸染状石墨	7~8
C_3		脉状，脉宽 5~100cm，产于花岗伟晶岩和透辉大理岩接触带的 180° 和 235° 两组节理中	晶质块状石墨为主，晶质浸染状石墨次之	2~12
C_8	长 158，宽 29.5	产于透辉大理岩与花岗伟晶岩的接触带或花岗伟晶岩内	晶体呈散状浸染石墨及晶质细脉石墨(脉宽 1~5mm)	一般 3~5
C_9	长 233，宽 17~32			最高 8~9
C_{12}	长 40~59，宽 2~8	产于透辉岩破碎带，分枝状脉状矿体	晶质细脉石墨	3~6
$C_{13\text{-}2}$	长 23，宽 1~4			3.8~3.9

续表

矿体	规模/m	形态产状特征	矿石类型	品位/%
C_{14}	长 40，宽 2~5	产于花岗伟晶岩内节理及它与大理岩的接触带	晶质细脉石墨	3~4
C_{15}	长 25，宽 1~50	产于花岗伟晶岩内的脉状矿体	隐晶为主，浸染品质次之	3~5
C_{16}	长 33~65，宽 1~5	产于花岗伟晶岩内的分枝脉		4~6
C_{29}	长 30，宽 1~3	产于花岗伟晶岩内		3~5

矿床系伟晶期后热液阶段产物，在其外围邻区还有若干同类矿点分布，构成石墨矿化带。我国东部地区也有类似的热液型脉状石墨矿点，一般规模很小，工业价值有限，但是作为成矿类型，具有一定的地位。

第二章　前寒武纪地球动力学及地质事件

第一节　古地壳结构

根据天体及地壳同位素研究，地球的年龄约 4.6Ga，这 4.6Ga 的演化历史又表现为不同的发展阶段，其中前寒武纪占据了地球历史 85%的时间，探讨地球早期 4.0Ga，尤其是地壳及大气、水圈、生命的形成演化及相互影响有着密切关系是地球科学，也是矿床学研究的重点。从地层古生物、岩石及变质作用等各个方面研究发现，前寒武纪又可以划分为早前寒武纪和晚前寒武纪，其时限为 1.7~1.8Ga。

早前寒武纪与晚前寒武纪的划分是地质演化史中一个重大转折点。早前寒武纪地壳普遍经受过中深变质作用，晚前寒武纪地壳变质程度较低。

地质上对古陆分类命名有不同的称谓，如地台、地盾、克拉通、古陆、地块等，为了便于理解和论述的一致，做如下统一定义：

①古陆——比较稳定的前寒武纪古陆块；②地盾——古陆区域内具有太古宙基底的原始陆块；③克拉通——地盾内初始陆块；④地块——古陆内根据构造划分的区域，没有地层时代的特定规定。

一、早前寒武纪地壳

早前寒武纪大陆地壳岩石组成以花岗质变质岩为主，主要物质组成是英云闪长岩-奥长花岗岩-二长花岗岩(TTG 岩系)，在岩石地球化学上属钙碱系列。已知的世界年龄值最老的地质体为格陵兰西南的戈特霍布(Godthab fjord)区太古宙皮里喀瑞迪安(Preketiridian)岩区的阿密特桑格(Amitsog)高级角闪岩相的 TTG 片麻岩，年龄值大于 3.822Ga。最古老克拉通化陆块，如南部非洲的卡普瓦尔(Kaapvaal)原始古陆块体(Hunter，1974)，面积近 60 万 km^2，基底以麻粒岩相的双峰式英云闪长质岩石为主，内含被英云闪长岩底辟侵入包裹的巴伯顿(Baberton)绿岩带，年龄为 3.45~3.5Ga，绿岩带底部的翁佛瓦赫特(Onverwacht)岩群的底砾岩中就有花岗质岩石的砾石，绿岩带于 3.3Ga 前遭受角闪岩相变质作用。津巴布韦古陆由英云闪长片麻岩和挟持其中的近 3.5Ga 及约 2.7Ga 龄的两大绿岩带组成。

高坪仙(1992)系统介绍了俄罗斯学者 Б.А.Глебовицкий(1989)对欧亚早前寒武纪岩石圈的变质作用及动力学条件。

1. 太古宙变质杂岩

早前寒武纪存在三类岩石建造类型，即花岗-绿岩建造，麻粒岩-片麻岩建造(TTG)及古陆盆地沉积建造(孔兹岩系：石英岩、页岩、碳酸盐岩及少量火山岩)。麻粒岩-片麻岩杂岩与弱变质的花岗岩-绿岩建造分布在古陆核或古太古代古陆区。

印度古陆南部地盾区，广泛出露太古宙和古、中元古代基底，太古宇大致以 3.0Ga 为界分为两套岩群：①下部前达瓦尔杂岩，时代老于 3.0Ga，为深变质杂岩系；②上部为伴以酸性侵入岩的浅变质岩群，除古老变质火山、沉积岩及侵入岩外，大都是花岗混合岩，古陆南端出现大量片麻状、混染状紫苏花岗岩，年龄达 3.2Ga，马德拉斯紫苏花岗岩全岩等时线年龄 2.6Ga。东高止地区分布有著名的孔兹岩系，区域变质年龄 2.6Ga 左右。新太古界－古元古界达瓦尔群为变质绿岩系，南印度半岛西侧北部的西达瓦尔(W.Dharwar)区的巴巴不丹(Bababudan)古陆基底是麻粒岩相的半岛片麻岩。古、中元古界不整合于太古宇之上，主要为浅变质沉积岩或火山-沉积岩系，贯以同期花岗岩体。

在加拿大地盾、南非林波波带、俄罗斯阿尔丹地盾及中国华北报道有太古宙高压麻粒岩，原岩成分为基性岩及泥质岩类，围岩为麻粒岩相-高角闪岩相的 TTG 或花岗片麻岩类。东欧—西伯利亚古陆早前寒武纪地层发育齐全，变质程度较澳大利亚、非洲、美洲的早前寒武纪地层明显强得多，主要为麻粒岩-角闪岩相片麻岩、花岗-绿岩类岩石，局部发育高压变质带。

(1) 在东欧波罗的古陆，太古宙花岗-绿岩区和麻粒岩-片麻岩区的基底残块、花岗-绿岩区分布在卡累利阿、上沃尔日、北德维斯克、西德维斯克、库尔斯克和滨第聂伯尔地区及科拉半岛北摩尔曼斯克地块；麻粒岩-片麻岩区分布在科拉区滨波罗的、伏尔加—乌拉尔和西乌拉尔地区。

一方面，在麻粒岩-片麻岩分布区，在以麻粒岩相为主的情况下，具有从镁铁闪石、十字石亚相到麻粒岩相(红柱石-夕线石系列)变质分带性，变质温压值是：从 T=550℃，P=0.40GPa 到 T=800℃，P=0.64GPa，地热增温率为 26℃/km，沿摩尔曼斯克花岗岩-绿岩区基底残块变质程度降低。另一方面在麻粒岩相带中出现高压(紫苏辉石-夕线石亚相)重叠，在中科拉南缘狭长延伸的拉布拉多麻粒岩带，显然是较晚期的。

在花岗-绿岩区，绿岩带的分带变质作用通常属于红柱石-夕线石型，一般地热增温率偏差为 35~26℃/km，在中等梯度状态下，有时能见到受晚期改造的绿岩区构造，这可以作为麻粒岩-片麻岩和花岗-绿岩区结合带的特征，如分布在阿尔丹地盾西部的奥廖克敏花岗-绿岩区与阿尔丹麻粒岩-片麻岩区的结合带，卡累利阿花岗-绿岩区与科拉麻粒岩-片麻岩区结合带。

在造山碰撞地区，太古宙末期已明显地向中等梯度(蓝晶石-夕线石)状态转化，像白海—拉布拉多带，它们发育在科拉和卡累利阿基底残块结合地带，横切较早构造。新太古代(列渡里斯克期)发育这种构造，说明早前寒武旋回早期内力作用强度较晚期阶段强度低。这个带的所有岩石，其中包括早期经受减压的麻粒岩相变质作用形成物，它们都遭受了主要为铁铝榴石角闪岩相(蓝晶石-夕线石相系)、石榴石-黑云母-蓝晶石-正长石亚相条件下的强烈变质作用。诺多泽尔—康多泽尔地区见到向麻粒岩相过渡，其变质温压值：T=800℃，P=0.95GPa。

依据辉石-石榴石和石榴石-黑云母的温压条件，变质早期角闪岩相带：T=700℃，P=0.90~1.00GPa，地热梯度为 17℃/km；较晚的列波利斯克旋回超变质温压条件：压力峰值略有降低，P=0.70~0.75GPa 造山带边缘发育钠-钾质花岗岩类。

中亚及哈萨斯坦地带，帕米尔西南太古宙地层发育，分为两个岩群：①戈兰斯克群年龄 2.7Ga,主要是细粒斜长及花岗片麻岩、大理岩、花斑大理岩、石英岩、角闪岩、榴辉岩及榴辉岩状岩石。岩群下部以石英岩为主；中部为黑云母片麻岩；上部为白云岩及菱镁化的大理岩为主，可见厚度 4000m。②沙河塔林群年龄 2.4Ga，主要是片麻岩、角闪岩、花斑大理岩及白云岩化大理岩，混合岩化明显，岩层厚达 6000m。

天山外伊犁阿拉套的西部太古宙地层分为阿克秋兹组及卡民群两个岩群：①阿克秋兹组年龄 2.78Ga，为多层强烈变形变质的沉积岩，常见黑云母及铁铝榴石岩相变质岩，少量含堇青石成分，广泛见有混合岩化；②卡民群年龄 2.505Ga，分两个组。科普列萨组，主要是变质的以基性火山岩为主的绿片岩相，局部达角闪岩相，见有混合岩化，厚达 3000m；考科布拉克组，为混合岩、黑云母-石墨结晶片岩和硅灰石大理岩，厚约 1000m。

(2) 西伯利亚古陆固结时代在 1.9~2.0Ga 以前，基底由太古宇和古元古界组成，太古宇主要出露在古陆东南部阿尔丹和北部的阿纳巴尔两个地盾上，是由麻粒岩、角闪岩、结晶片岩和混合岩-花岗岩组成的变质杂岩系，伴以斜长花岗岩和紫苏花岗岩，有两组主要的同位素年龄：3.4~3.0Ga、2.5~2.3Ga。

古元古界为不同程度变质的火山-沉积岩系，贯以卡累利阿旋回和贝加尔旋回的基性-酸性侵入岩。在西伯利亚陆台基底，划分出了三个大的麻粒岩-片麻岩分布区：贝加尔—叶尼塞、阿纳巴尔和阿尔丹，其特征是深部成岩热动力明显不均匀。

在阿尔丹地盾西部有埋深最浅的麻粒岩体，变质温压值：T=780℃，P=0.60GPa（高坪先，1992）。假如太古宙岩石圈表面温度为 100℃，即相应的地热平均增温率为 35℃/km，向西沿奥廖克敏花岗-绿岩区，变质程度降低到高温镁铁闪石角闪岩亚相（红柱石-夕线石型），其变质温压值：T=700℃，P=0.50GPa；阿尔丹地盾东部出现中等深度的、均匀的麻粒岩变质相岩石，变质温压值：T=800℃，P=0.70GPa，地热增温率为 26℃/km，在太古宙麻粒岩-片麻岩区，以这种变质杂岩分布最广；阿尔丹地盾南部一条近东西走向的兹雄列夫—苏塔姆高压麻粒岩带，从西向东变质温压变化：T=800℃，P=0.80~0.90GPa（兹维列夫杂岩）到 T=850℃，P=0.95GPa（苏塔姆杂岩）到 T=950℃，P=0.11~0.13GPa（乔加尔斯克杂岩），地热增温梯度均为 20℃/km。另外还有一个高压麻粒岩带与苏塔姆杂岩相似同属紫苏辉石-夕线石亚相，出露在阿纳巴尔地盾中央部分。在冈瓦纳岩块，在同一个带或同一个带系内可见到像林波波（南非）、南印度等高压麻粒岩相变质杂岩。

（3）澳大利亚太古宙基底岩层主要集中在西澳地盾内，面积超过 70 万 km^2，分南北伊尔岗和皮尔巴拉两个太古宙克拉通核。伊尔岗省东部金矿田亚省的主要花岗岩侵位年龄是 2.65~2.45Ga，伴生绿岩可能为 3.03~2.54Ga（Arriens，1971）。在皮尔巴拉区内主要的花岗岩老于 3.0Ga，而绿岩可能在 3.45Ga（Pidgeon，1978），围绕边缘有小面积的太古宙岩石内露层。

伊尔岗克拉通面积大约 65 万 km^2，大致位于澳大利亚大陆西南部，可划分为西南省、穆奇森和东部金矿田省三个区块（图 2-1）（Trendall，1968）。西南省具有高级变质的上地壳岩层，西部以花岗岩岩基为主，以东主要为麻粒岩地层。在紫苏花岗片麻岩中，麻粒岩相是作为镁铁岩和超镁铁岩异离体和透镜体产出，丹吉地区的超镁铁质麻粒岩中含有尖晶石-紫苏辉石橄榄岩、橄榄石-角闪石-紫苏辉石岩、角闪石-斜方辉石-单斜辉石岩和紫苏辉石-中长石岩，属原生镁铁质侵入岩。穆奇森和东部金矿田省区域构造方向不同，地质背景基本一致，穆奇森省以南北向和北东向拱形不连续的绿岩和花岗岩体为特征，东部金矿田省以北到北北西向大规模较连续的线型绿岩带和花岗岩为特征，发育的绿岩带在岩性和年龄上相似。

皮尔巴拉克拉通位于伊尔岗克拉通北部，呈菱形地块，面积约 56000km^2,有一些世界上最古老的太古宙岩层（3.5Ga）出露。太古宙绿岩分为瓦拉伍纳层和莫斯基托溪层，莫斯基托溪层有石英岩、砾岩和条带状铁建造。

皮尔巴拉克拉通主要由太古宙花岗质岩石组成，多形成 100km 宽的卵形岩基，可分为三种主要类型：①混合岩、片麻岩和叶片状石英二长岩，花岗闪长岩和钠质花岗岩，年龄为 3.4~2.9Ga；②不同年龄的叶片状斑状石英二长岩和花岗闪长岩，以 3.0Ga 为主；③年龄为 2.7~2.6Ga，构造期后花岗岩和石英二长岩（通常含锡），花岗岩与绿岩构造关系密切，主要构造断裂大多数都平行于最重要的构造走向或与花岗-绿岩接触带重合（图 2-2）。

（4）北美古陆和周围造山带是世界前寒武纪地层分布广泛的地区，几乎全部由前寒武纪地层组成，可划分成多个地块，以加拿大地盾为核心，向外可以划分为大平原区、东落基山和中部大陆台坪，以及西部的科迪勒拉褶皱带、东部阿巴拉契亚褶皱带组成。每个地块基底岩石均由花岗片麻岩和变质硬砂岩-绿岩组合所组成，区内前寒武纪在各构造单元中均广泛发育，尤其广泛分布于加拿大—格陵兰地盾中，是世界上最广阔而又连续的前寒武纪地层。新太古代（2.5Ga）前的基诺兰造山运动形成大陆核心区，围绕地盾周边逐次发育新元古代（1.7Ga）的哈德森造山带。

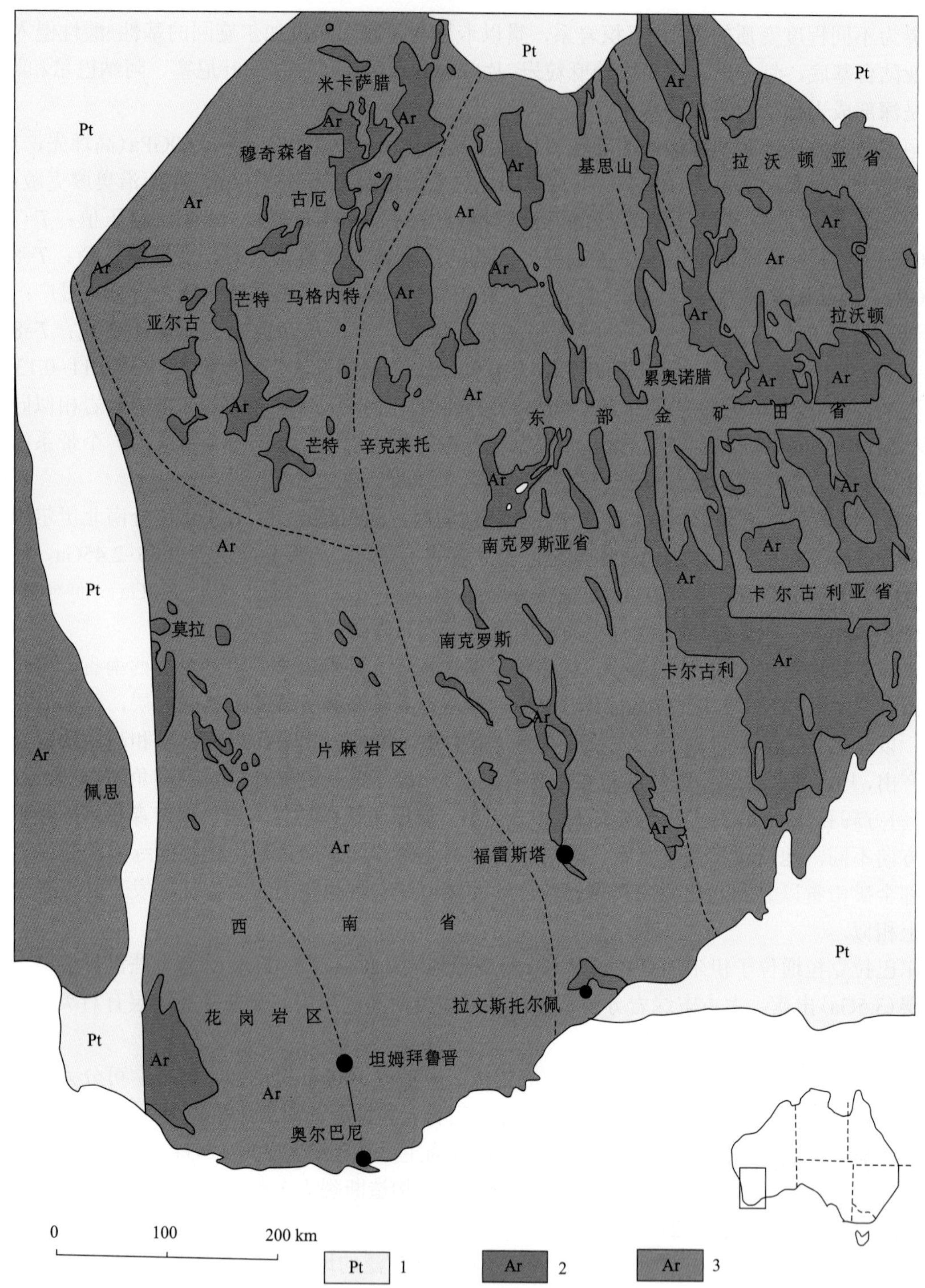

图 2-1　西澳大利亚伊尔岗地块构造分区图

1. 元古宇沉积覆盖；2. 太古宇绿岩带；3. 太古宇 TTG 岩系

加拿大地盾新太古代多期火山活动形成巨厚的基性及少量酸性火山-沉积岩，在苏必利尔和斯拉夫地块中保存完整，受新太古代基诺兰造山运动影响而变形。火山熔岩仅受轻微变质，原生枕状构造、流线杏仁状构造等仍保存完好；层凝灰岩、集块岩与熔岩及含铁建造呈互层产出。沉积岩主要为蚀变硬砂岩、板岩、砾岩，少量长石砂岩、石英岩和钙质层组成，原生层理、粒级层和交错层构造保存良好，火山岩层和沉积岩层彼此呈整合接触或呈互层产出。

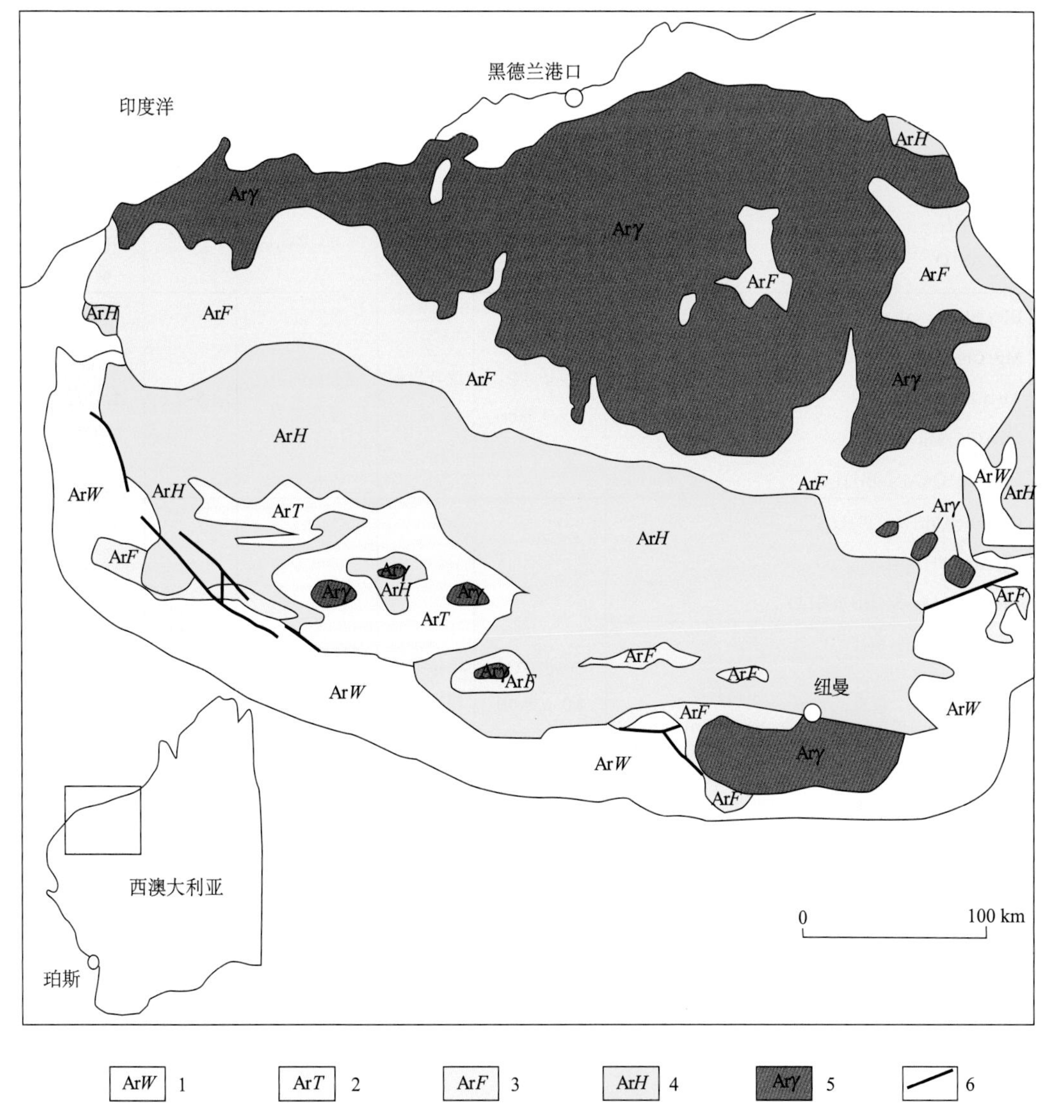

图 2-2　皮尔巴拉地块地质图(据 Fitton,1975)

1. 维鲁群；2. 图里克里克群；3. 福特斯库群；4. 哈默斯利群；5. 太古宙花岗岩和绿岩；6. 断层

新太古代 2.5Ga 的基诺兰造山期以伴随有花岗岩浆和更基性岩浆侵位的强烈褶皱变形为特征，花岗岩大面积分布，上部古元古界岩系局部为变形的灰岩-石英岩类，是稳定古陆条件下的沉积物。

与北美、波罗的、印度、非洲及西澳大利亚等典型古陆相比，中朝古陆经历了多次构造-热事件和地壳的裂解与形变，吕梁运动形成古陆的统一基底，形成几套变质杂岩系和若干条绿岩带，普遍显示较高级的变质相。最老的岩层出露于古陆北缘，冀东迁西群测得年龄为 3.65~3.72Ga。早前寒武纪经历了多期麻粒岩相-角闪岩相变质作用，大多数麻粒岩并不显示生热元素亏损，Sm-Nd 同位素初始值表明华北麻粒岩和斜长角闪岩来源于弱亏损的地幔源区。太古宙岩石记录丰富但后期再造作用强烈，普遍显示较高级的变质相，经历多期变质作用或构造-热事件，典型绿岩建造不发育但有多种类型的表壳岩系，存在若干古老的深成片麻岩杂岩体(如迁安、怀安杂岩体)。

中朝古陆中北部 2.9~2.6Ga 的 TTG 岩类和基性岩类变质形成麻粒岩相-角闪岩相区域变质岩，代表中朝古陆化的重要构造-热事件。晋冀蒙太古宙高级变质岩区及胶东变质岩区发现了大量的太古宙(2.6~2.8Ga)高压麻粒岩，并可能有退变榴辉岩。它们具有较高的变质压力($P>1.2$GPa)和减压反应结构的特征，为已知华北地表出露的最高变质压力的太古宙地壳岩石(表 2-1)。

表 2-1　华北古陆早前寒武纪变质作用

<table>
<tr><th colspan="2">变质相</th><th>变质矿物组合和变质反应</th><th>热动力条件</th><th>变质作用</th><th>岩浆活动</th><th>年龄范围/Ga</th><th>变质期</th><th>构造演化</th></tr>
<tr><td colspan="9">(吕梁运动)盖层</td></tr>
<tr><td colspan="2">亚绿片岩相</td><td>Ser+Ab+O
Chl+Ab+O</td><td>200~300℃</td><td>动力变质</td><td>火山岩</td><td>1.8</td><td>中元古代（五台运动）</td><td>褶皱回返陆台形成</td></tr>
<tr><td rowspan="2">绿片岩相</td><td>低</td><td>Bl+Chl+Mg+Ab+O
Mg+Chl+Act+Ep
Ab+Chl+Act+Ep
Ctd+Chl+Mg+Ab+O
Chl+Mg+O=Alm+Bl+H_2O</td><td>350~400℃；
2.5~4.5kbar</td><td>绿片岩相区</td><td>侵入型的黑云母花岗岩</td><td>1.8~2.2</td><td>古元古代（台怀运动）</td><td>局部裂陷盆地</td></tr>
<tr><td>高</td><td>Chl+Bl+Alm+Mg+Pl+O
Bl+Alm+Pl+Ep+O
Alm+Chl+Mg=St+Bl+O+H_2O</td><td rowspan="3">450~670℃；
4.0~6.9kbar</td><td rowspan="3">中压型递增变质带</td><td rowspan="3">混合岩，混合花岗岩，英云闪长岩</td><td rowspan="3">2.5</td><td rowspan="3">新太古代</td><td rowspan="3">陆核增长，原始陆台形成</td></tr>
<tr><td rowspan="2">角闪岩相</td><td>低</td><td>Bl+Alm+St+Mg+Pl+O
Bl+Ky+St+Mg+Pl+O
Bl+Cord+Mg+Pl+OSt+Mg+O=Alm+Slll+Bl+H_2O</td></tr>
<tr><td>高</td><td>Bl+Cord+Slll+Mg+Pl+O
Bl+Slll+Cord+Alm+Mg+O
Gr+Hb+O=Hy+Pl+H_2O</td></tr>
<tr><td colspan="2">麻粒岩相</td><td>Slll+Gr+Cord+Bl+Or+O
Hy+Gr+Pl+O
Hy+Gr+Hb+Pl+O
Hy+Py+Pl+O</td><td>750℃；
4.5~8.0kbar</td><td>高温麻粒岩相区</td><td>英云闪长岩，紫苏花岗岩</td><td>＞2.8</td><td>古太古代</td><td>陆核</td></tr>
</table>

2. 古元古代变质杂岩

古元古代发育期改造了古陆台基底现存的大地构造式样，已形成的大陆型地壳被分裂为巨大的古陆岩块(板块)，继承了太古宙的古构造方向，形成较新的活动陆缘增生带。

(1)元古宙瑞芬构造期在东欧陆台基底区域变质作用广泛发育，主要分布于芬兰和瑞典，在东芬兰卡累利阿岩带北滨拉多日出现红柱石-夕线石型水平变质分带，在南-西卡累利阿后太古宙古陆(花岗-绿岩区)，基底大量高铝安山岩浆上隆，使压力变化为 0.40~0.50GPa，温度从 400℃变到 750~800℃，地热增温梯度 35~38℃/km，同时有辉长岩类中基性杂岩侵入。红柱石-夕线石型变质带与同构造混合岩→花岗-闪长岩或英闪质成分的熔融物→深熔交代混合岩→花岗-片麻岩分带相伴，形成深成花岗岩侵入作用，主要为钾质花岗岩的大面积侵入。

瑞芬构造期滨波罗的俄罗斯地块基底带状花岗杂岩及滨波罗的麻粒岩-片麻岩区的西部和西南地区，受到强烈改造。北爱沙尼亚塔娜(Tana)镇附近元古宙表壳岩变质程度达麻粒岩相，瑞芬构造带和太古宙变质改造带向南延伸，经过整个白俄罗斯，围绕滨波罗的麻粒岩-片麻岩区东部分布。

在乌克兰地盾因古尔—英古列兹基底古元古界红柱石-夕线石型变质带与滨第聂泊尔花岗岩-绿岩与帕多里(西乌克兰)麻粒岩-片麻岩分布区结合处，形成的瑞芬期变质带相似。在瑞芬期变质带中总的内力活动性和变质作用程度局部有所增高，在西部靠近麻粒岩-片麻岩区局部可达到麻粒岩相，在十字石亚相带，变质温压条件：T=550~600℃时，压力变化从 0.50~0.60GPa(向蓝晶石型过渡)，到 0.35GPa，地热增温率从 25℃/km 到 35~40℃/km，温度增高较大，压力增高较小。

在库尔斯克花岗-绿岩区和伏尔加-乌拉尔麻粒岩-片麻岩区的结合处，沃洛佐夫变质带受变质较弱，仅局部热异常区温度升高可达绿帘角闪岩相。在花岗-绿岩区内，当压力小于 0.40GPa，温度从 400~450℃变到 600℃，红柱石-夕线石型变质分带性明显。

拉布拉多型高压麻粒岩是区域变质作用旋回早期阶段的特征产物，发育在构造推覆层底(根)部，其中可以见到倒置的变质分带性，沿剖面向下到铁铝榴石角闪岩中温亚相。这是由于沿拉布拉多逆掩断层带，受热的深部岩石发生快速上升，引起形成倒置变形分带，在这种情况下，当处于最高温度时，压力可达 0.10~1.10GPa，而地热增温率不超过 16℃/km，形成古元古代特有的负热异常。白海—拉布拉多带在中里菲期进入活动峰期，开始出现蓝晶石-夕线石型对称变质分带，构造轴部高温带，而在南西和北东边缘元古宙岩层变质程度降低到绿片岩相，在佩琴加—伊蔓德拉—瓦祖加北侧，变质作用又重新增高达中温阶段的铁铝榴石角闪岩相，在科拉基底残块麻粒岩-片麻岩分布区形成叠覆构造和退化变质。

蓝晶石型带状变质作用代表全面回返上隆的轴部地带，沿此方向地热增温率从 20℃/km 到 25℃/km，广泛出现超变质作用及相伴的深熔同构造和深熔后构造杂岩，其成分主要是钠质花岗岩类，仅在最后阶段形成比较富钾的伟晶岩和花岗伟晶岩。

在科拉麻粒岩-片麻岩区，古元古旋回结束阶段，出现大量花岗岩岩浆活动，许多地体是由含钾的似奥长环斑花岗岩和碱性花岗岩类组成。

(2) 在西伯利亚陆台基底，古元古代形成了贝贝加尔—帕托姆内硅铝带和贝加尔—姆伊斯克蛇绿岩带。从帕托姆高原西南到北部滨贝加尔区延伸的热异常区，具蓝晶石-夕线石型变质分带特点，贝贝加尔—姆伊斯克带出现中到高温变质作用，在高压条件下形成榴辉岩和似榴辉岩岩石。在塔梅拉北部硅铝带出现带状蓝晶石-夕线石变质作用带。

在维吉姆—阿尔丹地盾和朱格朱尔—斯塔洛夫褶皱区，古元古代构造活跃，区域变质作用强烈。在区域西部乌多坎系向斜构造边缘，变质作用增强到镁铁闪石低温亚相，向着帕托姆高原方向见到红柱石带型被蓝晶石带型代替。在整个阿尔丹麻粒岩-片麻岩分布区，直到它的南部边缘都是高梯度状态(红柱石-夕线石型变质作用)的古元古代活动带，其周边地区变质作用程度通常都不超过镁铁闪石-角闪石-十字石亚相(T=500~600℃，P=0.40GPa)；构造带中部达该相的高温亚相(T=700℃，P=0.50GPa)；在更远的东北达麻粒岩相有紫苏花岗岩及异地紫苏辉石花岗岩岩浆贯入体，在麻粒岩-片麻岩分布区中心形成强烈的正热异常。

在朱格朱尔—斯塔洛夫古元古代褶皱区，活化作用主要叠加在片麻岩、结晶片岩和斯塔洛夫花岗岩类杂岩上，强变质作用带出现广泛的花岗岩化和混合岩化作用。具高梯度状态红柱石-夕线石型变质作用特征，温度 500~700℃，P=0.40GPa。

(3) 中亚的蒙古—鄂霍次克地区存在阿金斯科—博尔雪夫、杨卡斯克、札格迪斯克和其他独立的蛇绿岩带基底残块。这些地块经受了低温绿片岩亚相，在个别地带见有残余的含锰石榴石蓝闪石片岩，温压条件：400℃以下，压力为 0.60~0.70GPa，地热增温率近 13℃/km。里菲陆相碳酸盐岩层发育红柱石-夕线石型变质相。根据超覆于变质岩上的早寒武纪特征动物化石，里菲杂岩的年代属于新太古代或古元古代的片麻岩和花岗岩-片麻岩基底杂岩。

在阿尔泰—萨彦岭地区，蛇绿岩带残块中出现有蓝闪石片岩相变质岩，变质岩层地质构造分析表明，在加里东褶皱期里菲杂岩经受了高压变质作用，在低温绿片岩相条件下，使岩石再次受到改造。

在东欧陆台东部边缘，可见延伸的里菲期双变质带，基底残块的双变质带，仅在南乌拉尔保存，那里可分出中里菲马修托夫榴辉岩-蓝闪片岩组合，石榴石-蓝闪片岩和硬玉-石英岩共生组合，均与压力变化有关，变质温压条件是，压力从 0.60~0.70GPa 到 1.20~1.30GPa，温度为 350~450℃，地热梯度变化较小，仅为 11℃/km。

北美古元古代阿费布时期的沉积岩层分选较太古宙沉积物好，有大量的石英岩、石灰岩和少量硬砂岩，许多石灰岩含叠层石，还见到板岩、砾岩和含铁建造，在古元古代晚期的哈德森运动期间仅受轻微变质，常见绿片岩、片麻岩和混合岩。阿费布中有更多的石英岩和石灰岩出现，未褶皱的阿费布砂岩和砾岩局部覆于苏必利尔省的基诺兰造山带之上，可以区别于太古宙变质岩。哈德森造山运动（晚期阿费布）伴随有广泛的花岗岩侵入作用，但在丘吉尔省，哈德森花岗岩与再活化的基诺兰花岗岩类似，难于区别。

3. 变质作用

根据欧亚早前寒武纪地壳变质杂岩的资料，早前寒武纪区域变质特征是变质温度逐渐降低：

古太古代早期，在硅铝壳形成同时，遭受强烈的和均匀的过热作用，硅铝质地壳组成大部分麻粒岩相高级变质岩。阿尔丹地盾东郁库鲁利提麻粒岩，科拉系中的中波布日亚是最古老的麻粒岩，地热梯度为27℃/km，它们与西格陵兰阿基里亚麻粒岩组合特征一致。

中太古期 3.1Ga 前开始产生深成因地热正异常，如阿尔丹地盾西部下提姆朴坦穹隆，兹维列夫—橙塔埒带的高压麻粒岩带，在西格陵兰和林波波带。

新太古代末期，广泛分布的变质温压条件明显差异的花岗-绿岩杂岩和红柱石-夕线石型带状变质作用带，白海—拉布拉多带就属于这种构造类型，它们是地质历史上第一次形成的造山碰撞带。在变质旋回早期，榴辉岩-片麻岩带的地温梯度较高压麻粒岩带明显减小，这说明在太古宇和元古宇结合地带，热流背景值降低，出现榴辉岩-麻粒岩，但也不排除有高压麻粒岩带存在。古元古代早期在 2.4Ga 时，形成的花岗岩-绿岩区并不具同时性，它们相互交叉，持续期达 0.70Ga。

后太古宙古陆完成稳定是在 2.4~2.2Ga，1.9Ga 前卡累利阿或瑞芬演化阶段，全球构造活动具有脉动特征，在盖层中具有明显表现。

早期地壳再次活化，构造变质明显不均匀，高温高压麻粒岩相变质作用出现最高梯度温压条件，以阿尔丹地盾西部最特征。同时较早期产生的碰撞带继续活动，除榴辉岩-片麻岩岩石组合外，还产生了拉布拉多型特高压麻粒岩。

地热环境的巨大变化，表明了大地构造变质条件的差异，也显示地热流逐步降低，出现的岩石组合中可以看出这种趋势，在蛇绿岩带和共轭构造中，相继出现榴辉岩-片岩、榴辉岩-蓝闪石片岩和蓝闪石片岩组合。

瑞芬期构造活动阶段从 2.2~1.7Ga 延续了近 500Ma，但其中的变质作用明显向后延迟，如波罗的地盾的哥地德变质岩为 1.5Ga，是瑞芬期变质带中延迟变质的基底残块。

根据对深部共生岩石热力学地热状态演化分析，随着地质事件的发展，通过岩石圈的热流背景值逐渐降低，可以划分出 5 个重要的地质变化界线：3.5~3.6Ga、2.6~2.7Ga、1.8~1.9Ga、1.0~1.3Ga、0.6~0.7Ga，反映了前寒武纪的变质作用，构造活动的演化过程。

二、晚前寒武纪地壳

1. 晚前寒武纪古大陆及构造演化

中元古代之后的晚前寒武纪地壳演化进入成熟板块构造演化阶段，也是超大陆增生裂解阶段，每个超大陆旋回包括古老超大陆的裂谷和裂解作用，以及随后的碰撞、缝合形成新的超大陆（李江海等，1998）。超大陆拼合过程是渐变的，并在时间上与超大陆裂解初期或初始裂谷阶段相重叠，以全球性的造山作用为高峰，构造旋回与超大陆的聚合相关（Unrung，1992）。不同时期的超大陆分别定为不同名称（Unrung，1992）：古元古代泛大陆 X（Pangea X），中元古代泛大陆 Y（Pangea Y），晚古生代泛大陆 Z（Pangea Z）。泛大陆 X 形成于古元古代造山作用，广泛的陆壳形成于这一时期；泛大陆 Y 聚合于中元古代，以 1.3~1.0Ga 全球性的造山作用到达高潮，有力的证据为 1.3~1.0Ga 造山带具有全球规模的连续性。1.0Ga 之后，泛大陆 Y 开始破裂，随后拼合为冈瓦纳超大陆，以 0.82~0.54Ga 造山作用为高潮，东冈瓦纳古陆为泛大陆 Y 的一部分，直到中生代冈瓦纳破裂前一直存在。

超大陆拼合的标志主要表现为形成全球性造山带，陆块广泛拼合、碰撞，出现造山作用高峰期，如中元古代末期的格伦维尔(Grenville)造山带。

超大陆存在期——裂谷期的标志为大陆保存大面积的沉积盖层-变质基底的二元结构，并且有许多构造-热事件记录了大陆聚合与裂解的周期性变化，如大陆边缘环境成因的绿岩带在 2.70Ga、1.90Ga、1.30Ga 出现形成高峰，2.50~2.20Ga、1.65~1.35Ga 出现极小值，这些极小值和高峰期可能分别对应于超大陆的主要地幔柱活动期和聚合期(哈因，1994)。

非造山岩浆活动、大规模基性岩墙群侵位及大陆裂谷的爆发等是为超大陆裂解的重要证据。大陆古陆内裂谷事件主要出现于 3.20Ga、2.40Ga、2.10~1.80Ga、1.50Ga、1.20~0.90Ga、0.80~0.60Ga，岩墙群主要形成时期为 3.40Ga、3.20~2.90Ga、2.50Ga、2.20~1.90Ga、1.30~1.10Ga、0.90~0.60Ga(Condie et al.，1992；格利格森，1996)。

前寒武纪可能至少存在 3 次重要的超大陆发育期，包括古元古代(2.5~2.1Ga)超大陆，中元古代(1.5Ga)超大陆和新元古代(1.3~1.0Ga)超大陆(Windley，1993)。

不同时期重要的大型古陆包括早前寒武纪的原始古陆(Ur)(3.0~2.0Ga)、北极古陆(Arctica)(2.5~2.0Ga)、大西洋古陆(Atlantica)(2.0Ga 左右)；晚前寒武纪的尼安古陆(Nean)(1.5Ga 左右)、罗迪尼亚(Rodinia)(1.0Ga 左右)、冈瓦纳(0.5Ga)、泛大陆(0.3Ga 左右)。

推测原始古陆(Ur)由 5 个古陆组成，均具有广泛的浅水表壳岩系盖层(3.0~2.8Ga)，目前均见于东冈瓦纳大陆内，包括南非的卡普瓦尔(Kaapvaal)古陆、印度的西达尔瓦尔(Western Dharwar)古陆、伯罕达拉(Bhandara)古陆、辛罕布姆(Singhbhum)古陆、西澳的皮尔巴拉(Pilbara)古陆；北极古陆(2.5Ga 或 1.8~1.5Ga)，包括北美地盾、西伯利亚地盾及部分格陵兰；大西洋古陆(2.0Ga 左右至 0.2Ga)，包括圭亚那地盾、巴西地盾、圣弗兰西斯科(San Francisco)古陆、西非古陆及刚果—开赛(Kasai)古陆；尼安(Nean)古陆(1.5~0.2Ga)，由北极古陆(Arctica)在中元古代增生形成(1.6~1.3Ga)，包括波罗的古陆(包括波罗的地盾和乌克兰地盾)、北美中元古代地体(Penokean，Yavapai 及 Mazatzal 等)和部分南极大陆。

古元古代末—中元古代初全球出现特征性的非造山型酸性岩浆活动(奥长环斑花岗岩、流纹岩、斜长岩体、过铝质花岗岩)及基性岩墙群(Condie，1992；Windley，1993)，都与伸展构造活动有关。全球性的斜长岩、紫苏花岗岩及环斑花岗岩出现的高峰期为 1.65~1.10Ga，指示大陆构造演化过程中的超大陆体制。全球的基性岩墙群主要形成于 1.80~0.60Ga，并在 1.30~1.10Ga 达到高峰期，这一时期也是古元古代末—中元古代初所形成的超大陆的主要裂解时期。1.30Ga 左右加拿大—格陵兰—斯堪的那维亚出现广泛分布的岩墙群，其中麦肯基(McKenzie)岩墙群分布最为广泛(1.27Ga)，标志着元古宙超大陆开始发生裂谷作用和裂解，造成波罗的古陆从劳伦古陆的拆离。非造山花岗岩类出现于古元古代增生型造山带及其邻近地区，向太古宙古陆区延伸很少，而大规模的基性岩墙群主要出现于太古宙古陆区(Condie，1992；Windley，1993)。

中元古代北美、欧洲、格陵兰出现非造山岩浆活动，为格林威尔造山旋回期间洋盆初始张开的标志(Windley，1993)。劳伦古陆和波罗的地盾在中元古代至少经历了 4 次可以对比的与伸展相关的非造山岩浆事件的影响(1.76~1.55Ga、1.46~1.42Ga、1.27~1.22Ga、1.18~1.07Ga)，表明它们共同受到相同构造事件的影响，如北美中元古代早期(1.76~1.55Ga)的非造山岩浆活动表现为环斑花岗岩-流纹岩及基性岩墙群等(Windley，1993)。北美苏必利尔古陆与亚马孙古陆在中元古代构成完整的古陆，它们共同在 1.50~1.40Ga 经历伸展裂解事件，并伴随斜长岩-二长岩-紫苏花岗岩-花岗岩深成侵入作用，随后的威尔逊旋回使两者分离(Sadowski and Bettencourt，1996)。

2. 晚前寒武纪地层岩石特征

从太古宙到元古宙，中国南北地层分布有不同的特点，北方在古元古代末吕梁运动之后已经形成稳定的基底，其上的活动区只限于沉降带(与古陆边缘断裂有关)，火山活动不多；从新元古代开始，已几乎全部固结，形成华北古陆；而南方则在扬子原古陆的两侧，活动相当强烈，特别是从中元古代起，发育了边缘海及岛弧海，火山活动相当频繁，经晋宁运动，原古陆扩大才发展为扬子古陆，形成北方相对稳定、南方相对活动的陆台沉积，一直延续到古生代。

晚前寒武纪广泛发育，仅发生浅变质作用的沉积地层，层理上下叠置、沉积顶底清晰，完整统一的地质体以显著不整合接触关系上覆于下伏的中深变质早前寒武纪岩石地质体之上，成为地质史中最明显的重大地质构造事件的记录。在前寒武纪历史阶段，从古生物地层学显示是没有硬壳和骨骼生物遗迹的时代，但晚前寒武纪与显生宙的全球演化史完全连续发育的，之间没有地质间断。

晚前寒武纪长达 1.0Ga 的一段时间，是地质历史上的一个重要转变阶段，这个转变阶段地质作用把太古宙、显生宙两段历史时期连接起来。在此期间，地球的气圈、水圈发生了显著的变化；生物界演化出现了多细胞生物，并开始了动植物的分化，沉积作用、构造运动和成矿作用也都表现出与太古宙全然不同的巨大差别。例如，自晚前寒武纪起，在地球上少有区域性的绿岩带建造及其有关特有矿产，而出现一些新的矿石组合类型，如宣龙式赤铁矿建造、大石桥式菱铁矿建造、鲕绿泥石建造、开阳式磷块岩建造、狼山式块状硫化物型铅锌矿建造以及有机化学矿产等开始大量形成。

印度古陆晚前寒武纪盖层分为：库达帕赫杂岩，分布在东高止山地区库达帕赫向斜，由三个群组成，主要是石英岩、页岩、碳酸盐岩浅变质岩，总厚 5700m。维基杂岩，分布在印度古陆北部：①下维基群有塞姆里群，厚 1100m，下部玄武砾岩，上部是石灰岩及海绿石砂岩，含少量的泥质片岩，其中含有生物化石；②上维基群上下两个岩组，下岩组厚 150~300m，由粗砂岩及泥质片岩和金刚石砾岩组成；上岩组厚 450~1000m，主要是红色砂岩和泥质片岩，含泥质、硅质和叠层石石灰岩及砾岩、砂岩中有干裂和波纹。

西伯利亚古陆盖层为中新元古界及古生界，中新元古界多为稳定类型或过渡类型沉积，下古生界为典型陆表海型沉积，泥盆系—下石炭统为海陆交互相地层，中石炭世以后以陆相沉积为主，二叠纪—三叠纪有大面积暗色岩喷发。

古元古代末期，在中国出现了华北、扬子、塔里木等相对稳定的原古陆，但陆壳稳定情况及构造发育程度仍存在较大差异。

(1)华北地区早在太古宙末，形成了集宁、辽南等几个稳定陆核，陆核之间活动区填充了五台群和滹沱群，经过吕梁运动褶皱变质固结，陆核连接形成较大规模华北古陆。

华北地区在中元古代开始了新的发展阶段，吕梁运动后已经基本上形成比较稳定地区，但尚有局部活动性较大的地区，如燕辽沉降带形成可能与古陆边缘深断裂活动有关。经过中、新元古代的长期发展华北地区逐渐相对稳定，到新元古代初期，已经发展为大规模的相对稳定的华北古陆，也称中朝古陆。这个古陆地形高低起伏，有些地区经过剥蚀后下沉，形成浅海环境，有些地区则高出海面，形成古陆。中国北部除内蒙古北部及东北北部属比较活动的地槽外，其余皆属华北原古陆范围。原古陆大致呈三角形，周围被高地环绕：北有内蒙古古陆，南有淮阳古陆，东边是胶辽古陆；古陆之间是一片陆表浅海，海中耸立着若干山地和陆岛，如鲁西古陆和晋陕古陆便是较大的浅海环境，在这片浅海中沉积了类似盖层的中新元古界，在辽宁、吉林南部、河北、山西(部分地区)、大青山、贺兰山、鲁中、豫西和皖北均有出露，但沉积发育情况各地不一。可大体分为三种类型：强烈沉降带沉积、稳定浅海沉积、隆起区的陆相沉积。

沉降带：南北两缘发育强烈拗陷地带，北缘燕辽拗陷中心在河北兴隆、天津蓟县，以及北京平谷一带，沉积厚达 10000m，地层发育完全，分层清楚，是北方中新元古界划分和对比的标准地区。根据沉积旋回、岩性和沉积间断可分为 3 个系 12 个组，长城系下部以碎屑岩为主，并夹火山喷发岩，上部为碳酸盐岩；蓟县系以碳酸盐岩为主，厚度最大，分布较广；青白口系以砂页岩、石灰岩为主，厚度较小，分布较窄。中新元古界由下而上代表一个巨大的沉积旋回；在这个旋回中又可分为三个次一级旋回，各旋回间都存在着明显的间断；次一级旋回中还包含着更小旋回。据此，说明以剖面为代表的这一时代初期，海侵开始，堆积了巨厚的滨海浅海碎屑岩，并有海底火山喷发活动；中期海侵扩大，向四周超覆形成了广厚的碳酸盐建造；后期地壳上升，海水渐退，又以碎屑岩沉积为主。在大旋回中，夹着次一级和更次一级旋回，说明整个地区是波浪式的发展过程。

南缘淮阳古陆北缘的豫西—淮南沉降带，其发育过程大致和燕辽沉降带相似。

陆表海：华北古陆内部包括辽宁、山东、河南、安徽等部分地区，是相对稳定的陆表浅海区域，沉降幅度较小，沉积厚度一般在1000m左右，下部以碎屑岩相为主，上部以碳酸盐岩相为主，形成了特征的大石桥菱镁矿及宣龙式铁矿。

隆起区：晋陕古陆为浅海所包围，是一个长期遭受剥蚀的隆起区，其边缘部分只有当海侵超覆时才形成不厚的滨海相沉积；内部低地堆积了陆相石英砂岩，分选良好，交错层发育，厚度仅100m左右。

(2)华南扬子古陆与华北古陆不同，是经晋宁运动而形成的古陆，缺少太古宙地层，基底岩系为古元古界，以康定群、崆岭群为代表，以黑云斜长片麻岩、混合岩、角闪岩等为主，上部夹大理岩，总厚度大于5000m，崆岭群中岩组底部和上部分别获得锆石U-Pb一致曲线年龄为2.855Ga和2.432Ga。

中新元古代以昆阳群和四堡群、板溪群为代表的浅变质沉积岩及火山-沉积岩系构成盖层，被四堡期、晋宁期花岗岩类所贯入。震旦纪－古生代沉积盖层，为典型的稳定类型沉积，大部分为海相地层，下震旦统、下泥盆统及上二叠统出现陆相沉积，晚二叠世有大面积玄武岩喷发。在川及湘、鄂、黔、桂等相对稳定的地区，出露浅变质盖层岩系神农架群，以碳酸盐岩为主，下部和上部含有火山物质及硅质、铁质沉积，大约相当于北方的中、新元古界。古陆东南缘，中新元古界出露非常广泛，下部称四堡群或梵净山群，上部称板溪群，二者以不整合接触。板溪群以浅变质岩为主，包括砂质板岩、千枚岩、泥灰岩，含火山喷发岩，或具海底喷发的枕状构造，间有复理石式沉积，各处厚度不等(1000~7000m)，广泛分布于湘西、黔东、桂北等地。有人认为板溪群非常近似大陆边缘从大陆架海、边缘海、大陆坡到火山岛弧海沉积，然后向外过渡到外海。

在扬子古陆的西侧，即川滇交界地区，也是相对活动地带，沉积了厚达8500m以上的浅变质的会理群，下部和上部有火山沉积，中部以碳酸盐沉积夹泥砂质沉积为主，中、新元古界之间及上部与下震旦统之间，皆为不整合接触，分别代表晋宁运动早、晚两期。通过晋宁运动，扬子古陆周围固结扩大，到后来形成大型稳定的扬子古陆，震旦纪时在古陆西南缘潮汐带形成特征的磷块岩矿床。

(3)中国西部塔里本古陆包括西昆仑山北坡和阿尔金山西北麓，北界达中天山隆起带，具有古陆的双层结构：①前震旦纪基底，包括新太古界麻粒岩、片麻岩、混合岩，古元古界片麻岩、斜长角闪岩、混合岩、大理岩、结晶片岩系，以及中、新元古界浅变质碎屑岩、碳酸盐岩及火山岩系；②震旦系—古生界盖层，主要为稳定类型海相沉积，震旦系发育有3期冰成沉积。

塔里木古陆包括5个二级构造单元：柯坪断隆、库鲁克塔格断隆、铁克里克断隆、阿尔金断隆和塔里木台坳。前4个构造单元展布于古陆边缘，塔里木台拗规模最大，广泛分布有新生代地层，内部可划分为若干次一级的隆起带和拗陷带。在北山地区，中新元古界盖层岩系分布广泛，为相对稳定型的浅变质，含碳酸盐沉积，沉积类型与中朝古陆相似。沿中、南天山东段，有走向NWW的强烈沉降带，沉积厚度逾万米，与燕辽沉降带有类似之处。

三、前寒武纪地层划分

前寒武纪地层缺少化石，一般遵循主要地质事件年龄、特征岩石建造的同位素年龄及微生物的演化等标志划分地层，并进行对比：

(1)生物演化的大阶段及其进程的不可逆性，从无到有，从低级到高级、从简单到复杂的发展规律。

(2)沉积发展的阶段性，主要地质事件造成构造运动旋回和地质体的变形变质程度。

(3)地质年代单位和年代地层单位的对应性，地质年代单位从大至小依次为：宙—代—纪—世—期，相应于各个地质年代里所形成的一套岩层从大到小的地层单位是：宇—界—系—统—阶，但一般只能划分到第三级(纪—系)或者第四级(世—统)。

(4)同位素绝对年龄值，古老变质岩系中难于寻找生物化石，一些微生物遗体也难于留下化石，或者由于后期的变质改造作用，生物化石也全部被破坏，一般缺少生物化石。因此同位素年龄值就是主要的时代对比标准，主要依据岩矿石及矿物的同位素年龄测试为标准。

参照陨石同位素年龄值主要在 4.4~4.7Ga，因为这是陨石凝固后即落到地球上的时间，所以地球的年龄不会低于 4.60Ga。

目前测得地球上最古老矿物和岩石的绝对年龄值是来自地壳早前寒武纪的古老地盾中的岩石矿物(表 2-2)。已知的最大年龄值在南极大陆和北极圈附近的波罗的地盾中，为 3.60~4.0Ga，说明地壳是在 4.0Ga 之前形成的。

表 2-2　古矿物岩石的绝对年龄值

<table>
<tr><th>方法</th><th>序号</th><th>矿物</th><th>产地</th><th>年龄/Ga</th><th>方法</th><th>序号</th><th>矿物</th><th>产地</th><th>年龄/Ga</th></tr>
<tr><td rowspan="2">矿物</td><td>1</td><td rowspan="2">锆石</td><td>南非圭亚那角闪岩</td><td>3.70~4.00</td><td rowspan="5">岩石</td><td>4</td><td>变质岩</td><td rowspan="2">格陵兰西南</td><td>3.98</td></tr>
<tr><td>2</td><td>美明尼苏达莫尔顿片麻岩</td><td>3.50</td><td>5</td><td>变质岩</td><td>3.62</td></tr>
<tr><td rowspan="3">岩石</td><td>1</td><td>奥长花岗岩</td><td>波罗的地盾</td><td>3.50</td><td>6</td><td>伟晶岩</td><td>罗得西昆苏特</td><td>3.03</td></tr>
<tr><td>2</td><td>沉积岩</td><td>南非斯威士兰</td><td>3.30</td><td>7</td><td>花岗岩</td><td>南非阿扎尼亚</td><td>3.20</td></tr>
<tr><td>3</td><td>片麻岩</td><td>俄科拉半岛</td><td>3.501</td><td>8</td><td>超基性岩</td><td>巴西巴赫州</td><td>3.10</td></tr>
</table>

表 2-3　早前寒武纪变质岩地层划分及对比表

<table>
<tr><th rowspan="2">宇</th><th rowspan="2">界</th><th colspan="2">国际地层表</th><th colspan="4">中国年代地层</th></tr>
<tr><th>系</th><th>下限年龄</th><th>系</th><th>统</th><th>阶</th><th>下限年龄</th></tr>
<tr><td>显生</td><td>古生界</td><td>寒武系</td><td>541.0Ma</td><td>寒武系</td><td></td><td>梅树村阶</td><td>541Ma</td></tr>
<tr><td rowspan="16">元古宇</td><td rowspan="9">新元古界</td><td rowspan="4">埃迪卡拉系</td><td rowspan="4">635Ma</td><td rowspan="4">震旦系</td><td rowspan="2">上统</td><td>灯影峡阶</td><td>550Ma</td></tr>
<tr><td>吊崖坡阶</td><td>580Ma</td></tr>
<tr><td rowspan="2">下统</td><td>陈家园子阶</td><td>610Ma</td></tr>
<tr><td>九龙湾阶</td><td>635Ma</td></tr>
<tr><td rowspan="4">成冰系</td><td rowspan="4">850Ma</td><td rowspan="3">南华系</td><td>上统</td><td rowspan="3"></td><td>660Ma</td></tr>
<tr><td>中统</td><td>725Ma</td></tr>
<tr><td>下统</td><td>780Ma</td></tr>
<tr><td rowspan="2">青白口系</td><td rowspan="2"></td><td rowspan="2"></td><td rowspan="2">1.0Ga</td></tr>
<tr><td>拉伸系</td><td>1.0Ga</td></tr>
<tr><td rowspan="4">中元古界</td><td>狭带系</td><td>1.2Ga</td><td rowspan="3">蓟县系</td><td rowspan="3"></td><td rowspan="3"></td><td rowspan="2">1.4Ga</td></tr>
<tr><td>延展系</td><td>1.4Ga</td></tr>
<tr><td>盖层系</td><td>1.6Ga</td><td>1.6Ga</td></tr>
<tr><td>固结系</td><td>1.8Ga</td><td>长城系</td><td></td><td></td><td>1.8Ga</td></tr>
<tr><td rowspan="3">古元古界</td><td>造山系</td><td>2.05Ga</td><td rowspan="3">滹沱系</td><td rowspan="3"></td><td rowspan="3"></td><td rowspan="3">2.5Ga</td></tr>
<tr><td>层侵系</td><td>2.3Ga</td></tr>
<tr><td>成铁系</td><td>2.5Ga</td></tr>
<tr><td rowspan="4">太古宇</td><td>新太古界</td><td></td><td>2.8Ga</td><td></td><td></td><td></td><td>2.8Ga</td></tr>
<tr><td>中太古界</td><td></td><td>3.2Ga</td><td></td><td></td><td></td><td>3.2Ga</td></tr>
<tr><td>古太古界</td><td></td><td>3.6Ga</td><td></td><td></td><td></td><td>3.6Ga</td></tr>
<tr><td>始太古界</td><td></td><td>4.0Ga</td><td></td><td></td><td></td><td>4.0Ga</td></tr>
<tr><td>冥古宇</td><td></td><td></td><td>4.6Ga</td><td></td><td></td><td></td><td>4.6Ga</td></tr>
</table>

吕梁运动出现的第一个夷平面标志着华北板块的刚性基底(板块本体)已经形成。中元古代早期华北板块中部出现了燕山、吕梁、豫西等裂陷槽，其中燕山裂陷槽沉积了巨厚的长城群与蓟县群。芹峪运动后，新元古代又沉积了青白口群。进入新元古代，东部地区开始了大规模的沉降，接受了永宁群、细河群、辽南群及金县群的沉积。以上述原则，以燕山裂陷槽沉积剖面作为中元古界标准剖面划分中国前寒武纪地层进行对比，新元古界以华南地区地区地层为标准(表 2-3)。

第二节　主要地质事件

“前寒武系”不是一个正式的地层术语，统指所有在寒武纪之前形成的岩石。早前寒武纪地层缺少化石资料，且变质作用和构造破坏程度较深，地层结构和组合形式存在较大的不确定性，因此以往研究中前寒武纪地层单元划分多以绝对年龄来界定，并建立了全球标准地层年龄(GSSA)标准(Harland et al.，1990)。现在人们比较倾向于地质事件划分地层的方法，即通过地层记录中的“关键事件”建立一个“自然的”前寒武纪地质年代表。

“地质事件”是指地球系统在发生巨大变化期间形成并保存下来的地质记录(Gradstein et al.，2004a)。国际地层委员会试图在划分前寒武纪年代地层单位时，采用关键地质事件，如巨型撞击事件、全球性大气变化、超级地幔柱事件等记录作为标志。在理想状态下，“关键事件”可以在全球范围内的多个剖面进行观察，选出反映地层发育特征最完善的剖面定义地质年代表单元界线。这些标准剖面能够为绝对年龄校正提供物质基础，并且可以作为标准剖面与其他地区相对比。建立客观和可操作的关键地质事件标准应该在全球多数大陆地质记录中有所反映，在地层记录中能够识别的事件；可以获得准确的同位素年龄，以便于作为前寒武纪地质年代表中的界线和全球对比来应用(陆松年等，2006)。

地质记录中重要的地质事件很多，包括以大陆红层的首次出现为标志的 2.3Ga 大氧化事件，类似的还有古元古代和新元古代的冰期，不仅有特殊的冰川沉积发育并保存下来，而且从地球化学和同位素的突变上也反映出冰川作用的开始和结束，以及超大陆汇聚和裂解导致的全球海平面升降等。

一、前寒武纪地质事件年代表

“关键地质事件”在前寒武纪地层单位划分中可以在岩石序列中找到相对应的地质记录(Gradstein el al.，2004a)，以地球历史中的一级事件群为界线(图 2-3)，郭丽娜等(2012)提出将前寒武纪划分为以下 5 个阶段(表 2-4)：①创世宙，从地球“诞生”到月球形成的巨型撞击事件；②冥古宙，从月球形成的巨型撞击到大爆炸结束；③太古宙，将太古宙底界线重新定义为大爆炸结束；④未命名的“过渡宙”，其底界线的标志是巨型条带状铁建造的开始；⑤将元古宙的底界线定义为第一个大陆红层的出现，并且把埃迪卡拉纪底界线作为元古宙顶界线，即把埃迪卡拉纪归到显生宙，鉴于其特殊性，将其单独列出分析。

(1)“创世宙”是指从地球形成和早期分异到月球形成的巨型撞击事件。地球与太阳系中其他星球的“诞生”一样，是一个很模糊的概念，取决于选择增生历史中的哪个阶段作为星球形成的界线。在此，以识别出的(4.55~4.56Ga)最古老陨石的年龄(Allegre et al.，1995)作为地球诞生的标志。

(2) Cloud(1972)最先定义了“冥古宙”，Gradstein 等(2004b)在“参考方案”中又重新将冥古宙定义为从月球形成的巨型撞击到大爆炸结束。月球形成的巨型撞击使地球发生了根本变化，如早期地壳的撞击侵蚀和部分蒸发、早期大气层的撞击侵蚀、大范围熔融形成的短暂岩浆海等。虽然“大爆炸晚期”的特征和时间(4.0~3.8Ga)仍然需要进一步研究，但是大爆炸末期可能与首次形成的大陆表壳岩具有良好的对应关系(Nutman et al.，1999)。因此，冥古宙的特征是强烈的大爆炸和稀疏的古代深火成岩(Bowing et al.，1999)，除了一些锆石外，没有表壳岩保存下来(Wilde et al.，2001)。冥古宙大约持续 700Ma。

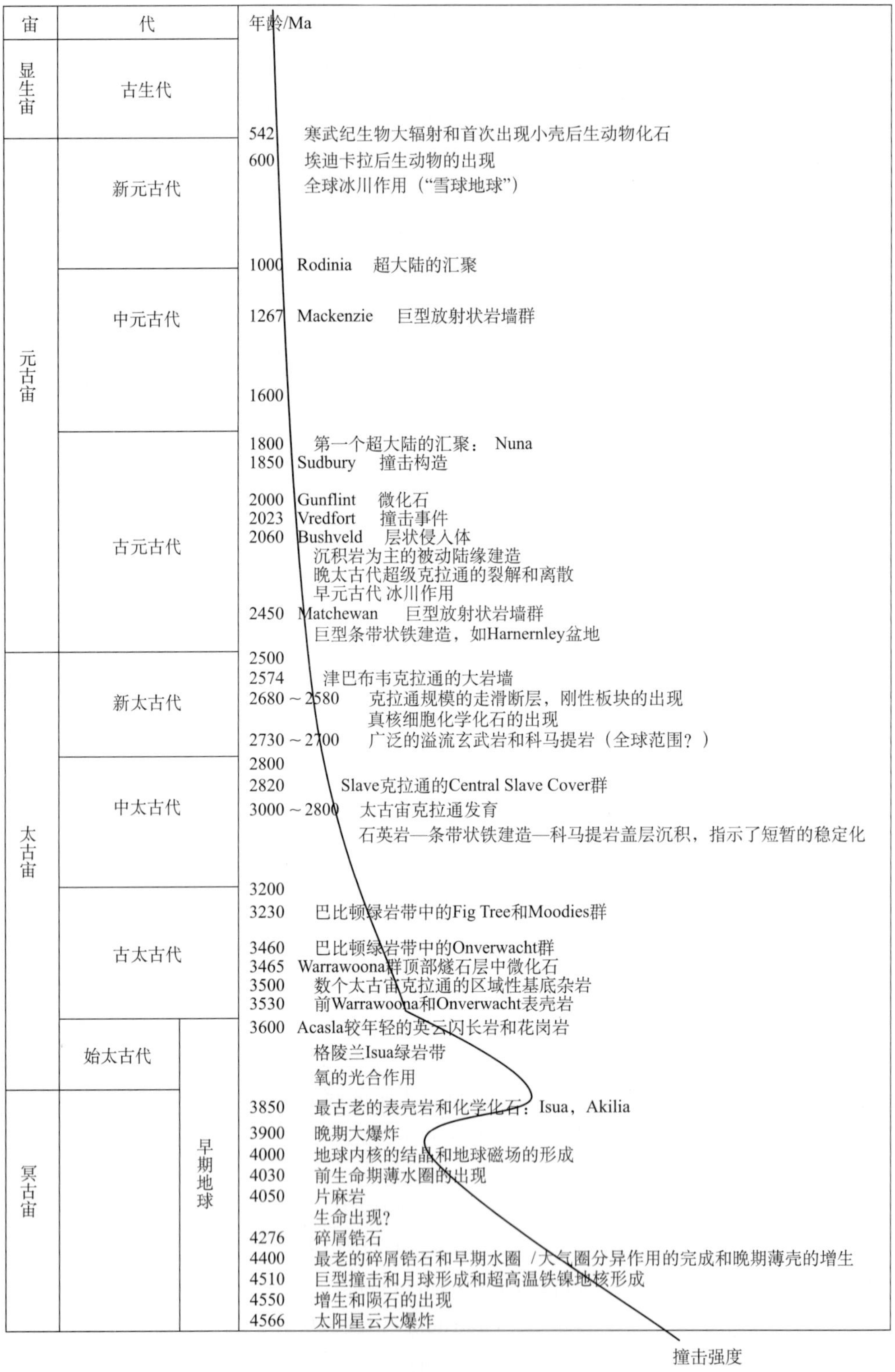

宙	代		年龄/Ma	
显生宙	古生代			
			542	寒武纪生物大辐射和首次出现小壳后生动物化石
元古宙	新元古代		600	埃迪卡拉后生动物的出现
				全球冰川作用（"雪球地球"）
			1000	Rodinia　超大陆的汇聚
	中元古代		1267	Mackenzie　巨型放射状岩墙群
			1600	
	古元古代		1800	第一个超大陆的汇聚：Nuna
			1850	Sudbury　撞击构造
			2000	Gunflint　微化石
			2023	Vredfort　撞击事件
			2060	Bushveld　层状侵入体
				沉积岩为主的被动陆缘建造
				晚太古代超级克拉通的裂解和离散
				早元古代 冰川作用
			2450	Matchewan　巨型放射状岩墙群
				巨型条带状铁建造，如Harnernley盆地
太古宙	新太古代		2500	
			2574	津巴布韦克拉通的大岩墙
			2680～2580	克拉通规模的走滑断层，刚性板块的出现
				真核细胞化学化石的出现
			2730～2700	广泛的溢流玄武岩和科马提岩（全球范围？）
	中太古代		2800	
			2820	Slave克拉通的Central Slave Cover群
			3000～2800	太古宙克拉通发育
				石英岩—条带状铁建造—科马提岩盖层沉积，指示了短暂的稳定化
	古太古代		3200	
			3230	巴比顿绿岩带中的Fig Tree和Moodies群
			3460	巴比顿绿岩带中的Onverwacht群
			3465	Warrawoona群顶部燧石层中微化石
			3500	数个太古宙克拉通的区域性基底杂岩
			3530	前Warrawoona和Onverwacht表壳岩
	始太古代	早期地球	3600	Acasla较年轻的英云闪长岩和花岗岩
				格陵兰Isua绿岩带
				氧的光合作用
冥古宙			3850	最古老的表壳岩和化学化石：Isua，Akilia
			3900	晚期大爆炸
			4000	地球内核的结晶和地球磁场的形成
			4030	前生命期薄水圈的出现
			4050	片麻岩
				生命出现?
			4276	碎屑锆石
			4400	最老的碎屑锆石和早期水圈 /大气圈分异作用的完成和晚期薄壳的增生
			4510	巨型撞击和月球形成和超高温铁镍地核形成
			4550	增生和陨石的出现
			4566	太阳星云大爆炸

撞击强度

图 2-3　前寒武纪地球历史中的重要地质事件(据 Gradstein et al.，2004)

表 2-4　前寒武纪地质年代对比表

<table>
<tr><th></th><th colspan="2">1990 年国际地层表</th><th colspan="2">2004 年国际地层表</th><th colspan="3">参考方案(2004~2008 年)</th></tr>
<tr><th>宙宇</th><th>代(界)</th><th>纪(系)</th><th>代(界)</th><th>下限年龄/Ma</th><th>宙</th><th>代</th><th>下限年龄/Ma</th></tr>
<tr><td>显生宙</td><td>古生代</td><td>寒武纪</td><td>古生代</td><td>542</td><td rowspan="2">显生宙</td><td rowspan="2">古生代</td><td>542</td></tr>
<tr><td rowspan="10">元古宙</td><td rowspan="4">新元古代</td><td>III纪</td><td>埃迪卡拉系</td><td>630</td><td>630</td></tr>
<tr><td>成冰纪</td><td>成冰纪</td><td>850</td><td rowspan="8">元古宙</td><td rowspan="3">新元古代</td><td rowspan="3">1267</td></tr>
<tr><td>拉伸纪</td><td>拉伸纪</td><td>1000</td></tr>
<tr><td>狭带纪</td><td>狭带纪</td><td>1200</td></tr>
<tr><td rowspan="3">中元古代</td><td>延展纪</td><td>延展纪</td><td>1400</td><td rowspan="3">中元古代</td><td rowspan="3">1800</td></tr>
<tr><td>盖层纪</td><td>盖层纪</td><td>1600</td></tr>
<tr><td rowspan="4">古元古代</td><td>固结纪</td><td>固结纪</td><td>1800</td></tr>
<tr><td>造山纪</td><td>造山纪</td><td>2050</td><td rowspan="2">古元古代</td><td rowspan="2">2300</td></tr>
<tr><td>层侵纪</td><td>层侵纪</td><td>2300</td></tr>
<tr><td>成铁纪</td><td>成铁纪</td><td>2500</td><td colspan="2" rowspan="2">过渡期</td><td rowspan="2">2600</td></tr>
<tr><td rowspan="5">太古宙</td><td rowspan="2">新太古代</td><td rowspan="5"></td><td rowspan="5"></td><td></td></tr>
<tr><td>2800</td><td rowspan="4">太古宙</td><td>新太古代</td><td>2850</td></tr>
<tr><td>中太古代</td><td>3200</td><td>中太古代</td><td>3100</td></tr>
<tr><td>古太古代</td><td>3600</td><td>古太古代</td><td>3500</td></tr>
<tr><td>始太古代</td><td></td><td>始太古代</td><td>3850</td></tr>
<tr><td rowspan="2">冥古宙</td><td colspan="2" rowspan="2">非正式</td><td rowspan="2">非正式</td><td rowspan="2"></td><td>冥古宙</td><td></td><td>4510</td></tr>
<tr><td>创世宙</td><td></td><td>~4560</td></tr>
</table>

(3)太古宙底界线是由岩石记录中首次出现表壳岩界定的，所以 GSSP 应该位于 Isua 绿岩带的碎屑岩和火成岩中(3.85~3.82Ga)。太古宙的特征为从花岗岩-绿岩带到变质程度较低的岩石序列，时间跨度大于 1.0Ga。构造类型的转变曾经被认为是在所有古陆中同时进行的，但是实际上，太古宙—元古宙“界线”是一个穿时的构造运动类型转变的过渡期，有些古陆在 3.1Ga 前就已经开始，而有的发生在 2.5Ga 前，甚至更晚(Windley，1984；Nisbet，1991；Bleeker，2003)。

构造运动类型转变的过渡期与大气圈变化相重叠，尤其是氧压力的增长(Windley，1995)，以新沉积类型的出现为标志，如 2.6Ga 的巨型铁建造和 2.3Ga 的大陆红层。鉴于这些特征，Cloud(1987)建议在太古宙和元古宙之间建立“过渡宙”，特指此特殊时期，时间跨度较短，仅为 300Ma。“过渡宙”底界线的 GSSP 可以放在发育大量巨型铁建造的岩石序列中，如地层发育完整的西澳大利亚 Hamersley 盆地(Piekard，2002)，年龄大约是 2.6Ga。

(4)元古宙的底界线可以通过在太古宙古陆中首次出现古陆规模的断裂和岩脉界定，如非洲南部津巴布韦古陆的大岩脉。与该事件直接相关的 GSSP 应该放在成层的岩石序列中，但是现在还没有识别出任何相关的序列。地球早期硫同位素非质量分馏的发现(Farquhar et al.，2000)，证明了 2.45Ga 前大气是缺氧的，大气氧水平还不足现在氧水平的 1‰(Farquhar et al.，2000；Pavlov et al.，2002)；2.45Ga 以后，大气氧浓度迅速升高，硫同位素非质量分馏现象消失。因此，元古宙底界线(过渡宙顶界线)的 GSSP 也可以放在与反映大气圈演化相对应的某一阶段，即大陆红层的首次出现，如大约 2.3Ga 的安大略 Huronian 超群 Lorraine 组(Prasad et al.，1996)。

(5)显生宙具有“明显生命”的含义，埃迪卡拉纪是后生动物首次出现的时期，所以 Gradstein 等(2004b)在“参考方案”中建议把埃迪卡拉纪划分为显生宙的一部分，从而取代寒武纪小壳化石的出现作为显生宙的底界。这意味着埃迪卡拉纪(GSSP 在澳大利亚)的底界面将成为显生宙和前寒武纪的分界面，代表出现明显(后生动物)化石记录之前的那部分地球历史。

二、前寒武纪古地质事件记录

杜汝霖(1991)根据古陆古地壳岩性变化分析了全球前寒武纪的主要地质事件记录，是过去几十年地学界研究的系统总结。

1. 太古宙的主要地质事件

目前确认澳大利亚西部纳赖尔山出露的约 2.8Ga 前沉积的砂岩中分离出的四颗碎屑锆石，用离子探针质谱测定了锆石 U-Pb 法年龄为 4.11~4.18Ga，据此认为太古宙的下限年龄推到 4.2Ga(表 2-5、表 2-6)。

北美格陵兰岛西部戈德霍普(Godthaab)地区的伊苏阿(Isua)群沉积变质岩为世界最早的地质记录，主要由变质火山岩和沉积岩组成，厚约 3000m，其锆石 U-Pb 法年龄为 3.83Ga。侵入其中的花岗岩铷-锶年龄为 3.78Ga，经多次变质作用，已变成阿米错克(Amitsog)片麻岩，在美国、苏格兰、俄罗斯、南非和中国鞍山等地也发现类似年龄的花岗岩(表 2-6)。

古中太古代的绿岩(早期绿岩)主要有非洲地盾上南非巴伯顿(Barberton)的斯威士兰(Swazilan)系绿岩和澳大利亚西部伊尔岗(Yilgarn)地盾的瓦拉翁那(Walrrawoona)群绿岩，以及中国辽东下鞍山群和下清原群绿岩，以超镁铁质科马提岩(Kmat1lte)、镁铁质岩群和浅水近海沉积为主要特点，构成一个完整火山-沉积旋回。

表 2-5　太古宙重大地质事件的时空表(杜汝霖，1991)

年代	顺序	重大地质事件	地壳运动	年龄/Ga	主要地区
新太古代	8	钾质花岗岩侵入及区域变质作用	肯诺尔运动	2.6~2.5	西澳大利亚、中国
	7	花岗岩-绿岩地体		2.7~2.6	北美、南非、西澳大利亚、中国、俄罗斯
	6	奥长花岗岩事件	达荷美运动	2.8~2.75	芬兰西部
中太古代	5	麻粒岩事件(区域变质作用)		3.0~2.90	全球分布
始—古太古代	4	花岗岩-绿岩地体(一些地区遭受高级区域变质作用)		3.4~3.1	非洲南部、澳大利亚西部
	3	花岗岩侵入及变质事件(阿米错克花岗岩)		3.7~3.6	北美拉布拉多及明尼苏达期
	2	成层岩系(格陵兰伊苏阿群)		3.83	格陵兰
冥古宙	1	地质记录(锆石年龄)		4.2~4.1	澳大利亚西部

全球各地广泛分布的同位素年龄在 3.0~2.85Ga(表 2-5)的最古老的高级变质带(麻粒岩相)代表了古中太古代晚期一次广泛而强烈的构造运动和区域变质作用，与非洲的达荷美(Dahomeyan)运动相一致。但该处岩石并未达到麻粒岩相，这个运动也与中国的铁堡(阜平)运动时期相近，通过这个运动，各大洲古老的陆核已基本形成。3.0Ga 左右的这次构造运动可以作为中太古代和新太古代的分界年龄。

芬兰西部奥长花岗岩代表了新太古代早期的奥长花岗岩事件，西格陵兰的努克(Nuk)灰色片麻岩，也是同期的奥长花岗岩变质而成。

同位素年龄在 2.9~2.6Ga 的新太古代绿岩在世界各大地盾区都有出露(表 2-6)，以镁铁质岩群、中酸性火山岩及上部大量碎屑沉积岩(浊积岩)为主。这次全球性的强烈构造运动和广泛的区域变质作用及混合岩化作用使太古宇遭受进一步的变形和变质作用，并伴生钾质花岗岩侵入，如澳大利亚和中国五台山、鞍山、迁安等地的花岗岩体。

表 2-6 太古宙主要重大地质事件的同位素年龄表（据张秋生等，1984）

地质事件	序号	地区	岩性	同位素年龄/Ma	资料来源
古太古代花岗片麻岩	1	美国明尼苏达	Montivides 片麻岩	3550(Rb-Sr)	Goldich(1970)
	2	西格陵兰	Amitsog 花岗片麻岩	3980±170(Rb-Sr)	
			Godthaob 花岗片麻岩	3620±100(Rb-Sr)	O.I.G.L(1971)
			Fiskenaessel 花岗片麻岩	2690(Rb-Sr)	Evensen
	3	加拿大	片麻岩	3400~3600(Rb-Sr)	Bridgwater(1973)
	4	苏格兰	片麻岩	2900±100(Rb-Sr)	Moorbath(1969)
	5	乌克兰	混合岩	3500~3600	Semenenko(1967)
	6	斯威士兰	花岗闪长片麻岩	3440±300(Rb-Sr)	Allsoop(1962)
			片麻状花岗岩	4100	Mccall(1967)
	7	中国鞍山	花岗片麻岩	3330(U-Pb)	陈毓蔚等(1981)
古太古代绿岩	8	斯威士兰	角闪片麻岩	3440±300(Rb-Sr)	Allsoop(1969)
	9	澳洲伊尔岗	片麻岩	2800~3100(Rb-Sr)	Arriens(1971)
	10	圭亚那	Imataaca 片麻岩	3000	Hurley(1972)
	11	中国鞍山	条带状铁英岩	3140(U-Pb)	陈毓蔚(1981)
	12	南非	斯威士兰系片岩	3375±20(Rb-Sr)	Hurley(1972)
	13		斯威士兰系片岩	3365±100(Rb-Sr)	Burger(1969)
	14		无花果树岩系	2980±20(Rb-Sr)	Allsoop(1968)
麻粒岩事件	15	西格陵兰	片麻岩	2900(Rb-Sr)	Evensen
	16	加拿大拉布多	片麻岩	2850±10(U-Pb)	O.I.G.L
	17	北挪威	片麻岩	2800±85(Rb-Sr)	Heier(1969)
	18	阿尔丹	紫苏花岗岩	2900~3010(U-Pb)	(1977)
	19	印度南部	麻粒岩	3065±75(Rb-Sr)	Crawford(1969)
	20	塞拉利昂	辉石麻粒岩	3000(Rb-Sr)	Hurley(1968)
	21	巴西	麻粒岩	3000±100	Wernick(1980)
	22	中国红透山	麻粒岩	2800(Rb-Sr)	伍勒生(1980)
奥长花岗岩	23	芬兰西部侵入绿岩带	花岗岩	2775~2720(U-Pb)	Tilton(1968)
	24		花岗岩	2800(U-Pb)	Bibikova(1964)
新太古代绿岩	25	加拿大	Yellowknife 群	2650(U-Pb)	Green(1971)
	26		Superior	2750(U-Pb)	Hart(1969)
	27	俄罗斯乌拉尔	Gimola 群斜长角闪岩	7250~2830(K-Ar)	Gerling(1965)
	28		绿岩中片麻岩	2700(U-Pb)	Pichamuthu(1971)
	29	阿尔丹	片岩	2800(K-Ar)	Grawford(1969)
	30	印度南部	Dharwar 熔岩	2345±60(Rb-Sr)	
	31	中国五台山	阜平群基性火山岩	2800~2900(U-Pb)	伍家善等(1980)
	32	澳大利亚	Kalgoorlic 绿岩	2600~2700(Rb-Sr)	Turck(1971)
	33	巴西	绿岩中片岩	2700~2900	Almeida(1980)
钾质花岗岩	34	中国五台山	峨口花岗岩	2514(U-Pb)	伍家善(1980)
	35	澳大利亚	伊尔岗钾质花岗岩	2600	A.V(1975)

太古宙末期的区域变质作用强度表现是不平衡的，在南非与西澳大利亚一些地区发现有未变质或轻变质的原岩，其他地区都至少经历了绿片岩以上的区域变质作用。这个时期运动大致相当北美的肯诺尔(Kenoran)运动，北欧的萨密(Saamides)运动，也与中国的五台运动(2.56Ga)时期相当。这个运动使各大洲的陆核(或陆块)增生，形成了范围较广、厚度较大、相对稳定的大陆地块。

2. 元古宙的主要地质事件

2.5~1.9Ga 形成的古元古代地层底部普遍有含金、铀砾岩及碎屑黄铁矿，其上为巨厚的条带状硅铁建造(BIF)以及巨厚白云岩，反映了古元古代早期大气圈的成分与新太古代相近似，仍属缺氧的还原性质。此后古元古代中期巨厚的沉积铁矿占世界条带状铁矿(BIF)总储量的 90%以上，表明水体中氧的含量增加，从还原性向氧化性环境过渡的一次质变事件(表 2-7、表 2-8)。

在北美、非洲南部、澳大利亚和印度等地发现最早冰川活动的证据，以加拿大休伦(Huronian)超群上部科博尔特(Cobalt)群高干达(Gowganda)组冰碛岩为典型，该组的 Rb-Sr 等时线年龄为 2.287Ga，有两次冰期。

表 2-7　元古宙重大历史事件的时间序列

<table>
<tr><th>时代</th><th>顺序</th><th>重大事件</th><th>地壳运动</th><th>年龄/Ma</th><th>主要地区</th><th>国际第六次前寒武纪地层会议命名方案</th></tr>
<tr><td rowspan="6">中新元古代</td><td>9</td><td>埃迪卡拉动物</td><td></td><td>670~570</td><td>澳大利亚、非洲、英国、北美加拿大、俄罗斯、芬兰</td><td>Ediacaran 埃迪纪</td></tr>
<tr><td>8</td><td>新元古代冰川</td><td></td><td>900~600</td><td>北美加拿大、美国、南非</td><td>Cryogian 成冰纪</td></tr>
<tr><td rowspan="2">7</td><td rowspan="2">斜长岩与环斑花岗岩</td><td rowspan="2">非造山运动(裂谷发育)</td><td rowspan="2">1600~1000</td><td rowspan="2">北美加拿大、美国、挪威、南非、中国</td><td>Riftian 裂谷纪</td></tr>
<tr><td rowspan="2">Nondescriptdan</td></tr>
<tr><td rowspan="2">6</td><td rowspan="2">最早红层</td><td rowspan="2"></td><td rowspan="2">1800~1600</td><td rowspan="2">北美加拿大、南非</td></tr>
<tr><td>Eukaryotian 真核纪</td></tr>
<tr><td rowspan="5">古元古代</td><td>5</td><td>花岗岩侵入</td><td>相当北美哈德逊运动晚期</td><td>1800</td><td>东北欧、苏格兰</td><td>Kougian 红层纪</td></tr>
<tr><td>4</td><td>区域变质作用</td><td>相当北美哈德逊运动高峰期</td><td>1900~1850</td><td>俄罗斯西北部、加拿大西部</td><td rowspan="2">Orogenian 造山纪</td></tr>
<tr><td>3</td><td>基性岩侵入</td><td>造山运动</td><td>2100~2000</td><td>东北欧、北美、南非、津巴布韦、苏格兰、印度、澳大利亚</td></tr>
<tr><td>2</td><td>最早冰川活动</td><td></td><td>2300~2200</td><td>北美的加拿大、美国、非洲的南部、澳大利亚</td><td rowspan="2">Ferrian 成铁纪</td></tr>
<tr><td>1</td><td>条带状硅铁建造</td><td></td><td>2400~1900</td><td>加拿大、俄罗斯、巴西、澳大利亚、中国</td></tr>
</table>

北美、东北欧、非洲、印度、澳大利亚和中国等地古老古陆内有 2.1~2.0Ga 的基性岩浆侵入活动，如东北欧的辉长岩、辉绿岩、加拿大肖德贝里(Sudbury)辉长岩体，南非布什维尔德(Bushveld)杂岩体，以及津巴布韦(Zimbabwe)大岩墙等。布什维尔德(Bushveld)杂岩体是世界上最大的镁铁质岩体含有大量的铬、铂、铁、镍、钒等矿产。津巴布韦大岩墙向 NE 延伸 500km，平均宽度 6km。肖德贝里岩体是一个陨石撞击形成的层状苏长伟晶岩体，以伴生有镍、铜、铂、镉等为特征。中国华北北部太古宙地层中大量出现的辉绿(粗玄)岩墙群、川滇的西昌地区最古老基性岩体，都属同期的基性岩浆活动事件。这些岩浆活动说明，当时各大洲已存在有经受区域性张应力作用的稳定大陆壳。古元古代沉积后约在 1.9Ga 左右发生广泛的区域变质作用，相当于北美的哈德逊(Hudsonian)运动峰期和中国的吕梁运动早期，其变质程度一般为角闪岩相到绿片岩相。

1.8Ga 左右的古元古代末期发生花岗岩浆侵入事件，与哈德逊运动(Hudsonian)晚期和吕梁运动中期(主幕)有关。在稍晚的运动(晚期吕梁运动)伴生有较广泛的岩浆活动(表 2-7)，这个运动在北美和我国较为重要，华北古陆、塔里木古陆和北美古陆从此基本形成。

中元古代开始形成的一种新型陆相红层沉积物，它是在大气中氧逸度高、空气湿度大、水体含盐度较高的特定条件下形成的，是反映古气候古纬度的重要标志。红层的层位位于古元古代冰碛岩之上，形成明显的沉积序列，加拿大北部时红层发育很好，形成时间很长，从晚阿费宾(Aphebian)期到晚赫利克(Helikian)期(1.2Ga)均有。

最早红层为休伦超群上部科博尔特群高干达组冰碛岩以上的罗兰组红层与高干达组连续沉积，一般称休伦红层，是高干达冰期后，气候变为炎热的明显标志。它与我国滹沱群豆村亚群和篙山群的红层时期(滹沱期)大致相当， 2.1~2.0Ga。多数地区红层时期在 1.8~1.7Ga(表 2-8)，这与我国长城系底部的常州沟组和宣龙式铁矿形成的时期(串岭沟期红层)相当。

表 2-8　元古宙重大地质事件的同位素年龄（张秋生等，1984）

事件	地区	年龄/Ma	资料来源
BIF 沉积事件	加拿大安大略省冈弗林特区硅铁建造	2000(Rb-Sr)	Mendelson(1976)
	加拿大 Arctici 海湾硅铁建造	1900(Rb-Sr)	Heywood(1968)
	乌克兰里沃格罗硅铁建造	1900	Semenenko(1968)
	俄罗斯萨彦岭东部硅铁建造	1900(K-Ar)	
	巴西贝罗奥里藏特硅铁建造	1800(Rb-Sr)	Tolbert(1998,1971)
	澳大利亚哈默斯利硅铁建造	2000±100	Trendall(1976)
冰川事件	加拿大安大略省高干达组冰碛岩	22.88±0.87(Rb-Sr)	Fairbarn 等(1969)
	南非翁加普克群冰碛岩	2340~2220	Roscoe(1973)
	澳大利亚西部图里组冰碛岩	2000(Rb-Sr)	Trendall(1976)
基性岩浆事件	加拿大肖德贝里辉长岩	2150~2000(Rb-Sr)	Gibbins(1972)
	加拿大阿尼米克辉绿岩席	2000	Hanson(1967)
	俄罗斯西北部辉长辉绿岩	2100(K-Ar)	Sakko(1971)
	南非布什维尔德基性杂岩	2095±24(Rb-Sr)	Button 等(1981)
	津巴布韦大岩墙	2000	Read(1971)
区域变质事件	俄罗斯西北部冒地槽相中花岗岩变质(与地槽相周期变质)	1900	Salop(1971)
	加拿大西北部与古太古代地层同期变质的花岗岩	1800	Banks(1969)
花岗岩事件	斯堪的纳维亚侵入古元古代地层花岗岩	1900(U-Pb)	Kouro(1966)
	俄罗斯萨彦岭侵入古元古代地层花岗岩	1900(Rb-Sr)	
	加拿大肖德贝里侵入辉长岩中花岗岩	1390	Banks(1969)
	加拿大 Arctici 海湾侵入古元古代地层花岗岩	1755(K-Ar)	Heywood(1968)
红层事件	加拿大南部休伦超群科博尔特群	2300~2200	张惠民和朱士兴(1983)
	加拿大北部马丁组	1835~1635(K-Ar)	Fraser 和 Coworkers(1970)
	加拿大北部杜博翁群	1716(K-Ar)	Fraser 和 Coworkers(1970)
	加拿大北部 Echo 湾-Cameron 湾	1732±0.9(Rb-Sr)	Fraser 和 Coworkers(1970)
		1800~1700(K-Ar)	Fraser 和 Coworkers(1973)
	南非沃斯贝尔格区	>19.50(U-Pb)	Oosthuyzen 和 Burger(1964)
	南美苏里南	1599(Rb-Sr)	Friem 和 Coworkers(1970)

续表

事件	地区	年龄/Ma	资料来源
斜长岩与环斑花岗岩事件	美国中部拉拉米山脉斜长岩	＞1510(K-Ar)	Subbarayudu(1975)
	加拿大拉布拉多基格派伊特斜长岩	1480±50	Herz(1969)
	俄罗斯朱格朱尔-斯坦诺夫斜长岩	＞1500~1600	Moskkin(1972)
	非洲坦桑尼亚乌帕瓦斜长岩	1712±70(K-Ar)	Herz(1969)
	非洲安哥拉斜长岩体	1260±90	Herz(1966)
	斯堪的纳维亚的瑞典西部环斑花岗岩	1640~1610(K-Ar)	Read(1971)
	挪威特龙杰因斜长岩体	1530±30	Herz(1969)
	中国密云奥长环斑花岗岩	1638(K-Ar)	钟富道(1978)
	澳大利亚穆斯格拉夫山脉斜长岩	1390±130	Herz(1969)
冰川事件	非洲南部纳米比亚冰川沉积	Ⅰ：1000~780；Ⅱ：870~750(Rb-Sr)	Kroner(1981)
	北美科迪勒拉冰川沉积	800~850	Crittenden(1972)
	澳大利亚阿德雷德区冰川沉积	Ⅰ：790；Ⅱ：690~680(Rb-Sr)	Krnker(1979)
	苏格兰-冰岛冰川沉积	650~600	
	中国华南区冰川沉积	Ⅰ：740~723；Ⅱ：728~700(Rb-Sr)	陆松年等(1985)
		Ⅰ：960~865；Ⅱ：723~650(Rb-Sr)	Kroner(1970)
	俄罗斯东天山冰川沉积	660~650±60	Cahen(1970)
埃迪卡拉动物事件	英国莱斯特群查尔沃德森林区	680(K-Ar)	Claessner
	澳大利亚南部阿德雷区庞德石英岩	630(K-Ar)	Claessner
	俄罗斯俄罗斯古陆瓦尔达群	607(K-Ar)	
	阿尔丹地盾区尤多马祖	650~635(K-Ar)	
	非洲的纳米比亚南部纳玛群库比斯组	700~590(K-Ar)	Erisson(1981)
	中国宜昌三峡震旦系灯影组	691±29~610±10(Rb-Sr)	邢裕盛(1984)

1.6~1.2Ga 间一个显著而又特殊的岩浆事件是全球性陆地斜长岩与环斑花岗岩，以及酸性火山岩的同时侵位，这些非造山运动的岩体，在各大陆古老古陆上均有广泛的出露，斜长岩体呈圆形或卵圆形，规模为 100~1000km^2。我国承德大庙斜长岩体是我国唯一的斜长岩体，空间上与密云 1.638Ga 的奥长环斑花岗岩体有一定的联系，斜长岩体与钒钛磁铁矿有密切关系。

陆地斜长岩的大规模发育，是地球冷却历史上一个特定的时期，即地壳刚性加强和内部裂陷开始时期出现的特殊地质事件，有人认为这个时期与地壳的构造作用已开始转变为现代板块作用的转折期(泛大陆开始裂开)相重合。

新元古代 900~600Ma 各个大陆广布冰川活动遗迹，尤以非洲分布最广泛，延续约 300Ma 之久，可以作为一个特殊的地质事件而区别于其他地质事件。全球新元古代冰川活动可分出四个冰期，分别以 *A*、*B*、*C*、*D* 来表示：*A* 冰期为 900~850Ma，主要发生在非洲中南部；*B* 冰期介于 780~733Ma，与我国的古城冰期相当；*C* 冰期为 720~680Ma，相当于西北欧的拉普兰冰期和我国南沱冰期都与此相当；*D* 冰期发生于前寒武纪末期到早寒武世初期，为 640~680Ma，与我国罗圈期冰期相当。新元古代冰川活动地区都处于低纬度区，可能与全球性寒冷气候有关，同一冰期的冰成岩层可作为标志层，进行大陆间的地层对比。

新元古代末期的埃迪卡拉(Ediacara)动物群的出现是继冰川事件之后一次广泛出现的重要地质事

件和生物事件。这个时期以澳大利亚弗林德斯山脉和埃迪卡拉地区发现的丰富无壳软躯体后生动物群落而闻名，含化石的地层为 630Ma 的庞德(Pound)石英岩，世界各地同时代古低纬度区地层中也多有发现，我国南方和东北辽南地区上震旦统中发现的后生动物化石(三峡生物群)都可与埃迪卡拉动物群相对比。

3. 中国前寒武纪的主要地质事件

中国前寒武纪的主要地质事件与世界前寒武纪的主要地质事件对比，绝大部分全球性的地质事件在中国都有表现，但是表现形式与程度有所差异，如太古宙早期绿岩，大多缺少典型的科马提岩，绿岩带的矿产也不如国外绿岩带丰富，但变质程度普遍较深。中国古元古代的含金-铀砾岩和冰碛岩较缺少，中新元古代出现一些重大的生物事件，如 1.8Ga 左右的真核生物出现，1.4Ga 的宏观生物出现，800Ma 左右的后生动物出现都比世界其他地区表现明显，并且时间要提前 100Ma 到几千万年左右。

区域上观察世界各地区的地质事件的表现，还有一些差异性和不平衡性，如南半球和北半球，在表现程度上和时间前后上的差异很为明显。时间上观察，地质事件有着明显的旋回性和周期性，如古太古代和新太古代都可以划分出两个火山-沉积旋回，早期以普遍遭受为钠质交代作用，晚期为钾质的花岗岩类的侵入为特征。

古元古代基本是一个较完整的正常的沉积旋回(含火山岩)，晚期也有钾质花岗岩侵入，中新元古代也组成一个完整的沉积旋回，但该时期主要地质事件的发生更多的是受地壳稳定性或含氧量增加的影响。

前寒武纪一些地质事件出现的比较突然，如古元古代的冰川活动、基性岩浆事件和最早的红层出现等，从地壳形成的早期阶段来看，地球与天体间的物质交换是很频繁的，有待发现的宇宙事件，要比已知的发现多得多，因此不能排除某些突然事件的天体灾变因素。

第三节　生命起源与生态演化

出现生命无疑是地球上非常重要的地质事件，在现代科学中，生命起源研究对象是发生在几十亿年前，由非生命向生命转化的过程。早期生命演化则是研究从原核生物开始到动、植物分化的过程(陆松年，1996)。在前寒武纪地层中存在的生命记录为研究生命起源和早期演化提供了直接的研究对象。

一、前寒武纪大气和水

地球上生命的出现和繁衍是一个系统工程，早期大气和水的出现及其演变对地球生命诞生与进化起到关键作用，游离氧(O_2)的出现及其含量变化又与地球形成演化及生命进化过程密切相关。依据不同年代的古地层印迹和太阳系行星大气的资料，结合自然演化规律，以及物理学、化学、生物学和生态学理论实验，用模拟方法和逻辑推理的方法可以探索早期大气圈、水圈的气水性质。

地球上水圈和大气圈的出现，与地球物质的分异及分层是同时进行的，但是由于水、大气是低密度物质，因此在地球分异中应该是先于地壳出现。由于水圈和大气圈的出现，加速了对流到表层熔浆的降温冷凝速度，才出现岩石圈及地壳圈层，也为早期出现的生物提供了生存繁衍的温床。生命的出现使地球上的地质作用不再只是岩浆、沉积和变质三大地质作用，由于生物的参与使地质成矿作用变得丰富多彩，几乎所有的沉积环境中，外生地质作用及低温热液作用中都有生物有机质作用。一些矿床形成与生物密不可分，如石墨、磷块岩，一些矿床有生物的参与，如 BIF 型铁矿、菱镁矿、白云岩等。

目前，科学家已普遍接受地球早期大气成分及其演变经历了原始大气、次生大气和现代大气三个阶段。宇宙中存在着由气体和尘埃组成的巨大气团，随着地球形成和逐渐冷却，其周围就被薄薄的一层气体所环绕。原始地球一方面吸积扩大，另一方面气体与固体粒子逐渐分开，此时原始大气即已形成。原始大气形成时，也是太阳刚刚形成以后需要经历喷发大量物质的最初阶段，所喷发物质形成的太阳风将原始大气稀释到宇宙中去了，初期的地球引力作用也不足以留住氢这类轻元素。另外，地球体积增大、温度升高也是原始大气中轻气体逸散到宇宙中去的重要机制之一，这一过程也为次生大气的产生提供了条件。

地球内部热对流作用在整个地质时期均有发生，在地球形成初期尤为强烈。也正是这一作用，导致造山运动和火山频发，地球形成初期被禁锢于内部的气体得以排出，最后形成了次生大气。次生大气没有游离氧，仍属于缺氧还原性大气。

地球水的来源与次生大气密切相关，次生大气形成时，火山活动频发，水蒸气大量排出，并逐渐达到饱和状态。当时，地球温度很高，大气中不稳定的热对流作用极强，使水蒸气不断上升并凝结，再加上雷电频发，最终以水的形式降落到地表。然后这些高温水流汇集在较低处形成沼泽、湖泊和最初的海洋。由于次生大气中含有 H_2S、CO_2 等气体，所以，早期冷凝的水是酸性的，这一过程对生命进化和现代大气的形成都具有重要意义。

游离氧(O_2)含量增加是由还原性大气向现代大气演变的重要标志，在古太古代(约 3.8Ga 前)大气仍属于还原性大气阶段，初始的氨基酸、核甘酸、单糖酸等一些有机物质出现并汇入了海洋，为地球最早生命的诞生提供了必要的物质条件，环境中出现厌氧菌和原核生物蓝藻。至中新太古代，尤其是古元古代，大气中游离氧(O_2)含量增加，已由现代大气游离氧(O_2)含量的万分之一增加到千分之一，地球上各种藻类开始繁盛，并通过光合作用制造游离氧(O_2)，开始了生物圈的良性循环。

大约 600Ma 前的元古宙晚期至古生代寒武纪早期，游离氧(O_2)含量已达到现代大气游离氧(O_2)含量的百分之一，此时臭氧层形成，为生物的生存与繁殖提供了保护。在环境条件适宜的情况下，充足的 CO_2 使光合作用加强，大气中游离氧(O_2)含量急剧增加，多细胞生物得以发展。到了古生代中期(400Ma 前)的后志留纪或泥盆纪早期，大气中游离氧(O_2)含量已达到了现代大气游离氧(O_2)含量的10%，到古生代晚期的石炭纪和二叠纪(300~250Ma)时，大气中游离氧(O_2)含量甚至达到了现代大气游离氧(O_2)含量的三倍。这为中生代早期三叠纪(200Ma 前)哺乳动物的出现提供了条件，到中生代中期的侏罗纪(150Ma 前)，巨大的爬行动物恐龙，以及鸟类都出现了。

二、太古宙地球表层环境

3.0Ga 以后的大气圈开始出现富氧环境，根据澳大利亚哈默斯利早前寒武纪发育的 BIF 铁建造中燧石、砂岩、页岩、碳酸盐岩的矿物学、常量元素和微量元素地球化学的研究，沉积岩源岩为火山岩，在风化搬运过程中，失去 Mg、Ca、K 和 Na，而 Fe(TFe_2O_3)含量变化不大，表明太古宙 3.0Ga 左右的大气圈已富氧。页岩中含有一定量的有机碳(<0.1%~7%)和硫(<0.1%~2%)，有机碳与硫含量的重量比值为 0.1；铀含量($<(0.1\sim8)\times10^{-6}$)与有机碳也有一定的关系，铀/碳比值约为 10^{-4}。

3.0Ga 前的太古宙大气圈已明显含有一定数量的氧，从而海洋富硫酸盐，靠硫酸盐细菌还原可以形成海相沉积硫酸盐矿物。页岩和燧石的 $\delta^{34}S_{PDB}$ 值为−3.5‰~+8.4‰,平均值为+2‰，黄铁矿晶粒 $\delta^{34}S_{PDB}$ 为+11.6‰，黄铁矿的 H_2S 是靠细菌还原硫酸根形成的, $\delta^{34}S_{PDB}$ 为+2‰，表明太古宙海洋中硫酸盐细菌还原较快，与海洋有较高温度，大气圈有较高的 P_{CO_2} 及较低的 P_{O_2} 有关。

太古宙的热水活动形成了一些特征的岩石，如页岩和燧石的形成是与热水活动有关，根据芒特麦克雷页岩中黄铁矿结核边缘石英内气液包体分析，其形成温度范围为 120~250℃,平均为 160℃左右。说明在页岩建造形成期间有高温热水活动，BIF 铁矿层中的 Fe_2O_3 和 SiO_2 等主要来自下伏页岩和玄武岩，铁矿层是海底热液活动形成的。页岩中含有 $\delta^{13}C_{PDB}$(−35‰)较低的有机碳，也说明页岩沉积受到了热水活动的影响。

燧石中黄铁矿、磁黄铁矿、黄铜矿、铜蓝、镍黄铁矿和闪锌矿等硫化物及金属元素比例类似现代海底热水沉积物中元素的含量，表明其热水沉积特征。

在生物出现之前，大气圈聚集的 CH_4 和 NH_3 足够合成有机化合物，初期的生物有机体吸收 H_2 和 H_2S,还原 CO_2 合成有机化合物，绿色植物的光合作用消耗 H_2 产生 O_2，成为大气圈的主要成分，从 3.8Ga 到 2.3Ga 左右，大气圈是由弱还原状态转变为弱氧化状态的。

三、生 命 起 源

20 世纪 50 年代，科学家认为地球生命起源、存在不会超过 600Ma；70 年代，少数科学家认为 2.5Ga 前开始有了生命；现代的观点是 4.0~3.9Ga 前，地球表面逐渐冷却，经过暴雨和水汽蒸发，海洋的温度也随之降到了某一程度，再加上通过一系列物理、化学反应，一些有机小分子出现并进入海洋。这就为生命诞生创造并提供了物质基础和空间条件。另外，科学家已在不少地区古老的沉积岩中发现了由原核生物蓝藻生命活动所留下的痕迹。因此地球最早生命时间应为 3.9~3.8Ga。已经发现的最古老地壳年龄为 3.85~3.82Ga，古老的化石记录 3.5~3.9Ga 前(Washington，2000)，因此在地壳分层初期即出现了最初的生命。

西澳哈默斯利(Hamersley)盆地与 BIF 密切相关的页岩中，保存了多种内源同生的有机分子如烷烃、藿烷、甾烷等，为重建太古宙微生物多样性和认识微生物参与 BIF 成矿提供了新证据(Brocks et al.，2003)。其中 2α-甲基藿烷的发现，指示了产氧光合作用菌的存在，而 3B-甲基藿烷系列生标的存在，则证实了早期微好氧异养菌如甲烷/甲基营养生物等的繁殖(Brocks et al.，2003)。在南非德兰士瓦(Transvaal)群的 BIF 中也检测到了同生有机分子化石，如与蓝细菌或甲烷氧化菌等相关的藿烷，以及与真菌相关的甾烷等的存在(Waldbauer et al.，2009)。

保存在地层中的古生物化石面貌能证明生物从简单到复杂、从低级到高级的进化规律。地球上最古老的生态系统是微生物生态系统，因为单细胞的微生物最早出现于地球上，因此前寒武纪是地球早期微生物繁荣的时代(张昀，1989)。

日本海洋研究开发机构和东京工业大学的研究人员 2009 年实验证实，在 3.8~2.5Ga 前的太古宙，地球的深海海底有可能产生生命所必需的高浓度氢气。这从侧面证明了存在于地球早期依靠 CO_2 和 H_2 生存的产甲烷菌可能是地球上生物的共同祖先。

首先把从南非采集到的科马提岩用 1600℃的高温熔化后再快速冷却，使科马提岩恢复到与地球早期科马提岩相似的状态，之后将科马提岩放入热水试验装置内，在与太古宙深海海底相同的 300℃和 50MPa 大气压的热水环境下，经过 2800h 后，测量氢气浓度的变化。

实验结果证实了科马提岩和热水反应能产生高浓度的 H_2，这个浓度足以维持地球早期以产甲烷菌为主的生态系统，这对探索生命的起源和地质活动等都有重要的意义。

这次实验是测量氢气浓度，而科马提岩和热水反应也可以产生 N_2、S、微量金属等物质，为探索地球外生命的研究提供了重要的线索。火星与土卫六上也存在着与生命诞生密切相关的 CH_4。在实验室里再现地球诞生时期的地质活动是弄清岩石、水与生命起源之间互相作用的关键。

产甲烷菌是以 H_2 和 CO_2 反应生成 CH_4 和 H_2O 的过程中产生的能量进行活动的，之前的研究表明在初期的地球，富含高浓度的 CO_2，但是 H_2 的来源不明。根据深海探测，在印度洋和大西洋的深海海底，发现了和地球早期状况相似的热水活动。露出海面的橄榄岩和热水反应产生氢气，并有产甲烷菌生存。因此猜测在太古宙的海洋里丰富存在的富含铁和镁的科马提岩和热水反应也会产生氢气，但一直没有得到证实。科马提岩是广泛存在于太古宙地球上的一种岩石，而现在地球上能找到的科马提岩，其成分、组成与地球早期科马提岩有很大不同。

1. 生命形态

最古老的生物化石发现于格陵兰和澳大利亚西海岸的前寒武纪古老岩层中(王将克等，1995)，即在 3.5~3.8Ga 以前，地球上完成了由非生物途径合成有机物的过程。在完成从非细胞形式而出现最早的原核生物以后，经历了真核生物(原始单细胞型)、有性生殖、多细胞体型和动、植物分化等几个重要演化阶段(朱士兴，1998)。

在地球上出现原核细胞生物以后，原始单细胞型真核生物的出现被视为生命演化最重要的事件，而多细胞体型的出现，则是前寒武纪演化史上继真核生物出现以后的又一次飞跃。动、植物分化是前寒武纪生命演化史中又一关键事件。虽然一般认为原始的动、植物来自共同的祖先——单细胞的真核生物，但二者如何由原始的单细胞生物演化而来，以及后生植物和后生动物谁先出现，至今尚无统一的看法。一个关键问题是缺少必要的化石记录，难以填补生命演化链中的若干空白。

南非 3.20Ga 太古宙的地层中超微粒植物化石有两个基本体型：一种是古球藻(Ar-Chaeosphaeroides)，另一种是杆状伊索拉姆原始细菌(Eoba-cterium fsolaturn)，是直径只有 30~25μm 的单细胞，是地球上生命的始祖。

澳大利亚福特斯库群岛 2.77Ga 的叠层石中发现原核生物(中国科学院地球化学研究所，1982)，表明形成藻席的微生物群体已广泛分布，其时间为 2.80~2.50Ga 的新太古代，到 2.50~1.80Ga 的古元古代广泛分布的叠层石为原核单细胞微生物。

到 1.70Ga 的中元古代出现真核生物，导致了有性生物出现，如在 1.20Ga 前地层中发现几丁虫化石，到 1.00~0.80Ga，有性生殖已经普遍发育，如红藻和褐藻均属于真核生物类。

680Ma 开始出现原生动物(即后生动物)，如澳大利亚的埃迪卡拉动物群中的腔肠动物水母类、蠕虫动物、海绵、节肢动物等。这些动物属于多细胞动物，有细胞组织，无生理器官，属于淡水底栖生物，在中国和世界各地都有发现。

600Ma 之后出现海生无脊椎动物(钙质外壳动物和类似于海藻的水生植物)，从此标志着生物界进入到动物和植物两极平行演化发展的阶段，从而进入显生宙的地史时期。

2. 生态环境

20 世纪 70 年代，在东太平洋深海第一次发现了海底热液口及其周围生机盎然的生物群，在海底热液口所喷发的热液温度高达 350~400℃，而某些微生物却可以在如此高温、高压、无阳光的环境下正常生活和快速繁殖，不禁让人惊异。在这样一个极端环境条件下，生命是如何诞生的。食物来自哪里，生物之间彼此的关系又是怎样，极端环境中的生命与现代生命之间有何种联系?这些问题都需要进一步的展开研究。深海海底热液生物的发现无疑是生命史上一次具有深远意义的重大事件，是人类认识自然界的一次飞跃。

由于海底热液口与地球形成初始的环境酷似，科学家认为开展深海，尤其是海底热液口生物学研究将是地球生命起源研究的突破口。生活于极端环境中的微生物是生命的奇迹，是生命对环境适应的极限，也是适应环境能力的反应。它们很可能蕴含着生命进化历程中极为丰富的信息，对揭示生命本质、生物遗传和功能多样性、了解生命起源和生命极限、生命进化等问题将会提供非常有意义的启示和机遇。

海底热液口的生物中体长 3m 的蠕虫体内有古细菌共生，这些古细菌是从热液口喷发出来的硫化氢获取能量(类似地球形成初始最早生命体获取能量的方式)，从海水中获取游离氧(O_2)和 CO_2 进行碳酸固定合成有机质，为蠕虫提供食物。美国科学家对古细菌进行了深入研究，发现这些古细菌 2/3 的基因为科学家所不了解，是一类非常不同的生命形式，应属于与真核生物界、细菌界并列的第三界。至今，它们已生活了 3.0Ga，很可能是地球原始生命的最早形式，是靠近生命源头的共同祖先。至于这些古细菌的分类谱系，目前尚有争论，无法定位。

尽管在自然界还存在许多无脊椎动物与化能自养菌共生的现象，但是，只有在深海海底热液区，这种共生关系才成为维持大型生物生存的必要条件。所以，在海洋生态系统中除了所熟悉的在常温和有阳光条件下通过光合作用生产有机质的阳光食物链外，同时还存在着依靠地球内源能量，在深海无阳光、高温、高压环境条件下通过化学合成作用生产有机质的“黑暗食物链”。尽管营养层少，食物链短，但它的确是生态系统中一个重要组成部分。

海底喷出的热液成分十分丰富，这些热液喷发除了可以形成重要的矿产资源以外，更重要的是为生命的诞生与进化创造了条件。当热液喷发时，有机物很可能会利用热液中的营养盐产生出繁衍自己的机制。原始的自体复制(单体变成)的实体是线性聚合物，它们具有作为从其环境中活化单体来组成它们自己模体(或称补体)的能力。单体结合(脱水缩合)，即开始制造蛋白质所需催化作用的物质可能来自于无机离子或小有机分子。与现代酶类比较，这些催化剂的催化功能和效率显然较差，但在当时来说还是足以胜任的。

光合作用是支撑地球几乎所有生命活动的基础，是地球生命所需物质(有机物、O_2)和能量(通过光合作用将太阳能转化为化学能)的来源。地球形成之初，大气是缺氧还原性的，没有游离氧(O_2)分子或很少，游离氧(O_2)对最早出现于地球的原始原核生物来说是有害的。但它们体内却有一种特殊的蛋白质可以捕捉和输送 O_2(吸收水中的 H_2 排出 O_2)，这一过程不是为了释放游离氧(O_2)以供呼吸，而是将其分离解毒以保护自己。然而，这一过程却又标志着地球生命进化过程中，最重要的新陈代谢机制被创造了出来。随后光合作用机制的诞生，也为生命加速进化提供了条件，所以，地球最早建立光合作用机制的是原核生物，而不是植物。

蓝细菌是最早能够进行光合作用的原核生物之一，其形状呈丝状，这也从 3.4Ga 前古老沉积岩中发现的化石分析结果中得到证实。原核生物蓝细菌学会利用光能之后，有了无尽的能量来源，使得蓝细菌有了巨大的进化优势。另外大气中游离氧(O_2)含量增多，开始与铁化合形成 F_2O_3，并沉入海底，现代海洋底部的铁矿(呈条形铁矿)就非常生动且又真实地记录了当时 F_2O_3 的形成过程。

四、生 态 演 化

3.8Ga 前地球生命诞生于海洋以后，开始了缓慢而漫长的进化与发展历程。这些地球上最早的生命承载着生命进化发展过程中最远古的信息和印迹繁衍至今。只有它们才能让人们客观地去解读地球演化和生命进化，以及两者之间的相互关系。2.1Ga 前的元古宙早期，随着生命的进化，某些原始的原核生物(古细菌)学会吞食其他微生物并形成带有细胞核的大细胞，结果更为复杂的细胞开始形成，这种细胞被称为真核细胞，其遗传物质被一隔膜包被形成细胞核。

最早的真核细胞(单细胞)生活在浅海水域，此时，它们可以通过光合作用获取所需能量。从海水中获取游离氧(O_2)与 CO_2 转化产生有机物，同时释放游离氧(O_2)，大气中游离氧(O_2)含量开始明显增加。在第一个真核细胞的产生过程中，显然经历了嵌合体的形成，嵌合体来自古细菌和真细菌的共生，这一起源模式可以从真核生物的基因组是由古细菌和真细菌的基因组构成来推导。真核生物的出现使所有更复杂生物——真菌、植物、动物的诞生与进化发展成为可能。

1.0Ga 前，真菌、植物、动物等多细胞后生生物陆续出现，动物种类中出现了海绵、水母、水螅等，其中海绵是起源最早的多细胞动物(900Ma 前)，它们身体构造简单，没有形成组织或器官的结构。到了 900Ma 前的元古宙晚期，开始出现了地球生命最早具有原始大脑的一种扁形动物——真涡虫。

至今，原核生物本身却没有发生很大的变化(形态上)，仍然广泛生活于世界各地区不同的环境中。据统计，现代微生物约占海洋生物数量的 97%。生活于地球深部的原核生物的生物量约占世界总生物量的 2/3，它们控制着所有保持地球生态系统平衡的生物化学循环(表 2-9)。

前寒武纪中生命进化的最后一个阶段称为埃迪卡拉时期。20 世纪 40 年代后期，在澳大利亚南部阿德莱德山脉以北的埃迪卡拉砂岩中，发现了生活于 565Ma 前寒武纪晚期的埃迪卡拉生物群化石。这些生物种类是埃迪卡拉时期典型的后生生物代表，生命已经从最原始的原核生物进化发展到形态各异、种类繁多的多细胞生物。但是，动物的身体全部是软的，没有硬壳、足和牙齿。依据已采集到的大量古生物生活遗迹化石，埃迪卡拉生物群出现的时间可能比动物最早留下遗迹的时间推迟了近 600Ma。

表 2-9　中国前寒武纪生物演化表

<table>
<tr><th colspan="4">地质时代</th><th rowspan="2">年龄限/Ma</th><th colspan="2" rowspan="2">构造—岩浆旋回</th><th colspan="3">生物演化</th></tr>
<tr><th>宙</th><th>代</th><th>纪</th><th>世</th><th colspan="2">植物</th><th>动物</th></tr>
<tr><td>显生宙</td><td>古生代</td><td>寒武纪</td><td>早寒武世</td><td>570</td><td>III</td><td>加里东旋回</td><td colspan="2">海生植物</td><td>脊索动物</td></tr>
<tr><td rowspan="9">元古宙</td><td rowspan="2">新元古代</td><td rowspan="2">震旦纪</td><td>晚震旦世</td><td>700</td><td rowspan="8">II</td><td rowspan="8">晋宁—吕梁旋回</td><td rowspan="8">真核生物(磷脂微生物时代)</td><td rowspan="8">红藻、褐藻↑蓝藻、绿藻</td><td rowspan="8">菌藻时代</td></tr>
<tr><td>早震旦世</td><td>800</td></tr>
<tr><td rowspan="6">中元古代</td><td rowspan="2">青白口纪</td><td>晚青白口世</td><td></td></tr>
<tr><td>早青白口世</td><td>1100</td></tr>
<tr><td rowspan="2">蓟县纪</td><td>晚蓟县世</td><td></td></tr>
<tr><td>早蓟县世</td><td>1400</td></tr>
<tr><td rowspan="2">长城纪</td><td>晚长城世</td><td></td></tr>
<tr><td>早长城世</td><td>1800</td></tr>
<tr><td>古元古代</td><td>滹沱纪</td><td></td><td>2500</td><td rowspan="4">I</td><td rowspan="4">五台—阜平旋回</td><td colspan="3" rowspan="2">原核生物(蓝藻、铁细菌时代)</td></tr>
<tr><td rowspan="3">太古宙</td><td>中—新太古代</td><td>五台纪</td><td></td><td>3200</td></tr>
<tr><td>古太古代</td><td>阜平纪</td><td></td><td>3700</td><td colspan="3" rowspan="2">单细胞厌氧生物</td></tr>
<tr><td>始太古代</td><td>迁西纪</td><td></td><td>4000</td></tr>
<tr><td colspan="2" rowspan="2">冥生宙</td><td colspan="2">地壳初生阶段</td><td>4600</td><td rowspan="2"></td><td rowspan="2"></td><td colspan="3" rowspan="2"></td></tr>
<tr><td colspan="2">地球独立演化初始阶段</td><td>6000</td></tr>
</table>

尽管埃迪卡拉生物群属于前寒武纪生物，但它们似乎经历了一段漫长的生活或灭绝时间以后，发生了一次明显的生命自身大爆发而达到繁盛时期。它们的进化模式不是循序渐进的，而是一次突然的、飞跃式的大爆发。同时，已有大量的证据证实，前寒武纪晚期确实有一些形态结构的多细胞生物成功地跨越了被称之为“灭绝事件”的进化深渊后而延续到了古生代的寒武纪。

1. 早前寒武纪生物

随着前寒武纪微体化石资料的积累，一般认为前寒武纪一些主要微生物的出现年代为：叠层石微生态系统(图 2-4)，包括蓝菌门和一些其他的细菌群落，早在 3.5Ga 前就已经出现了(Schopf，1993)；产甲烷微生物出现于 2.8Ga 前(Hayes，1994)；革兰氏阴性菌在 2.7Ga 前、甚至更早的时间已经出现(柯叶艳和齐文同，2002；Ohmoto et al.，1993)。

原始多细胞后生植物和后生动物是在接近寒武纪时才出现的，先前发现的著名埃迪卡拉动物群的软躯体后生动物化石大多数产于 590~700Ma 的晚前寒武纪，在寒武纪开始之前(570Ma)已经绝灭(齐文同，1990，1995)，寒武纪开始就出现的许多高级的无脊椎动物的来源问题一直不太清楚，许靖华等(1986)提出，在寒武纪生物爆发前出现了一个死劫难海洋，当时浮游生物的生产受到很大抑制，成为生物爆发的前奏。

早前寒武纪是原核生物时代，见于 BIF 建造或与其相当的沉积岩中的微体化石，绝大部分是球状体和丝状体，最古老的记录发现于 3.3~3.2Ga(恩格尔等，1968)；最年轻的是美国明尼苏达州东北部约 2.0Ga 的类似现代念珠藻科的化石(Cloud and Licari，1972)，这种蓝藻具异形胞，是多细胞的丝状体，有固氮能力。这一时期的化石，按形态大多与现代的蓝藻或细菌相似，包括有能行光合作用释出游离氧的类型和少量铁细菌。

原核生物以细胞中缺乏核、核膜和其他细胞器为特征，一般属于无性繁殖，蓝藻和细菌都是原核类。蓝藻含叶绿素等，基本上是自养的，既能借光合作用制造食物，并释放出游离氧。有些蓝藻甚至更高级藻类在适当条件下也能无氧进行光合作用。

细菌一般无叶绿素，大多是异养的。有些细菌在无氧条件下(游离氧对其有害)也能进行光合作用，通常的过程是分解硫化氢之类作为氢的来源，氢与二氧化碳化合产生碳水化合物和水；有的进而能分解水分子，在这过程中产生少量的游离氧和带能量的氢。

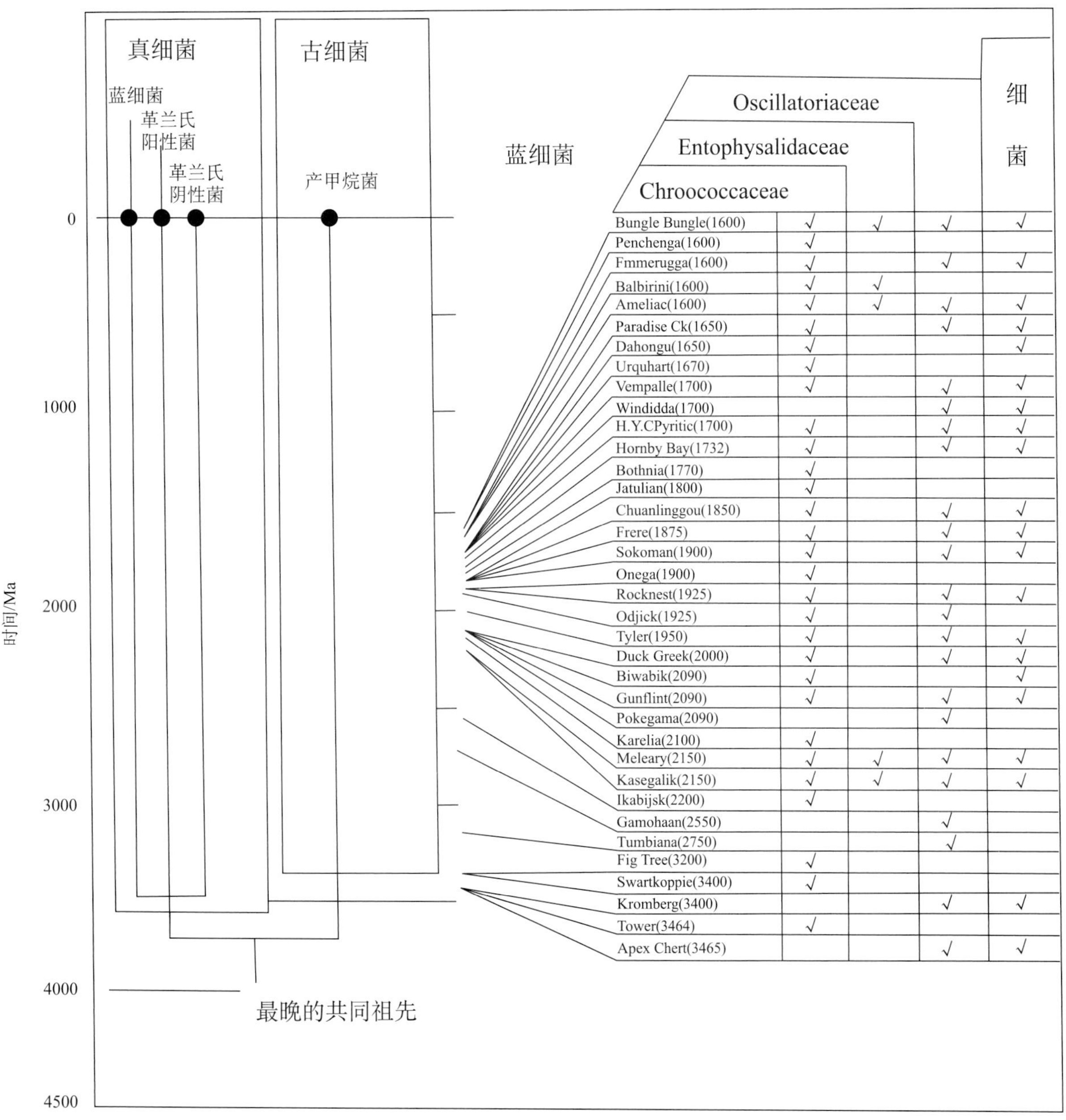

图 2-4 前寒武纪古生物化石在时代上的分布(据 Schopf，1999)

图中标注了 3 个蓝细菌科(Oscillatoriaceae,Entophysalidaceae,Chroococcaceeae)和非蓝细菌原核生物在不同地质单位(年代早于 1600Ma)中的化石记录

总之，早前寒武纪原核生物时代，基本上就是蓝藻和细菌，它们经历了漫长的演化过程。从最原始的异养到自养，从化能合成自养到光合自养，演化的速度很慢。原始的生命在无游离氧的条件下形成，早期的原核生物由于缺乏较高级的介氧酶(如氧化酶、过氧化氢酶)，以及只有原始的色素，对游离氧只有很低的容受性；但光合作用出现的却很早(约 3.3Ga)，意味着它们周围的水体中早就有游离氧存在。这样就必定需要不断供给某种能吸收游离氧的基质，才能使原核生物继续生存下去，否则，过量的游离氧将导致其灭亡。

在克劳德看来，水溶液中的亚铁化物恰恰是理想的游离氧的接受者。其过程是：一方面，氧化亚铁与生物氧结合成三氧化二铁。为说明条带状建造中磁铁矿较普遍，未变质的建造中含碳量很低，他又引用了别人提出的反应式：三氧化二铁与元素碳结合形成四氧化三铁并释出二氧化碳。另一方面，二价铁除能吸收过量的分子态氧外，铁还可能逐渐成为某些原核生物生命过程中必不可少的元素，因为铁是叶绿素和介氧酶的重要成分之一，部分铁细菌离开铁盐甚至不能生存。

由于二价铁与原始的进行光合作用并释出游离氧的原核生物、特别是蓝藻之间存在着上述的相互作用，所以可用来解释前述 BIF 建造成因。

随着原核生物的不断进化(包括对周围相当丰富的游离氧的逐步适应)和繁殖，尤其是在原核生物晚期种群的大发展，水圈中分子态氧相当快地聚集，一方面将海洋中的二价铁几乎氧化殆尽；另一方面，大约在 2.0Ga 前后，最终较多地逸出至大气圈，不久，陆相红层开始出现，从而基本上结束了条带状硅铁建造的沉积。

到 1.9Ga 前后，比原核生物更进化的真核生物可能也出现了，虽然截至目前可靠的化石仅见于北美 1.3Ga 的地层中(Cloud et al.，1969)。

2. 晚前寒武纪生物

我国古生物学家在晚寒武纪生物演化研究中获得了一些重要发现，1983 年张鹏远公布了蓟县系雾迷山组(1.3Ga)发现的塔藻化石(张晴远，1979)，当时被视为是最早出现的真核生物，在国际同行中引起轰动。杜汝霖在青白口系长龙山组(0.9Ga)发现龙凤山藻，认为是地球上最老的宏观多细胞化石(Du Ruidi et al.，1985)。在 1.7Ga 的团山子组中也发现宏观多细胞藻类化石(Zhu，1995)，使多细胞体型的出现时间从 0.9Ga 提前到 1.7Ga，因而推测真核生物的出现时间必然追溯到元古宙早期。

继长城系上部高于庄组发现螺旋形带状化石(孙淑芬等，2006)、中部团山子组发现大量以褐藻为主的叶状化石，以及常州沟组有争议的“Chuaria Tawuia”状碳质压密体之后(Lamba et al.，2007)，最近几年又先后在串岭沟组和高于庄组发现了新的化石层位和种类，从而使长城系每个组中都发现了碳质压密体和碳质宏观化石，长城系已成为一个研究地球多细胞生物起源和早期演化的时代最老的化石库。

扬子古陆震旦系陡山沱组中发现了一些最早的动物化石证据，在贵州瓮安陡山沱组上磷块岩(大约 580Ma 前)中发现的动物胚胎化石、原始海绵动物化石和两侧对称动物化石；在三峡地区陡山沱组底部发现的“滞育卵囊中动物胚胎”化石(Yin et al.，2007；Xiao et al.，2007)。动物的起源时间提前到 632Ma 以前(动物的化石记录前推了 50Ma)，即动物在新元古代晚期“雪球地球”事件结束之后就已经出现了。

对三峡地区九龙湾剖面陡山沱组样品进行的高分辨率的碳和硫的同位素和大型疑源类化石的研究，揭示埃迪卡拉期海洋脉冲式的氧化与大型疑源类化石出现、多样化和灭绝之间的关系。明确的年龄和丰富的早期动物化石记录使三峡地区成为研究埃迪卡拉时期古海洋环境与生物演化的理想地区。

前寒武纪地层中的动物化石极其稀少，有些学者认为后生动物起源于晚前寒武纪，约 700Ma 前，不存在前埃迪卡拉期后生动物。但陈孟莪等(1986)发现中国淮南地区有保存良好的蠕虫化石，属前埃迪卡拉动物群。当前一些研究者认为原口动物(节肢动物、环节动物和软体动物)和后口动物(脊索动物和棘皮动物)的分支演化时间为 600Ma 前。而脊索动物门和棘皮动物门的分支演化发生在寒武纪初期(Grotzinger et al.，1995；Valentine，1989)。

第三章　前寒武纪沉积建造

从地球分层演化规律可以推测，地球上首先出现岩浆岩固体陆壳，继而出现碳酸盐白云岩沉积陆壳，之后才会有碎屑岩壳，而其他硼镁岩系、含磷岩系和黑色页岩在碎屑岩壳之前就出现了。因此绿岩岩系及岩浆岩变质成因的TTG岩系应该是最古老的岩性，并且是早前寒武纪分布最广的岩性。

与现代成熟地壳阶段成矿作用不同，在早前寒武纪地壳初始及早期阶段，一切成矿作用都与地幔岩浆演化有关，地幔岩浆分异提供所有成矿物质。

从岩浆岩岩石化学成分演化规律分析，随着SiO_2含量增加，只有K_2O呈现直线上升关系，Na_2O相对升高，而其他氧化物TiO_2、FeO、MgO、MnO、CaO、P_2O_5、Ai_2O_3等，随着SiO_2含量增加呈递减趋势，尤其是在基性岩中TiO_2、MnO、CaO、P_2O_5、Ai_2O_3含量最高，因此基性岩是这些化合物矿产的主要来源。基性岩分解出来的元素可以溶解在海水中，在大洋对流过程中被带到一定的部位分别沉积成矿。

第一节　高温TTG岩系

“TTG”是英文Trondhjemite-Tonalite-Granodiorite的简写，在地质学上是指早前寒武纪（太古宙）奥长花岗岩（Trondhjemite）-英云闪长岩（Tonalite）-花岗闪长岩（Granodiorite）系列的富钠贫钾的花岗质侵入岩形成的片麻岩，TTG片麻岩通常经历复杂的变形，岩石中的片状和柱状矿物，如黑云母、角闪石、辉石等定向排列，并常与暗色的角闪岩（麻粒岩）形成条带，又称为灰色片麻岩或条带状片麻岩，是一套正变质岩系，它占据了太古宙陆壳面积的一半以上，也是科迪勒拉型造山带深成侵入体的重要组成部分。

TTG岩系相关的另一个名词是灰色片麻岩（grey gneiss），如一些长石石英质的片麻岩、黑云斜长片麻岩、角闪斜长片麻岩、黑云角闪斜长片麻岩，以及各种混合岩化片麻岩等，一般都被作为地层单元（刘树文，1994）。

一、岩石学特征

TTG岩系包括英云闪长岩、奥长花岗岩和花岗闪长岩组成的一套中酸性岩浆岩系列，其中英云闪长岩-奥长花岗岩类是迄今为止已知的地球上最古老的岩石类型。英云闪长岩主要矿物组成有石英和中性斜长石，含少量黑云母和角闪石；奥长花岗岩即为淡色英云闪长岩，主要矿物组成有钠质斜长石和石英，含正长石，不含暗色矿物；花岗闪长岩矿物组成主要是石英、钠长石，基本不含碱性长石和暗色矿物（吴鸣谦等，2014）。

英云闪长岩-奥长花岗岩类的矿物成分主要为钠质斜长石（40%~60%）、石英（25%~35%）和黑云母（5%~10%），其中有些岩石含有少量普通角闪石（0~5%）和钾长石（0~5%）。在个别区域的该类岩石中出现晚期长石斑晶和白云母，副矿物有绿帘石、磁铁矿、榍石、锆石、铁铝榴石等。

以标准矿物对TTG岩石进行分类，显示TTG是富含钠长石的岩石系列和富Na_2O端元的岩石（图3-1），TTG岩系中也常出现岩浆成因绿帘石，指示岩浆在中下地壳就开始结晶。

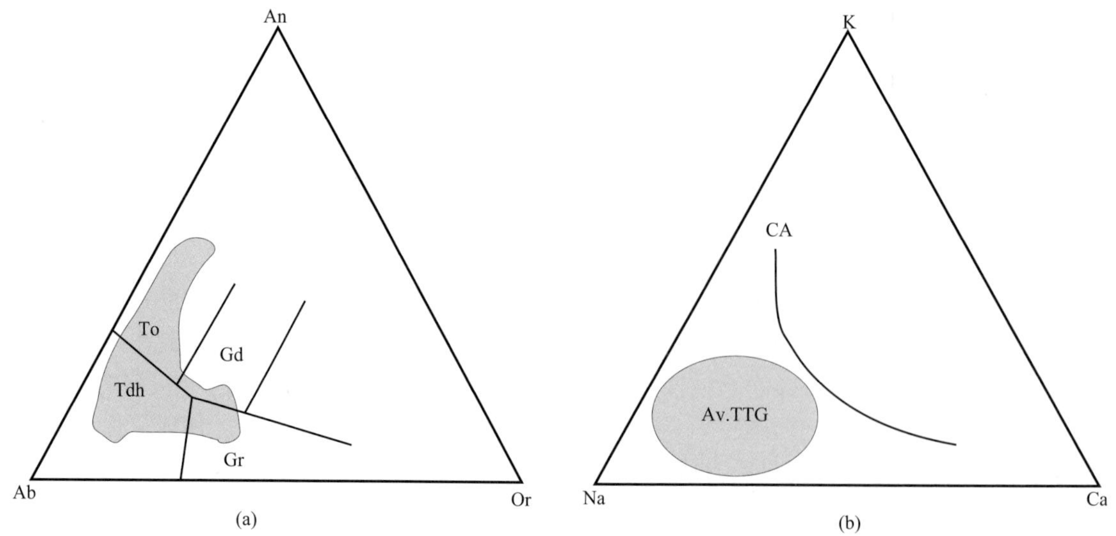

图 3-1　(a) TTG 岩系 An—Ab—Or 图解；(b) TTG 岩系 K—Na—Ca 三角图解

根据世界上一些早前寒武纪 TTG 岩系的岩石化学组成分析(表 3-1)，SiO_2 频率统计图可以分为三个区间，53%~57%、65%~70%和 70%~75%三个区间，说明 TTG 岩系具有不同的岩石类型(图 3-2)；Al_2O_3 的频率图显示其含量在 14.5%~16.5%为主，显示为中酸性岩浆岩特征(图 3-3)。K_2O/Na_2O 值一般小于 1，K_2O/Na_2O 与 Na_2O+K_2O 呈正相关性(图 3-4、图 3-5)，属于钙碱性岩系列。

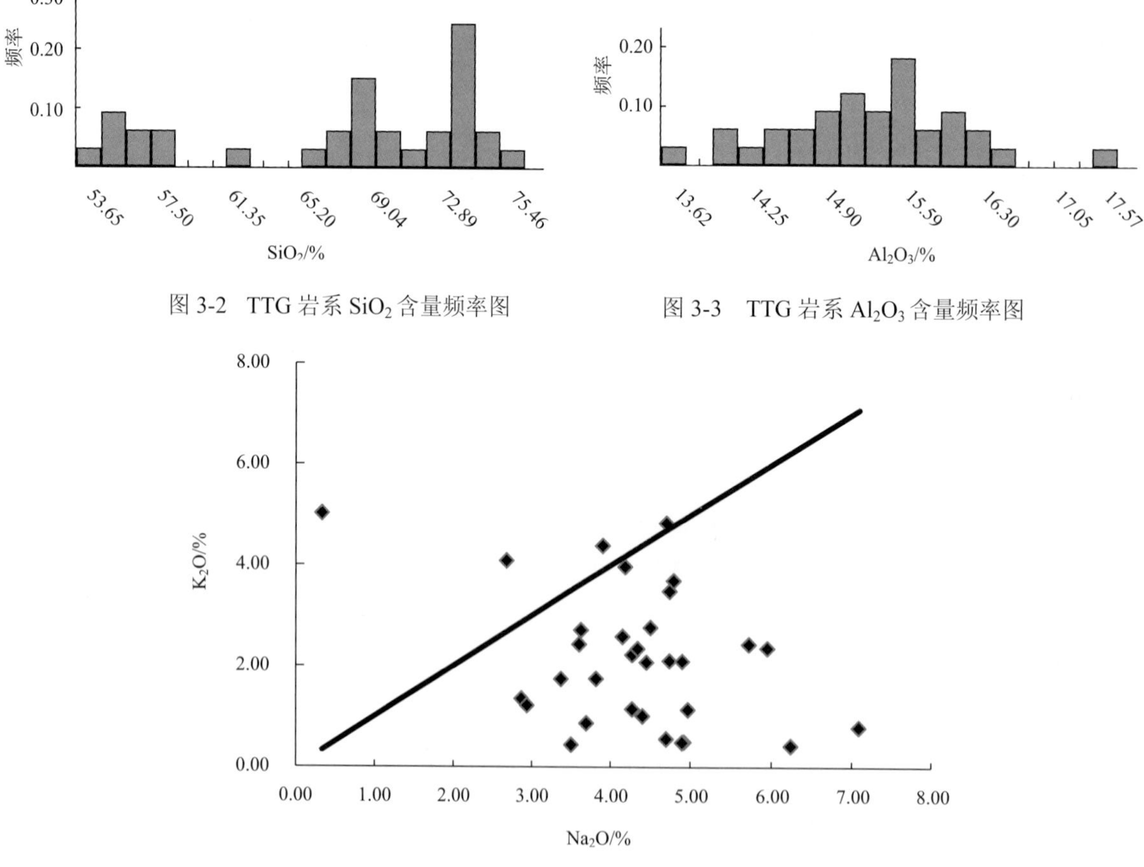

图 3-2　TTG 岩系 SiO_2 含量频率图

图 3-3　TTG 岩系 Al_2O_3 含量频率图

图 3-4　TTG 岩系 K_2O-Na_2O 含量图

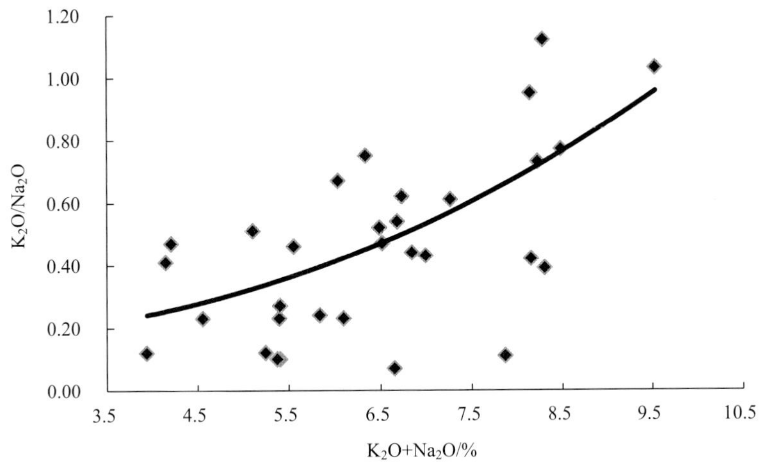

图 3-5　TTG 岩系 K_2O/Na_2O-(K_2O+Na_2O)散点图

上述岩石化学分析可以看出，TTG 岩系是一套富 SiO_2 和 Na_2O 的花岗岩，SiO_2 含量多数高于 65%，Na_2O 含量为 3.0%~7.0%，K_2O/Na_2O 值＜0.5；在 K-Na-Ca 三角图中遵循奥长花岗岩的趋势，向富 Na 的方向演化(图 3-1(b))，与显生宙花岗岩有很大的不同，后者大多遵循 CA(钙碱性)趋势，向富 K 的方向演化，而且具有高 Al_2O_3(平均＞15%)，低 MgO、Ni、Cr 等元素的特点。TTG 岩系的微量元素中富含 Rb、Sr、Ba，Rb/Sr 小于 0.5，Sr/Ba 大于 0.6，这一特征与埃达克岩类似(表 3-2)。

TTG 岩系的 $^{87}Sr/^{86}Sr$ 初始值均小于 0.705，一般小于 0.702，具幔源特征。稀土元素配分曲线显示其富集 LREE、亏损 HREE、低 Y、低 Yb，且无明显负 Eu 异常(表 3-3)，表明在岩浆分异过程中进入到岩浆熔体中，残留矿物主要为角闪石和石榴子石。这样的残留相矿物组合为其打上了高压的“烙印”(Martin et al.，2005；Moyen and Martin，2012；Kay，1978；Defant and Drummond，1990；Peacock et al.，1994；Rollinson and Martin，2005)。

早前寒武纪地壳活动性大，橄榄石科马提岩发育，多为具高 Mg 的基性岩；很多地体都以双模式的低钾拉斑玄武岩-钠质英安岩系为主要岩浆岩类型，在 2.7Ga 开始出现富英云闪长岩而贫安山岩的碱性岩石。

上述特征表明 TTG 很可能是贫钾的玄武质源岩在很高的温度下高度部分熔融形成的。太古宙也有一些高钾钙碱性花岗岩，它们与 TTG 的区别主要在 K_2O 含量不同，以及同位素特征上的不同，Na_2O/K_2O 比值为 1~0.5，高钾花岗岩则落入高钾钙碱性系列和钾玄岩系列。

与古生代及现代岛弧埃达克岩比较(表 3-3)，TTG 岩系的岩石化学成分表现为(TFeO+MgO)=3.4%、TFeO/MgO=2~3、CaO=1.5%~3%、Na_2O=4%~5.5%、K_2O≤2%、Na_2O/K_2O＞1)。按照 Al_2O_3 含量 TTG 岩系可以分为高铝和低铝两种类型，以 SiO_2≤70%时 Al_2O_3＞15%；SiO_2≥70%时 Al_2O_3＜15%。而太古宙高钾花岗岩变化范围较大，主要集中在 14%左右。TTG 岩系富 Sr 贫 Yb，大多落入埃达克岩范围，部分位于喜马拉雅型范围；高钾花岗岩也是富 Sr 贫 Yb 的，不过 Sr 含量不如 TTG 高而已，高钾花岗岩主要是喜马拉雅型的，少数落入埃达克型范围。

早前寒武纪地壳不同于现代岛弧岩浆岩：①太古宙地壳热流比现在高得多；②原始的地壳是镁铁质，最早 TTG 片麻杂岩的产生是大陆壳从硅镁质向硅铝质转化的标志，是陆核形成初期的最重要的岩浆事件；③包括 TTG 片麻岩在内的太古宙岩浆作用具有周期性和阶段性；④这种大规模岩浆作用与科迪勒拉型造山带岩浆作用特征和性质有明显不同。

与科迪勒拉型造山带岛弧岩浆岩相比，TTG 杂岩明显具有双峰特点，在 Na-K-Ca 三角图上呈现富钠的钙碱性趋势，即英云闪长岩-奥长花岗岩趋势。科迪勒拉型造山带岩浆以花岗闪长岩-花岗岩为主，也有英云闪长岩组成，但与花岗闪长岩-花岗岩相比居次要地位，它们只是该型岩基的偏基性端元，英云闪长岩-花岗闪长岩-花岗岩岩浆成分连续过渡，在 Na-K-Ca 三角图上向贫钠富钾的方向演化，是典型的钙碱性趋势。区域上有大量的安山质岩石与花岗质岩石伴生，岩浆成分范围内连续演化，不具双峰性质。

表 3-1　世界各地新太古代 **sanukitoids** 化学成分(据 Shirey and Hanson，1984)

地区	样号	SiO_2	TiO_2	Al_2O_3	Fe_2O_3	FeO	MnO	MgO	CaO	Na_2O	K_2O	P_2O_5	合计	Na_2O+K_2O	K_2O/Na_2O	A/CNK	A/NK
加拿大安达略	ADL1	54.55	0.72	14.38	8.56		0.12	7.98	8.71	2.87	1.34	0.36	99.59	4.21	0.47	0.65	2.33
	ADL2	55.93	0.81	14.78	8.73		0.14	6.72	7.57	3.38	1.73	0.30	100.09	5.11	0.51	0.70	1.99
	ADL3	58.00	0.71	14.30	2.16	5.02	0.11	5.99	5.96	3.61	2.43	0.35	98.64	6.04	0.67	0.74	1.67
	ADL4	56.35	0.67	15.93		6.74	0.12	6.29	7.97	3.82	1.74	0.37	100.00	5.56	0.46	0.70	1.95
	ADL5	54.60	0.73	15.10	3.04	4.40	0.14	6.40	7.42	4.27	2.22	0.34	98.66	6.49	0.52	0.66	1.60
澳大利亚	AO1	53.01	0.76	17.70	7.28		0.10	5.99	9.64	4.92	0.49	0.36	100.25	5.41	0.10	0.68	2.05
	AO2	55.27	0.27	14.71	1.95	6.41	0.14	6.06	7.78	2.94	1.21	0.17	96.91	4.15	0.41	0.72	2.39
津巴布韦	JBW1	57.62	0.56	15.97	1.33	4.68	0.08	6.23	7.41	3.51	0.43	0.10	97.92	3.94	0.12	0.81	2.56
哈萨克斯坦	HSW/24	72.42	0.01	15.54	0.15	0.8	0.09	0.09	0.07	0.33	5.02	3.59	98.16	5.35	15.21	2.54	2.59
	HSW/5	72.83	0.01	15.94	0.34	0.86	0.06	0.03	0.26	4.74	3.48	—	98.74	8.22	0.73	1.32	1.38
	HSW/22	73.24	0.01	15.51	0.23	0.53	0.10	0.10	0.21	4.79	3.69	0.06	98.6	8.48	0.77	1.26	1.31
	HSB/1	72.75	0.01	14.98	0.19	0.92	0.10	0.04	0.33	4.70	4.83	—	99.02	9.53	1.03	1.10	1.15
	HSB/5	73.97	0.02	14.87	0.40	1.09	0.11	0.03	0.35	4.18	3.96	—	99.06	8.14	0.95	1.26	1.33
	HSB/4	74.18	0.05	14.04	0.60	0.78	0.09	0.06	0.21	3.90	4.38	—	98.37	8.28	1.12	1.22	1.26
格陵兰	GLL/41	67.17	0.31	15.79	1.68	1.41	0.04	1.09	3.54	4.74	2.10	0.12	97.99	6.84	0.44	0.96	1.57
	GLL/21	68.15	0.39	16.32	3.60	—	0.03	1.00	3.98	4.45	2.07	0.20	100.19	6.52	0.47	0.97	1.71

续表

地区	样号	SiO_2	TiO_2	Al_2O_3	Fe_2O_3	FeO	MnO	MgO	CaO	Na_2O	K_2O	P_2O_5	合计	Na_2O+K_2O	K_2O/Na_2O	A/CNK	A/NK
苏格兰	SGL/9	66.70	0.34	16.04	1.49	1.47	0.04	1.44	3.18	4.90	2.09	0.14	97.83	6.99	0.43	0.99	1.55
	SGL/22	67.60	0.33	15.19	1.75	1.28	0.05	1.28	3.22	4.15	2.58	0.11	97.54	6.73	0.62	0.98	1.58
	SGL/36	67.62	0.38	15.61	1.89	1.05	0.04	1.46	3.42	4.97	1.13	0.15	97.72	6.1	0.23	1.00	1.66
	SGL/254	61.2	0.54	15.60	5.90		0.08	3.40	5.60	4.40	1.00	0.18	97.90	5.40	0.23	0.84	1.87
	HBR1	68.38	0.23	16.39	1.46	0.61	0.03	1.00	1.75	7.09	0.78	0.08	97.79	7.87	0.11	1.04	1.31
	HBR2	72.24	0.31	14.52	1.72	0.39	0.02	0.46	2.11	6.24	0.41	0.05	98.47	6.65	0.07	1.00	1.36
	HBR3	69.48	0.20	15.07	1.61	0.86	0.03	1.35	1.28	4.34	2.34	0.35	96.91	6.68	0.54	1.25	1.56
	HBR4	69.85	0.17	15.63	1.61	0.57	0.03	1.42	0.76	5.72	2.43	0.08	98.28	8.15	0.42	1.16	1.30
	HBR5	71.85	0.15	15.56	1.39	0.32	0.03	0.94	0.55	5.95	2.35	0.04	99.13	8.30	0.39	1.17	1.26
	HBR6	73.10	0.21	15.10	1.25	0.78	0.02	0.80	3.54	4.90	0.48	—	100.18	5.38	0.10	1.00	1.76
	HBR7	73.20	0.02	16.60	0.15	0.46	0.01	0.20	4.45	4.70	0.55	—	100.34	5.25	0.12	1.01	1.99
	HBR8	69.00	0.42	14.10	2.15	1.54	0.03	1.20	4.18	3.70	0.86	—	97.18	4.56	0.23	0.96	2.01
	HBR9	76.10	0.03	15.40	0.40	0.32	0.01	0.20	1.45	4.50	2.76	—	101.17	7.26	0.61	1.18	1.48
	HBR10	73.30	0.09	15.40	1.56	0.05	0.40	3.28	4.70	1.14	—		99.92	5.84	0.24	1.03	1.72
印度	YD/28	72.60	0.37	13.52	3.62		0.05	1.16	1.67	2.68	4.08	0.07	99.82	6.76	1.52	1.14	1.53
	YDN/37	66.68	0.47	14.84	5.37		0.08	2.39	4.28	4.27	1.14	0.14	99.66	5.41	0.27	0.92	1.80
巴西	BXJ/24	64.75	0.56	15.38	5.20		0.10	1.97	3.71	3.63	2.71	0.19	98.20	6.34	0.75	0.98	1.73

注：主量元素含量单位为%。

表 3-2 世界各地新太古代 sanukitoids 微量元素含量表

地区	样号	Rb	Sr	Ba	Zr	Th	Y	Nb	Ta	Cr	Ni	Co	V	Rb/Sr	Sr/Ba	Zr/Y
哈萨克斯坦	HSW/72	823	111	182	25		3	34	22		6.4	1	2.1	7.41	0.61	8.33
	HSW/22	794	79	147	17		3	30	—		6.6	0	1.4	10.05	0.54	5.67
	HSW/114	586	110	196	30		9	34	18		7.2	1	2	5.33	0.56	3.33
	HSB/3	876	73	117	10		2	26			7.5	0	1.3	12.00	0.62	5.00
	HSB/9	579	131	219	38		24	26	—		6.6	0.6	1.3	4.42	0.60	1.58
	HSB/18	412	128	563	76		39	10	—		7.4	1	6	3.22	0.23	1.95
格陵兰	GLL/41	44	580	1040	207	10	8	6		23	13			0.08	0.56	25.88
	GLL/21	60	460	673	215	4	17	—		21	13			0.13	0.68	12.65
	SGL/9	74	580	713	193	11	7	6		32	20			0.13	0.81	27.57
苏格兰	SGL/22	77	475	840	182	8	6	5		30	18			0.16	0.57	30.33
	SGL/36	15	615	984	278	1.5	3	6		26	40			0.02	0.63	92.67
	SGL/22	11	589	757										0.02	0.78	
	HBR1	11	554	609	127	5	3	5		13	26			0.02	0.91	42.33
	HBR2	5	512	170	1158	33	13	22		3	11			0.01	3.01	89.08
	HBR3	22	341	1816	195	5	3	4		6	33			0.06	0.19	65.00
	HBR4	31	248	1248	127	5	3	2		21	9			0.13	0.20	42.33
	HBR5	23	290	1009	70	5	3	5		11	3			0.08	0.29	23.33
	HBR6	4	260	244	189	21	—	—		8	6			0.02	1.07	
	HBR7	13	170	115	71	1.6	5	—		23	11			0.08	1.48	14.20
	HBR8	15	163	399	27	—	—	—		12	10			0.09	0.41	
	HBR9	47	277	564	12	7	—	—		6	—			0.17	0.49	
印度	YD/6	100	166	579										0.60	0.29	
	YDN/18	19.12	467.54	493.92										0.04	0.95	
巴西	BXJ/3	97.61	340	774.67										0.29	0.44	

注：微量元素含量单位为 10^{-6}。

表 3-3　太古宇 TTG 岩系平均岩石化学成分表(据 Martin et al.，2005；Condie，2005)

成分	古太古界	中太古界	新太古界	元古宇	显生宇	埃达克岩
SiO_2	70.00	69.65	68.33	67.30	65.90	62.43
TiO_2		0.36	0.42	0.47	0.47	0.67
Al_2O_3	15.25	15.35	15.51	15.80	16.50	17.05
Fe_2O_3	3.03	3.07	3.35	4.04	4.11	3.99
MnO	0.04	0.06	0.07	0.08	0.09	0.08
MgO	0.96	1.07	1.38	1.48	1.67	3.31
CaO	2.89	2.96	3.25	3.42	4.36	6.53
Na_2O	4.66	4.64	4.61	4.33	4.00	4.25
K_2O	2.13	1.74	2.10	2.30	2.14	1.42
P_2O_5	0.10	0.14	0.15	0.14	O.12	0.26
总量	98.49	97.55	98.90	99.28	95.13	99.91
Na_2O+K_2O	6.79	6.38	6.71	6.63	6.14	5.67
K_2O/Na_2O	0.46	0.38	0.46	0.53	0.54	0.33
A/CNK	1.00	1.03	0.98	1.00	0.98	0.83
A/NK	1.53	1.61	1.58	1.64	1.85	2.00
Rb	77.50	59.00	67.00	63.00	63.00	15.00
Sr	361.00	429.00	528.00	473.00	493.00	1550.00
Ba	474.50	523.00	808.00	717.00	716.00	309.00
Zr	159.00	155.00	154.00	152.00	122.00	117.00
Hf	3.80		4.70	4.30	3.40	3.30
Th	4.10		8.10	6.10	7.60	3.90
U	1.20		1.50	2.10	1.90	1.20
Y	10.25	14.00	10.05	17.30	14.50	9.70
Nb	7.05	6.00	6.60	7.10	6.70	9.70
Ta	0.41		0.84	0.72	0.75	0.60
Cr	39.50	21.00	42.50	55.00	32.00	82.00
Ni	17.00	15.00	21.50	23.00	12	64.00
V	39.00	43.00	52.00			
Rb/Sr	0.22	0.14	0.13	0.13	0.13	0.01
Sr/Ba	0.76	0.82	0.66	0.66	0.69	5.02
Th/U	3.42		5.40	2.90	4.00	3.25
V/Cr	1.15	2.05	1.04			
Zr/Y	15.86	11.07	15.46	8.79	8.41	12.06
Nb/Ta	14.88		7.38	9.86	8.93	16.17
La	28.65	31.40	33.40	26.00	17.00	24.00
Ce	50.85	55.10	61.75	45.00	34.00	65.00
Pr						
Nd	20.90	19.60	24.10	18.00	16.00	26.00
Sm	3.55	3.30	3.85	3.50	3.10	4.70
Eu	0.91	0.80	0.99	0.95	0.84	1.37

续表

成分	古太古界	中太古界	新太古界	元古宇	显生宇	埃达克岩
Gd	2.70	2.40	2.60	3.00	2.80	2.30
Tb	0.31		0.38	0.49	0.40	0.40
Dy	1.80	1.90	1.60			
Ho						
Er	0.77	0.77	0.75			
Tm						
Yb	0.80	0.63	0.67	1.33	1.16	0.81
Lu	0.17	0.13	0.12	0.23	0.18	0.09
REE	109.97	116.03	128.84	98.50	75.48	124.67
LREE/HREE	21.26	18.90	26.84	18.50	15.63	33.63
δEu	0.91	0.87	0.96	0.90	0.87	1.27

注：主量元素含量单位为%，微量元素含量单位为 10^{-6}。

二、成 因 分 析

TTG 岩系在地壳形成和演化早期历史中起着重要作用，因此是早前寒武纪地球动力学研究的一个关键。一般认为，TTG 成分岩石的大量出现，代表了大陆地壳的生长事件。TTG 岩浆很难从地幔中直接熔融出来，一些研究者认为它们是从由地幔派生的基性岩石再次熔融形成的，地球上先有类似于现代洋壳的玄武质岩石，它们经历了俯冲作用到 10~20km 的地壳深部，然后发生部分熔融，形成了 TTG 岩浆。其产出的构造背景为陆缘岩浆岩带：一种观点认为 TTG 岩石是加厚地壳发生部分熔融产生，另一种观点则认为 TTG 是俯冲板片发生部分熔融形成。

对 TTG 杂岩的成因有如下几种认识：①玄武质岩浆的分离结晶；②未成熟杂砂岩的部分熔融；③榴辉岩或基性片麻岩的部分熔融；④含石榴石或不含石榴石角闪质岩石的部分熔融；⑤上地幔物质的直接部分熔融。

TTG 片麻杂岩的地质特征和地球化学特征显示，铁镁质地壳(即斜长角闪岩、石榴石斜长角闪岩或榴辉岩)不同程度的部分熔融是主要成因。同位素显示地幔玄武质岩浆侵入下部地壳岩石圈，在 100~240Ma 内转化成角闪质岩石或榴辉岩，这些转化了的玄武质岩石在上升热流作用下二次部分熔融产生英云闪长质岩浆。原生的英云闪长质岩浆经深部或侵位后的角闪石、黑云母、斜长石的不同比例、不同程度的结晶分异产生奥长花岗质-花岗闪长质岩浆，上升侵位到地壳的较浅部分形成英云闪长岩-奥长花岗岩-花岗闪长岩杂岩。与中基性正片麻岩、麻粒岩相伴生的含有很少暗色矿物的奥长花岗质岩脉、小岩株，则是围岩在麻粒岩相变质条件下深熔作用的产物。它们的 SiO_2 含量很高，通常高于 73%，Al_2O_3 变化较大(但一般低于 15%)，大离子亲石元素和 REE 较富集，具有较平坦的稀土元素配分模式，铕异常具有多变的性质，与高级区 TTG 片麻岩及花岗-绿岩区 TTG 花岗杂岩的地球化学特征明显不同。

根据不同类型原岩熔融实验，在 0.8GPa 水不饱和($P_{fluid}<P_t$)，1000℃的玄武质枕状熔岩熔融产生英云闪长质岩浆(熔体 10%~20%)，斜长角闪岩熔融产生奥长花岗质岩浆(熔体 10%~20%)，残留相中以斜长石为主和少量角闪石、斜方辉石，两类岩石残留相成分和比例基本相同。

1.6GPa，1025~1050℃时，熔体比例达 20%~30%，残留相中斜长石消失，主要为石榴石和单斜辉石，两者的比例大致相同，两种原岩产生的熔体均为英云闪长质。

大洋拉斑玄武岩在 1.6GPa，1030℃($P_{fluid}<P_t$)时产生 10%~20%的奥长花岗质岩浆，残留相中的单

斜辉石比例增加，含少量的石榴石和角闪石及微量斜长石，斜长石处于过稳定状态；在2.2GPa，1050℃时熔体是英云闪长质成分，残留相是单斜辉石和石榴石，单斜辉石含量高于石榴石；在3.2GPa，1100℃时绿岩带枕状熔岩和斜长角闪岩的熔融程度均在30%以上，残留相中仍为单斜辉石和石榴石，但石榴石含量高于单斜辉石。

按照不同实验条件，不同源岩产生英云闪长质-奥长花岗质岩浆的不同程度熔融的实际残留相比例进行稀土元素配分模式计算得出：低压(0.8GPa)玄武质岩石产生平坦型稀土元素配分，轻稀土元素略有富集，重稀土元素不亏损；中压下(1.6GPa左右)产生轻稀土元素富集，重稀土元素亏损，轻重稀土元素分馏程度$(La/Yb)_N$中等；高压下产生强右斜式稀土元素配分模式，$(La/Tb)_N$最高可达70%，具正铕异常，表明石榴石是主要残留相。

上述试验资料显示，斜长角闪岩、石榴斜长角闪岩和榴辉岩在0.8~3.2GPa条件下($P_f<P_t$)部分熔融均可以产生英云闪长岩和奥长花岗岩岩浆，但只有在1.6~3.2GPa下部分熔融才能产生与早前寒武纪TTG片麻岩类似的地球化学特征，特别是石榴石作为主要残留相时的熔融体REE配分模式与太古宙TTG片麻岩更相近。因此榴辉岩应是英云闪长质-奥长花岗质岩浆最主要的源岩。现代大洋玄武质岩石部分熔融产生的岩浆通常比太古宙早期TTG岩浆的镁含量低。实验熔体与源岩成分的相关性说明TTG岩浆的源岩比现代大洋玄武岩更富镁，这可能与高热流体制下上地幔熔融程度较高有关。

三、动力学环境

TTG岩系是太古宇克拉通的主要组成岩系，在各古陆都有大面积分布，常与绿岩共生分布，形成花岗-绿岩带。地球化学和实验研究均证明大面积TTG片麻岩的源岩是地幔来源的玄武质岩石经下地壳环境转化形成的斜长角闪岩、石榴斜长角闪岩或榴辉岩，再次熔融产生英云闪长质-奥长花岗质岩浆，形成TTG杂岩，一些TTG片麻岩具有明显的底辟侵入性质(刘树文，1994)。太古宙存在大量中酸性岩浆侵入，而缺乏岩石年龄的平面横向分带，也表明太古宙是以升降运动为主。

古太古代具有很高热流(图3-6)，地热曲线(曲线1)经过玄武质岩石饱和水或不饱和水熔融区，在适度熔融情况下可以产生奥长花岗质-英云闪长质岩浆，但这种岩浆轻重稀土元素分馏程度较低；中-新太古代地热曲线(曲线2和3)中压($P_{fluid}<P_t$)条件下，切割了斜长角闪岩、石榴斜长角闪岩熔融生成英云闪长质-奥长花岗质岩浆区，10%~25%熔融时产生英云闪长质-奥长花岗质岩浆，这种熔体具有中等分馏到较强分馏的稀土元素配分模式，与太古宙TTG片麻岩的地球化学特征相似或相同；新太古代地热曲线(曲线3)在1.8GPa时与($P_{fluid}<P_t$)石榴斜长角闪岩固相线相交，熔融区范围很小，熔融程度较低，要使熔体达20%~40%，则熔融区域远超出了石榴斜长角闪岩的范围，进入榴辉岩稳定区，该条件下榴辉岩熔融的岩浆具有太古宙典型TTG杂岩的地球化学特征。因此，新太古界英云闪长质-奥长花岗质岩浆的源岩应主要是榴辉岩和少量的石榴石斜长角闪岩。

现代俯冲洋壳的地热梯度线(阴影区)与($P_{fluid}<P_t$)玄武质岩石固相线不能相交，它预示着要使洋壳部分熔融，必须有附加热源或者具有较充分的水源。在充分水条件下熔融(细断线)产生岛弧钙碱性岩浆。因此，不同地质历史时期产生英云闪长质-奥长花岗质岩浆的物理化学环境不同，源区性质和熔融产物也不尽相同。差别主要由地热体制、源区性质和构造环境所决定，而地热体制是根本因素。

早前寒武纪古老片麻岩硅铝壳的形成与现代岛弧花岗质杂岩明显不同，太古宙地壳热流比现代洋壳消亡区高得多，地幔对流速度比现代高得多。它需要太古宙有比例更高的扩张中心消耗热量，不可能形成现代的巨型板块，应以微板块为特征。太古宙TTG片麻岩的形成是地幔熔融产生的铁镁质-超铁镁质的熔浆在地幔熔融带上部汇聚(Kramers，1988)，经深位结晶分异产生原生英云闪长质-奥长花岗质岩浆，并形成石榴石、单斜辉石和角闪石堆积体，残留堆积体由于密度大而返回地幔。由于这种分离作用反复进行，使玄武质岩浆趋于完全分离，产生更富硅的TTG岩浆。返回地幔的石榴石、单斜辉石和角闪石堆积体再次熔融形成强分馏型稀土元素配分模式的 TTG 岩浆。

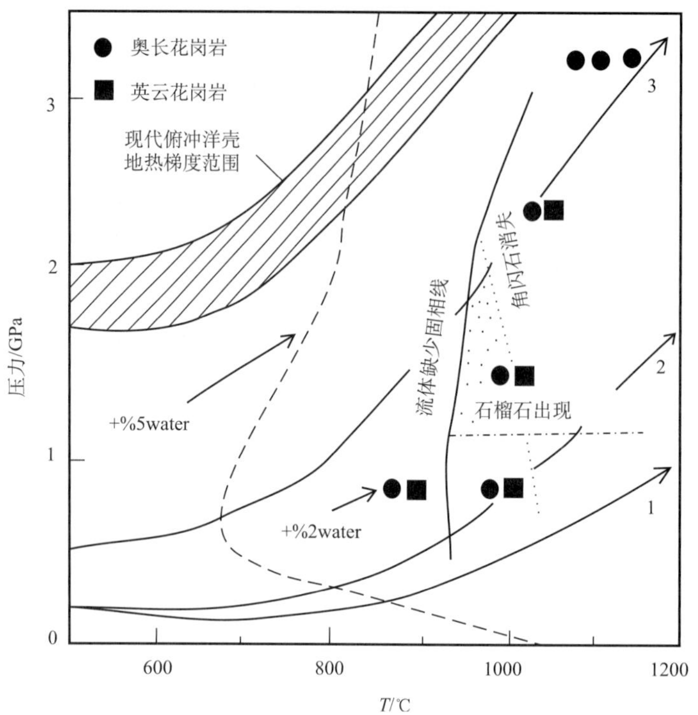

图 3-6　TTG 岩浆生成的 *P-T* 条件(据 Rapp et al.，1991)

1. 古太古代地热梯度；2. 中太古代地热梯度；3. 新太古代地热梯度；锁线：石榴石形成压力；点线：角闪石消失曲线；断线：水饱和固相线；粗实线：水不饱和固相线；阴影区：现代消亡洋壳的地热范围

地壳早期的形成历史与现代冰岛地质环境相似(Kroner，1985)，主要由镁铁质-超镁铁质火山作用构成一些密集分布的热点，在热点上部首先形成镁铁质-超镁铁质火山岩，构成最早地壳。地幔高度部分熔融形成的科马提质拉斑玄武质岩浆在熔融地幔顶部富集，构成绿岩带型双峰岩系的岩浆源。这种原始岩浆分异形成最早的 TTG 岩浆侵入体。火山岩不断增厚导致重力不稳定而下沉，使地壳根部部分熔融形成更多的 TTG 岩浆。

太古宙地壳应有更热的洋壳(Hoffman，1984)，这个洋壳从生成到返回地幔少于 60Ma，消亡时经过 $P_f < P_t$ 条件下产生英云闪长质-奥长花岗质岩浆的玄武质岩石熔融区(0.5~2.5GPa，1000~1050℃)，先形成的洋壳被晚形成的洋壳俯冲而熔融，产生更富硅质的岩浆。

随着地壳热流的下降，上部地壳逐渐冷却固结，使中新太古代的一些 TTG 片麻岩具有底辟侵位的性质。最早形成的硅铝质微板块在较快速的相互作用中，一部分可能返回下地壳，另一部分拼接到一起，形成更大的硅铝质陆壳。更大的硅铝壳形成，地壳厚度加大，地热梯度降低，硅铝壳固化程度增加。在此基础上可能导致了硅铝地壳裂解，产生早期可能存在的裂谷。裂解过程发育的程度不同，有些产生了洋壳(如绿岩带)，同时可能导致真正威尔逊旋回的开始，高热流可以使俯冲洋壳直接熔融产生 TTG 岩浆，产生同造山或造山后的壳源花岗质岩石。

第二节　孔 兹 岩 系

孔兹岩(Khondalite)这一术语最早是用以描述印度奥利萨邦“khonds”居民居住地太古宙东高茨群(Eastern Ghats group)中一种很特别的富铝质的石墨石榴石夕线石片岩。应用“孔兹岩”这一名词只是为了简化石墨石榴石夕线石片岩这一过于繁琐的描述性岩石名称，认为孔兹岩系基本上是石榴夕线石片岩，可含不定量的石墨、石英及条纹长石和更长石-中长石，把一套含长石的类似成因的岩石都称为孔兹岩。在世界各地的早前寒武纪深变质地区都有发现孔兹岩，通常与麻粒岩和紫苏(斜长)花岗岩系及含黑云母和角闪石为主的灰色片麻岩系(TTG岩系)形成共生组合。

一、一 般 特 征

1972年，美国地质辞典把孔兹岩定义为“一套变质的铝质沉积岩组合，由石榴石-石英-夕线石岩，以及含石榴石的石英岩、石墨片岩和大理岩组成”。进而由于在印度地盾区地质找矿工作的实际需要，定义孔兹岩系(Khondalite series)是含石墨富铝的片岩、片麻岩夹大理岩和石英岩的区域变质岩(Narayanaswamy，1975)，以富含石榴子石、夕线石和石墨为特征的区域副变质岩石组合，原岩是泥砂质沉积岩组合。孔兹岩系最主要的变质岩常是含石榴石、黑云母的浅粒岩-变粒岩-长石石英岩，其原岩是含少量黏土质杂质的长石质砂岩-长石质杂砂岩(姜继圣，1990)。

孔兹岩系不同于一般硬砂岩(杂砂岩)，以长英质碎屑矿物为主，杂质总含量低，其富铝，贫钙和钾钠，相应变质岩中镁铁矿物总量低，且常含黑云母、石榴石，不存在钙质辉石和角闪石。含夕线石、石榴石和堇青石等的钾长(二长)片麻岩是孔兹岩系的常见代表性岩石，原岩为页岩、黏土质粉砂岩等黏土质岩石，其中常夹一些极富Al或Mg-Al的片麻岩(狭义孔兹岩)，其化学成分中Al_2O_3可高达30%以上，钾钠钙极少，不含长石，是孔兹岩系的标志岩石。

石英岩是孔兹岩系的特征岩石，一些含石榴石纯石英岩与浅粒岩及长石石英岩呈韵律式互层，还有一些含铬云母或磁铁矿，可过渡为BIF磁铁石英岩。孔兹岩系中均含有不同数量的大理岩和钙硅酸盐岩石，一般较富镁，原岩为白云质石灰岩和泥灰岩类，有时还含大量方柱石或还发现含石膏夹层，表明它们形成于含盐度较高的半封闭海盆中。

含鳞片状晶质石墨是孔兹岩系一重要特征，尤其在片麻岩和钙硅酸盐岩石中，其含量更高，可形成各种规模的工业矿床。矿体产状及碳同位素的研究证明它们是有机成因，这也反映这套沉积物应形成于浅海环境。

总之孔兹岩系是一套早前寒武纪特定环境下形成的副变质岩系，其岩石组合是：①含石榴石的花岗片麻岩/注入片麻岩/混合岩；②含石榴石的石英-长石变粒岩和片麻岩；③含石榴石的黑云母片麻岩；④石榴石-夕线石-石墨片岩和片麻岩；⑤结晶灰岩、钙硅酸盐岩和钙质麻粒岩；⑥石英岩、石榴石石英岩、石榴石麻粒岩、磁铁石英岩。

因此一般把一套由含石墨、富铝的片岩、片麻岩，同时夹有大理岩和石英岩的变质沉积岩石组合统称为孔兹岩系。作为地质历史上一套特殊的变质建造，孔兹岩系有其独特的岩石组合及含矿性。与Walker最初所定义的孔兹岩相比，把孔兹岩系看作一套岩石组合，将更有利于分析其原始沉积环境及成矿作用，并进而推断地壳的发展与演化。

岩石类型主要为含石榴子石和夕线石的片麻岩、变粒岩、浅粒岩和长石石英岩，常夹有片岩、石英岩、大理岩和钙硅酸盐岩。一般认为孔兹岩系的原岩为含碳和富铝的泥质和粉砂质岩石，属于稳定大陆边缘-陆棚的浅海相陆源碎屑岩建造，也有人认为某些地区孔兹岩系的原岩为典型的浊流沉积物。对其中高铝岩石的成因，有人认为属古风化壳，也有人认为它是由变质沉积岩在麻粒岩相条件下，经部分熔融后的残留物。变质作用达高角闪岩相至麻粒岩相，常伴有强烈的混合岩化作用和花岗质岩浆活动。世界各地孔兹岩系的特征不完全相同，可进一步划分为不同的成因类型。

孔兹岩系是早前寒武纪各种古地理环境形成的沉积岩建造经过区域变质作用形成的副变质岩，因此其中的矿产以原始沉积富集、变质重结晶形成的沉积变质矿产为主，形成特征的富含某种有用物质的建造类型，富碳质石墨建造、白云岩建造、含磷建造、含硼建造等。

1. 岩石矿物学

综合各地资料，孔兹岩主要矿物组合为夕线石+石榴石+石英±钾长石±石墨，有些地区可含少量斜长石和黑云母。孔兹岩主要岩石类型大致包括石榴石-夕线石片岩、片麻岩(即狭义的孔兹岩)类，是组成孔兹岩系的最主要的岩石类型，以富铝为特征，有时 Al_2O_3 可达 30%以上，剖面上常与石榴石石英岩、石英石榴石岩，以及一些仅含少量或不含夕线石、石榴石的长英片麻岩共生。石墨片岩、片麻岩类，也是构成孔兹岩系的重要岩石，常包括富钙和贫钙两种类型。露头上与大理岩关系密切，一般不与夕线片岩类岩石直接接触。

钙硅酸盐岩常见矿物组合为透辉石+方柱石+硅灰石+碳酸盐矿物，并常见以微斜长石为主的钾长石，钙质片麻岩中常含较多的石英或斜长石。

近几十年来，在世界各地的孔兹岩系中，陆续发现了一些含堇青石的片麻岩，这些岩石包括两种类型：堇青紫苏麻粒岩，主要矿物组合为堇青石+紫苏辉石+石榴石+石英±条纹长石±斜长石；夕线石榴堇青片麻岩，主要矿物组合为堇青石+夕线石+石榴石+石英±斜长石±条纹长石(Harris et al.，1952；姜继圣，1985；Santosh，1987)，剖面上与不含堇青石的泥质片岩片麻岩互相整合，关系渐变。这些堇青石是麻粒岩相变质压力高峰之后，构造抬升初期阶段在石英参与下由夕线石和石榴石发生分解形成，与石榴石夕线片岩、片麻岩之间存在成因联系(姜继圣，1985)，因此它们也应是孔兹岩系的一个重要的岩性单元。

此外，还有一些特殊的岩石类型，如石英岩和变质泥质岩(Perehuk et al.，1985；Naqvi et al.，1987；Kamineni et al.，1988)，以及含柱晶石的堇青石片麻岩(Balasubrahmanyan，1965，1976；Grew，1982；姜继圣，1988)。

大部分孔兹岩区内都出露有麻粒岩及紫苏花岗岩系列的岩石，与孔兹岩共生的基性麻粒岩的原岩为火成成因，故一般不将其作为孔兹岩系的岩石类型。而我国孔兹岩系中的部分麻粒岩是钙硅酸盐岩及变泥质岩石递增变质的产物(姜继圣，1985，1992)，国外一些孔兹岩地区的研究也表明，其中某些麻粒岩及紫苏花岗岩的原岩是沉积岩(如 Kutty et al.，1953；Ehaeko et al.，1957；Cooray，1962)，这类副变质岩石应属孔兹岩系的岩石组合。

不同孔兹岩区主要岩石类型均可以对比，其区别主要是麻粒岩和紫苏花岗岩的含量，以及变质程度的差异。例如，在印度 Orissa，这些岩石大量出露，紫苏花岗岩的含量大大高于孔兹岩系的岩石；芬兰高地(Lapland)孔兹岩系岩石为主，占全部露头的 80%，紫苏花岗岩及中基性麻粒岩在露头上只占 15%~20%(Barbey et al.，1982)。

我国崆岭群孔兹岩系以黑云母大量出现，不出现紫苏辉石为特征(姜继圣，1985)；麻山群和集宁群与上述特征相反，并且都含同生沉积的磷矿床。但麻山群中除少量二辉麻粒岩及紫苏麻粒岩夹层外，基性组分较少，无紫苏花岗岩侵入。集宁群则在孔兹岩系的底部出露较多的基性麻粒岩。

孔兹岩系中以产出夕线石矿和晶质石墨矿为特征，故除典型的岩石组合之外，产出夕线石及石墨等非金属矿产，可以作为判断孔兹岩系的标志。我国产于孔兹岩系内的石墨矿床主要分布在湖北的三岔垭、二郎庙，黑龙江的柳毛、云山，山西大同、内蒙古的黄土窑、豫西淅川、镇平、胶东南墅等地。层状晶质石墨矿中石墨碳同位素一般显示为有机成因特征，而斯里兰卡孔兹岩系内后生脉状石墨矿，碳同位素显示深部地壳源碳(Katz，1987)。

富铝矿物主要包括夕线石、石榴石，有时为蓝晶石、红柱石。我国对夕线石资源的开发起步较晚，报道仅三道沟一处投产，但根据在野外的观察，有些地区很可能成为具可观开发前景的夕线石矿床。在麻山地区，夕线石矿床分布于孔兹岩系的下部，赋矿岩石为高铝的夕线片岩和片麻岩互层，偶有少量麻粒岩和钙硅酸盐岩的夹层。在黄陵变质地区高铝的石榴石夕线石石英岩与黑云斜长片麻岩、变粒岩类密切伴生，在层位和区域分布上都无明显差异，而常与副变质的斜长角闪岩关系密切。

上述夕线石石墨矿床均呈层状，矿层矿体与孔兹岩系区域岩石展布一致，与大理岩关系密切，显示同生沉积成因特征。原始沉积环境控制了成矿元素富集，区域变质重结晶决定了矿床的工业价值。

在俄罗斯斯堪的纳维亚，以及我国的麻山群、集宁群中都含有同生沉积变质磷矿床产出，如黑龙江的石场、内蒙古的浑源窑磷矿。麻山群中，磷矿床赋存在孔兹岩系的中上部，与含石墨层位呈现渐变的连续沉积。

一些孔兹岩系中都见有一定数量的条带状磁铁矿(Pelymskiy et al., 1985; Radhakrishoa et al., 1986)，南非、印度的沉积变质锰矿床主要产在孔兹岩系中(Krishoa，1964；Sivaprakash，1984)。

2. 原岩建造与沉积环境

孔兹岩系化学成分上的共同特点是硅铝含量高，碱质含量低，MgO＞CaO，K_2O＞Na_2O，一般 Cr、Ni 含量低。麻山群孔兹岩系在成分上表现为富钾贫钠，整个岩系钠质含量极低，平均值＜1%。泥质和长英质岩石一般 Na_2O＜0.5%，K_2O/Na_2O 值均在 5 以上；CaO 含量低，多数＜1%；Al_2O_3/Na_2O 值高，变化范围为 30~60；它们的一些主要造岩元素之间存在良好的相关关系，如 Al_2O_3、TiO_2、铁镁元素(Fe_2O_3+FeO+MgO)，以及过渡族微量元素(Cr+Ni+Co+V)的含量与 SiO_2 之间表现为反相关，而 Al_2O_3-TiO_2 间呈正相关，反映出典型的变质沉积岩的特征。通过原岩恢复及原始沉积物理想组分计算，孔兹岩系的高铝岩石的原岩主要为高岭石黏土沉积物。

孔兹岩系稀土元素及微量元素特征反映明显的变异性，麻山群孔兹岩系具有与典型的碎屑沉积岩相同的稀土元素分布形式。大多数样品稀土元素总量高，具明显的负铕异常，轻稀土元素富集，重稀土元素亏损，反映它们主要是一套以花岗质岩石为源岩的碎屑沉积物。它们的微量元素分布特征，为大离子造岩元素富集，过渡组微量元素亏损，表现出太古宙后沉积物的典型特征。

根据孔兹岩系中由泥质岩石、石墨片岩及大理岩所反映出来的组合关系，一般认为孔兹岩系的原岩是一套较稳定构造条件下的陆棚浅海沉积物(刘铁军，1982；姜继圣，1985；沈其韩等，1986)。部分地区见有蒸发岩类的沉积物，这种环境反映盐度较高，具有半封闭的海盆、港湾潟湖或者潮上沉积性质。

麻山群从下至上，下部高铝泥质岩石系潮坪及滨岸潟湖低能环境下的沉积物；夕线片岩层位之上的石英片岩和长英片麻岩是障壁岛外浅水高能带的沉积产物；石墨片岩的原岩，形成于高能带外侧浪基面以下的还原环境；含钙磷硅质沉积，则显示较深的海盆内碎屑为主的沉积物。整个孔兹岩系的沉积序列，反映一个海进型的浅海陆棚沉积环境(姜继圣，1985)。

根据 Lapland 孔兹岩系中变质页岩及各种变质硬砂岩的多韵律互层沉积，并且它们之间的地球化学特征明显相似，其原岩具有浊流沉积特征(Barbey et al., 1982)，为俯冲带海沟相沉积，原始物质来源于陆源碎屑，而孔兹岩系的变质则与洋壳和大陆的碰撞有关。

3. 变质变形作用特点

孔兹岩系一般都遭受了强烈的区域变质作用，一般变质程度达到斜长角闪岩相或者麻粒岩相。富铝组合中，Al_2O_3 呈现以夕线石为主多形变体，一些地区出现有红柱石和蓝晶石，局部出现堇青石，孔兹岩系变质温压范围属中-低压(表 3-4)。

根据孔兹岩系变质岩中共生矿物对以及麻粒岩相石英的流体包裹体进行的温度、压力测定，Chacko 等(1987)、Santosh(1987)确定了印度南喀拉拉(Kerala)等地孔兹岩系麻粒岩相主期变质作用的 *P-T-t* 轨迹(图 3-7)，变质演化分为四个阶段(Chacko et al., 1987)：①构造埋深和升温阶段，大幅度增温(地热平衡过程)，达到麻粒岩相峰期，这一过程中是发生深熔作用直到混合岩化作用(675℃，0.5GPa)，麻粒岩相变质压力高峰(750℃，0.65GPa)，同时发生塑形变形并形成次生成分层；②构造抬升初期，并伴随拉张和各种减薄过程，压力减低，减压过程伴随广泛的重熔作用和花岗岩体的侵入，CO_2 加入促使形成副变质岩浆结晶形成紫苏花岗岩(750℃，0.5~0.6GPa)；③进一步以降温为主形成退变质带，表现为紫苏辉石的水化成为直闪石和堇青石；④接着为典型的等热减压过程，中晚期结晶石英含圈闭 CO_2

流体包裹体(750℃，0.3~0.4GPa)。

一般大面积变质沉积岩系内压力分布均匀一致，接近水平俯冲地壳厚度叠加模式，沉积在大陆架上的孔兹岩系原岩一起被带到被碰撞板块的底面上，双倍厚度的陆壳由于放射热或沿构造剪切带上升的 CO_2 所带上来的地幔弥漫热流，使区域温度上升达到麻粒岩相变质温度。

印度南喀拉拉(Kerala)孔兹岩系的变形事件可以划为 D_1~D_4 四期(Sinha-Roy，1983)：①D_1 表现为由区域性片麻理及岩石的次生成分层所显示的早期片理 S_1；②D_2 为 S_1 片理褶曲形成原始轴向为 NW—SE 的近同斜小型褶皱，并由夕线石、黑云母及长石石英变斑的长轴定向形成 D_2 线理；③D_3 表现为由 D_1、D_2 期所形成的构造片理在近 N60° E~S60° W 应力系的作用下再次被褶曲形成大型直立褶皱；④D_4 表现为走向滑移断裂及剪切破碎带，并伴有定向的岩墙侵位。

表 3-4　世界典型孔兹岩系变质温压表(姜继圣，1988)

孔兹岩系	变质相			资料来源
	岩相	温度/℃	压力/GPa	
芬兰 Lapland	麻粒岩相	800	0.7~0.5	Barbey et al.，1980；Horman，1980
俄罗斯阿尔丹	古太古代	700~800	0.6~0.7	Perchuk et al.，1985
	新太古代	640~575	0.3~0.4	
斯里兰卡高原群	麻粒岩相	700~750	0.6~0.8	Jayawardena et al.，1976；Katz，1972；Saodiford et al.，1988
印度	麻粒岩相	700±80	0.6±0.15	Sivaprakash，1980；Harris et al.，1982；Jaoardha et al.，1983；Bhattachaya et al.，1986；Kherjee et al.，1986
中国峻岭群	低角闪岩相	530~560	0.3~0.5	姜继圣，1985；Lu et al.，1988
	角闪麻粒岩相	650~720		
麻山群	高角闪岩相	700	0.4~0.5	姜继圣，1985
	麻粒岩相	800~850	0.6~0.74	
	堇青片麻岩	500	0.45~0.5	
集宁群	麻粒岩相	710~850	0.9	梅保丰，1988；刘喜山，1988
	堇青片麻岩		0.5	

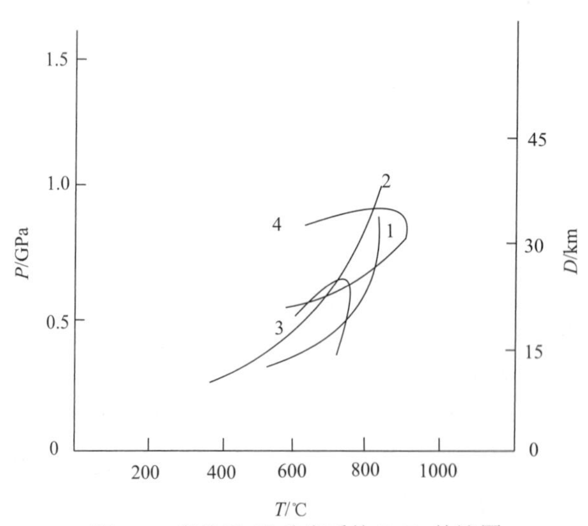

图 3-7　麻粒岩-孔兹岩系的 *P-T-t* 轨迹图

1.南非 Limpopo 带(Reenen et al.，1988)；2.津巴布韦东北部(Treloar，1988)；3.印度南部喀拉拉邦(Chacko，1987)；4.芬兰 Lapland(Barbey et al.，1988)

几乎所有的孔兹岩地区都经历了复杂的变质和变形作用，Sandiford 等(1988)把印度半岛孔兹岩系所经历的主要热事件划分为中、新太古代(3.1~2.5Ga)，中、新元古代(1.3~1.0Ga)和新元古代末—早古生代初(0.6~0.5Ga)三个阶段。

最近，印度、斯里兰卡的孔兹岩系中，都有新元古代(1.1Ga)所叠加的麻粒岩相变质作用的报道。高原群的变形作用也可以划分为三期：第一期为NW向同斜及横卧褶皱；第二期为不对称的平卧紧闭褶皱；第三期为直立开阔褶皱。前两期变形发生在2.2Ga之前，而第三期发生在1.2Ga之前。

4. 形成时代

孔兹岩系是地壳演化早期阶段的产物，过去一般将其划为太古宙，但近年来的研究结果表明，一些孔兹岩系的形成时代属古元古代，如Lapland孔兹岩系内紫苏花岗岩的Rb-Sr全岩年龄为1918±107Ma;孔兹岩Rb-Sr年龄为2063±202Ma,Sm-Nd年龄为1.9~2.0Ga;Pb-Pb全岩年龄为1909±118Ma,属古元古界。

俄罗斯阿尔丹地盾英格尔群的BIF岩石U-Pb年龄大于3.5Ga(Pelymsk et al.，1985)，紫苏花岗岩及麻粒岩年龄为1.9~2.3Ga(Sheherbak and Bibikova，1984)；南阿尔丹麻粒岩中的锆石U-Pb年龄为3.4Ga，西阿尔丹斜长片麻岩中的锆石U-Pb年龄为3.3Ga。波罗的地盾北部科拉半岛片麻岩的年龄(锆石U-Pb)为2.9~2.7Ga(Tugarinov and Bibikova，1980)，属新太古代。

乌克兰地盾亚速地区石墨孔兹岩系的同位素年龄为1.9~2.86Ga，属古元古代(天津地矿所，1981)。

过去一般认为，印度的孔兹岩系属于太古宙(Narayanaswamy，1975；Mukherjee et al.，1986)，将其作为印度地盾最古老的上壳岩。Sarkar(1980)研究认为，Eastern Ghats前寒武地壳在3.1Ga之前，基底片麻状杂岩形成之后，即在片麻岩基底上形成一套浅水砂岩—页岩—灰岩—蒸发岩沉积序列的拗拉槽沉积，在3065~2900Ma，拗拉槽沉积的孔兹岩系遭受第一期区域变质作用并伴有早期的紫苏花岗岩侵位；到2600Ma，大规模的紫苏花岗岩侵位及孔兹岩系主期麻粒岩相变质作用结束。但也有人认为孔兹岩系的形成时代稍晚(Chadwick et al.，1981；Naqvi et al.，1987)，认为半岛片麻岩的形成年龄为3300~2900Ma，最老的变质沉积岩为古太古Sargur上壳岩系(3000Ma)，然后为中新太古代(>2600Ma)的Dharwar上壳岩系。孔兹岩系的原岩则是在这些老于2.6Ga的前寒武陆壳基础上所形成的古元古代(2600~2000Ma)、中元古代(2000~1500Ma)活动带内的沉积物。

印度各地孔兹岩系及其有关岩石的年龄资料，不同地区使用不同方法所获得的年龄数据，为2500~2600Ma。Madrass地区麻粒岩样品的Sm-Nd等时年龄为2555±140Ma，代表原岩形成后不久即发生的麻粒岩相变质作用的时间。

斯里兰卡高原群麻粒岩相变质作用的时间为2170±18Ma，近来离子探针获得高原群变质石英岩中碎屑锆石变质前U-Pb年龄为3.17~2.4Ga，片麻岩中碎屑锆石年龄为2.04Ga，这些碎屑锆石及其他锆石样品都具有1100Ma的铅丢失记录，因此高原群的原始沉积物可能在2.0~2.5Ga前形成，但麻粒岩相变质发生在新元古代(Wickremasinghe，1970)。

因此，从同位素年龄资料看，世界上的孔兹岩建造大致可以包括新太古代和古元古代两个时期。从孔兹岩系的岩石学、地球化学特征分析，孔兹岩系内存在大量高铝泥质片岩、石墨片岩，以及大理岩、石英岩，反映一个相对稳定的大地构造沉积环境；孔兹岩系岩石K_2O高于Na_2O，反映原始沉积物形成之前，就已经有大量的花岗质岩石存在，并且在相当范围内沉积环境保持稳定；孔兹岩系内大量大理岩和有机碳成因石墨片岩存在，是生物繁盛积累到一定阶段的特征。而2.5Ga前后的太古宙到元古宙也是地球动力学演化的重要转变时期，沉积环境也发生重大变化，正是这一背景条件下，形成了孔兹岩系及同时代的特殊岩系。

二、白云岩建造

碳酸盐岩是分布很广的沉积岩，占沉积岩总量接近25%，而前寒武纪的碳酸盐岩中白云岩占据大部分。白云岩是主要由白云石组成的岩石，有序白云石晶体中镁离子占据50%的阳离子位置，另外50%

被钙离子占据。白云岩中白云石含量在 50%以上，常混入石英、长石、方解石和黏土矿物，$CaMg(CO_3)_2$(白云石)，含 CaO 30.41%、MgO 21.86%、CO_2 47.73%，常含铁、锰的类质同象混入物。白云岩常呈浅黄色、浅黄灰色、灰白色、灰褐色、淡肉红色等。具晶粒结构、残余结构、碎屑结构或生物结构。按结构可分为结晶白云岩、残余异化粒子白云岩、碎屑白云岩、微晶白云岩等。

按成因可分为原生白云岩、成岩白云岩和次生白云岩。原生白云岩-原生沉积的白云岩，是在干燥炎热的气候(28~35℃)下蒸发而成，是浅水(0~3m 潮坪相)、高盐度、pH 高于 8.3 的咸化潟湖或海湾中形成的，或者陆地咸湖中形成，并常伴生有膏盐层，白云岩是盐湖早期阶段沉积物；成岩白云岩在碳酸钙沉淀过程中，被碳酸镁交代而成，通常分布不连续，在石灰岩层中呈透镜体状或斑块状，有时也成层状分布，延伸一定距离；次生白云岩或称后生白云岩，分布局限，常见于断裂构造带次生交代形成的。

白云岩作为孔兹岩系的主要岩石组成，对其成因问题及为何主要产于前寒武纪，其实并没有形成统一认识，因此有“白云岩问题”与“前寒武纪之谜”的两个地质疑问。这是由于前寒武纪广泛存在的叠层石碳酸盐岩中缺乏钙化的蓝细菌化石的现象，并且在类似地表环境的常温、常压实验条件下不能结晶沉淀出完美有序的白云石矿物晶体。在常温实验条件下只能生成原白云石(protodolomite)，在结构中含有过量的碳酸钙，并非真正的白云石(Lumsden and Lloyd，1997)，只有在温度超过 60℃的实验条件下才能生成白云石(Usdowski，1994)，而早前寒武纪地壳热流值较高，因此有利于形成白云岩。

对于白云岩的形成环境和形成物理化学条件研究比较多，而对于地球何时开始有白云岩沉积，则研究不多。现在认识到微生物活动(Land，1998；Warthmann et al.，2000；Lith et al.，2003；Moreira et al.，2004)及海水化学性质的变化(Burne et al.，2000；Holland and Zimmermann，2000；Hardie，2003；Lowenstein，2003)对白云岩形成有重要影响，因此白云岩形成与生物密切相关，在生命起源早期就应该有白云岩沉积。根据白云岩形成条件的研究，地球初期环境适合于形成白云岩，白云岩是地球出现水圈之后最早的沉积岩，而随着钙质碳酸盐岩及钙质硫酸盐矿物的广泛形成才开始出现贝壳或骨骼生物。

白云岩可以直接从水溶液中沉淀形成原生白云岩：

$$Ca^{2+}+Mg^{2+}+2CO_3^{2-}=\!=\!=CaMg(CO_3)_2$$

白云石交代方解石或文石，白云岩化作用形成的是成岩白云岩：

$$2CaCO_3+Mg^{2+}=\!=\!=CaMg(CO_3)_2+Ca^{2+}$$

根据 $MgCO_3$ 和 $CaCO_3$ 在 Na_2SO_4 溶液中溶解度实验，$MgCO_3$ 的溶解度高于 $CaCO_3$，二氧化碳分压 P_{CO_2} 高时，$MgCO_3$ 和 $CaCO_3$ 的溶解度都增加(图 3-8)。因此碳酸盐岩矿物结晶沉淀需要较高的钙镁离子浓度和较低的二氧化碳分压。由于镁(Mg^{2+})离子半径(0.65~0.78Å)，小于钙(Ca^{2+})离子半径(0.99~1.03Å)，因此在低温条件下镁的溶解度大于钙，镁离子易于与水结合，而不易进入碳酸盐矿物晶格；而钙离子与水结合的紧密程度远低于镁离子，更容易进入晶格形成碳酸钙矿物。当温度升高，镁离子与水结合紧密程度降低，镁离子更容易进入晶格形成白云石(Gains，1980)。因此原生白云石一般在高盐度潟湖环境、萨布哈环境形成，而在淡水环境难于形成白云石。

白云岩($MgCO_3 \cdot CaCO_3$)和菱镁矿($MgCO_3$)是两种最常见的含镁碳酸盐矿物。前者含 MgO 的理论值为 21.7%，后者则为 47.6%。形式上，$MgCO_{3(菱镁矿)}$-$MgCa(CO_3)_{2(白云石)}$-$CaCO_{3(方解石、文石)}$是连续变化的系列，但由于 Mg 的离子半径(0.66Å)小于 Ca 的离子半径(1.04Å)很多，一般是不能相互替换，但是可以发生有限类质同象替换，在菱镁矿中可以有 2.5%摩尔的 $CaCO_3$ 以固溶体的形式存在，而在镁方解石中可以有多至 9%摩尔的 $MgCO_3$。

白云岩可以是热液成因的，也可以是沉积成因的，可以化学反应式来解释：

$$2CaCO_3+MgSO_4=\!=\!=CaMg(CO_3)_2+CaSO_4$$

$$2CaCO_3+MgCl_2=\!=\!=CaMg(CO_3)_2+CaCl_2$$

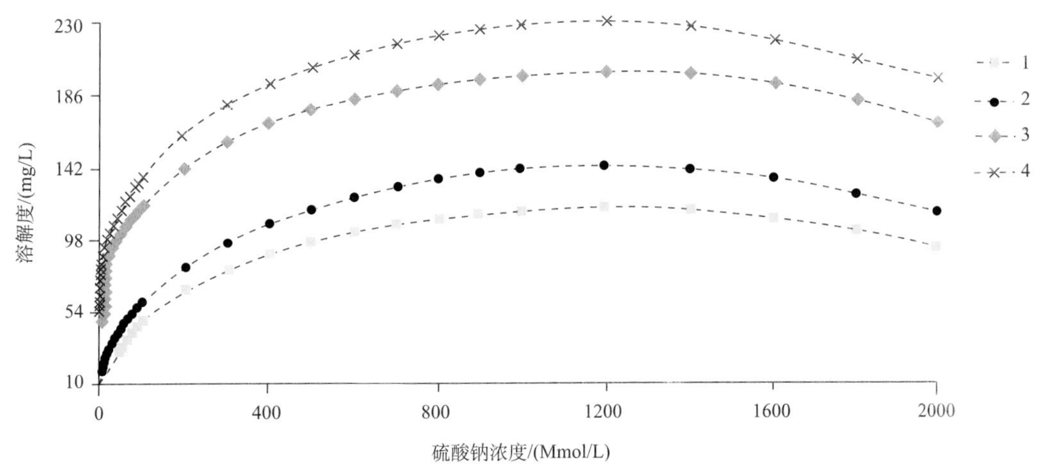

图 3-8　$MgCO_3$ 和 $CaCO_3$ 在 Na_2SO_3 溶液中溶解度实验图

1. P_{CO_2}=0bar 时方解石的溶解度；2. P_{CO_2}=0bar 时白云石的溶解度；3. $P_{CO_2}=10^{-3.5}$bar 时方解石的溶解度；4. $P_{CO_2}=10^{-3.5}$bar 时白云石的溶解度

试验表明，当溶液中 Mg^{2+}浓度足够高，具有较高的 pH(通常＞8.3)，呈碱性溶液，或者介质中的 Mg^{2+}/Ca^{2+}摩尔比值＞10，或者要高达 15~20，可以形成白云石。同时形成白云岩与溶液的温度有一定关系，在 25℃时，Mg^{2+}/Ca^{2+}摩尔比值＞5 时，白云岩可形成，而在 0℃时，Mg^{2+}/Ca^{2+}摩尔比值要＞26 才可以形成。当把浓缩的 Na_2CO_3 溶液加入 2mol $CaCl_2$ 和 $MgCl_2$ 的混合溶液中，在溶液的 Mg^{2+}/Ca^{2+}摩尔比值为 5 时，可形成持续几小时的冻胶状沉淀。

因此在通常温度下，白云岩形成时要求介质 Mg^{2+}/Ca^{2+}摩尔比值＞5，而菱镁矿既可以是淋滤的，也可以是热液交代的，还可以是沉积的。

对沉积型菱镁矿的成因，用如下反应式来解释：

$$MgSO_4+Na_2CO_3 = Na_2SO_4+MgCO_3$$

$$MgCl_2+Na_2CO_3 = 2NaCl+MgCO_3$$

据鞍山冶金矿山研究所夏玉蓉介绍，她在对海城下房身菱镁矿进行包体测温时，发现固相 NaCl(岩盐)包裹体，说明后一个反应式对菱镁矿形成是成立的。

$$4HCO_3^- \longrightarrow 2H_2O+2CO_3^{2-}+2CO_2+2Mg^{2+} = 2MgCO_3\text{(菱镁矿)}$$

$$4HCO_3^- \longrightarrow 2H_2O+2CO_3^{2-}+2CO_2+2Ca^{2+} = 2CaCO_3\text{(方解石)}$$

$$4HCO_3^- \longrightarrow 2H_2O+2CO_3^{2-}+2CO_2+Ca^{2+}+Mg^{2+} = CaMg(CO_3)_2\text{(白云石)}$$

因此，当海水的温度上升或者当气圈中 CO_2 的分压降低时，海水中的 CO_2 便逸出，HCO_3^- 随之离解，其中的 CO_3^{2-}可分别与相应的金属离子结合成各种碳酸盐沉淀下来。这样尽管白云石不是 $MgCO_3$ 和 $CaCO_3$ 的类质同象产物，而是一种复盐，但当其离子浓度乘积大于其溶度积(Ksp)时，和方解石(或文石)、菱镁矿发生同时沉积或先后连续沉积。但从地质事实来看菱镁矿和白云石同时沉积的情况是常见的，方解石(石灰岩)和白云石同时沉积的情况也是常见的，菱镁矿与方解石同时沉积的情况却比较罕见。

根据实验的结果，古代富镁碳酸盐沉积的形成条件应该是水盆地比较闭塞、气温较高有较高的 Mg^{2+}/Ca^{2+}摩尔比值和 NaCl 盐度，而大石桥式菱镁矿层顶底板及夹层都是富含镁质变质岩层，表明菱镁矿床是在富镁的闭塞性潟湖-半封闭海湾环境沉积的。

细菌生物作用条件下对白云石的沉淀有很重要的调节作用(Warthmann，2000；Mckenzie and Vasconcelos，1995，1997，2005；Bernaconi，1994；Gournay et al.，1997)。在硫酸盐还原细菌参与的实验条件下可沉淀出非常有序的铁白云石(Vasconcelos et al.，1995，1997)，厌氧微生物的调节作用在铁白云石于自然环境沉淀过程中起关键作用。在巴西里约热内卢州(Rio de Janeiro)附近的拉戈阿韦梅利亚(Lagoa Vermelha)潟湖地表常温环境内黑色富含有机质的沉积物中发现有白云石沉淀(Vasconcelos et al.，1995，1997)，仍然是硫酸盐还原细菌发挥重要作用。硫酸盐还原过程中释放出过量的镁离子，导致微环境内(细胞体周围)镁离子达到饱和状态使白云石优先沉淀。这种在地表常温下形成白云岩的特殊机制称为微生物白云岩形成模式(Vasconcelos et al.，1997)，这一成因模式很可能解释一些白云岩的成因。

太古宙末和元古宙(2.75~2.63Ga、2.375~2.125Ga、2.025~1.875Ga、1.675~1.425Ga、1.31~1.105Ga、0.925~0.55Ga)时间段的海水 $Mg^{2+}/Ca^{2+}>2$，有利于文石结晶，而后被镁离子交代形成白云石(Hardie，2003)。

太古宙白云岩中常夹有菱镁矿透镜体或者形成菱镁矿层，如胶东菱镁矿矿区下部太古宙中深变质相岩系，以斜长角闪片麻岩、角闪片岩、斜长角闪岩、混合岩化岩石及各种混合岩为主，原岩以沉积细碎屑岩为主，并夹硅铁质建造，总厚 3000m 以上。上部古元古代粉子山群变质岩系主要以石英片岩、角闪片岩、大理岩、滑石绿泥石片岩为主，属地槽型细碎屑岩及碳酸盐岩建造，菱镁矿层主要作为古元古代白云岩的夹层，与白云岩呈渐变过渡产出(图 3-9)，认为其属于变质热液交代成因(唐建文，1966)。菱镁矿共生矿物有文石、滑石、石墨、白云石、黄铁矿、磷灰石等。

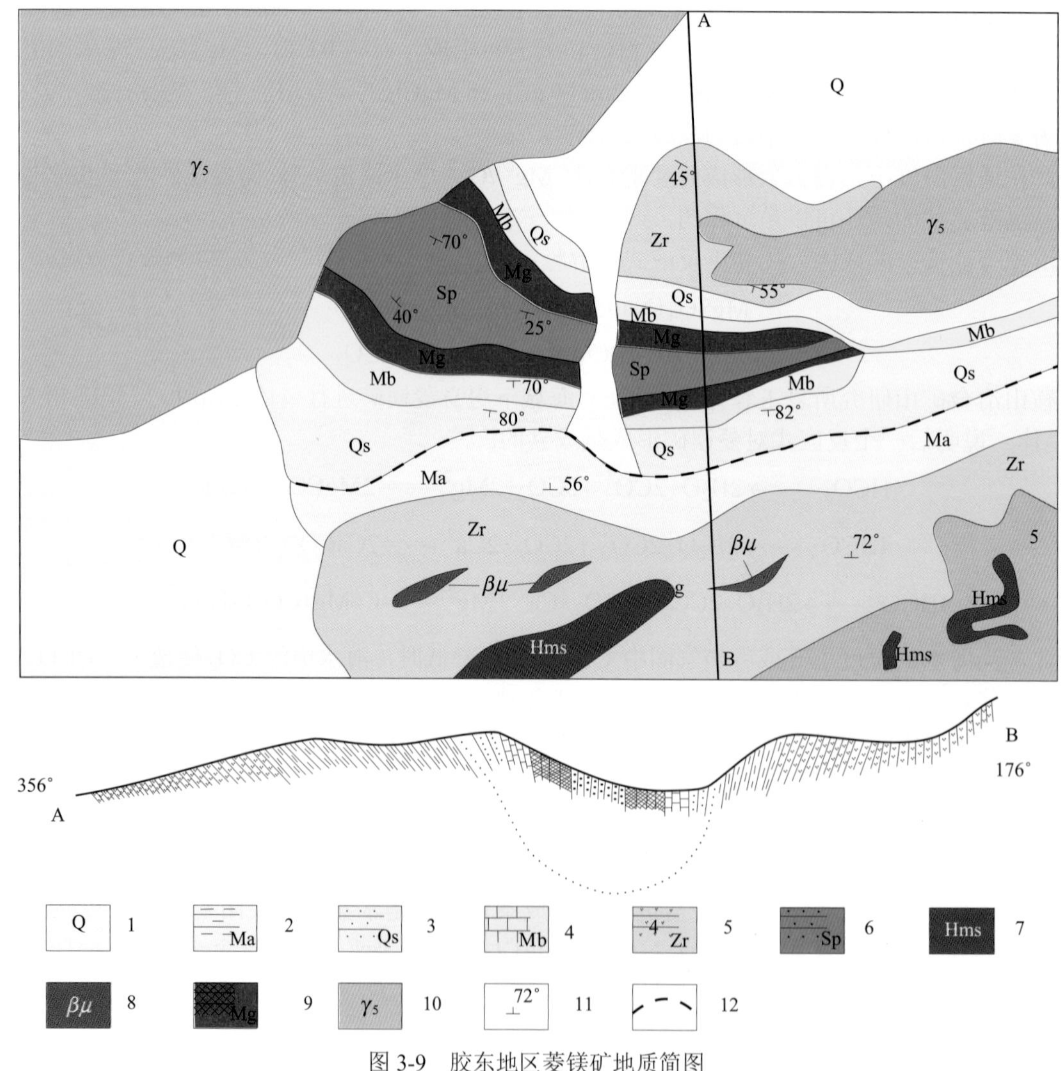

图 3-9　胶东地区菱镁矿地质简图

1. 第四系；2. 云母石英片岩；3. 石英片岩底部有层状砾岩；4. 大理岩；5. 角闪片岩及长石石英片麻岩；6. 透闪石英片岩；7. 角闪片麻岩；8. 辉绿岩脉；9. 菱镁矿及滑石片岩互层；10. 花岗岩；11. 层位角度；12. 假整合面

三、富硼岩系

由于早前寒武纪特殊的地质背景及地质演化作用，与石墨炭质岩石同时形成了特殊的几种岩石，其中含硼岩系也在该时期出现，在辽东形成了重要的沉积变质硼矿床，世界其他地区则常见富硼电气石岩系，具有一定的可对比性。在野外富电气石岩石经常与黑色燧石、碳质板岩、粉砂岩或角闪岩相混，目前确认许多地区，富电气石岩(tourmalinetes)具层控和局部层状形态，证明硼的富集和电气石的初始结晶是在变形作用和区域变质作用之前形成的。富电气石岩经常与贱金属矿床共生或伴生，对成矿环境具有重要指示意义。电气石岩成因有富硼胶体的成岩作用、海底热液的同生沉积作用、蒸发硼酸盐的成岩改造作用、沉积物和火山岩的同沉积交代作用等几种认识。

澳大利亚新南威尔士布罗肯希尔地区富硼电气石岩是代表意义的岩石，可以探讨其成因特征(李上森，1994)。

1. 地质背景

富电气石岩位于布罗肯希尔地块古元古代萨卡林加群—布罗肯希尔群—桑当群变质岩内，变质岩由变沉积岩和少量变质火成岩组成，地层总厚为 7~9km。盖层为新元古代帕拉冈群大陆和海相沉积物和少量玄武岩不整合覆盖，基底是桑代尔混合片麻岩(表 3-5)。

布罗肯希尔群主要岩石原岩是变碎屑沉积岩(互层状泥质和砂屑泥质片岩和砂屑岩)，部分是熔融的变沉积岩(由片麻岩和混合岩组成)，长英质(石英+长石±黑云母±石榴石)片麻岩、基性片麻岩和斜长角闪岩，地层年龄 1960±5Ma(Page et al.，1992)。

布罗肯希尔群富电气石岩的这种沉积环境与富含电气石岩的加拿大沙利文矿床及我国中条山铜矿等类似，都是形成于裂谷环境中。布罗肯希尔群是沉积为主并伴有富热流和峰式火山作用大陆裂谷环境，沉积之后经历了复杂的区域变形、变质作用和火成侵入作用。

2. 富电气石岩

在变质岩中电气石以密集的集合体、星散的富集层，或者结核状及长英质脉体、花岗伟晶岩针状晶体分布。依据电气石含量变化划分原生的电气石岩和含电气石岩，次生的电气石石英脉、电气石伟晶岩脉。

1)原生电气石岩及含电气石岩

电气石岩是布罗肯希尔地块富电气石岩的最常见一种岩石，几个地层层位均有分布，主要产于萨卡林加群上部的喜马拉雅组(Himalaya F.)，布罗肯希尔群中部的帕尔内组和弗雷尔斯变沉积岩、布罗肯希尔上部霍雷尔斯片麻岩和锡尔弗金组，以及桑当群下部。

电气石岩在变质砂屑质、泥质副变质岩中呈层状分布，与斜长角闪岩和长英质片麻岩互层伴生。自然露头中，电气石岩呈暗褐色到黑色，与其周围浅色围岩形成明显的对照。

电气石岩形态产状变化很大，厚度从几厘米到 50m，一般厚度多在 1m 以上，局部地带沿走向可以连续追溯 1~2km，多呈透镜层状或者豆荚状。

区域内电气石岩由于大型褶皱而发生了明显变形，如安古斯矿山的东南，富石英电气石岩形成开阔褶皱；阿兰代尔矿区西南，一个层状富白云母电气石岩形成紧密褶皱变形，在褶皱枢纽带有电气石岩富集。

电气石岩与有色贱金属矿床密切共生，如王子 Pb-Zn-Ag 矿区的电气石岩与蚀变的斜长角闪岩和层控 Pb-Zn-Ag 矿化伴生，电气石岩呈层状，厚 60m，在的硫化物矿床上盘和下盘分布，夹在锡尔弗金组富红柱石泥质片岩和少量砂屑岩中。在黑王子等矿区，电气石晶体是自形到半自形的细颗粒(<0.1mm)，在得尔弗金东矿区电气石岩中的电气石和罗比山向斜东边红柱石+白云母带的电气石，是半

自形到他形，较粗粒(0.1~1.0mm)。在高级变质岩斜长角闪岩-麻粒岩相带电气石晶体较粗粒(>1mm)，是变嵌晶状的他形到半自形晶体。

在电气石岩及上下层的碎屑岩层中见有碎屑结构电气石矿物及含电气石岩碎屑。黑王子矿区的电气石岩明显地保存了变余沉积构造，如面状层理、渐变层理、小型交错纹理、火焰构造、撕裂构造和塌陷构造。

粒序层显示下部富含硅质石英层，上部为富电气石层，少数含电气石纹层与附近的热液石英接触，接触带处的单晶电气石常形成细长针状体和棱柱体，长 30~70μm。在电气石岩的层面上局部含有晶体铸型，形态与蒸发矿物钾盐镁矾($MgSO_4 \cdot KCl \cdot 3H_2O$)和石膏晶形相似。含电气石岩，在电气石岩上下层及侧段，电气石含量减少，呈浸染状颗粒产在变沉积岩中。

在布罗肯希尔地区的泥质岩、砂屑泥质岩和砂屑岩中，只含有少量电气石；在布罗肯希尔和桑群中，变沉积岩中电气石含量从占体积百分之几到石英-电气石脉和电气石岩附近的 10%~20%。萨卡林加群的长英质片麻岩中分布有石英-电气石结核，结核含电气石 30%~50%，其余大部分为石英，含钾长石少于 10%。片麻岩中石英-电气石结核结构及分布排列方式表明结核是变形之前形成，与岩浆作用或岩浆热液作用有关(表 3-5)。

表 3-5　布罗肯希尔地块古元古代富硼岩系地层表

<table>
<tr><td rowspan="3">帕拉冈群</td><td colspan="2">达尔尼特变沉积岩，主要为石墨泥质到砂屑泥质岩</td></tr>
<tr><td colspan="2">比耶克诺变沉积岩</td></tr>
<tr><td colspan="2">卡特莱茨克里克变沉积岩</td></tr>
<tr><td>桑干群</td><td colspan="2">非石墨泥质到砂屑质变沉积岩，常见钙硅酸结核，富电气石岩</td></tr>
<tr><td rowspan="4">布罗肯希尔组</td><td rowspan="3">普尔纳莫塔亚群</td><td>锡尔弗金组：石英-长石-黑云母-石榴石片麻岩、斜长角闪岩、基性片麻岩、富电气石岩</td></tr>
<tr><td>弗雷尔斯组变沉积岩：非石墨泥质到砂屑质变沉积岩，富电气石岩</td></tr>
<tr><td>帕内尔组：石英-长石-黑云母-石榴石片麻岩、斜长角闪岩、基性片麻岩、富石英长石岩、富电气石岩</td></tr>
<tr><td colspan="2">阿兰代尔变沉积岩、浅色富石英-长石岩、非石墨泥质到砂屑质变沉积岩，富电气石岩</td></tr>
<tr><td rowspan="4">萨卡林加群</td><td colspan="2">喜马拉雅组：富石英长石岩，细粒状钠质斜长石石英岩，富电气石岩</td></tr>
<tr><td colspan="2">奎斯组</td></tr>
<tr><td colspan="2">奥德尔斯坦克组</td></tr>
<tr><td colspan="2">莱德布拉西组</td></tr>
<tr><td colspan="3">桑代尔混合片麻岩</td></tr>
<tr><td colspan="3">克里夫代尔混合岩</td></tr>
<tr><td colspan="3">雷丹片麻岩</td></tr>
</table>

2) 次生含电气石石英脉及伟晶岩脉

含电气石石英-锌尖晶石岩中电气石是石英-锌尖晶石脉岩的副矿物，在科鲁加钨矿区、九英里等一些矿区的层控石英-锌尖晶石岩石中也有电气石。这种电气石一般呈细粒-中粒(0.1~1mm)、浸染状晶体与浸染状锌尖晶石伴生的富石英基质中。

杰斯里莱矿区和拉斯帕兰扎地区的石英-锌尖晶石岩含电气石和石榴石碎屑，表明其形成于石英-锌尖晶石岩的变形、变质作用之前。一般大型浅色花岗伟晶岩中常见有电气石富集，一些伟晶岩中含自形黑电气石晶体可达 10cm 长。

3. 岩石化学

富电气石岩的岩石化学成分变化很大，SiO_2 为 29%~88%，Al_2O_3 为 5.3%~37%，B_2O_3 为 0.5%~8.1%，TFe_2O_3 为 1.1%~1.4%，MgO 为 5.5%~3.4%，CaO 为 0.1%~1.9%，Na_2O 为 0.2%~7.8%，K_2O<0.1%~4.1%(表 3-6)。

表 3-6 布罗肯希尔地区富电气石岩和电气石岩化学组成表

样号	1	2	3	4	5	6	7	8	9	10	11	12	13	14	15	平均值	最高值	最低值
SiO_2	62.00	73.70	67.20	56.80	73.20	79.40	87.50	53.40	64.60	59.80	54.80	29.30	49.70	37.50	84.00	62.19	87.50	29.30
TiO_2	0.68	0.52	0.78	0.99	0.54	0.41	0.21	0.94	0.83	0.89	1.04	1.77	1.10	1.82	0.28	0.85	1.82	0.21
Al_2O_3	21.20	13.60	17.30	21.10	14.20	11.10	5.81	23.90	18.00	23.10	22.00	36.70	23.80	34.60	8.39	19.65	36.70	5.81
Fe_2O_3	1.95	4.50	4.96	8.75	3.12	1.84	1.33	8.01	6.24	3.59	8.27	14.10	13.70	12.00	1.13	6.23	14.10	1.13
MnO	0.02	0.02	0.02	0.09	0.02	0.02	0.02	0.09	0.03	0.02	0.06	0.36	0.42	0.17	0.02	0.09	0.42	0.02
MgO	1.29	1.21	1.17	2.04	0.98	0.63	0.49	2.11	1.87	1.87	1.99	3.42	2.02	3.20	0.78	1.67	3.42	0.49
CaO	0.66	0.25	0.14	0.32	0.85	0.70	0.30	0.28	0.37	0.26	0.69	1.88	0.69	0.61	0.79	0.59	1.88	0.14
Na_2O	7.79	0.54	0.71	1.21	1.47	2.47	1.07	1.13	0.68	0.77	1.00	1.39	1.10	0.73	2.11	1.61	7.79	0.54
K_2O	0.87	0.13	1.64	0.04	2.66	0.45	0.32	1.66	0.71	2.97	0.91	0.43	0.83	3.90	0.08	1.17	3.90	0.04
P_2O_5	0.10	0.05	0.05	0.07	0.06	0.05	0.13	0.06	0.05	0.06	0.26	0.07	0.18	0.08	0.05	0.09	0.26	0.05
LOI	0.79	0.89	1.37	1.57	1.81	0.84	0.82	2.00	1.38	1.90	1.83	1.83	1.66	2.60	0.53	1.45	2.60	0.53
B_2O_3	1.80	3.80	2.40	6.10	0.60	1.40	0.78	6.10	4.80	3.50	5.40	8.10	4.30	3.30	1.30	3.58	8.10	0.60
合计	99.15	99.21	97.74	99.08	99.51	99.31	98.78	99.68	99.56	98.73	98.25	99.35	99.50	100.51	99.46	99.19	100.51	97.74
Na_2O+K_2O	8.66	0.67	2.35	1.25	4.13	2.92	1.39	2.79	1.39	3.74	1.91	1.82	1.93	4.63	2.19	2.78	8.66	0.67
K_2O/Na_2O	0.11	0.24	2.31	0.03	1.81	0.18	0.30	1.47	1.04	3.86	0.91	0.31	0.75	5.34	0.04	1.25	5.34	0.03
A/CNK	1.42	9.16	5.40	8.06	2.07	1.90	2.19	5.73	7.02	4.65	5.66	5.94	6.00	5.29	1.68	4.81	9.16	1.42
A/NK	1.54	13.21	5.87	10.37	2.68	2.44	2.76	6.53	9.53	5.15	8.36	13.33	8.78	6.37	2.36	6.62	13.33	1.54
Rb	15.3	8.7	439	11.4	268	36	27.9	226	66	175	63.3	21	60	334	3.5	117.01	439.00	3.50
Sr	123	47	28	23	92	82	55	103	30	83	188	65	47	39	225	82.00	225.00	23.00
Ba	227	60	506	87	924	229	68	460	94	514	553	187	98	800	59	324.40	924.00	59.00
Zr	43	20	30	20	16	33	46	62	28	41	52	46	76	36	7	37.07	76.00	7.00
Rb/Sr	0.12	0.19	15.68	0.50	2.91	0.44	0.51	2.19	2.20	2.11	0.34	0.32	1.28	8.56	0.02	2.49	15.68	0.02

续表

样号	1	2	3	4	5	6	7	8	9	10	11	12	13	14	15	平均值	最高值	最低值
Sr/Ba	0.54	0.78	0.06	0.26	0.10	0.36	0.81	0.22	0.32	0.16	0.34	0.35	0.48	0.05	3.81	0.58	3.81	0.05
La	76.40	5.71	42.50	50.50	25.70	59.30	22.50	102.60	45.00	79.90	70.30	80.80	92.30	57.60	2.47	54.24	102.60	2.47
Ce	137.00	10.50	79.60	91.40	84.40	113.20	53.70	197.00	73.40	151.80	138.80	164.00	169.00	118.60	5.43	105.86	197.00	5.43
Nd	54.50	5.00	32.00	39.10	23.30	42.30	22.40	78.60	32.10	60.20	57.80	65.80	64.10	49.40	3.60	42.01	78.60	3.60
Sm	11.29	0.97	6.62	8.72	5.77	8.70	5.91	18.00	7.04	13.11	14.97	14.94	14.30	11.60	0.99	9.53	18.00	0.97
Eu	1.95	0.32	0.79	0.97	1.08	1.75	0.73	2.10	0.93	1.44	1.84	1.32	1.04	1.35	0.29	1.19	2.10	0.29
Tb	1.38	0.28	0.99	1.24	0.79	1.00	1.03	2.17	1.02	1.67	2.13	1.68	2.12	1.60	0.15	1.28	2.17	0.15
Yb	3.81	1.53	2.89	2.30	1.45	2.78	3.37	4.85	2.52	4.51	5.03	5.36	6.32	3.58	0.78	3.41	6.32	0.78
Lu	0.55	0.26	0.46	0.38	0.22	0.45	0.49	0.72	0.38	0.66	0.74	0.96	0.92	0.55	0.13	0.52	0.96	0.13
REE	286.88	24.57	165.85	194.61	142.70	229.48	110.14	406.04	162.38	313.29	291.61	334.86	350.10	244.28	13.83	218.04	406.04	13.83
LREE/HREE	48.97	10.90	37.27	48.67	57.22	53.23	21.50	51.45	40.49	44.81	35.93	40.86	36.42	41.62	12.16	38.77	57.22	10.90

注：1. 喜马拉雅组的中粒富电气石层状钠长岩；2. 黑王子矿区锡尔弗金组中钿粒层状和纹层状石英-电气石岩；3. 锡尔弗金矿区锡尔弗金组细粒纹层状和纹层状富白云母电气石岩；4. 扬科格林地区帕内尔组的细层状石英-电气石岩；5. 科鲁加钨矿探区的帕内尔组中粒富电气石岩泥质片岩；6. 锡承弗金东矿细粒富电气石；7. 扬科格林区弗雷尔斯变沉积岩中的中粒纹层状富电气石砂屑岩；8. 扬科格林地区弗雷尔斯变沉祝物中细粒白云母石英-电气石岩；9. 埃特尔山萤石矿区桑当群底部细粒层状和纹层状石英-电气石岩；10. 阿兰代尔矿区弗雷尔斯变沉积物的中粒退变质富白云母电气石岩；11. 扬科格林地区桑当群的中粒石英-电气石岩；12. 世界矿区霍雷斯片麻岩中的细粒电气石-锌尖晶石-石榴石电气石岩；13. 霍雷斯片麻岩的细粒石英-电气石-尖晶石-石榴石电气石岩；14. 霍雷斯片麻岩的细粒退变质电气石-白云母-夕线石-石榴石电气石岩；15. 蒙大拿霍姆斯特德地区喜马拉雅组中粒富电气石斜长石-石英岩。主量元素含量单位为%，微量元素含量单位为 10^{-6}。

微量元素 Rb/Sr 值明显高于 Sr/Ba 值，一般稀土元素总量在 200×10^{-6} 以上，LREE/HREE 在 20 以上(表 3-6)，显示轻重稀土元素分异明显。稀土元素 LREE/HREE-REE 呈曲线正相关关系(图 3-10)，Rb/Sr-LREE/HREE 呈正相关关系(图 3-11)。

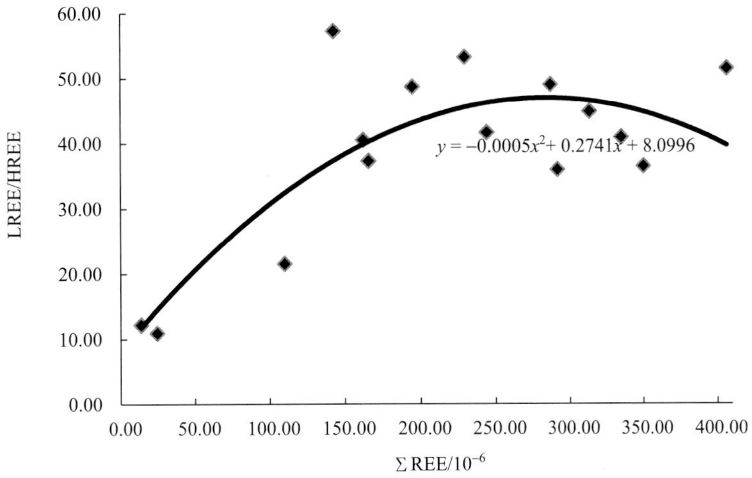

图 3-10　富电气石岩石 LREE/HREE-REE 二次相关曲线

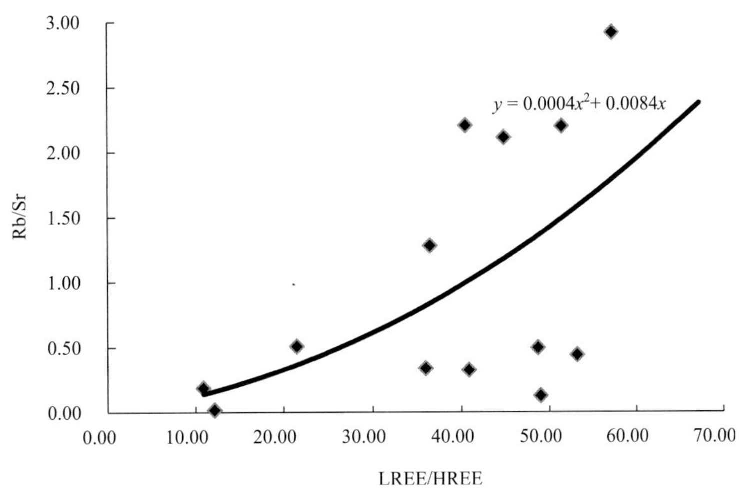

图 3-11　富电气石岩 Rb/Sr-LREE/HREE 二次相关曲线

第三节　绿 岩 岩 系

绿岩岩系是由早前寒武纪大洋底部火山活动有关的岩浆岩及热水喷流沉积物组成，经过后期构造改造变质形成的岩石组合。

一、花岗绿岩带

花岗绿岩岩系是一套包括有 TTG 岩系的基性火山沉积变质岩系，花岗绿岩区是早前寒武纪有以钠质花岗岩类的深成岩体围绕或侵入的变质火山沉积岩系分布的区(带)。绿岩带，是太古宙火山沉积盆地内低级变质的火山岩系和碎屑岩系的总称，以绿色变质的超基性岩和基性火山岩(包括科马提岩)为特征，绿岩带年龄一般均大于 2.0~2.2Ga。由这种变质火山沉积岩系所构成的典型的绿岩带，是绿片岩相为主的绿色变质的基性和超基性火山岩及碎屑岩所组成的具一定层序的岩系，并构成狭窄的紧密陡倾平行的等斜向形构造，呈零星不规则状或条带状，形态大小各异。花岗绿岩区是早前寒武纪基底中的一个重要组成部分，与花岗片麻岩区共同组成整个大陆地壳基底。以绿岩带为明显标志的花岗绿岩区在世界各古老古陆、地盾区内均有分布。

1. 岩石组成

最早在南非发现并定名绿岩带，以后在澳大利亚和加拿大的古老地盾中相继发现。现在已知重要的有：南非巴伯顿地区的斯瓦西兰系(Swaziland system)，年龄为 3.4~3.2Ga；津巴布韦的塞巴克威系(Sebakwian system)，年龄为 3.3Ga；澳大利亚的卡尔古利系(Kalgoorlie system)，年龄为 2.7Ga；加拿大南苏必利尔省(Superior province)的阿比提比带(Abitibi belt)，年龄为 2.7Ga；印度的达瓦尔系(Dharwar system)，年龄为 2.3Ga。

绿岩带形成于太古宙和元古宙，时间距今为 3.5~2.3Ga，古太古代的绿岩带范围较小，呈大小不一的线形或尖锐的三角形盆地分布，如南非巴伯顿的绿岩带长约 120km，宽为 40~60km。新太古代的较大，如阿比提比带达 900km×225km。这些绿岩带往往遭受破坏，常与花岗岩石在一起，并受后期的钾质花岗岩和混合岩的注入和交代的影响，把原有绿岩带分隔为若干规模较小的残留带。

围绕或侵入绿岩带的花岗岩类，主要为英云闪长岩、奥长花岗岩及花岗闪长岩(简称 TTG)系列的富钠质、深成穹形底辟状或层状体。

绿岩带岩性组分有明显的层序和旋回性特征，但它们的岩性组合及比例有很大差异。一般底部为含超基性-基性火山喷出岩类，向上常多酸性火山喷出岩，由于这两类喷出岩在成分上不连续过渡而构成双峰式；在层序剖面中向上都有成熟度低的沉积岩类(如硬砂质岩石)，少碳酸盐岩，显示形成环境的构造活动性很大。

一个绿岩带自下而上一般可划分为 3 个组：①超基性-基性火山岩组，有大量超基性火山岩出现，基性火山岩具有大洋玄武岩的地球化学特征，常有科马提岩；②钙碱性火山岩组，以含钾较低的多层玄武岩-安山岩-英安岩-流纹岩为主，含燧石和碧玉质岩石等化学沉积岩；③沉积岩组，下部含有硬砂岩、泥质岩及条带状铁矿，相当于浊积岩系；上部是浅海相多旋回的砂砾岩组合，含有少量碳酸盐岩及条带状铁矿。这种火山沉积岩的层序明显，常具周期性重复，上部还可出现钙碱性火山岩。各个地区的岩石组合大致类似，但各组的岩石可以不同，其差异在于有的未见有科马提岩，有的仅发育基性火山岩而缺乏酸性火山岩，还有的以硬砂岩为主的沉积岩系占整个层序的大部分，这显示了绿岩带是一种特定环境的构造-岩浆系列。在大陆区各古老古陆地盾区内还发现有高级变质的绿岩带，它们的变质相可达高级角闪岩相甚至麻粒岩相。

绿岩带的岩石普遍遭受低压变质作用，变质程度达绿片岩相，变质岩类型有相当于超基性岩及基性岩变质的蛇纹片岩、滑石片岩、绿泥滑石片岩、绿片岩及绿岩等，由中酸性火山岩变质的绢云母石英片岩、绿帘绢云母片岩等，由沉积岩变质的片岩、千枚岩、变质砂岩、石英岩等，部分岩石含红柱石。

花岗岩-绿岩带与高级片麻岩区是早前寒武纪变质岩区最基本的地质单元。目前对这两个地质单元之间的构造关系至少存在两种解释：即绿岩带不整合于古老的高级片麻岩区，或者两种同时形成于不同的地壳层次，如津巴布韦、南非、西澳及北美等地。

上述两大单元常具有相似的构造样式，代表相似构造环境下的不同构造层次的产物。从古太古代到新太古代绿岩形成环境发生了较大的变化，古太古代(＞3.5Ga)绿岩(如南非巴伯顿绿岩带和澳大利亚皮尔帕拉东部绿岩带)明显形成于浅水大洋环境，缺少硅铝质基底的证据，形成的时间较长(大于100Ma)，而新太古代绿岩(如加拿大苏必利尔区、斯累夫区、津巴布韦及澳大利亚耶尔冈克拉通)常形成于邻近古老硅铝质基底上深度变化较大的盆地，绿岩有时不整合于古老的片麻岩基底上，地层形成的时间较短(小于 50Ma)。

而部分太古宙绿岩带(如 Superior 区、Slave 区、津巴布韦 Belingwe 新太古代绿岩)可能由不同构造单元拼合形成，并发育大洋壳或大洋高原岩石组合，这表明绿岩形成过程中明显涉及洋壳作用，有力地支持威尔逊旋回至少在太古宙末期已起作用。

2. 绿岩带中金矿

绿岩带中有较丰富的矿产，主要有与超基性岩有关的铬、镍、铜、金、铂、石棉、滑石、菱镁矿等矿床，与火山岩系有关的块状硫化物、黄铁矿等矿床，以及与沉积岩或火山沉积岩有关的条带状铁矿床(张待时，1994)。

南部非洲金资源丰富，金的来源与太古宙绿岩带密切相关，主要局限于津巴布韦的罗得西亚和南非的卡普瓦尔(Kaapvaal)克拉通两个古老(2.7~3.5Ga)的花岗岩-绿岩地块内。在两个克拉通的西部覆盖区的花岗质岩石内分布有火山-沉积岩隆脊或绿岩带，其中对 Barborton 绿岩带的系统研究，建立起一个太古宙绿岩带的地层模式。许多绿岩带的底部是广为发育的各式各样富镁的镁铁质及超镁铁质的变火山岩，即科马提岩。与科马提岩伴生的一般是少量长英质凝灰岩岩层和与其有关的条带状铁质层。这一组合已共同地被称之为“下部超镁铁质层”，在许多地区主要是英云闪长质花岗质片麻岩所广泛侵入、变质、解体，以及部分地花岗岩化。

金矿中金来自绿岩带中的火山-沉积岩地层，火山岩地层沉积间断中金的早期富集具有重要意义，如 Barberton 岩带 Steynsdorp 金矿田中的碳质凝灰岩；澳大利亚的 Kambalda 地区科马提岩中的层间流沉积；南部非洲绿岩带中的条带状铁质层等。有些火山岩地层沉积间断中的原生富集看来是相当高的，足以形成原生的工业矿床，如津巴布韦 Gwanda 岩带的 Vubachikwe 金矿及 Barberton 岩带的 Consort 金矿。绿岩带中的金矿可以划分为同生和后生改造两种金矿类型。

1)同生金矿

在南部非洲，许多金矿床和金矿化，产于以火山岩为主的层序的沉积间断内，属同生型。许多矿床虽然显示出一定的明显的同生特征，但是后生改造富集特征也很明显，如富矿体受构造控制，矿化富集地段的构造破碎强，较晚的热液脉体分布较多。大多数明显的同生矿床产于与火山岩(特别是科马提质火山岩)有密切联系的不整合面上，表明它们之间有着成因联系。最好的矿化十分普遍地产于褶皱构造、较强烈破碎的地区或其他遭构造扰动的部位。

(1) Barberton 绿岩带的 steyndorp 金矿田，金多金属富集在 Komati 组顶部的凝灰质层中，直接下伏于燧石质的 Middle Marker 层，后者则限定了该区的紧闭的 Steyndorp 背斜构造。Steyndorp 背斜中的 Komati 组，由科马提质玄武岩、碳酸盐化的科马提岩组成。凝灰质岩石含绿泥石鳞片、少量石英，以及碳酸盐颗粒，岩石为碳质凝灰质页岩，层中发育碳酸盐岩细脉。已经发现凝灰质玄武玻璃质碳酸盐层位富含金、砷、铜、镍、钛和铁，金的异常含量达 750×10^{-9}，该层位代表着科马提质火山活动的结束阶段。该火山活动期后的热液作用，及原始生命促成风化作用，导致了金和其他金属从下伏的熔岩中获得了异常富集。

(2) Barberton 绿岩带的 Consort 金矿床矿化，与细粒的硅质层相关，矿床位于线状向斜褶皱构造西端，产于下部 Onverwaeht 群和上部 Fig Tree 群之间的接触带上。该区的 Onverwacht 群主要为科马提质岩石，有角闪岩、蛇纹岩，以及相当于科马提质玄武岩和科马提岩。上覆的 Fig Tree 群岩石则由杂砂岩及页岩衍生的角页岩所组成。

矿体下盘科马提质岩石为块状、微绿灰色的富镁角闪岩(由透闪石及局部发育的角闪石组成，还存在一些叶蛇纹石和绿泥石)，这些岩石与 Geluk 型科马提质玄武岩相当。矿化层平均厚 4m，为明显纹层状的高硅质燧石岩，为黑色至层状明显的绿色和棕色岩石，纹层厚一般为 1~5mm。矿石条纹中见有不同比例的毒砂和磁黄铁矿的富硫化物层间条带，成为采金的矿带。下伏于 Consort Bar 的角闪岩内亦发现有伴生金的硫化物，除毒砂和磁黄铁矿等硫化物外，矿石中还见有脉石英、电气石、黄玉和方解石脉，还有少量黄铜矿和镍黄铁矿，常见自然金。

与 Steyndorp 金矿类似，上覆于科马提岩组之上的凝灰质岩石的金矿化与科马提质火山活动晚期热液活动有关。热液相对高温的，富硅、铁、硫、砷和金，并且与形成 Consort Contaet 火山沉积有关，矿化属于层状、矿化的条带状铁质层这一类。

(3) BIF 条带状铁质层内也分布有不少特征的金矿床，如 Gwanda 岩带 Vubaehikwe 矿床与镁铁质、科马提质火山岩互层的条带状铁质层含有薄层金矿体。矿体呈层状，且均局限于条带状铁质层的硫化物层和硫化物-碳酸盐岩混合层中，该铁质层由分别富含燧石、毒砂、磁黄铁矿和铁白云石的互层交替组成，如 Hartley 北部 Gadzema 绿岩带中的 Giant 和 New Found 以及其他一些较小的矿床，金矿化与科马提岩、长英质片岩成互层的条带状铁矿层共生。Que Que 地区的 Sherwood Starr 矿床可能是同生成因的含金含硫化物条带状碧玉铁质岩。

2) *后生矿床*

太古宇中分布众多不同类型的脉状或剪切带型金矿床，这些矿床多半产在较坚硬的镁铁质拉斑玄武质绿岩及与其有联系的较为酸性的侵入岩(通常是英云闪长质花岗岩)附近，且产于较坚硬岩类的构造破碎带中。矿化围岩是镁铁质(拉斑玄武质)熔岩、条带状铁质层和一些长英质岩类及其他沉积岩。

(1) Steyndorp 金矿田，矿床产于 Steyndorp 背斜北部转折端和东西两翼，下部地层科马提岩组顶部玄武质凝灰岩，之上依次是稳定的条带状硅质岩层(Middle Marker 层)和拉斑玄武岩(Hooggenoeg 组)。含金矿化脉主要产于条带状硅质岩层上部火山岩中，个别产于科马提岩组中的斑岩体内。金矿化类型是含金石英脉型矿化，含金石英脉沿拉斑玄武质火山岩中构造破碎带充填。

乳白色含金石英脉呈透镜状、细脉(mm)或者宽脉(3m)产出，脉体中伴生铁白云石和菱铁矿等碳酸盐矿物，矿石矿物有黄铁矿、毒砂和黄铜矿等硫化物矿物。矿化蚀变主要为中低温青磐岩化，含绿泥石、石英和碳酸盐的退色晕。Gypsy Queen 矿床产于 Komati 组中的长石斑岩体内，金矿化石英脉中含有毒砂、黄铁矿和闪锌矿、方铅矿，方铅矿中含有黝铜矿、车轮矿、辉银矿和深红银矿等包体。

此类金矿成矿物质来源与科马提质绿岩有关，原始科马提质火山岩，特别是其下伏的玄武玻璃质凝灰质层位中的金与其他挥发性元素一起被英云闪长质花岗岩侵入所产生的热所活化，金和伴生元素随温度梯度下降而从花岗岩接触带向外迁移，并在低温绿片岩变质相带的构造圈闭中结晶充填在构造破碎带中形成石英脉型金矿。

(2) 津巴布韦 Shangani 岩带中的大多数含金石英脉，一般产于以科马提岩为主的绿岩层序上部坚硬的拉斑玄武质绿岩的构造破碎带中。沿 Shangani 岩带东翼，英云闪长质花岗岩的侵入活化迁移了绿岩带中的金，而在构造破碎带充填成矿。津巴布韦许多金矿床，包括 Bulawayan、Filabusi、Gwanda 岩带中的许多矿床，都具有基本相似的控矿因素，最有利控矿部位是沿火山岩地层内长英斑岩层的接触带，如 Golden Valley 和 Patehway 金矿及若干小矿山的含金石英脉，伴生白钨矿是常见的副矿物。Golden Valley 以北的 Dalny 矿山是 Bulawayan 群火山岩内剪切带型金矿，矿石矿物毒砂和黄铁矿呈浸染状分布。

Barberton 绿岩带 Sheba 金矿，Sheba 和 Fairview 金矿的矿化都与碳酸盐化科马提岩有关。科马提岩中一些剪切带型金矿床或金-锑矿床显示出强烈碳酸盐化蚀变，形成滑石-碳酸盐和碳酸盐-石英脉。

南印度地盾科拉尔片岩带是迭瓦尔超群上部的古老的绿岩带，科拉尔片岩带长 80km，宽 3~15km 是由上壳岩组成，包括变质基性熔岩、酸性熔岩，凝灰岩、条带状铁建造、石墨-硫化物片岩和复矿砾岩。达瓦尔杂岩中矿产，主要是铁矿和锰矿，有印度辛戈布赫铁矿，含铁58%~64%。锰矿在萨乌萨尔区开采，另外与超基性有关的还有铬矿、石棉、滑石和菱镁矿。还有含铁-钛-钒矿化的辉长岩，另外还有几个大的金矿，与非洲、澳大利亚、加拿大的前寒武纪绿岩带金矿床相似。

它主要由镁铁质火山岩和有关的辉长岩床，少数超基性岩床和(减)岩流，岩流间碎屑岩和化学沉积岩及成因不清的碎屑岩和复矿碎屑岩石单位组成。

印度地盾太古宇绿岩带中科拉尔片岩内含有大量的条带状铁建造，在片岩西边缘，条带状铁建造延伸数千米，从片岩带南端到科拉尔金矿田的西北，BIF 铁建造大约 140km，往北呈不连续的带状分布。

条带状铁建造中也含有金，呈两种类型分布，一种类型以含金硫化物型岩石，硫化物层与条带状铁建造的薄层平行，并与容矿岩石一起发生变形；第二种类型，金产在结晶的石英透镜体和石香肠内，含或没有硫化物，如科拉尔金矿田附近的塞特山日和达马普里地区的孔达金矿。

二、科 马 提 岩

科马提一名词源自南非特兰斯瓦巴伯顿科马提河流域，该区产出的太古宙超基性火山岩称为科马提岩。目前全世界发现四处典型的科马提岩，它们分别存在于南非的马伯顿、澳大利亚的皮尔巴拉、加拿大的阿比提比及中国新泰市羊流镇雁翎关。与科马提岩有关的矿产有金、铜、锑、镍，其中镍矿储量尤为丰富，有时也有温石棉、菱镁矿、滑石等矿床。

科马提岩是 MgO(18%~32%)含量较高的一类超镁铁质熔岩，成分与深成的橄榄岩相当。通常具有枕状构造，冷凝的流动顶盖，常与拉斑玄武岩呈互层状产出。岩石主要由橄榄石、辉石的斑晶(或骸晶)和少量铬尖晶石，以及玻璃基质组成，具枕状构造、碎屑构造和典型的鬣刺(鱼骨状或羽状)结构，其特点是橄榄石呈细长的锯齿状斑晶，是淬火结晶的产物。

在化学成分上典型的科马提岩以 MgO＞18%(无水)、CaO/Al_2O_3＞1、高 Ni、Cr、Fe/Mg、低碱和较稳定的 TiO_2/P_2O_5 值(=10±)为特征(图 3-12)。根据 SiO_2 和 MgO 的含量，科马提岩是从超基性到基性的一个岩石系列，因此分为橄榄石科马提岩(SiO_2＜44%，MgO=20%~40%)和玄武质科马提岩(SiO_2=44%~56%，MgO=9%~20%)。

科马提岩是地幔高度部分熔融的产物，是地球早期富镁原始岩浆的代表，一般认为太古宙科马提岩-拉斑玄武岩的成因与地幔柱的热点活动关系密切，为异常高温地幔部分熔融的产物。广义的科马提岩中还包括与之有成因联系和具科马提岩某些特征的玄武岩。因此有人认为在矿物组成和结构上还应包括快速生长的、具细杆状骸晶结构的辉石。在化学成分上，提出玄武质科马提岩的 MgO＞12%(或＞9%)，CaO/Al_2O_3＞0.8。有人将广义的科马提岩分为橄榄质科马提岩(典型科马提岩)、玄武质科马提岩和科马提质玄武岩。

印度达瓦尔克拉通霍莱纳拉西普尔(Holenarasipur)片岩带是 3.2~3.5Ga 大陆变质岩块，两个地层单元以角度不整合接触，即萨格尔群(Sargur group)和达瓦尔群(表 3-7)。萨格尔群底部是基性-超基性岩，上部是各种沉积变质岩，岩石分为超铁镁质岩、斜长岩、铁镁质岩、泥质岩、石英岩和富铁岩石，岩石达到高级变质(蓝晶石带)相。角度不整合之上达瓦尔群底部为砾岩，向上发育有角闪岩、石英岩和条带状磁铁石英岩系，整体变质程度为角闪岩相。

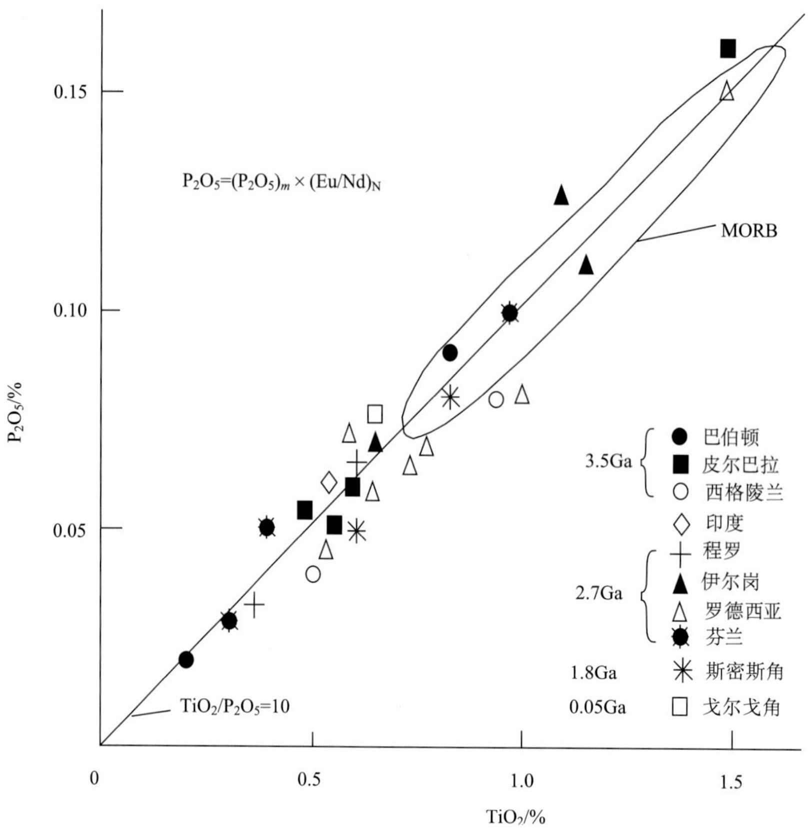

图 3-12　原始地幔 TiO_2- P_2O_5 散点及 TiO_2/ P_2O_5 值图

对样品测试$(P_2O_5)_m$值采用球粒陨石标准化的 Eu*/Nd 值进行校正。这些样品用来解释它的稀土模式和具有球粒陨石稀土丰度的原始地幔的 TiO_2/P_2O_5 的偏差。MORB 为大洋中脊玄武岩

表 3-7　霍莱纳拉西普尔片岩带的地质顺序

岩群	岩性层序	主要岩石
达瓦尔岩群	11.岩墙 10.伟晶岩 9.英云闪长岩 8.富铁岩石(BIF) 7.基性的变质火山岩和互层状的石英岩 6.底砾岩	粗玄岩-辉长岩，发育黑电气石伟晶岩脉；变质超镁铁质岩、富铁质岩石、绿泥石-黑云母-石榴石片岩夹砾岩；与石英岩、泥质片岩和超镁铁质岩、砾岩伴生的变质火山岩
萨格尔岩群	5.伟晶岩	混合岩-花岗片麻岩
	4.英云闪长岩和奥长花岗岩 3.富铁质岩(石榴石-铁闪石-磁铁石英岩) 2.变质沉积岩(蓝晶石-十字石-石榴石-云母石英片岩和变质燧石，以及铬云母石英岩) 1.基性-超基性的水下熔岩流，其中包括与变质燧石互层的(铬云母石英岩)斜长岩	蛇纹岩、变质橄榄岩、辉石岩和纯橄榄岩；石榴石-铁闪石石英岩和角闪石石榴石石英岩；副变质角闪岩、石榴石角闪岩和变质斜长岩；砾岩、蓝晶石-十字石-石榴石-二云母片岩
基底	基性-超基性的原始地壳	

印度达瓦尔绿岩可分成两种类型：一种类型主要是变质火山岩，而陆棚相的变质沉积岩次之，属基瓦丁型；另一种类型为地槽拗型，以变质沉积岩层为主(包括 BIF)，只含相对少量的基性和中性的变质

火山岩，称达瓦尔型。两者是不同时代的形成物，绿岩带有两个世代：①基瓦丁型相当于下达瓦尔系，认为是古绿岩带(3.2~3.5Ga)；②达瓦尔型相当于中和上达瓦尔系，是较年轻的地槽绿岩带(2.5~3.0Ga)。

达瓦尔绿岩带建造主要由拉斑玄武岩及硬砂岩组成，沿剖面往上碎屑沉积岩石比磨拉石岩增多，玄武岩带发育枕状及柱状节理，变质程度达绿片岩相和角闪岩相。

在辛戈布赫省，达瓦尔杂岩为含铁岩系，下部是底砾岩和砂岩，向上变为轻微变质的基性熔岩(其中有玄武质的科马提岩)、硅质岩、云母和角闪片岩，含有铁质石英岩夹层。铁质石英岩整合沉积在古老变质的前达瓦尔杂岩上，铁质石英岩的年龄约 2.5Ga。

萨格尔后期广泛的英云闪长岩岩浆活动之后的稳定阶段，从而在“陆核阶段”地层的顶部形成了薄层的达瓦尔古陆型沉积物。

与铬云母石英岩互层的科马提岩主要在萨格尔岩群下部分布，可以见有变形的枕状熔岩和显微鬣刺结构，成分类似于橄榄科马提岩、辉石科马提岩和玄武科马提岩。超镁铁岩中富含基性斜长石，变泥质岩中富含铝、镁、铁、钛、钙、镍、铬，但硅、钾、铷和锶减少。地球化学资料对比，霍莱纳拉西普尔片岩带的萨格尔岩群是由火山-沉积岩系组成的。霍莱纳拉西普尔片岩带的不同岩石类型的化学(表 3-8)成分比值和 MgO 的丰度可划分为：橄榄质的、辉石质和玄武质的科马提岩。

表 3-8　霍莱纳拉西普尔片岩带岩石平均化学成分

样号/样数	1/15	2/9	3/2	4/8	5/10	6/6	7/8	8/7	9/12	平均
SiO_2	42.85	49.58	51.17	48.32	51.17	52.86	44.86	52.01	68.28	51.23
TiO_2	0.15	0.14	0.76	0.60	1.30	0.98	1.73	0.80	0.34	0.76
Al_2O_3	3.22	7.54	11.87	21.86	14.70	16.95	18.67	14.71	12.52	13.56
Fe_2O_3	4.43	2.58	2.38	0.74	2.26	1.33	2.78	2.06	0.98	2.17
FeO	5.61	7.32	9.18	6.28	10.47	8.12	6.91	8.98	3.26	7.35
MnO	0.13	0.20	0.22	0.22	0.29	0.19	0.11	0.24	0.16	0.20
MgO	29.18	15.83	7.91	5.47	5.64	4.69	14.42	5.77	3.10	10.22
CaO	7.38	9.35	11.25	13.78	9.79	7.85	2.65	10.37	5.18	8.62
Na_2O	1.17	1.79	3.35	2.23	2.36	3.65	1.56	3.91	4.85	2.76
K_2O	0.07	0.27	0.29	0.11	0.18	2.02	0.09	0.42	1.40	0.54
P_2O_5	0.09	0.04	0.02	0.04	0.07	0.06	0.06	0.03	0.04	0.05
Los	6.30	3.08	0.80	0.41	0.93	1.23	4.96	0.78	0.24	2.08
合计	100.58	97.72	99.20	100.06	99.16	99.93	98.80	100.08	100.35	99.54
Na_2O+K_2O	1.24	2.06	3.64	2.34	2.54	5.67	1.65	4.33	6.25	3.30
K_2O/Na_2O	0.06	0.15	0.09	0.05	0.08	0.55	0.06	0.11	0.29	0.16
A/CNK	0.21	0.37	0.45	0.76	0.67	0.75	2.49	0.57	0.66	0.77
A/NK	1.61	2.33	2.04	5.77	3.60	2.07	7.01	2.14	1.32	3.10
M/F	5.43	2.93	1.25	1.41	0.81	0.90	2.74	0.95	1.34	1.97
Rb	10	10	10	10	10	44	11	18	54	19.67
Sr	10	52	95	169	166	162	19	166	388	136.33
Cr	4788	1964	815	273	148	232	549	160	53	998.00
Ni	429	249	131	227	118	119	191	150	29	182.56
Co	93	68	53	31	53	44	95	52	25	57.11
V	69	122	25	281	272	192	238	245	117	173.44
Rb/Sr	1.00	0.19	0.11	0.06	0.06	0.27	0.58	0.11	0.14	0.28
V/Cr	0.01	0.06	0.03	1.03	1.84	0.83	0.43	1.53	2.21	0.89

注：1.橄榄(蛇纹岩)科马提岩；2.萨格尔群辉石科马提岩；3.玄武科马提岩；4.斜长岩；5.萨格尔群角闪岩；6.变泥质岩；7.绿泥片岩；8.达瓦尔群角闪岩；9.片麻岩。主量元素含量单位为%，微量元素含量单位为 10^{-6}。

湖南益阳玄武岩质科马提岩的鬣刺结构是橄榄石、单斜辉石的中空骸晶呈放射状、束状、平行状、毛发状、丛状等晶团或晶群，排列于极细小的橄榄石、辉石、火山玻璃等物质组成的基质之中，橄榄石已蛇纹石化、滑石化、碳酸盐化等；单斜辉石变化较弱或已被透闪石化、绿泥石化等，基质已脱玻化，故此为鬣刺结构假象。橄榄石骸晶长 0.25~0.75mm，宽约 0.025mm；单斜辉石骸晶长 0.1~0.5mm，宽 0.025~0.05mm，属显微鬣刺结构。

鞍山弓长岭铁矿下盘发育变质玄武质岩成为石榴石绿泥石片岩，具有变余鬣刺构造，原岩应该属于玄武质科马提岩(照片 3-1)。

鲁西雁翎关科马提岩是确认的科马提岩，局部保留有鬣刺结构，科马提岩主要由蛇纹石化橄榄科马提岩、透闪石岩、透闪片岩、阳起透闪片岩、绿泥透闪片岩、黑云阳起片岩等组成。

三、BIF 建造

“BIF”建造指条带状含铁建造(banded iron formation)，是在早前寒武系(主要为太古宙到古元古代)岩石中发现的细条带状硅质沉积变质铁矿床，呈层状分布，厚数百米，延续可达 150km。主要由化学(或生物化学)沉积的燧石和一种或几种富铁矿物(氧化物、碳酸盐、硅酸盐或硫化物)薄层组成，单层厚可达几厘米，层内又显毫米级的层纹(照片 3-2)。薄层和层纹之间以及其内部往往由物质成分的突变和渐变，显示递变层特征，岩石普遍遭受了绿片岩相-角闪岩相变质作用。

此类矿床为世界最重要的铁矿床类型，是早前寒武纪特有的化学沉积建造类型，记录了当时大气和海洋的化学成分、氧化还原状态及演化。最古老的 BIF 形成时代约为 3.8Ga，在 1.8Ga 之后就不再形成。BIF 建造的出现是地球早期大气和海洋的氧分压大幅提升的重要标志性事件，在太古宙海水处于还原状态，有大量的 Fe^{2+}离子溶解于海水中。当海底火山喷发，并由此引起微生物生长而引起氧化度增高时，Fe^{2+}部分变成 Fe^{3+}，形成铁的氧化物沉积，从而形成铁矿。

BIF 条带状铁建造中除产出铁矿外，常共生和伴生许多金属和非金属矿产，特别是金、锰、铅锌、铜和镍，以及硫铁矿等矿床，其中不少达到大型和超大型规模。

津巴布韦金矿有 13%的金产自与铁建造有关的层控金矿床中；西澳伊尔岗地块的金矿 15%赋存在铁建造中；水桶山金矿床产在强烈的破裂和角砾化条带状铁建造的构造混杂带中；美国南达科他州的霍姆斯塔克金矿，含矿原岩为微具条带状的硅质、铁质白云质灰岩，现已变质成镁铁闪石片岩、绿泥石片岩，其中褶皱的石英细脉是主要的含金矿石。

与 BIF 铁建造伴生的锰矿床是一种重要的沉积变质锰矿床类型，原生矿石矿物为碳酸锰、硅酸锰及硬锰矿和软锰矿等，此种矿床在南非、俄罗斯、澳大利亚、加蓬、巴西和印度都有分布。南非中部的波斯特马斯堡-卡拉哈里南北向锰成矿带，延长 112km，锰矿层属于早前寒武纪德兰士瓦系铁建造底部，之下为白云岩系和之上普雷托里亚系为浅海沉积层，与铁矿层呈互层和透镜状产出，锰矿层与铁建造整合产出，矿层厚约 6.5m，局部达 29m，含锰(Mn)40%~80%，主要锰矿物为褐锰矿、方铁锰矿、黑锰矿、软锰矿和铁镁锰矿等；巴西米纳斯格拉斯地区的产于 BIF 建造中的锰矿床系变质铁建造-白云岩层序中，锰矿呈层状和透镜状沿走向断续延伸可达 4~5km，局部锰矿层与完全缺失白云岩的铁建造呈互层，锰矿品位为 30%~40%；加蓬的木安达锰矿床产于古元古代 BIF 建造，锰矿层厚 5~9m，锰含量为 26%，属大型沉积矿床。含锰矿化碳质页岩，夹有机质胶结的黑色砂岩，其上为稳定的条带状硅质铁矿石。

其次 BIF 建造中常有铅锌矿、铜钴镍矿伴生或者共生，如澳大利亚的布肯希尔铅锌矿，矿床产在澳大利亚新南威尔士州西部元古宙威尔维马超群中，矿床围岩主要包括花岗片麻岩、角闪岩片麻岩、条带状铁建造、夕线石片麻岩；巴西萨洛特含铜岩系为含磁铁矿角闪岩、黑云片岩(含石榴子石等)，矿床达大型规模，Cu 平均品位为 0.8%，主要含铜矿物为斑铜矿和辉铜矿；格陵兰太古宙伊苏阿铜矿床产于 BIF 建造中，与凝灰质角闪岩共生，含铜矿物和黄铁矿和磁黄铁矿，属于矿状硫化物矿床，与铁建造同时沉积。澳大利亚的温达拉镍矿床是温达拉绿岩带中与铁建造伴生的镍矿床的一个实例，其地层层序最下部为超镁铁质岩，原岩为次火山侵入岩；向上为条带状铁建造，厚 2~150m，是变质碳酸盐和硫化物相铁建造；其上为超镁铁质岩，厚 20~700m，再向上为变玄武质熔岩，剪切状和块状角砾岩，偶然有夹层状不连续铁建造-超镁铁质透镜体。

早前寒武纪形成如此大规模的条带状铁建造(铁矿)，铁矿质主要来源于富含铁的大洋玄武岩，通过化学沉淀作用而形成条带状硅铁矿层。地球早期大气中缺氧，巨量铁可以在还原环境下以亚铁形式(还原状态)进行搬运，而组成带状硅铁矿层的磁铁矿或者赤铁矿，表明铁质的沉淀是在富氧的环境下进行的，如何造成搬运与沉积环境的转变?

条带状硅铁建造是地史上一种特殊的岩石类型，是当时岩石圈、大气圈、水圈包括沉积环境，以及生物圈诸多因素综合的产物。条带状硅铁建造最发育的时代，恰恰是地史上独有原核生物而真核生物尚未出现的时期。这不可能是偶然的巧合，正是二者之间有密切内在联系的反映。

早前寒武纪 BIF 建造的研究将有助于地层划分对比；有助于分析古地理沉积环境及水圈和气圈的性质的认识；有助于早前寒武纪生物演化的认识；有助于铁矿及同时代矿产成因的探讨(李碧乐等，2007；Rosing，1999；张秋生等，1984；Fortin et al.，1998；Juniper and Fouquet，1988；Cloud and Morrison，1979)。

1. 形成时代

BIF 含铁建造形成于中新太古代—古元古代(3.2~1.8Ga)，且分布十分广泛，一般为大型、特大型矿床，如北美的苏必利尔湖型铁矿、独联体的库尔斯克和克里沃罗格铁矿等，我国的鞍山铁矿、水厂铁矿等。该类型占世界铁矿总储量的 60%以上，占富铁矿储量的 70%；在我国约占总储量的 60%，占富铁矿储量的 27%。

最古老的条带状铁建造产于西格陵兰，围岩为经历绿片岩相到角闪岩相变质的钙质石英岩和斜长角闪岩，从中已获得了 3.77Ga 的 Pb-Pb 年龄。太古宙绿岩带常产 BIF，同各种变质火山岩、硬砂岩和片岩等共生，在火山岩系中形成透镜体。条带状含铁建造主要分两种类型：阿尔戈马型(Algoma)和苏必利尔型(Superior)，是世界上最主要的铁矿资源，如西澳大利亚的哈默斯利、美国的苏必利尔湖、加拿大的拉布拉多、俄罗斯、乌克兰和巴西等地的矿床。

阿尔戈马型(Algoma)BIF 型铁矿产于新太古代(2.5~2.95Ga)火山-沉积岩系中，容矿岩石的原岩为基性-中酸性火山岩-硅铁沉积组合。BIF 主要产于基性火山凝灰岩和中酸性火山岩之间的过渡层位和含少量基性火山岩的沉积岩中，含铁建造的厚度从几米至几百米，沿走向长度很少超过几千米。阿尔戈马型含铁建造与火山活动中心直接联系，流纹岩、英安岩等火山岩厚度一般都很大。阿尔戈马型含铁建造常不整合地覆盖在酸性火山岩之上，并常被安山岩及杂砂岩型沉积物所覆盖。

苏必利尔型(Superior)BIF 容矿岩石的原岩建造为泥质-杂砂岩(夹基性火山岩)-硅铁质沉积组合，火山物质的含量相对较少，形成环境更加氧化(沈其韩，1998)。古元古代为苏必利尔型(Superior)BIF 产出的高峰期，发育于邻近太古宙克拉通边界的古元古代盆地或地槽，主要的发育时期为 2.6~1.8Ga。其中有相当一部分赤铁矿变为磁铁矿，主要是苏必利尔型含铁建造，其中很少会有碎屑物质，多与燧石、白云岩、石英岩、含炭黑色页岩和泥质板岩共生，较少与火山岩共生。走向延伸可达几百千米，并可作远距离对比。

在太古宙许多麻粒岩-片麻岩区产有一些透镜状和层状变质变形的条带状含铁建造，规模较小，常同云母片岩、大理岩、斜长角闪岩和副片麻岩共生，它们的原岩组合为浅水石英岩-泥质岩-碳酸盐岩，变质达角闪岩相到麻粒岩相，可能形成于早期的陆棚环境，称之为原苏必利尔型(proto Superior type)。

中国的 BIF 情况有所不同，从中太古界(如冀东地区)到新太古界(如鞍本地区、冀东地区)分布区，均产出巨大的条带状含铁建造矿床，呈现出不同于世界各地太古宙地质的显著特色，主要为夹有条带状含铁石英岩的斜长角闪岩变质建造为主。华北古陆 BIF 型铁矿变质较深，主要由石英、磁铁矿、赤铁矿、角闪石、辉石、绿泥石和少量铁白云石等碳酸盐矿物组成，碎屑矿物少见，反映了快速沉积的特点。矿石中磁铁矿(赤铁矿)、角闪石、辉石等与石英常形成相互平行的条带和纹层。条带和层纹宽窄不一，从＜2mm~＞10mm。黄铁矿等硫化物主要呈细纹层状和浸染状沿着角闪石、辉石、绿泥石、石英或磁铁矿的条带分布。

2. 大氧化事件

BIF 形成的两个前提：BIF 建造中的铁在沉积之前，必定是以二价铁的形式(如氧化亚铁之类)溶解于基本上无游离氧的水体中，才能搬运很远，否则难以说明其广延的层理；其次，要使二价铁转化为三价铁(赤铁矿、磁铁矿或氢氧化铁)沉积下来，必须有氧源，否则，氧化过程不能进行(李曙光等，1983；江思宏等，2013；Taylor et al.，2001)。

从以下事实：①生命起源要以高分子有机化合物，如蛋白质、核酸等为前提，生命过程需要一个还原环境，在游离氧存在的条件下，这些化合物将立即分解，不可能形成生命，游离氧一般对原核生命(特别是缺乏氧化酶之类的低等生物)是有害的，所以原核生命的出现和存在本身就是原始气圈中缺乏游离氧的证据；②在 2.0Ga 前的沉积中，广泛存在经过搬运磨圆较好的新鲜的黄铁矿和铀矿颗粒，未发生氧化；③最老的红层是在 2.0Ga 以后(1.95~1.8Ga)才出现的，说明在这以前不可能有大量的游离氧。克劳德(1974)判断，太古宙 3.3~2.6Ga，大气中缺氧或氧极低(不足现代大气含氧量的 1/100)。原始大气中除水蒸气外，仅有甲烷、氨气，随后出现氢、一氧化碳、二氧化碳和氮等，无游离氧(Cloud，1973)，基本无氧的状态一直延续到 2.0Ga 前后(表 3-9)。

BIF 建造的出现与地球大氧化事件，即大气圈中出现游离氧密切相关。新太古代地球大气圈中甲烷(CH_4)降低触发氧气(O_2)连续增加，这是地球历史上一个重大转折点，标志着大陆氧化风化阶段、海洋化学变化及多细胞生物出现。大气氧化事件的重要标志是 C 同位素的明显漂移(0.8‰~14.8‰)，由于游离氧的作用，海洋发生硝化、去硝化及厌氧氨氧化菌作用，而海洋比大气圈中氧出现早 0.2Ga，在 2.7Ga 的澳大利亚页岩中发现具有光合作用的生物分子。

表 3-9　BIF 建造发育时代的地质事件

时代/Ga	氧演化	生物	地质作用	建造			时代划分	阶段
0.68	富 O_2	后生动物	$CaCO_3+Ca_5(PO_4)_3F$	$CaSO_4$	BIF 氧化，红层	黑色岩系，含磷岩系	氧化的克拉通沉积(后生动物时代：Phanerozoic)	V
	O_2 增加 CO_2 减少	真核生物	冰川作用				氧化的克拉通沉积(真核时代：Proterozoic)	IV
1.8~2.0			$(Ca\cdot Mg)CO_3+CaCO_3+Ca_5(PO_4)_3F$					
	富 CO_2	原核生物	冰川作用	大型 BIF		石墨岩系	还原性克拉通沉积(原核时代：Proterophytic)	III
2.5~2.6			水圈中生物 O_2 与 Fe^{2+} 平衡 $4FeO+O_2=2Fe_2O_3$	BIF	绿岩			
3.3			$6Fe_2O_3+C=4Fe_3O_4+CO_2$				绿岩-杂砂岩-TTG 岩系(Archean)	II
	CO_2+N_2	化学演化—初始自养生物—原核生物分异						
3.4		水圈初始沉积—单细胞自养生物						
		原始大气圈(无游离氧)					仅见表层 TTG 岩系(Hadean)	I
3.5~3.75	初始矿物热变事件							
4.6	陨石和海洋铅							

早前寒武纪 BIF 建造是地球早期演化历史的记录，BIF 建造稀土元素地球化学(Eu 的异常变化)特点反映了前寒武纪大气圈的氧化-还原变化。西澳大利亚 Pilbara 克拉通中 3.56~2.7Ga 沉积岩中蓝藻、真核生物、硫酸盐还原、硫同位素分馏等，富铁燧石中赤铁矿包裹体，及 BIF 建造的 Ni/Fe 值，都表明在 2.7Ga 出现游离氧。

红层是大气氧化作用的地质标志，因为红层的形成，是大陆岩石遭受大气氧化作用的产物。世界上最古老的红层可追溯至 2.5Ga(如印度)，大致相当于华北元古宙的开始。世界上广泛出现红层的时期为 1.8~2.0Ga，相当于华北古元古代过渡到中元古代的时期。因此，在长城期的陆表海中形成宣龙式铁矿，是与全球成矿背景的演变趋势一致的。

古元古代的大气圈，从太古宙以来的 CO_2-N_2 型演变为 N_2-CO_2-O_2 型，直至新元古代再从 N_2-CO_2-O_2 型演变为 N_2-O_2-CO_2 型，显生宙以后，大量 CO_2 继续消耗于海洋的碳酸盐沉积，并耗干产生游离氧(O_2)的光合作用，尤其是陆生高等植物的光合作用。最终演变为现代的 N_2-O_2 型大气圈。

3. 生物事件

自太古宙海洋生物出现以来，海水的氯度、盐度和酸碱度的变化，都是在适应生物生存的范围内变化。据大洋海水平均变化速率推算，元古宙海水的氯度(Cl‰)为 18.3~19.2，盐度(S‰)为 32~34.5，酸碱度(pH)为 6.3~7.8，均已接近现代海水的水平。海水从酸性(pH＜7)演变为碱性(pH＞7)的转折期，是在古元古代末和中元古代初，相当于华北古陆发生吕梁运动前后。

BIF 沉积与前寒武纪微生物活动密切相关，微生物广泛参与了铁元素的生物地球化学循环(Konhauser et al.，2011)。海底热液中的 Fe^{2+} 由海水对流带到浅海，经光合作用菌(直接或间接)氧化成 Fe^{3+}，并水解形成 Fe^{3+} 的氧化物胶体溶液。一部分 Fe^{3+} 在海底沉淀为铁的氧化物如赤铁矿、针铁矿或纤铁矿等；另一部分 Fe^{3+} 则经铁还原细菌再沉淀为磁铁矿、菱铁矿等(刘俊，2005；吴文芳等，2012)。

铁还原菌也可能参与了 BIF 中的 Fe^{3+} 还原(Nealson and Rye，2003)，地球早期微生物通过光合作用(不产氧光合作用或产氧光合作用)氧化 Fe^{2+}，并产生大量的 Fe^{3+}。Fe^{3+} 水解后形成 $Fe(OH)_3$，加上大量浮游植物提供的生物量(biomass)，为微生物进行厌氧铁呼吸作用提供了电子受体和营养物质。铁还原细菌可利用 Fe^{3+} 作为电子受体(接受电子)，耦合 Fe^{3+} 的还原和有机质的氧化，生成含 Fe^{2+} 的矿物，并产生能量(Lovley et al.，2004)。

实验和地球化学模型研究表明，在 20~25℃时，微生物氧化形成 Fe^{3+} 达到最大，Fe^{3+} 吸附细胞有机质后所载电荷由正变负，不再吸附硅，从而达到铁硅分离，由此推测前寒武纪温度波动导致连续周期性的生物成因铁层沉积和非生物的硅层沉积，从一定程度上揭示了单一因素控制富铁层和富硅层交替沉积的机理。实验也显示铁还原菌 CN_{32} 诱导矿化过程中，不同温度下生物铁还原和磁铁矿矿化速率不同，且生成的磁铁矿颗粒粒径也有明显差别。同时，通过实验室模拟不同海水深度下的铁还原菌诱导矿化过程，发现静水压力可以影响细菌铁还原和磁铁矿矿化产物。因此铁氧化菌和铁还原菌等也参与了 BIF 中铁和硅的迁移、沉积，以及沉淀过程。形成 BIF 的典型微米至米级厚度的富铁层(赤铁矿、磁铁矿、菱铁矿等)与富硅层(燧石等)互层分布是微生物参与的结果，即使是薄至亚毫米级的层理，其中富铁层和富硅层的界限也非常明显(Morris，1993；Klein，2005)。

早在 1836 年，埃伦伯格(Ehrenberg)已注意到某些微生物具有使溶液中的二价铁转化为氢氧化铁(三价)沉淀的能力。这以后，对“铁细菌”的沉铁作用，通过不少人的实验研究(Harder，1919)，现代铁细菌的存在已毫无疑问。因而人们有理由设想，地质史上铁矿的形成也与铁细菌有关。现代铁细菌将碳酸铁转化为氢氧化铁的氧化过程是:

$FeCO_3+H_2O \longrightarrow Fe(OH)_3+CO_2\uparrow$，释放出的 CO_2 和热能为生命过程所用。

也有人推测(Garrels et al.，1973)，细菌作用二价铁转化为三价铁的氧化过程是:

$CO_2+5H_2O+4Fe^{2+} \longrightarrow CH_2O+2Fe_2O_3+8H^+$。

这是自养细菌的一种化能合成过程，其发生以需充分的游离氧为前提。

也许蓝藻较细菌起了更大的作用，很可能这些原核生物直接(细胞壁或鞘内沉淀三价铁)或间接地(包括其分解产物——腐殖质溶液作为铁和硅的溶剂分解表层岩石促进风化壳形成)参与了铁矿的形成。

一些研究发现，至少在 3.5Ga 前已经出现生命，地球最古老的化石是年龄为 3.5Ga 的光合蓝藻细菌及格陵兰西部 3.8Ga 的 Isua 上壳岩内 BIFs 中的贫 ^{13}C 的碳微粒(Rosing，1999)。光合作用中生物选择性吸收 ^{12}C 而不是 ^{13}C，以此可以解释生物作用的存在，轻碳同位素是光合作用的间接证据，由此推断在 3.8Ga 前的地球上已经出现进行释氧的光合作用的微生物，即类似蓝藻的生物。1953 年在加拿大与美国交界处 2.1Ga 前形成的 Gunflim 组富铁岩石的条带状石英中发现了疑似的叠层石 Tyler(刘俊，2005)，其后鉴定为藻类和细菌生成物(张秋生等，1984)。在澳大利亚发现最古老的化石是 2.5Ga，微化石直径一般只有 1~2μm，单细胞，没有细胞器，与现代的细菌相似，是一种原核生物(刘俊，2005)。在鞍山地区的 BIF 中也发现了比较系统的微体化石和超微体化石，均属铁细菌类(朱上庆和池三川，1983)。

现代海底喷流成矿作用显示有大量生物参与的证据，在东北太平洋 Explorer 南部热液喷口周围的堆积体研究发现，几乎所有的矿化细菌和细菌外聚合体都被富硅的铁氧化物、锰氧化物、铁硅酸盐包裹。矿化的细菌主要由铁氧化物组成，还包括数量不等的 SiO_2 和 MnO 等组分(Fortin et al.，1998)。在东北太平洋的 Philosopher 热液喷口附近采集的样品，主要由非晶质硅、铁氧化物和硅酸铁组成，同时含有丰富的丝状细菌和有机碳。这表明矿物沉淀与丝状微生物有关，而且丝状体可能是矿化了的丝状细菌(Juniper and Fouquet，1988)。现代海底喷流成矿环境与 BIFs，特别是阿尔戈马型 BIF 成矿环境具有某些相似性和可比性，可以作为生物参与条带状铁矿沉积环境转变的间接例证，促使铁质沉淀的氧化作用是通过原始生物光合作用来完成的(张秋生等，1984)。厌氧生物的光合作用产生了少量生物性氧，它将溶解在海水中的 Fe^{2+}氧化为 Fe^{3+}而沉淀下来。BIF 中韵律性条带是由微生物周期性地释氧而形成(Cloud and Morrison，1979)。

辽宁鞍山弓长岭富铁矿中普遍含有晶质鳞片状石墨，认为是富铁矿中罕见的矿物组合。含石墨富磁铁矿矿体的上盘或下盘围岩发育铁铝石榴石化、镁铁闪石化、绿泥石化、黑云母化和电气石化围岩蚀变，也有一些大小不等的蚀变脉体侵入于含石墨的富磁铁矿矿体之中。以往研究认为，含矿岩系中菱铁矿经过区域变质作用，可以分解反应转变成石墨和磁铁矿组合：

$$6FeCO_3 \longrightarrow 2Fe_3O_4 + C\downarrow + 5CO_2\uparrow \text{ 或 } 3FeCO_3 \longrightarrow Fe_3O_4 + 2CO_2\uparrow + CO$$

一氧化碳进一步分解形成二氧化碳和石墨：

$$2CO \longrightarrow CO_2\uparrow + C\downarrow$$

在角闪岩相变质作用条件下菱铁矿可以分解形成磁铁矿和石墨的组合，根据野外观察及室内研究纯菱铁矿分解形成石墨显示无机碳同位素的石墨很少，主要还是有机混合无机碳形成的石墨(表 3-10)，这也可以进一步说明 BIF 铁矿形成与生物作用有一定关系。

表 3-10　变质岩中石墨碳同位素组成比较表(李曙光等，1983)

样品类型	样品数	$\delta^{13}C_{PDB}$/‰范围	$\delta^{13}C_{PDB}$/‰均值	标准差	变异系数/%
二矿区富磁铁矿石(1)	14	−7.4~−1.0	−4.9	1.8	38
YK-93 富磁铁矿石(2)	4	−5.3~−1.0	−3.8	2.1	57
石榴云母石英片岩	4	−27.2~−25.8	−26.6	0.6	2
格陵兰西部伊苏亚地区含铁建造(3.8Ga)	6	−16.3~−9.3	−12.5	2.9	23
	3	−17.4~−14.0	−14.2	3.1	22
	13	−22.3~−5.9	−15.3	6.2	41
瑞士侏罗系角闪岩	11	−14.4~−10.6	−12.5	1.7	14
瑞士片岩	11	−18.9~−11.0	−16.1	2.6	16
南非阿扎尼亚 Limpopo 带白云质大理岩(2.0Ga)	1		−16.2		

4. 岩石化学

鲸背山铁矿床是澳大利亚哈默斯利省最大的高品位赤铁矿矿床(Taylor et al.，2001)，矿体产于哈默斯利群布洛克曼含铁建造中，矿体与围岩一起褶皱变形较为强烈，基本受两个向斜构造和低角度正断层控制，后期的高角度正断层和低角度正断层又将矿体切割。矿体东部走向北东，西部走向近东西，总长度 5000 余米。矿体地表出露最宽处达 600 余米，一般 200m；矿体向下延伸最深达 500m。大约 70%的矿体产在潜水面以下，无论是在潜水面上下还是沿矿体走向，矿石品位高度均一、类型一致。主要矿石矿物为微板状赤铁矿和假象赤铁矿，还有少量针铁矿，基本不含磁铁矿，矿石成分 $w(TFe_2O_3)$ 最高达 96.86%，相当于 $w(TFe)$ 67.80%，其他氧化物成分都比较低，矿石基本没有磁性(表 3-11)。

表 3-11　澳洲鲸背山铁矿床矿石与围岩岩石化学组成表

样号	1 赤铁矿	2 赤铁矿	3 赤铁硅岩	矿石平均	4 含铁页岩	5 含铁砂岩	围岩平均值
SiO_2	2.11	1.54	73.43	25.69	50.42	58.44	54.43
TiO_2	0.02	0.01	0.03	0.02	0.47	1.68	1.08
Al_2O_3	0.28	0.91	0.69	0.63	6.31	12.41	9.36
Fe_2O_3	96.86	89.02	24.11	70.00	1.61	9.87	5.74
FeO	0.10	0.10	0.20	0.13	4.65	0.10	2.38
MnO	0.01	0.04	0.01	0.02	0.25	0.14	0.20
MgO	0.15	0.24	0.11	0.17	1.74	4.14	2.94
CaO	0.08	0.09	0.07	0.08	17.62	4.44	11.03
Na_2O	0.05	0.15	0.09	0.10	0.95	2.12	1.54
K_2O	0.01	0.01	0.06	0.03	0.64	1.64	1.14
P_2O_5	0.04	0.16	0.06	0.09	0.10	0.24	0.17
LOI	0.31	7.41	1.13	2.95	15.11	4.71	9.91
合计	100.02	99.68	99.99	99.90	99.87	99.93	99.90
Na_2O+K_2O	0.06	0.16	0.15	0.12	1.59	3.76	2.68
K_2O/Na_2O	0.23	0.08	0.65	0.32	0.67	0.77	0.72
A/CNK	1.16	2.19	2.01	1.79	0.18	0.93	0.56
A/NK	3.14	3.50	3.19	3.28	2.80	2.36	2.58
Rb	0.66	0.44	4.36	1.82	32.20	70.80	51.50
Sr	2.18	1.30	1.57	1.68	67.50	116.00	91.75
Ba	16.30	5.88	22.30	14.83	117.00	414.00	265.50
Zr	12.90	3.70	16.30	10.97	160.00	430.00	295.00
Hf	0.18	0.00	0.29	0.16	3.50	10.00	6.75
Th	0.27	0.11	0.54	0.31	2.43	7.03	4.73
U	0.57	0.25	0.25	0.36	0.71	2.74	1.73
Y	10.70	6.03	7.83	8.19	29.50	52.30	40.90
Nb	0.68	1.04	0.56	0.76	5.13	10.50	7.82
Ta	0.09	0.27	0.04	0.13	0.33	1.21	0.77
Pb	618.00	65.50	17.70	233.73	9.74	20.10	14.92
Rb/Sr	0.30	0.34	2.78	1.14	0.48	0.61	0.55
Sr/Ba	0.13	0.22	0.07	0.14	0.58	0.28	0.43

续表

样号	1 赤铁矿	2 赤铁矿	3 赤铁硅岩	矿石平均	4 含铁页岩	5 含铁砂岩	围岩平均值
Th/U	0.48	0.43	2.13	1.01	3.41	2.57	2.99
Zr/Y	1.21	0.61	2.08	1.30	5.42	8.22	6.82
Nb/Ta	7.41	3.82	14.08	8.44	15.36	8.68	12.02
La	0.89	2.54	2.06	1.83	12.50	21.20	16.85
Ce	1.70	5.01	4.23	3.65	26.10	46.30	36.20
Pr	0.21	0.66	0.41	0.43	3.50	6.20	4.85
Nd	0.78	2.52	1.88	1.73	15.80	26.70	21.25
Sm	0.26	0.55	0.44	0.42	3.60	6.13	4.87
Eu	0.13	0.20	0.14	0.16	0.85	2.00	1.43
Gd	0.63	0.68	0.50	0.60	4.14	8.63	6.39
Tb	0.15	0.11	0.13	0.13	0.82	1.44	1.13
Dy	1.04	0.80	0.75	0.86	4.68	8.40	6.54
Ho	0.25	0.16	0.17	0.19	0.92	1.76	1.34
Er	0.63	0.51	0.54	0.56	3.20	5.72	4.46
Tm	0.12	0.07	0.10	0.10	0.48	0.86	0.67
Yb	1.07	0.70	0.71	0.83	2.93	5.89	4.41
Lu	0.17	0.11	0.13	0.14	0.45	0.95	0.70
REE	8.02	14.60	12.19	11.60	79.97	142.17	111.07
LREE/HREE	0.98	3.68	3.02	2.56	3.54	3.23	3.39
δCe	0.94	0.93	1.11	0.99	0.95	0.97	0.96
δEu	0.97	1.01	0.90	0.96	0.67	0.84	0.76

注：主量元素含量单位为%，微量元素含量单位为 10^{-6}。

围岩蚀变主要有去硅化、高岭土化、赤铁矿化和碳酸盐化(江思宏等，2013)。矿石的化学组成主要是 SiO_2、Fe_2O_3，其他成分较低，而围岩含铁页岩和砂岩中则含有较高的 Al_2O_3、MgO、CaO(表 3-11)。

含矿岩系的碱性组分都很低，K_2O/Na_2O 均小于 1，矿石中铝指数 A/CNK 平均 1.79，围岩的 A/CNK 平均 0.56，岩石中 Al_2O_3 不构成长石的成分，而是以黏土矿物存在。赤铁矿矿石的微量元素含量除 Y

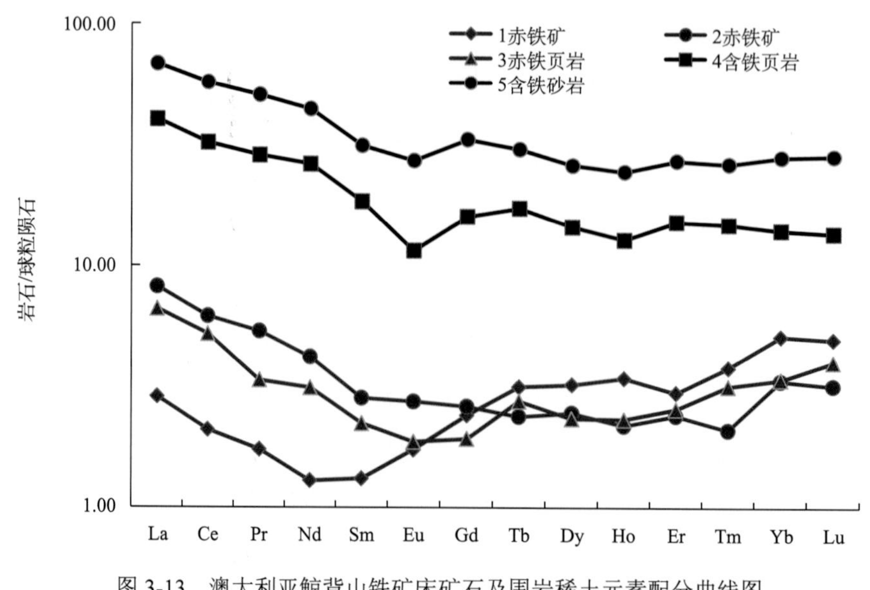

图 3-13　澳大利亚鲸背山铁矿床矿石及围岩稀土元素配分曲线图

之外都低于围岩，而赤铁矿硅质岩的微量元素含量也高于赤铁矿矿石，微量元素特征比值 Rb/Sr、Sr/Ba、Th/U、Zr/Y 也是赤铁矿矿石最低。与微量元素类似，赤铁矿稀土元素总量也低于围岩的稀土元素总量，赤铁矿矿石 δEu 和 δCe 接近 1，大于围岩，赤铁矿石稀土元素配分曲线位于围岩稀土元素配分曲线之下，围岩具有比较明显的负铕异常(图 3-13)。

第四节　黑色(石墨)岩系

黑色岩系是含有机碳($C_{有机}$≥1%)及硫化物较多的暗灰-黑色的硅岩、碳酸盐岩、粉砂岩、泥质岩(含层凝灰岩)及其相应变质岩石的组合的总称。黑色岩系属于孔兹岩系(khondalite series)的组成部分，变质之后形成黑色石英岩、大理岩、板岩、千枚岩、片岩，深变质岩中有机质变为石墨。黑色碳酸盐岩可据方解石、白云石的含量区分为灰岩、白云岩。根据粉砂(或黏土矿物)含量，黑色泥质岩分为粉砂岩和黏土岩等。深变质形成含石墨富铝的片岩、片麻岩夹大理岩和石英岩的区域变质岩组合。

黑色页岩是在缺氧还原环境中形成富含有机质的细碎屑沉积岩，是岩石圈、水圈、大气圈和生物圈变化和相互作用的结果，开放的地球复杂动力系统演化的标志和体现。由于黑色页岩作为油气的母岩和储层，一直受到人们的重视。同时根据一些有色金属元素的地球化学性质，在还原环境中，有色金属元素一般溶解度减小，并且富含有机质的沉积岩孔隙度及吸附性明显大于一般的岩石，因此黑色页岩往往富集金属元素，甚至于富集成矿或者形成矿源岩。一些矿床的成因与黑色岩系有关，如钼钒矿、铜金矿等(表 3-12)。因此黑色岩系被各类矿床地质学家所注重，进行了广泛深入的研究。由于晶质石墨矿床主要是黑色页岩变质成因，因此研究黑色岩系的形成环境及其变质演化历史是研究晶质石墨矿床的基础(范德廉等，1998，2004；张焘等，2004)。

表 3-12　中国的黑色岩系型矿床

矿床	存在形式	实例
Sn，U	氧化物	大厂锡多金属硫化物矿，金银寨铀矿
Au，Ag，PGE	自然元素及硫化物	烂泥沟金矿，破山银矿，白果园银-钒矿，南方镍钼多元素层中的铂族元素
Cu，Pb-Zn，Sb，Hg，Ni-Mo，Co，Se，Tl，Re，Cd，FeS_2	硫化物及硫盐	桃园铜矿，落梅铅-锌矿，锡矿山锑矿，益兰汞矿，湘、黔、浙镍钼多元素层中的 Co、Se、Tl、Re 及硫镉矿，伍家坳硫铁矿
重晶石	硫酸盐	新晃-天柱重晶石矿等
Mn，毒重石，钡解石	碳酸盐	湘潭式锰矿，巴山钡解石-毒重石矿
K，V，Ge	硅酸盐及吸附态	南方下寒武统富钾、富钒黑色页岩，临沧锗矿
P，U，绿松石	碳酸盐	秦岭黑色岩系中的磷、铀、绿松石矿
REE	碳酸盐，氟碳酸盐，硅酸盐	镍钼多元素层及磷块岩中的稀土元素
锰方硼石	硼酸盐	东水厂锰-硼矿
石煤	富有机质泥质岩及碳酸盐岩	南方各地下寒武统石煤
Ni，V，U	卟啉，腐殖酸结合态，吸附态	南方各地下寒武统黑色岩系中的 Ni、V、U

缺氧环境是指水体中溶解氧含量低于 0.1mL/L 的环境，它限制了多细胞生物的生存，只有微生物，原则上只有硫酸盐还原细菌可以生存。缺氧环境具有不同的空间尺度，从陆地湖泊、大陆边缘海盆、大洋中的局限盆地以至整个大洋，从局部缺氧环境、大范围缺氧环境到大洋缺氧事件，此条件下，有机质可以不被氧化，而以还原碳存在于岩石中，形成黑色岩系。

缺氧环境在黑色岩系的成矿作用中起到重要作用，它贯穿于整个过程。它使成矿物质在缺氧水体中蕴集、聚集、淀积，还可使受改造作用而“活化”、迁移的元素还原沉淀，形成富化矿体，通过水溶液之间及水岩之间的作用改变物理化学性质，释放、迁移或者沉淀金属元素(杨兢红等，2005；Schlanger and Jenkyns，1976； Arthur et al.，1987；Berry and Wilde，1978)。

大洋缺氧事件是最早用于解释深海钻探中发现的白垩纪黑色页岩的成因(Schlanger and Jenkyns，1976)，之后发现，在地质历史的不同时期都存在大洋缺氧事件。所谓缺氧事件是指在特定地质时期相对短时期全球或特定海域海洋中底层水体中出现的贫氧现象。此时，海洋生物大量死亡或灭绝，有机质大量堆积埋藏，海水中 $\delta^{13}C$ 值升高。

一、黑色岩系分布及主要岩性

1. 中国黑色岩系

元古宙末到古生代的全球超大陆裂解和生物大爆炸是海洋环境和生物演化中发生的突变事件，在海相沉积岩中留有生物学、地球化学等地质记录。大洋缺氧事件是过剩的海洋生物大量死亡堆积在海底，消耗了底层海水中的氧(O_2)，造成严重缺氧，形成海相富含有机碳和多金属的黑色页岩大量沉淀。

全球大气缺氧事件之初，一般伴随剧烈的火山喷发，大量地球深部的还原性气体进入大气圈，火山喷发可能是造成全球缺氧和生物灭绝的主要原因。低纬度区上升洋流的活动可能是造成缺氧的重要因素。缺氧沉积物中有机质富集，磷含量高，硅质生物尤其是放射虫化石大量发育，表明存在上升洋流。上升洋流一般为贫氧富含营养物(磷酸盐和硝酸盐)和硅质的海流，促使表层海水中生物高度繁殖，这些生物遗体沉淀到水底消耗了深水环境中的氧，从而上升洋流之下形成缺氧环境。

因此缺氧事件是多种地质因素相互作用的结果，包括大气温度的变化、海平面升降变化、海水化学成分的变化、古洋流的变化及海洋生物产率变化等。

我国华南地区新元古代到早古生代有多次的大洋缺氧事件发生，新元古代有两次：一次是震旦纪早期大塘坡期，另一次是震旦纪晚期的陡山沱—灯影期；早古生代有四期，即早寒武世的筇竹寺期、中奥陶世的庙坡期、晚奥陶世的五峰期和早志留世的龙马溪期。

震旦纪早期的大塘坡期，黑色页岩在湖南、贵州和四川三省交界处发育完整，厚度变化较大，从几米到 20m 不等，属于封闭洋盆环境沉积。

震旦纪晚期的陡山沱—灯影期，黑色页岩遍布华南，陡山沱早期黑色页岩厚度变化大，秀山地区不足 1m，沅陵地区厚数米，而陡山沱晚期沉积的黑色页岩达数米至数十米。陡山沱组是南沱冰期之后的海进沉积层，由白云岩夹黑色页岩组成，该地层中发育了生物大辐射事件的瓮安生物群、庙河生物群和蓝田植物群。陡山沱期是我国最重要的成磷期，形成我国主要的磷块岩矿床。

早寒武世的黑色页岩沉积在华南各省大量分布，这些黑色页岩厚度稳定，厚度几十米到数百米，局部近千米。黑色页岩中有机碳含量<13%，其成因与寒武纪生物大爆炸有关，也是我国重要的成磷期。云南—四川一带形成主要的磷块岩矿床，地层层序下部为磷块岩，上部为黑色页岩(照片 3-3、照片 3-4)或者含磷页岩(照片 3-5、照片 3-6)。磷块岩一般为潮坪沉积，而黑色页岩则为浅水环境沉积，剖面显示海进序列。

中奥陶世庙坡期的黑色页岩在华南大面积分布，厚度从几米到几十米不等，黑色页岩中笔石化石普遍，见有放射虫和硅质海绵骨针化石。有机碳含量<6%，庙坡期也是华南沉积锰矿成矿期，也是四川什邡磷矿成矿期。

晚奥陶世的五峰期，黑色页岩、黑色硅质岩和泥岩在华南广泛分布，黑色页岩具有毫米级纹层和页理构造，有机碳含量 3%~7%，笔石化石为主，含有硅质海绵骨针和放射虫。

早志留世龙马溪期，黑色页岩、硅质岩和粉砂质页岩，水平纹层发育，含笔石化石为主，一般厚度达 200~500m。

2. 岩性组成

富碳硅质页岩：灰黑色呈厚、薄层状，显示水平纹理，常见各种碎屑、黄铁矿和黑色碳质团块，碎屑成分以灰白色藻类颗粒为主，还常含晶粒、结核状黄铁矿与磷结核，黑色碳屑也比较常见。碎屑形态不一，黑色碳屑常具塑性变形边缘。有机碳含量(5%~12%)较高，发热量一般为800~1600J/g，也可用作燃料。有机显微组分以各种藻类体、疑源类体及其碎屑为主，藻类体稀疏、密集分布，呈层纹状、团块状，多黄铁矿化，含量少，一般5%~12%。常有浮游型藻类体和疑源类体，占1%~2%。显微组分鉴定表明常见的碎屑多为水盆内浅水未完全固结沉积物经海浪、海流或重力坍塌等机械作用破碎、运移和再沉积生成。说明有机质来源于盆地边缘，经横向搬运至边缘海斜坡而沉积，也常受到水下重力流影响。

石煤：一般为黑色，坚硬、松软状，块状、泥质结构，有机碳含量最高可达13.96%。富含黄铁矿晶体或结核，常含磷结核，自生石英含量较高，典型的碎屑矿物比例相对较小，反映了石煤的深水盆地成因的特点。有机显微组分以蓝藻藻类体为主，藻类体相对含量为10%~18%。原始有机质以原地沉积为主，聚集型，有浮游生物形态垂向飘落加入，是台缘斜坡水循环封闭受限水体，还原环境生成的有机质。矿物成分主要为硅质、黏土矿物、硫化物及少量的碳酸盐矿物。此外，还含有零星的石英、长石、重晶石、胶磷矿等自生矿物。

石煤化学性质总的特点是高灰分、高硫、低碳、低发热量。煤灰产率高达62.41%~87.5%，一般在76%以上，煤灰主要成分为SiO_2(＞60%)及Al_2O_3及Fe_2O_3(＜10%)，其他如CaO、MgO含量较高，有时含K_2O和P_2O_5。全硫的含量为0.99%~4.04%，平均2.95%，P_2O_5为0.133%~1.044%，一般0.538%。上震旦统以常德太阳山一带发热量最高，可达6000J/g左右。寒武系石煤发热量一般比上震旦统偏高，最高发热量为14500J/g，一般约4600J/g。

石煤显微结构主要有纹层状和粒状，含有较多的胶团石英凝块时呈现斑杂结构。纹层结构有大小比较一致的各种颗粒顺层平行排列分布，代表水体较深水、能量低的静水环境。

含碳沥青岩：在扬子古陆震旦—寒武纪地层中分布非常广泛，在安化至古丈以南，矿点呈北东方向展布，安化以东，矿点则稀少，呈近东西方向分布。碳沥青或者分布在碳酸盐岩、碎屑岩、硅质岩的各种缝隙和孔洞中，呈层状、似层状。或者分布在构造形成的储集空间中，多呈脉体形式。富含碳沥青体的砂岩中，有机显微组分以碳沥青体为主，呈均一状、粒状或鳞片状，主要分布在各种孔隙、裂缝与洞中。镜下多呈棱角状、碎屑状、磨圆度差，也偶尔可见磨圆度较好的颗粒。光片中碳沥青体占其储集岩的相对比例很难代表全部岩性的面貌，因为它的分布受孔隙、孔洞等分布的控制。在碳沥青中富含 V(＞0.2%)、Ni(＞0.4%)、Mo(＞0.04%)等元素，在湘西、四川、湖北、陕南、广西都有黑色页岩型多金属矿床分布(照片3-7~照片3-10)。富碳沥青的成因可能是菌藻类低等生物经早期凝胶化作用和成岩作用运移而成。

硅质岩：硅质岩是湘西上震旦统灯影组的主要岩石类型。黑色，致密细腻、均质，坚硬，板层状产出，常以水平状、波状，缓波状厚层和薄层产出，纹层微细，约3mm。含星点状、晶粒状黄铁矿，具海绵生物结构、放射虫生物结构、硅质胶团结构和硅质微晶结构。有机碳含量一般为1%~3%，多呈分散型，沉积方式以垂向飘落为主，发育在开阔的深水盆地环境。

富含有机质碳酸盐岩：湘西黑色岩系中碳酸盐岩多为灰色或深灰色，泥晶到细晶结构，碳泥质纹理发育，或具碳质膜状物，块状或薄层状至中厚层状，呈水平纹理，含星散状、线理状黄铁矿。是藻类光合作用生长过程中，分泌黏液粘捕碳酸盐灰泥和颗粒形成，主要形成藻叠层石结构，呈圆柱状、锥状、丘状等宏观形态，具波纹状、凝块状和条痕状等细微沉积构造，由暗色藻纹层与浅碳酸盐纹层交替相间形成。有机碳含量3%~8%，显微组分呈分散型，主要为各种蓝藻藻类体、疑源类体及其碎屑，多骨骼钙质藻类碎片，次为浮游生物体。原始有机质以横向搬运和垂向飘落两种方式沉积，形成于台地边缘斜坡，常有重力流活动的环境。

贵州寒武系底部黑色岩系中发现特征的热水沉积结构、构造，主要分布在矿层中或紧靠矿层下部

1~2m 的范围之内。在黑色页岩中发现大量纹层状、结核状、分散状黄铁矿，矿层附近黄铁矿最为集中。有 4 种热水沉积类型，即类喷溢和喷流过程形成的沉积构造、气-水热液作用形成的沉积构造、胶体及生物化学沉积构造、准同生变形构造。显示深海黑色岩系沉积中有热水喷流沉积参与(魏怀瑞等，2012)。

热水沉积黑色岩系显示特征的矿物学和地球化学，并形成特征的金属矿床和重晶石矿床。遵义镍钼多金属矿层由黏土矿物、碳硫钼矿、针镍矿、黄铁矿、胶磷矿、方铅矿和闪锌矿等矿物组成，见热水成因的独居石。矿层中 Ni-Mo-Cu-Fe-V-As-Sb-PGE 元素富集，Th/U 值很低，Ce 负异常，Eu 负异常，轻稀土元素 LREE 富集。天柱重晶石矿层中含有闪锌矿、方铅矿、黄铜矿、黄铁矿、菱铁矿等热(液)水成因矿物，并具有热水沉积特征的钡冰长石。重晶石的 $^{87}Sr/^{86}Sr$ 值为 0.708310~0.708967，重晶石矿层中 Th/U 值很低，一般小于 0.2。重晶石矿层上下页岩中微量元素 V、Co、Ni、Cu、Sr、U、Mo 富集。重晶石具有 Ce 负异常、Eu 正异常，显示受到了较强的热水物质的影响。

根据针镍矿-辉砷镍矿-黄铁矿组合形成温度为 200~300℃；流体包裹体均一温度为 65~187℃；重晶石中流体包裹体均一法温度在 200℃左右，属于低温热水喷流温度。

二、黑色页岩中有机质

1. 有机组分

华南地区发育有震旦系和寒武系两套黑色岩系，震旦系陡山沱组位于南沱组冰碛沉积之上，为一套黑色页岩、硅质页岩；下寒武统牛蹄塘组底部为黑色含磷结核的薄层硅质岩。在湘、黔、鄂西一带南沱冰碛岩之上发育了陡山沱组含硅质岩、磷块岩等的黑色岩系，厚度一般 10~15m，灯影组在湘西一带为较为单一的黑色硅质岩，在鄂西、湘西北一带为黑灰色细晶白云岩。下寒武统牛蹄塘组分含磷结核硅质岩、黑色页岩、重晶石、石煤的黑色岩系。早寒武世早期黑色岩系在我国南方分布较为广泛(吴朝东等，1999；杨剑和易发成，2005)。

黑色岩系颜色随着成分的变化，特别是碳质、钙质和硅质成分的变化，而呈深灰色、浅灰色。具纹理或致密块状，断口均匀或参差状。硅质含量较低时，硬度变小，均匀性变差。显微镜观察和 X-衍射全岩定量分析表明，主要矿物组合为石英、伊利石和黄铁矿，以及少量重晶石、磷灰石和方解石。

有机质包括有机碳和有机硫组分，黑色岩系形成于低能和缺氧还原的浅水台地边缘环境，是一种在缺氧或无氧的水底形成的具有一定沉积学、古生态学和地球化学特征的黑色细粒泥岩的沉积组合，故表现出下列特点：①有机碳含量较高，平均含量为 5.68%，最高达 9.29%，有机质主要来源于菌类和藻类生物；②含有较多的细粒状、煤球状黄铁矿，表明黑色岩系形成于相对缺氧环境；③富含有机硫，平均含量为 5.43%，最高达 23.3%，指示一种封闭-半封闭的缺氧还原环境，剖面上最高有机硫含量均具有金属富集，表明金属富集层较其上、下层位具有更强的还原性。

1) 有机碳组成

湘西地区震旦系—下寒武统黑色岩系有机碳含量为 0.86%~11.98%，变化较大，根据有机碳、黏土矿物和石英等主要矿物的含量将黑色岩系划分为硅质页岩(C_{org}＜3%，石英一般为 35%~75%)、硅质岩(石英＞75%)和富碳硅质页岩(C_{org} 为 3%~10%，石英一般为 35%~75%)、石煤(C_{org}＞10%，石英一般为 35%~75%)、磷块岩和重晶石岩等(表 3-13)。

有形态组分：形态可分为微粒状(小于 0.01mm)、条带状(宽 0.3~1mm)、角砾状(0.1mm×0.2mm)、透镜状(0.3mm×0.3mm)、针状(仅几个微米)和朵状(一般为十几个微米)。有形态组分由生物遗体经凝胶化作用形成的显微组分，有藻类体、菌类体、镜状体和浮游动物体。

藻类体一般为蓝藻藻类体，次为绿藻藻类体，另有极少量红藻藻类体。镜状体是一种较老地层中常见的组分，其特征是轮廓鲜明，两端常呈棱角，有的呈近颗粒状，表面光滑，反射色近似镜质体。镜质体由各种类型的动物有机碎屑和固体沥青组成，主要来源于藻海草、菌丝与节肢动物表皮，或者来源为受挤压的蓝藻细菌、硫酸盐还原菌等，经过凝胶化作用形成。

菌类体多在成岩变化阶段被黄铁矿化交代，代表细菌成因的草莓状黄铁矿，形态典型，为其特征分子，另还有一些弧状类型的有机组分，表面和周缘一般均匀光滑。黑色岩系中，常见海绵、有孔虫及一些节肢动物的残体，多有特征的外形，周缘呈锯齿状，内部结构特殊，有机质表面不均、多孔洞，正交镜下具微弱的各向异性。有些微型浮游动物，如被囊动物的身体被一层类似于蓝藻细胞的有机质所包围，而会形成条带状复合体。壳体未被破坏的情况下，细菌降解作用微弱，软体仅遭受热演化，致使得以保存。

无形态组分：是黑色页岩中的常见有机质类型，可分为原生无形态的细粒状体、碳沥青体和次生的微粒体，一般是由基质状的沥青质体、无定形体及藻类体生成。细粒状体外形为粒状和短条状，有密集型、零星分散型分布，细粒状体反射率较高。

表 3-13 黑色岩系有机碳及有机硫含量表

产地	序号	样品号	岩石名称	元素/%	
				C_{org}	S_{org}
太庙柑子坪	8	DG-10	厚层状黑色页岩(含黄铁矿)	8.56	3.08
	7	DG-9	厚层状黑色页岩	8.42	0.36
	6	DG-8	薄层状黑色页岩	8.62	1.84
	5	DG-6	富金属元素页岩(镍-钼矿层)	8.64	9.93
	4	DG-5	磷块岩	4.08	0.20
	3	DG-4	磷块岩	0.67	0.14
	2	DG-3	磷块岩	0.70	0.08
	1	DG-1	白云岩	0.08	0.09
遵义金鼎山	8	No.5-1	厚层状黑色页岩	5.22	1.98
	7	No.5	薄层状黑色页岩	5.29	1.67
	6	No.4-1	含磷结核页岩	6.03	5.96
	5	No.4	富金属元素页岩(钼矿层)	9.29	23.3
	4	No.3	富金属元素页岩(镍矿层)	0.90	0.19
	3	No.2-1	磷块岩	2.41	1.75
	2	No.2	磷块岩	2.44	1.18
	1	No.1	白云岩	1.86	0.25
遵义天鹅山	4	Z-10A_2	厚层状黑色页岩(白云岩透镜体)	0.99	1.04
	3	Z-6	厚层状黑色页岩	8.86	12.3
	2	Z-5A_5	富金属元素页岩	8.97	13.5
	1	Z-5A_4	富金属元素页岩	8.56	3.08

测试者：四川石油管理局地质勘探开发研究院地质实验室苟学敏；检测设备：CS-344 碳硫测定仪，检测环境为：温度 28℃，湿度 58%RH。

碳沥青体：是有机质演化产物生成的显微组分，热演化程度较高，可区分出两种碳沥青体，即渗出变沥青体和运移变沥青体。渗出变沥青体：是指有机显微组分周围，尤其是藻类体和疑源类体周围，呈云雾状弥漫分布的无定形有机质；运移变沥青体：是指经过二次运移的沥青体，形态不固定，随所充填的空隙而变，常以无定形状、角砾状、粒状等碎屑状形式分布在叠层石间隙中，砂岩孔隙内，当其聚集成脉状时常被称为“沥青煤”。

微粒体以十分密集、细小的粒状(＜1μm)分布于黑色页岩中，常与细粒状有机质、矿物质混合，是原富氢物质热演化的产物。沥青质体和矿物沥青基质经热演化大部分成为微粒体。

2) 有机硫组成

富含多种形态硫是黑色岩系显著的特点之一，沉积岩中硫的存在形态可以分为有机硫、黄铁矿硫、单硫化物硫和硫酸盐硫等类型(吴朝东等，1999；雷加锦等，2000b)。黑色岩系中各种形态硫含量对沉积和成岩环境具有重要的指示作用。通过 X2 射线衍射分析和扫描电镜分析，贵州—湖南地区黑色岩系中含有较多的黄铁矿。多数黄铁矿呈粒度极小的细粒状或煤球状，少量具有发育完好的立方体晶形，个别为丝状或环状。

在缺氧的条件下，有机质还原出大量的 HS^-，能将游离的 Fe^{2+}及时结合，形成的黄铁矿颗粒相对较小(Wilkin et al.，1996；吴朝东等，1999)。因此，黑色岩系中细粒状或煤球状黄铁矿含量较高，可能与海底缺氧有关(吴朝东等，1999)。

贵州—湖南黑色岩系有机硫含量变化较大(表 3-14)，遵义天鹅山有机硫含量为 1.04%~13.5%，遵义金鼎山有机硫含量为 0.19%~23.3%，大庸柑子坪有机硫含量为 0.08%~9.93%。横向上，遵义天鹅山平均有机硫含量(7.48%)＞遵义金鼎山(5.147%)＞大庸柑子坪(2.233%)(均不包括震旦系白云岩)，说明贵州遵义地区较湖南大庸地区更接近于还原沉积环境；纵向上各剖面最高有机硫含量均在金属富集层，表明金属富集层较上、下层位具有更强的还原性。

2. 有机化学

华北北缘中元古界渣尔泰山群甲生盘矿区两个钻孔碳质岩心样含有比较丰富的，组成生物蛋白质的氨基酸有 11 种到 14 种，分别是丙氨酸、撷氨酸、甘氨酸、亮氨酸、丝氨酸、脯氨酸、天门冬氨酸、苯丙氨酸、谷氨酸、酪氨酸、赖氨酸、色氨酸等。两个样品的氨基酸总量分别是：2.51μg/g 和，3.5μg/g。在甲生盘 407-1 号等 8 块样品中氨基酸总量分别是 7.10μg/g、13.01μg/g、14.11μg/g、5.47μg/g、7.20μg/g、8.67μg/g、17.55μg/g 和 4.25μg/g 不等。而变质程度较深的东升庙的两个碳质岩心样品中含有的氨基酸总量分别是 2.15μg/g 和 1.01μg/g，变质程度较深时，所含氨基酸总量降低(王琛等，2011；易发成等，2005；吴佩珠和赵彦明，1996；杨文光等，2004)。

贵州遵义下寒武统牛蹄塘组黑色岩系有机质丰度高，氯仿沥青“A”及族组分检测及氯仿抽提物中饱和烃气相色谱分析表明，黑色岩系有机质腐泥型为主的生油岩，次有混合型，黑色岩系有机质丰度高，有机质主要来源于海生低等菌、藻类生物；黑色岩系姥姣烷与植烷比值、岩性和生物特征指示其形成于一种缺氧还原沉积环境。

氯仿沥青“A”是用氯仿从岩样中抽提出的有机物质，其族组分包括饱和烃、芳香烃、非烃、沥青质等(表 3-14)。黑色岩系都具有高饱和烃、低芳烃和高非烃的族组分分布特征，表现出以富含类脂化合物和蛋白质为特点的低等水生生物来源的腐泥型有机质。

表 3-14　黑色岩系氯仿沥青“A”及族组成　　(单位：%)

序号	C_{org}	氯仿沥青“A”	族组成			
			饱和烃	芳香烃	非烃	沥青质
J1	5.29	0.0183	55.19(56.426)	9.84(10.060)	27.32(27.932)	5.46(5.582)
J2	9.29	0.1478	27.87(44.937)	4.53(7.304)	11.85(19.107)	17.77(28.652)
J3	0.90	0.0084	43.23(47.521)	12.26(13.477)	27.74(30.494)	7.74(8.508)
J4	2.44	0.0127	34.58(35.314)	15.00(15.319)	30.42(31.066)	17.92(18.301)
C1		0.02191	13.26	21.27	36.74	28.73
C2		0.00469	9.68	20.65	32.25	37.42
C3		0.01091	10.40	20.80	20.49	38.31

注：贵州金鼎山下寒武统：J1. 黑色页岩；J2. 钼矿层；J3. 镍矿层；J4. 磷块岩；C_{org}为样品有机碳含量；括号内数字为该组分占族组成总量的质量分数。重庆城口震旦系陡山沱组：C1. 碳质页岩；C2. 黑色硅质岩；C3. 薄层硅质页岩。测试者：四川石油管理局地质勘探开发研究院地质实验室王菊生；氯仿沥青“A”组成 *w*(%)。

遵义下寒武统牛蹄塘组黑色页岩氯仿抽提物中，饱和烃的气相色谱分析显示(表 3-15、表 3-16)，饱和烃的碳数范围在 C11~C37 内，其主峰碳为 C26 和 C27。主峰碳的分布与原始母质性质有关，以藻类为主的有机质表现为低碳数主峰特点，其主峰碳位于 C15~C21，如绿藻 *n*C17 占优势，褐藻 *n*C15 占优势。黑色岩系显高主峰碳、较小的 Σ*n*C21–/Σ*n*C22+值和(*n*C21+*n*C22)/(*n*C28+*n*C29)值，可能与成岩后期作用有关。有机质主要来源于菌藻类等低等生物，但也有部分高等植物的加入(成岩后期)，致使样品的轻烃组分减少、重烃组分增加，造成高主峰碳、Σ*n*C21–/Σ*n*C22+值和(*n*C21+*n*C22)/(*n*C28+*n*C29)值较小的非正常情况出现。重庆城口铂矿有机质组成、饱和烃优势分布特征都反映了城口铂矿中的有机质先体为菌藻类微生物(陈兰等，2006)。

表 3-15 遵义地区黑色岩系生物标志化合物参数表

样品号	沥青“A”/mg	正构烷烃					类异戊二烯烃		
		主峰碳	OEP	CPI	*n*C17/*n*C31	*n*C21⁻/*n*C22⁻	Pr/Ph	Pr/*n*C17	Pr/*n*C18
hjh12-1	3	C18	1.07	1.07	17.06	3.41	0.56	0.73	0.82
hjh6-1	4.3	C18	0.96	0.98	16.69	2.16	0.56	0.96	0.85
hjh5-1	5	C19	0.98	0.98	29.22	1.99	0.51	0.61	0.76
hjh11-1	2.9	C19	1.01	1.09	8.12	2.21	0.59	1.00	1.00
hjh4-2	5.5	C19	1.00	1.02	50.17	2.67	0.52	0.54	0.64
hjh2-3	10.3	C19	0.84	0.97	2.88	1.20	0.35	0.69	0.85
hjh4-1	4.1	C20	1.07	1.16	12.53	2.21	0.51	0.74	0.79
hjh10-1	2.7	C20	1.10	1.10	5.49	1.18	0.58	0.87	0.81
hjh9-1	3.5	C20	0.84	0.93	3.96	1.02	0.39	0.88	0.97
hjh16-1	3.3	C20	1.06	0.92	4.50	1.63	0.50	0.93	1.07
hjh14-1	2.8	C20	0.87	0.96	1.34	1.02	0.70	1.01	1.11
hjh13-1	2.6	C20	1.11	0.99	19.74	4.87	0.59	0.88	1.00
hjh1-3	2.3	C20	0.99	1.07	1.48	0.71	0.46	0.60	0.71
hjh7-1	5.3	C20	0.88	0.99	15.09	1.24	0.79	0.91	1.24
hjh1-1	2.3	C21	0.96	0.99	1.19	0.55	0.36	0.85	0.84
hjh8-1	3.4	C21	0.92	0.95	12.11	2.60	0.52	0.87	1.00
hjh3-2	3.7	C21	0.86	0.96	4.18	0.91	0.52	0.64	0.76
hjh15-1	3.1	C23	0.98	1.07	6.49	0.78	0.74	0.83	0.91
hjh2-1	8.4	C25	0.92	0.97	1.15	0.63	0.58	0.41	0.51
hjh0-2	3.1	C25	0.92	1.12	0.17	0.28	0.24	0.87	0.79

表 3-16 贵州金鼎山下寒武统黑色岩系饱和烷烃气相色谱分析结果 (单位：%)

样号	Jd1	Jd2	Jd3	Jd4
岩性	黑色页岩	钼矿层	镍矿层	磷块岩
主峰碳	C26	C27	C27	C27
*n*C11	0.04	0.00	0.03	0.01
*n*C12	0.23	0.01	0.26	0.09
*n*C13	0.42	0.03	0.52	0.14
*n*C14	0.35	0.04	0.47	0.14

续表

样号	Jd1	Jd2	Jd3	Jd4
*n*C15	0.48	0.06	0.55	0.23
*n*C16	1.17	0.17	1.62	0.74
*n*C17	1.54	0.28	1.93	0.98
*n*C18	1.27	0.32	1.68	0.91
*n*C19	0.85	0.26	1.20	0.71
*n*C20	0.84	0.28	0.99	0.62
*n*C21	1.34	0.55	1.05	0.87
*n*C22	2.62	1.87	1.65	1.98
*n*C23	6.26	5.38	3.84	5.17
*n*C24	9.44	8.63	5.50	8.50
*n*C25	14.50	12.34	9.21	12.24
*n*C26	15.60	12.23	9.59	13.64
*n*C27	14.94	12.90	11.29	13.87
*n*C28	10.41	10.68	9.54	10.49
*n*C29	7.66	9.78	8.94	8.75
*n*C30	4.18	7.16	7.02	6.65
*n*C31	2.49	5.72	6.44	5.16
*n*C32	1.22	3.63	4.50	2.90
*n*C33	0.79	2.74	3.73	2.07
*n*C34	0.89	1.89	2.84	1.42
*n*C35	0.17	1.38	2.41	1.09
*n*C36	0.17	0.97	1.62	0.37
*n*C37	0.12	0.69	1.58	0.27
OEP	1.04	1.09	1.12	1.08
(*n*C21+*n*C22)/(*n*C28+*n*C29)	0.22	0.12	0.15	0.15
$\Sigma n\mathrm{C21}^{-}/\Sigma n\mathrm{C22}^{+}$	0.09	0.02	0.11	0.06
Pr/*n*C17	0.39	0.55	0.46	0.36
Ph/*n*C18	0.55	0.41	0.57	0.48
Pr/Ph	0.86	1.18	0.92	0.80

注：Pr. 类异戊二烯烃的姥姣烷；Ph. 植烷。测试者：四川石油管理局地质勘探开发研究院地质实验室苟学敏。

纳雍牛蹄塘组黑色页岩抽提物的正构烷烃色谱碳数分布为 C14~C32，在图谱上呈双峰分布，显示了以藻类为主和以高等植物为主的两种生物来源同时存在。前峰主峰为 *n*C17~*n*C18，后峰主峰为 *n*C23~*n*C24，(*n*C21+*n*C22)/(*n*C28+*n*C29)的比值范围在 1.61~3.29，均值为 2.31。由于早寒武世时不存在高等植物，而是菌藻类大量繁殖的阶段，因此有机质来源应该是菌藻类和海洋浮游生物。

页岩抽提物中的 OEP 值是生油岩成熟度指标之一，近代沉积物具有明显的奇偶优势(一般为 2.4~5.5)，古代沉积物 OEP 值为 0.9~2.4，而原油小于 1.2。纳雍牛蹄塘组黑色页岩抽提物 OEP 值为 0.959~1.09，平均值为 1.08，接近平均值 1.0，无明显奇偶优势；遵义下寒武统牛蹄塘组黑色岩系岩石 OEP 为 1.04~1.12，奇偶优势比接近于 1，无奇偶优势或具有微弱的奇偶优势，表明有机质主要来源于低等菌藻类生物。

一般认为 Pr/Ph＜1 是指示缺氧还原沉积环境，而 Pr/Ph＞1 则是氧化条件。重庆陡山沱组页岩、贵州黑色岩系各岩石以 Pr/Ph 值＜1 为主，只有钼矿层的大于 1，反映黑色岩系为缺氧还原环境沉积成岩。

在石油有机地球化学中，一般认为 C29 甾烷优势是陆相有机质的标志，而 C27 甾烷优势是海相有机质标志，C27 甾烷与 C29 甾烷双峰是海陆相源岩混合(曾国寿等，1990)。然而在许多古生代和前寒武纪的海相石油和源岩中，都出现了显著的 C29 甾烷优势，如塔里木油田的下古生界源岩，以及阿曼的元古宙的石油都显示了显著的 C29 甾烷优势。由于陆地维管植物在泥盆纪才开始大面积繁盛，因此早古生代和前寒武纪的海相石油和源岩中的 C29 甾烷优势只能来源于海洋藻类。有人认为，古生代和前寒武纪的海相石油和源岩中的 C29 甾烷优势来自浮游绿藻(孟凡巍等，2006)，而现生浮游绿藻的确具有 C29 甾醇优势(表 3-17)。

根据藻类碳同位素分析，底栖宏体藻类的 δ^{13}C 平均值普遍要高于浮游微体藻类，而宏体藻类中，具有 C29 甾烷优势的褐藻在相对较深的海水中生存，其 δ^{13}C 平均值更高，如崂山湾底栖宏体藻类的 δ^{13}C 分析，宏体绿藻 δ^{13}C 值为–22.9‰~ –18.9‰，宏体红藻的 δ^{13}C 值在–21.7‰~ –17.6‰，宏体褐藻的 δ^{13}C 值在–19.1‰~–15.2‰，宏体藻类 δ^{13}C 值全年平均值为–18.5‰ ± 2.4‰，而浮游藻类全年平均值为–23.2‰ ± 2.4‰(蔡德陵等，1999)，而现代海洋沉积有机碳(主要浮游藻类)如果剔除陆源有机碳影响，大多数在–27‰左右。地史时期由浮游藻类的脂类物质(与藻类体内不易保存的氨基酸等其他生化物相比，其 δ^{13}C 值偏负)形成的腐泥质煤的有机碳同位素值为–35‰~ –30‰(郑永飞等，2000)。

表 3-17　现代藻类的甾醇分布与有机碳同位素分布

藻类类型	浮游甲藻	浮游绿藻	宏体绿藻	宏体红藻	宏体褐藻
甾醇优势	C27	C29	C27	C27	C29
$\delta^{13}C_{PDB}$/‰	–27±	–27±	–22.9~–18.9	–21.7~–17.6	–19.1~–15.2

资料来源：曾国寿等，1990；蔡德陵等，1999。

考虑到有机碳同位素的时代性变化，寒武纪和前寒武纪黑色页岩普遍偏负在–30‰左右，所以可以对具有 C29 甾烷优势的早古生代和前寒武纪的海相石油和源岩的有机碳同位素进行分析，只有 δ^{13}C 值大于–20‰的才可能是主要是宏体褐藻的贡献，而低于–27‰或者更负的只能来源于浮游藻类，而介于–20‰~–30‰的则可能是宏体藻类与浮游藻类的混合，而这样就进一步区别 C29 甾烷的优势的生物来源。

皖南地区的黑色岩系中早震旦世蓝田组页岩有机碳同位素($\delta^{13}C_{org}$)为–33‰左右，而晚震旦世皮园村组硅质岩 $\delta^{13}C_{org}$ 为–36‰左右。早震旦世蓝田组黑色页岩有机碳同位素 $\delta^{13}C_{org}$ 为–28.3%~ –34.56%之间，表明是浮游生物输入为主，证明了皖南地区的震旦纪黑色岩系的 C29 甾烷的优势是浮游藻类的贡献。而早震旦世蓝田组剖面黑色页岩整个有机碳同位素分为两个段，下段普遍偏负，样品的 $\delta^{13}C_{org}$ 在–29.40%~ –34.56%；而上段有机碳同位素普遍偏正，都大于–30‰，样品的 $\delta^{13}C_{org}$ 在–28.27%~ –29.53%，在有机碳同位素值较重的上段，产出丰富的底栖宏体藻类化石。因此在同位素偏正的上段是底栖藻类与浮游藻类混合造成的，C27 甾烷/C29 甾烷＜1；而在同位素偏负的下段，甾烷分布符合浮游生物为主的有机输入，C27 甾烷/C29 甾烷＞1。

国外对比 C28/C29 甾烷的比值，发现这个比值随着地质时代会有显著的增长。这个比值在早古生代和更老的石油中，比值要低于 0.5；晚古生代到早侏罗世的石油的比值为 0.4~0.7；晚侏罗世到中新世石油的值大约要高于 0.7。

震旦纪与早寒武世黑色岩系的系统分析基本符合这一规律，C28/C29 甾烷的比值在 0.5 左右(除了皖南休宁蓝田组下部黑色页岩的 C28/C29 甾烷的 0.71 的异常的比值)，C28 甾烷的相对升高可能和藻类的演化有关，在晚侏罗世到中新世的石油的值的 C28/C29 甾烷的高比值猜测和硅藻的繁盛有关。

3. 黑色页岩有机碳同位素地球化学

一般无机结晶沉积作用富集重同位素，而有机作用富集轻同位素。对于碳氧同位素来说，无机作用富集 ^{13}C、^{18}O，而有机作用富集 ^{12}C 和 ^{16}O。

碳酸盐岩中无机碳氧同位素组成明显富集重同位素 ^{13}C，根据燕山地区中元古界潮坪相泥晶碳酸盐岩的碳氧同位素分析，$\delta^{13}C_{PDB}$ 为−2‰~ +2‰，即 $\delta^{13}C_{PDB}$ 在 0‰左右，$\delta^{18}O_{PDB}$ 为−10‰~ −2‰（图 3-14）。

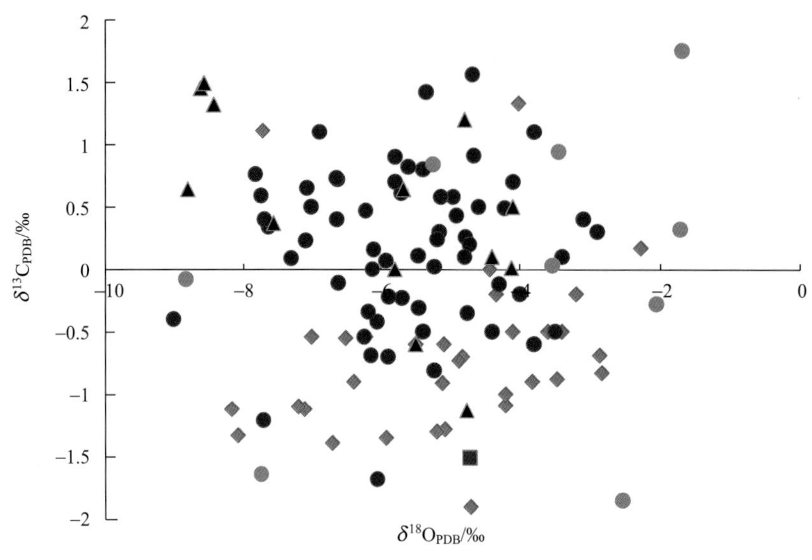

图 3-14 燕山地区中元古界潮坪相泥晶碳酸盐岩碳氧同位素组成分布图

华南海相震旦系灯影组上部砂屑白云岩、鲕粒白云岩及藻白云岩中产有固体团块状分布的沥青，主要赋存在白云岩晶间孔、铸模孔及溶洞内，具镶嵌状结构特征，含沥青白云岩有机碳含量 0.52%~1.89%。样品分析，氯仿沥青“A”及热解潜量较低，V/(V+Ni)值较高为 0.75~0.94，沥青反射率 2.95%~3.86%，双反射明显，热演化程度高，大部分样品 H/C 值小于 0.5。根据生物标志物、有机碳同位素、单体烃同位素及 V/(V+Ni)值对比分析认为，沥青来源于下寒武统牛蹄塘组黑色岩系（杨平等，2012）。

含沥青白云岩有机碳同位素为−33‰~−32.52‰，平均−32.76‰，不含沥青白云岩有机碳同位素组成为−32.06‰~ −28.13‰，平均−30.08‰，显示含沥青白云岩由于沥青的充填使 $\delta^{13}C_{org}$ 值降低，纯沥青样该值为−33.22‰。由于沥青与白云岩的有机碳同位素具有明显的不同，而这种差异性反映了沥青母岩与白云岩沉积环境的不同（图 3-15）。

沥青单体正构烷烃碳同位素组成普遍较轻，在低碳数 C16~C26 均有从低碳数到高碳数 $\delta^{13}C_{org}$ 逐渐变轻，低碳数正构烷烃相对较重的 $\delta^{13}C_{org}$，为海生藻类及海洋浮游生物来源，而且随着热演化程度的增加，相对 $\delta^{13}C_{org}$ 较重的高碳数正构烷烃可能存在的裂解使得正构烷烃单体碳同位素组成明显富集 $^{13}C_{org}$。随着碳数的降低，这种裂解的支链越来越少，裂解也变得更加困难，因此在 C16~C26 随着碳数的增加 $\delta^{13}C_{org}$。

在+C26 区间变化特征与 C16~C26 完全不同，从低碳数到高碳数没有明显方向性变化，碳同位素值具有明显的偶碳优势。6 件样品 C28、C30、C32 及 C34 均值范围为−32.04‰~ −31.14‰，C27、C29、C31 及 C33 均值范围为−33.25‰~ −32.51‰，相邻奇偶碳数碳同位素值差为 0.48‰~1.72‰。这种差值一般认为，在热演化阶段奇碳数烷烃向偶碳数烷烃裂解（释放具有更轻 $\delta^{13}C_{org}$ 的 CH_4）或转化形成的，因此奇碳数烷烃同位素更具有可靠性，这种相对较轻的 $\delta^{13}C_{org}$ 值也表明其主要来源为细菌。

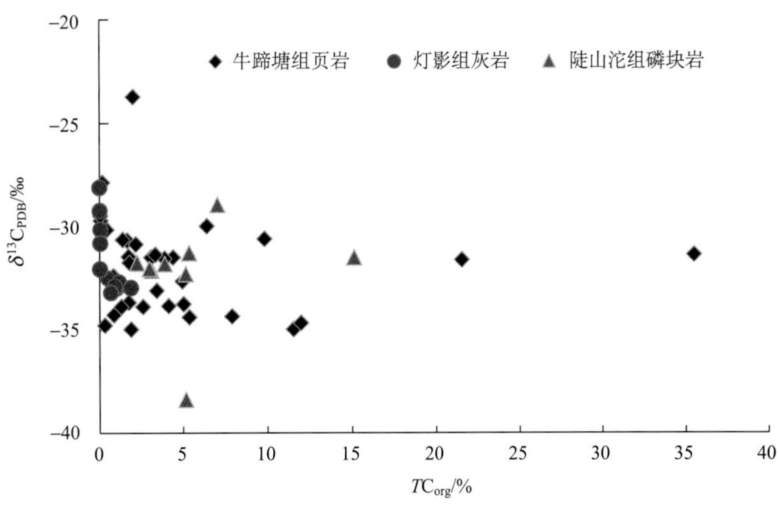

图 3-15　金沙岩孔灯影组烃源岩有机碳同位素组成图解

分析数据显示梅子湾陡山沱组黑色泥岩干酪根同位素为−29.35‰~ −29.15‰，平均值−29.20‰，黑色磷块岩干酪根同位素略低于黑色泥岩，为−30.02‰~ −29.61‰，平均值−29.85‰。松林陡山沱组黑色泥岩干酪根同位素为−30.89‰~ −30.28‰，平均值−30.54‰，粉晶白云岩较高为−28.69‰(表 3-18)。

表 3-18　金沙岩烃源岩有机地球化学参数

剖面位置	层位	岩性	厚度/m	TC_{org}/%	$\delta^{13}C_{org}$/‰PDB
湄潭梅子湾	陡山沱组	黑色泥岩	18.90	1.22~2.57	−29.35~−28.96
		磷块岩		1.34~1.76	−30.02~−29.61
	灯影组	粉晶白云岩		0.13	−25.93
		黑色页岩	12.74	4.45~8.41	−31.33
	牛蹄塘组	黑色泥岩		4.41~6.66	−32.52~−31.85
遵义松林	陡山沱组	粉晶白云岩		0.1	−28.69
		黑色泥岩	16.60	2.3~2.83	−30.89~−30.28
	灯影组	粉晶白云岩		0.03~0.08	−29.80~−29.37
	牛蹄塘组	磷块岩	0.20	1.58	−31.61
		灰色黏土岩	0.16	0.46	−32.52
		黑色硅质岩及页岩	0.45	2.18~20.57	−34.01~−32.32
		黑色泥岩	5.68	4.91~11.34	−34.99~−32.42
		含钼黏土岩	0.20	1.74	−31.68
		黑色泥岩	37.5	6.19~15.12	−31.18~−30.64
	明心寺组	灰绿色页岩		0.33	−31.15

华北北缘晚前寒武纪黑色页岩有机碳同位素组成($\delta^{13}C_{PDB}$)平均−30.79‰(王杰等，2004)；相对比较集中，范围在−26.80‰~−34.40‰(图 3-16)，说明是比较单一的生物种类遗留有机碳。

4. 有机碳中稀土元素地球化学

为了探讨黑色岩系中有机碳的稀土元素分布特征及其与沉积环境的关系，皮道会等(2008)对松林穹隆的南部中南村牛蹄塘组下部黑色岩系进行了系统研究，获得了较好的研究成果。黑色岩系厚约32m，分为含小壳化石的粉砂质磷块岩薄层；含海绿石富黄铁矿的页岩层；凝灰岩粉砂质页岩层；钒矿化页岩层；含粉砂质黑色页岩层；镍钼矿层；产海面骨针的黑色页岩层；粉砂质黑色页岩层(皮道会等，2008)。

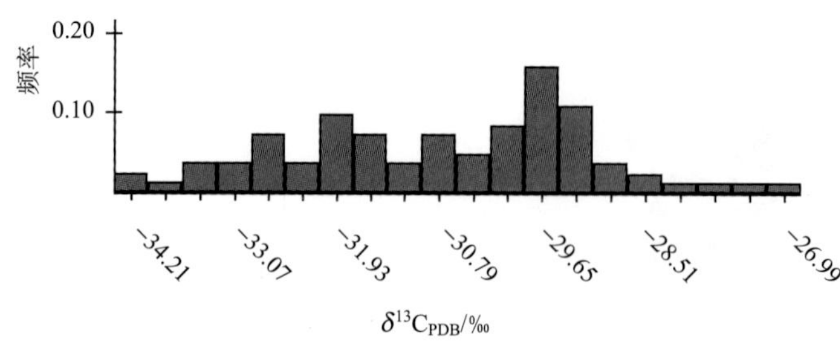

图 3-16　华北北缘晚前寒武界沉积岩有机碳同位素组成频率图

采集的粉砂质页岩和黑色页岩样品分选了有机碳，并测试了粉砂质页岩和黑色页岩有机碳中稀土元素含量(表 3-19、表 3-20)。分析显示黑色岩系中有机质主要来自海洋上层水体的浮游藻类和菌类，生物体与环境的平衡交换使生物体的微量元素组分及稀土元素与海水微量元素组成一致，黑色岩系中有机质的稀土元素组成反映了海洋上层水体的 REE 组成特征。根据两个样品(BP12、BP13)有机质含量计算，有机质中稀土元素总量(ΣREE)与全岩稀土元素含量基本一致的，在岩石中只占全岩样品稀土元素总量(ΣREE)的 10.7%和 13.4%(表 3-20)。

表 3-19　遵义下寒武统牛蹄塘组硅质页岩中有机质的稀土元素含量表　(单位：10^{-6})

样号	SP1	SP2	SP3	SP4	SP5	SP6	SP7	SP8	SP9	SP10	SP11
La	8.29	82.60	167.00	3.45	28.30	8.11	14.10	40.90	22.00	27.10	28.60
Ce	10.80	114.00	208.00	3.95	22.90	6.11	10.30	40.90	17.40	25.30	33.40
Pr	1.46	18.30	30.00	0.68	3.86	1.12	1.83	6.87	3.24	4.61	5.72
Nd	4.79	79.40	102.00	2.32	14.70	5.19	8.13	25.50	12.60	17.00	22.90
Sm	0.91	25.20	14.20	0.35	2.93	1.41	2.06	4.84	2.58	2.85	4.68
Eu	0.12	4.30	2.04	0.05	0.52	0.30	0.42	0.95	0.56	0.62	1.00
Gd	0.99	31.70	13.30	0.34	4.28	2.23	3.18	6.39	3.88	3.90	6.31
Tb	0.16	4.10	1.38	0.04	0.57	0.31	0.42	0.82	0.49	0.50	0.79
Dy	0.83	20.40	5.65	0.18	3.26	1.91	2.44	4.41	2.99	2.64	4.40
Ho	0.15	3.35	0.98	0.04	0.71	0.42	0.52	0.84	0.66	0.57	0.87
Er	0.39	6.89	2.23	0.09	1.80	1.13	1.33	2.10	1.71	1.47	2.15
Tm	0.05	0.69	0.25	0.01	0.21	0.13	0.14	0.23	0.21	0.18	0.25
Yb	0.24	2.77	1.17	0.06	0.96	0.59	0.63	1.20	1.00	0.81	1.13
Lu	0.03	0.30	0.16	0.01	0.13	0.08	0.08	0.15	0.15	0.12	0.15
REE	29.22	394.00	548.35	11.56	85.13	29.04	45.58	136.10	69.46	87.66	112.36
LREE/HREE	9.27	4.61	20.84	14.02	6.14	3.27	4.21	7.44	5.27	7.62	6.00
δCe	0.75	0.71	0.71	0.62	0.53	0.49	0.49	0.59	0.50	0.54	0.63
δEu	0.39	0.47	0.45	0.47	0.45	0.51	0.50	0.52	0.54	0.57	0.56
C_{org}/%	9.73	13.13	27.04	18.41	20.01	18.79	19.15	21.93	18.12	15.14	14.05

表 3-20　遵义下寒武统牛蹄塘组黑色页岩中有机质的稀土元素含量　(单位：10^{-6})

样号	BP1	BP2	BP3	BP4	BP5	BP6	BP7	BP8	BP9	BP10	BP11	BP12	BP13
La	31.10	87.80	28.40	31.50	50.70	41.60	27.70	27.60	10.80	16.40	27.20	94.60	32.10
Ce	49.80	107.00	48.40	56.70	100.00	59.60	45.20	41.00	16.10	29.80	46.30	158.00	48.90
Pr	7.86	15.50	7.59	8.87	18.30	7.30	5.55	5.17	1.76	3.59	5.68	25.10	7.05
Nd	30.60	52.60	31.40	36.60	88.70	26.10	18.40	17.40	6.49	12.50	22.30	97.60	26.10
Sm	4.88	6.51	7.07	5.75	16.20	4.60	2.68	2.60	1.40	1.95	6.82	23.50	4.88
Eu	0.96	1.43	1.48	0.89	2.66	0.96	0.51	0.49	0.33	0.38	1.55	1.45	0.96
Gd	5.51	8.72	8.47	4.11	12.00	4.34	2.39	2.12	1.32	1.31	7.33	22.80	4.73
Tb	0.68	1.05	1.10	0.42	1.18	0.50	0.26	0.24	0.15	0.17	1.06	3.83	0.67
Dy	3.29	5.74	5.70	1.42	4.01	2.08	1.10	1.05	0.71	0.71	5.69	22.40	4.24
Ho	0.61	1.28	1.05	0.21	0.58	0.35	0.21	0.22	0.13	0.14	1.07	4.73	0.86
Er	1.48	3.30	2.54	0.47	1.16	0.79	0.59	0.59	0.38	0.39	2.92	13.20	2.76
Tm	0.17	0.39	0.31	0.06	0.12	0.08	0.07	0.08	0.05	0.06	0.40	1.92	0.41
Yb/	0.88	1.89	1.52	0.33	0.59	0.41	0.39	0.46	0.28	0.31	2.16	11.60	2.56
Lu	0.11	0.28	0.19	0.04	0.08	0.05	0.05	0.06	0.04	0.04	0.36	1.57	0.37
REE	137.92	293.49	145.23	147.37	296.28	148.75	105.11	99.07	39.94	67.74	130.83	482.30	136.59
LREE/HREE	9.84	11.96	5.95	19.86	14.03	16.31	19.74	19.61	12.05	20.69	5.24	4.88	7.23
δCe	0.77	0.70	0.79	0.82	0.79	0.82	0.88	0.83	0.89	0.93	0.90	0.78	0.78
δEu	0.56	0.58	0.58	0.56	0.58	0.66	0.62	0.64	0.74	0.72	0.67	0.19	0.61
C_{org}/%	12.93	11.84	11.97	12.46	12.41	19.09	21.36	16.98	14.41	9.46	7.44	10.7	13.4

粉砂质页岩和黑色碳质页岩稀土元素配分曲线形态基本是一致的，都显示轻稀土元素富集，重稀土元素亏损，曲线向右倾，并且都具有负铈异常和负铕异常。但是粉砂质页岩和黑色碳质页岩稀土元素配分曲线也有较大的差异，粉砂质页岩稀土元素配分曲线负铈异常和负铕异常都比黑色碳质页岩的稀土元素配分曲线负铈异常、负铕异常明显(图 3-17、图 3-18)。由于负铈异常反映的是沉积环境的氧化还原条件，粉砂质页岩负铈异常是潮汐相的典型配分曲线特征，而无负铈异常反映的是浅海还原环境，因此黑色碳质页岩属于远离潮汐带的浅海陆棚沉积环境，这与寒武纪的海进沉积序列是一致的(照片 3-3)。

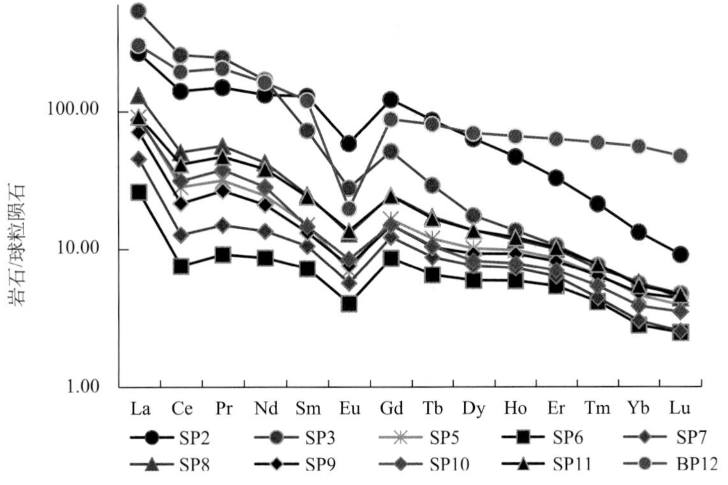

图 3-17　黑色岩系中硅质页岩有机质稀土元素配分曲线图

有机质稀土元素总量与有机质含量没有明显的线性相关性，呈现曲线相关形态(图 3-19)，这说明黑色岩系中稀土元素的来源并非单一来源，由于在潮汐带及滨浅海陆棚环境沉积物质来源并非单一的，有陆相来源的碎屑物，也有海水来源化学物质，因此沉积物的稀土元素含量显示多来源特征是可以理解的。而有机质的 REE 来自海洋上层水体中的微生物，也表明了海陆混合作用的存在。

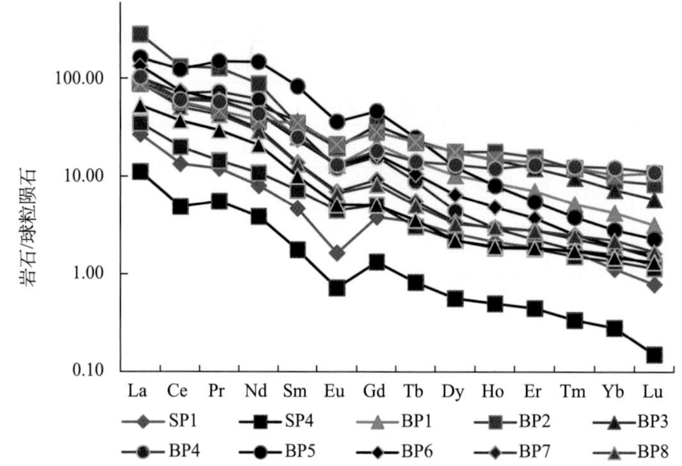

图 3-18　黑色岩系中黑色碳质页岩有机质稀土元素配分曲线图

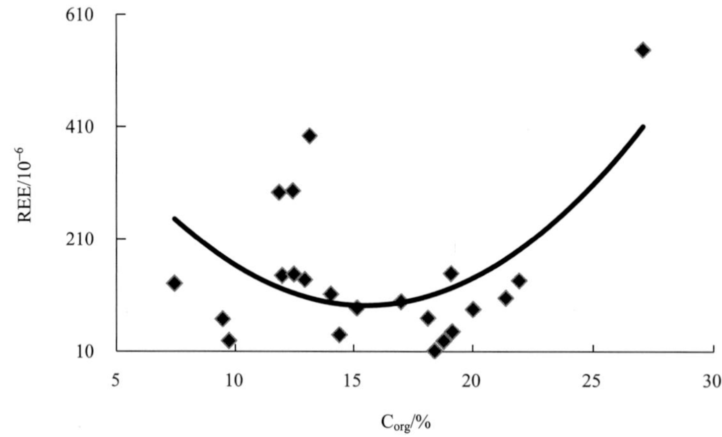

图 3-19　稀土元素含量与有机碳含量相关图

三、黑色岩系地球化学

黑色岩系以黑色碳质页岩为主，包括与之共同产出的硅质页岩、泥灰岩、粉砂质页岩及磷块岩、菱锰矿等沉积岩系，在相似环境中形成的这些岩性具有类似的岩石地球化学特征，可以综合分析其地球化学特征。

我们收集了近 10 年期刊发表的有关黑色岩系的论文地球化学分析数据，以中国西南地区下寒武统为主，其次也有其他地区和时代的资料，并且查阅澳大利亚多金属矿床的黑色页岩资料，分别以岩石化学、微量元素、稀土元素分析其地球化学特征。根据分析，岩石化学、微量元素和稀土元素地球化学具有很好的对应关系，反映出黑色岩系属于潮汐相、浅海陆棚相、热水沉积相，其次具有深海沉积相四种沉积环境沉积成因，黑色岩系的物源主要属于陆源海相沉积。

黑色岩系的岩石化学及微量稀土元素地球化学可以很好反映岩石的沉积环境。根据下述地球化学资料，黑色岩系的沉积环境主要是潮汐带和浅海陆棚环境沉积。一些黑色岩系具有明显的热水沉积特征，或者热水沉积物的混入，尤其是一些钼钒多金属矿化带及重晶石矿化带，热水参与现象明显。

1. 岩石化学

由于黑色岩系中包括了各种与黑色页岩共生的碎屑岩和化学沉积岩，因此其岩石化学组成有较大的差异(表 3-21)。硅质页岩的 SiO_2 含量在 80%，甚至 90%以上；化学沉积碳酸盐岩、菱锰矿、磷块岩等，SiO_2 含量小于 30%；一般黑色页岩 SiO_2 含量为 50%~70%(图 3-20)。黑色岩系中 Al_2O_3 含量呈现双峰式分布(图 3-21)，表明一部分化学沉积碳酸盐岩和碎屑沉积岩共存。

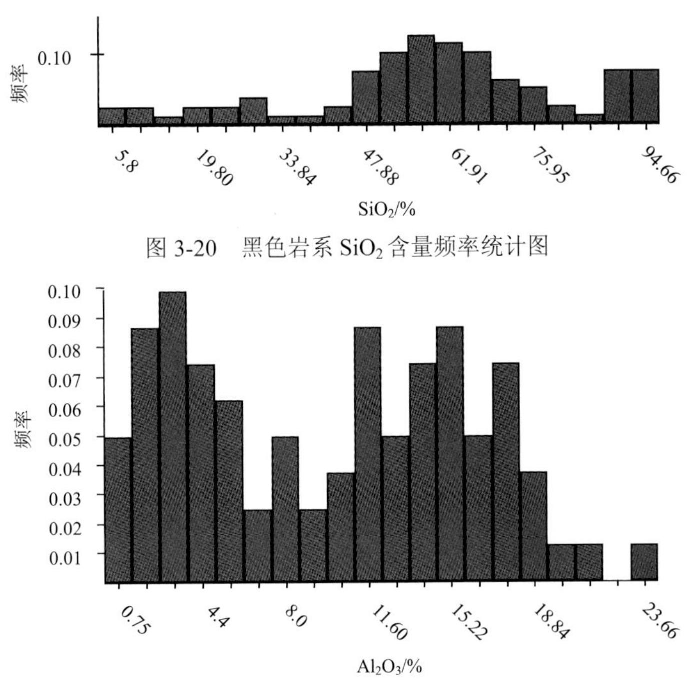

图 3-20　黑色岩系 SiO_2 含量频率统计图

图 3-21　黑色岩系 Al_2O_3 含量频率统计图

岩石化学聚类分析显示相关系数 0 以上分为三个群组，Al_2O_3-K_2O-TiO_2-FeO 及 A/CNK-K_2O/Na_2O 显示为碎屑沉积群组；CaO-P_2O_5-MgO-MnO-Na_2O-Fe_2O_3 显示为化学沉积群组；SiO_2 显示为硅质岩，与上述两个群组负相关(图 3-22)。

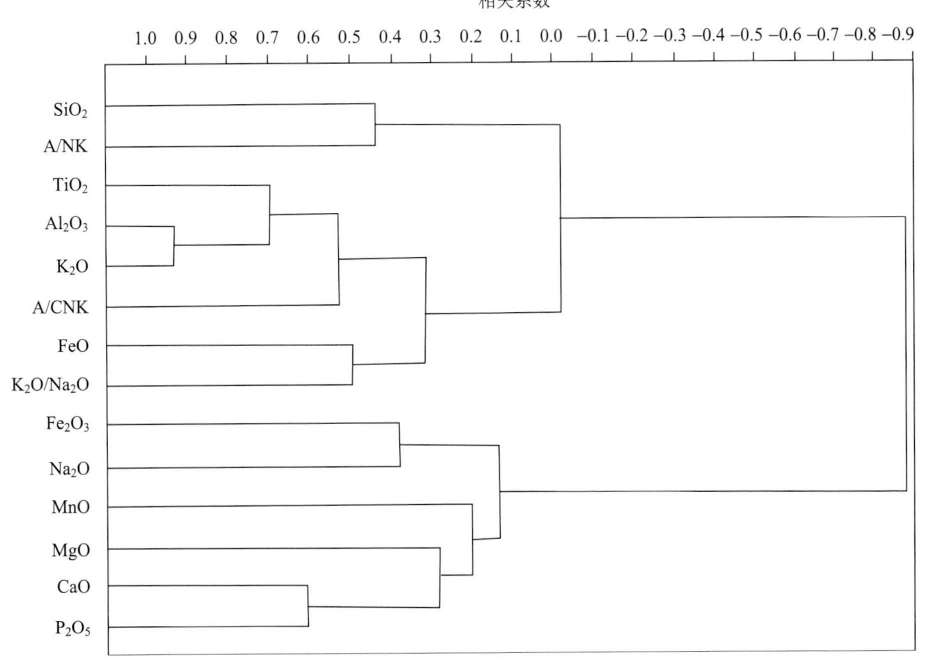

图 3-22　黑色岩系岩石化学 R 型聚类分析谱系图

与同时代黑色岩系中 K_2O/Na_2O-SiO_2 相关性不同，Pt_2 地层中 K_2O/Na_2O-SiO_2 不相关，其他时代黑色岩系的 K_2O/Na_2O-SiO_2 均呈负相关(图 3-23)。

Pt_2 地层中(TFeO+MnO)-TiO_2 也显示与其他地层不同，呈负相关性，其他地层则呈正相关性(图 3-24)。

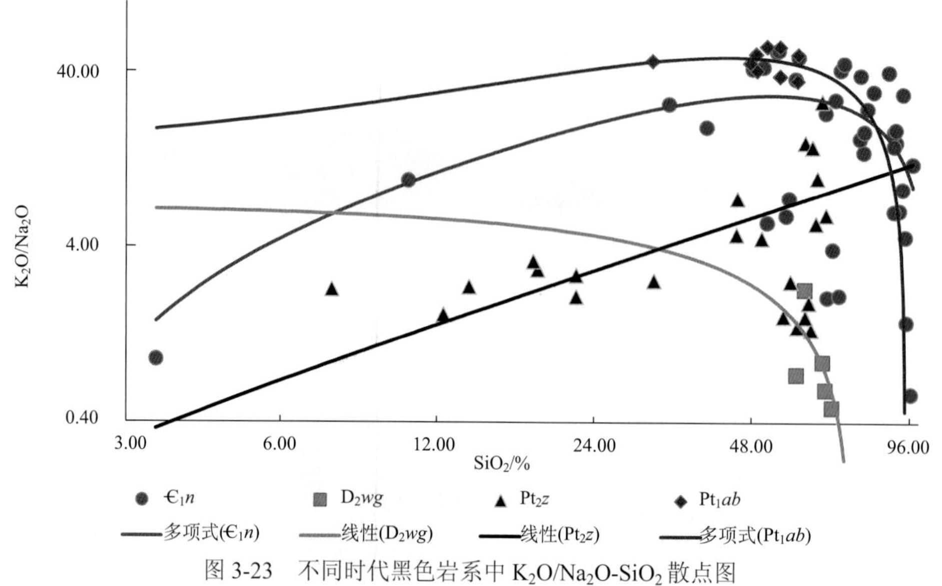

图 3-23　不同时代黑色岩系中 K_2O/Na_2O-SiO_2 散点图

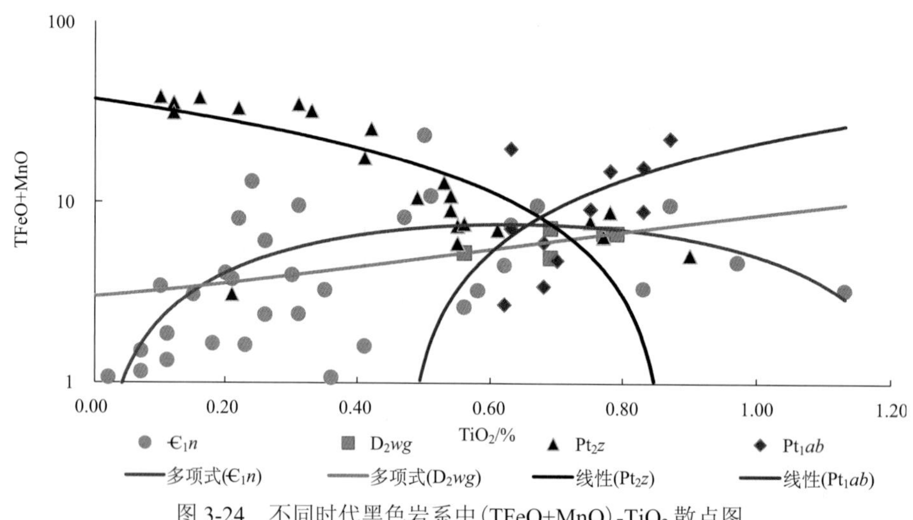

图 3-24　不同时代黑色岩系中(TFeO+MnO)-TiO_2 散点图

2. 微量元素地球化学

黑色岩系微量元素分析显示，普遍具有较高的 Ba、Ni、V 等元素，明显高于地壳丰度值(Ba 为 760×10^{-6}，Ni 为 21×10^{-6}，V 为 64×10^{-6})。下寒武统黑色页岩 Ba、Ni、V 平均含量分别为 4768×10^{-6}、65×10^{-6}、1965×10^{-6}，因此经常形成黑色页岩型重晶石矿床及钼钒多金属矿床(杨兴莲等，2007)。

缺氧环境条件下，含有机质的沉积岩中 V 元素相对 Ni 和 Cr 元素更容易富集，因此，V/(V+Ni)和 V/Cr 值的变化可以指示沉积环境的氧化还原程度，较高的 V/(V+Ni)和 V/Cr 值显示较强的缺氧条件(Joachimski et al.，2001；Zhang et al.，2011)。

黑色页岩中 Ni 和 V 的赋存状态主要是无机吸附，但在有机干酪根中可以卟啉化合物的形式存在。在海相的沉积环境中，由于硫还原反应，以及卟啉络合物中 V 比 Ni 的稳定性高，因此造成高的 V/Ni 值，V/(Ni+V)大于 0.83 即为缺氧环境。V/Cr$<$2.00 为富氧环境，V/Cr$>$4.25 为缺氧环境，两者之间属于过渡环境。

上寒武统黑色页岩的 V/(Ni+V)值范围为 0.23~1.00，平均值为 0.90；V/Cr 变化范围 0.78~25.75，平均 6.28，属缺氧环境沉积。丹巴泥盆系黑色页岩的 V/(Ni+V)值平均 0.66；V/Cr 平均值为 0.83，属氧化环境。澳大利亚多金属矿区黑色页岩的 V/(Ni+V)值均小于 0.83，为 0.06~0.70，平均值为 0.40；V/Cr 平均值为 2.15 为氧化环境的产物。

表 3-21　黑色岩系岩石化学成分表

地区	地层	样号	SiO_2	TiO_2	Al_2O_3	Fe_2O_3	FeO	MnO	MgO	CaO	Na_2O	K_2O	P_2O_5	Los	合计	Na_2O+K_2O	K_2O/Na_2O	A/CNK	A/NK
贵阳—湄潭	Є$_1mx$	MX11	62.83	0.63	13.51	2.79	1.90	0.65	2.21	2.91	0.95	3.00	0.48		99.88	3.95	3.16	1.34	2.80
	Є$_1nt$	NTT1J	66.53	0.83	11.92	1.43	0.30	0.34	1.28	0.45	1.42	2.95	4.07		99.72	4.37	2.08	1.88	2.15
	Z_2dy	DY11	3.43	0.50	0.15	0.20	0.08	0.36	23.02	32.04	0.11	0.10	0.37		99.93	0.21	0.91	0.00	0.52
三都—铜仁	Є$_1lj$	LJ21	39.30	0.67	8.48	1.69	0.40	0.99	6.54	17.29	0.21	4.07	0.30		99.85	4.28	19.38	0.23	1.78
	Є$_1zl$	NTT2J	66.00	1.13	15.10	2.00	0.03	0.44	0.81	0.44	0.23	5.38	0.38		99.76	5.61	23.39	2.15	2.43
	Z_2lc	CLP21	68.95	0.97	12.18	3.05	0.17	0.43	1.06	0.72	0.19	5.28	0.54		99.73	5.47	27.79	1.66	2.02
织金	Є$_1nt$	KZ1	53.33		16.11	6.61			2.19	1.81	0.09	4.52	0.22		84.88	4.606	52.56	1.93	3.19
		KZ2	58.64		15.48	2.47			0.80	0.07	0.07	3.41	—		80.94	3.48	48.71	3.93	4.06
		KZ3	56.35		12.27	7.08			1.56	0.27	0.66	5.02	0.31	—	83.52	5.68	7.61	1.75	1.88
		KZ4	55.60		10.04	6.35			3.03	3.11	0.71	4.30	0.23	8.76	92.13	5.01	6.06	0.87	1.72
		KZ5	70.12		11.39	2.72			1.71	1.15	1.36	2.89	0.11	5.60	97.05	4.25	2.13	1.53	2.12
重庆城口	Є$_1gl$	HA1	70.51	0.56	13.68		2.18	0.01	0.45	0.69	0.08	3.30	0.30	7.87	99.62	3.38	41.25	2.75	3.68
		HA2	90.15	0.36	4.25		0.57	0.01	0.49	0.49	0.05	0.80	0.18	2.77	100.12	0.85	16.00	2.31	4.47
		HA3	91.37	0.11	3.06		0.57	0.01	0.23	0.56	0.04	0.26	0.27	3.03	99.51	0.3	6.50	2.24	8.79
		HA4	96.31	0.00	0.42		0.37	0.01	0.13	0.30	0.12	0.07	0.35	2.06	100.13	0.19	0.58	0.51	1.54
		HA5	89.27	0.23	2.57		1.29	0.01	0.32	0.48	0.04	0.73	0.22	4.92	100.08	0.77	18.25	1.48	3.00
		HA6	81.50	0.41	6.69		1.21	0.01	0.38	0.52	0.06	1.86	0.22	6.74	99.60	1.92	31.00	2.18	3.16
		HA7	89.92	0.11	2.62		1.03	0.01	0.29	0.51	0.05	0.94	0.20	3.98	99.66	0.99	18.80	1.29	2.38
		HA8	77.00	0.58	9.04		2.67	0.01	0.58	0.49	0.07	2.68	0.30	6.83	100.26	2.75	38.29	2.31	2.99
		HA9	78.07	0.31	5.40		1.76	0.01	0.63	0.66	0.05	0.70	0.45	11.49	99.53	0.75	14.00	2.64	6.41
		HA92	89.21	0.11	2.62		1.53	0.01	0.32	0.55	0.05	0.32	0.54	4.75	100.01	0.37	6.40	1.83	6.10
		HA10	76.78	0.35	4.92		2.72	0.01	0.54	0.80	0.07	1.17	0.72	12.20	100.27	1.24	16.71	1.73	3.55
		HA11	79.35	0.30	5.66		3.36	0.01	0.59	0.75	0.06	1.48	0.55	8.00	100.11	1.54	24.67	1.84	3.32
		HA13	78.26	0.21	4.15		3.15	0.01	0.61	0.83	0.06	1.10	0.49	11.08	99.95	1.16	18.33	1.48	3.21

续表

地区	地层	样号	SiO_2	TiO_2	Al_2O_3	Fe_2O_3	FeO	MnO	MgO	CaO	Na_2O	K_2O	P_2O_5	Los	合计	Na_2O+K_2O	K_2O/Na_2O	A/CNK	A/NK
重庆城口	ϵ_1ql	HA14	93.82	0.03	1.52		0.76	0.01	0.13	0.86	0.05	0.23	0.54	2.15	100.09	0.28	4.60	0.80	4.58
		HA15	71.56	0.62	11.83		3.81	0.03	0.68	0.51	0.07	3.13	0.30	7.23	99.77	3.2	44.71	2.66	3.37
		HA16	89.23	0.18	3.64		1.34	0.01	0.30	0.50	0.05	0.76	0.23	3.88	100.11	0.81	15.20	2.00	4.01
		HA17	94.29	0.00	1.31		0.44	0.01	0.16	0.48	0.04	0.06	0.34	2.91	100.04	0.1	1.50	1.30	10.01
		SHA305A	92.70	0.07	1.95		1.17	0.01	0.32	0.52	0.05	0.43	0.41	2.38	100.01	0.48	8.60	1.30	3.55
赣北修武	ϵ_1wy	XW1	28.90	0.10	2.44	1.90		0.03	1.50	33.60	0.01	1.08		27.61	97.29	1.09	108.00	0.04	2.05
		XW2	51.20	0.87	15.30	7.91		0.01	1.76	2.26	0.84	4.65		9.25	99.27	5.49	5.54	1.45	2.38
		XW3	92.80	0.07	2.40	0.95		0.01	0.19	0.02	0.02	0.60		1.66	99.20	0.62	30.00	3.33	3.51
		XW4	69.60	0.20	3.93	2.72		0.02	1.33	2.71	0.01	1.06		16.42	98.83	1.07	106.00	0.64	3.37
		XW5	97.00	0.02	0.42	1.02		0.01	0.04	0.01	0.01	0.12		0.92	99.59	0.13	12.00	2.55	2.86
湘西北	ϵ_1xx	XX1	53.78	0.47	7.96	3.12	2.00	0.03	3.11	5.44	0.06	3.20	0.25	16.60	99.58	3.26	53.33	0.59	2.23
		XX2	48.04	0.51	10.65	5.81	0.98	0.04	4.06	4.51	0.09	3.76	0.17	19.07	100.04	3.85	41.78	0.86	2.52
		XX3	57.88	0.22	4.95	2.38	1.50	0.04	4.20	5.70	0.05	1.83	0.26	19.24	100.78	1.88	36.60	0.40	2.39
		XX4	33.36	0.24	5.22	9.59	1.39	0.04	1.98	10.45	0.05	1.31	3.07	23.26	100.04	1.36	26.20	0.25	3.47
		XX5	50.32	0.31	9.38	5.02	0.70	0.03	3.81	5.05	0.07	2.99	0.20	19.89	100.50	3.06	42.71	0.75	2.79
		XX6	10.54	0.15	3.37	1.54	0.71	0.01	0.82	45.10	0.10	0.96	29.00	7.62	100.12	1.06	9.60	0.04	2.79
		XX7	87.10	0.26	3.63	0.06	1.73	0.01	0.58	0.08	0.03	1.20	0.10	2.16	99.10	1.23	40.00	2.42	2.69
		XX8	68.18	0.26	5.27	1.88	2.67	0.04	1.52	3.88	0.36	1.40	0.72	10.49	99.00	1.76	3.89	0.57	2.50
川西丹巴	D_2wg	B25	66.02	0.77	11.38	1.22	2.84	0.03	2.70	5.95	2.57	1.58	0.43	3.86	99.35	4.15	0.61	0.68	1.92
		B26	58.19	0.56	8.46	0.17	2.89	0.04	2.18	13.35	1.40	1.05	0.87	10.22	99.38	2.45	0.75	0.30	2.46
		B27	67.96	0.79	10.96	0.79	3.33	0.03	2.61	5.12	2.69	1.31	0.20	3.53	99.32	4.00	0.49	0.72	1.87
		B31	60.35	0.69	12.80	1.74	3.48	0.03	1.98	7.14	1.46	3.36	1.18	5.12	99.33	4.82	2.30	0.67	2.12
		B32	65.25	0.69	11.14	0.67	2.50	0.04	1.75	8.56	1.75	1.55	0.62	5.02	99.54	3.30	0.89	0.55	2.44

续表

地区	地层	样号	SiO_2	TiO_2	Al_2O_3	Fe_2O_3	FeO	MnO	MgO	CaO	Na_2O	K_2O	P_2O_5	Los	合计	Na_2O+K_2O	K_2O/Na_2O	A/CNK	A/NK
内蒙古霍各乞	Pt_2z	HGQ1	65.08	0.90	18.20	1.69	1.78	0.31	1.35	0.53	0.19	5.16	0.11	1.88	97.18	5.35	27.16	2.65	3.08
		HGQ2	60.56	0.78	15.75	1.84	3.49	0.40	3.17	2.87	0.26	4.13	0.10	2.41	95.76	4.39	15.88	1.55	3.21
		HGQ3	63.84	0.55	18.98	2.32	2.01	0.01	1.59	0.35	0.56	5.56	0.13	3.70	99.60	6.12	9.93	2.50	2.73
		HGQ4	62.50	0.77	18.73	2.44	2.19	0.12	1.73	0.36	0.36	5.38	0.03	2.68	97.29	5.74	14.94	2.64	2.91
		HGQ5	63.40	0.77	18.03	2.51	1.95	0.05	2.00	0.42	0.93	5.08	0.05	2.54	97.73	6.01	5.46	2.31	2.56
贵州松桃道坨	Pt_2dt	H294	56.80	0.53	12.85	10.35		1.51	1.00	1.79	1.34	3.42	0.13	8.93	100.33	4.76	2.55	1.40	2.17
		H296	62.10	0.55	14.60	5.18		1.34	0.89	0.63	2.41	3.27	0.13	8.07	100.62	5.68	1.36	1.69	1.94
		H297	13.80	0.12	3.15	3.10		28.20	4.16	12.45	0.35	0.83	0.24	29.17	99.06	1.18	2.37	0.13	2.13
		H299	66.30	0.21	17.60	2.10		0.13	0.86	1.50	0.84	5.14	0.99	3.67	100.20	5.98	6.12	1.82	2.53
		H300	22.20	0.12	2.01	2.91		24.50	3.86	11.80	0.23	0.48	0.20	27.03	98.54	0.71	2.09	0.09	2.24
		H301	58.50	0.54	13.55	4.79		3.22	1.04	1.26	2.21	3.10	0.16	10.35	100.66	5.31	1.40	1.46	1.94
		H302	55.10	0.54	13.15	4.30		5.41	1.16	2.02	1.87	3.01	0.18	11.75	100.28	4.88	1.61	1.31	2.07
		H303	12.35	0.10	1.40	1.72		32.20	4.27	10.85	0.17	0.28	0.48	31.79	97.18	0.45	1.65	0.07	2.40
		H304	44.90	0.41	11.05	3.80		11.75	2.02	3.18	0.65	3.07	0.17	16.62	100.35	3.72	4.72	1.08	2.51
		H305	7.53	0.16	1.96	2.15		31.50	4.24	13.30	0.24	0.55	0.74	32.56	97.15	0.79	2.29	0.08	1.98
		H306	50.10	0.75	20.70	5.89		0.80	1.14	0.44	1.30	5.86	0.16	11.26	100.28	7.16	4.51	2.23	2.44
		H307	18.70	0.22	4.30	2.91		27.00	3.24	10.00	0.39	1.16	0.55	27.11	99.45	1.55	2.97	0.21	2.26
		H308	45.10	0.49	18.65	5.31		3.89	1.39	4.49	0.73	5.53	2.41	11.25	100.58	6.26	7.58	1.21	2.59
		H309	22.20	0.33	7.12	5.03		24.20	2.81	7.08	0.68	1.88	0.31	24.29	100.21	2.56	2.76	0.44	2.25
		H310	60.60	0.61	15.65	5.92		0.29	0.84	0.38	2.32	3.71	0.18	8.85	100.38	6.03	1.60	1.83	2.00
		H311	31.30	0.42	7.98	5.36		18.15	2.02	7.29	0.80	2.06	0.33	19.25	100.89	2.86	2.58	0.47	2.25
		H312	18.35	0.31	5.37	4.36		27.40	3.06	7.27	0.44	1.46	0.35	26.25	100.40	1.90	3.32	0.35	2.33
		H315	61.50	0.56	14.80	6.35		0.39	0.88	0.56	1.90	3.68	0.16	8.39	100.25	5.58	1.94	1.82	2.08

续表

地区	地层	样号	SiO_2	TiO_2	Al_2O_3	Fe_2O_3	FeO	MnO	MgO	CaO	Na_2O	K_2O	P_2O_5	Los	合计	Na_2O+K_2O	K_2O/Na_2O	A/CNK	A/NK
澳大利亚布朗斯	Pt_1ab	OCF1	48.77	0.83	14.36		6.73	0.02	8.94	0.15	0.09	4.58	0.08	9.27	93.82	4.67	50.89	2.66	2.81
		OCF2	51.13	0.78	14.42		7.68	0.03	7.28	0.13	0.07	3.94	0.06	9.87	95.39	4.01	56.29	3.12	3.28
		OCF3	45.56	0.63	16.06		12.61	0.04	7.25	0.56	0.03	3.13	0.05	4.66	90.58	3.16	104.33	3.60	4.66
		OCF4	48.99	0.83	24.26		6.20	0.03	2.75	0.14	0.18	7.37	0.06	6.10	96.91	7.55	40.94	2.84	2.93
		OCF5	31.02	0.87	19.90		11.04	0.03	11.61	0.40	0.10	4.63	0.06	21.23	100.89	4.73	46.30	3.36	3.84
		OCK1	58.40	0.62	18.08		1.83	0.01	0.88	0.03	0.16	5.72	0.05	4.61	90.39	5.88	35.75	2.77	2.79
		OCK2	50.27	0.75	17.99		5.84	0.01	3.35	0.12	0.07	6.08	0.07	12.07	96.62	6.15	86.86	2.60	2.68
		OCK3	54.12	0.70	16.93		3.65	0.01	1.13	0.09	0.15	5.69	0.06	8.42	90.95	5.84	37.93	2.57	2.64
		OCK4	58.61	0.68	17.70		3.92	0.01	2.09	0.09	0.11	5.55	0.05	0.00	88.81	5.66	50.45	2.78	2.85
		OCK5	54.12	0.63	15.53		4.90	0.00	2.29	0.08	0.09	5.04	0.05	10.23	92.96	5.13	56.00	2.69	2.76
		OCK6	47.49	0.68	16.19		1.87	0.01	1.56	0.07	0.12	5.40	0.05	8.71	82.15	5.52	45.00	2.62	2.67

注：主量元素含量单位为%。

氧化条件下，铀(U)易于氧化流失，导致 U/Th 值降低，黑色页岩的 U-Th/3 反映自生铀的相对含量，以 δU=2U/(U+Th/3)指标表示氧化还原条件，缺氧环境 δU＞1，正常的海水环境 δU＜1(吴朝东等，1999；Steiner et al.，2001)。

上寒武统黑色页岩的 U/Th 变化范围 0.17~114.17，平均 8.07；δU 平均值为 1.70，变化范围 0.67~1.99，反映是富铀缺氧环境沉积特征。丹巴泥盆系黑色页岩的 U/Th 变化范围 0.15~4.44，平均 0.87；δU 平均值为 1.03，变化范围 0.62~1.86，属于低铀氧化环境沉积特征。澳大利亚多金属矿区黑色页岩的 U/Th 变化范围 0.36~2.23，平均 0.73；δU 平均值为 1.30，变化范围 1.04~1.74，反映低铀氧化沉积环境特征。正常沉积岩中 Th 含量高于 U 含量，U/Th＜1，但一般热水沉积岩中 U 含量高于 Th 的含量，故热水沉积物中 U/Th＞1。一些黑色页岩的 U/Th 值大于 1，显示了具有热水沉积的地球化学特征。

微量元素聚类分析显示，元素相关性显示 Rb-Zr-Th-Nb-Ta-Hf-Y、U-Cr-V 和 Sr-Ni-Ba 三个群组，而 Co 独立于其他群组，均负相关(图 3-25)。这种聚类群组特征反映了元素的不同来源特征和沉积环境，Rb-Zr-Th-Nb-Ta-Hf-Y 群组显示为陆源碎屑来源，属于氧化环境物质，Sr-Ni-Ba 显示海洋及热水来源，而 U-Cr-V 可能与洋壳浸出有关，反映还原环境特点。Rb/Sr-Th/U 呈现正相关的趋势(图 3-26)，也进一步说明 Rb-Th 属于相同的陆源碎屑来源，岩石中较高的 Rb/Sr(1.25)值和较低的 Sr/Ba 值，也均为陆源元素来源的特征(表 3-22)。

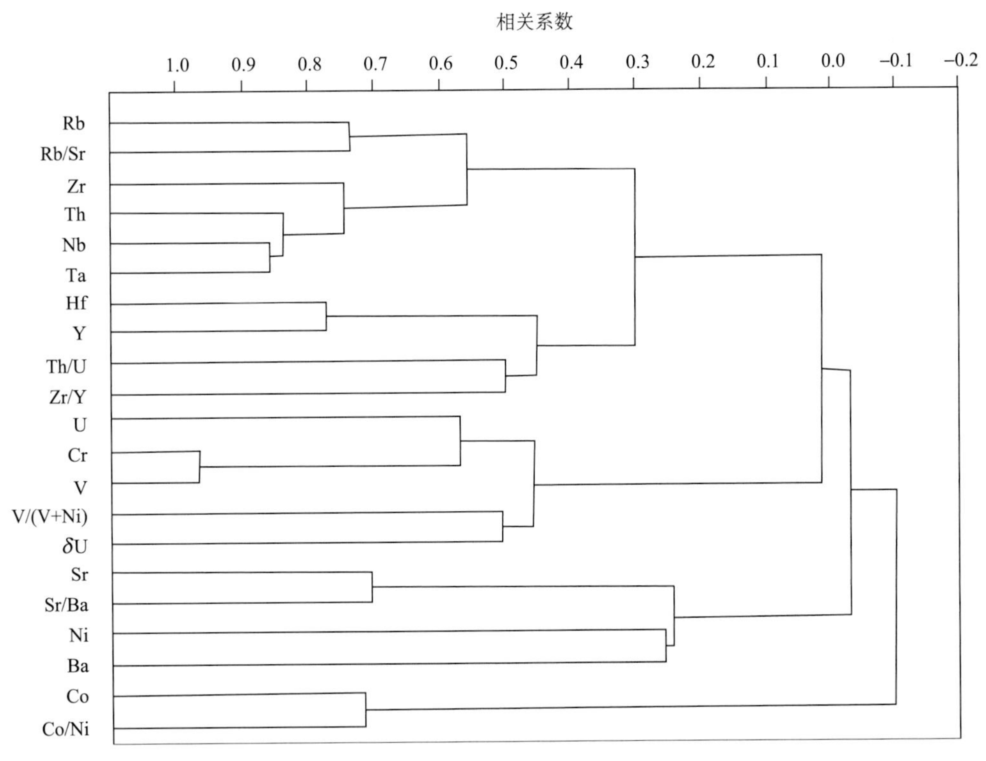

图 3-25　下寒武统黑色岩系微量元素 R 型聚类分析谱系图

3. 稀土元素地球化学

寒武系黑色岩系稀土元素含量与一般沉积岩类似，稀土元素总量在$(4.22\sim737.84)\times10^{-6}$，平均$132.27\times10^{-6}$(表 3-23)，众数值为$(80\sim170)\times10^{-6}$ (图 3-27)。稀土元素总量与轻稀土元素相关性明显，而与其他稀土元素相关性较弱，尤其是与 Ce、Eu 变价稀土元素相关性较低(图 3-28)。这主要是由于 Ce、Eu 受到氧化还原环境影响明显，在氧化环境下经常造成两个元素流失。

表 3-22 黑色岩系微量元素含量表

地区	地层	样号	Rb	Sr	Ba	Zr	Hf	Th	U	Y	Nb	Ta	Cr	Ni	Co	V	Rb/Sr	Sr/Ba	V/Cr	Zr/Y	Co/Ni	U/Th	V/(V+Ni)	δU
贵阳-湄潭	$\epsilon_1 mx$	MX11	109	77	895	106	3	10	3	26	11	1	121	68	15	147	1.42	0.09	1.22	4.07	0.22	0.32	0.69	0.97
	$\epsilon_1 nt$	NTT11	118	55	4184	182	6	12	37	33	13	1	212	67	3	400	2.13	0.01	1.89	5.52	0.04	3.20	0.86	1.81
		NTT12	114	44	3933	186	6	11	36	35	12	1	100	34	2	1185	2.59	0.01	11.85	5.29	0.06	3.30	0.97	1.82
		NTT13	35	51	5685	73	2	4	27	66	5	0	126	11	2	310	0.68	0.01	2.46	1.11	0.14	6.14	0.96	1.90
		NTT1J	94	57	3674	137	4	9	26	40	10	1	140	45	5	511	1.71	0.03	4.36	4.00	0.11	3.24	0.87	1.62
	$Z_2 dy$	DY11	2	52	215	3	0	0	0	6	0	0	8	20	2	6	0.04	0.24	0.78	0.44	0.09	0.67	0.23	1.33
三都-铜仁	$\epsilon_1 lj$	LJ11	177	54	608	112	4	17	3	22	13	1	93	46	15	100	3.27	0.09	1.08	5.19	0.33	0.19	0.69	0.73
	$\epsilon_1 zl$	NTT21	101	26	2769	148	4	8	7	24	11	1	73	20	4	636	3.88	0.01	8.73	6.30	0.20	0.91	0.97	1.46
		NTT22	160	47	3458	69	3	14	10	14	7	1	101	56	7	121	3.45	0.01	1.19	5.09	0.13	0.69	0.69	1.35
		NTT23	89	23	2466	125	3	6	11	21	10	1	67	39	9	321	3.88	0.01	4.81	5.90	0.24	1.73	0.89	1.68
		NTT2J	132	37	2325	114	3	11	8	20	10	1	83	40	9	294	3.62	0.03	3.95	5.62	0.22	0.88	0.81	1.31
	$Z_2 lc$	CLP21	108	54	2310	125	4	10	2	14	11	1	56	10	4	73	2.01	0.02	1.31	9.09	0.40	0.17	0.87	0.67
镇远	$\epsilon_1 j$	ZY1	88	43	1414	154		14	13		14	1	187	15	13	631	2.06	0.03	3.38		0.90	0.93	0.98	1.47
		ZY2	38	19	719	80		5	16		5	0	272	5	41	773	2.03	0.03	2.85		8.54	2.95	0.99	1.80
		ZY3	48	41	1083	105		7	72		8	1	1220	3	31	5035	1.17	0.04	4.13		11.01	10.95	1.00	1.94
		ZY4	1	8	379	13		0	9		0	0	72	5	220	225	0.17	0.02	3.12		42.12	43.05	0.98	1.98
		ZY5	64	53	883	185		18	75		35	5	1374	7	10	5321	1.21	0.06	3.87		1.45	4.11	1.00	1.85
		ZY6	65	74	1206	67		24	15		27	6	31	19	2	534	0.88	0.06	17.01		0.09	0.62	0.97	1.30
		ZY7	3	10	603	9		0	12		1	0	99	5	251	321	0.34	0.02	3.23		54.95	36.00	0.99	1.98
		ZY8	116	58	1395	181		13	143		21	1	2329	16	19	11987	1.98	0.04	5.15		1.19	11.12	1.00	1.94
		ZY9	118	61	1492	186		13	132		18	1	2433	11	29	12130	1.92	0.04	4.99		2.53	9.99	1.00	1.94
		ZY10	3	15	3006	9		0	9		1	0	70	2	201	323	0.19	0.00	4.60		99.36	28.74	0.99	1.98
		ZY11	26	1123	701	45		2	269		4	0	694	23	12	3405	0.02	1.60	4.91		0.55	114.17	0.99	1.99
	$Z_1 d$	ZY12	110	53	1335	162		11	30		12	1	533	36	18	3331	2.08	0.04	6.25		0.51	2.69	0.99	1.78
		ZY13	100	49	1037	262		16	57		18	1	144	16	25	777	2.03	0.05	5.39		1.53	3.65	0.98	1.83
		ZY14	64	31	1004	149		10	36		12	1	81	26	23	403	2.09	0.03	4.99		0.89	3.75	0.94	1.84

续表

地区	地层	样号	Rb	Sr	Ba	Zr	Hf	Th	U	Y	Nb	Ta	Cr	Ni	Co	V	Rb/Sr	Sr/Ba	V/Cr	Zr/Y	Co/Ni	U/Th	V/(V+Ni)	δU
松桃	$€_1j$	ST1	96	158	8214	122		10	8		10	1	75	5	27	147	0.61	0.02	1.95		5.71	0.74	0.97	1.38
		ST2	105	121	6828	196		12	96		12	1	250	406	41	3207	0.87	0.02	12.83		0.10	8.04	0.89	1.92
		ST3	35	116	5100	122		7	55		8	1	88	351	166	1733	0.30	0.02	19.61		0.47	7.89	0.83	1.92
		ST4	57	412	10530	114		8	42		8	1	64	152	59	419	0.14	0.04	6.52		0.39	5.53	0.73	1.89
		ST5	90	124	12680	186		11	50		11	1	100	297	63	1363	0.73	0.01	13.63		0.21	4.51	0.82	1.86
		ST6	24	743	1633	83		5	37		6	0	57	306	77	1073	0.03	0.46	18.88		0.25	6.98	0.78	1.91
		ST7	92	109	12800	159		10	49		10	1	144	274	99	2893	0.84	0.01	20.10		0.36	4.80	0.91	1.87
	Z_1d	ST8	57	15	867	66		8	22		7	1	50	16	236	162	3.84	0.02	3.26		14.70	2.67	0.91	1.78
		ST9	23	350	407	28		4	9		3	0	21	22	39	96	0.07	0.86	4.55		1.74	2.41	0.81	1.76
岩孔镇	$€_1mx$	MX1	58	62	613	106	3	8	2	27	10	1	57	33	11	122	0.93	0.10	2.14	3.96	0.34	0.31	0.79	0.97
	$€_1n$	NTT1	131	64	5540	154	5	13	36	33	15	1	124	44	2	544	2.06	0.01	4.39	4.64	0.04	2.87	0.93	1.79
		NTT2	126	54	5160	154	5	12	34	36	15	1	142	36	3	1540	2.36	0.01	10.85	4.33	0.07	2.90	0.98	1.79
		NTT3	39	58	7700	99	3	5	24	58	8	1	170	10	2	365	0.67	0.01	2.15	1.71	0.20	5.00	0.97	1.88
余庆县		NTT4	100	91	10600	107	3	9	41	25	10	1	103	30	1	598	1.10	0.01	5.81	4.28	0.02	4.47	0.95	1.86
		NTT5	16	442	8300	87	3	1	13	14	3	1	191	90	41	1290	0.04	0.05	6.75	6.44	0.46	13.01	0.93	1.95
	Z_2dy	DY1	2	50	165	88	3	1	1	6	2	2	7	4	2	7	0.04	0.30	1.12	14.87	0.51	1.03	0.67	1.51
重庆城口	$€_1n$	S01	59	185	6260			4	28				776	90	19	4700	0.32	0.03	6.06		0.21	6.40	0.98	1.90
		S02	65	184	6360			5	31				873	67	18	4990	0.35	0.03	5.72		0.26	6.45	0.99	1.90
		S03	62	166	6450			5	27				812	70	20	4750	0.37	0.03	5.85		0.28	5.75	0.99	1.89
		S04	68	181	7220			5	36				796	89	20	5460	0.38	0.03	6.86		0.22	7.47	0.98	1.91
		S05	67	266	5290			4	34				799	79	23	5450	0.25	0.05	6.82		0.29	7.84	0.99	1.92
		S06	61	239	10700			4	29				874	85	25	5100	0.25	0.02	5.84		0.29	6.74	0.98	1.91
		S07	62	230	5870			4	27				868	98	23	4790	0.27	0.04	5.52		0.24	6.00	0.98	1.89
		S08	66	231	5490			5	31				1110	106	24	4520	0.29	0.04	4.07		0.23	6.84	0.98	1.91

续表

地区	地层	样号	Rb	Sr	Ba	Zr	Hf	Th	U	Y	Nb	Ta	Cr	Ni	Co	V	Rb/Sr	Sr/Ba	V/Cr	Zr/Y	Co/Ni	U/Th	V/(V+Ni)	δU
赣北修武	$€_1wy$	S09	64	198	6070			5	30				1160	111	5	4430	0.32	0.03	3.82		0.04	6.73	0.98	1.91
		S10	55	586	5750			4	25				658	73	24	3800	0.09	0.10	5.78		0.33	6.26	0.98	1.90
		S11	110	40	2890			11	9				87	57	22	1110	2.77	0.01	12.73		0.38	0.86	0.95	1.44
		S12	6	11	374			1	11				46	28	106	688	0.55	0.03	15.09		3.76	16.98	0.96	1.96
		XW1		395	1200	26	1	2	3	17			10	23	5	39			3.90		0.20	1.06	0.63	1.52
		XW2		373	52200	125	4	12	2	16			110	40	16	103			0.94		0.41	0.20	0.72	0.75
		XW3		77	4800	20	1	1	1	4			20	5	1	41			2.05		0.14	0.51	0.89	1.21
		XW4		254	8300	53	1	4	49	39			40	91	9	1030			25.75		0.10	13.54	0.92	1.95
		XW5		3	200	17	0	1	5	10			60	21	1	97			1.62		0.02	9.30	0.82	1.93
下寒武统平均值			72	149	4768	108	3	8	33	25	10	1	364	65	37	1965	1.25	0.09	6.28	5.15	4.42	8.07	0.90	1.70
下寒武统最大值			177	1123	52200	262	6	24	269	66	35	6	2433	406	251	12130	3.88	1.60	25.75	14.87	99.36	114.17	1.00	1.99
下寒武统最小值			1	3	165	3	0	0	0	4	0	0	7	2	1	6	0.02	0.00	0.78	0.44	0.02	0.17	0.23	0.67
川西丹巴	D_2wg	B25	71	312	776	310	9	22	5	33	16	1	297	51	9	126	0.23	0.40	0.42	9.43	0.18	0.25	0.71	0.85
		B26	53	221	140	217	6	13	4	34	12	1	317	68	6	123	0.24	1.58	0.39	6.29	0.09	0.34	0.64	1.01
		B27	59	305	717	331	9	19	4	28	17	1	325	59	10	110	0.19	0.43	0.34	11.69	0.18	0.23	0.65	0.82
		B31	124	220	1350	221	6	16	6	40	14	1	260	87	13	165	0.56	0.16	0.63	5.57	0.15	0.36	0.66	1.03
		B32	60	345	832	218	6	15	5	28	15	1	308	93	11	161	0.17	0.41	0.52	7.81	0.12	0.33	0.63	0.99
		CCV	8	325	390	123	4	6	1		12	1	119	51	25	128	0.02	0.83	1.08		0.49	0.15	0.72	0.62
		SOD-1	126	75	397	165	5	11	49		11	1	66	100	47	160	1.68	0.19	2.41		0.47	4.44	0.62	1.86
	平均值		71	258	657	226	6	15	11	33	14	1	242	73	17	139	0.44	0.57	0.83	8.16	0.24	0.87	0.66	1.03
	最大值		126	345	1350	331	9	22	49	40	17	1	325	100	47	165	1.68	1.58	2.41	11.69	0.49	4.44	0.72	1.86
	最小值		8	75	140	123	4	6	1	28	11	1	66	51	6	110	0.02	0.16	0.34	5.57	0.09	0.15	0.62	0.62

续表

地区	地层	样号	Rb	Sr	Ba	Zr	Hf	Th	U	Y	Nb	Ta	Cr	Ni	Co	V	Rb/Sr	Sr/Ba	V/Cr	Zr/Y	Co/Ni	U/Th	V/(V+Ni)	δU
北秦岭庙湾	O_2m	BS2						14	10	23				68	31	291					0.46	0.73	0.81	1.37
		BS3						8	22	9				25	8	184					0.32	2.93	0.88	1.80
		BS4						50	19	14				103	24	155					0.23	0.38	0.60	1.07
		JS1						21	26	13				101	11	1297					0.11	1.24	0.93	1.58
		JS4						10	40	30				40	9	96					0.23	4.08	0.71	1.85
		JS5						2	2	8				25	5	15					0.20	0.70	0.38	1.35
		JS6						11	17	23				109	6	164					0.06	1.55	0.60	1.65
澳大利亚布朗斯	Pt_1ab	OCF1	102	41	338	181	5	13	7	21		2	120	127	17	286	2.51	0.12	2.38	8.66	0.13	0.51	0.69	1.21
		OCF2	139	33	226	167	5	13	6	18		3	101	124	22	249	4.27	0.14	2.47	9.15	0.18	0.45	0.67	1.15
		OCF3	97	4	90	130	4	15	5	13	11	2	106	135	32	219	24.77	0.04	2.07	9.69	0.24	0.36	0.62	1.04
		OCF4	166	15	526	138	4	21	47	14	30	3	154	143	32	273	10.75	0.03	1.77	9.99	0.22	2.23	0.66	1.74
		OCF5	97	7	172	179	5	14	8	17		3	145	155	63	362	14.45	0.04	2.50	10.40	0.41	0.62	0.70	1.30
		OCK1	138	9	637	163	5	17	8	9	15	2	101	1540	1744	147	14.89	0.01	1.46	18.27	1.13	0.47	0.09	1.17
		OCK2	129	14	259	269	6	13	8	18	27	3	141	297	162	372	9.12	0.05	2.64	15.14	0.55	0.59	0.56	1.28
		OCK3	138	10	451	205	6	15	12	10		4	125	2289	3444	303	13.38	0.02	2.42	21.29	1.50	0.84	0.12	1.43
		OCK4	167	9	305	176	5	18	10	11	30	2	133	4561	6114	275	18.17	0.03	2.07	16.04	1.34	0.57	0.06	1.27
		OCK5	122	4	326	404	11	15	18	22	37	5	108	281	61	258	28.44	0.01	2.39	18.24	0.22	1.19	0.48	1.56
		OCK6	116	7	444	173	5	13	9	7		3	107	2132	2472	213	15.96	0.02	1.99	23.47	1.16	0.72	0.09	1.37
		OCK7	120	12	582	444	12	15	6	14	26	2	87	484	764	149	10.00	0.02	1.71	32.17	1.58	0.42	0.24	1.12
		OCK8	71	13	215	189	5	8	5	9	10	1	63	401	592	133	5.68	0.06	2.10	21.80	1.48	0.54	0.25	1.24
	平均值		123	14	352	217	6	15	12	14	23	3	115	975	1194	249	13.26	0.05	2.15	16.49	0.78	0.73	0.40	1.30
	最大值		167	41	637	444	12	21	47	22	37	5	154	4561	6114	372	28.44	0.14	2.64	32.17	1.58	2.23	0.70	1.74
	最小值		71	4	90	130	4	8	5	7	10	1	63	124	17	133	2.51	0.01	1.46	8.66	0.13	0.36	0.06	1.04

注：微量元素含量单位为%。

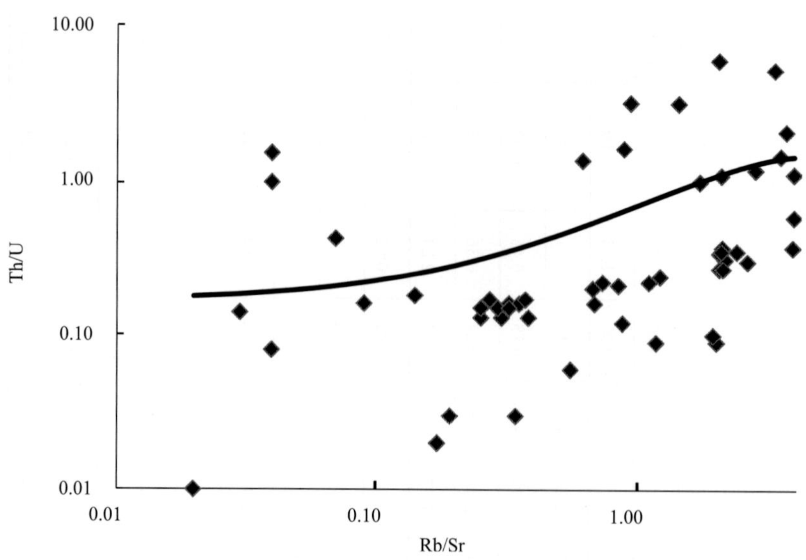

图 3-26　下寒武统黑色岩系 Th/U-Rb/Sr 相关图解

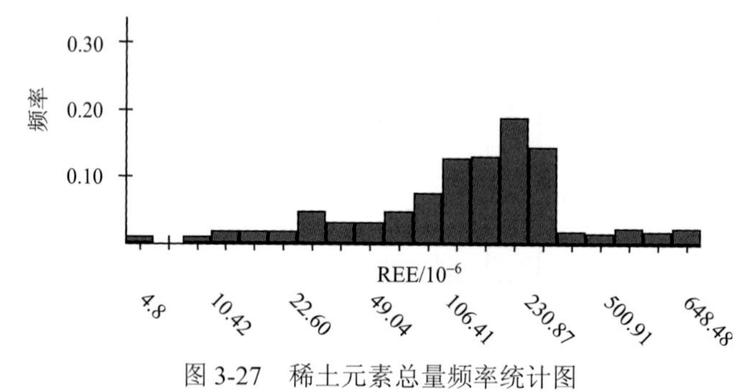

图 3-27　稀土元素总量频率统计图

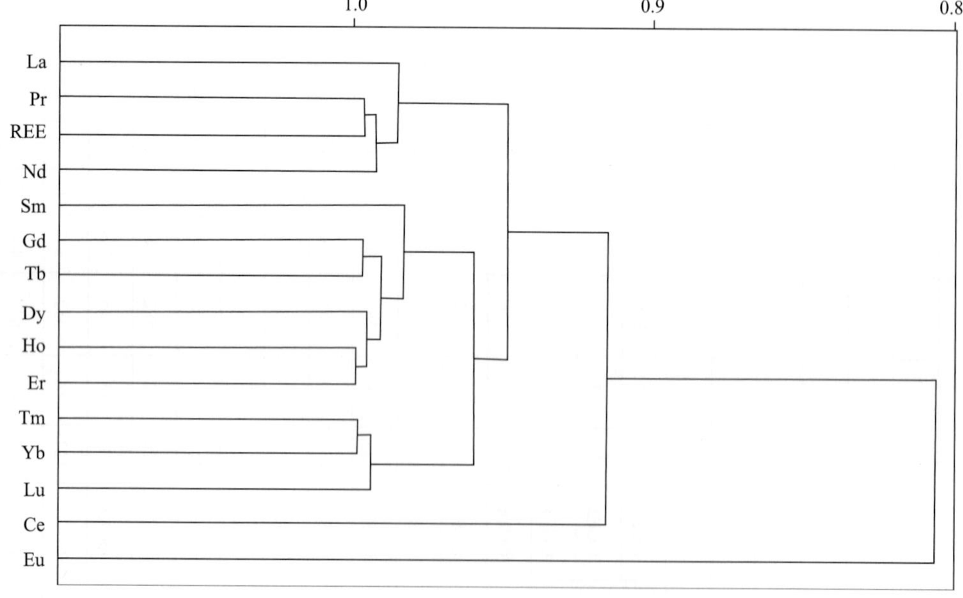

图 3-28　稀土元素 R 型聚类谱系图

各地各时代的黑色岩系稀土元素配分曲线总体表现为轻稀土元素富集、重稀土元素亏损的右倾曲线模式，但是由于铈异常和铕异常的表现形式不同而出现五种不同的稀土元素配分模式。

(1) 负铈异常+负铕异常型，表现为 δCe 和 δEu 值都小于 1，稀土元素配分曲线同时具有明显的负铕异常和负铈异常，这是下寒武统黑色岩系最常见的稀土元素配分模式(图 3-29)。表现为此种稀土元素配分模式的主要有贵州镇远—余庆县菜园—湄潭金沙—丹寨南皋—织金—重庆城口—赣北修武—湘西北—塔里木—浙江开化底本—浙江安吉上墅等地的下寒武统褐色岩系。

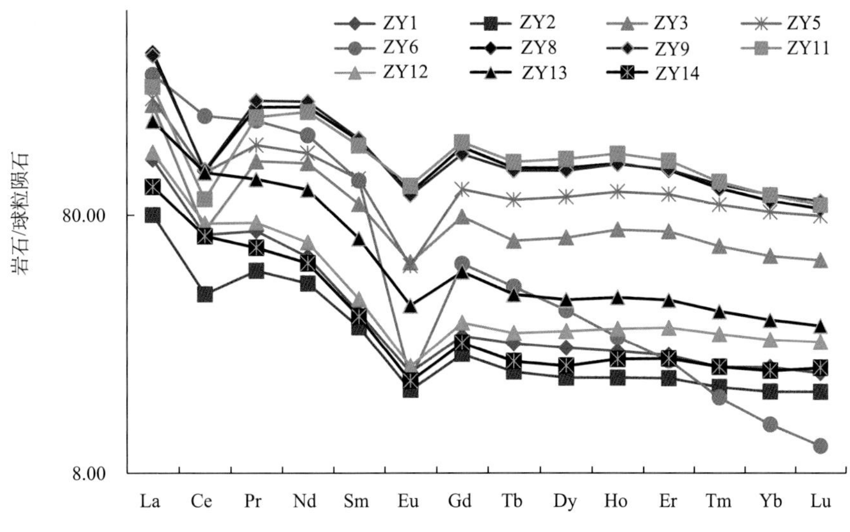

图 3-29　贵州镇远下寒武统牛蹄塘组黑色岩系稀土元素配分曲线

(2) 无铈异常+负铕异常型，δCe 为 1 左右，δEu 值都小于 1，稀土元素配分曲线具有明显的负铕异常而无铈异常，这也是下寒武统黑色岩系常见的稀土元素配分模式(图 3-30)。表现为此种稀土元素配分模式的有松桃—金沙县岩孔镇—三都渣拉沟—赣北修武—川西昌台地区上三叠统—浙江淳安中洲—浙江诸暨—川西丹巴铜炉房金矿区泥盆系黑色岩系。

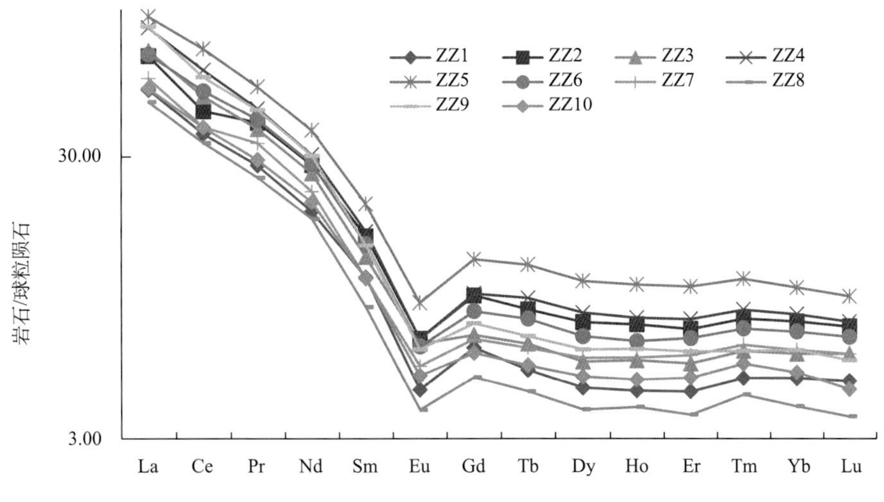

图 3-30　浙江淳安中洲下寒武统黑色碳硅质泥岩稀土元素配分曲线

(3) 正铕异常+无铈异常型，δCe 接近 1 左右，δEu 值都大于 1，稀土元素配分曲线同时具有明显的正铕异常，无铈异常，这种配分模式与比较常见，一些地区偶尔可以见到，或者个别样品出现这种曲线模式。表现为此种稀土元素配分模式的有三都牛蹄塘组—丹寨南皋牛蹄塘组炭质页岩—三都渣拉沟组泥灰岩—渝东南下寒武统黑色岩系—北秦岭庙湾组黑色岩系—内蒙古霍各乞渣尔泰群黑色页岩(图 3-31)。

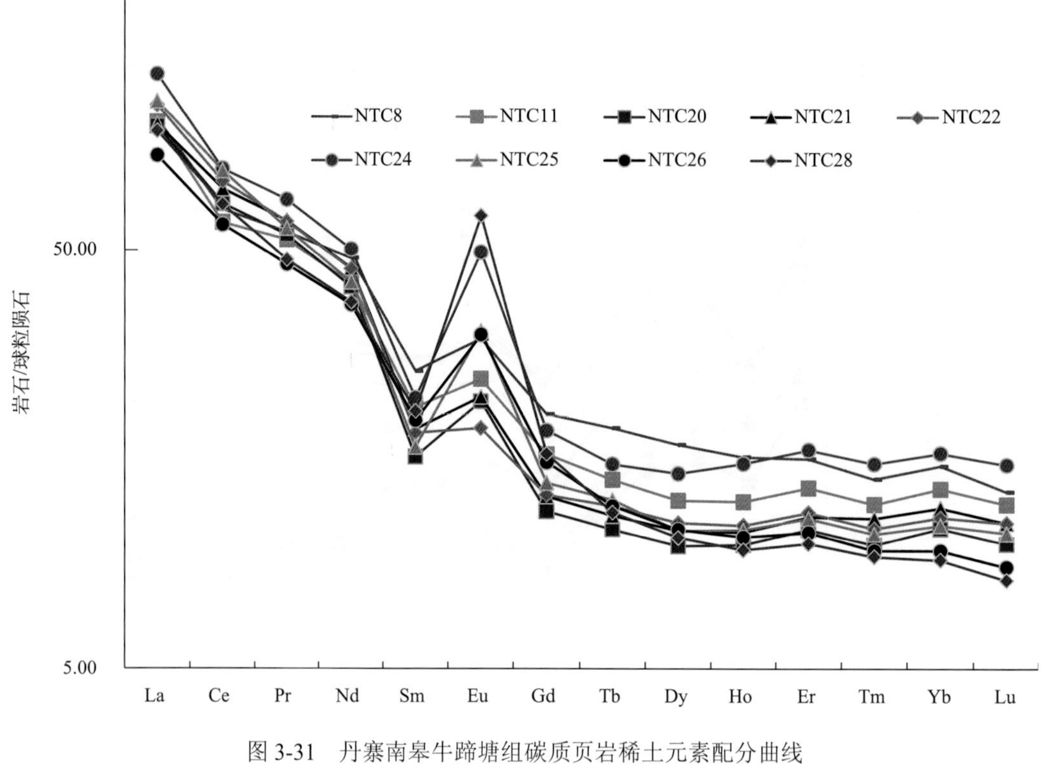

图 3-31　丹寨南皋牛蹄塘组碳质页岩稀土元素配分曲线

(4) 正铕异常+负铈异常型，δCe 小于 1，δEu 值大于 1，稀土元素配分曲线表现为正铕异常和负铈异常(图 3-32)，这种配分曲线模式偶尔可以见到，表现为此种稀土元素配分模式的有三都下寒武统老堡组硅质片岩—三都下寒武统扎拉沟组泥灰岩。

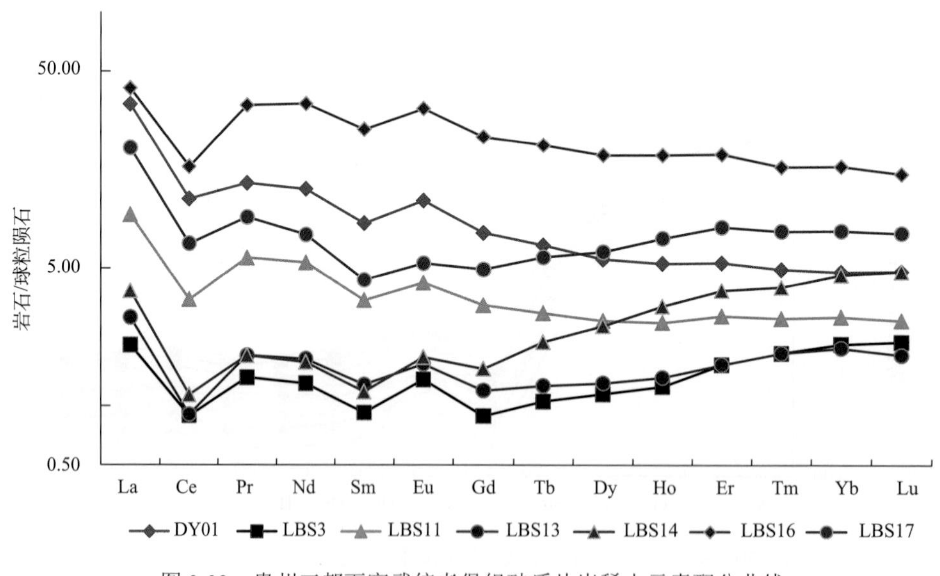

图 3-32　贵州三都下寒武统老堡组硅质片岩稀土元素配分曲线

(5) 正铈异常型，δCe 大于 1，稀土元素配分曲线表现为正铈异常(图 3-33)，黑色岩系中这种稀土元素配分曲线比较少见，澳大利亚布朗斯古元古代黑色岩系表现为这种稀土元素配分曲线模式，其略具有负铕异常。对数坐标图中这种稀土元素配分曲线轻稀土元素段呈现撒开形式，重稀土元素收敛，在算数坐标图中这种撒开形式更明显，稀土元素总量与轻重稀土元素比值(LREE/HREE)呈现直线相关形式(图 3-34)。δCe-LREE/HREE 呈现负相关，稀土元素配分曲线斜率小的曲线正铈异常明显，斜率大的曲线不具有正铈异常或者略具有负铈异常(图 3-35)。黑色岩系 δEu-LREE/HREE 相关图呈现曲线相关形态，斜率小的曲线段呈现负相关，斜率大的曲线呈现正相关(图 3-35)。

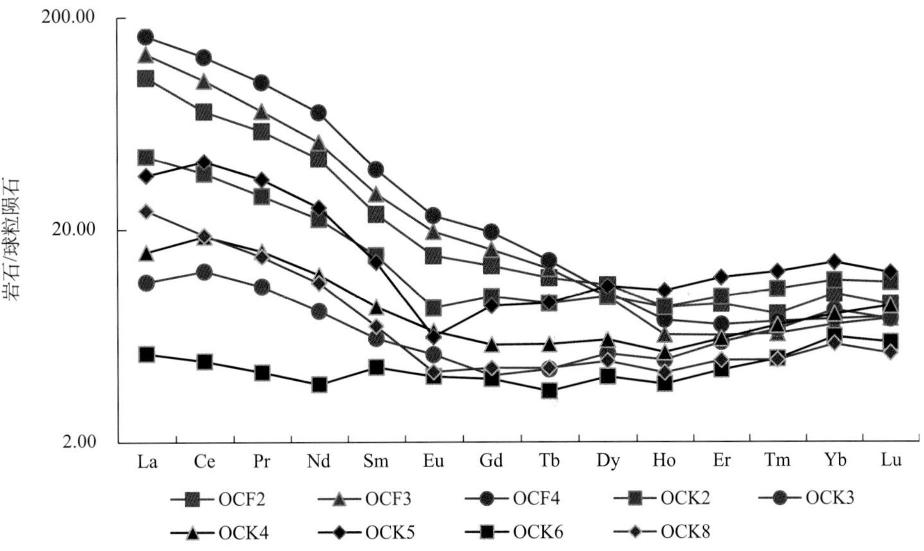

图 3-33　澳大利亚布朗斯古元古代黑色岩系稀土元素配分曲线

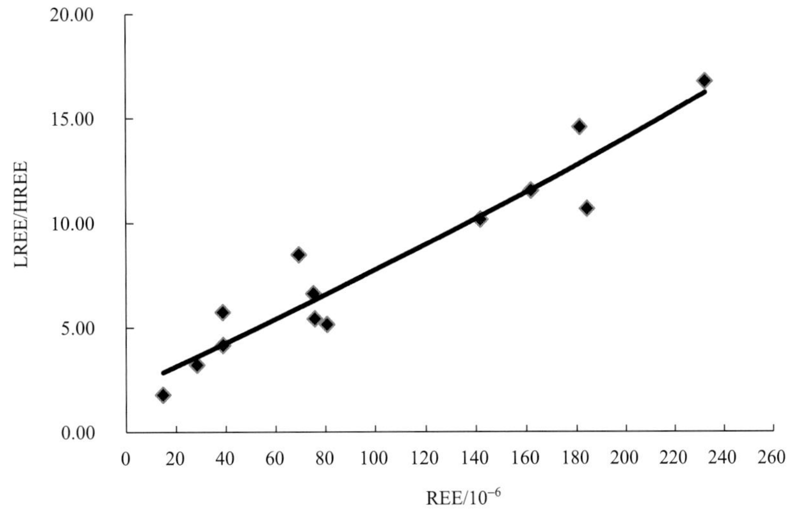

图 3-34　澳大利亚布朗斯古元古代黑色岩系 LREE/HREE-REE 相关图解

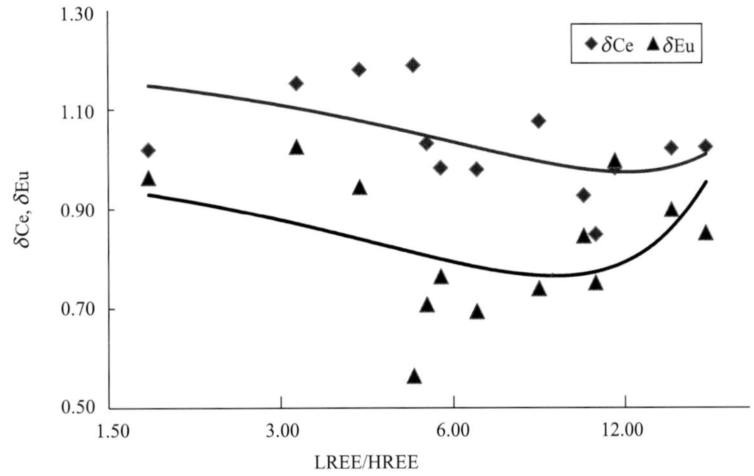

图 3-35　澳大利亚布朗斯古元古代黑色岩系(δCe，δEu)-LREE/HREE 相关图解

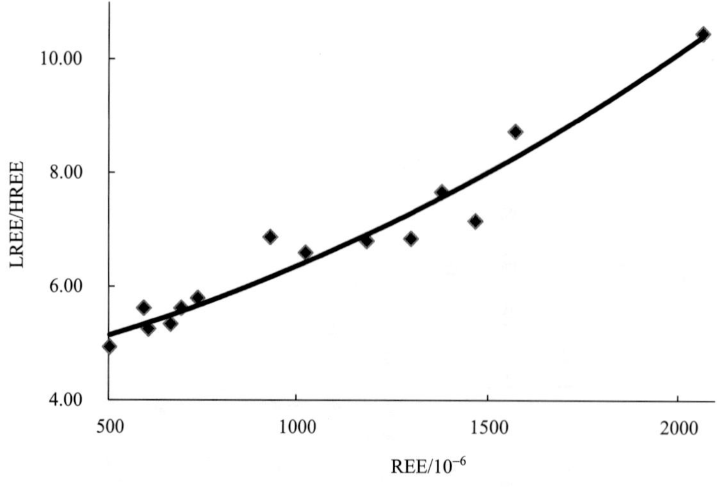

图 3-36　LREE/HREE-REE 相关图

这种稀土元素配分曲线特征与深海铁锰结核稀土元素配分曲线特征有些类似，据“海洋四号”船于DY105-13(2002年)和DY105-15(2003年)航次在夏威夷岛南太平洋调查区样品测试结果(何高文等，2011)，稀土元素含量普遍高于一般沉积岩，平均 1025.01×10^{-6}，LREE/HREE 平均 6.6，δCe 平均 1.36，δEu 平均 0.72，其主要特征就是 δCe 大于 1(表 3-23)。

其稀土元素特征值 LREE/HREE-REE 呈正相关(图 3-36)，随着稀土元素总量升高，轻重稀土元素分异增强；δEu-LREE/HREE 呈负相关(图 3-37)，随着 LREE/HREE 值增大，δEu 减小。稀土元素配分曲线具有明显的正铈异常，并且 δCe-LREE/HREE 呈正相关性(图 3-37)；稀土元素配分曲线表现为斜率大的曲线负铕异常强，斜率小的曲线负铕异常弱(图 3-38)，不同斜率曲线互相交织。大洋结核属于大洋水化学沉积物，稀土元素地球化学特征显示为稀土元素总量、轻重稀土元素比值与负铕异常是同步演化关系。这与普通陆相沉积物明显不同，而接近于传统的稀土元素地球化学理论，与幔源岩浆岩稀土元素演化特征是一致的。

稀土元素一般以三价元素(RE^{3+})存在，只有 Ce 和 Eu 是变价元素，在氧化还原环境中以不同的价态存在，因此，岩石中 δEu、δCe 等稀土元素地球化学特征参数是判断沉积物质来源和沉积环境有效的示踪剂。

Eu 是有 Eu^{2+}和 Eu^{3+}两种价态的变价元素，Eu^{3+}较活跃，在氧化条件下易于进入溶液流失，导致沉积物中亏损 Eu；而 Eu^{2+}较惰性，在还原条件下不易于迁移，导致沉积物中 Eu 富集。因此沉积物的 Eu 负异常(δEu<1)反映氧化沉积环境；Eu 正异常(δEu>1)，指示还原沉积环境。

Ce 有 Ce^{3+}和 Ce^{4+}两种价态的变价元素，而与 Eu 不同，高价 Ce^{4+}不活跃，在氧化条件下，Ce^{4+}难被溶解，造成沉积物中富集 Ce；当处于次氧化或缺氧环境时，Ce^{3+}活动性较大易于流失，因此沉积物中 Ce 会亏损。因此沉积物中 Ce 负异常现象(δCe<1)是指示缺氧还原环境，沉积物的 Ce 正异常(δCe>1)指示酸性氧化沉积环境产物。

但是 Eu 对环境反映较 Ce 更敏感，并且在不同环境中 Eu 的正负异常变化比较大，而 Ce 异常只是在海相沉积的特定环境中出现。

理论上分析，δEu-δCe 应该是负相关的关系，氧化环境 Eu 流失 Ce 沉淀，还原环境 Eu 沉淀 Ce 流失。但是黑色岩系的 δEu-δCe 没有明显的对应关系(图 3-39)，δCe 从 0.30~1.10 均有分布，δEu 值主要在 0.40~1.00。在 δCe 为 0.50 和 0.95 左右有两段 δEu 的异常值，δEu 值大于 1，最大达到 3.40。根据沉积相的研究，δEu-δCe 可以很好地指示沉积相和岩石成因，δCe=0.50(<1)为潮坪环境，δCe=0.95(≈1)为浅海陆棚环境，表示在这两种环境沉积的黑色岩系有热水沉积作用混合。

表 3-23　黑色岩系稀土元素含量表

(单位：10^{-6})

地区	地层	样号	La	Ce	Pr	Nd	Sm	Eu	Gd	Tb	Dy	Ho	Er	Tm	Yb	Lu	REE	LREE/HREE	δCe	δEu
贵阳—湄潭	ϵ_1mx	MX11	32.18	64.00	7.73	29.15	6.01	1.45	5.87	0.88	5.01	0.95	2.95	0.45	2.50	0.36	159.49	7.41	0.98	0.75
	ϵ_1nt	NTT11	45.24	79.96	9.41	30.56	5.28	2.06	5.76	0.77	4.96	1.19	3.51	0.47	3.10	0.45	192.72	8.54	0.93	1.14
		NTT12	39.74	69.38	8.57	31.54	6.47	2.44	6.56	0.98	6.37	1.36	3.63	0.53	2.80	0.49	180.86	6.96	0.90	1.15
		NTT13	33.44	42.32	7.78	31.47	6.66	2.53	8.32	1.02	6.99	1.59	5.06	0.59	3.58	0.46	151.81	4.50	0.63	1.04
		NTT1J	37.65	63.92	8.37	30.68	6.11	2.12	6.63	0.91	5.83	1.27	3.79	0.51	3.00	0.44	171.22	6.85	0.86	1.02
	Z_2dy	DY11	5.32	3.40	1.26	6.25	1.02	0.41	1.49	0.16	0.78	0.20	0.44	0.07	0.30	0.04	21.14	5.07	0.32	1.02
三都—铜仁	ϵ_1lj	LJ21	42.00	74.55	8.59	30.90	5.41	1.08	5.00	0.69	4.34	0.79	2.56	0.38	2.30	0.35	178.94	9.90	0.94	0.63
	ϵ_1zl	NTT21	30.55	54.57	6.64	24.41	3.60	1.65	3.48	0.55	3.87	0.82	2.47	0.39	2.28	0.38	135.66	8.53	0.92	1.43
		NTT22	22.31	46.38	6.13	23.28	5.10	2.05	3.81	0.46	2.50	0.53	1.54	0.25	1.50	0.20	116.04	9.75	0.95	1.42
		NTT23	26.61	44.13	5.87	22.99	4.01	1.51	3.67	0.57	3.10	0.91	2.31	0.34	2.12	0.33	118.47	7.87	0.85	1.20
		NTT2J	30.37	54.91	6.81	25.40	4.53	1.57	3.99	0.57	3.45	0.76	2.22	0.34	2.05	0.32	137.28	9.01	0.92	1.17
	Z_2lc	CLP21	30.20	58.64	7.42	26.10	3.85	1.67	3.02	0.36	2.33	0.51	1.74	0.28	2.05	0.34	138.51	12.03	0.94	1.50
镇远	ϵ_1j	ZY1	40.90	54.41	8.49	33.15	6.54	1.45	7.06	1.21	7.90	1.71	4.83	0.67	4.32	0.65	173.29	5.11	0.70	0.65
		ZY2	24.89	32.03	5.96	26.18	5.75	1.24	6.01	0.94	6.05	1.35	3.93	0.56	3.47	0.55	118.92	4.20	0.63	0.64
		ZY3	66.46	56.47	15.85	76.60	17.26	3.86	20.47	3.02	21.10	5.05	14.54	1.97	11.62	1.78	316.05	2.97	0.42	0.63
		ZY4	2.55	2.20	0.60	2.94	0.72	0.19	1.05	0.19	1.32	0.32	0.98	0.14	0.80	0.14	14.12	1.86	0.43	0.67
		ZY5	70.33	94.74	18.30	83.74	21.60	3.75	26.16	4.36	30.42	7.10	20.30	2.85	17.20	2.64	403.50	2.63	0.64	0.48
		ZY6	87.29	157.21	22.76	98.33	21.32	1.36	13.47	2.01	11.05	1.94	4.61	0.51	2.59	0.34	424.79	10.63	0.85	0.25
		ZY7	2.10	1.98	0.52	2.64	0.62	0.14	0.83	0.14	1.02	0.26	0.81	0.12	0.68	0.11	11.95	2.02	0.46	0.60
		ZY8	106.20	96.11	25.62	126.18	30.43	7.21	38.07	5.79	39.35	9.12	25.14	3.30	19.02	2.81	534.36	2.75	0.44	0.65
		ZY9	103.60	97.25	27.14	132.60	30.97	7.05	35.86	5.66	38.47	9.07	25.33	3.42	20.14	3.02	539.57	2.83	0.44	0.65
		ZY10	2.34	2.16	0.55	2.57	0.61	0.12	0.73	0.11	0.77	0.19	0.58	0.08	0.45	0.07	11.33	2.80	0.46	0.55
		ZY11	78.08	74.80	23.47	120.72	29.07	7.67	39.82	6.11	42.62	9.96	27.40	3.50	20.04	2.91	486.19	2.19	0.42	0.69
	Z_1d	ZY12	43.54	60.10	9.15	37.77	7.39	1.53	7.96	1.33	9.18	2.09	6.17	0.90	5.51	0.86	193.49	4.69	0.72	0.61
		ZY13	57.49	94.69	13.47	60.35	12.67	2.63	12.50	1.87	12.12	2.76	7.88	1.10	6.56	0.99	287.09	5.27	0.82	0.64
		ZY14	32.03	53.62	7.30	31.26	6.32	1.34	6.63	1.03	6.71	1.59	4.67	0.67	4.17	0.68	158.02	5.04	0.84	0.63

续表

地区	地层	样号	La	Ce	Pr	Nd	Sm	Eu	Gd	Tb	Dy	Ho	Er	Tm	Yb	Lu	REE	LREE/HREE	δCe	δEu
松桃	$\epsilon_1 j$	ST1	30.72	61.15	6.83	24.52	3.81	0.49	2.92	0.46	3.00	0.62	1.89	0.29	1.92	0.30	138.92	11.19	1.02	0.45
		ST2	46.14	83.65	12.56	53.95	12.08	2.56	12.73	2.03	13.25	2.89	7.66	1.03	5.95	0.90	257.39	4.54	0.84	0.63
		ST3	33.97	65.00	9.89	49.71	14.41	4.77	17.60	2.45	14.40	2.85	6.92	0.90	5.27	0.79	228.90	3.47	0.85	0.92
		ST4	25.34	45.84	5.76	23.00	4.75	0.95	5.68	0.79	5.17	1.13	3.13	0.45	2.76	0.45	125.19	5.40	0.91	0.56
		ST5	34.29	60.50	7.92	31.45	6.34	1.07	6.21	0.96	6.12	1.34	3.68	0.54	3.33	0.51	164.26	6.24	0.88	0.52
		ST6	26.18	51.71	8.08	40.34	11.59	3.77	13.55	1.96	11.73	2.26	5.73	0.77	4.76	0.77	183.18	3.41	0.86	0.92
		ST7	33.98	57.95	8.13	34.89	7.76	1.40	8.53	1.32	8.95	1.94	5.27	0.71	4.23	0.65	175.71	4.56	0.84	0.53
	$Z_1 d$	ST8	18.54	38.83	3.92	14.09	2.48	0.37	1.78	0.30	2.00	0.44	1.27	0.20	1.26	0.19	85.68	10.51	1.10	0.54
		ST9	8.89	18.07	1.90	7.70	1.65	0.41	1.84	0.29	1.81	0.38	1.05	0.15	1.03	0.16	45.33	5.76	1.06	0.72
岩孔镇	$\epsilon_1 mx$	MX1	30.60	48.70	6.11	26.10	5.96	1.34	5.73	0.93	6.28	1.19	3.40	0.52	3.04	0.38	140.28	5.57	0.86	0.70
	$\epsilon_1 n$	NTT1	46.40	71.80	8.26	34.10	6.21	1.20	5.51	0.97	6.55	1.33	4.19	0.58	3.69	0.47	191.26	7.21	0.88	0.63
		NTT2	48.40	70.80	8.68	36.50	7.60	1.54	6.67	1.14	7.62	1.50	4.28	0.62	3.75	0.48	199.58	6.66	0.83	0.66
		NTT3	37.90	40.00	7.93	34.20	6.93	1.28	7.19	1.25	7.99	1.71	4.88	0.64	3.76	0.47	156.13	4.60	0.56	0.55
余庆县		NTT4	36.80	58.10	6.83	29.00	5.45	1.07	4.33	0.74	4.91	1.00	3.20	0.48	2.81	0.39	155.11	7.68	0.88	0.67
		NTT5	10.40	11.50	2.46	10.30	2.44	0.57	2.36	0.43	2.87	0.62	1.78	0.27	1.52	0.25	47.77	3.68	0.55	0.73
丹寨南皋	$Z_2 dy$	DY-1	5.92	4.28	1.36	6.35	1.10	0.29	1.15	0.17	0.97	0.16	0.46	0.07	0.29	0.05	22.62	5.81	0.36	0.79
		DY1	22.37	23.26	3.10	10.70	1.80	0.48	1.80	0.24	1.23	0.25	0.76	0.11	0.79	0.12	67.01	11.64	0.67	0.82
		DY2	19.72	22.24	3.41	12.44	2.06	0.57	2.06	0.28	1.41	0.27	0.79	0.11	0.79	0.12	66.27	10.37	0.65	0.85
	$\epsilon_1 lb$	LPS1	10.14	16.67	2.41	10.17	1.87	0.44	1.87	0.29	1.80	0.39	1.14	0.16	1.13	0.18	48.66	5.99	0.81	0.72
		LPS2	5.65	8.59	1.20	4.57	0.67	0.20	0.77	0.12	0.66	0.15	0.45	0.07	0.44	0.07	23.61	7.65	0.79	0.85
		LPS4	4.91	8.04	1.17	4.29	0.70	0.24	0.79	0.11	0.62	0.13	0.39	0.06	0.39	0.06	21.90	7.59	0.81	0.99
		LPS5	4.94	8.01	1.11	4.11	0.59	0.20	0.56	0.09	0.58	0.12	0.37	0.06	0.39	0.06	21.19	8.50	0.82	1.06
		LPS6	6.17	9.92	1.42	5.15	0.73	0.27	0.79	0.12	0.73	0.17	0.51	0.07	0.48	0.07	26.60	8.05	0.81	1.09
		LPS7	5.89	9.76	1.30	4.76	0.62	0.18	0.60	0.10	0.65	0.15	0.44	0.07	0.46	0.07	25.05	8.86	0.85	0.90

续表

地区	地层	样号	La	Ce	Pr	Nd	Sm	Eu	Gd	Tb	Dy	Ho	Er	Tm	Yb	Lu	REE	LREE/HREE	δCe	δEu
丹寨南皋	ϵ_1lb	LPS8	8.02	13.09	1.77	6.20	0.79	0.26	0.80	0.12	0.80	0.17	0.56	0.08	0.58	0.08	33.32	9.45	0.84	1.00
		LPS9	10.37	16.90	2.38	8.61	1.20	0.27	1.28	0.19	1.12	0.21	0.64	0.09	0.62	0.09	43.97	9.37	0.82	0.67
		LPS10	12.57	19.35	2.75	10.31	1.40	0.32	1.31	0.21	1.38	0.30	0.91	0.13	0.89	0.14	51.97	8.86	0.79	0.72
		LPS12	16.50	27.42	4.25	17.30	2.80	0.55	2.41	0.42	2.49	0.48	1.43	0.21	1.35	0.20	77.81	7.66	0.79	0.65
		LPS13	16.87	27.28	4.10	15.64	2.39	0.48	2.24	0.38	2.32	0.49	1.44	0.20	1.39	0.19	75.41	7.72	0.79	0.63
		LPS14	15.55	27.47	4.40	17.38	2.67	0.46	2.17	0.38	2.32	0.49	1.49	0.22	1.43	0.20	76.63	7.81	0.80	0.58
		LPS15	10.98	17.40	2.59	10.61	2.31	0.54	2.10	0.35	1.96	0.38	1.12	0.15	1.10	0.16	51.75	6.07	0.79	0.75
		LPS16	21.09	33.93	4.82	17.55	2.37	0.44	2.30	0.45	2.93	0.66	2.02	0.30	2.09	0.32	91.27	7.24	0.81	0.58
		LPS17	9.33	15.54	2.18	8.31	1.44	0.33	1.20	0.21	1.30	0.28	0.85	0.13	0.97	0.14	42.21	7.31	0.83	0.77
		LPS18	18.76	27.31	3.92	13.66	1.87	0.41	1.81	0.30	1.79	0.38	1.13	0.17	1.19	0.18	72.88	9.49	0.77	0.68
		LPS19	14.39	20.45	3.06	12.26	2.62	0.66	2.46	0.39	2.22	0.47	1.28	0.18	1.18	0.18	61.80	6.39	0.74	0.79
		LPB20	13.33	17.70	3.28	13.72	3.09	0.63	3.02	0.51	2.88	0.54	1.55	0.22	1.44	0.21	62.12	4.99	0.64	0.63
		LPB21	14.86	21.01	2.93	11.24	2.14	0.58	2.26	0.37	2.28	0.49	1.51	0.24	1.65	0.27	61.83	5.82	0.77	0.81
		LPB22	17.83	26.15	6.12	26.92	5.69	1.19	5.75	0.90	4.72	0.93	2.53	0.32	2.06	0.30	101.41	4.79	0.60	0.64
		LPB23	13.36	17.78	2.62	9.51	1.92	0.42	1.93	0.33	2.08	0.46	1.51	0.24	1.77	0.27	54.20	5.31	0.72	0.67
	ϵ_1nt	NTP1	19.00	28.84	3.89	14.37	2.68	0.52	2.60	0.47	2.93	0.67	2.12	0.33	2.48	0.37	81.27	5.79	0.81	0.60
		NTP2	19.13	26.37	3.90	15.27	2.86	0.66	3.06	0.52	3.34	0.72	2.30	0.37	2.62	0.40	81.52	5.12	0.73	0.68
		NTB3	10.55	9.36	1.69	6.64	1.33	0.34	1.43	0.25	1.54	0.33	1.05	0.15	1.09	0.17	35.92	4.98	0.53	0.75
		NTL4	163.50	119.40	41.23	183.42	38.34	9.21	46.70	7.53	44.66	9.91	28.63	3.51	20.46	2.71	719.21	3.38	0.35	0.67
		NTC5	42.93	42.92	9.44	44.32	8.89	2.77	11.44	1.90	11.67	2.80	8.32	1.14	7.26	1.05	196.85	3.32	0.51	0.84
		NTC6	150.00	137.40	35.01	157.80	31.97	9.13	40.13	6.72	41.77	9.87	28.71	3.65	20.23	2.64	675.03	3.39	0.46	0.78
		NTC7	28.68	29.34	3.98	15.48	2.40	0.68	2.47	0.40	2.56	0.62	2.12	0.36	2.68	0.44	92.21	6.92	0.66	0.85
		NTC8	31.98	50.69	6.75	28.74	5.02	2.26	5.25	0.89	5.52	1.15	3.33	0.46	3.19	0.44	145.67	6.20	0.83	1.35
		NTC9	32.24	50.14	7.41	32.37	5.85	1.48	6.24	1.00	5.89	1.30	3.89	0.50	3.43	0.49	152.23	5.69	0.78	0.75

续表

地区	地层	样号	La	Ce	Pr	Nd	Sm	Eu	Gd	Tb	Dy	Ho	Er	Tm	Yb	Lu	REE	LREE/HREE	δCe	δEu
丹寨南皋	$€_1nt$	NTC10	34.70	52.41	7.73	31.77	5.78	1.50	6.32	1.04	6.28	1.38	3.91	0.55	3.63	0.52	157.52	5.67	0.77	0.76
		NTC11	31.46	47.12	6.47	25.01	4.10	1.81	4.21	0.67	4.06	0.90	2.84	0.40	2.81	0.41	132.27	7.11	0.79	1.33
		NTC12	28.66	45.59	6.04	24.82	4.48	1.24	4.81	0.82	5.06	1.08	3.32	0.48	2.97	0.44	129.81	5.84	0.83	0.82
		NTC13	29.71	49.91	6.55	26.41	4.16	0.96	4.06	0.66	3.87	0.86	2.58	0.37	2.56	0.36	133.02	7.68	0.86	0.71
		NTC14	17.87	29.11	4.58	20.19	4.61	1.43	5.41	0.81	4.73	0.95	2.74	0.35	2.07	0.30	95.15	4.48	0.77	0.88
		NTC15	31.67	59.21	7.92	32.56	5.22	1.26	4.37	0.69	3.95	0.84	2.59	0.37	2.50	0.38	153.53	8.79	0.90	0.81
		NTC16	37.38	60.96	7.85	30.32	4.83	1.24	4.58	0.74	4.43	0.96	2.97	0.40	2.66	0.39	159.71	8.32	0.86	0.81
		NTC17	38.79	67.33	9.05	39.01	7.66	2.26	7.09	1.14	6.30	1.29	3.82	0.51	3.40	0.49	188.14	6.83	0.86	0.94
		NTC18	39.38	62.91	7.89	29.91	4.02	1.38	3.75	0.62	3.96	0.88	2.66	0.39	2.61	0.39	160.75	9.53	0.86	1.09
		NTC19	30.70	55.46	7.24	30.08	5.87	1.97	5.98	0.97	5.58	1.22	3.72	0.51	3.51	0.51	153.32	5.97	0.90	1.02
		NTC20	30.75	52.33	6.65	24.56	3.13	1.60	3.08	0.51	3.16	0.71	2.26	0.32	2.26	0.33	131.65	9.42	0.88	1.58
		NTC21	31.06	56.72	7.18	27.17	3.64	1.64	3.34	0.55	3.44	0.76	2.42	0.37	2.53	0.37	141.19	9.25	0.91	1.44
		NTC22	34.56	59.09	7.15	27.10	3.57	1.38	3.37	0.58	3.59	0.79	2.48	0.35	2.40	0.37	146.78	9.54	0.90	1.22
		NTC23	28.99	48.51	6.29	23.91	3.45	0.98	3.30	0.55	3.39	0.78	2.44	0.35	2.39	0.34	125.67	8.28	0.86	0.89
		NTC24	40.96	63.34	8.07	30.20	4.33	3.64	4.80	0.73	4.71	1.11	3.50	0.50	3.42	0.51	169.82	7.81	0.84	2.44
		NTC25	35.30	62.65	6.89	25.19	3.30	2.36	3.60	0.60	3.44	0.77	2.40	0.34	2.30	0.35	149.49	9.83	0.97	2.09
		NTC26	26.13	46.58	5.65	22.25	3.82	2.31	4.03	0.58	3.46	0.74	2.22	0.31	2.00	0.29	120.37	7.83	0.92	1.80
		NTC27	36.51	62.97	7.13	26.92	3.70	1.46	3.75	0.59	3.54	0.78	2.46	0.35	2.38	0.34	152.88	9.77	0.94	1.20
		NTC28	29.94	52.10	5.80	22.59	4.02	4.45	4.22	0.56	3.31	0.69	2.09	0.30	1.90	0.27	132.24	8.91	0.95	3.30
		NTC29	26.68	46.47	5.42	20.62	3.07	0.80	3.00	0.49	3.07	0.65	2.03	0.29	1.96	0.28	114.83	8.76	0.93	0.81
		NTC30	34.33	60.27	6.90	25.49	2.97	0.88	2.57	0.45	2.97	0.68	2.27	0.35	2.55	0.39	143.07	10.70	0.94	0.97
	$€_1jm$	JMC1	15.23	29.42	3.33	13.34	2.34	0.55	2.20	0.32	1.69	0.33	0.90	0.12	0.79	0.12	70.68	9.92	0.99	0.74
		JMC2	3.93	7.12	0.74	2.97	0.49	0.16	0.55	0.08	0.44	0.09	0.25	0.03	0.23	0.03	17.11	9.08	1.00	0.94

续表

地区	地层	样号	La	Ce	Pr	Nd	Sm	Eu	Gd	Tb	Dy	Ho	Er	Tm	Yb	Lu	REE	LREE/HREE	δCe	δEu
三都渣拉沟	Z_2dy	DY01	10.56	9.10	1.65	7.57	1.65	0.81	1.96	0.31	1.79	0.38	1.12	0.16	1.00	0.16	38.22	4.56	0.52	1.38
	$€_1lb$	LBP1	166.81	156.53	37.91	176.31	35.60	13.87	43.21	6.90	40.26	8.86	25.70	3.26	18.87	2.59	736.68	3.92	0.47	1.08
		LBP2	159.75	155.49	37.66	164.45	33.31	13.36	41.27	6.59	39.52	8.75	25.46	3.19	19.18	2.59	710.57	3.85	0.48	1.10
		LBS3	0.63	0.72	0.17	0.78	0.18	0.10	0.23	0.05	0.37	0.09	0.34	0.06	0.43	0.07	4.22	1.57	0.53	1.50
		LBS4	19.27	17.67	4.65	22.50	5.45	1.53	6.46	1.12	6.97	1.56	4.68	0.64	4.06	0.60	97.16	2.72	0.45	0.79
		LBS5	11.98	13.53	4.10	21.07	5.06	1.58	6.12	1.06	6.52	1.44	4.27	0.58	3.64	0.52	81.47	2.37	0.46	0.87
		LBS6	1.76	2.42	0.66	3.04	0.56	0.21	0.65	0.12	0.77	0.18	0.57	0.08	0.52	0.08	11.62	2.91	0.54	1.06
		LBS7	3.56	4.39	1.08	5.10	1.02	0.40	1.16	0.21	1.30	0.30	0.93	0.14	0.92	0.14	20.65	3.05	0.54	1.12
		LBS8	5.30	6.48	1.78	8.54	1.86	0.59	2.15	0.37	2.28	0.52	1.57	0.22	1.42	0.20	33.28	2.81	0.51	0.90
		LBS9	5.09	6.34	1.67	8.03	1.71	0.62	1.95	0.31	1.90	0.41	1.21	0.17	1.07	0.16	30.64	3.27	0.52	1.04
		LBS10	12.14	13.60	3.26	14.50	2.55	0.73	2.78	0.42	2.41	0.53	1.54	0.20	1.28	0.19	56.13	5.00	0.52	0.84
		LBS11	2.90	2.80	0.69	3.21	0.67	0.31	0.84	0.14	0.87	0.19	0.60	0.09	0.59	0.09	13.99	3.10	0.48	1.26
		LBS12	3.18	3.04	0.97	4.93	1.19	0.42	1.53	0.26	1.74	0.41	1.25	0.17	1.09	0.15	20.33	2.08	0.42	0.95
		LBS13	0.87	0.73	0.22	1.04	0.25	0.12	0.31	0.06	0.42	0.10	0.34	0.06	0.41	0.06	4.99	1.84	0.40	1.32
		LBS14	1.19	0.92	0.22	1.00	0.23	0.13	0.40	0.10	0.82	0.23	0.81	0.13	0.97	0.16	7.31	1.02	0.43	1.31
		LBS15	4.25	3.24	0.84	3.46	0.63	0.23	1.04	0.23	1.82	0.51	1.86	0.30	2.09	0.32	20.82	1.55	0.41	0.87
		LBS16	12.73	13.25	4.11	20.57	4.95	2.38	6.02	1.00	6.04	1.35	3.98	0.53	3.44	0.50	80.85	2.54	0.44	1.33
		LBS17	6.32	5.39	1.11	4.45	0.85	0.39	1.28	0.27	1.95	0.51	1.70	0.25	1.62	0.25	26.34	2.36	0.49	1.14
	$€_1zl$	ZLG1	45.77	42.72	6.48	22.43	2.94	1.38	4.20	0.88	6.54	1.71	5.68	0.83	5.60	0.84	148.00	4.63	0.60	1.20
		ZLG2	45.82	54.12	8.06	29.82	4.25	1.77	5.16	1.00	7.06	1.75	5.80	0.83	5.57	0.82	171.83	5.14	0.68	1.16
		ZLG3	47.26	57.62	8.69	34.34	5.47	1.99	5.97	1.09	7.21	1.74	5.60	0.80	5.43	0.81	184.02	5.42	0.68	1.06
		ZLG4	35.37	63.51	7.34	28.76	5.43	1.46	5.10	0.81	4.63	0.92	2.72	0.39	2.68	0.39	159.51	8.04	0.95	0.85
		ZLG5	31.48	57.45	6.57	25.64	4.64	2.18	4.38	0.66	3.66	0.73	2.12	0.30	2.04	0.30	142.15	9.02	0.96	1.48
		ZLG6	32.93	60.82	7.30	29.32	5.28	4.94	4.91	0.68	3.71	0.74	2.16	0.31	2.11	0.31	155.52	9.42	0.94	2.97

续表

地区	地层	样号	La	Ce	Pr	Nd	Sm	Eu	Gd	Tb	Dy	Ho	Er	Tm	Yb	Lu	REE	LREE/HREE	δCe	δEu
三都渣拉沟	ϵ_1zl	ZLG7	29.38	51.94	6.05	23.23	4.01	3.76	4.26	0.61	3.43	0.71	2.09	0.30	2.00	0.30	132.07	8.64	0.94	2.78
		ZLG8	34.41	62.73	7.46	30.84	6.22	3.36	6.24	0.90	4.82	0.96	2.70	0.38	2.50	0.37	163.89	7.69	0.94	1.65
		ZLG9	30.48	55.78	6.53	25.26	4.35	2.85	3.99	0.59	3.37	0.68	2.06	0.29	2.05	0.30	138.58	9.40	0.95	2.09
		ZLG10	35.72	68.60	7.99	31.08	5.34	1.81	5.07	0.78	4.37	0.89	2.59	0.36	2.50	0.37	167.47	8.89	0.98	1.06
		ZLG11	40.90	76.60	8.82	33.50	5.30	1.35	4.49	0.69	3.88	0.79	2.35	0.34	2.34	0.35	181.70	10.93	0.97	0.85
		ZLG12	38.29	70.54	8.21	31.79	5.48	1.35	4.91	0.78	4.30	0.84	2.44	0.35	2.32	0.34	171.94	9.56	0.96	0.80
织金	ϵ_1n	KZ1	99.05	87.48	20.44	92.78	18.54	5.10	21.92	3.07	17.79	3.78	9.25	1.02	5.38	0.66	386.26	5.14	0.47	0.77
		KZ2	110.57	133.79	23.03	98.46	19.51	4.24	20.59	2.94	17.83	3.79	10.06	1.24	7.65	1.08	454.78	5.98	0.64	0.65
		KZ4	71.76	72.68	14.92	68.98	14.32	5.11	16.24	2.09	11.46	2.47	6.24	0.76	3.73	0.50	291.26	5.70	0.53	1.02
		KZ5	64.53	87.20	9.30	38.11	5.07	0.78	3.85	0.32	1.70	0.39	1.45	0.24	1.77	0.55	215.26	19.96	0.86	0.54
重庆城口	ϵ_1n	S01	27.70	25.30	6.35	24.30	5.14	1.30	6.14	1.06	6.65	1.68	4.94	0.71	4.33	0.67	116.27	3.44	0.46	0.71
		S02	30.10	27.40	6.95	26.30	5.70	1.15	6.31	1.25	7.45	2.12	6.13	0.87	5.60	0.82	128.15	3.19	0.46	0.59
		S03	25.80	24.20	5.89	22.50	5.00	1.15	5.23	1.09	7.02	1.88	5.40	0.80	4.75	0.70	111.41	3.15	0.47	0.69
		S04	34.60	33.20	8.17	31.70	7.61	1.82	8.86	1.59	9.68	2.67	7.32	1.03	6.30	0.93	155.48	3.05	0.48	0.68
		S05	29.90	28.00	7.07	28.60	6.41	1.66	7.35	1.36	8.11	2.23	6.29	0.90	5.76	0.88	134.52	3.09	0.46	0.74
		S06	27.40	25.10	6.39	24.50	5.63	1.52	7.12	1.23	7.53	1.95	5.81	0.86	5.27	0.82	121.13	2.96	0.46	0.73
		S07	29.50	27.60	7.46	29.90	7.06	1.65	8.56	1.56	9.44	2.56	6.91	0.99	6.15	1.00	140.34	2.78	0.45	0.65
		S08	38.10	33.40	9.67	39.80	9.19	2.20	11.24	2.03	13.20	3.62	9.93	1.43	8.94	1.38	184.13	2.56	0.42	0.66
		S09	36.00	30.10	8.92	36.70	8.33	1.98	10.36	1.96	12.10	3.35	9.67	1.39	8.74	1.36	170.96	2.49	0.40	0.65
		s10	28.10	26.40	6.50	26.20	5.78	1.39	7.24	1.20	7.80	2.11	5.99	0.86	5.47	0.87	125.91	2.99	0.47	0.66
		S11	26.30	47.30	5.48	19.80	3.53	0.65	3.22	0.49	2.84	0.65	1.88	0.29	1.89	0.30	114.62	8.92	0.95	0.59
		S12	12.40	12.00	3.13	13.90	2.69	0.51	2.85	0.43	2.99	0.81	2.37	0.34	2.15	0.33	56.90	3.64	0.46	0.56

续表

地区	地层	样号	La	Ce	Pr	Nd	Sm	Eu	Gd	Tb	Dy	Ho	Er	Tm	Yb	Lu	REE	LREE/HREE	δCe	δEu
赣北修武	$€_1wy$	XW1	16.30	32.30	3.34	13.30	2.90	0.53	3.07	0.43	2.78	0.51	1.52	0.18	1.26	0.18	78.60	6.92	1.05	0.54
		XW2	33.80	42.00	5.76	22.00	4.41	0.03	4.29	0.54	3.26	0.59	1.75	0.24	1.70	0.28	120.65	8.54	0.72	0.02
		XW3	9.10	12.90	1.80	7.20	1.06	0.03	0.57	0.08	0.57	0.13	0.44	0.06	0.44	0.08	34.46	13.54	0.77	0.12
		XW4	21.20	32.60	4.11	17.80	3.87	0.43	4.63	0.66	4.52	0.96	3.00	0.40	2.54	0.37	97.09	4.68	0.84	0.31
		XW5	2.30	2.40	0.59	3.10	1.00	0.21	1.37	0.22	1.44	0.31	1.06	0.16	1.04	0.17	15.37	1.66	0.50	0.55
湘西北	$€_1xx$	XX1	18.40	30.80	4.51	18.50	3.81	1.58	4.04	0.65	3.86	0.82	2.39	0.41	2.56	0.37	92.70	5.14	0.81	1.23
		XX2	20.20	39.00	4.93	18.80	3.85	1.41	4.01	0.66	3.77	0.79	2.30	0.41	2.68	0.40	103.21	5.87	0.94	1.10
		XX3	172.00	209.00	37.20	162.00	30.80	6.34	36.60	5.78	33.70	7.16	18.80	2.64	14.10	1.72	737.84	5.12	0.63	0.58
		XX4	101.00	136.00	19.60	82.60	15.50	4.09	18.60	2.87	16.40	3.48	9.19	1.29	6.99	0.87	418.48	6.01	0.74	0.74
		XX7	13.50	20.90	5.40	26.20	7.36	2.60	7.76	1.56	10.20	2.28	6.63	1.16	7.16	1.04	113.75	2.01	0.59	1.05
		XX8	100.00	110.00	20.70	90.10	16.90	3.45	20.20	3.22	18.80	4.08	11.10	1.66	9.04	1.16	410.41	4.93	0.58	0.57
浙江开化底本	$€_1ht$	DB1	40.39	51.27	8.42	28.52	4.31	0.86	3.00	0.44	2.51	0.55	1.65	0.28	1.88	0.30	144.38	12.61	0.67	0.73
		DB2	26.93	37.41	5.37	19.14	3.01	0.58	1.88	0.29	1.82	0.41	1.32	0.25	1.68	0.26	100.35	11.69	0.75	0.75
		DB3	31.90	42.60	6.60	21.16	3.18	0.58	1.90	0.31	1.91	0.44	1.44	0.27	1.90	0.32	114.51	12.49	0.71	0.72
		DB4	24.01	28.11	5.18	17.53	2.88	0.59	2.26	0.42	2.59	0.58	1.78	0.31	2.10	0.33	88.67	7.55	0.61	0.71
		DB5	29.89	39.19	6.02	20.54	3.16	0.55	2.08	0.34	2.04	0.47	1.47	0.27	1.75	0.28	108.05	11.42	0.70	0.66
		DB6	18.25	22.69	4.09	13.15	1.87	0.35	1.24	0.26	1.57	0.38	1.24	0.24	1.65	0.28	67.26	8.80	0.63	0.70
		DB7	24.08	29.18	5.01	16.77	2.57	0.50	1.94	0.30	1.81	0.40	1.19	0.21	1.31	0.21	85.48	10.60	0.64	0.68
		DB8	29.09	30.50	5.06	17.53	2.49	0.45	1.60	0.28	1.65	0.39	1.28	0.23	1.57	0.25	92.37	11.74	0.61	0.69
		DB9	25.06	26.86	4.90	16.41	2.24	0.41	1.51	0.26	1.64	0.41	1.32	0.25	1.71	0.29	83.27	10.27	0.58	0.68
浙江安吉上墅	$€_1ht$	SS1	38.42	41.82	7.90	33.74	7.23	1.60	9.11	1.49	9.45	2.18	6.32	0.94	5.50	0.77	166.47	3.66	0.58	0.60
		SS2	34.97	37.58	8.38	34.44	7.23	2.04	9.27	1.41	8.97	1.98	5.57	0.81	4.73	0.70	158.08	3.73	0.53	0.76
		SS3	21.22	19.90	4.18	16.80	3.06	0.95	4.32	0.66	4.32	1.02	2.97	0.45	2.58	0.40	82.83	3.95	0.51	0.80
		SS4	21.53	28.66	4.20	15.73	3.10	0.76	3.83	0.61	4.14	0.97	2.76	0.40	2.32	0.34	89.35	4.81	0.73	0.67

续表

地区	地层	样号	La	Ce	Pr	Nd	Sm	Eu	Gd	Tb	Dy	Ho	Er	Tm	Yb	Lu	REE	LREE/HREE	δCe	δEu
浙江安吉上墅	ϵ_1ht	SS5	33.72	45.99	5.64	20.93	3.64	0.81	4.32	0.70	4.65	1.10	3.18	0.48	2.54	0.37	128.07	6.39	0.80	0.62
		SS6	15.84	22.19	2.53	10.02	1.86	0.42	2.16	0.35	2.23	0.54	1.56	0.23	1.34	0.19	61.46	6.15	0.84	0.64
		SS7	12.00	16.40	2.31	8.82	1.72	0.45	2.11	0.33	2.09	0.50	1.41	0.20	1.21	0.17	49.72	5.20	0.75	0.72
		SS8	15.89	21.36	2.48	10.27	1.96	0.47	2.22	0.36	2.37	0.56	1.58	0.22	1.32	0.20	61.26	5.94	0.82	0.69
		SS9	15.62	21.69	2.69	10.72	1.93	0.49	2.28	0.37	2.26	0.53	1.45	0.20	1.19	0.17	61.59	6.29	0.81	0.71
		SS10	20.41	26.13	3.38	14.72	2.72	0.70	3.12	0.46	2.82	0.63	1.70	0.24	1.29	0.18	78.50	6.52	0.76	0.73
		SS11	17.34	20.23	2.35	8.94	1.76	0.43	1.75	0.30	1.91	0.46	1.35	0.20	1.15	0.16	58.33	7.01	0.76	0.75
浙江淳安中洲	ϵ_1ht	ZZ1	16.15	29.29	3.42	11.58	2.19	0.33	1.64	0.25	1.47	0.32	0.93	0.16	1.03	0.16	68.92	10.56	0.95	0.53
		ZZ2	21.25	35.28	4.85	16.89	3.07	0.50	2.51	0.41	2.51	0.55	1.55	0.26	1.64	0.25	91.52	8.45	0.84	0.55
		ZZ3	22.16	39.87	4.60	15.77	2.59	0.48	1.82	0.31	1.82	0.41	1.17	0.20	1.26	0.20	92.66	11.89	0.95	0.68
		ZZ4	26.78	49.41	5.45	18.36	3.19	0.50	2.55	0.45	2.71	0.58	1.68	0.28	1.74	0.26	113.94	10.12	0.98	0.54
		ZZ5	29.33	58.71	6.51	22.41	4.00	0.67	3.37	0.59	3.51	0.76	2.19	0.36	2.16	0.32	134.89	9.17	1.02	0.56
		ZZ6	21.55	41.65	4.98	17.09	2.88	0.47	2.21	0.38	2.24	0.48	1.44	0.24	1.51	0.23	97.35	10.15	0.97	0.57
		ZZ7	17.72	30.98	4.10	13.59	2.18	0.40	1.76	0.30	1.88	0.42	1.25	0.21	1.30	0.20	76.29	9.42	0.87	0.62
		ZZ8	14.63	27.21	3.10	10.89	1.72	0.28	1.29	0.21	1.23	0.28	0.77	0.14	0.82	0.12	62.69	11.90	0.97	0.57
		ZZ9	26.99	46.64	5.39	18.21	2.85	0.46	2.00	0.33	2.01	0.45	1.29	0.20	1.30	0.19	108.31	12.94	0.93	0.59
		ZZ10	16.33	30.85	3.58	12.48	2.17	0.37	1.57	0.26	1.61	0.35	1.04	0.18	1.08	0.15	72.02	10.54	0.97	0.61
浙江诸暨江龙	ϵ_1ht	JL1	21.66	35.43	4.69	15.01	2.30	0.41	1.74	0.31	1.86	0.41	1.20	0.21	1.36	0.21	86.80	10.89	0.85	0.63
		JL2	22.15	41.99	4.87	17.82	3.38	0.68	2.84	0.48	2.67	0.54	1.53	0.24	1.51	0.22	100.92	9.06	0.97	0.67
		JL3	24.12	45.68	5.66	20.92	3.72	0.72	3.10	0.52	2.75	0.56	1.51	0.24	1.42	0.22	111.14	9.77	0.94	0.65
		JL4	25.91	45.34	5.78	20.14	3.40	0.64	2.84	0.46	2.77	0.58	1.63	0.27	1.64	0.25	111.65	9.69	0.89	0.63
		JL5	18.50	32.90	4.44	16.24	2.71	0.44	1.98	0.32	1.78	0.37	1.07	0.17	1.09	0.16	82.17	10.84	0.87	0.58
		JL6	25.00	46.05	5.43	19.83	3.42	0.62	2.62	0.43	2.39	0.51	1.41	0.23	1.44	0.20	109.58	10.87	0.95	0.63

续表

地区	地层	样号	La	Ce	Pr	Nd	Sm	Eu	Gd	Tb	Dy	Ho	Er	Tm	Yb	Lu	REE	LREE/HERE	δCe	δEu
渝东南	ϵ_1q	YQ1	4.79	8.84	1.10	4.44	1.11	0.31	1.76	0.25	1.47	0.30	0.81	0.09	0.52	0.08	25.87	3.90	0.93	0.68
	ϵ_1m	YQ2	39.81	68.08	8.47	31.94	6.25	1.32	5.18	0.81	4.80	0.95	2.92	0.54	3.31	0.54	174.92	8.18	0.89	0.71
	ϵ_1n	YQ3	26.20	59.13	7.32	26.81	5.08	2.11	3.68	0.57	3.39	0.64	2.08	0.42	2.83	0.45	140.71	9.01	1.03	1.49
	Z_2dn	YDY4	7.37	12.81	1.72	6.47	1.44	0.52	1.16	0.23	1.59	0.31	1.04	0.19	1.15	0.19	36.19	5.18	0.87	1.23
	ϵ_1n	YNT5	46.12	85.27	10.28	36.63	5.67	3.05	5.14	0.88	5.49	1.15	3.76	0.70	4.64	0.78	209.56	8.30	0.94	1.73
		YNT6	22.97	41.93	5.24	19.10	3.07	5.17	2.70	0.36	2.49	0.53	1.93	0.40	2.69	0.54	109.12	8.37	0.92	5.49
		YNT7	14.49	27.35	4.09	20.45	7.54	4.88	8.17	1.60	10.97	2.29	7.10	1.17	7.03	1.23	118.36	1.99	0.86	1.90
		YNT8	26.74	45.90	5.81	22.60	4.34	4.09	4.04	0.64	4.57	0.93	3.32	0.59	3.67	0.67	127.91	5.94	0.89	2.99
		YNT9	27.38	39.05	5.40	19.95	3.43	8.39	3.51	0.36	2.37	0.52	1.81	0.36	2.74	0.58	115.85	8.46	0.77	7.39
		YNT10	17.74	25.48	3.99	14.11	2.59	0.78	2.18	0.44	3.33	0.76	2.64	0.52	3.50	0.60	78.66	4.63	0.73	1.00
	Z_2dn	YDY11	11.92	23.01	3.87	18.63	6.69	1.71	7.61	1.37	7.69	1.28	3.51	0.55	3.53	0.63	92.00	2.52	0.82	0.73
塔里木	ϵ_1yt	TDJ1	5.41	11.10	1.10	5.42	0.95	0.22	1.01	0.15	0.93	0.12	0.34	0.04	0.40	0.06	27.25	7.93	1.10	0.69
		TDJ2	10.00	16.50	1.46	6.86	0.97	0.27	1.11	0.19	1.21	0.23	0.69	0.11	0.63	0.09	40.32	8.46	1.04	0.80
		TDJ3	11.90	19.10	1.99	7.99	1.43	0.46	1.51	0.26	1.53	0.28	0.83	0.12	0.62	0.08	48.10	8.20	0.94	0.96
		TQP1	7.48	6.56	0.97	5.23	0.72	0.22	1.09	0.20	1.54	0.32	0.98	0.14	0.89	0.13	26.47	4.00	0.59	0.76
		TQP2	6.61	5.14	0.69	3.61	0.29	0.14	0.80	0.13	1.03	0.21	0.61	0.12	0.87	0.12	20.37	4.24	0.58	0.89
		TQP3	16.10	13.50	1.88	9.77	1.72	0.42	2.31	0.41	2.91	0.58	1.73	0.27	1.63	0.22	53.45	4.31	0.59	0.64
		THP4	2.16	2.65	0.37	1.89	0.25	0.09	0.32	0.07	0.54	0.11	0.37	0.05	0.25	0.04	9.16	4.23	0.71	0.97
		THP5	2.54	3.24	0.41	1.70	0.46	0.07	0.33	0.07	0.58	0.10	0.35	0.05	0.25	0.04	10.19	4.76	0.76	0.55
		TXR6	4.30	4.19	0.58	3.01	0.81	0.17	0.82	0.15	0.98	0.21	0.54	0.05	0.53	0.07	16.41	3.90	0.64	0.64
		TXR7	4.09	4.56	0.63	2.77	0.84	0.21	1.10	0.20	1.38	0.32	0.78	0.12	0.67	0.10	17.77	2.81	0.68	0.67
		TXR8	3.85	4.13	0.58	2.15	0.61	0.18	0.84	0.15	1.08	0.21	0.66	0.09	0.56	0.08	15.17	3.13	0.67	0.77
		TXR9	2.20	2.09	0.21	1.05	0.27	0.07	0.28	0.06	0.39	0.08	0.20	0.03	0.18	0.04	7.15	4.67	0.74	0.78

续表

地区	地层	样号	La	Ce	Pr	Nd	Sm	Eu	Gd	Tb	Dy	Ho	Er	Tm	Yb	Lu	REE	LREE/HREE	δCe	δEu
震旦—寒武系平均值			29.57	41.00	6.53	26.93	5.29	1.56	5.71	0.91	5.67	1.27	3.66	0.52	3.18	0.47	132.27	6.57	0.74	0.94
震旦—寒武系最大值			172.00	209.00	41.23	183.42	38.34	13.87	46.70	7.53	44.66	9.96	28.71	3.65	20.46	3.02	737.84	19.96	1.10	7.39
震旦—寒武系最小值			0.63	0.72	0.17	0.78	0.18	0.03	0.23	0.05	0.37	0.08	0.20	0.03	0.18	0.03	4.22	1.02	0.32	0.02
川西昌台	T_3mg	GA2	32.24	65.53	7.40	26.54	4.88	1.07	4.48	0.66	3.80	0.73	2.14	0.32	2.21	0.34	152.34	9.38	1.02	0.70
		GA3	20.08	40.77	4.83	19.37	4.79	0.99	5.30	0.88	5.30	1.07	2.98	0.41	2.62	0.45	109.84	4.78	1.00	0.60
		NL2	35.31	75.27	8.15	30.93	5.96	1.26	5.53	0.90	4.85	0.93	2.71	0.36	2.70	0.41	175.27	8.53	1.07	0.67
		NL3	35.02	74.17	8.32	30.95	5.87	1.10	5.18	0.76	4.26	0.87	2.48	0.36	2.50	0.36	172.20	9.27	1.05	0.61
		GL1	41.15	84.70	9.65	36.88	6.88	1.57	6.18	0.90	4.53	0.90	2.40	0.34	2.50	0.36	198.94	9.99	1.02	0.74
		GL2	37.72	76.93	8.77	31.89	5.49	1.29	4.75	0.63	3.29	0.64	1.94	0.31	2.19	0.35	176.19	11.50	1.02	0.77
		GL3	38.57	79.75	8.92	32.98	5.90	1.21	4.92	0.65	3.26	0.68	1.98	0.32	2.20	0.36	181.70	11.64	1.03	0.69
		YL1	29.91	63.31	7.19	26.33	5.16	0.88	4.79	0.69	3.93	0.83	2.33	0.36	2.56	0.40	148.67	8.36	1.04	0.54
		YL3	37.68	77.79	9.08	34.31	6.62	1.29	5.83	0.86	4.48	0.89	2.40	0.36	2.58	0.37	184.54	9.38	1.01	0.63
		YL2	28.96	59.78	6.84	24.81	4.63	0.98	4.16	0.64	3.62	0.72	2.15	0.32	2.05	0.35	140.01	8.99	1.02	0.68
		NL1	37.17	76.05	8.89	32.91	5.95	1.16	5.67	0.87	4.51	0.91	2.62	0.41	2.72	0.43	180.27	8.94	1.01	0.61
		GA1	19.92	38.29	4.46	16.27	3.34	0.52	3.08	0.45	2.62	0.57	1.67	0.28	1.85	0.30	93.62	7.65	0.98	0.50
	平均值		32.81	67.70	7.71	28.68	5.46	1.11	4.99	0.74	4.04	0.81	2.32	0.35	2.39	0.37	159.47	9.03	1.02	0.65
	最大值		41.15	84.70	9.65	36.88	6.88	1.57	6.18	0.90	5.30	1.07	2.98	0.41	2.72	0.45	198.94	11.64	1.07	0.77
	最小值		19.92	38.29	4.46	16.27	3.34	0.52	3.08	0.45	2.62	0.57	1.67	0.28	1.85	0.30	93.62	4.78	0.98	0.50
川西丹巴	D_2wg	B25	45.80	81.90	9.68	35.20	6.86	1.25	5.66	0.97	5.53	1.20	3.33	0.48	3.26	0.52	201.64	8.62	0.94	0.61
		B26	34.60	59.50	7.27	27.70	5.34	1.09	5.48	0.82	4.76	1.06	2.99	0.43	2.72	0.42	154.18	7.25	0.90	0.62
		B27	43.50	78.10	8.68	31.90	6.25	1.14	5.20	0.80	4.57	1.04	2.97	0.44	3.04	0.48	188.11	9.15	0.97	0.61
		B31	45.60	78.10	9.89	37.70	7.57	1.38	7.19	1.09	6.00	1.29	3.49	0.50	3.30	0.50	203.60	7.72	0.89	0.57
		B32	37.70	64.50	8.07	30.80	5.83	1.05	5.53	0.84	4.74	0.99	2.82	0.41	2.64	0.41	166.33	8.05	0.89	0.57
	平均值		41.44	72.42	8.72	32.66	6.37	1.18	5.81	0.90	5.12	1.12	3.12	0.45	2.99	0.47	182.77	8.16	0.92	0.60

续表

地区	地层	样号	La	Ce	Pr	Nd	Sm	Eu	Gd	Tb	Dy	Ho	Er	Tm	Yb	Lu	REE	LREE/HREE	δCe	δEu
北秦岭庙湾	O_2m	BS2	23.73	43.00	5.44	20.22	4.11	14.06	3.87	0.88	4.28	1.14	2.39	0.56	5.00	0.89	129.57	5.82	0.91	10.78
		BS3	30.63	56.16	5.14	16.47	2.20	1.70	2.91	0.51	1.23	0.37	1.44	0.31	1.64	0.27	120.98	12.94	1.08	2.05
		BS4	104.50	174.20	19.48	64.09	10.94	2.21	10.28	1.23	3.79	0.83	4.30	0.38	2.90	0.35	399.48	15.60	0.93	0.64
		JS1	31.18	52.66	5.81	16.97	2.73	2.96	3.15	0.45	1.82	0.52	1.72	0.33	2.28	0.31	122.89	10.62	0.94	3.09
		JS4	46.18	100.10	11.98	48.00	6.85	3.67	7.73	1.04	5.27	1.31	4.59	0.51	4.06	0.55	241.84	8.65	1.02	1.54
		JS5	9.96	12.61	2.05	5.82	1.04	3.07	1.17	0.16	1.04	0.22	1.03	0.09	0.67	0.12	39.05	7.68	0.67	8.51
		JS6	32.45	59.19	7.00	23.80	3.71	4.22	3.97	0.60	3.30	0.86	2.31	0.41	3.01	0.43	145.26	8.76	0.95	3.36
内蒙古霍各乞	Pt_2z	HGC1	38.50	87.70	8.53	38.80	8.36	4.36	7.10	1.06	5.14	1.08	3.00	0.42	2.50	0.34	206.89	9.02	1.16	1.73
		HGC2	22.80	47.80	4.39	19.60	4.13	1.27	3.73	0.44	2.78	0.56	1.56	0.22	1.40	0.14	110.82	9.23	1.15	0.99
		HGC3	7.17	11.38	1.84	6.93	1.31	0.28	0.98	0.12	0.56	0.11	0.28	0.05	0.32	0.05	31.38	11.70	0.75	0.75
		HGC4	6.63	7.78	1.08	2.80	0.61	0.09	0.47	0.06	0.39	0.09	0.28	0.04	0.29	0.05	20.64	11.45	0.70	0.49
澳大利亚布朗斯	Pt_1ab	OCF1	43.18	72.27	9.74	35.89	6.19	1.35	4.88	0.74	4.20	0.74	2.25	0.33	2.35	0.34	184.44	10.66	0.85	0.75
		OCF2	32.23	58.25	7.11	25.91	4.61	1.11	3.50	0.56	3.53	0.62	1.88	0.26	2.08	0.30	141.94	10.15	0.93	0.84
		OCF3	41.55	81.26	8.83	31.01	5.75	1.44	4.18	0.62	3.10	0.46	1.34	0.21	1.50	0.25	181.50	14.56	1.02	0.90
		OCF4	50.42	104.88	12.06	42.83	7.49	1.71	5.04	0.68	3.25	0.54	1.50	0.24	1.59	0.26	232.48	16.75	1.02	0.85
		OCF5	34.40	68.65	8.24	30.69	5.46	1.51	3.93	0.56	3.39	0.58	1.85	0.29	2.04	0.29	161.87	11.53	0.98	1.00
		OCK1	13.88	30.42	3.34	11.54	2.45	0.53	1.96	0.33	1.98	0.34	1.04	0.17	1.32	0.22	69.51	8.45	1.08	0.74
		OCK2	13.68	29.71	3.51	13.46	2.95	0.63	2.51	0.43	3.12	0.62	2.03	0.34	2.41	0.38	75.78	5.40	1.03	0.71
		OCK3	3.52	10.32	1.32	4.98	1.20	0.38	1.07	0.21	1.68	0.35	1.24	0.22	1.75	0.25	28.49	3.21	1.15	1.03
		OCK4	4.86	15.03	1.93	7.35	1.69	0.49	1.49	0.27	1.95	0.38	1.29	0.23	1.67	0.29	38.93	4.14	1.18	0.94
		OCK5	11.14	33.79	4.20	15.24	2.74	0.46	2.27	0.43	3.48	0.74	2.50	0.41	2.93	0.42	80.75	5.13	1.19	0.56
		OCK6	1.62	3.89	0.52	2.25	0.88	0.30	1.03	0.17	1.31	0.27	0.92	0.16	1.31	0.20	14.82	1.76	1.02	0.96
		OCK7	15.90	30.60	3.56	12.50	2.34	0.50	2.04	0.37	2.53	0.51	1.74	0.28	2.13	0.31	75.30	6.60	0.98	0.69
		OCK8	7.62	15.20	1.82	6.73	1.37	0.32	1.16	0.21	1.55	0.31	1.02	0.16	1.21	0.17	38.84	5.71	0.98	0.76

续表

地区	地层	样号	La	Ce	Pr	Nd	Sm	Eu	Gd	Tb	Dy	Ho	Er	Tm	Yb	Lu	REE	LREE/HREE	δCe	δEu
	平均值		21.08	42.64	5.09	18.49	3.47	0.83	2.70	0.43	2.70	0.50	1.58	0.25	1.87	0.28	101.90	8.00	1.03	0.83
	最大值		50.42	104.88	12.06	42.83	7.49	1.71	5.04	0.74	4.20	0.74	2.50	0.41	2.93	0.42	232.48	16.75	1.19	1.03
	最小值		1.62	3.89	0.52	2.25	0.88	0.30	1.03	0.17	1.31	0.27	0.92	0.16	1.21	0.17	14.82	1.76	0.85	0.56
东太平洋铁锰结核	Q_4	DCH15	107.81	248.43	33.19	118.32	32.94	7.86	31.93	5.27	29.44	5.76	14.51	2.17	13.09	1.97	652.69	5.27	1.00	0.74
		DCN4	105.18	274.70	34.21	124.83	42.02	7.61	32.04	5.19	30.33	5.84	14.01	2.16	13.20	2.00	693.32	5.62	1.10	0.63
		DCZ3	81.31	181.20	26.97	95.24	26.78	6.40	25.45	4.42	24.54	4.70	11.60	1.72	10.64	1.60	502.57	4.94	0.93	0.75
		DCW3	96.41	230.20	31.98	114.53	29.52	7.03	29.32	4.80	28.07	5.48	12.97	1.98	12.54	1.86	606.69	5.25	1.00	0.73
		DZH47	113.50	297.94	32.15	143.64	32.59	8.54	34.45	5.34	29.54	5.85	14.89	2.15	14.21	2.02	736.81	5.79	1.19	0.78
		XCH12	113.91	267.95	32.23	108.22	30.22	7.69	31.06	5.43	30.52	5.99	13.15	2.34	14.21	2.18	665.10	5.34	1.06	0.77
		XSX8	189.71	572.21	48.51	166.67	44.89	11.34	47.21	7.97	43.22	8.53	18.50	3.33	20.02	3.11	1185.22	6.80	1.44	0.75
		XLS5	200.42	632.94	53.79	183.86	50.26	12.42	51.88	8.86	47.08	9.21	19.90	3.60	21.67	3.37	1299.26	6.85	1.47	0.74
		XDY25	130.91	438.68	39.77	159.20	35.50	9.12	38.24	5.36	32.41	6.18	15.64	2.28	15.80	2.40	931.49	6.87	1.46	0.76
		XCH6	90.28	246.10	27.32	109.13	24.95	6.65	27.36	3.94	25.62	4.69	11.75	1.80	12.60	2.00	594.19	5.62	1.19	0.78
		JCO2	260.05	710.85	44.74	158.40	37.57	9.58	45.72	7.03	43.42	9.34	23.16	3.70	23.43	3.58	1380.57	7.66	1.59	0.71
		JQI12	347.20	1237.60	52.55	193.89	42.54	10.08	55.03	7.74	46.92	10.19	25.08	4.10	26.90	4.18	2064.00	10.46	2.21	0.64
		JQM12	256.53	891.00	46.19	165.92	39.67	9.76	49.67	7.28	43.21	9.06	22.37	3.58	22.80	3.49	1570.53	8.73	1.97	0.67
		JQW13	278.28	717.15	51.38	186.23	43.81	10.88	53.79	8.12	49.26	10.26	24.69	4.09	25.80	3.91	1467.65	7.16	1.44	0.69
	平均值		169.39	496.21	39.64	144.86	36.66	8.93	39.51	6.20	35.97	7.22	17.30	2.79	17.64	2.69	1025.01	6.60	1.36	0.72
	最大值		347.20	1237.60	53.79	193.89	50.26	12.42	55.03	8.86	49.26	10.26	25.08	4.10	26.90	4.18	2064.00	10.46	2.21	0.78
	最小值		81.31	181.20	26.97	95.24	24.95	6.40	25.45	3.94	24.54	4.69	11.60	1.72	10.64	1.60	502.57	4.94	0.93	0.63

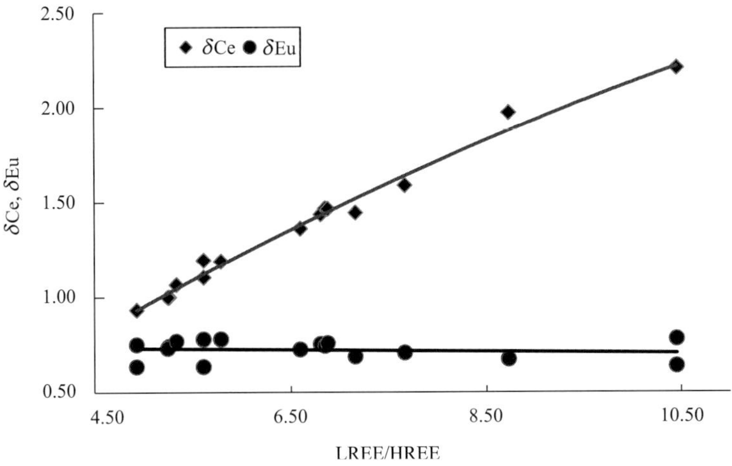

图 3-37　δCe(δEu)-LREE/HREE 相关图

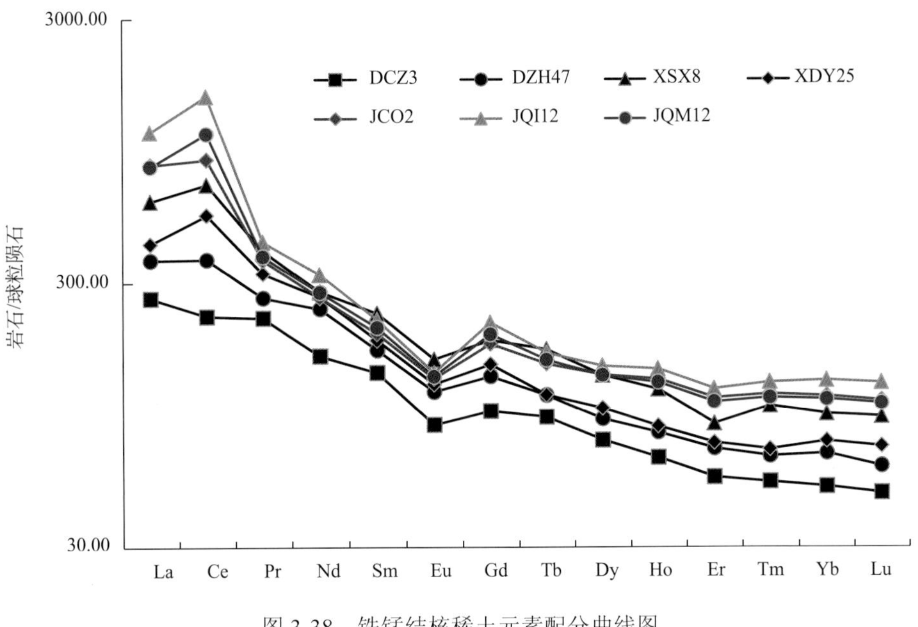

图 3-38　铁锰结核稀土元素配分曲线图

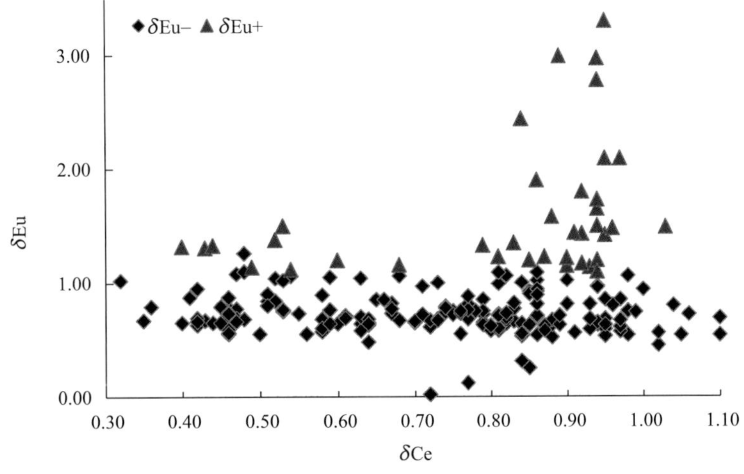

图 3-39　黑色岩系 δEu-δCe 散点图

以上五种稀土元素配分曲线类型分别反映了五种沉积环境和沉积相：①负铈异常+负铕异常型稀土元素配分曲线反映的沉积环境是潮汐带沉积特征，反映大洋对流带来深海洋流带来深海有机物质叠加陆源碎屑物形成的缺氧环境沉积；②无铈异常+负铕异常型稀土元素配分模式反映的沉积环境是陆棚相沉积特征，与Ⅰ型经常共同出现或者叠加在Ⅰ型之上反映的是海进沉积序列；③正铕异常+无铈异常型稀土元素配分模式反映的是热水沉积物的稀土元素配分特征，是一种特征的陆棚还原环境沉积产物；④正铕异常+负铈异常型稀土元素配分模式反映的是潮汐带热水叠加沉积特征；⑤正铈异常型稀土元素配分模式反映的是深海沉积特征，类似于深海铁锰结核沉积特征，如果有热水沉积叠加会出现正铕异常。

第四章　华北古陆地质背景

第一节　大地构造背景及构造演化

一、大地构造背景

华北前寒武纪古陆具有典型的二层结构，早前寒武纪基底由古太古代到古元古代深变质岩组成，晚前寒武纪盖层为中新元古代浅变质岩。古太古代基底年龄 3.2~3.85Ga，出露于河北和鞍山-本溪变质区(彭澎和翟明国，2002；Liu et al.，1992；Song et al.，1996)。中太古代基底年龄 2.8~3.2Ga，主要古陆块(>2.7Ga)包括：鄂尔多斯陆块、迁安陆块、鞍山-吉南陆块、沂水陆块、胶东陆块等(沈其韩和钱祥麟，1995；伍家善等，1991)。

由于新太古代 2.5Ga 构造热事件的作用，古—中太古代变质岩保存较少，而新太古代主要形成微陆块保存，有胶辽陆块、迁淮陆块、阜平陆块、集宁陆块、许昌陆块和阿拉善陆块等(Zhai et al.，2000)，主要为 2.5Ga 前的 TTG 片麻岩、同构造花岗岩和绿片岩相到麻粒岩相变质和多期变形的表壳岩。华北冀东和登封 2 个花岗-绿岩地体属于新太古代。古元古代基底可以划分为西部克拉通的孔兹岩系的表壳岩建造、东部陆间裂谷建造和中部大陆边缘弧建造(Zhao et al.，2001)。

晚前寒武纪中新元古代地层属于一系列的裂谷建造(白瑾等，1998)，南缘有中条—熊耳—安沟裂谷火山—岩浆岩带建造；北缘东段是妙香山—承德—蓟县裂谷建造，西段是白云鄂博裂谷与扎尔泰山裂谷；西缘的龙首山裂谷建造(Zhai et al.，2000)。华北古陆基本位于中低纬度地区，与西伯利亚及劳伦大陆运动特征相关联，而与扬子地块是分离的(周鼎武等，2000；Li et al.，1997)。华北古陆成为一个独立的沉积平台，沉积了新元古代青白口系及其上的古生代地层。

华北古陆基底分成东部陆块、西部陆块和中央造山带(Zhao et al.，2001)，东、西部块体均由 2.5~2.6Ga 的 TTG 片麻岩、超基性到基性火山岩、约 2.5Ga 同构造紫苏花岗岩和花岗岩，以及少量 2.50~2.55Ga 双峰式火山岩和沉积表壳岩组成。TTG 片麻岩穹隆和围绕它生长的表壳岩褶皱构造具有相同的新太古代构造背景，经历了类似的演化阶段，但是西部块体缺乏古—中太古代地层，主要分布的是 1.8Ga 前后变质的孔兹岩系。中央造山带以 2 条主断裂为界限，由新太古代到新元古代 TFG 片麻岩和花岗闪长岩组成，中间夹杂着沉积岩和火山岩。

1.8Ga 前后，早前寒武纪变质岩地层发生褶皱、断裂变形，并普遍受到不同程度的区域变质作用，和不同类型的混合岩化作用，之后进入稳定发展阶段。之后华北古陆仍分为东西两个陆块(图 4-1)，西部为鄂尔多斯陆块，东部陆块包括燕山、辽东半岛、渤海、山东、华北平原和太行山，并延伸到朝鲜北部地区。

西部的鄂尔多斯陆块中部被中、新生代地层的广泛掩盖，一些零星露头显示缺失中—新元古代沉积。在鄂尔多斯陆块南部出现海相沉积为主，厚度近 8000m 的火山岩、碎屑岩和碳酸盐岩沉积，并向东延伸到东部地块的南缘。在西部边缘贺兰山一带，也有千米左右的沉积。

中朝古陆东部陆块在中—新元古代构造运动较为活跃，古陆内部基底不断隆起，并伴随在时间上由西向东先后发生的一系列裂陷，沉积充填了陆相和海相沉积物。但自北起朝鲜的狼林地块，我国渤海，经山东滨县、泰安，向西南直到河南商丘、沈丘，成为历经中—新元古代长期隆起的轴部，寒武系直接覆盖在早前寒武纪基底变质杂岩之上。

华北古陆周边均由断裂构造和裂谷构造控制，北缘东西向延展的狭长地带形成近东西向的隆起（内蒙古地轴）和一系列断陷，有火山岩浆岩断陷及碎屑岩和碳酸岩沉积，东部有燕山沉降带，西部有白云鄂博裂谷、渣尔泰山裂谷等。古陆南缘沿宝鸡—卢氏—信阳—六安一线的断裂带控制了中—新元古代秦岭火山岩裂陷和大巴山沉积裂陷的北部边界。古陆东部由我国的嘉山、淮阴到朝鲜的清州、江陵一线的断裂带控制张八岭群和沃川系（金玉准，1973）火山岩裂陷的北西边界（图 4-1）。

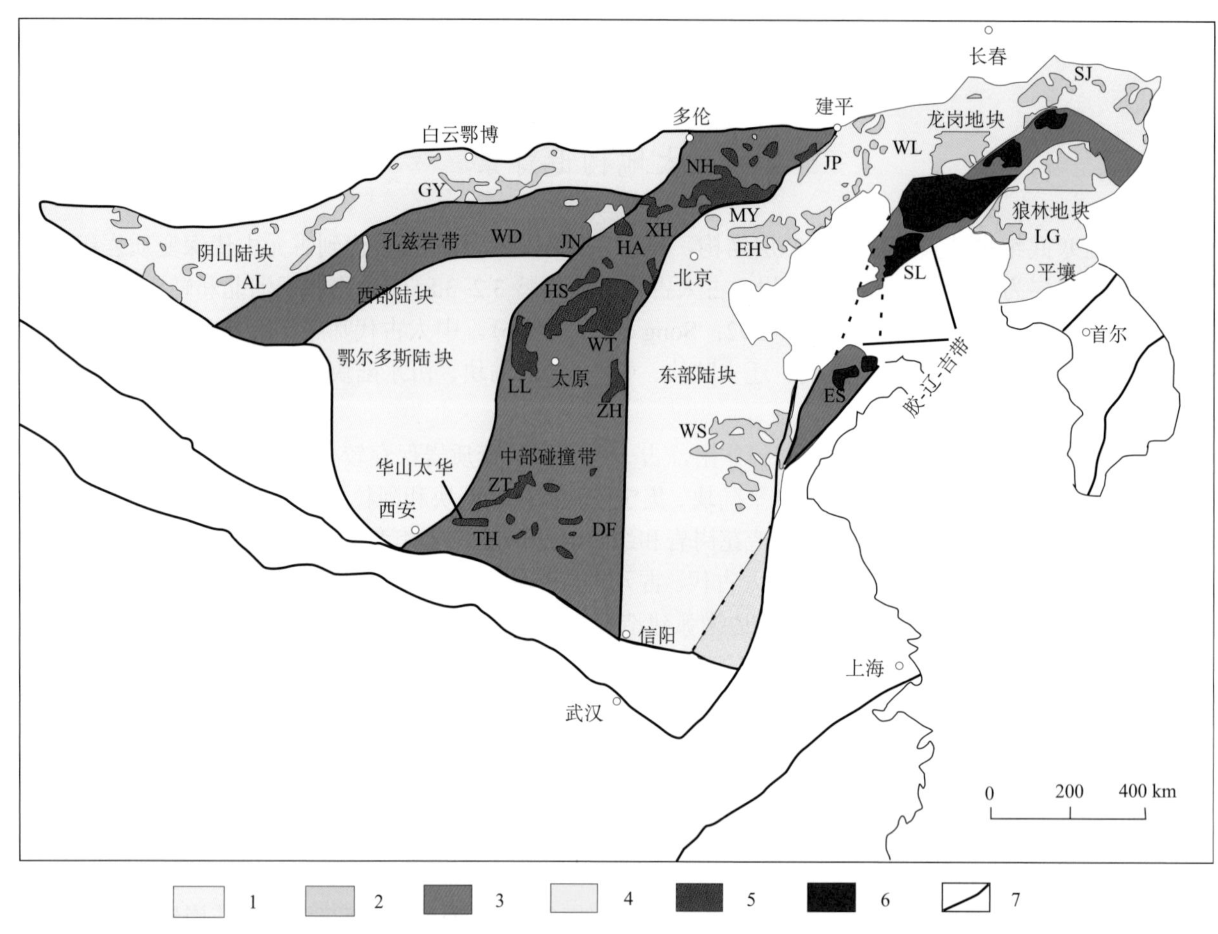

图 4-1　华北陆块前寒武纪基底构造单元划分图（据 Zhao et al.，1998，2001，2005，2012）

1. 东部地块隐伏的太古宙－元古宙基底；2. 东部地块出露的太古宙－元古宙基底；3. 古元古代活动带内隐伏的新太古代－元古宙基底；4. 西部陆块孔兹岩带内所出露的古元古代基底；5. 华北中部碰撞造山带内所出露的古元古代基底；6. 胶辽吉带内所出露的古元古代基底；7. 主要断裂及地块边界

变质杂岩区缩写：AL. 阿拉善；DF. 登封；EH. 冀东；ES. 鲁东；JP. 建平；GY. 固阳；HA. 怀安；HS. 恒山；JN. 集宁；LG. 狼林；LL. 吕梁；MY. 密云；NH. 冀东；NL. 辽北；QL. 祁连山；SJ. 吉南；SL. 辽南；TH. 太华；WD. 乌拉山-大青山；WL. 辽西；WS. 鲁西；WT. 五台；XH. 宣化；ZH. 赞皇；ZT. 中条

二、大地构造演化

华北古陆早前寒武纪从 3.8~0.543Ga，近 32 多亿年的漫长地质时间，地壳经历了从陆核孕育、陆块形成、古大陆的汇聚和裂解等至少经历了多次重大的地质事件和演化阶段。在不同演化阶段形成了各类矿床，在地壳演化早期主要在古陆核（或陆块）边缘开始出现条带状含铁硅质岩建造；在新太古代古陆块汇聚和初始克拉通化阶段，在活动陆缘与碰撞汇聚地质作用有关的绿岩带型建造；古元古代统一的古大陆再次裂解—汇聚增生，形成完整的大陆结晶基底阶段，在华北古大陆以形成与裂谷(或被动大陆边缘)有关硼、菱镁矿、沉积变质磷矿，也是BIF型铁矿和深变质型石墨矿床主要成矿阶段。

随着中元古代－青白口纪中国古大陆的再次裂解和汇聚，在华北古大陆主要形成与裂谷伸展构造作用有关的各种矿床，在大陆活动边缘或岛孤带局部地段形成与碰撞汇聚地质作用有关的矿床；南华纪—震旦纪中国古大陆主体为裂解阶段，形成与此有关的磷、锰、铁、蛭石、金红石等矿床。

我国研究者多年来对华北古陆变质岩进行了系统研究测试，积累了丰富的测年资料。根据彭澎等(2002)的统计资料，变质岩的年龄数据分为成岩年龄(包括结晶和侵位年龄数据等)和变质年龄(包括改造和热液作用年龄数据等)。所有年龄数据统计图显示：存在2.5Ga前后和1.8Ga前后两个峰值；2.5Ga前成岩年龄数据连续分布，1.8Ga之前也有连续分布，并且可能存在其他相对小的峰期，反映了成岩作用的连续性，而变质年龄数据存在一定的阶段性。

成岩年龄峰值集中于 2.55~2.50Ga 和 1.85~1.75Ga，变质年龄峰值于 2.525~2.475Ga 和 1.90~1.80Ga(图4-2(a))。并且2.5Ga峰期变质作用主要是区域性的麻粒岩相进变质作用，成岩年龄峰期位于变质年龄数据峰期之前；而对于1.8Ga峰期变质作用主要是退变质作用，成岩年龄峰值在变质年龄峰期之后(图4-2(b))。

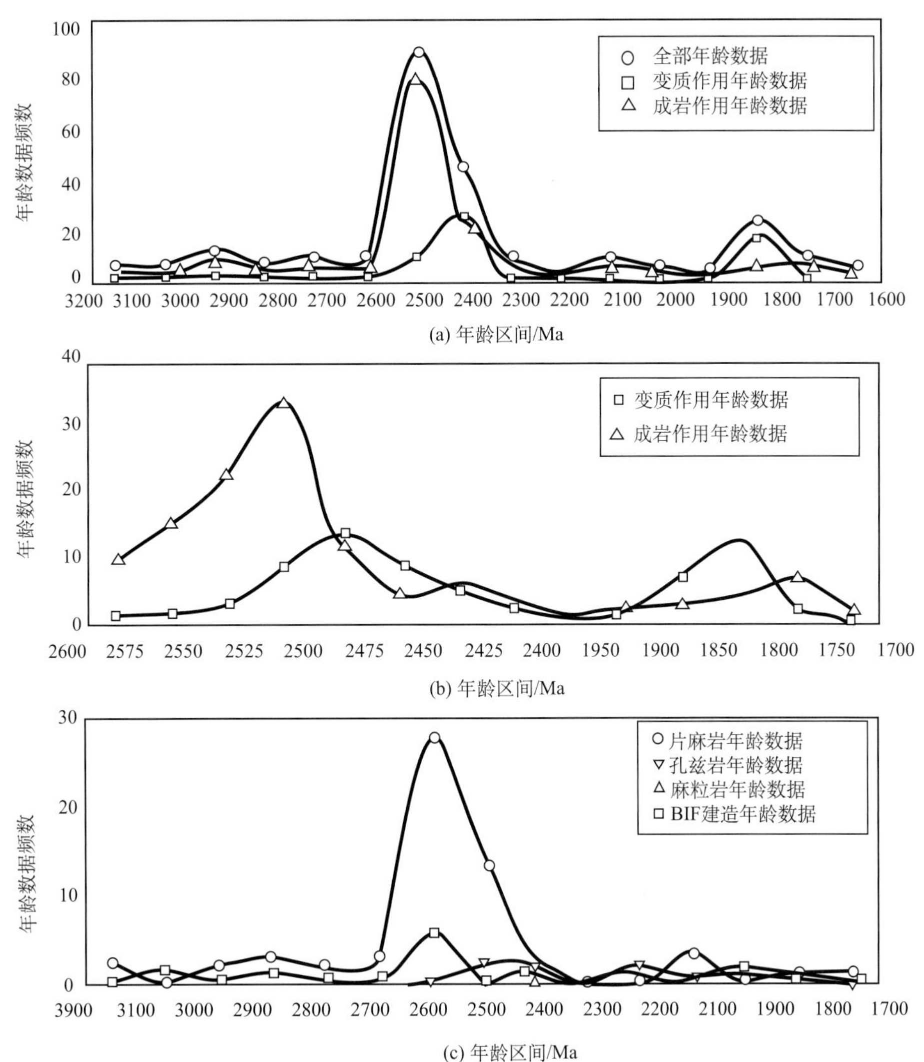

图4-2　华北陆块前寒武纪同位素年龄数据分类统计表

(a)3200~1600Ma年龄分布图；(b)2600~2400Ma和1950~1700Ma年龄分布图；(c)各类岩石年龄分布图

分别对麻粒岩、磁铁石英岩、孔兹岩和片麻岩的成岩年龄统计显示(图 4-2(c))：麻粒岩的形成峰期为 2.50~2.60Ga 前后，其他各时期也都有出现；磁铁石英岩主要形成于 2.50~2.60Ga 前后；孔兹岩系主要形成于 2.30~2.50Ga 前后和 2.10~2.20Ga 前后；片麻岩的形成峰期为 2.80~2.90Ga 前后、2.40~2.60Ga 前后和 2.00~2.10Ga 前后。同时也可以看出，2.5Ga 前后是麻粒岩、片麻岩和磁铁石英岩的成岩高峰期，孔兹岩系的成岩主要发生于古元古代。另外，在 1.85~1.75Ga 成岩的主要是一些火山岩系。

上述年龄统计显示华北古陆经历了 2.5Ga 和 1.8Ga 的两次重要的地质事件，2.5Ga 地质事件成岩作用峰期早于变质作用峰期，而 1.8Ga 地质事件记录变质作用峰期早于成岩作用峰期，差异在 100Ma 前后。根据华北古陆与波罗的地盾与西伯利亚的阿尔丹地盾和阿拉巴尔地盾的相似性，华北古陆曾有过 2.5Ga 大陆拼合和 1.8Ga 大陆裂解事件，该事件可能是与瑞芬(西北欧)、北美和有关古陆同时完成的(Zhai et al.，2000)。

1. 华北古陆 2.5Ga 地质演化

新太古代 2.5Ga 前后经历了构造及地质环境的重大变化，形成麻粒岩及构造热事件，是重要的地质转变时期。

(1)麻粒岩分布：华北古陆北缘发育一条新太古代形成的巨型麻粒岩相带，从辽西、冀东、冀北、密云到晋北、冀西北、内蒙古中南部到银川北部，其北侧为新太古代—古元古代 2.6~2.3Ga 角闪岩相变质区。巨型麻粒岩相带内部存在着一个从桑干构造带到“单塔子群”延长达 700km 的高压麻粒岩带。

巨型麻粒岩相带记录了从中太古代到古元古代的地质历史，记录了中太古代—古元古代克拉通化的主体过程。麻粒岩主要形成于距今 2.5~2.6Ga，与全球太古宇麻粒岩形成时期(3.1~2.6Ga)对应，表明存在稳定的下地壳，从而有利于形成稳定克拉通。

(2)岩浆构造热事件：华北古陆新太古代经历了广泛的构造热事件作用，主体完成于新太古代晚期，与世界太古宙末期 2.45Ga 前后基性岩浆-构造(热)事件一致。2.5Ga 火山活动共同特点是基性火山岩具有现代岛弧火山岩的特点，并伴随有互层状的中性和酸性火山岩；差异是它们的含矿性不同。伍家善等(1998)推测胶辽陆块西缘的大陆弧火山-岩浆岩长达千余千米，类似于现代陆缘岩浆岩带。华北古陆太古宙基底分布着大量 2.5~2.6Ga 的 TTG 片麻岩体和卵形片麻岩穹隆，片麻岩穹隆被高绿片岩相到麻粒岩相变质火山岩沉积岩包围，并有 2.5Ga 同构造紫苏花岗岩(麻粒岩相地区)，或者石英二长岩(角闪岩相地区)伴生，如冀东迁安穹隆、崔杖子穹隆和太平寨—三屯营穹隆群、吉林南部桦甸和和龙穹隆、辽宁南部亮甲甸穹隆，最大的清原穹隆约 40km×40km，一般认为与 TTG 岩基的侵入有关(孙大中和胡维兴，1993)。

(3)沉积建造：古元古代初期(2.50~2.20Ga)地球地表环境发生了较大的改变，由缺氧到富氧环境(Chen and Zhao，1997)，因此出现了许多特色的沉积建造，如含 U-Au 砾岩(2.45Ga)、BIF 建造、冰碛岩系(2.40~2.20Ga)、古土壤(2.40~2.20Ga)和红层(2.30~2.10Ga)等。

BIF 建造是华北古陆新太古代晚期特征的沉积建造，这与全球范围 BIF 的出现时间(2.45Ga)一致，主要集中辽宁鞍山、冀北、山西五台和陕南豫西秦岭地区，所有的 BIF 都经历了不同程度的区域变质(从低绿片岩相到麻粒岩相)和复杂变形。经过中高级区域变质改造的 BIF 型铁矿形成于岛弧或弧后盆地环境，其中贯入了大量的英云闪长岩和花岗闪长岩，后来经历了变形和高级变质作用变成正片麻岩和混合岩，BIF 铁矿一般产于斜长角闪岩中。

新太古代晚期开始，古元古代孔兹岩系也是华北陆台的特征沉积建造。该建造成为晶质石墨矿床的重要矿源岩，其与该期生物的大发展及爆发有关。富有机质黑色页岩在该时期大量沉积，为晶质石墨矿床奠定了物质基础。华北古陆周边，尤其是北缘晋蒙、黑龙江、辽东、豫西及胶东地区是孔兹岩系分布的主要地区，形成东西向延伸的早前寒武纪孔兹岩系-麻粒岩-紫苏(斜长)花岗岩带。孔兹岩系主要形成于滨海弧后环境及大陆边缘环境等。

地质学家认为太古宙末期 2.50~2.40Ga 世界存在一个超大陆(Kenorland)，由地幔柱侵入事件造成超大陆发生裂解，华北古陆在新太古—古元古代存在超大陆的裂解（Amelin et al.，1995；Sharkov et al.，1999）。认识到巨型麻粒岩带的形成、强烈的构造热事件，以及稍后沉积建造的开始和环境的变化，而且华北古陆 2.5Ga 前已有陆壳，这些都支持超大陆事件或者拼合事件的存在。

2. 华北古陆 1.8Ga 地质演化

华北古陆内 1.8Ga 的地质事件影响广泛，几乎各地区早前寒武纪岩石都可以找到 1.8Ga 的地质记录，即非造山岩浆作用、裂谷型火山岩浆作用的存在，以及强烈的退变质作用，这些现象都是超大陆裂解的证据。也有证据显示古陆内一些地体拼贴现象，如分布在夹皮沟—牡丹山地体与吉南—辽南地体与辽北地体之间，但是它们属于小地体的拼贴形成的构造格局。

1）裂谷火山岩浆岩带

古元古代晚期 1.8Ga 前后发生全球性地质事件是地壳裂解形成的裂谷构造及受裂谷构造影响出现岩浆活动。华北古陆南北两缘分别发育了多条裂谷构造。华北古陆南缘的中条山—熊耳山—安沟裂谷（1.70~1.84Ga）和北缘的白云鄂博—渣尔泰山裂谷、妙香山—承德—蓟县裂谷及西缘的龙首山裂谷，都是 1.8Ga 开始形成的以火山岩浆建造为特征的陆缘裂谷。

2）环斑花岗岩事件

环斑花岗岩、斜长岩和基性岩墙群事件代表了非造山岩浆活动和裂谷型火山-岩浆活动，形成于 1.765~1.625Ga 的承德—蓟县—密云裂谷型斜长岩（环斑花岗岩）-火山岩建造是最为特征的大陆裂解的伸展构造机制下形成的非造山岩浆作用带。

华北古陆在中元古代裂谷作用中受东西向拉张性断裂作用，形成了近平行的 4 条从深至浅，从侵入到喷发的东西向岩带，依次为承德大庙斜长岩杂岩体、赤城—古北口斜长岩—富钾花岗岩带、密云沙厂环斑花岗岩杂岩体和平谷—蓟县钾质碱性火山岩带，构成了一个典型的板内钾质 A 型花岗岩系及钾质碱性玄武岩系共生的双峰式杂岩系。四条碱性岩带与围岩断层接触或沉积不整合接触或与变质岩接触。赤城兰营石英正长岩锆石 U-Pb 年龄为 1.6973Ga；赤城岩体边缘相环斑花岗岩中锆石 U-Pb 年龄为 1.702Ga，环斑黑云母花岗岩锆石 U-Pb 等值线上交点年龄 1.6905Ga（下交点 218Ma），中细粒二云母花岗岩上交点年龄 1.6838Ga（下交点 62Ma）等。碱性岩带可以西延至俄罗斯地台与波罗地地盾（1.65~1.54Ga），穿过格陵兰南部，直至北美大陆的拉布拉多和中西部（1.49~1.02Ga），构成一个岩体侵位年龄逐渐年轻的近东西向的巨型岩带。华北古陆中元古代基性岩墙群早于全球其他地区，反映了事件的时空连续性。

克拉通内有大规模的年龄在 1.90~1.70Ga 的基性岩墙群，与这一时期世界非造山型岩浆活动及基性岩墙群一致。我国的基性岩墙主要分布于晋北、吕梁—太行、北秦岭、冀东，以及鲁西等地区，宁夏、内蒙古等地的基性岩墙也属于同一期岩浆活动（郁建华等，1996）。

一般认为，华北古陆新太古代—古元古代和中元古代早期存在着两期重要的基性岩墙群事件。现有的一些年龄数据显示了 1.80~1.70Ga 华北古陆存在基性岩墙事件，如晋北地区基性岩墙单颗粒锆石一致线年龄为 1.769Ga，冀东地区基性岩墙的 Sm-Nd 全岩等时线年龄为 1.729~1.759Ga（周鼎武等，2000；Zhai et al.，2000；Hou et al.，2001；李江海等，2001；李铁胜，1999）。克拉通内存在一系列规模不大的 1.8Ga 前后侵入的花岗岩和紫苏花岗岩体，如集宁地区由孔兹岩系重熔形成的石榴石花岗岩带；或与变质岩和混合岩化作用有关的独立花岗岩和岩株，使克拉通内的灰色片麻岩类岩石在 1.8Ga 期间普遍经受了混合岩化。

华北古陆中新元古代两类拉斑玄武质基性岩墙群可能与 NE 向中条和燕辽拗拉槽相关。古地磁研究显示，两类岩墙群的磁极没有明显差别，均显示晚前寒武纪华北古陆位于赤道附近（Qian and Chen，1987）。

3)普遍的退变质作用

华北古陆内在 2.00~1.70Ga 几乎所有的麻粒岩相岩石，都发生了很强的角闪岩相退变质作用，角闪岩相的岩石也可以见到角闪岩相-绿帘角闪岩相变质的叠加。1.8Ga 间形成的一些韧性剪切变形构造、退变质作用，以及伸展构造，说明在 1.8Ga 期间曾有较大规模的地壳隆升，并形成克拉通现存的构造格局。

3. 晚前寒武纪 1.8Ga 后地质演化

华北古陆在 1.8Ga 后进入中元古代后的相对稳定发展阶段，以大陆裂陷、地壳加厚、大陆克拉通化为特征（Wilson，1973； Lambert，1981；白瑾等，1987；马杏垣等，1987；牛树银等，1997；汤懋苍等，1997）。

中—新元古代时期，华北古陆主要表现为陆内及陆缘的再次裂(拗)陷，在中条、蓟县二个地幔热柱作用下，形成了中条、蓟县两个三联裂谷，太行山中段是中条、蓟县两个三联裂谷的消亡枝，从中条、蓟县向太行中部发展，表现为向中部地区时间变晚、沉积厚度减薄、以碎屑岩-碳酸盐岩沉积为主。此外，由于进入中元古代后地壳刚度增强，脆性裂隙发育，太行山地区广泛发育的北西向岩墙群就是侵位于太古宙至古元古代基底岩石中的岩脉，并被古生界不整合覆盖，已获得的 K-Ar 法年龄在 1.664~1.229Ga。岩墙群的空间展布平直稳定，大体垂直造山带，岩浆成分属于大陆拉斑玄武岩类，来源于上地幔的熔融体(马杏垣等，1987)。

华北古陆中—新元古代裂陷槽的展布、沉积-火山建造、变形变质作用等特征显示，它不具有典型蛇绿岩套建造，又不具有典型造山带的岩浆活动和复杂的构造变形，而是表现出较为明显的刚性古陆特征。三联裂谷的形成，也反映了与古陆活动有关的地幔热(点)柱垂向作用和地壳的刚度(Wilson，1973；Maruyama，1994)。

三、地层划分对比

根据前寒武纪地层划分方案，地质年代单位和统一的地层单位为宙(宇)和代(界)，并对元古宇地层进行较详细的划分和对比，建立了纪(系)一级的地质年代和地层单位，一些地区对纪(系)以下再划分到世(统)，一些时间不确定的地层，依据地方特征定义为群(组)。依据地壳发育的自然阶段、生物演化中的主要进化事件、构造-岩浆旋回、同位素绝对年龄数据和前寒武纪地层特征综合考虑，进行如下划分对比(表 4-1、表 4-2)。

以华北古陆北缘作为标准，太古宇从老到新分别为迁西群—阜平群—五台群；元古宇为滹沱群—长城系—蓟县系—青白口系—震旦系，其他各地分别与此地层进行对比(王启超，1996)。

华北古陆地层划分为早前寒武纪基底岩系和晚前寒武纪盖层岩系。基底岩系有太古宇及古元古代深变质岩组成，五台群形成于阜平运动之后，它不整台覆盖在太古宇之上，厚 7080m。主要由绿片岩，角闪片岩、片麻岩、变粒岩、斜长角闪岩、千枚岩和变质粉砂岩组成，内含条带状含铁建造，原岩主要是细碧角斑岩建造。滹沱群形成于五台运动之后，它不整合覆盖在五台群之上，厚 9483m。为一套浅变质沉积岩系，主要由板岩、千枚岩、变质砂岩、白云岩和硅质灰岩组成，其间夹少量变玄武岩。

盖层岩系划分为中元古界分为长城系(1.85~l.7Ga)、南口系(1.7~1.4Ga)和蓟县系(1.4~1.0Ga)。以蓟县剖面为典型，长城系形成于吕梁运动之后，不整台覆盖在古老变质杂岩之上，主要由滨浅海相的碎屑岩和泥质岩组成，厚 2266m，内含鲕状赤铁矿沉积矿床；南口系，多为硅质和锰质白云岩，厚 2076m，是华北古陆上第一次的广海碳酸盐沉积，内含沉积锰矿层；蓟县系主要由泥质、硅质和藻礁白云岩组成，厚 4507m，其上部有粉砂岩和铁锰质页岩，在铁岭组的白云岩中也有沉积锰矿层。

华北古陆中元古界是一个完整的海进和海退沉积旋回，在蓟县期末，古陆整体抬升，遭受剥蚀，沉积间断可能达 50Ma 之久。

新元古界分为青白口系(1.0~0.85Ga)和震旦系(0.85~0.6Ga)。青白口系分布局限，厚仅 371m，以滨浅海相碎屑岩为主，上部有较多泥灰岩。震旦系仅发育于华北古陆东缘海中，平均厚 1176m，主要由石英砂岩、粉砂岩、页岩、白云岩和泥灰岩组成，含微古植物群和多种叠层石，属陆表海沉积。青白口期末，发生晋宁运动，在燕山地区，寒武系不整合覆盖在青白口系之上，缺少震旦系。

1. 太古宇地层划分对比

(1)古太古代以冀东迁安南部曹庄群为代表，标定古太古代的年龄时限为 3.60~3.20Ga。冀东迁安南部曹庄群内火山成因的斜长角闪岩 Sm-Nd 等时线年龄 3.50(3.47~3.50)Ga。其中铬云母石英岩内碎屑锆石年龄为 3.55~3.80Ga，与铬云母石英岩空间上共存的有斜长角闪岩、黑云斜长片麻岩、条带状磁铁石英岩、不纯大理岩等，它们以小规模存在于 2.5Ga 花岗质岩石中(万渝生等，2009)。沉积成因的黑云变粒岩的 Sm-Nd 模式年龄(DM)为 3.604Ga，因此 3.60Ga 为始太古代结束时的地壳运动时期，作为古太古代的下限。侵入曹庄群的英云闪长岩及迁西群下亚群(水厂表壳岩)中紫苏花岗岩内的变基性岩包体 Sm-Nd 模式年龄(DM)分别为 3.20~3.36Ga 及 3.28~3.23Ga，曹庄群的黑云变粒岩的蒸发铅年龄 3.31Ga，古太古代上限年龄为 3.20Ga(表 4-1)。

鞍山地区东山、白家坟和深沟寺三个杂岩体由 3.3~3.8Ga 岩石组成，3.8Ga 锆石年龄代表的是 TTG 岩石形成年龄，而 3.3Ga 锆石是后期作用改造的结果。在规模最大的东山杂岩带，已发现 3.8Ga 变质石英闪长岩，3.8Ga 条带状奥长花岗质岩石和 3.7Ga 条带状奥长花岗质岩石。

(2)中太古代时限以上述古太古代的上限年龄(3.20Ga)标定中太古代的下限，以区内普遍发育的 2.80Ga 变质及深成岩浆活动年龄标定其上限。在太行区侵入阜平群变质岩中的片麻状花岗岩为 2.886Ga，其中变质火山岩夹层的全岩 Sm-Nd 年龄为 2.79Ga；内蒙古兴和桑干群变质岩的 Rb-Sr 年龄为 2.79Ga，Sm-Nd 年龄为 2.879Ga；迁安地区迁西群下亚群内紫苏花岗岩及钾长花岗岩含基性岩与黑云变粒岩包体，其原岩为变火山沉积岩及基性岩，其中麻粒岩的 Sm-Nd 年龄为 2.79Ga；鞍山地区鞍山群硅铁建造不整合面之下的片麻状花岗岩的锆石 U-Pb 年龄为 2.862Ga，上覆地层全岩 Sm-Nd 等时年龄为 2.729Ga；胶东地区胶东群变质岩锆石 U-Pb 年龄为 2.828Ga 和 2.817Ga，侵入其中的奥长花岗岩锆石 U-Pb 年龄为 2.831Ga。

(3)新太古代时限下限以中太古代上限年龄(2.80Ga)标定，并且在冀东遵化群下部的斜长角闪岩的 Sm-Nd 等时线年龄有 2.789Ga 和 2.756Ga；在鞍山群下部获得 2.729Ga，泰山群角闪岩的 Sm-Nd 等时线年龄为 2.74Ga。上限年龄以 2.50Ga 的年龄值为主，但在内蒙古中南段、冀西、冀北至冀东北部则又以 2.45Ga 为主，并分布在太古宙地层中，可能代表了新太古代结束时地壳运动的主幕、尾幕年龄，表明新太古代时限各地不太一致。

新太古代 2.65Ga 前后经历过一次地质热事件，在冀东曹庄及水厂一带的紫苏花岗岩 Rb-Sr 年龄为 2.647Ga；辽宁清源线金厂的紫苏花岗岩锆石 U-Pb 年龄为 2.65Ga；山西阜平群有初始 2.80Ga 年龄值，其顶部叠加褶皱区内有多组 2.65Ga 的叠加变质变形年龄，包括 2.64Ga 的全岩 Rb-Sr 年龄，2.646Ga 的全岩 Sm-Nd 年龄，2.648Ga 的单颗粒锆石 U-Pb 年龄；河北怀安城附近发现 Sm-Nd 年龄为 2.65Ga 的高压麻粒岩地体。

根据已有的年龄值(表 4-1)结合地层特征及层序的对比，太行五台区的繁峙群(原五台群的石嘴亚群)，冀北的单塔子群(狭义)，内蒙古中南部从原乌拉山群分解出来的上、下集宁群，辽东的鞍山群宜归新太古代早期。而太行五台区的狭义五台群(台怀亚群、高凡亚群)、冀北的红旗营子群、中条区的绛县群、内蒙古中南部的乌拉山群等宜归新太古代晚期。

2. 古元古代地层划分对比

根据变质岩同位素年龄值统计，有五期高峰期，依次是 2.35Ga、2.20Ga、2.05Ga、1.85Ga 和 1.70Ga(吕梁运动尾幕)，分别对应于成铁纪(2.45~2.35Ga)、层侵纪(2.35~2.05Ga)、造山纪(2.05~1.85Ga)、稳化纪(1.85~1.70Ga)，不同地区代表性地层为宽甸群(三合明群，五台区沉积缺失)、豆村群、东冶群、郭家寨群(表 4-2)。

表 4-1　华北陆台太古宙地层划分及同位素地质年龄

时代/Ma		冀东地区标准地层					代表性地区地层系统及主要年龄/Ma						
		地层及主要年龄	主要岩性	原岩	变质相	地壳运动	太行—五台山区	冀北及冀晋内蒙古邻区	内蒙古中南部	中条山区	辽东吉林	山东	豫北
新太古代	2450 晚期 2650	朱杖子群上限：2443±23(Rb-Sr)；2512±51(锆石 U-Pb)	变质砾岩、黑云(二云)斜长变粒岩、石榴二云片岩、镁铁闪石磁铁石英岩	砾岩、泥质砂岩、硅铁岩	高绿片岩相	五台运动	五台群上限：2438±30(锆石 U-Pb)，2471±64(Sm-Nd)	红旗营子群上限：2453±113.2(Rb-Sr)；2423±23(锆石 U-Pb)；下限：2639±174(Sm-Nd)	乌拉山群上限：2470±27(锆石 U-Pb)	绛县群(宋家山群)上限：2485±1(锆石 U-Pb)	鞍山群上限：2329(Sm-Nd)；下限：2580(Rb-Sr)		登封群下部：2570±210(Rb-Sr)
		双子山群下限：2860±32(Sm-Nd，T_{DM})	斜长角闪岩、角闪或黑云斜长变粒岩、云母片岩	基性、中酸性火山岩、火山碎屑岩、黏土粉砂岩	低角闪岩相								
	早期 2800	遵化群上限：2674.3±59.8(Sm-Nd)；下限：2756.2±51(Sm-Nd)	斜长角闪岩、(黑云)角闪斜长片麻岩、黑云斜长片麻岩、磁铁石英岩	基性、中酸性火山岩、火山沉积岩、砂质泥岩、硅铁岩	高角闪岩相	遵化运动	繁峙群上限：2607(锆石 U-Pb)；2573±47(Rb-Sr)；2599±41.5(Sm-Nd)	单塔子群上限：2589(锆石 U-Pb)；下限：2879(Sm-Nd，T_{DM})	集宁群上限：2468±76(麻粒岩 Sm-Nd)			泰山群上限：2595±100(Rb-Sr)，2699±51(锆石 U-Pb)；下限：2840±160(Sm-Nd)	

续表

时代/Ma		冀东地区标准地层					代表性地区地层系统及主要年龄/Ma						
		地层及主要年龄	主要岩性	原岩	变质相	地壳运动	太行—五台山区	冀北及冀晋内蒙古邻区	内蒙古中南部	中条山区	辽东吉林	山东	豫北
中太古代	晚期 3000	迁西群上亚群上限：2789±69（Sm-Nd）	二辉及紫苏斜长麻粒岩、紫苏黑云斜长片麻岩；具石榴浅粒岩、石榴黑云斜长片麻岩，斜长角闪岩；透镜状磁铁石英岩组合标志层	中性、中酸性火山岩、火山沉积岩、富铝碎屑岩、硅铁岩	麻粒岩相	迁西运动	阜平群上限：2825（锆石 U-Pb），2886（Sm-Nd）；下限：＞3101.4±24.4（^{40}Ar-^{39}Ar）	桑干群（原下集宁群）上限：2790±155（Rb-Sr），2879±9.9（Sm-Nd）；下限：＞3000（锆石 U-Pb）			清原群及日山镇群上限：2862±61（锆石 U-Pb）；下限：2986±41（^{40}Ar-^{39}Ar 坪），2982（K-Ar），2981±206（Rb-Sr）	胶东群上限：2817±49（锆石 U-Pb）	
	早期 3200	迁西群下亚群上限：3047.3±104（锆石 U-Pb）；下限：3280，3230（Sm-Nd，T_{DM}）	二辉及紫苏麻粒岩、紫苏斜长片麻岩、（紫苏）黑云变粒岩，浅粒岩，石榴夕线片麻岩、辉石磁铁石英岩	基性、中基性火山岩及其凝灰质硬砂岩、酸性火山（沉积）岩，富含硅铁岩	高角闪岩至麻粒岩相	迁安运动							
古太古代		曹庄群上限：3200~3300（Sm-Nd，T_{DM}）；下限 3500±80，（Sm-Nd）；继承年龄：3550~38509（锆石 U-Pb），3650~3720（锆石蒸发铅法）	斜长角闪岩、青石石榴云母片岩、（夕线）黑云斜长片麻岩，透辉大理岩，石英岩，磁铁石英岩	基性火山岩、富铝泥质岩、钙硅酸盐岩、石英砂岩、硅铁岩	高角闪岩相	曹庄运动							

注：Rb-Sr，Sm-Nd，Pb-Pb 分别为各自的全岩等时线年龄，锆石 U-Pb 为一致线年龄；Sm-Nd，T_{DM} 代表亏损地幔岩浆库 Sm-Nd 模式年龄；根据晋北铁矿队的意见，将五台群一分为二，下部另命名为繁峙群，上部为五台山群（狭义）。

表 4-2 华北陆台古元古代地层划分及同位素年龄

时代/Ma		华北陆台标准地层						典型地区地层系统及重要年龄/Ma			
			地层系统及年龄	主要岩性	变质相	地壳运动	构造发展阶段	中条山区	内蒙古中南部	辽东	豫北
中元古代	长城纪 1700		燕山地区长城系常州沟组底部磷矿层：1666±88.7(锆石 U-Pb)；大红峪组火山岩：1494±40(Rb-Sr)，1625.3(锆石 U-Pb)	石英岩、页岩、泥晶白云岩、粗玄岩、燧石条带白云岩	低绿片岩相	升降运动		汉高山群下部小西岭组火山岩 1780(锆石 U-Pb)	白云鄂博群：1650(GAI 粗 Pb 法)，1728(锆石 U-Pb 加权平均)	榆树砬子群上限：1660±70(锆石 U-Pb)	熊耳群火山岩 1800~1750(锆石 U-Pb)
新元古代	稳化纪 1850	滹沱超群	郭家寨群上限：1700(Rb-Sr)，1684(K-Ar 等时线)；下限：1810(Ap，U-Pb)	含磷铁硅质角砾岩、紫红色板岩、变长石砂岩、变砾岩	角闪岩相	吕梁运动(尾幕)	结束期	担石山组	乌拉山群(集宁群)2626~1809(锆石 U-Pb)	辽河群上限：1828±32.7(锆石 U-Pb)；下限：2210(Pb-Pb)，2140(Sm-Nd)	嵩山群上限：1799(Rb-Sr)，1777±20(^{40}Ar-^{39}Ar)
	造山纪 2050		东冶群上限：1851±11，(Rb-Sr)；捕虏晶：2358±96(锆石 U-Pb)	长石石英岩、板岩、燧石条带白云岩，千枚岩，变基性火山岩		小营河运动(吕梁运动主幕)	造山期	中条群上限：1830±84(锆石 U-Pb)，2088±53(Rb-Sr)；下限：2216±24(Sm-Nd)			
	层侵纪 2200		豆村群上限：2016(锆石 Pb-Pb)，捕虏晶：2366±103(锆石 U-Pb)	变砾岩、板岩或千枚岩、长石石英岩、大理岩、变基性火山岩		豆村运动	发展期				
	2350		剥蚀期	缺失		(暂缺)	调整期				
	成铁纪 2450		太行–五台区沉积缺失，以内蒙古中南部的三合明群为代表(与二道凹群为同时异相)，由斜长角闪岩、角闪斜长片麻岩、黑云斜长变粒岩、绢云片岩、磁铁石英岩组成，原岩为基性火山岩夹硬砂岩、半砂质岩、黏土岩及硅铁岩			五台运动	始动期		三明合群(二道凹群)，仅有叠加变质变形年龄：2120(锆石 U-Pb)	宽甸群上限：2307±105(混合岩 Sm-Nd)；下限：2427±125(Sm-Nd)	登封群上部草庙沟组

注：Rb-Sr，Sm-Nd，Pb-Pb 分别为各自的全岩等时线年龄；U-Pb 为一致线年龄；^{40}Ar-^{39}Ar 为其坪谱年龄。

根据区内地层同位素年龄值，中深成岩浆活动的平均年龄为 1.726Ga，属于变质变形年龄的平均值为 1.701Ga。迁西地区麻粒岩内的矿物 Rb-Sr 等时年龄有 1.682Ga 和 1.741Ga，迁安南部曹庄群内具有 3.604Ga(Sm-Nd)模式年龄(DM)的黑云变粒岩的 Sm-Nd 等时年龄为 1.70Ga。

作为早前寒武纪第一盖层的中元古界长城系下部，自下而上获得的同位素年龄：常州沟组底部的胶磷矿 U-Pb 等值线年龄为 1.666Ga；团山子组火山岩的全岩 Rb-Sr 等时年龄为 1.606Ga；大红峪组火山岩 Rb-Sr 等时线年龄为 1.494Ga；锆石 U-Pb 年龄 1.487Ga。因此，王启超(1996)认为古元古代的上限为 1.7Ga，较全球的 1.8Ga 略晚。

(1) 宽甸群与三合明群：辽东宽甸群角闪质条痕状混合岩 Sm-Nd 等值线年龄 2.379Ga，斜长角闪岩 Sm-Nd 等值线年龄 2.427Ga 分别反映为变质及地层生成年龄。内蒙古中部三合明群岩性层序及变质程度可以与之对比，太行—五台区缺失该期地层沉积。

(2) 豆村群：变质岩中 2.366Ga 和 2.358Ga 的残留碎屑锆石年龄经受的初始变形变质年龄为 2.016Ga(古元古代第三次地质热事件)，结合相同层位的中条群、辽河群下部最大年龄值(2.216Ga，2.214Ga)分析，其地层的生成年龄区间为 2.20~2.05Ga，相当层侵纪后期(2.35~2.20Ga)的区域性剥蚀期。

(3) 东冶群：为巨厚含叠层石大理岩，对比太行甘陶河群，不整合覆盖于具有 2.05Ga(锆石 U-Pb 年龄 2.058Ga 和 2.056Ga)年龄的许亭花岗岩之上。该岩群受变形变质初始年龄为 1.85Ga(全岩 Rb-Sr 年龄 1.85Ga，1.868Ga)，上覆郭家寨群底部岩层年龄(太行邻区东焦群底部的磷灰石 U-Pb 年龄为 1.81Ga)，故其生成年龄应为 2.05~1.85Ga。

(4) 郭家寨群：结合上述底部地层生成年龄分析，其生成年龄区间为 1.85~1.70Ga，归稳化纪。

3. 晚前寒武纪地层划分对比

根据同位素年龄资料比较，单颗粒锆石 U-Pb 年龄值误差较小，全岩 Rb-Sr 等时线年龄和 Pb-Pb 等时线年龄可以作为华北晚前寒武纪地层年龄参考对比(表 4-3)。依据华北各地岩石地层学研究资料，对比各地层单位的区域特征及变化，显示了各地地质历史发展的一定差异(武铁山，2002)。

华北各地在晚前寒武纪时期，以裂谷和进一步发展成的裂陷槽为特色。早期和晚期的沉积基本局限于裂谷或裂陷槽之中，中期虽有巨厚的陆表海沉积超覆覆盖于较广阔的地域，但作为海进的出发地和海退收缩的回归地仍为裂陷槽。华北在前寒武纪早期出现的晋豫陕三叉裂谷系是极为重要的，其近东西向的一支和北西—南东向的一支发展成为秦岭古洋，北北东向的一支发展成为斜穿于华北地台内部的裂陷槽，并与稍后形成的华北的燕辽裂陷槽沟通，成为秦岭古洋海水北侵的海峡通道。到晚期，除燕辽裂陷槽收缩，继续残留一个阶段外，在华北的东南缘出现了新的裂陷槽—徐淮—辽吉裂陷槽(现位于郯庐断裂两侧)。

1) 中元古界长城系下统

中元古界各地代表性地层定名有熊耳群、西阳河群及汉高山群，为华北晚前寒武纪层位最低的岩石地层单位。以底部具有河湖相沉积的碎屑岩层，之上发育中性夹酸性火山岩为特征。熊耳群广泛分布于河南崤山、熊耳山、外方山一带；汉高山群分布于山西临县汉高山，吕梁山东侧的白家滩、阳曲县关口一带。

熊耳群地层划分为大古石组、许山组、鸡蛋坪组、马家河组 4 个组。大古石组主要由河湖相灰绿色砂砾岩、长石砂岩、紫红色砂质页岩、泥岩组成，分布零星，一般厚数十米；许山组主要为安山岩、安山玄武岩，夹少量英安流纹岩，厚 2400~3700m；鸡蛋坪组主要为流纹岩、英安流纹岩，一般厚 100 多米，崤山、栾山、鲁山一带厚可达 1000m 以上；马家河组也以安山岩为主，但以夹多层沉积-火山碎屑岩等薄夹层为特征，厚 850~2000m。

熊耳群角度不整合于新太古代或古元古代不同层位上，其上被汝阳群、高山河群或直接被官道口群(洛南群)龙家园组平行不整合叠覆。

表 4-3　华北晚前寒武纪年代地层划分及地质年龄

地层		岩石地层	样品地点	测年方法	测试年龄/Ma	界线年龄/Ma	资料来源
震旦系		兴民村组		全岩 Rb-Sr 等时线	600±26 650±19	543	朱士兴等(1994)
		崔家屯组					
		马家屯组					
		十三里台组					
		营城子组					
		甘井子组				680	
		南关岭组					
		长岭子组	辽宁复县	全岩 Rb-Sr 法	723±43		朱士兴等(1994)
		桥头组			650±20		
青白口系	上统	景儿峪组	吉林浑江	伊利石 Ar-Ar	777±7		朱士兴等(1994)
			蓟县	海绿石 K-Ar	853，862		贵阳地化所(1977)
			辽宁凌源	海绿石 K-Ar	855	800	天津地矿所(1985)
		钓鱼台组		^{40}Ar/^{39}Ar 阶段计温法（570°，590°）	746±7		邢裕盛采样、傅国民测(1974)
	下统	下马岭组	河北怀水	全岩 Rb-Sr；页岩中水云母 K-Ar	902~956	900	天津地矿所(1985)
蓟县系	上统	铁岭组	蓟县铁岭	叠层石中海绿石 K-Ar	1046	1000	天津地矿所(1985)
			蓟县南桃园	海绿石 K-Ar	1161~1197±18.2		天津地矿所(1985)；贵阳地化所(1977)
		洪水庄组	蓟县洪水庄	水云母 Rb-Sr 等时线	1241		天津地矿所(1985)
			蓟县老虎顶	伊利石 K-Ar	1191		天津地矿所(1985)
	下统	雾迷山组(什那干群上部)	内蒙古腮林忽洞	白云岩 Pb-Pb 等时线	1283±59	1200	高劢(1995)
		杨庄组					
长城系	上统	高于庄组(什那干群下部)	河北兴隆—高板河	方铅矿 Pb-Pb 等时线	1434±50 1456±69	1400	贵阳地化所(1977)；高劢(1995)；朱士兴等(1994)
			内蒙古腮林忽洞	白云岩 Pb-Pb 等时线	1554		
		大红峪组	北京平谷	粗面岩锆石 U-Pb	1625.3±6.2		
			河北迁西	海绿石 K-Ar	1606、1627、1660		贵阳地化所(1977)
	中统	团子山组	河北宽域	火山岩 Rb-Sr 等时线	1606±19	1650	陆松年等(1990)
		串岭沟组	蓟县刘庄	页岩 Pb-Pb 等时线	1757	1700	于荣炳和张学祺(1985)
		常州沟组	蓟县、迁安、兴隆、宣化	页岩 Pb-Pb 等时线	1848	1750	于荣炳和张学祺(1985)
	下统	熊耳群(西阳河群)	山西恒曲	火山岩锆石 U-Pb	1829	1800	孙大中(1989)
				火山岩锆石 U-Pb	1840、1834		
				火山岩中锆石 U-Pb	1844	1850	

山西临县汉高山一带的汉高群，与熊耳群对比，以陆相砂岩而著名。而实际上，汉高群是由砾岩、砂质页岩、黄绿色砂岩、紫红色泥岩及其上的安山岩构成。

2) 中元古界长城系中统

各地相当的地层为长城群、汝阳群及相当的高山河群，是以沉积碎屑岩为主的地层。代表性的组级岩石地层单位可确定为：云梦山组、白草坪组、北太尖组(汝阳群)、常州沟组—武湾后淘组、串岭沟组—崔家庄组、团子山组—三教堂组和洛峪口组。

云梦山组，局限分布于豫西分区，南缘分区(鳖盖子组下部)，山西分区的太行山南段也有零星分布和出露(称大河组)；主要岩性为紫红色为主夹灰白色的条带状不等粒石英砂岩(砾岩)，砂岩中多具有楔状、板状斜层理，韵律明显。该组厚度表现为裂陷槽中部厚400~800m，向两侧迅速变薄，以至尖灭缺失，上覆白草坪组形成超覆。

白草坪组，主要为紫红色页岩、粉砂页岩夹薄层石英砂岩、粉砂页岩、砂质白云岩，厚100~200m；南缘分区的洛南以北(鳖盖子组上部)，厚度巨大，可达468m；太行山南段(赵家庄组)所夹砂质白云岩中多含有层柱状、放射状叠层石，厚40~170m，南厚北薄。

北大尖组，以石英岩状砂岩、(长石)石英岩为主，在很多地段其上部夹有灰绿色粉砂质页岩(具磷矿化)、海绿石粉砂页岩，如中条山西南的永济一带北大尖组二段、嵩山下马鞍山组上部、太行山左权大井盘、赞皇郭万井下常州淘组二段、燕山宽城崖门子常州沟组中部等，构成区域性对比的标志。

(上)常州沟组—武湾后沟组，主要为白色石英岩状砂岩，其中以含海绿石赤铁矿砂岩为特征；河北宣化一带的鲕状、肾状赤铁矿层似乎也应属该层位。豫西分区夹白云质石英砂岩、砂质白云岩，是武湾后沟组区别于北大尖组的标志。该组分布范围广，常直接超覆于早前寒武纪变质岩系之上，也是该组应单独划分出来的重要依据。

串岭沟组—崔庄组，岩性稳定，主要由黑绿色页岩、粉砂页岩组成，有时夹薄层石英砂岩和灰黄色含叠层石礁白云岩；豫西太行山厚120~240m，燕辽分区厚度达4500m，蓟县地区厚900m。

团子山组、洛峪口组，为长城群最上部的组级岩石地层单位，均以碳酸盐岩为主，但二者特征有所不同。洛峪口组以特有的暗红色白云岩为标志，其下的石英砂岩(中条山一带缺失)单独划分出来称为三教堂组。

3) 中元古界长城系上统

分别为南口群、什那干群、黄旗口组。南口群为华北晚前寒武纪早期碎屑岩层沉积之后的第一套厚度巨大的碳酸盐岩地层，包括有大红峪组、高于庄组，主要分布于燕辽分区，太行山区中北段也有分布。

大红峪组，在层型剖面上为一套火山-沉积岩系，有石英状砂岩、长石石英砂岩、砾岩和白云岩、含叠层石白云岩、燧石岩，以及富钾粗面岩、富钾凝灰岩等。火山岩仅在蓟县、平谷、密云等地发育。兴隆地区发育有火山角砾岩、集块岩，厚100~400m。华北西缘贺兰山一带的黄旗口组，下部为紫红色、灰白色石英岩状砂岩夹杂色灰绿色板岩、含海绿石石英粗砂岩、含铁凝灰质细粒石英砂岩，上部为白色厚层硅质条带白云岩，总厚423m。根据岩石组合特征，可与大红峪组对比。

高于庄组，主要由各种燧石白云岩、白云岩组成，下部富含标志性的硅质扁锥状叠层石，中下部夹黑色白云质页岩，含锰白云岩及厚层不含燧石纯白云岩。燕辽分区及太行山各地按白云岩的特征划分为4~7个岩性段一般厚数百米，蓟县、遵化、兴隆、迁西一带达2000m以上。

高于庄组一般平行不整合于大红峪组之上，但在燕辽分区西部、太行山北段、恒山、五台山区，直接超覆不整合在早前寒武纪变质地层之上。厚度自东向西由厚渐薄，以至缺失。高于庄组原始分布范围要比现在广阔得多，阴山分区、内蒙古草原上零星分布的什那干群，即是高于庄组的剥蚀残留。下部以燧石条带白云岩和硅质白云质灰岩为主，含锰白云岩、硅质扁锥状叠层石等为高于庄组标志，同位素年龄为1554Ma和1456Ma。

4) 中元古界蓟县系

分别为洛南群—官道口群、王全口群，燕辽地区南口群上部，为巨厚的碳酸盐岩地层，分别划分为杨庄组、雾迷山组、洪水庄组、铁岭组。

杨庄组，为一套紫红色含粉砂泥晶白云岩、白云岩、燧石白云岩、白云质灰岩及沥青质白云岩的潟湖相蒸发岩建造。蓟县、遵化、迁西、滦县一带，岩相比较稳定，厚 300m 左右。以紫红色为特征，向东西两侧，杨庄组厚度变薄，白云岩颜色变为淡红色，砂质增多。到恒山一带成为呈不稳定分布的、厚度为几十米的凸镜体。

雾迷山组，主要由含砂碎屑白云岩、燧石条带白云岩、叠层石白云岩夹沥青质白云岩和硅质岩组成。以厚度巨大、岩相稳定、岩性单一，碳酸盐岩韵律明显和微生物大量繁衍为其特征。层型剖面厚 3300m，一般厚 2000~3000m。

洪水庄组，局限分布于燕山山区，为整合于雾迷山组之上的一套灰黑色、灰绿色含硅质、铁质石英粉砂的伊利石页岩。上部夹薄层石英状粉砂岩，下部夹微薄层白云岩。

铁岭组，为一套含锰白云岩、紫色、翠绿色页岩、含海绿石叠层石灰岩及白云质灰岩。以其一段顶部含钙质、铁质和锰质，二段上部群体生长的柱状叠层石发育为特征。

内蒙古的什那干群上部的白云岩，同位素年龄(1283Ma)，和雾迷山组可以对比。华北南缘的龙家园组、巡检司组、杜关组、冯家湾组(合称官道口群)，早已是被公认的可与蓟县系相对比。豫西分区也有相当蓟县群的地层，由于剥蚀，仅保留了龙家园组的白云岩。龙家园组平行不整合覆于洛峪口组之上。与洛南相距不远宁夏的王全口组可与雾迷山组相对比，岩性为一套含硅质条带、结核的白云岩，其下有少量的石英砂岩、砾岩，平行不整合于黄旗口之上。其上被晚前寒武纪末期的冰川成因的正目观组不整合叠覆，地质特征完全与豫西分区相类似。

5) 新元古界青白口系

分别为青白口群、细河群—公山群，青白口群划分为下马岭组、永宁组、景儿峪组。

下马岭组—永宁组是华北新元古代沉积地层。下马岭组属形成于燕辽—晋豫陕三角裂谷系中继承性沉积，岩性主要为灰、灰绿、灰黑色页岩和粉砂岩。底部有赤(褐)色铁矿扁豆体，铁质粉砂岩及底砾岩；中部夹饼状泥灰岩；上部含碳、硅质页岩，分布于燕山地区，最大厚度 537m。南缘的白述沟组(石北沟组、大庄组)与之相当，但有时轻微变质为板岩夹石英岩、结晶白云岩。永宁组分布于华北东缘裂陷槽中，以粗碎屑岩、砂砾岩为主，岩性及厚度变化大，厚度可达 4000m。

景儿峪组(现分为长龙山组、景儿峪组)、细河群(桥头组、南芬组)是华北新元古代早期沉积地层，此时的岩性已趋于稳定。下部(长龙山组、钓鱼台组)均以白色浅色石英砂岩为主，夹粉砂岩、页岩，底部有时见砾岩、含砾长石石英砂岩，常夹海绿石砂岩，为对比标志。

下部(景儿峪组、南芬组)以杂色岩性(黄绿、紫红、青白色)泥岩、泥灰岩为主，厚度有 200~500m，与之相当的长龙山组、小景儿峪组、董家组厚度较小，新生裂陷槽中则边缘薄中心厚，如细河群(辽东、西南)，徐淮的兰陵组、新兴组，淮南的伍山组、刘老碑组，厚度均达 1500~2000m。

6) 新元古界南华系下统

华北新元古代中期沉积局限于华北的东缘和南缘，以辽东分区的五行山群为代表，组级岩石地层单位的代表为桥头组、长岭组、南关岭组、甘井子组。桥头组及相当的城山组、寿县组、佟家庄组(下部)以白色石英砂岩为主，有时夹黄色、青灰色页岩，砂质页岩，有时还夹海绿石砂岩、长石石英砂岩，一般厚 100~250m。大连和胶东蓬莱(辅子夼组下部)属轻微变质石英岩夹板岩，厚 111~1520m；南缘的南泥湖组(下部)变质为石英岩，厚 60m。

长岭子组及康家组、浮莱山组(及佟家组上部)，主要为页岩、粉砂岩夹细砂岩、泥质岩等，厚 170~560m；旅顺一带轻微变质的千枚岩、板岩夹结晶灰岩，厚 150m；胶东蓬莱(马山组)轻微变质为板岩夹大理岩，厚 1285m；栾川南泥湖组下部与煤窑沟组下部为变质二云片岩、角岩夹白云母细粒石英岩，厚 308m。南关岭组及相当的万隆组、石旺庄组(下部)、贾园组、九里桥组、主要为砂质(屑)灰岩、泥(晶)灰岩夹粉砂质黏土岩，厚 150~800m；胶东(香夼组)灰岩含砂少，厚 1021m；栾川煤窑沟组中部为轻微变质石英大理岩夹钙质云母片岩，厚 134m。甘井子组及相当的八道江组—青沟子组、石旺庄组(上部)、赵圩组+倪园组—九项山组、四顶山组，主要为一套白云岩，以含燧石条带、条纹、叠层石为特征，厚 200~1000m；栾川煤窑沟组上部轻微变质为白云大理岩夹含碳质大理岩、绢云千枚岩及石煤层，厚 873m。

7)新元古界南华系上统

仅限于华北东缘的旅大及徐淮地区，金县群、宿县群分布范围进一步缩小，以金县群的营城子组、十三里台组、马家屯组、崔家庄组、兴民村组为代表。营城子组灰岩为主夹页岩，灰岩含叠层石，复州厚 83m，大连厚 316m；徐淮(张渠组)地区夹有白云岩，厚 370~1350m。十三里台组(大连)及相当的魏集组，以青灰色、紫红色叠层石灰岩为主，夹灰岩、页岩；含紫红色叠层石灰岩为共同特征及对比标志，厚 100~370m。马家屯组灰岩为主，夹砾屑灰岩、上部夹页岩，金州北山厚 82m，复州老虎山厚 43m；徐淮地区(史家组下部)夹白云岩、下部夹页岩，厚 77m。崔家屯组主要为黄绿色页岩、粉砂质页岩，夹含海绿石石英岩及叠层石透镜体，厚 90m 左右；徐淮(史家组中部)、宿县一带，厚 215m。兴民村组分为三段：下段为石英砂岩(部分含铁、含海绿石)夹页岩、粉砂岩(相当史家村组上部)；中段为页岩夹薄层泥灰岩；上部为粉屑灰岩、细晶灰岩夹页岩(望山组上部出现白云岩)。共厚 265~388m，宿县望山厚度大于 470m。

8)震旦系

华北震旦系地层分布于豫西分区、南缘分区(罗圈组)和西缘分区(正目观组)，它们的下段以冰碛成因的泥砂质砾岩、含砾泥岩为主，厚度极不稳定(0~186m)；上段主要为粉砂页岩、页岩夹少量砂岩、海绿石粉砂岩，分布更局限。河南临汝一带厚 94m；洛南留题口区厚 64m；宁夏正目观一带厚 96m。

第二节　早前寒武纪变质岩系

华北古陆早前寒武纪地层变质较深，一般达到斜长角闪岩相，因此在早前寒武纪地层出露区出露岩性大部分为各类片麻岩、斜长角闪岩、变粒岩、绿泥石片岩、混合岩化片麻岩或混合花岗岩，局部有麻粒岩分布。

一、TTG 岩系

华北古陆太古宙 TTG 质花岗质岩石赋存于两个地质构造单元中，即太古宙高级变质岩区和花岗岩-绿岩区。高级变质区的花岗质岩石呈卵形和穹隆构造，以复杂变形的岩基为主，花岗岩-绿岩区以带状或不规则状分布于高级变质区周边或高级变质区卵形构造之间。花岗岩以底辟侵入体岩株出现，高级变质区和花岗绿岩区之间常以大断裂或韧性剪切带相接触。高级变质区和花岗绿岩区中的 TTG 质岩石在种类、岩石化学上具相似性，但在年代学，产出规模形态微量元素演化上都有明显的差异性。

一般认为英云闪长岩和奥长花岗岩是玄武质变质岩-斜长角闪岩或者榴辉岩部分熔融产生，或者地幔橄榄岩局部熔融产生的，主要依据岩石 Sr-Nd 同位素初始值显示地幔岩特征。而钾质花岗岩主要由陆壳硅铝质岩石熔融形成。

英云闪长岩、奥长花岗岩和花岗闪长岩是太古宙初始地壳主要组成岩石，到元古宙开始出现钾质花岗岩，表示地壳进入成熟阶段。因此岩石中 K_2O/Na_2O 值作为衡量地壳成熟度的标志，成熟地壳具有较高的 K_2O/Na_2O 值。成熟地壳中富集不相容微量元素(Rb、Sr、Ba、U、Th、REE)，而亏损相容元素(Cr、Ni、Co)等(邓晋福等，1999)。

1. TTG 岩系的分布

华北古陆太古宙陆核主要由 TTG 质花岗岩构成，特别是高级变质区 TTG 质灰色花岗质片麻岩占

80%以上，表壳岩仅占 20%左右。表壳岩包括科马提质超镁铁质岩、镁铁质拉斑玄武岩、中酸性层状火山岩、钙泥质岩石、石英岩及碳酸盐岩和条带状铁建造(BIF)。

高级变质区以卵形构造为特征，面积从几百平方千米到近千平方千米，其中形成大小不等的椭圆形和不规则形的穹隆构造。卵形隆起的边部或内部常发育韧性剪切带，常见大型走向断层和糜棱岩带将花岗岩-绿岩地体和后太古宙的其他地体相分隔。大型穹隆或卵形构造反映了地壳深层次上的底辟作用，主要是垂向运动和重力不稳定因素的联合作用，而花岗绿岩区则是伸展和断裂作用机制形成。

高级变质区表壳岩的变质相达到麻粒岩相或者麻粒岩-角闪岩相，变质作用为古中太古代(>3.0Ga)和新太古代早期(2.9~2.7Ga)两期。TTG 质岩石对应于两次构造运动之前侵入，并经受类似的变质作用。除表壳岩和层状火成侵入体外，包在 TTG 岩石中的还有各种类型的代表花岗质岩石源岩的部分熔融残留物的包体。TTG 质片麻岩在华北古陆北缘南缘都有广泛分布，有吉林龙岗地区；内蒙古阿拉善、乌拉山；晋北恒山、五台、太行山、中条山；冀东、冀北平泉、张家口、宣化、阜平；辽宁清原、鞍本地区、建平、阜新、朝阳；豫西小秦岭；胶东、胶北等地。

2. TTG 岩系岩石学

英云闪长质片麻岩：斜长石聚片双晶发育，板状半自形，具变生双晶、钠卡双晶，偶见环带构造。石英为不等粒半自形-他形，豆荚状、条带状，显示波状消光，为变形作用所致。黑云母以聚集条带状分布。钙质普通角闪石为柱状、粒状定向排列，常云母化、绿泥石化、纤闪石化，常分解为榍石和磁铁矿(钛铁矿)。微斜长石少见，多为原生，少为后期交代形成。岩石中矿物间的形成顺序遵循鲍文原理，岩石为灰白-灰色(李双保，1993)。

奥长花岗岩：是一种斜长石为奥长石或中长石的淡色英云闪长岩，石英含量高于英云闪长岩，角闪石含量低于英云闪长岩，片麻理发育弱，岩石常为白-淡黄色。

花岗闪长岩：与英云闪长岩相比粒度较粗，色较暗，斜长石牌号高，钾长石、角闪石含量高，石英含量稍低。副矿物，如榍石、磷灰石、褐帘石、锆石含量明显高于英云闪长岩和奥长花岗岩。

紫苏花岗岩：有相当于英云闪长质和花岗闪长质两种，二都为紫-暗褐色，片麻理不发育，块状构造，具熔蚀结构、交代结构，紫苏辉石具交代残留特征，为变质成因。二者的不同点是，前者紫苏辉石、斜长石含量高(分别为 5%~10%、20%~30%)；后者则角闪石、黑云母、钾长石含量高(分别为 5%~10%、1%~5%、30%~50%)，紫苏辉石、石英含量低。

钾质花岗岩：通常为肉红色、块状构造，花岗结构，矿物组成和含量类似于近代广义的花岗岩。

石英二长岩：一般不构成独立岩体，多处于花岗闪长岩与钾质花岗岩的过渡部位。因此在矿物组合上兼有二者的特征。

TTG 质花岗岩、石英二长岩、钾质花岗岩的副矿物种类大同小异，一般来讲，低铝型的 TTG、二长花岗岩副矿物含量高于其他类型岩石。钾质花岗岩中硫化物含量要高于钠质花岗岩类。

花岗岩中明显含有表壳岩和同变形变质岩的包体，属于花岗岩同源的熔融残留体，深源包体个体很小，呈现星球形、椭圆形，边界整齐，分布无定向性，多为镁铁质-超镁铁质，大多为角闪石岩。微量元素 Cr、Ni、Co 比表壳岩和寄主的花岗质岩石含量高 1~2 个数量级，特别是稀土元素图谱与寄主岩呈互补特征。辽吉地区麻粒岩相区的第一期英云闪长-奥长花岗质岩石中常见深源包体主要为角闪石岩，第二期的 TTG 质片麻岩中包体多为镁铁质的表壳岩包体，深源的镁铁质-超镁铁质包体少见。

3. 岩石地球化学

1）岩石化学

华北古陆早前寒武纪 TTG 岩系岩石化学组成(表 4-4)，SiO_2 为 60%~78%，具有双峰特征，主峰值为 65%~75%，其次为 48%~52%(图 4-3)；Al_2O_3 峰值为 14%~16%(图 4-4)。岩石化学 R 型聚类谱系图显示，SiO_2 与 K_2O 相关性较好，而与 Al_2O_3 和 Na_2O 略具有相关性，其他化合物组成一个群组，显示为基性组成(图 4-5)。

表 4-4　华北早前寒武纪 TTG 岩系岩石化学成分表

（单位：%）

地点	样数	SiO_2	TiO_2	Al_2O_3	Fe_2O_3	FeO	MnO	MgO	CaO	Na_2O	K_2O	P_2O_5	Los	合计	K_2O+Na_2O	K_2O/Na_2O	A/CNK	A/NK
鞍山	23	72.63	0.23	14.54	0.94	1.17	0.07	0.55	1.24	4.17	3.28	0.06	1.14	99.83	7.44	0.77	1.17	1.46
抚顺	26	65.95	0.48	13.09	3.29	3.21	0.08	2.44	3.35	3.38	3.00	0.16	1.39	99.81	6.38	0.79	0.85	1.40
通化	14	69.57	0.39	14.18	1.55	2.65	0.04	1.21	2.80	4.14	2.21	0.10	1.01	99.85	6.36	0.58	1.00	1.55
辽北	29	67.33	0.37	14.56	1.77	2.62	0.05	1.31	3.08	4.12	3.00	0.22	0.74	99.14	7.11	0.75	0.95	1.49
建平	25	56.11	0.69	15.45	2.99	5.43	0.13	5.61	7.29	3.49	1.52	0.28	1.38	100.37	5.00	0.42	0.78	2.53
铁岭	6	64.02	0.42	15.60	1.78	4.19	0.12	2.10	4.17	4.45	2.06	0.18	0.83	99.92	6.51	0.45	0.91	1.68
密云	28	62.77	0.60	14.75	2.85	3.26	0.09	2.33	4.06	4.24	2.30	0.21	1.37	98.81	6.54	0.49	0.92	1.63
四合堂	17	66.38	0.40	14.93	1.77	3.07	0.08	1.56	3.60	4.23	3.03	0.12	0.57	99.74	7.26	0.74	0.90	1.58
大庙	4	58.23	0.46	20.12	3.66		0.07	0.64	5.63	6.43	2.92	0.27	3.59	100.81	9.36	0.46	0.83	1.53
阜平	14	71.79	0.30	14.13	1.03	1.36	0.05	0.68	1.66	3.66	4.73	0.10	0.60	100.09	8.40	1.13	1.00	1.28
冀北	17	66.51	0.40	15.76		3.83	0.06	1.62	2.97	3.88	2.91	0.14	1.29	99.36	6.79	0.75	1.13	1.74
冀北	6	71.64	0.19	14.19	1.18	1.21	0.04	0.50	1.24	4.41	4.49	0.06		99.14	8.89	0.90	0.99	1.18
冀东	58	64.92	0.57	15.70	1.89	3.52	0.08	2.41	3.47	3.77	2.93	0.16		99.40	6.70	0.79	1.00	1.69
固阳	13	63.68	0.38	16.83	2.09	2.50	0.13	2.28	4.71	4.51	1.32	0.15	0.94	98.85	5.83	0.30	0.99	1.98
Ar_2	18	58.81	0.80	13.01		7.60		5.70	5.63	2.94	2.02	0.16		96.68	4.97	0.74	0.82	3.54
Pt_1	13	58.95	0.47	13.34		7.15		6.50	5.39	2.79	2.16	0.12		96.87	4.96	0.76	0.83	2.24
内蒙古朱拉沟	8	62.19	0.48	17.06	1.72	2.92	0.06	2.52	5.62	4.39	1.65			98.61	6.04	0.38	0.89	1.89
河南桐柏	2	70.22	0.26	15.72	0.09	1.53	0.02	0.66	1.23	3.35	0.34	0.09		93.51	3.69	0.10	1.94	2.67
山东沂水	26	67.63	0.40	14.75	1.04	2.04	0.08	1.61	2.58	3.51	4.30	0.18		98.12	7.81	1.23	0.97	1.41
嵩山	7	71.17	0.21	15.28	1.95		0.02	0.60	1.79	4.85	2.94	0.04	0.97	99.82	7.79	0.66	1.07	1.40
秦岭沙河	26	67.37	0.46	15.01	3.06		0.05	1.96	2.69	4.13	4.23	0.21	1.10	100.28	8.36	0.97	0.93	1.33
登封	9	69.88	0.35	14.71	1.24	1.45	0.04	1.38	2.35	3.86	3.07	0.17	2.38	100.87	6.93	0.91	1.15	1.57
五台山	20	71.15	0.44	14.55	2.42	0.84	0.10	1.22	2.21	2.88	2.85	0.17	1.23	100.06	5.73	1.02	1.26	1.91
山东费县	7	66.19	0.47	15.31	1.37	2.61	0.06	1.58	3.92	4.01	2.38	0.21	1.29	99.39	6.39	0.61	0.97	1.68

续表

地点	样数	SiO_2	TiO_2	Al_2O_3	Fe_2O_3	FeO	MnO	MgO	CaO	Na_2O	K_2O	P_2O_5	Los	合计	K_2O+Na_2O	K_2O/Na_2O	A/CNK	A/NK
淮北	14	65.75	0.64	14.52	2.16	3.01	0.08	1.70	3.27	3.97	1.61	0.53		97.23	5.58	0.45	1.06	1.81
鲁西	34	64.86	0.55	14.61	2.19	3.16	0.10	2.35	3.62	3.91	2.98	0.31	0.95	99.29	6.89	0.79	0.93	1.57
苏北	21	64.91	0.61	11.07	4.06	3.77	0.11	7.02	2.94	2.71	1.82	0.16		98.59	4.52	0.76	1.53	3.11
山东沂水	3	64.92	0.39	16.28	1.43	1.94	0.05	1.69	3.10	4.81	4.20	0.19	1.03	100.02	9.02	1.02	0.91	1.30
紫苏花岗岩	5	64.44	0.58	14.91	1.69	4.02		2.59	3.53	3.5	3.08			98.34	6.58	0.88	0.96	1.64
花岗闪长岩	14	65.53	0.49	14.96	2.52	3.3		1.86	3.44	3.79	3.01			98.9	6.8	0.79	0.95	1.57
英云闪长岩	14	67.8	0.35	15.22	1.58	2.55		1.39	3.42	4.47	1.6			98.38	6.07	0.36	0.99	1.67
奥长花岗岩	8	71.69	0.28	14.1	1.13	1.82		1.04	1.52	4.81	2.17			98.56	6.98	0.45	1.08	1.37
花岗岩	5	71.72	0.29	13.65	1.45	1.63		0.65	1.45	3.42	4.58			98.84	8	1.34	1.03	1.29

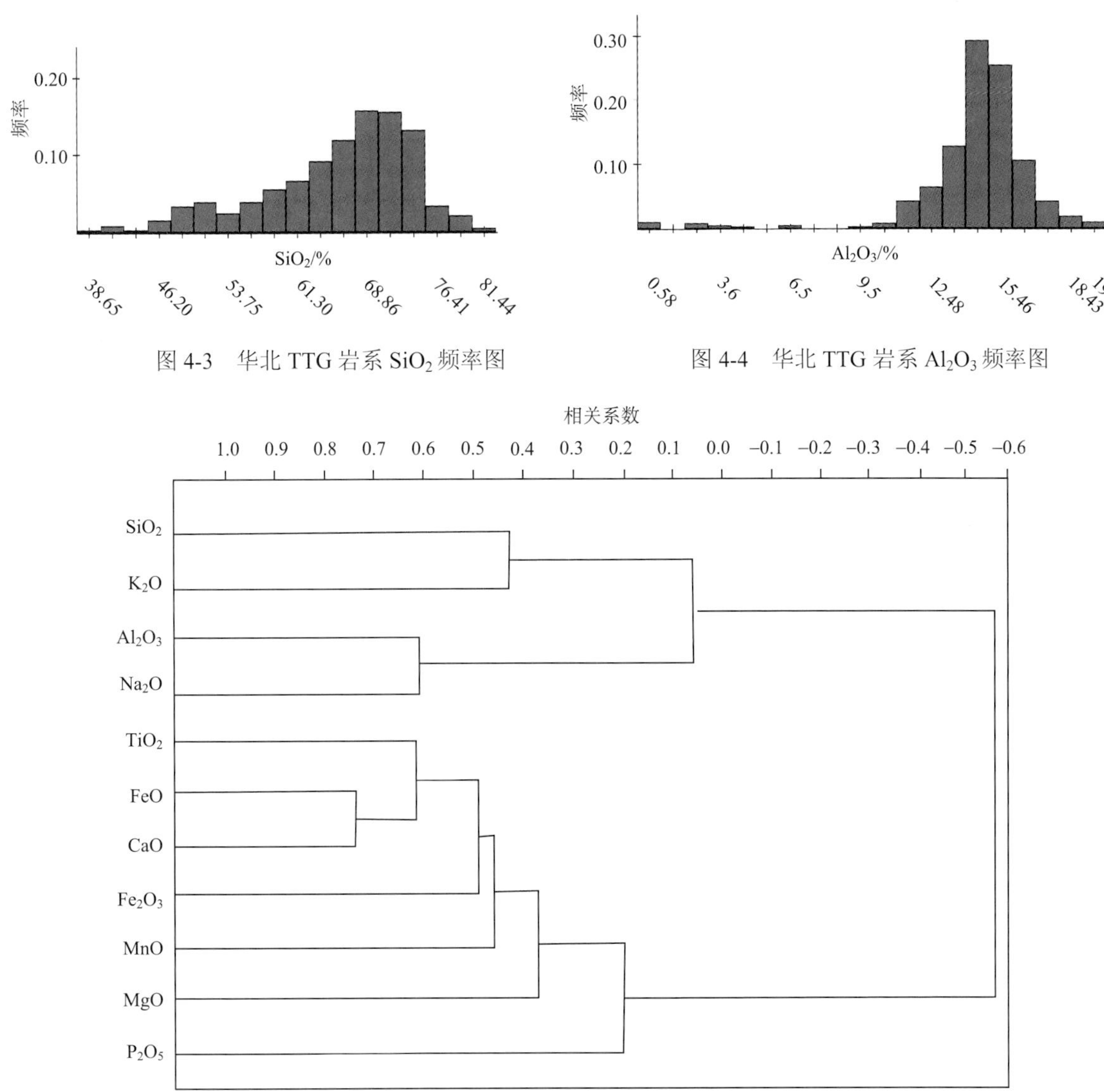

图 4-3　华北 TTG 岩系 SiO_2 频率图

图 4-4　华北 TTG 岩系 Al_2O_3 频率图

图 4-5　华北 TTG 岩系 R 型聚类谱系图

以典型岩石分析(表 4-4)，英云闪长岩、奥长花岗岩 Na_2O/K_2O 平均为 2.7 和 2.08，花岗闪长岩、紫苏花岗岩、钾质花岗岩 Na_2O/K_2O 分别为 1.28、1.12 和 0.75，岩石由 Na 质向 K 质演化。随着 SiO_2 含量的增高，TFeO、MgO、TiO_2、CaO 的含量渐次降低，Na_2O 较稳定，K_2O 增高，这是岩浆分异作用的明显标志。在 A-F-M 图上，花岗岩类属钙碱性-奥长花岗岩化序列，在 Ca-Na-K 图上，花岗闪长岩、花岗岩为钙碱性演化趋势，而英云闪长岩、奥长花岗岩表现为高 Na 质趋势。按 Al_2O_3 含量，奥长花岗岩、英云闪长岩又可分为高铝型和低铝型两类。

华北古陆早前寒武纪 TTG 岩系 K_2O-SiO_2 基本呈正相关性(图 4-6)；K_2O-Na_2O 没有明显相关性，一般为低钾岩性，K_2O/Na_2O 小于 1；部分显高钾 K_2O/Na_2O 大于 1(图 4-7)；K_2O/Na_2O 与 K_2O+Na_2O 呈正相关性(图 4-8)。

2)*微量元素*

TTG 岩系及花岗质岩石中的微量元素含量变化(表 4-5)，富含大离子亲石元素 Rb、Th、Sr、Ba，并且构成一个相关群组，高场强元素 Zr 与 Nb、Y、U 及 V、Ni、Co、Cr 构成一个群组(图 4-9)，显示的基性组分和碱性组分两个分组。

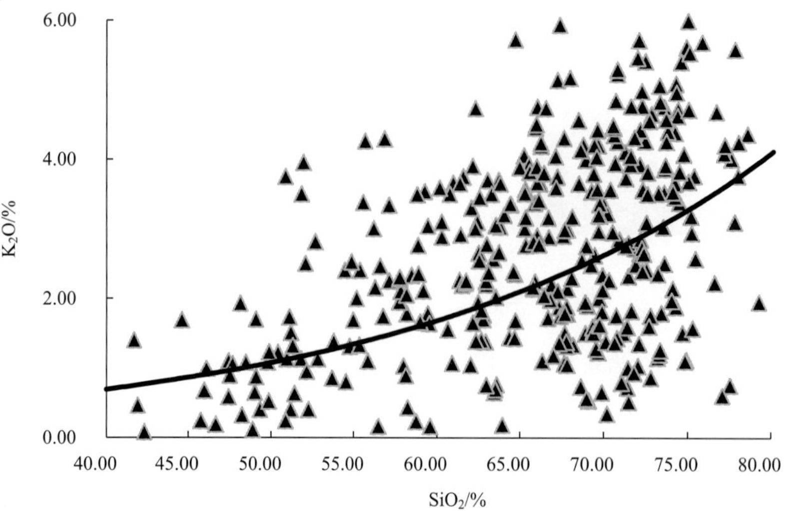

图 4-6　华北 TTG 岩系 K_2O-SiO_2 散点图

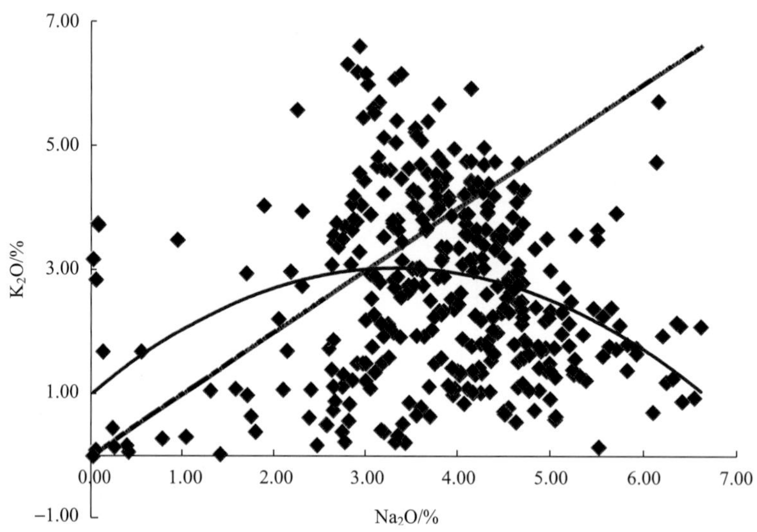

图 4-7　华北 TTG 岩系 K_2O-Na_2O 散点图

蓝线：K_2O=Na_2O，红线：K_2O-Na_2O 相关曲线

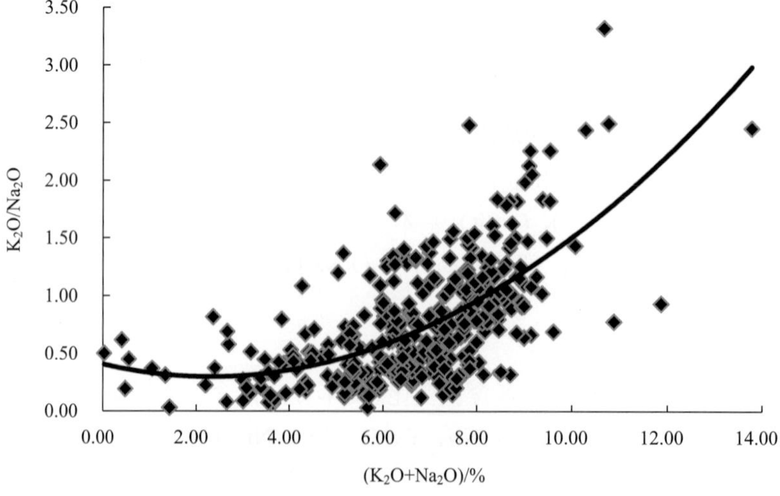

图 4-8　华北 TTG 岩系 K_2O/Na_2O-(K_2O+Na_2O) 散点图

表 4-5　华北早前寒武纪 TTG 岩系微量元素表

(单位：10^{-6})

地区	样数	Rb	Sr	Ba	Zr	Hf	Th	U	Y	Nb	Ta	Cr	Ni	Co	V	Rb/Sr	Sr/Ba	Th/U	V/Cr	Zr/Y	Nb/Ta
鞍山	14	126.38	266.46	643.33	110.50	5.30	9.02	1.19	12.84	4.18	1.19	25.90				0.55	0.76	11.14		15.99	7.75
通化	13	73.22	315.43	460.30	179.44							32.98	14.42	9.18		0.25	0.94				!
辽北	29	149.31	327.09	896.20	138.29		42.14		12.99	10.29		88.95	28.00	17.03		0.59	0.52			8.73	
辽西建平	25	32.52	491.75	127.50	832.96				15.31	32.17		346.21	135.00	29.33	169.90	0.08	3.44		0.85	87.71	
阜平	14	160.01	270.39	910.31	273.52	6.34	8.23	1.13	23.17	11.73	0.82	9.28	5.11	3.70	19.71	1.27	0.39	8.53	2.85	21.71	13.54
冀北	17	76.50	492.00	951.13	133.38	3.38	4.12	0.59	11.62	4.58	0.28					0.37	0.58	7.78		18.19	18.41
密云	16	33.89	579.93	891.50	155.27	3.86	7.38		10.09	3.56	0.29	52.59	26.35	11.56	63.57	0.10	0.79		2.30	30.70	27.83
四合堂	17	67.86	713.00	1209.50	183.78		10.72					66.96	15.11	14.56		0.11	0.61				
嵩山	7	75.62	433.33	833.00	121.15	3.41	13.17	1.37	6.31	2.81	0.20	3.74	4.21	3.12	17.85	0.32	0.60	8.14	18.18	31.86	14.04
秦岭沙河	26	120.16	645.64	1121.75	181.50	5.21	14.64	3.07	13.96	13.16	1.44	51.17	32.01	95.00	53.12	0.23	0.56	4.89	1.25	13.08	9.22
登封	9	106.09	584.64	844.25	130.46	4.83	11.25	1.43	10.32	6.31	0.45	64.81				0.45	1.00	6.86		26.75	14.75
中条山	8	58.17	154.00	660.14	71.86	4.26	2.87	4.67	5.50	62.83	10.54					0.42	0.25	0.50		45.11	15.08
五台山	20	104.68	250.37	691.47	59.63	2.70	7.84	1.40	12.31	8.51	1.21				61.43	0.66	0.37	5.77		9.01	11.87
费县	7	103.67	400.94	603.24	133.00				10.56	9.50		230.99	15.69	13.73	61.51	0.31	0.70		0.35	17.51	
苏北	21	44.13	222.18	833.53	225.02	5.63	7.78	1.31	32.12	9.59	1.08	447.20	270.94	30.43	85.57	0.50	0.40	4.64	3.74	11.38	19.13
山东沂水	3	124.00	467.33	763.00	139.67	10.86	19.36		7.33	3.33		78.67	39.67	8.33	42.67	0.42	0.76		0.48	24.87	
英云闪长岩	10	68.71	355.47	293	119				5.68	14.8		60.26	15.19	8.98		0.19	1.21			20.95	
奥长花岗岩	5	50.1	236	426	137				9.33	12		53.73	13.15	7.62		0.21	0.55			14.68	
花岗闪长岩	10	97	440	747	158				26.67	19.25		63.79	18.04	10.98		0.22	0.59			5.92	
钾质花岗岩	2	97	343	1294	270				32	38.60		55	13.11	9.79		0.28	0.27			8.44	
紫苏花岗岩	3	81.3	352	613	164				11.83	15.11		138.35	27.23	12.11		0.23	0.57			13.86	
包体	9	44.98	158	234	48				21	28		682	165	35.8		0.28	0.68			2.29	
角闪岩 1	7	6.57	167	108	55				14	25		346.6	145.8	34.68		0.04	1.55			3.93	
角闪岩 2	11	52	266	283	94				17.4	26		274	76	32.48		0.2	0.94			5.4	

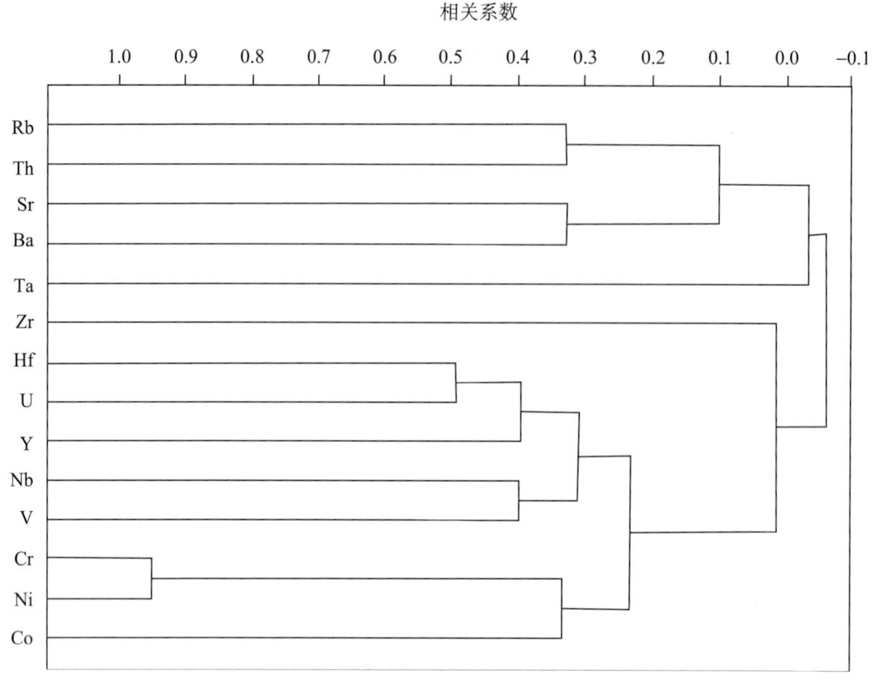

图 4-9　华北 TTG 岩系微量元素 R 型聚类谱系图

TTG 岩系微量元素特征值可以反映岩石成因，概率统计显示 Sr/Ba 值(峰值为 0.37~0.68)大于 Rb/Sr 值(0.1~0.39)，反映为洋壳重熔岩浆的特征(图 4-10、图 4-11)；较高的 Th/U 值(峰值为 4.73~7.6)和较低的 V/Cr 值(峰值 0.4~3.4)反映的是富氧的浅海氧化环境(图 4-12、图 4-13)。

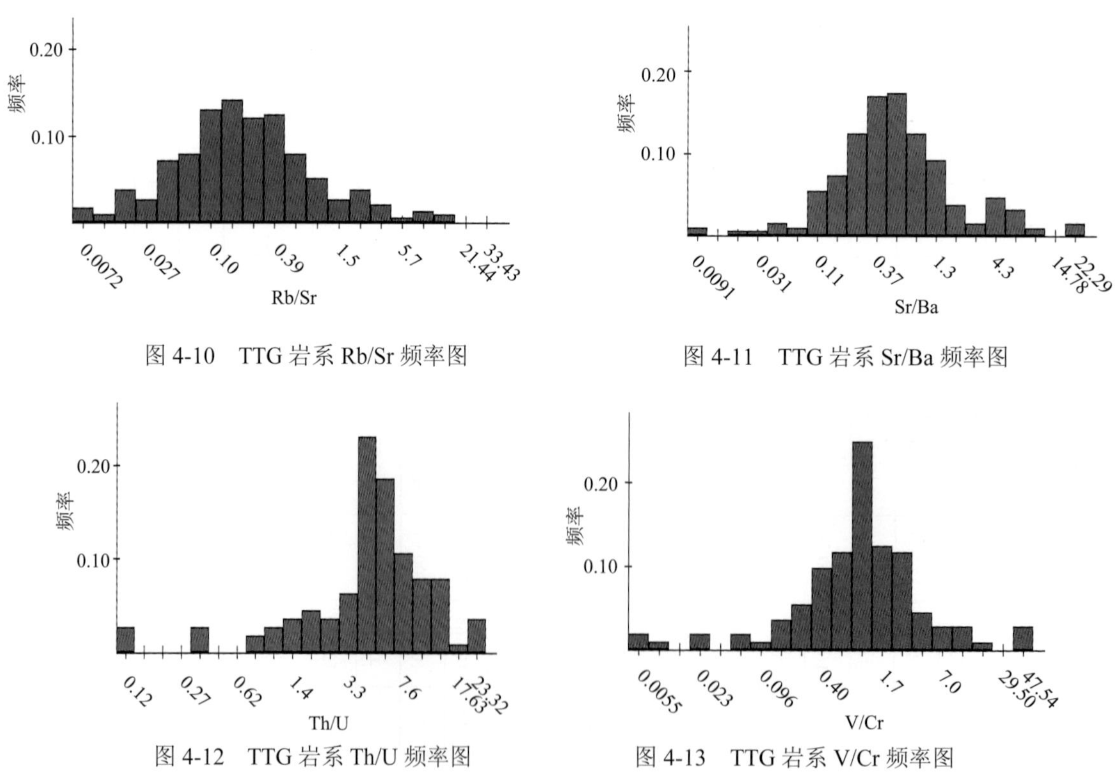

图 4-10　TTG 岩系 Rb/Sr 频率图

图 4-11　TTG 岩系 Sr/Ba 频率图

图 4-12　TTG 岩系 Th/U 频率图

图 4-13　TTG 岩系 V/Cr 频率图

3)稀土元素

华北古陆 TTG 岩系稀土元素总量变化较大，从$(10\sim650)\times10^{-6}$都有分布(表 4-6)，但是分布频率统计峰值在$(66.42\sim191.72)\times10^{-6}$ (图 4-14)。

表 4-6　华北早前寒武纪 TTG 岩系稀土元素表

(单位：10^{-6})

地区	样数	La	Ce	Pr	Nd	Sm	Eu	Gd	Tb	Dy	Ho	Er	Tm	Yb	Lu	REE	LREE/HREE	δCe	δEu
东鞍山	24	37.28	62.41	6.33	19.90	4.16	0.68	3.67	0.55	2.17	0.45	1.19	0.17	1.02	0.17	140.15	14.41	0.98	0.86
抚顺东	21	30.25	55.73	6.95	23.92	4.67	1.08	3.16	0.46	1.99	0.40	1.11	0.18	1.00	0.15	131.06	16.74	0.92	0.92
通化	13	28.55	51.30		21.75	4.19	0.93	2.85		2.81		1.43		1.27	0.19	115.25	13.79		0.80
辽北	22	50.15	82.70	9.98	35.11	5.29	2.10	3.42	0.58	2.05	0.46	1.20	0.21	0.91	0.15	194.30	22.08	0.91	0.99
辽西建平	25	20.17	39.99	5.72	22.41	4.16	1.25	3.57	0.50	2.79	0.55	1.49	0.22	1.54	0.23	104.59	10.38	0.89	1.11
铁岭	28	25.34	50.83	5.25	20.19	3.95	1.06	3.01	0.42	2.11	0.39	1.02	0.15	1.04	0.14	114.89	13.49	1.07	0.98
密云	37	20.33	41.99	4.49	19.09	3.82	1.18	3.06	0.41	2.24	0.44	1.19	0.18	1.03	0.17	99.62	14.28	1.07	1.12
大庙斜长岩	3	3.90	6.37	0.97	3.83	0.58	0.98	0.37	0.06	0.16	0.06	0.16	0.02	0.13	0.08	17.68	17.98	0.86	7.13
大庙片麻岩	HC4	31.79	55.87	7.40	28.64	4.76	1.09	3.37	0.36	0.13	0.07	1.36	0.22	1.34	0.25	136.66	18.23	0.88	0.83
阜平	14	42.25	87.64	10.53	38.85	6.59	1.22	5.28	0.78	4.24	0.84	2.57	0.39	2.57	0.39	204.13	15.59	0.99	0.69
平山	19	33.95	63.57	7.19	30.85	5.38	1.07	4.39	0.65	3.56	0.72	1.96	0.27	1.70	0.25	155.53	10.81	0.98	0.78
冀北	17	30.23	54.47	6.21	23.12	3.46	1.22	3.48	0.41	2.10	0.43	1.24	0.18	1.22	0.19	127.95	16.48	0.95	1.11
固阳	9	14.59	26.29	2.86	9.98	1.56	0.96	1.96	0.23	1.70	0.39	1.09	0.16	0.69	0.10	58.96	27.74	0.99	1.31
内蒙古朱拉沟	4	24.12	37.52		26.62	4.33	1.10	2.08		1.20				0.47	0.07	97.51	24.53		1.12
河南桐柏	6	55.95	98.87		34.32	5.51	0.93	3.61	0.55	1.61	0.34	0.60	0.10	1.09	0.15	203.63	24.30		0.64
山东沂水	7	31.23	46.56	4.61	14.69	2.01	0.48	1.55	0.19	1.05	0.21	0.56	0.09	0.56	0.09	103.85	29.00	0.96	0.94
秦岭沙河	26	32.96	60.19	6.49	24.58	4.30	1.15	3.56	0.49	2.54	0.45	1.25	0.18	1.24	0.19	139.57	13.11	0.99	0.90
登封	9	41.25	79.19	8.94	31.52	5.41	1.22	3.62	0.47	2.30	0.43	1.16	0.16	0.95	0.15	176.73	20.15	1.00	0.77
中条山	7	7.72	17.94	1.85	6.81	1.31	0.41	0.86	0.30	0.65	0.12	0.29	0.10	0.28	0.14	38.76	13.00	1.14	1.19
五台山	20	28.85	58.84	5.64	20.12	3.28	0.76	2.74	0.32	1.88	0.35	1.07	0.18	1.22	0.17	125.43	16.46	1.12	0.83
费县	15	34.00	61.56	7.14	28.32	5.04	1.09	4.16	0.70	3.50	0.76	2.01	0.30	1.90	0.30	150.78	12.65	0.95	0.79
苏北	21	36.78	67.41	6.97	29.18	5.87	1.50	5.96	0.89	5.60	1.20	3.61	0.52	3.07	0.52	169.08	8.60	1.08	0.83

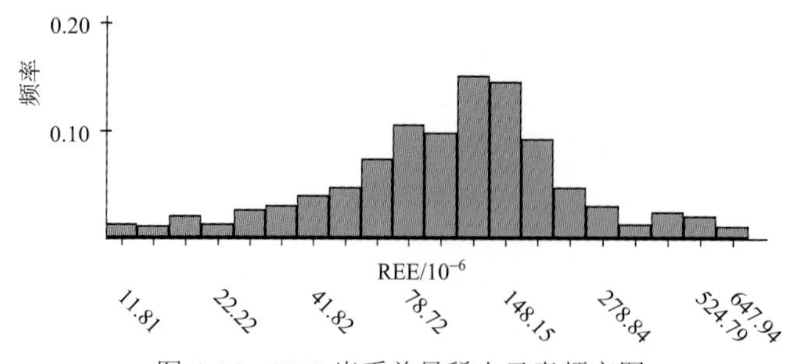

图 4-14　TTG 岩系总量稀土元素频率图

英云闪长岩、奥长花岗岩、花岗闪长岩、紫苏花岗岩及钾质花岗岩与石英二长岩的平均稀土元素总量分别为 105.90×10^{-6}、98.35×10^{-6}、159.28×10^{-6}、187.36×10^{-6} 和 284.20×10^{-6}，与 SiO_2 含量呈负相关。

在 TTG 岩系杂岩中存在着明显的岩浆分异作用，在稀土元素配分曲线显示为轻重稀土元素分异不明显斜率小的曲线负铕异常不明显，而斜率大的曲线具有明显的负铕异常(图 4-15)，这是幔源岩浆岩的特征。该类杂岩系中另一种稀土元素配分模型为斜率小的曲线具有正铕异常，而斜率大的曲线铕异常不明显(图 4-16)。由于在基性铁镁质岩石 Eu^{2+}可以置换 Ca^{2+}进入斜长石晶格，因此正铕异常是原始岩浆的特征。

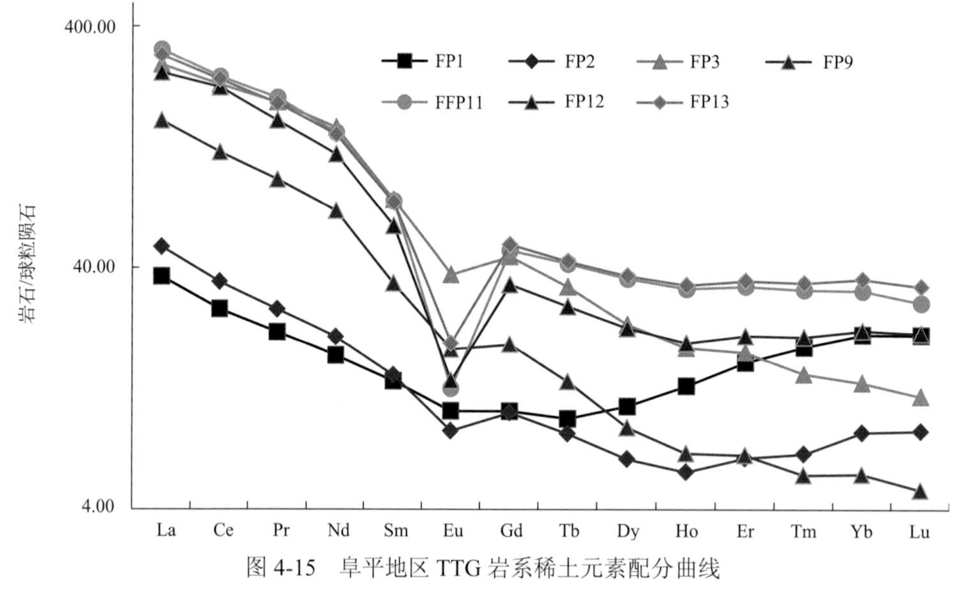

图 4-15　阜平地区 TTG 岩系稀土元素配分曲线

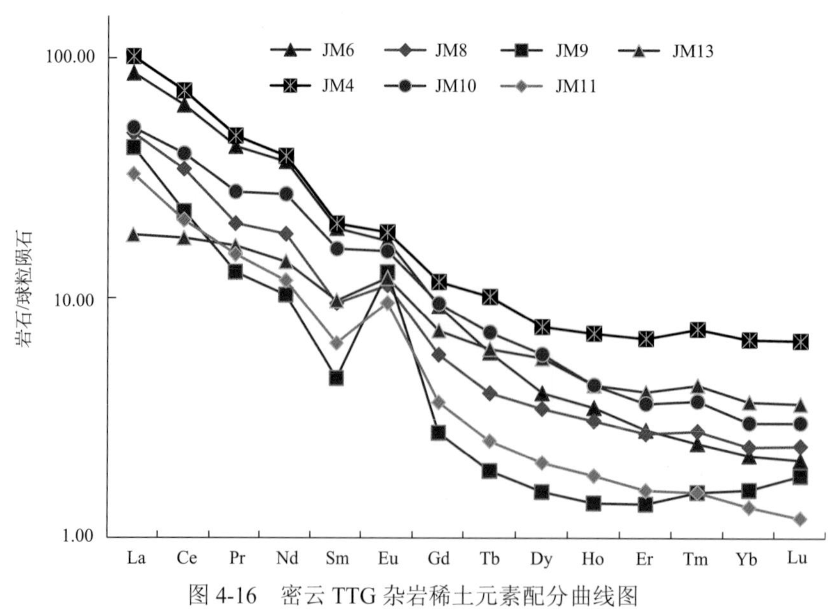

图 4-16　密云 TTG 杂岩稀土元素配分曲线图

一般一个 TTG 杂岩系经常以上述几种稀土元素配分曲线同时出现，如辽西建平群变质杂岩有四种稀土元素配分曲线形式(图 4-17)，LXJ1、LXJ7 呈现略平行直线，没有轻重稀土元素分异，具有弱负铈异常，基本没有铕异常；LXJ14、LXJ17 向右倾斜型曲线，具有轻重稀土元素分异，具有弱负铈异常，没有铕异常；LXJ18、LXJ20、LXJ22 右倾斜曲线，斜率小于上述曲线，具有明显的正铕异常；LXJ2、LXJ4、LXJ6 右倾斜率最大，表示轻重稀土元素分异最明显，具有明显的负铕异常(图 4-18)。

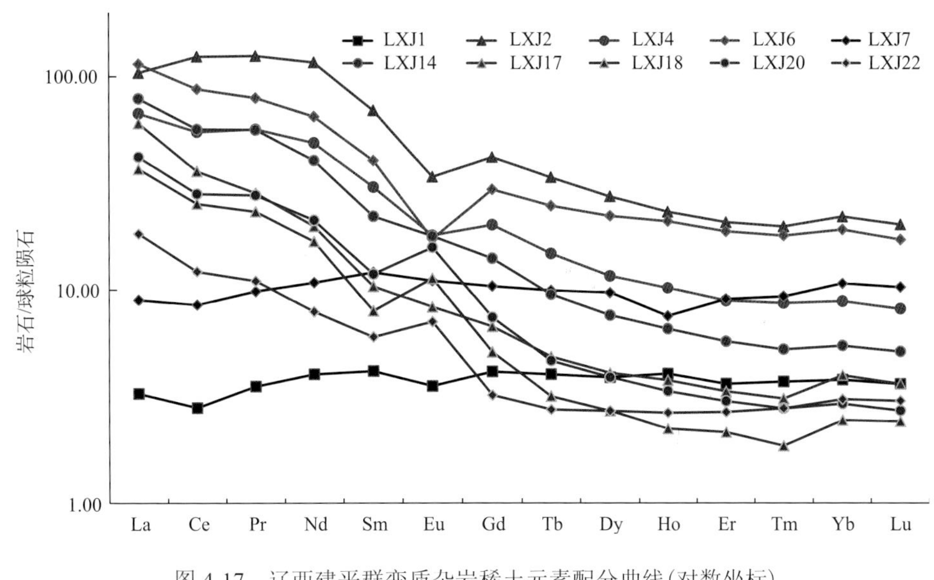

图 4-17　辽西建平群变质杂岩稀土元素配分曲线(对数坐标)

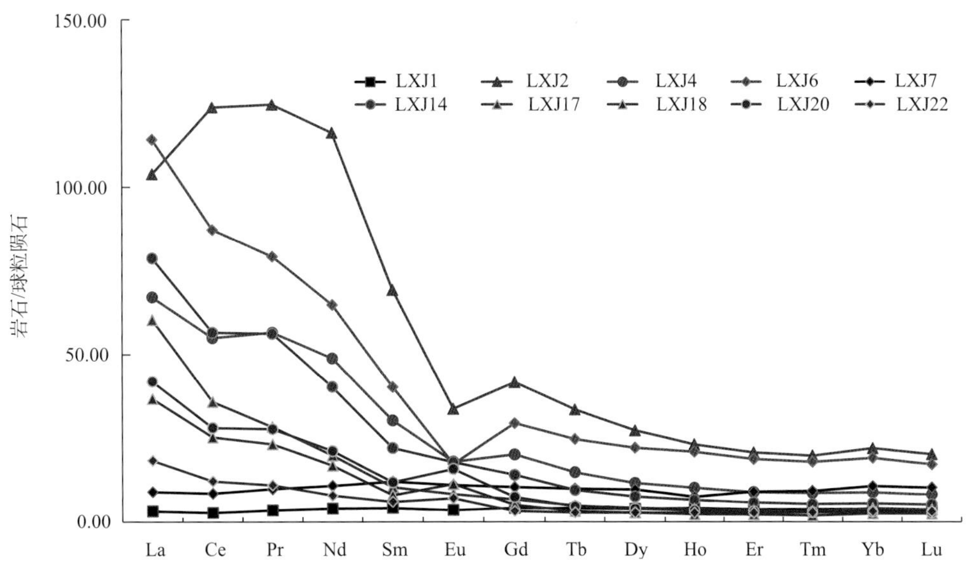

图 4-18　辽西建平群变质杂岩稀土元素配分曲线(算数坐标)

TTG 岩系中低硅高铝型的岩石占优势，英云闪长岩和奥长花岗岩的稀土元素配分曲线均显示轻稀土元素高度富集，重稀土元素强烈亏损，由正铕异常到负铕异常的演化，或者无铕异常。这表明，是幔源岩浆岩在部分熔融过程中，重稀土元素对于残留相的石榴石、辉石等是相容元素，分配系数大于 1，造成熔体亏损 HREE，而轻稀土元素进入熔体，使熔体相中富集轻稀土元素，并且由原始残留体到熔体相 Eu 值逐渐亏损。

铈元素在地表环境中变化比较大，还原沉积环境出现亏损，氧化沉积环境出现富集，而对岩浆作用反应不敏感，一般很少出现富集或者亏损的异常。华北古陆 TTG 岩系 δCe 值在 1.0±，集中在 0.8~1.2，

δCe-δEu 值没有明显相关性，δEu 值变化比较大，从 0.4~1.4 集中，并在范围之外仍有分布(图 4-19)。TTG 岩系的 δCe-δEu 值特征与世界中新生代花岗岩系列岩石的 δCe-δEu 值特征类似，中新生代花岗岩系列岩石 δCe 值集中在 1.0±，而 δEu 变化范围很大(图 4-20)。Ce 和 Eu 的不同地球化学特征，表明 Ce 对沉积环境的氧化还原性敏感，而 Eu 对岩浆侵入环境的温度反应敏感。

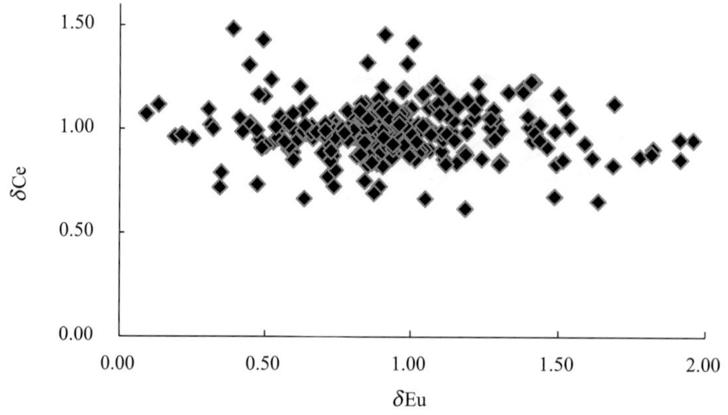

图 4-19　华北 TTG 岩系 δCe-δEu 相关图解

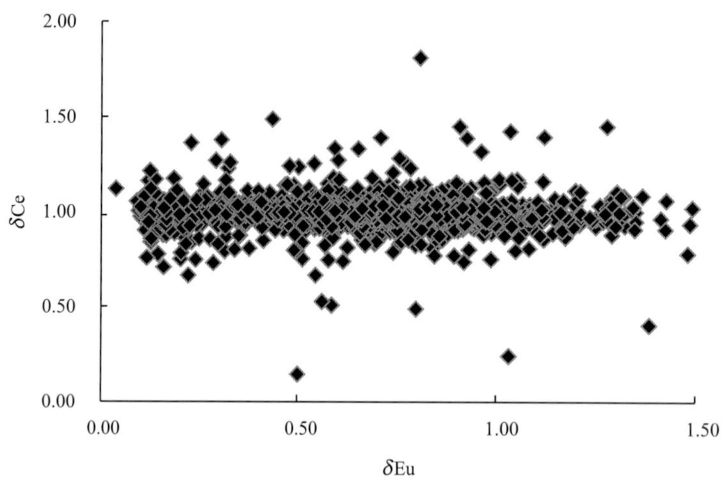

图 4-20　世界中新生代花岗岩系 δCe-δEu 相关图解

高硅低铝型岩石个别岩石稀土元素总量较高，稀土元素配分曲线显示为两种类型叠加，轻重稀土元素分异明显斜率大的曲线铕异常较弱，或者无铕异常，而轻重稀土元素分馏不明显比较平缓的配分曲线，具有明显的负铕异常(图 4-21)，表明其与低硅高铝型 TTG 岩系属于不同成因。源岩以陆壳物质为主，变质熔融残留物铁镁矿物较少，稀土元素大部分熔出进入熔体相，因此熔体相中没有轻重稀土元素分异，强烈亏损 Eu 表明是在氧化条件下的熔融，与幔源岩浆岩熔融分异不同。

二、花岗—绿岩带

1. 绿岩带岩性组合

绿岩带是指由前寒武纪变质火山-沉积岩系组成的表壳岩，通常由早期的火山岩和晚期的沉积岩或火山碎屑沉积岩组成，火山岩下部以超基性-基性岩为主(常含科马提岩)，上部为钙碱性火山岩。绿岩带主要产出在古陆核之间或其边缘，少数为古陆核的组成部分。平面上，绿岩带呈大小不等的长条状或不规则状分布在同构造期的花岗岩类或灰色片麻岩内，如清原花岗岩-绿岩带的原岩由 60%的花岗质

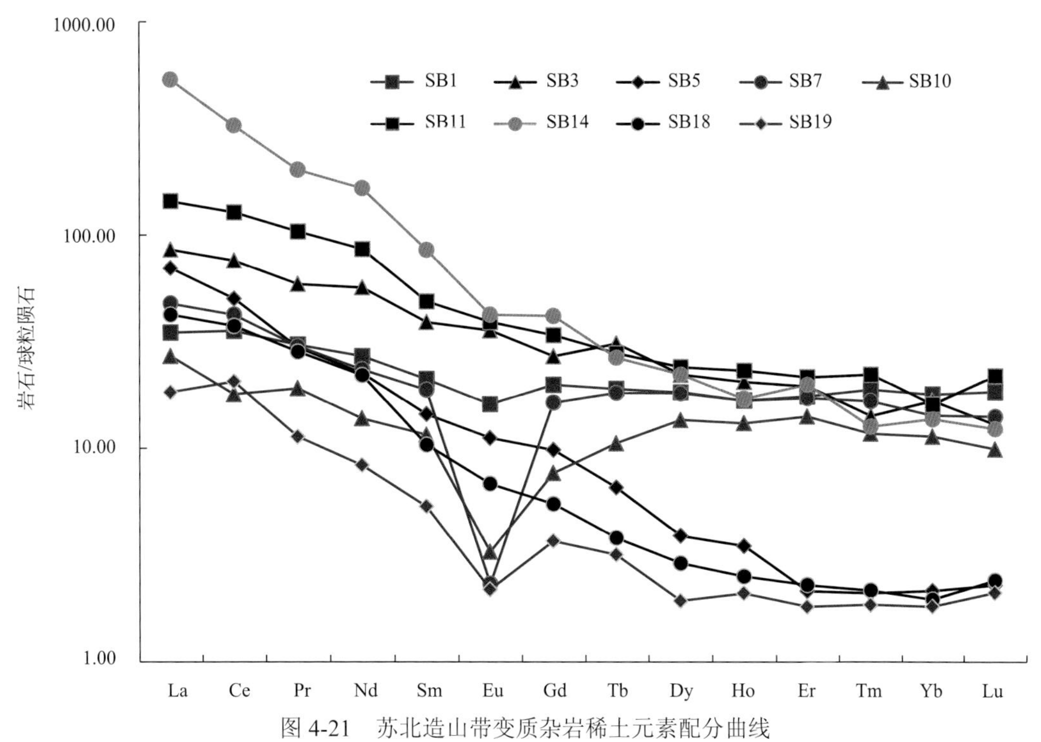

图 4-21　苏北造山带变质杂岩稀土元素配分曲线

岩石和 40%的表壳岩组成(沈保丰等，2005，2006)。国际上，代表性绿岩带地层序列分 3 段，自下而上为：①超镁铁质火山岩组合，底部为科马提岩和玄武岩，顶部为双峰式火山岩；②玄武岩—安山岩-流纹岩钙碱性岩浆岩组合；③沉积岩组合，底部为杂砂岩—条带状铁矿—硅质岩—少量火山岩，顶部为页岩—碳酸盐岩。典型代表有南非巴伯顿绿岩带和津巴布韦绿岩带，但二者 BIF 的发育程度不尽相同，前者 BIF 主要出现于绿岩带层序的上部沉积岩系中，而后者 BIF 广泛发育，既可出现在中下部火山岩系，也可发育于火山岩与沉积岩的过渡带和沉积岩系中。

华北古陆早前寒武纪绿岩带主要在古陆南缘、北缘及胶东隆起带分布，绿岩带的发育规律大致可与国外绿岩带相比，但同时具有分布范围和规模较小、能够确认的科马提岩不多、变质程度高和受后期构造-岩浆作用改造强烈等特色(沈保丰等，2005，2006)。鲁西雁翎关科马提岩是确认的发育完整的科马提岩，局部保留有鬣刺结构，其他地区，如鞍山、吉林和龙等地都有发现(刘劲鸿，2001)。

2. 科马提岩

鲁西花岗-绿岩带，泛指郯庐断裂带以西的泰山岩群，主要由酸性的泥砂岩、变质砾岩，以及流纹岩、基性的枕状熔岩、斜长角闪岩、角闪岩和科马提岩组成。在雁翎关绿岩带型基性岩很发育，普遍经历了角闪岩-绿片岩相变质作用。绿岩带的特征是超基性熔岩、科马提岩分布不稳定，横向变化大；钙碱性火山岩系如安山岩、英安岩不发育；基性火山岩中酸性火山岩极少；拉斑玄武岩系列大量存在；残存的厚度不超过 4350m(曹国权，1996)。

苏家沟科马提岩主要由蛇纹石化橄榄科马提岩、透闪石岩、透闪片岩、阳起透闪片岩、绿泥透闪片岩、黑云阳起片岩等组成。蛇纹石化橄榄科马提岩位于该岩石组合的中上部，为苏家沟科马提岩的主要组成岩石(程素华等，2006)。科马提岩强烈风化蚀变，风化面呈黄褐色，新鲜面灰色，但是依然残留鬣刺构造，大部分岩石已经蚀变为绿泥透闪蛇纹岩，呈鳞片变晶结构，蛇纹石等叶片状矿物定向性清楚，与区域面理一致。岩石中蛇纹石、橄榄石、镁绿泥石、透闪石、阳起石和滑石呈斑晶分布，基质主要为透闪石和绿泥石，不定向分布，绿泥石边缘有磁铁矿分布。少量样品中见有残留新鲜橄榄石，含量达 30%，且保留了原生火成鬣刺构造。鬣刺枝体由新鲜的橄榄石集合体和蛇纹石组成，网状蛇纹石斑晶中残留橄榄石；新鲜长板状橄榄石晶体长达 4~5cm，一些长板状橄榄石斑晶分布在透闪石和绿泥石基质中。

山东蒙阴科马提岩具有异常高的 MgO 含量(30.23%~32.27%)、SiO_2=42.42%~44.04%，而 TiO_2 很低(0.15%~0.19%)，Na_2O=0.25%~0.50%，K_2O=0.02%~0.03%，Na_2O+K_2O=0.34%~0.50%(<1%)，烧失量为 6.42%~8.24%，大部分在 7.5%(表 4-7)。岩石化学组成在科马提岩的成分范围内(Le Bas，2000)，属于富 Mg 低 Ti 橄榄质科马提岩，与南非巴伯顿、加拿大阿比提比、西澳大利亚亚卡宾迪的橄榄质科马提岩类似。岩石亏损大离子亲石元素(表 4-8)，Rb=(0.25~0.93)×10^{-6}、Sr=(14~25)×10^{-6}、Ni(1422~1633)×10^{-6}和 Cr(2300~2700)×10^{-6}。

分布于泰山岩群雁翎关组底部的苏家沟科马提岩被傲徕山超单元侵入呈残留体，而其中含有万山庄超单元、南官庄单元的斜长角闪岩脉，因此，其相对年代应为新太古代，区域上泰山岩群的同位素年龄为 2.684~2.699Ga，部分结果大于 2.70Ga。苏家沟科马提岩利用锆石质谱计双带源逐层蒸发-沉积法(Pb-Pb)测得年龄值为 2.508~2.611Ga，年龄值明显偏低，可能与后期的变质作用有关。结合区域资料对比，苏家沟科马提岩的形成时代应为 2.70~2.80Ga，属新太古代早期(张荣隋等，2001)。

科马提岩稀土元素总量较低，为(10.33~18.03)×10^{-6}，总的趋势与 MgO 含量呈负相关(表 4-9)。轻重稀土元素比为 2.14~4.18，岩浆分异程度较低，δEu 值 0.92~1.08，铕异常不明显，稀土元素分馏不明显，曲线相对平坦，与原始地幔分配形式较为相似，物质来源应为幔源(图 4-22)。

沂水岩浆杂岩和变质杂岩中的超镁铁质岩石不发育鬣刺结构，岩石化学组成以高 MgO 和低 SiO_2、TiO_2、K_2O 含量为主要特征。按岩石中是否含有橄榄石，大致可以分为橄榄辉石岩和尖晶角闪二辉石岩两种，前者以强烈发育蛇纹石化为特征，矿物组合以单斜(透)辉石+橄榄石为主(偶见斜方辉石)，蚀变矿物组合为蛇纹石±铬铁矿+磁铁矿±角闪石±尖晶石等；后者以局部发育滑石化为特征，矿物组合以斜方(古铜)辉石+单斜(透)辉石+尖晶石为主，其次是角闪石+磁铁矿±滑石等(赵子然等，2011)。

这些岩石在化学组成上属超镁铁质岩石，但不具有典型科马提岩的鬣刺结构。与世界及邻区鲁西绿岩带中的科马提岩相比，存在一定的相似性和可比性，但也存在一定的差异，最为突出的特点是本区岩石的变质较深(麻粒岩相-高角闪岩相)。这一点与我国冀东地区迁西群麻粒岩相深变质地层中以透镜体和残块分布的超镁铁质岩石类似。

超镁铁质岩石的稀土元素总含量(ΣREE)相对较低，含量范围为(11.45~22.63)×10^{-6}；轻重稀土元素含量比值(LREE/HREE)范围显示两组，分别为 1.64~2.92 和 3.35~4.40。较高的 LREE/HREE 值(3.35~4.40)出现于青龙峪的 3 个橄榄辉石岩样品中，具有明显的分异特点。稀土元素球粒陨石标准化(Boynton，1984)配分图解(图 4-23)显示，所有样品的轻稀土元素模式特征相同，δEu 值平均 0.85，δCe 平均 0.89，稀土元素配分曲线显示负铕负铈异常。

稀土元素配分显两种模式，一是轻稀土元素无明显或稍显一定的分异，重稀土元素无分异，轻重稀土元素分异不明显，呈近平坦型；二是采自青龙峪的 3 个样品重稀土元素较其他样品含量低，稀土元素模式显示轻重稀土元素分异明显。

这种轻稀土元素的分异可能与深熔及岩浆作用(紫苏花岗岩的形成)有关，重稀土元素分异和高的 CaO/Al_2O_3 通常认为与富 Mg-Al 的石榴石残留相的形成有关，但目前还没有发现更深层次含有石榴石的橄榄(辉石)岩。

3. 绿岩带中的 BIF 铁矿

绿岩带中条带状铁建造(BIF)分布广泛，但主要集中在绿岩层序的中上部。根据 BIF 在绿岩带序列中的产出部位和岩石组合关系，可将华北 BIF 划分为 5 种类型。

(1)斜长角闪岩(夹角闪斜长片麻岩)-磁铁石英岩组合，主要分布于遵化、五台和固阳等地；原岩建造主要为基性火山岩(夹中酸性火山岩)-硅铁质建造，矿体顶底板均为斜长角闪岩(少量中酸性火山岩)，矿体厚度较小，常多层分布，规模中小型，主要产于绿岩带的中下部。典型铁矿如固阳地区的公益民、三合明、东五分子、书记沟，遵化的石人沟、龙湾，五台的山羊坪、柏枝岩等。

表 4-7　沂水杂岩中超镁铁质岩岩石化学成分表　(单位：%)

地区	编号	SiO_2	TiO_2	Al_2O_3	Fe_2O_3	FeO	MnO	MgO	CaO	Na_2O	K_2O	P_2O_5	Los	合计	Na_2O+K_2O	K_2O/Na_2O	A/CNK	A/NK	F/M
苏家沟	SJG1	40.78	0.18	3.48	6.13	4.56	0.15	33.12	2.18	0.27	0.05	0.03	8.79	99.72	0.32	0.19	0.78	6.98	0.17
	SJG2	50.94	0.20	5.88	5.95	3.14	0.18	23.62	5.02	0.55	0.08	0.04	4.74	100.34	0.63	0.15	0.58	5.93	0.20
	SJG3	43.39	0.21	5.55	6.84	3.60	0.12	27.00	4.97	0.46	0.08	0.02	7.20	99.44	0.54	0.17	0.56	6.58	0.20
	SJG4	43.74	0.24	6.25	5.73	4.35	0.14	26.28	5.75	0.58	0.07	0.05	6.23	99.41	0.65	0.12	0.54	6.07	0.20
	SJG5	41.52	0.16	3.40	5.72	3.85	0.12	33.54	2.49	0.26	0.04	0.02	8.98	100.10	0.30	0.15	0.68	7.22	0.15
	SJG6	45.70	0.23	5.69	4.24	4.27	0.10	26.57	6.79	0.65	0.10	0.05	5.60	99.99	0.75	0.15	0.42	4.83	0.17
	SJG7	44.78	0.25	6.13	5.41	4.32	0.12	26.35	5.98	0.50	0.10	0.06	6.01	100.01	0.60	0.20	0.52	6.58	0.20
	SJG8	51.19	0.18	5.24	5.10	3.30	0.18	23.71	5.80	0.52	0.05	0.04	4.18	99.49	0.57	0.10	0.46	5.76	0.19
沂水	XS1	49.40	0.33	6.78	3.14	6.35	0.16	23.08	7.70	0.92	0.13	0.08	1.49	99.56	1.05	0.14	0.43	4.10	0.22
	XS2	48.77	0.30	7.80	3.06	7.40	0.20	25.25	5.15	0.57	0.12	0.03	0.84	99.49	0.69	0.21	0.75	7.30	0.23
	XS3	46.90	0.30	8.44	3.22	6.36	0.16	23.20	0.08	0.78	0.14	0.03	2.54	92.15	0.92	0.18	5.34	5.88	0.22
	XS4	38.71	0.34	8.94	6.59	4.79	0.18	27.49	5.49	0.52	0.07	0.02	6.71	99.85	0.59	0.13	0.82	9.60	0.22
	XS5	48.32	0.45	5.74	3.10	8.35	0.18	22.25	7.78	0.82	0.39	0.05	1.65	99.08	1.21	0.48	0.36	3.24	0.28
	XS6	47.29	0.33	6.70	5.62	4.62	0.13	23.43	6.67	0.57	0.22	0.03	4.48	100.09	0.79	0.39	0.50	5.70	0.23
	XS7	46.96	0.14	1.56	4.40	4.54	0.17	25.03	12.79	0.25	0.05	0.01	4.07	99.97	0.30	0.20	0.07	3.35	0.19
	XS8	46.88	0.11	1.59	4.25	3.86	0.13	25.61	12.59	0.20	0.02	0.01	4.64	99.89	0.22	0.10	0.07	4.53	0.17
	XS9	47.15	0.11	1.67	3.93	4.44	0.14	25.51	12.86	0.12	0.02	0.02	3.31	99.28	0.14	0.17	0.07	7.62	0.18
	XS10	47.28	0.39	6.52	6.18	5.44	0.18	22.23	7.08	1.03	0.12	0.03	2.50	98.98	1.15	0.12	0.44	3.57	0.28
	XS11	47.78	0.38	6.54	5.34	5.87	0.18	23.11	7.41	0.75	0.12	0.04	2.28	99.80	0.87	0.16	0.44	4.79	0.26

续表

地区	编号	SiO_2	TiO_2	Al_2O_3	Fe_2O_3	FeO	MnO	MgO	CaO	Na_2O	K_2O	P_2O_5	Los	合计	Na_2O+K_2O	K_2O/Na_2O	A/CNK	A/NK	F/M
蒙阴	MY1	46.72	0.17	5.07	10.50		0.15	31.02	5.43	0.45	0.04	0.01	0.43	99.99	0.49	0.09	0.47	6.47	0.17
	MY2	46.46	0.17	5.37	9.99		0.15	31.73	5.26	0.37	0.05	0.01	0.43	99.99	0.42	0.14	0.52	8.10	0.16
	MY3	47.09	0.15	4.72	10.66		0.15	30.66	5.70	0.44	0.03	0.01	0.38	99.99	0.47	0.07	0.42	6.24	0.18
	MY4	47.37	0.17	4.92	10.33		0.15	30.63	5.58	0.39	0.03	0.01	0.42	100.00	0.42	0.08	0.45	7.30	0.17
	MY5	47.10	0.19	4.78	10.39		0.15	30.52	6.00	0.42	0.03	0.01	0.41	100.00	0.45	0.07	0.41	6.61	0.17
	MY6	47.40	0.18	4.74	10.31		0.15	30.23	6.11	0.42	0.03	0.01	0.41	99.99	0.45	0.07	0.40	6.55	0.17
	MY7	46.45	0.18	5.57	10.24		0.14	32.22	5.33	0.39	0.03	0.01	0.44	101.00	0.42	0.08	0.54	8.26	0.16
	MY8	46.18	0.17	5.02	10.49		0.14	32.27	4.95	0.32	0.02	0.01	0.43	100.00	0.34	0.06	0.52	9.16	0.16
	MY9	47.22	0.19	5.17	10.05		0.15	30.56	5.72	0.47	0.03	0.01	0.41	99.98	0.50	0.06	0.46	6.42	0.17
	MY10	46.31	0.16	4.16	11.63		0.15	32.07	4.65	0.40	0.03	0.01	0.41	99.98	0.43	0.08	0.45	6.02	0.18
平均值		46.41	0.23	5.29	6.85	4.92	0.15	27.53	6.18	0.50	0.08	0.03	3.12	99.57	0.58	0.15	0.64	6.23	0.19
雁翎关		47.09	0.31	7.32	2.55	6.77	0.15	23.12	6.85	0.26	0.10	0.05		94.57	0.36	0.38	0.56	13.65	0.22
蒙罗镇		46.00	0.32	7.40	11.50		0.22	26.50	7.40	0.40	0.10			99.84	0.50	0.25	0.52	9.65	0.22
津巴布韦		47.39	0.31	6.25	1.23	9.89	0.17	28.19	5.87	0.19	0.43	0.03		99.95	0.62	2.26	0.54	8.02	0.22
巴伯顿		44.61	0.31	2.70	5.63	4.35	0.17	30.35	4.28	0.15	0.03	0.02		92.60	0.18	0.20	0.33	9.67	0.17

表 4-8 沂水杂岩中超镁铁质岩微量元素含量表 (单位：10^{-6})

地区	编号	Rb	Sr	Ba	Zr	Hf	Th	U	Y	Nb	Ta	Cr	Ni	Co	V	Rb/Sr	Sr/Ba	Th/U	V/Cr	Zr/Y	Nb/Ta
苏家沟	SJG9	4.00	21.04	19.24	2.00				4.03	5.00		1951	899	61.43	90.14	0.19	1.09		0.05	0.50	
	SJG4	2.00	32.40	212.30	2.00				2.72	5.00		2393	1182	82.98	122.30	0.06	0.15		0.05	0.74	
	SJG5	6.00	12.84	51.98	2.00				4.13	4.00		1517	1801	87.81	54.64	0.47	0.25		0.04	0.48	
	SJG6	6.00	25.44	25.74	2.00				4.65	3.00		2183	1004	71.47	115.70	0.24	0.99		0.05	0.43	
	SJG7	2.00	23.20	37.60	2.00				4.18	4.00		2437	1251	82.54	124.00	0.09	0.62		0.05	0.48	
雁翎关		9.00	7.20	5.76	2.11					12.00		1629	903	47.12	89.84	1.25	1.25		0.06		
沂水	XS1	2.46	49.06	51.62	36.64	1.06	0.61	0.27	8.82	1.10	0.08	1386	772	74.34		0.05	0.95	2.25		4.15	14.53
	XS2	1.79	43.80	10.23	35.05	1.09	0.29	0.09	9.21	1.18	0.13	1394	875	76.05		0.04	4.28	3.22		3.81	9.44
	XS3	7.39	45.95	23.03	20.98	0.67	0.54	0.10	8.52	0.80	0.05	2181	859	74.48		0.16	2.00	5.40		2.46	16.00
	XS4	2.41	89.85	20.00	17.10	0.56	0.25	0.17	8.81	0.73	0.14	3817	1660	123.00		0.03	4.49	1.52		1.94	5.18
	XS5	11.50	55.60	27.50	30.00	0.98	0.64	0.05	10.40	1.07	0.06	1774	700	75.90		0.21	2.02	12.80		2.88	17.83
	XS6	6.55	489.00	780.00	23.00	0.73	0.91	0.24	7.91	1.01	0.12	2610	1012	89.90		0.01	0.63	3.79		2.91	8.42
	XS7	4.38	28.90	21.70	10.50	0.32	0.44	0.31	3.49	0.28	0.09	3134	506	94.00		0.15	1.33	1.42		3.01	3.11
	XS8	4.11	34.40	16.20	6.17	0.29	0.62	0.05	3.58	0.25	0.05	2879	387	75.90		0.12	2.12	12.40		1.72	5.00
	XS9	3.84	37.60	20.10	6.80	0.45	0.98	0.05	3.78	0.30	0.05	2854	390	83.10		0.10	1.87	19.60		1.80	6.00
	XS10	14.20	233.00	25.40	24.40	0.84	0.62	0.32	11.50	1.31	0.09	2168	908	87.40		0.06	9.17	1.94		2.12	14.56
	XS11	10.80	261.00	25.80	25.30	0.85	0.61	0.42	11.10	1.35	0.09	2314	932	87.30		0.04	10.12	1.45		2.28	15.00
平均值		5.79	87.66	80.84	14.59	0.71	0.59	0.19	6.68	2.49	0.09	2271.82	943.61	80.87	99.44	0.19	2.55	5.98	0.05	1.98	10.46
蒙阴	MY1	2.74	28.71	22.73	8.09	0.17	0.08	0.07		1.05	0.06	14.39	1472.00		103.00	0.10	1.26	1.14	7.16		17.50
	MY2	5.42	27.31	17.40	6.34	0.14	0.06	0.06		0.95	0.05	10.90	1481.00		104.00	0.20	1.57	1.00	9.54		19.00
	MY3	7.54	36.74	15.52	7.92	0.16	0.13	0.13		1.05	0.05	11.01	1428.00		95.00	0.21	2.37	1.00	8.63		21.00
	MY4	1.99	35.31	37.51	7.57	0.15	0.08	0.10		1.05	0.05	12.23	1441.00		101.00	0.06	0.94	0.80	8.26		21.00
	MY5	1.31	28.65	18.60	7.66	0.14	0.07	0.06		0.94	0.05	10.16	1447.00		103.00	0.05	1.54	1.17	10.14		18.80
	MY6	1.83	31.52	19.20	7.65	0.15	0.08	0.11		0.96	0.05	10.91	1432.00		104.00	0.06	1.64	0.73	9.53		19.20
	MY7	1.34	21.55	12.27	5.84	0.12	0.05	0.07		0.75	0.04	9.82	1458.00		103.00	0.06	1.76	0.71	10.49		18.75
	MY8	1.07	30.65	45.47	6.55	0.15	0.08	0.11		0.94	0.07	11.15	1554.00		98.00	0.03	0.67	0.73	8.79		13.43
	MY9	1.92	27.36	18.77	7.49	0.15	0.08	0.08		1.12	0.06	12.29	1422.00		106.00	0.07	1.46	1.00	8.62		18.67
	MY10	1.70	23.79	24.05	6.27	0.12	0.06	0.07		0.86	0.04	9.53	1632.00		94.00	0.07	0.99	0.86	9.86		21.50
	平均值	2.69	29.16	23.15	7.14	0.15	0.08	0.09		0.97	0.05	11.24	1476.70		101.10	0.09	1.42	0.91	9.10		18.88

表 4-9 沂水杂岩中超镁铁质岩稀土元素含量表 (单位：10^{-6})

地区	编号	La	Ce	Pr	Nd	Sm	Eu	Gd	Tb	Dy	Ho	Er	Tm	Yb	Lu	REE	LREE/HREE	δCe	δEu
苏家沟	SJG9	0.35	2.25	0.31	1.37	0.40	0.15	0.51	0.10	0.62	0.13	0.33	0.07	0.43	0.07	7.09	2.14	1.64	1.02
	SJG5	1.35	2.84	0.33	1.19	0.31	0.12	0.37	0.07	0.40	0.08	0.22	0.04	0.25	0.04	7.61	4.18	1.02	1.08
	SJG6	1.10	2.72	0.37	1.62	0.50	0.19	0.66	0.12	0.74	0.15	0.39	0.06	0.44	0.06	9.12	2.48	1.03	1.01
	SJG7	2.37	5.00	0.55	2.07	0.52	0.18	0.68	0.13	0.74	0.15	0.38	0.07	0.47	0.07	13.38	3.97	1.05	0.93
雁翎关		1.54	3.66	0.56	2.11	0.63	0.22	0.90	0.13	0.80	0.15	0.60	0.10	0.48	0.10	11.98	2.67	0.95	0.89
沂水	XS1	3.32	6.04	0.92	3.9	1.11	0.38	1.45	0.24	1.51	0.34	0.98	0.15	0.97	0.16	21.47	2.70	0.83	0.92
	XS2	3.68	6.01	0.99	4.03	1.08	0.29	1.45	0.26	1.68	0.37	1.06	0.17	1.07	0.16	22.30	2.59	0.76	0.71
	XS3	2.36	4.41	0.63	2.76	0.78	0.29	1.06	0.2	1.28	0.3	0.9	0.13	0.88	0.14	16.12	2.30	0.87	0.98
	XS4	1.97	3	0.53	2.38	0.72	0.22	1.17	0.21	1.4	0.32	0.95	0.14	0.93	0.14	14.08	1.68	0.71	0.73
	XS5	3.37	5.64	1.03	4.63	1.34	0.36	1.61	0.29	1.75	0.37	1.06	0.14	0.9	0.14	22.63	2.62	0.73	0.75
	XS6	4.47	5.28	1.01	4.35	1.07	0.32	1.58	0.23	1.42	0.31	0.88	0.13	0.87	0.12	22.04	2.98	0.60	0.75
	XS7	1.62	3.22	0.53	2.59	0.71	0.19	0.75	0.13	0.71	0.14	0.39	0.05	0.37	0.05	11.45	3.42	0.84	0.80
	XS8	2.35	4.07	0.69	2.95	0.76	0.18	0.78	0.12	0.69	0.13	0.37	0.05	0.29	0.05	13.48	4.44	0.77	0.71
	XS9	2.56	4.24	0.74	3.3	0.82	0.21	0.86	0.13	0.7	0.14	0.38	0.05	0.34	0.05	14.52	4.48	0.74	0.76
	XS10	2.73	5.09	0.83	3.84	1.14	0.35	1.67	0.3	1.88	0.41	1.18	0.16	1.05	0.15	20.78	2.06	0.81	0.78
	XS11	2.42	4.72	0.75	3.36	1.1	0.34	1.52	0.28	1.78	0.38	1.12	0.15	0.99	0.14	19.05	2.00	0.84	0.80
平均值		2.35	4.26	0.67	2.90	0.81	0.25	1.06	0.18	1.13	0.24	0.70	0.10	0.67	0.10	15.44	2.92	0.89	0.85
蒙阴	MY1	0.34	0.82	0.15	0.74	0.28	0.12	0.39	0.08	0.57	0.13	0.37	0.06	0.38	0.06	4.49	1.20	0.87	1.11
	MY2	0.30	0.75	0.15	0.73	0.29	0.11	0.39	0.08	0.59	0.14	0.39	0.06	0.38	0.06	4.42	1.11	0.85	1.00
	MY3	0.51	1.14	0.21	0.94	0.32	0.14	0.44	0.09	0.61	0.14	0.37	0.06	0.39	0.06	5.42	1.51	0.84	1.14
	MY4	0.30	0.75	0.14	0.67	0.23	0.10	0.32	0.07	0.46	0.10	0.29	0.05	0.31	0.05	3.84	1.33	0.88	1.13
	MY5	0.41	0.95	0.19	0.89	0.33	0.14	0.45	0.09	0.64	0.14	0.39	0.06	0.41	0.06	5.15	1.30	0.82	1.11
	MY6	0.38	0.94	0.19	0.90	0.32	0.15	0.45	0.09	0.63	0.14	0.40	0.06	0.40	0.06	5.11	1.29	0.84	1.21
	MY7	0.29	0.71	0.14	0.66	0.26	0.10	0.35	0.07	0.49	0.12	0.32	0.05	0.34	0.05	3.95	1.21	0.85	1.01
	MY8	0.27	0.70	0.14	0.65	0.25	0.11	0.37	0.07	0.56	0.12	0.36	0.05	0.36	0.06	4.07	1.09	0.87	1.11
	MY9	0.39	0.87	0.17	0.85	0.31	0.13	0.45	0.09	0.64	0.14	0.42	0.06	0.42	0.06	5.00	1.19	0.81	1.06
	MY10	0.32	0.75	0.15	0.73	0.25	0.11	0.36	0.07	0.49	0.11	0.31	0.06	0.32	0.05	4.08	1.31	0.82	1.12
	平均值	0.35	0.84	0.16	0.78	0.28	0.12	0.40	0.08	0.57	0.13	0.36	0.06	0.37	0.06	4.55	1.25	0.85	1.10

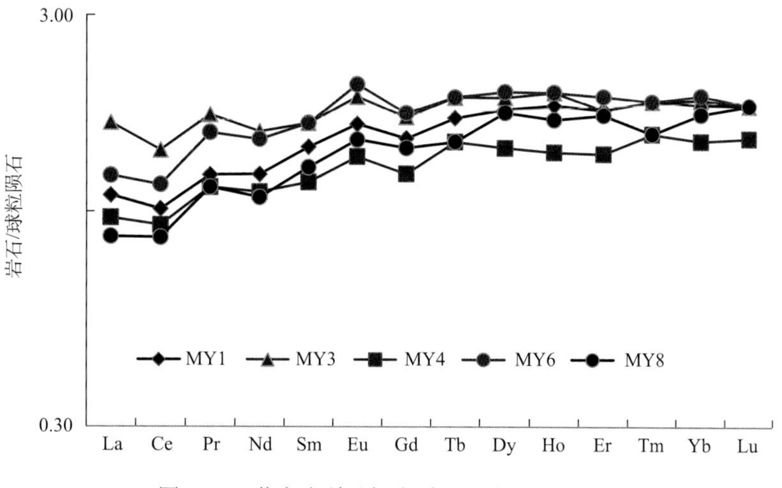

图 4-22　苏家沟科马提岩稀土元素配分曲线图

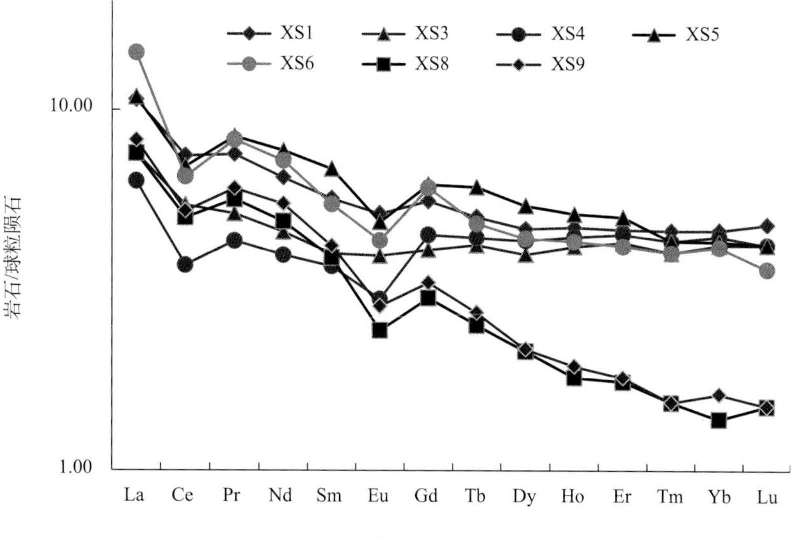

图 4-23　沂水杂岩中超镁铁质岩稀土元素配分曲线图

(2)斜长角闪岩-黑云变粒岩-云母石英片岩-磁铁石英岩组合，这是阿尔戈马型铁矿的主要类型，分布较广，主要见于冀东迁安、山西五台、辽宁本溪、鲁西等地区；原岩建造为厚度较大的基性火山岩-中酸性火山岩-沉积粉砂岩-硅铁质建造，火山活动间歇期成矿；矿体形态为层状—透镜状，矿床规模可达大型，主要产于绿岩带的中部，主要铁矿有冀东水厂、孟家沟、大石河，本溪南芬、歪头山及弓长岭地区的铁矿。

(3)黑云变粒岩(夹黑云石英片岩) -磁铁石英岩组合，主要见于冀东滦县、青龙等，安徽霍邱地等；原岩为中酸性火山岩-凝灰岩-硅铁质沉积岩建造，铁矿是在火山末期发生的喷流沉积作用形成的；矿体形态多为层状，矿床规模多为大型—超大型，主要产于绿岩带的中上部；典型铁矿包括滦县司家营、马城、长凝，青龙杵栏杖子，霍邱的吴集、周集等铁矿。

(4)黑云变粒岩-绢云绿泥片岩-黑云石英片岩-磁铁石英岩组合，此类型分布较为广泛，也是阿尔戈马型的重要类型，矿床主要见于鞍山、五台山等地区；原岩建造为含火山物质的沉积-铁建造；此类矿床一般分布在绿岩带的上部，如鞍山岩群上部的樱桃园组产有东鞍山、西鞍山、大弧山等铁矿，五台绿岩带有八塔、张仙堡铁矿。

(5)斜长角闪岩(片麻岩) -大理岩-磁铁石英岩组合，主要分布于河南舞阳和安徽霍邱等地；原岩为基性火山岩-硅铁建造-碳酸盐岩，如在舞阳绿岩带的上部铁山庙组内，出现斜长角闪片麻岩与磁铁辉石岩、白云质大理岩韵律互层，铁山庙和经山寺铁矿主要产于白云质大理岩中，矿石以条带状辉石-磁铁矿，石英-磁铁矿组合为主，但矿层内常夹有蛇纹石化大理岩、角闪片麻岩和硅质岩夹层。霍邱李老庄铁矿主要产于周集组碳酸盐岩-铁建造中，主要矿化类型包括石英-镜铁矿石、石英-磁铁-镜铁矿石等。

4. 绿岩带中金矿床

绿岩带型金矿是我国重要的金矿类型，几乎有早前寒武纪变质岩出露的地区都有绿岩型金矿产出，但是主要在胶东、小秦岭、华北北缘分布。我国的绿岩带型金矿都属于后生金矿床，产于绿岩带中，但是都是分布在燕山期花岗岩周围，受到构造破碎带及石英脉控矿。

(1)小秦岭金矿带，小秦岭花岗-绿岩带出露的太华群地层，主要岩性为变质基性、中酸性火山-沉积岩系和变质中酸性侵入岩，分上下两部分，除其中的变古老花岗质岩石外，总体具绿岩带原岩建造特征，目前尚未识别出超镁铁质科马提岩。

下部变基性火山熔岩-斜长角闪岩和时代相近的花岗片麻岩，组成一套正变质岩系。下部岩石变质作用属于较均匀的高角闪岩相单相变质。其形成温度大于 500~535℃，压力为 484~500MPa，属中压相系，变质作用类型为区域中高温变质，反映区内地壳早期阶段是高的热流值，且分布均匀的特点。

上部主要岩性为变沉积碎屑岩-泥质岩和变中酸性火山熔岩-碎屑岩及变中酸性侵入岩组成，含 BIF 建造；顶部为碳酸盐岩。变质作用依次为黑云母带、铁铝榴石带；夕线石带，呈渐进变质带序列，相应的变质相由低角闪岩相系到高角闪岩相，为明显的递进变质分带。出现的特征变质矿物夕线石、蓝晶石、铁铝榴石均为中压相系的指示矿物。

花岗-绿岩带中深变质相区，混合岩化较强，混合岩化作用使原来的区域变质岩被改造成为既保留原变质岩外貌，又具新生物质成分的混合岩化岩石。在混合岩化强烈地段，则被改造成为外貌与成分全新的花岗质混合岩。

小秦岭绿岩型金矿主要为石英脉型金矿，含金石英脉-蚀变构造岩带呈近东西向成群成带密切分布，平面上分为南、中、北三个矿脉密集带(简称矿带)。

矿石矿物以黄铁矿为主，次有方铅矿，自然金主要呈中粒-细粒的粒状、不规则状、脉状、叶片状，以裂隙金，晶隙金和包体金的形式嵌布于黄铁矿、方铅矿、石英等载金矿物中。

(2)胶东金矿带，胶东地区出露有太古宙胶东群和古元古代荆山群、粉子山群地层，含金地层为胶东群绿岩地层。

胶东群形成于新太古代—古元古代，是胶东台背斜基底中出露的最老地层，以正变质岩为主，副变质岩只在上部。斜长角闪岩和部分变粒岩为正变质岩，片麻岩、片岩为副变质岩。大多数正变质岩原岩为玄武岩，次为安山质凝灰岩，副变质岩原岩主要为黏土岩。

早期基性火山喷发为主，后期减弱并出现中酸性火山喷发，间或沉积一些浊流成因的黏土和碳酸盐类，由老到新划分三个岩性组：①蓬夼组，斜长角闪岩为主，次为黑云变粒岩黑云片麻岩、黑云片岩，夹少量透闪大理岩，是本区最重要的控矿围岩；②民山组，主要为黑云变粒岩、黑云斜长片麻岩、斜长角闪岩和黑云片岩，条带状混合岩发育；③富阳组，主要以黑云片岩、黑云变粒岩、斜长角闪岩为主，含少量大理岩、石英岩。胶东群岩石类型从老到新斜长角闪岩渐减，片岩渐增，从早到晚火山活动渐弱，陆源沉积增强。

胶东群斜长角闪岩岩石化学成分主要显示玄武岩成分，SiO_2 平均 53.56%，K_2O+Na_2O 平均 4.12%，$K_2O<Na_2O$，A/CNK 平均 0.72，属于铁镁质铝硅酸盐岩石。个别岩石显示高硅铝高钾特征，属于不同岩石成因混合特征(表 4-10)。

表 4-10　胶东群变质岩岩石化学成分表

(单位：%)

编号	SiO_2	TiO_2	Al_2O_3	Fe_2O_3	FeO	MnO	MgO	CaO	Na_2O	K_2O	P_2O_5	总计	Na_2O+K_2O	K_2O/Na_2O	A/CNK	A/NK	F/M
JD1	56.23	0.63	12.25	2.09	5.00	0.21	10.27	6.44	2.82	1.59	0.13	97.66	4.41	0.56	0.68	1.92	0.38
JD2	49.28	0.74	12.86	4.82	10.00	0.47	7.28	10.35	2.43	0.79	0.03	99.05	3.22	0.33	0.54	2.65	1.10
JD4	49.40	0.63	14.56	3.05	8.04	0.19	7.62	9.38	3.07	1.10	0.11	97.15	4.17	0.36	0.62	2.33	0.79
JD6	57.05	0.16	15.87	1.21	3.92	0.15	6.00	7.24	4.21	1.00	0.12	96.93	5.21	0.24	0.75	1.98	0.47
JD7	50.56	1.09	15.16	2.18	10.00	0.43	5.33	11.16	1.88	0.61	0.05	98.45	2.49	0.32	0.63	4.04	1.26
JD8	50.05	0.89	14.50	5.64	10.00	0.57	6.02	8.88	2.56	1.12	0.03	100.26	3.68	0.44	0.67	2.67	1.40
JD9	51.34	0.99	13.11	5.68	10.00	0.56	5.65	8.57	2.37	0.86	0.04	99.17	3.23	0.36	0.64	2.71	1.50
JD10	46.76	0.84	15.81	6.23	10.00	0.74	2.64	9.71	1.82	0.34	0.02	94.91	2.16	0.19	0.75	4.70	3.31
JD11	49.61	0.54	14.88	1.57	9.54	0.20	7.51	11.32	2.86	1.03	0.05	99.11	3.89	0.36	0.56	2.56	0.82
JD12	50.53	0.39	14.56	1.92	8.57	0.19	7.50	10.48	2.76	1.30	0.05	98.25	4.06	0.47	0.58	2.45	0.77
JD13	55.80	0.92	15.75	2.67	4.86	0.11	3.38	5.55	3.50	1.42	0.29	94.25	4.92	0.41	0.90	2.16	1.20
JD15	63.91	0.60	15.34	2.31	3.44	0.09	2.40	3.58	5.93	1.11	0.17	98.88	7.04	0.19	0.88	1.40	1.29
JD16	49.39	0.61	15.52	3.14	6.13	0.14	8.58	10.34	2.83	1.17	0.12	97.97	4.00	0.41	0.63	2.62	0.58
JD18	62.20	0.79	14.18	2.07	4.79	0.16	3.26	7.07	2.88	0.86	0.28	98.54	3.74	0.30	0.76	2.50	1.14
JD19	60.69	0.37	18.08	1.30	4.20	0.12	2.69	1.95	2.71	4.21	0.12	96.44	6.92	1.55	1.44	2.00	1.12
JD20	49.67	0.94	13.44	2.34	8.33	0.10	7.83	11.40	1.85	1.20	0.13	97.23	3.05	0.65	0.54	3.09	0.75
JD21	48.30	0.87	14.17	2.94	9.47	0.13	7.20	11.57	1.87	0.84	0.10	97.46	2.71	0.45	0.57	3.55	0.94
JD22	49.37	0.86	13.54	4.81	7.05	0.14	6.97	10.76	2.88	1.06	0.09	97.53	3.94	0.37	0.53	2.30	0.91
JD23	67.42	0.46	15.39	0.68	3.49	0.02	1.40	4.18	4.08	1.38	0.15	98.65	5.46	0.34	0.97	1.87	1.64
平均值	53.56	0.70	14.68	2.98	7.20	0.25	5.76	8.42	2.91	1.21	0.11	97.78	4.12	0.44	0.72	2.61	1.12
最高值	67.42	1.09	18.08	6.23	10.00	0.74	10.27	11.57	5.93	4.21	0.29	100.26	7.04	1.55	1.44	4.70	3.31
最低值	46.76	0.16	12.25	0.68	3.44	0.02	1.40	1.95	1.82	0.34	0.02	94.25	2.16	0.19	0.53	1.40	0.38
JD3	62.27	0.56	18.57	3.81	3.14	0.03	2.04	0.21	0.51	4.19	0.05	95.38	4.70	8.22	3.22	3.45	1.80
JD24	57.93	0.61	18.85	4.86	3.04	0.02	2.70	0.65	0.51	5.47	0.07	94.71	5.98	10.73	2.37	2.78	1.54
JD5	59.52	0.57	19.14	0.82	7.57	0.12	3.21	0.59	0.85	4.04	0.11	96.54	4.89	4.75	2.79	3.31	1.45
JD14	73.36	0.17	15.09	0.92	0.36	0.00	0.40	1.57	5.43	2.28	0.08	99.66	7.71	0.42	1.06	1.32	1.66
JD17	78.20	0.00	13.13	0.22	0.28	0.00	0.09	2.05	4.21	1.05	0.02	99.25	5.26	0.25	1.11	1.63	2.97

荆山群主要以黑云(或/和)透辉变粒岩-浅粒岩及长石石英岩为主，含富铝片麻岩、黑云石英片岩、透辉大理岩、各种斜长角闪岩和少量麻粒岩及石墨片麻岩等夹层，还有同变质花岗岩。可分为五种岩石类型：A 类——大理岩，其原岩为碳酸盐岩；B 类——透辉岩、透闪透辉岩，其原岩为含钙镁质沉积物的沉基性火山岩或白云质杂砂岩；C 类——斜长角闪岩、角闪变粒岩、黑云角闪变粒岩，其原岩为基中性火山岩；D 类——黑云变粒岩、黑云片岩、富铝片岩、片麻岩，原岩为泥质岩或粉砂质泥岩；E 类——石英岩、长石石英岩。

荆山群原岩建造形成于古元古代(2118Ma)之前(白瑾等，1996)，它们经历了三幕变形和四阶段的变质重结晶作用，推测变质峰期在 1800~1900Ma(卢良兆等，1996)。区内金矿床，如玲珑、焦家、三山岛金矿，均为石英脉型-破碎蚀变岩型，还有少量以大庄子、蓬家夼为代表的胶莱盆地北缘滑脱破碎带内的角砾岩型金矿。石英脉型-构造蚀变岩型金矿床受构造控制明显，主要分布于 NE 向的三山岛断裂带、焦家—新城断裂带及招远—平度断裂带。以花岗岩和主要以花岗岩为围岩的构造蚀变岩型金矿为主，如玲珑片麻状黑云母花岗岩、滦家河二长花岗岩，另外还有郭家岭花岗闪长岩及艾山似斑状二长花岗岩呈岩基或岩株状侵入于玲珑花岗岩体中。

三、BIF 岩系

“BIF”建造在中国称为沉积变质铁矿，是产于早前寒武纪(主要为太古宙到古元古代)中的细条带状硅质沉积变质铁矿床，呈层状分布，厚数百米，延续可达 150km。我国的沉积变质(鞍山式)铁矿都经受了绿片岩相—角闪岩相区域变质作用，主要分布在斜长角闪岩中。从辽东鞍本地区，经冀东、内蒙古直到新疆的阴山—天山构造带都有分布，均产出有沉积变质铁矿床。华北古陆沉积变质型铁矿变质较深，主要由石英、磁铁矿、赤铁矿、角闪石、辉石、绿泥石和少量铁白云石等碳酸盐矿物组成，碎屑矿物少见，反映了快速沉积的特点。矿石中磁铁矿(赤铁矿)、角闪石、辉石等与石英常形成相互平行的条带和纹层。

1. BIF 形成时代

华北古陆存在 3.8Ga 以上的演化历史(Wang et al.，2005)，但主要的陆壳增生和构造热事件时代为太古宙晚期(2.8~2.5Ga)，这一时代的地质体广泛分布于华北古陆不同地区，包括固阳、五台－吕梁、冀东、鞍山－本溪、霍邱、鲁西等(张连昌等，2011，2012；万渝生等，2012)。

1) BIF 铁矿年龄测定

最古老的 BIF 形成于古太古代，最年轻 BIF 形成于古元古代早期，BIF 铁矿的峰期为新太古代晚期(2.52~2.56Ga)。BIF 形成时代与早前寒武纪岩浆活动的时间基本一致(2.5~2.6Ga)，晚于华北古陆壳增生峰期(2.7~2.9Ga)。BIF 大多形成于岛弧环境，但局部地区(如固阳)BIF 铁矿可能形成于深部有地幔柱叠加的岛弧环境。在华北古陆的古元古代早期 BIF 不多见，并且这一时代的表壳岩系也很少见(表 4-11)。根据华北 BIF 铁矿多为阿尔戈马型铁矿，即铁矿与海相火山岩存在密切关系，铁矿体围岩或夹层的原岩多为同期火山岩的事实。利用火山岩样品进行锆石年代学研究，一些锆石存在核幔结构，能够区分原岩浆锆石(核部)与变质锆石增生边(幔部)，利用二次离子探针 SIMS 技术，分别获得了一些矿区火山岩的原岩年龄和变质年龄，为 BIF 铁矿形成时代及变质事件提供了较为精确年龄(Zhang et al.，2011a，b)。尽管华北古陆存在 3.8Ga 以上的演化历史，但最强烈的早前寒武纪构造-变质-热事件和 BIF 时代为新太古代晚期(2.52~2.60Ga)。这一时代的地质体和 BIF 铁矿广泛分布于华北古陆不同地区，包括鞍山—本溪、冀东、固阳、五台、舞阳、鲁西等。例如，冀东石人沟铁矿夹层火山岩进行锆石观察和 U-Pb 年龄测定，石人沟条带状铁矿围岩(火山岩)形成时代为 2.553~2.54Ga，而变质年龄为 2.510~2.52Ga (Zhang et al.，2011a)。研究表明固阳绿岩带中的科马提岩、高镁闪长岩、玄武岩和 BIF，形成时代均为 2.53~2.58Ga(陈亮，2007；刘利等，2012)。SIMS 锆石 U-Pb 定年显示本溪歪头山铁矿斜长角闪岩原岩形成于 2.53Ga，代表了歪头山 BIF 的成矿年龄。山东济宁及鲁西地区 BIF 铁矿围岩时代在 2.52~2.60Ga(王伟等，2010；万渝生等，2012；赖小东和杨晓勇，2012)。同时我们对鞍山、五台、冀东等地的其他 BIF 铁矿也进行了详细的年代学工作，限定了 BIF 的形成时代。通过甄别和统计有效的年代学数据，表明华北古陆 BIF 形成时代范围为 3.3~1.8Ga，但峰值在 2.56~2.52Ga。

冀东地区除曹庄附近存在古中太古代的残留外，几乎所有的变质深成岩的测年数据均为 2.550~2.45Ga(Geng et al.，2012)，因此冀东地区太古宙陆壳的生长主要集中在新太古代晚期，遵化岩群与迁西岩群并非是新老关系，很可能是形成构造背景或构造层次上的差异。

在华北是否存在中—新太古代的 BIF 还需进一步的研究。例如，冀东杏山铁矿，前人曾认为大于 3.0Ga，陈正乐(2011)也获得锆石 U-Pb 年龄为 3.3Ga 的资料，鞍山陈台沟铁矿可能形成于 3.3Ga(万渝生等，2005)。杏山铁矿床的规模较大，为中型矿床。该条带状铁建造铁矿床与斜长角闪岩、夕线黑云斜长片麻岩夹石榴或堇青石英岩、黑云片岩等共同产出，变质作用为高角闪岩相至麻粒岩相，原岩建造为基性火山岩-泥砂质-不纯碳酸盐-硅铁质沉积建造，以大小不等的包体分布在早期英云闪长岩和新太古代的花岗闪长岩和花岗岩内，零星分布。铁矿石为贫矿，条带状、条纹条带状构造，中粗粒结构，主要矿物为磁铁矿、石英、镁铁闪石，次要矿物有阳起石、普通角闪石。

表 4-11 华北克拉通早前寒武纪表壳岩(锆石 SHRIMP U-Pb)年龄表

顺序	岩性	地层	地点	锆石年龄/Ma			来源
				碎屑锆石	岩浆锆石	变质锆石	
1	黑云片麻岩	乌拉山群	大青山	2.5Ga		2467±7	董春艳等，2009
2	斜长角闪岩	色尔腾山群	三合明			2562±14	刘利等，2012
3	麻粒岩	兴和群	固阳乌兰不浪		2545±7	2.5Ga	Dong et al.，2012
4	斜长片麻岩	建平群	辽西建平		2555±7	2512±12	Liu et al.，2011
5	黑云变粒岩	滦县群	冀东密云		2534±8		Nutman et al.，2011
6	黑云片麻岩	密云群		2542±17		2505±6	Shi et al.，2011
7	变质火山岩	朱杖子岩群			2516±8		孙会一等，2010
8	角闪变粒岩	清源群	辽北			2515±6	万渝生等，2005
9	角闪变粒岩	鞍山群	弓长岭	2.7Ga	2528±10		万渝生等，2012
10	变质安山岩	五台群	五台		2529±10		Wilde et al.，2005
11	二长石英片岩	登封群	登封		2508±16		万渝生，2009
12	片麻状花岗岩	侵入太华群	鲁山		2139±16	1871±14	Wan et al.，2006
13	石墨夕线片麻岩	太华群		2.50~2.73Ga		1844±66	
14	角闪片麻岩	霍邱群	霍邱	2.75~2.56Ga		1.9Ga	Wan et al.，2009
15	变质火山岩	济宁群	鲁西		2561±24		王伟等，2010
16	变质火山岩				2522±7		焦秀美等
17	黑云变粒岩	泰山群		2.57~2.7Ga			Wan et al.，2012
18	黑云变粒岩			2.52Ga			
19	角闪变粒岩	胶东群	胶东		2520	2447±6	万渝生等，2012

同时华北也存在古元古代有关的 BIF(铁矿)，如山西吕梁袁家村铁矿、吉林大栗子铁矿等。在华北古陆，已发现的古元古代早期 BIF 不多，实际上，这一时代的表壳岩系也很少见。在大青山地区，近年来的研究从原上乌拉山岩群中分辨出古元古代早期(2.4~2.5Ga)表壳岩系(万渝生等，2009)，主要

由高角闪岩相-麻粒岩相变质泥沙质岩石组成，发现少量 BIF 铁矿。霍邱地区霍邱群 BIF 时代还不清楚，目前仅可限制在 1.85~2.7Ga(万渝生等，2009)。河北滦平县周台子铁矿位于华北古陆北缘，是产于前寒武纪单塔子群变质岩系中的鞍山式铁矿，具有条带状铁建造(BIF)特征。锆石 U-Pb 定年结果显示出几组年龄，分别是 2.512Ga、2.452Ga。大体看，2.512Ga 代表了火山喷发和周台子铁矿 BIF 沉淀年龄，2.452Ga 左右的锆石年龄代表了 TTG 质花岗片麻岩的侵位结晶年龄(相鹏等，2012)。山东昌邑铁矿位于华北古陆东部的胶北地体，为赋存于古元古代粉子山群变质岩中的条带状铁建造(BIF)铁矿(蓝廷广等，2012)。

2)陆壳增生与 BIF 铁矿的关系

华北古陆最老的地质记录是＞3.8Ga(Liu et al.，1992；万渝生等，2005)，最强烈的岩浆活动发生在太古宙末 2.50~2.6Ga，有较多的火山作用与沉积作用，形成新太古代绿岩带和条带状铁建造，同时有大量的壳熔花岗岩和 TTG 片麻岩形成，这一时代的地质体广泛分布于华北古陆不同地区，包括固阳、五台、冀东、辽西、吕梁、中条、霍邱、鲁西等(沈其韩等，2009，2011；万渝生等，2009；Wilde et al.，2002；Zhai and Santosh，2011)。然而，华北古陆 Nd 同位素(Wu et al.，2005)的研究结果揭示，2.7~2.8Ga 也是华北古陆地壳生长的重要阶段，而且 2.7~2.8Ga 的时间与全球地壳幕式增生特点，以及造山带的形成和超级大陆循环的时期表现出很强的一致性。

新太古代(2.8~2.5Ga)时期，全球范围内的主要克拉通普遍经历了大规模的陆壳生长过程，是绿岩地体集中形成的阶段，现今陆壳的 80%以上形成于这一阶段(翟明国，2010；Zhai and Santosh，2011)。在北美、西澳大利亚和印度的克拉通基底中，绿岩地体的形成峰期均在 2.7Ga 前后，在北欧波罗的等少数克拉通中，还存在 2.5Ga 的花岗-绿岩地体，是太古宙末期局部范围的地壳增生事件，其生长过程除与地幔柱活动有关外，还可能与板块构造过程相联系。华北古老克拉通也在这一时期发生地壳生长事件(Zhai and Santosh，2011)，怀安片麻岩地体显示 2.5Ga 增长的新生地壳(刘富等，2009)；华北古陆南缘也存在 2.5Ga 增长的新生地壳(Diwu et al.，2011)，所以对于华北地壳增长可能出现 2.5Ga 和 2.7Ga 两个时期。

华北古陆是中国大陆最为古老的陆块，于新太古代末期(2.5Ga)由不同的古老小陆块拼合而成，此后又经历了多期构造和岩浆作用的改造(翟明国，2010；Zhai and Santosh，2011)。2.5Ga 是华北古陆一次重要的构造-岩浆热事件，与世界其他克拉通普遍存在 2.7Ga 的陆壳增生事件明显不同，而华北古陆 BIF 形成时代与早前寒武纪岩浆活动的时间基本一致(2.5~2.6Ga)。

2. BIF 铁矿分布

大规模 BIF 铁矿主要发育在绿岩带分布区的鞍山—本溪、内蒙古固阳、密云—冀东、吕梁—五台、霍邱—舞阳、鲁西济宁等地(图 4-24)。华北的 BIF 铁矿主要形成于中—新太古代，也可能存在更早的 BIF 铁矿，冀东迁西群中水厂、孟家沟铁矿床，密云沙厂铁矿床属于中—新太古代沉积成矿，新太古代受变形变质改造。鞍山—本溪地区鞍山群中铁矿床、滦县群中司家营铁矿、夹皮沟岩群中三道沟铁矿、乌拉山岩群中三合明铁矿、山西五台群中铁矿、河南太华群中舞阳铁矿、山东济宁群中铁矿、安徽霍邱岩群的铁矿床成矿时代为新太古代，受到 2.5Ga 新太古代末—古元古代初区域变质作用发生变形变质。山西吕梁岩群中的袁家村铁矿、吉林集安群中的铁矿床是古元古代沉积成矿，1.8Ga 古元古代末期的区域构造作用发生变形变质(万渝生等，2010)。

华北古陆北缘固阳地区太古宙出露区分布的新太古代表壳岩系为一套经历绿片岩相至低角闪岩相变质的火山-沉积岩，第一岩组以斜长角闪岩为主，同时存在硅质岩和 BIF 铁矿层；第二岩组以变质英安岩和流纹岩的互层为主，夹少量基性火山岩。其中，第一岩组的上部为钙碱性组合，下部为拉斑系列岩石，其底部存在少量超镁铁质变质火山岩，这些拉斑系列的变质火山岩大约形成于 2.5Ga(赵亮等，2007)。

固阳西部和乌拉特前旗一带新太古代绿岩带色尔腾山群为一套经历了绿片岩相至低角闪岩相变质

的以变镁铁质火山岩为主的变火山-沉积岩系，自下而上可划分为三个岩组：第一岩组为超镁铁质及镁铁质火山岩组合，夹有钙碱性火山岩及条带状硅铁质岩；第二岩组为钙碱性长英质火山岩及火山碎屑岩组合，夹有拉斑玄武岩及少量条带状硅铁质岩和泥质粉砂岩；第三岩组为长英质火山碎屑岩和不成熟的碎屑沉积岩组合和碳酸盐岩。固阳绿岩带产出多种火成岩，自下而上典型岩石类型包括科马提岩、玄武质科马提岩、拉斑玄武岩、高镁安山岩、富 Nb 玄武岩。BIF 型铁矿主要产于固阳绿岩带中下部，主要由灰绿色斜长角闪岩夹磁铁石英岩、灰绿色绿帘斜长片岩夹长石石英片岩、钠长阳起片岩，顶部含橄榄透辉大理岩。原岩建造为基性火山岩、少量中酸性火山碎屑岩、沉积岩夹硅铁建造(陈亮，2007；刘利等，2012)，较重要铁矿有三合明、书记沟、东五分子、公益民和汗海子铁矿等。

冀东水厂和石人沟铁矿层火山岩夹层中锆石 U-Pb 年龄见有 3.4Ga 的核部年龄，其他大多为 2.55Ga 左右，反映条带状铁矿围岩(火山岩)形成时代为 2.553~2.54Ga，而幔或边部年龄为 2.51Ga 左右，后者代表变质年龄。铁矿带的原始含矿建造大致有四个基本类型，即新太古代迁西岩群火山岩系-硅铁建造、含沉积岩的火山岩系-硅铁建造、遵化岩群-滦县岩群火山岩-沉积岩系-硅铁建造、朱杖子岩群含火山岩-沉积岩系-硅铁建造四套赋矿层位。总体看，冀东铁矿的原岩以火山-火山沉积岩为主，构造背景为新太古代岛弧-陆缘弧火山盆地沉积环境，铁矿层多位于由基性火山岩向偏酸性火山岩或沉积岩的过渡部位，形成于新太古代火山喷发的间隙期(Zhang et al.，2011a)，典型 BIF 铁矿包括水厂、孟家沟、二马、大石河、龙湾和石人沟等，大多矿床类型相当于阿尔戈马型铁矿。但司家营、马城、柞栏杖子等铁矿因位于一套以沉积变质岩为主夹少量火山碎屑岩，应当是形成于绿岩带上部层位的阿尔戈马型铁矿。

鞍本地区铁矿是我国最大的条带状铁矿成矿区，位于华北地台东北缘胶辽台隆的西北部。除个别小型铁矿(如陈台沟铁矿)赋存于早古太古代地层中外，绝大多数条带状铁矿赋存于新太古代的鞍山群火山沉积变质岩系(绿岩带)中。如鞍山地区的铁矿包括东鞍山、西鞍山、齐大山和大孤山等，弓长岭地区包括弓长岭一矿区、二矿区、独木和中茨等，本溪地区包括南芬、歪头山等。其中分布于本溪及北台一带，以斜长角闪岩、混合岩化片麻岩及黑云变粒岩为主，夹云母石英片岩、绿泥石英片岩及条带状铁矿层，原岩为基性-中酸性火山岩、火山碎屑岩，夹泥质-粉砂质沉积岩和硅铁质岩，变质程度为角闪岩相；分布于鞍山地区的主要为绢云石英千枚岩、绢云绿泥片岩、绿泥石英片岩，夹变粒岩、磁铁石英岩及薄层斜长角闪岩，原岩为泥质-粉质沉积岩，夹硅铁质岩及少量基性-中酸性火山岩，变质程度为绿片岩相。值得注意的是，原认为是上下关系的表壳岩，很可能形成于同一时代。

歪头山铁矿、南芬铁矿和弓长岭铁矿的原岩建造为基性火山岩-中酸性(火山)杂砂岩、泥质岩-硅铁质沉积建造，矿床的形成与海相火山作用在时间上、空间上和成因上密切相关，属于(火山)沉积变质类型，相当于阿尔戈马型铁矿(代堰锫等，2012)。

安徽霍邱铁矿带，位于华北古陆南缘东西新太古代鲁山—舞阳—霍邱 BIF 铁矿带的东段。霍邱铁矿赋存于一套新太古代中高级变质作用的含铁建造中，经过数十年的勘探，已经相继探明了周集、张庄、李老庄、周油坊、范桥、吴集、李楼等大型矿床十余处。霍邱群下部以中性火山岩及凝灰岩、杂砂岩为主，夹基性凝灰岩及火山熔岩、沉积岩；中部和上部主要由泥质岩、泥质杂砂岩、杂砂岩、泥灰岩及铁硅质岩组成。具工业价值的矿体主要产在氧化物相含铁建造中，其矿物共生组合有四类：①石英+磁铁矿；②石英+镜铁矿；③石英+磁铁矿+硅酸盐；④石英+磁铁矿+镜铁矿+硅酸盐。从绿岩带层序看，该矿床应为形成于绿岩带上部层位的阿尔戈马型铁矿，但也有作者认为属新太古代苏必利尔湖与阿尔戈马铁建造的过渡类型(杨晓勇等，2012)。

舞阳含铁建造主要发育在新太古代太华群铁山庙组和赵案庄组，下部赵案庄组为基性-超基性火山-侵入岩组合，主要由辉石岩、角闪岩、大理岩和磁铁蛇纹岩组成。赵案庄铁矿以整合产出在赵案庄组上部超基性岩中的块状磷灰蛇纹磁铁矿为特征，矿石品位较富。矿石成分较复杂，以矿物组合可分为磷灰石-磁铁矿、白云石-磁铁矿、硬石膏-磁铁矿和透辉石-磁铁矿类矿石。在上部铁山庙组内，出现斜长角闪片麻岩与磁铁辉石岩、白云质大理岩韵律互层，如铁山庙和经山寺铁矿主要产于白云质大理岩中，矿石以条带状辉石-磁铁矿，石英-磁铁矿组合为主，但矿层内常夹有蛇纹石化大理岩、角闪片麻岩和硅质岩夹层。

鲁西绿岩带在华北古陆中展布面积最大。根据近年来的研究(Wan et al.，2011)，泰山岩雁翎关岩组和柳行岩组的下段形成时代为 2.7Ga，主要由变质镁铁质和超镁铁质岩石组成，BIF 只零星存在；山草峪岩组和柳行岩组的上段形成时代为 2.5Ga，主要由碎屑沉积岩组成，存在较大规模的 BIF。发育大规模 BIF 铁矿的济宁岩群形成时代为新太古代晚期(王伟等，2010)。近年来，在鲁西沂水杨庄一带发现了一定规模的沉积变质铁矿(赖小东和杨晓勇，2012)，铁矿体位于柳行岩组的上部，矿区出露的柳杭组地层岩性组合为黑云斜长变粒岩、黑云角闪变粒岩、斜长角闪岩、磁铁石英角闪岩、磁铁角闪石英岩，以及黑云片岩等。主要矿化岩为磁铁石英角闪岩和磁铁角闪石英岩。矿石矿物以磁铁矿为主，另有少量磁黄铁矿、黄铁矿。矿体顶板为黑云角闪变粒岩、斜长角闪岩，底板一般为黑云角闪变粒岩，局部为石榴黑云斜长变粒岩。

3. 矿化特征及形成环境

沉积变质型铁矿是前寒武纪(特别是早前寒武纪)沉积为主形成的含铁建造经受不同程度的区域变质作用形成的铁矿床(李厚民等，2012)。华北古陆存在 2.8~2.5Ga 的花岗-绿岩地体，是太古宙末期地壳增生事件的反映，其生长过程与地幔柱活动及初始的板块构造活动有关。太古宙花岗-绿岩地体存在类似现代洋底、洋底高原、岛弧、弧前和弧后等环境的多种火山岩组合，包括 N-MORB 型火山岩、高 Mg 闪长岩(Sanu-kitoid)、埃达克岩和富 Nb 火山岩。科马提岩和高铁基性岩浆的发育，标志着太古宙具有较高的地幔温度。

华北古陆由新太古代末期(2.5Ga)不同的古老小陆块拼合而成，此后经历了多期构造和岩浆活动的改造(翟明国，2010)。2.5Ga 是华北古陆一次重要的构造-岩浆热事件，与世界其他克拉通普遍存在 2.7Ga 的陆壳增生事件明显不同。Nd 同位素显示，2.7~2.8Ga 也是华北古陆地壳生长的重要阶段，在河南鲁山地区、鲁西及胶东地区都发现有 2.7~2.8Ga 的岩石。这与全球地壳幕式增生特点，以及造山带的形成和超级大陆的循环的时期表现出很强的一致性。一些研究者认为华北古陆新太古代 BIF 形成的构造环境可以岛弧作用模式解释，但另有研究认为是地幔柱或板底垫托作用导致了华北古陆新太古代晚期陆壳生长。

沉积变质型铁矿赋存于早前寒武纪变质岩中，主要由石英(燧石)和氧化铁矿物(磁铁矿、赤铁矿等)组成。通常具有典型的条带状构造，由条带状铁建造(BIF)变质改造而成。

一般成矿物质来源和成因认识：①早前寒武纪地壳薄弱，富铁质幔源岩浆大量喷发到海底，提供了丰富的铁质；②大洋广袤，陆源碎屑物贫乏，以化学沉积为主，造成铁建造中 Al_2O_3 的含量非常低；③大气缺氧，海洋仅上部水体含氧，其下巨大体积的水体缺氧、贫硫，溶解了巨量 Fe^{2+}；④温热的海水中饱和 SiO_2，为含铁建造提供硅质；⑤成矿物质在潮汐线以下静水环境堆积，形成条带状构造；⑥在 2.5~1.8Ga，大气圈中 O_2 明显增加(称为地球氧化事件，是地球历史上一个重要转折点)，铁大量沉淀成矿。此后，大气中氧增加，海水中硫的浓度增高，阻止了海洋中 Fe^{2+}的巨量积累，BIF 很少(图 4-24)。

2.5Ga 前后的大规模岩浆活动，大量的岩墙群、海底镁铁质火山岩中的地幔柱爆发事件可以提供溶解的 Fe^{2+}，并改变了海洋的氧化还原状态和 H_2、H_2S 还原剂等化学组成。一般认为富含铁的海水运移、沉积形成 BIF 铁矿有上升洋流和海底喷流两种机制：①上升洋流模式，深部富 Fe^{2+}的海水上涌到大陆边缘浅海盆地和陆棚时，在缺氧水体与上部氧化层界面附近；Fe^{2+}氧化成 Fe^{3+}大量沉淀形成 BIF；②海底喷流模式，镁铁质-超镁铁质新生洋壳形成后，由下伏岩浆房加热海水对流循环并从新生洋壳中淋滤出铁和硅等元素，在海底减压排泄成矿，条带状构造与成矿流体的脉动式喷发有关。

原生 BIF，尤其是原生阿尔戈马型 BIF，通常品位低，铁含量 30%左右。国外具有巨大经济价值的赤铁矿富矿(全铁品位 50%以上)是 BIF 贫矿经过进一步改造形成的。20 世纪 80 年代普遍认为，低品位的 BIF 于中—新生代经过表生风化淋滤，硅等元素被淋滤带走。铁残留富集，Fe^{2+}氧化成 Fe^{3+}，从而形成高品位的赤铁矿石。

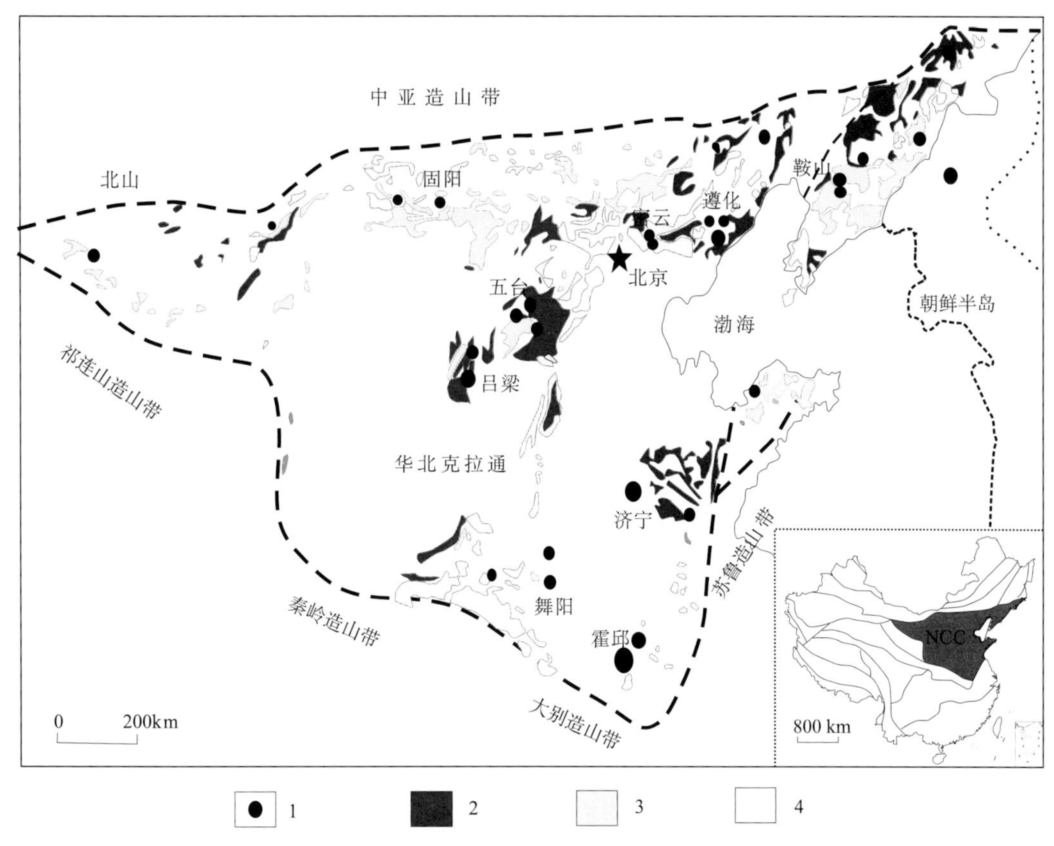

图 4-24　华北古陆 BIF 型铁矿分布图

1. BIF 铁矿；2. 太古宇；3. 古元古界；4. 中—新元古界

4. 矿床类型

BIF 铁矿类型可划分为阿尔戈马型(Algoma)和苏必利尔湖型(Superior)两类：产于绿岩带中的阿尔戈马型铁建造，含海底火山岩夹层，往往伴生火山成因块状硫化物矿床(VMS)，而苏必利尔湖型铁建造产出于被动大陆边缘的沉积岩序列中，普遍与火山岩无直接联系。但华北以新太古代绿岩带中的阿尔戈马型为主，仅吕梁的古元古代袁家村铁矿具典型苏必利尔湖型铁矿特征。根据 BIF 在绿岩带序列中的产出部位和岩石组合关系，可将华北 BIF 划分为：①斜长角闪岩(夹角闪斜长片麻岩)-磁铁石英岩组合；②斜长角闪岩-黑云变粒岩-云母石英片岩-磁铁石英岩组合；③黑云变粒岩(夹黑云石英片岩)-磁铁石英岩组合；④黑云变粒岩-绢云绿泥片岩-黑云石英片岩-磁铁石英岩组合；⑤斜长角闪岩(片麻岩)-大理岩-磁铁石英岩组合等 5 种类型。按照沉积变质铁矿含矿建造类型，华北古陆早前寒武纪的沉积变质铁矿可以分为三种类型。

(1)鞍山式：原始含铁建造为早前寒武纪铁镁质火山沉积建造，相当于阿尔戈马型。铁矿物以磁铁矿为主，中国的沉积变质型铁矿绝大多数为鞍山式，如辽宁齐大山、歪头山、西鞍山、杨林铁矿，辽宁宝国老、小莱河铁矿；吉林塔东、板石沟、老牛沟铁矿；黑龙江羊鼻山铁矿；河北水厂、司家营、石人沟、柞栏杖子、豆子沟、周台子、独山城、下口铁矿；北京沙厂铁矿；山西山羊坪、黑山庄铁矿；内蒙古三合明、壕赖沟、贾格尔其庙铁矿；山东韩旺、苍峄铁矿；安徽霍邱式铁矿；河南赵案庄铁矿；陕西鱼洞子铁矿；甘肃东大山铁矿；新疆赞坎铁矿；云南惠民铁矿等均属鞍山式铁矿床。

在弓长岭式铁矿带上下盘围岩中见到石榴石绿泥石蛇纹石片岩，具有变余鬣刺构造，原岩可能属于科马提岩类。辽东地区沉积变质铁矿集中于鞍山地区(东鞍山、西鞍山、齐大山、大孤山)、弓长岭地区(弓长岭一矿区、二矿区、独木矿区)和南芬地区。南芬和弓长岭铁矿其原岩建造为基性火山岩-中酸性(火山)杂砂岩、泥质岩硅铁质沉积建造，矿床的形成与海相火山作用在时间上、空间上和成因上密切相关，属于火山沉积变质类型，相当于阿尔戈马型铁矿；而鞍山地区的东鞍山和齐大山铁矿原岩建造为泥质中酸性杂砂岩(夹基性火山岩)-硅铁质沉积建造，是产在以沉积岩为主的铁矿床(沈其韩，1998)。

(2)袁家村式：原始含铁建造为早前寒武纪碎屑沉积建造，相当于苏必利尔湖型，铁矿物以磁铁矿为主。这类沉积变质型铁矿在中国较少，代表性矿床为山西袁家村铁矿床；山东济宁、莲花山铁矿；新疆布穹铁矿可能也属此类。

(3)大栗子式：也相当于苏必利尔湖型，但是原始含铁建造为元古宙碎屑岩-碳酸盐岩建造，铁矿物以磁铁矿为主。这类沉积变质型铁矿在中国也较少，代表性矿床为吉林大栗子铁矿床；黑龙江东风山铁金矿；辽宁大安口铁矿；新疆帕尔岗、天湖铁矿、迪木那里克、库鲁克赛铁矿；四川凤山营铁矿；青海清水河铁矿等。

5. 鞍山式铁矿岩石地球化学

根据华北北缘辽东鞍山—本溪、冀东迁安—滦县、内蒙古固阳等地鞍山式铁矿的岩石地球化学资料分析，其岩石地球化学特征具有明显的一致性，分别以岩石氧化物、微量元素和稀土元素地球化学特征进行分析比较。

1)*岩石地球化学*

鞍山式铁矿主要岩性组成是斜长角闪岩和条带状含铁石英岩矿石，两种岩性的地球化学特征具有相关性，但是差异也较大。条带状磁铁石英岩矿石主要成分是 SiO_2 和 Fe_2O_3、FeO，SiO_2 与氧化铁呈现直线相关关系(图 4-25)，其他组分 K_2O、Na_2O 及 Al_2O_3 含量都极低，并且 K_2O/Na_2O 都明显小于 1(表 4-12)。TFeO-SiO_2 岩石化学显示条带状磁铁矿陆源物质混入较少，而斜长角闪岩中除了 TFeO-SiO_2 还含有其他硅酸盐矿物化学成分，因此在 TFeO—SiO_2 相关散点图中位于曲线下部(图 4-25)。

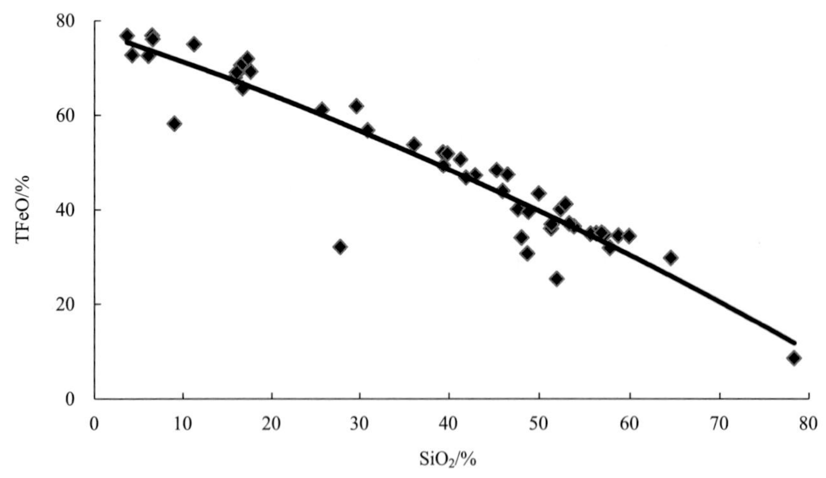

图 4-25　鞍山式铁矿 TFeO-SiO_2 相关散点图

2)*微量元素地球化学*

鞍山式铁矿矿石的微量元素组成反映的是热水沉积硅质岩的微量元素组成特征，微量元素中 Rb、Zr、Hf、Th、U、Nb、Ta 等壳源元素含量极低，而 Sr、Ba 及 Cr、Co、Ni、V 等海源幔源元素含量较高，元素特征值 Rb/Sr 值极低，而 Sr/Ba 值较高，V/Cr、U/Th、V/(V+Ni)及 δU 较高都表明是深海热水还原环境沉积特征(表 4-13)。

从微量元素聚类分析谱系图中可以看出，与陆源及滨海沉积不同，除了 Th、U 放射性元素，其他元素都显示明显的正相关性(图 4-26、图 4-27)。但是在与 SiO_2、TFeO 组成的聚类分析谱系图中明显分为两个群组(图 4-28)，Rb-Nb-Ba-Th-Zr-U 与 SiO_2 构成一个群组，显示为热液中的活性元素；Sr-Y-V-Ni-Co 与 TFeO 构成一个群组，是基性岩浆来源元素。这种明显的两个群组是由于条带状磁铁石英岩 SiO_2 和 TFeO 是两个端元组成，代表了两种热液性质。

其他元素只能选择与这两个端元组分的相关程度聚类，Cr 与 SiO_2 在一个群组，是由于其与 FeO 都是来自铁镁质岩浆，但是 Cr 是相容性元素，不易于进入热液，因此与 TFeO 相关性较差。

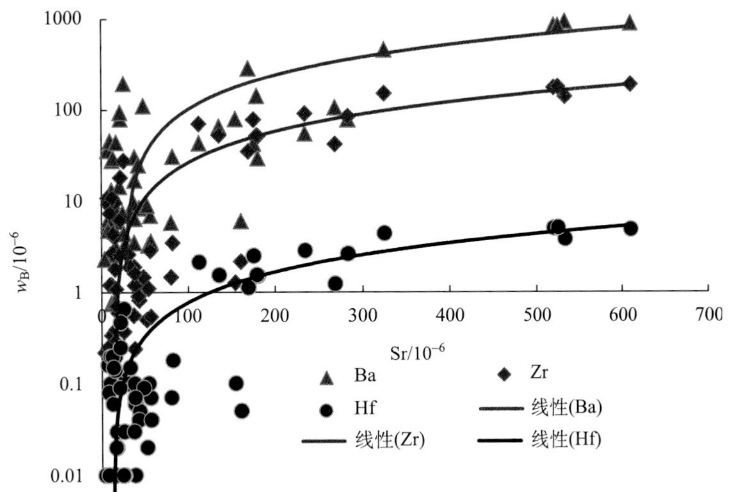

图 4-26　微量元素 Sr-(Ba，Zr，Hf)相关趋势图

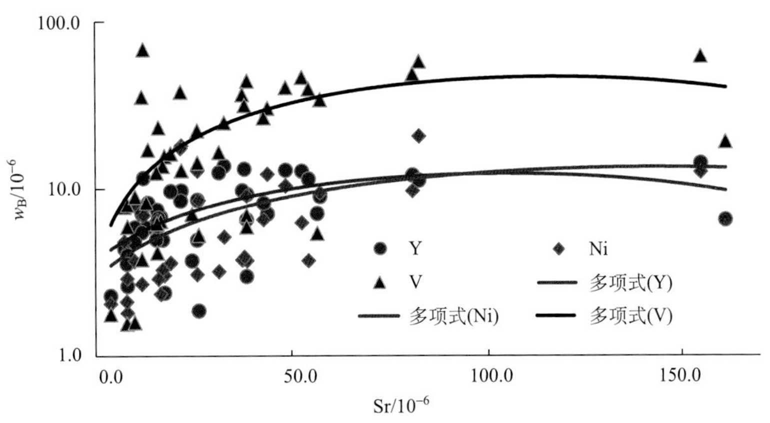

图 4-27　微量元素 Sr-(Y，Ni，V)相关趋势图

3) 稀土元素地球化学

鞍山式铁矿的稀土元素地球化学具有明显的特征，一是稀土元素总量较低，一般都在 50×10^{-6} 之下(表 4-14)，表中高于 50×10^{-6} 的样品大部分是斜长角闪岩和花岗岩围岩；二是轻重稀土元素分异不明显，LREE/HREE 值一般在 5 以下；三是具有明显较高的 δEu 值，一般都大于 1；四是一般 δCe 略小于 1，个别矿区略大于 1。

稀土元素配分曲线有三种类型。

一种是正铕异常型，该类配分曲线是鞍山式铁矿的主要类型(图 4-29)，配分曲线显示为铕上凸形式，鞍山—本溪地区的铁矿、河北迁安杏山铁矿床、滦县司家营、内蒙古固阳三合明铁矿、胶东昌邑铁矿及山西五台、吕梁铁矿均为此种稀土元素配分曲线形式。

表 4-12　鞍山式铁矿条带状铁矿石与斜长角闪岩围岩岩石化学成分表　(单位：%)

地区	编号	SiO_2	TiO_2	Al_2O_3	Fe_2O_3	FeO	MnO	MgO	CaO	Na_2O	K_2O	P_2O_5	Los	合计	Na_2O+K_2O	K_2O/Na_2O	A/CNK	A/NK
南芬	NF1	49.94	0.04	0.63	43.98		0.16	4.64	1.36	0.13	0.01	0.06		100.95	0.14	0.08	0.23	2.80
	NF2	55.38	0.01	0.69	37.74		0.12	5.62	0.35	0.13	0.03	0.05		100.12	0.16	0.23	0.78	2.80
	NF3	55.17	0.01	1.12	39.65		0.14	1.37	2.51	0.12	0.38	0.01		100.48	0.50	3.17	0.22	1.84
	NF4	50.46	0.01	0.61	47.88		0.05	0.38	0.85	0.12	0.01	0.10		100.47	0.13	0.08	0.35	2.93
弓长陵	GC1	48.03	0.01	0.62	47.00		0.06	3.03	1.95	0.14	0.01	0.03		100.88	0.15	0.07	0.16	2.57
	GC2	43.99	0.01	0.46	51.26		0.12	2.64	1.43	0.10	0.01	0.09		100.11	0.11	0.10	0.17	2.62
	GC3	39.68	2.25	0.62	52.24		0.03	3.27	1.93	0.21	0.01	0.07		100.31	0.22	0.05	0.16	1.74
东山	DSH1	47.53	0.01	0.69	46.56		0.07	4.43	1.2	0.13	0.01	0.08		100.71	0.14	0.08	0.29	3.07
东鞍山	DGSH1	38.41	0.01	0.68	55.72		0.11	3.48	2.32	0.14	0.01	0.08		100.96	0.15	0.07	0.15	2.82
齐大山	QDSH1	84.94	0.01	0.53	13.88		0.06	0.91	0.11	0.11	0.01	0.01		100.57	0.12	0.09	1.35	2.76
歪头山	WTF1	53.82	0.004	0.04	40.51		0.22	4.17	0.98	0.02	0.01	0.18	0.10	100.05	0.03	0.50	0.02	0.91
	WTF2	57.14	0.01	0.02	38.52		0.14	3.25	0.68	0.01	0.01	0.18	0.10	100.06	0.02	1.00	0.02	0.73
	WTF3	56.25	0.04	0.2	38.89		0.02	2.20	2.09	0.05	0.03	0.18	0.10	100.05	0.08	0.60	0.05	1.74
	WTF4	16.64	0.04	1.21	72.94		0.11	4.32	4.13	0.22	0.04	0.30	0.10	100.06	0.26	0.18	0.15	2.99
角闪岩	WTC1	48.42	0.87	14.96	14.84		0.22	7.52	6.77	3.08	0.54	0.08	1.90	99.2	3.62	0.18	0.83	2.65
	WTC2	46.41	0.84	13.85	13.68		0.19	6.72	7.3	1.54	1.31	0.08	8.13	100.05	2.85	0.85	0.80	3.50
	WTC3	46.06	0.88	14.03	15.20		0.23	8.06	9.78	1.23	0.37	0.08	3.68	99.6	1.60	0.30	0.69	5.79
	WTC4	46.52	0.99	14.74	15.45		0.21	8.60	6.37	1.39	1.19	0.09	4.03	99.58	2.58	0.86	0.97	4.12
迁安杏山	QZK1	51.92	0.13	1.52	21.62	5.91	0.30	6.12	10.78	0.59	0.01	0.09	0.78	99.77	0.60	0.02	0.07	1.55
	QZK2	51.30	0.02	0.97	30.66	8.44	0.11	1.58	3.17	0.32	0.05	0.05	3.53	100.20	0.37	0.16	0.15	1.67
	QZK5	3.66	0.02	1.72	56.48	25.92	0.16	2.68	3.05	0.25	0.08	0.06	3.70	97.78	0.33	0.32	0.28	3.45
	QZK7	9.03	0.02	1.21	41.55	20.78	0.32	5.44	8.11	0.10	0.08	0.09	12.74	99.47	0.18	0.80	0.08	4.81
	QZK8	36.00	0.01	0.65	40.67	17.14	0.09	2.66	1.29	0.43	0.06	0.03	1.84	100.87	0.49	0.14	0.21	0.84
	QZK9	42.91	0.01	0.73	33.97	16.69	0.05	3.30	0.62	0.28	0.04	0.10	1.90	100.60	0.32	0.14	0.45	1.45
	QZK12	39.30	0.01	0.57	46.09	7.92	0.08	2.72	1.62	0.41	0.05	0.06	1.77	100.60	0.46	0.12	0.15	0.78
	QZK13	47.63	0.07	1.26	37.50	6.34	0.37	2.13	1.89	0.40	0.06	0.04	2.33	100.02	0.46	0.15	0.30	1.74

续表

地区	编号	SiO_2	TiO_2	Al_2O_3	Fe_2O_3	FeO	MnO	MgO	CaO	Na_2O	K_2O	P_2O_5	Los	合计	Na_2O+K_2O	K_2O/Na_2O	A/CNK	A/NK
迁安杏山	QZK14	27.73	0.02	1.71	26.42	8.35	0.32	1.71	17.45	0.32	0.04	0.10	16.44	100.61	0.36	0.13	0.05	3.00
	QZK15	51.36	0.13	1.43	32.75	7.39	0.46	1.87	0.77	0.26	0.04	0.04	3.79	100.29	0.30	0.15	0.76	3.04
	QZK16	57.74	0.01	0.82	23.24	10.96	0.11	1.16	2.21	0.32	0.04	0.07	2.59	99.27	0.36	0.13	0.18	1.44
	QZK17	39.24	0.01	0.32	37.98	17.94	0.06	2.06	1.00	0.24	0.04	0.02	2.01	100.92	0.28	0.17	0.14	0.73
	QZK18	48.80	0.01	0.74	23.50	18.38	0.22	3.33	0.75	0.45	0.05	0.10	3.74	100.07	0.50	0.11	0.34	0.93
司家营	TW1	52.36	0.07	0.10	36.17	7.50	0.06	1.03	0.68	0.18	0.43	0.22	1.41	100.21	0.61	2.39	0.05	0.13
	TW2	78.33	0.06	0.10	7.18	2.10	0.04	0.84	0.41	10.00	0.07	0.11	1.05	100.29	10.07	0.01	0.01	0.01
	TW3	52.88	0.07	0.10	35.61	9.10	0.08	0.83	0.60	0.17	0.44	0.23	0.23	100.34	0.61	2.59	0.05	0.13
	TW4	58.69	0.07	0.10	36.12	2.00	0.03	0.90	0.97	0.19	0.07	0.12	1.41	100.67	0.26	0.37	0.05	0.26
	TW5	64.51	0.02	0.10	31.41	1.50	0.04	0.43	0.37	0.14	0.06	0.14	1.47	100.19	0.20	0.43	0.10	0.34
	TW6	41.28	0.03	0.73	37.15	17.20	0.06	1.66	1.47	0.09	0.27	0.07	0.10	100.11	0.36	3.00	0.23	1.66
	TW7	45.94	0.07	0.52	32.46	14.70	0.06	1.78	3.42	0.18	0.01	0.06	0.80	100.00	0.19	0.06	0.08	1.69
	TW8	45.28	0.02	0.01	29.07	22.20	0.07	0.90	2.15	0.11	0.01	0.31	0.10	100.23	0.12	0.09	0.00	0.05
	TW9	46.50	0.02	0.01	23.9	25.90	0.08	2.27	1.78	0.20	0.01	0.11	0.10	100.88	0.21	0.05	0.00	0.03
	TW10	39.78	0.03	0.01	37.97	17.70	0.09	2.43	1.78	0.11	0.01	0.09	0.10	100.10	0.12	0.09	0.00	0.05
	TW11	49.95	0.05	0.01	31.77	14.80	0.09	1.98	1.80	0.08	0.01	0.10	0.10	100.74	0.09	0.13	0.00	0.07
	TW12	53.28	0.02	0.01	26.58	13.10	0.16	1.92	3.22	0.08	0.01	0.15	1.70	100.23	0.09	0.13	0.00	0.07
	ZM13	6.51	0.05	1.31	82.65	2.40	0.04	2.71	0.44	0.09	0.03	0.13	3.37	99.73	0.12	0.33	1.33	7.25
	ZM14	15.77	0.07	3.43	47.9	24.80	0.18	3.97	2.39	0.19	1.00	0.29	0.10	100.09	1.19	5.26	0.60	2.45
	ZM15	16.59	0.09	0.01	52.13	23.10	0.18	3.51	4.10	0.14	0.01	0.16	0.10	100.12	0.15	0.07	0.00	0.04
	ZM16	17.18	0.01	0.01	56.87	20.70	0.09	1.74	3.08	0.11	0.01	0.19	0.10	100.09	0.12	0.09	0.00	0.05
	ZM17	16.42	0.09	0.01	51.94	23.80	0.18	3.57	3.43	0.18	0.02	0.31	0.10	100.05	0.20	0.11	0.00	0.03
	ZM18	6.59	0.08	1.84	55.63	26.00	0.20	4.28	2.93	0.11	0.02	0.44	1.74	99.86	0.13	0.18	0.33	9.08
	ZM19	17.57	0.07	0.94	50.65	23.60	0.22	3.62	2.17	0.09	0.54	0.25	0.26	99.98	0.63	6.00	0.20	1.28

续表

地区	编号	SiO_2	TiO_2	Al_2O_3	Fe_2O_3	FeO	MnO	MgO	CaO	Na_2O	K_2O	P_2O_5	Los	合计	Na_2O+K_2O	K_2O/Na_2O	A/CNK	A/NK
司家营	ZM20	11.22	0.05	0.01	56.41	24.20	0.16	3.15	3.28	0.14	0.05	0.25	1.93	100.85	0.19	0.36	0.00	0.04
	ZM21	4.25	0.04	1.55	53.98	24.10	0.25	4.72	5.42	0.11	0.03	0.12	5.15	99.72	0.14	0.27	0.15	7.26
	ZM22	6.09	0.12	0.32	54.06	23.90	0.22	3.98	5.86	0.19	0.02	0.34	4.62	99.72	0.21	0.11	0.03	0.96
	ZM23	25.63	0.06	2.21	44.88	20.70	0.18	3.70	2.17	0.20	0.04	0.23	0.10	100.10	0.24	0.20	0.51	5.93
	ZM24	15.95	0.03	0.38	50.89	23.20	0.17	3.99	5.01	0.17	0.01	0.19	0.10	100.09	0.18	0.06	0.04	1.31
滦平	LPA4	58.22	0.99	16.42	2.74	5.50	0.09	2.85	5.11	3.54	2.21	0.3	1.02	99.54	5.75	0.62	0.94	2.00
	LPA5	68.77	0.42	14.47	1.17	2.93	0.05	1.89	2.33	4.44	2.16	0.06	0.8	99.77	6.6	0.49	1.04	1.50
	LPA6	48.76	0.73	14.50	3.79	8.45	0.17	8.31	9.78	3.12	1.03	0.05	0.62	100.14	4.15	0.33	0.60	2.32
	LPA7	47.08	1.30	13.14	5.83	11.98	0.27	6.27	9.91	2.29	0.30	0.12	0.38	100.07	2.59	0.13	0.59	3.21
	LPF8	48.68	0.27	5.21	13.93	18.15	0.25	7.06	1.72	0.14	1.70	0.1	0.86	99.88	1.84	12.14	1.00	2.51
	LPF9	48.05	0.19	2.25	18.06	17.80	0.11	6.59	4.06	0.16	0.17	0.61	0.1	99.93	0.33	1.06	0.29	5.03
	LPF10	55.61	0.02	0.16	19.39	17.40	0.09	3.64	1.64	0.12	0.02	0.03	0.1	99.95	0.14	0.17	0.05	0.73
固阳	SHK1	56.83	0.02	0.56	22.03	15.25	0.08	1.57	2.25	0.09	0.12	0.19	0.97	99.96	0.21	1.33	0.13	2.01
	SHK2	29.55	0.05	0.89	38.05	27.65	0.08	2.26	1.06	0.04	0.06	0.25	0.10	100.04	0.10	1.50	0.43	6.80
	SHK3	30.84	0.06	1.29	26.81	32.65	0.19	5.04	0.98	0.07	0.21	0.28	1.50	99.92	0.28	3.00	0.61	3.76
	SHK4	41.87	0.02	0.34	29.49	20.25	0.07	1.59	1.47	0.02	0.04	0.18	4.50	99.84	0.06	2.00	0.12	4.46
	SHK5	59.87	0.02	0.33	20.69	15.75	0.06	1.44	0.87	0.56	0.06	0.31	0.10	100.06	0.62	0.11	0.13	0.33
	平均	43.79	0.03	0.68	27.41	22.31	0.10	2.38	1.33	0.16	0.10	0.24	1.43	99.96	0.25	1.59	0.28	3.47
三合明角闪岩	SHA1	45.31	1.67	12.32		18.35	0.24	6.09	10.77	2.41	0.24	0.12	2.02	99.54	2.65	0.10	0.52	2.92
	SHA2	46.80	1.82	13.67		13.05	0.24	5.41	10.82	3.00	0.57	0.13	3.88	99.39	3.57	0.19	0.54	2.46
	SHA3	47.55	2.01	14.26		15.34	0.23	5.25	9.61	3.36	0.24	0.13	1.40	99.38	3.60	0.07	0.61	2.46
	平均	46.55	1.83	13.42		15.58	0.24	5.58	10.40	2.92	0.35	0.13	2.43	99.44	3.27	0.12	0.56	2.61

续表

地区	编号	SiO_2	TiO_2	Al_2O_3	Fe_2O_3	FeO	MnO	MgO	CaO	Na_2O	K_2O	P_2O_5	Los	合计	Na_2O+K_2O	K_2O/Na_2O	A/CNK	A/NK
昌邑	CY1	30.99	0.07	5.19	32.79	17.03	0.10	3.86	4.13	0.40	0.20	0.02	3.00	97.78	0.60	0.50	0.62	5.93
	CY2	47.43	0.13	4.78	24.05	14.96	0.06	2.70	2.94	0.38	0.41	0.06	0.36	98.26	0.79	1.08	0.74	4.47
	CY3	37.50	0.07	0.99	40.03	18.31	0.04	1.42	0.85	0.10	0.06	0.02	1.52	100.91	0.16	0.60	0.56	4.31
	CY4	54.41	0.01	0.58	24.24	15.42	0.07	2.32	1.59	0.14	0.03	0.01	1.00	99.82	0.17	0.21	0.18	2.21
	CY5	49.00	0.08	3.26	23.10	15.56	0.08	3.38	4.19	0.30	0.16	0.05	0.60	99.76	0.46	0.53	0.39	4.89
	CY6	44.17	0.11	3.65	25.16	20.84	0.11	2.96	0.63	0.97	0.64	0.04	1.14	100.42	1.61	0.66	1.06	1.59
	CY7	42.36	0.02	0.81	37.67	15.87	0.05	1.35	1.38	0.10	0.05	0.02	1.22	100.90	0.15	0.50	0.30	3.70
	平均	43.69	0.07	2.75	29.58	16.86	0.07	2.57	2.24	0.34	0.22	0.03	1.26	99.69	0.56	0.58	0.55	3.87
鲁西韩旺	LX	40.23	0.02	0.41	37.70	18.84	0.08	1.61	1.88	0.07	0.02	0.06	0.01	100.93	0.09	0.29	0.12	3.00
山西五台	WT	43.63	0.02	0.75	38.21	13.30	0.11	1.46	1.65	0.09	0.02	0.16	0.09	99.49	0.11	0.22	0.24	4.42

表 4-13　鞍山式铁矿条带状铁矿石与斜长角闪岩围岩微量元素成分表

(单位：10^{-6})

编号	Rb	Sr	Ba	Zr	Hf	Th	U	Y	Nb	Ta	Cr	Ni	Co	V	Rb/Sr	Sr/Ba	Nb/Ta	Zr/Y	V/Cr	Co/Ni	U/Th	V/(V+Ni)	δU
WTF1	0.46	12.01	0.76	0.34	0.01	0.02	0.05	7.1	0.17	0.002				3.79	0.04	15.80	85.00	0.05			2.50		1.76
WTF2	0.94	15.97	0.81	0.29	0.01	0.02	0.003	5.99	0.18	0.002				4.16	0.06	19.72	90.00	0.05			0.15		0.62
WTF3	1.27	56.67	6.94	2.85	0.07	0.11	0.11	7.06	0.72	0.04				5.4	0.02	8.17	18.00	0.40			1.00		1.50
WTF4	0.84	161.3	6.02	2.16	0.05	0.05	0.39	6.45	0.44	0.02				18.96	0.01	26.79	22.00	0.33			7.80		1.92
WTC1	36.2	136.2	65.43	52.52	1.55	0.28	0.08	20.91	2.82	0.15				276.3	0.27	2.08	18.80	2.51			0.29		0.92
WTC2	88.44	269.4	105.3	41.64	1.23	0.27	0.36	16.4	2.56	0.13				242.3	0.33	2.56	19.69	2.54			1.33		1.60
WTC3	19.05	180.9	29.49	51.16	1.51	0.32	0.12	19.71	2.88	0.15				263.5	0.11	6.13	19.20	2.60			0.38		1.06
WTC4	67.69	179.6	141.5	51.87	1.55	0.3	0.14	21.52	3.01	0.16				278.4	0.38	1.27	18.81	2.41			0.47		1.17
QZK2	2.3	15.9	4.7	9.7	0.2	0.3	0.1	7.5	0.3	0.1	0.1	6.5	2.3	6.2	0.15	3.35	6.60	1.30	123.20	0.36	0.48	0.49	1.18
QZK3	1.4	54.5	3.3	1.1	0.1	0.1	0.1	11.4	0.2	0.1	4.0	3.7	6.3	39.3	0.03	16.52	3.60	0.10	9.83	1.68	1.80	0.91	1.69
QZK4	1.9	16.3	11.2	1.8	0.1	0.2	0.1	6.7	0.1	0.1	4.7	2.9	1.4	23.2	0.12	1.46	2.20	0.27	4.94	0.48	0.23	0.89	0.81
QZK5	2.4	19.4	6	0.6	0.1	0.1	0.1	9.7	0.3	0.1	0.1	3.6	0.7	16.2	0.13	3.23	5.40	0.06	324.00	0.19	0.57	0.82	1.26
QZK5	3.1	12	13.2	1.2	0.1	0.2	0.1	5.5	0.1	0.1	2.8	2.7	0.4	35.3	0.26	0.91	2.40	0.22	12.61	0.14	0.25	0.93	0.86
QZK7	1.6	31.7	7	2.6	0.1	0.1	0.1	12.5	0.2	0.1	0.1	3.2	1	16.5	0.05	4.55	3.60	0.21	330.00	0.32	0.64	0.84	1.31
QZK10	1.5	38.2	3.5	1.9	0.1	0.3	0.1	13.1	0.2	1.1	4	3.9	0.4	31.4	0.04	10.79	0.15	0.15	7.85	0.09	0.21	0.89	0.77
QZK11	1.2	10.1	2.6	1.2	0.1	0.2	0.1	4.8	0.2	0.1	3.6	3.7	0.4	1.6	0.12	3.91	3.40	0.24	0.43	0.11	0.24	0.30	0.83
TW1	7.9	26.2	195.0	27.8	0.66	2.7	2.6	8.6	1.6	0.17	20.2	12.8	2.5	14.3	0.30	0.13	9.12	3.24	0.71	0.19	0.98	0.53	1.49
TW2	2.0	7.4	36.2	10.9	0.16	0.6	0.3	4.4	0.4	0.05	9.3	4.8	1.5	7.8	0.27	0.21	8.40	2.49	0.84	0.30	0.56	0.62	1.25
TW3	18.1	22.1	79.9	18.1	0.47	1.8	0.6	9.8	2.1	0.14	14.7	18.1	2.8	12.9	0.82	0.28	14.71	1.85	0.88	0.16	0.35	0.42	1.02
TW4	2.4	8.2	5.6	9.3	0.08	0.3	0.6	4.0	0.3	0.03	4.1	2.9	0.8	8.0	0.30	1.46	9.33	2.30	1.97	0.29	1.85	0.73	1.70
TW5	3.6	10.2	45.5	7.4	0.20	0.5	0.8	5.9	0.4	0.03	8.0	8.2	3.2	9.0	0.35	0.22	12.67	1.26	1.13	0.40	1.49	0.52	1.63
TW6	0.6	8.3	6.2	0.2	0.00	0.0	0.1	2.6	0.2	0.01	1.9	1.8	0.8	5.9	0.07	1.33	16.00	0.08	3.20	0.42	1.67	0.76	1.67
TW7	0.3	17.8	7.7	0.7	0.02	0.1	0.1	2.4	0.2	0.01	1.7	3.0	4.3	15.6	0.02	2.31	21.00	0.30	9.34	1.40	0.67	0.84	1.33
TW8	0.2	16.8	3.1	0.4	0.02	0.2	0.2	6.8	0.3	0.01	4.1	2.4	2.1	6.4	0.01	5.37	27.00	0.06	1.56	0.90	1.18	0.73	1.56

续表

编号	Rb	Sr	Ba	Zr	Hf	Th	U	Y	Nb	Ta	Cr	Ni	Co	V	Rb/Sr	Sr/Ba	Nb/Ta	Zr/Y	V/Cr	Co/Ni	U/Th	V/(V+Ni)	δU
TW9	0.1	3.9	2.3	0.2	0.01	0.1	0.1	2.3	0.1	0.01	7.3	2.1	1.2	1.8	0.03	1.70	14.00	0.10	0.25	0.58	1.40	0.46	1.62
TW10	0.2	8.1	4.8	0.3	0.01	0.1	0.1	3.6	0.1	0.01	2.6	2.1	0.7	1.6	0.03	1.69	9.00	0.07	0.61	0.33	0.60	0.43	1.29
TW11	0.6	17.3	44.2	1.1	0.03	0.2	0.3	5.0	0.2	0.02	12.6	3.3	0.8	13.7	0.04	0.39	9.50	0.22	1.09	0.25	1.41	0.81	1.62
TW12	0.5	38.8	30.4	1.2	0.06	0.2	0.2	6.5	0.3	0.03	13.6	9.1	3.9	6.9	0.01	1.28	9.33	0.18	0.51	0.43	0.91	0.43	1.47
ZM13	1.3	12.4	28.0	10.9	0.20	0.4	2.3	11.6	0.3	0.15	7.1	6.9	4.0	68.3	0.10	0.44	1.80	0.94	9.69	0.57	5.87	0.91	1.89
ZM14	57.1	155.0	79.4	1.3	0.10	1.6	0.7	14.1	1.2	0.01	16.5	12.5	3.6	61.4	0.37	1.95	122.00	0.09	3.72	0.28	0.46	0.83	1.16
ZM15	0.3	44.1	8.5	0.8	0.05	0.4	0.2	7.1	0.4	0.01	3.0	12.2	2.9	30.1	0.01	5.21	38.00	0.12	10.13	0.24	0.42	0.71	1.11
ZM16	0.2	26.1	3.1	0.7	0.03	0.3	0.1	4.9	0.5	0.02	2.9	3.1	1.5	22.2	0.01	8.37	24.00	0.13	7.66	0.48	0.56	0.88	1.25
ZM17	0.9	33.0	7.7	1.9	0.15	0.6	0.3	13.7	0.6	0.01	12.5	5.2	1.9	24.8	0.03	4.28	59.00	0.14	1.98	0.37	0.49	0.83	1.19
ZM18	1.1	52.8	9.0	0.5	0.02	1.3	0.4	12.7	0.5	0.01	13.3	6.2	2.7	46.0	0.02	5.84	49.00	0.04	3.46	0.43	0.32	0.88	0.98
ZM19	30.4	48.7	111.0	1.5	0.09	2.1	0.7	12.9	1.6	0.01	16.0	10.4	4.3	40.1	0.62	0.44	162.00	0.11	2.51	0.41	0.35	0.79	1.02
ZM20	1.1	43.1	25.1	0.9	0.04	0.3	0.2	8.2	1.0	0.01	14.5	6.5	1.7	26.5	0.03	1.72	99.00	0.11	1.83	0.26	0.88	0.80	1.45
ZM21	0.8	38.9	6.4	0.2	0.01	0.1	0.1	9.3	0.6	0.01	1.9	3.7	1.1	43.9	0.02	6.06	62.00	0.03	23.23	0.30	1.30	0.92	1.59
ZM22	1.1	80.7	5.8	1.5	0.07	0.4	0.1	12.0	0.5	0.04	14.9	9.7	3.9	48.1	0.01	13.89	12.00	0.12	3.23	0.40	0.33	0.83	1.00
ZM23	1.7	37.7	9.6	0.6	0.03	1.4	0.4	9.8	0.6	0.01	6.1	3.8	1.6	36.4	0.05	3.95	60.00	0.06	5.95	0.42	0.27	0.91	0.90
ZM24	0.4	57.4	3.6	0.5	0.04	0.3	0.1	9.0	0.6	0.01	1.9	9.4	2.5	33.8	0.01	15.90	63.00	0.06	17.42	0.27	0.36	0.78	1.03
LPA4	52.7	611	880	186	4.82	0.35		21.1	9.77	0.45	165	36.76	24.41	108.1	0.09	0.69	21.71	8.82	0.66	0.66		0.75	
LPA5	78.4	325	454	150	4.39	14.19		14.31	5.03	0.23	260	40.68	17.74	69.12	0.24	0.72	21.87	10.48	0.27	0.44		0.63	
LPA6	24.6	170	286	34.9	1.13	0.08		16.44	2.05	0.15	353	148.8	50.97	263.2	0.14	0.59	13.67	2.12	0.75	0.34		0.64	
LPA7	3.38	113	43.3	70	2.15	0.03		31.13	4.46	0.3	112	63.48	57.21	384.4	0.03	2.61	14.87	2.25	3.43	0.90		0.86	
LPF8	174	21.9	93.9	6.17	0.25	0.28		8.48	4.13	0.18	135	17.48	6.32	37.84	0.95	0.23	22.94	0.73	0.28	0.36		0.68	
LPF9	4.84	82.4	31	3.47	0.18	1.3		11.16	0.59	0.04	238	20.46	7.57	57.17	0.06	2.66	14.75	0.31	0.24	0.37		0.74	
LPF10	0.48	26.5	4.43	0.37	0.01	0.01		1.87	0.29	0.01	223	8.52	5.16	5.28	0.02	5.98	29.00	0.20	0.02	0.61		0.38	
SHK1	13.2	38.8	17.1	1.61	0.07	0.2	0.03	2.99	0.48	0.01				5.91	0.34	2.27	48.00	0.54			0.15		0.62

续表

编号	Rb	Sr	Ba	Zr	Hf	Th	U	Y	Nb	Ta	Cr	Ni	Co	V	Rb/Sr	Sr/Ba	Nb/Ta	Zr/Y	V/Cr	Co/Ni	U/Th	V/(V+Ni)	δU
SHK2	3.5	15.7	8.41	4.03	0.14	0.38	0.07	4.97	0.57	0.03				12.5	0.22	1.87	19.00	0.81			0.18		0.71
SHK3	13	13.6	29.6	4.33	0.15	0.45	0.23	8.25	0.64	0.03				17.1	0.96	0.46	21.33	0.52			0.51		1.21
SHK4	4	24.8	7.44	0.11	0.01	0.06	0.03	3.72	0.24	0.01				7.05	0.16	3.33	24.00	0.03			0.50		1.20
SHK5	3.4	13.1	10.27	2.68	0.06	0.17	0.05	5.85	0.44	0.01				8.3	0.26	1.28	44.00	0.46			0.29		0.94
平均值	7.42	21.2	14.56	2.55	0.09	0.25	0.08	5.16	0.47	0.02				10.17	0.39	1.84	31.27	0.47			0.33		0.94
SHA1	4.91	176	42.7	77.5	2.51	0.38	0.09	18.8	3.85	0.29				353	0.03	4.12	13.28	4.12			0.24		0.83
SHA2	16.3	284	77.5	83.7	2.63	0.33	0.08	18.7	4.02	0.29				341	0.06	3.66	13.86	4.48			0.24		0.84
SHA3	4.8	235	54.8	90	2.86	0.38	0.09	21.1	4.63	0.34				371	0.02	4.29	13.62	4.27			0.24		0.83
CY1	2.08	34.56	31.12	5.96	0.17	0.28	0.14	5.43	0.86	0.06	89.08	51.96	30.41	66.58	0.06	1.11	14.33	1.10	0.75	0.59	0.50	0.56	1.20
CY2	14.04	27.17	86.44	20.81	0.67	2.54	0.40	8.87	2.02	0.12	230.00	27.78	24.69	54.48	0.52	0.31	16.83	2.35	0.24	0.89	0.16	0.66	0.64
CY3	3.15	10.18	62.35	3.74	0.12	0.21	0.03	1.65	0.42	0.03	154.80	7.93	6.08	35.64	0.31	0.16	14.00	2.27	0.23	0.77	0.14	0.82	0.60
CY4	2.75	9.36	10.06	0.91	0.04	0.14	0.04	2.28	0.23	0.03	180.60	12.28	3.55	5.32	0.29	0.93	7.67	0.40	0.03	0.29	0.29	0.30	0.92
CY5	3.15	24.40	29.63	11.95	0.43	1.44	0.39	10.00	1.68	0.11	186.90	10.70	4.90	19.97	0.13	0.82	15.27	1.20	0.11	0.46	0.27	0.65	0.90
CY6	5.13	9.74		10.38	0.38	1.48	0.31	5.58	2.03	0.13	214.80	26.46	8.10	34.60	0.53	0.02	15.62	1.86	0.16	0.31	0.21	0.57	0.77
CY7	2.76	10.58	2.55	2.36	0.08	0.06	0.04	3.02	0.32	0.02	170.40	1.43	3.34	8.10	0.26	4.15	16.00	0.78	0.05	2.34	0.67	0.85	1.33

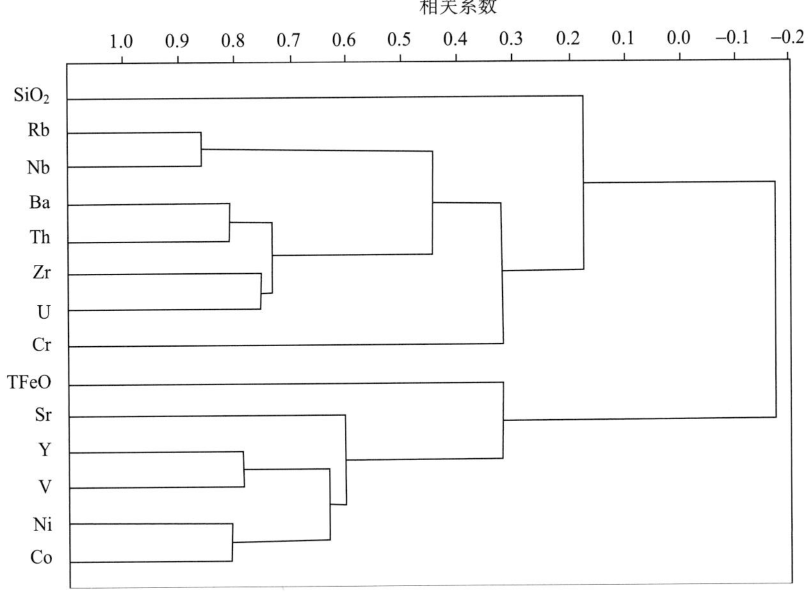

图 4-28　微量元素 R 型聚类分析谱系图

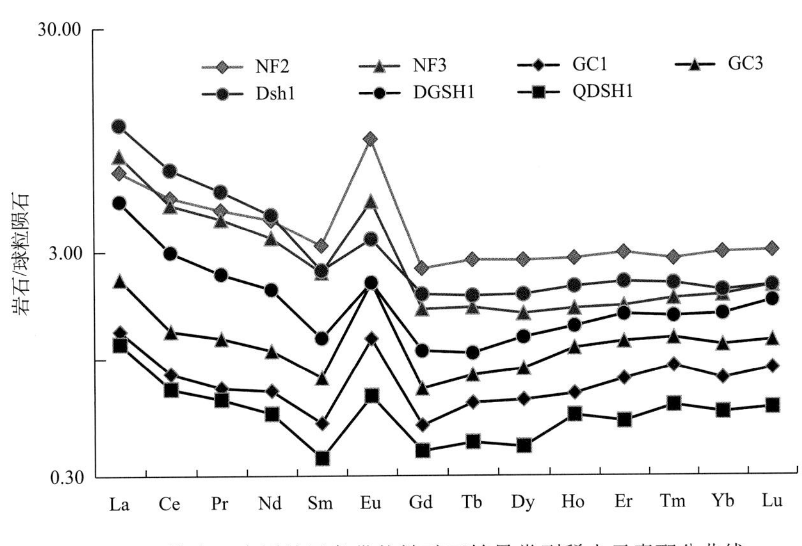

图 4-29　鞍山—本溪地区条带状铁矿正铕异常型稀土元素配分曲线

第二种是负铕异常型，每个矿区有个别样品具有此种稀土元素配分模式，以滦县司家营铁矿致密状矿石及河北滦平周台子铁矿为特征(图 4-30)。

第三种类型是斜长角闪岩围岩稀土元素配分曲线类型，轻重稀土元素分异不明显，呈现平直曲线，或者中稀土元素略有升高(图 4-31)。

条带状磁铁石英岩矿石稀土元素总量一般低于斜长角闪岩围岩稀土元素总量，具有正铕异常的稀土元素配分曲线在斜长角闪岩稀土元素配分曲线下部(图 4-32)。而含有含铝硅酸盐矿物的铁矿石具有负铕异常的稀土元素配分曲线介于围岩有稀土元素分馏的配分曲线之间，具有正铕异常的 LPF10 曲线位于图形最下方，表示稀土元素总量最低(图 4-33)。这种稀土元素配分模式表明，稀土元素在热液中是不活跃的，热液在火山岩浆分异过程中并不易进入溶液，并且轻重稀土元素的分馏主要是在岩浆分异过程中完成的。

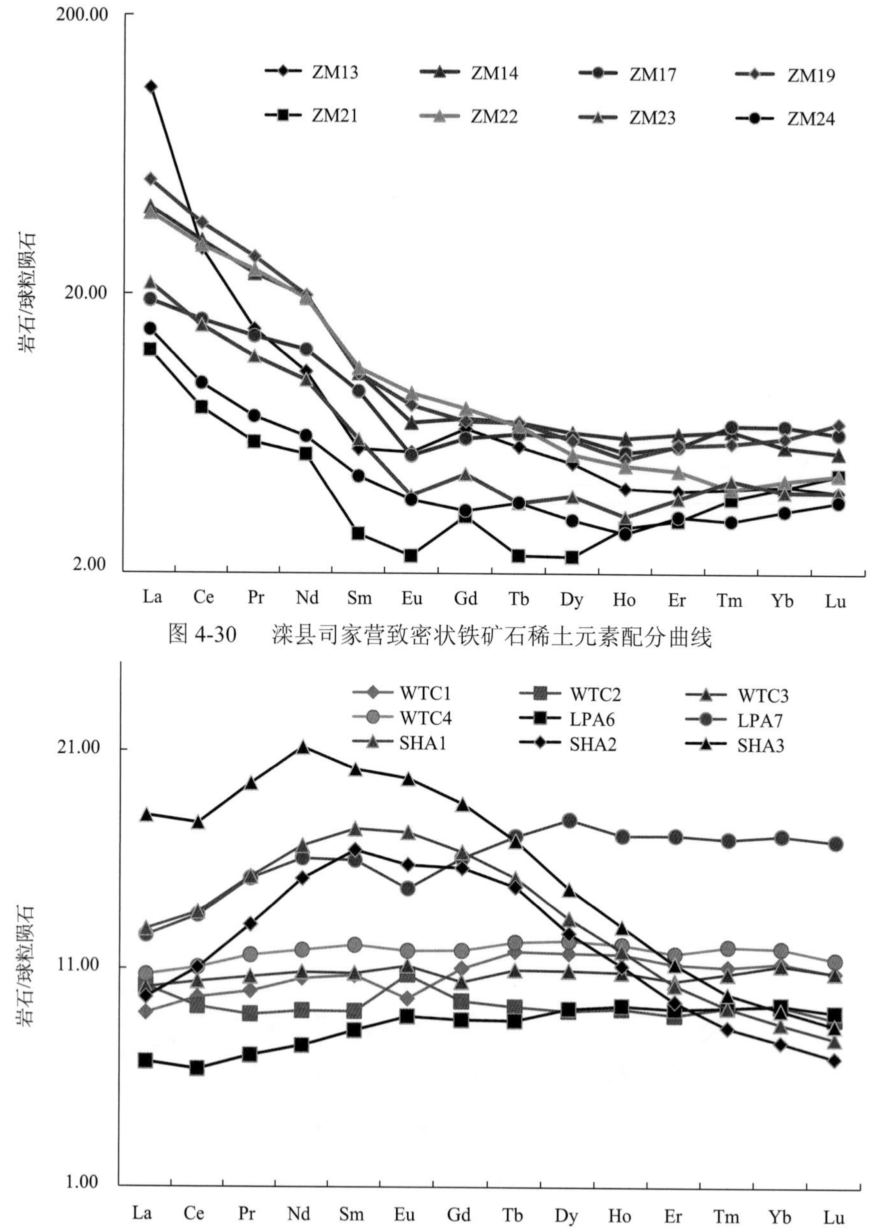

图 4-30　滦县司家营致密状铁矿石稀土元素配分曲线

图 4-31　鞍山歪头山铁矿（WTCq）和固阳三合明铁矿（SHA*）斜长角闪岩围岩稀土元素配分曲线

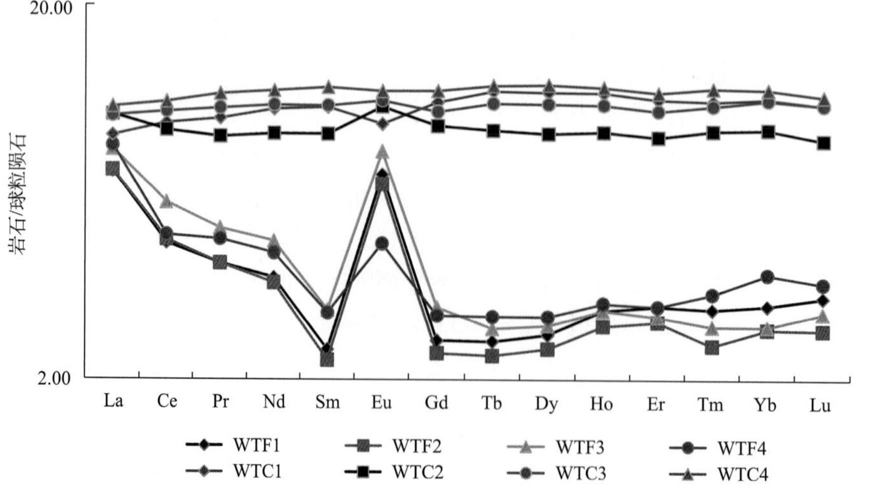

图 4-32　鞍山歪头山铁矿条带状铁矿石（WTF*）和斜长角闪岩（WTC*）稀土元素配分曲线图

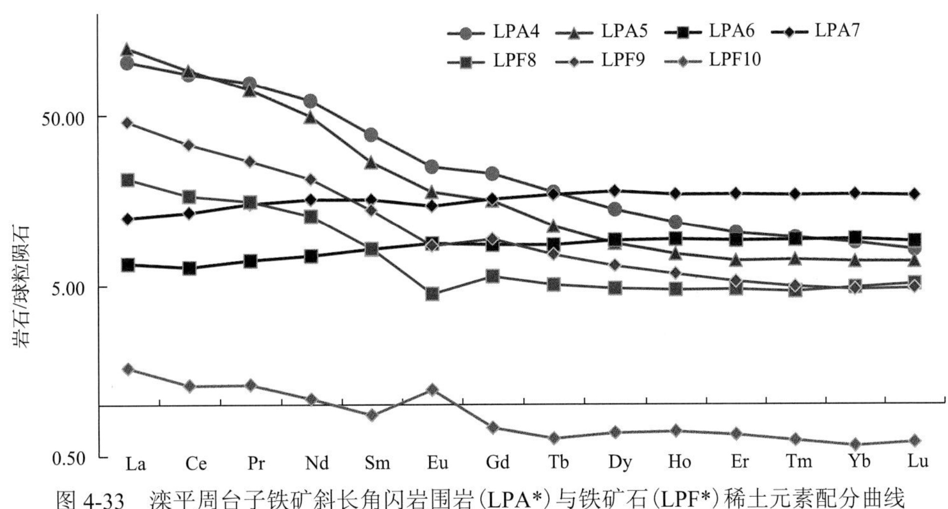

图 4-33　滦平周台子铁矿斜长角闪岩围岩(LPA*)与铁矿石(LPF*)稀土元素配分曲线

条带状磁铁石英岩铁矿石稀土元素 LREE/HREE-REE 呈现正相关性(图 4-34)，δEu-LREE/HREE 呈现负相关性(图 4-35)，而 δEu-δCe 也呈现负相关性(图 4-35、图 4-36)，这种特征与地幔岩浆分异特征是一致的，表明华北古陆 BIF 型铁矿铁质来源属于地幔岩浆分异来源，都是阿尔戈马型(Algoma)铁矿，含矿围岩斜长角闪岩原岩系大洋玄武岩或者科马提岩。

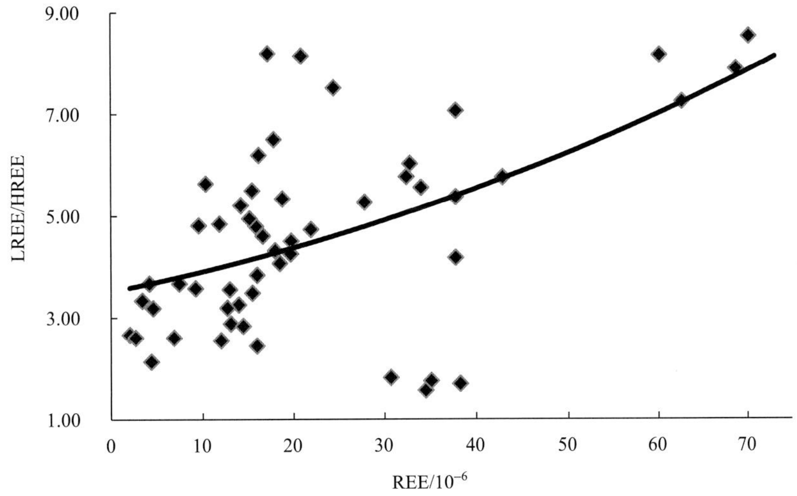

图 4-34　BIF 铁矿 LREE/HREE-REE 散点图

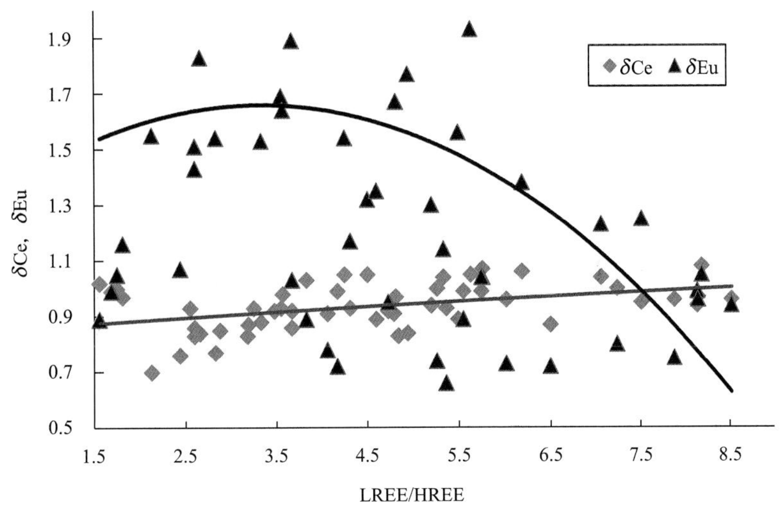

图 4-35　BIF 铁矿 δCe(δEu)-LREE/HREE 散点图

表 4-14 鞍山式铁矿条带状铁矿石与斜长角闪岩围岩稀土元素成分表

(单位：10^{-6})

地区	编号	La	Ce	Pr	Nd	Sm	Eu	Gd	Tb	Dy	Ho	Er	Tm	Yb	Lu	REE	LREE/HREE	δCe	δEu
南芬	NF1	2.99	5.44	0.69	2.66	0.57	0.77	0.55	0.1	0.73	0.17	0.51	0.08	0.51	0.09	15.86	4.79	0.91	4.20
	NF2	2.11	4.21	0.56	2.49	0.62	0.7	0.65	0.13	0.88	0.2	0.62	0.09	0.62	0.1	13.98	3.25	0.93	3.37
	NF3	2.5	3.91	0.51	2.07	0.47	0.37	0.43	0.08	0.51	0.12	0.36	0.06	0.4	0.07	11.86	4.84	0.83	2.52
	NF4	0.91	1.35	0.17	0.75	0.15	0.17	0.18	0.04	0.27	0.07	0.23	0.04	0.23	0.04	4.60	3.18	0.83	3.16
弓长岭	GC1	0.41	0.69	0.09	0.43	0.1	0.09	0.13	0.03	0.21	0.05	0.17	0.03	0.17	0.03	2.63	2.21	0.86	2.41
	GC2	0.76	1.47	0.21	0.91	0.2	0.12	0.25	0.05	0.36	0.1	0.32	0.05	0.3	0.05	5.15	2.48	0.89	1.64
	GC3	0.7	1.07	0.15	0.65	0.16	0.16	0.19	0.04	0.29	0.08	0.25	0.04	0.24	0.04	4.06	2.47	0.79	2.81
东鞍山	Dsh1	3.42	5.62	0.68	2.62	0.48	0.25	0.5	0.09	0.62	0.15	0.46	0.07	0.42	0.07	15.45	5.49	0.89	1.56
大孤山	DGSH1	1.56	2.4	0.29	1.22	0.24	0.16	0.28	0.05	0.4	0.1	0.33	0.05	0.33	0.06	7.47	3.67	0.86	1.89
齐大山	QDSH1	0.36	0.59	0.08	0.34	0.07	0.05	0.1	0.02	0.13	0.04	0.11	0.02	0.12	0.02	2.05	2.66	0.84	1.83
歪头山	WTF1	2.24	3.75	0.5	2.25	0.47	0.52	0.66	0.12	0.85	0.22	0.66	0.1	0.66	0.11	13.11	2.88	0.85	2.85
	WTF2	2.25	3.83	0.5	2.18	0.44	0.49	0.61	0.11	0.78	0.2	0.6	0.08	0.57	0.09	12.73	3.19	0.87	2.89
	WTF3	2.56	4.81	0.62	2.82	0.6	0.6	0.81	0.13	0.9	0.22	0.62	0.09	0.58	0.1	15.46	3.48	0.92	2.63
	WTF4	2.62	3.94	0.58	2.62	0.59	0.34	0.77	0.14	0.95	0.23	0.66	0.11	0.8	0.12	14.47	2.83	0.77	1.54
角闪岩	WTC1	2.79	7.85	1.22	6.35	2.09	0.71	2.86	0.56	3.78	0.84	2.36	0.36	2.36	0.36	34.49	1.56	1.02	0.89
	WTC2	3.17	7.51	1.09	5.46	1.77	0.79	2.47	0.44	2.93	0.66	1.87	0.3	1.95	0.29	30.7	1.81	0.97	1.16
	WTC3	3.15	8.43	1.3	6.52	2.11	0.82	2.7	0.52	3.52	0.78	2.2	0.35	2.34	0.36	35.1	1.75	1.00	1.05
	WTC4	3.33	8.95	1.42	7.12	2.36	0.87	3.07	0.58	3.96	0.87	2.46	0.39	2.5	0.38	38.26	1.69	0.99	0.99
迁安杏山	QZK2	3.65	7.23	0.76	3.2	0.72	0.27	0.73	0.12	0.78	0.16	0.52	0.07	0.51	0.08	18.8	5.33	1.04	1.14
	QZK3	8.8	15.4	1.44	5.88	1.11	0.46	1.17	0.19	1.29	0.27	0.82	0.11	0.73	0.11	37.78	7.06	1.04	1.23
	QZK4	3.56	6.47	0.61	2.56	0.48	0.24	0.59	0.09	0.59	0.13	0.4	0.06	0.34	0.05	16.17	6.19	1.06	1.38
	QZK5	3.69	7.27	0.75	3.33	0.77	0.36	0.9	0.15	0.9	0.2	0.64	0.09	0.61	0.1	19.76	4.50	1.05	1.32
	QZK5	4.08	7.43	0.67	2.55	0.44	0.15	0.43	0.08	0.46	0.11	0.35	0.05	0.34	0.05	17.19	8.19	1.08	1.05
	QZK7	4.01	7.31	0.7	2.98	0.58	0.35	0.83	0.13	0.88	0.22	0.73	0.11	0.73	0.12	19.68	4.25	1.05	1.54
	QZK10	6.24	12.8	1.32	5.6	1.21	0.44	1.38	0.2	1.28	0.27	0.79	0.1	0.67	0.1	32.4	5.76	1.07	1.04
	QZK11	2.45	4.09	0.36	1.46	0.24	0.18	0.34	0.06	0.38	0.09	0.31	0.05	0.28	0.05	10.34	5.63	1.05	1.93

续表

地区	编号	La	Ce	Pr	Nd	Sm	Eu	Gd	Tb	Dy	Ho	Er	Tm	Yb	Lu	REE	LREE/HREE	δCe	δEu
司家营	TW1	5.63	10.80	1.19	4.64	0.88	0.23	1.04	0.17	1.12	0.24	0.86	0.13	0.75	0.13	27.81	5.26	1.00	0.74
	TW2	4.87	8.30	0.92	3.65	0.63	0.20	0.60	0.11	0.56	0.13	0.40	0.05	0.38	0.05	20.85	8.14	0.94	0.99
	TW3	5.81	12.90	1.71	6.37	1.58	0.45	1.52	0.25	1.42	0.28	0.87	0.11	0.63	0.11	34.01	5.55	0.99	0.89
	TW4	4.63	6.53	0.70	2.90	0.55	0.15	0.74	0.12	0.64	0.11	0.36	0.05	0.31	0.05	17.84	6.50	0.87	0.72
	TW5	2.64	5.61	0.65	2.88	0.67	0.22	0.85	0.16	0.90	0.17	0.54	0.08	0.53	0.08	15.98	3.83	1.03	0.89
	TW6	0.84	1.40	0.16	0.68	0.16	0.06	0.20	0.03	0.19	0.06	0.16	0.03	0.19	0.04	4.20	3.67	0.92	1.03
	TW7	0.63	1.20	0.15	0.74	0.19	0.05	0.15	0.04	0.25	0.05	0.16	0.03	0.20	0.04	3.88		0.94	0.91
	TW8	1.81	3.47	0.45	2.00	0.53	0.38	0.59	0.14	0.92	0.19	0.64	0.11	0.68	0.12	12.03	2.55	0.93	2.08
	TW9	0.44	0.85	0.13	0.43	0.06	0.04	0.11	0.02	0.19	0.05	0.18	0.03	0.15	0.02	2.70	2.60	0.86	1.51
	TW10	0.53	1.00	0.22	0.81	0.29	0.15	0.30	0.06	0.35	0.08	0.24	0.04	0.30	0.04	4.41	2.13	0.70	1.55
	TW11	1.21	1.83	0.23	1.14	0.39	0.17	0.34	0.09	0.49	0.12	0.34	0.06	0.40	0.07	6.88	2.60	0.83	1.43
	TW12	3.45	5.33	0.67	2.36	0.48	0.31	0.60	0.09	0.62	0.16	0.43	0.07	0.50	0.08	15.15	4.94	0.84	1.77
	ZM13	34.00	23.50	1.83	6.33	1.09	0.40	1.71	0.27	1.60	0.29	0.83	0.13	0.86	0.13	72.97		0.72	0.90
	ZM14	12.70	25.10	2.89	11.80	2.03	0.51	1.86	0.33	2.06	0.44	1.33	0.21	1.19	0.18	62.63	7.24	1.00	0.80
	ZM15	5.35	9.57	1.11	4.45	0.76	0.30	0.71	0.15	0.72	0.18	0.50	0.08	0.46	0.07	24.41	7.51	0.95	1.25
	ZM16	3.02	5.40	0.63	2.30	0.38	0.18	0.47	0.09	0.55	0.13	0.40	0.07	0.49	0.09	14.20	5.20	0.94	1.30
	ZM17	5.90	13.10	1.73	7.60	1.75	0.39	1.58	0.30	1.99	0.39	1.20	0.22	1.41	0.21	37.77	4.17	0.99	0.72
	ZM18	8.37	16.60	1.96	7.60	1.51	0.53	1.60	0.28	1.69	0.36	1.08	0.15	1.03	0.17	42.93	5.75	0.99	1.04
	ZM19	15.90	29.00	3.32	11.90	2.03	0.59	1.82	0.33	1.93	0.37	1.21	0.19	1.28	0.23	70.10	8.52	0.96	0.94
	ZM20	3.69	6.23	0.71	3.04	0.67	0.26	0.69	0.14	0.87	0.22	0.67	0.10	0.60	0.10	17.99	4.31	0.93	1.17
	ZM21	3.89	6.32	0.72	3.21	0.54	0.17	0.83	0.11	0.74	0.21	0.65	0.12	0.85	0.15	18.51	4.06	0.91	0.78
	ZM22	12.10	24.10	2.98	11.60	2.12	0.65	2.02	0.32	1.72	0.35	0.98	0.13	0.90	0.15	60.12	8.15	0.97	0.96
	ZM23	6.79	12.50	1.46	5.92	1.18	0.28	1.18	0.17	1.22	0.23	0.78	0.14	0.82	0.13	32.80	6.02	0.96	0.73
	ZM24	4.62	7.73	0.89	3.72	0.87	0.27	0.87	0.17	1.00	0.20	0.67	0.10	0.70	0.12	21.93	4.73	0.92	0.95

续表

地区	编号	La	Ce	Pr	Nd	Sm	Eu	Gd	Tb	Dy	Ho	Er	Tm	Yb	Lu	REE	LREE/HREE	δCe	δEu
滦平	LPA4	32.15	70.97	9.49	36.74	7.55	1.84	5.9	0.84	4.5	0.84	2.14	0.31	1.87	0.27	175.41	9.52	0.98	0.84
	LPA5	38.71	74.52	8.68	29.62	5.2	1.31	4.09	0.53	2.85	0.55	1.47	0.23	1.45	0.23	169.44	13.86	0.98	0.87
	LPA6	2.09	5.18	0.86	4.5	1.6	0.65	2.25	0.41	2.96	0.67	1.93	0.3	1.96	0.3	25.66	1.38	0.93	1.05
	LPA7	3.89	10.88	1.85	9.65	3.12	1.08	4.17	0.81	5.75	1.23	3.6	0.55	3.58	0.56	50.72	1.50	0.98	0.92
	LPF8	6.61	13.66	1.91	7.71	1.61	0.33	1.47	0.24	1.55	0.34	1	0.15	1.02	0.17	37.77	5.36	0.93	0.66
	LPF9	14.24	27.36	3.3	12.71	2.71	0.63	2.43	0.36	2.1	0.42	1.11	0.16	0.99	0.16	68.68	7.88	0.96	0.75
	LPF10	0.51	1.05	0.16	0.65	0.17	0.09	0.19	0.03	0.22	0.05	0.14	0.02	0.12	0.02	3.42	3.33	0.88	1.53
固阳	SHK1	1.76	3.47	0.42	1.77	0.32	0.19	0.38	0.06	0.41	0.10	0.30	0.04	0.31	0.05	9.58	4.81	0.97	1.67
	SHK2	2.07	4.20	0.57	2.48	0.50	0.31	0.63	0.12	0.76	0.19	0.52	0.07	0.48	0.08	12.98	3.55	0.93	1.69
	SHK3	2.54	4.22	0.70	2.98	0.63	0.26	0.87	0.17	1.22	0.29	0.89	0.13	0.93	0.14	15.97	2.44	0.76	1.07
	SHK4	1.42	3.03	0.39	1.80	0.36	0.22	0.47	0.08	0.54	0.13	0.37	0.05	0.33	0.05	9.24	3.57	0.98	1.64
	SHK5	3.00	5.71	0.79	3.23	0.63	0.29	0.68	0.11	0.79	0.19	0.54	0.07	0.51	0.08	16.62	4.60	0.89	1.35
	平均值	2.16	4.13	0.57	2.45	0.49	0.25	0.61	0.11	0.74	0.18	0.52	0.07	0.51	0.08	12.88	3.79	0.91	1.48
三合明	SHA1	3.98	11.00	1.86	10.00	3.40	1.27	4.24	0.72	4.29	0.85	2.16	0.30	1.78	0.26	46.11	2.16	0.97	1.02
	SHA2	3.01	8.93	1.59	9.09	3.21	1.16	4.05	0.70	4.07	0.80	2.00	0.27	1.60	0.23	40.71	1.97	0.98	0.98
	SHA3	5.59	14.3	2.38	12.7	3.93	1.45	4.81	0.8	4.73	0.93	2.36	0.32	1.91	0.28	56.49	2.50	0.94	1.02
	平均值	4.19	11.41	1.94	10.60	3.51	1.29	4.37	0.74	4.36	0.86	2.17	0.30	1.76	0.26	47.77	2.21	0.97	1.01
昌邑	CY1	1.71	3.31	0.41	1.78	0.49	0.21	0.62	0.11	0.68	0.15	0.44	0.07	0.48	0.08	10.54	3.01	0.95	1.16
	CY2	7.56	13.63	1.62	5.64	1.29	0.41	1.29	0.2	1.13	0.23	0.71	0.12	0.81	0.13	34.77	6.53	0.94	0.97
	CY3	0.98	1.76	0.2	0.76	0.14	0.07	0.19	0.03	0.2	0.05	0.17	0.03	0.19	0.03	4.8	4.39	0.96	1.31
	CY4	0.49	0.96	0.11	0.46	0.14	0.07	0.22	0.04	0.25	0.06	0.19	0.03	0.2	0.03	3.25	2.19	1.00	1.22
	CY5	7.6	12.02	1.39	5.29	0.97	0.59	1	0.17	0.99	0.21	0.61	0.1	0.68	0.12	31.74	7.18	0.89	1.83
	CY6	4.55	8.55	0.99	3.57	0.68	0.34	0.72	0.12	0.83	0.18	0.52	0.08	0.51	0.08	21.72	6.14	0.97	1.49
	CY7	1.48	2.39	0.27	0.95	0.21	0.13	0.19	0.04	0.29	0.07	0.23	0.04	0.27	0.05	6.61	4.60	0.91	1.99
鲁西韩旺	LX	0.97	1.8	0.22	0.97	0.25	0.13	0.41	0.07	0.49	0.12	0.38	0.06	0.4	0.06	6.33	2.18	0.94	1.24
五台	WT	2.45	5.17	0.58	2.48	0.59	1.01	0.72	0.12	0.77	0.17	0.52	0.08	0.52	0.08	15.26	4.12	1.04	4.74
吕梁	LL	1.38	2.52	0.32	1.5	0.37	0.19	0.6	0.1	0.62	0.15	0.49	0.07	0.45	0.07	8.83	2.46	0.91	1.23

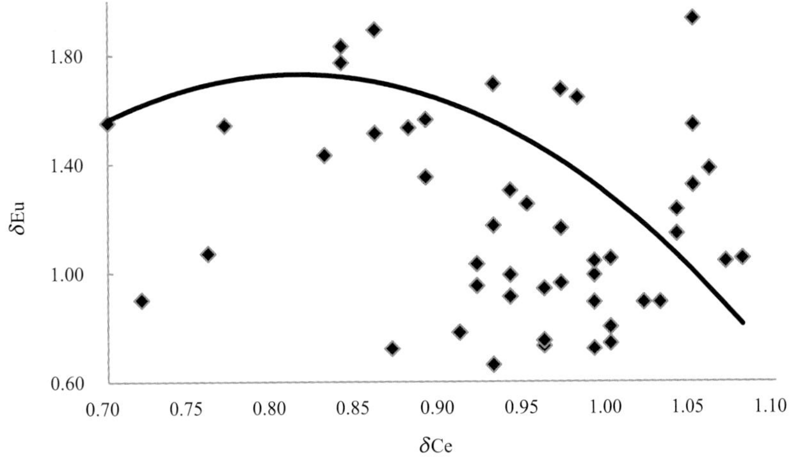

图 4-36　BIF 铁矿 δEu-δCe 散点图

四、含 磷 岩 系

华北古陆变质型磷矿分布较广(韩豫川等，2012)，变质磷矿床主要指早前寒武纪(太古宙和古元古代)变质岩中的矿床，有两大成因类型，即绿岩型(太古宙磷矿)和沉积变质型(古元古代磷矿床)。早前寒纪磷矿是产于古老变质岩中的变质矿床，矿石可选性较好，是我国北方缺磷省区较为重要的磷矿资源(表 4-15)。中朝地块早前寒武纪有四个磷矿层位，即太古宇阜平群、古元古界下部五台群、古元古界上部滹沱群和古元古界顶部榆树砬子组(表 4-16)。

表 4-15　华北主要沉积变质磷矿床一览表

编号	磷矿床	层位	规模	编号	磷矿床	层位	规模
1	黑龙江鸡西柳毛磷矿	W	小	13	山西灵丘平型关磷矿	F	大
2	吉林浑江板石沟磷矿	H	小	14	山东掖县彭家磷矿	F	大
3	吉林浑江珍珠门磷矿	H	小	15	江苏新海连市锦屏磷矿	H	小
4	吉林浑江大顶子磷矿	H	小	16	江苏连云港市新浦磷矿	H	中
5	吉林浑江太平—新立磷矿	H	小	17	安徽肥东西山驿磷矿	H	小
6	吉林浑江吕家沟—通化干沟磷矿	H	小	18	安徽肥东巢县大横山磷矿	H	中
7	辽宁建平勿兰乌苏磷矿	F	大	19	湖北大悟阳平磷矿(傅家河)	H	小
8	内蒙古布龙土磷矿	H	大	20	湖北大悟阳平磷矿	H	小
9	河北丰宁招兵沟磷矿	F	大	21	湖北大悟白云石灰磷矿	H	小
10	辽宁辽阳甜水磷矿	H	中小	22	湖北应山冷棚磷矿	H	小
11	辽宁复县罗屯磷矿(王家后山)	F	大	23	湖北孝感黄麦岭磷矿	H	大
12	辽宁复县罗屯磷矿(本山)	H	中				

注：F. 阜平群；W. 五台群；H. 滹沱群。

1. 太古宇绿岩带型含磷岩系

绿岩型磷矿系指 2500Ma 前形成，产于太古宙绿岩建造内，因而称为绿岩型矿床。主要产于华北陆核、辽吉南部—朝鲜北部陆核、山东陆核区，含磷岩系位于阜平群下部，含磷岩组包括冀东单塔子

表 4-16　早前寒武纪含磷岩系对比表

地层		东北北部	东北南部	朝鲜	河北	山西	内蒙古	江苏	安徽	湖北
中元古界	长城系		永宁群	祥源群	长城系	长城系	长城系			
古元古界	滹沱系	马家街群	老爷岭群：榆树砬子组 大栗子组 临江组 花山组 珍珠门组 达台山组	摩天岭群：南大川统 北大川统 城津统	甘陶河群：嵩亭组 南寺组 南寺掌组	滹沱群：郭家寨亚群 东冶亚群 豆村亚群	什那干群	海州群：云台组 锦屏组	宿松群：张八岭组 文山组 虎踏石组 柳平组 大兴组	红安群：塔尔岗组 磨盘寨组 七角山组 天台山组 营房岭组
	五台系	麻山群：建堂组 柳毛组 西麻山组	集安群：新开河组 清河组	狼林群	朱杖子群：褚杖子组 脖罗台祖 李老洞组 上白城子组 老爷庙组	五台群：木格组 铺上组 台怀组 石嘴组	二道洼群：哈拉沁组 红山沟组	胶南群	大别群	大别群
太古宇	阜平群	黑龙江群：山嘴子组	建平群：瓦子峪组	茂山群	单塔子群：南店子组 凤凰嘴组 白庙子组	阜平群：红土坡组 四道河组 木厂组 漫山组 南营组 团泊口组 索家庄组	乌拉山群：小溪沟组 脑包山组 桃儿湾组 召林组			
	迁西群	鸡冠山组	大营子组 小塔子山组		迁西群	迁西群	集宁群			

群白庙子组，辽西建平群小塔子沟组及其他地区相当层位的岩组(表 4-17)。古陆核区主要由花岗-绿岩地体和深变质的高级区组成，磷矿产于绿岩建造内，与绿岩带基性火山岩及超镁铁质、镁铁质岩有关。含磷岩石为磷灰黑云角闪岩、辉长磁铁磷灰岩、磷灰角闪黑云片麻岩、磷灰斜长角闪岩等，岩石化学成分属于超镁铁质、镁铁质岩。

表 4-17 太古宙绿岩型磷矿矿石化学成分

成分	1	2	3	4	5	6	平均值
SiO_2	33.72	37.58	39.06	39.39	32.75	38.36	36.81
TiO_2	3.00	3.00	4.87	2.30	6.57	1.07	3.47
Al_2O_3	9.08	12.58	9.21	0.79	6.92	8.55	7.86
Fe_2O_3	13.76	10.30	15.10	10.40		15.17	12.95
FeO	12.28	10.08	9.52	10.42	15.77	7.08	10.86
MnO	0.19	0.19	0.24	0.18	0.08	0.18	0.18
MgO	6.24	4.94	4.45	6.23	3.48	6.99	5.39
CaO	10.70	11.14	10.50	9.35	6.29	16.27	10.71
Na_2O	2.10	2.99	1.51	1.50	1.11	0.76	1.66
K_2O	1.79	1.12	0.84	0.67	0.78	1.46	1.11
P_2O_5	4.85	3.50	2.75	0.64	5.25	4.69	3.61
合计	97.71	97.42	98.05	81.87	79	100.58	92.44
Na_2O+K_2O	3.89	4.11	2.35	2.17	1.89	2.22	2.77
K_2O/Na_2O	0.85	0.37	0.56	0.45	0.70	1.92	0.81
A/CNK	0.36	0.48	0.41	0.04	0.49	0.26	0.34
A/NK	1.68	2.05	2.71	0.25	2.59	3.02	2.05

注：1. 辽宁建平勿兰乌苏钛磁铁角闪磷灰石矿；2. 辽宁建平勿兰乌苏钛磁铁角闪黑云磷灰石矿；3. 辽宁阜新公官营子钛磁铁黑云角闪磷灰石矿；4. 吉林上营沟斜长角闪磷灰石矿；5. 河北丰宁招兵沟磷矿(平均)；6. 山东掖县黑云角闪磷灰石矿。主量元素含量单位为%。

地层：太古宇绿岩带型含磷岩系，主要分布于太古宇隆起陆核区，即华北陆核、辽吉南部—朝鲜北部陆核、山东陆核。这些古陆核系主要为花岗绿岩带和深变质岩分布区域，太古宇绿岩带型含磷岩系及磷矿床以河北丰宁含磷岩系及矿床具有代表性。含磷岩系产于绿岩建造内，含磷岩系相当于阜平群下部，包括冀东单塔子群白庙组，辽西建平群小塔子沟组及其他地区相当层位的岩组。冀东单塔子群由下到上划分为白庙子组、中部凤凰嘴组、上部南店子组。

单塔子群上段南店子组斜长角闪岩、黑云片麻岩中的角闪石和全岩测得 K-Ar 同位素年龄为 2.435Ga(天津地矿所)和 2.745Ga(河北区调二队)，建平群测得锆石年龄为 2.200~2.300Ga(东北地区区域地层表)，它们的原岩形成年龄应相当于 2.500Ga。所产含磷岩系与绿岩带基性火山岩及超镁铁质、镁铁质岩有关，统称这种类型的含磷岩系为绿岩带型含磷岩系(东野脉兴，1988，1989)。这类磷矿主要分布在河北、辽宁、山东、山西等省份，主要矿床有河北丰宁招兵沟磷矿床，辽宁建平勿兰乌苏磷矿床和山东莱州市彭家磷矿等。

岩性：在辽宁、河北、山东等省太古宇绿岩带型含磷岩系中形成特征的变质型磷矿，代表性矿床有河北丰宁招兵沟磷矿、辽宁建平勿兰乌苏磷矿。含磷岩系主要岩性为磷灰黑云角闪岩、闪辉钛磁铁磷灰石、磷灰角闪黑云片麻岩、磷灰斜长角闪岩等，属于超镁铁质、镁铁质变质岩系。

河北丰宁太古宙含磷岩系地层属于单塔子群，总厚 8500~14000m，划分为下部白庙子组、中部凤凰嘴组、上部南店子组。白庙子组由角闪黑云变粒岩、角闪岩、磁铁石英岩和磷灰磁铁角闪岩等组成，出露长 5000~6000m，厚 2180~900m，是主要含磷岩系，含磷岩石有含磷黑云斜长片麻岩、磷灰黑云角闪岩、磷灰角闪岩和闪辉钛磁铁磷灰岩等。矿体呈层状、似层状、透镜状，与含磷岩系整合产出。

绿岩带型含磷岩系主要岩石 SiO_2 含量低，一般小于 40%，TiO_2 与 $FeO+Fe_2O_3$ 含量高，前者可达 6.57%，后者在 15%以上，最高达 26%，属于超镁铁质、镁铁质岩石范围(表 4-17)。

成因：绿岩带型变质磷矿其含磷岩系原岩为一套超基性基性火山岩系，显然是一套特殊的幔源岩浆喷发成因。因此该类矿床原生矿床属于一套超镁铁质、镁铁质钛磷岩浆结晶分异成因。由于磷灰石的特殊物理化学性质，在碱性还原条件下溶解度极低，因此区域变质过程中难于被活化迁移，一般只能残留于变质作用的基质相中，所以一般产于斜长角闪岩带内。由于变质过程中硅铝质碱性组分的活化迁移，可以导致残留相中磷的进一步富集，并且重结晶导致结构变粗。

白庙子组含磷岩系原岩以基性火山岩为主，含有超镁铁质、镁铁质岩，具有绿岩带剖面下部岩群的特点。白庙子组含磷岩系出现五层含磷层，含磷岩石(含磷岩系体)原有闪辉钛磁铁磷灰岩、磷灰角闪片麻岩、磷灰黑云角闪岩等，单层厚 1~35m，最厚达 140m，其原岩系镁铁质岩和超镁铁质岩，其他为斜长角闪岩、斜长片麻岩等，其原岩为基性到酸性火山岩，这套含磷岩系地层及岩石组合，近似于岩带剖面下部火山岩群特点。

太古宇与镁铁质岩石有关的含磷岩系是绿岩带的一个组分，含磷岩系及矿床的特点是绿岩建造控矿，磷矿床产于含磷岩系内或产于绿岩带内，如辽宁抚顺地区含磷岩系，产于鞍山群下部镁铁质岩中，原岩为科马提岩-拉斑玄武岩(或细碧角斑岩)-安山质火山岩-黏土质沉积岩，具绿岩带剖面特点；再如山东掖县含磷岩系产于莱州绿岩带内(邓幼华，1983)。

2. 古元古代沉积变质型磷矿

沉积变质型磷矿系指古元古代(2500~1800Ma)形成的磷矿床，含磷岩系主要由黑云斜长片麻岩、变粒岩、云英片岩、白云质大理岩和碳质板岩等组成。含磷岩系沉积特征在华北陆块东缘、北缘与内部有较大差异，其中东缘为被动大陆边缘沉积环境，成矿条件较好，形成若干个重要的工业矿床。

1) 含磷岩系

下元古界变质含磷岩系主要分布在华北古地块东缘和南缘，处于胶辽台隆及武当—淮阳台隆中，含磷岩系区内构造复杂，褶皱发育，含磷岩系构造与所处区域构造线一致。从西南湖北大悟起，呈北西西、南南东向展布，经安徽宿松北转折变为北东向，经苏北连云港、辽东甜水、吉南浑江，再转向东南到朝鲜东海岸，都有含磷岩系分布。含磷岩系呈带状、半环带状、环带状分布，受原始沉积岩相和后期区域性褶皱控制。含磷岩系中磷矿区具有等距分布的特点，在宿松、肥东、锦屏、浑江尤为明显，这是由次级构造及构造叠加所致。特征矿床有江苏海州磷矿、湖北黄麦岭磷矿为特征，称为海州式磷矿。各个成磷区含磷岩系均发育上、下两含磷层，上、下两含磷层在整个成矿带上多交替出现。

五台期磷矿：主要分布在东北地区黑龙江省鸡西、林口、余庆等地，相当的层位有辽宁与吉林南部的宽甸群、集安群，除在宽甸场木川构成小型矿床外，其他地区内均为磷酸盐化地层或矿点，但在朝鲜北部西海岸形成有若干大、中型矿床，如永柔、汉川、南浦等矿床，含磷岩组为麻山群柳毛组。

含磷地层相当于五台群中部，角闪岩中的角闪石 K-Ar 法同位素年龄值为 2.238Ga，属于古元古代早期，处于古陆边缘，一般构成中小型磷矿床，属于碳酸盐岩组合大理岩型磷矿(表 4-18)。

吕梁期磷矿：吕梁期(2.0~1.7Ga)是我国沉积变质矿床主要成磷期，广泛分布于中朝地块，特别是东部边缘地带；在朝鲜北部东海岸，中国吉林与辽宁南部、苏北、皖东、鄂东北等地产有大、中、小各种规模的工业矿床。

含磷层位为滹沱群中下部，含磷岩组有老岭群珍珠门组(吉林)、辽河群高家峪组(辽宁)、海州群锦屏组(江苏)、宿松群文山组与虎踏石组(安徽)、红安群七角组与黄麦岭组(湖北)、滹沱群东冶亚群河边村组(山西)，朝鲜北部东海岸称为摩天岭系城津统。滹沱群现有最大的 K-Ar 法年龄为东冶亚群角闪岩中角闪石，其年龄值为 1.865Ga(南京古生物所，1982)，辽南辽河群的年龄为 2.040±72Ga(Rb-Sr

法），2.167Ga（Rb-Sr 法）（程裕淇，1979），吉林老岭群二云片岩中的花岗伟晶岩年龄为 1.752Ga（吉林综合队），滹沱群原岩应当形成于 2.0~1.7Ga。含磷岩系由片麻岩、变粒岩、云英片岩、白云质大理岩、碳质板岩等组成，其原岩主要是碎屑岩、砂质黏土岩、有机质泥岩、碳酸盐岩等的一套沉积岩组合（表 4-18）。

吕梁末期中朝地块山间盆地堆积了一套磨拉石建造的同造山期沉积，在这些比较局限的山间盆地中沉积了零星小型磷矿，在中朝地块分布较为普遍，但大多为不连续的零星分布。在吉林与辽宁南部、河北西部，以及河南、山西等地均有分布，目前只有辽南罗屯磷矿床和河北获鹿东焦矿床达到矿床规模，其他地区只见有磷矿化。

含磷层位为滹沱群顶部，含磷岩组有辽河群榆树砬子组（辽宁）、甘陶河群篙亭组（河北）、滹沱群郭家寨西河里组（五台地区）、担山石群周家沟组（中条地区）、青山群花峪组（嵩山地区），以及黑茶山群或野鸡山群顶部（吕梁地区等）。

甘陶河群顶部片岩中的黑云母 K-Ar 法年龄为 1688Ma（梁岩磬，1979），表明滹沱群上限应当老于 1.7Ga。这些地区目前发现的除辽宁罗屯磷矿床和河北获鹿东焦矿床外，其他地区尚未发现工业矿床，有的只有含磷岩系分布。古元古代末期含磷岩系地层主要由石英岩、硅质角砾岩、硅铁质角砾岩、泥质角砾岩、变质含砾石英砂岩、含砾硅质千枚岩、含磷角砾岩和磷块岩等组成。

2）*矿石类型*

依照矿石结构、构造，将矿石划分为块状、白云质条带状、泥质条纹状、泥质条带状磷灰岩等四种类型。

块状磷灰岩：矿石以块状构造为主，细晶磷灰石、胶含磷岩系为主要含磷岩系物，脉石矿物为硅质、泥质、碳质等矿物，矿石中 P_2O_5 含量较高。此类矿石主要分布于各含磷层的顶部。

白云质条带状磷灰岩：该类型矿石主要分布于各含磷岩系中上部，在海州、大悟磷矿区，白云石含量较高，与磷灰石呈条带状分布，反映了当时沉积环境为浅海台地边缘的古地理位置，属碱性环境沉积。

泥质条纹状矿石：矿石主要由磷灰石、云母、碳酸盐矿物组成，次为石英、黄铁矿，并含少量的角闪石、透闪石等。云母等泥质物质呈细条纹状排列于磷灰石中。当时的沉积环境较白云质条带状磷灰岩浅，水体较动荡。该类型矿石主要分布于各含磷层的中下部。

泥质条带状磷灰岩：该类型矿石较第二种矿石泥质物增多，说明海水更浅，水体振荡较厉害，致使泥质物与磷灰石大致平行排列，该类型矿石主要分布于各含磷层的底部。

大悟、宿松、海州、浑江等地均发育块状磷灰岩，构成矿体的主体，在垂向上，块状磷灰岩往往分布于矿层的最上部，白云质条带状、泥质条纹状磷灰岩分布于其下，泥质条带状磷灰岩往往分布于矿层最下部。

矿石类型从底部至顶部的变化规律反映了原始沉积时环境的变化。从泥质变化到白云质，条带状变化到条纹状，说明了海水由浅到深，水体由动荡不定至扰动较小的变化过程。此变化过程对磷质的集聚和沉淀越来越有利，致密块状矿石时 P_2O_5 品位高达 30%以上。依据含矿岩石及矿物组成可以划分为片麻岩型、大理岩型及热液交代形成透辉大理岩型（表 4-18）。

3）*岩石化学*

根据前人对含磷岩系的岩石化学全分析资料（表 4-19），不同岩石的化学组分存在着明显的差异，由浅粒岩—片麻岩—片岩—磷灰岩—大理岩，Al_2O_3、SiO_2、K_2O、Na_2O 等组分呈现由高变低的趋势；而 CaO、P_2O_5、F 等组分，呈现由低变高的趋势；Fe_2O、TiO_2、MnO 含量较低，变化规律不明显。根据岩石化学组分 R 型聚类分析谱系（图 4-37），可以划分三组。

Ⅰ组中 SiO_2、Al_2O_3、K_2O_3、Na_2O、Fe_2O_3、TiO_2 组分关系相近，其中 SiO_2、Al_2O_3、K_2O 密切相关，Na_2O 与 FeO、Fe_2O_3 与 TiO_2 相关系数较高，该类组分是构成铝硅酸盐岩的主要组成部分。

Ⅱ组中 MgO、CO_2 是诸多变量中关系最为密切的一对，其相关系数高达 0.961，它们的存在及变化反映了大理岩的赋存特征及大理岩中白云石含量变化特征。

表 4-18　古元古代磷矿矿石类型与化学成分表

产地		朝鲜永柔、汉川		石场、余庆	龙山、余庆、中三阳、石场	石场、余庆	石场、余庆、兴开	朝鲜汉川、南浦、永柔、中国石场
矿石类型		磷灰片岩、片麻岩	磷灰黑云大理岩	磷灰金云大理岩	磷灰透辉大理岩	磷灰金云透辉大理岩	磷灰透辉钾长变粒岩	磷灰石夕卡岩
磷灰石/%		7~20	10~35	8	20	30~52	3~6	8~20
脉石矿物		黑云母、白云母、斜长石、石英、石墨	方解石、黑云母	金云母；方解石	透辉石	金云母、透辉石	透辉石、钾长石	方解石、金云母、透闪石、透辉石、石榴石、绿帘石、阳起石、磁铁矿
结构构造		片状、片麻状构造	鳞片变晶结构，块状构造	鳞片变晶结构，块状构造	花岗变晶结构，块状构造	变晶结构，块状、条带状构造	花岗变晶结构，块状构造	斑杂状，晶簇状、块状构造
化学成分/%	SiO_2		9.25	40.74	45.2	30.35	59.01	31.61
	Al_2O_3		2.14	10.21	0.78	4.7	13.75	0.63
	Fe_2O_3		0.7	0.96	1.25	1.11	1.92	24.9
	MgO		4.78	11.54	13.4	15.37	3.67	1.1
	CaO		40.64	21.98	31.21	24.55	10.18	34.69
	P_2O_5		7.71	2.96	7.82	13.8	2.23	5.47
	CO_2			7.19	2.74	2.82	0.61	
	F		0.86	0.26	0.26	0.06	0.19	0.24

Ⅲ组中 P_2O_5、F、CaO 组分，这三者紧密相关，是构成磷灰岩岩石的主要组分。

同时 P_2O_5 与 SiO_2、Al_2O_3，以及 K_2O、Na_2O、FeO 等组分均呈明显的负相关关系。显示矿石矿物与脉石矿物的互为消长关系。

海州—大悟地区各类岩石中稀土元素含量在(81.97~246.70)×10^{-6}变化，其中大理岩稀土元素总量最低，并按大理岩—磷灰岩—片岩—浅粒岩、变粒岩—片麻岩的顺序增加(表 4-20)。

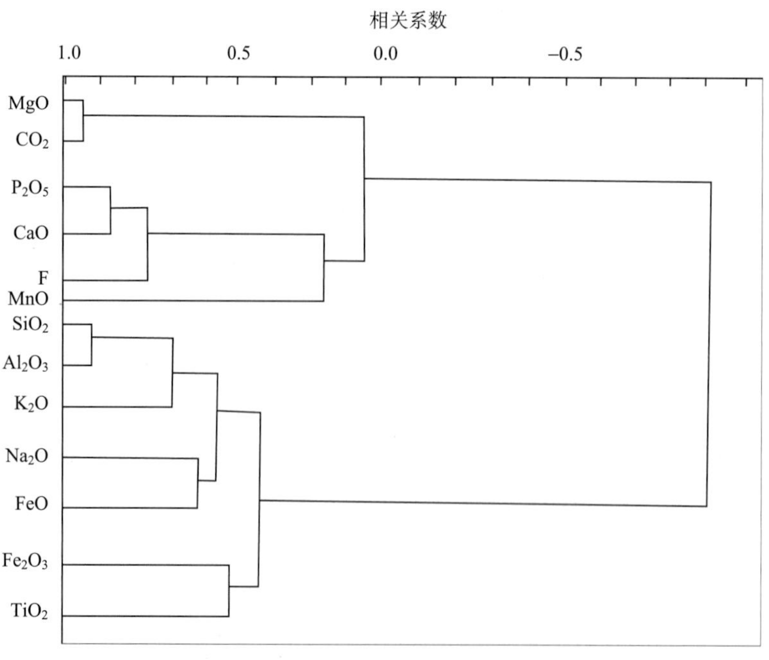

图 4-37　R 型聚类谱系图

表 4-19　元古宙磷矿各成磷区域含磷岩系岩石化学成分

(单位：%)

矿区	岩石	SiO_2	TiO_2	Al_2O_3	Fe_2O_3	FeO	MnO	MgO	CaO	Na_2O	K_2O	P_2O_5	CO_2	F
甜水	碳质板岩	60.38	0.32	12.30	1.34	0.72	0.03	7.00	5.83	4.80	2.30	3.97	2.64	
	碳质板岩	54.02	0.45	12.98	4.40	0.65	0.02	1.65	1.18	2.80	6.90	0.30	3.90	
	变质凝灰岩	61.96	0.36	10.56	0.11	2.17	0.02	7.88	3.67	2.80	3.65	0.21	5.94	
海州	浅粒磷灰岩	4.17	0.14	1.44	1.50	0.07	0.06	0.68	49.78	0.09	0.52	36.10	1.71	3.38
	片麻岩	74.60	0.15	12.88	1.23	0.41	0.05	0.22	0.74	2.81	4.68	0.30	0.10	0.076
	细粒磷灰岩	1.60	0.00	0.16	0.32	0.00	0.41	0.56	53.54	0.06	0.17	32.90	7.43	1.78
	云母片岩	54.43	0.64	13.77	4.34	0.49	0.51	3.58	6.82	0.15	5.95	4.60	1.13	0.70
	白云变粒岩	75.53	0.31	12.07	1.58	0.88	0.05	0.50	0.70	3.07	3.73	0.05	1.00	
肥东	大理岩	0.12	0.00	0.16	0.01	0.14	0.01	22.19	30.53	0.09	0.00	0.40	46.16	
	硅质磷灰岩	42.90	0.28	3.29	0.63	0.00	0.06	1.45	25.76	0.27	3.42	19.24	1.00	1.32
	大理岩	3.21	0.01	0.05	0.10	0.04	0.13	20.08	30.09	0.09	3.11	0.01	45.28	
宿松	石英片岩	62.03	0.75	12.30	4.46	0.00	0.92	0.84	4.32	0.51	7.39	3.88	1.38	0.31
	大理岩	3.25	0.04	0.53	0.26	0.14	0.11	15.85	31.46	0.08	0.24	0.14	45.52	
	变粒磷灰岩	23.97	0.51	4.69	1.15	0.14	0.29	1.93	33.76	0.21	2.12	27.14	1.20	2.81
	浅粒磷灰岩	34.50	1.02	5.29	2.62	0.14	0.10	0.72	26.38	0.40	2.53	22.90	1.04	
	浅粒岩	75.33	0.16	11.60	3.70	0.42	0.04	0.36	0.21	3.63	3.44	0.06	0.68	
大悟	片麻岩	73.54	0.14	13.41	0.96	1.47	0.09	0.61	0.68	3.80	3.84	0.06	0.50	
	含磷变粒岩	58.88	0.49	7.66	5.27	0.12	0.18	1.46	9.38	0.12	4.73	6.83	1.10	
	浅粒磷灰岩	7.92	0.02	1.02	1.70	0.18	0.59	1.14	46.88	0.12	0.37	34.43	2.88	

表 4-20　海州—大悟含磷岩系变质岩稀土元素成分表（据江苏、安徽、湖北三省 1∶100 万区调报告测试结果综合）　（单位：10^{-6}）

地区	样品号/样品数	La	Ce	Pr	Nd	Sm	Eu	Gd	Tb	Dy	Ho	Er	Tm	Yb	Lu	REE	LREE/HREE	δCe	δEu
海州—大悟	HW1/4	65.81	126.79	12.45	45.74	7.97	1.05	5.88	0.84	5.32	1.14	3.11	0.46	3.10	0.34	280.00	12.87	1.07	0.47
	HW2/4	59.46	100.81	10.07	42.28	8.48	1.93	7.76	1.13	6.75	1.46	3.10	0.52	2.63	0.32	246.70	9.42	0.99	0.73
	HW3/4	22.95	47.96	5.89	26.30	5.24	0.90	6.98	1.10	6.65	1.39	3.03	0.38	1.91	0.22	130.90	5.04	0.99	0.29
	HW4/5	44.93	88.02	9.09	46.79	6.65	1.20	5.54	0.89	5.46	1.21	3.15	0.40	2.46	0.39	216.18	10.09	1.05	0.60
	HW5/5	15.95	29.27	3.60	16.67	3.63	0.78	3.88	0.65	3.36	0.76	1.82	0.28	1.23	0.19	82.07	5.74	0.93	0.64
	平均	41.82	78.57	8.22	35.56	6.39	1.17	6.01	0.92	5.51	1.19	2.84	0.41	2.27	0.29	191.17	8.63	1.01	0.54
甜水	TS1/1	13.07	36.67	5.76	22.17	4.81	0.82	3.96	0.73	3.83	0.76	2.26	0.35	2.05	0.29	97.53	5.85	1.02	0.57
	TS2/9	31.73	72.31	8.94	26.69	6.02	1.18	4.94	0.95	4.68	0.96	2.80	0.48	2.82	0.43	164.93	8.13	1.03	0.66
	TS3/6	49.27	102.27	12.74	42.70	8.15	1.41	6.62	1.20	6.15	1.25	3.68	0.62	3.75	0.56	240.37	9.09	0.98	0.59
	TS4/3	13.99	26.57	3.56	10.81	2.12	0.54	1.49	0.35	1.15	0.25	0.67	0.15	0.74	0.13	62.52	11.68	0.91	0.93
	TS5/1	47.90	96.92	12.53	40.71	7.95	1.27	5.85	1.06	5.22	1.03	2.90	0.51	3.03	0.45	227.33	10.34	0.95	0.57
	平均	31.19	66.95	8.71	28.62	5.81	1.04	4.57	0.86	4.21	0.85	2.46	0.42	2.48	0.37	158.54	9.02	0.98	0.66

在甜水地区的各类岩石除大理岩稀土元素含量较低外(62.52×10^{-6})，其他类岩石含量在$(97.53\sim240.37)\times10^{-6}$变化，也较稳定(表 4-20)。Y 含量一般为$(6.37\sim36.75)\times10^{-6}$，也是以大理岩中最低。

稀土元素配分分析，显示轻稀土元素富集，重稀土元素亏损，稀土元素配分曲线显示向右倾斜，LREE/HREE 为 5.41~12.87。明显负铕异常，δEu 为 0.29~0.93。与一般海相沉积物不同，此变质含磷岩系没有铈异常，δCe 在 0.91~1.07(图 4-38、图 4-39)。

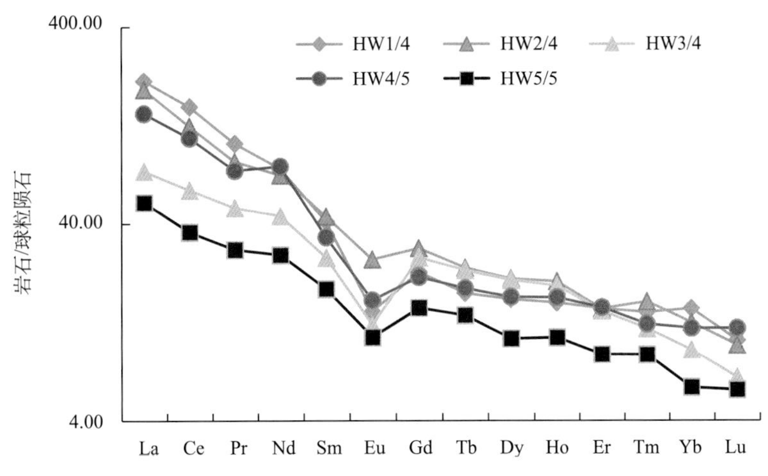

图 4-38　海州—大悟含磷岩系稀土元素配分曲线图

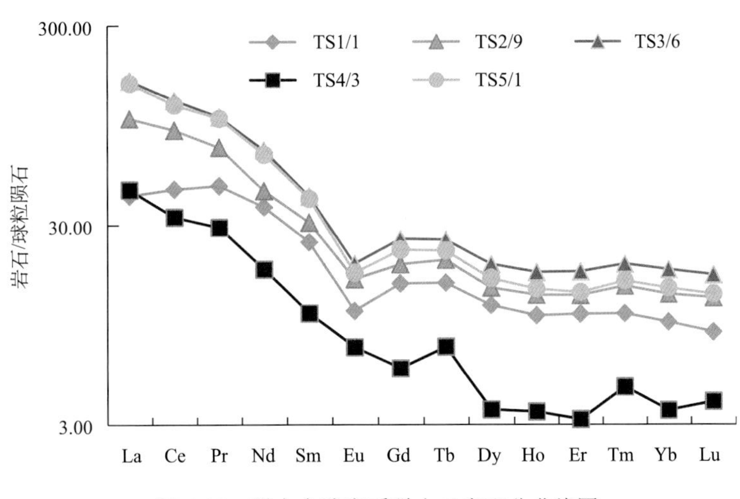

图 4-39　甜水含磷岩系稀土元素配分曲线图

五、硼镁岩系

华北古陆一个重要的特征是在辽东地区早前寒武纪形成了硼镁岩系，分布在辽东—吉南—朝鲜裂谷带，其中形成的硼酸盐型硼矿床及菱镁矿矿床是中国重要的硼矿及镁矿工业类型。硼酸盐型硼矿床成因属于沉积变质热液交代型硼矿床，硼酸盐矿物有硼镁石、遂安石、硼镁铁矿及电气石；菱镁矿矿床属于变质重结晶型，也有热液交代变质形成水镁石及滑石矿床。由于硼矿床都是硼镁石型硼酸盐型矿床，含硼岩系必须与镁质岩系共生才能交代形成硼酸盐型硼矿，而独立于含硼岩系的镁质岩系则可以形成独立的菱镁矿及滑石等富镁质矿床(杨春亮等，2005)。

1. 含硼岩系

华北古陆硼镁岩系集中分布在辽—吉裂谷带，西起辽宁的营口，经凤城、宽甸向东，一直延伸至吉林省的集安，矿带长达 300 多千米，宽约 50km，境外延伸到朝鲜。从西到东分布有后仙峪、翁泉沟、二台子、牛皮扎、五道岭、杨木杆、砖庙沟和高台沟等一系列硼矿床，其中以凤城翁泉沟硼镁铁矿型硼矿规模最大，属超大型硼矿床(刘敬党等，2007)。

含硼岩系地层属于古元古代辽河群里尔峪组，矿体直接围岩常是蛇纹石化白云质大理岩及镁橄榄岩，矿体与围岩常整合产出。矿体的形态主要是似层状、透镜状，矿体长度一般 50~500m，最大可达 3000m，厚度为 10~15m，最厚的有 160 多米。

岩石学：含硼岩系包括多种岩石类型，主要有石英岩、片岩、大理岩、石墨透闪岩、透辉变粒岩、黑云变粒岩、电气变粒岩、磁铁浅粒岩等约占含硼岩系的 80%，其余钠长浅粒岩、钾长浅粒岩、角闪变粒岩、斜长角闪岩和角闪条痕混合岩，约占含硼岩系的 20%。按照含硼岩系中所含硼矿物划分，把含电气石的岩石统称含硼硅酸盐岩系，而把含铁镁硼酸盐矿物的岩石统称铁镁硼酸盐岩系或者容矿岩石。

含硼岩系经过了中高级区域变质作用，硼酸盐岩组上下各岩组均有明显的混合岩化作用，混合岩化强烈地段形成混合杂岩和电气石伟晶岩岩脉发育，因此不同硼矿区的混合杂岩可能是不同岩组经受了不同混合岩化作用的结果，混合岩与变粒岩等变质岩是渐变的。由下而上主要岩性为：

(1)斜长角闪岩相变质杂岩，由一套石英岩、二云片岩、黑云变粒岩夹斜长角闪岩组成，局部混合岩化较强。

(2)富硼硅酸盐岩，是一套电气石变粒岩、黑云变粒岩、浅粒岩等组成的变质岩系。

(3)铁镁硼酸盐岩，主要是一套含硼镁石矿化的变质镁质岩浆岩系，根据富镁岩石类型可以划分为镁橄榄岩型(后仙峪)、橄榄玄武岩型(翁泉沟、高台沟)、富镁大理岩型(杨木杆子)及橄榄岩大理岩混合型(砖庙、小爷沟)。

(4)层状混合岩化浅粒岩杂岩组，主要为浅粒岩、磁铁浅粒岩到角闪条痕状层状混合岩，肉红色角闪条痕状混合岩组成的杂岩组。

含矿建造为一套富钠的基性-酸性火山-沉积岩系，硼质来源与古元古代强烈的海底火山喷发及蒸发沉积富集有关。硼矿床的成因为富硼火山沉积岩经受角闪岩相(中压相系)区域变质作用和岩浆作用活化出硼酸热液交代镁质岩石形成硼镁石及遂安石，交代铁质岩石形成硼镁铁矿，交代铝质黏土岩形成电气石。

地球化学：岩石化学组成从斜长角闪岩—变粒岩到混合岩，随着 SiO_2 含量增加，K_2O、Na_2O 含量增加，而在变粒岩中 Al_2O_3 含量最高(表 4-21)，R 型聚类分析谱系图显示两个群组，基性铁镁元素群组与酸性硅铝元素组合，硼与 Al_2O_3 相关性较好(图 4-40)。

微量元素呈 Rb-Th-Ba-Hf-Sr-U-Ta-B-Co 和 Zr-Y-Cr-F-Nb-Ni-V-Cl 两个大的群组，其中又分为若干小的群组。前一群组与硅铝碱性有关，是不相容元素，后一群组与铁镁基性组分相关，是相容元素(图 4-41)。混合岩中 Rb-Ba-Th-Nb 最高，斜长角闪岩中 Cr-Ni-Y-Co-V-F-Cl 最高，变粒岩中 Sr-Zr-Hf 最高；微量元素比值混合岩 Rb/Sr 值最高，变粒岩 Sr/Ba、Th/U 和 Zr/Y 最高，斜长角闪岩 V/Cr 值最高(表 4-22)。

混合岩稀土元素总量、轻重稀土元素比值最高，而 δEu 值最小，三类岩石 δCe 平均大于 1。岩石的 LREE/HREE-REE 呈现正相关，δEu-LREE/HREE 呈负相关(图 4-42)，δEu-δCe 为负相关(图 4-43)。

斜长角闪岩、变粒岩及混合岩的稀土元素配分曲线都显示轻稀土元素富集重稀土元素亏损，曲线向右倾斜(图 4-44~图 4-46)，但是混合岩曲线斜率明显大于前两种岩性，表明混合岩轻重稀土元素分异明显(表 4-23)。三种岩石稀土元素配分曲线共同的特征显示斜率的曲线负铕异常明显，斜率小的曲线负铕异常不显著，或者显示为正铕异常(图 4-45、图 4-46)。

表 4-21　含硼岩系岩石化学成分表

(单位：%)

岩石	样号	SiO_2	TiO_2	Al_2O_3	Fe_2O_3	FeO	MnO	MgO	CaO	Na_2O	K_2O	P_2O_5	B_2O_3	Los	合计	Na_2O+K_2O	K_2O/Na_2O	A/CNK	A/NK
角闪岩	DT34	43.21	0.91	16.18	5.63	3.25	0.04	15.49	7.24	2.17	1.16	0.26	0.04	3.99	99.57	3.33	0.53	0.90	3.35
	DT45	43.14	0.34	8.10	1.95	4.65	0.04	30.91	0.28	0.19	5.84	0.11	0.04	4.17	99.76	6.03	30.74	1.13	1.22
	FJ04	49.57	0.16	5.57	3.13	10.94	0.25	15.08	11.30	1.64	1.29	0.05	0.02	0.96	99.96	2.93	0.79	0.23	1.36
	HY15	46.47	0.50	12.52	4.93	7.80	0.19	11.49	11.20	2.75	1.01	0.04	0.09	0.77	99.76	3.76	0.37	0.48	2.23
	HY17	44.28	0.35	10.83	4.56	7.85	0.17	17.32	9.94	1.47	1.30	0.03	0.76	1.20	100.06	2.77	0.88	0.49	2.83
	GT38	47.82	1.77	12.83	6.29	8.94	0.25	5.79	8.75	3.59	1.56	0.21	0.03	1.45	99.28	5.15	0.43	0.55	1.69
	ED01	49.71	0.47	6.64	4.72	7.37	2.16	5.78	13.95	1.32	1.90	0.06	0.02	6.30	100.40	3.22	1.44	0.22	1.57
	DC14	54.31	1.91	15.05	2.54	7.68	0.08	2.91	4.48	4.41	0.62	0.71	0.01	5.05	99.76	5.03	0.14	0.94	1.90
	DC25	40.08	2.61	11.73	5.44	10.98	0.17	11.46	11.10	2.23	1.36	0.22	0.04	2.23	99.65	3.59	0.61	0.46	2.28
	平均值	48.40	1.05	12.66	3.54	8.62	0.17	9.61	9.48	2.50	1.31	0.14	0.24	2.01	99.73	3.81	0.52	0.56	2.29
变粒岩	JBL1/23	62.41	0.53	13.66	1.78	3.08	0.17	4.32	5.01	4.25	2.66	0.29	0.05	1.44	99.65	6.91	0.63	0.72	1.38
	HBL2/39	60.59	0.44	13.08	2.23	3.25	0.29	4.60	4.90	3.06	3.85	0.20	0.16	2.22	98.87	6.91	1.26	0.72	1.42
	QLY3/75	70.33	0.41	14.24	1.55	1.45	0.05	1.20	1.13	4.66	3.84	0.11	0.17	0.84	99.98	8.50	0.82	1.03	1.20
	DBL4/62	65.66	0.52	14.58	3.31	1.71	0.17	2.88	1.42	2.87	3.69	0.17	2.17	1.53	100.68	6.56	1.29	1.29	1.67
	GT31	89.95	0.23	4.52	0.28	1.29	0.03	0.60	0.15	1.00	0.81	0.02	0.01	1.44	100.33	1.81	0.81	1.62	1.79
	GT34	46.73	3.01	13.45	12.43	6.82	0.28	3.84	6.11	3.53	1.75	0.36	0.01	1.88	100.20	5.28	0.50	0.71	1.75
	GT35	57.26	1.10	15.23	1.29	2.94	0.07	6.02	4.46	5.51	2.49	0.43	0.03	2.12	98.95	8.00	0.45	0.77	1.29
	ED05	68.74	0.60	11.35	3.05	1.53	0.06	5.49	2.65	1.52	0.21	0.09	0.32	4.30	99.91	1.73	0.14	1.50	4.16
	ED22	35.75	0.96	24.96	13.39	1.18	0.04	10.40	3.12	1.57	0.10	0.30	2.93	1.81	96.51	1.67	0.06	2.98	9.27
	GT36	64.67	0.55	12.29	3.18	2.43	0.08	5.84	3.73	0.92	0.12	0.17	1.95	4.41	100.34	1.04	0.13	1.46	7.48
	平均值	62.21	0.84	13.74	4.25	2.57	0.12	4.52	3.27	2.89	1.95	0.21	0.78	2.20	99.54	4.84	0.61	1.28	3.14

续表

岩石	样号	SiO_2	TiO_2	Al_2O_3	Fe_2O_3	FeO	MnO	MgO	CaO	Na_2O	K_2O	P_2O_5	B_2O_3	Los	合计	Na_2O+K_2O	K_2O/Na_2O	A/CNK	A/NK
混合岩	YDS1	76.13	0.13	10.42	0.54	1.26	0.02	0.31	0.64	2.12	6.32	0.01	0.01	1.47	99.38	8.44	2.98	0.91	1.01
	YDS4	73.46	0.23	12.04	0.66	2.13	0.04	0.21	1.13	3.90	5.19	0.02	0.03	0.56	99.60	9.09	1.33	0.85	1.00
	YDS5	66.17	0.11	18.16	0.28	1.13	0.04	0.92	3.93	6.64	1.99	0.03	0.04	0.54	99.98	8.63	0.30	0.90	1.39
	YDS7	72.63	0.27	12.01	0.99	3.55	0.02	0.20	0.42	4.55	4.11	0.03	0.03	0.55	99.36	8.66	0.90	0.94	1.01
	YDS10	76.18	0.10	11.54	0.20	2.38	0.01	0.23	0.22	3.68	4.74	0.01	0.02	0.69	100.00	8.42	1.29	0.99	1.03
	YDS14	74.03	0.29	12.92	1.62	1.57	0.01	0.26	0.54	5.71	2.59	0.03	0.02	0.42	100.01	8.30	0.45	0.98	1.06
	YDS15	73.53	0.31	12.41	1.91	2.16	0.02	0.31	0.95	6.13	1.09	0.03	0.01	1.27	100.13	7.22	0.18	0.95	1.10
	HY18	71.74	0.22	11.06	1.93	1.44	0.03	4.25	2.52	2.74	0.39	0.21	2.66	0.62	99.81	3.13	0.14	1.16	2.24
	GT26	74.65	0.05	13.34	0.71	0.35	0.02	0.44	0.37	3.84	5.37	0.01	0.02	0.56	99.73	9.21	1.40	1.04	1.10
	GT30	73.07	0.04	13.79	0.16	0.31	0.02	1.33	0.23	3.82	6.27	0.01	0.03	0.80	99.88	10.09	1.64	1.02	1.05
	GT53	72.79	0.19	14.27	0.42	0.59	0.02	1.10	1.07	4.79	3.27	0.04	0.03	0.89	99.47	8.06	0.68	1.07	1.25
	ED23	77.91	0.25	12.51	0.71	0.16	0.03	0.16	0.09	4.25	3.32	0.03	0.01	0.65	100.08	7.57	0.78	1.16	1.18
	ED03	61.76	0.39	13.63	0.30	2.12	0.07	5.19	2.75	3.93	3.74	0.06	0.02	5.45	99.41	7.67	0.95	0.88	1.30
	平均值	72.62	0.20	12.93	0.80	1.47	0.03	1.15	1.14	4.32	3.72	0.04	0.23	1.11	99.76	8.04	1.00	0.99	1.21

表 4-22 含硼岩系微量元素含量表

(单位：10^{-6})

岩石	样号	Rb	Sr	Ba	Zr	Hf	Th	U	Y	Nb	Ta	Cr	Ni	Co	V	F	Cl	Rb/Sr	Sr/Ba	Th/U	V/Cr	Zr/Y
角闪岩	FJ04	61.6	36.1	55.7	59.0	2.6	1.1	0.3	15.2	10.3	0.9	21.9	24.4	21.9	58.6	7546.8	60.8	1.71	0.65	3.67	2.68	3.88
	HY15	28.9	117.3	116.8	57.5	2.1	1.3	0.3	103.5	3.6	0.4	908.5	218.5	54.9	200.3	337.5	1134.2	0.25	1.00	4.33	0.22	0.56
	HY17	50.4	50.3	45.9	34.2	1.1	1.0	0.3	20.5	2.1	0.2	2533.7	936.1	103.9	173.7	189.5	530.3	1.00	1.10	3.33	0.07	1.67
	LJ06	76.5	275.0	188.4	20.3	1.4	1.2	0.4	25.8	2.0	0.5	13.7	7.3	3.9	12.6	438.6	232.6	0.28	1.46	3.00	0.92	0.79
	DT34	40.3	53.6	101.8	198.3	7.4	31.7	61.0	56.3	9.0	0.7	44.3	9.8	7.1	79.9	3849.2	243.9	0.75	0.53	0.52	1.80	3.52
	DT45	63.2	11.1	105.7	150.4	4.5	3.1	27.8	10.2	17.4	0.5	16.4	2.4	9.9	21.5	16791.8	436.5	0.57	0.11	0.11	1.31	14.75
	GT38	56.0	205.0	409.0	139.0	6.1	3.5	1.8	51.6	23.5	1.4	78.0	71.0	53.0	257.0	5728.0	876.0	0.27	0.50	2.02	3.29	2.69
	ED01	75.0	1106.0	2848.0	105.0	4.3	6.2	2.5	24.5	7.3	0.5	33.0	10.0	11.0	53.0	418.0	102.0	0.07	0.39	2.51	1.61	4.29
	DC14	18.0	243.0	184.0	77.0	3.2	3.2	0.5	33.9	23.2	1.6	2.0	3.0	15.0	69.0	1056.0	156.0	0.07	1.32	6.02	34.50	2.27
	DC25	12.0	70.0	115.0	119.0	5.3	4.6	1.3	63.4	14.5	1.1	146.0	57.0	37.0	429.0	1254.0	1109.0	0.17	0.61	3.68	2.94	1.88
	平均值	48.2	216.7	417.0	96.0	3.8	5.7	9.6	40.5	11.3	0.8	379.8	134.0	31.8	135.5	3760.9	488.1	0.51	0.77	2.92	4.93	3.63
变粒岩	BL1/5	84.4	302.8	162.6	150.3	4.3	6.6	0.9	26.2	8.9	0.8	29.5	9.8	5.6	19.2	1897.9	94.8	0.28	1.86	7.33	0.65	5.74
	QL2/4	56.3	193.0	283.3	288.3	17.6	5.0	7.1	13.8	4.5	0.4	16.9	4.3	5.0	17.0	397.1	148.4	0.29	0.68	0.70	1.01	20.89
	DL3/6	113.2	152.0	153.5	215.6	5.3	27.5	1.1	24.6	7.2	0.5	48.4	8.4	4.4	87.9	2613.0	64.1	0.74	0.99	25.00	1.82	8.76
	GT31	44.0	35.0	117.0	252.0	7.3	7.0	0.9	6.8	3.0	0.2	19.0	6.0	2.0	40.0	249.0	185.0	1.26	0.30	7.80	2.11	37.06
	GT34	76.0	345.0	655.0	204.0	10.3	2.5	0.6	43.7	26.2	1.7	14.0	43.0	61.0	371.0	1764.0	1201.0	0.22	0.53	3.95	26.50	4.67
	GT35	166.0	390.0	293.0	175.0	6.2	24.5	6.9	81.0	43.0	2.5	234.0	56.0	11.0	57.0	2474.0	442.0	0.43	1.33	3.58	0.24	2.16
	GT36	6.0	168.0	23.0	161.0	5.3	8.2	1.4	25.3	1.0	0.1	64.0	18.0	11.0	71.0	1102.0	77.0	0.04	7.30	5.86	1.11	6.36
	ED22	3.0	400.0	44.0	206.0	6.1	6.5	0.6	15.3	1.0	0.2	105.0	17.0	6.0	125.0	3322.0	132.0	0.01	9.09	10.35	1.19	13.46
	ED05	7.0	302.0	2559.0	164.0	4.7	13.3	0.5	11.2	0.9	0.1	82.0	16.0	10.0	66.0	1366.0	102.0	0.02	0.12	28.69	0.80	14.64
	平均值	61.8	254.2	476.7	201.8	7.4	11.2	2.2	27.5	10.6	0.7	68.1	19.8	12.9	94.9	1687.2	271.8	0.36	2.47	10.36	3.94	12.64
混合岩	GT26	126.0	74.0	280.0	174.0	11.0	54.5	21.3	58.4	51.2	4.6	2.0	1.0	2.0	5.0	50.0	210.0	1.70	0.26	2.56	2.50	2.98
	GT30	139.0	157.0	1253.0	57.0	1.8	13.4	0.6	2.5	0.8	0.1	2.0	1.0	0.0	2.0	195.0	296.0	0.89	0.13	24.25	1.00	22.80
	GT53	99.0	267.0	999.0	142.0	4.7	19.8	4.7	11.8	11.3	1.5	7.0	2.0	1.0	9.0	159.0	250.0	0.37	0.27	4.18	1.29	12.03
	ED23	87.0	41.0	219.0	252.0	9.7	3.4	0.7	44.6	10.5	1.0	3.0	2.0	1.0	13.0	195.0	117.0	2.12	0.19	5.12	4.33	5.65
	ED03	184.0	175.0	986.0	156.0	4.8	14.9	1.4	10.6	10.5	0.6	114.0	21.0	6.0	33.0	4098.0	316.0	1.05	0.18	10.39	0.29	14.72
	平均值	127.0	142.8	747.4	156.2	6.4	21.2	5.7	25.6	16.9	1.6	25.6	5.4	2.0	12.4	939.4	237.8	1.23	0.20	9.30	1.88	11.64

上述含硼岩系岩石学特征及地球化学特征显示其原岩为幔源岩浆岩为主的岩石，是属于幔源铁镁质岩浆分异形成的玄武岩、安山岩到酸性岩系列，经过中深区域变质之后形成斜长角闪岩、变粒岩到混合岩。

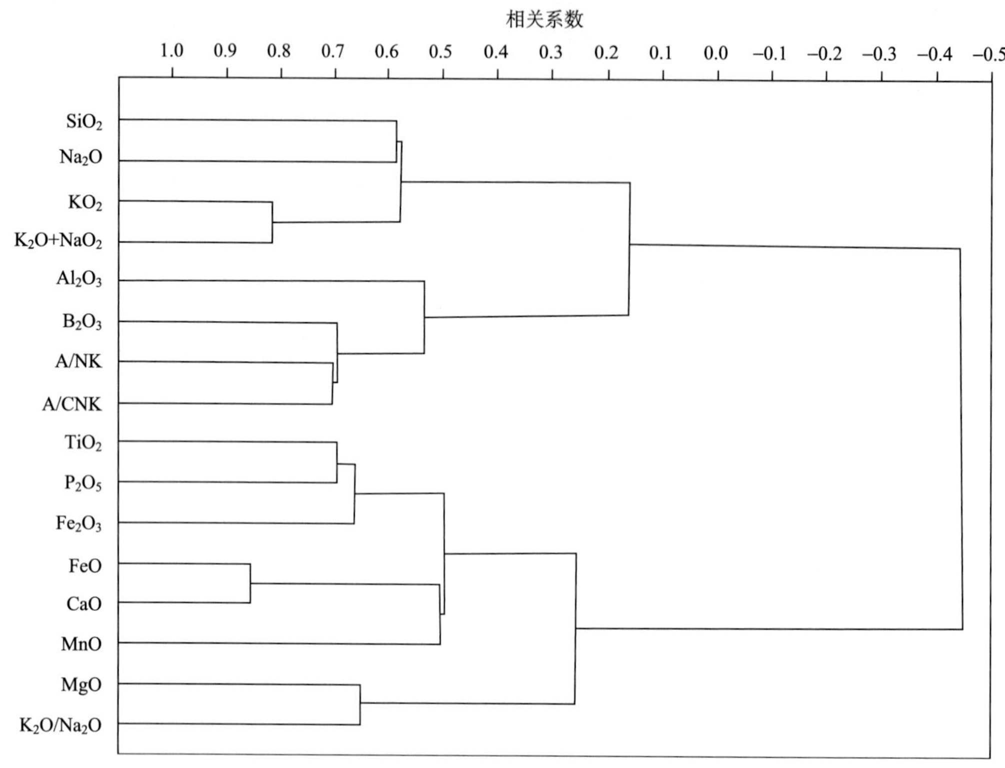

图 4-40　含硼岩系岩石氧化物 R 型聚类分析谱系图

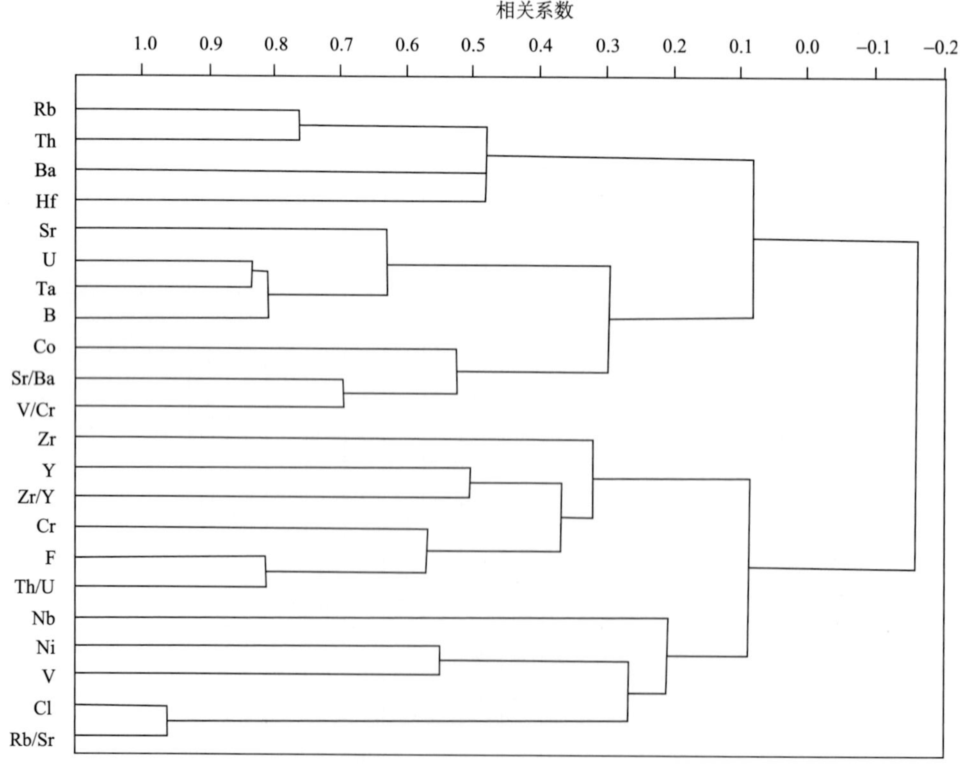

图 4-41　含硼岩系微量元素 R 型聚类分析谱系图

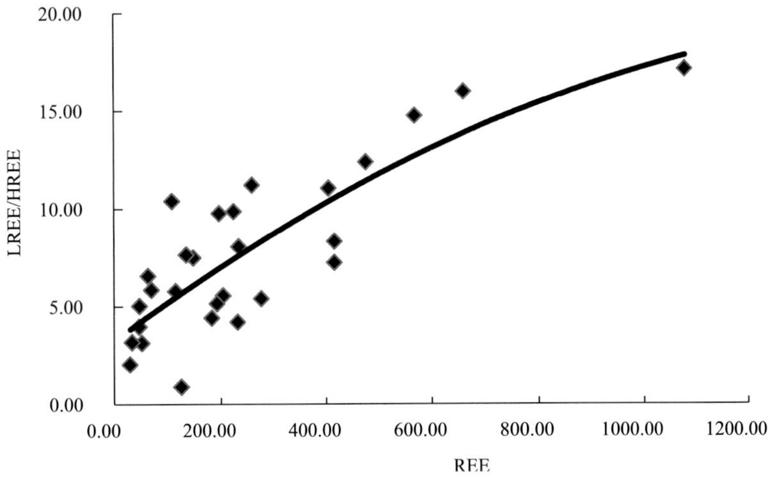

图 4-42　含硼岩系 LREE/HREE-REE 相关曲线图

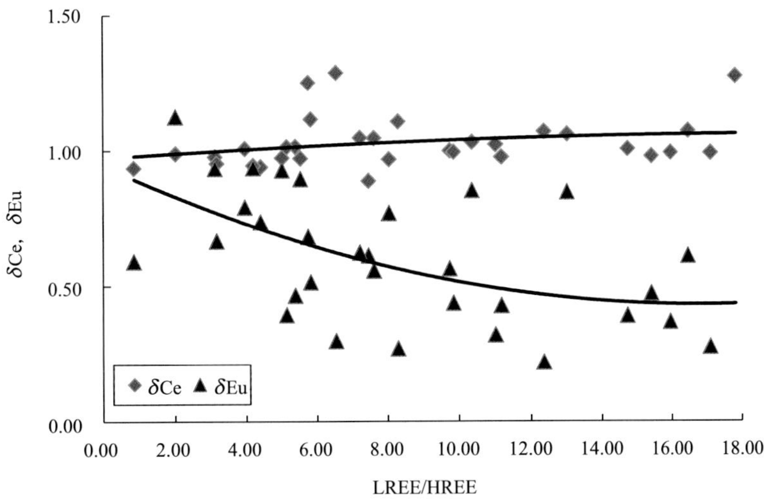

图 4-43　含硼岩系(δEu，δCe)-LREE/HREE 相关曲线图

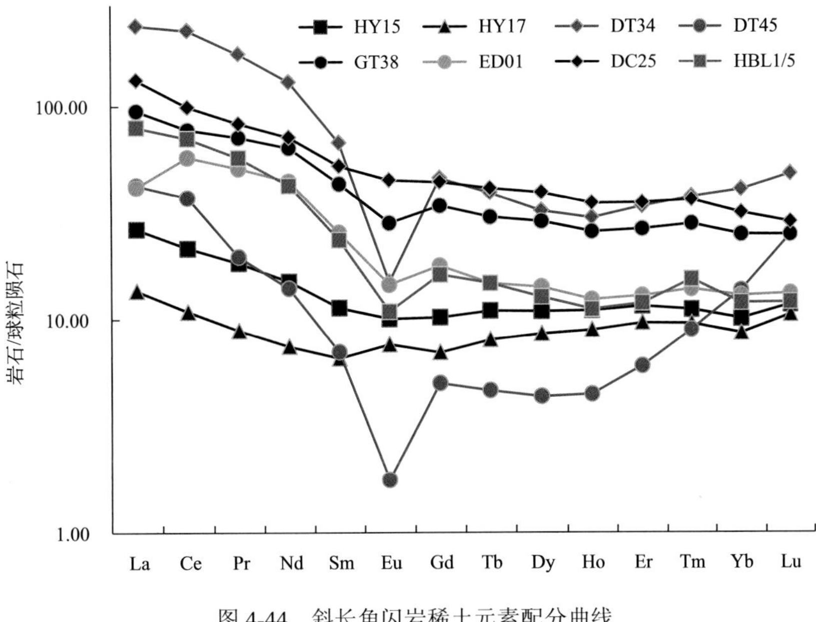

图 4-44　斜长角闪岩稀土元素配分曲线

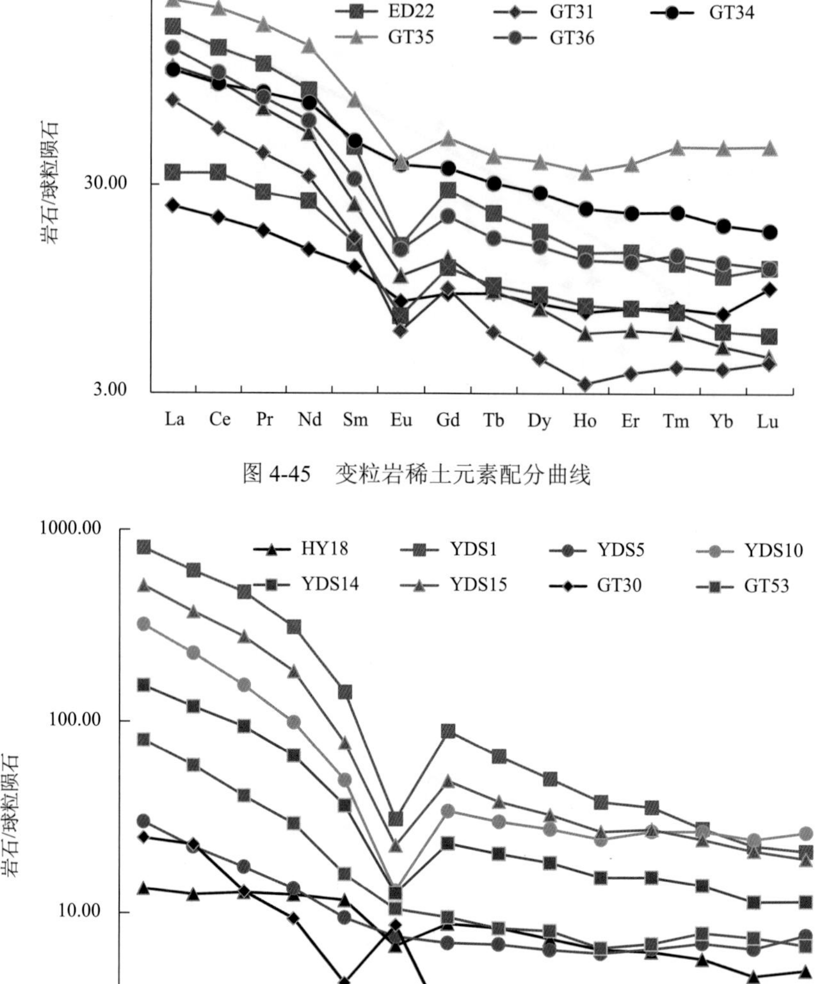

图 4-45　变粒岩稀土元素配分曲线

图 4-46　混合花岗岩稀土元素配分曲线

2. 电气石岩同位素年龄

辽东硼矿硼矿化蛇纹大理岩及蛇纹镁橄榄岩层顶底板断续分布着层状电气石岩及电气石变粒岩，电气石岩中以黑电气石为主，含量达 80%~90%，一般都在 60%~70%，是一种重要的硼矿化特征。根据岩石学、矿物学、地球化学研究，一般认为电气石岩是热水沉积成因(邹日等，1993，1995；刘敬党等，2007)。电气石是一种硼硅酸盐矿物，其分子式(Na，Ca)(Fe，Mg，Al，Mn，Li)$_3$Al$_6$［Si$_6$O$_{18}$］［BO$_3$］$_3$(OH，F)$_4$ 中除具有硅氧骨干外，还有[BO$_3$]络阴离子团。如此复杂的硼硅酸盐基团难于从热水溶液中直接结晶，尤其是热水溶液难于提供大量硼硅酸盐物质沉积形成电气石岩，更合理的解释是富含硼酸的热水溶液交代铝硅酸盐矿物形成电气石及电气石岩，是同生热水溶液交代泥质沉积物成因。

表 4-23 含硼岩系稀土元素含量表

(单位：10^{-6})

岩石	样号	La	Ce	Pr	Nd	Sm	Eu	Gd	Tb	Dy	Ho	Er	Tm	Yb	Lu	REE	LREE/HREE	δCe	δEu
角闪岩	FJ04	8.14	20.12	3.29	17.34	7.82	1.78	10.86	2.56	19.35	4.27	13.48	2.10	12.70	2.26	126.07	0.87	0.94	0.59
	HY15	8.21	17.40	2.24	9.03	2.21	0.74	2.65	0.52	3.51	0.79	2.42	0.36	2.11	0.39	52.58	3.12	0.98	0.93
	HY17	4.22	8.77	1.08	4.47	1.28	0.56	1.81	0.38	2.75	0.64	2.02	0.31	1.80	0.35	30.44	2.03	0.99	1.12
	LJ06	30.80	55.70	7.40	29.70	6.32	1.18	5.50	0.91	4.90	0.90	2.58	0.35	2.06	0.35	148.65	7.47	0.89	0.61
	DT34	74.20	183.60	21.50	78.10	13.16	1.10	11.90	1.86	10.40	2.15	7.12	1.22	8.52	1.60	416.43	8.30	1.11	0.27
	DT45	13.20	30.10	2.40	8.40	1.37	0.13	1.30	0.22	1.40	0.32	1.27	0.29	2.86	0.83	64.09	6.55	1.29	0.30
	GT38	29.50	62.60	8.71	38.28	8.43	2.08	8.84	1.43	9.27	1.85	5.57	0.91	5.23	0.83	183.53	4.41	0.94	0.74
	ED01	12.90	46.60	6.24	26.70	4.97	1.07	4.63	0.70	4.57	0.89	2.71	0.45	2.71	0.44	115.58	5.76	1.25	0.68
	DC14	48.00	93.00	11.16	45.56	8.33	2.07	8.12	1.15	7.08	1.32	3.73	0.60	3.36	0.52	234.00	8.04	0.97	0.77
	DC25	41.10	80.00	10.11	42.91	10.22	3.31	11.42	1.95	12.67	2.52	7.40	1.18	6.61	0.95	232.35	4.20	0.94	0.94
	平均值	27.03	59.79	7.41	30.05	6.41	1.40	6.70	1.17	7.59	1.57	4.83	0.78	4.80	0.85	160.37	5.07	1.03	0.70
变粒岩	HBL1/5	24.70	57.10	7.00	25.50	4.60	0.80	4.20	0.70	4.10	0.80	2.50	0.50	2.50	0.40	135.40	7.62	1.05	0.56
	QBL2/4	7.34	16.82	2.20	8.79	2.37	0.61	2.34	0.43	2.61	0.53	1.62	0.25	1.52	0.32	47.75	3.96	1.01	0.79
	DBL3/6	53.12	110.09	13.89	51.27	8.91	1.13	7.34	1.04	5.77	1.02	3.01	0.41	2.30	0.40	259.70	11.20	0.98	0.43
	ED05	34.30	76.10	8.53	31.88	4.73	0.81	3.48	0.44	2.48	0.42	1.27	0.19	1.06	0.15	165.84	16.48	1.07	0.61
	ED22	10.60	27.70	3.37	15.06	3.07	0.52	3.12	0.47	2.89	0.57	1.62	0.24	1.25	0.19	70.67	5.83	1.12	0.51
	GT31	23.50	44.90	5.20	19.80	3.28	0.44	2.48	0.28	1.42	0.24	0.79	0.13	0.82	0.14	103.42	15.42	0.98	0.47
	GT34	32.90	73.70	10.14	44.34	9.49	2.76	9.35	1.45	8.85	1.66	4.64	0.72	4.03	0.60	204.63	5.54	0.97	0.90
	GT35	71.60	170.80	21.54	83.82	14.99	2.85	13.05	1.96	12.54	2.50	8.02	1.49	9.55	1.53	416.24	7.22	1.05	0.62
	GT36	42.10	83.40	9.60	36.55	6.25	1.08	5.50	0.79	4.91	0.94	2.70	0.45	2.67	0.40	197.34	9.75	1.00	0.56
	平均值	33.35	73.40	9.05	35.22	6.41	1.22	5.65	0.84	5.06	0.96	2.91	0.49	2.86	0.46	177.89	9.22	1.02	0.61

续表

岩石	样号	La	Ce	Pr	Nd	Sm	Eu	Gd	Tb	Dy	Ho	Er	Tm	Yb	Lu	REE	LREE/HREE	δCe	δEu
混合岩	HY18	4.18	10.14	1.57	7.52	2.29	0.50	2.30	0.40	2.39	0.47	1.34	0.19	1.00	0.17	34.46	3.17	0.95	0.67
	YDS1	249.70	494.40	57.94	186.70	27.86	2.29	23.28	3.15	16.34	2.77	7.62	0.91	4.77	0.71	1078.44	17.11	0.99	0.27
	YDS4	49.02	108.20	13.46	50.84	10.61	1.62	10.65	1.91	12.24	2.52	7.73	1.09	6.18	1.04	277.11	5.39	1.01	0.47
	YDS5	9.32	18.03	2.14	8.12	1.86	0.56	1.83	0.33	2.10	0.45	1.39	0.23	1.39	0.26	48.01	5.02	0.97	0.93
	YDS7	140.70	262.00	28.04	87.91	12.17	1.48	11.10	1.68	9.92	1.81	5.72	0.80	4.37	0.73	568.43	14.73	1.00	0.39
	YDS10	99.11	183.50	18.88	59.57	9.68	0.97	8.91	1.44	8.95	1.77	5.70	0.88	5.15	0.89	405.40	11.03	1.02	0.32
	YDS14	47.74	96.81	11.52	39.98	7.15	0.94	6.05	0.98	5.98	1.12	3.29	0.46	2.44	0.39	224.85	9.86	0.99	0.44
	YDS15	159.00	302.10	33.86	109.90	15.17	1.67	12.77	1.83	10.62	1.94	5.84	0.80	4.49	0.65	660.64	15.97	0.99	0.37
	GT26	117.40	227.60	22.38	64.68	7.87	0.49	5.99	1.00	7.16	1.68	6.48	1.39	10.05	1.86	476.03	12.37	1.07	0.22
	GT30	7.70	18.50	1.59	5.64	0.85	0.64	0.64	0.09	0.49	0.10	0.28	0.04	0.28	0.04	36.88	17.82	1.27	0.65
	GT53	24.90	47.80	5.01	17.72	3.14	0.78	2.49	0.40	2.64	0.48	1.48	0.26	1.59	0.23	108.92	10.38	1.03	0.85
	ED23	28.60	70.50	9.80	42.51	9.35	1.17	8.83	1.48	9.45	1.81	5.02	0.74	3.70	0.44	193.40	5.15	1.01	0.39
	ED03	24.10	50.00	5.36	19.78	3.06	0.75	2.40	0.33	1.94	0.36	1.15	0.20	1.31	0.22	110.96	13.03	1.06	0.85
	平均值	73.96	145.35	16.27	53.91	8.54	1.07	7.48	1.16	6.94	1.33	4.08	0.61	3.59	0.59	324.89	10.85	1.03	0.52

电气石岩层厚 3~5m，呈黑灰-黑色，主要由黑电气石和石英组成，电气石含量为 45%~80%，含少量微斜长石、钠长石、透闪石和黑云母等。岩石呈层状条纹状构造，电气石结构粗细变化及石英含量变化形成不同的条纹，条纹一般宽 0.5~5cm，最宽可达 10cm，电气石岩中浅色石英细脉及不规则石英脉发育，切割电气石岩形成不规则角砾(照片 4-1)。电气石粒度一般为中粗粒状(0.5~1.0mm)，具有粗晶筛状结构和环带结构(照片 4-2)。粗晶筛状结构电气石晶体中包裹微晶石英、斜长石及绢云母等微晶矿物，并具有环带包裹，中细晶电气石内显示不同颜色的成分环带。

本书在大石桥后仙峪硼矿 501 号矿段矿体顶板采集 3 件电气石岩样品(N13、N14、N02)分选锆石进行同位素测年研究(张艳飞等，2010)。

锆石颗粒为 50~120μm，CL 图像显示，大部分锆石具有明显的核-边包含结构(照片 4-3)。核部锆石 CL 较亮，为灰-浅灰色，大多具有明显的韵律环带(照片 4-3a、b、d)，个别出现扇形分带结构(照片 4-3e)，与岩浆锆石类似。核部锆石边缘一般比较规则(照片 3a、b、f、g、h)，少量核部锆石具有不规则的港湾状(照片 4-3c、d、e)，可以说明核部锆石是经过原地结晶并局部被溶蚀。外边锆石环带 CL 呈深灰色，与核部锆石之间有明显的生长界限，外边环带一般也具有生长环带，个别生长环带不规则(照片 4-3f)，显示变质增生锆石的特点。

内核锆石和环边锆石 U、Th 呈现反相关性，内核锆石 Th 高 U 低，环边锆石 Th 低 U 高，内核锆石和环边锆石 Th-U 分别呈正相关性(图 4-47)。内核锆石 Th 高于环边锆石 Th 含量(表 4-24)，内核锆石 Th 含量一般内在 50×10^{-6}，平均 192×10^{-6}，图中位于 5Th/U 趋势线之上；环边锆石 Th 含量一般小于 50×10^{-6}，平均 46×10^{-6}，图中位于 5Th/U 趋势线之下。锆石放射性铅与 U 呈正相关，图中与 5Th/U 趋势线平行。

内核锆石和环边锆石 U、Th 含量变化规律不一致性，表明内核锆石和环边锆石结晶时 U、Th 物源体系有变化，地质体变质过程中有外来物质加入改变了封闭体系的平衡状态，外来物质具有较低的 Th/U 比值，属于深源物质特征。

锆石 SHRIMP U-Pb 测年结果分为两组(图 4-48)，核部锆石 $^{206}Pb/^{238}U$ 年龄为 1791±23~2302±35Ma，平均 2124±27Ma；$^{207}Pb/^{206}Pb$ 年龄 1970±2.3~2199±14.0Ma，平均 2153±9.5Ma。环边锆石 $^{206}Pb/^{238}U$ 年龄为 1060±21~1973±47Ma，平均 1816±24Ma；$^{207}Pb/^{206}Pb$ 年龄 1541±6.3~1919±13.0Ma，平均 1882±8.5Ma。

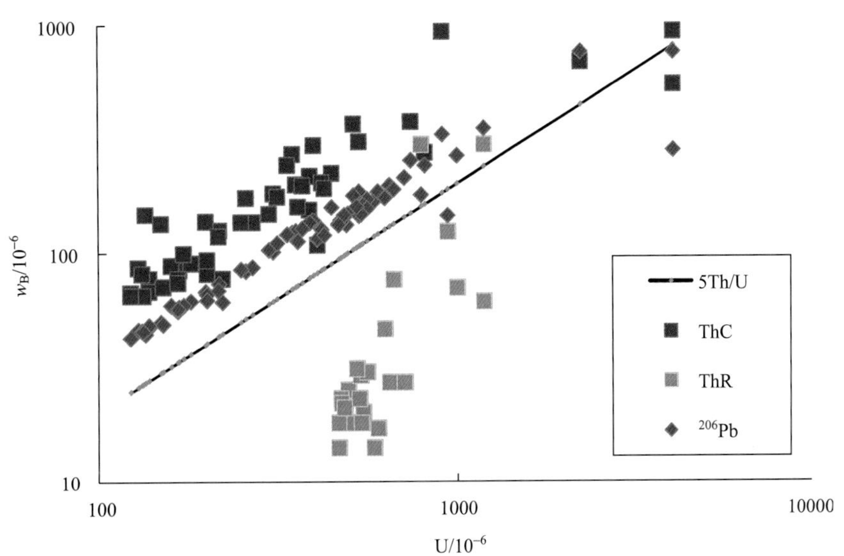

图 4-47　辽东后仙峪硼矿电气石盐 Pb、Th-U 散点图

表 4-24　电气石岩中锆石 SHRIMP U-Pb 测年表

测点	元素含量/10^{-6}			同位素比值							表面年龄/Ma			
	U	Th	$^{206}Pb^{*}$	$^{232}Th/^{238}U$	$^{207}Pb/^{206}Pb$	$\pm\sigma/\%$	$^{207}Pb/^{235}U$	$\pm\sigma/\%$	$^{206}Pb/^{238}U$	$\pm\sigma/\%$	$^{206}Pb/^{238}U$	$\pm2\sigma$	$^{207}Pb/^{206}Pb$	$\pm2\sigma$
N13-1.1C	138	77	47.1	0.57	0.13425	0.730	7.34	1.70	0.3963	1.50	2152	28	2154	13.0
N13-2.1C	814	274	241.0	0.35	0.12688	0.320	6.02	1.40	0.3439	1.40	1906	23	2055	5.7
N13-3.1C	167	84	57.8	0.52	0.13488	0.720	7.47	1.70	0.4017	1.50	2177	28	2163	13.0
N13-4.1C	306	182	101.0	0.61	0.13607	0.490	7.20	1.50	0.3837	1.40	2094	26	2177	8.5
N13-5.1C	180	90	61.3	0.51	0.13613	0.640	7.43	1.60	0.3960	1.50	2150	28	2179	11.0
N13-7.1C	298	148	103.0	0.51	0.13620	0.470	7.55	1.50	0.4020	1.40	2178	27	2179	8.2
N13-8.1C	129	86	45.9	0.69	0.13573	0.720	7.74	1.70	0.4134	1.60	2230	29	2173	13.0
N13-9.1C	346	270	122.0	0.81	0.13543	0.430	7.65	1.60	0.4095	1.50	2213	28	2169	7.6
N13-10.1C	159	88	58.8	0.57	0.13776	0.630	8.15	1.70	0.4293	1.60	2302	31	2199	11.0
N13-11.1C	446	223	158.0	0.52	0.13611	0.400	7.75	1.60	0.4131	1.50	2229	29	2178	6.9
N13-12.1C	216	125	73.2	0.60	0.13495	0.540	7.33	1.60	0.3941	1.50	2142	27	2163	9.4
N13-13.1C	172	99	58.8	0.59	0.13638	0.650	7.47	1.60	0.3972	1.50	2156	27	2182	11.0
N13-14.1C	123	67	42.4	0.56	0.13500	0.820	7.43	1.80	0.3991	1.60	2165	29	2164	14.0
N13-15.1C	386	154	135.0	0.41	0.13566	0.700	7.61	1.50	0.4070	1.40	2201	27	2172	8.6
N13-16.1C	198	137	67.6	0.72	0.13651	0.580	7.50	1.60	0.3983	1.50	2161	27	2183	10.0
N13-17.1C	138	68	48.0	0.51	0.13627	0.730	7.59	1.90	0.4038	1.70	2187	32	2180	13.0
N13-18.1C	149	134	49.6	0.93	0.13760	0.740	7.35	1.80	0.3875	1.70	2111	30	2197	13.0
N13-19.1C	135	147	44.1	1.13	0.13333	0.730	7.02	1.70	0.3816	1.60	2084	28	2142	13.0
N14-1.1	397	295	138.0	0.77	0.13650	0.460	7.61	1.50	0.4045	1.40	2190	27	2183	8.1
N14-2.1	387	217	135.0	0.58	0.13332	0.480	7.45	1.50	0.4053	1.40	2194	27	2142	8.5
N14-3.1	132	81	45.6	0.64	0.13638	0.730	7.55	1.80	0.4014	1.70	2175	31	2182	13.0
N14-4.1	314	176	110.0	0.58	0.13524	0.470	7.58	1.50	0.4064	1.40	2198	27	2167	8.2
N14-5.1	257	174	83.0	0.70	0.13412	0.580	6.94	1.70	0.3753	1.60	2054	27	2153	10.0

续表

测点	元素含量/10^{-6}			同位素比值						表面年龄/Ma			
	U	Th	$^{206}Pb^*$	$^{232}Th/^{238}U$	$^{207}Pb/^{206}Pb$	$\pm\sigma$/%	$^{207}Pb/^{235}U$	$\pm\sigma$/%	$^{206}Pb/^{238}U$	$\pm\sigma$/%	$^{206}Pb/^{238}U$	$\pm 2\sigma$	$^{207}Pb/^{206}Pb$	$\pm 2\sigma$
N14-6.1	133	65	45.2	0.51	0.13514	0.730	7.36	1.70	0.3952	1.50	2147	28	2166	13.0
N02-1.1C	200	81	65.7	0.42	0.13514	0.620	7.10	1.60	0.3810	1.50	2081	26	2166	11.0
N02-2.1C	151	71	48.7	0.49	0.13293	0.690	6.89	1.60	0.3760	1.50	2058	26	2137	12.0
N02-3.1C	354	199	124.0	0.58	0.13532	0.430	7.61	1.50	0.4076	1.40	2204	27	2168	7.5
N02-4.1C	2211	683	755.0	0.32	0.13489	0.180	7.39	1.40	0.3975	1.40	2158	26	2162	3.2
N02-5.1C	533	306	185.0	0.59	0.13605	0.350	7.59	1.40	0.4044	1.40	2189	26	2177	6.1
N02-6.1C	166	77	55.7	0.48	0.13187	0.660	7.08	1.60	0.3896	1.50	2121	27	2123	12.0
N02-7.1C	407	108	115.0	0.27	0.12095	0.500	5.50	1.50	0.3300	1.40	1838	23	1970	8.9
N02-8.1C	166	74	56.7	0.46	0.13653	0.680	7.49	2.00	0.3977	1.90	2158	35	2184	12.0
N02-9.1C	4028	543	280.0	0.40	0.13110	0.130	6.71	1.70	0.3711	1.70	2035	29	2112	2.3
N02-10.1C	335	242	120.0	0.75	0.13638	0.440	7.85	1.50	0.4175	1.40	2249	27	2181	7.6
N02-11.1C	359	159	112.0	0.46	0.12850	0.460	6.43	1.60	0.3630	1.50	1997	26	2077	8.1
N02-12.1C	514	366	178.0	0.74	0.13511	0.360	7.50	1.50	0.4025	1.50	2181	27	2165	6.3
N02-13.1C	268	136	86.2	0.52	0.12737	0.540	6.57	1.60	0.3742	1.50	2049	26	2062	9.6
N02-14.1C	911	926	329.0	1.05	0.13667	0.270	7.92	1.50	0.4201	1.40	2261	27	2185	4.7
N02-15.1C	369	197	127.0	0.55	0.13567	0.440	7.52	1.50	0.4020	1.50	2178	27	2172	7.7
N02-16.1C	418	203	126.0	0.50	0.13443	0.590	6.51	1.60	0.3515	1.50	1942	26	2157	10.0
N02-17.1C	249	136	84.3	0.56	0.13606	0.550	7.39	1.70	0.3941	1.70	2142	30	2177	9.5
N02-18.1C	744	374	253.0	0.52	0.13554	0.310	7.41	1.40	0.3965	1.40	2153	26	2171	5.4
N02-19.1C	221	77	60.8	0.36	0.12644	0.680	5.58	1.60	0.3202	1.50	1791	23	2049	12.0
N02-20.1C	200	93	62.0	0.48	0.12997	0.620	6.47	1.60	0.3608	1.50	1986	25	2098	11.0
N02-21.1C	215	118	68.2	0.57	0.13686	0.620	6.98	1.80	0.3698	1.70	2028	29	2188	11.0
平均	425	192	119.2	0.58	0.13421	0.547	7.24	1.61	0.3905	1.52	2124	27	2153	9.5
最大	4028	926	755.0	1.13	0.13776	0.820	8.15	2.00	0.4293	1.90	2302	35	2199	14.0
最小	123	65	42.4	0.27	0.12095	0.130	5.50	1.40	0.3202	1.40	1791	23	1970	2.3

续表

测点	元素含量/10^{-6}			同位素比值							表面年龄/Ma			
	U	Th	$^{206}Pb^*$	$^{232}Th/^{238}U$	$^{207}Pb/^{206}Pb$	$\pm\sigma/\%$	$^{207}Pb/^{235}U$	$\pm\sigma/\%$	$^{206}Pb/^{238}U$	$\pm\sigma/\%$	$^{206}Pb/^{238}U$	$\pm2\sigma$	$^{207}Pb/^{206}Pb$	$\pm2\sigma$
N13-6.1C	944	123	145.0	0.13	0.09565	0.540	2.36	2.20	0.1787	2.20	1060	21	1541	10.0
N13-2.2R	587	14	168.0	0.02	0.11699	0.400	5.39	1.60	0.3342	1.50	1859	24	1910	7.2
N13-2.3R	496	25	148.0	0.05	0.11642	0.650	5.57	1.60	0.3471	1.50	1921	25	1902	12.0
N13-3.2R	492	18	132.0	0.04	0.11645	0.450	5.03	1.50	0.3131	1.40	1756	22	1902	8.2
N13-4.2R	474	23	139.0	0.05	0.11586	0.460	5.46	1.50	0.3418	1.40	1895	23	1893	8.3
N13-7.2R	602	17	185.0	0.03	0.11749	0.390	5.80	1.50	0.3580	1.40	1973	24	1918	7.0
N13-8.2R	537	29	155.0	0.06	0.11613	0.420	5.40	1.50	0.3372	1.40	1873	23	1897	7.5
N13-9.2R	562	30	171.0	0.06	0.11708	0.410	5.72	1.50	0.3541	1.40	1954	24	1912	7.4
N13-10.2R	649	27	197.0	0.04	0.11701	0.370	5.70	2.80	0.3533	2.80	1951	47	1911	6.7
N13-11.2R	467	18	134.0	0.04	0.11738	0.530	5.40	1.60	0.3333	1.50	1854	24	1916	9.4
N13-12.2R	547	20	161.0	0.04	0.11558	0.400	5.47	1.50	0.3434	1.40	1903	23	1889	7.2
N13-13.2R	475	22	136.0	0.05	0.11626	0.460	5.35	1.50	0.3339	1.40	1857	23	1899	8.2
N13-14.2R	534	23	145.0	0.04	0.11657	0.420	5.07	1.50	0.3151	1.40	1766	22	1904	7.6
N13-16.2R	714	27	213.0	0.04	0.11759	0.350	5.63	1.50	0.3474	1.40	1922	23	1919	6.3
N13-17.2R	484	21	146.0	0.05	0.11663	0.420	5.64	1.50	0.3506	1.40	1938	24	1905	7.6
N13-18.2R	562	30	156.0	0.06	0.11634	0.550	5.17	1.50	0.3223	1.40	1801	22	1900	9.8
N13-19.2R	541	18	147.0	0.03	0.11610	0.450	5.08	1.50	0.3171	1.40	1776	22	1897	8.1
N02-6.2R	667	76	189.0	0.12	0.11554	0.400	5.24	1.50	0.3290	1.40	1834	22	1888	7.2
N02-7.2R	1191	61	349.0	0.05	0.11284	0.730	5.30	1.90	0.3409	1.70	1891	28	1846	13.0
N02-19.2R	525	31	159.0	0.06	0.11636	0.430	5.65	1.50	0.3521	1.40	1945	24	1901	7.8
N02-20.2R	796	297	179.0	0.39	0.11563	0.420	4.18	1.60	0.2619	1.60	1500	21	1889	7.6
N02-3.2R	1002	70	265.0	0.07	0.11344	0.700	4.82	1.70	0.3082	1.50	1732	23	1855	13.0
平均	629	46	173.6	0.07	0.11524	0.470	5.20	1.64	0.3260	1.54	1816	24	1882	8.5
最大	1191	297	349.0	0.39	0.11759	0.730	5.80	2.80	0.3580	2.80	1973	47	1919	13.0
最小	467	14	132.0	0.02	0.09565	0.350	2.36	1.50	0.1787	1.40	1060	21	1541	6.3

注：Pb^*代表放射性成因铅；测点**C 和**R 分别代表锆石核部和边部。

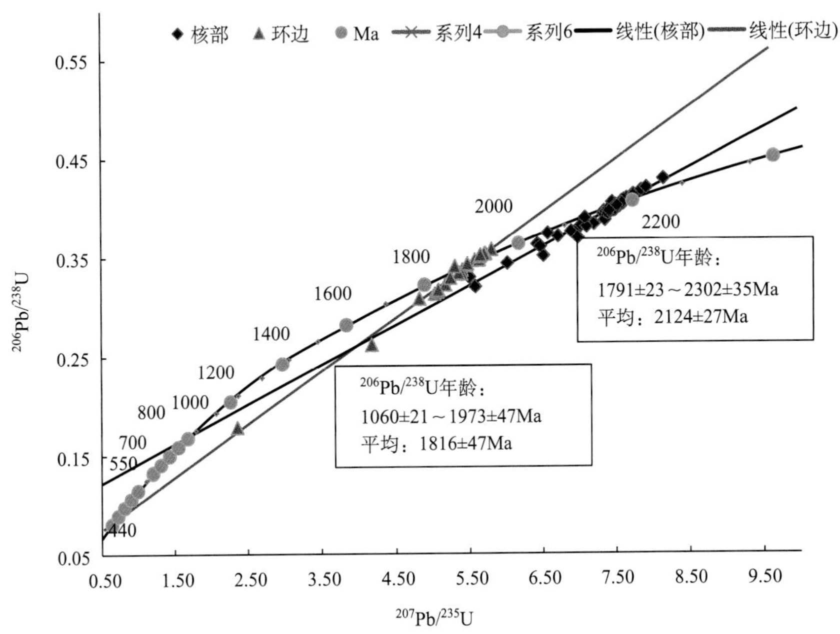

图 4-48　辽东后仙峪硼矿电气石岩锆石 U-Pb 同位素年龄协和曲线图

3. 矿床矿化

铁镁硼酸盐矿石：矿石矿物组成主要为硼酸盐矿物，有硼镁石、遂安石、硼镁铁矿、电气石；金属矿物有磁铁矿、硫铁矿；非金属矿物有蛇纹石、滑石、水镁石、硅镁石、榍石、磷灰石，以及金云母、透闪石、镁橄榄石、绿泥石等硅酸盐矿物。

以矿石矿物组成可以划分为遂安石型、硼镁石型、硼镁铁矿型等三种硼矿石类型。硼镁石型和遂安石型 B_2O_3 品位相对较高，工业价值较大，如辽宁营口后仙峪、凤城二台子、宽甸杨木杆子和吉林高台沟等硼矿床；硼镁铁矿型品位相对较低，如凤城翁泉沟硼矿、五道岭子硼矿和牛皮扎硼矿等，硼镁铁矿常与铁矿物等紧密共生，多呈浸染状，粒度微细，矿石比较难选。

根据含矿岩石岩性可以划分为蛇纹镁橄榄岩型和蛇纹菱镁岩型两类矿石。

(1) 蛇纹镁橄榄岩型矿石，硼矿化蛇纹石化镁橄榄岩，可以进一步划分硼镁石-遂安石型矿石和硼镁铁矿型矿石；

(2) 蛇纹菱镁岩型矿石，硼矿化蛇纹石化富镁大理岩，主要为硼镁石型矿化矿石，含有少量硼镁铁矿。

矿石地球化学：各种矿石类型均具有蛇纹石化及金云母化蚀变。视蚀变程度不同，含有脉石矿物种类及含量差异，导致矿石化学成分明显不同。蛇纹镁橄榄岩型矿石属于硅酸盐型矿石，除了 MgO 之外，SiO_2 和 FeO 含量较高，蛇纹菱镁岩型矿石 SiO_2 含量较低，含有少量 FeO，蛇纹石化蚀变可以提高矿石中 SiO_2 含量(表 4-25)。

由于主要矿石矿物是硼镁石矿物，所以从矿石化学组成分析可以看出，B_2O_3 品位变化与 MgO 含量呈明显正相关变化趋势，与 TFe、Al_2O_3 及 SiO_2 呈现负相关(图 4-49)，高品位硼矿石 MgO 含量均在 40%以上(表 4-25)。

两类矿石 Al_2O_3、K_2O、Na_2O 等含量都很低，但是蛇纹镁橄榄岩型矿石高于蛇纹菱镁岩型矿石，前者 K_2O/Na_2O 也高于后者，与前者广泛发育的金云母化交代作用有关。岩石化学组成表明矿石的主要矿物成分除了镁硼酸盐矿物之外，主要是铁镁硅酸盐矿物，蛇纹镁橄榄岩中有少量铝硅酸盐矿物。

与岩石氧化物成分一样，两种类型矿石中微量元素及稀土元素含量也有一定差异，蛇纹镁橄榄岩型矿石 Rb-Ba-Sr-Zr-Th-U-Y-Nb-Cr-Ni-Co-V-F-Cl 及稀土元素总量都是高于蛇纹菱镁岩，微量元素特征比值只有 Zr/Y 值是蛇纹菱镁矿高于蛇纹镁橄榄岩，其他都是蛇纹镁橄榄岩高。

表 4-25　辽东硼矿石化学组成表

成分	蛇纹石化镁橄榄岩											蛇纹石化菱镁岩										
	WW1	WW2	EK1	DT1	WQ14	WQ07	RR33	RR04	RR23	FJ12-3	平均值	EK2	EK3	HY01	HY06	HY09	HY13	RR06	RR07	RR02	RR19	平均值
SiO_2	16.35	32.68	19.84	16.68	19.39	26.73	20.36	23.92	28.87		22.76	6.21	4.86	8.15	1.67	2.15	0.97	7.71	13.73	7.77	3.81	5.65
TiO_2	0.10	0.10	0.04	0.05	0.06	0.05	0.05	0.01	0.06		0.05	0.04	0.04	0.05	0.00	0.01	0.00	0.00	0.01	0.01	0.01	0.01
Al_2O_3	0.64	1.70	0.52	1.61	1.47	1.63	0.30	0.13	3.53		1.28	0.14		1.24	0.06	1.76	1.16	0.11	0.42	0.15	0.03	0.62
Fe_2O_3	23.02	12.56	18.57	16.11	18.07	12.54	4.41	0.74	1.58		11.96	12.38	1.78	4.48	0.50	2.89	0.48	0.06	1.08	0.14	0.85	1.36
FeO	17.51	13.53	3.37	21.16	19.85	10.88	1.43	0.54	0.19		9.83	3.79	2.32	3.98	2.64	2.17	2.57	0.51	0.52	0.25	1.00	1.77
MnO	0.08	0.07	0.12	0.05	0.00	0.11	0.14	0.05	0.06		0.08	0.18	0.18	0.41	0.20	0.24	0.43	0.10	0.07	0.06	0.10	0.20
MgO	25.08	22.80	38.64	29.50	27.07	30.99	38.90	42.63	41.32		32.99	40.59	44.66	43.65	50.96	45.30	55.75	48.15	45.38	45.70	44.16	47.08
CaO	0.80	4.01		0.18	0.19	0.15	4.79	2.69	0.14		1.62	2.18	0.85	2.13	0.19	0.39	0.84	5.49	1.13	2.36	5.65	2.11
Na_2O	0.11	0.83	0.03	0.36	0.23	0.04	0.09	0.05	0.03		0.20	0.03	0.04	0.12	0.12	0.05	0.03	0.08	0.06	0.09	0.07	0.07
K_2O	0.59	1.07		0.69	0.48	0.36	0.01	0.03	0.02		0.41			0.03	0.03	0.02	0.15	0.02	0.01	0.01	0.01	0.04
P_2O_5	0.20	0.09	0.04	0.01	0.01	0.02	1.24	0.01	0.01		0.18	0.04	0.04	0.07	0.01	0.01	0.07	0.02	0.02	0.01	0.01	0.03
B_2O_3	7.84	8.46	10.19	7.59	5.95	4.93	14.71	10.88	10.07		8.96	10.36	22.11	21.82	31.18	32.11	32.23	24.84	23.89	12.09	9.02	23.25
LOI	6.84	0.62	9.06	5.71	6.54	8.25	12.88	17.77	14.03		9.08	24.21	23.54	13.38	11.77	12.21	4.74	12.32	13.18	31.21	34.57	17.44
合计	99.06	98.52	100.42	99.70	99.31	96.68	99.31	99.45	99.91		99.15	93.94	100.42	99.51	99.33	99.31	99.42	99.41	99.50	99.85	99.29	99.56
Na_2O+K_2O	0.70	1.90	0.03	1.05	0.71	0.40	0.10	0.08	0.05		0.56	0.03	0.04	0.15	0.15	0.07	0.18	0.10	0.07	0.10	0.08	0.10
K_2O/Na_2O	5.36	1.29	0.00	1.92	2.09	9.00	0.11	0.60	0.67		2.34	0.00	0.00	0.25	0.25	0.40	5.00	0.25	0.17	0.11	0.14	0.73
A/CNK	0.28	0.17	10.54	0.96	1.18	2.23	0.03	0.03	10.83		2.92	0.03	0.00	0.30	0.10	2.16	0.67	0.01	0.19	0.03	0.00	0.39
A/NK	0.78	0.67	10.54	1.20	1.63	3.57	1.89	1.13	49.68		7.90	2.84	0.00	5.39	0.26	16.93	5.47	0.72	3.83	0.94	0.24	3.75
MgO/CaO	31.35	5.69		163.89	142.47	206.60	8.12	15.85	295.14		108.64	18.62	52.54	20.49	268.21	116.15	66.37	8.77	40.16	19.36	7.82	66.65
Rb	38.30	2.60	7.10	80.00	100.00	54.20	2.80	3.90	3.10	7.80	29.98	3.4	98.3	3.4	4.2	4.6	10.5	2.3	2.3	2.9	2.4	14.54
Sr	123.00	8.10	72.40	5.00	5.00	7.50	29.20	24.30	7.60	17.40	29.95	10.3	24.1	69.0	7.1	7.6	15.7	97.8	14.3	19.2	29.0	31.53
Ba	5.00	5.00	5.00	250.00	330.00	21.00	5.00	5.00	5.00	6.00	63.70	5.0	5.0	5.0	5.0	5.0	5.0	5.0	5.0	5.0	5.0	5.00
Zr	9.10	14.90	80.00	2.00	2.00	16.50	17.00	8.30	36.80	14.30	20.09	7.8	18.2	23.1	6.5	12.8	7.4	5.6	7.2	6.4	6.2	10.38

续表

成分	蛇纹石化镁橄榄岩											蛇纹石化菱镁岩										
	WW1	WW2	EK1	DT1	WQ14	WQ07	RR33	RR04	RR23	FJ12-3	平均值	EK2	EK3	HY01	HY06	HY09	HY13	RR06	RR07	RR02	RR19	平均值
Hf	0.44	0.39	2.59	0.14	0.12	0.31	0.47	0.33	1.27	0.56	0.66	0.2	0.6	0.7	0.2	0.4	0.2	0.2	0.3	0.2	0.2	0.32
Th	1.58	1.86	12.02	2.89	3.05	4.33	315.70	0.27	0.47	10.81	35.30	0.8	7.6	7.3	1.9	3.8	4.4	0.2	0.4	0.2	0.2	2.87
U	0.15	0.23	2.24	88.32	132.18	74.52	12.74	0.63	0.27	0.58	31.19	0.2	1.6	2.0	4.3	3.8	4.3	0.1	1.7	0.1	0.1	2.00
Y	29.65	15.23	30.67	7.65	8.21	7.86	61.92	0.73	0.41	57.15	21.95	13.69	26.47	20.03	2.53	4.23	3.16	1.89	1.1	0.88	1.12	6.82
Nb	1.70	6.60	48.50	4.50	4.60	5.90	14.70	1.80	8.70	2.50	9.95	4.70	6.70	2.70	1.60	1.20	1.30	1.30	1.90	1.30	1.30	2.14
Ta	0.22	0.56	6.97	0.12	0.10	0.09	0.26	0.25	1.47	0.19	1.02	0.42	0.87	0.23	0.16	0.12	0.13	0.13	0.24	0.10	0.13	0.23
Cr	8.00	15.00	70.00	154.00	144.00	3.00	11.00	7.00	15.00	3.00	43.00	6.00	12.00	19.00	12.00	15.00	17.00	10.00	11.00	11.00	13.00	13.33
Ni	11.50	9.30	38.80	1.80	3.10	1.70	34.80	3.10	8.10	30.30	14.25	59.40	22.70	13.50	1.50	2.20	2.30	3.30	3.60	2.30	3.40	6.09
Co	7.60	7.30	6.60	25.80	44.90	29.90	5.60	7.00	7.70	6.60	14.90	6.90	4.40	17.90	8.80	8.10	9.30	3.50	5.40	2.40	5.00	7.20
V	84.00	49.00	93.00	120.00	120.00	9.00	51.00	5.00	17.00	8.00	55.60	19.00	8.00	115.00	5.00	5.00	7.00	5.00	5.00	5.00	5.00	17.78
B	75	459	50	23582	19442	18342	43064	31846	29762	25	16665	1801	26	67794	92262	88345	95238	70571	65233	34021	25872	59929
F	3249	6047	4434	4057	5785	6047	2843	1455	2081	1821	3782	1741	9416	1112	230	388	148	447	971	1016	254	1554
Cl	9.00	76.00	9.00	426.00	808.00	427.00	102.00	168.00	66.00	11.00	210.20	128.00	16.00	76.00	30.00	15.00	347.00	143.00	35.00	80.00	121.00	95.89
Rb/Sr	0.31	0.32	0.10	16.00	20.00	7.23	0.10	0.16	0.41	0.45	4.51	0.33	4.08	0.05	0.59	0.61	0.67	0.02	0.16	0.15	0.08	0.71
Sr/Ba	24.60	1.62	14.48	0.02	0.02	0.36	5.84	4.86	1.52	2.90	5.62	2.06	4.82	13.80	1.42	1.52	3.14	19.56	2.86	3.84	5.80	6.31
Th/U	10.53	8.09	5.37	0.03	0.02	0.06	24.78	0.43	1.74	18.64	6.97	4.53	4.66	3.71	0.44	0.99	1.03	1.36	0.20	2.11	3.17	1.96
V/Cr	10.50	3.27	1.33	0.78	0.83	3.00	4.64	0.71	1.13	2.67	2.89	3.17	0.67	6.05	0.42	0.33	0.41	0.50	0.45	0.45	0.38	1.07
V/(Ni+V)	0.88	0.84	0.71	0.99	0.97	0.84	0.59	0.62	0.68	0.21	0.73	0.24	0.26	0.89	0.77	0.69	0.75	0.60	0.58	0.68	0.60	0.65
Zr/Y	0.31	0.98	2.61	0.26	0.24	2.10	0.27	11.37	89.76	0.25	10.81	0.57	0.69	1.15	2.57	3.03	2.34	2.96	6.55	7.27	5.54	3.57
F/Cl	361.00	79.57	492.67	9.52	7.16	14.16	27.87	8.66	31.53	165.55	119.77	13.60	588.50	14.63	7.67	25.87	0.43	3.13	27.74	12.70	2.10	75.86
La	2.49	3.47	10.06	4.16	3.87	2.38	23.83	0.42	0.91	27.33	7.89	2.33	6.3	6.71	2.62	2.77	4.67	1.15	1.22	0.34	0.67	2.94
Ce	7.35	8.04	25.43	8.74	9.14	6.04	67.66	1.09	1.51	64.27	19.93	5.9	11.32	17.24	6.15	7	10.7	2.77	2.28	0.85	1.65	6.66
Pr	1.34	1.14	3.7	0.98	1.04	0.7	9.68	0.16	0.15	9.54	2.84	0.84	1.13	2.81	0.82	0.99	1.37	0.35	0.32	0.12	0.21	0.90

续表

成分	蛇纹石化镁橄榄岩											蛇纹石化菱镁岩										
	WW1	WW2	EK1	DT1	WQ14	WQ07	RR33	RR04	RR23	FJ12-3	平均值	EK2	EK3	HY01	HY06	HY09	HY13	RR06	RR07	RR02	RR19	平均值
Nd	7.21	5.25	15.92	4.26	4.6	3.29	41.12	0.58	0.46	43.1	12.58	3.7	4.83	13.38	3.31	4.09	5.07	1.41	1.13	0.48	0.72	3.82
Sm	2.77	1.32	3.46	0.95	1.22	1.17	9.53	0.12	0.07	10.79	3.14	1.03	1.42	3.65	0.66	0.92	0.93	0.28	0.23	0.12	0.15	0.93
Eu	0.15	0.07	0.28	0.09	0.12	0.12	0.87	0.03	0.05	0.41	0.22	0.06	0.07	0.34	0.07	0.07	0.1	0.07	0.05	0.03	0.04	0.09
Gd	3.44	1.55	3.63	0.93	1.23	1.14	10.22	0.12	0.06	11.68	3.40	1.31	1.7	3.82	0.58	0.87	0.77	0.26	0.18	0.11	0.18	0.94
Tb	0.81	0.32	0.73	0.18	0.24	0.27	1.88	0.02	0.01	2.19	0.67	0.29	0.36	0.74	0.09	0.15	0.11	0.05	0.03	0.02	0.03	0.18
Dy	6.19	2.61	5.3	1.33	1.76	1.89	12.6	0.15	0.05	14.43	4.63	2.16	2.65	4.93	0.56	0.94	0.71	0.34	0.18	0.14	0.21	1.18
Ho	1.35	0.63	1.21	0.29	0.41	0.46	2.7	0.03	0.01	3.13	1.02	0.5	0.6	1.02	0.11	0.18	0.12	0.07	0.04	0.03	0.05	0.25
Er	4.34	2.28	4.07	1.04	1.47	1.53	8.39	0.09	0.04	9.58	3.28	1.77	1.95	3.05	0.35	0.56	0.34	0.22	0.11	0.1	0.16	0.76
Tm	0.67	0.48	0.71	0.17	0.25	0.27	1.23	0.01	0.01	1.46	0.53	0.32	0.32	0.47	0.05	0.08	0.04	0.03	0.02	0.02	0.03	0.12
Yb	3.75	3.65	4.52	1.29	1.79	1.9	7.13	0.09	0.05	8.28	3.25	2.39	2.03	2.8	0.26	0.44	0.39	0.19	0.11	0.1	0.19	0.72
Lu	0.59	0.77	0.96	0.29	0.39	0.39	1.32	0.01	0.01	1.45	0.62	0.62	0.4	0.51	0.04	0.08	0.05	0.03	0.02	0.02	0.04	0.13
REE	42.45	31.58	79.98	24.7	27.53	21.55	198.16	2.92	3.39	207.64	63.99	23.22	35.08	61.47	15.67	19.14	25.37	7.22	5.92	2.48	4.33	19.63
LREE/HREE	1.01	1.57	2.79	3.47	2.65	1.75	3.36	4.62	13.13	2.98	3.73	1.48	2.50	2.54	6.68	4.80	9.03	5.07	7.58	3.59	3.87	5.07
δCe	0.97	0.97	1.00	1.04	1.10	1.13	1.07	1.01	0.98	0.96	1.02	1.02	1.02	0.96	1.01	1.02	1.02	1.05	0.88	1.01	1.06	1.00
δEu	0.15	0.15	0.24	0.29	0.30	0.32	0.27	0.76	2.36	0.11	0.50	0.16	0.14	0.28	0.35	0.24	0.36	0.79	0.75	0.80	0.74	0.49
La/Eu	16.60	49.57	35.93	46.22	32.25	19.83	27.39	14.00	18.20	66.66	32.67	38.83	90.00	19.74	37.43	39.57	46.70	16.43	24.40	11.33	16.75	33.59
Gd/Lu	5.83	2.01	3.78	3.21	3.15	2.92	7.74	12.00	6.00	8.06	5.47	2.11	4.25	7.49	14.50	10.88	15.40	8.67	9.00	5.50	4.50	8.91

注：主量元素含量单位为%，微量元素含量单位为 10^{-6}。

蛇纹菱镁岩轻重稀土元素比值(LREE/HREE)及 δEu 值高于蛇纹橄榄岩，δCe 都在 1 左右(表 4-25)。蛇纹镁橄榄岩的稀土元素配分曲线斜率小，轻重稀土元素分异不明显，但是负铕异常非常显著(图 4-50)；蛇纹菱镁岩的稀土元素配分曲线斜率稍大，有一定轻重稀土元素分异，负铕异常显示稍弱，并且有几个样品基本没有负铕异常，有一个稀土元素含量极低的样品具有极强正铕异常(图 4-51)。蛇纹菱镁岩石的稀土元素配分有两种形态，斜率大的曲线负铕异常明显，而斜率小的曲线负铕异常不明显，显示硼酸盐热液交代过程导致稀土元素分馏。

这种稀土元素地球化学特征表明在硼酸热液交代过程中，稀土元素没有发生明显分异，但是导致铕(Eu)亏损，热液交代是一种浅源氧化交代，导致岩石中铕(Eu)氧化流失。

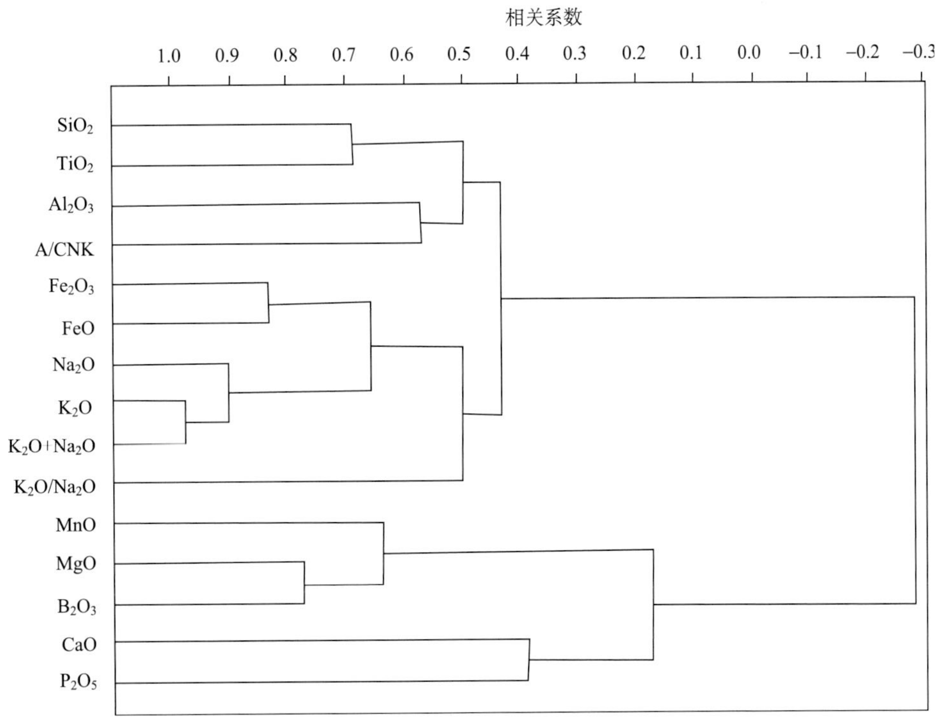

图 4-49　硼镁岩系 R 型聚类谱系图

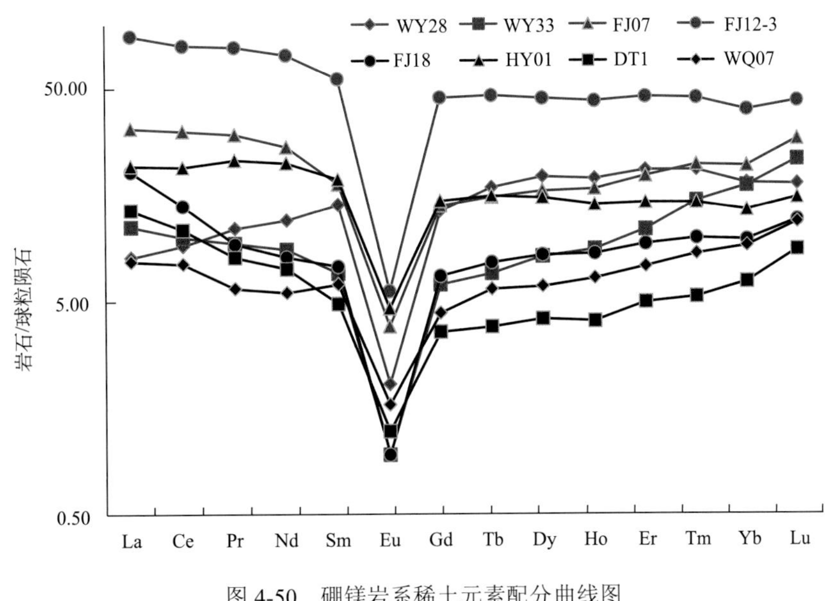

图 4-50　硼镁岩系稀土元素配分曲线图

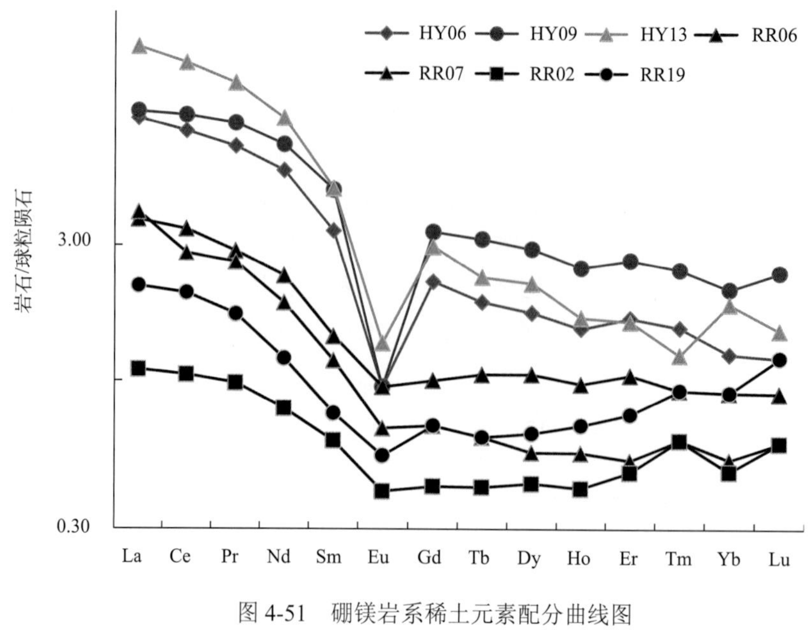

图 4-51　硼镁岩系稀土元素配分曲线图

第三节　晚前寒武纪裂谷建造

晚前寒武纪中元古代白云鄂博旋回(1.8~1.4Ga)开始进入伸展裂陷阶段，早期为裂陷地堑发生发展期，堆积常州沟组、大红峪组及相当层磨拉石、火山岩、陆源碎屑岩；晚期为海相拗陷期，高于庄组(含什那干群)超覆在太古宙变质岩系之上。什那干亚旋回(1.4~1.0Ga)伸展萎缩阶段，早期杨庄组-雾迷山组海相沉积，形成碳酸盐岩沉积，晚期洪水庄组-铁岭组拗拉谷萎缩，海域范围缩小。汛河亚旋回(1.0~0.85Ga)拗拉谷消亡阶段，出现继承性拗折盆地、新生拗折盆地，堆积青白口系(陈晋镳，1983)。

中新元古界各拗拉谷内堆积为华北陆台第一沉积盖层，白云鄂博群，渣尔泰群、化德群，汛河群展布于陆台北边缘，陆源碎屑岩增加。火山碎屑岩发育，复州—太子河—浑江拗拉谷内源碎屑岩增多，无火山岩系。

以蓟县剖面为代表，华北古陆东部裂谷带中—新元古代地层沉积岩中白云岩和石灰岩类层厚占剖面总厚度的75%左右。剖面上由底部碎屑岩开始过渡为泥质岩石、碳酸盐岩石，然后碎屑岩逐渐增加，构成一个巨型旋回。巨型旋回中岩石类型的演化趋势与加里东或海西等构造旋回相似。由岩层厚度所表现的近似沉积速度，在下辽河拗陷以西的蓟县、平泉一带平均值为 8.3m/Ma，最大时为 12.8m/Ma。裂谷带内各断块间沉积速度不尽相同，燕山沉降带西部(东西向拗陷部分)平均 3.6m/Ma，下辽河拗陷平均 4.5m/Ma，辽东拗陷在元古宙末期达到 60m/Ma。

中元古界有大量浅海深水(大于 150m)至半深海(大于 200m)沉积，滨海相沉积所占份额不大。高于庄组除独有深水薄层硅质岩、含硅质页岩外，还有大量非补偿碳酸盐岩溶解相的多种瘤状灰岩及浊积岩。铁岭组中上部有含锰页岩、页岩及瘤状灰岩；杨庄组下部有瘤状灰岩及浊积岩；雾迷山组也有深水浊积岩。尤其中元古代地震事件沉积频繁出现，从团山子组—景儿峪组呈现多期地震活跃期，在高于庄期、铁岭期为其高峰期。这揭示了燕山裂陷槽为一典型裂陷-沉降盆地，至新元古代，则以滨浅海相沉积为主体。

吉、辽、徐淮地区新元古代沉降带，主要以滨浅海-浅海深水相为主，在南芬组、甘井子组—十三里台组及兴民村组见有震积岩，未发现有火山活动迹象。最重大的沉积-构造古地理的变化是在中、新元古代之交的裂陷-沉降中心，完成了从西部向东的转移。中元古代时期，西部多个裂陷槽均有巨厚沉积，而东部广大地区长期处于隆升-剥蚀期，没有任何地层记录(段吉业等，2002)。

一、沉 积 岩 类

1.碎屑岩

在古陆东部裂谷带剖面中碎屑岩占总厚度的 18%左右，其中主要部分是海相沉积，只在少数层位为河流相。海相沉积大多属石英砂岩，成熟度高，石英含量平均 90%以上，长石和岩屑只占 1%左右，其余为胶结物。陆相岩层矿物成分较为复杂，由于岩石化学成分中 SiO_2 平均达 88.70%(38 个样品)，其成熟度仍高于太古宇的硬砂岩。

剖面上碎屑岩的 K_2O/Na_2O 随时间的演化趋势呈抛物线状，1.70~1.60Ga 前后 K_2O/N_2O 最高，反映完整的沉积旋回，不同于俄罗斯地台上碎屑岩 K_2O/Na_2O 的逐渐上升趋势，K_2O/Na_2O 值也远高于俄罗斯地台。俄罗斯地台由 3.00Ga 起直到 1.00Ga，K_2O/Na_2O 逐渐上升，显示由铁镁质地壳向长英质地壳的演化。碎屑岩中 K_2O/Na_2O 值主要受沉积环境、蚀源区岩石成分，以及蚀源区地貌影响，因此是判别沉积环境特征参数。

页岩类在剖面中含量约为 8%，主要属于潮间带和潮下带沉积相产物，岩石中的黏土矿物含量占68.27%，主要是伊利石，普遍含有少量绿泥石和高岭土，个别层位有极少量绢云母，与一般的元古宇黏土矿物成分相似。页岩全岩岩石化学指标 K_2O/Na_2O、Na_2O/Al_2O_3、K_2O/Al_2O_3 特征参数值随时间的变异趋势大致可与北美和俄罗斯两地台相类比，不同的是 1.00Ga 前后不连续，而且比值高于北美和俄罗斯地台。

2. 镁质碳酸盐岩系

华北古陆中—新元古代地层中碳酸盐岩占优势，据剖面碳酸盐岩岩石化学分析，CaO/MgO 平均为1.76，高于白云石的 CaO/MgO 值(1.39)，属白云岩或白云质碳酸盐岩及少量灰岩，大部分白云岩为潮汐带原生白云岩(Chihngar，1957)。从 1.80Ga 左右开始出现碳酸盐岩起，碳酸盐岩中 CaO/MgO 逐渐上升，特别是在 1.00Ga 前后 CaO 明显增高，由老到新 CaO/MgO 值逐渐增高的变化趋势与在页岩中MgO 的变化趋势类似，显示晚前寒武纪早期海中 Mg 的富集应是明显的，到晚期逐渐降低，因此在中元古代形成世界著名的大石桥菱镁矿床(冯本智等，1995)。

(1)大石桥菱镁矿床为分布于辽东元古宇上辽河群大石桥岩组之中的超大型层状矿床，矿石质量优良，因而举世闻名。矿床位于辽东元古宙裂谷海槽之北缘，北为太古宙克拉通。元古宙大石桥期，沿古裂谷海槽西北部出现次一级半封闭的大型沉积盆地，在炎热干旱气候条件，形成了超大型菱镁矿。菱镁矿矿床在区域上的分布主要受原岩、区域地质构造、变质作用和岩浆作用等综合因素控制。白云岩是层控菱镁矿矿床形成的矿源层，对矿层定位起着重要作用，为菱镁矿的形成奠定丰富的物质基础。区域褶皱构造控制了矿床的分布，区域变质作用和岩浆作用有利于菱镁矿重结晶富集。至中元古代末期，矿化地层及菱镁矿矿床经受了绿片岩—角闪岩相的区域动力热流变质作用、花岗岩化作用或花岗岩浆侵位，是菱镁矿矿床形成的有利条件。

含菱镁矿层产于大石桥岩组上段的镁质碳酸盐岩建造(厚度为 404~2946m)，含矿层底部为条带状白云石大理岩夹千枚岩、透镜状菱镁矿岩，厚度＞350m；中部为菱镁矿层、白云石大理岩夹千枚岩，厚度＞2000m；上部为硅质白云石大理岩夹菱镁矿层，厚度＞400m。

矿体呈层状、透镜状，沿走向、倾向延伸稳定，可与白云石大理岩过渡。矿体成群出现，构成规模巨大的矿带，矿带延长可达 100km 以上。矿带内单个矿体长达几百米到几千米，厚度由几十米至几百米。矿层上盘可见变质热液充填型脉状菱镁矿体，与围岩呈交代关系。

矿石矿物主要为菱镁矿，其次为白云石、石英、菱铁矿、黄铁矿、方柱石、碳质矿物，以及后生的直闪石、透闪石、滑石、蛇纹石、绿泥石等。矿石呈花岗变晶结构，可见大量变余的沉积组构，如变余的层理、层纹、斜层理、豆状、结核状、波痕、雹痕、滑坡等构造。有的富矿层内可见保存大量叠层石。

(2)近矿围岩蚀变也很明显，有菱镁矿化、脱硅化、滑石化、褪色及白云石化。小圣水寺西部菱镁矿化宽达 500m，一般不超过 5~50m，近矿围岩以千枚岩为隔挡层，一般不超过千枚岩。弱菱镁矿化白云岩为微晶质，具侵蚀结构，菱镁矿沿残余层面或裂隙和晶隙交代。强菱镁矿化白云岩具交代残余结构，矿体边部进一步变为白云石菱镁矿。菱镁矿化与脱硅化同时发生，未蚀变白云岩含硅很高，经菱镁矿化后硅含量骤减，与硅质条带白云岩同层位的菱镁矿中硅质条带消失，一般无菱镁矿化时无脱硅作用。

滑石化主要有两类：①滑石化千枚岩、滑石化方柱石(滑石呈方柱石假象)及菱镁矿层面间的滑石薄膜，这一类由含镁贫硅热液作用于含硅物质而成，形成时间较早；②各种滑石脉，可分四个世代，分别由黑绿色、黄绿色、淡绿色和白色滑石组成，一、二世代仅见于菱镁矿体外围，三、四世代分布较广，有工业价值。褪色现象表现为灰黑色白云岩变白，见于热晕边部。

白云石化可分为早期红色白云石化(成不规则体或脉状，使菱镁矿体品位降低)和晚期白色白云石化(亦成脉，对菱镁矿石不发生蚀变作用)。

(3)岩石地球化学。镁质碳酸盐岩系自下而上分三个岩性段：下段为方解石大理岩和白云石大理岩，夹透闪大理岩、透闪岩；中段下部为石榴十字云母石英片岩、钙质黑云变粒岩，中部为条带状大理岩，上部为石榴十字云母石英片岩、黑云变粒岩、夹白云质大理岩；上段主要为厚层菱镁矿岩和白云质大理岩，夹薄层千枚岩、板岩，其中厚层菱镁矿岩是菱镁矿矿层，顶底板均为白云质大理岩。

菱镁矿矿石样品来自菱镁矿层(LM1—LM4)、白云岩样品来自顶板(LH1)和底板(LC1—LC6)。菱镁矿矿石具有重结晶现象，呈细粒结构，白云岩为粉晶结构，顶板白云岩(LH1)具有滑石化蚀变(汤好书等，2009)。

菱镁矿岩石化学成分以 MgO 为主，平均含量 43.96%，CaO 平均 3.23%，而顶底板白云岩 MgO 平均含量 22.24%，CaO 平均 27.89%。其他含有少量 SiO_2、Al_2O_3、TFe_2O_3、Na_2O，其次有微量 TiO_2、K_2O、P_2O_5(表 4-26)。

微量元素中只有 Sr/Ba 值比较高，显示海相沉积的特征，其他 Rb/Sr、Th/U、V/Cr、Zr/Y、Nb/Ta 都比较低，由于微量元素一般以胶体或者黏土吸附状态存在，而本区碳酸盐岩中杂质含量较低，因此微量元素含量很低。Sr^{2+}离子性质接近 Ca^{2+}离子，可以替代 Ca^{2+}离子进入矿物晶格，因此白云岩中 Sr/Ba 比值明显大于菱镁矿岩(表 4-26)。

镁质碳酸盐岩中稀土元素含量普遍低于铁锰结核的稀土元素含量，稀土元素总量普遍低于 10×10^{-6}，除了顶板滑石化白云岩稀土元素总量略高，菱镁矿岩稀土元素总量一般高于白云岩稀土元素总量(表 4-26)。

镁质碳酸盐岩各种化学组分聚类分析显示，La-Y 与 TFe_2O_3-MnO-Rb-Ba-Co-V 构成一个群组，与 Al_2O_3-TiO_2-CaO-Na_2O-P_2O_5-Th-Nb-Ni-Zr-Sr-U 群组正相关，与 MgO-Ta-Cr 及 SiO_2-K_2O 负相关(图 4-52)。化学组分特征值聚类分析显示 La-REE-LREE/HREE-δCe-δEu 显正相关，与 TiO_2-Al_2O_3-Th/U-TFe_2O_3-MnO-V/Cr-SiO_2-MgO-Rb/Sr 构成一个群组，与 CaO-Na_2O-Sr/Ba-Zr/Y-Nb/Ta-P_2O_5-K_2O 群组负相关(图 4-53)。聚类分析表明，稀土元素与 TFe_2O_3-MnO 相关性密切，主要是以铁锰氧化物吸附状态存在的。

LREE/HREE-REE(图 4-54)、δEu-LREE/HREE(图 4-55)、δCe-LREE/HREE(图 4-56)均呈正相关，δEu-LREE/HREE 正相关特征不同于深海铁锰结核稀土元素分配模式，而 LREE/HREE-REE、δCe-LREE/HREE 正相关与铁锰结核稀土元素分配模式是一致的，是镁质碳酸盐岩稀土元素地球化学的基本特征。表现在配分曲线上，斜率大的配分曲线具有正铈异常和正铕异常或者弱负铕异常，斜率小的配分曲线弱正铈异常和稍强的负铕异常(图 4-57)。

表 4-26　辽宁大石桥菱镁矿碳酸盐岩石化学成分表

成分	菱镁矿岩									白云岩							
	LM1	LM2	LM3	LM4	LM5	LM6	LM7	LM8		LH1	LC2	LC3	LC4	LC5	LC6	LC7	
SiO_2	1.13	3.98	2.06	1.01	1.23	1.37	1.01	1.21	1.63	3.20	1.74	2.60	1.61	1.97	2.88	2.00	2.29
TiO_2	0.004	0.002	0.002	0.001	0.001	0.001	0.001		0.002	0.029	0.002	0.007	0.001	0.001	0.001	0.001	0.006
Al_2O_3	0.38	0.32	0.37	0.38	0.39	0.38	0.38	0.33	0.37	1.43	0.47	0.76	0.39	0.39	0.38	0.51	0.62
Fe_2O_3	1.01	1.02	0.61	0.72	0.76	0.55	0.72	0.91	0.79	1.02	0.00	0.12	0.03	0.03	0.08	0.03	0.19
MnO	0.10	0.09	0.08	0.04	0.05	0.04	0.04	0.05	0.06	0.07	0.01	0.02	0.02	0.01	0.01	0.01	0.02
MgO	42.42	46.65	46.63	40.14	36.68	36.43	40.14	40.17	41.16	21.95	22.88	21.47	22.62	22.37	22.12	21.78	22.17
CaO	4.53	0.45	0.33	7.61	11.72	11.83	7.61	7.37	6.43	26.98	27.77	28.31	27.93	28.14	28.21	28.49	27.98
Na_2O	0.26	0.25	0.24	0.27	0.28	0.28	0.27	0.26	0.26	0.31	0.29	0.33	0.30	0.31	0.31	0.31	0.31
K_2O	0.01	0.01	0.01	0.01	0.01	0.01	0.01		0.01	0.01	0.01	0.01	0.01	0.01	0.01	0.01	0.01
P_2O_5	0.03	0.02	0.05	0.02	0.04	0.03	0.02	0.01	0.03	0.04	0.06	0.03	0.02	0.05	0.02	0.03	0.04
Los	50.12	47.20	49.61	49.80	48.83	49.07	49.80	49.67	49.26	44.92	46.76	46.36	47.06	46.71	45.95	46.86	46.37
合计	99.99	99.99	99.99	100.00	99.99	99.99	100.00	99.98	99.99	99.96	99.99	100.02	99.99	99.99	99.97	100.03	99.99
Na_2O+K_2O	0.27	0.26	0.25	0.28	0.29	0.29	0.28	0.26	0.27	0.32	0.30	0.34	0.31	0.32	0.32	0.32	0.32
K_2O/Na_2O	0.04	0.04	0.04	0.04	0.04	0.04	0.04	0.00	0.03	0.03	0.03	0.03	0.03	0.03	0.03	0.03	0.03
A/CNK	0.04	0.26	0.37	0.03	0.02	0.02	0.03	0.02	0.10	0.03	0.01	0.01	0.01	0.01	0.01	0.01	0.01
A/NK	0.87	0.76	0.91	0.84	0.83	0.81	0.84	0.77	0.83	2.75	0.96	1.37	0.77	0.75	0.73	0.98	1.19
M/C	13.03	144.24	196.61	7.34	4.35	4.28	7.34	7.58	48.10	1.13	1.15	1.06	1.13	1.11	1.09	1.06	1.10
MgO/CaO	9.36	103.67	141.30	5.27	3.13	3.08	5.27	5.45	34.57	0.81	0.82	0.76	0.81	0.79	0.78	0.76	0.79
Rb	0.56	0.39	0.80	0.18	0.47	0.55	0.18	0.09	0.40	0.87	0.08	0.08	0.12	0.21	0.15	0.35	0.27
Sr	30.42	3.88	4.63	10.59	23.51	26.27	10.59	11.23	15.14	72.72	37.31	32.54	37.12	20.27	24.06	27.93	35.99
Ba	9.86	2.56	6.02	3.50	3.79	3.53	3.50	1.56	4.29	28.81	3.19	1.99	2.10	2.73	5.45	6.92	7.31
Zr	2.87	1.01	1.10	2.80	2.33	1.59	2.80	1.61	2.01	12.53	11.44	9.30	0.81	1.22	2.58	2.39	5.75

续表

成分	菱镁矿岩									白云岩							
	LM1	LM2	LM3	LM4	LM5	LM6	LM7	LM8		LH1	LC2	LC3	LC4	LC5	LC6	LC7	
Hf	0.05	0.02	0.03	0.07	0.04	0.02	0.07	0.03	0.04	0.30	0.26	0.21	0.02	0.03	0.07	0.05	0.13
Th	0.05	0.03	0.08	0.03	0.04	0.13	0.03	0.02	0.05	0.58	0.08	0.18	0.02	0.03	0.02	0.06	0.14
U	0.62	0.44	0.33	0.10	0.59	0.22	0.10	0.22	0.33	0.49	1.07	1.08	0.62	0.99	0.51	0.41	0.74
Y	2.28	0.87	0.88	1.48	1.40	1.87	1.48	1.20	1.43	1.88	1.05	1.30	0.55	1.61	0.84	0.65	1.13
Nb	0.07	0.05	0.10	0.07	0.06	0.09	0.07	0.03	0.07	0.62	0.09	0.40	0.03	0.04	0.05	0.08	0.19
Ta	0.03	0.03	0.04	0.12	0.03	0.03	0.12	0.03	0.05	0.08	0.03	0.05	0.02	0.03	0.03	0.04	0.04
Cr	12.03	11.93	15.70	26.66	27.46	13.08	26.66	9.53	17.88	12.82	26.80	23.21	11.68	8.37	12.06	35.65	18.66
Ni	6.02	6.47	8.66	13.29	12.25	8.57	13.29	2.92	8.93	18.80	8.85	16.58	4.95	5.57	5.30	11.07	10.16
Co	2.61	0.99	1.45	0.80	0.60	0.49	0.80	0.93	1.08	5.62	0.38	0.76	0.32	0.35	0.41	0.47	1.19
V	4.38	2.59	3.68	1.39	3.63	3.99	1.39	1.48	2.81	6.53	2.21	3.78	1.01	3.55	1.86	2.01	2.99
Rb/Sr	0.02	0.10	0.17	0.02	0.02	0.02	0.02	0.01	0.05	0.01	0.00	0.00	0.00	0.01	0.01	0.01	0.01
Sr/Ba	3.09	1.52	0.77	3.03	6.20	7.44	3.03	7.22	4.04	2.52	11.70	16.35	17.68	7.42	4.41	4.04	9.16
Th/U	0.08	0.07	0.24	0.30	0.07	0.61	0.30	0.10	0.22	1.18	0.07	0.17	0.03	0.03	0.04	0.15	0.24
V/Cr	0.36	0.22	0.23	0.05	0.13	0.31	0.05	0.15	0.19	0.51	0.08	0.16	0.09	0.42	0.15	0.06	0.21
Zr/Y	1.26	1.16	1.25	1.89	1.67	0.85	1.90	1.34	1.41	6.66	10.90	7.15	1.47	0.76	3.07	3.66	4.81
Nb/Ta	2.33	1.67	2.50	0.58	2.00	2.84	0.60	1.04	1.69	7.75	3.00	8.00	1.50	1.33	1.67	2.17	3.63
V/(Ni+V)	0.42	0.29	0.30	0.09	0.23	0.32	0.09	0.34	0.26	0.26	0.20	0.19	0.17	0.39	0.26	0.15	0.23
La	0.93	0.46	0.33	0.58	1.31	1.83	0.58	0.68	0.84	1.92	0.33	0.49	0.18	0.34	0.27	0.39	0.56
Ce	2.76	1.42	0.95	1.44	2.83	3.61	1.44	1.49	1.99	5.14	0.82	1.15	0.40	0.83	0.61	0.76	1.39
Pr	0.32	0.17	0.11	0.15	0.30	0.36	0.15	0.15	0.22	0.48	0.08	0.12	0.04	0.09	0.06	0.08	0.14
Nd	1.29	0.69	0.46	0.60	1.13	1.27	0.60	0.63	0.83	1.72	0.28	0.41	0.15	0.34	0.29	0.31	0.50
Sm	0.28	0.13	0.10	0.12	0.18	0.24	0.12	0.13	0.16	0.29	0.06	0.08	0.03	0.08	0.06	0.06	0.09

续表

成分	菱镁矿岩									白云岩							
	LM1	LM2	LM3	LM4	LM5	LM6	LM7	LM8		LH1	LC2	LC3	LC4	LC5	LC6	LC7	
Eu	0.08	0.05	0.03	0.04	0.06	0.07	0.04	0.04	0.05	0.11	0.02	0.03	0.01	0.03	0.02	0.02	0.03
Gd	0.30	0.16	0.10	0.15	0.21	0.25	0.15	0.17	0.19	0.32	0.09	0.12	0.05	0.11	0.09	0.06	0.12
Tb	0.04	0.02	0.02	0.02	0.02	0.03	0.02	0.02	0.02	0.04	0.01	0.01	0.01	0.02	0.01	0.01	0.02
Dy	0.23	0.09	0.10	0.14	0.15	0.21	0.14	0.13	0.15	0.28	0.09	0.10	0.04	0.12	0.08	0.06	0.11
Ho	0.05	0.02	0.03	0.04	0.03	0.04	0.04	0.03	0.04	0.06	0.03	0.03	0.01	0.03	0.02	0.02	0.03
Er	0.15	0.06	0.06	0.11	0.09	0.12	0.11	0.08	0.10	0.18	0.07	0.10	0.04	0.12	0.06	0.05	0.09
Tm	0.02	0.01	0.01	0.01	0.01	0.02	0.01	0.01	0.01	0.03	0.01	0.01	0.00	0.02	0.01	0.01	0.01
Yb	0.11	0.04	0.04	0.07	0.07	0.09	0.07	0.05	0.07	0.16	0.06	0.08	0.03	0.07	0.05	0.03	0.07
Lu	0.01	0.01	0.01	0.01	0.01	0.02	0.01	0.01	0.01	0.03	0.01	0.01	0.00	0.01	0.01	0.00	0.01
REE	6.58	3.31	2.33	3.48	6.40	8.17	3.48	3.60	4.67	10.76	1.96	2.74	0.99	2.22	1.63	1.84	3.16
LREE/HREE	6.15	7.35	5.48	5.32	9.89	9.42	5.32	6.37	6.91	8.83	4.28	4.85	4.89	3.35	4.08	6.98	5.32
La/Eu	11.30	10.24	11.38	16.03	22.62	25.04	16.03	17.31	16.80	17.32	17.53	19.00	16.45	13.64	15.06	26.27	17.89
Gd/Lu	23.31	25.83	16.83	17.11	26.25	16.80	17.11	34.20	21.13	12.31	11.75	11.00	23.50	8.77	14.83	14.00	13.74
δCe	1.21	1.21	1.18	1.17	1.09	1.08	1.17	1.11	1.15	1.29	1.19	1.16	1.15	1.12	1.11	1.07	1.16
δEu	0.87	0.98	0.90	0.80	0.90	0.90	0.80	0.81	0.87	1.12	0.80	0.80	0.85	0.79	0.77	0.83	0.85

注：主量元素含量单位为%，微量元素含量单位为 10^{-6}。

菱镁矿岩石和白云岩的稀土元素配分曲线差异是轻稀土元素段和重稀土元素段斜率不同，菱镁矿岩轻稀土元素段斜率一般小于重稀土元素段的斜率(La/Eu＜Gd/Lu)，而白云岩则相反是重稀土元素段斜率小于轻稀土元素段的斜率(La/Eu＞Gd/Lu)。

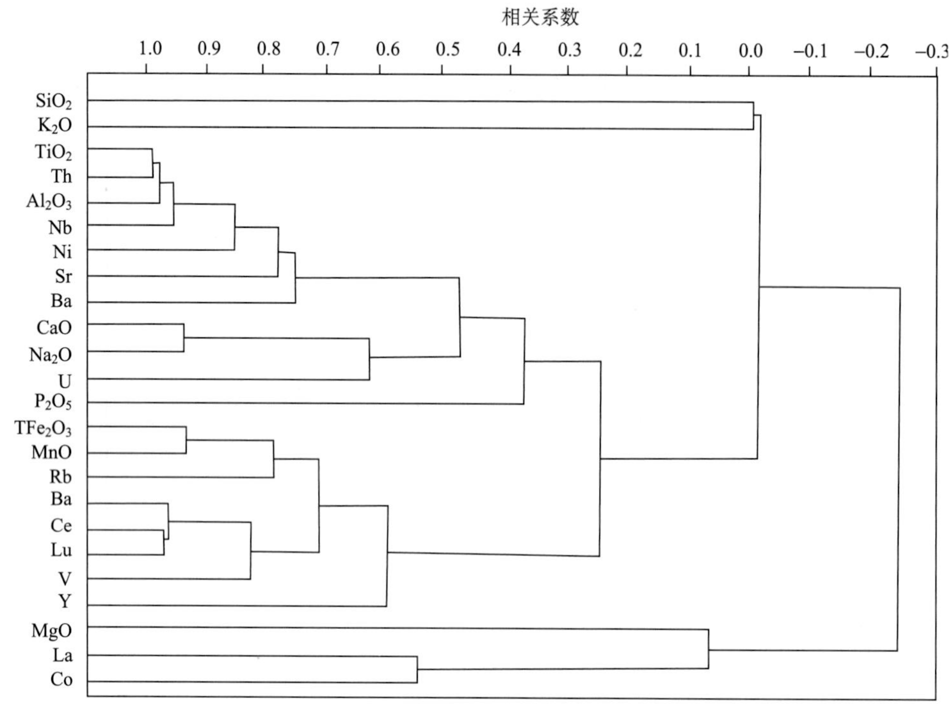

图 4-52　镁质碳酸盐岩岩石化学组分 R 型聚类图谱

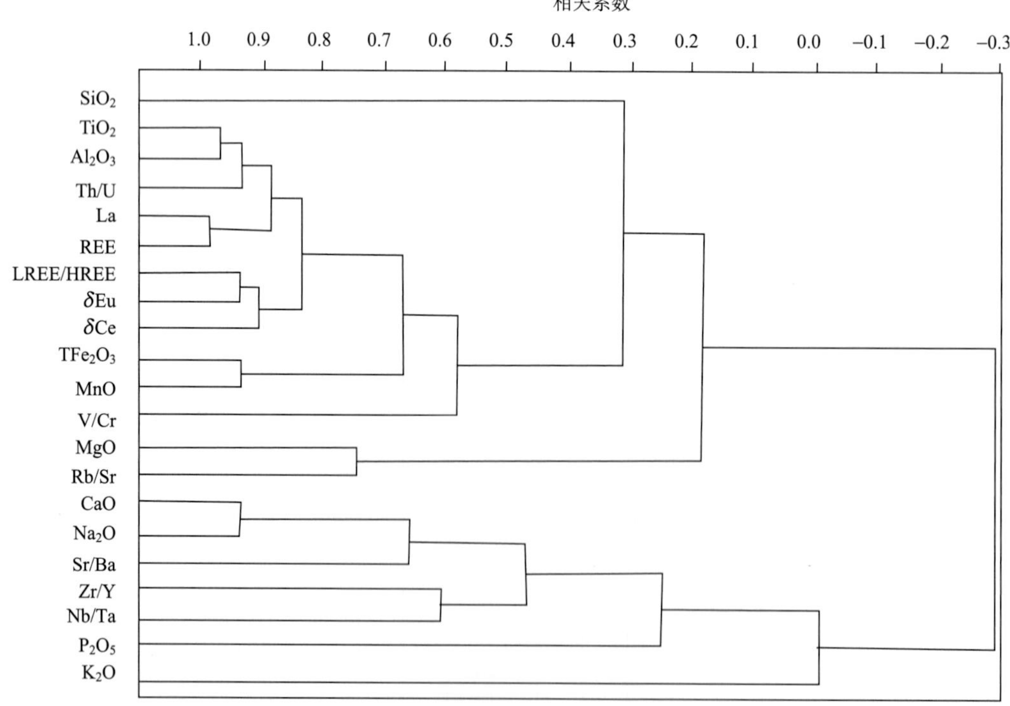

图 4-53　镁质碳酸盐岩岩石化学特征值 R 型聚类图谱

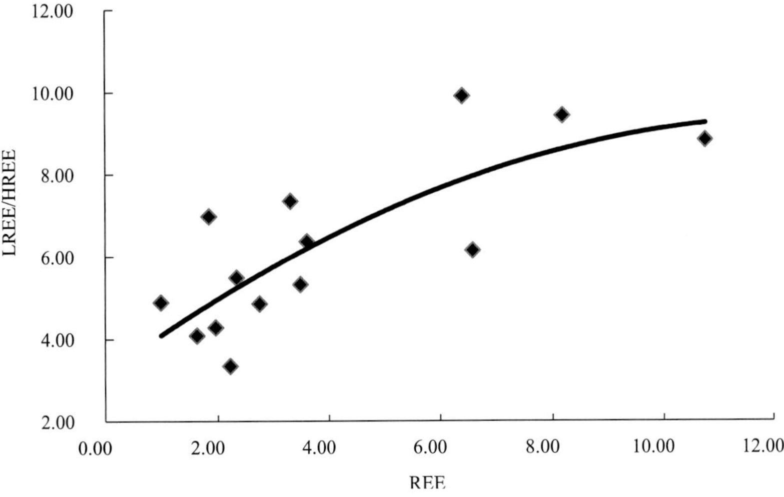

图 4-54 镁质碳酸盐岩 LREE/HREE-REE 相关曲线图

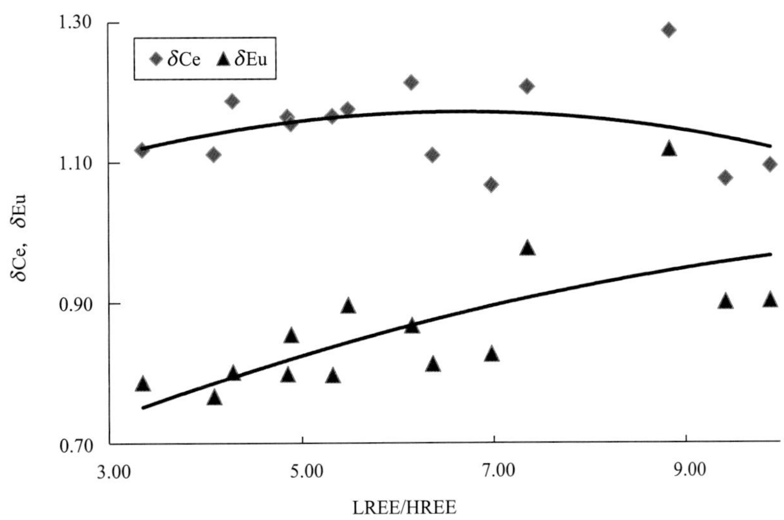

图 4-55 镁质碳酸盐岩(δCe，δEu)-LREE/HREE 相关曲线图

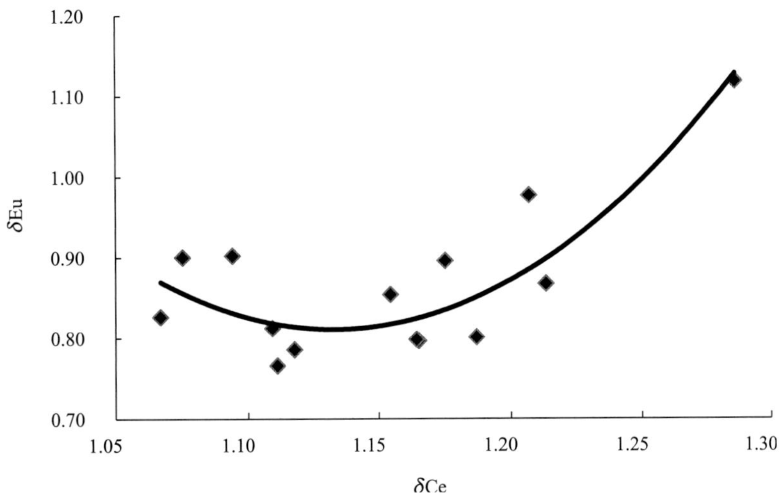

图 4-56 镁质碳酸盐岩 δCe-δEu 相关曲线图

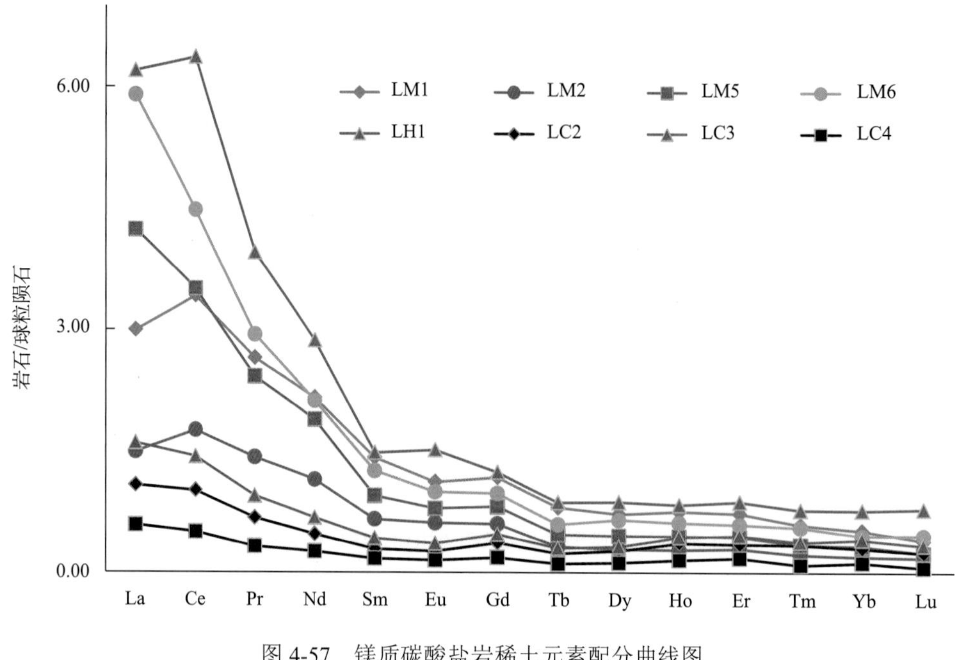

图 4-57　镁质碳酸盐岩稀土元素配分曲线图

3. 铁锰岩系

元古宙已出现富氧大气圈，根据我国中—新元古代铁、锰含矿层位分析可以推断晚前寒武纪期间有过 5~6 次温湿气候时期，约 1.90Ga、1.50Ga、1.10Ga、1.00Ga 和 850Ma 等，并形成相应的氧化型铁锰岩系。国外在 700Ma 前后，开始出现鲕状赤铁矿-鲕绿泥石-菱铁矿建造及碳酸盐岩-氧化锰建造，我国的宣龙式铁矿（约 1.90Ga）、蓟县式锰矿（1.40~1.50Ga）早于国外氧化矿出现的年龄（曹国权等，1995；袁见齐等，1979；宋璞先等，2012）。

以宣龙式铁矿为代表，“宣龙式”铁矿基底地层为太古宇桑干群古老变质岩系，盖层是中元古界长城系常州沟组、串岭沟组、团山子组、大红峪组及高于庄组，铁矿则分布于长城系串岭沟组地层。

串岭沟组矿化层主要由滨海-动荡的潮间带灰绿、绿色含砾砂岩条带的粉砂质页岩和浅海潮下高能带的鲕、肾状赤铁矿（含少量菱铁矿）组成，厚 62m。可分为两段：①下段属页岩段，底部为含碳质粉砂质页岩，下部为黑色页片状粉砂质页岩夹薄层石英细砂岩透镜体，具波状层理；中部为含铁石英细砂岩及长石质粉砂岩，含褐铁矿结核；上部为灰绿—浅灰色含钾页岩，顶部夹含叠层石白云岩透镜体。含钾页岩 K_2O 含量较高，为 6%~9%。②上段为含矿岩段，下部为薄层细砂岩、白云质粉砂岩与微薄层含碳泥质白云岩组成黑白相间的韵律性互层；中部为灰白色厚层中细粒含铁石英砂岩、石英岩及泥质、铁质粉砂岩；上部为含矿层，主要由三层赤铁矿和两层含铁细砂岩、粉砂质页岩组成。夹层中泥裂、波痕、冲槽模及波状层理发育。

含矿岩段由含铁矿层和顶板、底板砂页岩三部分组成，各层呈面状延伸，与顶底板岩层整合接触，含矿带厚度为 18~48m。

底板砂页岩系由石英岩及薄层砂岩与页岩互层组成，厚 3~5m。顶板砂页岩系由含铁砂岩，厚 3~4m 及黑色页岩夹薄层砂岩，厚 5~6m。

中部含矿层包括铁矿层与夹层，一般由 Ⅰ~Ⅳ 4 个铁矿层和 3 个砂页岩夹层组成，局部地段为 2 层矿或 5 层。

Ⅰ、Ⅱ矿层为主要矿层，其他次之。Ⅰ矿层：鲕状赤铁矿，厚度稳定，一般厚 2m，局部最厚达 5.38m，最薄 0.18m，含铁品位较高，价值最大。Ⅱ矿层：鲕状赤铁矿，偶见肾状赤铁矿，常夹 1~2 层菱铁矿（厚 0.2~0.3m），Ⅱ矿层厚度不稳定，0.26~2.96m，一般厚 1m 左右。

Ⅲ矿层：为肾状赤铁矿，常夹1~2层菱铁矿(厚0.2~0.3m)，最大厚度2.45m，全区平均厚度0.63m，矿石质量稍差，低品位矿较多。

Ⅳ矿层：位于Ⅰ矿层顶部，层位稳定，厚0.25~0.35m，主要为鲕状，少量肾状，局部见鲕状菱铁矿。

在以上各矿层之间有0.8~1.2m厚的石英岩、砂岩、砂质页岩夹层。根据成矿区与矿床地质特征的分析，“宣龙式”铁矿具有以下特征：

宣龙式成矿区位于冀辽陆缘海边缘，主要铁矿区有：烟筒山铁矿、庞家堡铁矿、麻峪口铁矿、黄草梁铁矿、辛夭铁矿、大岭堡铁矿。成矿区域古地理环境处于内蒙古古陆、山西古陆和京西、冀西古陆的交汇部位，受周边三组基底断裂控制，是一个典型的断陷盆地，在宣龙地区向西北方向弯曲形成宣龙海湾。在串岭沟世早期，海湾口处有一北东方向展布的昌平怀柔海底高地，使海湾的深部与广海水域相隔，成为有障壁的局限性海湾盆地，为“宣龙式”铁矿的生成创造了良好的沉积环境。

在早期成矿阶段，海侵范围在宣龙海湾范围最小，除西北部尚义、怀安骆驼山等地有零星分布的矿层外，其余基本连成一片。北部界线整齐，铁矿层沿怀安—烟筒山—赤城断裂南侧分布，其他三面的界线，西起怀安西湾堡往东南经石所堡、塔院、石门、卧佛寺转向北东经东花园、北京上板泉至赤城祥田以东呈月牙状。此时盆地的特点是几乎周边被古陆环绕，仅东北方有狭窄通道与广海连接。串岭沟期晚期，盆地范围继续扩大，海侵仍主要在东、南方向，整个东部全被海水占领，原先封闭的宣龙海湾其东部已全部打通与广海连接。

“宣龙式”铁矿是海相化学沉积和生物化学沉积矿床，矿床沉积环境为温热潮湿型气候带，障壁的海湾盆地边缘潮下高能环境；沉积介质为酸性氧化条件，Eh值为+0.1~0，pH为5~6，有利于形成赤铁矿。剖面上铁矿形成于海进程序的下部砂岩向页岩过渡带，形成于机械作用和化学作用较弱的环境。原始沉积铁矿物为胶状赤铁矿，其次是菱铁矿、鲕绿泥石，偶见海绿石，变质结晶形成针铁矿。肾状构造铁矿是一种铁质叠层石，是生物遗迹，表明生物化学作用所起的重要作用，反映含铁叠层石在潮汐作用和波浪冲刷地带发育。

以往研究认为，宣龙式铁矿铁质主要来自内蒙古古陆，其次为山西古陆及京西、冀西古陆，其变质岩中的含铁物质经风化、分解产生大量铁质。陆地上的铁质呈胶体或细小的机械悬浮体，它们被地表径流搬运，周期性的注入海湾盆地中。古陆风化能否提供这么大量铁质形成大规模铁矿，值得进一步讨论研究，更大的可能还是大洋对流带来洋底玄武岩分解提供的铁质。

元古宙也是锰矿形成的高峰期，集中了世界锰矿约80%资源储量，许多巨大型的锰矿床都产在古宙，如南非的卡拉哈里锰矿床、加蓬的莫安达锰矿床、印度的中央邦—马哈拉斯特拉邦锰矿等。中—新元古代也是我国锰矿的主要成矿期，如辽宁的瓦房子锰矿床，湖南的湘潭锰矿，以及贵州橙桃锰矿床、重庆锰矿等。

二、岩 浆 岩 类

华北古陆中—新元古代时期裂谷中岩浆活动较强，并且以碱性岩浆活动为特征。火山活动主要发生在1.70~1.60Ga的大陆裂谷早期，但各裂谷火山岩岩石类型有较大差异。古陆东部裂谷带火山岩显示超碱质，以大红峪组中的超钾质火山熔岩和火山碎屑岩为代表；南缘熊耳群为碱质、亚碱性和钙碱性火山熔岩和火山碎屑岩；北缘渣尔泰山裂谷中基性火山岩，白云鄂博裂谷白云质火山岩、富钾质霓闪钠长火山岩组成的碱性火山岩系极具特征。

国外晚前寒武纪的裂谷盆地中也分布大量碱性火山岩，如西澳大利亚金伯利西部菲茨罗盆地、法国科西加、美国怀俄明州白榴石山(Leueite Hills)的金云白榴响岩(Orendites)类型岩石，东非裂谷带西带乌干达的橄辉钾霞斑岩(Mafurite)。表明中元古代全球碱性火山岩分布很广。

1. 平谷—冀东裂谷火山岩系

平谷—冀东裂谷沿北票长治断裂东侧的平谷、兴隆和蓟县一带分布。中元古代(1.70~1.60Ga)大红峪组火山岩，主要岩石类型为富钾粗面岩熔岩和火山角砾岩，凝灰质砂岩和粉砂岩。辨认出的 12 个古火山口相，呈北东—南西向排列，与上述断裂方向平行(丁建华等，2005)。

1) *岩石学*

大红峪组火山岩以熔岩为主，夹杂部分碎屑岩，火山熔岩主要有玄武岩类(钾质橄榄玄武岩、钾质玄武岩、伊丁石钾质玄武岩等)、粗面岩及二者之间的过渡类型(粗面玄武岩、玄武粗面岩等)。火山碎屑岩主要有凝灰岩及火山角砾岩(汪洋，1992)。

玄武岩主要为含碱量高(尤其是钾高)的粗面玄武岩-钾质玄武岩，而正常的玄武岩则很少。岩石稀斑-聚斑结构，基质主要为间粒结构、间隐结构、交织结构，气孔发育，并多被方解石、白云石、绿泥石及石英等矿物充填，形成杏仁状构造。此类岩石矿物成分较简单，共同的特点是普遍含有钾长石，玄武质岩石中钾长石主要为透长石。斑晶主要由中、拉长石及暗色矿物辉石、橄榄石等组成；基质主要由细长条状斜长石、板状钾长石(一般为正长石)、细粒短柱状的暗色矿物(橄榄石、辉石、黑云母等)及褐色玄武玻璃等组成。

各旋回的顶部常见粗面岩分布，根据化学成分确定，应属钙碱性粗面岩。岩石具斑状结构或细粒无斑结构。斑晶主要由钾长石(正长石，偶见透长石)组成，并可见少量已蚀变的暗色矿物(一般多有铁质析出)，根据残余晶形推测为辉石。基质主要由长条状钾长石及细粒暗色矿物(辉石等)组成，并含有一定量的细粒金属矿物(磁铁矿等)。

本类岩石中见似长石类矿物，基质中可能有少量他形钾霞石假象存在，另外，岩石中尚见部分矿物具白榴石和六方钾霞石假象。

大红峪组火山碎屑岩种类校多，可分为火山角砾岩、熔结角砾岩、凝灰岩、层凝灰岩及凝灰熔岩等。其中，凝灰岩和层凝灰岩常与熔岩互层，成为划分次级喷发旋回的标志，很少成独立的层位。

2) *岩石化学*

火山熔岩的岩石化学指标图解，属“超碱性玄武岩”和“白榴岩”类(Middiemost，1972)，其碱质之高，特别是 K_2O 含量一般为 8%~12%，但火山岩中并未发现白榴石等矿物，钾的来源主要含于钾长石中，它是一种钾长石类富钾岩石，与白云鄂博的钾长石板岩类似，几乎全部为钾长石组成的岩石。

区内火山岩的化学成分显示高钾高铝特征(表 4-27)。

(1) 岩石化学显示均显示 K_2O 高而 Na_2O 低的特征，粗面岩 K_2O 平均 12.64%，最高含量达 15.98%。其中玄武岩 K_2O 平均 2.78%，Na_2O 平均 2.82%；粗面玄武岩 K_2O 平均 5.82%，Na_2O 平均 2.12%；粗面岩 K_2O 平均 12.64，Na_2O 平均 0.83。K_2O/Na_2O 比值很高，除了玄武岩略小于 1，其他岩石都大于 1，粗面岩平均 68.41。但是碱性虽高，确未发现似长石类矿物及碱性暗色矿物，仅个别样品 CIPW 标准矿物出现了霞石和白榴石，且含量很小。

(2) 火山岩 SiO_2 接近饱和或已饱和，标准矿物计算中，仅少量样品出现石英，且含量很少。在 AR-SiO_2 变异图、Ab-An-Or 三角图解和 TiO_2-P_2O_5 图解中，样品点落在碱性系列、钾质亚系玄武岩和碱性玄武岩区。

(3) Al_2O_3 含量较高，平均在 16%以上，但是铝指数略小于 1，属铝不饱和类，应该有副长石分布。在 Al_2O_3-SiO_2 变异图中，区内火山岩主要落在铝质区，个别落在高铝区。MgO 和 CaO 含量低，在 FMC 三角图中投影点的位置均落在低钙质区。

(4) 岩石全铁含量较高，火山熔岩的 $Fe^{3+}/(Fe^{3+}+Fe^{2+})$ 值平均为 0.40，Fe_2O_3/FeO 为 1.29，表现为氧化环境喷发相。

大红峪火山岩微量元素特征表现 Ba 最高者达 3000×10^{-6}，依据 Howard 等(1976)的分类原则，Ba 的含量均大于 860×10^{-6}，属钾玄岩系列，而其 Sr 的含量从 $(50\text{~}480)\times10^{-6}$，则偏向于钙碱性玄武岩。Sr/Ba 值平均 0.38 和 0.41，低于一般幔源岩浆岩(表 4-27)。

表 4-27 大红峪组碱性火山岩岩石化学成分表

成分	钾质玄武岩								粗面玄武岩							粗面岩												
	KB11	KB12	KB1	KB4	BK1	BK2	BK3	平均值	KB5	KB2	KB3	AB4	AB5	KB6	平均值	KN13	KN7	KN8	KN9	KN10	NK6	NK7	NK8	NK9	NK10	NK11	NK12	平均值
SiO_2	49.14	45.67	48.74	50.43	51.13	50.87	48.14	49.16	55.22	49.65	49.43	49.64	51.03	52.82	51.30	59.05	50.05	57.00	45.38	62.23	60.20	61.84	56.32	63.18	61.75	60.59	58.49	58.01
TiO_2	1.00	2.44	2.07	2.00	1.59	1.56	3.71	2.05	2.39	1.96	2.14	2.45	2.16	1.13	2.04	0.66	2.52	0.78	1.29	0.60	0.54	0.34	1.16	0.84	0.62	0.35	1.19	0.91
Al_2O_3	16.57	15.72	17.66	16.75	15.38	18.79	15.98	16.69	17.95	17.40	15.53	16.66	17.08	16.52	16.86	18.75	17.89	16.06	14.49	15.85	17.04	17.87	16.24	17.75	17.90	16.88	16.16	16.91
Fe_2O_3	3.65	3.85	4.05	4.57	3.12	3.51	5.02	3.97	1.07	3.57	7.00	4.17	4.05	4.89	4.13	2.38	2.08	5.26	4.33	2.77	2.92	2.66	3.33	0.19	1.76	2.42	3.29	2.78
FeO	6.68	6.73	6.85	6.79	7.12	5.40	11.72	7.33	6.83	6.75	9.38	9.46	8.08	3.65	7.36	1.79	4.77	3.16	4.08	1.18	2.58	0.16	4.79	0.58	0.22	0.73	5.21	2.44
MnO	0.30	0.27	0.11	0.13	0.16	0.07	0.25	0.18	0.07	0.19	0.11	0.23	0.07	0.14	0.14	0.15	0.08	0.06	0.08	0.04	0.06	0.06	0.08	0.09	0.12	0.07	0.03	0.08
MgO	3.98	7.20	9.69	7.01	9.67	9.17	4.12	7.26	6.40	6.07	4.32	3.42	5.09	7.03	5.39	1.09	5.99	1.04	4.55	1.78	0.26	0.11	2.61	1.12	0.76	1.18	0.22	1.73
CaO	9.88	9.54	3.61	5.37	6.56	5.80	5.57	6.62	2.27	6.72	3.96	5.29	2.11	5.61	4.33	2.67	5.46	2.07	6.18	0.95	0.42	0.25	2.35	1.38	1.33	3.29	0.72	2.26
Na_2O	2.57	4.43	1.97	2.85	2.55	2.79	2.60	2.82	2.31	2.00	2.51	3.25	1.61	1.06	2.12	6.31	0.11	0.07	0.15	0.11	0.12	0.15	0.66	0.44	0.65	0.49	0.69	0.83
K_2O	3.39	2.01	4.73	3.62	2.08	1.61	2.05	2.78	4.95	5.26	5.13	4.68	7.80	7.08	5.82	6.11	10.36	14.20	9.87	10.93	15.67	15.98	12.01	14.28	14.70	13.85	13.72	12.64
P_2O_5	0.84	0.55	0.57	0.49	0.30	0.22	0.85	0.55	0.52	0.43	0.48	0.74	0.91	0.08	0.53	0.18	0.61	0.17	0.25	0.11	0.14	0.09	0.37	0.16	0.19	0.13	0.28	0.22
合计	98.00	98.41	100.05	100.01	99.66	99.79	100.01	99.42	99.98	100.00	99.99	99.99	99.99	100.01	99.99	99.14	99.92	99.87	90.65	96.55	99.95	99.51	99.92	100.01	100.00	99.98	100.00	98.79
Na_2O+K_2O	5.96	6.44	6.70	6.47	4.63	4.40	4.65	5.61	7.26	7.26	7.64	7.93	9.41	8.14	7.94	12.42	10.47	14.27	10.02	11.04	15.79	16.13	12.67	14.72	15.35	14.34	14.41	13.47
K_2O/Na_2O	1.32	0.45	2.40	1.27	0.82	0.58	0.79	1.09	2.14	2.63	2.04	1.44	4.84	6.68	3.30	0.97	94.18	202.86	65.80	99.36	130.58	106.53	18.20	32.45	22.62	28.27	19.88	68.48
A/CNK	0.64	0.59	1.18	0.91	0.84	1.11	0.96	0.89	1.35	0.82	0.92	0.83	1.14	0.84	0.98	0.86	0.84	0.83	0.65	1.15	0.95	0.99	0.88	0.95	0.92	0.77	0.93	0.89
A/NK	2.10	1.66	2.11	1.94	2.38	2.97	2.46	2.23	1.96	1.93	1.60	1.60	1.54	1.75	1.73	1.10	1.57	1.03	1.32	1.32	0.99	1.02	1.15	1.09	1.05	1.07	1.01	1.14
Sr			38.00	47.00				42.50	35.00	45.00	48.00			28.00	39.00		18.00	44.00	5.00	5.00								18.00
Ba			88.00	140.00				114.00	120.00	130.00	100.00			86.00	109.00		100.00	30.00	100.00	300.00								132.50
Cr			80.00	200.00				140.00	60.00	150.00	150.00			250.00	152.50		100.00		300.00	300.00								233.33
Ni			80.00	80.00				80.00	60.00	80.00	70.00			100.00	77.50		30.00	137.00	30.00	300.00								124.25
Co			20.00	30.00				25.00	20.00	15.00	15.00			20.00	17.50		5.00	11.00	50.00	50.00								29.00
V			80.00	100.00				90.00	150.00	100.00	100.00			150.00	125.00		120.00	150.00	100.00	300.00								167.50
Ga			10.00	15.00				12.50	20.00	10.00	10.00			15.00	13.75		10.00		10.00	10.00								10.00
Ge			1.00	1.00				1.00	1.00	1.00	1.00			1.00	1.00		2.00											2.00

续表

成分	钾质玄武岩								粗面玄武岩							粗面岩												
	KB11	KB12	KB1	KB4	BK1	BK2	BK3	平均值	KB5	KB2	KB3	AB4	AB5	KB6	平均值	KN13	KN7	KN8	KN9	KN10	NK6	NK7	NK8	NK9	NK10	NK11	NK12	平均值
Cu			550.00	10.00				280.00	50.00	20.00	20.00			15.00	26.25		10.00	12.00	500.00	500.00								255.50
Au			1.00	0.30				0.65	0.50	0.60	0.50			0.10	0.43		0.40											0.40
Ag			0.15	0.05				0.10	0.05	0.05	0.05			0.05	0.05		0.05	0.17										0.11
Sr/Ba			0.43	0.34				0.39	0.29	0.35	0.48			0.33	0.36		0.18	1.47	0.05	0.02								0.43
V/Cr			1.00	0.50				0.75	2.50	0.67	0.67			0.60	1.11		1.20		0.33	1.00								0.84
Co/Ni			0.25	0.38				0.32	0.33	0.19	0.21			0.20	0.23		0.17	0.08	1.67	0.17								0.52
La			29.08	39.26	21.86	13.87		26.02										15.23			220.19	95.15					39.47	92.51
Ce			54.12	74.02	47.78	30.26		51.55										33.79			471.67	201.65					101.80	202.23
Pr			6.95	9.25	6.44	4.25		6.72										3.39			55.57	24.96					11.48	23.85
Nd			27.04	35.47	25.04	16.77		26.08										16.04			186.93	85.32					51.53	84.96
Sm			5.03	6.74	6.34	3.58		5.42										3.71			33.99	16.59					11.74	16.51
Eu			1.76	2.31	1.74	1.38		1.80										1.22			8.04	1.99					2.61	3.47
Gd			6.07	7.97	4.55	3.14		5.43										3.89			24.48	13.72					10.20	13.07
Tb			0.7	0.89	0.73	0.51		0.71										0.54			2.43	2.41					1.75	1.78
Dy			4.04	5.2	3.96	2.83		4.01										2.87			9.30	13.63					8.67	8.62
Ho			0.74	1.01	0.74	0.54		0.76										0.56			1.60	2.63					1.50	1.57
Er			2	2.7	1.97	1.47		2.04										1.42			3.75	7.50					3.95	4.16
Tm			0.26	0.36	0.31	0.23		0.29										0.23			0.57	1.16					0.54	0.63
Yb			1.51	2.13	1.75	1.36		1.69										1.28			3.00	7.34					2.80	3.61
Lu			0.16	0.32	0.26	0.20		0.24										0.19			0.46	1.11					0.45	0.55
REE			139.46	187.63	123.47	80.39		132.74										84.36			1021.98	475.16					248.49	457.50
LREE/HREE			8.01	8.12	7.65	6.82		7.65										6.68			21.42	8.60					7.32	11.01
δCe			0.92	0.93	0.97	0.95		0.94										1.13			1.03	1.00					1.15	1.08
δEu			0.97	0.96	0.99	1.26		1.05										0.98			0.85	0.40					0.73	0.74

注：主量元素含量单位为%，微量元素含量单位为 10^{-6}。

大红峪组火山岩稀土元素总量以粗面岩高于玄武岩，最高 1021.98×10^{-6}，稀土元素总量与轻重稀土元素比值(表 4-27)，尤其是与 La 呈直线正相关(图 4-58)，(δCe，δEu)值与 LREE/HREE 主要呈现负相关，这与火山岩高度富钾有关(图 4-59)。

稀土元素配分曲线显示轻稀土元素段散开，重稀土元素段聚集，粗面岩轻重稀土元素分异明显，显示轻稀土元素明显富集，稀土元素配分曲线图中曲线斜率大，钾质玄武岩稀土元素配分曲线斜率小(图 4-60)。斜率大的粗面岩稀土元素曲线具有负铕异常(δEu 平均 0.74)，斜率小的钾质玄武岩稀土元素曲线不具有铕异常(δEu 平均 1.05)，这种稀土元素配分特征表明幔源岩浆来源特征，但是斜率最大的 NK6 明显不具备 NK7 的负铕异常，表明了有地壳组分混入的特征。钾质玄武岩的 δCe 为 0.94，粗面岩的 δCe 值是 1.08，说明火山岩的成岩环境为还原到氧化的过渡环境，即海相到陆相的过渡环境。

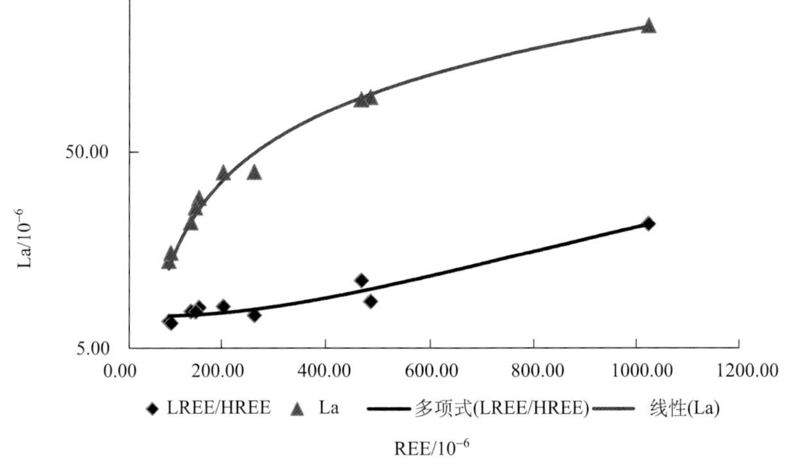

图 4-58　(La，LREE/HREE)-REE 相关曲线图

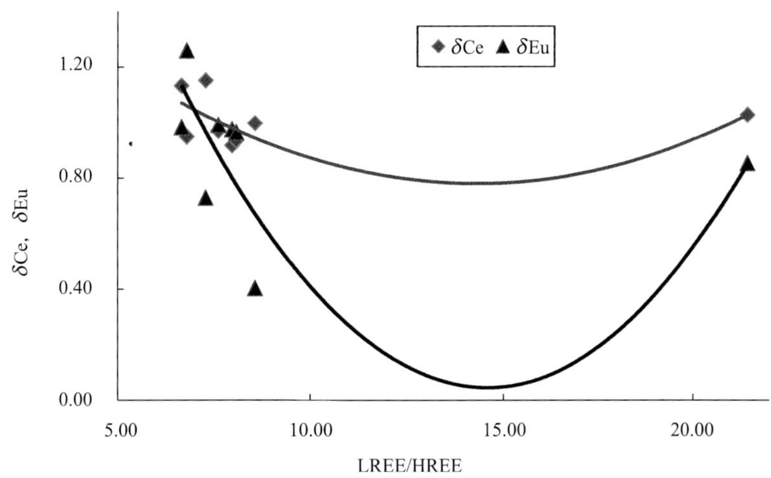

图 4-59　(δCe，δEu)-LREE/HREE 相关曲线图

2. 白云鄂博裂谷碱性火山岩

1) *岩石学*

白云鄂博裂谷下部岩层为块状钾长板岩、霓闪钠长岩和钾长黑云片岩互层，上部白云岩具有角砾状、碎屑状、厚层块状构造，火山岩浆岩构造特征明显。裂谷基底石英岩中发育一系列碱性岩脉、基性岩脉，其中尤其是碳酸岩脉最为特征，其形成年龄与矿化白云岩及钾长板岩相近，因此属于同一岩

浆体系的侵入岩(肖荣阁等，2012)。

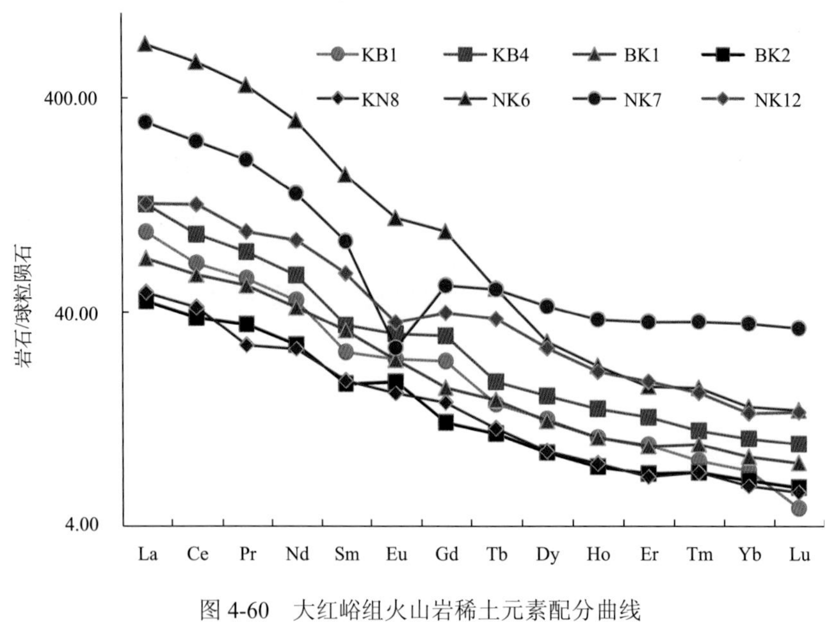

图 4-60　大红峪组火山岩稀土元素配分曲线

含矿白云岩的主要矿物成分有白云石、铁白云石、萤石、菱铁矿、方解石、磁铁矿、赤铁矿、磷灰石、独居石、氟碳铈矿稀土碳酸盐矿物及硅质岩屑、浆屑。

霓闪钠长岩是富钠长石岩石，主要造岩矿物有钠长石、钠铁闪石和霓石，由于矿物组成含量差异，形成钠闪钠长岩、钠长岩、霓石钠长岩、黑云钠闪片岩等条带，产出于同一地质体，只是不同地段组分略有差异。

钾长板岩(即富钾板岩)，显示黄绿、灰绿、黑绿、灰白不同颜色，细腻致密块状产出，镜下观察呈微晶质或隐晶质，粒度 0.01mm 以下，灰白干涉色，见不到长石双晶，呈现不规则蠕虫状集合体，略具定向排列。其中含有微斜长石次生斑晶(>0.01mm)，有些集中成透镜状分布，可能属原始岩屑或孔洞充填物，其中含少量钠闪石、黑云母及少量白云石，有黑云母交代钠闪石结构。

霓石碳酸岩岩脉，在底板砂岩中分布，脉宽几十厘米到数米，延长 20~50m。碳酸岩脉岩石呈砂粒结构，主要为粗晶粒状白云石，碳酸岩脉中有均匀分布的霓石-钠铁闪石，形成浸染状钠铁闪石白云岩。一些霓石-钠铁闪石岩脉呈独立细脉在矿化白云岩和底盘砂岩中分布，或呈网脉状产于厚层的白云岩和砂岩中。霓石-钠铁闪石岩脉为浅绿色，纤维状结构，块状构造，矿物颗粒很小，主要由霓石-钠铁闪石组成，次要矿物为白云石、磷灰石独居石等。

白云鄂博矿床矿物成分以碳酸盐、硅酸盐矿物、氟化物为主，构成造岩矿物。其中稀土矿物、稀土铌钽矿物和含稀土矿物就有 50 多种，有碳酸盐-氟碳酸盐、磷酸盐-磷碳酸盐、硅酸盐-钛硅酸盐、碳磷酸盐、钽铌酸盐、氧化物和氟化物类稀土矿物和铁氧化物矿物，构成矿石矿物。有许多稀土矿物是在白云鄂博发现并命名的(张培善等，2001)。

矿石矿物有磁铁矿、赤铁矿、稀土矿物、铌钽矿物。矿化严格限于碱性火山系各岩层中，即白云岩、霓闪钠长岩和钾长板岩中。主矿及东矿铁矿化主要产于钾长板岩与白云岩的接触带，东部菠萝头山矿段产于霓闪钠长岩火山碎屑岩中，西矿段产于黑云片岩与白云岩互层的岩段中。稀土矿化则主要分布在白云岩中，称为白云岩型稀土矿石，其次在霓闪钠长岩中，成为霓闪钠长岩型稀土矿石。稀土矿物以磷酸盐、磷碳酸盐、碳酸盐、氟碳酸盐、钛铌酸盐、氧化物、硅酸盐(钛硅酸盐)等各种矿物存在，工业稀土矿石矿物是独居石和氟碳铈矿。

这些矿石矿物有原生和次生热液蚀变矿物，原生矿物粒度为中细粒结构，主要产于条带状矿石中，脉状矿石及次生重结晶的矿物为中粗粒结构。有些矿石矿物在特定的矿石中出现，如针铁矿、钛铁矿、黄河石(含 Ba、Sr 氟碳酸盐矿物)等仅在热液蚀变强的脉状矿石中产出。

2) *岩石化学*

白云岩的化学组成主要是 MgO、CaO、FeO、P_2O_5 和稀土氧化物，其他组成很低，含角砾碎屑成分的白云岩含有其他硅酸盐组成。岩石 K_2O+Na_2O 及 K_2O/Na_2O 和铝指数都很低，CaO 含量高于 MgO，C/M 指数 1.21~2.52(表 4-28)。与白云岩类似，碳酸岩脉的主要成分也是 MgO、CaO、FeO、P_2O_5 和稀土氧化物，但是 P_2O_5 和稀土氧化物相对较低，而 CaO 含量显著高于 MgO，C/M 指数 5.04~95.05，几乎呈纯方解石碳酸岩。作为同一岩浆来源，白云岩中 MgO 含量明显高于碳酸岩脉，可能是海底岩浆喷发中受海水作用发生的白云石化交代，也可能是后期白云石化交代形成。

霓闪钠长岩和钾长板岩的岩石化学组成与中性硅酸盐岩石的化学组成类似，但是碱性组分含量达到 10%，霓闪钠长岩的 Na_2O 含量高于钾长板岩的 Na_2O 含量，而钾长板岩的 K_2O 含量高于霓闪钠长岩的 K_2O 含量。

碱性岩系各种岩石都含有较高的 Sr、Ba、Th、Y、F，而霓闪钠长岩和钾长板岩中，Rb、Nb、Cr、Ni、Co、V 含量明显增加(表 4-28)；Rb/Sr、Sr/Ba 和 V/Cr 值都比较低，但是白云岩和碳酸岩脉中 Sr/Ba 大于 Rb/Sr，而霓闪钠长岩和钾长板岩的 Rb/Sr 大于 Sr/Ba；白云岩和碳酸岩脉中 V/Cr 大于霓闪钠长岩和钾长板岩的 V/Cr；各种岩性中的 Th/U 值都比较高。微量元素地球化学特征显示了岩浆分异过程中元素的分异，同时此碱性岩浆的地球化学特征不同于普通的硅酸盐岩浆特征。

碱性岩系中各种岩石稀土元素含量差异较大，最大差异上千倍，尤其是轻稀土元素含量差异悬殊，同一种岩性中稀土元素含量也有较大差异(表 4-28)。以普通对数坐标绘制的稀土元素配分曲线图，极大地压缩了轻稀土元素段的差异，也忽视了其他稀土元素地球化学参数特征，因此这里设计了算数坐标绘制配分曲线图。

白云岩、霓闪钠长岩和钾长板岩的稀土元素配分曲线均显示轻重稀土元素强烈分异，轻稀土元素高度富集，重稀土元素亏损，轻重稀土元素比值都在 30 倍以上；轻稀土元素呈现散开状，重稀土元素收敛聚集一起(图 4-61~图 4-63)；都具有负铕异常，但是白云岩的负铕异常更强，其他岩石较弱；白云岩和霓闪钠长岩显示负铈异常，而钾长板岩显示正铈异常。

与白云岩及两种硅酸盐岩石类似，碳酸岩的稀土元素配分曲线显示轻稀土元素强烈富集，并且呈散开状态，δCe 和 δEu 值都接近于 1，显示异常不明显(图 4-64)；LREE/HREE-REE 呈正相关(图 4-65)；δEu-LREE/HREE 及 δCe-δEu 都显示负相关(图 4-66，图 4-67)。

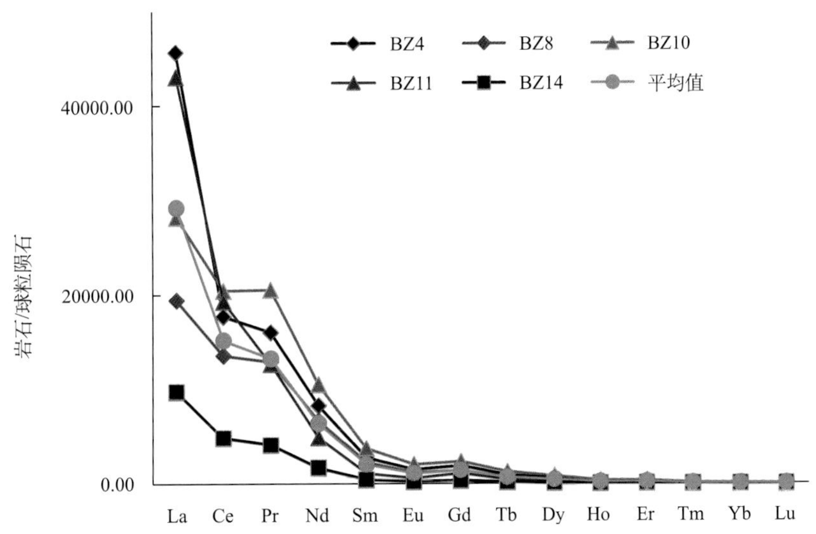

图 4-61　主矿矿化白云岩稀土元素配分曲线

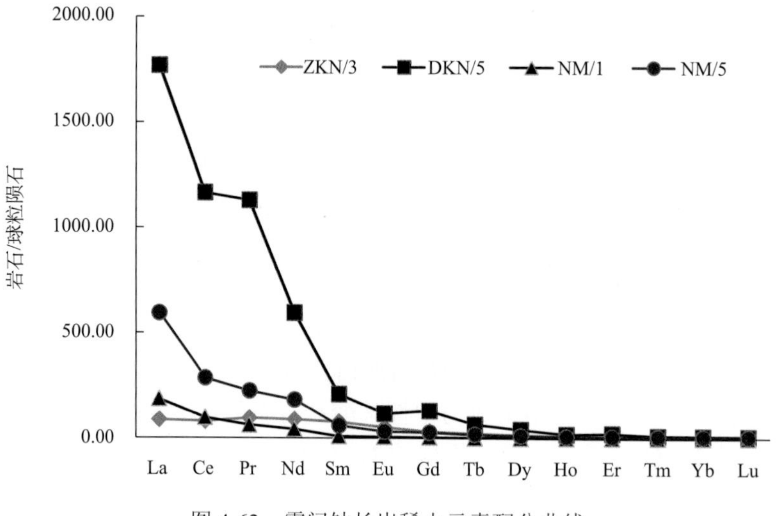

图 4-62　霓闪钠长岩稀土元素配分曲线

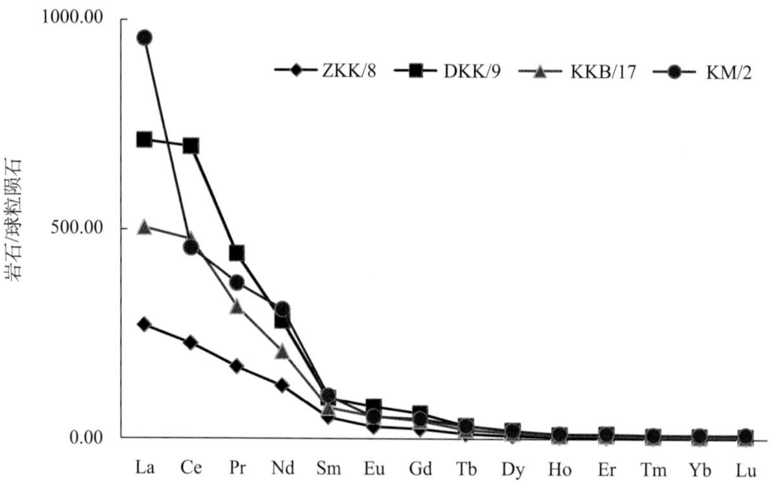

图 4-63　钾长板岩稀土元素配分曲线

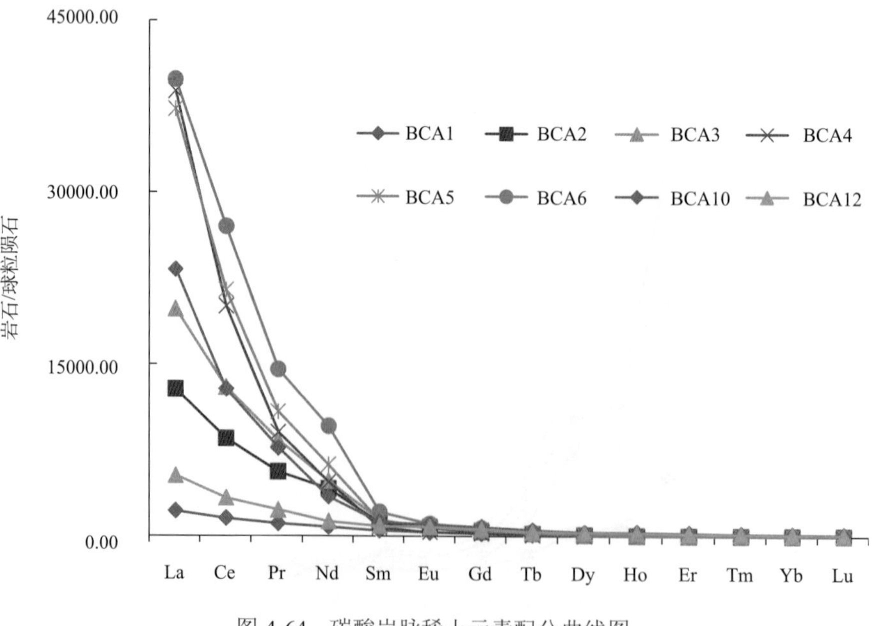

图 4-64　碳酸岩脉稀土元素配分曲线图

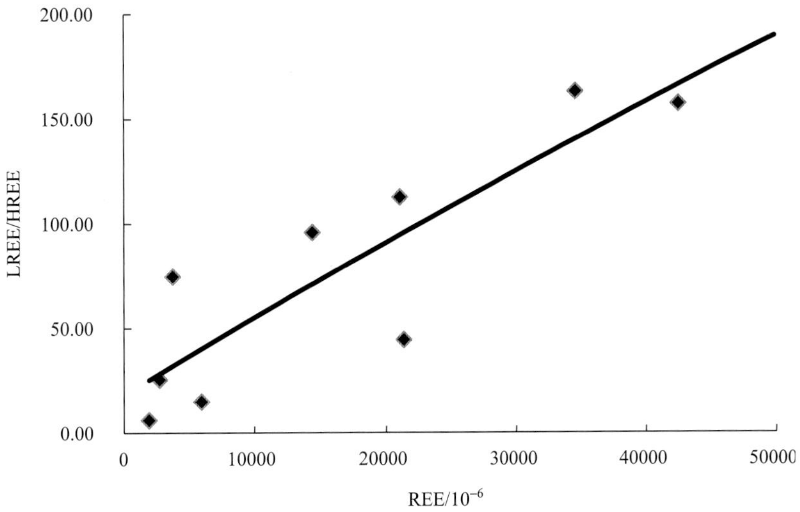

图 4-65　碳酸岩脉稀土元素 LREE/HREE-REE 相关曲线图

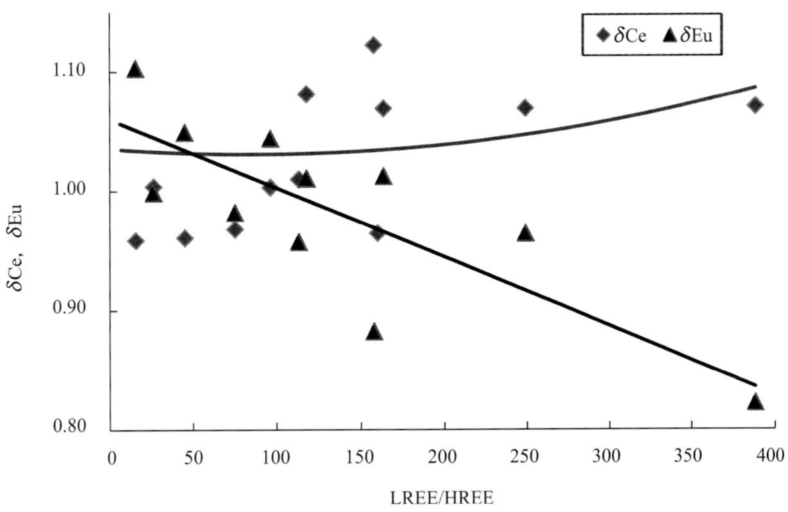

图 4-66　碳酸岩脉稀土元素(δCe，δEu)-LREE/HREE 相关曲线图

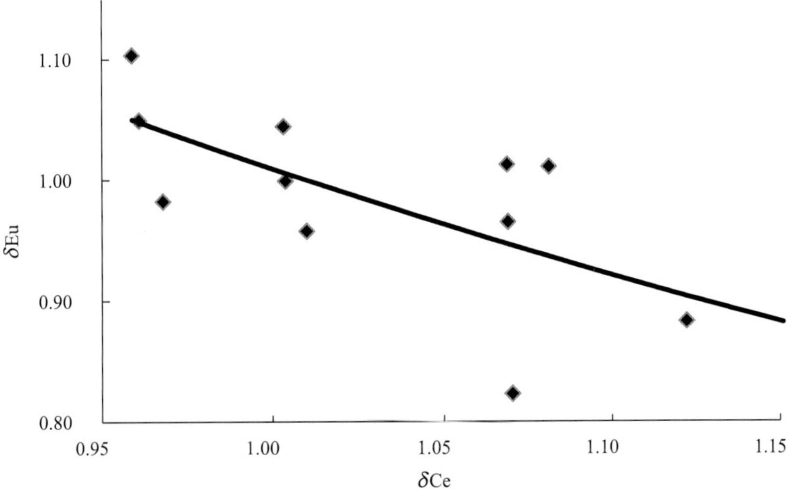

图 4-67　碳酸岩脉稀土元素 δEu-δCe 相关曲线图

表 4-28　白云鄂博碱性岩浆岩岩石化学表

组分	主矿白云岩						碳酸岩脉															霓闪钠长岩					钾长板岩					
	BZ4	BZ8	BZ10	BZ11	BZ14	平均值	CAM/5	CAM1	CAM2	CAM3	CAM4	CAM5	CAM6	CAM7	BCA8	BCA9	BCA10	BCA11	BCA12	BCA13	平均值	ZKN/3	DKN/5	NM/1	NM/4	平均值	ZKK/9	DKK/9	XKK/2	KKB/20	KM/2	平均值
SiO_2	1.48	1.76	1.28	3.98	1.18	1.94	2.72	10.06	13.79	8.61	3.63	22.21	16.50	1.63							9.89	64.57	58.90	66.64	59.73	62.46	55.11	52.22	72.87	55.58	54.32	58.02
TiO_2	0.03	0.01	0.01	0.04	0.01	0.02	0.19	0.04	0.05	0.02	0.02	0.26	0.27	0.03							0.11	0.28	0.35	0.02	0.32	0.24	0.12	0.62	0.10	0.34	0.48	0.33
Al_2O_3	1.36	0.68	1.27	1.16	0.29	0.95	0.19	0.30	0.38	0.22	0.21	1.20	0.25	0.31							0.38	16.52	12.87	17.96	13.78	15.28	**14.91**	**14.30**	**13.78**	**14.52**	**11.39**	13.78
Fe_2O_3	3.68	3.16	1.75	2.42	0.68	2.34	2.12														2.12	2.03	3.95	0.66	3.00	2.41	3.21	5.66	0.99	4.09	4.27	3.64
FeO	4.07	2.47	2.98	2.86	7.04	3.88	0.79	5.20	4.73	1.16	1.11	6.10	6.47	1.28							3.36	1.21	3.17	0.06	1.04	1.37	1.11	7.07	0.78	3.76	1.87	2.92
MnO	1.37	1.20	0.68	0.83	1.31	1.02	0.71	1.28	1.91	0.49	0.52	1.37	1.52	0.56							1.05	0.07	0.27	0.01	0.12	0.12	0.13	0.23	0.06	0.17	0.21	0.16
MgO	13.95	11.80	10.46	16.15	14.82	13.44	5.50	2.16	3.39	0.32	0.44	3.01	2.63	0.43							2.24	1.16	3.71	0.49	3.07	2.11	3.00	4.04	0.19	3.19	4.71	3.03
CaO	31.60	34.79	36.61	27.23	29.88	32.02	38.53	41.90	39.65	42.34	44.50	38.63	43.53	43.91							41.62	0.87	2.71	0.25	0.79	1.16	3.38	1.19	0.71	2.13	1.22	1.73
Na_2O	0.49	0.51	0.44	0.90	0.49	0.57	0.54	0.93	0.69	0.19	0.15	0.56	0.77	0.05							0.49	8.90	7.80	13.16	8.58	9.61	2.14	1.83	4.06	2.19	5.74	3.19
K_2O	0.10	0.10	0.10	0.10	0.10	0.10	0.08	0.44	0.41	0.01	0.04	1.31	0.19	0.20							0.34	0.47	1.98	0.03	3.41	1.47	10.07	7.58	5.24	8.47	5.58	7.39
P_2O_5	2.92	10.56	10.17	0.67	0.75	5.01	0.72	0.69	0.26	0.08	0.06	0.92	0.33	0.16							0.40	0.04	0.34	0.03	0.33	0.19	0.09	0.22	0.06	0.15	0.40	0.18
REE	4.08	2.63	4.00	3.78	0.97	3.09	0.30														0.30	0.02	0.25	0.02	0.07	0.09	0.03	0.09		0.06	0.08	0.07
LOI	34.64	28.72	25.42	39.50	42.48	34.15	47.00	36.40	34.21	46.45	49.20	23.77	26.88	51.36							39.41	0.57	1.94	0.77	2.16	1.36	3.43	1.61		2.57	1.59	2.30
合计	100.15	99.60	96.10	100.93	98.85	99.13	99.39	99.40	99.47	99.89	99.88	99.34	99.34	99.92							99.58	97.27	100.33	100.29	97.72	98.90	97.25	99.00	98.84	98.70	94.11	97.58
Na_2O+K_2O	0.59	0.61	0.54	1.00	0.59	0.67	0.62	1.37	1.10	0.20	0.19	1.87	0.96	0.25							0.82	9.37	9.78	13.19	11.99	11.08	12.21	9.41	9.30	10.66	11.32	10.58
K_2O/Na_2O	0.20	0.20	0.23	0.11	0.20	0.19	0.15	0.47	0.59	0.05	0.27	2.34	0.25	4.00							1.02	0.05	0.25	0.00	0.40	0.18	4.71	4.14	1.29	3.87	0.97	3.00
A/CNK	0.02	0.01	0.02	0.02	0.01	0.02	0.00	0.00	0.01	0.00	0.00	0.02	0.00	0.00							0.00	0.99	0.65	0.81	0.72	0.79	0.72	1.07	1.01	0.87	0.64	0.86
A/NK	1.49	0.72	1.53	0.73	0.32	0.96	0.19	0.15	0.24	0.68	0.72	0.51	0.17	1.04							0.46	1.09	0.86	0.83	0.77	0.89	1.03	1.27	1.11	1.13	0.74	1.06
C/M	1.63	2.12	2.52	1.21	1.45	1.79	5.04	13.94	8.41	95.09	72.69	9.22	11.90	73.39							36.21											
Rb	2.30	2.30	2.30	2.30	2.30	2.30	19.28	1.00	1.00	1.00	1.00	2.00	1.00	34.00							7.54	2.80	55.06	2.42	65.60	31.47	103.2	142.07		123.8	109.8	119.70
Sr	2263	2530	1920	2443	4122	2656	13382	18093	12413	8759	9496	10925	16371	12529							12746	104	831	31	381	337	445	275		355	473	387
Ba	12335	10847	8381	20718	1443	10745	6062	42951	13087	28718	18513	43917	41717	37771							29092	966	7375	618	4196	3289	1860	6312		4217	7781	5042
Zr								13.00	53.00	6.00	14.00	79.00	37.00	5.00							29.57											

续表

组分	主矿白云岩						碳酸岩脉															霓闪钠长岩					钾长板岩					
	BZ4	BZ8	BZ10	BZ11	BZ14	平均值	CAM/5	CAM1	CAM2	CAM3	CAM4	CAM5	CAM6	CAM7	BCA8	BCA9	BCA10	BCA11	BCA12	BCA13	平均值	ZKN/3	DKN/5	NM/1	NM/4	平均值	ZKK/9	DKK/9	XKK/2	KKB/20	KM/2	平均值
Th	45.40	14.20	14.50	7.70	14.30	19.22	5.61	181.0	301.0	1436.	1193.	906.	691	887.							700.08	10.70	45.78	4.79	23.75	21.26	23.98	23.31		23.62	41.34	28.06
U	0.08	0.20	0.33	0.08	0.36	0.21	1.34														1.34	0.22	1.46	0.04	1.62	0.84	1.22	0.91		1.06	2.91	1.53
Y	287.	304	470	156	71.70	257.74	60.75	187	188	269.	260	285.	463	166.							234.84	16.13	31.02	1.73	17.08	16.49	9.20	16.80		13.19	29.97	17.29
Nb	486.	105.	342.	118.	204	251	16.09	273	90.	219	86.	723.	3379.	52.							604.76	167.7	152.04	30.27	89.06	109.8	45.03	291.19		175.4	102.7	153.56
Cr	34.60	4.30	8.10	25.10	17.90	18.00	12.70	1.00	1.00	3.00	2.00	2.00	1.00	591.00							76.71	47.78	32.50	1.00	54.10	33.85	8.21	223.41		122.1	71.52	106.32
Ni	23.60	22.60	27.10	15.50	12.70	20.30	10.88	31.00	10.00	22.00	21.00	22.00	32.00	28.00							22.11	14.33	25.66	1.42	10.98	13.10	7.26	36.21		22.59	19.65	21.43
Co	21.20	5.10	2.00	5.80	26.40	12.10	1.89	36.00	9.00	12.00	1.00	19.00	14.00	2.00							11.86	10.03	15.30	1.00	4.85	7.80	4.38	30.44		18.17	7.28	15.07
V	75.50	60.60	37.30	68.30	45.00	57.34	13.35	8.00	18.00	5.00	10.00	11.00	81.00	10.00							19.54	73.68	190.58	1.26	38.59	76.03	18.51	96.95		60.04	62.05	59.39
F	31689	6635	20101	468	1610	12101	2449														2449	1968	6091	592	4105	3189	1466	7726		4780	6608	5145
Rb/Sr	0.00	0.00	0.00	0.00	0.00	0.00	0.00	0.00	0.00	0.00	0.00	0.00	0.00	0.00							0.00	0.03	0.07	0.08	0.17	0.09	0.23	0.52		0.35	0.23	0.33
Sr/Ba	0.18	0.23	0.23	0.12	2.86	0.72	2.21	0.42	0.95	0.31	0.51	0.25	0.39	0.33							0.67	0.11	0.11	0.05	0.09	0.09	0.24	0.04		0.08	0.06	0.11
Th/U	567.50	71.00	43.94	96.25	39.72	163.68	4.19														4.19	48.64	31.36	119.75	14.66	53.60	19.66	25.62		22.28	14.21	20.44
V/Cr	2.18	14.09	4.60	2.72	2.51	5.22	1.05	8.00	18.00	1.67	5.00	5.50	81.00	0.02							15.03	1.54	5.86	1.26	0.71	2.34	2.25	0.43		0.49	0.87	1.01
V/(Ni+V)	0.76	0.73	0.58	0.82	0.78	0.73	0.55	0.21	0.64	0.19	0.32	0.33	0.72	0.26							0.40	0.84	0.88	0.47	0.78	0.74	0.72	0.73		0.73	0.76	#DIV/0!
La	14158	6023	8754	13350	3035	9064.00	583.4	671	3970	6139	12042	11558	12357	34746	115577	94810	7207	1274	1628	217.8	21627.16	27.10	548.60	57.70	184.13	204.38	84.00	221.00		156.52	296.40	189.48
Ce	14320	10990	16548	15590	3939	12277.40	1285.08	1246	6859	10490	16194	17340	21825	51471	176500	90630	10370	1863	2673	706.2	29246.59	64.53	941.22	78.84	230.79	328.85	184.00	564.00		385.22	368.45	375.42
Pr	1957	1580	2512	1548	505	1620.40	103.36	133	682	1018	1101	1319	1773	3864	13360	5392	936	168.4	276.5	90.1	2158.31	11.61	137.86	7.62	27.39	46.12	21.00	54.00		38.45	45.30	39.69
Nd	4993	4020	6330	2945	1020	3861.60	410.22	483	2481	2889	2833	3731	5739	11130	43615	6538	2066	360.6	767.7	455.4	5964.21	53.27	356.80	25.40	109.60	136.27	76.00	169.00		125.05	185.35	138.85
Sm	539	445	738	211	88.1	404.22	42.53	93.56	231	278	148	264	409	688	5387	492	240.2	29.4	172.4	149.4	616.04	15.27	40.98	1.89	11.75	17.47	10.00	19.00		14.45	19.99	15.86
Eu	111.2	89.3	153	43.7	18.5	83.14	8.68	23.56	51.23	57.38	25.47	64.68	79.41	136	1174	49	77.4	8	60.3	51.4	133.32	3.86	8.60	0.50	2.34	3.83	2.12	5.62		3.97	3.88	3.90
Gd	497	373	617	294	96.4	375.48	30.22	55.56	97.41	120.77	60.53	144.48	185	270	2341	458	211.7	21.1	162	134.8	306.61	8.33	33.92	1.40	7.32	12.74	6.10	15.70		11.19	12.22	11.30
Tb	43.7	34.2	61.1	20.6	8.14	33.55	3.63	5.85	11.09	12.43	5.21	13.97	17.51	28.58	189	52	25.7	2.9	18	15.2	28.65	1.11	3.13	0.13	0.86	1.31	0.57	1.48		1.05	1.46	1.14
Dy	182	143	270	86.3	36.1	143.48	15.72	21.8	31.36	36.42	12.79	39.22	46.3	79.22	362	565.6	110.7	13.4	104.5	75.4	108.17	5.33	13.40	0.47	3.66	5.72	2.40	6.50		4.58	6.23	4.93

续表

组分	主矿白云岩						碳酸岩脉															霓闪钠长岩					钾长板岩					
	BZ4	BZ8	BZ10	BZ11	BZ14	平均值	CAM/5	CAM1	CAM2	CAM3	CAM4	CAM5	CAM6	CAM7	BCA8	BCA9	BCA10	BCA11	BCA12	BCA13	平均值	ZKN/3	DKN/5	NM/1	NM/4	平均值	ZKK/9	DKK/9	XKK/2	KKB/20	KM/2	平均值
Ho	16.7	13	26.5	7.29	3.56	13.41	2.19	3.35	2.52	3.95	1.25	3.42	4.7	7.34	34.95	39.7	23.2	2.8	19.1	9.5	11.28	0.67	1.35	0.04	0.48	0.64	0.34	0.74		0.55	0.84	0.62
Er	54.1	44.8	74.6	26.9	11.7	42.42	6.3	8.09	3.82	6.62	1.87	5.26	8.2	13.08	58.9	79.5	55	5	38.5	22.8	22.35	1.57	4.61	0.14	1.45	1.94	0.90	2.50		1.74	2.50	1.91
Tm	2.42	2.24	3.62	1.01	0.62	1.98	0.73	1	0.43	0.81	0.23	0.55	0.91	1.57	7.2	7	6	0.7	5.3	2.8	2.52	0.14	0.36	0.01	0.18	0.17	0.11	0.24		0.18	0.31	0.21
Yb	10.7	10.6	16	4.24	2.5	8.81	4.29	7	2.41	4.15	1.43	3.15	5.26	9.84	38.21	36	34.9	3.2	25.8	12.3	13.42	0.75	2.09	0.06	1.18	1.02	0.68	1.44		1.08	2.00	1.30
Lu	1.26	1.25	1.86	0.55	0.26	1.04	0.65	1.14	0.32	0.52	0.23	0.43	0.69	1.36	5.05	5.1	4.6	0.6	3.4	1.6	1.84	0.07	0.29	0.01	0.20	0.14	0.11	0.20		0.16	0.33	0.20
REE	36886	23769	36106	34129	8765	27931	2497	2754	14424	21057	32427	34487	42451	102446	358649	199154	21368	3753	5955	1945	60240	193.61	2093.21	174.21	581.33	760.59	388.33	1061.42		744.19	945.26	784.80
LREE/HREE	44.66	37.21	32.72	76.41	54.03	49.01	38.18	25.53	95.57	112.41	387.16	162.85	157.06	248.27	117.12	159.23	44.29	74.52	14.81	6.09	117.36	9.77	34.39	76.08	36.92	39.29	33.64	35.85		35.25	35.51	35.06
δCe	0.65	0.86	0.85	0.83	0.77	0.79	1.26	1	1	1.01	1.07	1.07	1.12	1.07	1.08	0.96	0.96	0.97	0.96	1.21	1.05	0.88	0.82	0.90	0.78	0.85	1.05	1.24		1.20	0.77	1.07
δEu	0.66	0.67	0.69	0.54	0.61	0.63	0.74	1	1.04	0.96	0.82	1.01	0.88	0.96	1.01		1.05	0.98	1.1		0.96	1.05	0.71	0.94	0.77	0.87	0.83	0.99		0.95	0.76	0.88
La/Eu	127.32	67.45	57.22	305.49	164.05	144.31	67.21	28.48	77.49	106.99	472.79	178.70	155.61	255.49	98.45	1934.90	93.11	159.25	27.00	4.24	261.41	7.02	63.79	115.40	78.69	66.22	39.62	39.32		39.43	76.39	48.69
Gd/Lu	394.44	298.40	331.72	534.55	370.77	385.98	46.49	48.74	304.41	232.25	263.17	336.00	268.12	198.53	463.56	89.80	46.02	35.17	47.65	84.25	176.01	119.00	116.97	140.00	36.60	103.14	55.45	78.50		69.94	37.03	60.23

注：主量元素含量单位为%，微量元素含量单位为 10^{-6}。

3. 古陆南缘熊耳山火山岩系

1）*岩石学*

豫陕一带熊耳群火山喷发时间与古陆北缘及东部接近，玄武玢岩、安山玢岩、英安岩以及流纹岩等，按岩石化学分类，属于陆相和海相裂谷喷发环境形成的碱性火山岩系。中元古代熊耳裂谷火山岩系横跨东秦岭，出露面积 6897km^2 左右，厚度从近千米到 7000m 不等，以火山熔岩为主，主要由玄武安山岩、安山岩、英安流纹岩等组成；沉积岩夹层和火山碎屑岩约占地层总厚度的 5%。

根据区域地质研究，熊耳群火山岩地层由下至上划分为大古石组、许山组、鸡蛋坪组和马家河组。其中，许山组以玄武安山岩、安山岩为主，其次为英安流纹岩及少量玄武岩，鸡蛋坪组以玄武安山岩、安山岩与英安-流纹岩互层为特征。马家河组岩性单一，基本上全是玄武安山岩、安山岩，夹有较多火山碎屑岩和正常沉积岩。

大古石组：是指熊耳群下部一套以沉积岩为主的岩石组合，主要分布在济源西北部邵源、栾川北部、外方山等地区。该岩组由数个砂砾岩-长石石英砂岩-页岩的沉积韵律组成，底部砾岩厚度不稳定，常过渡为含砾砂岩、砂岩，局部地段见到安山岩夹层。

许山组：自下向上，岩性变化为玄武安山岩→安山岩→英安岩或英安流纹岩。中下部以灰绿色杏仁状安山岩、玄武安山玢岩为主，次为英安岩、英安流纹岩及少量玄武岩、火山碎屑岩。在豫西崤山、熊耳山、外方山地区，许山组有特征的大斑（0.5cm×1cm±）安山岩，因而往往以此作为许山组的标志。许山组中上部分布英安岩、英安流纹岩。

鸡蛋坪组：岩性以紫红-灰紫色英安岩-流纹岩为主，部分地区夹有灰绿色玄武安山岩、安山岩，横向厚度变化大，有不连续出露现象。一般自下向上英安—流纹岩的比例增大，玄武安山岩、安山岩的比例减少。所夹中基性熔岩为玄武安山岩→安山岩→粗安岩→粗面岩序列变化。

马家河组：该岩组岩性单一，基本上均为中基性的玄武安山岩、安山岩。其间常具有多层火山碎屑岩、正常沉积岩夹层是该组区别于其他岩性组的一大特点。火山碎屑岩主要由晶屑凝灰岩、集块岩及过渡类型岩石，如熔结角砾岩、熔结凝灰岩、集块熔岩和沉凝灰岩组成。正常沉积岩主要由砂质页岩与泥岩、铁泥质鲕状灰岩、长石石英砂岩、杂砂岩、砂砾岩和燧石组成。

2）*岩石化学*

岩石化学显示，岩石性质与古陆东部岩性类似，接近大陆拉斑玄武岩，但几个重要指标上变化较大。岩石化学组成以高碱组成为特征（表 4-29），K_2O+Na_2O 含量平均在 4.64%~7.77%，碱性组分含量变化与 SiO_2 含量呈正相关，尤其是 K_2O 含量与 SiO_2 呈现直线相关性，Na_2O 相关性较差（图 4-68）。岩石 K_2O/Na_2O 值在 1 上下（图 4-69），岩石 K_2O/Na_2O 与 K_2O+Na_2O 呈现正相关关系（图 4-70）。玄武岩及安山岩等中基性岩石铝指数（A/CNK）小于 1，而英安岩及流纹岩的铝指数（A/CNK）大于 1，显示为铝过饱和（表 4-30）。而从基性到酸性火山岩的 A/NK 指数逐渐降低，是由于碱性组分逐渐增加的结果。

火山岩微量元素聚类分析谱系图显示两个负相关的群组，一个碱性不相容元素相关的群组包括 Rb-Zr-Nb-Hf-Ta-Y-Ba-U，与特征元素比值 Rb/Sr-Zr/Y-V/Cr 相关；另一个基性相容元素群组包括 Sr-Cr-Ni-Co-V-Th，与特征值 Sr/Ba-Th/U-Nb/Ta 相关（图 4-71）。

元素特征比值 Rb/Sr 和 Sr/Ba 都比较低，Rb/Sr 大于 Sr/Ba，其他 Nb/Ta、Th/U 值都比较大，并且随着火山岩碱性程度升高略有变化（表 4-31）。

火山岩的稀土元素总量从玄武安山岩到流纹岩逐步升高（表 4-31），稀土元素总量与轻稀土元素 La 呈直线正相关，与 LREE/HREE 也呈正相关性（图 4-72）；稀土元素（δEu，δCe）-LREE/HREE 呈负相关（图 4-73），δEu-δCe 呈现线性正相关（图 4-74），说明在火山岩浆活动中 Eu 与 Ce 的地球化学性质是相近的，而与岩浆侵入作用及表生沉积作用是不同的。

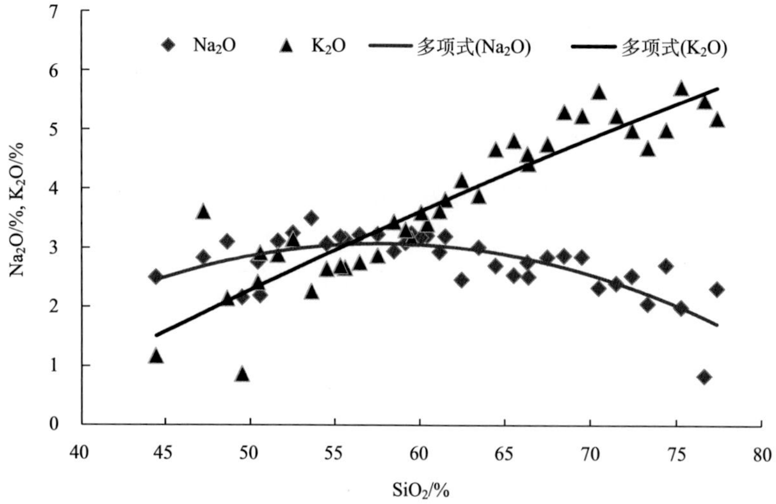

图 4-68　熊尔群火山岩(K_2O，Na_2O)-SiO_2 相关曲线图

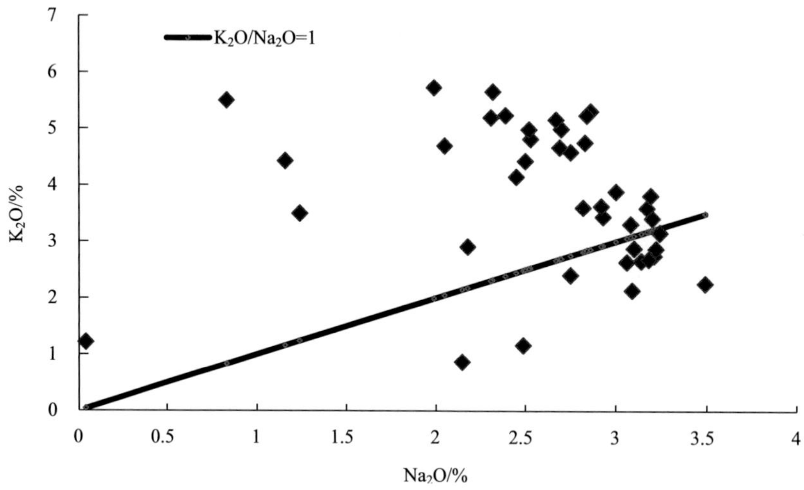

图 4-69　熊尔群火山岩 K_2O-Na_2O 散点图

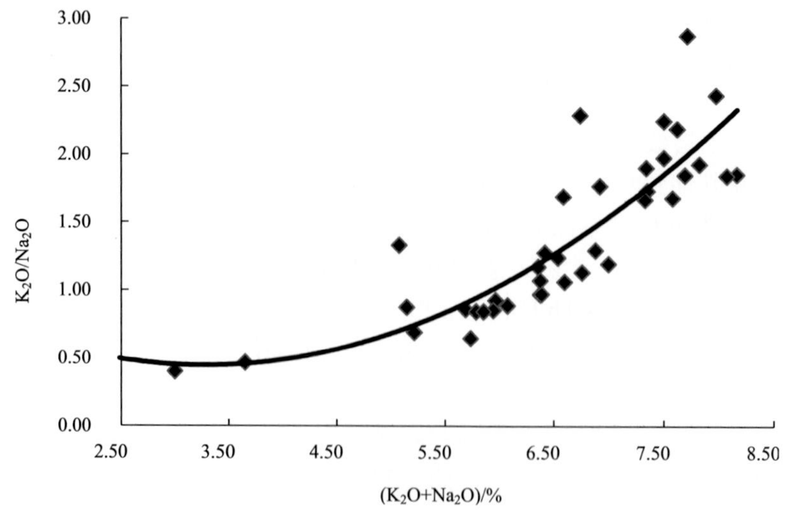

图 4-70　熊尔群火山岩 K_2O/Na_2O-(K_2O+Na_2O)相关曲线图

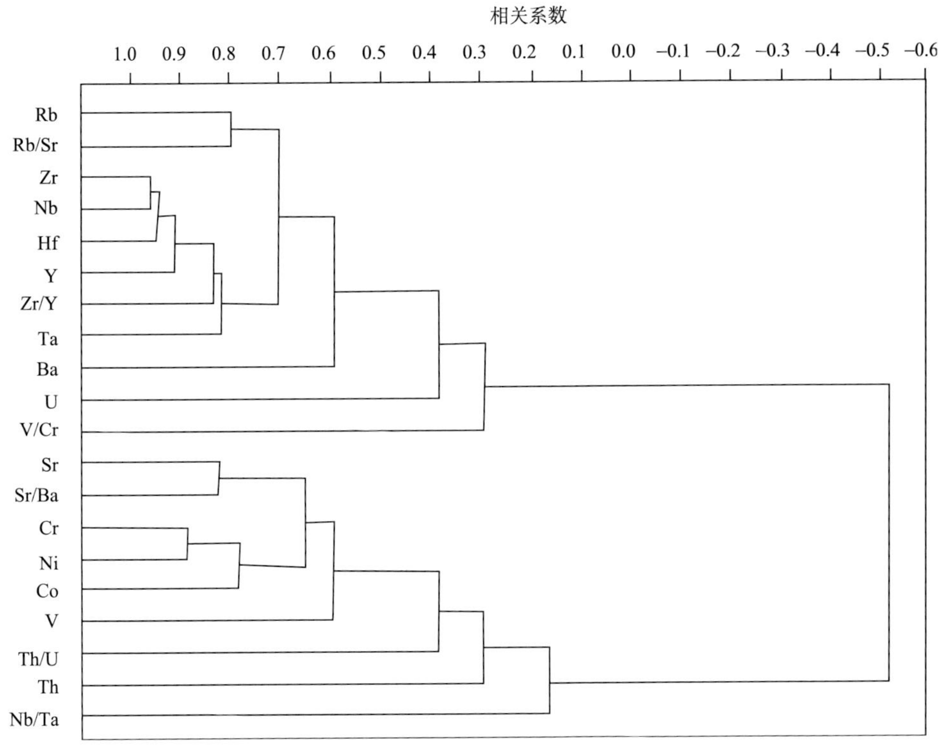

图 4-71 熊耳群火山岩微量元素聚类分析谱系图

稀土元素配分曲线都是右倾斜线，显示轻稀土元素富集重稀土元素亏损，轻稀土元素段呈现散开重稀土元素段收敛；玄武安山岩和安山岩具有正铈异常和弱负铕异常(图 4-75、图 4-76)，英安岩和流纹岩负铕异常较强，而不具有正铈异常(图 4-77)。

上述岩石地球化学特征反映熊耳群碱性火山岩是地幔岩浆分异成因，壳缘混入物质较少，其岩石化学组成及微量元素、稀土元素都是连续有规律的变化。

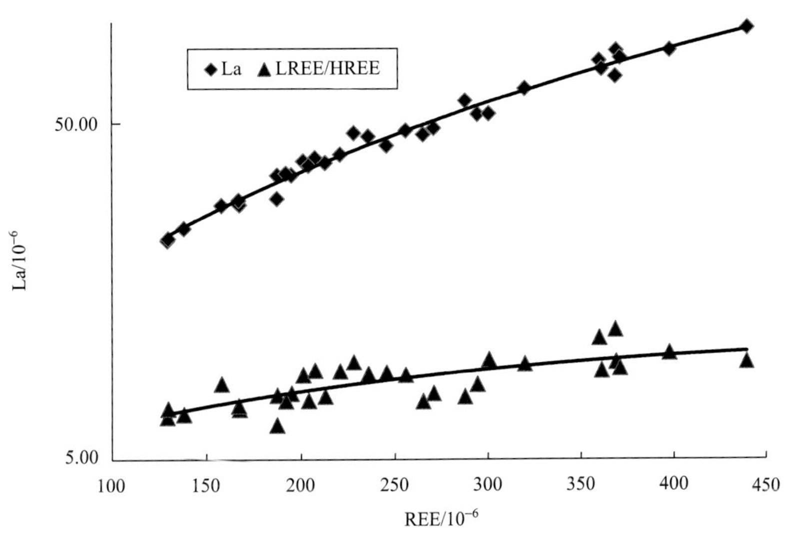

图 4-72 熊耳群火山岩(La，LREE/HREE)-REE 相关图解

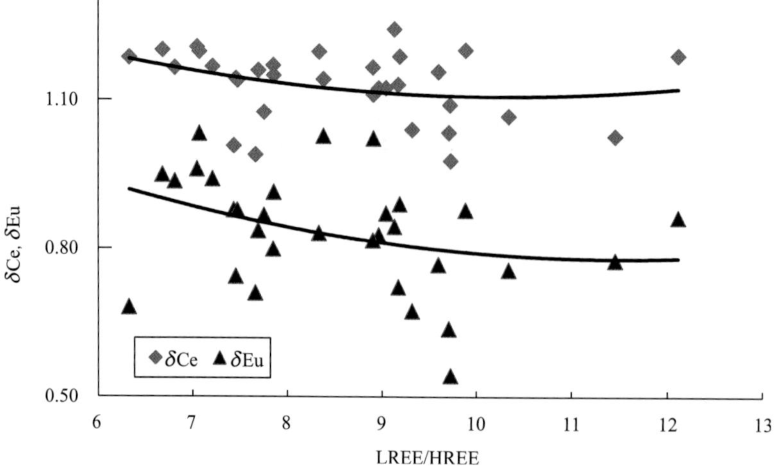

图 4-73　熊耳群火山岩(δEu，δCe)-LREE/HREE 相关图解

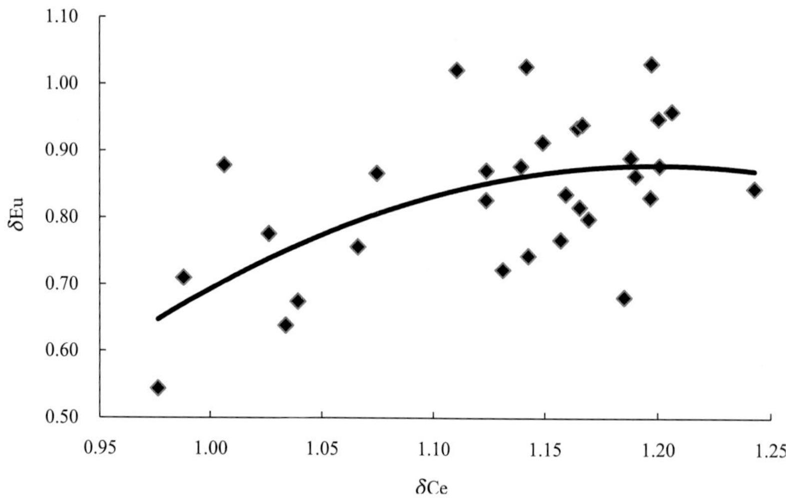

图 4-74　熊耳群火山岩 δEu-δCe 相关图解

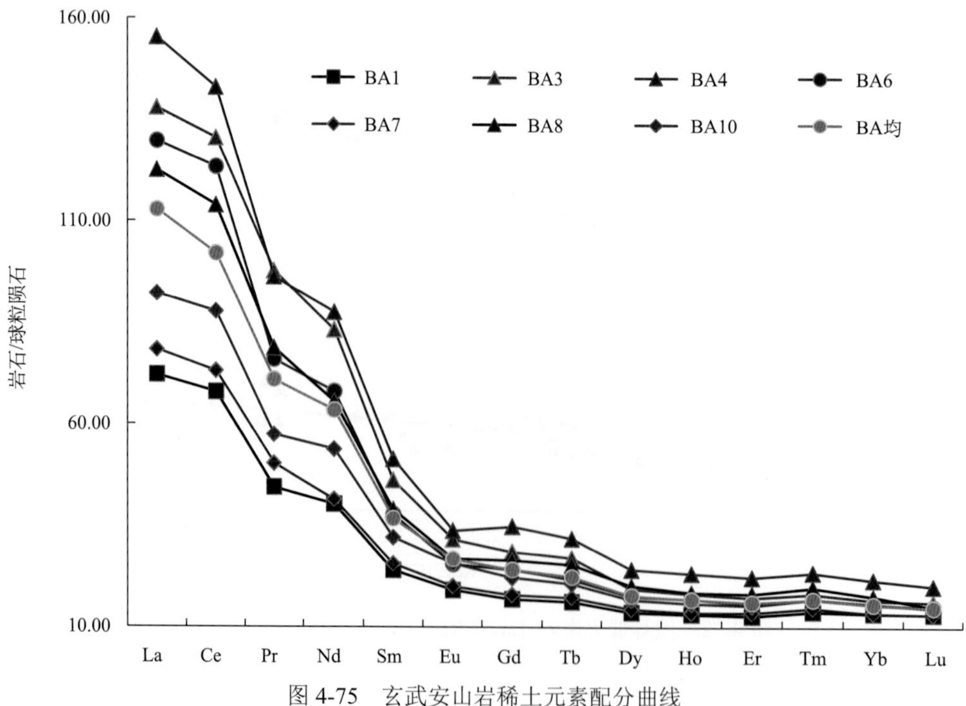

图 4-75　玄武安山岩稀土元素配分曲线

表 4-29 熊耳群火山岩岩石化学成分表

(单位：%)

岩性/样数	SiO_2	TiO_2	Al_2O_3	Fe_2O_3	FeO	MnO	MgO	CaO	Na_2O	K_2O	P_2O_5	合计	Na_2O+K_2O	K_2O/Na_2O	A/CNK	A/NK
CB/10	48.23	2.03	15.52	9.32	6.78	0.24	6.18	6.78	2.69	1.95	0.29	100.00	4.64	0.70	0.82	2.47
BB/19	50.47	1.70	15.76	8.23	6.37	0.79	6.06	5.19	2.75	2.40	0.27	99.99	5.15	0.87	0.95	2.21
BA/103	53.63	1.33	16.02	5.14	6.80	0.29	5.37	5.26	3.15	2.67	0.34	100.00	5.82	0.86	0.91	1.99
BA/256	55.35	1.27	15.62	4.92	6.24	0.21	5.00	5.16	3.18	2.68	0.37	100.00	5.86	0.84	0.89	1.92
AB/374	57.36	1.32	15.05	5.17	5.65	0.19	4.36	4.42	3.15	2.94	0.39	99.99	6.09	0.94	0.92	1.80
AA/288	59.18	1.38	14.67	5.46	5.08	0.16	3.58	3.70	3.08	3.30	0.41	100.00	6.38	1.07	0.95	1.70
DXP/42	60.12	1.17	14.51	3.82	5.56	0.16	3.41	4.17	3.17	3.59	0.34	100.02	6.76	1.13	0.87	1.59
AA/109	62.15	1.37	14.06	5.60	4.21	0.12	2.37	2.83	2.93	3.91	0.44	100.00	6.84	1.36	0.99	1.55
DA/109	66.35	1.03	13.12	4.90	3.48	0.11	1.46	1.72	2.75	4.58	0.32	99.82	7.33	1.67	1.04	1.38
RA/110	67.87	0.87	13.26	4.55	2.88	0.10	1.13	1.47	2.75	5.02	0.26	100.17	7.77	1.82	1.05	1.33
AR/106	71.80	0.60	12.63	3.79	1.57	0.07	0.68	1.11	2.37	5.23	0.15	100.00	7.60	2.22	1.09	1.32
RR/22	76.80	0.27	11.78	2.36	0.75	0.03	0.33	0.47	1.70	5.40	0.11	100.00	7.10	1.44	1.24	1.38

表 4-30　熊耳群火山岩微量元素成分表

(单位：10^{-6})

样号	Rb	Sr	Ba	Zr	Hf	Th	U	Y	Nb	Ta	Cr	Ni	Co	V	Rb/Sr	Sr/Ba	Th/U	V/Cr	Zr/Y	Nb/Ta
BA1	75.7	310	1163	140	3.04	7.60	0.64	23.48	7.9	0.10	173.3	57.1	36.0	168.0	0.24	0.27	11.88	0.97	5.96	79.00
BA2	38.3	279	1162	142	3.44	6.40	0.86	22.34	6.8	0.19	217.7	44.9	34.0	166.0	0.14	0.24	7.44	0.76	6.36	35.79
BA3	38.9	121	746	218	4.26	10.30	1.21	32.78	11.6	0.29	78.7	46.5	34.1	198.0	0.32	0.16	8.51	2.52	6.65	40.00
BA4	56.7	226	1504	270	5.67	10.70	3.11	41.08	13.9	0.74	28.6	23.2	37.7	288.0	0.25	0.15	3.44	10.07	6.57	18.78
BA5	81.1	201	1683	169	2.86	9.60	0.42	23.48	9.1	0.59	200.6	51.3	33.3	163.0	0.40	0.12	22.86	0.81	7.20	15.42
BA6	48.7	363	1981	347	4.27	8.00	0.74	30.83	11.6	0.55	127.4	45.8	35.3	186.0	0.13	0.18	10.81	1.46	11.26	21.09
BA7	49.1	329	1439	141	3.18	8.20	0.42	24.47	8.9	0.72	193.2	47.0	33.9	170.0	0.15	0.23	19.52	0.88	5.76	12.36
BA8	48.7	276	1351	219	4.39	8.00	2.13	30.83	11.1	0.65	143.6	42.8	34.8	191.0	0.18	0.20	3.76	1.33	7.10	17.08
BA9	22.9	371	1052	175	3.91	7.30	1.01	27.81	11.0	0.63	180.6	36.7	31.3	167.0	0.06	0.35	7.23	0.92	6.29	17.46
BA10	36.4	294	1411	170	4.10	6.70	0.74	28.52	10.2	0.24	182.5	43.3	32.8	189.0	0.12	0.21	9.05	1.04	5.96	42.50
BA11	58.0	303	1206	247	5.55	7.60	1.19	33.02	12.3	0.35	189.5	42.1	31.2	173.0	0.19	0.25	6.39	0.91	7.48	35.14
BA12	41.3	314	1492	194	4.35	9.50	1.10	31.90	9.7	0.45	146.1	37.8	30.4	174.0	0.13	0.21	8.64	1.19	6.08	21.56
BA13	76.1	294	1242	164	3.32	7.00	0.65	28.83	10.9	0.23	87.3	43.2	30.7	160.0	0.26	0.24	10.77	1.83	5.69	47.39
BA14	65.0	171	1249	322	5.52	8.40	0.42	46.90	17.6	1.14	172.0	38.5	36.4	195.0	0.38	0.14	20.00	1.13	6.87	15.44
玄武安山岩	52.6	275.2	1334.4	208.4	4.1	8.2	1.0	30.4	10.9	0.5	151.5	42.9	33.7	184.9	0.21	0.21	10.74	1.85	6.80	29.93
AA15	74.6	209	2697	304	6.60	10.40	1.24	34.21	13.5	1.09	139.7	27.8	28.6	209.0	0.36	0.08	8.39	1.50	8.89	12.39
AA16	84.1	260	1737	347	7.93	8.00	1.51	42.46	18.0	0.57	81.7	20.2	25.1	141.0	0.32	0.15	5.30	1.73	8.17	31.58
AA17	97.5	301	3800	322	7.32	7.70	1.54	42.46	18.0	0.98	123.0	33.0	32.1	203.0	0.32	0.08	5.00	1.65	7.58	18.37
AA18	48.9	364	1688	141	5.02	8.20	0.36	28.50	11.9	0.72	131.9	43.5	32.3	167.0	0.13	0.22	22.78	1.27	4.95	16.53
AA19	53.7	243	1391	220	5.16	9.80	1.32	31.41	12.8	0.87	68.9	37.2	37.0	2.7	0.22	0.17	7.42	0.04	7.00	14.71
AA20	68.5	136	1390	223	4.54	8.50	1.24	34.44	12.5	0.46	124.4	36.2	31.8	215.0	0.50	0.10	6.85	1.73	6.48	27.17

续表

样号	Rb	Sr	Ba	Zr	Hf	Th	U	Y	Nb	Ta	Cr	Ni	Co	V	Rb/Sr	Sr/Ba	Th/U	V/Cr	Zr/Y	Nb/Ta
AA21	70.2	262	1671	340	7.06	8.50	0.81	36.10	16.7	1.00	19.3	9.1	25.4	230.0	0.27	0.16	10.49	11.92	9.42	16.70
AA22	75.8	260	3163	377	7.88	10.30	1.30	40.24	18.2	0.96	12.8	5.7	25.7	227.0	0.29	0.08	7.92	17.73	9.37	18.96
AA23	105.3	352	1277	225	4.70	8.80	1.79	28.70	11.8	0.33	76.0	21.6	24.2	148.0	0.30	0.28	4.92	1.95	7.84	35.76
安山岩	75.4	265.2	2090.4	277.7	6.2	8.9	1.2	35.4	14.8	0.8	86.4	26.0	29.1	171.4	0.30	0.15	8.79	4.39	7.74	21.35
24 英安岩	153.1	142	1964	391	9.19	10.00	1.61	37.72	19.4	1.15	8.2	5.5	14.3	95.0	1.08	0.07	6.21	11.59	10.37	16.87
RW25	106.3	114	2230	457	10.63	8.40	1.30	49.97	21.9	0.88	1.7	4.6	8.5	36.0	0.93	0.05	6.46	21.18	9.15	24.89
RW26	119.7	103	2058	410	10.22	7.50	1.83	46.24	18.2	0.98	2.5	4.2	5.7	23.0	1.16	0.05	4.10	9.20	8.87	18.57
RW27	92.4	69	2441	436	9.82	6.30	1.68	49.20	22.2	1.04	4.3	5.1	8.1	33.0	1.34	0.03	3.75	7.67	8.86	21.35
RW28	103.0	140	4675	499	10.90	6.70	2.30	43.93	24.1	1.50	14.3	7.1	7.7	26.0	0.74	0.03	2.91	1.82	11.36	16.07
RW29	111.0	137	2131	568	10.90	6.90	2.14	52.81	26.7	1.50	11.9	5.7	5.9	20.0	0.81	0.06	3.22	1.68	10.76	17.80
流纹岩	106.5	112.6	2707.0	474.0	10.5	7.2	1.9	48.4	22.6	1.2	6.9	5.3	7.2	27.6	1.00	0.04	4.09	8.31	9.80	19.73

表 4-31 熊耳群火山岩稀土元素成分表

(单位：10^{-6})

样号	La	Ce	Pr	Nd	Sm	Eu	Gd	Tb	Dy	Ho	Er	Tm	Yb	Lu	REE	LREE/HREE	δCe	δEu
BA1	22.33	54.81	5.41	24.13	4.67	1.40	4.36	0.77	4.41	0.95	2.69	0.45	2.82	0.44	129.64	6.68	1.20	0.95
BA2	22.63	54.98	5.40	24.83	4.60	1.49	4.24	0.77	4.16	0.95	2.55	0.43	2.62	0.40	130.05	7.07	1.20	1.03
BA3	42.73	105.38	11.92	49.87	8.98	2.32	7.39	1.28	6.24	1.31	3.63	0.59	3.49	0.54	245.67	9.04	1.12	0.87
BA4	48.10	115.45	11.74	52.50	10.00	2.48	9.01	1.51	7.79	1.67	4.68	0.76	4.53	0.67	270.89	7.85	1.17	0.80
BA5	28.40	67.07	7.04	31.42	5.65	1.76	4.86	0.83	4.49	0.93	2.55	0.43	2.40	0.37	158.20	8.38	1.14	1.03
BA6	40.20	99.61	9.26	40.78	7.35	1.87	6.24	1.03	5.65	1.22	3.31	0.55	3.30	0.50	220.87	9.13	1.24	0.84
BA7	24.26	58.99	6.13	24.83	4.98	1.47	4.64	0.82	4.67	0.98	2.87	0.48	2.83	0.44	138.39	6.81	1.16	0.94
BA8	37.97	92.00	9.61	39.33	7.60	1.97	6.83	1.20	6.50	1.33	3.83	0.64	3.68	0.50	212.99	7.69	1.16	0.84
BA9	38.41	84.49	8.73	39.88	7.32	2.20	5.92	1.00	5.28	1.09	3.08	0.50	3.01	0.45	201.36	8.90	1.11	1.02
BA10	28.55	70.84	7.00	32.25	6.25	1.88	5.74	0.98	5.40	1.14	3.23	0.55	3.31	0.49	167.61	7.04	1.21	0.96
BA11	45.44	101.40	10.38	44.67	8.30	2.06	6.99	1.19	6.13	1.31	3.59	0.57	3.39	0.52	235.94	8.96	1.12	0.83
BA12	34.90	76.55	8.42	37.28	7.12	1.88	6.18	1.08	5.70	1.23	3.45	0.50	2.78	0.52	187.59	7.75	1.07	0.87
BA13	29.45	69.29	6.94	33.24	6.16	1.78	5.44	0.97	5.39	1.17	3.14	0.53	3.24	0.49	167.23	7.21	1.17	0.94
BA14	46.00	102.83	13.15	57.71	11.16	2.96	9.52	1.41	8.36	1.68	4.78	0.68	4.42	0.61	265.27	7.43	1.01	0.88
玄武安山岩均	34.96	82.41	8.65	38.05	7.15	1.97	6.24	1.06	5.73	1.21	3.38	0.55	3.27	0.50	195.12	7.85	1.15	0.91
AA15	29.75	78.16	8.47	36.23	7.66	1.61	6.82	1.23	6.81	1.43	3.85	0.66	4.15	0.62	187.45	6.33	1.19	0.68
AA16	63.05	141.54	13.75	58.58	10.27	2.39	8.83	1.57	7.78	1.61	4.49	0.74	4.51	0.65	319.76	9.60	1.16	0.77
AA17	52.81	128.46	12.64	55.39	10.97	2.78	9.54	1.65	8.20	1.67	4.70	0.74	4.41	0.65	294.61	8.33	1.20	0.83
AA18	39.26	91.69	8.79	38.83	6.84	1.83	5.78	1.01	5.38	1.13	3.14	0.50	2.99	0.45	207.62	9.19	1.19	0.89
AA19	35.31	81.02	8.25	36.16	7.08	1.60	6.12	1.11	5.84	1.28	3.57	0.59	3.68	0.54	192.15	7.45	1.14	0.74

续表

样号	La	Ce	Pr	Nd	Sm	Eu	Gd	Tb	Dy	Ho	Er	Tm	Yb	Lu	REE	LREE/HREE	δCe	δEu
AA20	37.31	85.57	8.76	39.14	7.30	1.98	6.52	1.14	6.44	1.31	3.82	0.61	3.69	0.57	204.16	7.47	1.14	0.88
AA21	52.94	133.46	13.52	59.11	11.15	2.88	9.02	1.51	7.05	1.46	3.94	0.62	3.50	0.53	300.69	9.88	1.20	0.88
AA22	68.46	165.78	16.42	74.35	12.53	2.87	8.25	1.24	7.83	1.57	4.19	0.64	3.83	0.56	368.52	12.11	1.19	0.86
AA23	46.52	97.52	9.98	42.32	7.70	2.86	6.35	1.09	5.49	1.17	3.20	0.52	3.02	0.45	228.19	9.72	1.09	
安山岩均	47.27	111.47	11.18	48.90	9.06	2.31	7.47	1.28	6.76	1.40	3.88	0.62	3.75	0.56	255.91	8.90	1.17	0.82
英安岩	76.12	152.60	16.82	70.68	12.08	2.68	9.24	1.53	7.37	1.52	4.00	0.68	3.97	0.59	359.88	11.45	1.03	0.78
RW25	71.93	156.93	15.50	66.47	12.04	2.70	10.86	1.92	9.20	1.82	5.21	0.86	4.88	0.75	361.07	9.17	1.13	0.72
RW26	81.69	156.22	16.19	66.26	11.81	2.23	9.67	1.67	9.06	1.84	5.23	0.85	5.33	0.80	368.85	9.71	1.03	0.64
RW27	57.89	114.28	13.38	56.93	10.05	2.14	8.46	1.61	9.15	1.83	5.20	0.85	5.34	0.80	287.91	7.66	0.99	0.71
RW28	81.79	170.25	18.05	75.88	13.61	3.03	11.02	1.74	9.00	1.79	4.76	0.85	5.12	0.79	397.68	10.34	1.07	0.76
RW29	95.13	187.77	22.50	77.46	13.15	2.17	11.33	1.93	10.78	2.15	6.31	1.02	6.44	0.98	439.12	9.73	0.98	0.54
流纹岩均	77.69	157.09	17.12	68.60	12.13	2.45	10.27	1.77	9.44	1.89	5.34	0.89	5.42	0.82	370.93	9.32	1.04	0.67

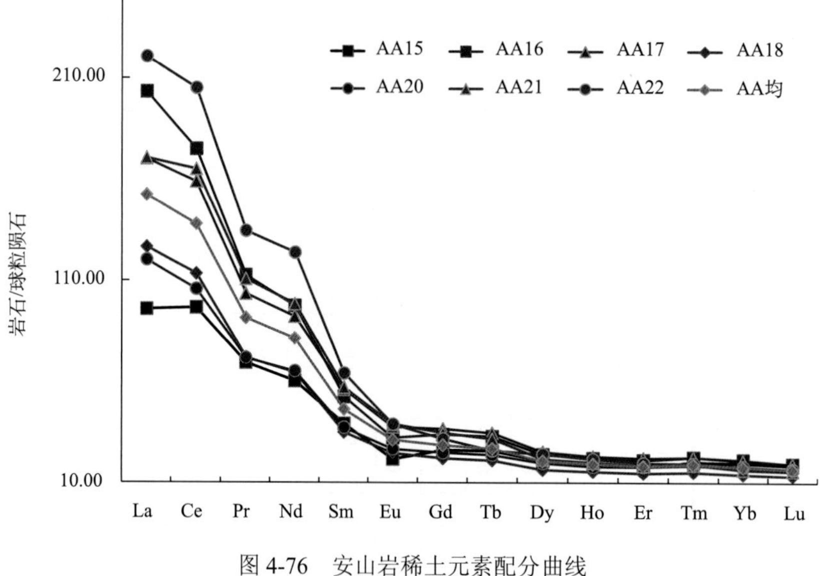

图 4-76　安山岩稀土元素配分曲线

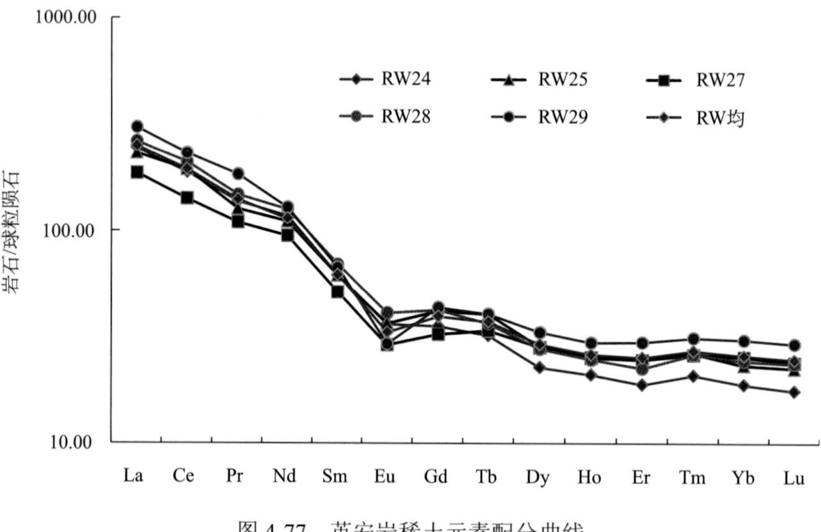

图 4-77　英安岩稀土元素配分曲线

第五章　中国孔兹岩系及石墨矿床

石墨矿床含矿岩系有三种原岩建造，即形成深变质岩型石墨矿床的孔兹岩系、形成浅变质岩型石墨矿床的黑色岩系和形成热变质型石墨矿床的煤层建造。

中国孔兹岩系主要集中在华北古陆、扬子古陆和塔里木古陆周边早前寒武纪变质岩出露区，分布比较广泛，尤其是在华北古陆分布比较集中。华北古陆的周边及邻区的孔兹岩系主要在麻山群、集安群、辽河群、集宁群、界河口群、太华群、千里山群、乌拉山群、贺兰山群、海源群、毛集群、荆山群、崆岭群等地层中分布，其中古陆北缘阴山—贺兰山构造带孔兹岩系(上集宁群、乌拉山群、千里山群、贺兰山群)分布较广，并且较为典型。

深变质型鳞片状石墨矿床的分布与孔兹岩系的分布范围基本一致；浅变质型微晶状石墨矿床主要是由晚前寒武纪及早古生代黑色岩系变质形成，因此在黑色岩系分布范围内的一些构造带中分布；煤变质隐晶质石墨矿床主要是由晚古生代和中生代煤层受中酸性岩浆侵入形成接触热变质石墨，其分布于煤盆地岩浆侵入的构造活动带。

佳木斯地块、鲁北、大青山及东秦岭是我国晶质鳞片状石墨的主要产地，有黑龙江省鸡西市柳毛石墨矿、山东省莱西市南墅石墨矿、平度县刘戈庄石墨矿、内蒙古兴和县黄土窑石墨矿及河南省镇平县小岔沟石墨矿等具有一定代表性；细晶及微晶石墨以内蒙古乌拉特中旗大乌淀石墨矿、辽中北镇县杜屯石墨矿及四川巴中中元古界石墨矿床为代表；而隐晶石墨矿床，则主要有湖南鲁塘和吉林磐石等著名矿床。这些占全国矿床总数 20%的大、中型矿床，集中了全国 95%以上资源储量，这是我国石墨资源相对集中的表现。

第一节　中国孔兹岩系

中国各古陆块都有孔兹岩系分布，在华北古陆及邻区分布比较广泛，代表了大陆地壳从活动环境向稳定环境过渡演化的一类特殊沉积变质岩石组合。作为孔兹岩系变质原岩主体的泥砂质细碎屑岩，为更早期陆壳物质再循环的产物。

一、孔兹岩系分布

1. 大地构造单元

自古—中元古代以来，随着全球构造的演化，中国大陆形成扬子、华夏、塔里木和华北古陆为核心的四块古陆，及古陆边缘地带成群分布的陆块，规模较小，有准噶尔—伊犁、佳木斯—松嫩、柴达木—祁连等微陆块。这些古陆及微陆块于印支期先后拼贴，成为巨大的欧亚板块的组成部分(图 5-1)。

构成中国古陆的核心是华北古陆、扬子古陆、华夏古陆和塔里木古陆 4 个古陆块，初始规模均较小，活动性较大，其生长、发育与固结时期先后不同。最早的陆壳出现于中国北部，逐渐向南增生，古陆壳的形成演化影响了中国大陆的构造活动和成矿作用。

(1) 华北陆块：华北陆块的陆核部分孕育于始太古代—古太古代时期，形成于中太古代阜平运动。自始太古代起，该区陆壳不断增生，历经约 2000±*n*Ma 的发展演化至古元古代末吕梁运动时基本固结，形成中国最古老的陆块，中—新元古代形成过渡型盖层。

(2) 塔里木陆块：大部分为较新地层覆盖，基底深 8~15km。在阿尔金北坡米兰岩群获单颗粒锆石

U-Pb 同位素年龄值 3660Ma，说明存在古—中太古代陆核。该陆块至中元古代，除阿尔金、西昆仑等边缘地带地层具活动陆缘沉积特点外，大部分与华北长城系、蓟县系相似，属浅水稳定型沉积，形成过渡型盖层。

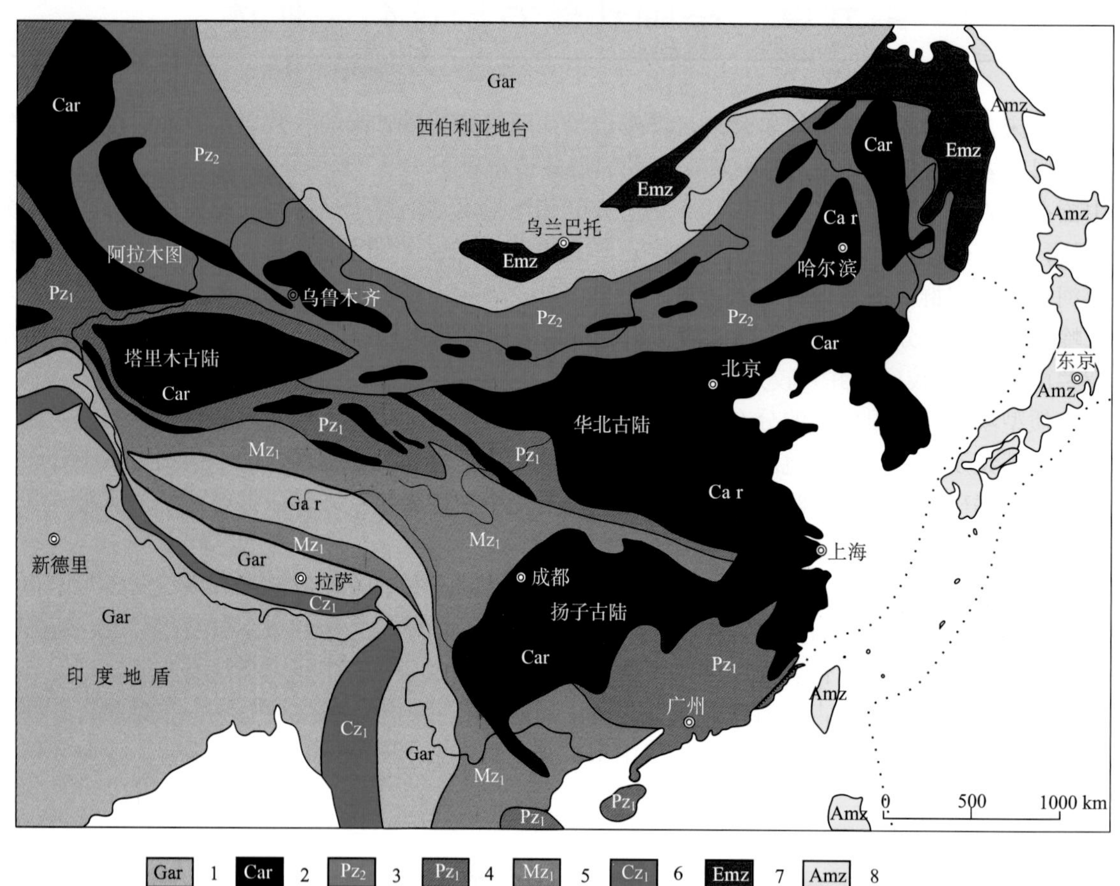

图 5-1　中国及亚洲大地构造分区简图(据任纪舜，1999 修改)

1. 地台；2. 古中华陆块群；3. 天山—兴安海西造山系；4. 昆仑—祁连—秦岭加里东—海西造山系及华南加里东造山系；5. 北特提斯印支—燕山造山系；6. 南特提斯喜马拉雅造山系；7. 萨彦—额尔古纳(兴凯)造山系；8. 亚洲东缘燕山造山系

(3)扬子陆块：一般推测其陆核在四川盆地之下，是一个长期的稳定核心，扬子陆块结晶基底主要由新太古界—古元古界中深变质岩系组成，但也有中太古代岩石的信息，在上扬子很可能具有中太古代的陆核。扬子早前寒武纪克拉通形成之后，活动性较大，中元古代裂谷活动很强，形成了广厚的中—新元古代褶皱基底。块体于青白口纪晚世四堡运动时基本成陆，青白口纪中晚世，陆块周边裂陷，绝大部分于晋宁运动时最终固结，南华系为第一盖层。覆盖广厚的中下扬子地区，在其南缘的庐山古元古界出露较全，北部出露张八岭群，中部安庆有董岭群等，可知其具古元古代结晶基底，中元古代褶皱基底和青白口纪细碧角斑岩系，庐山青白口系筲箕洼组细碧角斑岩系锆石 U-Pb 同位素年龄为 917±36Ma、878±51Ma(谢国刚等，1997)。扬子板块西南缘的羌北—昌都、羌南微陆块，拥有中—新元古界变质基底。但近期在羌南微陆块基底变质岩系中有中二叠世䗴科等化石发现，并获有 384Ma、346Ma、311Ma 的同位素年龄(李才，2003)，是否属混杂岩型基底有待进一步查明。

(4)华夏陆块：华夏陆块自青白口纪晚世以来屡遭裂解，残留的地块散见于琼南、西沙等南海诸岛及东海海域，西沙群岛片麻岩及石英岩类的 Rb-Sr 等时线年龄为 1465Ma(程裕淇等，1994)，最近发现赣东北广丰微陆块虽为扬子型盖层，但其基底是华夏陆块的残留体(杨明桂等，2003)。在浙西、闽西北、闽西南、赣东、赣南、琼中等地加里东造山带的根部，均有华夏陆块的结晶基底发现，主要为一套古元古界低角闪岩相和中元古界高绿片岩相的变质岩系，出现有新太古代的信息。闽西北天井坪组斜长角闪岩的全岩 Sm-Nd 等时线年龄值 2682±148Ma、麻源群变粒岩(原岩为酸性火山岩)锆石 U-Pb 年龄值 2093Ma(龚世福等，1987)、马面山群下部东岩组角闪变粒岩角闪石 Ar-Ar 年龄 1129.4±169.4Ma。陆块固结于四堡运动，残留的琼南地块由下古生界构成盖层。

2. 区域变质岩系

中国区域变质岩系分布广泛，岩石类型复杂，主要岩类有麻粒岩、片麻岩、变粒岩、片岩、板岩、千枚岩、大理岩、变质镁铁岩及区域混合岩等，分属有 TTG 岩系、绿岩岩系、孔兹岩系等不同岩系，但是往往在一个地区混合分布，不能截然分开。

不同变质岩系岩类属不同的原岩建造遭受不同期次区域变质作用形成的，变质作用的主要类型大致可分为中高温区域变质作用、动力热流区域变质作用、低温动力区域变质作用和埋深变质作用等。不同成分的原岩经受不同类型的变质作用、在一定温度、压力范围内，形成各具特色的矿物和常见的矿物组合，并由此分别构成不同变质程度的麻粒岩相、角闪岩相(高角闪岩相、低角闪岩相)、绿片岩相(高绿片岩、低绿片岩相)、蓝闪石片岩相(蓝闪绿片岩相、蓝闪石-硬柱石片岩相)及次绿片岩相(浊沸石相和葡萄石-绿纤石相)。

中国的区域变质岩系，按构造期分为 12 期，按空间分布分为 10 个变质区带，以区—带—段级别划分，区指古陆，进一步描述为东部或西部，或者分为南侧、北侧；带指古陆边缘造山带或变质岩带，进一步描述为东段或者西段(表 5-1)。

表 5-1 中国变质岩期次表

构造运动	地质年龄/Ma	变质岩分布地区	变质相
喜马拉雅期	66±2~2.48	喜马拉雅—滇西三江变质带	构造热变质岩
燕山期	205~66	中国东部地区及藏北变质岩带	构造热变质岩
印支期	250~205	巴颜喀拉—唐古拉变质带，其次见于华南及海南部分地区	构造热变质岩
海西期	405±5~205	天山—兴安变质带、昆仑—秦岭变质带和巴颜喀拉—唐古拉变质带，部分见于华南变质区	构造热变质岩
加里东期	600~405	天山—兴安变质带的阿尔泰、额尔古纳、苏尼特—锡林浩特—四平—延边等地段	构造热变质岩
震旦期	850~600	黑龙江称为张广才岭期，河南称为少林期，安徽称为霍丘期，湖北称为惠亭期，宁夏称为兴凯期；分布于天山—兴安变质带东段，其次见于塔里木—阿拉善变质区东部、昆仑—秦岭变质带东段及华南变质区	绿纤石相弱变质岩
晋宁期	1000~850	新疆称为塔里木期；分布于扬子区中部和塔里木—阿拉善区南、北两侧，其次零星见于天山—兴安地带、昆仑—秦岭变质带、华南变质区及高喜马拉雅—滇西变质带	次绿片岩相板岩弱变质岩
四堡期	1800~1000	湖南称为武陵期，在贵州称为梵净山期，在黑龙江成为黑龙江期，安徽称为皖南期；分布于扬子区周边及昆仑—秦岭变质岩带东段，其次见于天山—兴安变质岩带及塔里木—阿拉善区的部分地段	低绿片岩相—次绿片岩相千枚岩浅变质岩
吕梁期	2500~1800	山西中条期，黑龙江称为兴东期，安徽称为凤阳期；分布于华北、塔里木—阿拉善地区的昆仑—秦岭地带，其次见于天山—兴安变质带	低绿片岩相到高角闪岩相的递增变质带
五台期	2600~2500	黑龙江称为麻山期；分布于华北区中北部，天山—兴安带鸡西变质岩段	高绿片岩相到高角闪岩相的递增变质带，局部有麻粒岩相
阜平期	2900~2600	又称铁堡期；分布于华北区各地，其次见于昆仑—秦岭带的桐柏山段	角闪岩相为主，局部为麻粒岩相，属中高温区域变质作用类型
迁西期	>2900	河北称为迁西运动在内蒙古称为兴和运动；分布于华北变质区别的集宁、冀东、辽东和吉南等地带，呈近东西向的带状分布	麻粒岩相和部分高角闪岩相为特征，属区域中高温变质作用类型

3. 孔兹岩系形成时代

由于孔兹岩系经受了强烈变质变形，以往多认为它们是太古宙的产物，但是近年来的研究，国外许多典型地区(如印度南部、俄罗斯地盾、芬兰、斯里兰卡等地)的孔兹岩系很可能形成于太古宙以后，而孔兹岩系形成于太古宙之后的认识在国内也得到越来越多的重视。华北古陆早前寒武纪孔兹岩系形成时代主要有新太古代和古元古代两种不同的认识。

根据后期侵入的中酸性岩体(脉)的年龄测定可以给出孔兹岩系形成时代的上限，一些变泥沙质岩石中变质碎屑锆石的 1.8~2.1Ga 的年龄数据，也只是孔兹岩系形成时代的上限，并不真正代表孔兹岩系的形成时代。

变泥沙质岩石 Sm-Nd 同位素研究是确定孔兹岩系形成时限的另一重要方法，孔兹岩系变泥沙质岩石以富铝质孔兹岩和富钾质变粒岩-片麻岩为主。它们来自大范围物源区，是经历过搬运沉积等壳内再循环作用的产物，可反映基底物质包括 Nd 同位素在内的组成特征。根据 Sm-Nd 同位素亏损地幔模式年龄(t_{DM})的含义，模式年龄应大致代表泥沙质岩石源区母岩主体的形成时代，可以给出孔兹岩系形成时代的下限。

根据华北古陆及邻区一些新鲜无蚀变孔兹岩系变泥沙质岩石的 Sm-Nd 同位素组成及计算参数，可排除后期作用的影响(表 5-2)，除乌拉山群和崆岭杂岩外，其他孔兹岩系变泥沙质岩石的 t_{DM} 大都小于 2.7Ga，其中，上集宁群所分析的 3 个样品中，有 2 个样品 t_{DM} 小于 2.7Ga，一个样品 t_{DM} 为 2.83Ga；贺兰山群和辽河群情况类似；界河口群 7 个样品分析，t_{DM} 几乎都小于 2.7Ga。吕梁地区孔兹岩系被吕梁群(Sm-Nd 全岩年龄，2.469Ga)，和古元古代黑茶山群不整合覆盖，并被五台—吕梁绿岩带构造截切和叠加，表明孔兹岩系应划归新太古代。

乌拉山群和崆岭杂岩变泥沙质岩石 t_{DM} 大都大于 2.7Ga，小于 3.2Ga，这也并不能说明它们就一定形成于太古宙，但可肯定它们形成于中太古代之后。荆山群孔兹岩系变泥砂质岩石锆石 SHRIMP U-Pb 年龄为 1.88Ga(Wan et al.，2006)，碎屑锆石年龄变化很大，可大致划分为四组(2.9~2.8Ga、~2.6Ga、2.5~2.4Ga、2.3~2.2Ga)。根据碎屑锆石和变质锆石 SHRIMP U-Pb 定年，荆山群孔兹岩系形成时代为古元古代晚期(2.2~1.9Ga)。崆岭杂岩已分辨出下部基底片麻岩和上部孔兹岩系的双层地壳结构，下部基底片麻岩可能形成于中太古代，上部孔兹岩系可能形成于古元古代。崆岭群孔兹岩系的锆石 U-Pb 一致线年龄为 2332Ma，Rb-Sr 全岩等时线和 K-Ar 稀释法年龄值分别为 2010Ma 和 1891Ma，其时代属古元古代；内蒙古集宁群孔兹岩系，锆石 U-Pb 法和全岩 Rb-Sr 等时线法获得最大年龄值为 2467Ma，时代属新太古代，其经历了新太古代和古元古代两期变质作用(沈其韩等，1987；梅保丰，1988)。麻山群二辉麻粒岩中的紫苏辉石 $^{40}Ar/^{39}Ar$ 法变质年龄近 2.5Ga(黑龙江省第一区调队，1988)，因此麻山群麻粒岩相变质作用发生在新太古代末—古元古代初期，其成岩时代显然属于新太古代。

太古宙末期表壳岩系形成及变质变形、TTG 花岗质岩石及钾质花岗岩形成都是同一构造岩浆旋回不同阶段的产物。该构造旋回在许多地区都有跨越太古宙—元古宙时间界线的现象存在，其中钾质花岗岩形成最晚，年龄为 2.35~2.55Ga。而迄今为止，还未见到太古宙 TTG 和钾质花岗岩侵入孔兹岩系的现象。孔兹岩系的物质组成反映其物源区具有相当高的成熟度，并具有巨大的出露范围。而只有到了太古宙末期，华北古陆才有富钾富铝的花岗质岩石大范围分布，它们为孔兹岩系泥沙质岩石源区组成的主要物质，孔兹岩系只能形成于太古宙之后。

根据地质、Nd 同位素组成和锆石 U-Pb 年龄测定，目前可以确定贺兰山群、上集宁群、河口群、辽河群等孔兹岩系形成于古元古代。华北古陆及邻区绝大部分孔兹岩系都为古元古代(1.9~2.1Ga)甚至更晚地质时代的产物。

表 5-2　华北古陆及邻区孔兹岩系变泥沙质岩石 Sm-Nd 同位素组成

序号	样品号	Sm	Nd	$^{147}Sm/^{144}Nd$	$^{143}Nd/^{144}Nd$	2σ	$f_{Sm/Nd}$	t_{CHUR}/Ga	t_{Dm}/Ga	$\Sigma_{Nd}(2.7)$	$\Sigma_{Nd}(2.3)$	$\Sigma_{Nd}(0)$
1	HL1	6.52	40.52	0.0973	0.511267	7	−0.505	2.10	2.45	8.04	2.71	−26.74
2	HL2	7.58	40.73	0.1126	0.511497	8	−0.428	2.06	2.48	7.20	2.68	−22.26
3	HL3	6.40	37.08	0.1044	0.511060	10	−0.469	2.59	2.90	1.34	−3.59	−30.78
4	HY4	6.75	36.08	0.1132	0.511602	6	−0.425	1.89	2.34	9.10	4.60	−20.21
5	HY5	5.54	29.23	0.1147	0.511650	5	−0.417	1.83	2.30	9.53	5.11	−19.27
6	WLS6	8.67	39.32	0.1327	0.511504	8	−0.325	2.69	3.08	0.12	−3.29	−22.12
7	WLS7	7.43	38.21	0.1171	0.511276	10	−0.405	2.59	2.94	1.13	−3.12	−26.57
8	WLS8	5.84	24.45	0.1438	0.511651	12	−0.269	2.83	3.24	−0.90	−3.71	−19.25
9	WLS9	6.21	33.01	0.1132	0.511222	8	−0.425	2.57	2.91	1.44	−3.02	−27.62
10	UJN10	10.00	54.83	0.1104	0.511455	8	−0.439	2.08	2.49	7.14	2.51	−23.08
11	UJN11	8.06	43.67	0.1109	0.511375	8	−0.436	2.23	2.62	3.04	0.75	−24.64
12	UJN12	5.70	27.54	0.1251	0.511495	7	−0.364	2.42	2.83	2.67	−1.16	−22.30
13	JHK13	6.26	34.38	0.1100	0.511352	5	−0.441	2.25	2.63	5.21	0.56	−25.09
14	JHK14	5.18	28.93	0.1082	0.511380	7	−0.450	2.16	2.54	6.42	1.67	−24.54
15	JHK15	6.28	34.89	0.1088	0.511422	7	−0.447	2.10	2.50	7.05	2.33	−23.72
16	JHK16	9.47	54.57	0.1049	0.511288	6	−0.467	2.23	2.59	5.75	0.83	−26.33
17	JHK17	9.68	57.71	0.1015	0.511163	6	−0.484	2.35	2.68	4.45	−0.65	−28.77
18	JHK18	8.73	47.16	0.1119	0.511399	11	−0.431	2.22	2.61	5.47	0.93	−24.17
19	JHK19	4.71	26.21	0.1087	0.511228	8	−0.447	2.43	2.77	3.18	−1.53	−27.50
20	LH20	8.36	43.74	0.1156	0.511488	6	−0.412	2.15	2.57	5.94	1.59	−22.43
21	LH21	2.78	14.43	0.1164	0.511298	9	−0.408	2.53	2.88	1.82	−2.47	−26.14
22	KL22	8.13	44.74	0.1144	0.511288	8	−0.418	2.49	2.84	2.33	−2.06	−26.33
23	KL23	6.35	35.24	0.1134	0.511252	9	−0.423	2.52	2.87	1.96	−2.49	−27.04
24	KL24	7.29	42.29	0.1086	0.511287	9	−0.448	2.33	2.69	4.40	−0.32	−26.35
25	KL25	7.64	44.01	0.1094	0.511223	8	−0.444	2.46	2.80	2.83	−1.84	−27.60
26	KL26	5.41	26.73	0.1275	0.511351	19	−0.352	2.82	3.16	−1.09	−4.77	−25.11
27	KL27	3.18	17.78	0.1127	0.511228	7	−0.427	2.54	2.88	1.75	−2.74	−27.50

注：①1~3 为贺兰山群，4~5 为海源群，6~9 为乌拉山群，10~12 为上集宁群，13~19 为界河口群，20~21 为辽河群，22~27 为崆岭杂岩。13~19、6~9 和 22~27 数据分别引自万渝生等(2000)、聂凤军等(1998)和 Ling 等(1998)，其余为万渝生(2000)分析结果。②Sm、Nd 同位素数据分析流程见张宗清等(1987)，测定由中国地质科学院地质研究所完成。③Sm 和 Nd 含量单位为 μg/g，模式年龄和 Nd 值计算年龄单位为 Ga。④模式年龄计算：$t_{DM}=(1/\lambda)\ln\{(^{143}Nd/^{144}Nd-0.51315)/(^{147}Sm/^{144}Nd-0.2137)+1\}$。

我们系统分析了前人对佳木斯地块麻山群、辽吉裂谷辽河群、集安群、大青山构造带集宁群、东秦岭太华群、秦岭群、陡岭群及胶北粉子山群、荆山群孔兹岩系锆石成因和锆石 U-Pb 测年资料进行分析，并采集石墨矿石分选锆石进行 U-Pb 测年研究。孔兹岩系中锆石有三种成因类型，碎屑锆石年龄显示太古宙及古元古代早期年龄，变质重结晶锆石显示中—新元古代年龄，一些自生锆石显示新元古代或者古生代年龄。变质重结晶锆石 U-Pb 谐和曲线上交点年龄介于碎屑锆石和变质锆石之间的年龄为 2000Ma 前后。因此可以推断，华北古陆主要晶质石墨矿床含矿孔兹岩系沉积年龄是 2000Ma 前后，随后经受吕梁期构造变质作用。

二、华北孔兹岩系岩石学

华北孔兹岩系的分布与古元古代大地构造背景有关，主要分布在东西部陆块之间、鄂尔多斯地块北缘、胶辽吉裂谷带及太古宙古陆边缘构造区。由于产出的地质背景相近，其岩石学特征及岩石地球化学特征都具有可比性(莫如爵，1989)。孔兹岩系原岩组合可以与黑色岩系对比，主要是含有机质细碎屑岩夹碳酸盐岩和硅质岩组合。

1. 孔兹岩系岩石组合

华北古陆孔兹岩系岩石组合主要为成熟度高的变泥沙质岩石组合，夹有一定数量的大理岩和变玄武质岩石。孔兹岩系经受了强烈变质变形，变质程度通常高达角闪岩相-麻粒岩相，一些地区发生深熔作用，导致形成壳源层状花岗岩(万渝生等，2000)。

孔兹岩系变泥沙质岩石主要由富铝变质矿物(如夕线石、堇青石、蓝晶石、石榴石、云母等)和长英质矿物(如石英、长石等)组成，不同矿物含量比例可有很大的变化，由于变质温压条件不同，并非所有富铝变质矿物都同时存在。孔兹岩系是石墨的主要含矿岩系，是深变质型石墨矿床的含矿围岩，在一些地区形成工业价值的石墨矿床。

根据矿物组合、结构构造和地球化学组成，可把变泥沙质岩石划分为四种不同的类型。

(1) 富铝质孔兹岩：即富铝质岩石，原岩以黏土矿物为主的泥岩类沉积岩，变质后含有较多的夕线石、堇青石、蓝晶石等富铝变质矿物，通常也含有长石、石英等长英质矿物；

(2) 富钾质变粒岩-片麻岩：成熟度高，原岩分选好，为泥砂质沉积岩，变质矿物组合与富铝质孔兹岩类似，但富铝变质矿物的含量较低，SiO_2 含量高；

(3) 富硅质石英岩：主要由石英组成，也含有少量的富铝变质矿物，而长石类矿物有时含量可以很低；

(4) 富铁镁质变粒岩-片麻岩：原岩成熟度低，一般为活动构造环境沉积物，变质后主要由长石、石英和少量的黑云母组成，也可见角闪石，由于缺失或缺少富铝变质矿物，而与高成熟度富钾质变粒岩-片麻岩有较大区别。

富铝质孔兹岩和高成熟度富钾质变粒岩-片麻岩占有绝对比例，它们空间上紧密共生，相互过渡，以不同规模互层产出，共同构成孔兹岩系的主体，虽受后期变质变形强烈改造，这种互层性质在很大程度上仍反映了原有的沉积特征。石英岩和低成熟度富铁镁质变粒岩-片麻岩仅局部产出。

2. 孔兹岩系岩石化学

五台—吕梁绿岩带以北地区孔兹岩系见于界河口群、娄烦群、霍山群及太岳山群的部分岩组，主要岩类为夕线石榴二云母片岩、白云母片岩、石榴黑云变粒岩、含石墨变粒岩、夕线榴片麻岩、含榴长英岩、浅粒岩、石墨大理岩、钙硅酸盐等。单层孔兹岩层厚度多为几十米到数百米，孔兹岩系经历高角闪岩相—麻粒岩相变质，它们沿着一系列 NNE—NE 走向的低角度剪切带被 TTG 质灰色片麻岩逆掩，并被花岗质片麻岩侵入，后期还经历了与五台—吕梁绿岩带相关的多期构造变形的叠加。

李江海等(1999)采集 31 件含榴浅粒岩、夕线榴片麻岩及夕线石云母片岩进行了地球化学分析(表 5-3)，岩石化学组成 R 型聚类分析显示，SiO_2-Na_2O-K_2O-MnO-TFeO/Mg 构成一个群组，TiO_2-FeO-Al_2O_3-P_2O_5-Fe_2O_3-CaO 构成一个群组；MgO 和上两个群组负相关(图 5-2)。孔兹岩系变泥砂质岩石中 TFeO、Al_2O_3、TiO_2 等氧化物相互之间存在不同程度的正相关，而与 SiO_2 呈负相关。从富铝质孔兹岩、富铁镁质变粒岩—片麻岩、富钾质变粒岩—片麻岩，到石英岩，TFeO+MgO、TiO_2、Al_2O_3、K_2O 逐渐降低(表 5-3)。不同类型的变泥沙质岩石的常量元素组成存在较大差异，其中，富铝质孔兹岩相对低 SiO_2，高 Al_2O_3、TFeO、MgO、TiO_2，与富泥质矿物有关。

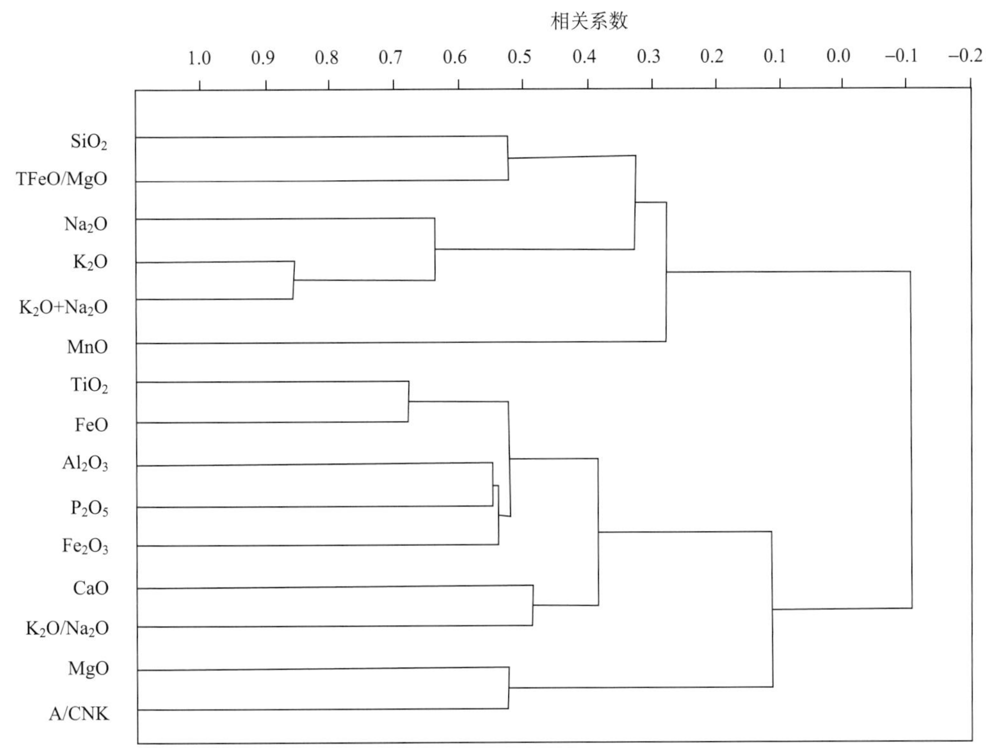

图 5-2　华北孔兹岩系岩石化学 R 型聚类谱系图

高 K_2O 低 Na_2O，$K_2O/Na_2O>1$，是孔兹岩系中几乎所有富铝质孔兹岩、富钾质变粒岩-片麻岩、石英岩的基本特征(表 5-4)。一些孔兹岩的 K_2O/Na_2O 值大于 3，而在同一地区，富钾质孔兹岩比富铝质变粒岩片麻岩的 K_2O/Na_2O 值通常更高。可以定义 K_2O/Na_2O＞A/CNK 为富钾孔兹岩系，K_2O/Na_2O＜A/CNK 为富铝孔兹岩(图 5-3)。铁镁质变粒岩-片麻岩一般高 CaO、Na_2O，低 K_2O，Na_2O/K_2O 值通常大于 1。华北古陆孔兹岩系基本都属于富钾型和富铝型，缺少铁镁型，K_2O/Na_2O-(TFeO+MgO)点图表示原岩属于构造稳定的被动陆缘沉积物(图 5-4)。

物源区的 TFeO、MgO 主要存在于铁镁质岩石或变质玄武质岩石中，变质玄武岩的 TFeO/MgO 可作为整个物源区的参考值。华北古陆太古宙变玄武质岩石的 TFeO/MgO 平均值为 1.6，而富铝质孔兹岩、富钾质泥沙质岩及石英岩的 TFeO/MgO 平均值变化范围为 2.9~3.0(表 5-3)。细粒沉积物相对于源区 TFeO/MgO 值要高出将近一倍(如考虑物源区存在科马提质等超基性岩石，其差异更大)，泥沙质岩石在搬运沉积等外生分异作用过程中 MgO 相对于 TFeO 肯定有所降低，并很可能与 MgO 进入碳酸盐岩有关。

与基底变质玄武岩、TTG 岩系及花岗岩比较有明显差异，表明孔兹岩系原沉积岩是基底碎屑强烈分异的结果，是成熟地壳风化、搬运、沉积分异的结果。

孔兹岩系的微量元素组成特征以大离子不相容元素 Rb、Sr、Ba、Zr 含量高，幔源过渡元素 Cr、

Ni、Co、V 含量低为特征，Rb/Sr 值明显大于 Sr/Ba 值，反映的陆源沉积来源特征，与基底变质岩也有明显差异(表 5-4)。

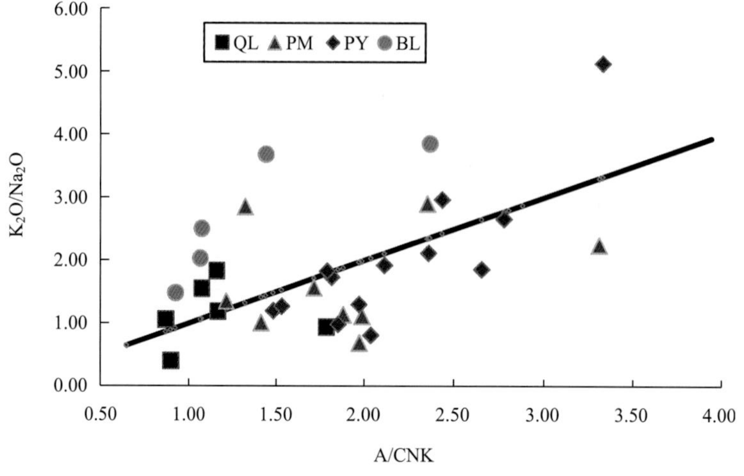

图 5-3　华北孔兹岩系 K_2O/Na_2O-A/CNK 相关图

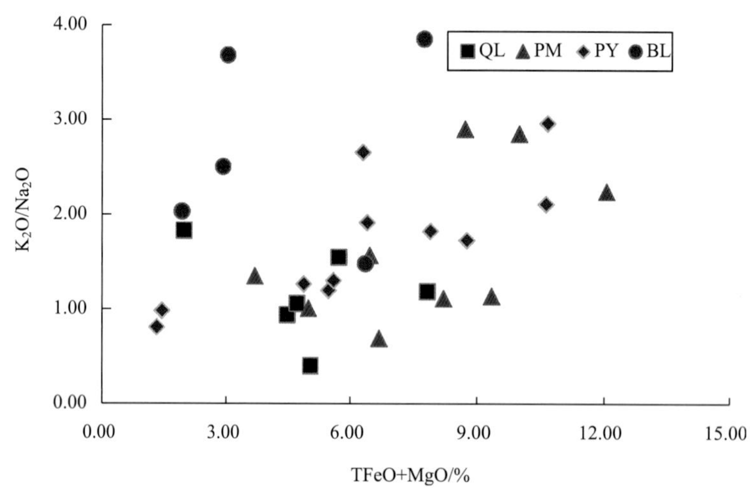

图 5-4　华北孔兹岩系 K_2O/Na_2O-(TFeO+MgO)散点图

岩石元素 R 型聚类谱系图中，Rb-Cr-Ni-Co-V-Sr-Ba 与 Al_2O_3-K_2O 构成一个群组，REE-Zr-La-Th-U-Y-Nb 与 Fe_2O_3 构成一个群组(图 5-5)。这种群组分布与正变质岩或者岩浆岩明显不同，岩浆岩中碱性组分与幔源过渡元素一般是负相关，不可能构成一个群组。孔兹岩系这种元素分配特征反映的是海相沉积特征，碎屑物质来自陆源风化分选物质，而海水也提供了海底玄武岩淋滤下的幔源物质。

从富铝质孔兹岩、富铁镁质变粒岩—片麻岩、富钾质变粒岩—片麻岩，到石英岩稀土元素总量逐渐降低，LREE/HREE 都小于 10，δCe 在 1.00 左右，δEu 都小于 0.60。稀土元素总量、LREE/HREE 都大于基底变质玄武岩，δEu 小于基底变质玄武岩(表 5-5)。

这种特征表明稀土元素倾向富集于细粒沉积物，与副矿物沉积和黏土矿物对稀土元素的吸附有关。岩石稀土元素总量与 SiO_2 无明显相关性，但与 Fe_2O_3、Zr 呈一定的正相关，锆石主要富集重稀土元素，所以陆源碎屑为主的岩石重稀土元素含量高于海源内碎屑高的岩石。

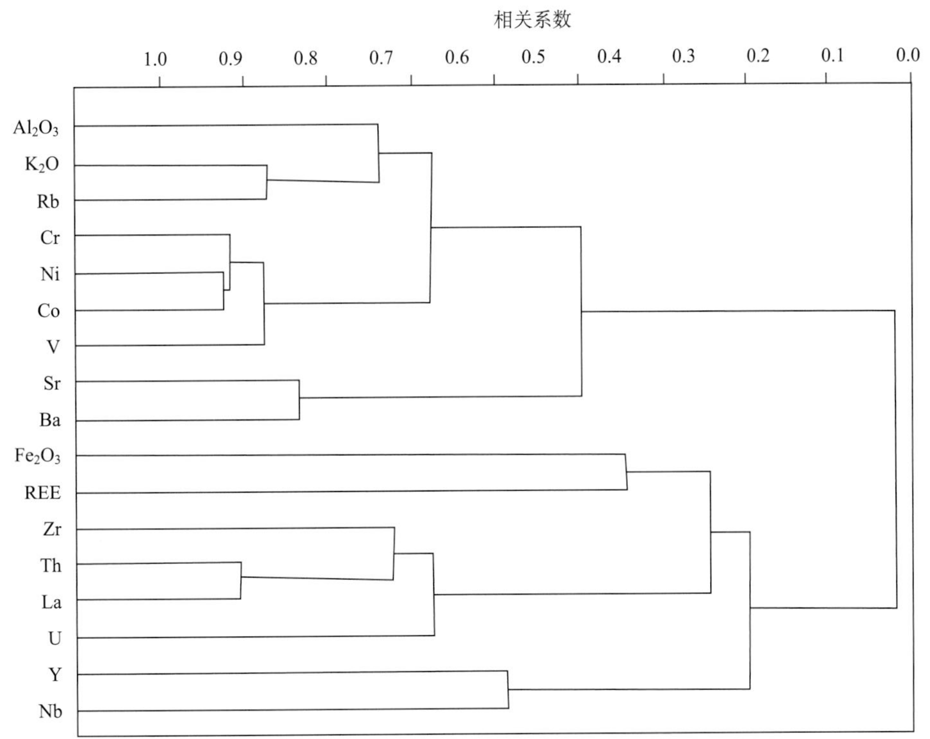

图 5-5　华北孔兹岩系微量元素 R 型聚类谱系图

球粒陨石标准化稀土元素配分曲线图上，从上到下依次是富铝质泥岩、富钾质泥砂岩、石英岩和基底变质玄武岩，表示轻重稀土元素分异依次变弱。孔兹岩系均显示明显的负铕异常，而基底变质玄武岩基本没有铕异常(图 5-6)。

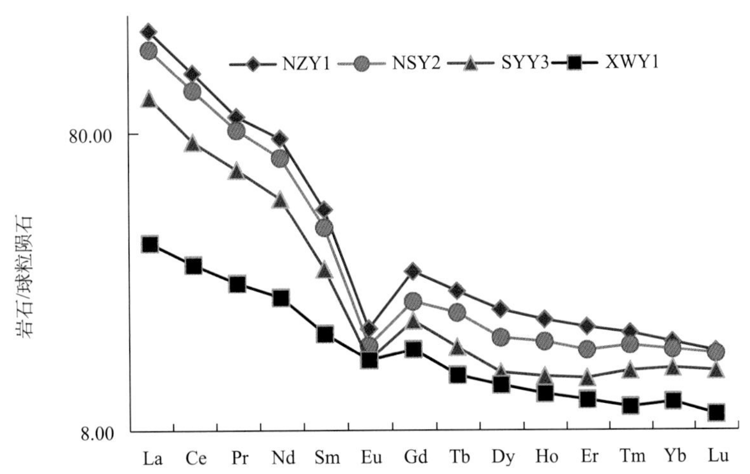

图 5-6　华北古陆孔兹岩系及基底变质玄武岩稀土元素配分曲线图

华北古陆五台—吕梁绿带岩以北地区孔兹岩系孔兹岩系划分为浅粒岩、片麻岩、片岩类。片岩类稀土元素总量最高，轻重稀土元素比值最大，浅粒岩类稀土元素总量最低，轻重稀土元素比值最小(表 5-5)。LREE/HREE-REE 呈现略显正相关(图 5-7)，δEu-LREE/HREE 呈负相关(图 5-8)，这种特征与岩浆岩稀土元素分异特征类似，而与陆相沉积岩不同，反映的海相沉积特征。

浅粒岩的稀土元素配分曲线图显示向右倾斜，并主要显示负铕异常，但有两条曲线显示正铕异常，无铈异常，这是原岩为浅海相沉积特征，有热水沉积参与。一条斜率小的曲线负铕异常明显，重稀土元素段散开，这是陆源碎屑来源的特征(图 5-9)。

与浅粒岩的稀土元素配分曲线类似，片麻岩和变粒岩的稀土元素配分曲线也显示向右倾斜，均具有负铕异常，重稀土元素段明显散开，显示陆源碎屑来源特征(图 5-10、图 5-11)。

同样片岩的稀土元素配分曲线也是向右倾斜，具有负铕异常，曲线相交叉，一般斜率小的曲线负铕异常弱，斜率大的曲线负铕异常明显。但是几条大斜率曲线又表现为斜率更大的曲线负铕异常不如斜率稍小的曲线负铕异常明显(图 5-12)。在算数坐标图上显示明显的轻稀土元素散开形态(图 5-13)，这种稀土元素配分曲线是海陆混合物质来源特征。

这种稀土元素地球化学特征反映，浅粒岩和片麻岩原岩物质以陆源物质为主，而片岩原岩物质具有海陆混合的特征。

上述孔兹岩系的岩石地球化学特征，可以反映富铝质孔兹岩和富钾质变粒岩-片麻岩的变质原岩为泥质和泥沙质岩石，其矿物及岩石化学组成特征可以反映陆缘浅海相沉积环境产物，原始缺氧环境黑色页岩沉积物，后期变质过程中发生 V 流失，导致 V/Cr 值降低。

孔兹岩系的矿物及岩石地球化学组成是，陆壳不同源区物质在搬运沉积过程中相混合和分异的结果，由于沉积环境的构造活动性决定了在孔兹岩系原岩的物质分选成熟度，成熟度高的岩石富硅铝钾组分，而成熟度低的岩石富铁镁变价元素组分。

孔兹岩系的形成是地壳成熟度逐渐升高的不可逆演化的结果，只有到了地壳形成后期阶段才大量出现，区域上存在成熟度高的稳定陆壳基底是十分重要的。

华北古陆一些地区在更早时期就有成熟度很高的泥沙质岩石存在(如鞍山)，与它们具有更早的演化历史相吻合。地球化学元素组成上，孔兹岩系与许多年轻的富铝质泥沙质岩石(页岩)相似，其差异主要在于变质变形程度的不同，这是地球从热变冷演化历史的反映。

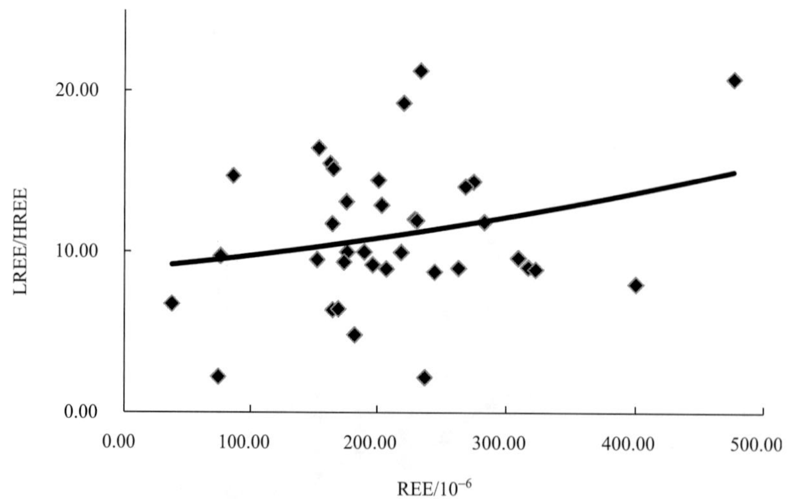

图 5-7　吕梁北部地区孔兹岩系 LREE/HREE-REE 相关曲线图

3. 变火山岩岩石化学

与孔兹岩系相比，孔兹岩系中变火山岩夹层岩石化学特种明显不同。采自建平杂岩的基性麻粒岩和斜长角闪岩是一套变基性岩组合(表 5-6)，空间上与 TTG 岩系呈侵位接触关系，经历了不同程度的麻粒岩相和角闪岩相变质作用。斜长角闪岩和基性麻粒岩的锆石 U-Pb 同位素年龄新太古代。变基性岩原岩为基性火山岩，多属于拉斑玄武岩系列，成岩年龄为 2539±35Ma，最老锆石 2647.7±42Ma(蔡春红等，2015)。

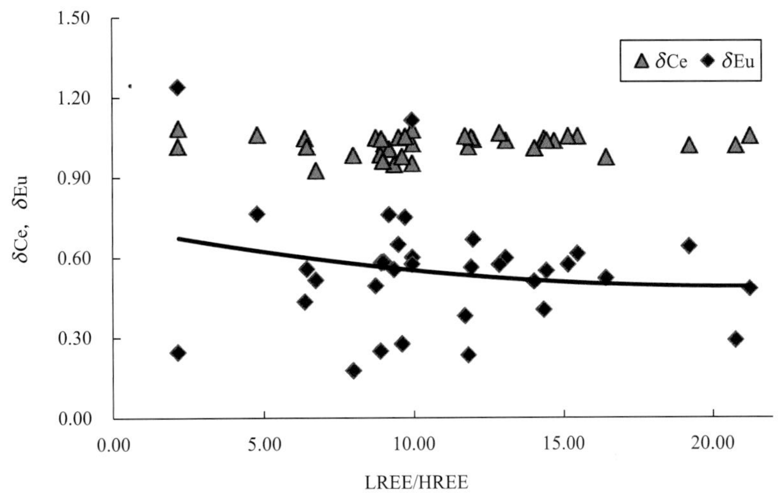

图 5-8　吕梁北部地区孔兹岩系(δCe，δEu)-LREE/HREE 相关散点图

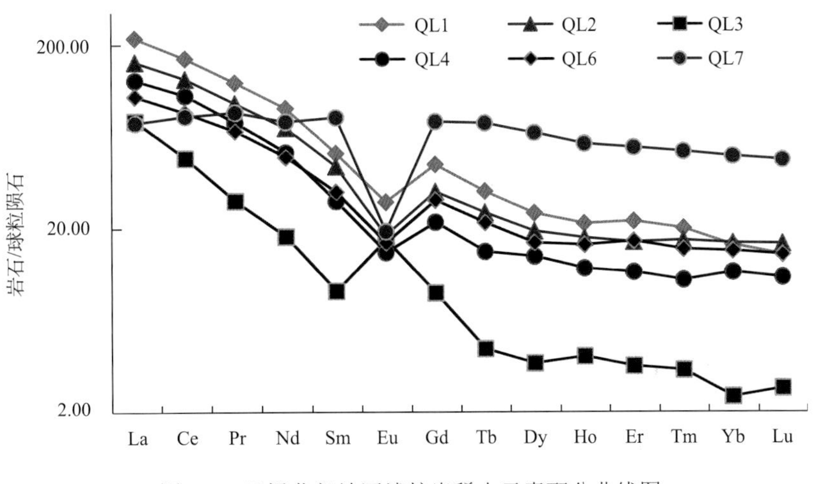

图 5-9　吕梁北部地区浅粒岩稀土元素配分曲线图

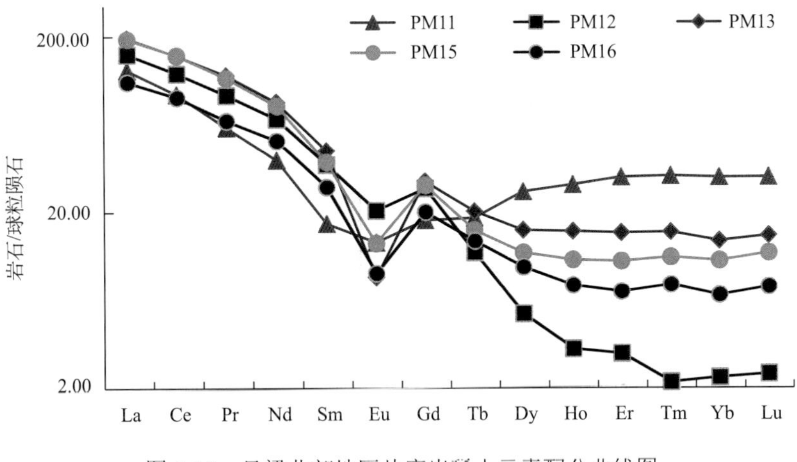

图 5-10　吕梁北部地区片麻岩稀土元素配分曲线图

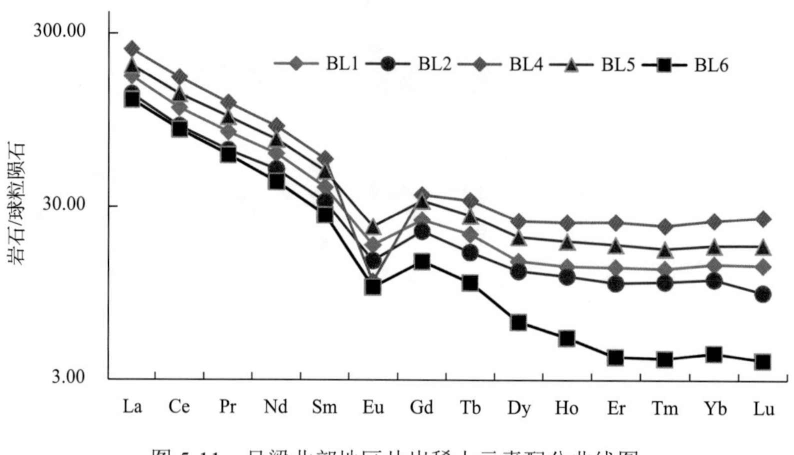

图 5-11　吕梁北部地区片岩稀土元素配分曲线图

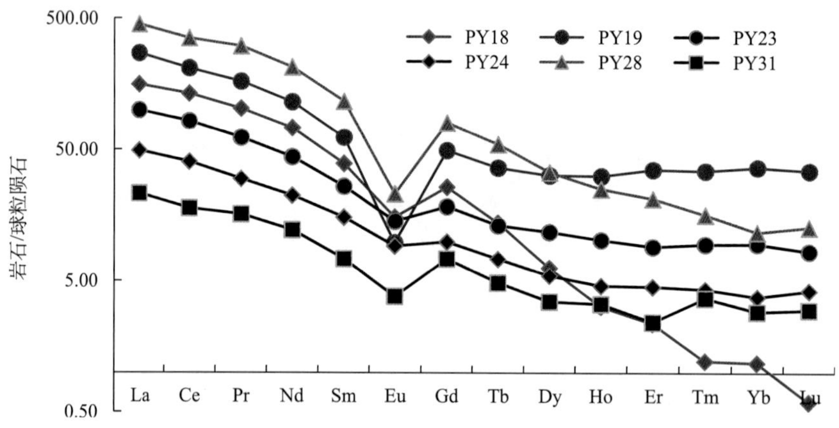

图 5-12　吕梁北部地区片岩稀土元素配分曲线图

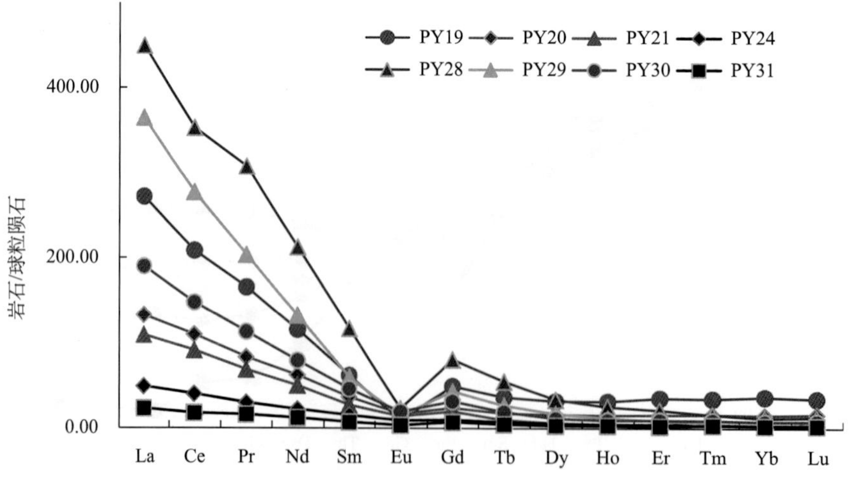

图 5-13　吕梁北部地区片岩稀土元素配分曲线图，算数坐标

表 5-3　华北古陆及吕梁北部地区孔兹岩系岩石化学组成表　(单位：%)

岩石	样号	SiO_2	TiO_2	Al_2O_3	Fe_2O_3	FeO	MnO	MgO	CaO	Na_2O	K_2O	P_2O_5	Los	合计	Na_2O+K_2O	K_2O/Na_2O	A/CNK	A/NK	TFeO/MgO
变泥质岩	NZY1	62.07	0.81	19.46		7.71	0.10	2.56	1.25	1.34	3.88	0.12		99.3	5.22	2.90	2.24	3.03	3.01
变泥沙岩	NSY2	71.57	0.51	13.58		4.67	0.06	1.62	1.44	2.23	3.76	0.09		99.54	5.99	1.69	1.31	1.75	2.88
石英岩	SYY3	87.88	0.31	6.23		1.43	0.04	0.50	1.03	0.77	1.62	0.08		99.89	2.39	2.10	1.27	2.06	2.86
大理岩	DLY4	12.66	0.20	1.36		1.27	0.02	15.44	32.67	0.25	0.23	0.03		64.12	0.48	0.92	0.02	2.06	0.08
变玄武岩	XWY1	50.85	1.00	14.41		12.19	0.20	7.59	10.08	2.63	0.88	0.17		100	3.51	0.33	0.61	2.73	1.61
浅粒岩	QL1	71.60	0.46	12.56	3.71	1.70	0.11	0.68	1.81	2.53	3.93	0.37	0.53	99.99	6.46	1.55	1.07	1.49	7.41
	QL2	66.31	0.75	14.58	3.90	2.90	0.17	1.41	2.08	2.97	3.54	0.36	1.87	100.84	6.51	1.19	1.16	1.67	4.55
	QL3	74.23	0.09	13.84	0.85	0.73	0.14	0.46	1.85	2.36	4.33	0.28	0.46	99.62	6.69	1.83	1.16	1.61	3.25
	QL4	75.81	0.36	12.30	2.76	1.23	0.29	0.75	1.92	1.27	1.20	0.16	0.71	98.76	2.47	0.94	1.79	3.63	4.95
	QL5	73.03	0.46	11.39	2.11	1.75	0.19	1.05	5.52	1.10	1.17	0.21	1.82	99.8	2.27	1.06	0.87	3.70	3.48
	QL6	72.27	0.34	12.15	2.55	1.65	0.19	1.09	3.18	3.72	1.52	0.32	1.75	100.73	5.24	0.41	0.90	1.56	3.62
	QL7	77.18	0.07	11.81	3.77	0.50	0.07	0.43	1.28		0.34	0.25	0.38	96.08	0.34		4.37	32.01	9.05
	平均值	72.92	0.36	12.66	2.81	1.49	0.17	0.84	2.52	2.33	2.29	0.28	1.07	99.40	4.28	1.17	1.62	6.52	5.19
	最大值	77.18	0.75	14.58	3.90	2.90	0.29	1.41	5.52	3.72	4.33	0.37	1.87	100.84	6.69	1.83	4.37	32.01	9.05
	最小值	66.31	0.07	11.39	0.85	0.50	0.07	0.43	1.28	1.10	0.34	0.16	0.38	96.08	0.34	0.41	0.87	1.49	3.25
片麻岩	PM9	73.16	0.27	14.01	1.69	1.50	0.13	0.66	1.89	2.60	3.52	0.17	0.35	99.95	6.12	1.35	1.21	1.73	4.58
	PM10	59.21	0.65	22.18	5.36	1.98	0.10	1.40	1.36	3.04	3.40	0.34	1.06	100.08	6.44	1.12	1.99	2.55	4.86
	PM11	72.27	0.16	14.27	3.33	1.15	0.25	0.83	1.40	2.75	2.79	0.23	0.71	100.14	5.54	1.01	1.41	1.89	5.00
	PM12	60.55	0.79	19.78	1.44	5.65	0.06	2.38	0.96	3.04	3.47	0.38	1.64	100.14	6.51	1.14	1.88	2.26	2.92
	PM13	57.44	0.89	22.36	4.78	4.45	0.14	3.29	0.93	1.24	2.79	0.23	1.54	100.08	4.03	2.25	3.31	4.41	2.66
	PM14	70.24	0.59	14.28	2.89	2.88	0.32	1.19	0.59	2.57	1.79	0.32	0.38	98.04	4.36	0.70	1.97	2.31	4.61
	PM15	72.21	0.42	13.52	3.71	1.80	0.23	1.31	0.76	1.94	3.05	0.22	0.80	99.97	4.99	1.57	1.71	2.08	3.92
	PM16	71.25	0.67	13.47	4.10	3.13	0.07	1.88	0.88	0.86	2.50	0.25	1.17	100.23	3.36	2.91	2.35	3.26	3.63

续表

岩石	样号	SiO_2	TiO_2	Al_2O_3	Fe_2O_3	FeO	MnO	MgO	CaO	Na_2O	K_2O	P_2O_5	Los	合计	Na_2O+K_2O	K_2O/Na_2O	A/CNK	A/NK	TFeO/MgO
片麻岩	PM17	55.91	0.64	20.11	2.93	4.70	0.06	2.63	3.43	1.89	5.40	0.31	1.87	99.88	7.29	2.86	1.32	2.24	2.79
	平均值	65.80	0.56	17.11	3.36	3.03	0.15	1.73	1.36	2.21	3.19	0.27	1.06	99.83	5.40	1.66	1.91	2.53	3.88
	最大值	73.16	0.89	22.36	5.36	5.65	0.32	3.29	3.43	3.04	5.40	0.38	1.87	100.23	7.29	2.91	3.31	4.41	5.00
	最小值	55.91	0.16	13.47	1.44	1.15	0.06	0.66	0.59	0.86	1.79	0.17	0.35	98.04	3.36	0.70	1.21	1.73	2.66
片岩	PY18	66.91	0.87	19.03	0.93	3.70	0.05	1.75	0.68	1.24	3.30	0.33	1.24	100.03	4.54	2.66	2.77	3.39	2.59
	PY19	55.51	0.55	18.29	7.18	8.13	0.29	3.70	0.79	1.49	2.77	0.37	1.13	100.2	4.26	1.86	2.65	3.35	3.94
	PY20	61.09	0.76	19.51	4.63	3.83	0.09	2.61	1.21	1.54	3.26	0.22	1.57	100.32	4.80	2.12	2.36	3.21	3.06
	PY21	72.51	0.64	13.42	2.26	1.88	0.04	1.56	0.99	2.46	2.96	0.18	0.91	99.81	5.42	1.20	1.48	1.85	2.51
	PY22	74.98	0.46	11.82	1.29	2.55	0.06	1.15	1.06	1.92	2.44	0.34	1.77	99.84	4.36	1.27	1.53	2.04	3.23
	PY23	72.20	0.52	14.07	2.27	2.25	0.05	1.30	1.00	1.74	2.27	—	2.07	99.74	4.01	1.30	1.97	2.64	3.30
	PY24	78.80	0.06	13.76	0.59	0.48	0.04	0.30	1.05	1.92	1.56	0.26	1.17	99.99	3.48	0.81	2.03	2.84	3.37
	PY25	68.31	0.59	13.81	3.70	3.63	0.07	1.79	0.96	1.66	2.88	0.24	2.43	100.07	4.54	1.73	1.82	2.36	3.89
	PY26	70.04	0.50	14.81	1.59	3.53	0.06	1.43	0.70	1.54	2.96	0.32	2.74	100.22	4.50	1.92	2.11	2.58	3.47
	PY27	69.94	0.75	13.14	2.60	3.20	0.06	2.35	0.86	1.59	2.91	0.19	2.33	99.92	4.50	1.83	1.79	2.28	2.36
	PY28	57.80	0.75	19.11	1.80	1.60	0.04	8.66	0.50	0.67	3.44	0.21	5.31	99.89	4.11	5.13	3.33	3.95	0.37
	PY29	72.24	0.51	13.02	0.83	1.33	0.03	4.79	0.59	0.34	2.78	0.25	3.26	99.97	3.12	8.18	2.80	3.64	0.43
	PY30	59.85	0.68	19.29	2.60	5.68	0.08	2.62	0.88	1.30	3.86	0.33	2.70	99.87	5.16	2.97	2.43	3.05	3.06
	PY31	75.64	0.04	15.11	0.83	0.35	0.05	0.34	1.17	2.22	2.19	0.24	1.46	99.64	4.41	0.99	1.85	2.51	3.23
	平均值	68.27	0.55	15.59	2.36	3.01	0.07	2.45	0.89	1.55	2.83	0.27	2.15	99.97	4.37	2.43	2.21	2.83	2.77
	最大值	78.80	0.87	19.51	7.18	8.13	0.29	8.66	1.21	2.46	3.86	0.37	5.31	100.32	5.42	8.18	3.33	3.95	3.94
	最小值	55.51	0.04	11.82	0.59	0.35	0.03	0.30	0.50	0.34	1.56	0.18	0.91	99.64	3.12	0.81	1.48	1.85	0.37

续表

岩石	样号	SiO_2	TiO_2	Al_2O_3	Fe_2O_3	FeO	MnO	MgO	CaO	Na_2O	K_2O	P_2O_5	Los	合计	Na_2O+K_2O	K_2O/Na_2O	A/CNK	A/NK	TFeO/MgO
变粒岩	BL1	62.02	0.59	19.42	1.85	4.17	0.05	1.90	0.86	1.14	4.40	0.10	3.30	99.8	5.54	3.86	2.36	2.92	3.07
	BL2	67.05	0.55	16.47	2.64	2.78	0.04	1.61	0.28	0.26	4.41	0.08	3.49	99.66	4.67	16.96	2.88	3.16	3.20
	BL3	72.82	0.29	13.54	1.25	1.35	0.03	0.43	0.35	2.75	6.90	0.03	0.56	100.3	9.65	2.51	1.07	1.13	5.76
	BL4	73.21	0.35	13.92	1.18	1.17	0.03	0.79	0.32	1.61	5.94	0.04	1.65	100.21	7.55	3.69	1.44	1.53	2.83
	BL5	65.72	0.64	14.38	2.27	3.16	0.10	1.14	2.52	3.38	5.02	0.18	1.31	99.82	8.40	1.49	0.92	1.31	4.56
	BL6	73.52	0.18	13.77	0.26	1.24	0.12	0.43	1.32	2.74	5.58	0.07	0.49	99.72	8.32	2.04	1.06	1.30	3.43
	平均值	69.06	0.43	15.25	1.58	2.31	0.06	1.05	0.94	1.98	5.38	0.08	1.80	99.92	7.36	5.09	1.62	1.89	3.81
	最大值	73.52	0.64	19.42	2.64	4.17	0.12	1.90	2.52	3.38	6.90	0.18	3.49	100.30	9.65	16.96	2.88	3.16	5.76
	最小值	62.02	0.18	13.54	0.26	1.17	0.03	0.43	0.28	0.26	4.40	0.03	0.49	99.66	4.67	1.49	0.92	1.13	2.83

注：NZY1. 富铝质孔兹岩；NSY2. 富钾质变粒岩-片麻岩；SYY3. 石英岩；XWY1. 太古宙基底变玄武质岩石(李树勋等，1994；杨忠芳等，1998)；QL1. 角闪斜长变粒岩；QL2. 含石墨石榴长英浅粒岩；QL3. 石榴长英浅粒岩；QL4. 含榴长英浅粒岩；QL5. 含榴长英浅粒岩；QL6. 石榴长英浅粒岩；QL7. 长英浅粒岩；PM9. 夕线榴片麻岩；PM10. 夕线榴片麻岩；PM11. 含榴片麻岩；PM12. 夕线榴片麻岩；PM13. 夕线榴片麻岩；PM14. 黑云石榴斜长片麻岩；PM15. 夕线榴片麻岩；PM16. 夕线榴片麻岩；PM17. 夕线榴片麻岩；PY18. 夕线石石英片岩；PY19. 夕线石黑云片岩；PY20. 含夕线石黑云片岩；PY21. 黑云夕线石片岩；PY22. 二云母片岩；PY23. 含榴白云母片岩；PY24. 夕线石白云母片岩；PY25. 含榴二云片岩；PY26. 白云母石英片岩；PY27. 二云母片岩；PY28. 黑云母夕线石片岩；PY29. 白云母片岩；PY30. 二云母片岩；PY31. 白云母片岩；BL1. 石榴白云片岩；BL2. 白云石英片岩；BL3. 二云变粒岩-片麻岩；BL4. 二云变粒岩-片麻岩；BL5. 角闪黑云片麻岩；NL6. 含榴黑云变粒岩。

表 5-4　华北古陆及吕梁北部地区孔兹岩系微量元素表

(单位：10^{-6})

岩石	样号	Rb	Sr	Ba	Zr	Hf	Th	U	Y	Nb	Ta	Cr	Ni	Co	V	Rb/Sr	Sr/Ba	Th/U	V/Cr	Zr/Y	Nb/Ta
变泥质岩	NZY1	134	145	701	231	6	12.5		33	27	3	147	56	24	141	0.92	0.21		0.96	7.00	9.00
变泥沙岩	NSY2	144	155	661	215	5	12.3		32	31	4	84	39	22	103	0.93	0.23		1.23	6.72	7.75
石英岩	SYY3	32	164	204	282	6	7		27	11	0	76	14	4	29	0.20	0.80		0.38	10.44	
变玄武岩	XWY1	26	233	233	79		3.5		21	4		269	117	43	255	0.11	1.00		0.95	3.76	
浅粒岩	QL1	173.53	263.98	1570.70	34.20	0.97	14.95	0.47	40.60	15.69	0.68	10.14	6.87	6.76	21.89	0.66	0.17	31.81	2.16	0.84	23.07
	QL2	145.51	170.97	930.17	32.65	0.88	22.99	2.74	30.61	16.13	1.37	56.02	14.05	12.97	95.48	0.85	0.18	8.39	1.70	1.07	11.77
	QL3	175.76	212.42	1137.30	20.86	0.71	9.39	1.08	7.11	2.52	1.16	5.79	2.65	2.85	6.10	0.83	0.19	8.69	1.05	2.93	2.17
	QL4	69.83	100.89	141.03	31.19	0.91	15.20	1.48	22.15	8.65	0.58	29.43	9.60	7.03	38.61	0.69	0.72	10.27	1.31	1.41	14.91
	QL5	69.49	121.60	206.09	69.46	2.25	12.04	3.46	28.62	7.42	0.53	39.51	35.32	10.84	33.66	0.57	0.59	3.48	0.85	2.43	14.00
	QL6	117.56	103.30	136.99	49.32	1.51	9.92	1.30	35.22	6.23	1.00	47.49	14.75	8.26	43.81	1.14	0.75	7.63	0.92	1.40	6.23
	QL7	3.11	35.85	61.99	88.50	4.60	14.12	3.32	86.92	63.70	4.74	4.24	2.84	1.68	—	0.09	0.58	4.25		1.02	13.44
	平均值	107.83	144.14	597.75	46.60	1.69	14.09	1.98	35.89	17.19	1.44	27.52	12.30	7.20	39.93	0.69	0.45	10.65	1.33	1.59	12.23
	最大值	175.76	263.98	1570.70	88.50	4.60	22.99	3.46	86.92	63.70	4.74	56.02	35.32	12.97	95.48	1.14	0.75	31.81	2.16	2.93	23.07
	最小值	3.11	35.85	61.99	20.86	0.71	9.39	0.47	7.11	2.52	0.53	4.24	2.65	1.68	6.10	0.09	0.17	3.48	0.85	0.84	2.17
片麻岩	PM9	180.33	193.27	612.07	7.90	0.34	7.86	0.90	31.66	13.19	0.62	3.83	4.10	4.71	20.97	0.93	0.32	8.73	5.48	0.25	21.27
	PM10	198.80	191.70	1083.80	24.32	0.63	—	—	18.93	15.96	1.09	68.48	44.15	15.08	107.56	1.04	0.18		1.57	1.28	14.64
	PM11	127.70	223.16	610.86	17.04	0.51	20.57	1.16	53.87	4.71	0.32	6.68	4.89	4.43	27.33	0.57	0.37	17.73	4.09	0.32	14.72
	PM12	237.59	103.73	683.95	25.25	0.76	15.59	1.59	5.77	13.16	1.26	115.95	38.96	16.87	109.51	2.29	0.15	9.81	0.94	4.38	10.44
	PM13	182.54	68.18	519.92	52.91	1.34	25.84	1.71	25.93	13.97	0.71	109.03	54.80	16.89	119.49	2.68	0.13	15.11	1.10	2.04	19.68
	PM14	97.70	204.91	441.47	53.08	1.38	17.37	2.54	20.02	10.42	0.58	37.82	19.39	11.57	90.78	0.48	0.46	6.84	2.40	2.65	17.97
	PM15	157.70	61.05	681.75	18.36	0.45	25.63	4.19	16.47	10.15	0.60	30.42	18.35	10.02	47.62	2.58	0.09	6.12	1.57	1.11	16.92
	PM16	142.35	53.93	368.98	74.10	2.14	12.75	1.56	13.36	8.79	0.44	60.41	31.30	13.58	71.00	2.64	0.15	8.17	1.18	5.55	19.98
	PM17	297.46	412.41	2177.70	101.24	2.97	16.21	2.29	21.15	10.53	0.83	108.69	46.54	18.93	113.24	0.72	0.19	7.08	1.04	4.79	12.69
	平均值	180.24	168.04	797.83	41.58	1.17	17.73	1.99	23.02	11.21	0.72	60.15	29.16	12.45	78.61	1.55	0.23	9.95	2.15	2.49	16.48
	最大值	297.46	412.41	2177.70	101.24	2.97	25.84	4.19	53.87	15.96	1.26	115.95	54.80	18.93	119.49	2.68	0.46	17.73	5.48	5.55	21.27
	最小值	97.70	53.93	368.98	7.90	0.34	7.86	0.90	5.77	4.71	0.32	3.83	4.10	4.43	20.97	0.48	0.09	6.12	0.94	0.25	10.44

续表

岩石	样号	Rb	Sr	Ba	Zr	Hf	Th	U	Y	Nb	Ta	Cr	Ni	Co	V	Rb/Sr	Sr/Ba	Th/U	V/Cr	Zr/Y	Nb/Ta
片岩	PY18	185.31	77.12	688.76	44.18	1.30	22.11	2.77	4.15	13.25	1.01	93.53	35.26	10.08	85.32	2.40	0.11	7.98	0.91	10.65	13.12
	PY19	263.94	54.95	450.97	50.60	1.29	26.52	2.03	71.97	8.08	0.58	101.90	38.99	20.30	89.66	4.80	0.12	13.06	0.88	0.70	13.93
	PY20	180.10	120.62	721.20	49.44	1.69	15.17	1.90	25.17	12.15	0.87	78.52	43.26	19.92	92.65	1.49	0.17	7.98	1.18	1.96	13.97
	PY21	133.54	92.85	559.49	38.01	1.11	12.51	1.08	7.46	8.88	0.49	63.86	23.55	10.26	58.89	1.44	0.17	11.58	0.92	5.10	18.12
	PY22	143.27	145.88	504.93	54.08	1.32	11.85	2.19	14.04	9.81	0.82	45.40	20.26	8.33	49.30	0.98	0.29	5.41	1.09	3.85	11.96
	PY23	105.00	91.33	467.39	48.03	1.23	11.64	1.80	16.57	8.89	0.73	53.30	26.27	8.33	56.95	1.15	0.20	6.47	1.07	2.90	12.18
	PY24	68.77	112.25	343.26	11.20	0.39	5.26	1.70	7.89	1.21	0.13	2.84	7.72	2.32	13.68	0.61	0.33	3.09	4.82	1.42	9.31
	PY25	170.31	101.39	546.06	70.11	2.14	13.08	2.49	7.64	1.00	0.50	74.14	29.20	11.98	69.70	1.68	0.19	5.25	0.94	9.18	2.00
	PY26	171.08	96.43	743.87	95.97	2.66	14.21	2.22	16.99	11.91	1.34	68.52	24.13	9.65	67.51	1.77	0.13	6.40	0.99	5.65	8.89
	PY27	157.01	72.19	422.54	122.00	3.62	15.48	2.65	1.67	10.74	0.54	54.58	34.65	15.38	70.03	2.17	0.17	5.84	1.28	73.05	19.89
	PY28	232.74	8.42	194.16	193.61	4.99	64.50	14.17	45.93	7.10	0.53	5.43	3.15	5.65	20.37	27.64	0.04	4.55	3.75	4.22	13.40
	PY29	117.38	4.86	588.02	227.52	6.96	48.88	3.20	16.10	3.73	0.23	3.55	2.76	3.15	7.62	24.15	0.01	15.28	2.15	14.13	16.22
	PY30	262.71	144.83	879.51	125.00	3.27	16.60	2.25	19.62	13.60	1.27	136.27	45.69	19.66	121.29	1.81	0.16	7.38	0.89	6.37	10.71
	PY31	101.00	44.71	303.84	17.43	1.27	4.81	2.39	6.42	9.72	1.60	1.57	2.83	1.09	21.90	2.26	0.15	2.01	13.95	2.71	6.08
	平均值	163.73	83.42	529.57	81.94	2.37	20.19	3.06	18.69	8.58	0.76	55.96	24.12	10.44	58.92	5.31	0.16	7.31	2.49	10.14	12.13
	最大值	263.94	145.88	879.51	227.52	6.96	64.50	14.17	71.97	13.60	1.60	136.27	45.69	20.30	121.29	27.64	0.33	15.28	13.95	73.05	19.89
	最小值	68.77	4.86	194.16	11.20	0.39	4.81	1.08	1.67	1.00	0.13	1.57	2.76	1.09	7.62	0.61	0.01	2.01	0.88	0.70	2.00
变粒岩	BL1	120.00	114.00	715.00	41.00		15.00		27.00	10.00		82.00				1.05	0.16			1.52	
	BL2	214.00	25.00	601.00	28.00		20.00		24.00	12.00		73.00				8.56	0.04			1.17	
	BL3	236.00	69.00	675.00	135.00		24.00		43.00	32.00		12.00				3.42	0.10			3.14	
	BL4	264.00	47.00	517.00	250.00		31.00		49.00	30.00		11.00				5.62	0.09			5.10	
	BL5	194.00	238.00	1500.00	84.00		23.00		38.00	22.00		22.00				0.82	0.16			2.21	
	BL6	209.00	150.00	884.00	19.00		28.00		11.00	6.00		18.00				1.39	0.17			1.73	
	平均值	206.17	107.17	815.33	92.83		23.50		32.00	18.67		36.33				3.48	0.12			2.48	
	最大值	264.00	238.00	1500.00	250.00		31.00		49.00	32.00		82.00				8.56	0.17			5.10	
	最小值	120.00	25.00	517.00	19.00		15.00		11.00	6.00		11.00				0.82	0.04			1.17	

表 5-5　华北古陆及吕梁北部地区孔兹岩系稀土元素成分表

(单位：10^{-6})

岩石	样号	La	Ce	Pr	Nd	Sm	Eu	Gd	Tb	Dy	Ho	Er	Tm	Yb	Lu	REE	LREE/HREE	δCe	δEu
变泥质岩	NZY1	54.57	102.54	11.04	45.84	8.6	1.29	7.07	1.11	6.54	1.35	3.73	0.55	3.31	0.49	248.03	9.27	1.01	0.51
变泥沙岩	NSY2	47.28	89.52	9.95	39.49	7.48	1.13	5.61	0.94	5.27	1.14	3.12	0.5	3.12	0.48	215.03	9.66	0.99	0.53
石英岩	SYY3	32.5	60.13	7.31	28.73	5.42	1.01	4.83	0.72	4.02	0.87	2.51	0.41	2.7	0.42	151.58	8.20	0.94	0.60
变玄武岩	XWY1	10.56	23.25	3.04	13.4	3.29	1.01	3.87	0.58	3.65	0.76	2.12	0.31	2.08	0.3	68.22	3.99	0.99	0.87
浅粒岩	QL1	67.24	136.31	15.22	54.32	10.01	2.05	11.54	1.51	7.81	1.53	4.61	0.65	3.41	0.48	316.69	9.04	1.03	0.58
	QL2	49.94	105.48	11.74	42.34	8.49	1.35	8.23	1.16	6.24	1.28	3.55	0.56	3.49	0.55	244.40	8.75	1.05	0.49
	QL3	23.87	39.04	3.45	10.87	1.78	1.28	2.31	0.21	1.19	0.29	0.75	0.11	0.51	0.09	85.75	14.71	1.04	1.93
	QL4	39.76	85.86	9.24	31.1	5.49	1.09	5.61	0.71	4.54	0.87	2.43	0.34	2.42	0.36	189.82	9.98	1.08	0.60
	QL5	30.30	67.36	7.91	29.61	6.4	0.98	7.45	1.02	6.02	1.14	3.26	0.45	2.56	0.41	164.87	6.39	1.05	0.43
	QL6	32.48	69.14	8.28	29.35	6.15	1.23	7.4	1.02	5.39	1.17	3.59	0.5	3.16	0.48	169.34	6.46	1.01	0.56
	QL7	23.30	66.02	10.48	45.82	15.71	1.42	19.82	3.56	21.36	4.15	11.58	1.7	10.35	1.57	236.84	2.20	1.02	0.25
	平均值	38.13	81.32	9.47	34.77	7.72	1.34	8.91	1.31	7.51	1.49	4.25	0.62	3.70	0.56	201.10	8.22	1.04	0.69
	最大值	67.24	136.31	15.22	54.32	15.71	2.05	19.82	3.56	21.36	4.15	11.58	1.70	10.35	1.57	316.69	14.71	1.08	1.93
	最小值	23.30	39.04	3.45	10.87	1.78	0.98	2.31	0.21	1.19	0.29	0.75	0.11	0.51	0.09	85.75	2.20	1.01	0.25
片麻岩	PM9	13.87	25.35	2.28	7.44	1.34	0.69	2.16	0.48	4.22	1.3	5.2	1.05	7.32	1.34	74.04	2.21	1.08	1.24
	PM10	50.93	103.33	11.19	37.89	6.57	1.39	6.18	0.73	4.2	0.76	2.5	0.37	2.46	0.38	228.88	12.02	1.04	0.67
	PM11	39.87	75.76	7.41	23.71	3.36	0.99	4.67	0.88	8.43	2.06	6.63	1.04	6.59	1.05	182.45	4.82	1.06	0.76
	PM12	49.04	99.46	11.3	40.68	7.26	1.5	7.08	0.56	1.7	0.24	0.66	0.07	0.48	0.08	220.11	19.25	1.02	0.64
	PM13	60.62	125.51	14.66	50.68	8.73	0.63	7.76	0.96	5.09	1.12	3.21	0.5	2.88	0.49	282.84	11.85	1.01	0.23
	PM14	49.63	103.94	11.45	39.31	6.94	1.28	6.96	0.72	4.18	0.77	2.28	0.31	2.21	0.35	230.33	11.95	1.05	0.56
	PM15	59.81	125.99	14.12	48.35	7.5	0.98	7.37	0.75	3.8	0.77	2.21	0.36	2.22	0.39	274.62	14.37	1.04	0.40
	PM16	34.13	72.79	8.09	30.6	5.41	0.66	5.19	0.65	3.14	0.55	1.48	0.25	1.41	0.25	164.60	11.74	1.05	0.38
	PM17	40.78	83.66	9.84	34.54	6.64	1.66	6.71	0.83	4.71	0.8	2.7	0.39	2.71	0.4	196.37	9.20	1.01	0.76
	平均值	44.30	90.64	10.04	34.80	5.97	1.09	6.01	0.73	4.39	0.93	2.99	0.48	3.14	0.53	206.03	10.82	1.04	0.63
	最大值	60.62	125.99	14.66	50.68	8.73	1.66	7.76	0.96	8.43	2.06	6.63	1.05	7.32	1.34	282.84	19.25	1.08	1.24
	最小值	13.87	25.35	2.28	7.44	1.34	0.63	2.16	0.48	1.70	0.24	0.66	0.07	0.48	0.08	74.04	2.21	1.01	0.23

续表

岩石	样号	La	Ce	Pr	Nd	Sm	Eu	Gd	Tb	Dy	Ho	Er	Tm	Yb	Lu	REE	LREE/HREE	δCe	δEu
片岩	PY18	48.82	108.35	12.56	44.06	7.65	1.13	6.74	0.66	2.03	0.23	0.5	0.04	0.25	0.02	233.04	21.26	1.05	0.48
	PY19	84.36	168.66	20.23	69.49	12.1	0.72	12.8	1.73	10.28	2.27	7.42	1.12	7.68	1.15	400.01	8.00	0.98	0.18
	PY20	41.16	88.89	10.19	37.39	7.19	1.27	6.22	0.83	5.16	1.1	3.28	0.52	3.16	0.54	206.90	8.94	1.04	0.58
	PY21	33.93	73.85	8.4	30.14	5.35	1.05	5.12	0.47	2.03	0.36	0.86	0.14	0.76	0.11	162.57	15.50	1.05	0.61
	PY22	37.19	78.52	8.94	31.45	6.1	1.14	5.57	0.65	2.91	0.53	1.28	0.2	1.17	0.15	175.80	13.11	1.04	0.60
	PY23	31.06	66.69	7.53	26.4	5.13	1.05	4.78	0.63	3.82	0.74	1.92	0.31	2.01	0.28	152.35	9.51	1.05	0.65
	PY24	15.22	32.66	3.66	13.45	2.98	0.68	2.58	0.35	1.77	0.33	0.95	0.14	0.79	0.14	75.70	9.74	1.05	0.75
	PY25	34.52	74.31	8.35	31.12	5.75	1.04	5.36	0.56	2.54	0.38	0.78	0.1	0.43	0.07	165.31	15.18	1.05	0.57
	PY26	42.50	92.03	10.18	35.68	6.96	1.25	6.39	0.79	3.23	0.58	1.73	0.25	1.44	0.21	203.22	12.90	1.06	0.57
	PY27	41.70	90.18	10.51	37.27	6.88	1.19	6.36	0.7	3.43	0.55	1.01	0.1	0.74	0.1	200.72	14.45	1.04	0.55
	PY28	139.38	285.35	37.55	127.6	22.82	1.7	20.89	2.61	10.88	1.81	4.47	0.52	2.47	0.43	658.48	13.94	0.95	0.24
	PY29	113.13	224.07	24.87	79.49	11.64	1.08	11.22	1.27	5.5	0.84	1.89	0.17	0.84	0.13	476.14	20.78	1.02	0.29
	PY30	58.97	119.59	13.84	47.66	9.06	1.44	8.24	0.92	3.75	0.69	2.01	0.3	1.65	0.27	268.39	14.05	1.01	0.51
	PY31	7.20	14.48	1.97	7.35	1.44	0.28	1.91	0.23	1.12	0.24	0.51	0.12	0.61	0.1	37.56	6.76	0.93	0.52
	平均值	52.08	108.40	12.77	44.18	7.93	1.07	7.44	0.89	4.18	0.76	2.04	0.29	1.71	0.26	244.01	13.15	1.02	0.51
	最大值	139.38	285.35	37.55	127.60	22.82	1.70	20.89	2.61	10.88	2.27	7.42	1.12	7.68	1.15	658.48	21.26	1.06	0.75
	最小值	7.20	14.48	1.97	7.35	1.44	0.28	1.91	0.23	1.12	0.23	0.50	0.04	0.25	0.02	37.56	6.76	0.93	0.18
变粒岩	BL1	52.67	90.29	9.89	36.60	7.62	1.33	6.55	0.99	4.71	0.98	2.83	0.43	2.94	0.46	218.29	9.97	0.95	0.58
	BL2	41.55	70.79	7.78	29.69	6.28	1.08	5.63	0.78	4.13	0.86	2.30	0.36	2.40	0.32	173.95	9.37	0.95	0.56
	BL3	74.00	130.80	14.03	49.84	10.39	0.85	8.53	1.39	7.31	1.55	4.42	0.66	4.51	0.70	308.98	9.63	0.98	0.28
	BL4	75.48	135.40	14.53	52.48	11.07	0.82	9.15	1.55	8.02	1.76	5.17	0.76	5.25	0.87	322.31	8.91	0.98	0.25
	BL5	60.98	108.40	12.11	44.19	9.42	1.70	8.45	1.27	6.49	1.37	3.83	0.56	3.77	0.60	263.14	8.99	0.96	0.58
	BL6	38.47	67.68	7.29	25.18	5.26	0.76	3.77	0.52	2.10	0.38	0.86	0.13	0.90	0.13	153.43	16.46	0.97	0.52
	平均值	57.19	100.56	10.94	39.66	8.34	1.09	7.01	1.08	5.46	1.15	3.24	0.48	3.30	0.51	240.02	10.55	0.97	0.46
	最大值	75.48	135.40	14.53	52.48	11.07	1.70	9.15	1.55	8.02	1.76	5.17	0.76	5.25	0.87	322.31	16.46	0.98	0.58
	最小值	38.47	67.68	7.29	25.18	5.26	0.76	3.77	0.52	2.10	0.38	0.86	0.13	0.90	0.13	153.43	8.91	0.95	0.25

表 5-6　建平群变基性火山岩样品登记表

样品号	岩石名称	结构	构造	主要矿物成分
BL1	含榴辉石麻粒岩	粒状变晶结构	条带状构造	Opx-Ga-Cpx-Hbl-Ap
BL2	含榴角闪透辉麻粒岩	粒状变晶结构	条带状构造	Ga-Cpx-Hbl-Pl-Mt
BL3	黑云角闪辉石麻粒岩	粒状变晶结构	条带状构造	Cpx-Pl-Mt-Bi-Hbl
BL4	含榴透辉角闪麻粒岩	鳞片花岗变晶结构	条带状构造	Ga-Hbl-Cpx-Pl-Mt
JS1	斜长角闪岩	粒状变晶结构	块状构造	Hbl-Ep-Pl-Qz
JS2	斜长角闪岩	粒状变晶结构	块状构造	Bi-Amp-Pl-Qz-Mt
JS3	斜长角闪岩	细粒变晶结构	条带状构造	Bi-Hbl-Ep-Pl-Qz-Mt
JS4	斜长角闪岩	粒状变晶结构	块状构造	Hbl-Pl-Qz-Ep

注：Ga. 石榴子石；Cpx. 单斜辉石；Opx. 斜方辉石；Hbl. 角闪石；Mt. 磁铁矿；Qz. 石英；Bi.黑云母；Ep. 绿帘石；Ap. 磷灰石；Amp. 透闪石；Pl. 斜长石。

麻粒岩与斜长角闪岩的 SiO_2 含量基本一致，含量为 44.89%~51.01%，属基性岩类，岩石富镁，MgO 含量 4.27%~9.55%；富钙，CaO 含量 7.28%~12.92%；Al_2O_3 含量相对较高，11.29%~17.38%；较高的 TiO_2 含量，0.80%~2.02%，与大洋玄武岩特征相似。岩石微量元素 Sr 含量高，Rb/Sr 值低；Sr/Ba 值大，一般大于 1，最高 5.02(表 5-7)。

岩石稀土元素显示三种类型：BL1、BL2 稀土元素总量低，轻重稀土元素分异不明显，稀土元素配分曲线平直，没有铕异常；BL3、BL4 稀土元素总量中等，轻重稀土元素比值大，分异明显，稀土元素配分曲线右倾斜，不具有铕异常；JS1、JS2、JS3、JS4 稀土元素总量平均较高，轻重稀土元素比值中等，具有负铕异常。稀土元素配分具有两个基本特征，稀土元素总量高的曲线斜率大，其次是斜率大曲线负铕异常明显(图 5-14)。

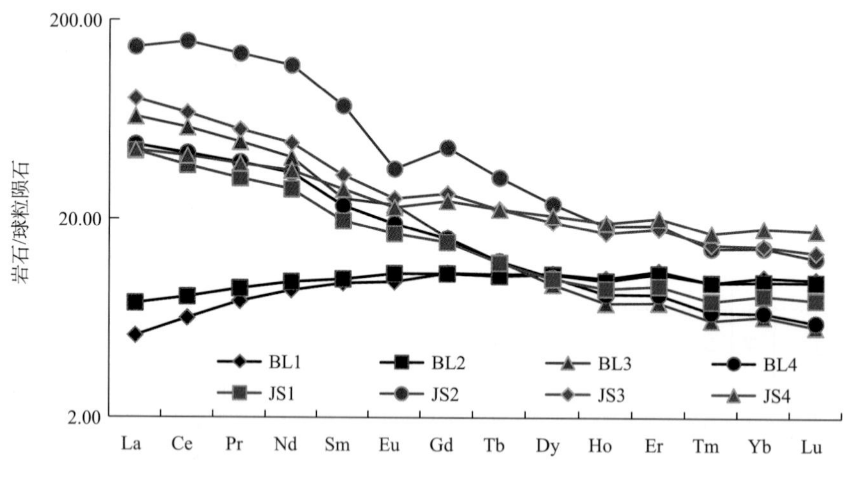

图 5-14　建平群麻粒岩及斜长角闪岩稀土元素配分曲线

变基性岩形成于石榴石二辉橄榄岩部分熔融，少有尖晶石二辉橄榄岩部分熔融，说明岩石存在一定的熔融程度，并且残留相以石榴石为主。岩石部分熔融中碱性组分不相容元素优先溶出，因此溶出相中 K_2O、Na_2O 升高，K_2O/Na_2O 值增大；溶出相中稀土元素有明显的分异，轻稀土元素不相容元素溶出，而具有相容性质的重稀土元素则在残留相中；由于铕元素与斜长石中钙离子的相关性，导致溶出相中铕元素缺失形成负铕异常。

表 5-7　建平群新太古代变质基性岩岩石化学分析结果

岩石	角闪榴辉麻粒岩			透辉角闪片麻岩-斜长角闪岩						
样号	BL1	BL2	平均值	BL3	BL4	JS1	JS2	JS3	JS4	平均值
SiO_2	45.80	48.83	47.32	47.92	50.11	50.47	51.01	49.18	44.89	48.93
TiO_2	0.83	0.83	0.83	1.38	0.87	0.80	0.81	1.63	2.02	1.25
Al_2O_3	14.91	14.46	14.69	16.26	13.25	15.25	11.29	17.38	13.12	14.43
Fe_2O_3	3.55	4.02	3.79	7.63	3.01	3.00	3.62	5.72	10.00	5.50
FeO	9.36	8.82	9.09	6.99	8.78	5.59	6.74	5.91	8.10	7.02
MnO	0.23	0.21	0.22	0.13	0.16	0.16	0.15	0.15	0.24	0.17
MgO	8.86	7.65	8.26	4.57	8.61	8.00	9.55	4.27	5.17	6.70
CaO	12.92	10.12	11.52	8.45	9.21	8.94	9.50	7.28	9.22	8.77
Na_2O	1.60	2.59	2.10	3.83	2.68	2.75	2.00	2.66	2.15	2.68
K_2O	0.19	0.40	0.30	0.81	0.87	2.04	2.37	3.21	0.93	1.71
P_2O_5	0.05	0.06	0.06	0.62	0.13	0.20	0.59	0.30	0.21	0.34
los	0.24	0.48	0.36	0.20	0.92	1.84	1.34	1.20	2.79	1.38
合计	98.54	98.47	98.51	98.79	98.60	99.04	98.97	98.89	98.84	98.86
Na_2O+K_2O	1.79	2.99	2.39	4.64	3.55	4.79	4.37	5.87	3.08	4.38
K_2O/Na_2O	0.12	0.15	0.14	0.21	0.32	0.74	1.19	1.21	0.43	0.68
A/CNK	0.57	0.63	0.60	0.72	0.60	0.66	0.49	0.82	0.61	0.65
A/NK	5.25	3.08	4.17	2.26	2.48	2.26	1.93	2.21	2.89	2.34
TFeO/MgO	1.42	1.63	1.52	3.03	1.33	1.04	1.05	2.59	3.31	2.06
MgO/CaO	0.69	0.76	0.72	0.54	0.93	0.89	1.01	0.59	0.56	0.75
Rb	3.50	3.01	3.26	3.94	13.70	109.00	67.10	102.00	13.50	51.54
Sr	71.00	94.00	82.50	1410.00	723.00	626.00	1336.00	704.00	433.00	872.00
Ba	75.10	52.40	63.75	281.00	218.00	537.00	1567.00	741.00	176.00	586.67
Zr	23.30	30.00	26.65	36.30	62.60	77.80	111.00	221.00	103.00	101.95
Hf	0.94	1.12	1.03	1.09	2.07	2.37	3.25	5.51	3.13	2.90
Y	20.30	19.90	20.10	16.10	16.20	17.50	37.40	34.40	36.80	26.40
Nb	1.44	1.66	1.55	7.98	3.24	2.40	10.70	8.95	13.10	7.73
Ta	0.09	0.12	0.11	0.51	0.20	0.17	0.40	0.63	1.06	0.50
Cr	272.00	309.00	290.50	7.30	482.00	373.00	631.00	280.00	74.00	307.88
Ni	176.00	136.00	156.00	46.90	299.00	63.80	150.00	185.00	61.90	134.43
Co	57.80	54.10	55.95	47.80	55.40	35.90	33.80	39.50	54.10	44.42
V	399.00	359.00	379.00	371.00	349.00	264.00	222.00	201.00	503.00	318.33
Rb/Sr	0.05	0.03	0.04	0.00	0.02	0.17	0.05	0.14	0.03	0.07
Sr/Ba	0.95	1.79	1.37	5.02	3.32	1.17	0.85	0.95	2.46	2.29
V/Cr	1.47	1.16	1.31	50.82	0.72	0.71	0.35	0.72	6.80	10.02
V/(Ni+V)	0.69	0.73	0.71	0.89	0.54	0.81	0.60	0.52	0.89	0.71
Zr/Y	1.15	1.51	1.33	2.25	3.86	4.45	2.97	6.42	2.80	3.79
Nb/Ta	16.00	13.83	14.92	15.65	16.20	14.12	26.75	14.21	12.36	16.55
La	1.60	2.33	1.97	20.20	14.60	13.60	45.30	24.90	13.70	22.05
Ce	5.12	6.55	5.84	46.40	34.50	30.00	126.00	55.00	33.50	54.23

续表

岩石	角闪榴辉麻粒岩			透辉角闪片麻岩-斜长角闪岩						
样号	BL1	BL2	平均值	BL3	BL4	JS1	JS2	JS3	JS4	平均值
Pr	0.94	1.09	1.02	5.92	4.68	3.90	16.50	6.84	4.62	7.08
Nd	5.24	5.78	5.51	24.40	20.50	16.90	70.90	28.80	21.00	30.42
Sm	1.85	1.94	1.90	4.92	4.55	3.81	14.40	6.46	5.49	6.61
Eu	0.71	0.78	0.75	1.73	1.39	1.24	2.62	1.86	1.68	1.75
Gd	2.76	2.75	2.76	4.16	4.12	3.95	11.80	6.95	6.37	6.23
Tb	0.50	0.49	0.50	0.58	0.58	0.57	1.53	1.06	1.06	0.90
Dy	3.41	3.38	3.40	3.01	3.27	3.21	7.66	6.19	6.68	5.00
Ho	0.72	0.70	0.71	0.54	0.60	0.64	1.32	1.22	1.37	0.95
Er	2.30	2.23	2.27	1.59	1.75	1.93	3.90	3.74	4.24	2.86
Tm	0.31	0.31	0.31	0.20	0.22	0.25	0.46	0.48	0.55	0.36
Yb	2.13	2.02	2.08	1.35	1.41	1.72	2.99	3.05	3.75	2.38
Lu	0.33	0.32	0.33	0.19	0.20	0.26	0.42	0.45	0.58	0.35
REE	27.92	30.67	29.30	115.19	92.37	81.98	305.80	147.00	104.59	141.16
LREE/HREE	1.24	1.51	1.38	8.91	6.60	5.54	9.17	5.35	3.25	6.47
δCe	1.00	0.99	1.00	1.02	1.00	0.99	1.11	1.01	1.01	1.03
δEu	0.96	1.03	1.00	1.17	0.98	0.98	0.61	0.85	0.87	0.91

注：主量元素含量单位为%，微量元素含量单位为 10^{-6}。

三、石墨矿石 Rb/Sr-Sm/Nd 同位素

由放射性同位素衰变形成稳定同位素 $^{147}Sm\rightarrow^{144}Nd$、$^{87}Rb\rightarrow^{86}Sr$ 可以判别地壳岩石年龄及岩石物质来源，由于地壳和地幔两大地球化学储库中 Sm/Nd、Rb/Sr 之间存在显著差异，从而提供了应用同位素体系辨识地壳和地幔来源物质、演化可能性，并进而可能建立定量的壳幔物质循环的地球化学模式。

放射性衰变同位素基本特点是地壳岩石放射性同位素和放射性衰变同位素高于地幔岩石，年轻地壳岩石放射性同位素和放射性衰变同位素元素高于年老地壳。

1. 锶同位素示踪

锶(Sr)是碱土金属，也是分散元素，可以在含钙矿物中置换钙，又可以置换钾长石中的 K^+，在碳酸盐沉积岩中锶会明显富集。

自然界中锶以 ^{84}Sr、^{86}Sr、^{87}Sr、^{88}Sr 四种同位素的形式存在，相对丰度分别为 0.56%、9.86%、7.02%、82.56%，其中 ^{87}Sr 由 ^{87}Rb 衰变产生，随着时间的演化 ^{87}Sr 单方向增长，在研究锶同位素组成时以 ^{86}Sr 作为比较基础，测定 $^{86}Sr/^{88}Sr$ 值，根据岩石中 $^{87}Sr/^{86}Sr$ 值可以分析岩石物源及年龄。

由于锶具有不同的地球化学亲和性，在沉积作用中，锶倾向于富集在海相碳酸盐矿物中，而铷在陆源碱质硅酸盐矿物中富集，由陆源陆相沉积到海源海相沉积物中 Rb/Sr 值逐渐降低，陆源陆相沉积物中 Rb/Sr 值一般大于 1.0，海源海相沉积物中 Rb/Sr 小于 0.5，而海陆混合沉积物中 Rb/Sr 一般在 0.5~1.0。由于铷钾的类质同相置换铷进入钾矿物晶格中，而 ^{87}Rb 衰变转化为 ^{87}Sr，陆源陆相富钾岩石中含有更多的 ^{87}Sr,岩石中 $^{87}Sr/^{86}Sr$ 升高，并且随着时间变化岩石内 $^{87}Sr/^{86}Sr$ 的值增加(图 5-15)。

在地质学中根据 $^{87}Rb/^{86}Sr$-$^{87}Sr/^{86}Sr$ 之间的衰变关系测定地质体年龄，并根据由等时线外推或含锶矿物测定得到的地质体形成时的初始 $^{87}Sr/^{86}Sr$ 示踪其物质来源。

火成岩的锶同位素初始组成以$(^{87}Sr/^{86}Sr)_i$值或ε_{Sr}值表示(吴利仁，1985)。

一般地幔源区 Rb/Sr 值远低于地壳，因此来自地幔的$^{87}Sr/^{86}Sr$初始比值远低于大陆地壳的$^{87}Sr/^{86}Sr$。球粒陨石的$^{87}Sr/^{86}Sr$初始值接近于 0.698~0.700，一般把它看成是地球锶和陨石锶演化的起点；现代大洋玄武岩代表上地幔源区，$^{87}Sr/^{86}Sr$初始比值为 0.702~0.703；大陆地壳的$^{87}Sr/^{86}Sr$初始值平均为 0.719。

地球初始锶组成$^{87}Sr/^{86}Sr$约 0.699，此后物质分异锶进入地壳，因此大陆地壳 Rb/Sr 值大约是地幔的 10 倍，并且大陆富含放射性成因锶^{87}Sr，陆壳岩石的$^{87}Sr/^{86}Sr$初始比大于 0.719。

各种类型花岗岩类的$^{87}Sr/^{86}Sr$初始比值、年龄和岩浆源区的关系图解可以判别岩浆岩成因(图 5-15)。图解的一般数据参数，取海岛玄武岩平均$^{87}Sr/^{86}Sr$比值为 0.7037，大洋玄武岩的$^{87}Sr/^{86}Sr$平均值，上地地幔$^{87}Sr/^{86}Sr$平均在 0.702~0.703。将球粒陨石的初始值$^{87}Sr/^{86}Sr$=0.699，t=0.46Ga 的原始点和海岛玄武岩的平均$^{87}Sr/^{86}Sr$值(0.7037)的连接线作为幔源型花岗岩类源区的上限。

把大陆壳分为上下两部分加以考虑，下陆壳可以 0.35Ga 具闪长岩、辉长岩质的麻粒岩为代表，其 Rb/Sr 值应与玄武岩的平均值相近似(0.06)，求得下地壳岩石$^{87}Sr/^{86}Sr$值为 0.709(Taylor，1965)。

以自 0.25Ga 前在下部大陆地壳基础上发展起来的上地壳主要为花岗闪长岩-花岗岩质岩石，$^{87}Sr/^{86}Sr$=0.702，Rb/Sr 值取 0.18(Faured et al.，1972)，求得上部大陆壳岩石的$^{87}Sr/^{86}Sr$=0.720，绘出上部大陆壳$^{87}Sr/^{86}Sr$值的增长线，作为上部大陆壳源区的下限。

图中划分出三种类型花岗岩类的源区：幔源型(M 型)、壳幔混源型(MC 型)和壳源型(C 型)花岗岩类源区。进一步可将壳源型花岗岩类源区划分为下部壳源型($C_Ⅰ$型)和上部壳源型($C_Ⅱ$型)花岗岩类源区。

大陆地壳锶的增长曲线快于地幔，地幔锶现在的组成$^{87}Sr/^{86}Sr$为 0.702~0.706，比大陆地壳均一得多。

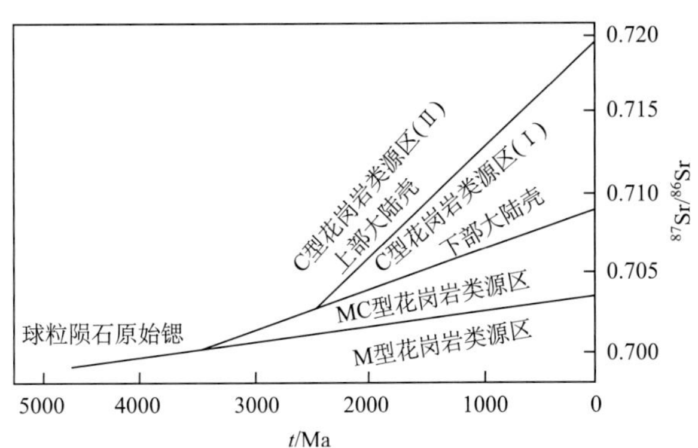

图 5-15　各种类型花岗岩类的$^{87}Sr/^{86}Sr$初始比值、年龄和岩浆源区的关系图解

ε_{Sr}值可定义为：$\varepsilon_{Sr}=\left(\dfrac{(^{87}Sr/^{86}Sr)^t_{SA}}{(^{87}Sr/^{86}Sr)^t_{UR}}-1\right)\times10^4$

式中，$(^{87}Sr/^{86}Sr)_{UR}$=0.7045 为锶同位素均一储库；$(^{87}Sr/^{86}Sr)^t_{SA}$为样品的初始锶同位素组成，即$(^{87}Sr/^{86}Sr)_i$值，简写为I_{Sr}，通常根据全岩 Rb-Sr 等时线年龄测定获得，或在已知年龄 t 时利用下式进行计算：

$$\left(\frac{^{87}Sr}{^{86}Sr}\right)_{SA}=\left(\frac{^{87}Sr}{^{86}Sr}\right)_i+\left(\frac{^{87}Rb}{^{86}Sr}\right)_{SA}\times\left(e^{\lambda t-1}\right)$$

式中，$\lambda=1.42\times10^{-11}a^{-1}$；$t$=岩体年龄值(Ma)。

由于^{87}Sr为^{87}Rb衰变形成，因此地壳岩石的$^{87}Sr/^{87}Rb$值总是大于地幔的初始值，ε_{Sr}值总是为正值，并且越老的地壳岩石ε_{Sr}值越大，一个地区花岗岩最大的$\varepsilon_{Sr}(t)$值将代表其前源岩的相应值。ε_{Sr}反映了岩石在其形成时的$^{87}Sr/^{87}Rb$初始值与原始未熔融的地幔(球粒陨石均一储库)的相对偏离程度。

地幔组成矿物的 Rb 含量很低，因此放射性成因的 ^{87}Sr 也很低，导致地幔的 $^{87}Sr/^{86}Sr$ 值很低，即使经过很长时间的演化，其 $^{87}Sr/^{86}Sr$ 也只能稍有增加，地幔岩石 $^{87}Sr/^{86}Sr$ 值的时间演化曲线是缓倾斜曲线，而陆壳岩石 Rb 含量高，因此其 Rb/Sr 和 $^{87}Sr/^{86}Sr$ 值都比较大，$^{87}Sr/^{86}Sr$ 随时间的演化曲线斜率明显增大。

华北晶质石墨矿石的 $^{87}Sr/^{86}Sr$ 值明显高于地幔岩的 $^{87}Sr/^{86}Sr$ 值(表 5-8)，尤其是辽东裂谷带宽甸石墨矿的 $^{87}Sr/^{86}Sr$ 值更高，表明了成熟地壳沉积的特点，ε_{Sr} 值也是宽甸石墨矿最高。宽甸古元古代石墨矿属于陆内裂谷沉积环境形成，而华北南缘秦岭带的淅川和镇平石墨矿属于古陆边缘沉积环境，沉积物成熟度低于裂谷沉积物。

表 5-8　石墨矿石的 $^{87}Sr/^{86}Sr$ 测试值

地区	样号	$Rb/10^{-6}$	$Sr/10^{-6}$	$^{87}Rb/^{86}Sr$	$^{87}Sr/^{86}Sr$	$2\sigma\pm$	ε_{Sr}
宽甸	KD-06	168.00	76.30	6.3648	0.886623	0.000013	2585
	KD-12	157.00	64.00	7.0912	0.868992	0.000017	2335
	KD-14	171.00	107.00	4.6458	0.809930	0.000011	1497
	平均值	165.33	82.43	6.0339	0.855182	0.000014	2139
淅川	XC-02	79.60	93.70	2.4586	0.723533	0.000008	270
	XC-07	54.40	100.00	1.5750	0.719700	0.000012	216
	XC-10	81.30	82.10	2.8660	0.728279	0.000009	338
	平均值	71.77	91.93	2.2999	0.723837	0.000010	275
镇平	ZP-05	273.00	198.00	3.9838	0.737094	0.000011	463
	ZP-09	58.40	394.00	0.4291	0.714371	0.000009	140
	ZP-14	5.88	440.00	0.0386	0.711165	0.000011	95
	平均值	112.43	344.00	1.4838	0.720877	0.000010	233
北镇	BZ-03	143.00	108.00	3.8107	0.715469	0.000011	156
	BZ-05	186.00	103.00	5.2185	0.718182	0.000014	194
	BZ-10	145.00	191.00	2.2036	0.711552	0.000010	100
	平均值	158.00	134.00	3.7443	0.715068	0.000012	150

2. 钕同位素示踪

钕(Nd)是一个稀土元素，难溶于水，在变质作用、热液蚀变及风化作用都比较稳定，自然界中钕以 ^{142}Nd、^{143}Nd、^{144}Nd、^{145}Nd、^{148}Nd、^{149}Nd、^{150}Nd 七种同位素的形式存在，相对丰度分别为 27.11%、12.17%、23.85%、8.30%、17.22%、5.73%、5.62%，其中稳定同位素 ^{143}Nd 是钐(^{147}Sm)经过 α 衰变生成，研究钕同位素组成时，以 ^{144}Nd 作比较基础，测定 $^{143}Nd/^{144}Nd$ 比值。

在地质学研究中以对样品中子体同位素 ^{143}Nd(或 Nd 元素)含量、$^{143}Nd/^{144}Nd$ 值及母体同位素 ^{147}Sm(或者 Sm 元素)的测定，即可以根据放射性衰变规律计算试样形成封闭体系以来的时间，即岩石及矿物的形成年龄。根据等时线外推或已知年龄条件下反演得到的地质体形成时的初始 $^{143}Nd/^{144}Nd$ 比值，讨论成岩成矿物质来源、地壳增长及壳幔相互作用和岩浆岩成因。

1) ε_{Nd}

ε_{Nd} 表示 Nd 同位素组成的微小变化，表示方法：

$$\varepsilon_{\mathrm{Nd}}=\left[\frac{\left({}^{143}\mathrm{Nd}/{}^{144}\mathrm{Nd}\right)_{\mathrm{SA}}}{\left({}^{143}\mathrm{Nd}/{}^{144}\mathrm{Nd}\right)_{\mathrm{CHUR}}}-1\right]\times10^{4}$$

$$\varepsilon_{\mathrm{Nd}}(i)=\left[\frac{\left({}^{143}\mathrm{Nd}/{}^{144}\mathrm{Nd}\right)_{\mathrm{i}}}{\left({}^{143}\mathrm{Nd}/{}^{144}\mathrm{Nd}\right)_{\mathrm{CHUR}}}-1\right]\times10^{4}$$

式中，$({}^{143}\mathrm{Nd}/{}^{144}\mathrm{Nd})_{\mathrm{SA}}$为样品测试值；$({}^{143}\mathrm{Nd}/{}^{144}\mathrm{Nd})_{\mathrm{i}}={}^{143}\mathrm{Nd}/{}^{144}\mathrm{Nd}-{}^{147}\mathrm{Sm}/{}^{144}\mathrm{Nd}(e^{\lambda t}-1)$，为样品初始值，简写为 I_{Nd}；${}^{143}\mathrm{Nd}/{}^{144}\mathrm{Nd}_{(\mathrm{CHUR})}={}^{143}\mathrm{Nd}/{}^{144}\mathrm{Nd}-{}^{147}\mathrm{Sm}/{}^{144}\mathrm{Nd}(e^{\lambda t}-1)$，为球粒陨石均一储库值，用 ${}^{143}\mathrm{Nd}/{}^{144}\mathrm{Nd}=0.721900$ 标准化时，$({}^{143}\mathrm{Nd}/{}^{144}\mathrm{Nd})_{\mathrm{CHUR}}=0.512638$；用 ${}^{143}\mathrm{Nd}/{}^{144}\mathrm{Nd}=0.636151$ 标准化时，$({}^{146}\mathrm{Nd}/{}^{144}\mathrm{Nd})_{\mathrm{CHUR}}=0.511836$；$\lambda=6.54\times10^{-11}\mathrm{a}^{-1}$，$t$=岩体年龄(Ma)。

$\varepsilon_{\mathrm{Nd}}$与样品的 Sm/Nd 值和年龄呈正比：

$$\varepsilon_{\mathrm{Nd}}=Q\cdot f\cdot t$$

式中，Q 为常数 24.7；$f_{(\text{富集系数})}=\frac{\left({}^{147}\mathrm{Sm}/{}^{144}\mathrm{Nd}\right)_{\mathrm{SA}}}{\left({}^{147}\mathrm{Sm}/{}^{144}\mathrm{Nd}\right)_{\mathrm{CHUR}}}-1$；$t$ 为年龄；$({}^{147}\mathrm{Sm}/{}^{144}\mathrm{Nd})_{\mathrm{CHUR}}=0.1967$。

在地球演化中，随着 ^{147}Sm 衰变形成 ^{143}Nd，地壳岩石 ^{147}Sm 逐渐减少，因此地壳岩石中 f 总是为负值，岩石年龄越老，其 $\varepsilon_{\mathrm{Nd}}$ 值越小，一个地区变质岩最小的 $\varepsilon_{\mathrm{Nd}}(t)$ 值将代表其地壳的相应值。

因此，$\varepsilon_{\mathrm{Nd}}$ 实际上反映了岩石在其形成时的 ${}^{143}\mathrm{Nd}/{}^{144}\mathrm{Nd}$ 初始值与原始未熔融的地幔(球粒陨石均一储库)的相对偏离程度。

地壳岩石富集轻稀土元素，Sm/Nd 值低于球粒陨石均一储库的值，其 $\varepsilon_{\mathrm{Nd}}$ 值小于零；亏损地幔富集重稀土元素，Sm/Nd 值高于球粒陨石均一储库的值，其 $\varepsilon_{\mathrm{Nd}}$ 大于零。因此，如果某一火成岩的 $\varepsilon_{\mathrm{Nd}}<0$，表明它们来源于地壳物质，或与地壳物质发生过混染，混染程度越是明显，$\varepsilon_{\mathrm{Nd}}$ 负值越大。相反，如果火成岩的 $\varepsilon_{\mathrm{Nd}}>0$，表明它们来源于亏损地幔，正值越大，表明它们来源于轻稀土元素亏损越是明显的地幔源区。因此研究花岗岩类的钕同位素组成，可以判别花岗岩前源岩是地壳岩石还是上地幔物质。

2) 钕同位素模式年龄

地壳岩石的 Nd 模式年龄指的是地壳岩石中以 Sm/Nd 为代表的稀土元素从地幔储库分离以来所经历的时间，即可代表壳幔分异的时间。花岗岩的 Nd 模式年龄与源区物质的成分或熔融条件无关，而仅与源区物质在地壳中的平均存留时间有关。

Nd 同位素模式年龄 T_{DM} 是最常用来描述地壳中 Nd 同位素演化特征的参数，它被定义为由样品现在的 ${}^{143}\mathrm{Nd}/{}^{144}\mathrm{Nd}$ 和 ${}^{147}\mathrm{Sm}/{}^{144}\mathrm{Nd}$ 值反演到其 ${}^{143}\mathrm{Nd}/{}^{144}\mathrm{Nd}$ 值与亏损地幔源区(DM)的该比值一致的时间，可表达为

$$T_{\mathrm{DM}}=\frac{1}{\lambda}\ln\left[1+\frac{({}^{143}\mathrm{Nd}/{}^{144}\mathrm{Nd})_{\mathrm{SA(O)}}-({}^{143}\mathrm{Nd}/{}^{144}\mathrm{Nd})_{\mathrm{DM(O)}}}{({}^{147}\mathrm{Sm}/{}^{144}\mathrm{Nd})_{\mathrm{SA(O)}}-({}^{147}\mathrm{Sm}/{}^{144}\mathrm{Nd})_{\mathrm{DM(O)}}}\right]$$

式中，λ 为衰变常数，为 $6.54\times10^{-11}\mathrm{a}^{-1}$；$({}^{143}\mathrm{Nd}/{}^{144}\mathrm{Nd})_{\mathrm{SA(O)}}$和$({}^{147}\mathrm{Sm}/{}^{144}\mathrm{Nd})_{\mathrm{SA(O)}}$为样品值；$({}^{143}\mathrm{Nd}/{}^{144}\mathrm{Nd})_{\mathrm{DM(O)}}$、$({}^{147}\mathrm{Sm}/{}^{144}\mathrm{Nd})_{\mathrm{DM(O)}}$为亏损地幔值；$({}^{143}\mathrm{Nd}/{}^{144}\mathrm{Nd})_{\mathrm{DM(O)}}=0.51325$；$({}^{147}\mathrm{Sm}/{}^{144}\mathrm{Nd})_{\mathrm{DM(O)}}=0.2168$。

在地壳岩石变质熔融过程中，稀土元素都是保持同步迁移的，Sm/Nd 值基本保持恒定，因此岩石的 Nd 模式年龄数据是有意义的，大部分年轻地壳岩石的模式年龄均可能被解释成地壳年龄。

地壳岩石的平均 Sm/Nd 为 0.17~0.21，华南各时代沉积岩和变质岩的 Sm/Nd 也主要在 0.16~0.22 变化。因此只有 Sm/Nd 在 0.14~0.24 的壳源型花岗岩才能给出可信的陆壳形成年龄。

模式年龄计算的前提是假设在各种地壳过程中 Sm-Nd 体系保持封闭(即 Sm/Nd 值保持不变)，但是

结晶分异过程可能导致 Sm/Nd 值发生显著变化。例如，华南的许多高度演化的花岗岩和晚阶段花岗岩，其 REE 呈 V 形分布，$^{147}Sm/^{144}Nd$ 值可高达 0.20 或更高，由此计算出的 T_{DM} 比地球年龄还老，显然是不合理的。采用两阶段演化模式可在很大程度上减少 $^{147}Sm/^{144}Nd$ 值变化对 T_{DM} 计算的影响。

两阶段模式年龄计算方法，根据花岗岩的现今 $^{143}Nd/^{144}Nd$ 和 $^{147}Sm/^{144}Nd$ 值及结晶年龄 t 计算该花岗岩在时间 t 时的初始 $^{143}Nd/^{144}Nd$；然后利用这一初始 $^{143}Nd/^{144}Nd$ 值和在时间 t 时陆壳的平均 $^{147}Sm/^{144}Nd$ 值来计算其 Nd 模式年龄。陆壳的平均 $^{147}Sm/^{144}Nd$ 值可通过地壳的平均 $f_{Sm/Nd}$(~0.994) 计算获得。

两阶段模式年龄 T_{2DM} 计算公式为

$$T_{2DM}=\frac{1}{\lambda}\ln\left[1+\frac{\left(\frac{^{143}Nd}{^{144}Nd}\right)_{SA}-\left(\frac{^{143}Nd}{^{144}Nd}\right)_{DM}-\left[\left(\frac{^{147}Sm}{^{144}Nd}\right)_{SA}-\left(\frac{^{147}Sm}{^{144}Nd}\right)_{CC}\right]\times\left(e^{\lambda t-1}\right)}{\left(\frac{^{147}Sm}{^{144}Nd}\right)_{CC}-\left(\frac{^{147}Sm}{^{144}Nd}\right)_{DM}}\right]$$

式中，下标 SA、CC 和 DM 分别为样品、大陆地壳和亏损地幔；t 为岩石结晶年龄，亦即为第二阶段开始的时间：$\lambda=6.54\times10^{-11}a^{-1}$；$(^{147}Sm/^{144}Nd)_{CC}=0.118$；$(^{147}Sm/^{144}Nd)_{DM}=0.2168$；$(^{143}Nd/^{144}Nd)_{DM}=0.51325$。

华北晶质石墨矿石的 $^{143}Nd/^{144}Nd$ 值明显低于地幔岩的 $^{143}Nd/^{144}Nd$ 值(表 5-9)，尤其是辽东裂谷带宽甸石墨矿的 $^{143}Nd/^{144}Nd$ 值最低，表明了成熟地壳沉积的特点，淅川石墨矿床 $^{143}Nd/^{144}Nd$ 值最高，ε_{Nd} 值也是宽甸石墨矿最低，淅川最高。显示宽甸古元古代石墨矿和华北南缘秦岭带的淅川和镇平石墨矿属于古陆边缘沉积环境及沉积物成熟度不同。

表 5-9　石墨矿石 $^{143}Nd/^{144}Nd$ 测试值

矿区	样号	测试结果					
		$Sm/10^{-6}$	$Nd/10^{-6}$	$^{147}Sm/^{144}Nd$	$^{143}Nd/^{144}Nd$	$2\sigma\pm$	ε_{Nd}
宽甸	KD-06	7.70	45.20	0.1030	0.511186	0.000009	−28.32
	KD-12	3.06	16.10	0.1151	0.511330	0.000006	−25.52
	KD-14	5.45	35.80	0.0920	0.511388	0.000007	−24.38
	平均值	5.40	32.37	0.1034	0.511301	0.000007	−26.07
淅川	XC-02	0.85	4.06	0.1260	0.512207	0.000007	−8.41
	XC-07	5.22	26.10	0.1207	0.512176	0.000007	−9.01
	XC-10	5.48	27.40	0.1211	0.512164	0.000008	−9.25
	平均值	3.85	19.19	0.1226	0.512182	0.000007	−8.89
镇平	ZP-05	10.80	59.10	0.1103	0.511917	0.000006	−14.06
	ZP-09	3.51	18.40	0.1152	0.511849	0.000006	−15.39
	ZP-14	2.90	15.10	0.1165	0.511947	0.000018	−13.48
	平均值	5.74	30.87	0.11	0.51	0.000010	−14.31
北镇	BZ-03	4.40	25.70	0.1032	0.511832	0.000006	−15.72
	BZ-05	4.91	29.00	0.1024	0.511662	0.000006	−19.04
	BZ-10	4.04	23.30	0.1048	0.511859	0.000005	−15.20
	平均值	4.45	26.00	0.1035	0.511784	0.000006	−16.65

3. 钕-锶同位素演化

ε_{Nd} 和 ε_{Sr} 值呈现负相关性，根据美国西部内华达山脉和大盆地北部岩石同位素组成，即从靠近太平洋一侧向内陆方向，花岗岩类的 ε_{Nd} 和 ε_{Sr} 值从原始岛弧型火山岩的值逐渐演化至代表前寒武纪地壳岩石的值(Farmer et al.，1983)，这种规律性的变化反映了地壳岩石成分和大陆地壳厚度。在大陆边缘部分，地壳岩石由深海碎屑沉积岩并含有海底玄武岩和岛弧火山岩夹层组成，陆壳厚度薄，往东至过渡带，地壳岩石主要由大陆架型沉积物陆源碎屑沉积物和碳酸盐等组成，并具有晚前寒武至早前寒武纪结晶基底。在最东部，地壳岩石主要由陆台沉积岩和前寒武纪结晶基底组成，地壳厚度最大(图 5-16)。

与北美岩石 ε_{Nd} 和 ε_{Sr} 相关图比较，本区孔兹岩系的 ε_{Nd} 和 ε_{Sr} 相当于冒地槽区，是稳定古陆边缘沉积(图 5-16)。

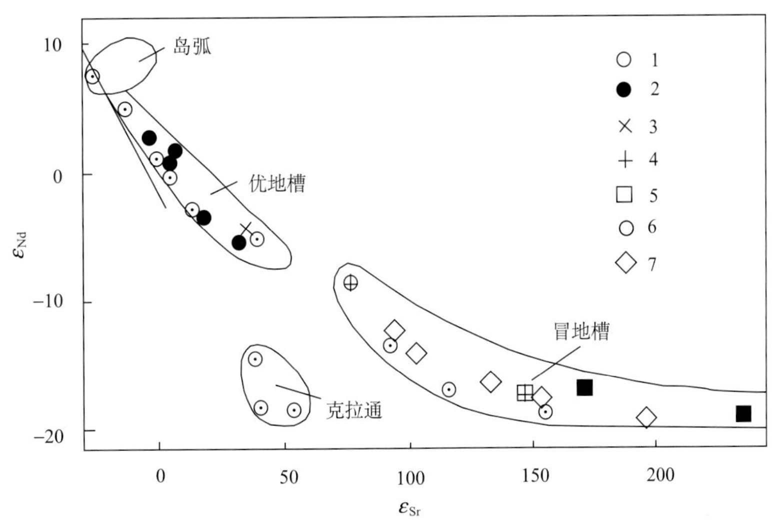

图 5-16　华北孔兹岩系与美国西部大盆地北部中新生代花岗岩类 ε_{Nd}-ε_{Sr} 比较图

1. 0~50Ma；2. 50~100Ma；3. 100~150Ma；4. 150~200Ma；5. 二云母花岗岩；6. 黑云母角闪石花岗岩；7. 华北孔兹岩

四、孔兹岩系变质温压条件

以胶北地区孔兹岩系研究比较系统，具有代表性，因此以胶北孔兹岩系为典型进行介绍。

胶北地区出露大面积的早前寒武纪变质岩系，根据其形成时代和岩石组合特征，依次可划分为中太古代唐家庄岩群，新太古代胶东岩群，古元古代荆山群、粉子山群、芝罘群和新元古代蓬莱群等(王舫等，2010)。

胶东群以 TTG 片麻岩为主，在栖霞地区呈穹隆状分布。荆山群则围绕胶东群分布，主要出露在莱阳—莱西—平度—安丘等地，自下而上划分为：禄格庄组、野头组和陡崖组，岩性为一套富铝的片岩-片麻岩、大理岩、石墨片麻岩、黑云斜长片麻岩、透辉石岩等。粉子山群主要分布在胶北地区北部的蓬莱和烟台等地，主体岩性为一套变质程度相对较低的泥砂质片岩-片麻岩和大理岩等。

荆山群和粉子山群两者在岩石组合、原岩建造、含矿特征、形成时代等方面存在明显的相似性，而在变质程度、构造变形及混合岩化作用等方面存在明显差异，一般认为同时异相产物(王沛成，1995,1999；于志臣，1999)。

分布于莱西—莱阳—栖霞地区的荆山群禄格庄组下段和陡崖组上段孔兹岩系以变泥质富铝片岩-片麻岩(全岩 Al_2O_3 含量 18.50%~22.35%)为主，夹有石墨片麻岩、黑云斜长片麻岩、透辉石岩和大理岩等。

根据岩相学、成因矿物学和变质反应性质以及温压条件估算，孔兹岩系变质演化 *P-T* 轨迹具有顺时针形式，先后经历了近等温减压(ITD)和近等压冷却(IBC)的 *P-T* 演化，标志着胶北地区早前寒武纪孔兹岩系曾经历了地壳加厚—构造隆升的动力学过程，孔兹岩系经历了四个变质演化阶段(图 5-17)。

(1) M1 为早期进变质作用阶段，温度压力相对较低，以形成二云母片岩为主，部分岩石中叶蜡石等低级变质的黏土矿物变质结晶出石榴石、十字石、红柱石或蓝晶石或毛发状夕线石，但是主要矿物还是以黑云母、白云母、斜长石和石英为主。随着变质温度压力的升高，石榴石变质结晶增大，包裹了许多早期生成的石英和斜长石等矿物包体，为该阶段的重要特征。卢良兆等(1996)曾经描述在本区孔兹岩系中见到有红柱石被压扁变形转化为夕线石和蓝晶石被针柱状夕线石切穿的现象，说明存在红柱石和蓝晶石转变为夕线石的反应。同时早期形成的毛发状夕线石进一步结晶加大形成针柱状夕线石。另外早期形成的白云母和石英，白云母、黑云母和石英也可反应生成夕线石：

$$Ms+Qz \longrightarrow Sil+Kfs+H_2O$$

$$Ms+Bi+Qz \longrightarrow Sil+Ga+Kfs+H_2O$$

大量夕线石存在的岩石中白云母含量较少或不出现，而黑云母则继续结晶加大。此时岩石中典型矿物矿物组合为石榴石、黑云母、夕线石、斜长石、钾长石和石英。

(2) M2 为压力峰期向温度峰期过渡阶段，由时岩石经历了增温减压的过程，形成中—高压麻粒岩相变质阶段的矿物组合，以含蓝晶石的麻粒岩相矿物组合为标志，该阶段最高的温压条件可达 760℃、1.0GPa。此时黑云母脱水生成毛发状夕线石或者还有堇青石，可能的反应式为

$$Bi \longrightarrow Sil+\text{熔体}[(Mg,Fe)O+K_2O+SiO_2+H_2O]$$

$$Bi+Qz \longrightarrow Sil+Crd+Kfs+Mt+H_2O$$

$$Bi \longrightarrow Sil+Crd+Mt+Ilm+\text{熔体}(K_2O+SiO_2+H_2O)$$

其岩相学特征为堇青石中包裹大量新生的毛发状夕线石，而黑云母呈残余状。

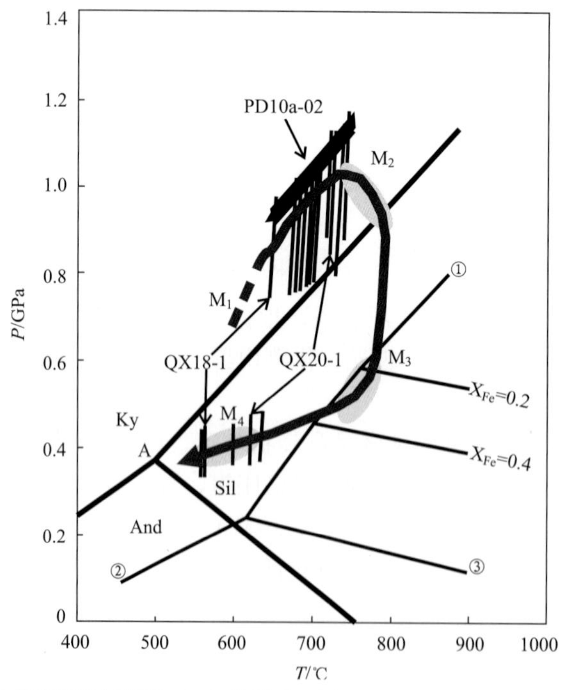

图 5-17　胶北孔兹岩系变质演化 *P-T-t* 轨迹(Holdaway，1971；Holdway and Lee，1977)

A. Al_2SiO_5 三相转变点；$X_{Fe}=Fe^{2+}/(Fe^{2+}+Mg)$。①Bi+Sil+Qz→Ga+Kfs；②Fe—Bi+Sil+Qz→Fe—Crd+Kfs；③Alm+Sil+Qz→Fe—Crd；PD、QX 胶北区样品。M_1. 早期进变质阶段；M_2. 峰期中—高压麻粒岩相变质阶段；M_3. 峰后近等温减压变质阶段；M_4. 晚期降温退变质阶段

(3) M3 为峰后近等温减压麻粒岩相退变质阶段，发生一系列典型减压反应，本阶段典型的矿物组合有石榴石+夕线石+堇青石+黑云母+斜长石+钾长石+石英。该阶段以新生堇青石的出现为标志，最显著的特征为堇青石围绕石榴石形成环边结构。出现含堇青石的中—低压麻粒岩相矿物组合，稳定的温压条件为 750~800℃、400~540MPa。围绕石榴石的除单晶的堇青石外，亦可见堇青石与石英交生在一起的现象，可能的变质反应有

$$2Ga+4Sil+5Qz+3H_2O \Longleftrightarrow 3Crd$$

$$Ga+2Sil+3H_2O \Longleftrightarrow 3Crd+2Qz$$

(4) M4 为晚期温压降低退变质阶段，以石榴石转变形成细小黑云母等退变矿物为特征，在石榴石边缘出现环边的细小黑云母围绕石榴石，该阶段的温压条件为 550~650℃、400MPa。

第二节　中国石墨矿床

以往矿床分类中划分晶质石墨和隐晶质石墨两种类型，我们现在从工业利用的角度采取三分法，即深变质型鳞片状石墨，一般晶片径长 80μm 以上，大于 200 目；浅变质型微晶石墨，一般晶片径长 25μm 以上，大于 500 目；煤变质隐晶质石墨，为粉晶和隐晶质，一般晶片径长 25μm 以下的粉晶到 1μm 以下的隐晶质，小于 500 目。以往定义的晶质石墨都是指的深变质型石墨，而把微晶质和隐晶质统称为隐晶质和土状石墨。

一般品位特征是晶质鳞片石墨矿石的原矿品位为 3.00%~13.50%，局部特高品位者可达 26.50%，与构造及热液富集有关，大部分矿床品位在 7.00%左右。微晶质石墨矿床资料给出的品位变化较大，有的给出固定碳含量可以在 50%以上，有的资料给出石墨的品位不足 10%。由于低变质型石墨矿床中一些碳并没有转化为石墨，所以固定碳的含量不代表石墨的品位，一般低变质岩型石墨矿床固定碳品位高于高变质岩型石墨矿床品位，一般在 15.00%~30.00%是常见的。隐晶石墨矿床是煤层变质，煤层固定碳含量都在 90%以上，形成石墨矿石的原矿品位也较高，多数在 60%~80%，部分甚至高达 95%，有害组分硫的含量较低(0.26%~1.16%)。

一、深变质型石墨矿床

我国石墨矿床的时空分布受大地构造发展规律控制，一定类型的石墨矿床分布于一定的大地构造单元。区域变质石墨矿床主要分布于隆起区，包括古陆隆地区、褶皱带隆起区、且主要集中于我国东部两大古陆(华北古陆及扬子古陆)及褶皱系(图 5-18)。根据成矿区域的特点，可分出 35 个成矿区，主要分布于华北古陆(表 5-10)。

华北与扬子古陆的区域变质石墨的分布格局颇不相同，华北古陆以整体面性分布为特点，古陆核乃其密集分布域；扬子古陆则以沿古陆边缘环带状分布为特点，古陆内部出现若干孤立露头分布区(如黄陵背斜区)，规模较小。

郯庐断裂以东的褶皱系内隆起区(如佳木斯隆起、武夷隆起、云开隆起)，也是我国区域变质石墨的重要分布区，其特点是点多而分散。

秦岭—昆仑构造带中的中间隆起区和三江褶皱系的隆起区也是区域变质石墨的分布区，其分布特点是呈弧线状断续延伸数千米，甚至数百千米。

中国大陆早前寒武纪深变质岩出露区几乎都有深变质型石墨矿床分布，如华南武夷山地区、云南哀牢山地区及昆仑山、天山构造带等(保广普等，2013；王蓉宾，2008；赵想安，2015；陈刚等，2009)，但是以华北古陆分布比较集中，且矿床规模巨大。华北古陆石墨矿床与孔兹岩系的分布范围一致，主要在黑龙江东部佳木斯鹤岗一带(以鸡西和萝北的石墨矿具有代表性)；吉南—辽东；胶北；乌拉山—

太行山；豫西东秦岭等地(表 5-11)。

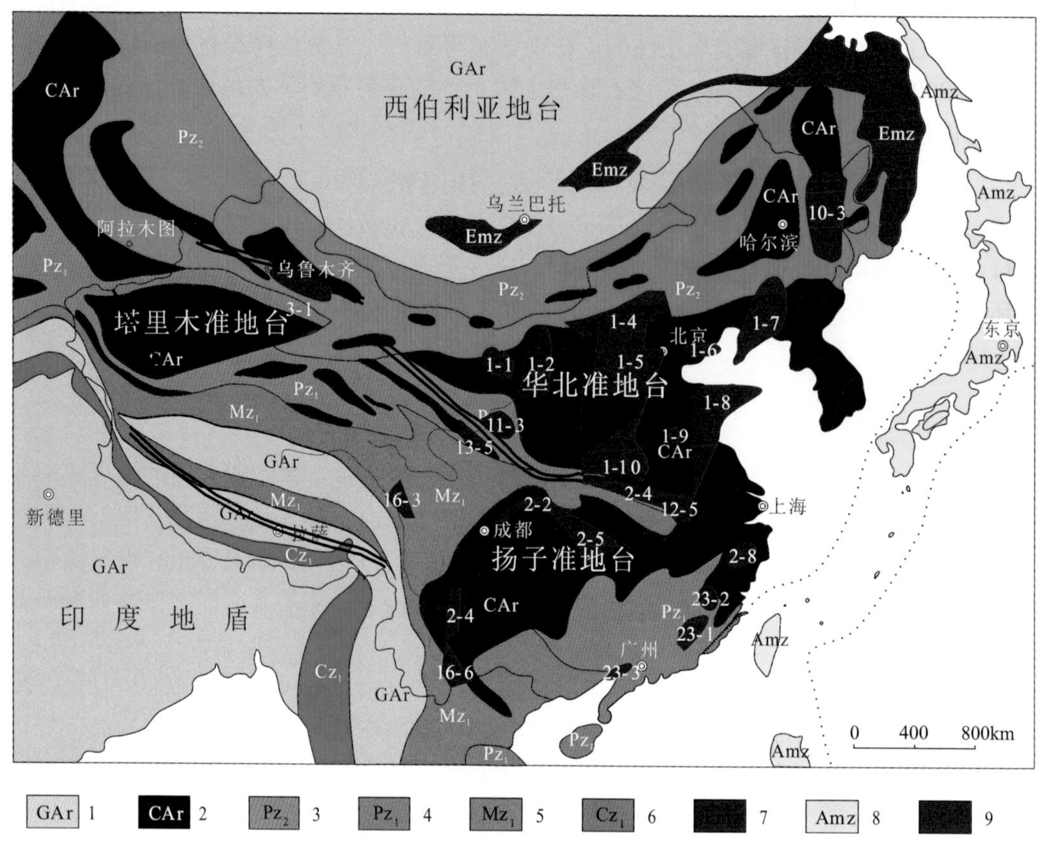

图 5-18　中国区域变质石墨主要成矿区

1. 地台；2. 古中华陆块群；3. 天山－兴安海西造山系；4. 昆仑－祁连－秦岭加里东－海西造山系及华南加里东造山系；5. 北特提斯印支－燕山造山系；6. 南特提斯喜马拉雅造山系；7. 萨彦－额尔古纳造山系；8. 亚洲东缘燕山造山系；9. 区域变质石墨分布区

表 5-10　中国深变质石墨成矿带简表

大地构造单元		成矿带	含矿岩系
一级单元	二级单元		
华北古陆	阿拉善台隆(1-1)	龙首山带	阿拉善群、乌拉山群—上集宁群；上太华群—秦岭群； 辽河群—集安群； 荆山群—粉子山群
	鄂尔多斯台缘褶带(1-2)	石嘴山带	
	内蒙古地轴(1-4)	大青山带	
	山西断隆(1-5)	吕梁山带、五台山带、太行山带	
	燕山台褶带(1-6)	燕山带	
	辽东台隆(1-7)	辽吉裂谷带	
	胶北台隆(1-8)	龙岗带、千山带、胶东带、胶南带	
	豫西断隆(1-10)	华西带、伊洛带	
扬子古陆	龙门—大巴台缘褶带(2-2)	米仓山带、邛崃山带	崆岭群、火地垭群、康定群、佛子岭群
	康滇地轴(2-4)	白草岭带	
	上扬子台褶带(2-5)	黄陵带	
	浙西—皖南台褶带(2-8)	黄山带	
吉黑褶皱系	佳木斯隆起(10-3)	兴凯湖带	麻山群
塔里木古陆	库鲁克塔格断隆(3-1)	西山口带	库尔勒群

续表

大地构造单元		成矿带	含矿岩系
一级单元	二级单元		
祁连褶皱系	祁连中间隆起带(11-3)	南祁连山带	野马南山群
秦岭褶皱系	北秦岭褶皱带(12-4) 武当—淮阳隆起带(12-5)	北秦岭带、桐柏山带、大别山带 北武当山带	秦岭群、陡岭群、大别群、耀岭河群
东昆仑褶皱系	欧龙布鲁克隆起带(13-5)	塔塔棱河带	达肯大坂群
三江褶皱系	金沙江褶皱带(16-3) 哀牢山褶皱带(16-6)	金沙江带 南哀牢山带	哀牢山群、 昆阳群
华南褶皱系	华夏褶皱带(23-2)	武夷山带	建瓯群、罗峰溪群、陀烈群、乐昌峡群
	赣湘桂粤褶皱带(23-1)	大罗山带	
	云开褶皱带(23-4)	雷川带	

二、浅变质及煤变质型石墨矿床

本书单独划分出一类浅变质型微晶状石墨矿床，是因为最近几年在华北、华南地区都新发现一些晶片较细的微晶石墨矿床(蒋宏意，1994)，介于过去定义的晶质石墨和土状石墨或隐晶质石墨之间的一种过渡类型，而这种石墨在华南地区、华北地区的晚前寒武纪和早寒武世或者早古生代的黑色岩系分布区，分布比较广泛(表 5-12)。尤其是南秦岭南部及华北北缘古陆边缘地带、祁连构造带晚前寒武系地层出露区有一系列浅变质岩型石墨矿分布(陈科，2011；陈二虎等，2013；赵福来，2014；汤贺军等，2015)。

煤变质石墨都是隐晶质，成土状，主要分布在华南，尤其是福建和湖南等省。湖南省已发现近百处煤变质隐晶质石墨矿床，主要分布于古老隆起区的边缘褶皱带和火成岩体的外接触带，密集成群成带出现，是由于受到统一的含煤岩系控制(邵志富和车勤建，1988；秦志刚等，2009；张蔚语，2010；李彦斌，2010)。

黑龙江铁力、尚志一带亦发现多处碳质页岩及煤变质隐晶质石墨矿床。尚志一带石墨矿(化)点赋矿地层定位张广才岭群红光组，岩性主要为斑点板岩、碳质板岩、千枚岩。晚印支期二长花岗岩侵入含碳地层，形成接触交代型石墨矿床，固定碳一般在 15%左右。铁力一带石墨矿床、矿(化)点主要见于形成时代为晚古生代的二叠纪，含矿岩石为石墨质板岩。石墨为煤层变质型土状石墨，固定碳含量 50%~60%。在海西—印支期受侵入岩作用的影响受热变质，黏土岩变质为石墨质板岩，碳质(煤)变质成为石墨，富含碳质的原岩层变质形成石墨矿体。

隐晶质石墨矿床是煤(或高碳质岩石)的一种热变质产物，其变质程度介于无烟煤(或石煤)与晶质石墨之间(谢有赞等，1994；廖慧元，1994；王真等，2015)，强烈的热变质作用是隐晶质石墨矿床形成的主要因素，煤经接触热变质而成，产于火成岩体外接触带，从火成岩体由近至远具有石墨—土状石墨—无烟煤的明显分带性，矿床规模大、品位高(表 5-12)。

采用 X 射线衍射仪对隐晶质石墨矿进行物相分析，是鉴定隐晶质石墨的有效方法(图 5-19)。隐晶质石墨矿中除了石墨的特征衍射峰外，还有云母、高岭石及方解石杂质的衍射峰，但是射峰的峰强较弱，表明了这些杂质的结晶程度很低或者含量不大。同时在 X 射线衍射图谱中没有出现石英的特征峰，说明纯石英杂质在隐晶质石墨中含量比较少。

由物相分析的结果可知，含硅的化合物杂质主要是复杂硅酸盐和少量的游离石英，而且结晶度不是很好；含铝的化合物杂质主要是云母、高岭石等铝硅酸盐(王真等，2015)。

其他有效的分析鉴定方法可以借助于光学、热分析以及电导分析法，简易的方法可以用挥发分、用热干馏法、强氧化反应、H/C 元素法区分鉴定(廖慧元，1994)。

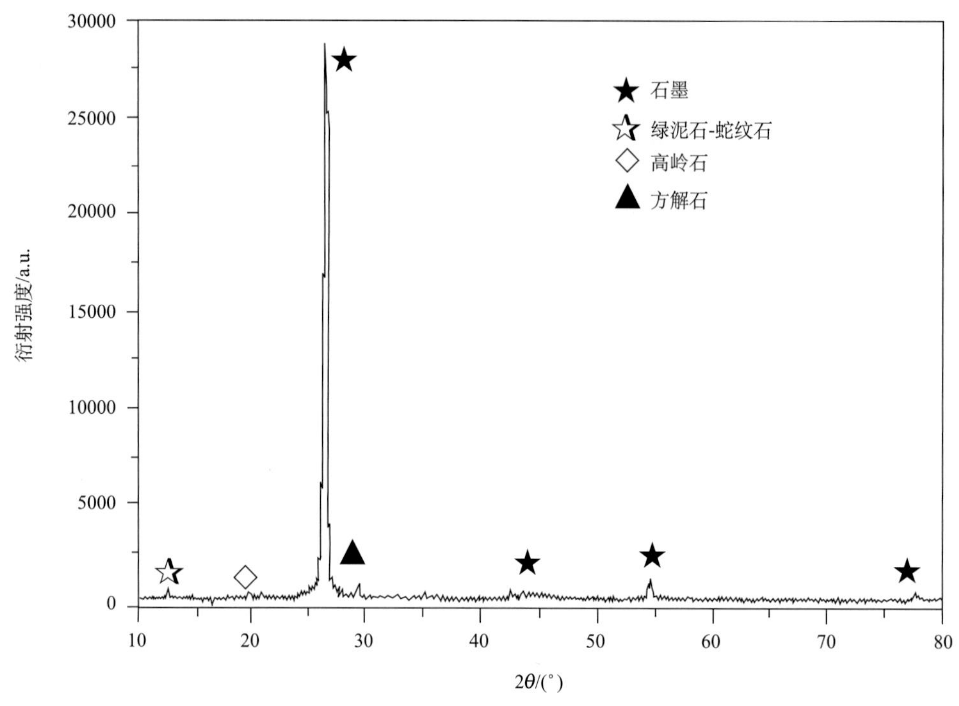

图 5-19　隐晶质石墨矿石 X 光衍射物象(XRD)图

三、中国石墨矿床成矿时代及资源量

1. 石墨矿床成矿时代

我国石墨矿床的成矿作用与大地构造演化及构造背景有关，可以划分为三个成矿期，每期又划分为碳质岩系沉积和变质成矿两个阶段(表 5-13)。对应三个成矿层位和矿床类型，一是早前寒武纪孔兹岩系区域深变质石墨矿床，这与我国发生于 2.5~1.8Ga 的五台运动和吕梁构造运动有关；二是晚前寒武纪与早古生代黑色岩系区域浅变质石墨矿床，这与加里东期和海西期中国大地构造运动有关；三是晚古生代—中生代煤层变质石墨矿床，变质石墨矿床与花岗质岩浆作用以及发生于 0.2Ga 左右的东部活动大陆边缘的强烈构造-岩浆作用有直接的因果关系。

北方以早前寒武纪古元古代深变质石墨成矿为主；南方以晚前寒武纪—早古生代，尤其是早寒武世浅变质石墨居多；煤层接触变质石墨相对年轻，含矿地层从石炭纪延续到侏罗纪，其中最重要的是晚二叠世及侏罗纪，南方以二叠纪为主，北方以侏罗纪居多。岩浆热源体侵入时代与岩浆岩带构造位置有关，南方为印支—燕山期，北方除燕山期外，还有部分是海西期。

早期区域深变质石墨矿床形成于陆核增生阶段和古华北地块形成阶段，前者见诸于华北地块北带和南缘；后者见诸于华北地块郯庐断裂以西地区，胶辽台隆、扬子块段、阿拉善地块、祁连地区和佳木斯断隆等古老基底，以形成“古陆基底”建造深变质区域变质石墨矿床为主。

晚期区域浅变质石墨矿床形成于扬子地块与华北地块连体构成一个镶嵌统一的古中国地块阶段及其后开始解体阶段、秦岭—昆仑地槽活动带形成早期阶段和华南褶皱带形成阶段，以形成“古陆盖层”建造浅变质区域变质石墨矿床为主。

煤层接触变质石墨矿床的成矿作用主要发生于东部活动边缘，大体相当于古欧亚大陆板块形成晚期及其开始解体，滨太平洋与特提斯喜马拉雅构造域强烈活动阶段早期。

表 5-11　中国深变质鳞片状石墨矿床一览表

省份	地区	矿床地名	矿石类型	品位/%	含矿岩系	地层时代	岩组
内蒙古	阿拉善右旗	档巴井	石墨透闪变粒岩、石墨变粒岩、石墨片岩	9.82	孔兹岩系	Pt_1b	北大山群
		查干木胡鲁(扎木敖包矿)	石墨二云石英片岩、石榴金云透辉石变粒岩	5.45	孔兹岩系、大理岩	An_3a	阿拉善群
		巴勒根吐	石墨二云石英片岩、石墨黑云石英片岩	3.42	孔兹岩系	An_3a	阿拉善群
	土默特左旗	什报气	石墨斜长片麻岩	3.66	孔兹岩系	An_3j	集宁群
		灯笼素	石墨片麻岩、破碎大理岩	6.40	孔兹岩系、蛇纹石化大理岩	An_3j	集宁群
	武川县	庙沟	石墨云母斜长片麻岩	4.27	孔兹岩系	An_3w	乌拉山群
	察右后旗	白石崖	石墨片麻岩	4.00	孔兹岩系	An_3s	桑乾群
	兴和县	黄土窑	石墨夕线石榴黑云斜长片麻岩	3.50	孔兹岩系、大理岩	An_3j	上集宁群
山西	大同市	新荣区七里村	石墨黑云斜长片麻岩	5.04	孔兹岩系、大理岩	An_3j	集宁群
		新荣区六亩地	石墨黑云母辉石斜长片麻岩	3.87	孔兹岩系	An_3j	集宁群
		新荣区白山村	石墨黑云斜长片麻岩	3.85	孔兹岩系	An_3j	集宁群
		弘赐	石墨黑云母辉石斜长片麻岩	4.48	孔兹岩系	An_3j	集宁群
河北	赤城县	龙关	石墨黑云斜长片麻岩、石墨变粒岩	4.53	孔兹岩系、大理岩	An_3s	桑干群谷
		东水泉	石墨云母斜长片麻岩、石墨斜长片麻岩	3.09	孔兹岩系、大理岩	An_3s	桑干群
		艾家沟	石墨斜长片麻岩、石墨云母斜长片麻岩	3.19	石榴斜长角闪岩、大理岩	An_3s	桑干群
黑龙江	勃利县	佛岭	石墨云母石英片岩、石墨白云质大理岩	6.79	孔兹岩系、大理岩	Pt_1m	麻山群
	鸡东县	新华乡长山	石墨夕线石英片岩	7.75	混合花岗岩	Pt_1m	麻山群
	鸡西市	共荣—土顶子山	石墨变粒岩、石墨斜长变粒岩	10.50	孔兹岩系、大理岩	Pt_1m	麻山群
		永台—安山	石墨混合片麻岩、石墨夕线石英片岩	7.70	孔兹岩系、大理岩	Pt_1m	麻山群
		土顶子东山	石墨斜长片麻岩、石墨夕线斜长片麻岩	5.30	均质混合岩、大理岩	Pt_1m	麻山群
		梨树区三道沟	石墨夕线斜长片麻岩、石墨夕线石英片岩	5.43	孔兹岩系、大理岩	Pt_1m	麻山群
		柳毛	石墨片岩、石墨夕线透辉片麻岩	9.73	夕线石英片岩	Pt_1m	麻山群
		岭南	石墨石榴石英片岩、石墨斜长变粒岩	7.40	黑云斜长片麻岩	Pt_1m	麻山群
	萝北县	云山	石墨片岩、石墨夕线石英片岩	12.20	孔兹岩系、大理岩	Pt_1m	麻山群

续表

省份	地区	矿床地名	矿石类型	品位/%	含矿岩系	地层时代	岩组
黑龙江	穆棱县	光义	石墨夕线石英片岩、石墨黑云斜长变粒岩	16.26	孔兹岩系	Pt^1m	麻山群
	双鸭山市	羊鼻山	石墨大理岩	9.19	孔兹岩系	Pt_1m	麻山群
	密山市	马来山	石墨夕线石英片岩、石墨斜长片麻岩	7.55	孔兹岩系	Pt_1m	麻山群
吉林	集安市	泉眼	石墨黑云斜长片麻岩、石墨变粒岩	4.24	孔兹岩系、大理岩	Pt_1j	集安群
	通化县	三半江	石墨透辉变粒岩、石墨变粒岩	5.21	斜长角闪岩、大理岩	Pt_1j	集安群
	桓仁县	黑沟	石墨黑云二长变粒岩、石墨方解大理岩	5.62	孔兹岩系、大理岩	Pt_1l	辽河群
辽宁	宽甸县	腰岭子	石墨方解石大理岩、石墨变粒岩	3.05	孔兹岩系	An_3a	鞍山群
		红石砬子	石墨变粒岩	3.05	变粒岩、方解石大理岩、	An_3a	鞍山群
新疆	奇台县	黄羊山苏吉泉	石墨黑云花岗岩	3~6	层凝灰岩、砂岩、粉砂岩	D_2p	海西花岗岩
	鄯善县	玉泉山	云母石英片岩	5.38	石榴斜长片岩	Pt_1x	兴地塔格群
青海	都兰县	诺木洪	石墨绿泥石英片岩	变化大	孔兹岩系	Pt_1k	肯特大阪群
		巴勒木特尔	石墨大理岩、石墨石英片岩	6.29	蛇纹石化、透闪石化大理岩	Pt_1j	金水口群
		哈图—清水泉查汗达洼特	石墨大理岩	–10	钙硅酸粒岩及大理岩	Pt_1b	白沙河岩组
	格尔木市	郭勒木得镇	石墨大理岩	2~12.24	大理岩夹黑云斜长片麻岩	Pt_1j	金水口群
		怀头塔拉	石墨黑云片麻岩	2.64~11.73	斜长片麻岩、大理岩	Pt_1j	金水口群
甘肃	民勤县	唐家鄂博山	石墨大理岩、石墨绿泥石英片岩	8.41	孔兹岩系	Pt_1a	阿拉善群
四川	渡口市	扎壁	石墨云母石英片岩、石墨云母石英片岩	6.88	孔兹岩系	Pt_1h	会理群
	攀枝花市	中坝	石墨云母石英片岩、石墨云母石英片岩	6.10	孔兹岩系	Pt_1y	盐边群
陕西	长安县	大峪五里庙	石墨夕线白云母石英片岩、石墨石榴石英片岩	8.41	孔兹岩系	Pt_1q	秦岭群
	丹凤县	大西沟—碾子坪	石墨长英变粒岩、石墨大理岩	4.56	孔兹岩系、大理岩	Pt_1q	秦岭群
		庚家河	石墨大理岩、石墨片麻岩、石墨片岩	5.78	孔兹岩系	Pt_1q	秦岭群
	潼关县	东桐峪	石墨黑云斜长片麻岩	4.65	孔兹岩系、蛭石透闪岩	An_3t	太华群
		善车峪	石墨斜长片麻岩	4.31	孔兹岩系	An_3t	太华群
	西安市	骊山	石墨片麻岩、石墨片岩	7.59	孔兹岩系	An_3t	太华群
		崇阳沟	石墨片麻岩、石墨片岩	7.67	孔兹岩系	An_3t	太华群

续表

省份	地区	矿床地名	矿石类型	品位/%	含矿岩系	地层时代	岩组
河南	淅川县	小陡岭	石墨绿泥石英片岩	10.00	孔兹岩系	Pt_1d	陡岭群
		五里梁	石墨片岩、石墨斜长片麻岩	8.31	孔兹岩系	Pt_1d	陡岭群
	灵宝市	文底乡泉家峪	石墨混合片麻岩	4.70	孔兹岩系、透辉透闪大理岩	An_3t	太华群
	西峡县	横岭	石墨绿泥石英片岩	8.13	孔兹岩系	Pt_1q	秦岭群
		马河乡	石墨黑云斜长片麻岩	4.62	孔兹岩系、透辉透闪大理岩	Pt_1q	秦岭群
	镇平县	小岔沟矿	石墨黑云透闪斜长片麻岩	4.53	孔兹岩系、透辉金云大理岩	Pt_1q	秦岭群
	内乡县	午阳山	石墨斜长片麻岩	7.23	孔兹岩系、透辉金云大理岩	Pt_1q	秦岭群
	鲁山县	背孜	石墨黑云透闪斜长片麻岩	3.05	孔兹岩系、透辉石大理岩	An_3t	太华群
	汝州市	拉台	石墨黑云斜长片麻岩	4.72	孔兹岩系、透辉石大理岩	An_3t	太华群
山东	海阳县	发城姜格庄	石墨片麻岩、石墨大理岩		孔兹岩系	Pt_1	前震旦纪
	牟平市	徐村	石墨斜长片麻岩	3.35	孔兹岩系	Pt_1f	粉子山群
	莱阳县	大梁子口	石墨斜长片麻岩	3.21	孔兹岩系、大理岩	An_3jd	胶东岩群
		山前夼	石墨斜长片麻岩	3.04	孔兹岩系、大理岩	An_3jd	胶东岩群
	平度市	苏村	石墨黑云透辉斜长片麻岩	2.5~6.5		Pt_1j	荆山群
		东石岭	石墨黑云透辉斜长片麻岩	3.52	孔兹岩系	Pt_1j	荆山群
		冢东	石墨黑云透辉斜长片麻岩	4.09	孔兹岩系、蛇纹大理岩	Pt_1j	荆山群
		刘戈庄	石墨黑云斜长片麻岩、石墨透闪蛇纹透辉大理岩	3.34	孔兹岩系、蛇纹大理岩	Pt_1j	荆山群
		娇戈庄	石墨黑云斜长片麻岩、石墨透闪蛇纹透辉大理岩	3.28	孔兹岩系、蛇纹大理岩	Pt_1j	荆山群
		明村	石墨黑云斜长片麻岩、石墨透闪蛇纹透辉大理岩	3.12	孔兹岩系、蛇纹大理岩	Pt_1f	粉子山群
	莱西县	北墅	石墨黑云透辉斜长片麻岩	3.17	孔兹岩系、蛇纹大理岩	Pt_1j	荆山群
		南墅	石墨片麻岩、混合岩、透辉石岩	4.70	孔兹岩系、蛇纹大理岩	An_3jd	胶东群
	文登市	臧格庄	石墨片麻岩、混合岩、透辉石岩	3.65	孔兹岩系、蛇纹大理岩	An_3jd	胶东群

续表

省份	地区	矿床地名	矿石类型	品位/%	含矿岩系	地层时代	岩组
福建	闽北县	建阳、顺昌、浦城、崇安、建瓯	石墨变粒岩、石墨云母片岩、石墨透闪透辉变粒岩	5.87	孔兹岩系	Pt_1j	建瓯群
	浦城县	杉坊	石墨变粒岩、石墨片岩、石墨石英片岩	3.57	孔兹岩系	Pt_1j	建瓯群
	寿宁县	南阳马斜	石墨红柱石白云母石英片岩	8.07	孔兹岩系	Pt_1j	建瓯群
	武夷山市	桃棋	石墨变粒岩、石墨片岩、石墨石英片岩	3.80	孔兹岩系	Pt_1j	前震旦系
	建阳县	岭根墙	石墨变粒岩、石墨绿泥石英片岩		孔兹岩系	Pt_1m	前震旦系
安徽	滁县	七里坎—小马	石墨绿泥石英片岩		孔兹岩系	Pt_1	前震旦纪
湖北	宜昌市	三岔垭	石墨黑云斜长片麻岩、石墨黑云片岩	11.16	孔兹岩系、蛇纹大理岩	Pt_1s	水月寺群
	夷陵区	夷陵区	石墨黑云斜长片麻岩、石墨黑云片岩	11.50	孔兹岩系、蛇纹大理岩	Pt_1s	水月寺群
云南	元阳县	棕皮寨	石墨黑云斜长片麻岩、石墨黑云石英片岩	5.79	孔兹岩系	Pt_1a	哀牢山群
	牟定县	戌街	石墨白云石英片岩、石墨白云斜长片岩	4.66	孔兹岩系	Pt_1a	哀牢山群

表 5-12 中国浅变质型及煤变质型石墨矿床一览表

省区	名称	矿床	矿石特征	矿石类型	品位/%	围岩及矿床成因	矿体赋存层位	成矿时代
内蒙古	乌拉特中旗	大乌淀	微晶质	碳质片岩	8.00	浅变质黑色岩系	白云鄂博群	Pt_2b
	达茂旗	查干文都日	微晶质	碳质片岩	5.21	浅变质黑色岩系	白云鄂博群	Pt_2b
黑龙江	庆安县	神树—小白河	微晶质	石墨板岩	60.00	浅变质黑色岩系	二叠系土门岭组	P_2t
	漠河县	霍拉盆	微晶质	碳质片岩	5.17~23.31	浅变质黑色岩系	中元古界渡口群	Pt_2d
辽宁	盘锦县	北镇	微晶状	石墨夕线石绢云母石英片岩	8.05	浅变质黑色岩系	中元古界长城系	Pt_2c
吉林	延边汪清	杜荒子	隐晶质	球状石墨红柱石片麻岩	+60.00	黑色岩系接触变质	石炭—二叠系图门组	Pz_2t
	磐石镇	仙人洞	隐晶质	软质石墨、硬质石墨	73.40	煤系沉积岩热变质	上三叠统大酱缸组	Mz_1d
新疆	青河县	阿拉托别	微晶质	含石墨凝灰质砂岩	7.60	浅变质黑色岩系	中泥盆统北塔山组	Pz_2b
青海	乐都县	北山大鄂博沟	微晶状	碳质板岩、片岩	10.58	浅变质黑色岩系	蓟县系花石山群	Pt_2jh
西藏	左贡县	青谷	隐晶质	石墨板岩	20.39	煤系沉积岩热变质	三叠系	T_2
四川	彭县	大宝山	微晶质	石墨石英片岩	5.36	次闪石钠长石片岩	志留—泥盆系	Pz_1
	旺苍县	蜡烛河	微晶质	石墨绢云绿泥片岩	13.25	白云石大理岩皇斑岩接触带	中元古界火地垭群	Pt_2h
	南江县	杨坝尖山—坪河—两庙坪	微晶质	石墨绢云母片岩	6.00	白云石大理岩皇斑岩接触带	中元古界火地垭群	Pt_2h
甘肃	民勤县	唐家鄂博山	微晶质	石墨大理岩、石墨片岩	8.41	石墨石英片岩	前震旦系阿拉善群	
	静宁县	罐子峡	隐晶质	碳质片岩	+50.00	煤系沉积岩热变质	石炭—二叠系	Pz_2
陕西	佛坪县	十亩地—秧田坝	微晶质	石墨二云母石英片岩	3.50	浅变质黑色岩系	下志留统上流水店组	Pz_1sl
		唐湾	微晶质	石墨黑云二长片麻岩	4.99	浅变质黑色岩系	寒武—奥陶系	Pz_1t
	户县	劳峪银洞沟	微晶状	石墨片岩	19.64	绢云母片岩	新元古代(?)	Pt_2
	留坝县	青桥河矿化区	细晶状	石墨石英岩	4.50	浅变质黑色岩系	中泥盆统三河口组	Pz_2s
	洋县	铁河	微晶状	石榴石黑云石英片岩	6.07	浅变质黑色岩系	中上志留统	Pz_1
	眉县	营头镇铜峪	微晶质	碳质石英岩、红柱石碳质片岩	15.00	煤系沉积岩热变质	石炭系	Pz_2
	凤县	岩湾乡贯沟	微晶—隐晶质	红柱石碳质板岩	40.00	煤系沉积岩热变质	中石炭统中牟组	Pz_2z

续表

省区	名称	矿床	矿石特征	矿石类型	品位/%	围岩及矿床成因	矿体赋存层位	成矿时代
湖南	湘潭市	楠木洞	微晶质	碳硅质板岩	20.00	浅变质黑色岩系	震旦系留茶坡组	Pt_2c
	江华县	倒流坪	微晶质	碳硅质石墨角砾	70.00	浅变质黑色岩系	震旦系留茶坡组	Pt_2c
	娄底市	太和圩	隐晶质	石墨化煤层	60.00	煤系沉积岩热变质	上二叠统乐平组	P_2l
	桂阳县	荷叶	隐晶质	石墨化煤层	70.00	煤系沉积岩热变质	上二叠统乐平组	P_2l
	郴县	鲁塘	隐晶质	石墨化煤层	71.00	煤系沉积岩热变质	上二叠统乐平组	P_2l
江西	金溪县	峡山	微晶质	云母石墨片岩、石墨石英片岩	5.05	浅变质黑色岩系	寒武系峰溪群	Pz_1f
	弋阳县	外管坑	微晶质	石墨夕线石黑云石英片岩	10.92	浅变质黑色岩系	下寒武统外管坑组	Pz_1w
广东	广四县	四会	隐晶质	碳质片岩	27.80	浅变质黑色岩系	寒武—奥陶系	Pz_1
海南	琼海市	伍园	微晶质	夕线绢云石墨石英片岩	+3.00	浅变质黑色岩系	寒武系陀烈群	Pz_1t
		眼塘	微晶质	石墨绢云母片岩	5.30	浅变质黑色岩系	下志留统陀烈组	Pz_1t
	乐东县	峨文岭	微晶质	石墨黑云母长石石英岩	3.30	浅变质黑色岩系	长城系抱板群	Pt_2c
福建	安溪县	青洋	隐晶质	石墨红柱石角岩	+12.38	煤系沉积岩热变质	二叠系童子岩组	P_1t
		陈五阆	隐晶质	石墨化煤层	-83.3	煤系沉积岩热变质	二叠系童子岩组	P_1t
	永安市	老鹰山	隐晶质	石墨化煤层	80.09	煤系沉积岩热变质	二叠系童子岩组	P_1t
	华安县	福田	隐晶质	石墨化煤层	+80.00	煤系沉积岩热变质	上二叠统龙潭组	P_2l

表 5-13　中国石墨成矿期的划分

地质时代	成矿期	构造旋回	成矿阶段
晚古生代—中生代	岩浆接触变质成矿期	印支—燕山运动	煤层接触变质石墨成矿阶段
		海西运动	煤系沉积阶段
新元古代—早古生代	晚前寒武纪浅变质成矿期	加里东运动	区域变质石墨第Ⅱ成矿阶段
		扬子运动	黑色岩系沉积阶段
新太古代—古元古代	早前寒武纪深变质成矿期	吕梁运动	区域变质石墨第Ⅰ成矿阶段
		五台运动	孔兹岩系沉积阶段

2. 石墨矿床资源储量

根据国土资源部统计资料，截至 2009 年年底，中国深变质型鳞片状石墨矿物储量为 30.41Mt，基础储量为 54.32Mt，资源量为 130.54Mt。近 20 年，我国深变质型鳞片状石墨储量呈增加态势，但是大鳞片优质石墨储量减少到不足 5.00Mt。深变质型鳞片状石墨分布在黑龙江(储量 13.48Mt)、山东(储量 8.92Mt)和内蒙古(储量 2.71Mt)等 20 个省份。已探明储量的矿床有 50 多个，其中，大部分为大、中型矿床，并有如柳毛矿床这样的世界罕见的特大型矿床。石墨矿床分布面广，绝大多数省份都有发现，其中 16 个省份已探明了相当多的储量。

我国石墨矿床分布的特点是既广泛而又相对集中，表现在大部分矿床，尤其是大、中型矿床，集中分布于中国黄淮北部地区，相对集中于黑龙江、辽吉、山东、内蒙古、河北、山西、湖北、湖南、河南、江西及福建等省份。其中黑龙江省拥有资源储量为全国的 69%；其次为华东、华北及中南三地区，拥有资源储量分别占全国的 15%、13%及 2%，西北和西南地区的资源储量很少(图 5-18)。

黑龙江省萝北县云山石墨矿已查明石墨矿物储量 42.00Mt，居全国第一。山东省莱西县南墅石墨矿经过 80 多年开采，目前保有储量 2.70Mt；山东平度县有 5 个石墨矿区，晶质石墨保有储量 6.00Mt。内蒙古兴和县有 6 个石墨矿区，保有储量 1.14Mt。湖北宜昌有 3 个石墨矿区，查明储量 12.32Mt。四川南江县有 3 个石墨矿区，查明储量 17.54Mt。

隐晶质石墨矿石保有储量 11.90Mt，基础储量 22.80Mt，资源量 35.90Mt，平均品位 55%~80%。隐晶质石墨资源分布在湖南(储量 9.33Mt)和吉林(储量 1.11Mt)等 9 省。湖南已发现隐晶质石墨矿区 5 处，桂阳县荷叶石墨矿区基础储量 12.40Mt，资源量 15.30Mt；郴州鲁塘石墨矿区基础储量 3.53Mt，平均品位 75%。吉林磐石市已发现隐晶质石墨矿区有 4 处，基础储量 1.30Mt，资源量 2.20Mt，平均品位 55%~67%。

石墨矿床常共伴生一些有益组分可综合回收利用，如区域变质矿床的金红石、钛铁矿、黄铁矿、钒云母等和煤层接触变质矿床的瓷土及区域变质矿床的高铝矿物原料等。南墅矿床每吨原矿含金红石 1~3kg/t，可通过重选回收；金溪矿床的含钒白云母，可通过浮选回收，然后水冶炼钒；三岔垭矿床含黄铁矿，通过浮选砂尾的再处理，可获得黄铁矿精矿。

第三节　华北古陆深变质石墨矿床

一、含矿地层对比

华北古陆早前寒武纪变质岩出露区都有深变质型石墨矿床分布(图 5-20)，黑龙江佳木斯地块独立于华北古陆形成一个独立的石墨成矿区。

本次工作重点对佳木斯地块萝北、鸡西石墨矿床，大青山—乌拉山包头—兴和—大同石墨矿床，辽吉北镇、宽甸、集安石墨矿床，南秦岭淅川、北秦岭镇平石墨矿床，胶北平度、南墅石墨矿床进行了系统的野外调研和室内测试分析。

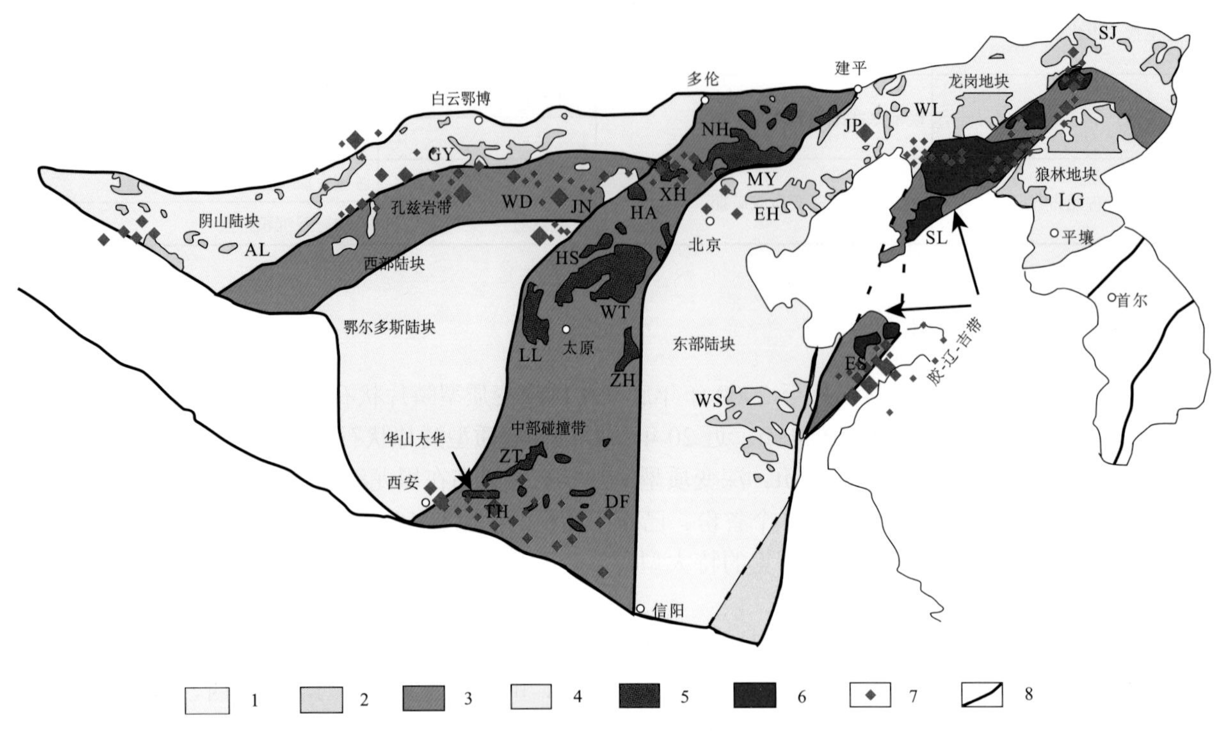

图 5-20　华北陆块石墨矿床空间分布规律图

1. 一级断裂带；2. 二级断裂带；3. 省界限；4. 特大型石墨矿床；5. 大型石墨矿床；6. 中型石墨矿床；7. 小型石墨矿床；8. 断裂

1. 佳木斯陆块

佳木斯地体整体南北长 370km，东西宽 65km，含矿地层是古元古界麻山群，平面上分萝北—嘉荫、华南—双鸭山、鸡西—勃利三个成矿集中区，已探明储量的矿床有 20 个，包括 3 个超大型矿床，5 个大型，6 个中型。著名的超大型矿床有柳毛石墨矿、马来山石墨矿、石场石墨矿、佛岭石墨矿、光义石墨矿、寨山石墨矿等。

麻山群是一套角闪岩相—麻粒岩相的变质岩系，混合岩化非常强烈，形成各种混合岩甚至混合花岗岩，可划分为余庆岩组和西麻山岩组两个岩组。

余庆岩组是一套含磷岩系，主要由夕线黑云片岩、石榴夕线黑云石英片岩、含石墨磷灰金云透辉大理岩、磷灰透辉石岩、黑云变粒岩、透辉石岩、含石墨透辉石英岩、金云磷灰石墨片麻岩等组成，普遍发育条带状、条痕状、眼球状混合岩和均质混合岩。

西麻山岩组可分上、下两段，下段富铝、富碳质，上段富铁质。整个岩组是一套夹碳酸盐的片岩-片麻岩组合，岩石类型多样包括夕线片岩类、云母片岩类、石英片岩类、石墨片岩类、长英片麻岩类、钙质片麻岩类、钙硅酸盐岩类、大理岩类、变粒岩类和麻粒岩类等，其内广泛发育含榴斑状混合岩和榴斑条带状、条痕状混合岩。该岩组是石墨矿主要富集层位特别是下部层位。

麻山群同位素年龄比较复杂，基底最古老的碎屑锆石年龄是 2871Ma；较为集中的 1800~2300Ma，属于变质重结晶和碎屑锆石年龄的混合年龄，孔兹岩系沉积时间应该在 1800~2300Ma。其后有中元古代、新元古代和古生代多条等时线上交点年龄，表示了复杂的演化历史，并且每次构造运动有外来物质的加入形成了同位素演化的开放体系。

2. 乌拉山—太行山成矿区

该成矿带位于鄂尔多斯陆块北缘，东西延伸300多千米，西段贺兰山岩群中发育一套富铝片麻岩，Al_2O_3含量较高，原岩为泥质岩或泥质粉砂岩，显示孔兹岩系的特征，变质矿物组合主要为石榴子石、堇青石、夕线石、十字石、紫苏辉石等，变质级别达角闪岩相—麻粒岩相，属于高角闪岩相—麻粒岩相区域变质岩；中段大青山—乌拉山段，含矿地层乌拉山群，东段集宁大同直到冀北赤诚一带含矿地层集宁群。乌拉山群(集宁群)上岩组孔兹岩系，由榴云片麻岩、石墨片麻岩、钙硅酸盐和镁质大理岩组成；下岩组属于麻粒岩相绿岩岩系。孔兹岩系经历了混合岩化作用，形成原地或近源混合片麻岩。

地处阴山—太行山交汇处的东段乌拉山—太行山集宁地区，集宁群上部岩性段孔兹岩系分布从北向南分为三个岩相带，以普遍含不同数量夕线石和石榴石的钾长(二长)片麻岩和长英质粒状岩石为主，见有夕线钾长片麻岩、石榴夕线钾长片麻岩、夕线石榴黑云斜长片麻岩、紫苏石榴黑云斜长片麻岩和夕线石榴二长片麻岩等。

孔兹岩系和麻粒岩系的特征岩石呈互层状，前者常见为石榴浅粒岩-长石石英岩及夕线石榴钾长(二长)片麻岩，其中夹石榴黑云变粒岩-斜长片麻岩和若干金云母透辉石大理岩和各种钙镁硅酸盐岩石、石榴斜长透辉石岩及(黑云)石墨片麻岩等，并赋存于中小型乃至大型石墨矿床和低品位晶质磷灰石矿床。麻粒岩系的特征岩石为浅色麻粒岩、含辉石浅粒岩和含辉石、角闪石(或)石榴石的黑云斜长片麻岩互层，并夹暗色角闪二辉麻粒岩和辉石斜长角闪岩。

区域上贺兰山岩群片麻岩中碎屑锆石年龄主要集中在1.9~2.1Ga，重结晶锆石年龄1855±60Ma和1858±40Ma；乌拉山群石英岩中碎屑锆石的SHRIMP U-Pb年龄在3.15~1.95Ga，重结晶锆石$^{206}Pb/^{238}U$上交点年龄2.0Ga，侵入其中的粗粒黑云角闪花岗岩株的锆石U-Pb不一致线上交点年龄为1820±8Ma；东部冀北怀安地区，富含夕线石、石榴石片麻岩的锆石U-Pb年龄主要集中在1300~1700Ma，U-Pb一致线图解中的上交点年龄2038Ma与集宁群细粒锆石一致曲线上交点年龄为1962Ma比较接近。

上述年龄资料显示该成矿带孔兹岩系沉积成岩应该在2.0Ga前后的古元古代晚期。

3. 辽—吉裂谷成矿带

辽—吉成矿带位于辽东—集安裂谷带构成的复向斜带，复向斜南翼(南带)，西起营口，经岫岩、凤城，东至宽甸，长约300km，宽几十千米的东西狭长地带，是石墨矿床的主要成矿带；北翼(北带)西起海城南部的盘岭，经高家峪、炒铁河、小女寨，东至鞍山隆昌，以及辽阳河拦—本溪草河口地区，向北延入吉林境内。

古元古界地层在辽东和吉南两地区分别由两套不同的变质岩系组成：辽宁境内称辽河群，自下而上为浪子山组、里尔峪组、高家峪组、大石桥组、盖县组。辽河群含石墨孔兹岩系相当于辽河群高家峪组，主要分布于营口—草河口复向斜南北两翼。

吉南地区自下而上划分为集安群蚂蚁河组、荒岔沟组、临江组、大栗子组、大东岔组和老岭群新农村组、板房沟组、珍珠门组。蚂蚁河组为含硼的变质岩系，主要为变粒岩、浅粒岩、斜长角闪岩、片麻岩和大理岩，原岩为一套火山-沉积岩系；荒岔沟组为一套含石墨的变质岩系，主要为片麻岩、斜长角闪岩、浅粒岩、变粒岩以及大理岩，原岩为火山-沉积岩系；大东岔组为一套富铝的副变质岩石，主要为片岩、片麻岩、石英岩、浅粒岩、变粒岩等(王福润，1991，1995；翟安民等，2005)。

辽河群孔兹岩系碎屑锆石年龄有两组，一组$^{206}Pb/^{238}U$平均年龄2471±32Ma，另一组$^{206}Pb/^{238}U$平均年龄2153±29Ma；重结晶锆石$^{206}Pb/^{238}U$平均年龄1884±26Ma，因此原岩沉积年龄为1900~2000Ma。前人测得同位素年龄值1930Ma(Pb-Pb等时线，王有爵、刘长安等，1990)、2063Ma(Sm-Nb等时线，白瑾等，1990)，分析辽河群孔兹岩系形成时限在2300~2100Ma，变质年龄应为2000Ma左右，略早于本次研究年龄。

集安群岩系碎屑锆石年龄也有两组，一组$^{206}Pb/^{238}U$平均年龄2428±38Ma，另一组$^{206}Pb/^{238}U$平均年龄 2424±33Ma，另见有 $^{206}Pb/^{238}U$ 平均年龄在 2600Ma 左右的碎屑锆石；重结晶锆石 $^{206}Pb/^{238}U$ 平均年龄 1888±31Ma，上交点在 1950Ma 左右，因此原岩沉积年龄为 1950~2100Ma。

4. 东秦岭成矿带

东秦岭成矿带分布于陕西—豫西地区，处于华北古陆南缘与扬子古陆的结合部，划分为北部的小秦岭—鲁山成矿带、北秦岭成矿带和南秦岭成矿带。北部小秦岭成矿带含矿地层为太华群，中部北秦岭成矿带含矿地层为秦岭群，南部南秦岭成矿带含矿地层为陡岭群。三套含矿地层均属于斜长角闪岩相到麻粒岩相变质岩，石墨含矿地层下部一般为斜长角闪岩为主的绿岩系，或者伴生有 BIF 岩系。

小秦岭地区太华群上亚群观音堂组(焕池峪组)主要由黑云变粒岩-斜长片麻岩、石英岩-浅粒岩、大理岩、斜长角闪岩和麻粒岩等岩石组成；秦岭群分为四个岩性段，含矿层第一岩性段由镁质大理岩、含石墨大理岩、石墨石英片岩、石榴石、石墨、夕线石片岩、黑云片麻岩等组成，一般呈互层出现，为一套富含石墨的高铝片岩和大理岩、石英岩、片麻岩等的副变质岩组合；陡岭群变质杂岩，主要由黑云斜长片麻岩、石榴黑云斜长片麻岩、变粒岩和石墨片岩、石墨大理岩组成，夹少量斜长角闪岩和透镜状大理岩、石英岩，其中斜长角闪岩呈夹层状或与片麻岩互层。

三个含矿岩层的年龄为 2.3~1.8Ga，基本是同时的，但是秦岭群、陡岭群较太华群变形变质历史要复杂得多，秦岭群、陡岭群显示中元古代、新元古代、早古生代多期变形变质历史，而太华群集中显示 1.9Ga 的强烈变形变质。这与各岩群所处大地构造位置不同有关，秦岭群和陡岭群处于华北古陆和扬子古陆碰撞边缘，经历的构造作用更为强烈，延续时间较长。

5. 胶北成矿带

胶北成矿带含矿地层为古元古代荆山群和粉子山群孔兹岩系。荆山群分布在莱阳荆山、旌旗山和莱西南墅、平度一带，岩性主要为夕线石榴黑云片岩-片麻岩、大理岩、石墨片岩-片麻岩、长石石英岩、黑云变粒岩等，普遍经历了角闪岩相-麻粒岩相变质作用(周喜文等，2003，2004，2007；王世进等，2009；王舫等，2010)。粉子山群主要分布于栖霞庙后、门楼与莱州粉子山等地，岩性主要为大理岩、黑云变粒岩、夕线黑云片岩-片麻岩、长石石英岩等，并普遍经历了绿片岩相—角闪岩相变质作用。

荆山群碎屑锆石年龄谱系有四组碎屑锆石，$^{207}Pb/^{206}Pb$ 年龄分别为 2900~28000Ma、2600Ma、2500~2400Ma、2300~2200Ma(Wan et al.，2006；Tam et al.，2011)，因此荆山群孔兹岩系原岩形成时代小于 2100Ma。变质峰期年龄为 1900~1850Ma，代表了区内荆山群孔兹岩系的原岩与基性高压麻粒岩原岩一起，俯冲至 50~60km 的加厚地壳底部深处，经历高压麻粒岩相变质作用的时间。

二、岩石化学特征

1. 岩石化学组成

深变质岩型石墨矿石的自然类型复杂，以透辉透闪变粒岩型、黑云斜长变粒岩-片麻岩型为主，次为混合片麻岩型、片岩型、大理岩型矿石。

综合黑云斜长变粒岩型和透辉透闪变粒岩型矿石的岩石化学 R 型聚类分析(图 5-21、表 5-14)，在相关系数 0.1 水平以上可以划分三个群组：一是 SiO_2-Al_2O_3-K_2O-Rb-Ba 及 MgO/CaO-Rb/Sr 特征比值构成陆源碎屑群组；二是 MgO-CaO-Na_2O-Sr 及 Sr/Ba 构成海源物质群组，Th-REE 及 Th/U-LREE/HREE 与其具有正相关性；Corg-U-V-Fe_2O_3-V/Cr 群组显示有机碳与 U-V 相关，表明有机碳的保存与氧化还原环境有关。有机碳含量与陆源群组和海源群组都没有明显相关性，这也符合实际矿化地质特征，石墨矿石有碎屑岩型，也有碳酸盐岩型，显示的海陆过渡环境沉积富集特征。

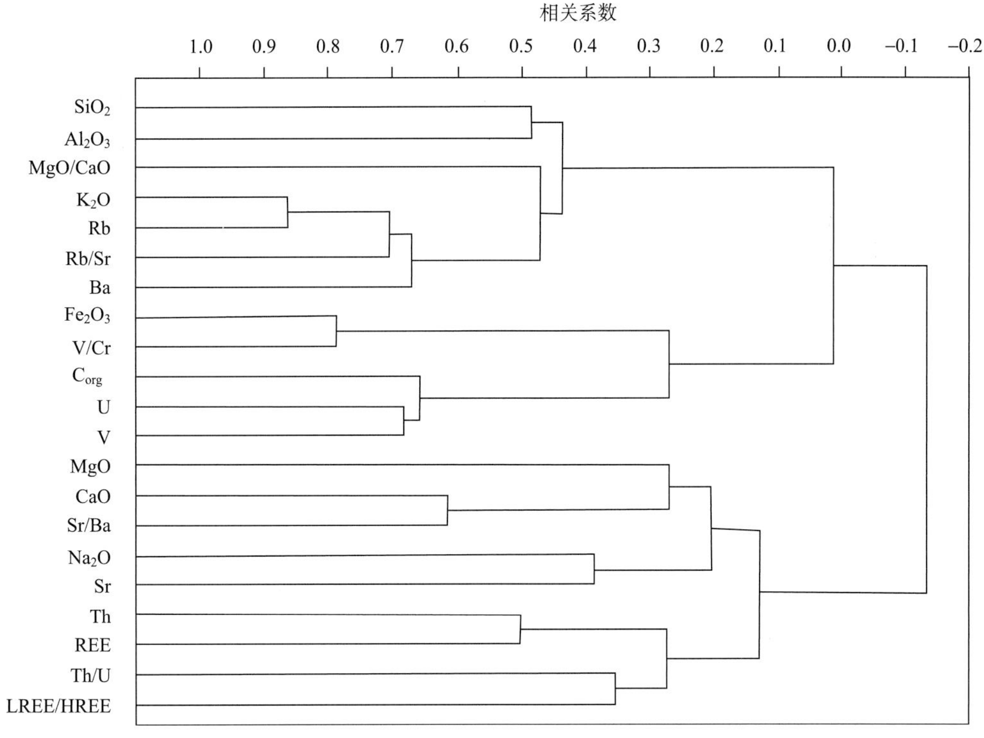

图 5-21　华北黑云斜长变粒岩-透辉透闪变粒岩矿石岩石化学 R 型聚类谱系图

黑云斜长变粒岩及透辉透闪变粒岩石墨矿石岩石化学的基本特征是 K_2O/Na_2O 大于 1，均显示富钾；黑云斜长变粒岩的 Al_2O_3 和 K_2O+Na_2O 含量及 TFeO/MgO 值高于透辉透闪变粒岩及大理岩的 Al_2O_3 和 K_2O+Na_2O 含量及 TFeO/MgO 值，而 CaO+MgO 含量低于透辉透闪变粒岩和大理岩的 CaO+MgO 含量；黑云斜长变粒岩 A/CNK 值一般大于 1，Al_2O_3 具有显著过剩，具有独立铝矿物存在，透辉透闪变粒岩 A/CNK 显著小于 1，而 A/NK 大于 1，显示 CaO 主要构成碳酸盐矿物成分。

2. 微量元素及稀土元素地球化学

黑云斜长变粒岩一般 Rb/Sr 值高于 Sr/Ba 值，而透辉透闪变粒岩和大理岩 Sr/Ba 值高于 Rb/Sr 值，显示黑云斜长变粒岩原始沉积以陆源物质为主，而透辉透闪变粒岩和大理岩原始沉积是海源物质为主或者以海陆物质混合沉积为特征。

黑云斜长变粒岩和透辉透闪变粒岩的稀土元素总量比较接近，一般在 200×10^{-6} 左右，而大理岩和石英岩的稀土元素总量较低，一般在 50×10^{-6} 以下；δCe 值一般在 1 上下，而 δEu 一般小于 1，个别大于 1。

根据透辉透闪变粒岩及大理岩的 MgO/CaO 值划分原始沉积环境有高盐度封闭裂谷环境和低盐度陆缘海环境，两种沉积环境的稀土元素配分曲线有一定差异。佳木斯地块的萝北云山石墨矿、鸡西柳毛石墨矿和东秦岭的镇平小岔沟石墨矿、淅川五里梁石墨矿及土默特左旗什报气石墨矿属于陆缘海沉积环境，稀土元素配分曲线显示轻稀土元素富集重稀土元素亏损的右倾曲线，显示负铕异常，斜率大的曲线负铕异常显著，个别显示正铈异常(图 5-22、图 5-23)。辽吉宽甸杨木杆石墨矿、集安双兴石墨矿、大同新兴石墨矿、兴和黄土窑石墨矿及胶北莱西南墅石墨矿、平度刘戈庄石墨矿属于封闭裂谷沉积环境，稀土元素配分曲线也显示轻稀土元素富集、重稀土元素亏损的右倾斜曲线，但是显示为斜率小的曲线负铕异常明显，个别有正铈异常(图 5-24、图 5-25)。

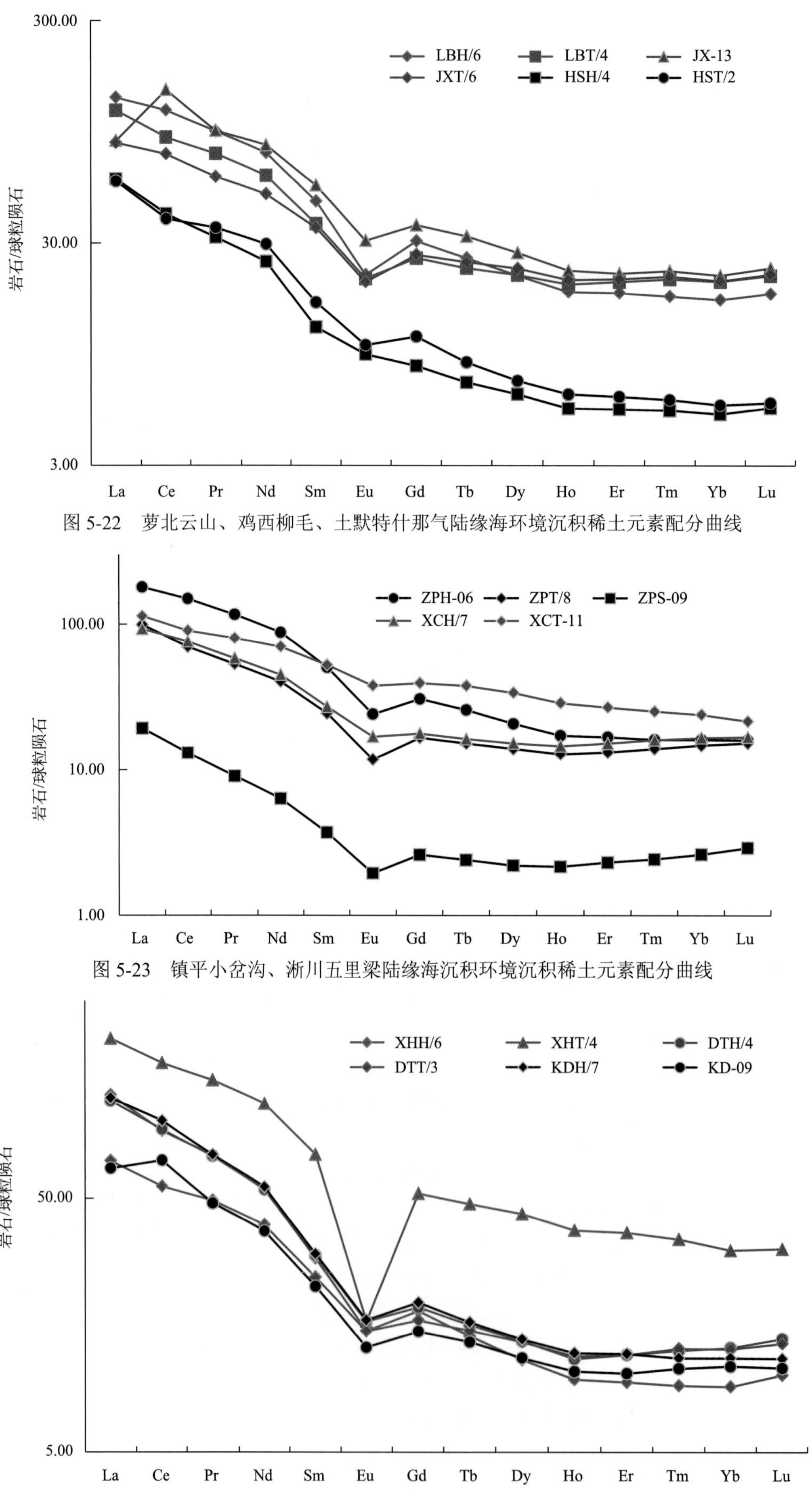

图 5-22　萝北云山、鸡西柳毛、土默特什那气陆缘海环境沉积稀土元素配分曲线

图 5-23　镇平小岔沟、淅川五里梁陆缘海沉积环境沉积稀土元素配分曲线

图 5-24　兴和黄土窑、大同新兴、宽甸杨木杆裂谷环境沉积稀土元素配分曲线

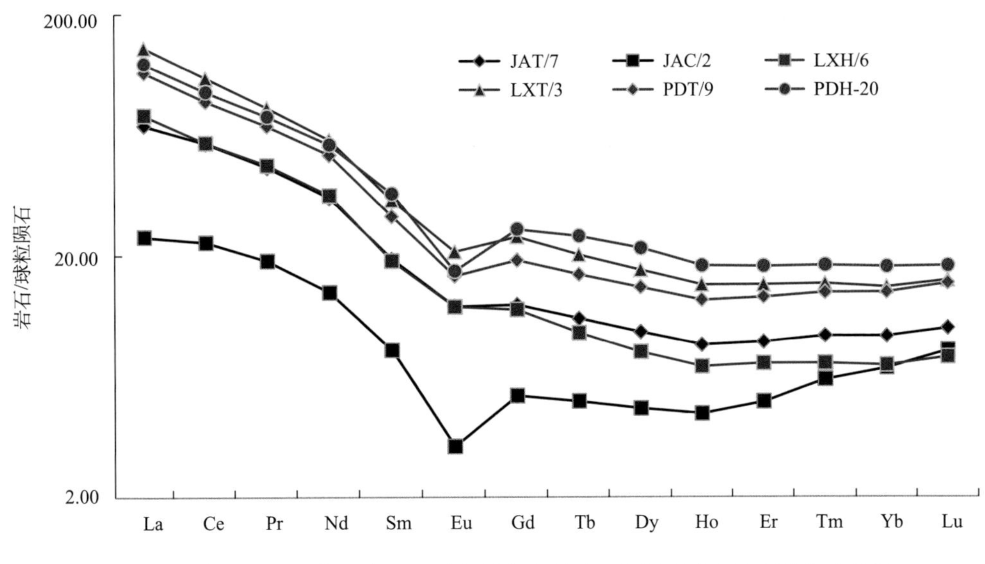

图 5-25　集安双兴、莱西南墅、平度刘戈庄裂谷环境沉积稀土元素配分曲线图

上述石墨矿石的岩石化学及微量元素和稀土元素地球化学分析均显示滨海潮汐带及浅海沉积环境，但显示两个基本特征：①黑云斜长变粒岩型矿石陆源沉积物含量高于海源沉积物，而透辉透闪变粒岩及大理岩是海源沉积物含量高于陆源沉积物；②高盐度封闭裂谷环境陆源沉积物含量高于开放陆缘海环境。

三、矿 化 特 征

1. 矿石类型

华北深变质石墨矿床主要矿石类型分为三类，即黑云斜长变粒岩-片麻岩类、透辉透闪变粒岩及大理岩类，矿层与围岩岩性基本一致，以石墨含量多少划分为石墨矿层、含石墨层及围岩。不同的矿区三种矿石类型比例不同，一些矿床以黑云斜长变粒岩型或者黑云斜长片麻岩型矿石为主，一些矿床以透辉透闪变粒岩矿石为主，很少见蚀变大理岩型矿石。但是青海都兰格尔木地区的深变质石墨矿床主要是大理岩型矿石(赵想安，2015)，是一种比较特殊的矿化现象(照片 5-1、照片 5-2)。深变质型石墨矿床普遍发育较强的混合岩化和碳酸盐岩的硅化蚀变。

佳木斯地块鸡西柳毛石墨矿床按矿石矿物组合、岩石类型及固定碳含量，主要矿石类型为透辉透闪变粒岩-大理岩型，其次是黑云斜长变粒岩型、片麻岩型石墨矿石；萝北云山石墨矿石类型主要是黑云斜长变粒岩-片麻岩型，其次是片岩型和大理岩-透辉岩型石墨矿石三大类。各类石墨矿石主要呈现鳞片变晶结构，石墨鳞片及片状脉石矿物平行排列，形成片状或者片麻状构造。石墨在长英质脉石矿物晶间分布，石墨鳞片长 0.05~1.5mm，大者大 5mm。

兴和黄土窑石墨矿床矿石岩性主要为透辉透闪变粒岩-大理岩型，其次为黑云母斜长变粒岩、夕线榴石片麻岩、石榴长英片麻岩及金云母化大理岩等。大同新荣石墨矿床及土左旗什报气石墨矿床矿石主要是透辉透闪变粒岩-大理岩和黑云斜长变粒岩-混合片麻岩。

辽吉裂谷集安双兴石墨矿床矿石类型主要为透辉透闪变粒岩，蚀变大理岩；宽甸杨木杆石墨矿床矿石岩性主要是黑云斜长片麻岩及含石墨黑云斜长变粒岩，围岩为含石墨透闪变粒岩、含石墨黑云变粒岩、混合片麻岩等，很少大理岩型矿石；而桓仁县黑沟石墨矿矿石则为石墨透闪二长变粒岩、石墨透闪石岩，属于泥灰岩类变质岩。

表 5-14　华北深变质岩型石墨矿床岩石化学组成表

成分	LBH/6	LBT/4	JX-13	JXT/6	HSH/4	HST/2	XHH/6	XHT/4	DTH/4	DTT/3	JAT/7	JAC/2	KDH/7	KD-09	ZPH06	ZPT/8	ZPS09	XCH/7	XCT11	LXH/6	LXT/3	PDT/9	PDH-20
SiO_2	51.35	49.80	42.48	44.08	47.51	30.71	60.15	56.59	59.90	45.26	51.18	32.73	65.31	57.77	52.26	38.07	92.08	57.54	51.84	57.68	56.12	48.39	59.47
TiO_2	0.74	0.58	0.60	0.47	0.31	0.24	0.43	0.35	0.54	0.49	0.47	0.05	0.53	0.51	1.30	0.43	0.04	1.03	3.06	0.73	0.45	0.51	0.54
Al_2O_3	10.48	10.19	10.31	7.71	7.16	4.04	12.81	13.21	14.64	11.22	9.93	2.32	14.58	11.13	23.95	8.07	1.66	13.63	12.41	14.57	12.67	10.57	15.93
Fe_2O_3	1.36	1.08	3.56	1.81	14.80	2.54	1.73	1.02	3.56	3.87	1.38	0.91	2.59	2.93	2.56	2.73	1.00	4.93	4.98	1.82	2.27	1.91	0.79
FeO	5.66	4.24	2.36	1.40	0.27	1.57	3.98	4.12	2.13	1.25	1.51	1.76	0.24	2.08	0.20	1.80	0.40	0.92	10.04	0.77	1.53	3.24	5.20
MnO	0.06	0.10	0.03	0.08	0.01	0.05	0.04	0.06	0.05	0.04	0.05	0.08	0.03	0.08	0.01	0.12	0.03	0.61	0.24	0.03	0.08	0.06	0.09
MgO	1.76	2.70	1.82	1.28	0.28	5.88	2.60	4.77	6.22	7.51	13.80	10.54	1.49	9.31	0.73	4.51	0.22	1.27	3.62	3.23	4.88	8.57	4.41
CaO	1.21	9.65	5.03	13.28	2.55	16.19	2.41	8.70	1.63	9.08	8.21	11.96	0.76	8.32	1.27	25.03	2.59	2.22	8.65	1.50	7.33	9.10	6.37
Na_2O	0.66	0.06	0.02	0.02	0.75	0.13	2.20	2.17	3.40	2.35	2.32	0.02	0.34	0.83	2.02	0.27	0.03	1.53	1.49	1.75	1.72	1.41	0.70
K_2O	5.12	3.69	7.10	1.05	3.27	0.86	3.47	1.10	1.86	1.97	2.59	0.40	7.13	5.36	7.50	1.00	0.31	2.30	0.06	3.83	3.59	3.38	2.12
P_2O_5	0.06	0.15	0.10	0.33	0.04	0.03	0.05	0.54	0.08	0.05	0.12	0.01	0.09	0.08	0.08	0.08	0.01	0.15	0.35	0.06	0.29	0.06	0.10
Los	21.46	13.73	27.26	26.29	21.73	36.21	8.91	6.30	5.88	16.02	7.24	33.59	6.71	1.40	7.93	17.71	1.49	13.70	3.05	13.11	8.36	10.61	3.01
合计	99.92	95.97	100.67	97.79	98.67	98.47	98.76	98.94	99.90	99.13	98.79	94.38	99.80	99.80	99.81	99.81	99.84	99.81	99.78	99.08	99.28	97.81	98.73
C_{org}	14.20	7.76	19.23	20.48	8.76	5.00	4.14	3.60	1.27	5.27	4.47	18.54	4.05	0.09	3.72	7.29	0.63	9.19	0.12	8.33	3.75	5.53	0.17
SO_2	2.59	1.51	1.96	0.92	3.61	10.30	1.45	0.61	0.02	0.07	0.09	0.01								0.20	0.75	1.20	0.44
MgO+CaO	2.97	12.35	6.85	14.56	2.83	22.07	5.01	13.47	7.85	16.59	22.01	22.50	2.25	17.63	1.99	29.54	2.81	3.49	12.26	4.74	12.21	17.67	10.78
Na_2O+K_2O	5.77	3.76	7.12	1.07	4.02	0.99	5.67	3.27	5.26	4.33	4.91	0.42	7.47	6.19	9.53	1.27	0.34	3.83	1.55	5.58	5.31	4.79	2.82
K_2O/Na_2O	11.23	101.41	355.00	52.42	99.23	4.82	1.82	0.59	0.61	1.11	2.64	19.75	52.27	6.46	3.71	8.15	10.33	2.62	0.04	2.58	2.55	2.59	3.03
A/CNK	1.19	0.46	0.61	0.31	1.20	0.14	1.09	0.66	1.41	0.58	0.50	0.12	1.62	0.50	1.74	0.18	0.32	1.83	0.68	1.57	0.65	0.49	1.06
A/NK	1.59	3.34	1.33	16.57	3.91	21.09	1.77	3.23	1.92	2.08	1.92	12.43	1.79	1.55	2.09	8.64	4.33	2.85	4.92	2.18	1.91	1.96	4.61
TFeO/MgO	4.15	3.56	3.06	2.81	41.32	3.73	1.93	1.09	0.89	0.63	0.21	0.24	1.96	0.51	3.44	3.76	5.93	4.83	4.02	0.77	0.78	0.85	1.34
MgO/CaO	2.34	0.30	0.36	0.09	0.24	0.30	1.10	0.57	5.59	1.13	2.04	1.04	4.62	1.12	0.57	0.18	0.08	1.44	0.42	3.42	0.66	0.99	0.69

续表

成分	LBH/6	LBT/4	JX-13	JXT/6	HSH/4	HST/2	XHH/6	XHT/4	DTH/4	DTT/3	JAT/7	JAC/2	KDH/7	KD-09	ZPH06	ZPT/8	ZPS09	XCH/7	XCT11	LXH/6	LXT/3	PDT/9	PDH-20
Rb	228.75	155.63	318.00	51.30	99.60	30.10	120.53	52.53	78.20	67.83	87.73	24.75	154.66	156.60	287.70	30.43	11.90	52.36	3.00	120.27	93.40	122.60	118.40
Sr	79.33	157.78	171.40	121.97	112.00	43.05	123.03	197.50	217.90	137.40	183.79	143.95	75.13	73.60	196.50	171.70	49.90	165.19	622.90	103.35	112.40	202.26	151.40
Ba	947	634	2102	285	738	117	509	192	770	870	691	142	1143	839	740	303	50	543	246	1214	548	713	421
Zr	170.70	119.33	141.30	100.18	74.38	58.20	175.80	98.48	129.08	101.27	134.43	30.40	155.67	144.50	229.30	60.15	12.80	197.97	186.50	131.52	123.70	146.24	106.50
Hf	4.78	4.16	3.88	2.87	2.43	1.92	4.82	3.01	3.71	2.82	4.33	1.33	4.68	3.83	7.31	2.36	0.38	4.99	4.80	3.68	3.87	4.31	3.30
Th	10.28	10.52	7.57	8.09	2.10	1.75	11.76	11.62	12.90	2.57	8.97	11.40	14.63	9.76	16.91	7.43	1.29	6.20	6.16	5.20	10.75	10.24	12.40
U	8.78	21.22	34.95	50.82	3.65	2.18	4.56	7.36	2.50	1.12	1.98	4.71	10.27	1.84	3.08	8.35	2.12	14.11	1.76	2.76	6.13	8.33	4.12
Y	38.00	45.70	45.24	46.75	9.04	15.27	19.14	81.82	23.36	23.85	17.13	9.55	26.22	20.37	33.88	28.41	4.85	31.98	59.56	15.60	32.66	27.74	37.36
Nb	6.80	9.88	6.75	10.36	7.54	7.32	11.33	10.73	12.40	8.04	10.58	2.48	6.43	10.84	4.82	9.06	2.22	11.11	21.83	6.77	7.99	9.57	13.90
Ta	0.49	0.74	0.49	0.80	0.78	0.54	0.80	0.95	1.00	0.40	0.79	0.20	0.50	0.78	0.33	0.73	0.19	0.70	1.57	0.45	0.75	0.82	1.29
Cr	187.63	186.88	291.80	212.18	31.25	45.20	65.82	61.13	96.43	98.47	46.14	7.75	60.01	41.80	102.10	39.83	9.10	254.83	16.90	134.97	66.93	109.00	94.10
Ni	96.94	111.41	58.01	94.47	24.53	23.47	43.04	39.78	94.23	88.01	19.87	6.86	33.52	21.81	2.93	46.75	10.84	100.26	52.60	14.73	49.95	60.51	39.88
Co	18.24	29.90	23.73	21.60	9.49	8.31	18.51	12.70	17.50	15.59	6.09	3.35	8.74	10.27	1.11	10.03	2.29	11.49	40.86	3.30	18.91	16.99	16.59
V	884.13	309.35	1301.60	1344.75	372.70	137.90	189.97	139.40	194.03	254.87	82.27	16.95	283.16	79.80	209.70	135.60	17.10	1177.61	407.60	420.97	167.67	295.47	99.90
B	31.48	22.43	15.60	6.52	15.63	11.60	2.10	4.75	6.75	10.80	47.11	4.25	310.59	233.90	24.00	37.04	9.90	4.64	3.50	22.70	10.37	31.28	22.50
Cl	105.77	79.35	88.90	97.08	91.00	137.95	95.78	168.10	87.18	85.77	352.44	196.20	76.90	103.40	50.80	128.84	93.20	47.34	67.60	591.02	147.73	121.89	99.10
F	1366.72	1826.26	320.52	679.38	171.29	4598.99	1895.34	1042.58	1488.25	1424.08	1578.21	1068.24	940.49	1316.21	743.46	826.53	72.65	507.78	806.67	1228.41	1304.41	1385.65	786.47
Rb/Sr	3.19	1.05	1.86	0.43	0.81	0.63	1.01	0.28	0.37	0.49	0.80	0.14	2.31	2.13	1.46	0.18	0.24	0.56	0.00	1.80	0.87	0.70	0.78
Sr/Ba	0.09	0.31	0.08	0.75	0.19	1.42	0.32	1.23	0.30	0.19	0.32	1.07	0.07	0.09	0.27	1.83	1.00	0.39	2.53	0.09	0.22	0.52	0.36
Th/U	1.45	1.47	0.22	0.19	0.42	0.76	2.76	1.84	5.26	2.46	5.19	5.45	3.71	5.30	5.49	1.41	0.61	1.56	3.50	1.50	1.93	1.38	3.01
V/Cr	4.53	2.79	4.46	6.19	16.45	3.04	2.98	2.21	2.03	2.59	1.80	2.20	3.57	1.91	2.05	3.91	1.88	7.93	24.12	3.09	2.53	2.62	1.06
Zr/Y	4.95	3.34	3.12	2.29	14.42	14.36	9.36	2.58	5.58	4.22	8.13	3.16	6.70	7.09	6.77	2.10	2.64	11.27	3.13	9.65	3.60	7.51	2.85
Nb/Ta	14.29	13.91	13.69	12.96	9.39	17.36	15.25	10.94	12.71	20.32	13.62	12.69	14.33	13.84	14.68	12.31	11.69	15.69	13.89	14.50	10.62	12.18	10.81

续表

成分	LBH/6	LBT/4	JX-13	JXT/6	HSH/4	HST/2	XHH/6	XHT/4	DTH/4	DTT/3	JAT/7	JAC/2	KDH/7	KD-09	ZPH06	ZPT/8	ZPS09	XCH/7	XCT11	LXH/6	LXT/3	PDT/9	PDH-20
La	41.86	36.71	26.83	26.31	18.01	17.62	39.62	66.08	37.61	21.81	21.43	7.40	38.56	20.36	55.72	30.72	5.97	28.83	35.23	23.62	44.98	35.51	38.67
Ce	95.77	72.43	118.45	60.99	32.75	31.13	74.58	138.15	75.63	45.10	47.07	18.35	81.72	57.08	120.97	56.43	10.57	61.48	73.11	47.35	87.83	70.23	76.97
Pr	11.66	9.25	11.72	7.27	3.88	4.29	9.06	17.85	8.97	5.99	5.66	2.32	9.06	5.85	14.23	6.49	1.10	7.11	9.78	5.78	9.96	8.39	9.18
Nd	45.83	36.21	49.76	29.88	14.84	17.80	32.79	70.96	32.49	23.59	20.82	8.45	33.28	22.30	52.75	24.19	3.81	26.95	41.98	21.31	36.21	31.33	34.58
Sm	9.01	7.14	10.63	6.85	2.45	3.16	5.66	14.52	5.82	4.77	3.77	1.58	5.89	4.39	9.85	4.76	0.72	5.29	10.22	3.71	6.61	5.67	7.03
Eu	1.59	1.53	2.26	1.48	0.70	0.77	1.11	1.21	1.21	1.10	0.91	0.24	1.22	0.95	1.78	0.87	0.14	1.24	2.78	0.90	1.52	1.21	1.27
Gd	7.94	6.66	9.37	6.89	2.18	2.95	4.67	13.55	4.83	4.29	3.24	1.36	5.04	3.87	7.96	4.31	0.68	4.61	10.23	3.10	6.18	4.95	6.65
Tb	1.22	1.10	1.53	1.17	0.34	0.41	0.68	2.26	0.75	0.72	0.52	0.24	0.77	0.64	1.22	0.72	0.11	0.77	1.79	0.45	0.95	0.79	1.14
Dy	6.90	6.95	8.75	7.44	2.02	2.33	3.72	13.99	4.41	4.38	3.11	1.50	4.49	3.79	6.69	4.49	0.71	4.91	10.90	2.57	5.60	4.76	6.90
Ho	1.30	1.41	1.62	1.47	0.39	0.45	0.69	2.69	0.84	0.86	0.61	0.32	0.88	0.75	1.24	0.92	0.16	1.05	2.06	0.50	1.09	0.94	1.30
Er	3.76	4.22	4.61	4.35	1.13	1.29	1.98	7.69	2.54	2.54	1.84	1.04	2.56	2.15	3.53	2.77	0.49	3.20	5.65	1.50	3.18	2.83	3.79
Tm	0.56	0.67	0.73	0.69	0.17	0.19	0.30	1.12	0.41	0.41	0.30	0.20	0.38	0.35	0.52	0.45	0.08	0.52	0.82	0.23	0.50	0.46	0.59
Yb	3.49	4.21	4.49	4.24	1.07	1.17	1.89	6.52	2.69	2.66	1.94	1.43	2.45	2.28	3.38	3.09	0.55	3.48	5.01	1.47	3.09	2.95	3.76
Lu	0.59	0.71	0.77	0.72	0.18	0.19	0.33	1.05	0.47	0.44	0.33	0.27	0.39	0.36	0.53	0.51	0.10	0.56	0.72	0.25	0.52	0.51	0.60
REE	231.48	189.20	251.52	159.75	80.12	83.76	177.10	357.62	178.66	118.67	111.54	44.71	186.68	125.11	280.36	140.72	25.18	150.00	210.29	112.74	208.24	170.51	192.42
LREE/HREE	8.30	6.79	6.89	4.95	5.78	6.28	11.74	6.67	9.56	6.30	8.21	5.97	9.68	7.82	10.18	7.50	7.77	7.90	4.66	9.93	9.43	8.39	6.78
δCe	1.05	0.95	1.61	1.06	0.89	0.89	0.95	0.95	0.99	0.94	1.03	1.08	1.03	1.26	1.03	0.98	0.99	1.04	0.95	0.96	1.00	0.97	0.98
δEu	0.60	0.70	0.69	0.66	2.37	0.91	0.66	0.40	0.70	0.75	0.80	0.49	0.79	0.70	0.61	0.57	0.63	0.77	0.83	0.81	0.74	0.77	0.57

注：样号**H.黑云斜长变粒岩片麻岩；**T.透辉透闪岩；**C.蚀变大理岩；**S.石英岩。主量元素含量单位为%，微量元素含量单位为 10^{-6}。

北秦岭小岔沟石墨矿矿石类型主要为蛇纹石化大理岩-透辉透闪变粒岩型、黝帘石石墨片岩，次为片麻岩型；南秦岭五里梁石墨矿矿石类型主要有石墨(斜长)片岩型、石墨斜长片麻岩型及混合岩化石墨斜长片麻岩型三种，少量透辉透闪变粒岩型。

胶北南墅石墨矿石类型有黑云斜长片麻岩型、混合片麻岩型及透辉岩型三种类型，包括石墨黑云母片麻岩、石榴斜长片麻岩、石墨黑云母透闪片麻岩、混合片麻岩、蛇纹透辉大理岩矿石等。平度刘戈庄石墨矿石为含鳞片状石墨的透辉透闪变粒岩-片麻岩、透辉石大理岩及蛇纹石大理岩。

上述矿石类型显示原岩均属于滨浅海沉积泥质碳酸盐岩、细碎屑岩及其过渡和混合沉积物组成的黑色岩系。

2. 矿化蚀变

石墨矿床的矿化围岩蚀变主要是区域变质过程中变质热液交代作用，可以分为硅酸盐岩的部分熔融混合岩化作用和碳酸盐岩的硅酸热液交代形成的透闪石化、透辉石化、金云母化及蛇纹石化蚀变，两种蚀变作用都是区域变质过程中提供硅酸盐热液的主要形式，对石墨的变质重结晶都有重要作用。

1)混合岩化作用

根据孔兹岩系变质温压条件研究(图 5-17)，变质压力峰期向温度峰期过渡阶段，岩石经历了增温减压的过程，达到麻粒岩相，最高的温压条件可达 760℃、1000MPa。渐进变质作用是一个逐渐脱水反应，不断有矿物结晶水释放出来，形成变质热液及岩浆热液。

根据二长石温度计确定花岗岩、二长花岗岩结晶温度分别为 650℃、670℃；花岗闪长岩结晶温度为 670℃，石英二长闪长岩结晶温度为 700℃(关培彦等，2014)。二长石温度计的原理是利用岩浆岩中共生的钾钠碱性长石和斜长石中钠长石分子的含量确定其结晶温度，该方法由于考虑了长石结构及压力对温度的影响，可以较精确确定岩浆结晶温度，同时也是长英质物质的熔融温度。

将斜长石及对应钾长石中的 Ab 分子数，投于二长石温度计曲线图(图 5-26)，二长温度计中两种长石分为高温与低温两个系列(Stormer，1975)，高温系列长石见于火山岩及次火山岩，低温系列长石见于侵入岩等高压条件下生成的岩石中。

中酸性岩石中斜长石是由端元矿物钠长石 $Na(AlSi_3O_8)$和钙长石 $Ca(Al_2Si_2O_8)$及中间矿物组成的完全类质同象系列；而钾钠碱性长石系列中钾长石分子和钠长石分子呈不完全类质同象，在高温时形成混溶单相晶体，基本分子式为 $K(AlSi_3O_8)$—$Na(AlSi_3O_8)$，当温度缓慢下降到某一点(660℃)时，由于阳离子 K^+与 Na^+的半径差较大，而发生固溶体分解，形成以钾长石为主晶、数量不等的钠长石相条纹有规律连生的条纹长石(主要为微斜条纹长石，其次为正长条纹长石)。

因此在麻粒岩相中高级变质作用中发生明显的部分熔融作用，出现大量的长英质岩脉及混合岩化作用，并释放出大量中高温变质热液。混合岩化作用以原岩重熔为起始，一般在中高级区域变质后期，由于区域变质压力降低矿物岩石的熔融温度随之减低而发生部分熔融，熔融组分随之向压力低的地带迁移集中形成充填结晶及交代作用。部分熔融的重熔岩浆迁移充填结晶方式形成条带状、条纹状混合岩，原地混合交代作用方式形成条痕状、眼球状混合岩或者混合花岗岩。交代作用表现为铁镁暗色矿物组分的带出和硅铝浅色矿物组分的带入，一般交代顺序表现为钠质交代到钾质交代，钾长石交代斜长石、白云母交代黑云母、硅质交代低硅矿物现象明显。

华北晶质石墨矿区混合岩化都比较强，鸡西柳毛矿区柳毛组上段硅酸盐变质岩混合岩化形成大量混合岩和混合花岗岩，混合岩化限于一定的层位和岩性层，混合岩化强弱方向与区域变质方向一致，混合岩化最强处形成黑云混合花岗岩。

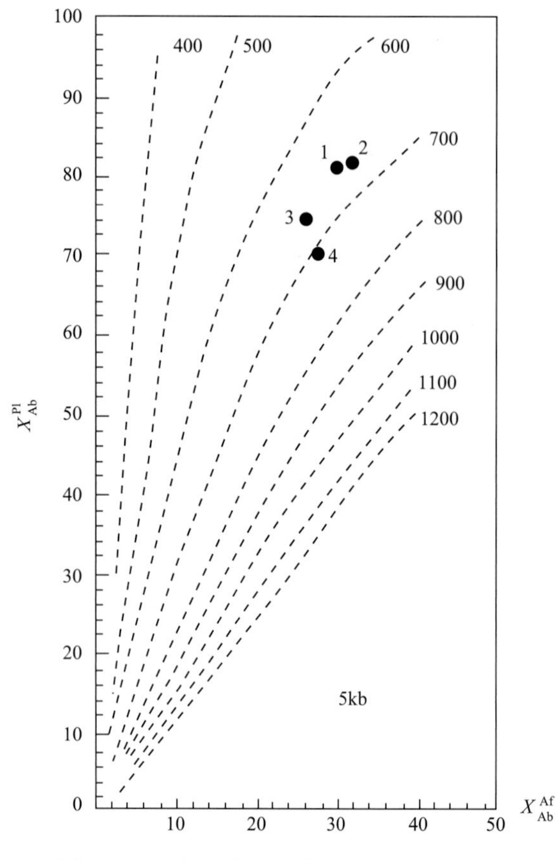

图 5-26　二长温度计曲线图(Stormer，1975)

1. 花岗岩；2. 二长花岗岩；3. 花岗闪长岩；4. 石英二长闪长岩

柳毛组中段含碳质粉砂质黏土质碎屑岩在高级区域变质作用中易于发生部分熔融，因此石墨矿层及围岩中分布大量混合岩脉体，尤其是片麻岩中混合岩脉体发育。断裂发育处的混合花岗岩浆交代作用，斜长石被绢云母、白云母和石英交代，或者分解为绢云母、石英，弱蚀变处保持变余长石外形，蚀变强处形成白云母及其他矿物团块。片理发育的片麻岩、片岩、变粒岩、片岩及大理岩的节理裂隙中石英细脉发育，或者见到硅质交代其他矿物的硅化残余结构。

乌拉山—太行山地区各石墨矿区及胶北南墅—平度石墨矿区岩石变形变质作用强，混合重熔和再生岩浆岩发育，广泛发育一系列规模不等的透镜状、条带状的混合花岗岩脉及石榴石混合花岗岩或石榴石浅粒岩。

华北晶质石墨矿含矿变质岩 K_2O 含量高，含紫苏黑云二长片麻岩及黑云二长片麻岩、夕线榴石钾长片麻岩中出现的眼球状钾长石变斑晶，是在退变质作用时，由富 K 晶间卤水交代产生的再生混合岩化的产物。条带状混合岩和条带状夕线榴石片麻岩属再生混合岩化成因，亦有明显钾交代现象。再生混合岩化长英岩浆以长英质脉体的透入和钾交代形成眼球状钾长石变斑晶、花岗岩脉、伟晶岩脉及石榴石花岗岩，或原地部分熔融形成石榴石浅粒岩。

花岗斑岩脉体呈肉红、砖红或灰褐色，似斑状结构，碎裂结构；斑晶主要为自形正长石、微斜长石；基质为细晶结构，主要由微斜长石、正长石、更长石(An20±)及石英、少量条纹长石等组成，一般含 5%~10%的黑云母，少量磁铁矿、白云母，副矿物有磷灰石、浑圆锆石、独居石。长石、石英颗粒中包裹有细针状夕线石，长石斑晶中常见具熔蚀痕的圆粒石英。

石榴混合花岗岩(石榴石浅粒岩)是深度熔融结晶的特征岩浆岩，是富铝孔兹岩系部分熔融的特征产物。许多矿区发育石榴石混合花岗岩脉，但在乌拉山—太行山地区形成一些独立的混合花岗岩体。集安地区混合岩化也很强烈，主要岩性有条痕状混合花岗岩和似条痕状混合花岗岩。

2）大理岩蚀变作用

华北晶质石墨矿区，大理岩夹层及泥质条带状大理岩普遍经历较强的蚀变作用，主要有透辉石化、透闪石化、阳起石化、金云母化、蛇纹石化，部分橄榄石化。大理岩的蚀变可以分为两种作用：一是硅铝热液交代碳酸盐矿物形成钙镁铝硅酸盐矿物；二是含硅铝矿物较高的碳酸盐岩中在中高温区域变质过程中发生化合反应形成钙镁铝硅酸盐矿物。岩石学特征显示，钙镁硅酸盐矿物橄榄石、透辉石、透闪石、金云母等均属于钙镁碳酸盐岩被硅酸盐热液交代形成的蚀变矿物。碳酸盐岩蚀变形成的钙镁硅酸盐矿物共生组合，可以矿物共生相图表示（图 5-27）。共生矿物相图中：①橄榄石大理岩的橄榄石-白云石-方解石组合；②金云母橄榄石大理岩的金云母-橄榄石-白云石-方解石组合；③微斜长石透辉石岩的微斜长石-透辉石组合；④金云母透辉石岩的金云母-透辉石-白云石-方解石组合；⑤透辉石大理岩的透辉石-白云石-方解石组合。碳酸盐岩的两种蚀变作用都是释放 CO_2 的反应，而这种反应可以提供部分无机石墨碳的来源。

碳酸盐岩蚀变是石墨矿床成矿的重要特征，石墨主要赋存在各种片岩、片麻岩中，其碳质来源于原岩黏土-半黏土岩中的有机质，而碳酸盐岩石在变质成大理岩及形成碳镁硅酸盐蚀变过程中能析出大量 CO_2，参与石墨成矿作用，在还原条件下，无机 CO_2 与有机质碳氢化合物化合发生氧化还原反应重结晶成石墨，因此碳酸盐岩蚀变为石墨矿床提供部分碳质来源。

由于碳酸盐岩石化学性质活跃，在区域变质过程中含碳酸根的钙镁碳酸盐岩很容易与硅酸盐矿物反应或者被热液交代形成不含碳酸根的钙镁硅酸盐矿物，如形成透辉石、金云母、硅灰石、尖晶石等矿物，都是释放 CO_2 的反应：

透辉石（Di）化蚀变：$MgCa(CO_3)_2+2SiO_2 = CaMgSi_2O_6+2CO_2\uparrow$；

进一步镁橄榄石化蚀变：$CaMgSi_2O_6+3MgCa(CO_3)_2 = 2Mg_2SiO_4+4CaCO_3+2CO_2\uparrow$；

蛇纹石（Srp）化蚀变：$6MgCa(CO_3)_2+4SiO_2+4H_2O = Mg_6(OH)_8Si_4O_{10}+6CaCO_3+6CO_2\uparrow$；

钙镁橄榄石（Mtc）化蚀变：$MgCa(CO_3)_2+SiO_2 = CaMgSiO_4+2CO_2\uparrow$；

金云母（Phl）化蚀变：

$3MgCa(CO_3)_2+KAlSi_3O_8+H_2O = KMg_3(AlSi_3O_{10})(F,OH)_2+3CaCO_3+3CO_2\uparrow$；

尖晶石（Spl）化蚀变：$MgCa(CO_3)_2+Al_2O_3 = MgAl_2O_4+CaCO_3+CO_2\uparrow$；

透闪石（Amp）化蚀变：$5MgCa(CO_3)_2+4SiO_2+H_2O = Ca_2Mg_5(Si_4O_{11})_2(OH)_2+3CaCO_3+7CO_2\uparrow$；

水镁石（Brc）化蚀变：$MgCa(CO_3)_2+H_2O = Mg(OH)_2+CaCO_3+CO_2\uparrow$

上述反应只是理想状态下的反应式，实际在地质作用过程中要复杂得多。高级深变质作用中其反应容易进行，在此时释放大量的 CO_2 要参与到石墨碳的成矿，与有机碳氢化合物结合是形成石墨巨晶的重要碳质来源。

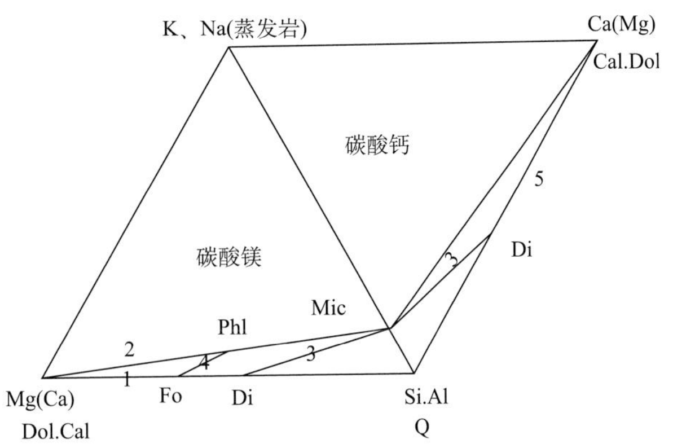

图 5-27　钙镁硅酸盐共生矿物相图（兰心俨，1981）

1. 橄榄石（Fo）-白云石（Dol）-方解石（Cal）；2. 橄榄石（Fo）-金云母（Phl）-白云石（Dol）-方解石（Cal）；3. 微斜长石（Mic）-透辉石（Di）；4. 金云母（Phl）-透辉石（Di）；5. 透辉石（Di）-方解石（Cal）-白云石（Dol）

华北各石墨矿区大理岩夹层多少不同，其与原始沉积环境有关。由南向北随纬度升高，东秦岭—胶北—乌拉山—太行山—辽吉裂谷到佳木斯地块，碳酸盐岩夹层由多到少，这是化学沉积到物理沉积逐渐增强的变化。横向上滨浅海相从潮坪沉积到陆棚浅水沉积，碳酸盐岩夹层逐渐减少，这是沉积搬运和海平面变化结果。这个沉积序列代表了海进沉积作用，与地质历史上气候变暖有关，只有在气候变暖的情况下，生物茂盛才有利于碳质的聚集形成石墨丰富的物源。

这些岩石表现为透辉片麻岩—透辉长石岩—透辉大理岩—长石透辉石岩—透辉石岩的变化规律，这样的韵律在剖面上反映其沉积地层韵律，其中长石透辉石岩在透辉片麻岩岩组中所占的比例最大，约 50%左右；其次依次是透辉片麻岩(30%~35%)—透辉石岩(10%~15%)。透辉大理岩多以 10cm 至 20m 的薄层产出，主要产于长石透辉石岩层顶部，或产于长石透辉石岩与透辉片麻岩-透辉长石岩的过渡地带。透辉大理岩中也经常夹有多层 3~10cm 的长石透辉石岩的薄层，并有滑石大理岩和方镁石橄榄大理岩等。

钙镁硅酸盐岩石组合的各种岩石是钙泥质砂页岩及泥沙质碳酸盐岩石经过区域变质形成的岩石组合，其变质反应中主要是碳酸盐矿物与硅酸盐矿物的结合及成分交换，释放出大量 CO_2。

沉积碳酸盐岩中 MgO-CaO 是碳酸盐矿物的主要成分，其相对含量与水体环境有关。在高盐度的卤水环境中沉积的碳酸盐矿物 MgO 含量高，甚至于形成独立的 $MgCO_3$ 矿物，而低盐度的淡水中只形成 $CaCO_3$ 文石类矿物。以中等盐度海水沉积白云石(Mg,Ca)CO_3 为标志划分高盐度和低盐度的分界(图 5-28)。高盐度环境一般为封闭裂谷潟湖环境，而低盐度环境则为广海开放环境。华北古陆深变质晶质石墨矿床蚀变大理岩及透辉透闪变粒岩型矿石的 MgO-CaO 图解分析，辽吉石墨矿、胶北石墨矿及部分乌拉山—太行山石墨矿均属于高盐度的裂谷沉积环境，而佳木斯地块石墨矿及东秦岭石墨矿属于低盐度的广海环境沉积，比较符合古地理背景。

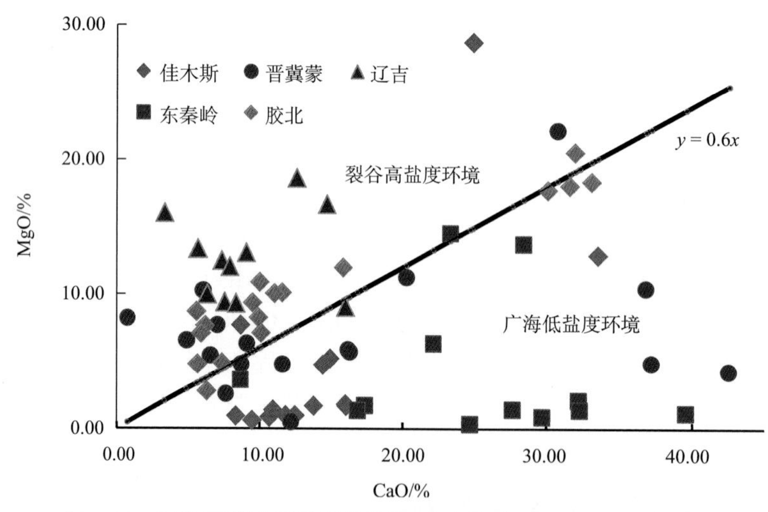

图 5-28　华北石墨透辉透闪变粒岩-大理岩矿石 MgO-CaO 相关图

以斜长角闪岩进行标准化比较分析(图 5-29、图 5-30)，高盐度透辉透闪变粒岩 SiO_2、Al_2O_3、K_2O、Na_2O、MgO 高于低盐度透辉变粒岩，而 CaO 低于低盐度变粒岩；两类岩石 K_2O/Na_2O 都比较高，而 A/CNK 比较低，显示 CaO 主要是以碳酸盐矿物存在。

高盐度透辉透闪变粒岩 Rb-Ba-Zr-Hf 高于低盐度透辉变粒岩，而 Sr/Ba、TFeO/MgO 值低于低盐度变粒岩；两类岩石 Rb/Sr 都比较高，而同时不同矿区的微量元素及其特征比值也有不同(图 5-31、图 5-32)。

高盐度透辉透闪变粒岩稀土元素总量较低盐度透辉变粒岩略高，轻重稀土元素比值基本接近，δEu 值都显示小于 1，而两种透辉透闪变粒岩 δCe 值均有大于 1 或者小于 1(表 5-15)。

以斜长角闪岩标准化绘制的稀土元素配分曲线图，轻重稀土元素标准化值以大于 1 为主，表明稀土元素均比斜长角闪岩富集。高盐度透辉变粒岩配分曲线除了 XHT/4(兴和黄土窑石墨矿)之外，其他都比较一致，显示右倾斜的稀土元素配分模式和规则的负铕异常，并略具有正铈异常(图 5-33)。低盐度透辉变粒岩的稀土元素配分曲线不太规则，相对比较分散(图 5-34)。

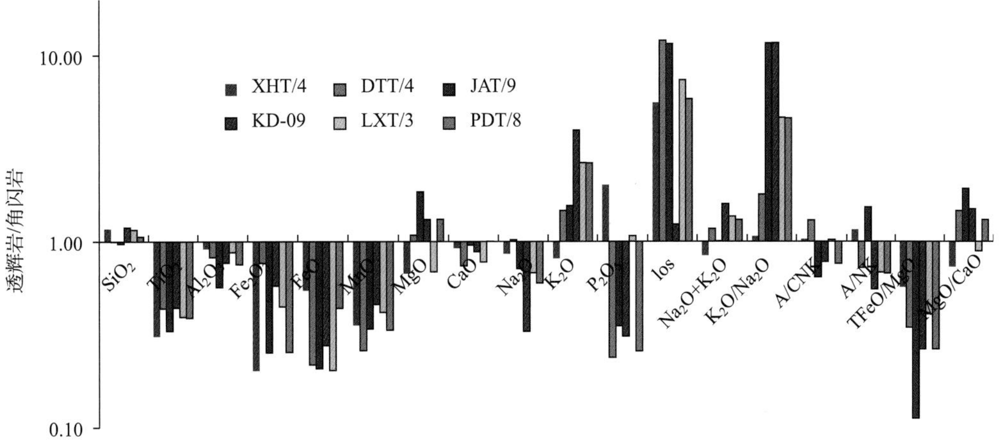

图 5-29　高盐度透辉岩的角闪岩标准化比较图

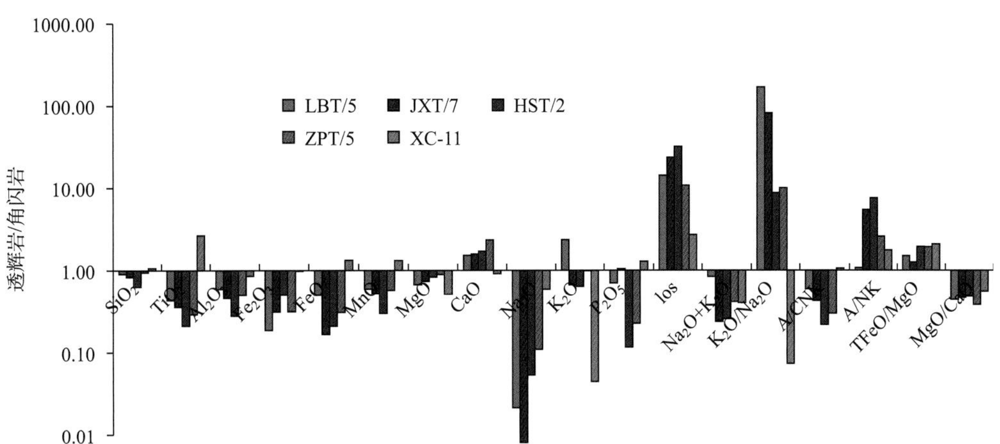

图 5-30　低盐度透辉岩的角闪岩标准化比较图

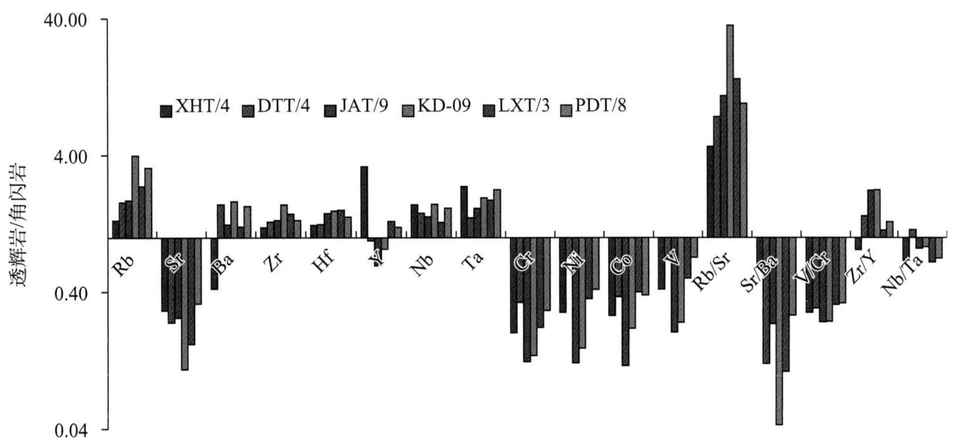

图 5-31　高盐度透辉岩的角闪岩标准化微量元素比较图

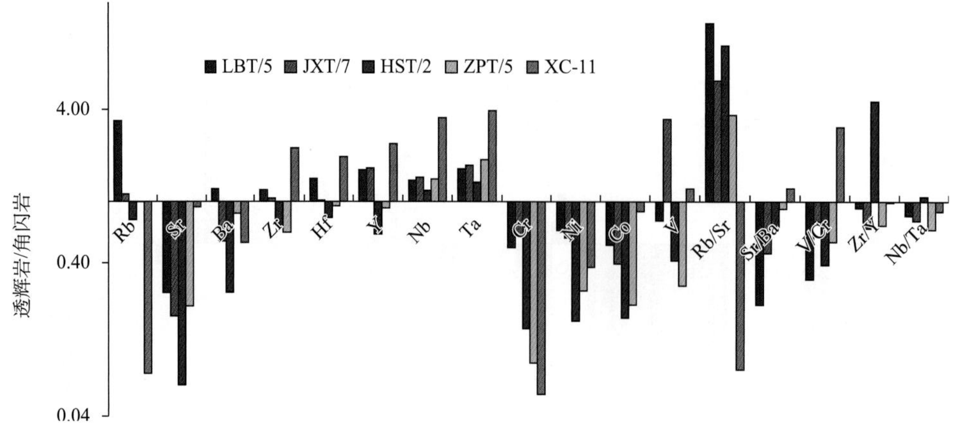

图 5-32　低盐度透辉岩的角闪岩标准化微量元素比较图

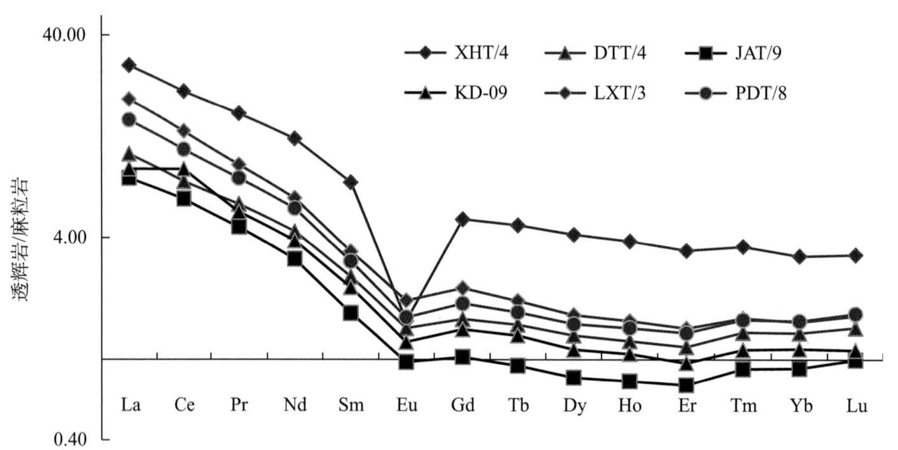

图 5-33　高盐度透辉岩的麻粒岩标准化配分曲线图

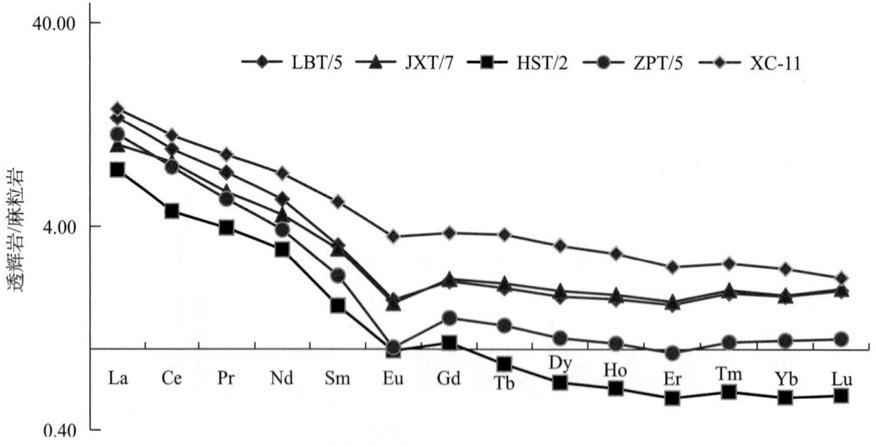

图 5-34　低盐度透辉岩的麻粒岩标准化配分曲线图

3. 碳同位素组成

本书研究中收集了前人测试的各石墨矿区石墨碳同位素资料，并采集了重点矿区典型石墨矿石，分选石墨单矿物，委托核工业北京地质研究所实验室进行碳同位素测试。各矿区分别采集了样品，矿石样品有各类含石墨变粒岩、片麻岩及热液脉状、构造碎裂型矿石，并收集了大青山地区、南墅地区石墨矿床中大理岩和渤海湾油田原油和浙江康山煤炭的碳同位素资料(表 5-16)。

表 5-15 华北深变质晶质石墨矿床透辉变粒岩平均岩石化学成分平均值表

岩石	高盐度透辉透闪变粒岩						低盐度透辉透闪变粒岩					角闪岩
地区	集安	宽甸	南墅	平度	大同	兴和	土默特	萝北	鸡西	镇平	淅川	
样号	JAT/9	KD-09	LXT/3	PDT/8	DTT/4	XHT/4	HST/2	LBT/5	JXT/7	ZPT/5	XC-11	JSY
SiO_2	47.08	57.77	56.12	51.50	48.38	56.59	30.71	43.86	40.24	45.92	51.84	48.53
TiO_2	0.38	0.51	0.45	0.45	0.50	0.35	0.24	0.49	0.41	0.33	3.06	1.15
Al_2O_3	8.24	11.13	12.67	10.93	11.94	13.21	4.04	8.57	6.65	7.26	12.41	14.49
Fe_2O_3	1.28	2.93	2.27	1.29	3.88	1.02	2.54	0.95	1.58	1.60	4.98	5.07
FeO	1.56	2.08	1.53	3.31	1.64	4.12	1.57	3.77	1.26	2.32	10.04	7.54
MnO	0.06	0.08	0.08	0.06	0.05	0.06	0.05	0.11	0.09	0.10	0.24	0.18
MgO	13.08	9.31	4.88	9.33	7.68	4.77	5.88	4.74	5.20	6.33	3.62	7.09
CaO	9.04	8.32	7.33	9.50	7.00	8.70	16.19	14.42	14.93	22.13	8.65	9.46
Na_2O	1.81	0.83	1.72	1.51	2.59	2.17	0.13	0.05	0.02	0.28	1.49	2.53
K_2O	2.10	5.36	3.59	3.57	1.98	1.10	0.86	3.20	0.90	1.33	0.06	1.35
P_2O_5	0.10	0.08	0.29	0.07	0.06	0.54	0.03	0.19	0.28	0.06	0.35	0.27
Los	13.09	1.40	8.36	6.60	13.62	6.30	36.21	16.08	26.54	12.14	3.05	1.13
Na_2O+K_2O	3.91	6.19	5.31	5.09	4.56	3.27	0.99	3.25	0.92	1.61	1.55	3.89
K_2O/Na_2O	6.44	6.46	2.55	2.53	0.98	0.59	4.82	93.23	45.00	5.50	0.04	0.55
A/CNK	0.41	0.50	0.65	0.49	0.83	0.66	0.14	0.38	0.27	0.19	0.68	0.64
A/NK	4.26	1.55	1.91	1.89	2.02	3.23	21.09	2.99	15.18	7.20	4.92	2.79
TFeO/MgO	0.22	0.51	0.78	0.51	0.66	1.09	3.73	2.88	2.41	3.70	4.02	1.92
MgO/CaO	1.45	1.12	0.67	0.98	1.10	0.55	0.36	0.33	0.35	0.29	0.42	0.75
Rb	73.73	156.60	93.40	127.54	71.50	52.53	30.10	132.96	44.20	39.36	3.00	39.47
Sr	174.93	73.60	112.40	221.39	161.73	197.50	43.05	172.40	121.73	141.30	622.90	674.63
Ba	568.66	838.60	547.73	772.23	796.83	192.20	117.25	554.10	252.10	381.90	246.30	455.94
Zr	111.31	144.50	123.70	111.16	108.25	98.48	58.20	99.52	87.34	52.46	186.50	83.13
Hf	3.66	3.83	3.87	3.45	3.05	3.01	1.92	3.46	2.49	2.29	4.80	2.44
Th	9.51	9.76	10.75	9.83	4.33	11.62	1.75	8.79	7.09	7.67	6.16	
U	2.58	1.84	6.13	8.14	1.34	7.36	2.18	17.09	43.72	6.05	1.76	
Y	15.44	20.37	32.66	29.66	23.62	81.82	15.27	40.22	41.27	22.61	59.56	24.83
Nb	8.78	10.84	7.99	10.17	9.35	10.73	7.32	8.56	8.93	8.69	21.83	6.18
Ta	0.66	0.78	0.75	0.90	0.56	0.95	0.54	0.66	0.69	0.75	1.57	0.40
Cr	37.61	41.80	66.93	88.71	102.18	61.13	45.20	152.56	182.87	26.94	16.90	303.54
Ni	16.98	21.81	49.95	58.32	98.16	39.78	23.47	90.85	81.38	36.91	52.60	139.83

续表

岩石	高盐度透辉透闪变粒岩						低盐度透辉透闪变粒岩					角闪岩
地区	集安	宽甸	南墅	平度	大同	兴和	土默特	萝北	鸡西	镇平	淅川	
Co	5.48	10.27	18.91	17.88	17.45	12.70	8.31	24.76	18.70	10.11	40.86	47.30
V	67.76	79.80	167.67	237.75	241.80	139.40	137.90	250.84	1156.27	94.54	407.60	333.50
B	37.59	233.90	10.37	33.29	9.35	4.75	11.60	20.52	11.99	35.34	3.50	
Cl	317.72	103.40	147.73	120.23	85.88	168.10	137.95	102.60	102.19	124.50	67.60	
F	1464.89	1316.21	1304.41	1443.12	1512.70	1042.58	4598.99	1846.96	611.55	1135.17	806.67	
Rb/Sr	0.65	2.13	0.87	0.57	0.46	0.28	0.63	0.88	0.37	0.22	0.00	0.06
Sr/Ba	0.48	0.09	0.22	0.56	0.25	1.23	1.42	0.44	0.95	1.85	2.53	2.06
Th/U	5.24	5.30	1.93	1.39	3.03	1.84	0.76	1.85	0.29	1.89	3.50	
V/Cr	1.89	1.91	2.53	2.60	2.39	2.21	3.04	2.45	5.82	4.30	24.12	7.84
V/(Ni+V)	0.80	0.79	0.77	0.80	0.71	0.78	0.85	0.73	0.93	0.72	0.89	0.70
Zr/Y	7.02	7.09	3.60	4.15	4.58	2.58	14.36	2.89	2.13	2.22	3.13	3.18
Nb/Ta	13.42	13.84	10.62	11.33	18.41	10.94	17.36	13.08	12.09	10.62	13.89	16.14
La	18.31	20.36	44.98	35.50	24.10	66.08	17.62	31.83	23.47	26.32	35.23	17.03
Ce	40.68	57.08	87.83	71.34	49.68	138.15	31.13	62.67	54.04	51.24	73.11	42.13
Pr	4.92	5.85	9.96	8.57	6.39	17.85	4.29	8.00	6.43	5.93	9.78	5.56
Nd	18.07	22.30	36.21	32.23	24.76	70.96	17.80	31.35	26.38	22.27	41.98	24.19
Sm	3.28	4.39	6.61	5.91	4.96	14.52	3.16	6.26	6.02	4.44	10.22	5.43
Eu	0.76	0.95	1.52	1.26	1.11	1.21	0.77	1.36	1.31	0.79	2.78	1.50
Gd	2.83	3.87	6.18	5.20	4.35	13.55	2.95	5.91	6.06	3.91	10.23	5.36
Tb	0.46	0.64	0.95	0.84	0.73	2.26	0.41	0.98	1.03	0.64	1.79	0.80
Dy	2.75	3.79	5.60	5.06	4.45	13.99	2.33	6.12	6.54	3.84	10.90	4.60
Ho	0.55	0.75	1.09	1.00	0.86	2.69	0.45	1.23	1.29	0.75	2.06	0.89
Er	1.67	2.15	3.18	3.02	2.58	7.69	1.29	3.69	3.82	2.14	5.65	2.71
Tm	0.28	0.35	0.50	0.49	0.42	1.12	0.19	0.58	0.60	0.34	0.82	0.35
Yb	1.83	2.28	3.09	3.12	2.73	6.52	1.17	3.67	3.72	2.23	5.01	2.30
Lu	0.32	0.36	0.52	0.54	0.46	1.05	0.19	0.62	0.63	0.36	0.72	0.34
REE	96.69	125.11	208.24	174.08	127.59	357.62	83.76	164.27	141.36	125.19	210.29	113.19
LREE/HREE	7.72	7.82	9.43	7.68	6.69	6.67	6.28	6.49	5.19	8.15	4.66	5.20
δCe	1.04	1.26	1.00	0.98	0.96	0.95	0.89	0.95	1.05	1.00	0.95	1.02
δEu	0.73	0.70	0.74	0.77	0.73	0.40	0.91	0.70	0.69	0.55	0.83	0.93

注：主量元素含量单位为%，微量元素含量单位为 10^{-6}。

表 5-16 华北石墨矿床石墨碳同位素组成

矿区	矿石	样号	测试矿物	$\delta^{13}C_{PDB}$/‰	资料来源
黑龙江鸡西柳毛石墨矿	钒榴石透辉片麻岩	LM1	石墨	–21.40	(1)
		LM2	石墨	–19.90	
		LM3	石墨	–32.10	
		LM4	石墨	–23.40	
		LM5	石墨	–20.70	
		LM6	石墨	–21.30	
		LM7	石墨	–24.40	
		LM8	石墨	–16.80	
		LM9	石墨	–18.90	
		LM10	石墨	–17.50	
	夕线透辉片麻岩	LM11	石墨	–24.40	
		LM12	石墨	–21.90	
		LM13	石墨	–23.10	
		LM14	石墨	–23.20	
		LM15	石墨	–21.30	
	黑云斜长变粒岩	LM16	石墨	–21.00	
		LM17	石墨	–23.70	
		LM18	石墨	–20.10	
	夕线石英片岩	LM19	石墨	–21.20	
		LM20	石墨	–22.60	
		LM21	石墨	–17.00	
		LM22	石墨	–24.80	
		LM23	石墨	–20.50	
	透辉透闪变粒岩	JX-17	石墨	–20.80	本书
		JX-30	石墨	–20.80	
萝北	黑云斜长变粒岩	LB-02	石墨	–23.80	
		LB-26	石墨	–23.00	

矿区	矿石	样号	测试矿物	$\delta^{13}C_{PDB}$/‰	资料来源
北秦岭镇平小岔沟	蛇纹石大理岩	ZP–02	石墨	–18.10	本书
		ZP-05	石墨	–18.00	
		ZP-07	石墨	–17.90	
		ZP-09	石墨	–17.60	
	透辉变粒岩	ZP-10	石墨	–17.40	
		ZP-14	石墨	–17.30	
		ZP-15	石墨	–17.60	
		ZP-20	石墨	–17.50	
	平均			–17.68	
	最高			–17.30	
	最低			–18.10	
南秦岭淅川五里梁	斜长片麻岩	XC-01	石墨	–25.20	
		XC-02	石墨	–25.10	
		XC-05	石墨	–25.60	
		XC-07	石墨	–25.60	
		XC-08	石墨	–25.60	
		XC-10	石墨	–26.20	
		XC-12	石墨	–25.30	
		XC-14	石墨	–19.00	
	平均值			–24.70	
	最高值			–19.00	
	最低值			–26.20	
莱西南墅院后	混合片麻岩	YH1	石墨	–24.80	(2)
		YH2	石墨	–20.70	
		YH3	石墨	–24.00	
		YH4	石墨	–26.60	
		YH5	石墨	–21.20	

矿区	矿石	样号	测试矿物	$\delta^{13}C_{PDB}$/‰	资料来源
渤海湾油田	原油	BH1	原油	–26.30	(2)
		BH2	原油	–25.70	
		BH3	原油	–26.00	
		BH4	原油	–27.20	
		BH5	原油	–24.10	
		BH6	原油	–26.40	
	抽提物	BH7	氯仿 A	–26.00	
		BH8	氯仿 A	–25.50	
		BH9	氯仿 A	–26.50	
		BH10	氯仿 A	–27.30	
		BH11	氯仿 A	–24.80	
		BH12	氯仿 A	–24.30	
	原油	平均		–25.84	
		最高		–24.10	
		最低		–27.30	
浙江康山	原煤	ZJ1	煤	–23.00	(2)
		ZJ2	煤	–23.10	
		ZJ3	煤	–21.70	
	亮煤	ZJ4	沥青	–20.90	
		ZJ5	沥青煤	–31.00	
		ZJ6	沥青煤	–30.60	
		ZJ7	沥青煤	–31.00	
		ZJ8	沥青煤	–31.20	
	煤粉	ZJ9	粉煤	–28.80	
		ZJ10	粉煤	–28.00	
	煤块	ZJ11	块煤	–27.70	
		ZJ12	块煤	–29.40	

续表

矿区	矿石	样号	测试矿物	$\delta^{13}C_{PDB}$/‰	资料来源
佳木斯地块	平均			-21.84	
	最高			-16.80	
	最低			-32.10	
兴和黄土窑	斜长片麻岩	HTY1	石墨	-20.49	(3)
		HTY2	石墨	-20.78	
		HTY3	石墨	-20.64	
		HTY4	石墨	-24.13	
	透辉透闪变粒岩	XH-17	石墨	-21.00	本书
	黑云斜长变粒岩	XH-22	石墨	-24.40	
大同	透辉透闪变粒岩	DT-01	石墨	-22.50	
	黑云斜长变粒岩	DT-08	石墨	-22.00	
土默特左旗什报气	片麻岩	SNQ1	石墨	-18.16	(3)
	透辉石岩	SNQ2	石墨	-13.72	
	石墨大理岩	SNQ3	石墨	-7.89	
		SNQ4	石墨	-11.37	
		SNQ5	石墨	-14.98	
	斜长变粒岩	HS-06	石墨	-21.80	本书
	斜长片麻岩	HS-09	石墨	-21.30	
庙沟	透辉变粒岩	MG1	石墨	-14.60	(3)
		MG2	石墨	-15.41	
		MG3	石墨	-13.95	
	斜长片麻岩	MG4	石墨	-28.97	
	斜长大理岩	MG5	石墨	-6.42	

矿区	矿石	样号	测试矿物	$\delta^{13}C_{PDB}$/‰	资料来源
莱西南墅院后	混合片麻岩	YH6	石墨	-26.80	(2)
		YH7	石墨	-16.30	
		YH8	石墨	-22.80	
		YH9	石墨	-22.41	
莱西南墅岳石	片麻状矿石	YS1	石墨	-25.90	
		YS2	石墨	-25.90	
		YS3	石墨	-25.10	
		YS4	石墨	-25.10	
		YS5	石墨	-24.10	
		YS6	石墨	-25.80	
		YS7	石墨	-23.40	
	混合片麻岩	YS8	石墨	-16.10	
		YS9	石墨	-18.20	
		YS10	石墨	-24.50	
		YS11	石墨	-24.10	
	脉状矿石	YS12	石墨	-22.90	
		YS13	石墨	-22.60	
		YS14	石墨	-14.70	
	混合岩矿石	YS15	石墨	-16.70	
南墅	斜长片麻岩	LX-03	石墨	-21.70	
		LX-08	石墨	-21.50	
刘戈庄	透辉变粒岩	PD-10	石墨	-21.30	
		PD-17	石墨	-24.70	

矿区	矿石	样号	测试矿物	$\delta^{13}C_{PDB}$/‰	资料来源
浙江康山	煤块	ZJ13	块煤	-30.00	(2)
	煤炭	平均		-27.42	
		最高		-20.90	
		最低		-31.20	
兴和	大理岩	XHCA1	方解石	0.97	(3)
		XHCA2	方解石	-4.23	
		XHCA3	方解石	-4.03	
什报气	石墨大理岩	SNCA4	方解石	-6.53	
		SNCA5	方解石	-11.05	
庙沟	石墨大理岩	MGCA6	方解石	-8.25	
	大理岩	MGCA7	方解石	1.11	
哈达门	石墨大理岩	HDCA8	方解石	-13.40	
	大理岩	HDCA9	方解石	-2.42	
院后	白云大理岩	NYHC1	全岩	1.50	(2)
		NYHC2	全岩	0.80	
岳石	白云大理岩	NYSC3	全岩	-2.70	
		NYSC4	全岩	-2.30	
		NYSC5	全岩	-1.40	
		NYSC6	全岩	0.10	
大理岩	平均值			-3.46	
	最高值			1.50	
	最低值			-13.40	

续表

矿区	矿石	样号	测试矿物	$\delta^{13}C_{PDB}$/‰	资料来源
包头哈达门沟	斜长片麻岩	HDM1	石墨	-25.86	(3)
		HDM2	石墨	-24.55	
	透辉大理岩	HDM3	石墨	-16.10	
		HDM4	石墨	-20.54	
	混合片麻岩	HDM5	石墨	-9.72	
乌拉山-太行山	平均值			-18.45	
	最高值			-6.42	
	最低值			-28.97	
宽甸	黑云斜长变粒岩	KD-03	石墨	-24.60	本书
		KD-06	石墨	-12.80	
		KD-08	石墨	-10.40	
		KD-12	石墨	-13.00	
		KD-13	石墨	-9.30	
		KD-14	石墨	-9.30	
		KD-15	石墨	-13.80	
		KD-16	石墨	-19.00	
集安	透辉透闪变粒岩	JA-04	石墨	-20.90	
		JA-17	石墨	-21.10	
辽吉裂谷	平均值			-15.42	
	最高值			-9.30	
	最低值			-24.60	
鲁山	石墨片麻岩	LS1	石墨	-21.69	(2)
	方解透辉岩	LS2	石墨	-18.45	
		LS3	石墨	-18.33	
		LS4	石墨	-18.28	
	平均			-19.19	

矿区	矿石	样号	测试矿物	$\delta^{13}C_{PDB}$/‰	资料来源
石墨精粉	80 目	NS80	石墨	-21.80	(2)
	200 目	NS200	石墨	-23.10	
	50 目	NS50	石墨	-22.70	
	-100 目	NS100	石墨	-23.90	
	32 目	NS32	石墨	-23.30	
	325 目	NS325	石墨	-24.10	
胶北	平均值			-22.61	
	最高值			-14.70	
	最低值			-26.80	
北镇浅变质岩型	红柱石绿泥石英片岩	BZ-01	石墨	-19.40	本书
		BZ-03	石墨	-19.20	
		BZ-04	石墨	-19.90	
		BZ-05	石墨	-20.70	
		BZ-09	石墨	-21.10	
		BZ-10	石墨	-21.40	
		BZ-11	石墨	-20.80	
		BZ-13	石墨	-21.10	
		BZ-15	石墨	-21.80	
		BZ-16	石墨	-26.00	
		平均值		-21.14	
		最高值		-19.20	
		最低值		-26.00	
大乌淀	红柱石绿泥石英片岩	WLT-06	石墨	-25.30	
		WLT-13-2	石墨	-24.60	
		平均值		-24.95	

资料来源：(1)卢良兆等，1996；李光辉等，2008；(2)兰心俨，1981；(3)王时麒，1989,1994。

综合华北古陆石墨矿床的碳同位素组成明显分为两组：片麻岩型石墨显示轻同位素组成，而大理岩型石墨显示重同位素组成。石墨的碳同位素 $\delta^{13}C_{PDB}$ 一般在–16.80‰~–25.90‰，较有机碳同位素 $\delta^{13}C_{PDB}$ 略高，而较石墨岩系中大理岩及各地碳酸盐岩无机碳同位素 $\delta^{13}C_{PDB}$ 明显偏低。碳酸盐岩 $\delta^{13}C_{PDB}$ 在 0‰左右，有机碳包括原油、煤炭、沥青质的碳同位素 $\delta^{13}C_{PDB}$ 一般＜–25.00‰，最低在–31.20‰。寒武纪黑色页岩碳同位素值最低，$\delta^{13}C_{PDB}$ 为–31.18‰~–34.99‰。与无机蚀变大理岩和有机石油煤炭碳同位素组成比较，石墨碳同位素组成介于两者之间。大理岩型石墨及变质程度较深的透辉透闪变粒岩型石墨矿近于无机大理岩的同位素组成。而片麻岩型或者变质程度低的片岩型石墨的碳同位素 $\delta^{13}C_{PDB}$＞–25.90‰，介于有机碳和无机碳碳同位素组成之间，更接近有机碳同位素组成。

碳酸盐岩硅酸盐化蚀变释放出的 CO_2 提供石墨无机碳的来源，参与了石墨结晶作用，使变质石墨的碳同位素组成偏离有机碳同位素组成，介于无机碳酸盐和有机碳碳同位素组成之间(图 5-35)。石墨碳同位素组成接近有机碳同位素组成，表明石墨碳以有机来源为主，有无机碳参与。因此石墨碳是大理岩、灰岩无机碳和沥青煤、原油有机碳来源混合产物，与沥青煤、原油有机碳的轻重同位素比值对比，认为硅酸盐片麻岩型石墨碳更接近有机碳来源，碳酸盐蚀变大理岩型石墨碳更接近于无机碳来源。

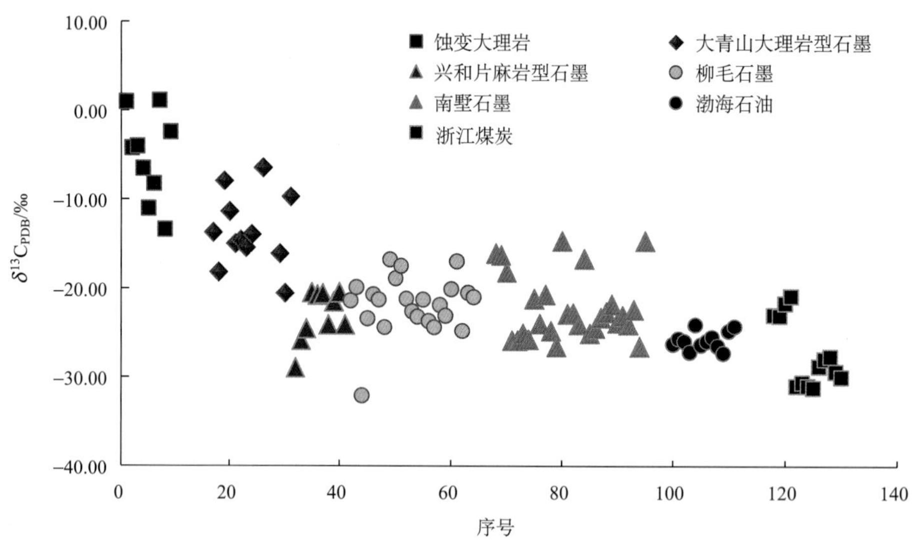

图 5-35　华北石墨矿床石墨碳同位素组成图

第六章　佳木斯地区石墨矿床

第一节　成矿地质背景

一、主要成矿带含矿地层

1. 含矿层分布

佳木斯地块向北联合俄罗斯布列亚地块构成了东北亚一巨大的前寒武纪陆块，早寒武世末与西伯利亚古陆对接拼合，作为古西伯利亚板块的一部分，在古生代向其东、西、南三个方向增生演化。佳木斯地块向北延伸到布列亚地块，向南东以敦化—密山断裂与兴凯地块相邻，更远延伸到俄罗斯境内（曹熹等，1992；Wilde et al.，1997，2000）。佳木斯地块周围东部为那丹哈达地体的增生混杂岩，西以牡丹江断裂带与松辽地块相邻。

佳木斯地块内发育两套变质岩系：①下部黑龙江群，主要由绿片岩和钠长绢云片岩等组成，是以绿色糜棱片岩为主的构造岩；②上部麻山群，由含石墨和夕线石、石榴石等矿物的片麻岩和变粒岩及大理岩等组成，是经历了角闪岩相—麻粒岩相变质岩系，混合岩化作用非常强烈，形成有各种混合片麻岩甚至混合花岗岩(表 6-1)。

表 6-1　佳木斯地块地层简表

地层时代	群	组	年龄/Ma	主要岩性
古元古界	麻山群	马家街组		
		建堂组		
		柳毛组	2251±360	
		西麻山组	2269±69	石墨夕线石榴黑云混合片麻岩
新太古界	黑龙江群	湖南营组	2600±100	绿片岩和钠长绢云片岩
		山嘴子组		
		鸡冠山组		
		老沟组		
中太古界		金满屯组	3200±100	
		太平沟组		

佳木斯地块从北到南，麻山群分布在萝北—嘉荫、华南—双鸭山、鸡西—勃利 3 个区域，形成三个石墨成矿集中区(图 6-1)。区内大中型石墨矿有鸡西市柳毛石墨矿、石场石墨矿、马来山石墨矿、佛岭石墨矿、光义石墨矿、寨山石墨矿、萝北云山石墨矿等。

(1) 萝北—嘉荫成矿区，位于佳木斯地块北部区段，是重要的石墨成矿集中区，赋矿地层为麻山群大盘道组，含矿建造为结晶片岩、片麻岩、变粒岩、石英岩等，矿体主要呈北东向展布，与大盘道组地层走向一致。固定碳含量 8%~10%，高者可达 23.59%，为一石墨资源潜力较大富矿带，以萝北云山石墨矿区为代表，包括云山大型石墨矿床、四方山石墨矿床、七马架石墨矿床等。

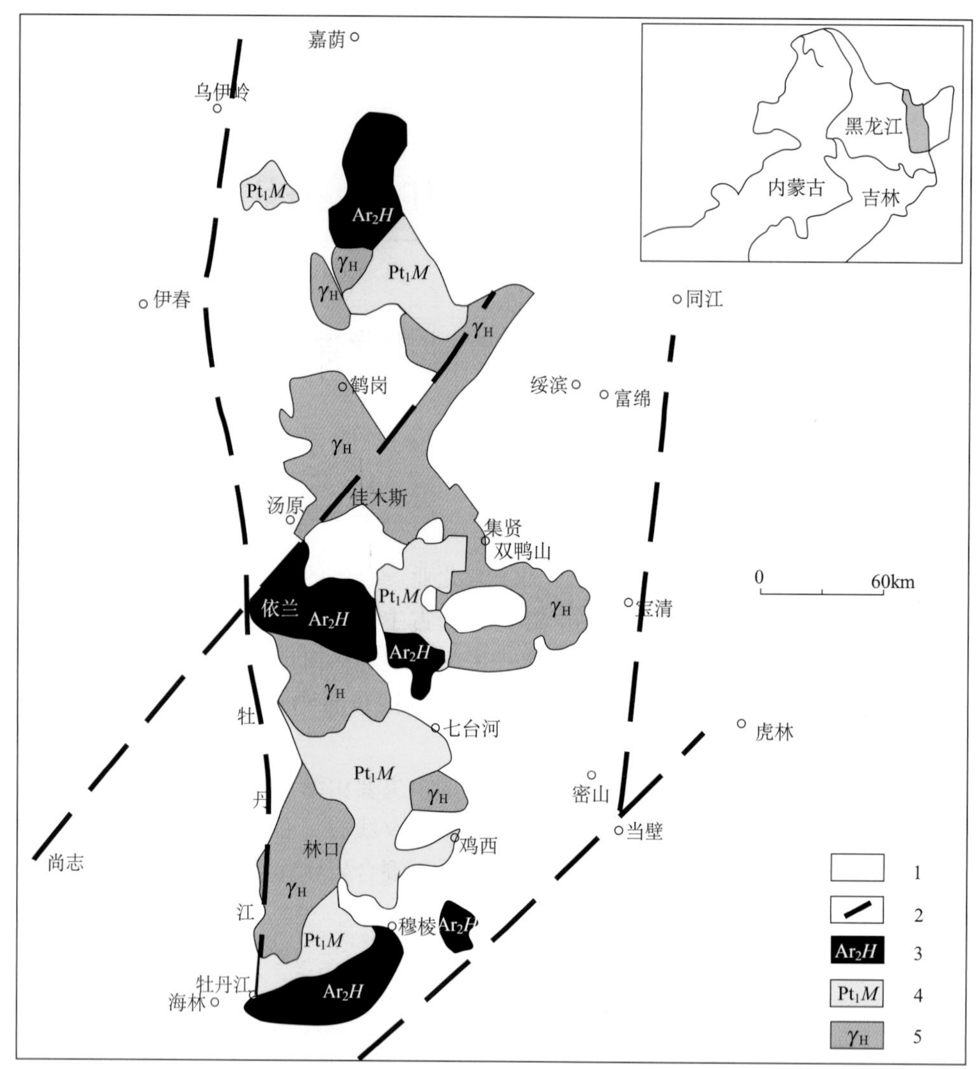

图 6-1　佳木斯地块麻山群孔兹岩系分布图

1. 显生宙岩石；2. 区域性大断裂；3. 黑龙江杂岩绿片岩相糜棱岩；4. 麻山杂岩麻粒岩相变质岩；5. 混合花岗岩

区内麻山群下部为大理岩类；中部为各种结晶片岩、片麻岩、变粒岩、石英岩等；上部为条带状混合岩、条痕状混合岩、条纹状混合岩、眼球状混合岩、均质混合岩等。原岩为一套变质沉积岩-碳酸盐岩-黏土岩-碎屑岩组合。具有工业价值的石墨矿产于中部的变粒岩、片麻岩中，岩性变化明显，混合岩化作用强。

(2) 华南—双鸭山成矿区，是佳木斯地块中部矿段,含矿地层是麻山群大盘道组，主要岩石类型有片岩、片麻岩，其次为变粒岩、碳酸盐岩、石英岩、磁铁石英岩及少量混合岩。按照建造类型大盘道组自下而上划分为两个岩性段：①一段(Pt_1d^1)：以硅铝沉积建造为主的变粒岩、石英岩、磁铁石英岩段，以其富硅并含磁铁矿为特征；②二段(Pt_1d^2)：以硅铝沉积建造为主，夹钙质沉积层的夕线石英片岩、含夕线钾长片麻岩、含石榴夕线石英片岩、石英岩、含夕线石榴钾长片麻岩、大理岩、石墨大理岩段，以富硅铝并含夕线石矿、大理岩矿、石墨矿为特征。

双鸭山羊鼻山—石门一带现已发现并勘查多处夕线石矿床，含矿岩层为夕线石英片岩，顶板岩性为石榴夕线石英片岩及石榴夕线片麻岩，以含 1m 厚灰白色石英岩为标志。底板岩性以黑云夕线钾长片麻岩为主，局部为大理岩。矿体呈层状、似层状、透镜状产出，产状同地层一致。区域内发现有双鸭山市羊鼻山大型石墨矿、岭西灰窑石墨矿、桦南林业局七星石墨矿、桦南县孟家岗北段石墨矿等矿床、矿点多处。

(3) 鸡西—勃利成矿区，是佳木斯地块南段，区内麻山群集中在鸡西、密山、穆棱、林口、勃利五县市分布，几乎全部是古元古界麻山群和同时期的混合花岗质岩石，划分为西麻山岩组和余庆岩组。

余庆岩组是一套含磷岩系，区域上仅出露于南部，主要由夕线黑云片岩、石榴夕线黑云石英片岩、含石墨磷灰金云透辉大理岩、磷灰透辉石岩、黑云变粒岩、透辉石岩、含石墨透辉石英岩、金云磷灰石墨片麻岩等组成，普遍发育条带状、条痕状、眼球状混合岩和均质混合岩。

西麻山岩组可分上、下两段，下段富铝、富碳，是石墨矿主要富集层位，上段富铁。整个岩组是一套夹碳酸盐的片岩-片麻岩组合，包括含夕线黑云斜长变粒岩、斜长角闪岩、石墨石英片岩、含石墨夕线石英片岩、含石榴二长夕线堇青片麻岩、含石墨夕线片麻岩、夕线石榴黑云变粒岩、角闪透辉斜长变粒、长英片麻岩类、钙质片麻岩类、钙硅酸盐岩类、大理岩类和麻粒岩类等，岩层内广泛发育含石榴混合岩和榴斑条带状、条痕状混合岩。

20 世纪 80 年代在黑龙江群中发现了低温高压变质的蓝闪石片岩，麻山群则为低压角闪岩相至麻粒岩相，因此认为两者构成古生代的双变质带。张贻侠等(1991)认为，黑龙江群为一套强烈变形的糜棱片岩，原岩为优地槽火山-沉积建造，麻山群相当于孔兹岩系。两者属于古元古代不同地体，在元古宙晚期开始拼合，至加里东期，麻山群又仰冲到黑龙江群之上，其间经历多次复杂的变质和变形作用。

马家骏(1988)在黑龙江群和麻山群中的部分火山-沉积岩系获得 2494±654Ma 的 Sm-Nd 等时年龄，因此认为都属新太古代。麻山群含石墨富铝片麻岩和大理岩等副变质岩系测得 2269±68Ma 的 Pb-Pb 等时年龄和 2251±360Ma 的 U-Pb 等时年龄，属于古元古代。

麻山群整体上经受了中—高级及中—低压的区域变质作用，主要岩性为石墨片岩、大理岩、石墨透辉大理岩、含橄榄大理岩、辉石变粒岩、斜长透辉变粒岩、角闪透辉斜长变粒岩、黑云斜长片麻岩、含紫苏辉石麻粒岩等，变质相达到高角闪岩相—麻粒岩相，并经历了混合岩化作用，形成混合片麻岩及混合花岗岩。岩石中副矿物以锆石、石榴石、钛铁矿较多。麻山群产石墨、夕线石、云母、蛇纹石、白云岩、大理岩及磷灰石等矿产。

麻山群孔兹岩系主期变质作用在区域上可以划分出角闪岩相和麻粒岩相两个变质带，区域上不同的变质级别是变质分带的结果(姜继圣和刘祥，1992)，麻粒岩相带内的岩石先后经历了低角闪岩相—高角闪岩相—麻粒岩相变质等不同的递增变质阶段。从变质程度上可分出至少两种类型，一种为麻粒岩相变质部分，如鸡西西南柳毛石墨矿附近的麻山杂岩；另一种仅达角闪岩相变质，如桦南和萝北附近的麻山杂岩。麻山群麻粒岩相变质岩 *P-T* 轨迹温度峰值可达 850℃、压力达到 0.74GPa(姜继圣和刘祥，1992)。在佳木斯地块北部达到角闪岩相变质的麻山群，峰值温度为 650℃(石榴石、黑云母)，但局部为 0.6～0.7GPa 和 500～550℃(曹熹等，1992)。

2. 麻山群孔兹岩系

麻山群主要由片岩、麻粒岩、片麻岩、变粒岩、斜长角闪岩石、墨透辉石岩及大理岩等七个岩石类型组成，可以划分为四个主要的变质岩层组合：①夕线石片岩-麻粒岩组合，主要岩石类型为含石墨石榴夕线片岩、紫苏麻粒岩及辉石麻粒岩，局部见少量含石榴石的黑云母片岩、片麻岩夹层；②石英片岩-长英片麻岩组合，岩石类型为含石墨夕线石石英片岩、长石石英片岩及长英质片麻岩等；③石墨片岩组合，为区内具经济价值的石墨矿的赋存层位，岩石类型为石墨片岩、长英质石墨片麻岩、透辉石石墨片岩及片麻岩等；④大理岩-变粒岩组合，主要岩石类型为透辉石大理岩、含磷灰石的钙硅酸盐岩、黑云母变粒岩、辉石变粒岩，局部夹少量夕线石榴黑云斜长片麻岩及斜长角闪岩等透镜体。

(1) 夕线石片岩-麻粒岩组合，主要岩石类型为含石墨石榴夕线片岩、紫苏麻粒岩及辉石麻粒岩，局部见少量含石榴石的黑云母片岩、片麻岩夹层。这是孔兹岩系的特征岩石，通常为中细粒片麻状构造，粒状或纤状变晶结构，一般粒度为 0.1～0.5mm。主要组成矿物为石榴石、夕线石、堇青石、黑云母、钾长石、酸性斜长石和石英。次要矿物为尖晶石、钛铁矿和石墨。副矿物则有告示、磷灰石、金红石及电气石等。多数岩石均含夕线石和石榴石，不少富铝片麻岩中其总含量为 15%～30%，最高可达 50%～60%，成为夕线石矿体和石榴石岩。石榴石一般成粒度 0.5～1.5mm 的较自形细粒，均匀分布。有些岩石中则成 3～5mm 的变斑晶，此时可包裹定向排列的极细针状(<0.1mm)夕线石或为细粒石英及钛铁矿，有时还包裹不规则的绿色尖晶石。

这类片麻岩和变粒岩中，多数情况下基本不含黑云母，或含量极少。黑云母成棕红色细鳞片状，分布不均，与石榴石、堇青石、夕线石之间的接触关系一般较平直，显示平衡共生。本区片麻岩中黑云母含 TiO_2 一般 2%～3%，个别高达 4%～5%。

浅色矿物中钾长石占有主要地位，一般为条纹长石，呈不规则他形粒状，与石英等互相镶嵌。两者相对含量不稳定，有些岩石的石英含量很低，甚至基本不含石英。斜长石只出现于部分富铝片麻岩中，一般为 An 25～50 的更-中长石，呈他形粒状，含量明显低于钾长石。

副矿物尖晶石呈深绿色透明、半透明，属铁尖晶石，通常包裹在石榴石中，不与石英直接接触。个别不含石英的富铝片麻岩中，尖晶石可稍多，分布于长石颗粒之间。细粒(0.1～0.2mm)的钛铁矿常在岩石中浸染状分布，可被各种矿物包裹，其含量一般不超过 2%～3%。有些岩石还含少量石墨鳞片。

一些地段见到少量黑云母及二云母片岩夹层，一般白云母成不定向的细鳞片或聚集成团，分布不均，是退变质过程所成。但也有些岩石中的白云母鳞片是定向排列，与黑云母及石墨鳞片成互层状交生，且分布均匀，并可与夕线石、红柱石及石榴石等共生。在三道沟夕线石矿区的富铝片麻岩中见有柱晶石和微量尖晶石(姜继圣，1989)。

(2)石英片岩-长英片麻岩组合，岩石类型为含石墨夕线石英片岩、长石石英片岩及长英质片麻岩等。最常见各种黑云变粒岩-斜长片麻岩，通常为细粒变晶结构，片麻状构造。暗色矿物以红棕色黑云母为主，与富铝系列岩石中黑云母特征相同，一般含量较高，达 15%～30%，分布均匀，定向排列明显。有些岩石中还含少量石榴石变斑晶，另一些岩石中则含斜方辉石或单斜辉石，它们也是本区相当广泛的岩石类型，并可过渡为黑云二辉麻粒岩。浅色矿物常以中酸性斜长石为主，条纹长石相对次要，或不出现。石英含量不定，有时可不出现。

本区还有相当数量的浅粒岩，为细粒(0.2～0.5mm)变晶结构，片麻理构造不明显，主要由条纹长石、中酸性斜长石和石英组成，此外还含少量极细粒(<0.1～0.2mm)磁铁矿、黑云母或石榴石，它们总量一般在 5%以下。最常见类型为含磁铁浅粒岩和含黑云母浅粒岩等。

此外属于这一系列的还有一些二云母片岩、黑云母片岩及含石墨云母片岩和片麻岩。它们常为石墨矿的围岩，并与组成石墨矿体的石墨片麻岩呈渐变过渡关系。

(3)石墨片岩组合，为区内具经济价值的石墨矿的赋存层位，岩石类型为石墨片岩、长英质石墨片麻岩、透辉石石墨片岩及片麻岩等。富含石墨的片岩、片麻岩及变粒岩等主要在上述两个岩石系列中作为夹层分布，形成石墨富集的矿层。

一些麻粒岩中含有石墨，其组成矿物除辉石和斜长石外，含少量均匀分布的细鳞片状石墨，个别还含堇青石。它们在富含夕线石、石榴石和堇青石等的片麻岩或石墨片麻岩(矿层)中成透镜状夹层产出，推测其原岩应为沉积岩。根据化学成分判断，它们与一般泥灰质岩石的不同是较富含铁和铝，而相对贫钙和镁，属于含碳酸盐铁质黏土岩。

(4)大理岩和钙镁硅酸盐岩石组合，孔兹岩系中大理岩分布较普遍，一般成几米到几十米厚的夹层或透镜体产出，外观以白色或灰褐色为主，一般为块状，中粒至中粗粒变晶结构，主要由方解石和白云石组成，后者含量变化大。化学成分特征是一般为高钙低镁，含 CaO 35%～45%，MgO 2%～4%(少数达 10%～20%)，SiO_2 2%～3%，Al_2O_3 变化较大，FeO 和 Fe_2O_3<1%，它们绝大部分应属于硅质方解石大理岩，或稍含泥质组分。

本区大理岩普遍发生蚀变作用，其中除碳酸盐矿物外，通常还含细粒透辉石或镁橄榄石，其含量一般<5%～10%。一般常见透辉石大理岩，其中常含少量石英、斜长石和钾长石，有些则含方柱石或(和)

钙铝石榴石。而镁橄榄石大理岩中则只可见细粒尖晶石，个别岩石中见硅镁石，但从未见含有石英。金云母则在两类大理岩中均可出现，此外还有少量石墨鳞片等。

大理岩中常见钙镁硅酸盐岩石，成薄层状夹层或透镜体，与大理岩呈过渡关系，也可赋存于各种片麻岩层之间。一般分为两大类：一类是钙质片麻岩，矿物成分复杂，均含碳酸盐矿物(<10%～20%)和含石英，也有透辉石、斜长石或(和)钾长石、方柱石及钙铝榴石等，此外还有黝帘石和符山石、阳起石、榍石和钛铁矿等副矿物也十分普遍；另一类是矿物成分很简单的斜长辉石岩和辉石岩。

二、孔兹岩系岩石地球化学

姜继圣(1993)对麻山群石墨矿床含矿岩系孔兹岩系自下而上分为五类岩性建造十种岩石类型采样进行岩石化学分析(表 6-2)。

(1)富铝夕线片岩建造，以含石墨的石榴夕线片岩为主(MA)，夹石榴夕线堇青片麻岩(MB)，石榴石黑云斜长片麻岩类(MC)，夹含石墨石榴堇青紫苏麻粒岩、柱晶石堇青片麻岩。

(2)富硅石英片岩-长英片麻岩建造，主要为含石墨的夕线石石英片岩(MD)、条纹长石石英片岩及长英片麻岩。

(3)含碳石墨片岩建造，下部为贫钙的长英质石墨片麻岩，向上逐渐过渡为富钙的含钒钙铝榴石石墨片岩(ME)、透辉石石墨片岩和片麻岩。

(4)含钙镁磷硅酸盐岩建造，主要为透辉石大理岩和含磷灰石的钙硅酸盐岩(MF)，部分地区还见有条带状含石墨透辉石石英岩。含磷层位上部是一套以火山凝灰沉积为主的条带状黑云变粒岩，同时夹少量的角闪质岩石；含磷层位以下地层中主要为白云质橄榄大理岩、透辉方柱石岩、斜长透辉石岩及相应的钙质片麻岩(MG)、含大理岩(MH)。

(5)麻粒岩建造，副变质变粒岩一般含有石墨，包括石墨二辉麻粒岩(MI-1，2)及含石墨石榴黑云紫苏麻粒岩(MI-3)。正变质麻粒岩有含角闪黑云二辉中基性麻粒岩(MJ-1)、黑云紫苏麻粒岩(MJ-2)，以及少量的石榴石黑云斜长片麻岩。

麻粒岩建造是变质程度较高透辉透闪变粒岩或者副变质的斜长角闪岩，钙镁含量较高。因此上述岩性可以归为三种岩石类型，即黑云斜长片麻岩-变粒岩-麻粒岩类，包括富铝质夕线石片岩建造、富硅石英片岩及碳质石墨片岩等；透辉透闪钙镁硅酸盐岩类包括含钙镁硅酸盐建造和麻粒岩建造；大理岩类主要是蚀变较弱的大理岩夹层；而正变质麻粒岩属于斜长角闪岩系列，以下分别以孔兹岩系三种岩性和斜长角闪岩比较进行讨论。

1. 岩石化学组成

麻山群孔兹岩系岩石的普遍特征是贫钠富钾。黑云斜长片麻岩和透辉透闪变粒岩 K_2O/Na_2O 均值分别是 5.61 和 3.46，显示 K_2O 明显高于 Na_2O，只有大理岩 Na_2O 略高，斜长角闪岩与大理岩类似，Na_2O 略高；透辉透闪变粒岩类岩石 MgO/CaO 值平均 0.40，显示低盐度沉积环境(表 6-2)。

以陆源碎屑沉积变质为主的夕线片岩、堇青片麻岩、石英片岩、长英片麻岩，以及石榴石黑云斜长片麻岩类，它们的 Al_2O_3-SiO_2，TiO_2-SiO_2 间存在明显的负相关关系，相关系数分别为−0.9424 和−0.9164，因此 Al_2O_3-TiO_2 表现为明显正相关。

透辉透闪变粒岩和大理岩 MgO、CaO 含量较高，主要作为变质钙镁矿物组分，或者碳酸盐矿物组分。黑云斜长片麻岩的 A/CNK 显示大于1，平均2.39，铝强过饱和，与独立铝矿物存在有关；透辉透闪变粒岩 A/CNK 显示小于1，平均0.48，是由于 CaO 构成碳酸盐矿物组分。A/CNK 值在含碳酸盐矿物少的显示大于1，含碳酸盐矿物多时显示小于1，所以在含碳酸盐矿物的岩石中 A/CNK 值没有实际意义。A/NK 参数指示沉积变质岩石硅酸盐矿物组成，片麻岩和透辉透闪变粒岩的 A/NK 平均值分别为3.05和6.69，Al_2O_3明显过剩，表明富集高铝矿物，主要是红柱石、夕线石(Al_2SiO_5)、堇青石($Mg_2Al_4Si_5O_{18}$)

类矿物大量存在。

上述孔兹岩系岩石主要以富钾、富铝、富含钙镁为基本特征，这种岩石化学组成可以显示沉积变质岩特征，沉积碎屑物质以陆源为主的浅海沉积成因，同时这种岩石组成也是形成石墨矿床的物质基础，斜长角闪岩的岩石化学组成显示的是幔源岩浆岩特征。

2. 微量元素地球化学

岩石微量元素中 Rb、Sr、Ba、Zr 含量较高，过渡元素只有 V 含量稍高，其他都较低，片麻岩和透辉透闪变粒岩的 Rb/Sr 值平均分别是 1.15 和 0.77，Sr/Ba 值平均分别是 0.17 和 0.32，前者显示陆源碎屑来源特征，后者显示海陆物质混合特征；而大理岩 Sr/Ba 值高，Rb/Sr 值显示主要是海水物源。岩石 V/Cr、V/(V+Ni)特征微量元素比值与晚前寒武纪及寒武纪的黑色岩系特征基本一致，因此是一种缺氧滨浅海沉积特征。斜长角闪岩的微量元素特征与大理岩类似，其显示的是幔源物质特征(表 6-2)。

3. 稀土元素地球化学

孔兹岩系中富铝、富碳、富硅钙质黑云斜长片麻岩稀土元素总量均较高，平均 310.83×10^{-6}，最高达到 547.54×10^{-6}，透辉透闪变粒岩稍低，平均为 176.28×10^{-6},最高 247.92×10^{-6}；而大理岩和斜长角闪岩稀土元素总量较低，分别为 34.85×10^{-6} 和 78.17×10^{-6}(表 6-2)。各种岩石稀土元素配分曲线都显示轻稀土元素富集、重稀土元素亏损，配分曲线向右陡倾斜。但是夕线片岩(MA)、堇青片麻岩(MB)及石榴石黑云斜长片麻岩(MC)等变质黏土岩类的稀土元素分布模式是孔兹岩系中稀土元素总量最高，曲线斜率最大；钙硅酸盐岩(MF)与大理岩(MH)最低，斜率最小；石墨片岩(ME)与石英片岩(MD)稀土元素总量和曲线斜率都居中(表 6-2)。各类配分曲线都具有负铕异常，斜率大的曲线(MA、MF)负铕异常更为明显(图 6-2、图 6-3)。石墨片岩(ME)具有负铈异常，其他岩石只稍具有负铈异常。斜长角闪岩稀土元素总量低，轻重稀土元素分异不明显，稀土元素配分曲线斜率小，负铕异常不明显，略具有负铈异常。

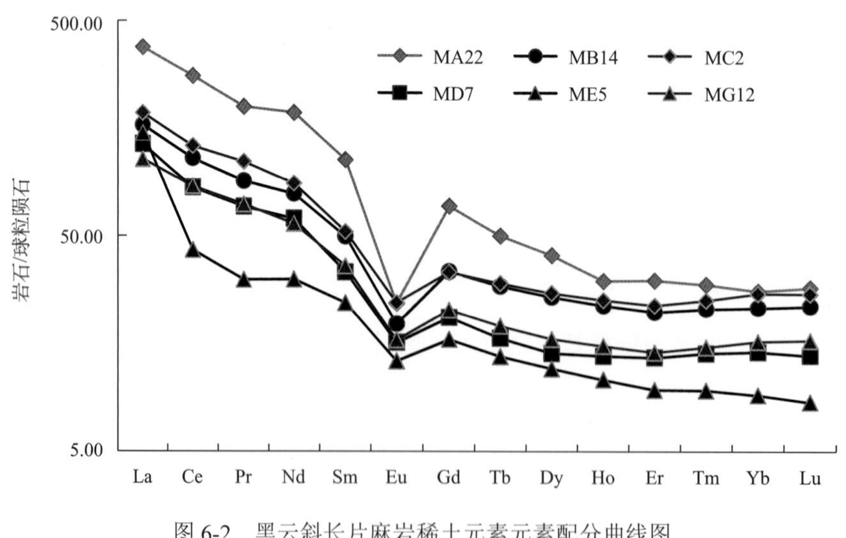

图 6-2　黑云斜长片麻岩稀土元素元素配分曲线图

4. 沉积环境分析

根据上述岩石地球化学及岩石学、沉积学资料分析，麻山群孔兹岩系各种沉积变质岩以富钾富铝和碱金属、碱土金属大离子亲石元素及轻稀土元素为特征。

表 6-2 麻山群孔兹岩系变质岩岩石化学成分表

组分	黑云斜长片麻岩							透辉透闪变粒岩									大理岩	斜长角闪岩		
	MA22	MB14	MC2	MD7	平均值	最高值	最低值	ME5	MF12	MG12	MI-1	MI-2	MI-3	平均值	最高值	最低值	MH2	MJ-1	MJ-2	平均值
SiO_2	54.19	63.55	58.10	79.76	63.90	79.76	54.19	52.01	47.35	59.25	48.08	60.18	56.08	53.83	60.18	47.35	8.26	48.98	51.52	50.25
TiO_2	1.31	0.97	1.00	0.58	0.97	1.31	0.58	0.34	0.29	0.48	0.60	0.60	0.90	0.54	0.90	0.29	0.07	0.76	0.94	0.85
Al_2O_3	27.37	18.10	18.56	8.60	18.16	27.37	8.60	7.61	9.37	12.39	12.94	12.43	18.36	12.18	18.36	7.61	1.56	15.18	18.63	16.91
Fe_2O_3	1.97	1.49	0.49	0.61	1.14	1.97	0.49	1.64	1.45	1.47	0.97	0.32	0.33	1.03	1.64	0.32	0.05	0.57	0.63	0.60
FeO	6.41	6.83	6.86	1.17	5.32	6.86	1.17	0.92	4.49	4.18	7.79	6.21	7.68	5.21	7.79	0.92	0.50	8.20	9.40	8.80
MnO	0.09	0.20	0.19	0.06	0.14	0.20	0.06	0.07	0.15	0.43	0.17	0.20	0.22	0.21	0.43	0.07	0.12	0.20	0.23	0.22
MgO	1.47	2.96	2.52	0.62	1.89	2.96	0.62	3.72	10.45	4.53	3.41	7.21	3.11	5.41	10.45	3.11	12.81	8.29	5.61	6.95
CaO	1.71	1.07	5.49	0.65	2.23	5.49	0.65	14.43	20.05	11.87	21.82	10.72	7.78	14.45	21.82	7.78	39.77	14.56	10.45	12.51
Na_2O	0.49	0.50	0.82	0.64	0.61	0.82	0.49	0.31	0.47	0.92	0.42	0.19	0.60	0.49	0.92	0.19	0.20	1.15	0.72	0.94
K_2O	3.14	2.62	4.62	3.29	3.42	4.62	2.62	1.26	1.05	1.08	2.40	0.32	3.53	1.61	3.53	0.32	0.17	0.63	0.45	0.54
P_2O_5	0.13	0.12	0.17	0.14	0.14	0.17	0.12	0.27	1.23	0.23	0.17	0.15	0.17	0.37	1.23	0.15	0.07	0.41	0.20	0.31
Los	1.7	1.58	1.19	3.87	2.09	3.87	1.19	17.43	3.66	3.16	1.24	1.46	1.25	4.70	17.43	1.24	36.4	1.08	1.21	1.15
合计	99.98	99.99	100.01	99.99	99.99	100.01	99.98	100.01	100.01	99.99	100.01	99.99	100.01	100.00	100.01	99.99	99.98	100.01	99.99	100.00
Na_2O+K_2O	3.63	3.12	5.44	3.93	4.03	5.44	3.12	1.57	1.52	2.00	2.82	0.51	4.13	2.09	4.13	0.51	0.37	1.78	1.17	1.48
K_2O/Na_2O	6.41	5.24	5.63	5.14	5.61	6.41	5.14	4.06	2.23	1.17	5.71	1.68	5.88	3.46	5.88	1.17	0.85	0.55	0.63	0.59
MgO/CaO	0.86	2.77	0.46	0.95	1.26	2.77	0.46	0.26	0.52	0.38	0.16	0.67	0.40	0.40	0.67	0.16	0.32	0.57	0.54	0.55
A/CNK	3.73	3.22	1.13	1.48	2.39	3.73	1.13	0.27	0.24	0.51	0.30	0.62	0.97	0.48	0.97	0.24	0.02	0.52	0.90	0.71
A/NK	6.50	4.94	2.92	1.86	4.05	6.50	1.86	4.05	4.90	4.61	3.93	18.84	3.81	6.69	18.84	3.81	3.04	5.89	11.14	8.52
F/M	5.57	2.76	2.90	2.77	3.50	5.57	2.76	0.64	0.55	1.21	2.54	0.90	2.56	1.40	2.56	0.55	0.04	1.05	1.78	1.41
Rb	149.55	72.45	163.00	154.80	134.95	163.00	72.45	25.30	111.87	36.05	93.70	27.30	128.80	70.50	128.80	25.30	4.20	27.30	35.10	31.20
Sr	173.50	96.75	105.50	106.67	120.61	173.50	96.75	59.00	62.67	337.00	101.00	175.00	106.00	140.11	337.00	59.00	123.00	179.00	420.00	299.50

续表

组分	黑云斜长片麻岩							透辉透闪变粒岩									大理岩	斜长角闪岩		
	MA22	MB14	MC2	MD7	平均值	最高值	最低值	ME5	MF12	MG12	MI-1	MI-2	MI-3	平均值	最高值	最低值	MH2	MJ-1	MJ-2	平均值
Ba	445.50	575.75	863.00	7219.00	2275.81	7219.00	445.50	264.00	173.00	853.00	947.00	265.00	690.00	532.00	947.00	173.00	104.00	172.00	205.00	188.50
Zr	326.33	270.75	239.50	120.33	239.23	326.33	120.33	103.00	112.67	118.50	216.00	187.00	214.00	158.53	216.00	103.00	38.50	47.00	113.00	80.00
Hf	4.47	4.78	4.45	3.03	4.18	4.78	3.03	6.75	12.77	4.10	5.00	4.80	5.40	6.47	12.77	4.10	1.70	5.90	6.60	6.25
Th	4.50	3.35	3.10	50.50	15.36	50.50	3.10	67.00	178.00	2.30	3.10	3.10	3.20	42.78	178.00	2.30	1.95	3.80	3.90	3.85
Y	44.10	37.10	49.30	29.59	40.02	49.30	29.59	23.85	7.97	31.60	35.60	48.00	53.50	33.42	53.50	7.97	8.93	23.90	27.00	25.45
Nb	43.00	26.25	34.00	34.33	34.40	43.00	26.25	56.00	69.33	36.00	38.00	37.00	43.00	46.56	69.33	36.00	32.50	37.00	44.00	40.50
Ta	1.70	2.73	3.00	3.00	2.61	3.00	1.70	5.15	10.23	2.45	3.40	3.00	3.50	4.62	10.23	2.45	0.95	3.90	4.40	4.15
Cr	155.67	98.25	95.50	22.90	93.08	155.67	22.90	64.50	26.67	69.50	83.00	74.00	101.00	69.78	101.00	26.67	21.00	447.00	51.00	249.00
Ni	34.67	40.50	58.00	2.90	34.02	58.00	2.90	4.15	7.03	55.00	55.00	60.00	54.00	39.20	60.00	4.15	13.00	111.00	42.00	76.50
Co	24.67	25.25	30.00	4.97	21.22	30.00	4.97	3.50	4.07	26.50	30.00	26.00	32.00	20.35	32.00	3.50	4.65	41.00	40.00	40.50
V	262.00	147.00	132.50	161.33	175.71	262.00	132.50	520.50	128.33	91.50	107.00	90.00	138.00	179.22	520.50	90.00	21.50	275.00	172.00	223.50
Rb/Sr	0.86	0.75	1.55	1.45	1.15	1.55	0.75	0.43	1.79	0.11	0.93	0.16	1.22	0.77	1.79	0.11	0.03	0.15	0.08	0.12
Sr/Ba	0.39	0.17	0.12	0.01	0.17	0.39	0.01	0.22	0.36	0.40	0.11	0.66	0.15	0.32	0.66	0.11	1.18	1.04	2.05	1.54
V/Cr	1.68	1.50	1.39	7.04	2.90	7.04	1.39	8.07	4.81	1.32	1.29	1.22	1.37	3.01	8.07	1.22	1.02	0.62	3.37	1.99
Zr/Y	7.40	7.30	4.86	4.07	5.91	7.40	4.07	4.32	14.14	3.75	6.07	3.90	4.00	6.03	14.14	3.75	4.31	1.97	4.19	3.08
Nb/Ta	25.29	9.62	11.33	11.44	14.42	25.29	9.62	10.87	6.78	14.69	11.18	12.33	12.29	11.36	14.69	6.78	34.21	9.49	10.00	9.74
V/(V+Ni)	0.88	0.78	0.70	0.98	0.84	0.98	0.70	0.99	0.95	0.62	0.66	0.60	0.72	0.76	0.99	0.60	0.62	0.71	0.80	0.76
La	115.80	50.53	57.40	41.20	66.23	115.80	41.20	46.60	11.80	35.10	47.30	42.80	50.40	39.00	50.40	11.80	6.94	5.65	17.40	11.53
Ce	222.67	92.45	105.30	67.60	122.01	222.67	67.60	34.70	22.83	68.40	90.20	85.40	93.60	65.86	93.60	22.83	13.10	12.20	35.90	24.05
Pr	24.20	10.94	13.45	8.31	14.23	24.20	8.31	3.81	3.10	8.50	10.60	10.50	11.20	7.95	11.20	3.10	1.55	1.86	5.00	3.43
Nd	111.67	46.85	52.30	35.93	61.69	111.67	35.93	18.80	12.20	34.00	45.00	44.20	47.00	33.53	47.00	12.20	6.84	9.31	23.70	16.51
Sm	21.93	9.65	10.16	6.60	12.09	21.93	6.60	4.75	2.38	7.04	9.23	9.48	9.35	7.04	9.48	2.38	1.56	2.85	5.87	4.36

续表

组分	黑云斜长片麻岩							透辉透闪变粒岩									大理岩	斜长角闪岩		
	MA22	MB14	MC2	MD7	平均值	最高值	最低值	ME5	MF12	MG12	MI-1	MI-2	MI-3	平均值	最高值	最低值	MH2	MJ-1	MJ-2	平均值
Eu	1.78	1.43	1.79	1.17	1.54	1.79	1.17	0.96	0.29	1.20	1.57	1.40	1.67	1.18	1.67	0.29	0.27	0.80	1.67	1.24
Gd	17.72	8.82	8.75	5.40	10.17	17.72	5.40	4.27	1.61	5.84	8.05	8.34	8.74	6.14	8.74	1.61	1.34	3.35	5.35	4.35
Tb	2.36	1.38	1.42	0.79	1.49	2.36	0.79	0.65	0.21	0.90	1.16	1.32	1.47	0.95	1.47	0.21	0.17	0.60	0.83	0.72
Dy	13.02	8.35	8.69	4.57	8.66	13.02	4.57	3.88	1.11	5.31	6.82	8.09	9.31	5.75	9.31	1.11	1.21	4.17	5.06	4.62
Ho	2.21	1.70	1.80	0.99	1.68	2.21	0.99	0.77	0.21	1.10	1.39	1.69	1.96	1.19	1.96	0.21	0.26	0.90	1.01	0.96
Er	6.50	4.64	4.97	2.85	4.74	6.50	2.85	2.02	0.60	3.01	3.49	4.59	5.39	3.18	5.39	0.60	0.71	2.55	2.75	2.65
Tm	0.96	0.74	0.81	0.46	0.74	0.96	0.46	0.31	0.09	0.49	0.58	0.78	0.87	0.52	0.87	0.09	0.11	0.42	0.45	0.44
Yb	5.77	4.83	5.62	3.01	4.81	5.77	3.01	1.90	0.58	3.36	3.77	5.03	6.02	3.44	6.02	0.58	0.69	2.77	3.00	2.89
Lu	0.95	0.78	0.89	0.46	0.77	0.95	0.46	0.28	0.09	0.54	0.61	0.79	0.94	0.54	0.94	0.09	0.10	0.44	0.47	0.46
REE	547.54	243.09	273.35	179.34	310.83	547.54	179.34	123.70	57.10	174.79	229.77	224.41	247.92	176.28	247.92	57.10	34.85	47.87	108.46	78.17
LREE/HREE	10.06	6.78	7.30	8.68	8.20	10.06	6.78	7.79	11.69	7.51	7.88	6.33	6.14	7.89	11.69	6.14	6.59	2.15	4.73	3.44
δCe	1.01	0.95	0.91	0.88	0.94	1.01	0.88	0.63	0.91	0.95	0.97	0.97	0.95	0.90	0.97	0.63	0.96	0.91	0.93	0.92
δEu	0.28	0.47	0.58	0.60	0.48	0.60	0.28	0.65	0.45	0.57	0.56	0.48	0.56	0.55	0.65	0.45	0.57	0.79	0.91	0.85

注：主量元素含量单位为%，微量元素含量单位为10^{-6}。

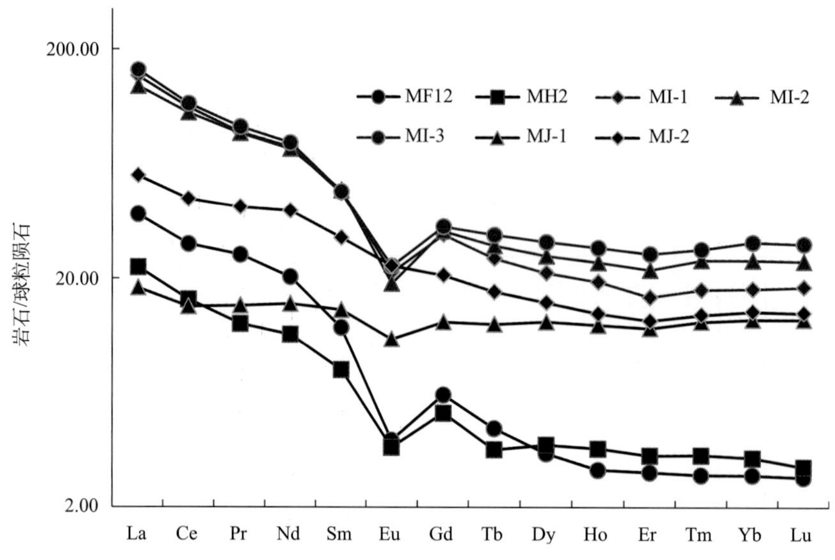

图 6-3　透辉透闪变粒岩与斜长角闪岩稀土元素元素配分曲线图

变泥质岩石的 Cr、Ni 分布，除夕线片岩类 Cr 含量略高，其余均较低，Cr、Ni 的富集与黏土矿物吸附有关。各类岩石一般表现为 MgO 明显亏损，TFeO/MgO 平均 2.34，除少数富石榴石类型外，铁含量也与基本相同。这些岩石极高的稀土元素总量和强烈的轻、重稀土元素分异及负铕异常，说明在其原岩沉积过程中不可能有更多的铁镁质岩石风化残余物加入。

变质黏土岩中高的 A/NK 值与现代湖泊沉积物类似，说明它们经历了较强的风化分异作用。孔兹岩系元素风化沉积中分异程度明显较高，原岩中大量泥质石英砂岩、长石石英砂岩的存在，都反映其成熟陆源地壳物源特征。透辉透闪变粒岩和大理岩的 MgO/CaO 值平均 0.40 和 0.32，显示低盐度开阔海沉积环境，与环境地理特征一致。

孔兹岩系中连续出现大量高铝黏土岩、石英砂岩、碳质页岩及碳酸盐岩，反映原岩沉积环境是一套有连续相序的陆棚浅海沉积物，其岩石地球化学及微量元素、稀土元素地球化学特征也都反映了稳定大陆边缘沉积环境，即潮坪相及陆棚浅海相沉积环境，局部属于陆缘潟湖相或者发育陆缘裂谷环境。

孔兹岩系地层中，同沉积期火山岩较少，仅局部见正变质岩夹层，变质前与同变质期的火成岩也很少，其地球化学特征不同于绿岩活动带内沉积变质岩的岩石地球化学特征。这表明麻山群孔兹岩系原岩形成于一个克拉通化的相对稳定的构造环境，属于稳定克拉通陆缘沉积环境。

三、含矿地层变形变质作用

本区孔兹岩系中存在四个不同特征的构造变形期，全过程可分为早期、峰期、峰期后和晚期四个热动力学阶段，相应形成四个时期的变形构造和变质矿物。

1. 区域构造变形作用

本区孔兹岩系岩石片麻理的区域性走向为 NEE 向到近 EW 向，且与岩层展布方向基本一致。但剖面及露头中各种尺度的褶皱十分发育，且有明显叠加现象，在镜下片麻岩中也常发现两期片理的穿切关系，此外还发育不少规模不等的韧性变形带，区内孔兹岩系的构造演化可分四期：第一期(D1)形成轴向近南北的平卧褶皱变形，并伴随广泛的层间塑性变形，形成早期片理 S1；第二期(D2)为强烈的主期，形成轴向近 E—W 的平卧或倾斜紧密褶皱，并在全区发育透入性片理(S2)，此为变质岩中的主要结晶片理；第三期(D3)为同轴褶皱，形成轴面较陡倾斜、两翼较为开阔的正常或倒转褶皱，它们决定了本区目前岩层片麻理的区域性展布和产状的特征；第四期(D4)是不均匀叠加的韧性剪切作用，形成一系列走向 NE 至 NEE 向的韧性变形带。

(1) 第一期褶皱变形构造：这期褶皱变形因受后来多期构造变形作用的改造已很难辨认，在东麻山和岭南等石墨矿床采坑中，普遍见到一组枢纽近 S—N 向的小褶皱，其规模或仅数十厘米，限于某一片麻岩层内，或达数十米，包括一个掌子面的大理岩和片麻岩。这类褶皱的两翼基本平行，属于紧密褶皱。由于剖面中岩层总的走向近 E—W，而这些小褶皱的枢纽却与其倾向一致，表明它们不可能是与轴向近东西的区域性褶皱同期形成的次一级小褶皱，而应是另一幕构造作用所形成。区域构造表明，轴向东西的区域性褶皱没有受近南北向的后期褶皱改造的现象，所以枢纽近 S—N 小褶皱是最早期褶皱，即它们反映本区早期可能存在枢纽近 S—N 的平卧褶皱。

(2) 第二期褶皱变形构造：是本区极重要的一期构造变形形迹，褶皱轴近 E—W 的平卧褶皱。本区大面积变质岩的片麻理产状近水平，即反映这期褶皱的结果。在西麻山地区的石墨矿采场中见到较好地保存着这期褶皱的特征，而且被同轴的另一期褶皱叠加，原来的大理岩夹层在此过程中被挤压拉断成透镜体。在西麻山石墨选矿场北侧的另一露头中也见到相似的两期同轴褶皱叠加现象。由于本区的片麻理走向均为近 E—W 向，故它们大体应形成于这一时期，属于透入性片理。

(3) 第三期褶皱变形构造：目前孔兹岩系的构造形式主要与这期褶皱作用有关，岩层片麻理走向一般为 NEE 至近东西向，倾向时南时北，倾角中等或较大，这表明存在一系列轴向 NEE 的较开阔褶皱，其轴面直立或陡倾斜。与它们同期的次一级褶皱在许多露头中均可见到。全区构成一个复杂的背斜构造，轴向 NEE，枢纽向西倾伏。林口县附近转折端片麻理产状变成以倾向 SW 为主，且倾角较平缓。这期构造变形作用的特征是在第二期构造基础上发生的同轴褶皱，它们可能发生于麻粒岩相变质作用峰期之后，可见石榴石和黑云母等矿物都受到这期变形的影响。

(4) 第四期韧性变形构造：本区孔兹岩系中韧性变形带较发育，规模较大者有三条，其延伸方向均为 NE—NEE 之间，出现于各种片麻岩中，也可出现于花岗质岩石中，其中以最北侧的 F1 出露最好，发育于含石榴石的斑状花岗岩中。糜棱叶理发育，黑云母分异聚集成条带，长石残斑呈眼球状，具有典型的拖尾结构，石榴石也有拉长和透镜体化现象，石英则呈拔丝状。韧性变形构造发育，糜棱叶理的倾向为 135°～145°，倾角 35°～65°，线理产状为 70°∠25°，结合眼球状长石的裂纹和拖尾特征判断，这条变形带具有近水平的左行剪切的特点，可能与构造岩片之间的走向滑移有关。

由于这期韧性变形带穿切变质岩层区域性片麻理，同时又发育于较晚期形成的各种花岗质岩石中，无疑其形成时代最晚。

2. 变质矿物及温压条件

富铝片麻岩是本区孔兹岩系中的特征岩石，且分布较广，其矿物组合之间的转变关系能较敏感地反映变质作用 *P-T* 条件的变化。根据各类变质岩中矿物共生和转变关系，结合地质温压计数据，麻山群孔兹岩系经历变质早期、峰期、峰期后和晚期这四个阶段。

在中高温条件下，富铝片麻岩含有石英、钾长石、白云母、铝-硅酸盐、堇青石、石榴石、直闪石或斜方辉石、十字石及流体相。根据各地区的矿物组合，本区富铝片麻岩在变质初期阶段的组合以 And±Sil+Alm+Mus+Bi+Qz 为特征；峰期阶段的组合 Sil+Alm+Crd±Bi+Kf+Qz 和 Sil+Alm±Bi+Kf+Qz 成为特征组合，即 Bi 仍可和 Gt、Crd 及 Sil 平衡共生。在较贫铝岩石中则有斜方辉石出现，形成 Opx±Alm±Bi±Kf+Qz 组合，此时 Opx 不和 Sil 或 Crd 共生。在三道沟地区含石墨石榴堇青紫苏麻粒岩中，曾见石榴石变斑晶的周围被细粒交生的 Hy 和 Crd 后成合晶所环绕(姜继圣，1989)。这表明已出现 $\text{Bi+Alm+Qz} \longrightarrow \text{Crd+Opx+Kf+H}_2\text{O}$ 的反应，可能代表岩石在峰期脱水重熔时所曾达到的最高温度。

1) 变质早期阶段

矿物组合：这阶段的岩石和矿物在本区成残存状态，以细粒的二云母或白云母片岩及白云母石英片岩为主，云母含量常达 40%～50%。在一些石墨矿区的矿层及围岩中，普遍发育，并含一定量细鳞片状石墨。这些片岩中有时含方柱状红柱石变斑晶假象，如三道沟的石墨黑云片岩中可见(2～

3) mm×(5～10) mm 的方柱状变斑晶，大部分已转变成细针状夕线石集合体，但仍有少量残留的红柱石。有些石墨二云母片岩中，正方形或矩形柱状红柱石假象核心部分现为细粒夕线石集合体，外圈则为绢云母集合体。还有些云母片岩和片麻岩中，红柱石已完全变成绢云母集合体，呈正方形和柱状的假象，其中两组正交的解理遗迹仍清晰可辨。

一些二云片岩中夕线石除成细粒集合体呈红柱石假象之外，且有一种星散分布，粒度稍粗的夕线石，它们呈针柱状与黑云母及白云母均为平衡共生，还可见其被红柱石假象包裹。这类夕线石不是由红柱石转变而成，而应是和后者同时形成，彼此平衡共生，并见有含十字石(10%～30%)和石榴石的二云片岩。

这阶段温度压力不断升高，富铝片麻岩中 Mus+Qz 和 Stau+Qz，均能稳定存在，红柱石亦稳定存在，有些岩石中夕线石亦可同时平衡共生，特征组合为 And ± Sil+Alm+Mus+Bi+Pl+Qz 和 Stau+Aim+Mus+Bi+Pl+Qz 属于中高温角闪岩相。碳酸盐岩石以出现透辉石(和)或镁橄榄石为特征。

综上所述，本区富铝片麻岩及其他长英质粒状岩石中变质早期阶段的特点是 Mus+Qz 稳定存在，Sil 和 And 也可平衡共生，最特征的平衡组合是 And(Sil)-Gt-Bi-Mus-Pl-Qz。其次 Stau+Qz 也仍稳定，形成 Stau-Gt-Mus-Bi-Pl-Qz 组合，堇青石很少出现。

温压条件：根据矿物共生组合判断，该阶段温度为 600～650℃，富铝片麻岩中红柱石可与夕线石平衡共生，未见蓝晶石，可认为当时 *P-T* 条件应在 Al_2SiO_5 三相点附近的红柱石一侧，在 500～600℃，0.4～0.6GPa。

据此估计这阶段属于角闪岩相，其温压条件应在 And-Sil 单变平衡线附近。本类岩石由变质早期进入峰期时发生的主要矿物变化是：

红柱石不稳定，直接转变成夕线石的集合体，其变质反应为

$$\text{And} \longrightarrow \text{Sil}$$

白云母转变为夕线石和钾长石，其反应式为

$$\text{Mus+Qz} \longrightarrow \text{Sil+Kf+}H_2O$$

结果岩石中白云母消失，石英亦减少，夕线石和钾长石含量明显增加。

黑云母减少或消失，同时石榴石增多，堇青石也普遍出现，表示：

$$\text{Bi+Sil+Qz} \longrightarrow \text{Gt+Crd+Kf+}H_2O$$

这一连续反应已开始进行，但仍处于滑动平衡的 *P-T* 区间，故多数岩石中 Sil-Gt-Bi-Crd-Kf-Qz 为平衡组合，但黑云母含量低。在不含 Sil 的岩石中，则 Bi±Gt+Qz+Pl 在峰值仍为稳定组合。

2) *麻粒岩相变质峰期阶段*

矿物共生组合：多数富铝片麻岩中目前的矿物成分是代表峰期平衡组合，以石榴石、夕线石、堇青石、黑云母和钾长石及石英共生为特征。虽有些岩石中可见石榴石中包裹细微的夕线石，或石榴石部分被堇青石包裹等现象，但彼此的接触面平直，无转变关系。不少岩石中黑云母含量虽很少，但亦与 Gt、Sil、Crd 等平衡共生，有时岩石中还含若干中酸性斜长石。

矿物共生关系属于典型的低压麻粒岩相，基本特征是 Gt-Grd-Sil 平衡共生，而中压麻粒岩中则以 Gt-Sil-Bi 平衡共生为主要标志(Reinhardt，1968)。

温压条件：这阶段富铝片麻岩中特征矿物平衡组合是 Sil+Alm+Crd+Bi+Kf±Pl+Qz，当时温压条件应在 Bi+Sil+Qz ⟶ Alm+Crd+H_2O 这一连续反应的单变平衡线附近，其反应物和生成物可平衡共存，出现 Gt-Crd-Sil-Bi-Kf-Pl-Qz 组合。但这一反应的温度既和矿物的 Fe/Mg 值有关，又受体系中 P_{H_2O} 的影响，应在 750～800℃。以富钙岩石中 Scp(Me=77) 和 Pl-Cc-Qz 平衡共生来分析，则最高温度不超过 750℃左右。

峰期的矿物变化有些还和脱水重熔作用有关，峰期平衡组合是细粒变晶结构的 Sil-Alm-Bi-Pl-Kf-Qz-Ilm 组合。峰期棕色 Bi 也呈残破的分解状态，其中有蠕虫状 Kf 分布，有些 Gt 被包在新形成的形态不规则的 Crd 之中。这些现象说明此时 Bi 和 Sil 均开始分解，可能反应关系为：

$$\text{Bi+Sil+Qz+Pl} \longrightarrow \text{Crd+Kf+}L_{(\text{熔体})}$$

反应析出的 H_2O 进入熔体中，后者聚集后结晶成伟晶质脉体，不均匀分布于岩石中。

本区峰期 Alm+Sil+Crd+Kf±Pl+Qz 组合广泛发育，其中堇青石的 X_{Fe} 值相当稳定，都在 0.35 左右，这说明当时压力条件应接近在 0.65GPa 以下。此外富钙岩石中，Scp+Pl+Cc+Qz 和 Gros+An+Qz 这两种组合同时稳定存在，压力亦应在 0.5～0.6GPa。

由早期进变质到麻粒岩相变质阶段近似等压的增温过程，岩石中发育进变质作用，达峰期条件后，富铝岩石中白云母和十字石通过反应转变为 Sil+Alm+Qz，红柱石也转变为夕线石，大理岩中透闪石转变为透辉石。

3）峰期后回温阶段

矿物组合：这阶段的矿物变化主要表现为不同世代堇青石的进一步发育，本区富铝片麻岩中的堇青石，按其形态及成分特征可分为四类。

第一类是峰期变质作用形成的堇青石，一般细均粒变晶结构，无双晶纹，在岩石中随机分布，与 Gt、Bi、Sil 相邻时，接触关系较平直，显示平衡共生关系。

第二类是峰期脱水重熔过程中由 Bi 和 Sil 形成的堇青石，一般粗粒，形态不规则，多晶纹发育，中有残破的 Sil、Bi 包体，它们常分布于粗大的石榴石附近，或部分环绕后者，但彼此无明显的转变关系。

第三类堇青石，岩石中峰期平衡组合为细粒变晶结构的 Alm+Bi+Kf+Spl+Ilm。常见深绿色不规则的尖晶石四周被不同宽度的堇青石冠状体所环绕，有些较大的堇青石中还有残留的尖晶石核心。有些堇青石则成网状分布于钾长石粒隙，但当这些堇青石中与 Bi、Gt 接触时界面平直，为显示转变关系。这类堇青石应形成于峰期后，但它和 Gt 及 Bi 似仍平衡共生，故其出现只能以 Spl+Qz→Crd 这类反应式来解释，石英在此过程中耗尽，故目前岩石中不出现。

第四类堇青石，其峰期平衡组合为 Alm-Sil-Kf-Qz-Ilm-(Bi)-(Pl)。它们经历了变形作用，形成片麻理 S3，峰期的石榴石变晶挤压成眼球状，接着广泛发育堇青石和深绿色细粒尖晶石交生的后成合晶，环绕石榴石眼球体分布。也见到细粒的 Sp-Crd 集合体环绕细粒的石榴石，或成方形的夕线石假象，后者原来是石榴石的包体，还曾见到 Crd 单独成包围夕线石的“外壳"出现。这说明当时石榴石和夕线石均不稳定，曾发生 Alm+Sil+nH_2O→Crd+Sp 的反应。而且这类堇青石的 X_{Fe}=0.61，明显高于前三类堇青石。说明它们形成于较低压条件下，其时间可能晚于第三类堇青石。

温压条件：麻粒岩中镁铁闪石普遍取代斜方辉石成为稳定矿物，并和斜长石及石英平衡共生。$P_{H_2O} \approx P_1$ 时 Anth→En+Qz+H_2O 的单变平衡线，但麻粒岩相条件下，通常 $P_{H_2O} < P_1$，此时转变温度较低，可小于 700℃，且常比辉石分解为普通闪石的温度低 20～30℃（Winkler，1975）。因此上述矿物变化一般可反映温度已降到 700℃以下，属于角闪岩相。

此时区内发现一种变质基性岩墙，宽数十厘米不等，它们顺层或斜交穿切片麻理，侵入孔兹岩系层状岩石中，但本身无变形现象，根据该样品中 Hb-Pl 矿物对估算的温度为 678℃。

富铝片麻岩中峰期石榴石在这阶段变得不稳定，通过 Alm+Sil+$nH_2O \longrightarrow$ Crd+Sp 或 Alm+Sil+Qz+$nH_2O \longrightarrow$ Crd 等反应转变为堇青石，其 X_{Fe}≈0.70，与其共生的 Gt 的 Fe/Mg 值可高达 12 左右，根据矿物 Gt-Grd 温压计估算，变质稳压 T=641～671℃，P=0.47～0.51GPa。

在富钙岩石中这阶段 Scp（Me=77）转变为 Pl+Cc+Qz 或 Gros+Qz+Pl，或见到斜长石转变为 Gros 或 Zo，温度亦应在 600～700℃。

4）晚期低温退变质阶段

矿物组合：低温矿物变化现象普遍，如黑云母、石榴石和堇青石的绿泥石化，长石和夕线石的绢云母化等。单高温到中温的退变现象不太发育，片麻岩中较常见的是石榴石沿裂隙转变成细鳞片状黄色黑云母；但无新的夕线石产生，说明钾长石未参与反应，因此这种转变所需 K_2O 只可能来自外部的流体相中，可能反应式为

$$\text{Gt+Qz+}K_2O\text{+}H_2O \longrightarrow \text{Bi}$$

另还常见夕线石和钾长石被白云母替代，其反应式为

$$Sil+Kf+H_2O \longrightarrow Mus+Qz$$

这种成因的白云母常呈较大鳞片，不定向排列，分布不均，依此可区别与变质初期形成的二云片岩中的白云母。

温压条件：按上述现象分析，这阶段的平衡组合为 Mus+Bi+Qz，属于低绿片岩相，除与温度有关外，还受 H_2O 和 CO_2 等变质流体的控制，高级变质矿物分解水化形成含结晶水矿物，Gt-Bi 矿物对记录了一组 500～600℃的封闭温度，可能相当于这一阶段的温度条件。

第二节　地层及成矿时代分析

一、区 域 对 比

最早认为佳木斯地块麻山群是古太古代形成的(黑龙江省地质矿产局，1993)，麻山群的同位素年龄值为 2871～95Ma，揭示了漫长多阶段的地质演化过程，可划分如下八个同位素年龄段(于恩君，2008)。

最老的年龄值是基底碎屑锆石的 2871Ma 和紫苏辉石 $^{40}Ar/^{39}Ar$ 年龄 2539Ma，显示本区存在太古宙古老基底；第二年龄段是 1800～2300Ma，年龄数据较集中，为 Pb-Pb 等时线定年，属于麻山群形成年龄及主变质期年龄；第三年龄段是 1600～1800Ma，可能与俄罗斯远东地区兴凯地块内发生过的侵入太古宇—元古宇变质岩伟晶岩有关(赵春荆，1997)；第四年龄段是 1000～1400Ma，可能与全球 Rodinia 超大陆的形成有关；第五年龄段是 1000～500Ma，Rodinia 的裂解和泛非运动(表现为兴凯旋回)；第六年龄段是 700～540Ma(晚震旦世)西伯利亚和华北地块从劳伦古大陆分离，并向东冈瓦纳逐渐漂移(陆松年，2000)，与寒武纪具有相似的同位素年龄；第七年龄段是反映加里东、海西、印支运动在佳木斯地块内留下的印记。

东部兴凯地块虎林—虎头一带出露的高级变质杂岩由夕线石榴片麻岩、碳酸盐岩、长英质片麻岩组成，其中夕线片麻岩的锆石 $^{206}Pb/^{238}U$ 加权平均年龄为 490±4Ma，石榴花岗片麻岩的岩浆锆石 $^{206}Pb/^{238}U$ 加权平均年龄为 522Ma 和 515±8Ma，锆石变质边部记录的 $^{206}Pb/^{238}U$ 年龄为 510～500Ma。兴凯地块中的虎头杂岩记录了早古生代岩浆和变质事件，与西部佳木斯地块麻山群的年龄相吻合，因此认为兴凯地块与佳木斯地块具有相同的泛非期变质基底(Zhou et al.，2010a，b)。但锆石 SHRIMP U-Pb 年龄表明，最古老的原岩是中元古代，而变质作用发生在早古生代 500Ma(Wilde et al.，1997，2000)。

区域上铁力中新生代沉积物中碎屑锆石年龄主要为 1800～2000Ma(图 6-4)，是重结晶锆石碎屑，表明区域上有 2000Ma 左右的沉积物，而 1800～2000Ma 的锆石是该沉积物重结晶锆石，其次也有见有 2442Ma 古元古代早期的碎屑锆石(表 6-3)。

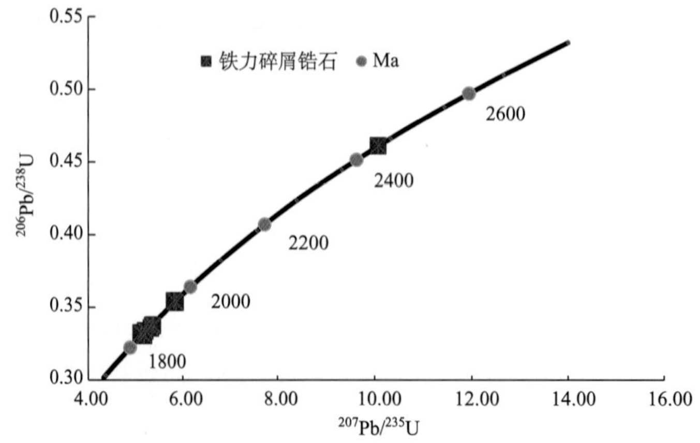

图 6-4　铁力新生代盆地沉积物碎屑锆石 U-Pb 年龄分布图

表 6-3　松辽地块北部铁力变质砂岩的碎屑锆石 LA-ICP-MS U-Pb 年龄

测点	$Th/10^{-6}$	$U/10^{-6}$	Th/U	同位素比值						表面年龄/Ma					
				$^{207}Pb/^{206}Pb$	$\pm 2\sigma$	$^{207}Pb/^{235}U$	$\pm 2\sigma$	$^{206}Pb/^{238}U$	$\pm 2\sigma$	$^{207}Pb/^{206}Pb$	$\pm 2\sigma$	$^{207}Pb/^{235}U$	$\pm 2\sigma$	$^{206}Pb/^{238}U$	$\pm 2\sigma$
TL-10-12	416	536	0.77	0.1587	0.0020	10.0794	0.1435	0.4607	0.0059	2442	21	2442	13	2442	26
TL-10-13	509	264	1.93	0.1136	0.0015	5.1720	0.0781	0.3304	0.0043	1857	24	1848	13	1840	21
TL-10-29	441	581	0.76	0.1151	0.0016	5.3220	0.0816	0.3354	0.0043	1881	25	1872	13	1864	21
TL-10-30	225	244	0.92	0.1154	0.0021	5.3658	0.1037	0.3374	0.0046	1885	33	1879	17	1874	22
TL-10-31	119	228	0.52	0.1203	0.0019	5.8551	0.1005	0.3530	0.0047	1961	28	1955	15	1949	22
TL-10-42	726	1838	0.39	0.1131	0.0012	5.2020	0.0652	0.3335	0.0041	1850	19	1853	11	1855	20
TL-10-46	572	1169	0.49	0.1151	0.0012	5.3507	0.0675	0.3370	0.0042	1882	19	1877	11	1872	20
TL-10-48	264	2177	0.12	0.1192	0.0012	5.8184	0.0721	0.3540	0.0044	1944	18	1949	11	1954	21
TL-10-49	359	785	0.46	0.1115	0.0016	5.1065	0.0797	0.3321	0.0042	1824	26	1837	13	1849	21

二、麻山群孔兹岩系锆石 U-Pb 年龄值

鸡西三道沟和西麻山的夕线石片麻岩中锆石测年资料(Wilde et al.，2001)，最大 $^{206}Pb/^{238}U$ 年龄是 1900Ma，主要显示中元古代(1900～991Ma)、新元古代(1088～550Ma)和早古生代(478～608Ma)三个阶段的年龄(图 6-5)，其中以早古生代 500Ma 左右的锆石年龄比较集中(表 6-4)。这个年龄与世界上“泛非运动”构造末期相当，是一次非洲大陆及整个冈瓦纳大陆前寒武纪至寒武纪的构造运动，此期造山带的形成导致原始冈瓦纳古陆聚合。发生于 600～500Ma 年或 950～500Ma 年前，是以构造-热事件为其主要形式的地壳运动(周建波等，2011)。

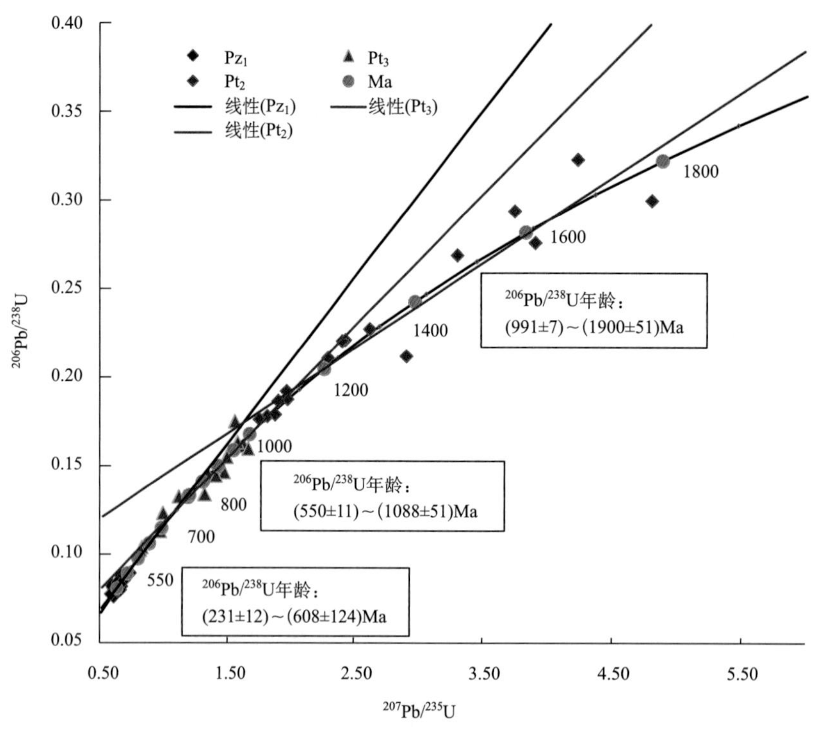

图 6-5　麻山群孔兹岩系锆石 SHRIMP U-Pb 年龄谐和曲线图

本区所有样品都含有 500Ma 左右的锆石，部分样品仅显示 500Ma 的年龄，结合自生锆石形态、U/Pb 化学成分和年代学资料综合分析，柳毛地区孔兹岩系的变质岩在该期变质作用过程中由于深熔作用形成的石榴石花岗岩(M3)中岩浆锆石的 $^{206}Pb/^{238}U$ 年龄为 502±10Ma，这一年龄与石榴石麻粒岩(M1)和变闪长岩中的变质锆石年龄一致，表明该区 500Ma 左右一次重要热事件的存在。

任留东等(2010)对麻山群混合岩进行了系统测试研究，麻山群混合花岗岩是混合岩化岩浆注入花岗岩脉体，锆石具核-边结构。测得穆棱三兴村混合岩锆石 LA-ICP-MS 年龄 492±3.8Ma(N=20，MSWD=2.5)和常兴村—新兴村混合岩锆石 LA-ICP-MS 年龄 486±3Ma 的年龄(表 6-5)。这组混合岩的年龄与片麻岩中 500Ma 左右的锆石年龄基本一致(表 6-5)，可以说佳木斯地块泛非晚期构造活动极强，伴随着区域变质作用和混合岩化作用。

西麻山地区的夕线石片麻岩和石榴石麻粒岩包体都含有 500Ma 左右的锆石，但总体上年龄范围变化较大，最大年龄可达 1900Ma。较大年龄的锆石是重结晶锆石年龄，可代表原岩沉积的上限，柳毛地区变闪长岩的细小锆石核最大年龄显示 1464±33Ma，反映了火成闪长岩的原岩侵入年龄。

麻山群孔兹岩系中元古代(1900～991Ma)、新元古代(1088～550Ma)和早古生代(478～608Ma)三组锆石年龄的一致曲线分别显示不同的上交点年龄，并且几组谐和年龄仅有微量的铅丢失，这表明孔

表 6-4 三道沟和西麻山地区夕线石片麻岩锆石 SHRIMP U-Pb 分析数据

测点	元素测量值/10^{-6}			元素及同位素比值							表面年龄值/Ma					
	U	Th	Pb^*	Th/U	$^{207}Pb/^{206}Pb$	$\pm\sigma/\%$	$^{207}Pb^*/^{235}U$	$\pm\sigma/\%$	$^{206}Pb/^{238}U$	$\pm\sigma/\%$	$^{206}Pb/^{238}U$	$\pm\sigma$	$^{207}Pb/^{235}U$	$\pm\sigma$	$^{207}Pb/^{206}Pb$	$\pm\sigma$
XP1-1	1334	33	101	0.02	0.0581	0.0038	0.6570	0.0017	0.0820	0.0020	508	12	513	10	534	14
XP1-2	1170	12	85	0.01	0.0566	0.0041	0.6180	0.0016	0.0791	0.0019	491	11	488	10	478	16
XP1-3	1124	50	84	0.04	0.0575	0.0042	0.6370	0.0017	0.0803	0.0019	498	12	500	10	511	16
XP1-4	923	44	69	0.05	0.0567	0.0049	0.6220	0.0017	0.0795	0.0019	493	11	491	10	481	19
XP1-5	899	27	72	0.03	0.0566	0.0064	0.6190	0.0017	0.0794	0.0019	492	11	490	11	477	25
XP1-6	1034	22	79	0.02	0.0564	0.0044	0.6400	0.0017	0.0823	0.0020	510	12	502	10	468	17
XP1-7	384	21	29	0.05	0.0567	0.0079	0.6340	0.0019	0.0811	0.0020	503	12	499	12	480	31
XP1-8	1556	42	115	0.03	0.0572	0.0039	0.6190	0.0016	0.0786	0.0019	488	11	489	10	497	15
XP1-9	1341	18	104	0.01	0.0567	0.0045	0.6310	0.0017	0.0808	0.0019	501	12	497	10	478	17
XP1-10	716	12	51	0.02	0.0569	0.0057	0.6020	0.0016	0.0768	0.0018	477	11	479	10	488	22
XP1-11	1249	23	94	0.02	0.0568	0.0040	0.6370	0.0016	0.0813	0.0020	504	12	500	10	485	15
XP1-12	722	13	55	0.02	0.0579	0.0057	0.6430	0.0017	0.0805	0.0019	499	12	504	11	527	21
XP1-13	269	14	22	0.05	0.0542	0.0110	0.6050	0.0020	0.0810	0.0019	502	12	480	13	377	46
XP1-14	965	15	72	0.02	0.0577	0.0048	0.6420	0.0017	0.0808	0.0019	501	12	504	10	517	18
XP1-15	832	13	63	0.02	0.0574	0.0053	0.6360	0.0017	0.0804	0.0019	499	12	500	11	506	20
XP1-16	886	14	66	0.02	0.0566	0.0050	0.6220	0.0017	0.0796	0.0019	494	11	491	10	477	20
XP1-17	1257	29	94	0.02	0.0566	0.0041	0.6320	0.0016	0.0811	0.0019	502	12	498	10	475	16
XP1-18	1468	33	109	0.02	0.0576	0.0039	0.6400	0.0016	0.0805	0.0019	499	12	502	10	514	15
XP1-19	1186	32	89	0.03	0.0575	0.0043	0.6420	0.0017	0.0810	0.0019	502	12	504	10	512	16
XP1-20	1441	49	107	0.03	0.0570	0.0038	0.6270	0.0016	0.0798	0.0019	495	11	494	10	492	15
XP1-21	1222	34	89	0.03	0.0575	0.0041	0.6230	0.0016	0.0789	0.0019	489	11	492	10	503	16
XP1-22	1121	19	84	0.02	0.0579	0.0045	0.6390	0.0017	0.0801	0.0019	497	11	502	10	526	17

续表

测点	元素测量值/10^{-6}			元素及同位素比值							表面年龄值/Ma					
	U	Th	Pb^*	Th/U	$^{207}Pb/^{206}Pb$	±σ/%	$^{207}Pb^*/^{235}U$	±σ/%	$^{206}Pb/^{238}U$	±σ/%	$^{206}Pb/^{238}U$	±σ	$^{207}Pb/^{235}U$	±σ	$^{207}Pb/^{206}Pb$	±σ
XP1-23	399	14	30	0.04	0.0555	0.0088	0.5960	0.0018	0.0779	0.0019	483	11	475	12	433	35
XP1-24	561	24	41	0.04	0.0571	0.0063	0.6190	0.0017	0.0787	0.0019	488	11	489	11	494	24
XP1-25	1105	27	83	0.02	0.0568	0.0043	0.6310	0.0016	0.0806	0.0019	500	12	497	10	484	17
XP2-5	852	22	64	0.02	0.0570	0.0038	0.6450	0.0006	0.0822	0.0006	509	3	506	4	490	15
XP2-8	649	26	50	0.04	0.0569	0.0046	0.6490	0.0007	0.0827	0.0006	512	3	508	4	488	18
XP2-11	441	15	37	0.03	0.0601	0.0055	0.7410	0.0009	0.0893	0.0007	552	4	563	5	608	20
XP2-14	717	17	56	0.02	0.0576	0.0038	0.6810	0.0007	0.0859	0.0006	531	3	525	4	513	14
XP2-20	679	13	47	0.02	0.0579	0.0043	0.6080	0.0007	0.0762	0.0005	473	3	482	4	526	16
XP2-23	491	29	36	0.06	0.0586	0.0046	0.6520	0.0007	0.0807	0.0006	500	3	510	4	551	17
LM1-7	645	8	51	0.01	0.0561	0.0054	0.6270	0.0014	0.0810	0.0015	502	9	494	9	458	21
LM1-8	402	31	35	0.08	0.0558	0.0078	0.6560	0.0016	0.0852	0.0016	527	10	512	10	445	31
LM1-13	477	49	43	0.10	0.0552	0.0069	0.6680	0.0016	0.0878	0.0017	543	10	519	10	418	28
LM1-14	515	10	41	0.02	0.0562	0.0063	0.6250	0.0014	0.0807	0.0015	500	9	493	9	461	25
LR1-1	781	347	71	0.44	0.0553	0.0112	0.5970	0.0016	0.0783	0.0012	486	7	475	10	425	45
LR1-2	1279	219	105	0.17	0.0591	0.0051	0.6960	0.0013	0.0854	0.0013	529	8	537	8	571	19
LR1-4	1434	345	116	0.24	0.0594	0.0058	0.6710	0.0013	0.0819	0.0012	508	7	521	8	581	21
LR1-5	339	184	31	0.54	0.0588	0.0155	0.6950	0.0023	0.0857	0.0014	530	8	536	14	559	58
LR1-7	1206	640	131	0.53	0.0523	0.0120	0.5960	0.0017	0.0822	0.0013	509	7	475	11	311	52
LR1-8	4719	96	150	0.02	0.0545	0.0040	0.2560	0.0004	0.0341	0.0005	216	3	231	4	391	16
LR1-9	1327	1302	135	0.98	0.0559	0.0124	0.6580	0.0019	0.0853	0.0013	528	8	513	11	449	49
LR1-10	1386	1073	132	0.77	0.0549	0.0112	0.6370	0.0017	0.0841	0.0013	521	8	500	11	408	46
LR1-11	473	237	39	0.50	0.0549	0.0154	0.5860	0.0020	0.0775	0.0013	481	8	469	13	407	63
LR1-12	452	42	66	0.09	0.0391	0.0323	0.4230	0.0036	0.0785	0.0013	487	8	358	26	0	124

续表

测点	元素测量值/10^{-6}			元素及同位素比值							表面年龄值/Ma					
	U	Th	Pb^*	Th/U	$^{207}Pb/^{206}Pb$	±σ/%	$^{207}Pb^*/^{235}U$	±σ/%	$^{206}Pb/^{238}U$	±σ/%	$^{206}Pb/^{238}U$	±σ	$^{207}Pb/^{235}U$	±σ	$^{207}Pb/^{206}Pb$	±σ
LR1-13	1474	63	108	0.04	0.0583	0.0054	0.6390	0.0012	0.0795	0.0012	493	7	502	7	541	20
LR1-14	939	88	76	0.09	0.0601	0.0089	0.6620	0.0015	0.0799	0.0012	496	7	516	9	607	32
LR1-15	3039	91	232	0.03	0.0580	0.0031	0.6650	0.0011	0.0831	0.0012	515	7	518	7	531	12
平均值	1039	116	78	0.12	0.0566	0.0068	0.6260	0.0015	0.0802	0.0015	497	9	493	10	478	26
最大值	4719	1302	232	0.98	0.0601	0.0323	0.7410	0.0036	0.0893	0.0020	552	12	563	26	608	124
最小值	269	8	22	0.01	0.0391	0.0031	0.2560	0.0004	0.0341	0.0005	216	3	231	4	231	12
XP2-2	359	9	38	0.02	0.0632	0.0059	0.9830	0.0013	0.1129	0.0009	695	6	695	6	714	20
XP2-4	380	354	80	0.93	0.0647	0.0104	1.5600	0.0029	0.1750	0.0013	1039	7	954	11	763	34
XP2-6	421	116	64	0.27	0.0731	0.0064	1.4740	0.0018	0.1463	0.0010	880	6	920	7	1015	18
XP2-9	765	171	109	0.22	0.0677	0.0041	1.3520	0.0013	0.1450	0.0010	873	5	869	6	859	13
XP2-10	332	61	45	0.18	0.0717	0.0091	1.3230	0.0019	0.1337	0.0011	809	6	856	8	978	23
XP2-17	435	72	64	0.16	0.0699	0.0039	1.4940	0.0014	0.1549	0.0011	929	6	926	6	926	11
XP2-19	347	70	47	0.20	0.0618	0.0068	1.1270	0.0016	0.1324	0.0010	801	5	767	7	666	24
LM1-2	274	86	34	0.31	0.0585	0.0136	0.8380	0.0027	0.1038	0.0020	637	12	618	15	550	51
LM1-5	110	46	22	0.41	0.0734	0.0156	1.6320	0.0050	0.1612	0.0032	964	18	983	19	1025	43
LM1-6	373	42	49	0.11	0.0593	0.0073	1.0060	0.0024	0.1231	0.0023	748	13	707	12	577	27
LM1-9	586	245	103	0.42	0.0703	0.0052	1.5810	0.0033	0.1632	0.0031	974	17	963	13	936	15
LM1-10	573	163	94	0.28	0.0757	0.0048	1.6660	0.0034	0.1596	0.0030	954	17	996	13	1088	13
LM1-16	445	59	47	0.13	0.0586	0.0067	0.8260	0.0019	0.1023	0.0019	628	11	612	11	552	25
LR1-3	645	78	91	0.12	0.0708	0.0062	1.4100	0.0026	0.1444	0.0022	870	13	893	11	953	18
平均值	432	112	63	0.27	0.0670	0.0076	1.3051	0.0024	0.1398	0.0018	843	10	840	10	829	24
最大值	765	354	109	0.93	0.0757	0.0156	1.6660	0.0050	0.1750	0.0032	1039	18	996	19	1088	51
最小值	110	9	22	0.02	0.0585	0.0039	0.8260	0.0013	0.1023	0.0009	628	5	612	6	550	11

续表

测点	元素测量值/10^{-6}			元素及同位素比值							表面年龄值/Ma					
	U	Th	Pb^*	Th/U	$^{207}Pb/^{206}Pb$	$\pm\sigma$/%	$^{207}Pb^*/^{235}U$	$\pm\sigma$/%	$^{206}Pb/^{238}U$	$\pm\sigma$/%	$^{206}Pb/^{238}U$	$\pm\sigma$	$^{207}Pb/^{235}U$	$\pm\sigma$	$^{207}Pb/^{206}Pb$	$\pm\sigma$
XP2-1	207	94	48	0.45	0.0797	0.0018	2.4270	0.0036	0.2209	0.0018	1287	10	1251	11	1189	23
XP2-3	598	278	170	0.47	0.0892	0.0015	3.3050	0.0032	0.2688	0.0019	1534	9	1482	8	1408	12
XP2-7	894	4	155	0.01	0.0763	0.0028	1.9730	0.0015	0.1874	0.0012	1107	7	1106	5	1104	7
XP2-12	99	52	35	0.53	0.0952	0.0110	4.2360	0.0066	0.3228	0.0030	1803	14	1681	13	1531	22
XP2-13	478	311	118	0.65	0.0731	0.0065	2.4030	0.0027	0.2202	0.0015	1283	8	1243	8	1175	16
XP2-15	65	24	15	0.37	0.0788	0.0042	2.2900	0.0051	0.2107	0.0023	1232	12	1209	16	1168	36
XP2-16	917	413	169	0.45	0.0741	0.0026	1.8170	0.0014	0.1779	0.0011	1056	6	1052	5	1043	7
XP2-18	195	191	70	0.98	0.0926	0.0115	3.7490	0.0058	0.2937	0.0023	1660	11	1582	12	1480	23
XP2-21	612	226	177	0.37	0.1028	0.0040	3.9070	0.0031	0.2758	0.0018	1570	9	1615	6	1675	7
XP2-22	310	35	64	0.11	0.0994	0.0058	2.9030	0.0029	0.2118	0.0015	1238	8	1383	7	1613	11
LM1-1	286	210	78	0.74	0.0838	0.0092	2.6230	0.0061	0.2271	0.0043	1319	23	1307	17	1288	21
LM1-3	75	44	17	0.58	0.0739	0.0186	1.9000	0.0065	0.1864	0.0038	1102	20	1081	23	1040	51
LM1-4	177	69	60	0.39	0.1163	0.0089	4.8040	0.0103	0.2996	0.0057	1689	28	1786	18	1900	14
LM1-11	664	464	136	0.70	0.0761	0.0057	1.8760	0.0039	0.1788	0.0033	1060	18	1073	14	1098	15
LM1-12	274	168	57	0.61	0.0722	0.0098	1.7540	0.0043	0.1762	0.0034	1046	18	1029	16	991	27
LM1-15	217	88	47	0.41	0.0743	0.0089	1.9660	0.0047	0.1919	0.0037	1132	20	1104	16	1049	24
平均值	379	167	89	0.49	0.0849	0.0071	2.7458	0.0045	0.2281	0.0027	1320	14	1312	12	1297	20
最大值	917	464	177	0.98	0.1163	0.0186	4.8040	0.0103	0.3228	0.0057	1803	28	1786	23	1900	51
最小值	65	4	15	0.01	0.0722	0.0015	1.7540	0.0014	0.1762	0.0011	1046	6	1029	5	991	7

注：锆石样品 XP1. 夕线石片麻岩(96-saw-12)，锆石紫褐色透明圆形颗粒及多角自形变质重结晶成因特点。XP2. 夕线石片麻岩(97-saw-42)，锆石为无色-淡粉色他形不规则状-圆状，部分自形晶变质重结晶锆石。LM1. 石榴石麻粒岩(97-saw-34)，锆石无色-淡粉色球状变质重结晶自形锆石。LR1. 石榴石花岗岩(97-SAW-33)，锆石浅褐色，自形晶，显示岩浆自生锆石，大部分自生具有均匀的变质锆石内核和振荡环带，核部变质锆石常含有细小的包裹体。Pb^*代表放射性成因。

表 6-5　穆棱市南坨子沟河东三兴村麻山群混合花岗岩锆石 LA-ICP-MS U-Pb 年龄

测点号	元素含量/10^{-6}			元素及同位素比值							表面年龄/Ma					
	Th	U	Pb*	Th/U	$^{207}Pb/^{206}Pb$	±2σ	$^{207}Pb/^{235}U$	±2σ	$^{206}Pb/^{238}U$	±2σ	$^{207}Pb/^{206}Pb$	±2σ	$^{207}Pb/^{235}U$	±2σ	$^{206}Pb/^{238}U$	±2σ
M24-6-1	239	753	49	0.32	0.0566	0.0002	0.6220	0.0040	0.0797	0.0005	477	7	491	3	494	3
M24-6-2	248	805	50	0.31	0.0565	0.0002	0.6150	0.0060	0.0790	0.0007	471	9	487	4	490	4
M24-6-3	255	741	51	0.34	0.0566	0.0003	0.6180	0.0060	0.0792	0.0008	476	10	489	3	491	5
M24-6-4	245	731	46	0.34	0.0569	0.0002	0.6310	0.0040	0.0805	0.0005	487	7	497	3	499	3
M24-6-6	273	723	52	0.38	0.0568	0.0003	0.6160	0.0070	0.0787	0.0008	483	11	488	4	488	5
M24-6-7	245	727	47	0.34	0.0568	0.0002	0.6190	0.0060	0.0790	0.0007	484	9	489	4	490	4
M24-6-9	280	791	52	0.35	0.0567	0.0004	0.6210	0.0170	0.0794	0.0020	480	26	491	10	493	12
M24-6-11	300	895	60	0.34	0.0566	0.0003	0.6290	0.0100	0.0805	0.0012	476	15	495	6	499	7
M24-6-12	256	772	53	0.33	0.0566	0.0003	0.6290	0.0120	0.0804	0.0014	478	19	495	7	499	9
M24-6-13	251	765	49	0.33	0.056	0.0002	0.6140	0.0090	0.0795	0.0011	453	15	486	6	493	7
M24-6-14	181	655	39	0.28	0.056	0.0003	0.6140	0.0090	0.0795	0.0012	453	15	486	6	493	7
M24-6-15	369	945	70	0.39	0.0574	0.0003	0.6330	0.0140	0.0802	0.0018	506	22	498	9	497	11
M24-6-16	173	536	35	0.32	0.0566	0.0003	0.6300	0.0100	0.0808	0.0013	477	17	496	7	501	8
M24-6-17	244	705	49	0.35	0.0571	0.0003	0.6420	0.0100	0.0816	0.0012	494	16	503	6	506	7
M24-6-18	239	732	48	0.33	0.0557	0.0003	0.6080	0.0080	0.0792	0.0011	442	14	482	5	491	6
M24-6-19	198	534	35	0.37	0.0556	0.0003	0.6080	0.0090	0.0793	0.0010	437	14	482	6	492	6
M24-6-20	132	549	32	0.24	0.0555	0.0003	0.6200	0.0070	0.0810	0.0007	432	11	490	4	502	4
平均值	243	727	48	0.33	0.0565	0.0003	0.6217	0.0087	0.0799	0.0011	471	14	491	5	495	6
最大值	369	945	70	0.39	0.0574	0.0004	0.6420	0.0170	0.0816	0.0020	506	26	503	10	506	12
最小值	132	534	32	0.24	0.0555	0.0002	0.6080	0.0040	0.0787	0.0005	432	7	482	3	488	3

注：样品采自穆棱市南坨子沟河东三兴村麻山群混合花岗岩(样品 M24-6)。根据上述分析和野外观察，该样品系与中-低级变质相伴的岩浆注入(混合岩化)形成的花岗岩，而不是原地变质、深熔作用所形成的浅色体。锆石具核和边结构，核部具岩浆环带特征。Pb*代表放射性成因。

兹岩系变质过程中并非封闭体系，而是在每次构造活动中具有外来物质的加入，改变了原来的 U-Pb 体系，形成了新的体系，每个上交点年龄代表新的 U-Pb 体系的初始年龄。

锆石中 Th-U 含量变化分三个群组，中元古代(ThR1)和新元古代(ThR2)两组锆石 Th-U 含量变化规律基本一致，Th 含量较高，Th/U 值较大，位于 5Th/U 等值线上部；而早古生代的锆石组 Th 含量较低，Th/U 值较小，位于 5Th/U 等值线下部，并且比较分散(图 6-6)；放射性铅 Pb-U 可以分为两组，元古宙组(PbR)显示弱正相关性，而古生代组(PbS)放射性铅含量稍低，但是 Pb-U 相关性较好。

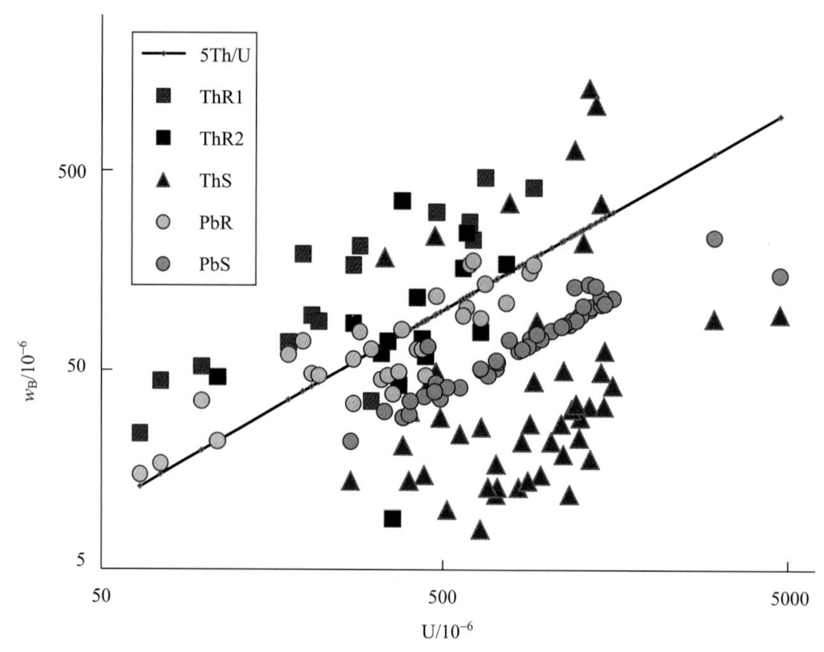

图 6-6　麻山群孔兹岩系锆石 Pb、Th-U 散点图

锆石放射性元素的含量分布特征显示元古宙变质重结晶锆石的物源体系是一致的，Th-U 等来自同一个物源体系；而古生代次生锆石结晶体系有外来物质加入，较低的 Th/U 值表明是深源物质加入的结果(表 6-5)。

三、石墨矿石锆石同位素分析

我们对萝北石墨矿和鸡西柳毛石墨矿床进行了系统调查，并采集了黑云斜长变粒岩型石墨矿石分选锆石进行离子探针测年分析(表 6-6)。

石墨矿石，含石墨黑云斜长变粒岩，粒状花岗变晶结构，主要矿物成分是斜长石、石英和黑云母，石墨含量 10%以上。其中锆石具有三种形态，即碎屑锆石，在锆石晶体核部分布；变质重结晶锆石围绕碎屑锆石边缘形成平滑环带；次生锆石围绕变质锆石外环形成的环带，但是较变质重结晶锆石透明度高。其中萝北石墨矿石(LB09)锆石全部为单一环带的变质重结晶锆石，外环具有较窄的透明度高的次生锆石边(照片 6-1)，鸡西柳毛石墨矿(JX29)锆石具有明显的核幔结构(照片 6-2)。

锆石 LA-ICP-MS U-Pb 年龄分析只有一颗碎屑锆石(JX29-13)显示 $^{206}Pb/^{238}U$ 年龄为 2307.87±16.25Ma，其他大部分锆石为变质重结晶锆石和自生锆石，$^{206}Pb/^{238}U$ 年龄分别为(1942.64±14.02)～(1958.36±13.72) Ma 和(425.15±3.42)～(545.80±10.93) Ma(图 6-7)。

表 6-6　佳木斯地块石墨矿石锆石 LA-ICP-MSU-Pb 年龄

测点	测试值/10^{-6}			同位素比值							表面年龄/Ma					
	U	Th	$^{206}Pb^*$	$^{232}Th/^{238}U$	$^{207}Pb^*/^{235}U$	±σ/%	$^{206}Pb^*/^{238}U$	±σ/%	$^{207}Pb^*/^{206}Pb^*$	±σ/%	$^{206}Pb/^{238}U$	±σ	$^{207}Pb/^{206}Pb$	±σ	$^{208}Pb/^{232}Th$	±σ
JX29-1S	1050.00	152.67	79.73	0.1502	0.781423	2.23	0.088354	2.09	0.064144	0.78	545.80	10.93	746.39	16.43	841.18	49.86
JX29-2S	3119.49	37.87	223.91	0.0125	0.681750	1.00	0.083487	0.83	0.059225	0.56	516.90	4.12	575.38	12.09	752.42	68.95
JX29-4S	3801.47	26.24	266.10	0.0071	0.651012	0.96	0.081468	0.83	0.057956	0.48	504.88	4.05	528.12	10.60	456.67	70.57
JX29-5S	3465.05	36.19	229.22	0.0108	0.613301	0.98	0.077023	0.84	0.057750	0.52	478.33	3.85	520.31	11.31	555.82	52.60
JX29-7S	3125.79	34.71	215.07	0.0115	0.633541	1.51	0.079864	0.83	0.057534	1.26	495.31	3.95	512.07	27.71	431.45	160.90
JX29-8S	3526.10	43.22	246.98	0.0127	0.645100	0.92	0.081536	0.81	0.057382	0.43	505.28	3.95	506.27	9.54	597.04	14.67
JX29-9S	3631.70	47.20	255.99	0.0134	0.656085	0.94	0.082047	0.82	0.057996	0.47	508.33	4.01	529.61	10.23	707.61	30.06
JX29-10S	3198.66	25.93	214.39	0.0084	0.625498	1.02	0.077970	0.83	0.058184	0.60	483.99	3.85	536.69	13.24	752.54	106.77
JX29-11S	826.26	95.28	58.39	0.1191	0.700199	2.67	0.081741	0.91	0.062127	2.51	506.50	4.44	678.50	53.69	876.52	49.88
LB09-1S	6889.80	296.79	497.34	0.0445	0.663969	0.87	0.084027	0.80	0.057310	0.35	520.12	3.99	503.47	7.62	521.40	7.07
LB09-2S	3586.89	148.39	258.27	0.0427	0.661893	1.00	0.083669	0.80	0.057375	0.60	517.99	4.00	505.97	13.22	485.56	30.20
LB09-3S	4471.58	254.00	317.89	0.0587	0.643533	2.03	0.082169	0.80	0.056801	1.87	509.06	3.92	483.84	41.31	427.37	67.63
LB09-4S	8155.89	303.99	596.65	0.0385	0.671046	0.87	0.085084	0.79	0.057201	0.36	526.39	3.99	499.31	8.00	516.61	14.52
LB09-5S	5411.33	180.16	381.56	0.0344	0.644410	0.89	0.082071	0.79	0.056947	0.41	508.47	3.88	489.49	8.95	521.80	14.49
LB09-6S	3088.51	179.62	219.79	0.0601	0.657125	0.93	0.082821	0.80	0.057545	0.47	512.94	3.95	512.49	10.32	532.30	10.10
LB09-8S	3936.58	187.46	280.41	0.0492	0.656854	0.90	0.082899	0.79	0.057467	0.43	513.41	3.91	509.49	9.35	506.99	10.25
LB09-9S	2223.77	96.87	154.41	0.0450	0.639989	1.10	0.080747	0.84	0.057483	0.71	500.58	4.03	510.14	15.54	525.67	27.29
LB09-10S	2964.68	218.16	174.26	0.0760	0.531966	1.27	0.068175	0.83	0.056592	0.96	425.15	3.42	475.69	21.21	191.35	24.86
LB09-11S	1933.45	81.38	133.86	0.0435	0.635820	1.03	0.080561	0.83	0.057241	0.61	499.47	4.01	500.83	13.46	464.08	17.28
LB09-13S	4681.06	144.91	330.42	0.0320	0.641122	0.93	0.082147	0.82	0.056604	0.44	508.92	4.00	476.16	9.83	496.34	17.16
JX29-3R	2208.78	83.99	667.26	0.0393	5.802416	0.88	0.351685	0.84	0.119661	0.29	1942.64	14.02	1951.18	5.12	2014.56	43.02
JX29-6R	2716.75	127.28	785.53	0.0484	5.263004	0.87	0.336551	0.83	0.113418	0.28	1870.05	13.44	1854.90	5.06	1844.28	23.42
JX29-12R	1989.82	187.03	593.98	0.0971	5.624669	0.97	0.347474	0.84	0.117402	0.49	1922.52	13.93	1917.05	8.79	1961.85	25.31
JX29-14R	1875.74	288.91	572.25	0.1591	5.949730	1.10	0.354985	0.81	0.121559	0.74	1958.36	13.72	1979.24	13.22	1980.78	21.03
JX29-13C	1546.56	253.54	572.03	0.1694	10.002210	0.97	0.430477	0.84	0.168517	0.48	2307.87	16.25	2542.98	8.07	2779.29	50.62

注：Pb^*代表放射性成因，测定 ^{204}Pb 值作普通铅校正；C 代表碎屑锆石，R 代表变质增生锆石，S 代表次生重结晶锆石。

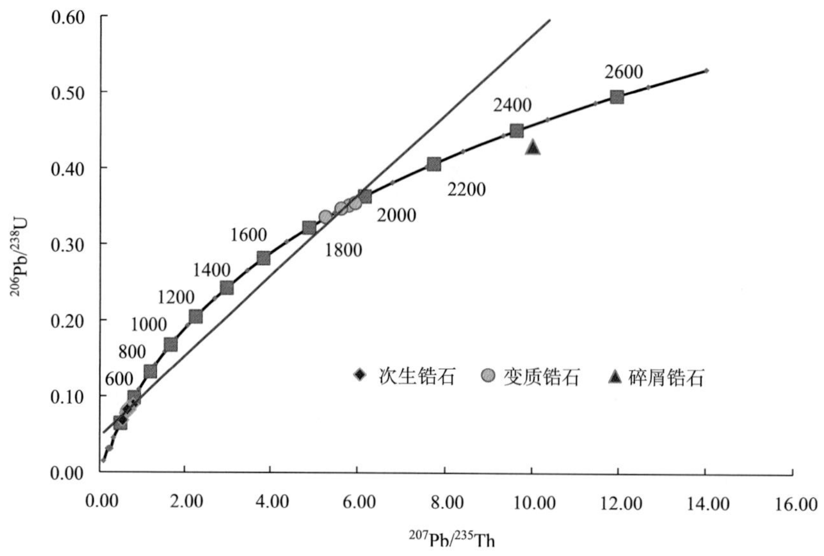

图 6-7　佳木斯地块萝北和柳毛石墨矿石锆石 LA-ICP-MS U-Pb 年龄谱和曲线图

上述年龄显示碎屑锆石和变质重结晶锆石年龄之间在 2000Ma 左右是石墨矿床初始沉积年龄，而在古元古代晚期经受区域性高温高压变质作用，在早古生代经历了强烈的泛亚构造作用，形成大量的自生锆石。

这一测试结果与区域上孔兹岩系锆石测试结果基本一致，因此可以确定佳木斯地块孔兹岩系年龄在 2000Ma 左右，其后经历了全球性的构造作用，开始了有机碳到石墨的变质重结晶，在泛亚构造运动中构造岩浆作用石墨晶体进一步增生形成巨晶鳞片状石墨。

第三节　石 墨 矿 床

一、区 域 地 质

1. 含矿岩系

佳木斯石墨成矿带三个区段，从北部的萝北—嘉荫成矿区段，中部的华南—双鸭山成矿区段，到南部的鸡西—勃利区段，含矿孔兹岩集中分布，形成一系列大中型石墨矿床(赵然然和宋守永，2013；张本臣，2005；徐衍强等，2010)。

北部萝北—嘉荫成矿区段：含矿建造为结晶片岩、片麻岩、变粒岩、石英岩等，固定碳含量 8%～10%，高者可达 23.59%，以萝北云山石墨矿区为代表，包括云山大型石墨矿、四方山石墨矿、七马架石墨矿等石墨矿及矿点。区内麻山群沉积变质岩系下部为大理岩类，中部为各种结晶片岩、片麻岩、变粒岩、石英岩等，上部为各种混合片麻岩类。石墨矿产于中部的变粒岩、片麻岩中，岩性变化明显，混合岩化作用强。

华南—双鸭山成矿区：麻山群大盘道组主要岩石类型有片岩、片麻岩，其次为变粒岩、碳酸盐岩、石英岩、磁铁石英岩及少量混合岩。含石墨岩段是麻山群上部岩段，以硅铝沉积建造为主，夹钙质沉积层的夕线石英片岩、含夕线钾长片麻岩、含石榴夕线石英片岩、石英岩、含夕线石榴钾长片麻岩、大理岩、石墨大理岩段，以富硅铝并含夕线石矿、大理岩矿、石墨矿为特征。主要矿床有双鸭山羊鼻子山、岭西白灰窑，桦南县四方台石墨矿桦南县孟家岗铁矿孟北地段石墨矿、桦南林业局七星石墨矿等。

鸡西—勃利成矿区：含石墨岩系西麻山岩组可分上、下两段，下段富铝、富碳，上段富铁。西麻山岩组是一套夹碳酸盐的片岩-片麻岩组合，包括夕线片岩类、云母片岩类、石英片岩类、石墨片岩类、长英片麻岩类、钙质片麻岩类、钙硅酸盐岩类、大理岩类、变粒岩类和麻粒岩类等，其内广泛发育含榴斑状混合岩和榴斑条带状、条痕状混合岩。该岩组是石墨矿主要富集层位，特别是下部层位。该区产出有勃利佛岭、双河石墨矿、密山马来山石墨矿；鸡西柳毛、石场、三道沟、烟袋岭、土顶子—和平等石墨矿区；穆棱光义、寨山石墨矿，林口余庆、碾子山、八道沟石墨矿等；牡丹江拉古石墨矿点、东宁和平村石墨矿牡丹江拉古石墨矿点、东宁和平村石墨矿等。

空间上矿集区的南部和北部变质建造性质不同，构造特征也有差异。

在南部鸡西、穆棱、密山一带，是麻山群出露较全的地区，包括了余庆岩组和西麻山岩组的下部岩层，变质作用达到了高角闪岩相和麻粒岩相，构造走向主要是东西向，部分转为北东—南西向，是矿集区内石墨矿床最为集中的地区。

在北部的七台河市勃利县和林口县北部一带，其中央部位为一近南北向展布的花岗片麻岩弯窿，弯窿内有角闪岩相的黑云变粒岩和黑云斜长片麻岩。弯窿周边为一套近南北向局部北东—南西向展布的绿片岩相至低角闪岩相的西麻山岩组上部岩层，岩性主要为云母片岩、云母石英片岩、石墨片岩、石墨石英片岩、红柱石石英片岩、变粒岩、白云质大理岩、石墨大理岩等，夹条带状磁铁石英岩。此区石墨矿床数量不多，但出现有超大型规模石墨矿床，如佛岭矿床。

2. 石墨矿层

区域有三个石墨含矿层位，即西麻山岩组下段的中部层位，上段的中下部和余庆岩组的上部，而以西麻山岩组下段的中部层位最重要，鸡西—勃利大型矿集区内的许多石墨矿床均产自该层位。石墨矿体呈层状，似层状和透镜状，产状与地层一致。矿体长度变化可从 100～2600m，一般在 300m 以上；厚度为 4～150m，一般大于 10m。品位变化也较大，平均品位(固定碳含量)在 4%～16%，其中有 11 个矿床在 6.8%以上，品位最富的穆棱县光义大型石墨矿床可达 16.45%。

矿石的自然类型复杂，有片麻岩型、片岩型、变粒岩型、大理岩型和混合岩型、混合花岗岩型等，以片岩型、片麻岩型为主。片麻岩型、片岩型、变粒岩型、大理岩型属原生类型，混合岩型、混合花岗岩型则属后生类型，即成矿后发生的混合化作用，改造了上述原生类型矿石而形成的新矿石类型。

3. 混合岩

含矿岩系内混合岩发育，有混合片麻岩、条带状混合岩、混合花岗岩及一系列长英质岩脉和石英脉等。

黑云混合花岗岩：黄褐色，花岗变晶结构、交代蚀变结构，块状构造。矿物组成斜长石 20%～45%，钾长石 15%～50%，石英 20%～40%，黑云母 7%～15%，少量磷灰石、锆石、独居石、石榴石、石墨。斜长石他形板状、不规则粒状，粒径 0.3～4mm，发育聚片双晶、条纹双晶、格子双晶及卡式双晶，主要为碱性更长石、条纹长石、微斜长石、正长石，钾长石经常形成大颗粒的斑晶，很少基性斜长石。石英一般为不规则他形粒状、蠕虫状交代斜长石，粒径 1～5mm。黑云母片径 0.5～2mm，定向断续分布，与石英颗粒构成片麻理。

长英质混合花岗岩脉：石墨矿层中发育，呈脉状产出，长 600～2000m，厚 5～20m，呈北东向或北西向沿片麻理整合分布。岩石黄褐色，花岗变晶结构、交代结构，块状构造，矿物成分石英 30%～50%，斜长石 20%～40%，钾长石 20%～45%，黑云母 2%～5%，少量电气石、石榴石、磁铁矿。

伟晶岩脉：与长英质混合岩脉类似，长 150～300m，厚 15～30m，呈脉状沿北东向或北西向片麻理层分布。岩石暗红色，粗晶伟晶花岗变晶结构、交代结构，块状构造。矿物组成：钾长石 30%～50%，斜长石 7%～10%，石英 40%～60%，少量黑云母、白云母、电气石。

石英脉：地表看到石英大脉，呈层状产出，长 40～200m，宽 4～10m，呈北东—北西沿片麻理方向产出。脉岩乳白色、灰白色，花岗变晶结构、交代残余结构，块状构造。主要矿物石英 96%，少量斜长石、白云母、磷灰石、石墨。

上述混合岩及长英质岩脉、石英脉在石墨含矿片麻岩中广泛分布，一些呈宽度较大的脉体，更广泛的是形成细脉，断续在岩石中分布。

二、萝北云山石墨矿床

矿床位于鹤岗凸起云山复向斜南东翼，区内断裂褶皱构造发育，北东和北西两组褶皱构造构成复式倒转向斜。矿区内主体地层麻山群柳毛组上段混合片麻岩构成云山复向斜核部，柳毛组中段结晶片岩、片麻岩、变粒岩和下段大理岩构成复向斜两翼，该复向斜由一系列复杂紧密倒转褶皱构成，包括四方山、755 高地等背斜和十七连向斜等紧密褶皱。

区域北西部出露中元古界黑龙江群山嘴子组片岩，形成单斜构造盖层。

四方山背斜：云山石墨矿区位于四方山背斜东翼，四方山背斜属同斜褶皱，褶皱轴向 335°，长大于 9.6km，轴部出露片麻状黑云母混合花岗岩，倾向 65°，倾角 59°，向北西倾伏。矿区位于背斜北东翼，出露麻山群柳毛组下段、中段和上段大理岩、片麻岩及变粒岩等。

755 高地背斜：矿区北东部，背斜轴向 300°～310°，出露长 3km 以上，轴部分布片麻状黑云混合花岗岩，倾向 40°，倾角 55°，向北西倾伏。两翼地层为柳毛组中段和上段，产状变化较大，倾向倾角波动状。

十七连向斜：矿区东部，轴向北东，出露 8km，轴部为柳毛组上段，倾向 15° 或 320°，倾角 40°～60°。北西翼为柳毛组中段和下段，被东西向断裂切割，产状变化较大，东南翼仅出露柳毛组中段。

区内断裂构造发育，有南北向、东西向、北东向和北西向不同性质的断裂构造。

区域上形成重要的石墨矿化带，已经发现石墨矿床矿带十几处，其中云山复向斜东翼的一号矿带云山石墨矿已进行详细勘查，并形成开发生产矿山。

1. 含矿层

云山石墨矿床处于云山复向斜中次级四方山背斜北东翼，分布地层麻山群柳毛组，混合岩和混合花岗岩发育，构造复杂，石墨矿层厚大稳定(房俊伟等，2009)。

矿区柳毛组变质岩走向 NNE—SN 向，东侧北部转向 NNW 向，倾向 SEE—SE，倾角 30°～35°，走向延伸 3.6km，宽 3.2km。含矿地层强烈褶皱和揉皱，混合花岗岩化作用，矿层厚度变化较大。矿区查明 4 个石墨矿层形成倒转背斜，总厚度 812m。矿区内柳毛组石墨矿化层分为上下两段，相当于区域上柳毛组中上段。

(1) 下段：下盘围岩为黑云斜长片麻岩、混合片麻岩、石英片岩、斜长角闪岩、云母石英片岩，有混合花岗岩侵入，总厚 10m。

Ⅰ石墨矿层：夹黑云斜长片麻岩、混合片麻岩、云母石英片岩、斜长角闪岩、斜长变粒岩夹层，有混合岩及岩浆岩脉侵入。矿层总厚度 213m，走向 NNE 和 NNW，东倾，倾角 15°～55°，变化较大。

夹层：混合片麻岩、云母石英片岩、斜长变粒岩等，有混合花岗岩贯入，厚 12m。

Ⅱ石墨矿层：中夹云母石英片岩、混合片麻岩、斜长变粒岩、石英片岩等夹层，有混合花岗岩贯入。矿层走向 NNE—NNW，中段厚两端薄，厚 44m。

夹层：混合片麻岩、云母石英片岩、黑云斜长片麻岩、斜长变粒岩、大理岩、石英片岩等，有混合花岗岩贯入，厚 18m。

Ⅲ石墨矿层：夹混合片麻岩、云母石英片岩、黑云斜长片麻岩、石英片岩、斜长变粒岩等，有混合花岗岩、伟晶岩脉贯入。矿层走向 NNE—NNW，倾向东，倾角 20°～60°，厚度 21.8m。

夹层：混合片麻岩，夹黑云斜长片麻岩、含石墨云母石英片岩、黑云母片岩、大理岩等，有混合花岗岩贯入，厚 71m。

Ⅳ石墨矿层：夹混合岩、黑云斜长片麻岩、云母石英片岩、大理岩、变粒岩等，有混合花岗岩贯入，矿层走向南北，倾向东，倾角 15°～52°，厚度 143m。

(2) 上段：混合片麻岩夹黑云斜长片麻岩、黑云母片岩、夕线石片岩等，有混合花岗岩及伟晶岩脉贯入，厚大于 82m。

柳毛组变质岩是斜长角闪岩相深变质岩，混合岩化强，具有如下主要特征：①柳毛组下段石墨矿层及变质岩夹层中混合岩化强，有混合花岗岩和伟晶岩脉侵入。广泛分布混合花岗岩及少量伟晶岩脉、细晶闪长岩、闪长玢岩、煌斑岩脉等。②岩性变化大，矿区中北部大量混合岩、片麻岩，南部为含石墨云母石英片岩、黑云斜长片麻岩、变粒岩、石英岩和斜黝帘石岩等。这种岩性变化主要反映不同地段变质程度不同，也与原始岩性有关。③大理岩夹层中，下部主要为高 CaO 方解石大理岩，向上出现透辉石、透闪石和橄榄石等蚀变矿物。

2. 石墨矿层及矿体

石墨矿层矿体分布范围南北长 3600m，东西宽 80～2300m，主要富集地段宽 1800m，面积 3.5km^2，矿带呈现北窄南宽的束状北部收敛南部散开形态。

矿层属于柳毛组下段，划分 25 条矿体，7 条主矿体，由于复杂的褶皱形成 12 组对称分布的矿体。矿体长 100～2840m，垂直厚度 4.50～112.19m，似层状、透镜状，走向近南北，倾向近东，倾角 20°～65°。矿层矿体与围岩整合接触，产状一致，但接触界面清晰，显示原岩是不同的岩性层。

Ⅰw 矿体：在矿层Ⅰ中，长 2840m，最大厚 114.9m，平均 66.9m，深 282m。石墨品位最高 14.56%，平均 11.13%，品位稳定，变化较小。产状倾向 65°～120°，倾角 30°～35°。矿石为云母石英片岩型石墨矿石，夹层为混合花岗岩、云母石英岩、斜长角闪岩及石英片岩、含石墨云母石英片岩等。

Ⅲw 矿体：在矿层Ⅱ中，长 2270m，最大厚度 102.85m，平均 60.54m，南厚北薄，控制深度 285m，倾向 97°～125°，倾角 30°～50°。最高品位 13.39%，平均 12.10%，顶底板及夹层为混合花岗岩、混合片麻岩、黑云斜长片麻岩、石英片岩等。

ⅢE 矿体：在矿层Ⅱ中，矿体长 1775m。最大厚度 51.08m，平均 37.74m，控制深 110m，层状，厚度变化不大，倾向 30°～70°，倾角 20°～30°。最高品位 15.43%，平均 12.01%，北段富南段贫。夹层及顶底板岩性为混合花岗岩、条带状混合片麻岩、石英片岩、斜长变粒岩、含石墨石榴夕线黑云片麻岩、斜长角闪岩及透闪大理岩等。

ⅤE 矿体：位于矿层Ⅲ中，矿体长 2060m，最大厚度 165.47m，平均 105.85m，控制深度 268m。层状，倾向 30°～110°，倾角 35°～56°，北端尖灭在片麻岩中。最高品位 9.73%，平均 8.26%，品位稳定，变化不大。夹层及顶底板岩性为条带状混合片麻岩、绢云石英片岩、黑云斜长变粒岩、含石墨石英片岩等。

ⅥE 矿体：位于矿层Ⅲ中，矿体长 2650m，最大厚度 177.73m，平均 112.19m。层状，倾向 80°～140°，倾角 37°～45°，北端尖灭在混合片麻岩中。最高品位 12.16%，平均 9.66%，品位稳定，变化不大。夹层及顶底板岩性为条带状混合片麻岩、混合花岗岩、绢云石英片岩、黑云斜长变粒岩、斜长角闪岩等。

ⅦE 矿体：位于矿层Ⅳ中，矿体长 1440m，最大厚度 62.85m，平均 42.43m，控制深度 212m。层状南厚北薄，倾向 60°～120°，倾角 30°～52°，北端尖灭在混合片麻岩中。最高品位 15.81%，平均 11.16%，中部品位高两端变贫。夹层及顶底板岩性为条带状混合片麻岩、绢云石英片岩、斜黝帘石片麻岩等。

矿区各矿体集中成群成带分布，矿体之间夹层相隔，夹层厚度仅几米到 20 余米，一些矿体属于复杂褶皱重复出现（照片 6-3）。

3. 矿石类型

1) *石墨矿石*

石墨矿石类型有片岩型石墨矿石、黑云斜长变粒岩-片麻岩型石墨矿石、大理岩-透辉岩型石墨矿石三大类。各类石墨矿石主要呈现鳞片变晶结构，石墨鳞片及片状脉石矿物平行排列，形成片状或者片麻构造，石墨在长英质脉石矿物晶间分布，石墨鳞片长 0.05～1.5mm，大者达 5mm。

石墨鳞片分布形式一般为聚合晶呈现团块状、条带状、定向叶片状不同的形态分布，石墨分布形态不同品位也不同。

团块状石墨矿石，由石墨鳞片、叶片聚合成扁豆状团块，矿石品位高，一般品位 14%～23%；叶片状石墨矿石，石墨鳞片、叶片定向排列形成片状构造，矿石品位 7%～10%；条带状石墨矿石，石墨鳞片聚合成条带定向排列，形成条带状矿石，矿石品位 8%左右。

(1)片岩型石墨矿石，在强烈挤压构造带分布，可以分为石墨片岩、硅质片岩型、石英片岩、夕线石石英片岩型等类型。

石墨片岩型矿石：灰黑色，鳞片变晶结构，片状构造，石墨含量 30%～45%，脉石暗色矿物含量较高，石英 20%～30%，斜黝帘石 15%～40%，云母 5%～10%，斜长石 5%～10%，其次有夕线石、透闪石、透辉石，少量绿泥石、电气石、金红石、榍石、黄铁矿、褐铁矿等。石墨鳞片 0.1～1.5mm，最大 3～5mm，定向排列，集合体呈团块状。脉石矿物有粒状、片状、柱状、纤维状不同形态结构，分布不均，矿物粒度 0.1～1.0mm。

石墨硅质片岩：灰黑色-铅灰色，鳞片变晶结构，片状构造，石墨 15%～25%，脉石矿物，石英 30%～43%，斜黝帘石 10%～30%，云母 10%～20%，斜长石 10%，其次有夕线石、透闪石，少量电气石、金红石、榍石、磷灰石、锆石、绿泥石、透辉石、黄铁矿、褐铁矿等。石墨鳞片 0.05～1.5mm，最大 3mm，定向排列，一般单晶分布，少部分石墨呈集合体条带状构造。脉石矿物有粒状、片状、柱状、纤维状不同形态结构，矿物粒度 0.05～1.0mm，最大 1.5mm。脉石矿物分布不均，形成含不同脉石矿物的矿石。

石墨石英片岩：灰色，鳞片变晶结构，片状构造，石墨含量 10%～15%。脉石矿物：石英 35%～75%，斜长石 15%～25%，斜黝帘石 5%，云母 5%，夕线石 5%，少量电气石、金红石、榍石、磷灰石、独居石、褐铁矿等。石墨鳞片 0.05～1.0mm，最大 2mm，定向排列，一般单晶分布。脉石矿物分布不均，形成含不同脉石矿物的矿石。片理不发育处变为石英岩型矿石，石墨含量 5%～10%，脉石矿物主要是石英，少量云母、斜长石、黄铁矿等。石墨鳞片 0.1～0.3mm，在石英晶间定向分布。

石墨夕线石石英矿石：灰白色，鳞片变晶结构，片状构造，石墨含量 5%～10%，脉石矿物：石英 40%～50%，斜长石 5%～10%，云母 5%～20%，夕线石 5%～10%，少量电气石、金红石、榍石等。石墨鳞片 0.05～1.0mm，最大 1.5mm，定向排列，一般单晶分布。与石英片岩型矿石过渡关系。

(2)黑云斜长变粒岩-片麻岩型石墨矿石，这是最主要的石墨矿石类型，可以进一步划分为变粒岩型、片麻岩型和混合片麻岩型(照片 6-4)。

变粒岩型石墨矿石：灰白色，鳞片变晶结构，片状构造，石墨含量 5%～15%；脉石矿物：石英 45%，斜长石 35%，云母 5%，少量电气石、金红石、磁黄铁矿等。石墨鳞片 0.1～0.5mm，定向排列。脉石矿物粒度 0.05～0.2mm，呈片状、粒状、柱状，半自形粒状定向排列。

斜长石片麻岩石墨矿石：灰白-灰色，鳞片变晶结构，片状构造。石墨含量 7%～12%，脉石矿物，石英 10%～30%，斜长石 58%～75%，云母 5%，少量帘石、金红石、榍石、磷灰石等。石墨鳞片 0.05～1.0mm，大者 2mm，定向排列。脉石矿物粒度 0.1～1.0mm，呈片状、粒状，半自形粒状定向排列。

混合片麻岩矿石：灰白色，鳞片变晶结构，条带构造、片麻构造，石墨含量 5%～20%。脉石矿物主要为长石、石英、黑云母等硅酸盐矿物。混合片麻岩型矿石中长英质岩脉及石英脉发育(照片 6-5、照片 6-6)。矿石中石墨鳞片 0.1～0.5mm，呈鳞片状在长英矿物晶间分布。长英质混合片麻岩中石墨含量可达 20%，脉石矿物石英 45%，云母 35%，少量钾长石等。

长英质混合花岗岩条带中石墨含量达 5%～10%，石墨鳞片 0.1～1.0mm，在长英质矿物晶间分布。

(3)蚀变大理岩型矿石，可以进一步划分为大理岩型、透辉岩型，其中透闪石、蛇纹石、透辉石化蚀变较普遍(照片 6-7～照片 6-10)。

大理岩型矿石：白色，粒状变晶结构，块状构造。石墨含量 5%～10%，脉石矿物为方解石、透辉石、透闪石等。石墨鳞片 0.2～1mm，大者达 3mm，呈不定向交织状在粒状矿物晶间分布，也呈条带状分布。

透辉岩型矿石：灰白色，粒状变晶结构，块状构造。石墨含量 7%，脉石矿物透辉石 90%，透闪石 2%，石英 1%。石墨鳞片 0.5mm，在脉石矿物晶间定向分布。

2)*矿石矿物*

矿石矿物主要是晶质鳞片状石墨，鳞片片径较大，一般为 0.2～1.0mm，但是片岩型矿石石墨鳞片稍小(照片 6-11)，片麻岩和混合岩型矿石石墨鳞片较大(照片 6-12)，构造挤压破碎处石墨被破碎成小的碎裂鳞片。

变粒岩型矿石平均品位固定碳 4.46%～9.46%，片麻岩型矿石平均品位固定碳 6.36%～10.27%。

石墨鳞片在粒状矿物之间分布，一般呈定向排列，排列方向与片麻理一致。石墨鳞片多为复合晶，不同期的鳞片聚合在一起形成大的鳞片，之间可以见到明显的聚合纹。

4. 混合岩化及围岩蚀变

矿区柳毛组上段硅酸盐类变质岩混合岩化强，形成大量混合岩和混合花岗岩。山嘴子组仅微弱混合岩化作用。混合岩化限于一定的层位和岩性层，混合岩化方向与区域变质方向一致，由北西向南东逐渐增强。黑云混合花岗岩是混合岩化的中心，位于背斜轴部。

混合岩化作用是外来岩浆和重熔岩浆混合迁移结晶交代的地质作用，混合岩化作用方式为充填结晶和交代作用。条带状条纹状混合岩以充填结晶-交代为主，条痕状、眼球状混合岩和混合花岗岩都是以交代作用为主。

交代作用表现为铁镁暗色矿物组分的带出和硅铝浅色矿物组分的带入，一般交代顺序表现为钠质交代到钾质交代，钾长石交代斜长石、白云母交代黑云母、硅质交代低硅矿物现象明显。

混合岩化作用以原岩重熔为起始，一般在中高级区域变质后期，由于区域变质压力降低矿物岩石的熔融温度随之减低而发生部分熔融，熔融组分随之向压力低的地带迁移集中形成充填交代作用。柳毛组中段含碳质粉砂质黏土质碎屑岩在高级区域变质作用中易于发生熔融，因此石墨矿层及围岩中分布大量混合岩脉体，尤其是片麻岩中长英质脉体发育。

断裂发育处的混合花岗岩浆交代作用强，斜长石被绢云母、白云母和石英交代，或者分解为绢云母、石英，弱蚀变处保持变余长石外形，蚀变强处形成白云母集合其他矿物团块。

片理发育的片麻岩、片岩、变粒岩及大理岩的节理裂隙中石英细脉发育，或者见到硅质交代其他矿物的硅化残余结构。

碳酸盐岩石在区域变质作用中由于硅酸盐岩浆热液的作用发生硅化交代蚀变，或者含泥质的碳酸盐岩在区域变质作用中矿物之间发生成分结合，都可以形成交代蚀变作用。大理岩碳酸盐岩的蚀变作用主要形成透闪石、透辉石、阳起石、金云母等钙镁硅酸盐矿物，并释放 CO_2 挥发分。

三、鸡西柳毛石墨矿床

柳毛石墨矿位于佳木斯地块南段鸡西—勃利成矿区，含矿地层古元古界麻山群分为西麻山岩组和余庆岩组。

柳毛矿区构造上显示为郎家沟背斜构造，背斜核部为余庆岩组(含磷岩系)，两翼为西麻山岩组含石墨岩系(图 6-8)。余庆岩组是一套含磷岩系，主要由夕线黑云片岩、石榴夕线黑云石英片岩、含石墨磷灰金云透辉大理岩、磷灰透辉石岩、黑云变粒岩、透辉石岩、含石墨透辉石英岩、金云磷灰石墨片麻岩等组成，普遍发育条带状、条痕状、眼球状混合岩和均质混合岩(徐衍强等，2010)。

西麻山岩组是一套夹碳酸盐的片岩-片麻岩组合，包括夕线片岩类、云母片岩类、石英片岩类、石墨片岩类、长英片麻岩类、堇青片麻岩类、钙质片麻岩类、钙硅酸盐岩类、大理岩类、变粒岩类和麻粒岩类等，其内广泛发育含榴斑状混合岩和榴斑条带状、条痕状混合岩。该岩组是石墨矿主要富集层位，特别是下部层位(曹圣恩和赵纯礼，1993；巩丽和翟福君，1998)。

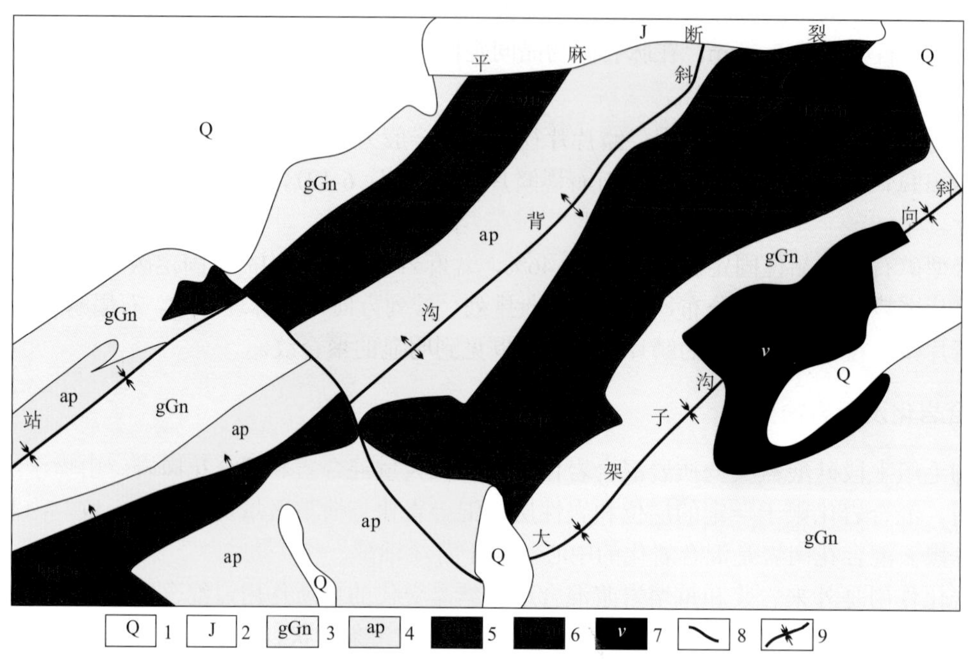

图 6-8　柳毛石墨矿区地质简图(据卢良兆等，1996)

1. 第四系；2. 侏罗系；3. 夕线石榴片麻岩系；4. 含磷岩系；5. 含石墨岩系；6. 含榴黑云混合片麻岩；7. 变辉长岩；8. 断层；9. 褶皱

1. 含矿层

柳毛石墨矿区麻山群西麻山组变质岩由片岩、片麻岩、变粒岩、麻粒岩、大理岩和各类混合岩、交代岩组成，自下而上划分四个岩性段(柴静和刘树友，1992；曹圣恩和赵纯礼，1993)。

一段分布于矿区北部站前向斜的两翼及大架子沟向斜的两翼，大西沟矿段东部也有出露。以石榴球斑条带状混合岩夹石榴夕线堇青片麻岩、二辉麻粒岩为特点。原岩为黏土、半黏土质岩石和基性火山岩。

二段出露于郎家沟背斜核部，其南西部分多被含石榴黑云均质混合岩等占据。本段石英钾长交代岩和蛇纹石化橄榄透辉大理岩为主，夹黑云均质混合岩及含石墨夕线透辉片麻岩，原岩为泥灰质白云岩。

三段分布于站前向斜核部及大西沟北侧，赋存低品级石墨矿体，固定碳含量 2.5%～7.5%。以混合岩化含石墨夕线斜长片麻岩，含石墨透辉斜长变粒岩为主，夹薄层钒榴石墨片岩、含石榴黑云均质混合岩。上部为薄层蛇纹石化橄榄透辉大理岩。原岩为含碳黏土质粉砂岩，其中有少量白云质泥灰岩。

四段出露于大西沟矿段南侧，赋存规模较大的高品级石墨矿体，固定碳 10%～20%，以钒榴石榴石墨片岩、蛇纹石化橄榄透辉大理岩为主，夹含石墨的石英片岩、夕线斜长片麻岩、变粒岩等。原岩为含铀、钒富碳的泥灰质粉砂岩和白云质碳酸盐岩。

石墨矿体赋存在三、四段地层，矿体呈复合层状沿走向延长在 700～1500m，沿倾向延深 300～700m。Ⅶ和Ⅷ号为工业主矿体，矿体沿走向和倾向均明显的膨胀收缩变化，沿倾向延深大于 300m，并有分支(图 6-9)，均是钒榴石片岩型石墨矿体。Ⅶ号矿体矿石固定碳 15.90%，V_2O_5 为 0.20%，U 为 0.004%，Ⅷ号矿体矿石含固定碳 15.10%，V_2O_5 为 0.22%，U 为 0.003%。

整个矿区被平麻断裂、柳毛河断裂、Fa 断裂、兴开屯弧形断裂所围，形成“围限构造”形式。围限裂块内褶皱构造、纵向逆冲断裂、挤压破碎构造、层间错动构造、横向断裂构造均很发育，它们控制了矿区地层与石墨矿体的空间展布及矿体形态的变化。

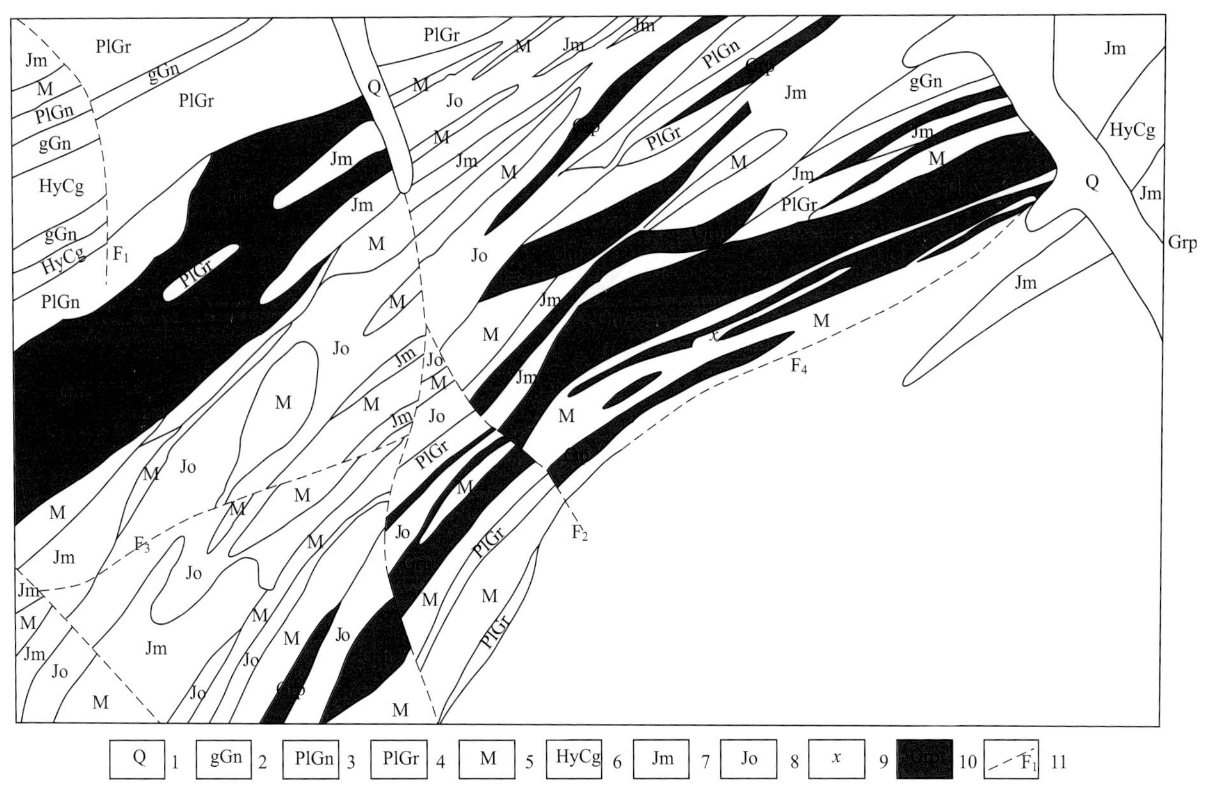

图 6-9 鸡西市柳毛石墨矿床大西沟矿段地质图(据李春文，1981)

1. 第四系现代河流冲积层；2. 石墨片麻岩；3. 斜长片麻岩；4. 斜长变粒岩； 5. 大理岩；6. 紫苏辉石麻粒岩；7. 混合岩； 8. 石英透辉交代岩；9. 变煌斑岩；10. 石墨矿体；11. 推测性质不明断层及编号

2. 石墨矿层

按构造的控制形态，把矿区分为大西沟、郎家沟、站前三个矿段，主要工业矿体 56 个。地层走向 50°～60°，倾向南东，倾角 45°～60°。

石墨矿体赋存在三段和四段地层，E 矿体呈复层状沿走向延长在 700～1500m，沿走向和倾向均明显膨胀收缩变化，沿倾向延深大于 300m，并有分支(图 6-10)，均是钒榴片岩型石墨矿石。Ⅶ号矿体矿石含固定碳 15.90%，V_2O_5 为 0.2%；Ⅷ号矿体矿石含固定体 15.10%，V_2O_5 为 0.22%。

3. 矿石类型

1) *石墨矿石*

按矿石矿物组合、岩石类型及固定碳含量，可以划分为片岩型、变粒岩型、片麻岩型和大理岩型等自然类型(表 6-7)。

岩石以石榴透辉石墨片岩、夕线石墨片岩、堇青夕线石墨片岩、石榴石墨片岩、石榴石墨钾长片岩等为主。岩石具鳞片结构，片状构造，主要矿物为斜长石、石英、白云母、石榴石、夕线石等。副矿物为堇青石、钾长石、透辉石及黑云母等。石英片岩型矿石，并含有夕线石，此类矿石与片麻岩型矿石为过渡关系，固定碳含量小于 10%。

片麻岩类岩石，包括石榴黑云片麻岩、夕线黑云斜长片麻岩等(照片 6-13～照片 6-15)、石墨钾长片麻岩、夕线钾长片麻岩、石榴堇青片麻岩为主，岩石具片状、粒状变晶结构，片麻状构造。主要矿物为石墨、钾长石、堇青石、石榴石、石英、黑云母等。副矿物为磷灰石、角闪石、夕线石及榍石等。石榴黑云片麻岩型矿石，矿石固定碳品位>10%，含钒和微量铀，片麻岩中石英细脉、网脉比较发育(照片 6-16)。

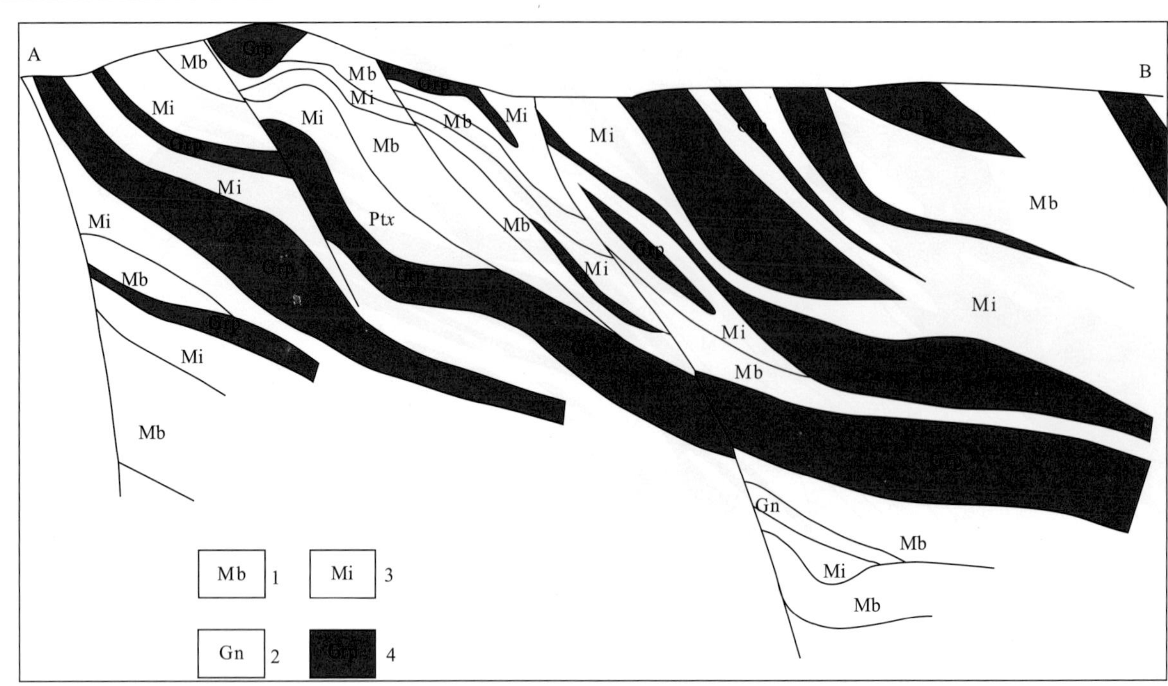

图 6-10　柳毛石墨矿床大西沟矿段剖面简图(19 勘探线)

1. 蚀变大理岩；2. 黑云斜长片麻岩；3. 混合片麻岩；4. 石墨矿体

表 6-7　石墨矿石类型特征表

自然类型		结构	构造	石墨鳞片/mm	矿物成分	品位/%
岩类	岩性					
片岩型	夕线石英片岩	鳞片粒状变晶结构	片状构造	0.2～0.6	夕线石 10%、石英 60%、石墨 15%、钾长石 10%、少量堇青石及白云母	6.43
	石榴斜长片岩			0.2～1.3	石墨 20%、石榴石 30%、石英 15%、斜长石 35%	7.73
片麻岩型	夕线斜长片麻岩		片麻状构造	0.1～0.5	石墨 10%～15%、斜长石 20%～30%，夕线石 30%～50%，少量黄铁矿、电气石	6.25
	石英钾长片麻岩			0.2～0.6	石墨 25%、斜长石 35%、石英 25%，少量黑云母及白云母	8.33
	斜长片麻岩			0.4～0.6	斜长石 35%、石英 40%、石墨 10%、黑云母 5%	6.06
变粒岩型	透辉斜长变粒岩	粒状变晶结构	块状构造	0.2～0.3	斜长石 60%、透辉石 5%～10%、石英 20%、石墨 5%～10%、黑云母 5%	5.86
	夕线钾长变粒岩	鳞片变晶结构		0.1～0.4	斜长石 15%、石墨 20%～30%、钾长石 45%、石英 15%	8.72
	黑云斜长变粒岩			0.2～0.8	钾长石 10%、斜长石 40%、石英 40%、石墨 25%，少量黑云母及堇青石	9.41
大理岩型	方解石大理岩	粒状变晶结构		0.2～0.4	方解石 60%～70%、白云母 5%、石墨 10%～20%、透辉石 10%	7.14

变粒岩类岩石，有石墨斜长变粒岩、石墨白云二长变粒岩、堇青石墨钾长变粒岩、石墨透辉斜长变粒岩、夕线黑云斜长片麻岩及变粒岩型矿石，仅次于石榴黑云片麻岩的矿石类型，固定碳含量小于10%。岩石具粒状变晶结构和交错片状粒状变晶结构，块状构造。主要矿物为斜长石、石英、石墨及钾长石。副矿物为黑云母、堇青石、夕线石、角闪石、磷灰石、透辉石及榍石等。

大理岩型矿石包括透辉大理岩-变粒岩型和大理岩型矿石。

蛇纹透辉大理岩、橄榄透辉大理岩为主，岩石具粒状变晶结构，块状构造。主要矿物组成是白云石和橄榄石、透辉石、透闪石、蛇纹石、金云母等蚀变矿物(照片 6-17～照片 6-22)，副矿物成分为方解石、白云石、尖晶石、硅镁石、方柱石、石墨及金云母等，固定碳含量小于 10%。

钙质大理岩，主要构成条带状夹层，没有构成独立工业矿体。

石墨矿变质岩层序列为：石英夕线片岩—石墨夕线斜长片麻岩—透辉石大理岩—变粒岩，是陆源碎屑物质和海源碳酸盐物质交替混合沉积，原岩沉积序列为富含有机质的陆源碎屑沉积夹碳酸盐类沉积，局部还有基性火山物质的沉积。

2) *矿石矿物*

矿石矿物为单一的晶质石墨，固定碳含量大于 10%的一级品石墨，主要为钒榴片岩型矿石；含固定碳 5%～10%的石墨，主要为石英片岩型和夕线片麻岩型石墨矿石，次为透辉变粒岩型石墨矿石。

矿石矿物主要是晶质鳞片状石墨，鳞片片径较大，一般为 0.3～1.0mm，片岩型矿石石墨鳞片稍小，黑云斜长片麻岩和变粒岩型矿石石墨鳞片较大，构造挤压破碎处石墨被破碎成小的碎裂鳞片。

石墨鳞片在粒状矿物之间分布(照片 6-23、照片 6-24)，一般呈定向排列，排列方向与片麻理一致(照片 6-25、照片 6-26)。石墨鳞片多为复合晶，不同期的鳞片聚合在一起形成大的鳞片，鳞片之间可以见到明显的聚合纹。

脉石矿物有变余原生沉积矿物、变质矿物及热液交代蚀变矿物 30 多种。

变余沉积矿物：锆石、磁黄铁矿、闪锌矿、黄铜矿、晶质铀矿；

变质矿物：钙钒榴石、石榴石、榍石、金红石、钛铁矿、磁铁矿、石英、斜长石、微斜长石、透辉石、黑云母、白云母、金云母、磷灰石、堇青石、夕线石；

混合岩化热液形成的矿物：绢云母、针铁矿、绿泥石、葡萄石、硅灰石、符山石、伊利石、方解石等。

石墨在矿石中呈鳞片或聚片状定向分布，形成鳞片花岗变晶结构和鳞片变晶结构。矿石构造主要为片状构造、片麻状构造、块状构造，并有混合岩化作用形成的肠状、条带状构造。

4. 矿化蚀变

石墨矿床的矿化围岩蚀变主要是在区域变质作用发生矿物分解和交代作用，尤其是碳酸盐岩的蚀变作用对石墨矿床成矿起到重要作用。

麻山群变质岩系主要由基性岩系列、富铝系列、长英质系列和碳酸盐岩系列岩石组成，最高变质相达到麻粒岩相(表 6-8)，高温高压变质导致岩石的部分熔融释放出硅酸溶液交代围岩形成各种蚀变岩石。矿区内硅铝质片麻岩类岩石混合岩化、硅化、钾化蚀变强，而碳酸盐岩的透辉石化、金云母化、硅灰石化、透闪石化普遍，都是释放 CO_2 的反应。

表 6-8　变质岩的矿物共生组合表

岩石系列	岩石名称	矿物组合	特征矿物
基性岩系列	紫苏斜长麻粒岩	紫苏辉石+斜长石	紫苏辉石、透辉石
	二辉斜长麻粒岩	紫苏辉石+透辉石+斜长石	
	透辉斜长麻粒岩	透辉石+斜长石	
富铝系列	石榴夕线堇青片麻岩	石榴石+夕线石+堇青石+斜长石	夕线石、堇青石、石榴石
	夕线堇青片麻岩	夕线石+堇青石+斜长石	
长英系列	石墨石英片岩	石墨+斜长石+石英	黑云母、斜长石、石英、夕线石
	黑云斜长变粒岩	黑云母+斜长石+石英	
	含石墨夕线斜长片麻岩	石墨+夕线石+斜长石+石英	

续表

岩石系列	岩石名称	矿物组合	特征矿物
碳酸盐岩系列	橄榄石透辉石大理岩	透辉石+橄榄石+方解石	尖晶石、橄榄石、透辉石
	含尖晶石橄榄透辉大理岩	尖晶石+透辉石+橄榄石+方解石	
	金云母透辉石大理岩	金云母+透辉石+方解石	

四、矿石地球化学

1. 矿石样品

矿石样品采自萝北云山石墨矿床和鸡西柳毛石墨矿床。萝北云山矿床是生产矿山，采集矿石样品主要为黑云斜长变粒岩，少量透辉透闪变粒岩及混合花岗岩，夹石岩性，包括混合花岗岩均呈层状，与矿层产状基本一致；鸡西柳毛石墨矿床也是生产矿山，采集矿石样品为透辉透闪变粒岩，脉石样品为蛇纹石化大理岩及混合花岗岩脉样品(表 6-9)。

表 6-9　岩石化学样品登记表

样号		岩性	主要矿物组成	组构
萝北云山石墨矿矿石	LB-01	黑云斜长变粒岩石墨矿石	斜长石、石英、黑云母、鳞片石墨	石墨鳞片 3～4mm±，粒状变晶结构，斜长石略有定向
	LB-02	黑云斜长片麻岩石墨矿石	斜长石、石英、黑云母、鳞片石墨	石墨鳞片 1～2mm±，粒状变晶结构，片麻状构造
	LB-22	黑云斜长变粒岩石墨矿石	斜长石、石英、黑云母、鳞片石墨	石墨鳞片 1～2mm，粒状变晶结构，略具定向排列
	LB-25	透辉透闪变粒岩石墨矿石	透闪石、透辉石、斜长石、石英、黑云母、鳞片石墨	石墨鳞片 1～2mm，粒状变晶结构，略具定向排列
	LB-26	黑云斜长变粒岩石墨矿石	斜长石、石英、黑云母、鳞片石墨	石墨鳞片 0.5～1.5mm，粒状变晶结构，略具定向排列
	LB-27	黑云斜长变粒岩石墨矿石	斜长石、石英、黑云母、鳞片石墨	石墨鳞片 2～3mm，石英长石 0.2～0.5mm，略具定向排列
	LB-33	透辉透闪变粒岩石墨矿石	透闪石、透辉石、斜长石、石英、角闪石、方解石、石墨	石墨鳞片 0.5～1mm，矿物定向排列
云山石墨矿夹石	LB-03	透辉透闪变粒岩	透闪石、透辉石、斜长石、石英、黑云母、角闪石	细粒花岗变晶结构，粒度 0.1～0.2mm，略具有定向排列
	LB-09	黑云斜长角闪变粒岩	斜长石、白云母、石英	块状构造，粗粒花岗结构，粒度 0.3～0.4mm
	LB-15	透辉透闪变粒岩	透闪石、透辉石、斜长石、黑云母、石英	块状构造，细粒花岗结构，粒度 0.1～0.2mm
	LB-21	蛇纹石化大理岩	白云石、蛇纹石、白云母	粒状变晶结构，白云石颗粒 0.5～1mm，蛇纹石团块状交代白云石
	LB-04	粗粒混合花岗岩	石英、斜长石、黑云母	块状构造，发育石英脉，粒度 0.3～0.4mm
柳毛石墨矿矿石	JX-09	透辉透闪变粒岩石墨矿石	透闪石、透辉石、斜长石、石英、黑云母、鳞片石墨	石墨鳞片 0.5～1.5mm，粒状变晶结构，略具定向排列
	JX-13	黑云斜长变粒岩石墨矿石	斜长石、石英、黑云母、鳞片石墨	石墨鳞片 0.5～1.5mm，细粒变晶结构
	JX-17	透辉透闪变粒岩石墨矿石	透闪石、透辉石、斜长石、石英、黑云母、白云母、鳞片石墨	石墨鳞片 1.5～3mm，细粒变晶结构

续表

样号		岩性	主要矿物组成	组构
柳毛石墨矿矿石	JX-28	透辉透闪变粒岩石墨矿石	透闪石、透辉石、斜长石、石英、黑云母、鳞片石墨	石墨鳞片 0.5～1.5mm，细粒变晶结构
	JX-29	透辉透闪变粒岩石墨矿石	透闪石、透辉石、斜长石、石英、黑云母、鳞片石墨	石墨鳞片 0.5～1.5mm，细粒变晶结构
	JX-30	透辉透闪变粒岩石墨矿石	透闪石、透辉石、斜长石、石英、黑云母、鳞片石墨	石墨鳞片 1～2.0mm，细粒变晶结构
	JX-31	透辉透闪变粒岩石墨矿石	透闪石、透辉石、斜长石、石英、黑云母、鳞片石墨	石墨鳞片 0.1～0.5mm，细粒变晶结构
柳毛夹石	JX-12	透辉石化大理岩	白云石、透辉石	块状构造、粗晶交代残余结构
	JX-10	粗晶花岗岩	斜长石、石英、云母	块状构造，晶体 1.5～2mm
	JX-22	钾长花岗岩	钾长石、石英	粗粒花岗结构，粒度 0.5～1mm

2. 岩石化学组分

萝北云山石墨矿床黑云斜长变粒岩矿石化学组成比较均一，SiO_2 含量 44.22%～60.92%，平均 51.13%；Al_2O_3 含量 7.84%～13.82%，平均 9.54%；镁钙含量较低，黑云斜长变粒岩 MgO/CaO 均大于 1，个别样品 CaO 达到 10.68%，MgO/CaO 较小，属于钙质泥灰岩变质形成的透辉透闪变粒岩；K_2O 显著高于 Na_2O，K_2O/Na_2O 平均 50.79；A/CNK 在 CaO 高的样品中明显小于 1，其他样品均略大于 1，表明除含碳酸盐岩石，其他岩石都是铝略过饱和，Al_2O_3 主要构成硅酸盐矿物(表 6-9)。夹石有蛇纹石化大理岩及岩浆岩，LB-04 花岗岩类岩石显示花岗岩的岩石化学特征，其他角闪变粒岩及大理岩均显示副变质岩特征，K_2O 显著高于 Na_2O，K_2O/Na_2O 在 12.84 以上；CaO 高的样品中 A/CNK 都小于 1(表 6-10)，显示 CaO 主要形成碳酸盐矿物。

鸡西柳毛石墨矿床透辉透闪变粒岩，矿石化学组成也比较均一，但是 SiO_2 含量低于萝北云山矿床，为 36.81%～51.48%，平均 45.00%；Al_2O_3 含量也较低，为 6.86%～10.31%，平均 8.08%；镁钙含量较高，尤其是 CaO 为 5.03%～16.08%，平均 12.10%，并且 MgO/CaO 较低，平均 0.13；K_2O 显著高于 Na_2O，K_2O/Na_2O 平均 95.64；A/CNK 均明显小于 1，表明原岩属于泥灰岩类岩石。夹石有蛇纹石化大理岩特征与矿石特征一致，JX-22 花岗岩类岩石显示花岗岩的岩石化学特征。

比较两个矿区矿石化学组成，柳毛矿 SiO_2、TiO_2、Al_2O_3、FeO、Na_2O、K_2O 都比较低，而 Fe_2O_3、CaO、P_2O_5 较高(图 6-11)；柳毛矿特征元素比值 K_2O/Na_2O、A/NK 高于云山矿，MgO/CaO 低于云山变粒岩，Na_2O+K_2O 和 A/CNK 低于萝北云山矿。这些特征显示萝北云山矿沉积物陆源物质多于柳毛矿，而柳毛矿沉积物成熟度高于云山矿，沉积环境更稳定，根据 MgO/CaO 分析，柳毛原始泥灰岩沉积属于低盐度海洋环境，并且石墨有机碳品位高于萝北云山矿。

萝北云山石墨矿床黑云斜长变粒岩类矿石微量元素富集 Rb、Ba、Zr、Y、V、F，Rb/Sr 值均大于 1，Sr/Ba 值较低；变粒岩的 V/Cr 值 4.58，V/(V+Ni)值 0.90，均较高，显示原岩为缺氧环境沉积。角闪变粒岩及大理岩与变粒岩矿石不同，Sr 含量相对增高，Rb/Sr 值有大于 1 和小于 1 两种，而 Sr/Ba 值增高；LB-04 花岗岩类岩石 Rb/Sr 值为 0.32，Sr/Ba 值 1.36，V/Cr、Th/U 等均小于变粒岩矿石和角闪岩变粒岩夹石，显示 I 型岩浆岩特征，是异地侵位岩脉。

鸡西柳毛石墨矿床透辉透闪变粒岩矿石微量元素富集特征与云山矿床基本一致，但是含量相对降低，Rb/Sr 值降低，Sr/Ba 值升高，V/Cr 值 4.51，V/(V+Ni)值 0.94，也较高(表 6-10)。蛇纹石化大理岩与黑云斜长变粒岩矿石基本一致，两个花岗岩类岩石显示 Rb/Sr 高，Sr/Ba 值低，为 S 花岗岩特征，属于原地重熔花岗岩特征。

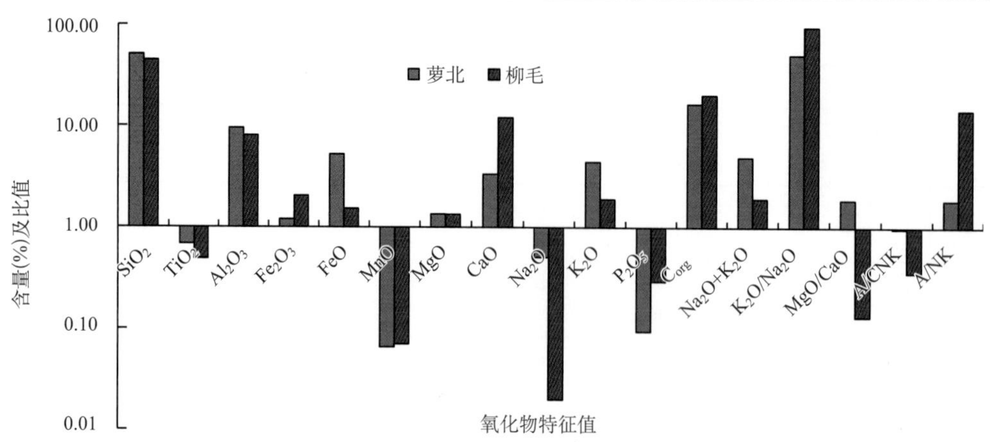

图 6-11　柳毛矿与萝北云山矿矿石化学组成及特征氧化物比值比较图

比较两个矿区矿石微量元素含量，柳毛矿 Sr、U、Nb、Ta、Co、V 含量较云山矿明显增高，其他元素含量降低；特征元素比值 Sr/Ba、Th/U 显著增高，而 Rb/Sr、Zr/Y、Nb/Ta、F/Cl 降低，V/Cr、V/(V+Ni) 基本一致，这些特征进一步显示柳毛矿陆源沉积物质少于云山矿，沉积环境更稳定，原始沉积是缺氧环境(图 6-12)。

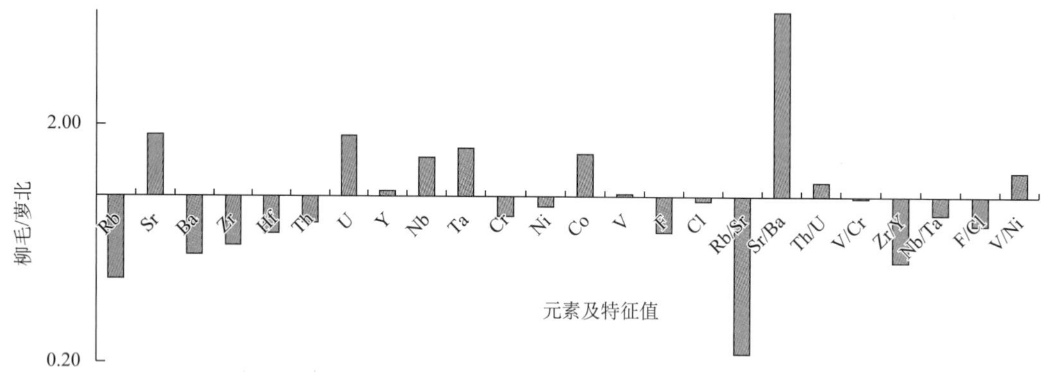

图 6-12　柳毛矿与萝北云山矿微量元素含量及特征元素比值比较图

稀土元素总量比较，云山矿高于柳毛矿，表明稀土元素主要与黏土矿物吸附有关，两个矿床都显示轻稀土元素含量高于重稀土元素，LREE/HREE 平均都大于 5(表 6-10)。

萝北云山矿黑云斜长变粒岩稀土元素配分曲线具有两种分类，第一种类型略具有负铈异常，斜率大的曲线负铕异常明显，这显示原始沉积海源物质为主的潮坪环境沉积特征(图 6-13)；第二种类型不具有铈异常，斜率小的曲线负铕异常明显，显示陆源碎屑物质来源和陆棚浅海沉积特征(图 6-14)。

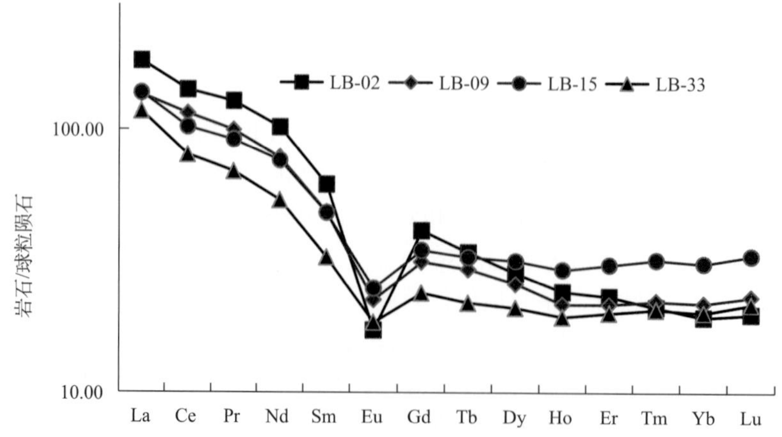

图 6-13　云山石墨矿床黑云斜长变粒岩矿石稀土元素配分曲线图，具有弱负铈异常，斜率大的曲线负铕异常明显

表 6-10　佳木斯萝北云山石墨矿和鸡西柳毛石墨矿岩石化学成分表

组分	萝北云山															鸡西柳毛												
	石墨矿石										围岩					石墨矿石										围岩		
	LB01	LB02	LB22	LB25	LB26	LB27	LB33	平均值	最高值	最低值	LB03	LB09	LB15	LB21	LB04	JX09	JX13	JX17	JX28	JX29	JX30	JX31	平均值	最高值	最低值	JX12	JX10	JX22
SiO_2	60.92	48.86	51.47	51.43	44.22	49.05	51.94	51.13	60.92	44.22	47.47	64.59	60.37	20.11	74.03	51.48	42.48	48.47	47.81	36.81	41.74	46.19	45	51.48	36.81	17.21	71.49	73.8
TiO_2	0.80	0.64	0.7	0.48	0.85	0.82	0.51	0.69	0.85	0.48	0.84	0.65	0.49	0.14	0.05	0.50	0.60	0.50	0.42	0.51	0.49	0.41	0.49	0.6	0.41	0.06	0.26	0.01
Al_2O_3	13.82	7.84	9.33	8.06	7.90	10.63	9.18	9.54	13.82	7.84	14.55	13.34	8.96	2.12	12.78	8.38	10.31	8.48	6.86	7.36	8.17	6.98	8.08	10.31	6.86	0.29	14.55	13.42
Fe_2O_3	1.67	1.76	0.35	0.57	2.66	0.88	0.49	1.20	2.66	0.35	0.94	0.86	2.31	0.43	1.42	0.56	3.56	2.07	2.27	2.30	2.72	0.96	2.06	3.56	0.56	0.18	0.37	0.2
FeO	0.70	7.60	9.44	3.68	5.60	6.48	3.28	5.25	9.44	0.7	6.20	4.16	3.8	1.88	0.32	0.96	2.36	1.68	1.72	0.92	0.8	2.32	1.54	2.36	0.8	0.39	0.12	0.08
MnO	0.01	0.12	0.07	0.04	0.07	0.06	0.08	0.07	0.12	0.01	0.11	0.04	0.16	0.14	0.03	0.08	0.03	0.04	0.08	0.09	0.09	0.09	0.07	0.09	0.03	0.2	0.01	0.01
MgO	1.00	1.23	2.02	0.92	1.69	1.86	0.83	1.36	2.02	0.83	7.68	2.76	1.37	12.88	0.26	0.96	1.82	0.6	0.96	1.68	1.79	1.67	1.35	1.82	0.6	28.74	0.29	0.01
CaO	0.17	1.49	1.13	8.33	1.16	0.61	10.68	3.37	10.68	0.17	8.66	2.71	10.93	33.51	4.14	12.48	5.03	9.48	11.82	16.08	16.05	13.76	12.1	16.08	5.03	24.86	1.36	1.6
Na_2O	0.72	0.15	0.99	0.02	0.94	0.72	0.02	0.51	0.99	0.02	0.19	0.43	0.02	0.02	2.52	0.02	0.02	0.02	0.02	0.02	0.02	0.02	0.02	0.02	0.02	0.02	2.53	0.67
K_2O	6.15	4.24	4.48	3.58	3.44	6.86	2.44	4.46	6.86	2.44	7.44	5.52	1.31	1.21	1.18	0.94	7.1	0.75	2.6	0.11	0.25	1.64	1.91	7.1	0.11	0.01	6.73	9.12
P_2O_5	0.03	0.15	0.04	0.14	0.04	0.05	0.21	0.09	0.21	0.03	0.18	0.07	0.07	0.34	0.07	0.2	0.1	0.13	0.4	0.61	0.39	0.22	0.29	0.61	0.1	0.01	0.11	0.07
Los	13.5	25.89	19.29	21.94	31.1	20.03	20.14	21.7	31.1	13.5	5.24	4.5	9.77	27.12	3.03	23.41	25.25	26.41	24.17	33.07	26.16	24.52	26.14	33.07	23.41	27.96	1.18	0.95
合计	99.5	99.97	99.31	99.19	99.66	98.05	99.8	99.35	99.97	98.05	99.5	99.63	99.56	99.91	99.84	99.98	98.67	98.63	99.11	99.55	98.67	98.79	99.06	99.98	98.63	99.93	99	99.95
C_{org}	9.02	21.07	15.3	17.11	23.91	15.9	13.63	16.56	23.91	9.02	0.06	0.02	0.25	0.08	0.04	20.22	19.23	20.75	17.57	22.51	21.48	20.38	20.31	22.51	17.57	0.07	0.05	0.11
Na_2O+K_2O	6.87	4.39	5.47	3.6	4.38	7.58	2.46	4.96	7.58	2.46	7.63	5.95	1.33	1.23	3.7	0.96	7.12	0.77	2.62	0.13	0.27	1.66	1.93	7.12	0.13	0.03	9.26	9.79
K_2O/Na_2O	8.54	28.27	4.53	179	3.66	9.53	122	50.79	179	3.66	39.16	12.84	65.5	60.5	0.47	47	355	37.5	130	5.5	12.5	82	95.64	355	5.5	0.5	2.66	13.63
A/CNK	1.69	1.04	1.09	0.42	1.07	1.09	0.41	0.97	1.69	0.41	0.6	1.15	0.42	0.03	0.99	0.35	0.61	0.47	0.28	0.25	0.28	0.26	0.36	0.61	0.25	0.01	1.04	0.96
A/NK	1.76	1.62	1.44	2.06	1.5	1.23	3.42	1.86	3.42	1.23	1.74	1.99	6.16	1.58	2.36	7.96	1.33	10.01	2.4	48.34	26.86	3.85	14.39	48.34	1.33	6.86	1.27	1.22
MgO/CaO	5.88	0.83	1.79	0.11	1.46	3.05	0.08	1.88	5.88	0.08	0.89	1.02	0.13	0.38	0.06	0.08	0.36	0.06	0.08	0.10	0.11	0.12	0.13	0.36	0.06	1.16	0.21	0.01
Rb	228.3	160	248.7	150.2	202.7	310.6	109.2	201.39	310.6	109.2	314.1	222.2	49	42.3	53.8	52.8	318	27.3	122.8	7.6	19.2	78.1	90.28	318	7.6	1.6	263.4	256.1
Sr	46.7	49.5	81.4	126.3	71	88.3	119.8	83.29	126.3	46.7	167.1	139.1	217.9	230.9	170.1	115.1	171.4	35.9	168.7	55	103.9	253.2	151.02	253.2	35.9	120.3	136.8	114.2

续表

组分	萝北云山															鸡西柳毛												
	石墨矿石										围岩					石墨矿石										围岩		
	LB01	LB02	LB22	LB25	LB26	LB27	LB33	平均值	最高值	最低值	LB03	LB09	LB15	LB21	LB04	JX09	JX13	JX17	JX28	JX29	JX30	JX31	平均值	最高值	最低值	JX12	JX10	JX22
Ba	1545.4	645.3	716.3	990.4	788.2	1043.2	408.9	876.81	1545.4	408.9	761.2	946.5	374.2	235.8	125.1	551.8	2102.2	308.7	548.6	54.6	117.3	128.1	499.35	2102.2	54.6	55.6	216.4	307.8
Zr	199.9	116.9	165.8	114.6	186.1	195.4	98.3	153.86	199.9	98.3	153.1	160.1	111.3	20.3	21.8	111.1	141.3	81.5	93	126.3	119.9	69.3	95.99	160.1	20.3	10.3	96.2	24.8
Hf	5.31	3.16	4.47	3.3	4.9	5.17	3.07	4.2	5.31	3.07	6.25	5.69	4.01	0.68	0.8	3.21	3.88	2.67	2.53	3.42	3.32	2.08	2.94	5.69	0.68	0.22	3.16	0.83
Th	7.6	12.38	10.41	6.72	10.57	8.94	11.4	9.72	12.38	6.72	13.89	11.76	10.06	1.86	3.14	9.27	7.57	9.03	7.75	10.34	7.62	4.5	7.54	11.76	1.86	1.09	87	0.63
U	5.94	20.03	7.06	34.21	9.11	6.31	41.57	17.75	41.57	5.94	5.76	4.25	3.35	0.56	2.82	22.01	34.95	55.35	53.43	71.56	66.86	35.68	31.89	71.56	0.56	1.14	20.25	2.74
Y	41.55	54.26	38.67	43.44	26.93	25.74	49.78	40.05	54.26	25.74	21.58	40.84	68	18.31	12.2	31.52	45.24	32.8	55.14	69.35	60.36	31.32	42.28	69.35	12.2	8.42	18.35	6.13
Nb	6.87	5.8	4.21	7.76	3.74	4.68	10.91	6.28	10.91	3.74	8.97	15.52	11.87	3.28	0.99	10.71	6.75	10.38	9.18	11.87	11.22	8.81	9.14	15.52	0.99	0.37	19.12	0.8
Ta	0.58	0.37	0.32	0.45	0.27	0.26	0.89	0.45	0.89	0.26	0.66	1.16	0.95	0.34	0.13	0.85	0.49	0.77	0.69	0.88	0.89	0.73	0.71	1.16	0.13	0.05	1.79	0.14
Cr	154.1	199	199.5	95.2	286.2	223.7	157	187.81	286.2	95.2	439.1	63.3	56.2	15.3	10.4	136.8	291.8	279.4	206.7	235.2	249.6	165.4	155.46	291.8	10.4	7	9.9	6.3
Ni	47.28	246.2	75.38	52.55	52.66	44.84	125.7	92.09	246.2	44.84	113.2	115.3	154.2	8.62	16.26	9.73	58.01	209.7	97.09	86.97	87.88	75.48	83.57	209.7	8.62	2.82	8.1	2.96
Co	12.88	12.41	23.97	11.61	17.31	14.03	15.05	15.32	23.97	11.61	32.13	28.83	60.81	4.2	6.89	1.51	23.73	18.06	30.36	29.09	30.88	19.68	23.09	60.81	1.51	1.3	1.91	0.44
V	870.8	1629.1	814.3	346	1097.5	767.3	510	862.14	1629.1	346	162.7	125.8	218.7	16.8	11.1	655.2	1301.6	1781.2	1299.1	1649.3	1746.7	937	885.68	1781.2	11.1	25.4	33.2	21.9
F	462.74	819.23	1929.78	482.01	1573.66	1707.45	695.87	1095.82	1929.78	462.74	5806.65	1707.45	320.52	1929.78	181.05	591.08	320.52	283.6	668.05	1135.42	853.34	544.77	775.96	1929.78	181.05	204.62	295.41	90.48
Cl	78.5	124.5	121.2	87.6	120.4	105.6	67.1	100.7	124.5	67.1	118.8	84.4	43.9	195.6	64.5	77	88.9	84	77.8	97.8	95.7	150.2	96.35	195.6	43.9	132.8	44.7	55.5
Rb/Sr	4.89	3.23	3.06	1.19	2.85	3.52	0.91	2.81	4.89	0.91	1.88	1.6	0.22	0.18	0.32	0.46	1.86	0.76	0.73	0.14	0.18	0.31	0.61	1.86	0.14	0.01	1.93	2.24
Sr/Ba	0.03	0.08	0.11	0.13	0.09	0.08	0.29	0.12	0.29	0.03	0.22	0.15	0.58	0.98	1.36	0.21	0.08	0.12	0.31	1.01	0.89	1.98	0.7	1.98	0.08	2.16	0.63	0.37
Th/U	1.28	0.62	1.48	0.2	1.16	1.42	0.27	0.92	1.48	0.2	2.41	2.76	3.01	3.36	1.12	0.42	0.22	0.16	0.15	0.14	0.11	0.13	1.05	3.36	0.11	0.95	4.3	0.23
V/Cr	5.65	8.19	4.08	3.63	3.83	3.43	3.25	4.58	8.19	3.25	0.37	1.99	3.89	1.1	1.07	4.79	4.46	6.38	6.28	7.01	7	5.67	4.51	7.01	1.07	3.63	3.35	3.48
V/(Ni+V)	0.95	0.87	0.92	0.87	0.95	0.94	0.80	0.90	0.95	0.80	0.59	0.52	0.59	0.66	0.41	0.99	0.96	0.89	0.93	0.95	0.95	0.93	0.94	0.99	0.89	0.90	0.80	0.88
Zr/Y	4.81	2.15	4.29	2.64	6.91	7.59	1.97	4.34	7.59	1.97	7.1	3.92	1.64	1.11	1.79	3.52	3.12	2.49	1.69	1.82	1.99	2.21	2.3	3.92	1.11	1.22	5.24	4.05
Nb/Ta	11.86	15.72	13	17.44	13.75	18.01	12.24	14.57	18.01	11.86	13.51	13.43	12.46	9.76	7.74	12.66	13.69	13.53	13.28	13.5	12.64	12.15	12.26	13.69	7.74	6.85	10.7	5.74
F/Cl	5.89	6.58	15.92	5.5	13.07	16.17	10.37	10.5	16.17	5.5	48.88	20.23	7.3	9.87	2.81	7.68	3.61	3.38	8.59	11.61	8.92	3.63	7.96	20.23	2.81	1.54	6.61	1.63

续表

组分	萝北云山															鸡西柳毛												
	石墨矿石										围岩					石墨矿石										围岩		
	LB01	LB02	LB22	LB25	LB26	LB27	LB33	平均值	最高值	最低值	LB03	LB09	LB15	LB21	LB04	JX09	JX13	JX17	JX28	JX29	JX30	JX31	平均值	最高值	最低值	JX12	JX10	JX22
La	19.89	56.46	41.34	33.09	49.69	41.61	36.28	39.77	56.46	19.89	34.8	42.14	42.67	12.31	9.48	14.39	26.83	30.47	31.22	38.37	27.88	15.54	26.39	38.37	14.39	6.42	139.15	7.35
Ce	50.63	114.12	97.36	71.76	119.17	100.62	64.65	88.33	119.17	50.63	70.76	92.72	82.55	23.62	15.39	33.38	118.45	60.74	78.22	89.86	66.34	37.38	69.2	118.45	33.38	12.39	279.85	11.21
Pr	7.06	15.58	10.90	8.89	12.89	11.41	8.43	10.74	15.58	7.06	8.54	12.11	11.13	3.00	1.92	4.43	11.72	7.99	8.49	10.40	7.67	4.65	7.91	11.72	4.43	1.39	34.13	1.29
Nd	29.1	61.15	42.53	35.26	50.21	45.19	32.23	42.24	61.15	29.1	31.67	46.8	45.67	11.92	7.19	17.62	49.76	31.83	34.62	42.81	32.75	19.63	32.72	49.76	17.62	5.38	121.23	4.53
Sm	6.55	12.00	8.14	7.19	9.46	8.50	6.36	8.31	12	6.36	5.62	9.42	9.38	2.76	1.77	4.11	10.63	6.55	7.82	9.92	8.05	4.63	7.39	10.63	4.11	1.07	24.84	1.13
Eu	1.68	1.26	1.54	1.40	1.59	1.81	1.35	1.52	1.81	1.26	1.53	1.65	1.83	0.67	0.92	0.89	2.26	1.27	1.72	2.12	1.85	1.00	1.59	2.26	0.89	0.31	0.70	0.59
Gd	6.12	10.66	7.40	6.85	8.20	7.17	6.17	7.51	10.66	6.12	4.64	8.11	8.98	2.90	1.75	3.92	9.37	5.63	8.15	10.25	8.61	4.79	7.24	10.25	3.92	1.10	15.69	1.1
Tb	1.07	1.61	1.13	1.11	1.11	1.00	1.04	1.15	1.61	1.00	0.71	1.39	1.55	0.48	0.36	0.74	1.53	0.91	1.36	1.74	1.47	0.82	1.22	1.74	0.74	0.18	1.65	0.19
Dy	6.92	9.13	6.50	6.85	5.45	5.11	6.73	6.67	9.13	5.11	4.06	8.31	10.16	2.81	2.34	5.01	8.75	5.49	8.61	10.92	9.46	5.17	7.63	10.92	5.01	1.11	5.29	1.15
Ho	1.44	1.73	1.27	1.36	0.93	0.88	1.39	1.29	1.73	0.88	0.78	1.55	2.10	0.53	0.45	1.02	1.62	1.06	1.71	2.18	1.87	1.00	1.49	2.18	1.00	0.22	0.65	0.2
Er	4.64	4.85	3.72	4.00	2.46	2.38	4.2	3.75	4.85	2.38	2.28	4.52	6.41	1.56	1.32	3.2	4.61	3.14	5.01	6.26	5.55	2.93	4.39	6.26	2.93	0.65	1.68	0.59
Tm	0.77	0.68	0.55	0.63	0.32	0.32	0.67	0.56	0.77	0.32	0.35	0.72	1.03	0.24	0.21	0.55	0.73	0.49	0.77	0.98	0.88	0.47	0.69	0.98	0.47	0.10	0.19	0.09
Yb	5.03	4.02	3.41	3.94	1.95	1.98	4.19	3.5	5.03	1.95	2.27	4.54	6.45	1.49	1.22	3.46	4.49	3.16	4.69	5.88	5.36	2.89	4.28	5.88	2.89	0.59	1.19	0.48
Lu	0.89	0.66	0.56	0.66	0.33	0.34	0.72	0.59	0.89	0.33	0.37	0.76	1.1	0.26	0.18	0.6	0.77	0.52	0.8	1.01	0.92	0.47	0.73	1.01	0.47	0.11	0.19	0.08
REE	141.78	293.93	226.35	183.01	263.76	228.33	174.4	215.94	293.93	141.78	168.39	234.75	231.01	64.54	44.49	93.33	251.52	159.24	193.18	232.71	178.67	101.38	172.86	251.52	93.33	31.03	626.44	29.98
LREE/HREE	4.28	7.82	8.22	6.2	11.71	10.9	5.95	7.87	11.71	4.28	9.89	6.85	5.12	5.28	4.69	4.04	6.89	6.81	5.21	4.93	4.24	4.47	5.23	6.89	4.04	6.64	22.62	6.73
δCe	1.03	0.93	1.10	1.01	1.13	1.11	0.89	1.03	1.13	0.89	0.99	0.99	0.91	0.94	0.87	1.01	1.61	0.94	1.16	1.08	1.09	1.06	1.13	1.61	0.94	1.00	0.98	0.88
δEu	0.81	0.34	0.61	0.61	0.55	0.71	0.66	0.61	0.81	0.34	0.92	0.58	0.61	0.72	1.61	0.68	0.69	0.64	0.66	0.64	0.68	0.65	0.66	0.69	0.64	0.86	0.11	1.62

注：主量元素含量单位为%，微量元素含量单位为 10^{-6}。

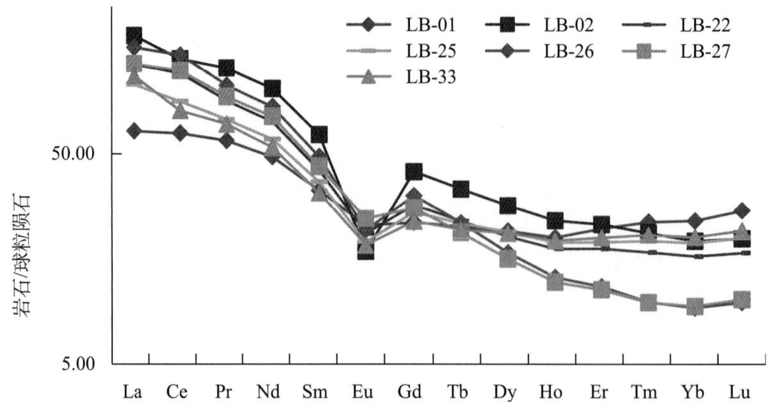

图 6-14　云山石墨矿床黑云斜长变粒岩矿石稀土元素配分曲线图，具有弱正铈异常，斜率大的曲线负铕异常明显

斜长角闪变粒岩、蚀变大理岩(LB-21)与混合花岗岩(LB-04)三种夹石类型稀土元素配分曲线具有明显差异。蚀变大理岩稀土元素总量较低，蚀变大理岩和角闪变粒岩的稀土元素配分曲线与黑云斜长变粒岩矿石稀土元素配分曲线基本类似，略具有负铈异常，斜率小的曲线负铕异常明显(图 6-15)，显示陆源物质为主潮坪环境沉积特征。混合花岗岩脉的稀土元素配分曲线具有正铕异常，应该是外来岩浆热液交代岩石特征。

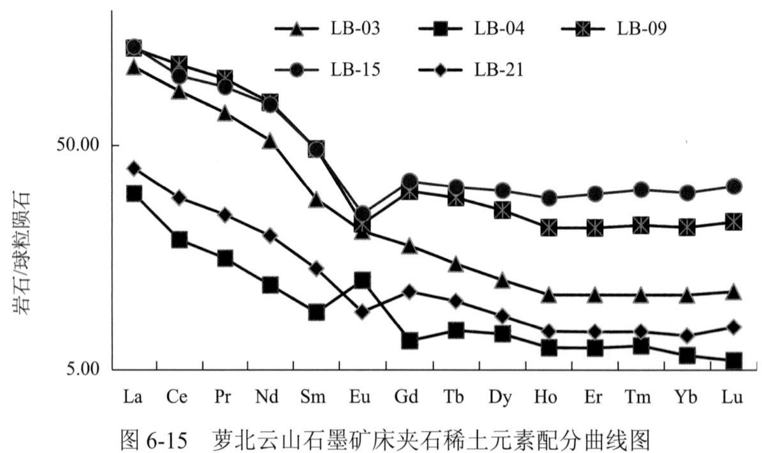

图 6-15　萝北云山石墨矿床夹石稀土元素配分曲线图

柳毛矿稀土元素配分曲线与云山矿有一定差异，略具有正铈异常，斜率大的曲线负铕异常略明显，这是海源物质为主的浅海沉积特征(图 6-16)；夹石蚀变大理岩稀土元素含量低，具有弱负铕异常，特

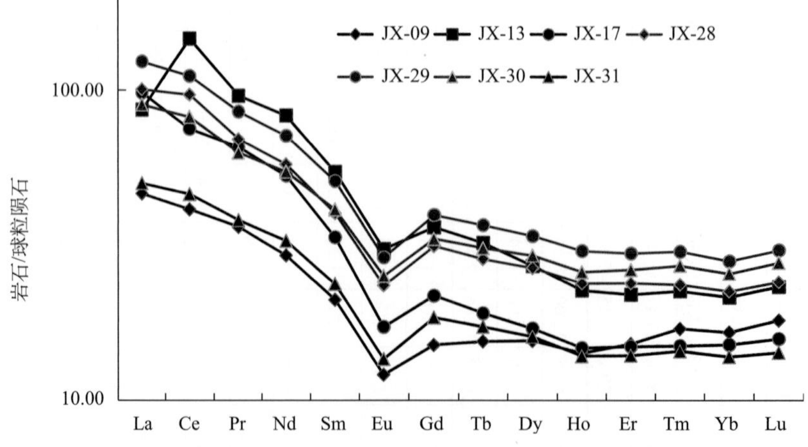

图 6-16　柳毛石墨矿床黑云斜长变粒岩矿石稀土元素配分曲线图，略具有正铈异常，斜率小的曲线负铕异常明显

征与石墨矿石类似(图 6-17)；而粗粒钾长花岗岩脉的稀土元素总量差异明显，配分曲线一条具有显著的负铕异常，一条具有显著的正铕异常，这可能是不同源区花岗岩来源特征(图 6-17)。

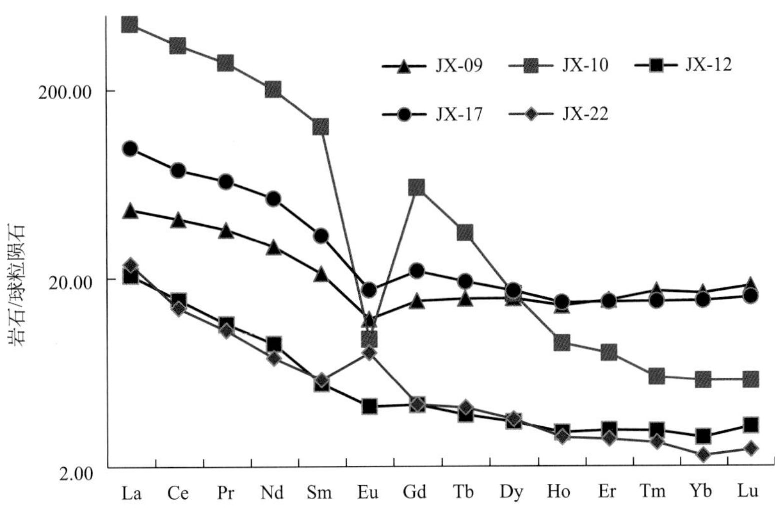

图 6-17 柳毛石墨矿床脉石与石墨矿石稀土元素配分曲线比较图

3. 石墨碳同位素

本书研究中收集了前人测试的石墨碳同位素资料，并采集了典型石墨矿石分选石墨单矿物委托核工业北京地质研究所实验室进行测试。在鸡西柳毛、萝北云山两个矿区分别采集了样品，矿石样品有各类含石墨变粒岩、片麻岩及热液脉状、构造碎裂型矿石，并收集了大青山南墅石墨矿区大理岩和渤海湾油田原油和浙江康山煤炭的碳同位素资料(表 6-11)。

柳毛石墨矿碳同位素–16.80‰～–32.10‰，平均–21.84‰，云山石墨矿碳同位素值–23.80‰～–23.00‰，靠近柳毛低同位素一端。两个矿区碳同位素组成均高于原油和煤炭的有机碳同位素组成，而明显低于石墨矿区蚀变大理岩的碳同位素组成，介于有机碳同位素和无机碳同位素组成之间，而靠近有机同位素一端(图 6-18)。表明石墨碳质来源以有机碳为主，而有无机碳参与。

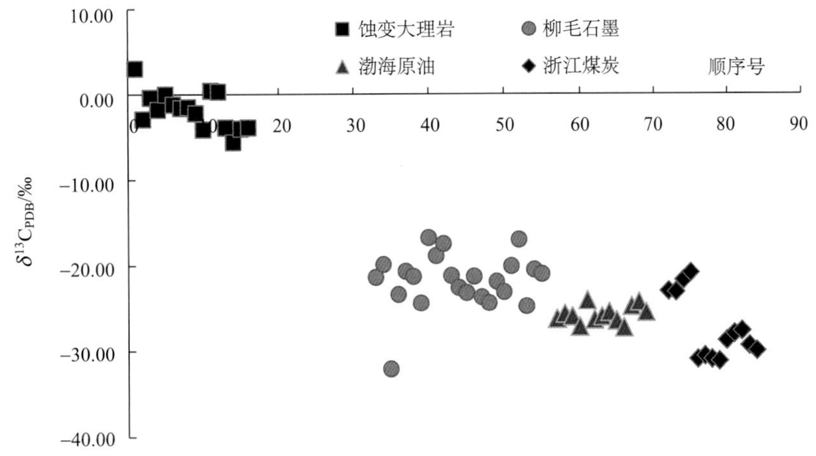

图 6-18 石墨碳同位素与碳酸盐岩及有机质碳同位素组成比较图

本书进行的石墨碳同位素测试结果及前人测试的碳同位素结果与无机大理岩及有机原油煤炭同位素进行比较(表 6-11)，可以看出，无机碳同位素 $\delta^{13}C_{PDB}$ 一般为 0‰，有机煤炭原油在–30‰～–20‰，而石墨碳同位素在有机碳同位素和无机碳同位素之间靠近有机碳同位素组成(图 6-18)。

表 6-11　鸡西市柳毛石墨与大理岩碳同位素表

矿区	矿石	样号	测试矿物	$\delta^{13}C_{PDB}$/‰
鸡西柳毛	钒榴石透辉片麻岩	LM1	石墨	−21.40
		LM2	石墨	−19.90
		LM3	石墨	−32.10
		LM4	石墨	−23.40
		LM5	石墨	−20.70
		LM6	石墨	−21.30
		LM7	石墨	−24.40
		LM8	石墨	−16.80
		LM9	石墨	−18.90
		LM10	石墨	−17.50
	夕线透辉片麻岩	LM11	石墨	−24.40
		LM12	石墨	−21.90
		LM13	石墨	−23.10
		LM14	石墨	−23.20
		LM15	石墨	−21.30
	黑云斜长变粒岩	LM16	石墨	−21.00
		LM17	石墨	−23.70
		LM18	石墨	−20.10
	夕线石英片岩	LM19	石墨	−21.20
		LM20	石墨	−22.60
		LM21	石墨	−17.00
		LM22	石墨	−24.80
		LM23	石墨	−20.50
	透辉透闪变粒岩	JX−17	石墨	−20.80
		JX−30	石墨	−20.80
云山	黑云斜长变粒岩	LB−02	石墨	−23.80
		LB−26	石墨	−23.00
佳木斯地块	平均值			−21.84
	最高值			−16.80
	最低值			−32.10

矿区	矿石	样号	测试矿物	$\delta^{13}C_{PDB}$/‰
大青山石墨矿区	大理岩	XHCA1	方解石	0.97
		XHCA2	方解石	−4.23
		XHCA3	方解石	−4.03
	石墨大理岩	SNCA4	方解石	−6.53
		SNCA5	方解石	−11.05
	石墨大理岩	MGCA6	方解石	−8.25
	大理岩	MGCA7	方解石	1.11
	石墨大理岩	HDCA8	方解石	−13.40
	大理岩	HDCA9	方解石	−2.42
南墅石墨矿区	白云大理岩	NYHC1	全岩	1.50
		NYHC2	全岩	0.80
		NYSC3	全岩	−2.70
		NYSC4	全岩	−2.30
		NYSC5	全岩	−1.40
		NYSC6	全岩	0.10
大理岩	平均值			−3.46
	最高值			1.50
	最低值			−13.40

注：据李光辉等(2008)及本书测试资料。

第七章　乌拉山—太行山地区石墨矿床

第一节　地 质 背 景

一、主要含矿地层

1. 含矿层分布

(1) 大青山—乌拉山地区，这是华北古陆北缘近东西向孔兹岩带的重要一段(图 7-1)，区内广泛分布早前寒武纪中高级变质杂岩及孔兹岩系，西部属于乌拉山群，东部属于集宁群。这一地区高级变质杂岩的组成十分复杂，其中变质表壳岩约占高级变质分布区的大半，含有 3 个变质表壳岩单位，分别为：①乌拉山群(集宁群)上岩组孔兹岩系，由榴云片麻岩、石墨片麻岩、钙硅酸盐和镁质大理岩组成；②乌拉山群下亚群黑云角闪片麻岩系，由斜长角闪岩、黑云角闪片麻岩、黑云片麻岩和黑云长英片麻岩组成；③集宁群下岩组麻粒岩系，由长英质麻粒岩、酸性麻粒岩、中性麻粒岩和基性麻粒岩以一定的韵律产出(徐仲元等，2007)。

这些变质表壳岩都经历了混合岩化作用，形成原地或近源混合片麻岩，如石榴花岗质片麻岩、眼球状花岗质片麻岩、花岗质-花岗闪长质片麻岩、紫苏花岗质-紫苏花岗闪长质-紫苏斜长花岗质-紫苏石英闪长质片麻岩，在空间上与成分相应的变质表壳岩单位密切共生。一些钙碱性的石英闪长质-花岗闪长质片麻岩 TTG 岩系和规模较小的变质辉长岩岩株侵位于上述变质杂岩中(图 7-1)。区域内高级变质杂岩上覆石英岩中碎屑锆石的 SHRIMP U-Pb 年龄为 3.15～1.95Ga，侵入其中的粗粒黑云角闪花岗岩株的锆石 U-Pb 不一致在线交点年龄为 1820±8Ma。

大青山—乌拉山高级变质岩带北侧为新太古代色尔腾山群花岗-绿岩带，为一套低角闪岩相—绿片岩相变质火山-沉积地层，呈规模不等的残片或包体分布在结晶年龄为 2400～2580Ma 的变质闪长岩-石英闪长岩-英云闪长岩 TTG 岩系中。花岗-绿岩带与大青山—乌拉山高级变质岩带之间为韧性剪切带或断层接触。

(2) 乌拉山—太行山地区，地处乌拉山—阴山与太行山交汇处，也是孔兹岩系分布较广的地区，从北向南划分三个岩相带(图 7-1)，以普遍含不同数量夕线石和石榴石的钾长(二长)片麻岩和长英质粒状岩石为主，它们呈互层状，其次为大面积各种类型的钾质花岗片麻岩和花岗岩，并有若干麻粒岩、大理岩、钙硅酸盐岩石及石墨片麻岩等夹层。集宁群分为上下两段，下部主要为辉石斜长麻粒岩，原岩属于基性岩浆岩，见有紫苏斜长麻粒岩、黑云紫苏斜长麻粒岩、含角闪紫苏斜长麻粒岩、二辉斜长麻粒岩和黑云二辉斜长麻粒岩等；上部是以夕线石榴长石片麻岩为主的深变质孔兹岩系，原岩属于泥质沉积岩，见有夕线钾长片麻岩、石榴夕线钾长片麻岩、夕线石榴黑云斜长片麻岩、紫苏石榴黑云斜长片麻岩和夕线石榴二长片麻岩等。此外，还见有角闪紫苏辉石岩、紫苏斜长角闪岩、含夕线石榴长石石英岩、含榴浅粒岩、石英岩和大理岩。在上部片麻岩层中夹有薄层辉石斜长麻粒岩，该群混合岩化强烈。

北部孔兹岩带：分布于卓资县以北及集宁市以西的三岔口 NEE 向延伸地段，北侧与乌拉山群相邻。该孔兹岩系主要由白岗质钾长花岗片麻岩-花岗岩组成，一般为中细粒均粒结构，主要由钾微斜条纹长石和石英组成，有时还含少量酸性斜长石，暗色矿物一般仅占 1%～2%，最常见是微量磁铁矿，或还有辉石及黑云母。该带大理岩较普遍，呈厚数米到数十米的透镜状夹层，以厚层块状为主，最常见为蛇纹石化镁橄榄石大理岩，其次为含金云母和透辉石等的大理岩，它们附近常出现类型复杂的钙镁硅酸盐岩石。

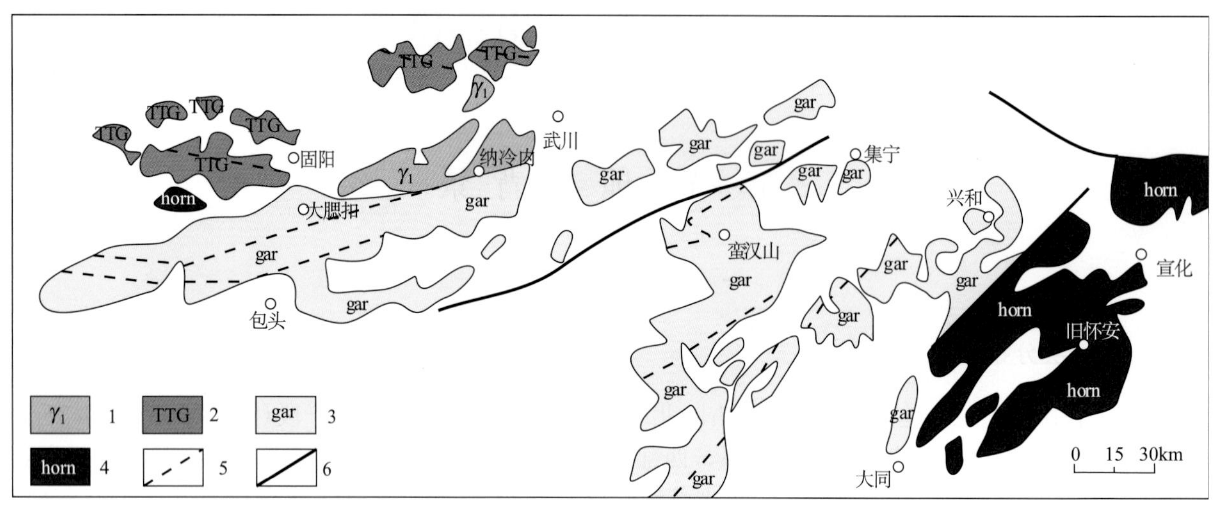

图 7-1　乌拉山—太行山地区早前寒武纪变质岩分布图(据刘喜山等，1992)

1. 石榴辉石麻粒岩-紫苏辉石花岗岩；2. 花岗岩-绿岩带；3. 麻粒岩相孔兹岩系；4. 高角闪岩相孔兹岩系；5. 剪切高应变带；6. 脆性断层

花岗质片麻岩中残留的浅粒岩以极细粒(0.1～0.3mm)均粒变晶结构和暗色矿物含量低(0～5%)为特征，主要由钾长石和石英组成，以含磁铁辉石浅粒岩为典型代表。三岔口地区的大理岩夹层中有含黑云母、角闪石或辉石的变粒岩和极细粒黑云斜长片麻岩，并在两处剖面中见到厚 10 余米的富夕线石榴(黑云)片麻岩和浅粒岩夹层。

中部岩相带：此带分布最广，以卓资、凉城和前旗地区为核心区域，其中变质表壳岩占大半，几乎全由(或富含)夕线石和石榴石的钾长(二长)片麻岩-变粒岩和浅粒岩等组成，其中夹夕线石榴片岩透镜体，有些地段有石墨黑云斜长变粒岩-片麻岩夹层。少量麻粒岩呈宽数十厘米到数米的似层状或团块状赋存于变质表壳岩或花岗岩中。

南部岩相带：实际是本区麻粒岩系和孔兹岩系的过渡带，由于中生界掩盖和后期构造破坏，致使这套岩层只在兴和县黄土窑和丰镇县浑源窑这两个向形构造地段保存较好，向西延至大同市以北的红赐堡等地，向东延至天镇县薛三冬和四方冬一带。

孔兹岩系和麻粒岩系的特征岩石呈互层状，前者常见为石榴浅粒岩-长石石英岩及夕线石榴钾长(二长)片麻岩，其中夹石榴黑云变粒岩-斜长片麻岩和若干金云母透辉石大理岩和各种钙镁硅酸盐岩石、石榴斜长透辉石岩及(黑云)石墨片麻岩等，并赋存于中小型乃至大型石墨矿床和低品位晶质磷灰石矿床。麻粒岩系的特征岩石为浅色麻粒岩、含辉石浅粒岩和含辉石、角闪石(或)石榴石的黑云斜长片麻岩互层，并夹暗色角闪二辉麻粒岩和辉石斜长角闪岩。

2. 孔兹岩系

乌拉山—太行山地区出露的乌拉山群及集宁群变质岩系原岩是一套高级变质的火山-沉积岩系，主要由上下两套变质岩系组成。可分为四个岩石组合：下部变质岩系由基性麻粒岩和片麻岩组成，原岩为一套基性火山岩-沉积岩系；上部变质岩系为由夕线石榴片麻岩组合和大理岩组合构成的孔兹岩系，原岩为一套富铝黏土岩和碳酸盐岩及其过渡钙质碎屑岩类。

依据岩石矿物成分及结构构造特征，孔兹岩系由三种岩石组成，在矿物成分特点上呈过渡关系。

1)长英质片麻岩-变粒岩组

这是孔兹岩系的主要岩石类型，原岩是一套由杂砂岩、粉砂质黏土岩、泥岩夹石英砂岩和硅铁沉积组成的以碎屑沉积为主的沉积建造。依据矿物组成可以进一步划分为片麻岩、变粒岩和浅粒岩类。

夕线石榴黑云片麻岩类：由石榴黑云片麻岩、夕线堇青石榴黑云片麻岩、石榴长英片麻岩、石墨片麻岩夹薄层石英岩、紫苏磁铁石英岩组成，为一套富铝片麻岩组合，岩石化学成分以富铝为特点，Al_2O_3含量大于 20%。夕线石榴片麻岩-黑云片麻岩类岩石是该区主要的岩石类型，主要分布在区内中部，呈近东西向展布。该类岩石以富含变质矿物石榴石、夕线石和堇青石为特点。岩石外貌呈灰白色—灰色，由于受多期变形和部分熔融的影响，组构不均匀，矿物结构变化较大，多呈中粗粒不等粒结构，片麻状构造。有的长石和石英发生变形，石英呈拔丝状，而长石呈残斑出现。部分熔融程度较低时，有花岗质细脉在岩石中沿片麻理方向分布；熔融程度较高时，则该类岩石残留体与花岗质岩石共存。

黑云变粒岩类：黑云变粒岩类岩石主要分布于区内中部，与夕线石榴片麻岩类呈过渡关系，呈互层或夹层出现，厚度几厘米至几十米不等，成层性较好，呈东西向展布。该类岩石主要矿物成分与黑云片麻岩类似，斜长石含量为 30%～50%，石英 20%左右，黑云母 10%～25%，有时含有少量石榴石。副矿物主要为磁铁矿、锆石和磷灰石等。矿物粒度小于 1mm。片麻理不发育，在片理面上可见片状矿物的定向排列。其原岩性质和成因及矿物特征与黑云片麻岩相同。

浅粒岩类：这类岩石主要分布于区内中部和西北部，与黑云变粒岩或夕线石榴片麻岩等呈过渡关系。一般为细粒结构，粒度小于 1mm，有的由于受韧性变形的影响，石英呈拔丝状，长石以碎斑出现。组成该类岩石的矿物以长石和石英为主，长石+石英>95%，有时含有少量黑云母、角闪石或透辉石，一般小于 5%。长石含量大于 50%，暗色矿物含量高者过渡为变粒岩类。

2)麻粒岩和角闪质岩组

该类岩石在孔兹岩系中呈夹层或独立的岩石组合出现，主要有麻粒岩、斜长角闪岩和角闪斜长片麻岩或角闪变粒岩。在麻粒岩-片麻岩组合中出现较多，分布于大青山南部和北部，构成大型复向斜的两翼。

麻粒岩是该区的一类重要岩石类型，主要以基性-中性麻粒岩为主，浅色麻粒岩较少。主要岩性有榍石方柱石透辉片麻岩、榍石透辉长石变粒岩和长石透辉变粒岩夹薄层透辉大理岩组成，为一套钙硅酸盐岩石组合。麻粒岩的主要矿物组成为紫苏辉石、透辉石、角闪石、斜长石、黑云母及石英等，不含水矿物大于含水矿物。原岩是一套由富铁白云质泥岩-钙质泥岩、钙质杂砂岩夹泥质灰岩、泥灰岩-含钙质长石砂岩组成的含不同程度化学沉积物的碎屑沉积建造。

有几种不同产状的麻粒岩，一类是在夕线石榴片麻岩中呈夹层出现的薄层状麻粒岩，一般厚度仅几厘米至几米，延伸稳定，经常有条带状磁铁石英岩伴生，成分变化明显，可能为火山沉积变质产物。另一类为古老的英云闪长岩-紫苏花岗岩系列的侵入体经麻粒岩相变质而成。一般规模较大，岩性较均匀，粒度较粗，并可见有基性岩包体。这种类型的麻粒岩在区内南部包头东河区和大庙附近也可见到，主要出现在下部变质岩系中。

乌拉山—太行山地区主要出露于南部岩相带，一般成几十厘米到数米的似层状产出，与夕线石榴长英质粒状岩石和片麻岩及含辉石黑云斜长片麻岩等呈互层。按其岩性可分两大类：一类是中酸性浅色麻粒岩，它们一般只出现于南部岩相带，在露头中呈不同规模的层状，内部岩性虽较均匀，但仍常有暗色矿物相对较多的条带和条纹，含一定量黑云母时，则显片麻状；另一类是较暗色的中基性麻粒岩及部分二辉斜长角闪岩等。

岩石一般为块状构造，片麻理不明显，内部岩性均匀，中粗粒变晶结构，主要由斜方和单斜辉石及中基性斜长石(An 40～60)组成，多数还含次要的棕色钙质角闪石，或少量石榴石，一般不含石英。这些矿物彼此接触关系平直，显示平衡共生关系。最常见为二辉或角闪二辉麻粒岩，小部分为二辉斜长角闪岩，偶见石榴斜长辉石岩和透辉斜长角闪岩。有些中基性麻粒岩中有时还局部出现长石含量＜10%的角闪二辉石岩等透镜体。

3) 大理岩及钙镁硅酸盐岩组

以厚层蛇纹石化橄榄白云质大理岩、硅质白云质大理岩夹薄层透辉石英岩、透闪石岩为主，是一套镁质大理岩组合，主要矿物成分为方解石、镁橄榄石、透辉石、金云母等，也含有少量透闪石。大理岩类岩石主要出露在乌拉山北部河南五分子和桃湾一带，呈东西向展布，在夕线石榴片麻岩中也有少量呈透镜状或似层状出现。由于受构造变形的影响，有些呈角砾状或碎斑状。该类岩石的主要岩石类型为镁橄榄石大理岩，透辉石大理岩和少量金云母大理岩，其岩石化学成分以富钙镁为特点，CaO＞30%，MgO 含量在 18.75%～21.51%，CaO/MgO 值为 1.4～1.74，原岩是以白云岩为主的碳酸盐沉积岩。

在乌拉山—太行山地区钙镁硅酸盐岩主要在南部岩相带兴和县黄土窑到丰镇县浑源窑一带和北部岩相带卓资到集宁一带发育，与浅粒岩呈互层状产出。主要岩性是硅质白云质大理岩，灰白色中粗粒变晶结构，SiO_2 和 MgO 含量都达 10%以上。岩石矿物组成除碳酸盐矿物和石英，并含一定量的镁橄榄石及蛇纹石。南部带的大理岩则以含透辉石和金云母为主，其中常有不规则的含碳酸盐金云母透辉石岩条带或团块，一些大理岩中含有少量绿色尖晶石和鳞片状石墨、透闪石、透辉石及硅灰石。

金云母透辉石岩，最常见为金云母透闪透辉石岩和角闪透辉石岩，其次为富钙的铁铝榴石和透辉石组成的石榴辉石岩、磁铁透辉石(或钙铁辉石)岩、尖晶石透辉石岩和方柱透辉石岩等。一般为粗粒不等粒变晶结构，粒度最大可达数厘米，块状构造。主要由透辉石组成，还含一定量钙质角闪石和少量富镁黑云母或金云母，后者可稍有定向排列，此外还常含＜10%的基性斜长石和榍石、绿色尖晶石、石墨及磷灰石等副矿物。有些岩石中还见有少量变晶结构的碳酸盐在辉石晶体之间存在，彼此平衡共生，有时还含少量方柱石。

在南部岩相带，与晶质石墨矿床及金云母矿床共生，在兴和石墨矿床矿体(黑云石墨斜长片麻岩)中夹有含石墨 5%～10%的角闪透辉石岩，其围岩富夕线石榴二长片麻岩中也夹有透镜状的类似岩石。

二、含矿地层变形变质作用

1. 变形作用

变质岩系的分布受区内东西向展布、向西扬起的复式向斜构造控制。孔兹岩系构成向斜构造的核部，而麻粒岩-片麻岩系分布于两翼。两套变质岩系在岩石组合、原岩建造和变质作用特点等方面具有明显差异。二者形成于不同的构造环境，具有不同的物质来源。

区内孔兹岩系构造变形强烈，褶皱构造可分为三期：第一期褶皱主要为层内无根褶皱，一般规模较小，对岩层的区域分布不起控制作用；第二期褶皱主要为 S_1 片理的褶皱，形成一些平卧褶皱和紧闭褶皱，乌拉布浪沟夕线石榴片麻岩中的平卧褶皱是其典型代表，这期褶皱枢纽为近东西向，两翼较对称，对区内变质岩系的分市和产状有一定的控制作用；第三期褶皱为控制变质岩系分布的主要构造，形成轴向近东西，轴面近直立的宽缓复式向斜和背斜构造，这期褶皱变形使钾质伟晶岩脉也发生褶皱。

韧性剪切变形是本区的一个重要变形特点，大型韧性剪切带构成不同岩石类型和一些重要地质体的分界线。本区的韧性剪切变形可分为三期和三种类型，其时代分别为新太古代、古元古代早期和古元古代晚期。早期韧性剪切带以高温韧性变形为特点，晚期则以低温韧脆性变形为特点，在区域分布上，晚期叠加于早期变形带之上，并且有向南迁移的趋势。本区的韧性剪切变形作用随着时间的演化具有由高温向低温、由韧性向脆性演化的特点，反映地壳由深部向浅部层次变化的过程和刚性程度不断增加的趋势。

本区孔兹岩系的早前寒武纪构造变形作用相当复杂，可分为五期。

(1) 早期顺层剪切和韧性变形作用阶段(D_1)：发生于表壳岩沉积和太古宙斜长花岗质岩石(γ_1)及基性岩侵入开始之后和变质作用的最初始阶段，处于地壳由拉张体制开始转向压缩体制这一阶段。其最主要效应是通过顺层剪切将原岩中各种复杂的接触关系和产状改造成较平直的构造岩性成分层。变形强度在空间上不均匀，较强地段现仍保留变余韧性变形带，可见变余构造透镜体，如片麻岩中呈眼球状断续分布的变基性岩(二辉麻粒岩)透镜体等。有时发现浅色麻粒岩中极薄的暗色条带，由细均粒变晶结构的角闪石和辉石等组成，属于变余流动条纹构造。在剪切变形较弱的区间则表现为顺层掩卧褶皱，一般为限于岩性层内的小型褶皱，通常只发育于相对柔性的夹层中，如长英质岩石中的云母片岩和片麻岩夹层等。这类褶皱具有强烈的剪切流变特征，有时呈无限的钩状褶皱。这期变形形成的面理 S_1 被主期片理 S_2 置换。

(2) 区域性紧闭褶皱作用阶段(D_2)：这阶段与地壳在压缩体制下大幅度构造增厚过程相联系，形成一系列大规模的紧密褶皱，它们一般轴向为 NE—NEE，枢纽向 SW 倾伏，轴面较平缓，倾角以 30°～50°为主。这种样式的褶皱在西部集宁—卓资和凉城县以南等地区都保留较好。这阶段发育的片麻理 S_2 即为目前变质岩中的主要片理。由于全区未受后期构造影响的麻粒岩系和孔兹岩系岩石中，变质峰期矿物具有良好的变晶结构，包括组成 S_2 面理的黑云母等，表明这期变形应发生于变质峰期(M_2)之前。再结合变质作用 P-T-t 轨迹判断，由于 M_1—M_2 压力变化不大，说明对本区地壳增厚起重要作用的 D_2 构造变形作用应在 M_1 之前或基本同时。

(3) 近东西向的宽缓褶皱作用阶段(D_3)：这期褶皱作用的特征是以岩石中面理 S_2 为基础进一步褶皱形成轴面陡倾斜，两翼较开阔的背形和向形构造。目前岩石中的片麻理产状所反映的褶皱形态和分布样式主要形成于这一阶段。这期褶皱一般轴向近东西，如在卓资、凉城至察右前旗这一范围内形成两个变质表壳岩占优势的东西向复向斜带，中间的大榆树—后房子一带则相当于复背斜位置的古元古代钾质花岗岩带。东部的天镇—右所堡以南地区为麻粒岩系中另一典型的东西向钾质花岗岩带。由于这期褶皱控制着古元古代晚期的钾质花岗岩浆作用及其伴随的一幕低压变质作用(M_4)，因此三者的形成时代应大体相同。由于这期褶皱属于较开阔的纵弯样式，所以一般未发育新的轴面叶理(S_3)，只是有时使 S_2 成为各种规模的小褶皱。

(4) NNE 向褶皱作用叠加阶段(D_4)：在大同、阳高和天镇以北出现 NNE 向的构造带，岩石中片麻理为 NNE 至近 S—N 向，并在兴和黄土窑和丰镇县浑源窑等地发育同一轴向的盆形构造，均非简单的向斜构造，而是以紧密褶皱的互层状岩石为基础，经另一期褶皱的叠加所成。在黄土窑地区，虽现在岩层产状很平缓，但可发现早期紧密褶皱的转折端；浑源窑的向形构造轴向 NNE，多数岩层倾角较大；在西窑—头道沟以北大面积出露的孔兹岩系岩层的片麻理走向 NNE。在浑源窑以东和以南地区，明显叠加第四期褶皱作用(D_4)，形成一系列紧闭、枢纽产状为 NNE 向的褶皱，局部发育片理 S_4。

上述 D_3 和 D_4 这两期褶皱作用发生于古元古代中晚期地壳抬升和构造减薄阶段，与变质作用的 M_3—M_4 阶段大体同时。

(5) 后期中高温韧性变形作用阶段(D_5)：本区孔兹岩系中广泛发育中高温韧性变形带，且穿切红色钾质花岗岩体，它们一般为 NEE 走向，规模较大者延长数十千米以上，在这些带内大部分岩石具有高温剪切变形的流动构造，发育糜棱叶理，石英普遍呈拔丝状构造，石榴石、钾长石等呈扁豆状、透镜状的细粒集合体。它们发生于地壳再度拉张减薄和隆升阶段，相当于变质事件过程的等温减压(M_4)阶段，但可能延续到更晚期。

2. 变质矿物及温压条件

孔兹岩系中含有 4 个时代的矿物组合(M1～M4)，M1 代矿物以包体的形式出现在 M2 代石榴子石变斑晶中，其代表性矿物组合为斜长石+黑云母+石英±蓝晶石±金红石；M2 代的代表性矿物组合为石榴子石+夕线石+黑云母+斜长石+条纹长石+石英，以石榴子石变斑晶和夕线石的形成为特征；M3 代矿物是堇青石+尖晶石或堇青石+紫苏辉石后成合晶阶段；M4 代矿物由退变质的黑云母+绿泥石(围绕石榴子石)、钾长石+绢云母+黑云母+绿泥石+石英等矿物组合反映出来。其中，M3 阶段的矿物组合在近水平顺层滑脱变形构造中十分发育，表现出堇青石的大量出现或夕线石的消失，堇青石或作为冠状体形成于石榴子石的周围，或者以透镜状或强烈拉长的斑晶与黑云母一起定向构成近水平构造的变形叶理，说明近水平剪切流变主要发生在麻粒岩相变质的 M3 阶段，也就是发生在峰期后的等温降压阶段，与区内高级变质杂岩的伸展、剥蚀和隆升相关。

乌拉山区内孔兹岩系的近等温降压顺时针 *P-T-t* 轨迹通常被认为反映了大陆碰撞构造环境，其进变质阶段与地壳的快速加厚或孔兹岩系进入到下地壳的构造作用相关，退变质与地壳抬升减薄有关(徐学纯，1995)。

(1)初期变质阶段：夕线石榴片麻岩中存在的矿物相为针状夕线石、黑云母和石英。这几种矿物以包体形式存在于具筛状变晶结构的石榴石中。在麻粒岩中，初期变质阶段稳定存在的矿物相角闪石和石英等多已转变为紫苏辉石和透辉石。夕线石榴片麻岩中石榴石的出现是主期变质阶段的开始，稳定存在的矿物相为石榴石、柱状夕线石、黑云母和石英等。同时，麻粒岩中紫苏辉石开始出现，稳定存在的矿物相为紫苏辉石、透辉石、斜长石等。

由初期到主期变质阶段发生的主要变质反应：

$$0.38\text{Sil}+1.13\text{Bi}+3\text{Qz} = 0.95\text{Ga}+2.25\text{Kf}+1.13\text{H}_2\text{O}$$

$$\text{Hb}+\text{Qz} = \text{Hy}+\text{Di}+\text{Pl}$$

初期变质阶段变质温度为 650～700℃，压力为 0.5GPa±，相当地壳深度 18km。随着地壳的不断下沉，变质温度由 650℃增加到 720～820℃，压力达到 0.53～0.74GPa，相当地壳深度 20～25km，进入了主期变质阶段。

(2)主期变质阶段：是变质作用时间长，且稳定的强烈变质阶段。采用共生的石榴石-黑云母矿物对地质温压计方法(Thompson，1976；Ferry and Spear，1976)，估算主期变质阶段的温度和压力。由石榴石-黑云母矿物对确定的温度条件偏低 50～100℃，代表了变质温度的下限为 750℃，由二辉石矿物对确定的温度代表了变质温度的上限为 840℃。采用斜方辉石-单斜辉石矿物对方法(Wood and Banno，1973；Wells，1977；Lindsley and Davidson，1981)，估算主期变质阶段的温度高于由石榴石-黑云母矿物对确定的温度 50～90℃。综合不同方法确定的温压条件，主期变质阶段的温度为 690～840℃，压力为 0.53～0.74GPa。

(3)峰期变质阶段：在夕线石榴片麻岩中稳定存在的矿物相为董青石、石榴石、柱状夕线石、黑云母、石英等，而麻粒岩中稳定存在的矿物相为紫苏辉石环带，透辉石、斜长石等。

由主期到峰期变质阶段发生的变质反应：

$$2.88\text{Sil}+1.62\text{Ga}+3.51\text{Qz}+1.13\text{H}_2\text{O} = 2.25\text{Crd}$$

$$\text{Hb}+\text{Qz} = \text{Hy}+\text{Di}+\text{Pl}$$

由主期到峰期变质阶段变质温度仍保持近等温状态，为 720～900℃。压力明显降低，为 0.4～0.6GPa，相当地壳深度为 18～20km。这一过程为等温降压过程，反映地壳下沉结束并开始抬升。这期麻粒岩相变质作用还伴随着广泛的深熔作用和混合岩化作用，形成一系列成分不同的深熔片麻岩。

(4)晚期变质阶段：表现为退化变质作用，夕线石榴片麻岩中黑云母被 H_2O 流体交代而形成毛发状夕线石，稳定存在的矿物相为毛发状夕线石和褪色的黑云母、石英等。麻粒岩中紫苏辉石退变为绿色角闪石，褐色角闪石形成绿色角闪石环带。稳定存在的矿物相为绿色角闪石和石英等。

由峰期到晚期变质阶段，为一降温降压过程，变质温度为 650℃，压力为 0.35GPa，相当于地壳深度小于 18km。反映地壳继续抬升达到中上部地壳，结束了本区麻粒岩相变质作用的演化历史。

根据上述各变质阶段岩石中稳定存在的矿物相及其平衡共生和转变关系，可以确定夕线石榴片麻岩和麻粒岩中由初期阶段→主期阶段→峰期阶段→晚期阶段，各阶段矿物共生组合的演化序列为：

夕线石榴片麻岩：$\text{Bi}+\text{Sil}_{\text{针状}}+\text{Qz} \longrightarrow \text{Ga}+\text{Sil}_{\text{柱状}}+\text{Kf} \longrightarrow \text{Crd}+\text{Ga}+\text{Sil}_{\text{柱状}} \longrightarrow \text{Sil}_{\text{毛发状}}+\text{Bi}+\text{Qz}$

麻粒岩：$\text{Hb}_{\text{褐色}}+\text{Qz} \longrightarrow \text{Hy}_{\text{核}}+\text{Di}+\text{Pl} \longrightarrow \text{Hy}_{\text{环边}}+\text{Di}+\text{Pl} \longrightarrow \text{Hb}_{\text{绿色}}+\text{Qz}$

矿物共生组合的变化反映了变质作用的演化和温压条件的变化，主要依据矿物共生组合的变化划分变质阶段，表明变质作用过程是一个动态演化过程和具有多阶段变化的特点。

早期阶段代表了地壳构造埋深达到一定深度，开始了麻粒岩相变质作用，温度为650℃±，压力为0.5GPa±。随着沉积岩系构造俯冲深入下地壳，温度和压力不断升高，在夕线石榴片麻岩中发生Sil+Bi+Qz转变为Gt的变质反应，基性麻粒岩中发生Hb+Qz转变为Opx+Cpx+Pl的变质反应，开始了主期变质阶段。主期变质温度为690～830℃，压力为0.53～0.74GPa，基本上达到了本区变质作用的最大温度和压力。此后构造抬升阶段，压力明显降低，而温度则表现为滞后，降压速度大于降温速度，在夕线石榴片麻岩中出现了含堇青石的矿物组合，压力为0.34～0.57GPa，变质温度为687～813℃。晚期变质阶段为一缓慢冷却过程，反映地壳缓慢抬升，温压条件降低。在地壳浅部，富H_2O流体增加，发生退变反应。基性麻粒岩中Opx+Cpx+Pl转变为Hb+Qz，夕线石榴片麻岩中黑云母褪色，并发生流体的交代作用而形成毛发状夕线石，变质温度为650～700℃，压力为P_{H_2O}=0.35GPa。

刘喜山等(1992)利用石榴石-黑云母矿物对所得的相当于压力高峰时期的*P-T*条件为：*T*=700±20℃，*P*=0.73～0.8Ga。金巍等(1991)所得的相当于温度高峰的*P-T*条件为：*T*=750～800℃，*P*=0.4～0.58GPa。利用单斜辉石和角闪石矿物对所作的*P-T*条件分别为：*T*=725℃±(据别尔丘克，1969，角闪石和单斜辉石共生相图投点)，*P*=0.506±0.06GPa[由Schmidt(1992)提供的角闪石压力计公式$P=-3.01+4.76\times\sum Al_{amp}$计算]。其结果大致相当于温度高峰后期略有降温阶段，或相当于变形上限温度。

第二节　含矿岩石地球化学分析

一、孔兹岩系样品分布

大青山地区孔兹岩系划分为榴云片麻岩岩组、透辉片麻岩岩组和大理岩岩组三个岩组(赵庆英，2003)，地层层序自下至上依次为榴云片麻岩岩组—透辉片麻岩岩组—大理岩岩组，从西向东呈带状分布，榴云片麻岩岩组分布在中部带，透辉片麻岩岩组主要分布在南部带，大理岩组分布在北部带(图7-2)。

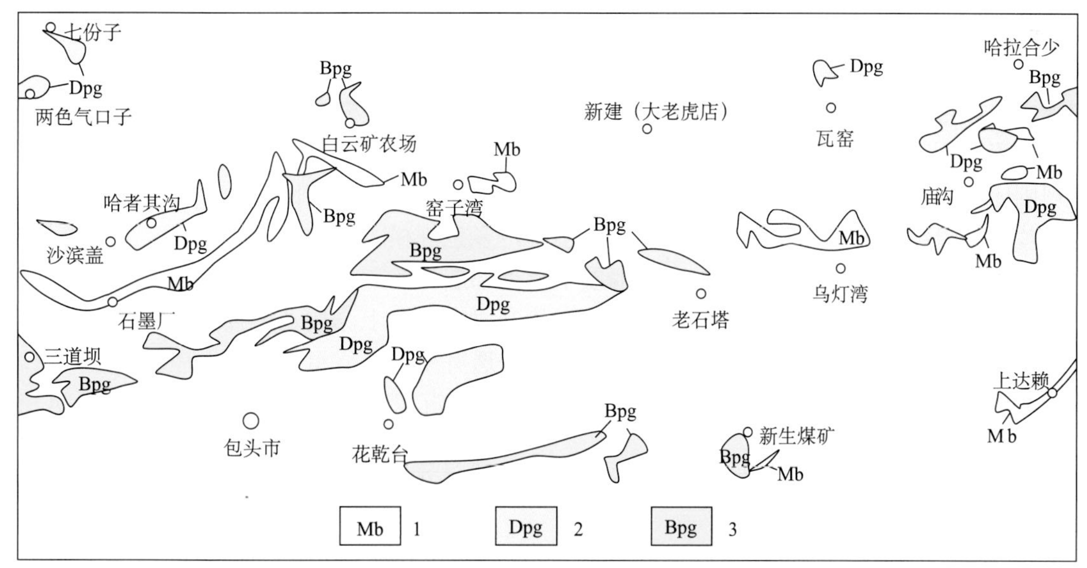

图7-2　大青山地区孔兹岩系分布图

1. 大理岩岩组；2. 透辉片麻岩岩组；3. 黑云片麻岩岩组；样品位置：BTX. 包头西；HDM. 哈达门沟；KDG. 昆对沟；WLC. 乌兰次老；XSH. 下湿壕；YKS. 羊靠山；XHG. 雪海沟；SJG. 水涧沟；LST. 碌石头沟；ADH. 阿刀亥；HLC. 哈喇次老；BCG. 白菜沟；MGD. 庙沟东坡；BT. 包头；BCG. 前白菜沟；DJB. 达吉坝；HYJ. 红崖甲；MHD. 毛忽洞；YKS. 羊靠山；BT. 包头；DJB. 达吉坝；DJG. 打井沟

1. 榴云片麻岩岩组

榴云片麻岩岩组在大青山中部东西向带状分布，从西部乌兰不浪沟到东部石人塔一带，榴云片麻岩呈不规则条带与麻粒岩、黑云片麻岩相间产出，部分呈透镜状分布于中色 TTG 麻粒岩中，或呈规则的条带状分布于透辉片麻岩岩组的两侧，及大理岩岩组的两侧。

榴云片麻岩岩组以富含石榴石、夕线石、堇青石等富铝变质矿物为特征，下部岩段以含石榴石、堇青石为特征，为各类含石榴石、堇青石的黑云斜长片麻岩、石英岩、斜长角闪岩组成；上部岩段以含石墨夕线为特征，由各类含石墨堇青夕线石片麻岩夹石英岩、薄层透辉大理岩组成。上下岩段中都夹有富铝副矿物含量低的黑云斜长片麻岩。

2. 透辉变粒岩岩组

透辉变粒岩岩组主要分布于大青山南带，从包头向东到庙沟乡一带东西向分布。西段比较连续，东部断续分布。

该岩组是一套以富含透辉石、榍石、方柱石和磷灰石为特征的特殊钙硅酸盐组合，成分上明显富钙，主要由含透辉石的各类片麻岩、变粒岩、透辉石大理岩、含石墨金云母透辉大理岩、含榍石方柱石透辉大理岩组成。

在中部，透辉变粒岩岩组在空间上与榴云片麻岩岩组密切相关，榴云片麻岩岩组对称在透辉变粒岩岩组两侧分布。

3. 透辉大理岩岩组

透辉大理岩岩组主要分布于大青山北带，在石墨厂一带呈 NE 向连续分布，向东段断续分布，一般呈条带状与榴云片麻岩相伴产出。该岩组下部以厚层石英岩与浅肉红色长英质片麻岩互层；中部为厚层金云蛇纹石化橄榄大理岩含石墨大理岩夹薄层透闪石岩、薄层石墨片麻岩、石墨石英岩、含黑云碱长石英岩和薄层蛇纹石化橄榄大理岩或薄层方解石蛇纹石化橄榄岩；上部为厚层蛇纹石化橄榄大理岩、粗粒含方镁石金云橄榄大理岩、含榍石石英方柱透辉大理岩、厚层含石英大理岩。

在区域上，透辉大理岩岩组与榴云片麻岩岩组空间关系密切，在透辉大理岩呈规则条带产出的沙得盖、毛家疙堵一带，大理岩岩组构成一弧形向形的核部，两侧对称地出现榴云片麻岩岩组的岩石。在呈不规则团块状、透镜状分布的地区，常有榴云片麻岩岩组的岩石产出。大部分地段透辉大理岩岩组与浅色片麻岩岩组接触也可与浅色麻粒岩岩组接触，多呈规模不等的无根透镜体产于各类片麻岩岩组中。这表明透辉大理岩岩组属于区内变质地层中最上部层位的一套地层，在后期改造较弱的地区或地段可见透辉大理岩岩组以近水平接口覆盖在榴云片麻岩岩组之上。按上述各岩组间的叠置关系判断孔兹岩系岩组的层序排列自下至上为榴云片麻岩岩组—透辉变粒岩岩组—透辉大理岩岩组，原岩建造自下向上表现为碎屑沉积建造—钙质碎屑沉积建造—碳酸盐沉积建造，符合海进序列的一般沉积韵律。

二、孔兹岩系岩石化学

根据孔兹岩系各类岩石的岩石地球化学元素及元素特征比值的相关分析谱系图(图 7-3、图 7-4)，所有元素都呈现正相关关系，在相关系数 0.4 水平以上可以划分三个相关群组。稀土元素与氧化物成一个相关组，其次 Cr-Ni-Co-V-Y 主要为过渡元素组成一个相关组，K_2O-Rb-Th-Zr-Nb-Hf-Ta-Sr-Ba 碱性及不兼容元素组成一个相关组，CaO 与三个相关组均相关性较差。

元素特征值与元素氧化物的相关性在 0.2 水平以上也可以划分三个相关组，SiO_2-Al_2O_3-TFeO/MgO-K_2O-Rb-Rb/Sr-Zr/Y-K_2O/Na_2O 属于硅碱性相关组；Sr-Sr/Ba-V/Cr-Nb/Ta-CaO 组成一个碱土元素相关组；Fe_2O_3-A/NK-FeO-MgO-REE-LREE/HREE-δEu 组成一个铁镁铝稀土元素相关组。

以下分岩石氧化物、微量元素、稀土元素地球化学分别讨论其反映的环境及物源特征。

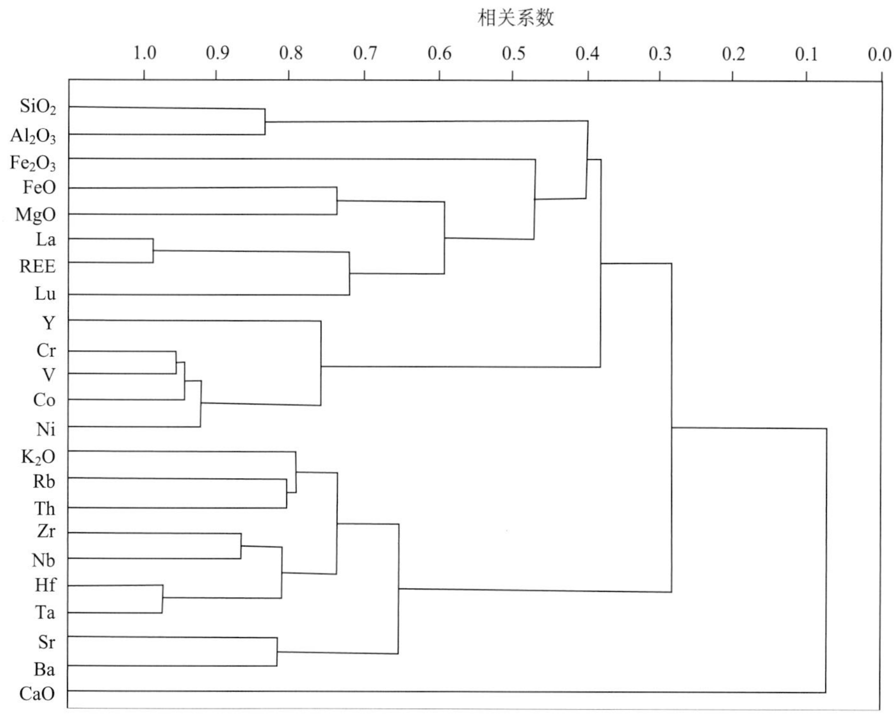

图 7-3　孔兹岩系岩石化学 R 型聚类谱系图

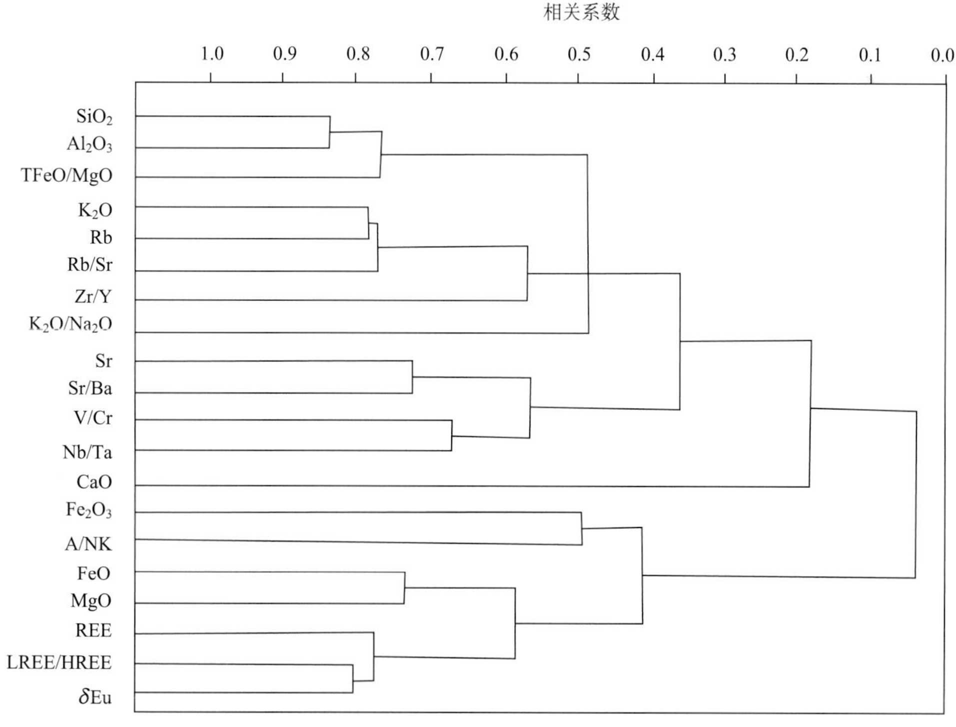

图 7-4　孔兹岩系特征元素值 R 型聚类谱系图

1. 岩石化学特征

榴云片麻岩岩组、透辉变粒岩岩组及透辉大理岩岩组三类岩石成分有相似性，都显示 K_2O/Na_2O

与 TFeO/MgO 值大于 1，但是透辉大理岩岩组略低(表 7-1)；三类岩石 A/NK 都大于 1，榴云片麻岩岩组岩石 A/CNK 值大于 1，而透辉变粒岩和透辉大理岩组小于 1，以榴云片麻岩岩组 A/CNK 最高，大理岩组 A/NK 最高；榴云片麻岩岩组中两类岩石 SiO_2 含量平均分别是 59.80%和 68.11%；透辉变粒岩岩组的岩石 SiO_2 平均 51.21%；榴云片麻岩 Al_2O_3 含量最高，平均 18.33%，依次是黑云斜长片麻岩、透辉变粒岩和大理岩；榴云片麻岩岩组的 K_2O 最高，透辉变粒岩组、透辉大理岩组以 MgO-CaO 高为特征。

岩石化学组成显示榴云片麻岩岩组原岩属于碎屑沉积岩，透辉变粒岩原岩属于泥灰质沉积岩，大理岩是灰岩类沉积岩，原始沉积环境相当于陆缘包括被动陆缘和活动陆缘沉积环境，透辉变粒岩和大理岩的 MaO/CaO 分别是 0.36 和 0.08，显示低盐度边缘海沉积环境。

2. 微量元素地球化学

乌拉山—太行山地区孔兹岩系 Rb-Sr-Ba 等 13 个微量元素与岩石化学氧化物均属于正相关关系(图 7-4)，表明微量元素在岩石中均呈吸附状态或者类质同象状态存在，较少独立的微量元素矿物。

与地幔元素比较(图 7-5)，微量元素 Rb-Sr-Ba-Zr-Hf-Th-Y-Nb-Ta-V 都有富集，而 Cr-Ni-Co 幔源过渡元素亏损，尤其是石榴夕线黑云斜长片麻岩类和透辉变粒岩类 Rb-Ba-Hf-Th-Ta 富集显著，标准化富集系数大于 10(表 7-2)。石榴夕线黑云斜长片麻岩类 Rb/Sr 与 Sr/Ba 均小于 0.50，但 Rb/Sr 值大于 Sr/Ba 值，Zr/Y、Nb/Ta 都在 10 以上，而透辉变粒岩组岩石 Sr/Ba 值较高，平均 0.71。与地幔岩石比较，Rb/Sr、V/Cr、V/(Ni+V)都显示较高，显示 Rb、V 有富集，这是壳源物质混入的特征。

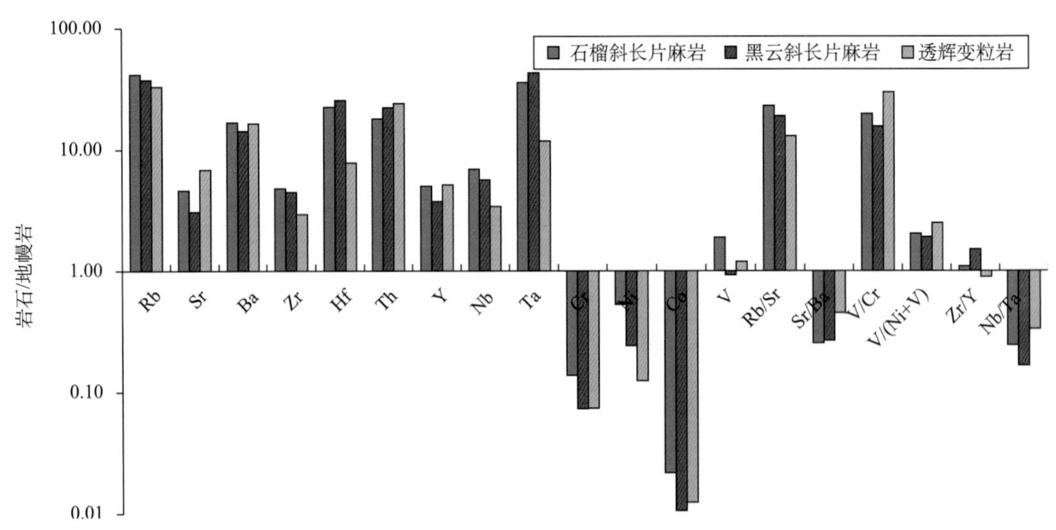

图 7-5　沉积变质岩地幔岩标准化比较图

这种微量元素地球化学特征显示石榴夕线黑云斜长片麻岩类原岩沉积物源以陆源物质为主，透辉变粒岩组岩石以海源物质为主的海陆混合物质。透辉变粒岩组岩石的 V/Cr、V/(V+Ni)值高于石榴夕线黑云斜长片麻岩类岩石，表明前者处于缺氧环境沉积，而后者属于氧化环境沉积。

3. 稀土元素地球化学

稀土元素总量以透辉变粒岩最高，平均 321.28×10^{-6}，其次是石榴夕线黑云斜长片麻岩类和大理岩类，LREE/HREE 值平均 12.72～16.48，以大理岩 LREE/HREE 值最大(表 7-3)；δCe 值略小于 1，个别样品 δCe 值小于 0.8；δEu 大部分在 0.8 以下，个别大于 1。

表 7-1　乌拉山—太行山地区黑云斜长变粒岩岩石化学成分表

（单位：%）

岩性	样号	SiO_2	TiO_2	Al_2O_3	Fe_2O_3	FeO	MnO	MgO	CaO	Na_2O	K_2O	P_2O_5	Los	合计	Na_2O+K_2O	K_2O/Na_2O	MgO/CaO	A/CNK	A/NK	TFeO/MgO
石榴夕线黑云斜长片麻岩类	BTX1	51.59	0.68	22.05	2.21	8.42	0.06	4.60	2.03	2.85	3.35	0.07	1.39	99.30	6.20	1.18	2.27	1.83	2.65	2.26
	BTX2	56.02	0.80	21.39	1.25	5.45	0.05	3.50	1.56	2.90	4.95	0.08	1.36	99.31	7.85	1.71	2.24	1.65	2.11	1.88
	BTX3	52.82	1.00	20.57	2.06	6.86	0.06	5.23	2.50	3.25	3.50	0.05	1.40	99.30	6.75	1.08	2.09	1.50	2.25	1.67
	BTX4	56.63	0.80	21.55	1.63	6.51	0.07	4.37	1.78	1.70	2.35	0.02	1.89	99.30	4.05	1.38	2.46	2.51	4.03	1.83
	BTX7	59.51	0.80	17.57	1.30	6.32	0.07	3.41	3.93	3.70	1.80	0.12	0.77	99.30	5.50	0.49	0.87	1.16	2.19	2.20
	HDM14	58.07	0.75	22.22	2.11	5.91	0.03	3.70	1.40	2.00	2.25	0.04	0.95	99.43	4.25	1.13	2.64	2.68	3.88	2.11
	HDM16	62.64	0.71	16.79	0.95	5.72	0.05	3.07	1.38	2.44	4.62	0.37	1.04	99.78	7.06	1.89	2.22	1.45	1.86	2.14
	HDM17	60.04	0.81	16.88	1.06	7.15	0.08	3.88	0.76	1.13	4.58	0.42	2.22	99.01	5.71	4.05	5.11	2.06	2.47	2.09
	KDG18	53.42	1.20	22.40	0.68	6.56	0.12	3.79	2.93	4.06	2.47	0.08	1.88	99.59	6.53	0.61	1.29	1.52	2.39	1.89
	WLC21	63.70	0.40	15.96	3.24	3.97	0.09	2.36	2.80	3.06	4.11	0.16	0.21	100.06	7.17	1.34	0.84	1.09	1.68	2.92
	XSH24	55.96	0.96	25.46	0.58	6.90	0.08	2.57	0.76	0.58	3.42	0.07	2.79	100.13	4.00	5.90	3.38	4.21	5.46	2.89
	YKS25	63.38	0.88	14.42	1.05	6.85	0.15	2.72	1.17	2.70	3.80	0.11	1.41	98.64	6.50	1.41	2.32	1.35	1.68	2.87
	ADH32	62.99	0.86	15.62	1.04	3.84	0.08	3.09	2.04	3.84	3.29	0.22	1.58	98.49	7.13	0.86	1.51	1.15	1.58	1.55
	HLC33	62.29	0.70	15.12	0.49	10.88	0.10	3.18	2.00	2.19	1.77	0.05	0.01	98.78	3.96	0.81	1.59	1.65	2.74	3.56
	BCG34	64.47	0.34	14.53	2.42	2.47	0.06	0.99	0.75	2.08	5.89	0.13	5.78	99.91	7.97	2.83	1.32	1.30	1.48	4.69
	MGD35	56.84	0.12	26.24	7.22	3.07	0.12	2.06	0.59	0.10	0.70	0.05	1.78	98.89	0.80	7.00	3.49	13.13	28.40	4.64
	MGD39	63.98	0.45	12.55	5.28	2.88	0.26	2.30	3.59	3.00	2.20	0.15	3.10	99.74	5.20	0.73	0.64	0.91	1.71	3.32
	YKS4	64.26	0.82	14.76	1.04	2.11	0.06	3.13	2.27	0.80	9.13	0.21	0.58	99.17	9.93	11.41	1.38	0.96	1.32	0.97
	BT5	63.15	0.63	15.65	0.75	2.69	0.05	2.25	1.04	4.10	5.40	0.10	1.84	97.65	9.50	1.32	2.16	1.08	1.24	1.50
	DJB6	62.48	0.40	16.23	1.88	2.78	0.11	1.51	5.41	4.44	4.15	0.17	0.42	99.98	8.59	0.93	0.28	0.75	1.37	2.96
	YKS7	62.48	0.59	15.53	3.82	1.73	0.16	2.61	3.39	4.13	4.46	0.26	0.73	99.89	8.59	1.08	0.77	0.87	1.33	1.98
	BCG8	58.96	0.61	19.08	1.84	3.00	0.13	0.98	2.78	3.72	7.53	0.34	0.61	99.58	11.25	2.02	0.35	0.99	1.34	4.75

续表

岩性	样号	SiO_2	TiO_2	Al_2O_3	Fe_2O_3	FeO	MnO	MgO	CaO	Na_2O	K_2O	P_2O_5	Los	合计	Na_2O+K_2O	K_2O/Na_2O	MgO/CaO	A/CNK	A/NK	TFeO/MgO
石榴夕线黑云斜长片麻岩类	MHD9	59.62	0.39	19.07	0.78	2.68	0.09	0.98	5.98	4.96	5.00	0.19	0.46	100.20	9.96	1.01	0.16	0.78	1.40	3.45
	平均值	59.80	0.68	18.33	1.94	4.99	0.09	2.88	2.30	2.77	3.94	0.15	1.49	99.37	6.72	2.27	1.80	2.02	3.33	2.61
	最高值	64.47	1.20	26.24	7.22	10.88	0.26	5.23	5.98	4.96	9.13	0.42	5.78	100.20	11.25	11.41	5.11	13.13	28.40	4.75
	最低值	51.59	0.12	12.55	0.49	1.73	0.03	0.98	0.59	0.10	0.70	0.02	0.01	97.65	0.80	0.49	0.16	0.75	1.24	0.97
黑云斜长片麻岩类	WLC22	71.02	0.30	13.98	1.69	2.50	0.07	1.26	3.41	4.14	1.11	0.03	0.56	100.07	5.25	0.27	0.37	0.98	1.74	3.19
	WLC23	71.02	0.40	15.04	0.16	2.03	0.05	0.90	1.21	2.27	5.82	0.30	0.45	99.65	8.09	2.56	0.74	1.23	1.50	2.42
	YKS26	72.64	0.33	14.37	0.36	1.79	0.14	0.46	0.85	2.88	5.78	0.06	0.72	100.38	8.66	2.01	0.54	1.14	1.31	4.60
	XHG27	66.21	0.75	14.23	3.76	2.83	0.09	2.43	2.15	3.00	2.70	0.10	1.09	99.34	5.70	0.90	1.13	1.21	1.81	2.56
	SJG29	67.73	0.74	14.68	1.26	3.05	0.06	1.65	2.35	3.75	3.07	0.38	0.69	99.41	6.82	0.82	0.70	1.07	1.55	2.54
	LST30	65.80	0.78	16.37	0.46	3.72	0.07	2.15	2.34	2.83	3.87	0.08	0.95	99.42	6.70	1.37	0.92	1.25	1.85	1.92
	MGD40	67.71	0.65	14.58	3.08	3.18	0.07	2.46	1.50	2.04	2.48	0.18	2.22	100.15	4.52	1.22	1.64	1.66	2.41	2.42
	YKS1	69.72	0.31	12.70	0.74	1.90	0.19	0.91	3.11	2.76	6.38	0.08	0.62	99.42	9.14	2.31	0.29	0.74	1.11	2.82
	DJB2	69.34	0.28	13.31	2.25	2.87	0.12	1.57	5.36	3.75	0.63	0.14	0.40	100.02	4.38	0.17	0.29	0.80	1.94	3.12
	DJB3	67.86	0.26	15.81	1.43	1.71	0.07	0.62	3.81	4.80	4.00	0.05	0.30	100.72	8.80	0.83	0.16	0.82	1.29	4.83
	BTX11	66.97	0.45	14.56	0.99	3.71	0.04	2.42	1.68	2.48	5.15	0.07	0.79	99.31	7.63	2.08	1.44	1.14	1.51	1.90
	KDG19	65.16	0.72	16.86	0.49	4.51	0.12	2.04	1.28	2.55	4.27	0.10	1.56	99.66	6.82	1.67	1.59	1.51	1.91	2.43
	WLC20	66.08	0.53	16.21	0.35	4.17	0.12	1.95	1.39	2.83	4.80	0.09	1.35	99.87	7.63	1.70	1.40	1.31	1.64	2.30
	HDM15	66.33	0.50	15.78	0.55	4.14	0.04	2.29	1.94	3.27	3.71	0.27	1.03	99.85	6.98	1.13	1.18	1.22	1.68	2.02
	平均值	68.11	0.50	14.89	1.26	3.01	0.09	1.65	2.31	3.10	3.84	0.14	0.91	99.81	6.94	1.36	0.89	1.15	1.66	2.79
	最高值	72.64	0.78	16.86	3.76	4.51	0.19	2.46	5.36	4.80	6.38	0.38	2.22	100.72	9.14	2.56	1.64	1.66	2.41	4.83
	最低值	65.16	0.26	12.70	0.16	1.71	0.04	0.46	0.85	2.04	0.63	0.03	0.30	99.31	4.38	0.17	0.16	0.74	1.11	1.90

续表

岩性	样号	SiO_2	TiO_2	Al_2O_3	Fe_2O_3	FeO	MnO	MgO	CaO	Na_2O	K_2O	P_2O_5	Los	合计	Na_2O+K_2O	K_2O/Na_2O	MgO/CaO	A/CNK	A/NK	TFeO/MgO
透辉变粒岩类	BT10	60.74	0.63	11.85	3.90	4.32	0.10	2.39	8.49	3.70	1.40	0.15	1.56	99.23	5.10	0.38	0.28	0.51	1.56	3.28
	YKS11	60.68	0.66	13.42	4.40	0.25	0.12	3.70	11.71	2.14	2.41	0.17	0.68	100.34	4.55	1.13	0.32	0.49	2.19	1.14
	HYJ12	59.18	0.49	15.84	2.17	2.75	0.30	2.64	6.83	0.93	7.99	0.27	0.71	100.10	8.92	8.59	0.39	0.70	1.55	1.78
	DJB13	56.02	0.78	16.63	2.66	3.96	0.13	2.20	8.36	4.05	4.04	0.55	0.63	100.01	8.09	1.00	0.26	0.63	1.51	2.89
	BT14	54.00	1.15	15.82	2.41	5.13	0.09	3.47	6.04	4.60	3.50	0.60	3.16	99.97	8.10	0.76	0.57	0.71	1.39	2.10
	BT15	54.00	1.45	15.74	1.81	6.17	0.11	3.75	6.70	4.00	3.60	0.50	2.73	100.56	7.60	0.90	0.56	0.69	1.50	2.08
	DJB16	49.33	0.66	5.70	3.02	7.42	0.27	11.83	18.73	1.02	0.58	0.10	1.35	100.01	1.60	0.57	0.63	0.16	2.47	0.86
	BT17	41.85	2.20	7.66	8.12	8.72	0.14	7.43	15.47	1.00	2.30	1.61	3.79	100.29	3.30	2.30	0.48	0.24	1.85	2.16
	DJB18	39.98	0.44	9.47	1.80	2.78	0.08	1.88	28.54	2.48	2.89	0.14	9.51	99.99	5.37	1.17	0.07	0.16	1.31	2.34
	DJG19	36.32	0.15	11.91	0.61	1.15	0.04	0.59	27.64	8.51	1.74	0.18	12.08	100.92	10.25	0.20	0.02	0.18	0.75	2.88
	平均值	51.21	0.86	12.40	3.09	4.27	0.14	3.99	13.85	3.24	3.05	0.43	3.62	100.14	6.29	1.70	0.36	0.45	1.61	2.15
	最高值	60.74	2.20	16.63	8.12	8.72	0.30	11.83	28.54	8.51	7.99	1.61	12.08	100.92	10.25	8.59	0.63	0.71	2.47	3.28
	最低值	36.32	0.15	5.70	0.61	0.25	0.04	0.59	6.04	0.93	0.58	0.10	0.63	99.23	1.60	0.20	0.02	0.16	0.75	0.86
大理岩	BT20	22.07	0.08	3.36	0.02	2.48	0.06	3.80	38.97	0.80	0.50	0.20	28.28	100.62	1.30	0.63	0.10	0.05	1.81	0.66
	BT21	28.00	0.25	6.43	0.80	3.65	0.09	2.16	34.60	0.80	1.10	0.05	23.00	100.93	1.90	1.38	0.06	0.10	2.56	2.02
	平均值	25.04	0.17	4.90	0.41	3.07	0.08	2.98	36.79	0.80	0.80	0.13	25.64	100.78	1.60	1.00	0.08	0.07	2.18	1.34

表 7-2 乌拉山—太行山地区孔兹岩系微量元素成分表 （单位：10^{-6}）

样号	Rb	Sr	Ba	Zr	Hf	Th	Y	Nb	Ta	Cr	Ni	Co	V	Rb/Sr	Sr/Ba	V/Cr	V/(Ni+V)	Zr/Y	Nb/Ta
地幔岩	2.6	120	76	50	0.3	0.75	5	6	0.1	1600	160	1500	80	0.02	1.58	0.05	0.33	10.00	60.00
BTX1	94	314	1400	350	8	4	32	73	5	463	189	71	263	0.30	0.22	0.57	0.58	10.84	13.77
BTX2	101	389	991	255	6	3	28	51	4	317	130	48	202	0.26	0.39	0.64	0.61	9.21	14.17
BTX3	106	527	1232	342	6	4	35	41	4	471	161	48	237	0.20	0.43	0.50	0.60	9.88	11.08
BTX4	70	267	624	279	7	4	35	60	4	390	169	64	230	0.26	0.43	0.59	0.58	7.90	13.64
BTX7	43	423	667	255	7	3	25	67	4	366	127	58	188	0.10	0.63	0.51	0.60	10.24	15.23
HDM14	74	185	604	350	7	4	24	74	5	360	148	67	230	0.40	0.31	0.64	0.61	14.40	16.09
KDG18	56	459	945	260	3	5	31	35	1	379	89.2	38	236	0.12	0.49	0.62	0.73	8.28	31.91
WLC21	95	470	1247	238	5	27	38	30	2	169	50.7	22.4	114	0.20	0.38	0.67	0.69	6.21	16.78
YKS25	130	144	713	205	6	19		39	3	145	61.6	29.3	148	0.90	0.20	1.02	0.71		11.56
ADH32	101	366	966	209	10	2	11	20	5	228	89.6	17.7	196	0.28	0.38	0.86	0.69	19.16	4.02
HLC33	74	157	294	113	3	27	26	9	1	146	41.1	23.3	146	0.47	0.53	1.00	0.78	4.28	17.20
BCG34	168	86	836	190	16	8	18	25	10	93	71.6	8.5	105	1.96	0.10	1.13	0.59	10.53	2.52
YKS4	289	147	994	220	10.2	44.2	10.3	25.2	4.6	110	45.4	14	74.6	1.97	0.15	0.68	0.62	21.36	5.48
DJB6	90	654	972	125	4	14.1		58.3	1.9	29.5	11.3	11.4	65.1	0.14	0.67	2.21	0.85		30.68
YKS7	85.3	995	2434	276	6.2	8.34		30.6	2.5	53.5	34.3	17.7	94.3	0.09	0.41	1.76	0.73		12.24
BCG8	182	2831	4872	302	6.1	39.5	19	31.7	2.2	14.5	10.4	10.5	22.2	0.06	0.58	1.53	0.68	15.89	14.41
MHD9	83.5	957	1850	85.9	4.4	14.3	16.9	31.3	1.8	11	7.12	1.95	20.1	0.09	0.52	1.83	0.74	5.08	17.39
平均值	108.29	551.21	1273.00	238.52	6.74	13.51	25.03	41.27	3.58	220.32	84.49	32.40	151.25	0.46	0.40	0.99	0.67	10.95	14.60
最高值	289.00	2831.00	4872.00	350.00	16.00	44.20	38.30	74.00	10.00	471.00	189.00	71.00	263.00	1.97	0.67	2.21	0.85	21.36	31.91
最低值	43.00	85.50	294.00	85.90	3.00	1.50	10.30	8.60	0.50	11.00	7.12	1.95	20.10	0.06	0.10	0.50	0.58	4.28	2.52
WLC22	43	372	328	135	2	1		26	1	144	29.9	13.6	69.7	0.12	1.13	0.48	0.70		28.89
WLC23	126	468	1766	328	11	31	21	31	6	32.5	28.3	8.73	49.1	0.27	0.27	1.51	0.63	15.85	5.13

续表

样号	Rb	Sr	Ba	Zr	Hf	Th	Y	Nb	Ta	Cr	Ni	Co	V	Rb/Sr	Sr/Ba	V/Cr	V/(Ni+V)	Zr/Y	Nb/Ta
YKS26	146	99	1114	372	13	39		44	6	5.22	13.8	2.7	0.93	1.47	0.09	0.18	0.06		7.03
SJG29	86	331	863	215	10	3	14	16	6	188	45.8	11.5	134	0.26	0.38	0.71	0.75	15.41	2.63
LST30	106	352	1123	256	7	16		28	4	220	46.8	20.2	108	0.30	0.31	0.49	0.70		7.05
YKS1	171	205	1278	158	10.8	22.1		34.1	5.3	21.2	12.1	5.48	31.6	0.83	0.16	1.49	0.72		6.43
DJB2	6.4	499	555	68.8	3.7	1.37		28.2	3.4	61.6	13.8	11.4	70.6	0.01	0.90	1.15	0.84		8.29
DJB3	72.6	526	1399	292	8.2	14.3		43.1	4.6	21.4	6.95	5.2	18.4	0.14	0.38	0.86	0.73		9.37
BTX11	117	420	1248	247	5	2	11	52	3	257	107	50	129	0.28	0.34	0.50	0.55	22.45	16.25
KDG19	102	366	1105	188	7	31		30	3	196	77.6	27.3	116	0.28	0.33	0.59	0.60		9.47
WLC20	100	400	1148	196	8	23	29	38	4	146	42.7	18.2	87.6	0.25	0.35	0.60	0.67	6.71	8.68
平均值	97.82	367.13	1084.27	223.25	7.67	16.67	18.71	33.73	4.30	117.54	38.61	15.85	74.08	0.38	0.42	0.78	0.63	15.11	9.93
最高值	171.00	526.00	1766.00	372.00	12.50	38.50	29.20	52.00	6.30	257.00	107.00	50.00	134.00	1.47	1.13	1.51	0.84	22.45	28.89
最低值	6.40	99.40	328.00	68.80	1.50	0.66	11.00	15.80	0.90	5.22	6.95	2.70	0.93	0.01	0.09	0.18	0.06	6.71	2.63
YKS11	80.1	187	399	155	3	21.5	36.2	21	2.3	75.9	25.6	13.2	72	0.43	0.47	0.95	0.74	4.28	9.13
HYJ12	195	257	1553	219	2.2	57.1		25.4	1.7	37.4	13.6	14.8	106	0.76	0.17	2.83	0.89		14.94
DJB13	58.4	1341	2143	178	3.7	12.7		38.2	0.9	27.1	14.1	13.9	56.3	0.04	0.63	2.08	0.80		42.44
DJB16	35.3	228	597	76.8	1.1	0.1	34.7	11	0.7	518	51.9	53.9	281	0.15	0.38	0.54	0.84	2.21	15.71
DJB18	73.2	600	1811	132	1	14.4		10.1	0.5	36.8	9.65	9.57	38	0.12	0.33	1.03	0.80		20.20
DJG19	73.3	2287	1002	119	3	2.8	5.862	16.9	1	15	4.5	6.1	22.9	0.03	2.28	1.53	0.84	20.30	16.90
平均值	85.88	816.67	1250.83	146.63	2.33	18.10	25.59	20.43	1.18	118.37	19.89	18.58	96.03	0.26	0.71	1.49	0.82	8.93	19.89
最高值	195.00	2287.00	2143.00	219.00	3.70	57.10	36.20	38.20	2.30	518.00	51.90	53.90	281.00	0.76	2.28	2.83	0.89	20.30	42.44
最低值	35.30	187.00	399.00	76.80	1.00	0.10	5.86	10.10	0.50	15.00	4.50	6.10	22.90	0.03	0.17	0.54	0.74	2.21	9.13

表 7-3 乌拉山—太行山地区孔兹岩系稀土元素成分表

（单位：10^{-6}）

样号	La	Ce	Pr	Nd	Sm	Eu	Gd	Tb	Dy	Ho	Er	Tm	Yb	Lu	REE	LREE/HREE	δCe	δEu
BTX1	68.00	122.00	13.30	57.40	10.60	1.70	7.81	1.11	5.87	1.19	3.40	0.50	3.00	0.51	296.39	11.67	0.98	0.57
BTX2	77.50	137.00	14.30	60.80	9.94	2.21	7.53	0.99	5.27	1.04	2.87	0.44	2.77	0.46	323.12	14.12	0.99	0.78
BTX3	70.30	117.00	11.70	48.60	7.35	2.07	7.07	1.05	6.39	1.32	3.62	0.58	3.68	0.61	281.34	10.57	0.98	0.88
BTX4	65.30	122.00	13.30	58.40	10.50	1.86	8.24	1.14	6.38	1.35	3.84	0.62	4.06	0.67	297.66	10.32	1.00	0.61
BTX7	51.10	96.60	11.00	48.30	9.19	1.59	6.13	0.88	4.88	1.02	2.95	0.46	2.86	0.49	237.45	11.07	0.98	0.65
HDM14	58.40	104.00	11.00	45.60	8.67	1.22	6.75	0.93	4.85	0.97	2.79	0.41	2.46	0.45	248.50	11.67	0.99	0.49
HDM16	44.04	79.32	8.60	32.04	5.33	1.76	4.17	0.63	3.60	0.83	2.26	0.34	2.04	0.32	185.28	12.06	0.98	1.14
HDM17	46.63	89.60	10.89	39.44	7.26	1.24	5.85	0.78	3.75	0.80	1.96	0.27	1.66	0.28	210.41	12.71	0.96	0.58
KDG18	65.10	130.00	15.10	51.60	8.26	2.42	8.53	1.03	4.73	0.98	2.82	0.36	2.26	0.33	293.52	12.95	1.00	0.88
WLC21	104.00	199.00	24.50	82.70	11.60	2.20	10.40	1.17	4.96	1.08	3.53	0.45	2.99	0.44	449.02	16.95	0.95	0.61
XSH24	85.06	140.80	15.55	57.19	11.24	1.89	8.74	1.21	7.01	1.42	3.73	0.54	3.52	0.57	338.47	11.66	0.93	0.58
ADH32	37.18	55.91	6.49	29.90	4.53	0.98	3.27	0.39	2.16	0.40	1.03	0.15	1.03	0.14	143.56	15.75	0.87	0.78
HLC33	61.44	114.30	13.40	46.79	7.76	1.04	6.46	0.92	5.11	1.05	2.88	0.48	3.08	0.46	265.17	11.97	0.96	0.45
BCG34	28.35	35.88	4.66	19.79	3.33	0.78	2.65	0.38	2.50	0.50	1.43	0.23	1.51	0.22	102.21	9.85	0.75	0.80
MGD35	85.77	156.00	18.11	71.45	12.69	1.28	11.66	1.85	10.96	2.48	6.81	1.11	6.58	1.12	387.87	8.11	0.95	0.32
MGD39	29.08	47.13	4.95	17.19	3.09	1.14	3.37	0.47	2.59	0.55	1.44	0.23	1.34	0.27	112.84	10.00	0.95	1.08
YKS4	27.00	39.20	4.41	15.20	2.56	1.20	2.64	0.26	1.36	0.25	0.94	0.11	0.75	0.11	95.99	13.95	0.86	1.41
BT5	57.93	101.40	14.11	48.19	7.88	1.85	5.71	0.73	3.34	0.70	1.73	0.25	1.32	0.21	245.34	16.55	0.85	0.85
BCG8	70.80	148.00	16.60	54.80	8.04	2.93	8.57	0.73	2.84	0.53	1.72	0.19	1.31	0.20	317.26	18.72	1.04	1.08
MHD9	37.00	74.80	10.10	37.40	6.16	2.55	5.78	0.59	2.51	0.46	1.52	0.16	1.12	0.16	180.31	13.66	0.93	1.31
平均值	58.50	105.50	12.10	46.14	7.80	1.70	6.57	0.86	4.55	0.95	2.66	0.39	2.47	0.40	250.59	12.72	0.94	0.79
最高值	104.00	199.00	24.50	82.70	12.69	2.93	11.66	1.85	10.96	2.48	6.81	1.11	6.58	1.12	449.02	18.72	1.04	1.41
最低值	27.00	35.88	4.41	15.20	2.56	0.78	2.64	0.26	1.36	0.25	0.94	0.11	0.75	0.11	95.99	8.11	0.75	0.32

续表

样号	La	Ce	Pr	Nd	Sm	Eu	Gd	Tb	Dy	Ho	Er	Tm	Yb	Lu	REE	LREE/HREE	δCe	δEu
WLC23	95.30	194.00	23.40	78.70	12.40	1.70	10.10	0.99	3.40	0.54	1.73	0.17	1.06	0.15	423.64	22.35	0.99	0.46
XHG27	53.95	104.10	15.06	50.81	8.83	1.70	6.67	0.92	4.50	1.01	2.73	0.43	2.45	0.38	253.54	12.28	0.88	0.68
SJG29	37.85	48.74	6.30	25.95	4.95	0.79	4.02	0.47	2.54	0.44	1.12	0.18	1.22	0.17	134.74	12.26	0.76	0.54
MGD40	33.43	61.66	8.02	30.47	5.87	1.07	5.40	0.96	5.46	1.15	3.31	0.52	3.17	0.56	161.05	6.84	0.91	0.58
BTX11	40.00	70.70	7.52	30.00	5.47	1.26	3.46	0.48	2.73	0.49	1.22	0.17	1.00	0.17	164.67	15.94	0.98	0.89
WLC20	63.00	120.00	14.50	49.40	7.80	1.74	7.46	0.88	3.87	0.82	2.79	0.40	2.55	0.38	275.59	13.39	0.96	0.70
HDM15	43.48	77.26	8.87	30.43	5.23	1.55	4.42	0.63	3.58	0.78	2.08	0.30	1.66	0.27	180.54	12.16	0.95	0.99
平均值	52.43	96.64	11.95	42.25	7.22	1.40	5.93	0.76	3.73	0.75	2.14	0.31	1.87	0.30	227.68	13.60	0.92	0.69
最高值	95.30	194.00	23.40	78.70	12.40	1.74	10.10	0.99	5.46	1.15	3.31	0.52	3.17	0.56	423.64	22.35	0.99	0.99
最低值	33.43	48.74	6.30	25.95	4.95	0.79	3.46	0.47	2.54	0.44	1.12	0.17	1.00	0.15	134.74	6.84	0.76	0.46
BT10	37.79	71.50	9.86	34.70	6.43	1.22	5.02	0.70	3.68	0.80	2.10	0.31	1.71	0.29	176.11	11.06	0.89	0.66
YKS11	50.20	95.30	11.80	42.70	7.76	1.44	7.71	1.03	4.89	1.18	3.71	0.47	3.11	0.43	231.73	9.29	0.94	0.57
BT14	112.30	215.90	30.13	100.50	16.16	3.18	11.33	1.43	7.02	1.25	2.70	0.40	2.09	0.32	504.70	18.02	0.89	0.72
BT15	69.28	146.20	21.86	80.54	13.49	2.85	9.37	1.17	5.06	0.99	2.26	0.32	1.62	0.23	355.24	15.90	0.90	0.78
DJB16	15.90	42.20	6.96	31.80	7.70	1.89	7.71	1.13	5.35	1.13	3.25	0.44	2.56	0.37	128.39	4.85	0.97	0.75
BT17	126.80	285.30	46.46	182.00	30.18	6.64	20.15	2.17	8.81	1.64	3.53	0.46	2.09	0.31	716.54	17.30	0.89	0.82
DJG19	40.27	57.66	6.65	23.11	3.22	0.33	1.95	0.26	1.23	0.24	0.62	0.09	0.57	0.08	136.27	26.08	0.85	0.40
平均值	64.65	130.58	19.10	70.76	12.13	2.51	9.03	1.13	5.15	1.03	2.60	0.36	1.96	0.29	321.28	14.64	0.91	0.67
最高值	126.80	285.30	46.46	182.00	30.18	6.64	20.15	2.17	8.81	1.64	3.71	0.47	3.11	0.43	716.54	26.08	0.97	0.82
最低值	15.90	42.20	6.65	23.11	3.22	0.33	1.95	0.26	1.23	0.24	0.62	0.09	0.57	0.08	128.39	4.85	0.85	0.40
BT20	32.88	58.75	8.05	24.82	4.00	0.75	2.99	0.41	2.04	0.46	1.05	0.16	0.84	0.13	137.33	15.99	0.87	0.66
BT21	41.17	69.29	8.86	27.89	4.53	1.28	3.29	0.44	2.14	0.47	1.25	0.19	1.07	0.16	162.03	16.98	0.87	1.01
平均值	37.03	64.02	8.45	26.36	4.27	1.01	3.14	0.43	2.09	0.47	1.15	0.18	0.95	0.15	149.68	16.48	0.87	0.84

石榴夕线黑云斜长片麻岩类稀土元素配分曲线均显示向右倾斜曲线，依据铈异常和铕异常表现形式，可以分为两种类型配分曲线：一是负铕异常型，略显示负铈异常，负铕异常明显(图 7-6)；二是略显负铈异常，铕异常不明显(图 7-7)。两类配分曲线的共同特征是斜率小的曲线负铕异常明显，斜率大的曲线负铕异常小。

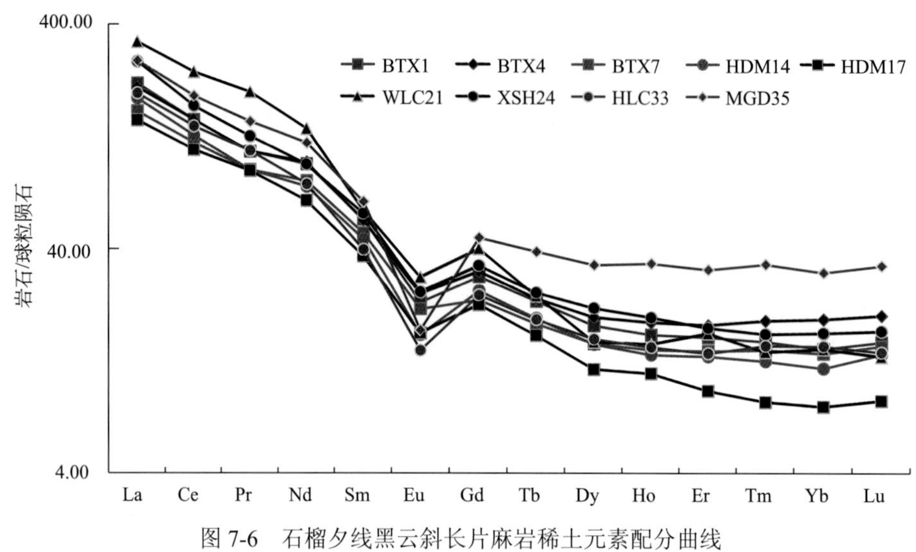

图 7-6　石榴夕线黑云斜长片麻岩稀土元素配分曲线

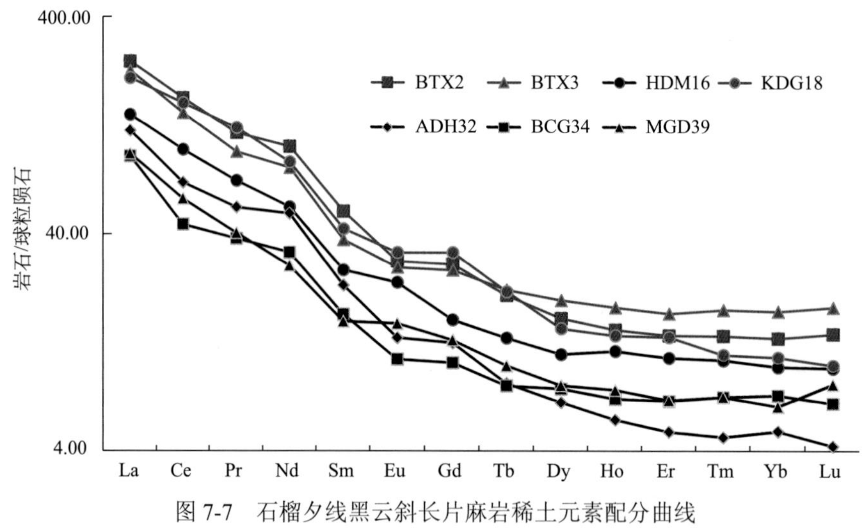

图 7-7　石榴夕线黑云斜长片麻岩稀土元素配分曲线

黑云斜长片麻岩类稀土元素配分曲线也有两种类型：一是负铕异常-负铈异常型，负铕异常明显，负铕异常不明显(图 7-8)；二是负铕异常型，不具有负铈异常(图 7-8)。与石榴夕线黑云斜长片麻岩类稀土元素配分曲线类似，共同特征是斜率小的曲线负铕异常明显，斜率大的曲线负铕异常小。

这种稀土元素地球化学特征显示陆缘潮坪沉积和浅海沉积特征。

三、物质来源及沉积环境

岩石化学组成及微量元素和稀土元素地球化学特征显示，孔兹岩系原岩沉积碎屑成分主要为陆相来源，显示为富钾、铷等碱金属元素和 Al_2O_3 均较高；微量元素 Rb/Sr 值高于 Sr/Ba 值，也显示近海陆源物源特征，较高的 Ba 值可能与裂谷环境有关；稀土元素地球化学显示为潮汐相和陆棚浅海沉积环境，但是正铕异常表现具有热水沉积参与。

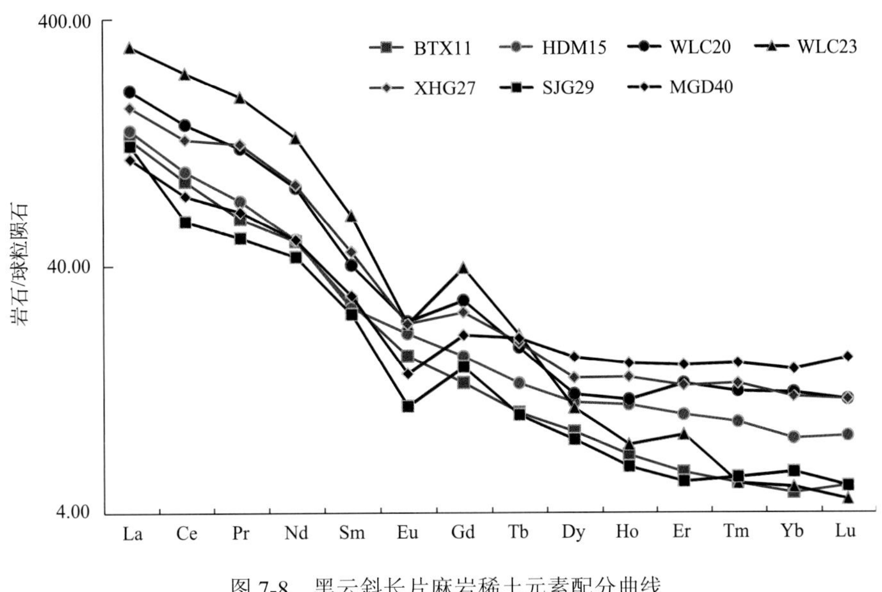

图 7-8　黑云斜长片麻岩稀土元素配分曲线

透辉变粒岩和大理岩的 MgO/CaO 小于 0.40，以 CaO 为主的碳酸盐岩沉积显示的是低盐度的广海陆缘环境，可能局部有封闭潟湖环境。

综上所述，原岩沉积碎屑物质来源为陆相来源，化学沉积物属于海相来源；沉积环境为滨浅海潮汐带及陆棚环境沉积。

第三节　地层及成矿时代分析

区域上，根据碎屑锆石及重结晶锆石年龄测试结果分析，华北古陆北缘孔兹岩系的沉积时代应该为 1.9～2.1Ga，此后经历了多期变质作用。

贺兰山北段贺兰山群中发育一套富铝片麻岩，Al_2O_3 含量较高，原岩为泥质岩或泥质粉砂岩，显示孔兹岩系的特征。变质矿物组合主要为石榴子石、堇青石、夕线石、十字石、紫苏辉石等，变质级别达角闪岩相—麻粒岩相，属于高角闪岩相—麻粒岩相区域变质岩。片麻岩中碎屑锆石年龄主要集中在 1.9～2.1Ga，两个重结晶锆石年龄 1855±60Ma 和 1858±40Ma 代表变质年龄为 1.8～1.9Ga，因此认为贺兰山群的原岩形成时代要老于 1.8Ga(变质年龄)。

贺兰山群富铝片麻岩于 1.8～1.9Ga 发生了高角闪岩相—麻粒岩相区域变质作用之后长期处于稳定状态，很少受到构造热事件的干扰(校培喜等，2011)。

在冀西北怀安地区，广泛发育一套孔兹岩系，岩性以富含夕线石、石榴石、石英、黑云母，以及条纹长石组成的各种片麻岩为主，夹含石墨和大理岩，变质程度已达到高角闪岩相甚至麻粒岩相，以赤城—崇礼大断裂为界，与北部的角闪岩相角闪质-长英质变质杂岩组成不同的地体，与其东面的麻粒岩系因构造破碎而成断层接触。片麻岩的锆石 U-Pb 年龄主要集中在 1300～1700Ma，U-Pb 一致线图解中的上交点年龄 2038Ma 代表了孔兹岩系的沉积成岩年龄；1300～1700Ma 与集宁群 1400Ma 年龄比较一致，代表了一次区域变质年龄；下交点年龄 566Ma 代表了一次重要的构造热事件——兴凯运动，最后一次麻粒岩相变质年龄(杨书桐和胡受奚，1993)。

一、乌拉山群孔兹岩系锆石年龄

董春艳等(2012)在乌拉山群上部孔兹岩系中采集了石英岩、石榴云母片麻岩、夕线石榴云母片麻岩、变粒岩等岩石样品(图 7-9)，挑选锆石进行同位素测年(表 7-4)。

表 7-4 大青山地区早元古代孔兹岩系锆石 SHRIMP U-Pb 年龄值(董春艳等，2012)

测点	元素含量/10^{-6}			Th/U	同位素比值						表面年龄/Ma			
	U	Th	$^{206}Pb^*$		$^{207}Pb/^{206}Pb$	±σ/%	$^{207}Pb/^{235}U$	±σ/%	$^{206}Pb/^{238}U$	±σ/%	$^{206}Pb/^{238}U$	±σ	$^{207}Pb/^{206}Pb$	±σ
Q1.1C	80	81	31	1.05	0.1645	1.60	10.25	4.90	0.4520	4.7	2403	93	2503	26
Q2.1C	194	142	65	0.75	0.1624	0.83	8.64	4.40	0.3860	4.4	2103	78	2481	14
Q3.2C	116	62	45	0.55	0.1641	1.10	10.26	4.50	0.4530	4.4	2410	89	2498	19
Q4.1C	271	267	94	1.02	0.1626	0.68	9.09	4.70	0.4050	4.7	2193	87	2483	12
Q5.2C	702	495	281	0.73	0.1620	0.47	10.39	4.30	0.4650	4.3	2462	88	2476	8
Q7.1C	246	250	86	1.05	0.1419	1.20	7.90	4.50	0.4040	4.3	2186	80	2250	21
Q8.2C	456	503	155	1.14	0.1564	0.58	8.48	4.30	0.3930	4.3	2139	78	2417	10
Q9.1C	239	109	97	0.47	0.1490	0.71	9.65	4.40	0.4700	4.3	2482	89	2335	12
Q14.1C	279	286	114	1.06	0.1631	0.63	10.69	1.80	0.4757	1.7	2509	35	2488	11
Q15.1C	209	154	65	0.76	0.1583	1.40	7.79	2.20	0.3571	1.8	1969	30	2437	23
Q16.1C	553	357	208	0.67	0.1554	0.49	9.38	1.70	0.4380	1.6	2342	31	2406	8
Q17.1C	92	79	38	0.90	0.1636	1.60	10.66	2.60	0.4727	2.0	2496	42	2493	27
Q18.1C	262	257	83	1.01	0.1613	0.83	8.17	1.90	0.3674	1.7	2017	29	2469	14
Q18.2C	423	299	123	0.73	0.1580	0.70	7.35	1.80	0.3375	1.6	1875	27	2434	12
Q19.1C	201	151	80	0.78	0.1559	0.92	9.88	2.00	0.4597	1.8	2438	36	2412	16
Q20.2C	397	250	156	0.65	0.1648	0.64	10.39	1.70	0.4571	1.6	2427	33	2506	11
Q21.2C	184	138	78	0.78	0.1646	1.10	11.09	2.10	0.4886	1.8	2565	38	2503	18
LP2.1C	160	77	51	0.50	0.1262	1.10	6.44	2.00	0.3700	1.7	2030	29	2046	20
LP3.1C	161	73	50	0.47	0.1413	1.70	6.84	2.50	0.3510	1.8	1939	31	2243	29
LP4.1C	202	121	65	0.62	0.1263	0.89	6.49	1.90	0.3730	1.7	2043	30	2047	16
LP5.1C	191	86	65	0.46	0.1378	1.10	7.55	2.10	0.3970	1.8	2156	34	2199	19
LP6.1C	367	131	122	0.37	0.1317	0.55	7.02	1.70	0.3870	1.6	2106	28	2120	10

续表

测点	元素含量/10^{-6}			Th/U	同位素比值						表面年龄/Ma			
	U	Th	$^{206}Pb^{*}$		$^{207}Pb/^{206}Pb$	±σ/%	$^{207}Pb/^{235}U$	±σ/%	$^{206}Pb/^{238}U$	±σ/%	$^{206}Pb/^{238}U$	±σ	$^{207}Pb/^{206}Pb$	±σ
LP7.1C	163	77	52	0.49	0.1286	1.10	6.47	2.00	0.3650	1.7	2006	29	2079	20
LP9.1C	185	80	64	0.45	0.1283	1.10	7.10	2.10	0.4010	1.8	2174	33	2075	19
LP10.1C	453	301	144	0.69	0.1260	0.49	6.43	1.60	0.3700	1.6	2030	27	2042	9
LP11.1C	64	34	19	0.55	0.1260	2.50	6.00	3.30	0.3460	2.1	1914	35	2042	44
LP13.1C	162	70	52	0.44	0.1289	1.20	6.64	2.10	0.3740	1.7	2046	30	2083	21
LP15.1C	477	48	168	0.10	0.1387	0.91	7.82	1.80	0.4090	1.5	2211	29	2211	16
XP3.1C	88	52	36	0.62	0.1605	1.10	10.59	2.20	0.4784	1.9	2520	39	2461	19
XP5.1C	248	224	95	0.93	0.1562	0.49	9.61	1.70	0.4461	1.6	2378	32	2415	8
XP6.1C	66	87	26	1.35	0.1549	1.60	9.55	2.70	0.4471	2.2	2382	44	2401	27
XP7.1C	120	123	52	1.06	0.1699	0.99	11.77	2.20	0.5025	1.9	2624	41	2557	17
XP9.1C	137	196	53	1.48	0.1512	1.40	9.38	2.30	0.4498	1.9	2394	38	2360	23
XP13.1C	172	224	65	1.35	0.1507	0.65	9.11	1.80	0.4387	1.6	2345	32	2353	11
XP14.1C	92	97	37	1.09	0.1588	1.10	10.19	2.10	0.4655	1.9	2464	38	2442	18
XP17.1C	104	94	37	0.93	0.1383	0.97	7.80	2.00	0.4090	1.7	2211	33	2206	17
XP18.1C	153	348	67	2.35	0.1443	0.82	10.00	1.90	0.5028	1.7	2626	37	2279	14
CQ1.1C	100	97	40	1.00	0.1569	1.30	10.02	2.40	0.4632	2.0	2454	40	2422	22
CQ9.1C	101	49	38	0.50	0.1598	1.10	9.67	2.20	0.4390	1.9	2346	38	2453	19
CQ10.1C	232	131	90	0.58	0.1515	0.73	9.43	1.90	0.4516	1.7	2402	34	2363	13
CQ11.1C	375	187	138	0.52	0.1472	0.64	8.68	1.80	0.4277	1.6	2296	32	2314	11
CQ12.1C	341	310	137	0.94	0.1656	0.57	10.68	1.70	0.4675	1.6	2473	34	2514	10
CQ13.1C	155	67	60	0.45	0.1576	0.97	9.68	2.00	0.4453	1.8	2374	36	2431	16
CQ14.1C	242	141	89	0.60	0.1363	0.79	7.99	1.90	0.4251	1.7	2284	32	2180	14
CQ16.1C	221	122	83	0.57	0.1459	1.20	8.72	2.10	0.4334	1.7	2321	33	2298	21

续表

测点	元素含量/10^{-6}			Th/U	同位素比值						表面年龄/Ma			
	U	Th	$^{206}Pb^*$		$^{207}Pb/^{206}Pb$	$\pm\sigma$/%	$^{207}Pb/^{235}U$	$\pm\sigma$/%	$^{206}Pb/^{238}U$	$\pm\sigma$/%	$^{206}Pb/^{238}U$	$\pm\sigma$	$^{207}Pb/^{206}Pb$	$\pm\sigma$
CQ17.1C	284	111	116	0.40	0.1592	0.87	10.37	1.90	0.4727	1.7	2495	35	2447	15
YP3.1C	128	46	51	0.37	0.1638	2.10	10.12	3.10	0.4480	2.3	2388	45	2494	36
YP5.1C	343	167	105	0.50	0.1505	0.99	7.31	2.30	0.3522	2.1	1945	36	2351	17
YP6.1C	82	63	33	0.80	0.1606	0.85	10.53	2.50	0.4750	2.4	2507	49	2462	14
YP7.1RC	231	39	87	0.17	0.1497	0.66	9.01	2.30	0.4366	2.2	2335	42	2342	11
YP10.1C	265	193	105	0.75	0.1611	0.62	10.21	2.20	0.4599	2.1	2439	43	2467	10
YP11.1C	304	238	91	0.81	0.1569	2.70	7.00	3.40	0.3240	2.2	1809	35	2419	43
YP16.1C	513	94	187	0.19	0.1568	0.99	8.96	2.30	0.4147	2.1	2236	40	2420	16
SR1.2C	53	99	22	1.93	0.1578	1.00	10.30	2.70	0.4730	2.5	2499	53	2432	17
SR4.1C	191	225	75	1.21	0.1618	0.46	10.13	2.30	0.4540	2.3	2412	46	2475	8
SR5.1C	57	98	22	1.77	0.1565	10.00	9.44	2.80	0.4380	2.6	2340	52	2418	17
SR10.1C	87	94	32	1.12	0.1521	1.40	8.97	3.20	0.4280	2.8	2296	55	2369	24
SR9.2C	89	45	37	0.53	0.1547	0.70	10.31	2.50	0.4830	2.4	2542	50	2399	12
SR11.1C	66	86	27	1.35	0.1568	0.95	10.14	2.60	0.4690	2.4	2480	50	2421	16
YP8.1C	462	195	144	0.43	0.1489	1.40	7.21	2.50	0.3516	2.1	1942	35	2331	23
LP1.1C	153	58	49	0.39	0.1215	10.00	6.15	1.90	0.3670	1.7	2015	29	1978	18
CQ15.1C	86	27	26	0.32	0.1298	2.00	6.26	2.80	0.3499	1.9	1934	32	2096	35
PM1.1	353	63	125	0.19	0.1597	0.80	9.10	2.50	0.4131	2.3	2229	44	2453	13
PM2.1	455	86	169	0.19	0.1605	0.57	9.56	2.40	0.4322	2.3	2315	44	2461	10
PM4.1	331	59	125	0.18	0.1631	0.53	9.91	2.40	0.4400	2.3	2353	46	2489	9
PM5.1	42	18	14.8	0.44	0.1662	2.20	9.35	3.80	0.4080	3.1	2206	57	2519	38
PM6.1	85	11	30.8	0.13	0.1503	1.00	8.71	2.70	0.4210	2.5	2263	48	2349	17
PM7.1	317	60	109	0.20	0.1674	1.70	9.11	2.80	0.3947	2.3	2144	42	2532	28

续表

测点	元素含量/10^{-6}			Th/U	同位素比值						表面年龄/Ma			
	U	Th	$^{206}Pb^{*}$		$^{207}Pb/^{206}Pb$	±σ/%	$^{207}Pb/^{235}U$	±σ/%	$^{206}Pb/^{238}U$	±σ/%	$^{206}Pb/^{238}U$	±σ	$^{207}Pb/^{206}Pb$	±σ
PM8.1	345	130	124	0.39	0.1537	0.47	8.85	2.40	0.4176	2.3	2250	44	2387	8
PM9.1	23	3	8.37	0.13	0.1684	3.40	9.79	4.70	0.4220	3.3	2269	63	2542	57
PM9.2	330	80	129	0.25	0.1644	0.80	10.34	2.40	0.4560	2.3	2422	46	2501	13
PM10.1	65	10	25	0.16	0.1547	0.99	9.60	2.70	0.4500	2.5	2396	51	2399	17
PM11.1	586	143	214	0.25	0.1520	0.36	8.91	2.30	0.4252	2.3	2284	44	2369	6
PM12.1	85	15	32.2	0.18	0.1527	1.20	9.29	2.80	0.4410	2.5	2356	50	2376	20
PM13.1	201	36	77.8	0.18	0.1655	1.70	10.29	3.40	0.4510	3.0	2400	60	2513	28
PM15.1	347	46	130	0.14	0.1607	2.40	9.66	3.30	0.4360	2.3	2332	45	2463	40
PM16.1	233	38	86.9	0.17	0.1514	0.75	9.06	2.40	0.4340	2.3	2324	45	2362	13
PM16.2	19	10	7.62	0.53	0.1648	1.60	10.77	4.30	0.4740	4.0	2501	83	2506	28
PM17.2	96	10	34	0.11	0.1464	1.00	8.36	2.70	0.4140	2.5	2234	47	2304	18
PM18.1	27	10	11.2	0.39	0.1729	2.10	11.63	3.80	0.4880	3.2	2563	67	2585	35
PM19.2	183	38	69.7	0.22	0.1447	0.58	8.85	2.50	0.4440	2.5	2368	49	2284	10
PM20.1	437	76	168	0.18	0.1514	0.48	9.34	2.30	0.4480	2.3	2384	45	2362	8
PM20.2	204	34	73.8	0.17	0.1533	0.81	8.90	2.50	0.4210	2.4	2266	46	2383	14
PM21.1	52	54	21	1.06	0.1619	2.20	10.48	3.40	0.4690	2.6	2480	54	2476	36
PM22.1	307	55	125	0.19	0.1631	0.62	10.63	2.70	0.4730	2.6	2496	54	2488	10
PM23.1	842	182	330	0.22	0.1613	0.58	10.15	2.40	0.4560	2.3	2423	46	2470	10
PM24.1	248	60	102	0.25	0.1606	1.00	10.56	2.50	0.4770	2.3	2514	48	2462	17
PM25.1	119	79	46	0.68	0.1515	0.82	9.36	2.70	0.4480	2.5	2387	51	2363	14
平均值	229	123	84	0.63	0.1531	1.28	9.10	2.61	0.4292	2.3	2299	45	2374	18
最大值	842	503	330	2.35	0.1729	10.00	11.77	4.90	0.5028	4.7	2626	93	2585	57
最小值	19	3	8	0.10	0.1215	0.36	6.00	1.60	0.3240	1.5	1809	27	1978	6

续表

测点	元素含量/10^{-6}			Th/U	同位素比值						表面年龄/Ma			
	U	Th	$^{206}Pb^*$		$^{207}Pb/^{206}Pb$	±σ/%	$^{207}Pb/^{235}U$	±σ/%	$^{206}Pb/^{238}U$	±σ/%	$^{206}Pb/^{238}U$	±σ	$^{207}Pb/^{206}Pb$	±σ
YP12.1RC	244	67	65	0.28	0.1191	4.60	4.68	5.00	0.2852	2.3	1617	33	1940	80
Q3.1R	1290	37	247	0.03	0.1145	0.50	3.51	4.60	0.2230	4.5	1295	53	1871	9
Q4.2R	1572	159	187	0.10	0.1097	0.90	2.08	4.40	0.1374	4.3	1830	33	1795	16
Q5.1R	2236	110	579	0.05	0.1113	0.27	4.63	4.30	0.3010	4.3	1698	64	1821	5
Q6.1R	3559	152	417	0.04	0.1030	0.58	1.93	4.30	0.1358	4.3	1821	33	1678	11
Q8.1R	1312	106	255	0.08	0.1178	0.49	3.67	4.30	0.2260	4.3	1313	51	1923	9
Q10.1R	1832	153	314	0.09	0.1123	0.46	3.08	4.30	0.1989	4.3	1169	46	1837	8
Q11.1R	1705	34	399	0.02	0.1181	0.57	4.39	4.30	0.2690	4.3	1538	59	1928	10
Q12.1R	1520	57	412	0.04	0.1145	0.45	4.97	4.30	0.3150	4.3	1764	66	1872	8
Q13.1R	2677	193	558	0.07	0.1109	0.45	3.70	4.30	0.2420	4.3	1396	54	1814	8
Q20.1R	796	37	242	0.05	0.1194	0.38	5.81	1.60	0.3532	1.5	1950	26	1947	7
Q21.1R	1004	29	278	0.03	0.1166	0.36	5.18	1.60	0.3225	1.5	1802	24	1904	7
LP8.1R	963	48	242	0.05	0.1132	0.42	4.55	1.60	0.2920	1.5	1650	22	1852	8
LP12.1R	567	12	166	0.02	0.1149	0.48	5.41	1.60	0.3410	1.5	1893	25	1879	9
LP14.1R	771	5	229	0.01	0.1152	0.39	5.50	1.60	0.3460	1.5	1915	25	1883	7
XP1.1R	149	129	47	0.90	0.1212	0.91	6.13	1.90	0.3668	1.7	2014	29	1974	16
XP2.1R	296	332	94	1.16	0.1206	0.63	6.16	1.70	0.3700	1.6	2030	28	1967	11
XP4.1R	211	174	66	0.85	0.1199	0.84	5.97	1.80	0.3608	1.6	1986	28	1955	15
XP8.1R	157	143	49	0.94	0.1181	0.95	5.87	1.90	0.3608	1.7	1986	29	1927	17
XP10.1R	508	101	161	0.21	0.1213	0.78	6.16	1.70	0.3686	1.5	2023	27	1975	14
XP11.1R	190	225	59	1.22	0.1180	1.00	5.80	2.00	0.3564	1.6	1965	28	1927	19
XP12.1R	624	12	195	0.02	0.1204	0.83	6.05	1.80	0.3644	1.5	2003	27	1963	15
XP15.1R	199	151	62	0.78	0.1188	1.00	5.88	1.90	0.3589	1.6	1977	28	1938	18

续表

测点	元素含量/10^{-6}			Th/U	同位素比值						表面年龄/Ma			
	U	Th	$^{206}Pb^*$		$^{207}Pb/^{206}Pb$	±σ/%	$^{207}Pb/^{235}U$	±σ/%	$^{206}Pb/^{238}U$	±σ/%	$^{206}Pb/^{238}U$	±σ	$^{207}Pb/^{206}Pb$	±σ
XP16.1R	255	249	78	1.01	0.1207	0.79	5.94	1.80	0.3572	1.6	1969	27	1967	14
CQ2.1R	1091	302	309	0.29	0.1096	0.30	4.98	1.50	0.3295	1.5	1836	24	1793	6
CQ3.1R	1323	313	375	0.24	0.1107	0.29	5.03	1.50	0.3295	1.5	1836	24	1811	5
CQ4.1R	3067	236	910	0.08	0.1128	0.46	5.37	1.60	0.3453	1.5	1912	25	1846	8
CQ5.1R	3448	247	1010	0.07	0.1125	0.18	5.30	1.50	0.3419	1.5	1896	25	1840	3
CQ6.1R	3350	250	961	0.08	0.1123	0.26	5.16	1.60	0.3336	1.5	1856	25	1836	5
CQ7.1R	3497	229	929	0.07	0.1122	0.25	4.78	1.50	0.3091	1.5	1736	23	1836	5
YP2.1R	270	49	80	0.19	0.1151	0.67	5.45	2.20	0.3436	2.1	1904	35	1882	12
YP4.1RC	278	64	67	0.24	0.1252	2.50	4.69	3.30	0.2719	2.2	1550	30	2030	43
YP9.1R	400	64	112	0.17	0.1144	0.56	5.14	2.20	0.3261	2.1	1819	33	1871	10
YP13.1RC	82	40	24	0.51	0.1173	1.30	5.46	2.70	0.3375	2.4	1875	38	1916	23
YP14.1RC	836	570	53	0.70	0.1220	9.60	1.04	9.80	0.0625	2.6	1391	10	1972	170
YP15.1C	836	570	214	0.70	0.1220	9.60	4.20	9.80	0.2517	2.5	1447	33	1972	170
SR1.1RC	628	81	178	0.13	0.1111	0.47	5.04	2.30	0.3294	2.2	1835	36	1817	9
SR2.1RC	570	104	160	0.19	0.1113	0.38	5.00	2.30	0.3256	2.3	1817	36	1821	7
SR3.1R	978	119	284	0.13	0.1132	0.30	5.27	2.20	0.3377	2.2	1875	36	1852	6
SR5.2RC	1070	124	324	0.12	0.1158	0.41	5.62	2.30	0.3523	2.2	1946	37	1892	7
SR6.1RC	785	116	230	0.15	0.1133	0.72	5.31	2.30	0.3402	2.2	1888	36	1853	13
SR7.1RC	1207	250	350	0.21	0.1128	0.40	5.24	2.40	0.3370	2.3	1872	38	1845	7
SR8.1RC	802	152	235	0.20	0.1132	0.56	5.33	2.30	0.3414	2.2	1893	37	1851	10
SR9.1RC	746	94	215	0.13	0.1117	0.41	5.18	2.30	0.3361	2.3	1868	36	1827	7
SR12.1RC	785	117	226	0.15	0.1134	0.31	5.23	2.20	0.3345	2.2	1860	36	1854	6
SR13.1RC	745	104	213	0.14	0.1106	0.32	5.08	2.30	0.3332	2.2	1854	36	1809	6

续表

测点	元素含量/10^{-6}			Th/U	同位素比值						表面年龄/Ma			
	U	Th	$^{206}Pb^{*}$		$^{207}Pb/^{206}Pb$	$\pm\sigma$/%	$^{207}Pb/^{235}U$	$\pm\sigma$/%	$^{206}Pb/^{238}U$	$\pm\sigma$/%	$^{206}Pb/^{238}U$	$\pm\sigma$	$^{207}Pb/^{206}Pb$	$\pm\sigma$
SR14.1RC	716	193	214	0.28	0.1236	0.32	5.92	2.20	0.3474	2.2	1922	37	2009	6
SR15.1RC	596	91	181	0.16	0.1114	0.37	5.42	2.30	0.3529	2.2	1948	38	1823	7
SR16.1R	1043	108	303	0.11	0.1120	0.27	5.23	2.20	0.3385	2.2	1879	36	1832	5
PM3.1	279	46	88.2	0.17	0.1481	0.73	7.51	2.50	0.3678	2.3	2019	41	2324	13
PM12.2	21	4	6.31	0.20	0.1547	5.50	7.34	6.80	0.3440	3.9	1906	65	2398	94
PM14.1	381	53	122	0.14	0.1334	1.10	6.83	2.60	0.3716	2.4	2037	41	2143	19
PM14.2	326	58	102	0.18	0.1282	3.30	6.45	4.20	0.3652	2.6	2007	45	2073	58
PM17.1	1204	97	387	0.08	0.1357	0.32	7.00	2.30	0.3739	2.3	2048	40	2173	6
PM19.1	4	1	1.14	0.14	0.1245	7.40	5.44	9.10	0.3170	5.2	1773	81	2022	130
平均值	1018	137	259	0.26	0.1177	1.25	5.15	3.00	0.3160	2.4	1817	36	1916	22
最大值	3559	570	1010	1.22	0.1547	9.60	7.51	9.80	0.3739	5.2	2048	81	2398	170
最小值	4	1	1.14	0.01	0.1030	0.18	1.04	1.50	0.0625	1.5	1169	10	1678	3

注：1) Pb^{*}代表放射性成因，测定 ^{204}Pb 值作普通铅校正；2) C，RC 和 R 分别代表碎屑锆石、重结晶锆石和变质增生锆石；3) Q 代表石英岩(NM0619)；LP 代表榴云片麻岩(NM0617-1)；XP 代表夕线石榴云片麻岩(NM0621-1)；CQ 代表含石墨长石石英岩(NM0604)；YP 代表榴云片麻岩(NM0916)；SR 代表变质长石砂岩(NM0933)；PM 代表蓝晶石榴长英质片麻岩。

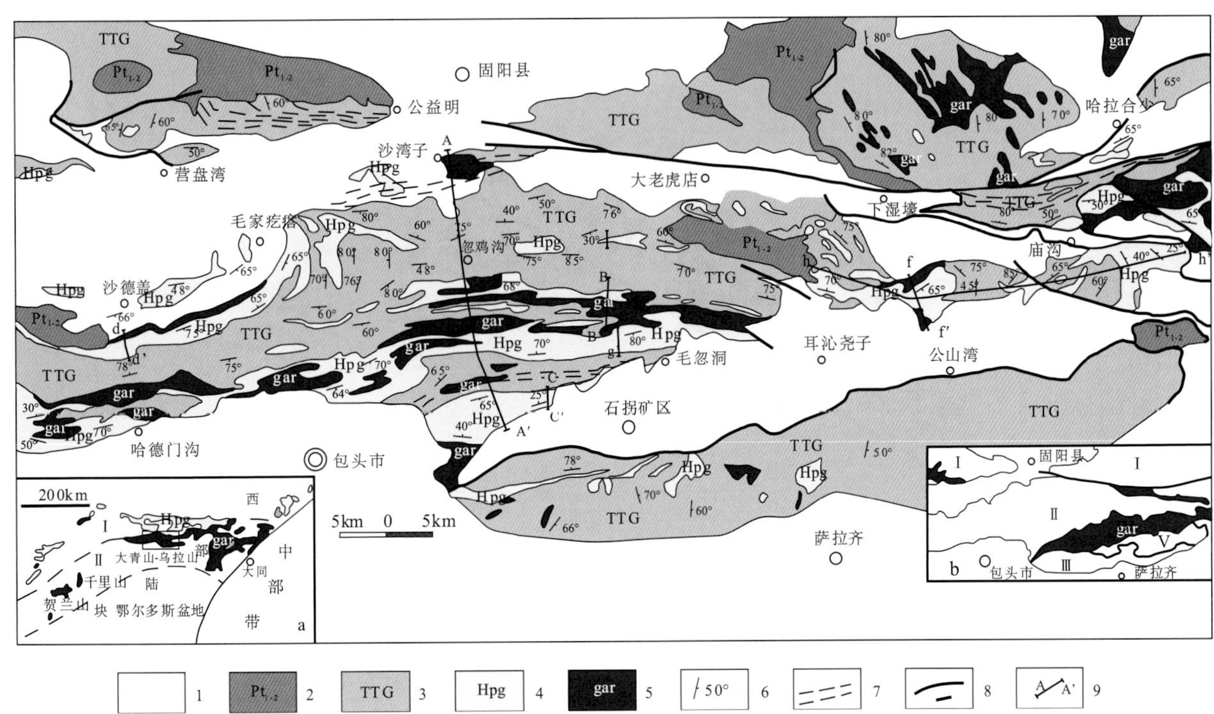

图 7-9　大青山—乌拉山地区地质简图

1. 显生宙地层和岩石；2. 古－中元古代侵入体；3. TTG 岩系；4. 孔兹岩系；5. 麻粒岩系；6. 片麻理产状；7. 韧性剪切带；8. 逆冲推覆断层和走滑断层；9. 剖面位置；左图(a)为研究区位置图：Ⅰ. 花岗－绿岩地体；Ⅱ. 高级变质地体(据赵国春，2002)；右图(b)为区内早前寒武纪变质岩的产出状态图：Ⅰ. 北部外来岩片；Ⅱ. 中部原地岩片；Ⅲ. 南部外来岩片；Ⅳ. 侏罗系含煤沉积地层；Ⅴ. 古生代地层逆冲岩片

石英岩中石英含量大于 99%，具有强烈重结晶，厚度大于 150m；石榴云母片麻岩矿物组成主要为石英、斜长石、钾长石、黑云母和石榴石，石榴石中包有黑云母和斜长石等变余矿物，并具有退变质改造，内部出现网脉状结构，岩石显示弱的深熔特征；夕线石榴云片麻岩具有条带结构，存在石英岩夹层，具深熔特征，主要矿物组成有长石、石英、夕线石、石榴石和黑云母，边部岩石中见堇青石；含石墨长石石英岩与透辉石片麻岩和白云质大理岩呈互层产出，主要组成矿物为石墨、斜长石、石英、黑云母和夕线石，石英含量较高，夕线石系由黑云母分解形成；长英质变粒岩-片麻岩，与大理岩互层，以榴云片麻岩为主，夹有石英岩、长英质变粒岩等，主要矿物为条纹长石，次有石英、斜长石、棕色黑云母及石墨。

岩石样品中均含有碎屑锆石、重结晶锆石和自生及次生锆石，其中石英岩中锆石主要是碎屑锆石，片麻岩与变粒岩中有各种成因锆石(照片 7-1)。

内核碎屑锆石(ThC)和环边重结晶锆石(ThR)中 U、Th 呈现反相关性，碎屑锆石 Th 高 U 低，重结晶锆石 Th 低 U 高，碎屑锆石和重结晶锆石 Th-U 分别呈正相关性(图 7-10)。碎屑锆石 Th 高于重结晶锆石 Th 含量(表 7-4)，图中碎屑锆石位于 5Th/U 趋势线之上，重结晶锆石位于 5Th/U 趋势线之下。锆石放射性铅与 U 呈正相关，图中与 5Th/U 趋势线平行。

碎屑锆石与重结晶锆石 Th-U 含量分布的不一致性，表明岩石经历变质过程中有外来物质加入，改变了地质体内 ZrO_2 的含量及元素平衡。

锆石 SHRIMP U-Pb 年龄可以分为两组，碎屑锆石 $^{206}Pb/^{238}U$ 年龄为 2626～1809Ma，表现了太古宇和古元古界碎屑的来源；重结晶及自生锆石 $^{206}Pb/^{238}U$ 年龄为 2048～700Ma，主要集中在 1800～2000Ma，上交点年龄 2000Ma，显示中新元古代多期构造热事件中的重结晶年龄(图 7-11)。

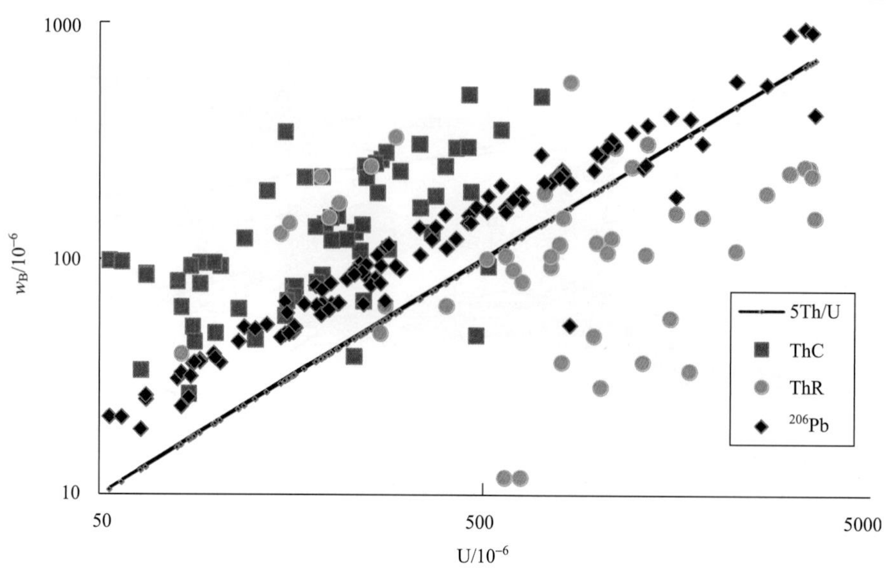

图 7-10　乌拉山群孔兹岩系锆石 ^{206}Pb、Th-U 相关图解

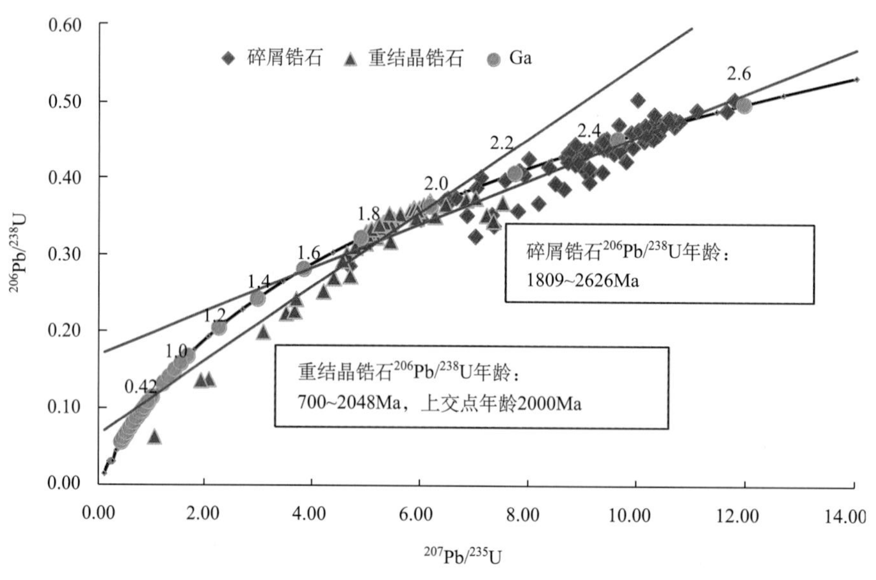

图 7-11　乌拉山群上部孔兹岩系锆石 U-Pb 谐和曲线图

这种锆石测年数据显示孔兹岩系沉积成岩年龄在最年轻的碎屑锆石和最老的重结晶锆石年龄或者重结晶锆石上交点年龄之间，在 2000Ma 前后，可以限定在 1.95～2.0Ga。

大青山地区古元古代晚期构造热事件强烈，导致孔兹岩系变质和深熔混合岩化。同位素数据显示大青山地区这一构造热事件经历了长期复杂的演化过程(1.83～1.96Ga)，不同的变质年龄在大青山地区的南部和北部均有记录。也有部分样品的锆石记录了两期甚至三期的变质年龄，这种现象在东部集宁—怀安地区也可见到(徐仲元等，2011)。

考虑到孔兹岩系记录了 1.95Ga 变质作用年龄，并存在 1.95～1.97Ga 基性岩浆作用，这意味着在 1.95～1.83Ga 的 100Ma 是地壳伸展抬升阶段。

二、集宁群上岩组锆石年龄

内蒙古兴和县店子公社黄土窑村附近集宁群下岩组葛胡窑组含黑云角闪斜长片麻岩及 TTG 岩系的

锆石 U-Pb 上交点年龄 2467±55Ma，下交点年龄 732±520Ma(沈其韩等，1987)。

兴和县落官窑村南集宁群上岩组石榴夕线钾长片麻岩呈层状，具清晰的韵律性层理，呈柱状花岗变晶和斑状变晶结构及片麻状构造，主要组成矿物有石英、钾长石、斜长石、石榴石、夕线石和黑云母等，粒状和片状矿物具定向排列。

锆石主要有两种类型：一类粗粒锆石，呈极淡玫瑰色，透明，强金刚光泽，粒状和柱状，个别呈扁平状，晶面不规则，未见磨蚀现象，有时具溶蚀空洞，长度一般为 0.1～0.5mm，主要为 0.2～0.3mm。本类型锆石约占全部锆石总量的 40%；另一类细粒锆石呈黄色，半透明，金刚光泽，晶形多不清晰，有时表面可见毛玻璃状和磨蚀坑，晶体的长度一般为 0.05～0.4mm，多集中于 0.05～0.2mm，细粒锆石约占锆石总量约 60%(沈其韩等，1987)。

综合两类锆石年龄测定资料(表 7-5)，细粒锆石一致曲线上交点年龄为 1962Ma，粗粒锆石年龄一致曲线的上交点年龄为 1821Ma(图 7-12)。

表 7-5　集宁群上岩组锆石 SHRIMP U-Pb 年龄值

锆石	测点	$Pb^*/10^{-6}$	$U/10^{-6}$	^{207}Pb	^{206}Pb	^{208}Pb	$^{206}Pb/^{204}Pb$	$^{207}Pb/^{206}Pb$	$^{207}Pb/^{235}U$	$^{206}Pb/^{238}U$
细粒锆石	1	105.1	1277	10.19	90.96	3.859	1350	0.11145	1.2739	0.082904
	2	159.7	1920	15.46	132.5	11.75	1907	0.11607	1.2858	0.080346
	3	557.9	6388	55.03	459.9	42.96	2044	0.11907	1.3756	0.083788
	4	75.49	678.1	7.413	62.69	5.382	1682	0.11768	1.7460	0.10761
	5	44.53	241.3	4.387	36.89	3.255	1613	0.11836	2.9033	0.17790
粗粒锆石	6	167.2	43.59	15.80	141.0	10.39	992	0.11151	0.5788	0.037647
	7	132.0	1263	12.51	111.4	8.074	1292	0.11178	1.5826	0.10268
	8	40.04	179.3	3.691	33.54	2.801	663	0.10951	3.2882	0.21777
	9	58.08	271.8	5.623	49.74	2.714	402	0.11250	3.0344	0.21303
	10	104.5	444.5	9.751	86.85	7.892	942	0.11173	3.5032	0.22741

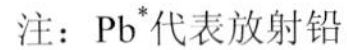
注：Pb^*代表放射铅。

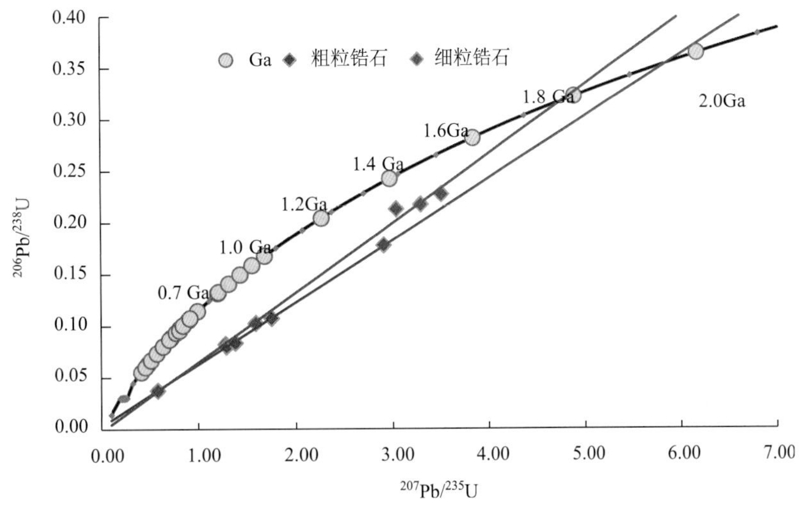

图 7-12　集宁群锆石 U-Pb 谐和曲线图

锆石样品位置位于孔兹岩系分布区的中部，主要岩性为厚层状的夕线石榴长石片麻岩，由同一块岩石分选出锆石矿物。

孔兹岩系单颗粒锆石法得到了两组年龄值，较小值的 $^{207}Pb/^{206}Pb$ 表面年龄为 1841Ma，较大值的

$^{207}Pb/^{206}Pb$ 表面年龄为 2062Ma(表 7-6)。大年龄组的锆石内部有岩浆锆石残骸，代表了碎屑锆石。经过多种不一致线处理，估算碎屑锆石年龄为 2310Ma，因此，孔兹岩系是 2310Ma 之后开始沉积的(吴昌华等，1998)。

表 7-6　黄土窑孔兹岩系锆石 SHRIMP U-Pb 同位素年龄

测点	浓度/10^{-6}		同位素比值					表面年龄/Ma		
	U	Pb	$^{206}Pb/^{204}Pb$	$^{208}Pb/^{206}Pb$	$^{206}Pb/^{238}U$	$^{207}Pb/^{235}U$	$^{207}Pb/^{206}Pb$	$^{206}Pb/^{238}U$	$^{207}Pb/^{235}U$	$^{207}Pb/^{206}Pb$
1	993	367	14214	0.06563	0.3588	6.303	0.1274	1977	2019	2062
2	453	192	243	0.08507	0.3284	5.428	0.1199	1831	1889	1954
3	1126	435	300	0.01005	0.3084	4.947	0.1164	1733	1810	1901
4	2094	756	325	0.03854	0.3057	4.081	0.1139	1720	1785	1862
5	2527	790	3555	0.001068	0.3182	4.939	0.1126	1781	1809	1841
6	173	52	2140	0.04374	0.2975	4.516	0.1101	1679	1734	1801

三、黄土窑石墨矿石锆石年龄

黄土窑石墨矿是晋冀蒙地区目前开采的最大石墨矿床，根据黑云斜长变粒岩型石墨矿石分选锆石进行离子探针测年分析(表 7-7)。

石墨矿石粒状花岗变晶结构，主要矿物成分是斜长石、石英和黑云母，石墨含量 10%以上。其中锆石具有两种形态，即碎屑锆石，在锆石晶体核部分布；变质重结晶锆石围绕碎屑锆石边缘形成平滑环带，或者主要为重结晶的独立变质锆石，形成平滑的宽阔环带状形态(照片 7-2)。

锆石测点均选择锆石核心部位进行探针测试分析，但是由于变质重结晶环边厚度大，或者为独立的重结晶锆石，所获得的年龄应该主要是重结晶锆石年龄，$^{206}Pb/^{238}U$ 年龄为(1972.09±18.41)～(1093.89±10.95)Ma (表 7-7)，谐和曲线上交点年龄 2000Ma 左右，下交点年龄 800Ma(图 7-13)。这组锆石年龄值与吴昌华(1998)所测的孔兹岩系年龄值比较接近，变质重结晶锆石谐和曲线上交点年龄 2000Ma 左右是石墨矿床初始沉积年龄，而在古元古代之后经受区域性高温高压变质作用，形成大量的变质重结晶锆石。

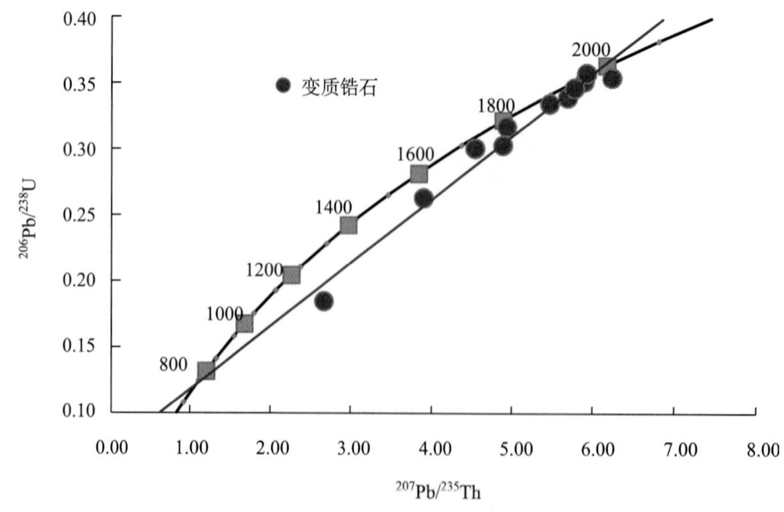

图 7-13　兴和黄土窑石墨矿石锆石 U-Pb 谐和曲线图

表 7-7　黄土窑石墨矿锆石 SHRIMP U-Pb 年龄测试值

样号	测试值/10^{-6}			同位素比值							表面年龄/Ma					
	U	Th	$^{206}Pb^*$	$^{232}Th/^{238}U$	$^{207}Pb^*/^{235}U$	$\pm\sigma$/%	$^{206}Pb^*/^{238}U$	$\pm\sigma$/%	$^{207}Pb^*/^{206}Pb^*$	$\pm\sigma$/%	$^{206}Pb/^{238}U$	$\pm\sigma$	$^{207}Pb/^{206}Pb$	$\pm\sigma$	$^{208}Pb/^{232}Th$	$\pm\sigma$
XH14-1	759.92	184.90	197.86	0.2514	4.886358	1.21	0.302996	1.06	0.116963	0.59	1706.15	15.85	1910.33	10.58	1655.46	21.67
XH14-2	1110.35	293.71	176.43	0.2733	2.663394	1.19	0.184938	1.09	0.104450	0.49	1093.89	10.95	1704.66	9.07	1018.38	14.65
XH14-3	608.24	133.02	174.90	0.2260	5.464213	1.49	0.334707	1.09	0.118403	1.02	1861.16	17.58	1932.26	18.20	1803.28	24.58
XH14-4	298.16	59.96	90.10	0.2078	5.892551	1.67	0.351707	1.42	0.121512	0.87	1942.75	23.81	1978.56	15.50	1895.88	37.24
XH14-5	814.09	127.46	247.81	0.1618	6.233122	1.85	0.354406	1.07	0.127557	1.51	1955.60	18.09	2064.58	26.63	2013.03	27.59
XH14-6	681.27	144.86	198.62	0.2197	5.688717	1.20	0.339419	1.06	0.121556	0.54	1883.87	17.39	1979.20	9.69	1876.85	24.97
XH14-7	422.61	59.54	125.77	0.1456	5.772729	1.69	0.346581	1.64	0.120802	0.41	1918.25	27.16	1968.11	7.33	1996.69	45.17
XH14-8	673.03	74.52	174.01	0.1144	4.540720	1.15	0.300810	1.09	0.109479	0.35	1695.32	16.25	1790.77	6.45	1777.16	88.59
XH14-9	800.63	24.64	181.14	0.0318	3.896130	1.78	0.263216	1.74	0.107355	0.39	1506.27	23.38	1755.00	7.22	1594.50	130.61
XH14-10	633.35	85.15	172.64	0.1389	4.934485	1.13	0.317264	1.07	0.112803	0.35	1776.36	16.63	1845.06	6.27	1753.85	41.66
XH14-11	520.81	168.58	160.18	0.3345	5.922635	1.29	0.357874	1.08	0.120028	0.69	1972.09	18.41	1956.64	12.39	2055.44	39.97

注：Pb^*代表放射铅。

第四节 石 墨 矿 床

华北陆块北缘西段内蒙古乌拉山—大青山石墨成矿带，东到昆都仑河，西至乌拉特前旗，含矿孔兹岩系集宁群上岩组，主要由夕线石榴片麻岩-大理岩和麻粒岩-片麻岩两套变质岩系组成。含矿岩石主要有三类，即长英质变粒岩-片麻岩类、麻粒岩-斜长角闪岩类和大理岩类。长英变粒岩-片麻岩类是主要岩石类型，可分为夕线石榴片麻岩-黑云片麻岩类、黑云变粒岩类和浅粒岩类。麻粒岩-斜长角闪岩类在孔兹岩系中呈夹层或独立岩层组合出现，主要有麻粒岩、斜长角闪岩和角闪斜长片麻岩或角闪变粒岩。大理岩类主要岩石类型为镁橄榄石大理岩、透辉石大理岩和少量金云母大理岩。孔兹岩系呈东西向带状展布，延长＞200km，但岩性变化较大，夹有大量麻粒岩、片麻岩和变粒岩类岩石，反映一种不太稳定的沉积环境。

乌拉山西段分布有哈德门沟、庙沟和什报气等晶质石墨矿床。石墨矿体主要产在石墨斜长片麻岩段中，矿体产状与围岩一致，呈层状或似层状。矿体长度从 30～1600m，一般长几百米，厚度变化较大，从 2～43m，一般厚度为 10～20m。矿床规模以中型为主，如什报气石墨矿的储量为 90.8 万 t。

乌拉山经集宁向东到燕山到崇礼至赤城，阳原至怀安，滦平、丰宁至隆化、宽城至青龙，都有鳞片状石墨矿床(点)分布(表 7-8)，太行山向南邢台至内邱石墨成矿带、阜平、平山、平泉等县都有石墨矿化分布。具有经济价值的石墨矿床，有赤城县的东水泉石墨矿、艾家沟石墨矿、雀儿沟石墨矿(门三贵，2015)，康保县的万隆店石墨矿，栾平县梁底下石墨矿(王海明等，2011)，尚义县的松树沟石墨矿，邢台县的张安北石墨矿和青龙县的湾杖子石墨矿等(付茂英，2014)。

表 7-8 河北赤城东部地区主要石墨矿床特征表

矿床	矿化岩石	矿体	矿石	品位范围/% 平均品位	石墨片径
雀沟	角闪岩相混合岩化石榴斜长角闪岩、大理岩透镜体	五条矿体，主矿体东西长 1020m，厚 4.70～25.01m，平均 14.71m	石墨云母斜长片麻岩，石墨斜长片麻岩	7.45～2.52 4.53	>0.5mm 占石墨鳞片的 50%～70%，0.5～0.3mm 占 20%～33%
东水泉	角闪岩相混合斜长片麻岩夹石榴角闪岩、大理岩	三条矿体，主矿体长 650m，厚 3.87～25.67m，平均 25.67m	石墨云母斜长片麻岩及石墨斜长片麻岩	2～5 3.09	大于 0.5mm 占 46%~70%，0.3~0.5mm 占 17%~40%，0.18~0.3mm 占 20%~15%
艾家沟	角闪岩相混合斜长片麻岩夹石榴角闪岩、大理岩	四条矿体，主矿层长 1040m，厚 3.50～21.4m	石墨石榴黑云斜长片麻岩及变粒岩	3.19	
梁底下	角闪岩相片麻岩、变粒岩、大理岩	四条矿体，主矿长 100~700m，单矿体厚 1.52～8.50m，平均 3.75m	石墨变粒岩和石墨黑云斜长片麻岩(或角闪斜长片麻岩)，围岩夹角闪质岩石和大理岩	2.70～3.46 3.01	最大片径 7.21mm，最小片径 0.04mm，一般 0.31～0.71mm

矿床分布于太古宙区域变质岩中，划归 7 个含矿岩组：单塔子群的下白窑组(阳原—怀安地区)、红旗营子群谷嘴子组(崇礼—赤城区)、凤凰嘴组(承德地区)、南店子组(隆化、丰宁地区)、阜平群团泊口组(阜平、平山地区)、阜平群放甲铺组(邢台、内邱地区)、迁西群三屯营组(青龙地区)。石墨矿化层一般规模较大，成矿带沿走向延伸数千米或数十千米长。石墨矿体，一般长数百米到数千米，宽度一般 1～6m，固定碳含量为 2%～7%。石墨矿物鳞片片径为 0.05～1.5mm，有的可达 5～10mm，总体以中等鳞片(＋200 目、0.074mm)石墨为主，只有少数矿床矿石中石墨以细小鳞片(–200 目、0.074～0.01mm)为主。

内蒙古兴和—丰镇石墨矿床成矿带位于内蒙古集宁地区，是较为典型的石墨矿床(图 7-14)，矿床含矿孔兹岩系岩石以含有夕线石和石榴石的钾长(二长)片麻岩和长英质粒状岩石为主，呈互层状。其次为各种类型的钾质花岗片麻岩和花岗岩，以及麻粒岩、大理岩、钙硅酸盐岩及石墨片麻岩等夹层。本区产出大型兴和黄土窑石墨矿床和20余处中小型石墨矿床及矿点，集中分布在兴和黄土窑、丰镇浑源窑一带。

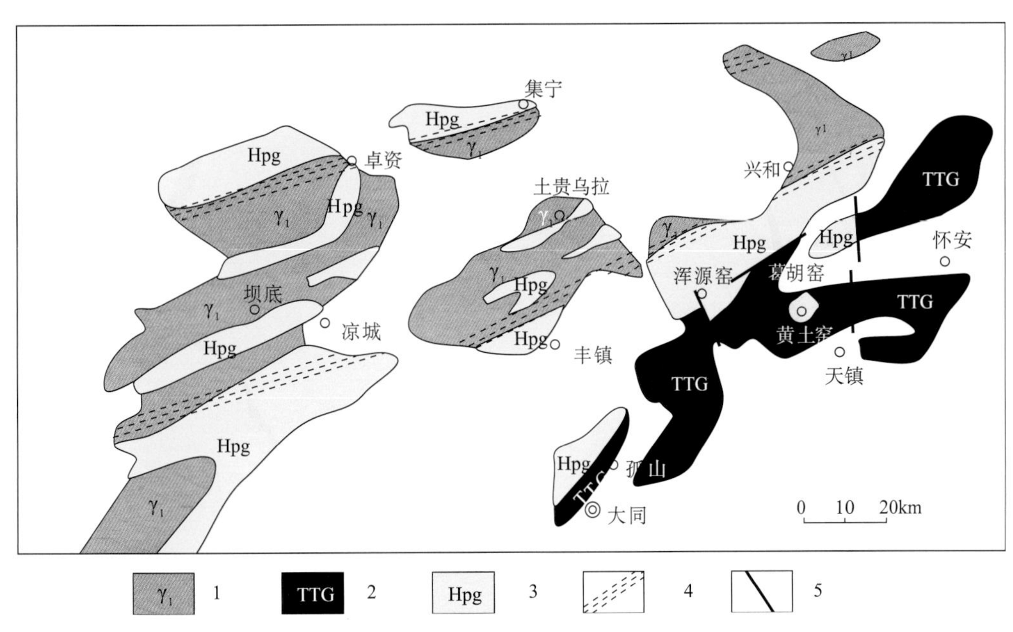

图 7-14　集宁地区地质简图(据闫月华，1996)

1. 太古宙花岗岩；2. 片麻岩-麻粒岩系；3. 孔兹岩系；4. 韧性剪切带；5. 断层

一、黄土窑石墨矿床

1. 矿区地质

矿区含矿岩系集宁群上岩组黄土窑组，广泛分布于矿区内，主要为一套富铝质的片麻岩类，岩石类型有夕线石榴片麻岩、长英片麻岩、石榴长英片麻岩、黑云斜长片麻岩、辉石斜长片麻岩、石墨片麻岩、大理岩等，石墨矿即产于本套岩系中。此套岩系混合岩化作用较强，主要也表现为钾交代(王时麒等，1989)。

基底岩系葛胡窑组，分布于矿区外围，主要由各种麻粒岩组成，以深灰色的中性麻粒岩分布最广，暗色的麻粒岩多呈夹层出现，浅色的酸性麻粒岩出现较少。麻粒岩矿物成分以紫苏辉石、普通辉石和次透辉石为主，含少量角闪石、黑云母和石榴子石；浅色矿物以斜长石为主，其次为条纹长石和石英；副矿物主要有锆石、磷灰石和磁铁矿。除麻粒岩外，本套岩系中尚有黑云角闪斜长片麻岩、浅粒岩、斜长角闪岩、斜长辉石岩及磁铁石英岩等。

矿区为一封闭的向斜盆地构造，黄土窑组呈卵圆形分布于盆地中心，而葛胡窑组围绕黄土窑组分布(图 7-15)。各岩层塑性形变强烈，形成一系列的紧密褶皱变形构造。

本区岩浆岩不甚发育，仅出露有一些辉绿岩脉、闪长粉岩脉和花岗伟晶岩脉。

含矿岩系中的各层岩石普遍含有浸染状石墨，三个石墨片麻岩层构成主矿层(品位>3%)，平面上，矿层呈弧形分布，走向近东西到北东而后转向北西，倾角一般为50°～60°，局部直立或倒转产出。矿体多呈层状或似层状，少数呈透镜状，矿体长度从400～3500m，一般长500～1000m，矿体厚度从4～40m，平均厚度约20m。

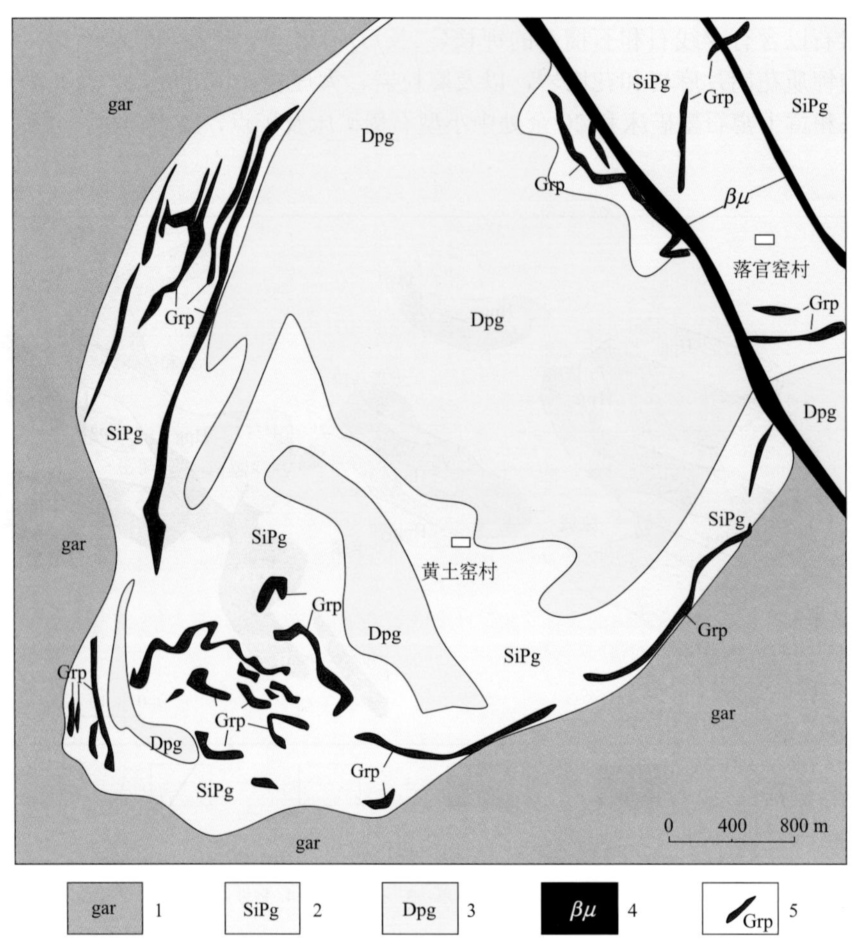

图 7-15　黄土窑石墨矿床地质简图

1. 麻粒岩；2. 夕线榴石片麻岩；3. 辉石斜长片麻岩；4. 辉绿岩脉；5. 石墨矿层

2. 石墨矿石

兴和黄土窑石墨矿床储量为 145.7 万 t，属晶质鳞片状石墨矿床。矿层和夕线石榴片麻岩、石榴浅粒岩等互层，主要呈似层状和透镜状。矿体规模一般长 100～200m，最长可达千余米，厚 4～40m，平均厚度约 20m，分布受黄土窑复式向斜构造控制，在褶皱叠加部位常加厚。

兴和黄土窑石墨矿产于黄土窑组孔兹岩系的下部，矿体呈多层产出，主要岩性为黑云母斜长片麻岩、夕线石榴片麻岩、石榴长英片麻岩及金云母化大理岩等(照片 7-3～照片 7-6)。

矿层内常见有花岗质细脉和伟晶岩脉，在其接触处，矿石的粒度变粗、品位变富(照片 7-7～照片 7-10)。

矿石为深灰色，风化面呈褐黄色，片麻状构造，鳞片花岗变晶结构。矿石矿物主要为斜长石、石英、微斜长石、石墨，局部含黑云母和角闪石较多，有时见有少量普通辉石，另有微量黄铁矿。

矿石化学成分：固定碳一般为 2.5%～5.0%，局部高达 8.71%，低者为 0.5%，平均为 4.1%，属中低品位贫矿石。

矿石矿物石墨为钢灰色，半金属光泽，鳞片状，鳞片大小一般为 1.0～1.5mm，片厚一般为 0.027～0.054mm，属大鳞片状石墨。与伟晶岩脉接触处因重结晶作用，粒度进一步变粗，一般为 3～5mm，大者可达 1.5～2cm。经测定密度为 2.2543g/cm^3。在射光显微镜下鉴定，石墨呈现灰褐色反射色，具有强烈的双反射和强非均质性。

不同矿石类型中石墨鳞片分布方式不同，变粒岩中石墨呈交织状不定向排列(照片 7-11、照片 7-12)；低品位片状变粒岩中石墨呈星散状具有定向排列，与黑云母联晶共生(照片 7-13～照片 7-16)；片麻岩中石墨与黑云母联晶组成条带状定向排列(照片 7-17、照片 7-18)，或者并列呈排状在粒状矿物之间定向排列(照片 7-19、照片 7-20)。

3. 矿化蚀变

矿区勘探划分含矿地层为 9 个岩性段，1、3、5、7、9 岩性段主要为(含)黑云夕线石榴斜长片麻岩夹石墨斜长片麻岩，2、4、6、8 岩性段以含辉石的各种麻粒岩为主，偶夹少量透镜状含金云母透辉石大理岩或蛇纹石化橄榄大理岩，构成多个沉积韵律。

比较华北其他石墨矿区，兴和黄土窑石墨矿区大理岩分布较少，主要产于第 8 岩性段上部，厚度一般 8～10m，走向延长 1500m 左右。其次在第 5 岩性段矿体底板有零星分布，厚度 2～3m，长约 30m，呈小透镜体或团块状产出。大理岩及白云质大理岩，方解石及白云石含量达 95%以上，经受区域变质作用普遍蛇纹石、透辉石化蚀变，形成蛇纹石化橄榄大理岩及含金云母(5%)透辉石(10%～12%)大理岩。

碳酸盐岩形成透辉石、镁橄榄石的变质反应中，释放出 CO_2：

$$MgCa(CO_3)_2+2SiO_2 = CaMgSi_2O_6+2CO_2\uparrow$$

$$CaMgSi_2O_6+3MgCa(CO_3)_2 = 2Mg_2SiO_4+4CaCO_3+CO_2\uparrow$$

区域上透辉片麻岩、长石透辉石岩、透辉石岩、透辉大理岩是含石墨岩系中特征的钙镁硅酸盐岩石组合。透辉片麻岩和透辉长石岩，岩石中暗色矿物以透辉石为主，含有角闪石、金云母、硅灰石；透辉石岩含有透辉石 65%～70%，并含有一定量的钙质角闪石或金云母 5%～10%；透辉大理岩中除方解石 50%～80%，还含有大量透辉石、金云母、方柱石、石墨、硅灰石和石英等多种硅酸岩矿物，含量在 20%～45%。

这些岩石表现为透辉片麻岩—透辉长石岩—透辉大理岩—长石透辉石岩—透辉石岩的变化规律，这样的韵律在剖面上反映其沉积地层韵律层，其中长石透辉石岩在透辉片麻岩岩组中所占的比例最大，约 50%左右，其次依次是透辉片麻岩(30%～35%)—透辉石岩(10%～15%)。透辉大理岩多以 10cm 至 20m 的薄层产出，主要产于长石透辉石岩层顶部，或产于长石透辉石岩与透辉片麻岩-透辉长石岩的过渡地带，透辉大理岩中也经常夹由多层 3～10cm 的长石透辉石岩的薄层。

钙镁硅酸盐岩石组合的各种岩石是钙泥质砂页岩及泥沙质碳酸盐岩石经过区域变质形成的岩石组合，其变质反应中主要是碳酸盐矿物与硅酸盐矿物的结合及成分交换，要释放出大量 CO_2。

碳酸盐岩蚀变是石墨矿床成矿蚀变的重要特征，石墨主要赋存在各种片岩、片麻岩中，其碳质来源于原岩黏土-半黏土岩中的有机质，而碳酸盐岩石在变质成大理岩及形成碳镁硅酸盐蚀变过程中能析出大量 CO_2，参与石墨成矿作用，在还原条件下与无机 CO_2 与有机质化合发生氧化还原反应重结晶成石墨，因此碳酸盐岩蚀变为石墨矿床提供部分碳质来源。

二、新荣镇石墨矿床

大同市北西新荣镇石墨矿区位于内蒙古断块南缘中部与吕梁－太行断块的云岗块坳北端之结合处，形成北东向延伸的石墨成矿带，分为不同勘查区段，划分了不同的矿段。南西端是白山村石墨矿段，向北东依次为弘赐堡矿段和六亩地矿段，与碓臼沟矿段、鸡窝涧矿段和七里村矿段，成为山西重要的石墨矿集区。

1. 矿区地质

1) 含矿岩系

矿区出露地层集宁群上岩组，分为下段瓦窑口组和上段右所堡组，石墨含矿层为上段右所堡组。

瓦窑口组($Ar_{1\text{-}2}w$)：呈北东向展布，出露于区域小石子—北羊坊—弘赐堡一带，分为上、下两个岩性段。

下段：下部为黑云斜长片麻岩夹辉石黑云斜长片麻岩、石榴辉石斜长片麻岩、紫苏角闪片麻岩；中部为黑云斜长片麻岩等；上部主要为紫苏角闪麻粒岩、紫苏斜长麻粒岩。

上段：下部主要为辉石斜长麻粒岩夹辉石斜长片麻岩；中部为紫苏斜长麻粒岩；上部为紫苏角闪麻粒岩。地层产状倾向 290° ～325° ，倾角 75° ～86° ，出露厚度为 1500～4000m。

右所堡组($Ar_{1\text{-}2}y$)：呈北东向展布，出露于区域夏庄—鸡窝涧—六亩地—弘赐堡一带，主要岩性为含石墨黑云斜长片麻岩、黑云斜长片麻岩、石榴子石浅粒岩及少量大理岩等。分为上下两个岩性段：

下段($Ar_{1\text{-}2}y^1$)：主要岩性为黑云斜长片麻岩、含石墨黑云斜长片麻岩、石榴子石浅粒岩夹斜长角闪岩及少量蛇纹石化大理岩。其中含石墨黑云斜长片麻岩为本区石墨矿的主要含矿层位。地层产状倾向290°～325°，倾角 75°～86°，出露厚度大于 600m。常有变辉长辉绿岩及伟晶岩脉穿插，与下伏瓦窑口组地层呈整合接触。

含石墨黑云斜长片麻岩：暗灰-灰黑色，不等粒鳞片粒状变晶结构，片麻状构造。矿物成分主要有斜长石(45%～65%)、石英(15%～30%)、黑云母(5%～15%)、石墨(0.1%～5%)，还有少量的锆石、磷灰石、黄铁矿，此外还有极少量的绿泥石、绿帘石，地表风化后岩石具不均匀泥化、绢云母化、褐铁矿化而呈现土褐色、浅灰黄色。

石榴子石浅粒岩：暗灰、灰白、粉白色，不等粒粒状变晶结构、不等粒鳞片粒状变晶结构，块状构造、变余薄层构造。岩石中矿物成分主要有斜长石(25%～56%)、石英(25%～65%)、石榴子石(5%～15%)，还有少量的黑云母、石墨、锆石、夕线石、金红石、黄铁矿等，地表风化后具不均匀泥化、微晶绢云母化、褐铁矿化而局部呈现土褐黄色。

含石墨蛇纹石化大理岩：仅见于钻孔中，呈透镜状夹于含石墨黑云斜长片麻岩中，厚度 0.62～6.26m，一般为 1～2m。浅灰绿色，粒状变晶结构，块状构造。岩石主要由方解石(55%～60%)、橄榄石(20%～30%)、透辉石(5%～20%)组成，此外还有少量的石榴子石、金云母、石墨、黄铁矿、磷灰石等，局部透辉石达 90%以上，变为透辉岩。其中的橄榄石大多已蛇纹石化及滑石化。

上段($Ar_{1\text{-}2}y^2$)：主要岩性为石榴子石浅粒岩、黑云角闪斜长片麻岩、黑云斜长片麻岩夹斜长角闪岩，夹少量透辉紫苏斜长片麻岩及磁铁石英岩。地层产状倾向 290°～325°，倾角 75°～86°，出露厚度大于500m。常有变辉长辉绿岩及伟晶岩脉穿插。

2) 区域构造

褶皱构造：区域上褶皱构造位于中古太古界集宁群中，主要有北榆涧褶皱群，它分布于北榆涧以西至赵家窑水库以东一带，主要由两个背斜及两个向斜褶皱组成，轴迹走向 5°～10°，褶皱形态为同斜紧闭褶皱，两翼产状与轴面产状基本一致(近直立)，局部微倾向北西西，倾角较陡，褶皱枢纽多倾向南。

祁皇墓－宋家庄背斜：轴向为 NE5°～30°，向北倾没、背斜轴部为辉石片麻岩，两翼为石墨片麻岩，含榴石片麻岩组成。

碓臼沟向斜：为祁皇墓－宋家庄背斜之次一级构造，轴向为 NE60°，以碓臼沟为中心向 NE、SW倾没。两翼岩层为石榴变粒岩(浅粒岩)和石墨片麻岩组成。

李花庄向斜：其轴向为 NE60°，延轴向向 NE、SW 两端延长不远自行倾没，两翼岩层分别为石榴变粒岩(浅粒岩)、辉石片麻岩、石墨片麻岩等组成。

此外，区域上还发育有规模小、数量多、形态多变的揉皱和褶曲。

断裂构造：断裂构造主要发育于本区东部，从时间上讲，可划归为燕山期和喜马拉雅期。燕山期断裂有西寺儿梁断裂、祁皇墓断裂、北羊坊断裂，喜马拉雅期断裂有北榆涧西断裂、北榆涧断裂、北榆涧东断裂。

3) *岩浆岩*

区内岩浆岩按岩性可分为混合花岗岩、变辉长岩、变辉绿岩、花岗伟晶岩、角闪透辉岩、煌斑岩等五类，规模较大的主要有北西向展布的吕梁期变辉绿(长)岩($\beta\mu_2^1$)。

辉绿(长)岩：呈脉状，北西向平行展布，倾向西南，倾角60°～70°。延长2.5～10km，一般为4～5km，宽度一般为50～100m。岩石呈深灰色，中粒辉绿结构，块状构造，矿物成分以斜长石为主(占50%～60%)，普通辉石次之(占20%～30%)，另外含少量的黑云母，副矿物见磁铁矿和磷灰石，岩石绿泥石化普遍。在矿区东南部，有一条辉绿岩脉切穿石墨矿体，但对矿体破坏较小。

花岗伟晶岩($\gamma\rho_2^1$)：在区内零星出露，主要呈细脉状顺片麻理产于中古太古界集宁群右所堡组中，其规模较小，一般在0.3m左右，局部可达5m。该岩体由于规模小，地表无法圈定。灰白色，变余伟晶结构，块状构造。矿物成分主要有钾长石(45%)、石英(30%)、斜长石(20%)，极少量的黑云母(1%±)、白云石、磁铁矿、锆石，边缘局部含有大鳞片状的石墨，可富集成矿，但规模较小。

2. 矿层矿体

矿层为集宁群右所堡组下段，其主要岩性有含石墨黑云斜长片麻岩、石榴子石浅粒岩及少量大理岩等，不等粒鳞片粒状变晶结构，片麻状构造。矿石自然类型属片麻岩型晶质石墨矿石。石墨矿石的地表部分及浅部普遍遭受风化作用，根据矿层遭受风化作用的强弱将本区矿石分为风化矿石和原生矿石两种类型。

矿体围岩的岩性主要为黑云斜长片麻岩、含石榴浅粒岩、混合岩化片麻岩和角闪透辉石岩。矿体的夹石以固定碳含量为0.11%～2.50%定名为含石墨黑云斜长片麻岩，夹石一般为含石墨黑云斜长片麻岩、黑云斜长片麻岩、混合岩化片麻岩、伟晶岩和角闪透辉石岩，厚度一般为4～10m(表7-9)。分白山村矿段、碓臼沟矿段和七里村矿段进行了详细勘查。

表7-9　新荣镇石墨矿床矿体一览表

矿段	矿体	规模/m			倾向 n/(°)	倾角 n/(°)	品位/%
		长	厚度范围/平均	深	范围/平均	范围/平均	
白山村矿段	1	1264	2.60～42.23 / 24.66	305	310～325 / 318	84	3.39
	2	1273	13.16～41.93 / 26.56	448	311～332 / 325	75～89 / 84	3.91
	3	1800	16.20～82.04 / 35.48	620	295～338 / 318	62～86 / 84	3.03
	4	200	22.25	40	314	82	2.17
	5	200	9.21	40	317	82	2.80
	6	480	3.97～12.53 / 8.72	200	316	82	2.88
	7	100	4.68	40	316	81	2.34
七里村矿段	1	1000	37.69～65.73 / 51.71	637	315～319	79～80	4.03
	2	1047	5.18～9.37 / 7.28	640	315～319	79～80	3.01
	3	1037	4.25～5.44 / 4.85	596	314～318	79～80	2.92
	4	269	17.52	536	315	79	3.54

续表

矿段	矿体	规模/m			倾向 n /(°)	倾角 n/(°)	品位/%
		长	厚度范围 平均	深	范围 平均	范围 平均	
七里村矿段	5	1829	18.35～127.28 70.35	638	312～323	77～79	3.76
	6	1429	6.42～15.43 10.45	622	313～317	77～79	3.07
	7	2765	18.58～127.47 65.57	621	311～321	70～79	3.63
	8	400	28.47	614	314	79	3.99
	9	669	35.56～36.46 36.01	581	316～318	75～77	3.16
	10	866	143.55～144.61 144.08	613	314～324	74～79	3.77
	11	257	3.93	577	313～315	75～77	3.62
	12	253	4.27	577	311～315	75	3.30
	13	1021	4.45～7.92 5.78	577	311～315	75～77	2.85
	14	246	12.30	569	310～311	75	2.58
	15	613	5.83～82.50 44.17	556	310～311	75～77	3.75
	16	263	17.06	95	319	79	3.19
	17	278	5.45	104	3119	79	3.19
	18	400	4.43～43.73 17.88	265	306～310	71	4.85
	19	525	5.87	280	313～315	77	3.03
碓臼沟矿段	Ⅰ-1	570～1080	13.11～29.32 21.22		284～314	65～78	4.11
	Ⅰ-2	570～1080	67.86～125.03 96.45		286～320	54～85	3.37
	Ⅱ-1	1000	20.64～51.60 36.91	350	310～335	69～88	3.25
	Ⅱ-2	1000	3.82～37.38 22.70	435	310～340	67～87	3.75
	Ⅱ-3	1000	2.78～24.12 10.18	525	315～335	69～87	3.38
	Ⅱ-4	600～700	7.70～13.83 10.68	120	300～340	69～83	3.23
	Ⅱ-5	200	6.06	98	315	76～83	3.59
	Ⅱ-6	200	2.89	47	305	85	2.09
	Ⅱ-7	600～700	4.68～17.41 11.27	538	305～325	76～83	2.81
	Ⅲ-1	860	43.87～52.57 48.22	103	305～325	60～77	3.86
	Ⅲ-2	860	5.14	172	303～325	69	3.56
	Ⅲ-3	860	2.33	263	305～325	63～68	2.99
	Ⅲ-4	860	2.99	320	305～323	63～68	3.23

白山村石墨矿Ⅰ号石墨矿带走向北东，倾向北西，倾角约 85°。矿带长约 2200m、宽 40～160m。工程验证，发现了Ⅰ号石墨矿带，Ⅰ矿带分布于本区南部，走向北东，倾向北西，倾角约 85° 。矿带北东向长约 2200m、宽 40～160m。矿体控制最大长度 1800m，深部控制最大斜深 620m。Ⅰ号矿带共

圈定 7 个矿体，分别为 1、2、3、4、5、6、7。矿体一般呈似层状、层状单斜产出，矿体有分支复合现象。矿体呈北东—南西向展布，矿体倾向 280°～330°，倾角 75°～85°(于磊，2012)。

碓臼沟石墨矿段工程揭露，发现了石墨矿带 3 条，编号分别为Ⅰ、Ⅱ、Ⅲ矿带。矿带(体)均赋存于含石墨黑云斜长片麻岩中，矿体与围岩界线不清。矿带总体呈北东一南西向展布，呈层状、似层状、透镜状产出，有分支复合现象，矿体倾向 284°～340°，倾角 54°～88°(王秀娟和武彦博，2015)。

七里村矿段大面积被黄土覆盖，通过工程验证发现石墨矿带 1 条，走向北东，倾向北西，倾角 70°～80°，矿带长约 3000m，宽 65～750m。矿带共圈出 19 个矿体，编号为 1～19 矿体(图 7-16)。钻探工程揭露均见到变辉长(辉绿)岩脉，共勾绘出 6 条变辉长(辉绿)岩脉，宽 30～105m，走向 310°～340°，倾向北东，倾角 50°～80°，变辉长(辉绿)岩脉穿切于矿(带)体中，破坏了矿体的连续性(图 7-17)。

图 7-16　新荣镇石墨矿区七里村矿段地质简图

1. 第四系；2. 集宁群右所堡组黑云斜长片麻岩；3. 煌斑岩脉；4. 辉绿岩脉；5. 混合花岗岩；6. 石墨矿层；7. 村路

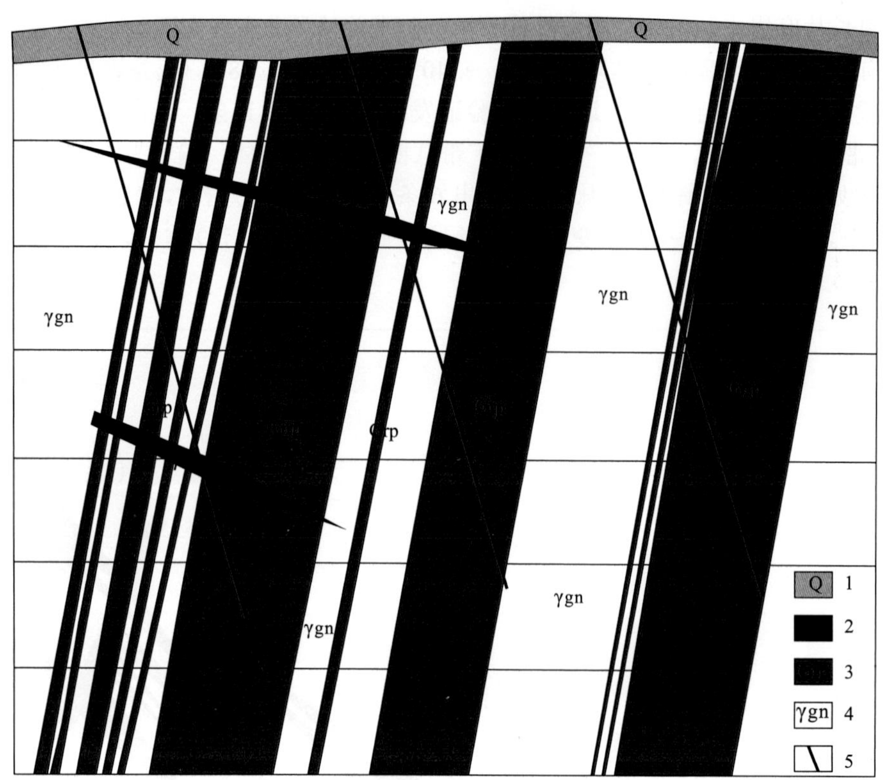

图 7-17　新荣镇石墨矿区七里村矿段剖面地质图

1. 第四系；2. 辉绿岩脉；3. 石墨矿层；4. 黑云斜长片麻岩；5. 钻孔

3. 石墨矿石

1) *矿石类型*

新荣石墨矿石岩性为黑云斜长片麻岩、石榴浅粒岩及少量大理岩等，不等粒鳞片粒状变晶结构，片麻状构造，矿石自然类型属片麻岩型晶质石墨矿石，矿石中石英细脉(照片 7-21、照片 7-24)及长英质混合岩脉(照片 7-25、照片 7-26)发育。石英细脉及长英质岩脉中及边缘石墨鳞片增大或者集中富集。

什报气石墨矿床矿石类型与新荣镇石墨矿石基本是一样的，主要为片麻岩型矿石，其中长英质岩脉及石英脉发育(照片 7-25、照片 7-28)，石英脉及长英质岩脉中及边缘石墨鳞片增大或富集。

受自然风化作用的影响，石墨矿石的地表部分及浅部普遍遭受风化氧化作用，根据矿层遭受风、氧化作用的强弱将本区矿石分为风化矿石和原生矿石两种类型。大约在距地表 40m 上下，作为风化矿石与原生矿石的分界。风化矿石褪色作用明显普遍呈灰白色或浅灰色，矿石机械强度降低、疏松、易碎、孔隙度较大。次生蚀变作用较强，高岭土化、绢云母化和褐铁矿化等较普遍。由于褐铁矿化作用、新鲜黄铁矿少见，化学成分中 S 的含量很少。原生矿石普遍呈深灰色或灰黑色、暗绿色，矿石机械强度较高，不易破碎，次生蚀变作用较弱，见少量的绿泥石化，新鲜黄铁矿常见，矿石化学成分中含 S 远大于风化矿石。

2)*矿物组成*

矿石主要矿物成分有斜长石(40%～55%)、石英(15%～35%)、黑云母(5%～20%)、石墨(2%～6%)，次要矿物有磷灰石、黄铁矿、磁铁矿等含量均1%左右。原生矿石中还有极少量的副矿物和次生蚀变矿物绿泥石、绿帘石。

镜下观测石墨鳞片片径一般 0.1～0.6mm，地表工程观察石墨片径大多为 0.1～1mm，占总量的60%～80%；石墨片径小于 0.1mm 的占 5%～10%；石墨片径 1～2mm 的占 10%～20%；石墨片径大于2mm 的很少。

鸡窝涧矿段石墨鳞片大多数集中在 0.1～1mm 和小于 0.1mm 之间，占总量的 65%～85%，最高可达 95%；片径在 1～2mm 的石墨片，平均含量为 5%～10%；大于 2mm 的大片径石墨，一般含量很少，且分布不均匀，极个别的能占 10%左右。

七里村矿段晶质(鳞片状)石墨片径小于 100 目(<0.147mm)少量，一般<5%；100～80 目(0.147～0.175mm)含量约 15%；80～50 目(0.175～0.287mm)含量约 26%；大于 50 目(>0.287mm)含量约 55%。

3)*矿石结构构造*

原生矿石呈灰黑色，污手(灰黑色)，鳞片粒状变晶结构，片麻状构造。矿石中石墨、黑云母、斜长石等片、柱状矿物呈定向排列，构成片麻理。石墨鳞片与云母片镶嵌成聚合晶呈星散分布或条带状分布(照片 7-29～照片 7-32)；而什报气石墨矿显示多期石墨聚合晶定向或交织分布(照片 7-33、照片 7-34)，沿片理裂隙或与夕线石聚合分布(照片 7-35、照片 7-36)。

风化矿石呈暗灰-灰白色，具不均匀泥化、绢云母化、褐铁矿化而呈现土褐色、浅灰黄色。不等粒鳞片粒状变晶结构，片麻状构造。矿石中长英质矿物多具两向伸长状，长径方向与片状矿物的排列方向一致。不同矿物分别聚集呈条带状，浅暗色矿物相间排列呈片麻状构造。

4. 混合岩化及蚀变

1)*混合岩化岩石*

晋冀蒙地区大地构造位于阴山与太行山构造交汇部位，岩石构造变质作用强，混合重熔和再生岩浆岩发育。集宁群孔兹岩系片麻岩分布区广泛发育一系列规模不等的透镜状或条带状的混合花岗岩体，在大同新荣镇石墨矿、土左旗石墨矿及兴和黄土窑石墨矿区均发育大量条带状混合岩脉及石榴混合花岗岩或石榴浅粒岩。大理岩硅化蚀变明显，主要橄榄石化、透辉石化蚀变。

重熔混合岩化是变质高峰期后减压升温作用期间物质熔点降低的产物。复背斜核部的混合花岗岩特征表现了较典型的就地重熔，由长石、石英组分的浅粒岩发生部分重熔，并形成似文象结构是减压重熔的标志。一定压力下，K^+浓度大于 40×10^{-6} 的溶液在中高温范围内均可进行钾交代，形成钾长石。本区变质岩 K_2O 含量高，含紫苏黑云二长片麻岩及黑云二长片麻岩、夕线石榴钾长片麻岩中出现的眼球状钾长石变斑晶，是在退变质作用时，由富 K 晶间卤水交代产生的再生混合岩化的产物。本区的条带状混合岩和条带状夕线石榴片麻岩属再生混合岩化成因，亦有明显钾交代现象。再生混合岩化长英岩浆以长英质脉体的透入和钾交代形成眼球状钾长石变斑晶、花岗岩脉、伟晶岩脉及石榴花岗岩，以及原地部分熔融形成石榴浅粒岩(陶继雄和胡凤翔，2002)。

花岗斑岩脉体呈肉红、砖红或灰褐色，似斑状结构，碎裂结构，近平行脉壁作定向排列的斑晶主要为自形正长石、微斜长石。基质为细晶结构，主要由微斜长石、正长石、更长石(An20±)及石英、少量条纹长石等组成，一般含 5%～10%的黑云母，少量磁铁矿、白云母，副矿物有磷灰石、浑圆锆石、独居石。长石、石英颗粒中包裹有细针状夕线石，长石斑晶中常见具熔蚀痕的圆粒石英。

伟晶岩脉体与围岩界限清晰，白云母矿化较好的伟晶岩脉规模较大，显示明显的条带构造，矿物成分主要为微斜长石、微斜条纹长石、正长石、钠长石、石英、白云母、黑云母，其次见有黑色电气石，少量黄晶、萤石、石榴石、磁铁矿、磷灰石，偶见绿柱石，独居石，普遍含夕线石，个别脉体中夕线石含量集中，晶体较大。伟晶岩熔浆是岩石经深熔作用，在花岗斑岩、细晶岩生成阶段之后，进一步受热液交代形成的。

石榴混合花岗岩的产出受夕线石榴钾长片麻岩夹浅粒岩、石英岩这一层位控制，与片麻岩及浅粒岩表现为渐变过渡关系，即岩体无截然的边界和冷凝边结构，围岩无接触变质现象，表明石榴花岗岩体与围岩是共处于一个统一的连续渐变的热力系统中。

岩体中的包体(残留体)主要为夕线石榴片麻岩、石英岩，形态均为条带状或透镜状，一般大小 2m×5m，含量约 5%±，分布不均匀，与寄主岩界线模糊，呈渐变过渡熔融残留体的特征。浅色矿物和暗色矿物成分含量上表现出互为消长的关系，石榴混合花岗岩中浅色组分(熔体)明显增多，暗色组分(难熔组分)显著减少，暗色组分大量残留富集在包体中。

石榴混合花岗岩(石榴浅粒岩)呈灰白至灰黄色，具花岗变晶结构，斑杂状构造，主要矿物成分更斜长石(10%)，粒径 0.5～1.3mm，部分颗粒半自形晶形，发育聚片双晶，部分双晶发生了弯曲变形，部分颗粒在与钾长石接触部位形成蠕英结构；钾长石(60%)粒径 0.5～3.5mm，具有泥化现象，为条纹长石、微斜长石；石英(20%)粒径 1～1.5mm，具玻状消光，呈填隙状分布；黑云母(5%)0.5～2.0mm 片状，具黄棕红色多色性；石榴石(5%)含量不均，多呈等轴变晶粒状，一种小于 2mm，内部不含包体，另一种可达 5～10mm，发育残缕结构，含有石英、长石、黑云母包体，片状矿物定向排列与花岗岩中片麻理一致。副矿物组合类型为钛磁铁矿-磷灰石-锆石型，普遍含金红石。

2) *石榴混合花岗岩岩石化学*

石榴混合花岗岩的化学成分显示，富 SiO_2，含量平均 74.98%，Al_2O_3 平均含量 11.96%，$K_2O/Na_2O<1$，A/NKC=1.44，属低钾高铁过铝花岗岩；石榴浅粒岩化学成分显示，SiO_2 含量平均 63.80%，高铝 Al_2O_3 平均含量 16.33%，K_2O/Na_2O 平均 1.74，A/NKC 平均 1.57，属高钾高铁过铝质岩石；花岗岩中石榴片麻岩残留体化学成分显示，低 SiO_2，含量平均 47.23%，高铝 Al_2O_3 平均含量 28.20%，K_2O/Na_2O 平均 2.76，A/NKC 平均 3.97，属高钾高铁过铝岩石，A/NK 平均 4.92 表明有独立铝质矿物(表 7-10)。

表 7-10　乌拉山地区孔兹岩系中混合岩岩石化学及稀土元素成分表

成分	石榴花岗岩			石榴浅粒岩					石榴片麻岩		
	GR1	GR2	平均值	GR3	GR4	GR5	GR6	平均值	SP7	SP8	平均值
SiO_2	77.32	72.63	74.98	62.85	62.57	65.98		63.80	45.90	48.56	47.23
TiO_2	0.38	0.42	0.40	1.36	0.99	0.74		1.03	1.05	1.17	1.11
Al_2O_3	10.61	13.30	11.96	16.03	17.10	15.87		16.33	30.87	25.53	28.20
Fe_2O_3	2.20	3.22	2.71	4.59	4.38	5.26		4.74	8.86	11.10	9.98
FeO	1.19	1.17	1.18	2.27	3.88	1.73		2.63	2.70	1.99	2.35
MnO	0.04	0.04	0.04	0.12	0.08	0.06		0.09	0.08	0.14	0.11
MgO	1.82	1.69	1.76	2.99	2.77	2.28		2.68	3.63	4.35	3.99
CaO	2.14	1.57	1.86	2.05	1.95	1.04		1.68	0.58	1.00	0.79
Na_2O	1.85	1.89	1.87	2.29	2.26	1.84		2.13	1.11	1.39	1.25
K_2O	1.14	2.27	1.71	4.24	3.23	3.58		3.68	3.47	3.34	3.41
P_2O_5	0.02	0.06	0.04	0.06	0.18	0.09		0.11	0.07	0.25	0.16
Los	0.93	0.66	0.80	1.11	1.79	1.15		1.35	1.67	1.15	1.41
合计	99.64	98.93	99.28	99.97	101.18	99.61		100.25	100.00	99.97	99.98
Na_2O+K_2O	2.99	4.16	3.58	6.53	5.49	5.42		5.81	4.58	4.73	4.66
K_2O/Na_2O	0.62	1.20	0.91	1.85	1.43	1.95		1.74	3.13	2.40	2.76
A/CNK	1.30	1.58	1.44	1.32	1.59	1.80		1.57	4.64	3.30	3.97
A/NK	2.48	2.39	2.43	1.92	2.37	2.30		2.19	5.52	4.32	4.92

续表

成分	石榴花岗岩			石榴浅粒岩					石榴片麻岩		
	GR1	GR2	平均值	GR3	GR4	GR5	GR6	平均值	SP7	SP8	平均值
F/M	1.74	2.41	2.07	2.14	2.82	2.84		2.60	2.94	2.75	2.85
La	35.55	38.01	36.78	21.19	53.34	28.09	57.50	40.03	189.28	71.17	130.22
Ce	50.98	67.67	59.32	45.04	79.81	41.46	90.38	64.17	400.35	136.21	268.28
Pr	4.32	8.71	6.52	4.77	8.75	4.67	10.78	7.24	53.96	18.32	36.14
Nd	17.57	29.54	23.55	16.39	25.92	14.45	35.26	23.00	192.12	64.44	128.28
Sm	5.15	4.08	4.62	2.68	3.75	2.91	5.36	3.68	38.68	11.71	25.19
Eu	2.00	1.23	1.62	0.99	2.28	1.66	2.34	1.82	1.05	0.61	0.83
Gd	8.74	3.41	6.07	3.49	5.04	3.46	6.08	4.52	31.47	14.02	22.74
Tb	1.32	0.51	0.91	0.60	0.68	0.56	0.93	0.69	4.28	2.22	3.25
Dy	7.12	2.32	4.72	3.87	3.22	3.11	5.27	3.87	20.01	13.03	16.52
Ho	1.56	0.65	1.10	0.96	0.72	0.73	1.12	0.88	4.40	2.97	3.68
Er	3.89	1.80	2.84	2.76	1.74	1.85	2.69	2.26	12.39	8.18	10.28
Tm	0.64	0.27	0.45	0.41	0.24	0.31	0.41	0.34	1.69	1.43	1.56
Yb	3.78	1.50	2.64	2.31	1.34	1.62	2.92	2.05	9.59	6.03	7.81
Lu	0.64	0.22	0.43	0.38	0.21	0.25	0.34	0.29	1.40	0.94	1.17
REE	143.25	159.91	151.58	105.82	187.03	105.14	221.40	154.85	960.65	351.26	655.95
LREE/HREE	4.18	14.00	9.09	6.17	13.19	7.84	10.20	9.35	10.27	6.20	8.24
δCe	0.99	0.89	0.94	1.08	0.89	0.87	0.87	0.93	0.95	0.91	0.93
δEu	0.91	1.01	0.96	0.99	1.60	1.60	1.25	1.36	0.09	0.15	0.12

注：主量元素含量单位为%，微量元素含量单位为 10^{-6}。

比较几种岩石的化学成分变化，从夕线石榴片麻岩、石榴浅粒岩到石榴混合花岗岩，只有 SiO_2、CaO 成分含量逐渐增加，K_2O、Na_2O 以浅粒岩最高，其他成分基本都是逐渐降低(图 7-18)。这一化学成分上互为消长的关系，反映出混合岩化作用强弱不同，化学成分迁移的差异。

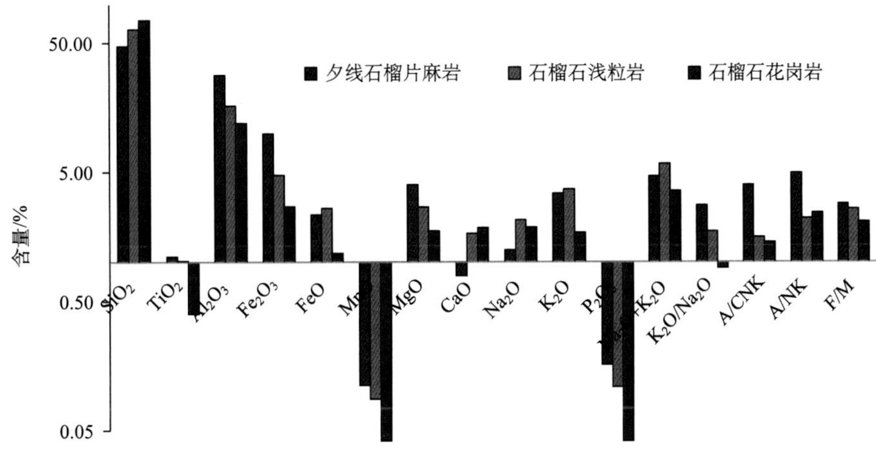

图 7-18　乌拉山—太行山孔兹岩系中混合岩岩石化学成分比较图

石榴混合花岗岩与浅粒岩及残留夕线石榴片麻岩的稀土元素含量进行对比，夕线石榴片麻岩稀土总量最高，平均含量 655.95×10^{-6}，花岗岩和浅粒岩类似，稀土元素总量平均分别是 151.58×10^{-6} 和

154.85×10^{-6}；花岗岩和浅粒岩轻重稀土元素比值略高于片麻岩，δCe 均略小于 1；浅粒岩 δEu 值均大于 1，平均 1.36，花岗岩 δEu 近于 1，而片麻岩 δEu 则明显小于 1，平均为 0.12。

片麻岩的稀土元素配分曲线显示明显的负铕异常，花岗岩不具铕异常，两者略具负铈异常(图 7-19)；浅粒岩的稀土元素配分曲线轻稀土元素段斜率大于重稀土元素段，均显示正铕异常(图 7-20)；三种岩石稀土元素平均值配分曲线，片麻岩曲线在上部显示总量高，曲线形态显示规则负铕异常，而花岗岩和浅粒岩曲线接近，在下部显示稀土元素总量较低，斜率稍小的花岗岩曲线略显负铕异常，斜率稍大的浅粒岩曲线显示明显的正铕异常(图 7-21)。

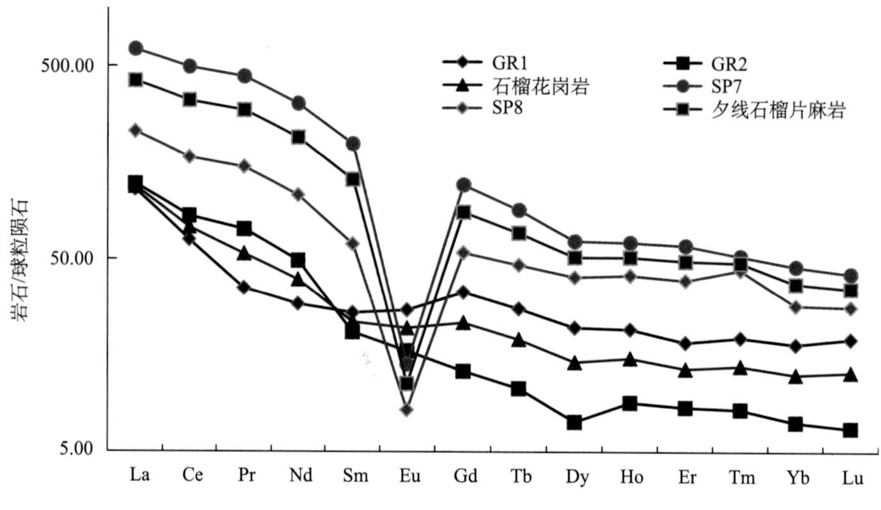

图 7-19　夕线石榴混合片麻岩和石榴花岗岩稀土元素配分曲线图

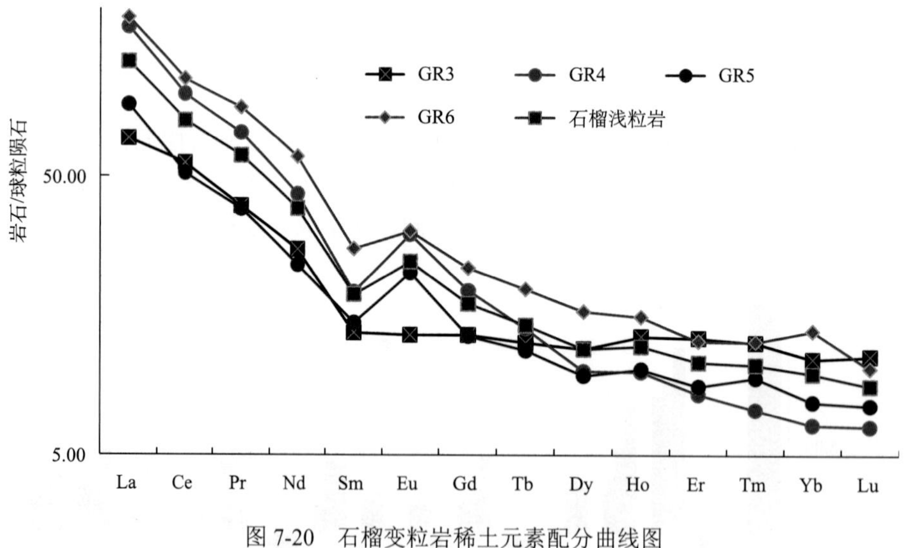

图 7-20　石榴变粒岩稀土元素配分曲线图

稀土元素地球化学特征显示从片麻岩到浅粒岩和花岗岩，轻重稀土元素略有分异，但是稀土元素被分散，因此稀土元素总量降低。结合岩石化学组成分析，三种岩石具有同源性，均显示陆壳沉积岩石特征。花岗岩锶同位素初始比值 I_{Sr}=0.72042～0.72933，也显示陆壳改造型花岗岩的特征。因此石榴混合花岗岩是含石墨孔兹岩系重熔交代的结果，与成熟的岩浆花岗岩比较，成熟度较差，岩石化学组成及稀土元素分异不好。

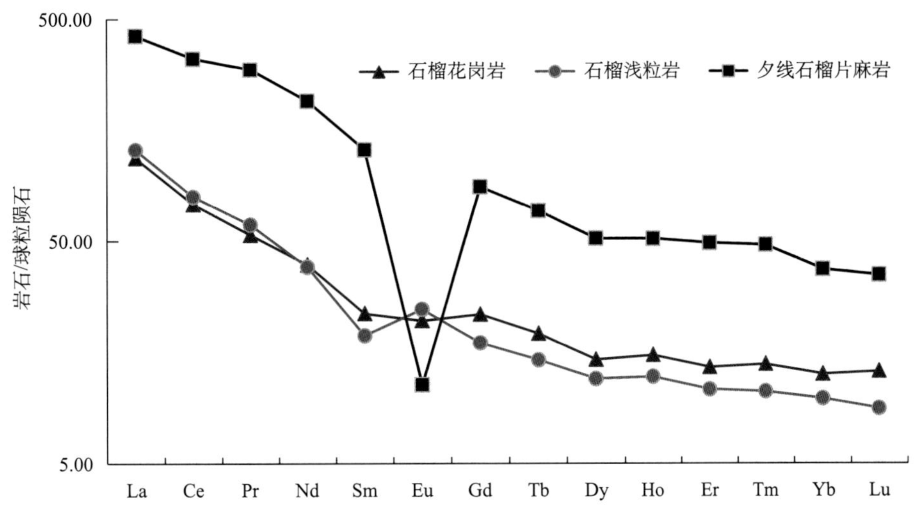

图 7-21　石榴花岗岩、石榴浅粒岩与夕线石榴片麻岩稀土元素平均值配分曲线图

三、什报气石墨矿床

1. 矿区地层

含矿地层大青山群(原定太古宇桑干群)，为矿区主要出露岩层角闪斜长片麻岩组，按其岩性划分为四个岩段，由老至新分述如下。

(1)角闪斜长片麻岩段：仅在矿区东南及西北部位零星分布，颜色呈灰黑色。主要造岩矿物斜长石、角闪石、石英，其次为绿泥石、黑云母等。

在东南部位出露的角闪斜长片麻岩走向为 NE，倾向 NW，倾角 50°；而西北部出露的走向近东西，倾向南，倾角 70°，与上覆之大理岩段为断层接触关系。

(2)大理岩段：分布在矿区的东部、北部和西南部，为石墨矿层的底板岩层。该区大理岩主要是方解石大理岩和白云石大理岩，根据所含次要矿物又可分为斜长大理岩、石英(硅质)大理岩、蛇纹石化大理岩、金云母大理岩和石墨大理岩等。

该岩段在东部多呈断块状及片麻状花岗岩之捕虏体存在，走向北西，倾向南西，倾角较陡，40°～60°。在西部呈层状产出，组成矿区次级短轴背斜之核部，走向北西，倾向北东或南西，倾角较缓，厚度约 150m，在 2 号矿体北部的大理岩段组成矿区主要褶皱构造扇形背斜的核部，走向近东西，产状倒转，倾斜中等，40°～50°。由于两侧均有断裂发育，故厚度出露不全，所见厚度大于 50m。区内大理岩与上覆之石墨斜长片麻岩段以整合接触为主，局部为断层接触。在两者接合面间，往往存在破碎及喀斯特现象，在 1 号矿体的西南部位，ZK1、ZK2、ZK5、ZK7 等钻孔中出现漏水现象。大理岩段与上覆的石榴斜长片麻岩段为整合接触，局部为断层接触。

(3)石墨斜长片麻岩段：集中分布在矿区中部，为主要的含矿层位，受断裂及褶皱的控制，而在东部、西部和北部皆有零星出露。

地表风化层，岩石呈黄褐色，深部原生岩石呈灰黑色，主要矿物成分有石墨、斜长石、石英，其次为黑云母、白云母、黄铁矿、褐铁矿等。花岗变晶结构，片麻状构造十分明显，由石墨和斜长石、石英等矿物构成的黑白相间条带。

石墨斜长片麻岩段岩性变化较为复杂，以石墨斜长片麻岩为主，夹有云母斜长片麻岩、含石墨斜长片麻岩、石墨透辉岩、含石墨透辉岩、石墨大理岩和含石墨大理岩，均呈大小不等的透镜体。夹层沿走向、倾向延伸不大，一般长度 50～60m 到 100～150m，厚度 3～5m，其中只有两层含石墨大理岩和一层含石墨斜长片麻岩延伸较大。该岩段与上覆石榴斜长片麻岩段为整合接触关系，局部为断层接触。

该岩段处于矿区主要褶皱构造-向斜和倒转向斜的两翼，构成 1、2 号两个矿体。与上下覆岩段主要为整合接触关系，局部为断层接触。

(4) 石榴斜长片麻岩段：矿区内大面积出露，分布在中部和西部，组成向斜的核部，为矿层的顶板岩层。岩石主要由斜长石、石英、石榴子石、少量钾长石组成，其次有夕线石、黑云母、金红石等。岩层产状紊乱，在倒转向斜中西部南翼，产状正常，走向北西或北北西，倾向 NE—NNE，倾角 40°～50°，北翼产状向 NNE 倒转，在倒转向斜至东端仰起部位附近，两翼产状正常，倾角 30°～60°。依据钻孔资料其厚度大于 250m。局部夹含石墨斜长片麻岩，呈透镜体赋存于该岩段中。

2. 矿区构造

本矿区构造较为复杂，褶皱、断裂都较发育，因主要受南北方向挤压力的影响，致使构造线方向以东西向为主。

褶皱构造：矿区由北部扇形背斜和中部倒转向斜组成紧密的主要褶皱，两者以断裂相衔接，在倒转向斜之南翼形成此意见的短轴背斜和开阔的向斜。

这些褶皱构造的存在主要是以地层层序的新老次序的规律排列和分布，地表岩层产状的规律变化为依据的，再则矿区有一些小褶曲与这些褶皱具有相似性。

1) 扇形背斜构造

背斜核部由大理岩段组成，两翼地层为石墨斜长片麻岩段和石榴斜长片麻岩段。轴面走向近东西向。在背斜西段轴面近于直立，而东部轴面却向南倾斜，且两翼产状皆向南西或南东倾斜，变成为向南倾斜的倒转背斜。背斜西段两翼岩层厚度不相等，北翼由于有 F_3 逆断层和 F_2 正断层存在而使岩层出露不全，厚度变薄，造成背斜两翼不对称。背斜轴部分布有与形成褶皱时同期侵入的片麻状花岗岩，其并未参与褶皱构造，背斜枢纽向东仰起。

2) 倒转向斜构造

石榴斜长片麻岩段组成向斜构造的核部。两翼地层为石墨斜长片麻岩段和大理岩段。轴面走向总体呈近东西向，而东部仰起端走向转为南东东。向斜西段(庙沟以西)轴面向北倾斜，倾角 30°～45°，向斜南翼产状正常，倾向北东—北东东，倾角 40°～50°；而北翼产状向北倒转，倾角 35°～70°。向斜东段轴面虽仍倾向北，但两翼产状逐渐正常。如 Z_2 纵剖面图上轴面倾向北，倾角 70° 左右。两翼产状已经正常。向斜两翼之石墨斜长片麻岩段出露厚度极不对称，南翼 1 号矿体保留较完整，厚度 29.55m，而北翼 2 号矿体，因受 F_6 和 F_7 两条逆断层的影响，使之厚度变小，且沿走向变化较大。向斜枢纽向西倾伏。

3) 开阔向斜构造

位于矿区主要勘探地段，为倒转向斜南翼的次一级褶皱。石榴斜长片麻岩段组成向斜核部，轴向近南北向，轴面近于直立。向斜轴向南延伸被 F_{49} 正断层所截，并向东推移。在第Ⅱ、Ⅲ勘探线间，向斜轴被 F_{45} 逆断层向西推移。在第Ⅳ勘探线北侧，被 F_{15} 正断层所截。两翼均由石墨斜长片麻岩段和大理岩段组成。其中，石墨斜长片麻岩段在两翼厚度较为稳定，而东翼厚度逐渐变薄，直至尖灭。两翼产状都较平缓，30°～40°。向斜轴部见矿深度总的趋势是由南向北，由浅变深，且有波状起伏，在第Ⅴ勘探在线为 1052m 标高，第Ⅲ勘探在线为 1070m，第Ⅰ勘探在线为 1043.5m，第Ⅱ勘探在线为 1009m，第Ⅳ勘探在线为 1008m，因此该向斜的枢纽是南端仰起，波状起伏的向北倾伏，倾角 10° 左右。

4) 短轴背斜构造

位于矿区西南，倒转向斜之南翼。为次一级褶皱构造。背斜核部由大理岩段组成，轴向近南北，轴面略微向南西倾斜，倾角 80° 左右。其东北翼由石墨斜长片麻岩段和石榴斜长片麻岩段组成，而其西南翼只由石墨斜长片麻岩段组成，石榴斜长片麻岩段已被剥蚀，仅在地质观测点 D_{52} 处见到少量的残留物。为不对称短轴背斜，在背斜核部亦有片麻状花岗岩侵入。

断裂构造：该区断裂构造十分发育，已编号者有 55 条可分为近东西向断裂组、北西向断裂组、北东东向断裂组、北北东向或近南北向断裂组、近东西向的呼包深大断裂组等五组。

其中，近东西向断裂组时代最老，与东西向的褶皱构造同时形成，为吕梁运动所造成，也是本区主要的断裂构造。北西向断裂晚于前组，不甚发育。北东东向断裂较为发育，并切穿了北西向断裂。北东东向断裂最晚，不甚发育。

3. 矿层矿体

什报气石墨矿层的分布主要受褶皱和断裂构造的控制，在矿区出露地表有 3 个矿体。3 个矿体实则为同一层矿。1 号矿体和 2 号矿体分布在倒转向斜之南北两翼，并为断裂所控制，3 号分布在短轴背斜之西南翼。

矿体赋存在石墨斜长片麻岩段中，其顶板为石榴斜长片麻岩，大理岩为其底板。矿体的产状与围岩产状一致，与顶板、底板以整合接触为主，仅在 2 号矿体和 1 号矿体的西部为断层接触关系。控制产状变化的主要因素是褶皱构造，此外，2 号矿体和 3 号矿体产状还受断裂构造的影响，在断层间矿层发生挤压揉皱及牵引现象，使产状紊乱，2 号矿体倾向南，局部倒转倾向北。

矿体与石榴斜长片麻岩接触界线还是较为清楚的，但局部由于固定碳品位不够工业指标，而使矿体与石榴斜长片麻岩之间出现含石墨斜长片麻岩，因而接触界线不够规则。同样，矿体与底板大理岩接触时，局部也由于同样原因，在两者之间出现厚度不等的含石墨大理岩，使接触界线不规则。

(1)号矿体走向近东西向，倾向北西，倾角陡立。矿体的主要勘探地段，矿体沿走向和倾斜方向有膨胀缩小现象，一般幅度不大，厚度较为稳定。矿层东西长 526.6m，矿体平均厚度为 28.39m，最厚处达 55.07m。地表平均厚度大于深部平均厚度，地表平均厚度为 33.38m，最大达 50.48m，最小只有 12.07m。深部平均厚度为 23.40m，最厚处达 60.23m，ZK35 达 51.18m，与矿层正常厚度相比增加一倍。在南北向开阔向斜东翼，矿体厚度逐渐趋于变薄而尖灭。向东部厚度变薄，趋于尖灭，最薄厚度 1.29m；矿体西部矿体厚度变化较大，由 2.70～15.85m，厚度最大为 15.85m，平均厚度为 7.61m。

(2)号矿体位于 1 号矿体之北部，倒转向斜之北翼，为似层状，受断裂构造的控制，夹于断裂之间。位于倒转向斜的北翼，产状倒转且较为紊乱，走向近东西，以倾向北西为主，倾角 60°，全长 390m。断裂破坏矿体厚度岩走向变化较大，最大厚度为 38.45m，平均厚度为 26.16m。

(3)号矿体位于矿区西南部，与 1 号矿体相对应，组成短轴背斜之两翼，走向北西，倾向 SW，倾角 30°～40°。由于矿层大部分已被剥蚀，以及片麻状花岗岩侵入对矿层的破坏，现在矿体残留部分出露地表的长度约为 75m，厚度最大为 20.95m，一般厚在 10m 以内。

什报气石墨矿床西北柳梢沟(什报气村 NW4km)、半坝(什报气村 NW7.5km)、灯笼树(什报气村北约 6.5km)等矿点，也是具有一定规模的优质鳞片状晶质石墨，属于什报气同一矿带相同矿床类型石墨矿，石墨矿石类型为角闪斜长片麻岩，鳞片状石墨含量 10%±；含石墨斜长透辉透闪片麻岩石墨含量一般低于 2.5%(表 7-11)。

表 7-11　什报气石墨矿外围矿点

矿点	产状	走向	倾向	倾角	长厚	品位/%
灯笼树	似层状、透镜状	260°～280°	SW	50°～70°	长 630m，厚 34.66m 最大厚度 60.49m	7.38
半坝	层状、似层状	290°～340°	NE	30°～40°	长 300m，均厚 20～30m	12.79
柳梢沟	层状、似层状	20°～40°	SE	15°～34°	长 200m，均厚 20m 最大厚度 40m	6.55

矿层具有矿化夹石，按其岩性又可分为含石墨大理岩及由其蚀变而成的含石墨透辉岩、含石墨斜长片麻岩，呈透镜体状赋存于矿层中，夹石厚度一般为 2～5m，沿走向延伸 50～100m，沿倾斜延伸 100～150m，较大的有二层含石墨大理岩及一层含石墨斜长片麻岩具有一定规模。

4. 石墨矿石

矿石有三种岩石类型，即片麻岩型石墨矿、大理岩型石墨矿、透辉岩型石墨矿，以片麻岩型石墨矿为主，大理岩型石墨矿约占 14.66%，透辉岩型石墨矿约占 7.9%。

片麻岩型石墨矿呈层状或似层状分布，大理岩型石墨矿及透辉岩型石墨矿均为透镜状夹于片麻岩型石墨矿之中，透辉岩型石墨矿多数是由大理岩型石墨矿交代蚀变而成，所以在矿体中两者似乎有紧密共生的现象，三种矿石类型在矿体中无明显的规律性关系。

矿石的结构构造有：鳞片花岗变晶结构、片麻状构造、块状构造。

片麻岩型石墨矿：具鳞片花岗变晶结构，矿石是由一些大致等轴的斜长石、石英粒状矿物组成的，颗粒的形状大多呈椭圆球形，个别呈港湾状。此外，有鳞片状的石墨、云母。绿泥石等片状矿物呈星散状分布于粒状脉石矿物的粒间。片麻状构造。由石墨和长石、石英等浅色矿物，形成黑白相间的条带，石墨鳞片与长石、石英等矿物之长轴方向同向分布。

透辉岩型石墨矿：具鳞片花岗变晶结构，即鳞片状石墨鳞片呈星散状嵌布于粒状(柱状)的透辉石粒间，或透辉石颗粒内部以及透辉石与其他脉石矿物如金云母、斜长石颗粒之间，或呈微脉状沿透辉石的裂隙穿插而成，块状构造；组成矿物的脉石矿物透辉石和矿石矿物石墨无定向排列，嵌布结构。

大理岩型石墨矿：鳞片花岗变晶结构，块状构造。鳞片状石墨鳞片沿方解石或白云石颗粒之间呈浸染状分布，或分布于方解石、白云石颗粒之中，或分布于方解石、白云母与其他矿物颗粒之间。

矿石矿物石墨，固定碳的含量一般为 3%～8%，最高为 11.8%，最低 2.5%。平均品位：1 号矿体主体部分为 3.76%，西部为 3.6%；2 号矿体为 3.59%。

石墨矿在矿石中主要呈星散状(浸染状)分布于脉石矿物颗粒间，其次可成斑点状或微脉状，并在矿石的裂隙面上有局部富集现象。星散状的石墨片晶可异向排列，片麻岩型及大理岩型矿石中的石墨多呈星散状或斑点状分布，透辉岩型矿石中石墨则多呈微脉状产出。

在显微镜下石墨均以晶质鳞片出现，呈鳞片状-叶片状，其晶体的发展受脉石矿物影响，但与相邻矿物间的接口尚较平直，仅有少数的石墨鳞片发生弯曲，呈脉状产出的石墨，可沿脉石矿物的裂隙穿插，透辉岩型矿石中极为常见，石墨片晶有可随着辉石晶体的增大而变大的趋势。此外石墨片晶半嵌入于脉石矿物颗粒中，也较普遍。在石墨鳞片中，也可出现有玉髓及黄铁矿的夹杂物，含有夹杂物的石墨，约占石墨总量的 1/6 左右，夹杂物以玉髓为主。

四、矿石地球化学

1. 矿石样品

乌拉山—太行山集宁地区分土默特左旗什报气、大同新荣镇及兴和黄土窑三个石墨矿床采集石墨矿石及夹石和花岗岩脉测试样品。土默特左旗什报气石墨矿采集了黑云斜长变粒岩和片麻岩型石墨矿石及含石墨的大理岩型样品；黄土窑石墨矿采集了透辉透闪变粒岩型石墨矿石、含石墨黑云斜长变粒岩和花岗岩脉样品；大同新荣石墨矿采集了透辉透闪变粒岩、片麻岩型石墨矿石、含石墨变粒岩和花岗岩脉样品(表 7-12)。

表 7-12　石墨矿石样品统计表

矿区	样号	岩石	主要矿物	组构
黄土窑石墨矿石	XH-01	黑云斜长变粒岩石墨矿石	斜长石、石英、黑云母、石墨	石墨 0.5～1.5mm，中粒变晶结构，细粒 0.1～0.3mm，粗粒 1～1.15mm，致密块状构造
	XH-03	透辉透闪变粒岩石墨矿石	透辉石、透闪石、斜长石、石英、黑云母、石墨	石墨 0.2～0.5mm，中粒变晶结构，细粒 0.1～0.3mm，粗粒 1～1.15mm，致密块状构造
	XH-07	透辉透闪变粒岩石墨矿石	透辉石、透闪石、斜长石、石英、黑云母、石墨、绢云母、绿泥石	石墨 0.2～0.5mm，粗粒变晶结构，绢云母化蚀变，片麻构造
	XH-10	黑云斜长变粒岩石墨矿石	斜长石、石英、黑云母、石墨，含硫化物	石墨 0.5～1mm，粒状变晶结构，粒度 0.2～0.5mm，致密块状构造
	XH-14	透辉透闪变粒岩石墨矿石	透辉石、透闪石、斜长石、石英、黑云母、石墨，含硫化物	石墨 0.5～1mm，粒状变晶结构，粒度 0.2～0.5mm，致密块状构造
	XH-16	黑云斜长变粒岩石墨矿石	斜长石、石英、黑云母、石墨，含硫化物	石墨 0.5～1mm，粒状变晶结构，粒度 0.2～0.5mm，致密块状构造
	XH-17	透辉透闪变粒岩石墨矿石	透辉石、透闪石、斜长石、石英、石墨	石墨 0.2～0.5mm，中粒变晶结构，细粒 0.2～0.5mm，致密块状构造
	XH-22	黑云斜长变粒岩石墨矿石	斜长石、石英、黑云母、石墨	石墨 0.5～1mm，粒状变晶结构，粒度 0.2～0.5mm，致密块状构造
	XH-23	黑云斜长变粒岩石墨矿石	斜长石、石英、黑云母、石墨，含硫化物	石墨 0.2～0.5mm，粒状变晶结构，粒度 0.2～0.5mm，致密块状构造
	XH-24	黑云斜长变粒岩石墨矿石	斜长石、石英、黑云母、石墨，含硫化物	石墨 0.5～1mm，粒状变晶结构，粒度 0.2～0.5mm，致密块状构造
花岗岩	XH-11	中粗粒二长花岗岩	条纹长石、石英	粗粒花岗结构，粒度 0.2～0.5mm，致密块状构造
	XH-19	粗晶二长花岗岩	微斜长石、条纹长石、石英	粗粒花岗结构，粒度 0.5～1mm，致密块状构造
什报气变粒岩矿石	HS-01	黑云斜长变粒岩石墨矿石	斜长石、石英、黑云母、石墨	石墨 0.5～1mm，粗粒变晶结构，矿物具有定向排列
	HS-06	黑云斜长变粒岩石墨矿石	斜长石、石英、黑云母、石墨，含硫化物	石墨 0.2～1mm，粒状变晶结构，碎裂构造
	HS-09	斜长片麻岩石墨矿石	斜长石、石英、榍石、石墨	石墨 0.3～0.5mm，鳞片变晶结构，片麻构造
	HS-13	含石墨浅粒岩	斜长石、石英、石墨	石墨 0.3～0.5mm，粒状变晶结构，粒度 0.1～0.3mm
	HS-15	透辉透闪变粒岩石墨矿石	透辉石、透闪石、斜长石、绢云母、石墨、榍石	石墨 0.2～0.5mm，粒状变晶结构，具有定向排列
什报气含石墨大理岩	HS-02	含石墨大理岩	白云石、绢云母、石墨	石墨 0.1～1mm，粗粒变晶结构，镶嵌结构
	HS-05	含石墨大理岩	白云石、绿泥石、绢云母、石墨	石墨 0.1～0.5mm，粗粒变晶结构，镶嵌结构
	HS-07	含石墨透辉大理岩	白云石、透辉石、石墨，含硫化物	石墨 0.1～0.3mm，粒状变晶结构
	HS-11	含石墨褐铁斜长片麻岩	斜长石、褐铁矿、石墨	石墨 0.5～1mm，粒状变晶结构，碎裂构造
	HS-14	粗晶大理岩	白云石、少量硫化物	粗粒变晶结构，镶嵌状结构
新荣变粒岩石墨矿石	DT-01	透辉透闪变粒岩石墨矿石	透辉石、透闪石、斜长石、石英、黑云母、白云石、石墨	石墨 0.5～1.5mm，粒状变晶结构，粒度 0.2～0.5mm，碎裂构造
	DT-02	透辉透闪变粒岩石墨矿石	透辉石、透闪石、斜长石、石英、黑云母、白云石、石墨	石墨 0.2～0.5mm，粒状变晶结构，粒度 0.2～0.5mm，碎裂构造
	DT-03	透辉透闪变粒岩石墨矿石	透辉石、透闪石、斜长石、石英、黑云母、石墨	石墨 0.2～0.5mm，鳞片变晶结构，粒度 0.2～0.5mm，片麻状碎裂构造

续表

矿区	样号	岩石	主要矿物	组构
新荣变粒岩石墨矿石	DT-05	黑云斜长变粒岩石墨矿石	斜长石、石英、黑云母、石墨	石墨 0.2～0.5mm，粒状变晶结构，粒度 0.2～0.3mm，碎裂构造
	DT-08	黑云斜长变粒岩石墨矿石	斜长石、石英、黑云母、石墨	石墨 0.2～0.5mm，粒状变晶结构，粒度 0.2～0.5mm，碎裂构造
	DT-09	黑云斜长片麻岩石墨矿石	斜长石、石英、黑云母、石墨，绢云母化蚀变	石墨 0.2～0.5mm，鳞片变晶结构，粒度 0.2～0.5mm，片麻状构造、碎裂构造
	DT-20	透辉透闪变粒岩石墨矿石	透辉石、透闪石、斜长石、石英、黑云母、石墨，方解石细脉	石墨 0.5～1mm，鳞片状、粒状变晶结构，粒度 0.2～0.5mm，片麻构造
新荣钾长花岗岩	DT-10	粗粒花岗岩	微斜长石、条纹长石、石英	粗粒花岗结构，粒度 0.5～1mm，块状碎裂状构造
	DT-14	粗粒钾长花岗混合岩	微斜长石、条纹长石、石英、绢云母化蚀变，有方解石细脉	粗粒花岗结构，粒度 0.5～1mm，块状碎裂状构造
	DT-18	粗粒含石榴子石花岗岩	微斜长石、条纹长石、石英、石榴石、绢云母化蚀变，有方解石细脉	粗粒花岗结构，粒度 0.5～1mm，块状碎裂状构造

2. 岩石化学组成

兴和黄土窑石墨矿床分为黑云斜长变粒岩和透辉变粒岩两种矿石类型。岩石化学 SiO_2 含量比较稳定，平均分别是 60.15%和 56.59%；Al_2O_3 含量平均分别 12.81%和 13，21%；FeO 含量高于 Fe_2O_3；透辉变粒岩 CaO 高于 MgO，MgO/CaO 值为 0.57%，含 CaO 高的透辉变粒岩 A/CNK 值较低，平均 0.57，显示 CaO 不构成硅酸盐矿物，是以碳酸盐矿物存在的；含 CaO 高的透辉变粒岩 K_2O/Na_2O 值平均 0.59，显示岩石分选稍差。花岗岩脉 K_2O 显著大于 Na_2O，显示钾长花岗岩特征(表 7-13)。

大同新荣镇石墨矿矿石主要是透辉变粒岩、片麻岩型。岩石化学 SiO_2 含量变化较大，平均 53.63%；Al_2O_3 含量 13.17%；FeO 含量低于 Fe_2O_3；MgO、CaO 含量都较高，平均分别为 6.77%和 4.82%，MgO/CaO 平均 3.68，含 CaO 高的岩石 A/CNK 值较低，显示 CaO 不构成硅酸盐矿物，是以碳酸盐矿物存在的；含 CaO 高的岩石 K_2O/Na_2O 值小于 1，显示岩石分选稍差(表 7-14)。

土默特左旗什报气石墨矿床分为两种矿石类型，黑云斜长片麻岩型矿石为主，其次为大理岩型。岩石化学 SiO_2 含量比较稳定，平均 60.60%；Al_2O_3 含量 7.90%；含有较高的 Fe_2O_3，平均 3.78%；大理岩矿石 CaO 较高，平均 26.23%，含 CaO 高的大理岩 A/CNK 值较低，显示 CaO 不构成硅酸盐矿物，是以碳酸盐矿物存在的；两种岩石 K_2O/Na_2O 值较大，显示岩石分选较好。蚀变大理岩含石墨矿石，各种氧化物成分含量差异较大，除一个大理岩 K_2O/Na_2O 小于 1 外，其他样品均大于 1(表 7-14)。

以兴和黄土窑黑云斜长变粒岩石墨矿石氧化物含量为标准进行比较，什报气两类矿石和新荣石墨矿石 Fe_2O_3、CaO 含量增高，Al_2O_3、Na_2O、K_2O、FeO、P_2O_5 降低，K_2O/Na_2O 以什报气黑云斜长变粒岩最高，其他成分升降不一致，这反映海陆物源含量差异，什报气石墨矿陆源物质高于兴和黄土窑石墨矿和大同新荣镇石墨矿(图 7-22)。

兴和黄土窑石墨矿床黑云斜长变粒岩和透辉变粒岩矿石微量元素富集 Rb、Ba、Zr、Y、V、F；黑云斜长变粒岩 Rb/Sr 值高，Sr/Ba 值低，透辉变粒岩 Rb/Sr 值低，Sr/Ba 值高，显示前者陆源物质为主，后者海源物质为主(表 7-13)。黑云斜长变粒的 Zr/Y、Nb/Ta、F/Cl 高于透辉变粒岩，V/Cr、V/(Ni+V) 值显示弱还原环境。

土默特左旗什报气石墨矿床微量元素富集特征与黄土窑基本一致，微量元素富集 Rb、Ba、Zr、Y、V、F；黑云斜长片麻岩 Rb/Sr 值高，Sr/Ba 值低，透辉大理岩 Rb/Sr 值低，Sr/Ba 值高，显示前者陆源物质为主，后者海源物质为主(表 7-13)。黑云斜长片麻岩的 Zr/Y 高于透辉大理岩，但 Th/U、Nb/Ta、F/Cl 低于透辉大理岩，V/Cr、V/(Ni+V) 值显示缺氧弱还原环境(表 7-14)。

表 7-13　兴和黄土窑石墨矿床及大同新荣镇混合花岗岩化学成分表

成分	黑云斜长变粒岩							透辉透闪变粒岩					混合花岗岩脉					
	XH-01	XH-10	XH-16	XH-22	XH-23	XH-24	平均值	XH-03	XH-07	XH-14	XH-17	平均值	XH-11	XH-19	DT-10	DT-14	DT-18	平均值
SiO_2	64.65	58.36	57.49	67.09	57.60	55.68	60.15	58.90	57.65	54.34	55.46	56.59	72.13	75.08	75.03	63.54	72.20	71.60
TiO_2	0.40	0.44	0.39	0.45	0.49	0.42	0.43	0.42	0.08	0.42	0.50	0.35	0.05	0.05	0.03	0.14	0.03	0.06
Al_2O_3	13.21	12.83	12.62	11.86	13.27	13.08	12.81	12.22	18.78	12.01	9.83	13.21	14.18	13.05	14.47	13.86	14.34	13.98
Fe_2O_3	2.12	0.69	0.49	0.82	3.90	2.33	1.73	1.17	0.54	1.12	1.25	1.02	0.51	0.18	0.44	0.34	0.18	0.33
FeO	0.16	7.28	8.16	0.12	0.96	7.20	3.98	5.20	2.92	5.12	3.24	4.12	0.64	0.10	0.08	0.12	2.32	0.65
MnO	0.02	0.05	0.05	0.02	0.02	0.06	0.04	0.04	0.09	0.07	0.06	0.06	0.03	0.01	0.02	0.03	0.06	0.03
MgO	1.83	3.78	3.11	0.70	2.75	3.41	2.60	5.42	2.57	6.32	4.77	4.77	0.18	0.12	0.15	0.42	1.03	0.38
CaO	2.47	3.14	2.56	0.57	3.13	2.61	2.41	6.52	7.61	9.09	11.58	8.70	0.42	0.27	0.32	5.63	0.58	1.44
Na_2O	2.03	2.49	2.39	1.37	2.47	2.46	2.20	0.99	4.31	2.14	1.25	2.17	2.62	1.82	7.56	1.85	2.11	3.19
K_2O	3.94	2.10	3.01	6.44	2.18	3.12	3.47	1.09	1.91	0.92	0.46	1.10	7.83	8.29	1.31	8.84	6.72	6.60
P_2O_5	0.04	0.05	0.04	0.05	0.05	0.05	0.05	0.06	1.94	0.07	0.11	0.54	0.01	0.01	0.03	0.03	0.06	0.03
Los	5.46	8.16	8.69	10.02	12.79	9.40	9.09	7.88	0.65	7.78	10.97	6.82	0.53	0.46	0.48	4.50	0.35	1.27
合计	96.33	96.37	96.01	99.52	97.61	96.82	97.11	97.93	99.04	97.39	98.48	98.21	99.11	99.45	99.91	99.30	99.98	99.55
C_{org}	3.18	2.56	2.52	8.09	5.46	3.04	4.14	2.80	0.07	3.76	7.77	3.60	0.12	0.07	0.06	0.11	0.10	0.09
Na_2O+K_2O	5.97	4.59	5.40	7.81	4.65	5.58	5.67	2.08	6.22	3.06	1.71	3.27	10.45	10.11	8.86	10.69	8.83	9.79
K_2O/Na_2O	1.94	0.84	1.26	4.70	0.88	1.27	1.82	1.10	0.44	0.43	0.37	0.59	2.99	4.55	0.17	4.78	3.18	3.14
MgO/CaO	0.74	1.20	1.21	1.23	0.88	1.31	1.10	0.83	0.34	0.70	0.41	0.57	0.43	0.44	0.47	0.07	1.78	0.64
A/CNK	1.09	1.06	1.06	1.15	1.09	1.07	1.09	0.83	0.82	0.57	0.42	0.66	1.04	1.05	1.00	0.61	1.21	0.98
A/NK	1.73	2.01	1.75	1.28	2.06	1.76	1.77	4.35	2.05	2.66	3.85	3.23	1.11	1.09	1.04	1.10	1.33	1.13
Rb	117.60	105.90	105.60	145.70	118.50	129.90	120.53	96.50	47.70	47.90	18.00	52.53	106.80	139.30	21.50	147.10	104.40	103.82
Sr	108.10	141.50	129.10	97.30	135.90	126.30	123.03	173.10	214.10	201.50	201.30	197.50	80.70	174.30	182.60	206.90	144.40	157.78
Ba	460.50	291.70	388.40	1247.40	339.90	327.40	509.22	215.50	172.00	288.30	93.00	192.20	657.20	2440.50	963.10	2506.20	1459.00	1605.20

续表

成分	黑云斜长变粒岩							透辉透闪变粒岩					混合花岗岩脉					
	XH-01	XH-10	XH-16	XH-22	XH-23	XH-24	平均值	XH-03	XH-07	XH-14	XH-17	平均值	XH-11	XH-19	DT-10	DT-14	DT-18	平均值
Zr	139.90	155.30	261.70	207.10	136.30	154.50	175.80	120.10	28.10	135.00	110.70	98.48	158.40	27.00	4.40	127.70	145.00	92.50
Hf	4.30	4.40	6.82	5.26	3.86	4.31	4.82	3.48	1.14	3.84	3.58	3.01	7.00	0.78	0.16	3.82	3.80	3.11
Th	7.82	13.42	13.43	12.33	13.18	10.37	11.76	12.74	13.46	10.38	9.91	11.62	7.47	0.25	3.09	3.63	37.52	10.39
U	1.92	6.08	4.26	5.33	5.27	4.52	4.56	9.13	3.91	7.25	9.16	7.36	0.70	0.27	0.17	0.82	0.72	0.54
Y	16.52	19.90	18.74	25.55	12.97	21.19	19.14	36.14	219.60	38.78	32.75	81.82	10.23	0.75	1.50	7.97	52.03	14.49
Nb	9.55	13.53	12.92	6.34	14.29	11.33	11.33	10.62	4.90	10.32	17.08	10.73	0.98	0.70	0.45	1.58	0.23	0.79
Ta	0.50	1.22	0.82	0.39	1.22	0.64	0.80	0.94	0.56	1.05	1.25	0.95	0.07	0.08	0.07	0.13	0.04	0.08
Cr	62.10	66.80	66.10	47.10	84.80	68.00	65.82	73.20	45.60	75.40	50.30	61.13	5.30	5.00	6.50	5.30	7.50	5.92
Ni	2.37	59.97	69.49	2.55	53.64	70.22	43.04	62.66	12.09	52.53	31.84	39.78	3.86	2.24	10.54	5.56	2.73	4.99
Co	1.03	26.05	28.34	1.06	25.63	28.93	18.51	16.11	9.58	16.58	8.51	12.70	1.64	0.32	1.36	0.83	2.43	1.32
V	168.40	203.90	179.50	198.20	190.70	199.10	189.97	187.90	61.90	179.50	128.30	139.40	7.20	12.00	12.00	20.90	19.30	14.28
F	1046.45	3022.86	2465.03	377.34	2093.85	2366.48	1895.34	1573.66	1182.70	1182.70	231.26	1042.58	47.10	60.17	106.52	166.86	70.84	90.30
Cl	84.10	117.40	85.20	93.80	98.90	95.30	95.78	79.40	424.10	92.70	76.20	168.10	95.70	102.00	114.20	118.10	117.50	109.50
Rb/Sr	1.09	0.75	0.82	1.50	0.87	1.03	1.01	0.56	0.22	0.24	0.09	0.28	1.32	0.80	0.12	0.71	0.72	0.73
Sr/Ba	0.23	0.49	0.33	0.08	0.40	0.39	0.32	0.80	1.24	0.70	2.16	1.23	0.12	0.07	0.19	0.08	0.10	0.11
Th/U	4.09	2.21	3.15	2.31	2.50	2.30	2.76	1.39	3.45	1.43	1.08	1.84	10.63	0.90	17.86	4.44	52.48	17.26
V/Cr	2.71	3.05	2.72	4.21	2.25	2.93	2.98	2.57	1.36	2.38	2.55	2.21	1.36	2.40	1.85	3.94	2.57	2.42
V/(Ni+V)	0.99	0.77	0.72	0.99	0.78	0.74	0.83	0.75	0.84	0.77	0.80	0.79	0.65	0.84	0.53	0.79	0.88	0.74
Zr/Y	8.47	7.80	13.97	8.10	10.51	7.29	9.36	3.32	0.13	3.48	3.38	2.58	15.49	35.86	2.94	16.03	2.79	14.62
Nb/Ta	18.95	11.07	15.79	16.17	11.71	17.79	15.25	11.35	8.82	9.87	13.71	10.94	14.79	8.56	6.98	12.34	5.20	9.58
F/Cl	12.44	25.75	28.93	4.02	21.17	24.83	19.52	19.82	2.79	12.76	3.03	9.60	0.49	0.59	0.93	1.41	0.60	0.81
La	35.21	40.98	45.18	31.61	41.97	42.78	39.62	36.75	150.28	39.27	38.02	66.08	34.29	2.33	16.04	9.64	81.70	28.80
Ce	66.84	75.91	86.49	63.55	75.87	78.85	74.58	67.26	339.39	72.08	73.88	138.15	61.13	4.05	24.43	20.02	167.68	55.46

续表

成分	黑云斜长变粒岩							透辉透闪变粒岩					混合花岗岩脉					
	XH-01	XH-10	XH-16	XH-22	XH-23	XH-24	平均值	XH-03	XH-07	XH-14	XH-17	平均值	XH-11	XH-19	DT-10	DT-14	DT-18	平均值
Pr	8.10	9.24	10.22	8.38	9.05	9.40	9.06	8.29	45.31	9.26	8.54	17.85	6.64	0.36	2.30	2.44	17.43	5.83
Nd	29.84	33.52	36.75	31.34	31.48	33.84	32.79	31.73	184.99	35.76	31.34	70.96	22.50	1.04	7.28	8.61	57.75	19.43
Sm	5.20	5.88	6.30	5.71	5.03	5.84	5.66	6.45	38.50	7.29	5.84	14.52	3.78	0.16	0.88	1.32	7.42	2.71
Eu	1.10	0.99	1.18	1.25	1.00	1.11	1.11	0.84	1.90	0.97	1.11	1.21	0.97	1.39	1.74	2.41	1.72	1.65
Gd	4.31	4.85	5.02	5.05	3.96	4.80	4.67	5.81	36.61	6.36	5.43	13.55	2.83	0.15	0.66	1.14	5.95	2.15
Tb	0.62	0.70	0.73	0.78	0.54	0.72	0.68	1.00	6.08	1.07	0.88	2.26	0.38	0.02	0.07	0.16	0.95	0.32
Dy	3.30	3.94	3.82	4.53	2.67	4.07	3.72	6.27	37.41	6.69	5.57	13.99	2.17	0.13	0.28	0.94	7.26	2.16
Ho	0.62	0.72	0.69	0.91	0.47	0.76	0.69	1.25	7.08	1.32	1.10	2.69	0.43	0.03	0.05	0.20	1.92	0.53
Er	1.65	2.07	1.93	2.74	1.32	2.17	1.98	3.83	19.59	4.03	3.33	7.69	1.33	0.08	0.14	0.61	7.31	1.90
Tm	0.23	0.32	0.28	0.44	0.19	0.34	0.30	0.63	2.64	0.67	0.53	1.12	0.21	0.01	0.02	0.09	1.36	0.34
Yb	1.30	2.14	1.77	2.84	1.22	2.09	1.89	4.00	14.38	4.40	3.29	6.52	1.36	0.10	0.12	0.55	9.54	2.33
Lu	0.23	0.37	0.32	0.49	0.22	0.37	0.33	0.72	2.17	0.76	0.55	1.05	0.26	0.02	0.02	0.10	1.75	0.43
REE	158.55	181.62	200.69	159.62	174.98	187.12	177.10	174.83	886.32	189.92	179.41	357.62	138.27	9.87	54.03	48.23	369.75	124.03
LREE/HREE	11.93	11.02	12.78	7.99	15.53	11.22	11.74	6.44	6.04	6.51	7.68	6.67	14.43	16.85	38.71	11.73	9.26	18.19
δCe	0.95	0.94	0.97	0.94	0.94	0.95	0.95	0.93	0.99	0.91	0.99	0.95	0.98	1.07	0.97	0.99	1.07	1.01
δEu	0.71	0.57	0.64	0.71	0.69	0.64	0.66	0.42	0.16	0.44	0.60	0.40	0.91	27.64	6.97	5.98	0.79	8.46

注：主量元素含量单位为%，微量元素含量单位为10^{-6}。

表 7-14　土默特左旗什报气及大同新荣镇石墨矿石化学成分表

成分	什报气黑云斜长片麻岩						透辉石化大理岩						新荣镇透辉变粒岩							
	HS-01	HS-06	HS-09	HS-13	HS-15	平均值	HS-02	HS-05	HS-07	HS-11	HS-14	平均值	DT-01	DT-02	DT-03	DT-05	DT-08	DT-09	DT-20	平均值
SiO_2	55.14	57.27	60.35	73.86	56.38	60.60	9.03	29.05	15.66	34.28	0.02	17.61	40.36	44.05	57.73	60.12	59.41	62.36	51.38	53.63
TiO_2	0.39	0.34	0.37	0.35	0.32	0.35	0.10	0.16	0.09	0.14	0.01	0.10	0.42	0.45	0.54	0.57	0.55	0.49	0.61	0.52
Al_2O_3	8.05	9.91	7.75	9.63	4.15	7.90	1.74	3.92	1.80	2.94	0.25	2.13	9.06	11.68	14.09	14.50	16.25	13.72	12.91	13.17
Fe_2O_3	5.18	3.10	3.03	3.90	3.68	3.78	0.86	1.41	2.07	47.87	0.20	10.48	3.04	6.78	3.91	3.85	3.73	2.75	1.80	3.69
FeO	0.48	0.12	0.24	0.12	0.16	0.22	0.34	2.98	0.38	0.24	0.14	0.82	1.16	0.80	2.80	2.36	1.32	2.04	1.80	1.75
MnO	0.03	0.01	0.01	0.04	0.01	0.02	0.08	0.10	0.07	0.01	0.02	0.06	0.04	0.03	0.07	0.05	0.04	0.04	0.04	0.04
MgO	0.24	0.20	0.33	0.55	0.49	0.36	4.28	11.26	4.87	0.36	22.18	8.59	5.72	10.26	8.19	5.89	4.29	6.51	6.55	6.77
CaO	1.35	3.40	4.91	1.85	12.17	4.74	42.50	20.22	37.17	0.54	30.72	26.23	16.31	6.02	0.75	1.56	3.19	1.03	4.90	4.82
Na_2O	0.01	0.77	2.18	1.24	0.25	0.89	0.02	0.02	0.02	0.02	0.02	0.02	2.06	1.02	3.29	3.73	4.09	2.50	3.97	2.95
K_2O	3.77	6.23	2.87	3.23	1.66	3.55	0.73	0.06	0.28	0.21	0.01	0.26	1.27	2.12	1.98	1.60	0.85	3.00	2.53	1.91
P_2O_5	0.02	0.01	0.01	0.06	0.01	0.02	0.04	0.05	0.11	0.13	0.00	0.07	0.06	0.08	0.09	0.08	0.07	0.08	0.03	0.07
Los	23.77	17.77	17.87	3.79	20.18	16.68	39.01	30.71	37.44	12.96	46.40	33.30	20.42	15.17	6.19	5.43	5.79	5.41	11.82	10.03
合计	98.41	94.12	91.92	98.62	75.45	91.71	98.73	99.94	99.95	95.70	99.97	98.86	99.92	98.45	99.63	99.74	99.58	99.91	98.34	99.37
C_{org}	11.48	9.32	10.34	2.01	9.38	8.50	0.90	0.62	1.12	3.91	1.43	1.60	4.41	5.80	0.28	0.22	2.86	1.72	5.61	2.99
Na_2O+K_2O	3.78	7.00	5.05	4.47	1.91	4.44	0.75	0.08	0.30	0.23	0.03	0.28	3.34	3.14	5.27	5.33	4.94	5.50	6.50	4.86
K_2O/Na_2O	377.00	8.09	1.32	2.60	6.64	79.13	36.50	3.00	14.00	10.50	0.50	12.90	0.62	2.08	0.60	0.43	0.21	1.20	0.64	0.83
MgO/CaO	0.18	0.06	0.07	0.30	0.04	0.13	0.10	0.56	0.13	0.67	0.72	0.44	0.35	1.70	10.92	3.78	1.34	6.33	1.34	3.68
A/CNK	1.23	0.70	0.50	1.08	0.17	0.73	0.02	0.11	0.03	2.36	0.00	0.50	0.26	0.78	1.58	1.35	1.21	1.49	0.71	1.05
A/NK	1.96	1.23	1.16	1.74	1.88	1.59	2.11	40.30	5.38	11.27	5.71	12.95	1.90	2.94	1.86	1.84	2.12	1.86	1.39	1.99
Rb	92.10	213.40	81.40	93.10	57.70	107.54	20.60	2.50	9.90	11.50	1.40	9.18	41.90	67.50	82.50	66.10	34.80	129.40	94.10	73.76
Sr	80.90	199.60	142.80	92.70	48.40	112.88	479.50	37.70	238.50	24.70	48.40	165.76	135.70	134.90	234.70	233.90	207.10	195.90	141.60	183.40
Ba	823.30	1090.20	961.00	453.10	220.10	709.54	163.30	14.40	191.30	79.20	66.40	102.92	422.80	889.30	577.80	681.00	1091.30	731.80	1297.40	813.06

续表

成分	什报气黑云斜长片麻岩						透辉石化大理岩						新荣镇透辉变粒岩							
	HS-01	HS-06	HS-09	HS-13	HS-15	平均值	HS-02	HS-05	HS-07	HS-11	HS-14	平均值	DT-01	DT-02	DT-03	DT-05	DT-08	DT-09	DT-20	平均值
Zr	72.00	86.20	96.30	134.00	89.80	95.66	14.00	26.60	44.30	43.00	5.90	26.76	78.20	98.50	129.20	138.00	121.50	127.60	127.10	117.16
Hf	2.53	2.86	3.09	3.91	2.93	3.07	0.46	0.90	0.97	1.22	0.18	0.75	2.18	2.79	3.71	3.98	3.50	3.66	3.50	3.33
Th	0.39	0.81	0.67	5.05	0.56	1.50	5.56	2.95	3.09	6.53	0.11	3.65	1.38	1.61	9.61	15.63	12.01	14.36	4.71	8.47
U	1.66	3.18	2.56	3.36	1.98	2.55	3.21	2.37	3.61	7.20	0.13	3.30	0.73	1.57	2.02	2.23	3.08	2.67	1.06	1.91
Y	9.30	3.52	4.15	17.05	3.24	7.45	48.57	27.31	28.47	19.20	0.81	24.87	21.86	25.12	22.91	22.81	26.72	21.01	24.59	23.57
Nb	8.15	9.71	9.30	6.01	8.02	8.24	4.89	6.62	1.72	2.99	0.11	3.26	6.72	7.34	13.25	13.77	12.36	10.22	10.07	10.53
Ta	0.86	0.90	0.97	0.46	0.81	0.80	0.25	0.27	0.13	0.39	0.01	0.21	0.36	0.33	1.04	1.24	1.06	0.67	0.51	0.74
Cr	23.50	36.70	44.90	110.30	45.90	52.26	20.80	44.50	38.10	19.90	5.70	25.80	83.50	93.50	113.30	93.70	103.70	75.00	118.40	97.30
Ni	38.89	20.96	12.48	24.77	21.12	23.64	22.38	25.81	30.02	25.80	2.80	21.36	85.55	129.50	128.60	67.04	103.00	78.26	48.99	91.56
Co	11.19	14.51	6.03	4.72	10.61	9.41	3.66	6.01	2.53	6.24	0.74	3.84	14.53	20.19	23.02	14.84	18.96	13.17	12.05	16.68
V	97.40	148.50	177.20	524.70	177.90	225.14	49.70	97.90	124.20	1067.70	9.60	269.82	173.10	310.50	202.60	195.80	212.50	165.20	281.00	220.10
F	222.02	136.07	130.63	181.05	102.26	154.41	1929.78	9095.72	724.85	196.44	49.07	2399.17	1182.70	1639.19	1778.56	1573.66	1090.03	1510.75	1450.35	1460.75
Cl	130.80	92.30	69.70	174.40	55.30	104.50	448.40	220.60	166.40	71.20	138.20	208.96	94.30	97.90	86.20	83.50	86.60	92.40	65.10	86.57
Rb/Sr	1.14	1.07	0.57	1.00	1.19	0.99	0.04	0.07	0.04	0.47	0.03	0.13	0.31	0.50	0.35	0.28	0.17	0.66	0.66	0.42
Sr/Ba	0.10	0.18	0.15	0.20	0.22	0.17	2.94	2.62	1.25	0.31	0.73	1.57	0.32	0.15	0.41	0.34	0.19	0.27	0.11	0.26
Th/U	0.23	0.26	0.26	1.50	0.28	0.51	1.73	1.24	0.86	0.91	0.88	1.12	1.89	1.03	4.75	7.01	3.90	5.38	4.46	4.06
V/Cr	4.14	4.05	3.95	4.76	3.88	4.15	2.39	2.20	3.26	53.65	1.68	12.64	2.07	3.32	1.79	2.09	2.05	2.20	2.37	2.27
V/(Ni+V)	0.71	0.88	0.93	0.95	0.89	0.87	0.69	0.79	0.81	0.98	0.77	0.81	0.67	0.71	0.61	0.74	0.67	0.68	0.85	0.71
Zr/Y	7.74	24.46	23.22	7.86	27.75	18.21	0.29	0.97	1.56	2.24	7.32	2.47	3.58	3.92	5.64	6.05	4.55	6.07	5.17	5.00
Nb/Ta	9.44	10.80	9.59	13.07	9.92	10.57	19.62	24.80	13.77	7.74	10.09	15.20	18.87	22.38	12.69	11.15	11.69	15.32	19.71	15.97
F/Cl	1.70	1.47	1.87	1.04	1.85	1.59	4.30	41.23	4.36	2.76	0.36	10.60	12.54	16.74	20.63	18.85	12.59	16.35	22.28	17.14
La	4.96	0.53	3.20	27.78	1.51	7.60	60.24	33.72	28.74	63.38	0.84	37.38	18.64	21.00	30.99	41.74	43.05	34.66	25.78	30.84
Ce	13.82	1.06	3.32	40.12	3.26	12.32	96.09	59.01	44.39	112.79	1.60	62.78	33.66	44.57	63.45	78.50	93.07	67.49	57.06	62.54

续表

成分	什报气黑云斜长片麻岩						透辉石化大理岩						新荣镇透辉变粒岩							
	HS-01	HS-06	HS-09	HS-13	HS-15	平均值	HS-02	HS-05	HS-07	HS-11	HS-14	平均值	DT-01	DT-02	DT-03	DT-05	DT-08	DT-09	DT-20	平均值
Pr	2.46	0.16	0.33	5.21	0.47	1.73	11.26	8.11	5.96	12.59	0.19	7.62	4.40	5.97	7.57	9.02	11.23	8.06	7.60	7.69
Nd	11.32	0.70	1.19	18.70	2.00	6.78	42.51	33.60	23.97	46.16	0.71	29.39	17.62	23.76	28.28	32.33	40.76	28.60	29.39	28.68
Sm	2.19	0.18	0.30	3.12	0.39	1.23	6.71	5.94	4.15	7.13	0.14	4.81	3.64	5.01	5.52	5.55	7.22	4.97	5.66	5.37
Eu	0.65	0.42	0.16	0.98	0.13	0.47	1.49	1.41	0.91	1.56	0.03	1.08	0.91	1.08	1.14	1.14	1.39	1.16	1.33	1.16
Gd	1.90	0.23	0.39	2.85	0.33	1.14	6.27	5.58	3.96	6.21	0.11	4.42	3.56	4.50	4.53	4.68	5.86	4.25	4.81	4.60
Tb	0.29	0.05	0.09	0.45	0.07	0.19	0.94	0.76	0.63	0.92	0.02	0.65	0.57	0.80	0.77	0.72	0.88	0.65	0.77	0.74
Dy	1.74	0.49	0.68	2.73	0.53	1.23	5.70	4.12	3.94	5.19	0.12	3.82	3.51	5.06	4.65	4.16	5.07	3.76	4.58	4.40
Ho	0.35	0.12	0.16	0.55	0.13	0.26	1.18	0.78	0.82	0.93	0.02	0.75	0.69	1.00	0.88	0.80	0.95	0.72	0.88	0.85
Er	0.99	0.42	0.53	1.74	0.40	0.82	3.54	2.17	2.44	2.57	0.07	2.16	2.02	3.05	2.68	2.50	2.82	2.15	2.55	2.54
Tm	0.16	0.07	0.09	0.29	0.08	0.14	0.54	0.31	0.37	0.36	0.01	0.32	0.32	0.52	0.44	0.40	0.44	0.34	0.41	0.41
Yb	1.04	0.46	0.67	1.88	0.53	0.92	3.37	1.81	2.34	2.11	0.08	1.94	1.94	3.44	2.92	2.72	2.86	2.28	2.61	2.68
Lu	0.19	0.08	0.12	0.36	0.09	0.17	0.56	0.29	0.41	0.33	0.01	0.32	0.34	0.59	0.50	0.48	0.50	0.37	0.41	0.46
REE	42.05	4.96	11.23	106.76	9.92	34.99	240.38	157.61	123.05	262.22	3.96	157.44	91.82	120.36	154.32	184.73	216.11	159.46	143.84	152.95
LREE/HREE	5.32	1.59	3.11	8.84	3.60	4.49	9.88	8.97	7.24	13.08	7.81	9.40	6.09	5.35	7.88	10.22	10.14	9.98	7.45	8.16
δCe	0.95	0.88	0.78	0.80	0.93	0.87	0.89	0.86	0.82	0.96	0.96	0.90	0.89	0.96	1.00	0.97	1.02	0.97	0.98	0.97
δEu	0.97	6.36	1.42	1.01	1.07	2.17	0.70	0.75	0.69	0.72	0.82	0.73	0.77	0.70	0.70	0.68	0.66	0.77	0.78	0.72

注：主量元素含量单位为%，微量元素含量单位为 10^{-6}。

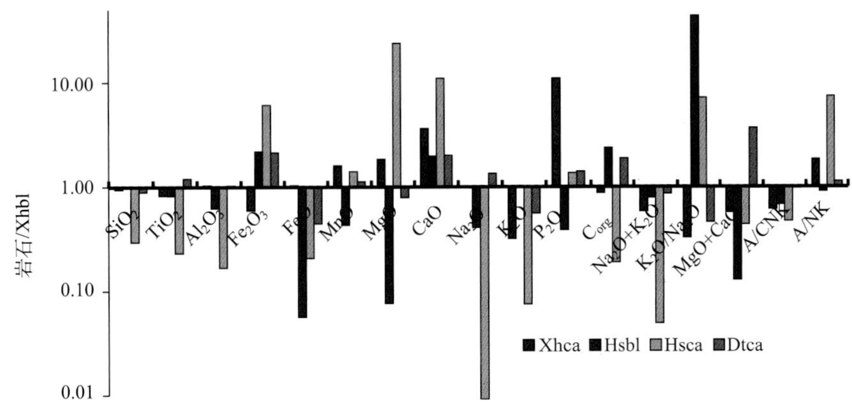

图 7-22 乌拉山-太行山石墨矿矿石化学组成平均含量与黄土窑变粒岩矿石(Xhbl)含量比较图

Xhca. 黄土窑透辉变粒岩；Hsbl. 什报气变粒岩；Hsca. 什报气大理岩；Dtca. 新荣透辉变粒岩

大同新荣石墨矿黑云斜长变粒岩矿石微量元素富集特征与黄土窑基本一致，富集 Rb、Ba、Zr、Y、V、F，但是 Rb/Sr 值与 Sr/Ba 值都比较低，Rb/Sr 大于 Sr/Ba 值；Th/U、Zr/Y、Nb/Ta、F/Cl 都比较高，V/Cr、V/(Ni+V)值显示缺氧弱还原环境。

以兴和黄土窑石墨矿黑云斜长变粒岩微量元素含量为标准进行比较(图 7-23)，什报气变粒岩和新荣透辉变粒岩石墨矿的 Sr、Ba、Y、V 含量有增有降，其他元素 Zr、Hf、Th、U、Nb、Ta、F、Cl 大部分降低，即海源元素增高，陆源元素降低。

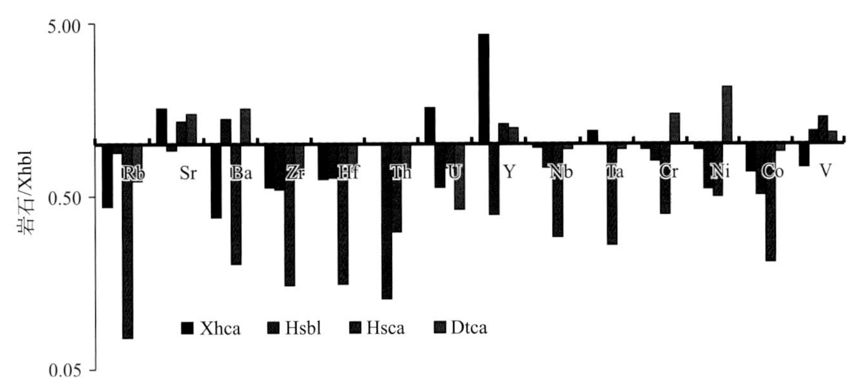

图 7-23 乌拉山—太行山石墨矿矿石微量元素平均含量与黄土窑变粒岩矿石(Xhbl)比较图

Xhca. 黄土窑透辉变粒岩；Hsbl. 什报气变粒岩；Hsca. 什报气大理岩；Dtca. 新荣透辉变粒岩

这种微量元素变化显示陆源和海源物质来源的不同和沉积环境的变化。什报气石墨矿陆源和新荣石墨矿陆源元素降低，反映黄土窑可能是太行山裂谷和大青山裂谷两支分支裂谷交汇部位。根据 MgO/CaO 值分析，新荣镇地区反映的是高盐度咸化环境，而什报气反映的是低盐度环境，因此新荣镇地区类似拗拉槽封闭裂谷，而什报气地带则是开放裂谷环境。

三个矿床的稀土元素总量有一定差异，兴和黄土窑透辉变粒岩稀土元素总量最高，平均 357.62×10^{-6}。什报气黑云斜长变粒岩矿石稀土元素总量最低，平均 34.99×10^{-6}，并且含量变化比较大，为$(4.96\sim106.76)\times10^{-6}$；什报气含石墨大理岩稀土元素总量高于黑云斜长变粒岩矿石稀土元素总量。大同新荣镇透辉变粒岩矿石稀土元素介于黄土窑石墨矿和土默特左旗石墨矿之间，平均为 152.95×10^{-6}。

三个矿床矿石稀土元素特征均显示轻稀土元素富集重稀土元素亏损，黄土窑矿床 LREE/HREE 最大，平均 11.75；什报气黑云斜长片麻岩 LREE/HREE 值最小，平均 4.49；什报气含石墨大理岩与大同新荣石墨矿介于黄土窑及什报气变粒岩矿石之间(表 7-14)。三个矿床的稀土元素特征略显负铈异常，δCe 略小于 1，主要为负铕异常，δEu 小于 1，什报气黑云斜长变粒岩两个样品显示明显的正铕异常，δEu

最大 6.36(表 7-13、表 7-14)。

兴和黄土窑黑云斜长变粒岩矿石稀土元素配分曲线形成规整的右倾斜曲线，其他曲线紧密平行靠近，斜率小的曲线负铕异常明显，重稀土元素段略显散开形态(图 7-24)；透辉变粒岩稀土元素配分曲线与黑云斜长变粒岩基本一致，除 XH-07 样品稀土元素总量较高外，其他曲线略显负铈异常的配分曲线，负铕异常明显，重稀土元素段略呈散开形态(图 7-25)。

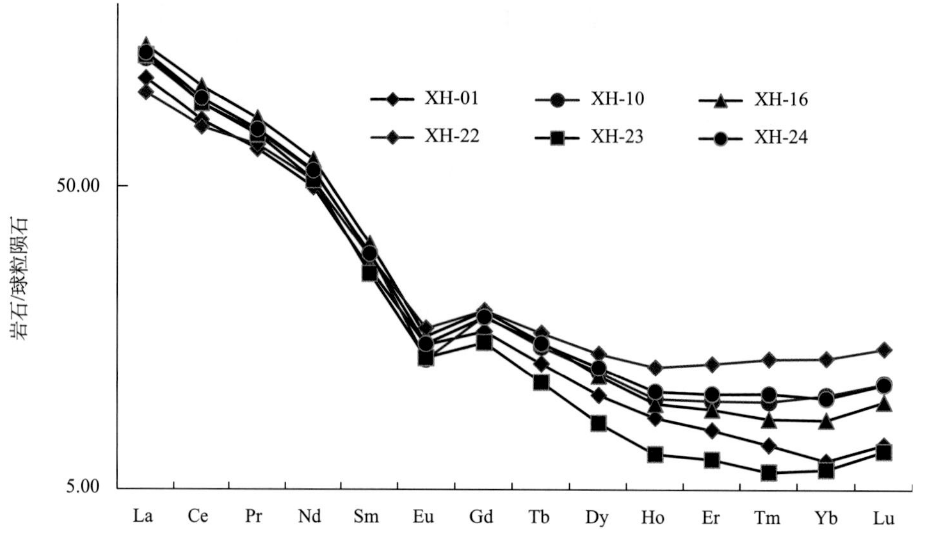

图 7-24　黄土窑黑云斜长变粒岩石墨矿石稀土元素配分曲线，LREE/HREE 小于 10，右侧散开，略具负铈异常，斜率小的曲线负铕异常明显

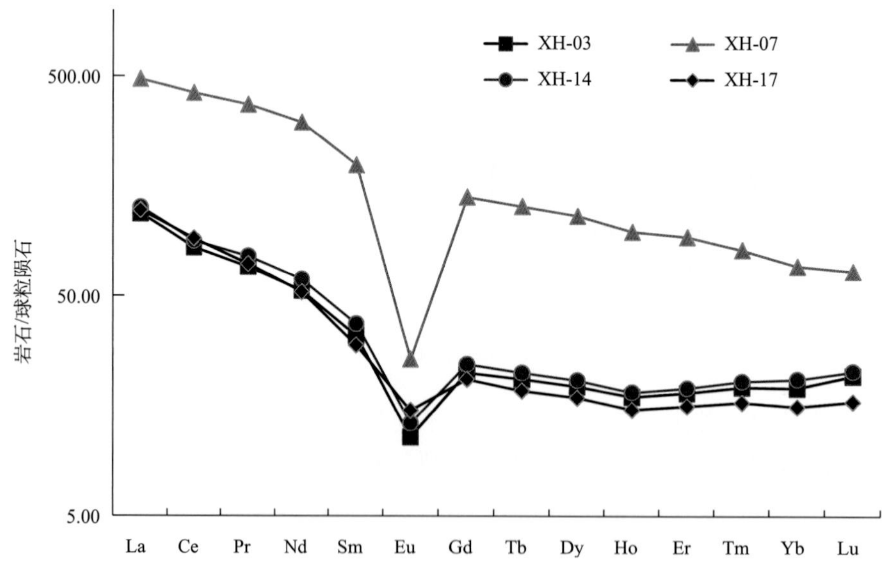

图 7-25　黄土窑透辉变粒岩石墨矿石稀土元素配分曲线，LREE/HREE 大于 10，略具有负铈异常，斜率大的曲线负铕异常明显

这种稀土元素特征显示石墨矿石原始沉积物质是海陆不同来源混合物，潮坪相到滨浅海沉积特征，矿石含较高的碳酸盐物质显示海源物质特征。

什报气黑云斜长变粒岩型石墨矿石稀土元素配分曲线呈不规则分散状，尤其是不具有铕异常或者显正铕异常，斜率较小，这种特征显示了陆相物质来源的复杂性和沉积环境的不稳定性，尤其是具有热水沉积特征(图 7-26)；含石墨蚀变大理岩稀土元素配分曲线比较规则，略显负铈异常和负铕异常，斜率大的曲线负铕异常略明显，较纯的大理岩稀土元素总量较低，略显负铈异常，这种特征显示潮坪相海源物质为主的沉积特征(图 7-27)。

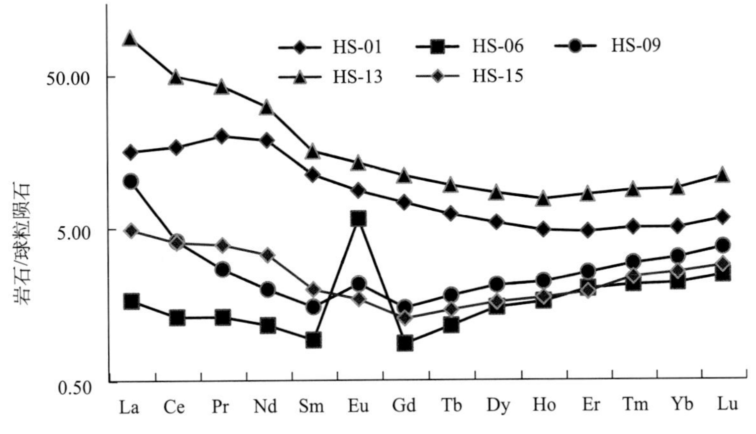

图 7-26　什报气黑云斜长变粒岩矿石稀土元素配分曲线图

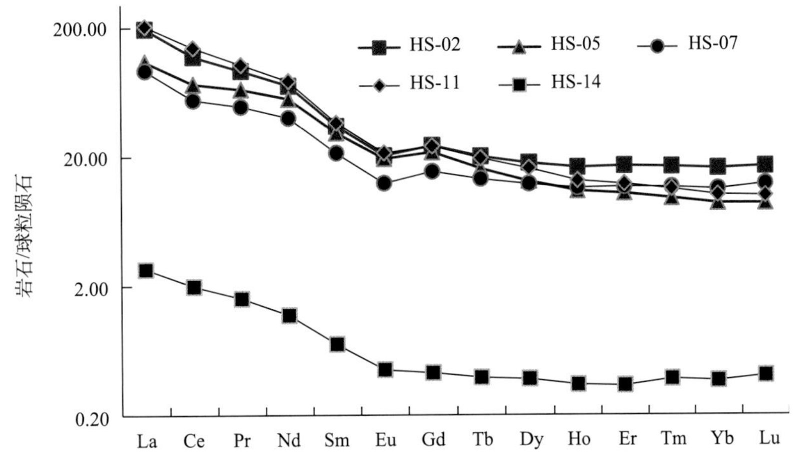

图 7-27　什报气含石墨大理岩稀土元素配分曲线，具有负铈异常，负铕异常明显

新荣石墨矿床黑云斜长变粒岩石墨矿石稀土元素配分曲线比较一致，LREE/HREE 一般小于 10，个别样品具有弱负铈异常，斜率大的曲线负铕异常明显(图 7-28)，这种稀土元素配分曲线特征显示海源物质较多，具有滨浅海沉积特征。

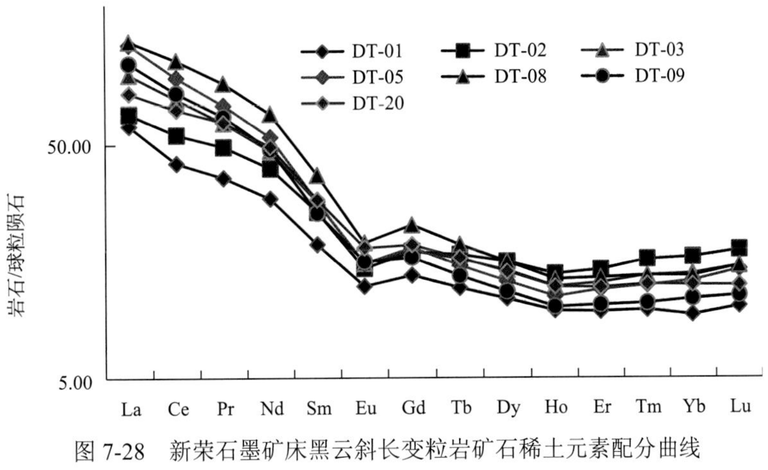

图 7-28　新荣石墨矿床黑云斜长变粒岩矿石稀土元素配分曲线

3. 花岗岩脉岩石化学

采自兴和黄土窑和大同新荣石墨矿层中层状钾长花岗岩和钾长花岗岩脉 K_2O 大于 Na_2O，而样品 DT-10 中 K_2O 小于 Na_2O 含量，碱性组分含量高，K_2O+Na_2O 大于 8.83%，平均 9.79%，K_2O/Na_2O 平均 3.14，显示碱性花岗岩特征。黄土窑和新荣镇混合花岗岩脉富集 Rb、Ba、Zr、Th、Y、V、F；Rb/Sr 值高于 Sr/Ba 值，平均值分别是 0.73 和 0.11，其他微量元素比值，尤其是 Th/U 值偏高，Th/U 和 Zr/Y 高于石墨矿石的 Th/U 和 Zr/Y 值，F/Cl 和 V/Ni 低于石墨矿石的 F/Cl 和 V/Ni 值。

花岗岩脉稀土元素配分曲线图比较特殊，稀土元素总量差异较大，个别样品稀土元素总量达到 369.75×10^{-6}，轻重稀土元素比值 9.26～38.71，变化较大(表 7-13)，具有明显的正铕异常或者没有铕异常(图 7-29)。花岗岩脉这种岩石地球化学及稀土元素配分曲线特征表示其属于 S 型碱性花岗岩系列，以岩浆热液交代成岩为主。

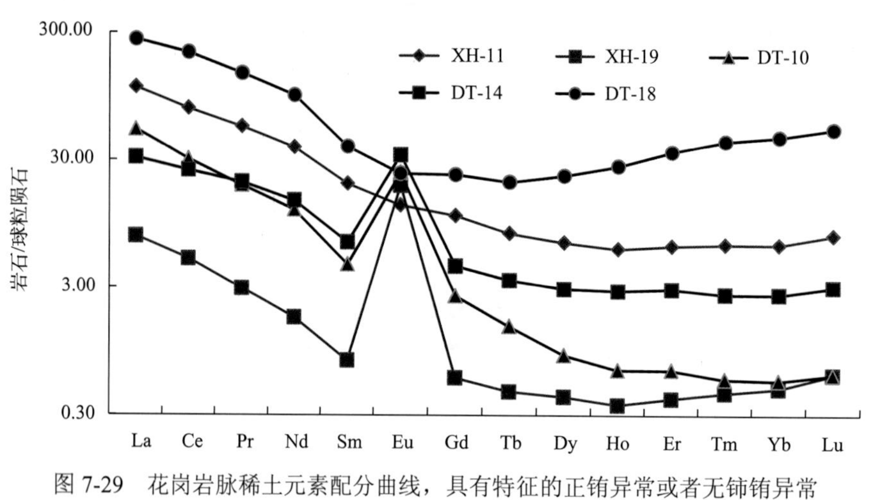

图 7-29　花岗岩脉稀土元素配分曲线，具有特征的正铕异常或者无铈铕异常

4. 碳同位素

本书研究中收集了前人测试的石墨碳同位素资料，并采集了典型石墨矿石分选石墨单矿物委托核工业北京地质研究所实验室进行测试。分兴和黄土窑、大同新荣石墨矿、土默特左旗什报气矿区分别采集了样品，矿石样品有各类含石墨变粒岩、片麻岩及热液脉状、构造碎裂型矿石，同时收集了大青山南墅石墨矿区大理岩和渤海湾油田原油和浙江康山煤炭的碳同位素资料(表 7-15)。

石墨矿碳同位素分布范围较大，为–6.42‰～–28.97‰，平均–18.45‰。几个矿区碳同位素组成均高于原油和煤炭的有机碳同位素组成，而低于石墨矿区蚀变大理岩的碳同位素组成，介于有机碳同位素和无机碳同位素组成之间，在蚀变大理岩的无机碳同位素和石油煤炭的有机碳同位素组成之间几乎连续分布。

表 7-15　大青山地区石墨矿床石墨碳同位素组成表

矿区	矿石	样号	测试矿物	$\delta^{13}C_{PDB}$/‰	矿区	矿石	样号	测试矿物	$\delta^{13}C_{PDB}$/‰
兴和黄土窑	斜长片麻岩	HTY1	石墨	–20.49	兴和	大理岩	XHCA1	方解石	0.97
		HTY2	石墨	–20.78			XHCA2	方解石	–4.23
		HTY3	石墨	–20.64			XHCA3	方解石	–4.03
		HTY4	石墨	–24.13	什报气	石墨大理岩	SNCA4	方解石	–6.53
	透辉透闪变粒岩	XH–17	石墨	–21.00			SNCA5	方解石	–11.05
	黑云斜长变粒岩	XH–22	石墨	–24.40	庙沟	石墨大理岩	MGCA6	方解石	–8.25
大同	透辉透闪变粒岩	DT–01	石墨	–22.50			MGCA7	方解石	1.11
	黑云斜长变粒岩	DT–08	石墨	–22.00	哈达门	大理岩	HDCA8	方解石	–13.40

续表

矿区	矿石	样号	测试矿物	$\delta^{13}C_{PDB}$/‰	矿区	矿石	样号	测试矿物	$\delta^{13}C_{PDB}$/‰
土默特左旗什报气	片麻岩	SNQ1	石墨	−18.16	哈达门	大理岩	HDCA9	方解石	−2.42
	透辉石岩	SNQ2	石墨	−13.72	院后	石墨大理岩	NYHC1	全岩	1.50
	石墨大理岩	SNQ3	石墨	−7.89			NYHC2	全岩	0.80
		SNQ4	石墨	−11.37	岳石	白云大理岩	NYSC3	全岩	−2.70
		SNQ5	石墨	−14.98			NYSC4	全岩	−2.30
	斜长变粒岩	HS−06	石墨	−21.80			NYSC5	全岩	−1.40
	斜长片麻岩	HS−09	石墨	−21.30			NYSC6	全岩	0.10
庙沟	透辉变粒岩	MG1	石墨	−14.60	大理岩	平均			−3.46
		MG2	石墨	−15.41		最高			1.50
		MG3	石墨	−13.95		最低			−13.40
	斜长片麻岩	MG4	石墨	−28.97					
	斜长大理岩	MG5	石墨	−6.42					
包头哈达门沟	斜长片麻岩	HDM1	石墨	−25.86					
		HDM2	石墨	−24.55					
	透辉大理岩	HDM3	石墨	−16.10					
		HDM4	石墨	−20.54					
	混合片麻岩	HDM5	石墨	−9.72					
全区	平均			−18.45					
	最高			−6.42					
	最低			−28.97					

综合大青山地区及黄土窑石墨矿石类型中石墨的碳同位素组成明显分为两组，片麻岩型石墨显示轻同位素组成，而大理岩型石墨显示重同位素组成。与无机蚀变大理岩和有机石油煤炭碳同位素组成比较，大理岩型石墨近于无机大理岩的同位素组成，而片麻岩型石墨近于石油煤炭的有机同位素组成。

碳酸盐岩硅酸盐化蚀变释放出的 CO_2 提供石墨无机碳的来源，参与了石墨结晶作用，使变质石墨的碳同位素组成偏离有机碳同位素组成，介于无机碳酸盐和有机碳碳同位素组成之间(图 7-30)。石墨碳同位素组成接近有机碳同位素组成，表明石墨碳以有机来源为主，有无机碳参与。

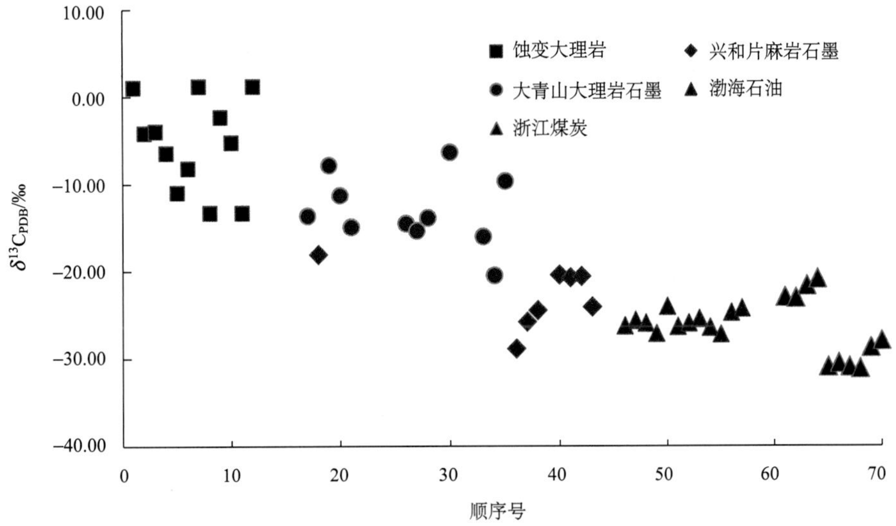

图 7-30　大青山地区石墨矿床石墨碳同位素组成与大理岩及石油煤炭碳同位素组成比较图

第八章　辽吉裂谷带石墨矿床

第一节　地质背景

一、含矿地层

1. 含矿地层对比

辽东—吉南裂谷带从早前寒武纪到第四纪各地质时代地层大多均有出露，但早前寒武纪地层分布广泛，主要由太古宙和古元古代两个时代地层构成，中新元古代、古生代及之后的地层零星分布。太古宇地层称鞍山群，由中深变质表壳岩岩系、BIF 及绿岩建造和 TTG 岩系组成，在辽东地区划分为小莱河组、茨沟组、大峪沟组、樱桃园组和红透山组，主要岩石类型为斜长角闪岩、黑云角闪变粒岩、磁铁石英岩、黑云斜长变粒岩、绿泥石英片岩(秦亚等，2014)。

辽河群孔兹岩系相当于辽河群高家峪组，主要分布于营口—草河口复向斜南北两翼。复向斜南翼(南带)，西起营口，经岫岩、凤城，东至宽甸，长约 300km，宽几十千米的东西狭长地带；北翼(北带)西起海城南部的盘岭，经高家峪、炒铁河、小女寨，东至鞍山隆昌以及辽阳河拦—本溪草河口地区，向北延入吉林境内(图 8-1)。

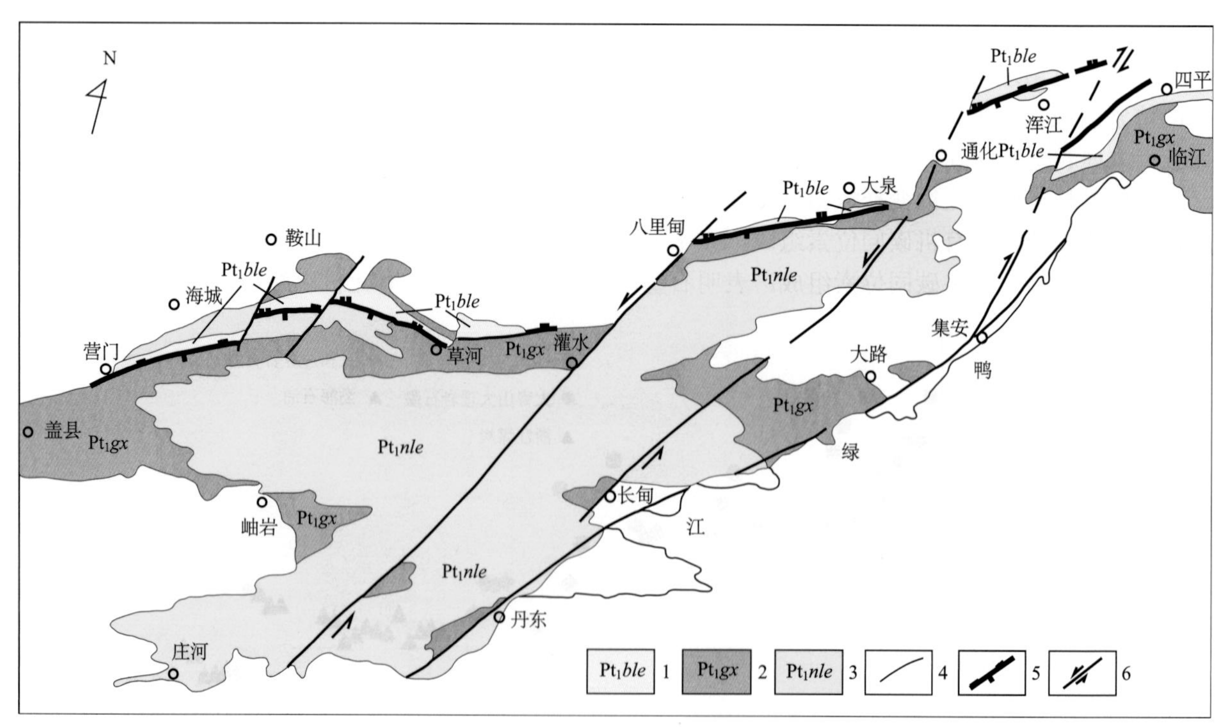

图 8-1　辽吉地区古元古代变质岩系断裂构造简化图

1.北辽河群(里尔峪组、高家峪组、大石桥组)与老岭群；2.盖县组、浪子山组与临江组、大栗子组；3.南辽河群(里尔峪组、高家峪组、大石桥组)与蚂蚁河组、荒岔沟组及辽吉花岗岩；4.地质界线；5.逆冲断裂；6.平移断裂

古元古界地层在辽东和吉南两地区分别由两套不同的变质岩系组成：辽宁境内称辽河群南带，自下而上为浪子山组、里尔峪组、高家峪组、盖县组、大石桥组；辽东北带老岭群新农村组、板房沟组、珍珠门组；吉南地区自下而上划分为集安群蚂蚁河组、荒岔沟组、临江组、大栗子组、大东岔组(表 8-1)。蚂蚁河组为含硼的变质岩系，主要为变粒岩、浅粒岩、斜长角闪岩、片麻岩和大理岩，原岩为一套火山-沉积岩系；荒岔沟组为一套含石墨的变质岩系，主要为片麻岩、斜长角闪岩、浅粒岩、变粒岩，以及大理岩，原岩为火山-沉积岩系；大东岔组为一套富铝的副变质岩石，主要为片岩、片麻岩、石英岩、浅粒岩、变粒岩等(王福润，1991，1995；翟安民等，2005)。

表 8-1　辽东吉南成矿带古元古界地层建造划分对比表

时代	原岩建造	主要岩性		
		辽东南带	辽东北带	吉南区
中元古代	磨拉石建造	榆树砬子组：灰白色中—厚层石英岩夹绢云片岩、绢云板岩		达台山组：变质石英岩、石英砂岩
古元古代	浅海相碎屑-黏土岩建造	辽河群盖县组：灰白色中—厚层石英岩夹绢云片岩、绢云板岩、含堇青夕线二云片岩、含硬绿泥石十字绢云黑云片岩、黑云千枚岩，夹黑云变粒岩、石英片岩、变质砂岩及少量大理岩		集安群大栗子组、大东岔组：含夕线石榴片麻岩、变粒岩、十字石二云片岩、含石榴二云片岩、电气石二云片岩
	碳酸盐岩建造	辽河群大石桥组：厚层白云石大理岩夹方解大理岩、绢云片岩、黑云变粒岩，产菱镁矿(大华子峪、北瓦沟)	老岭群珍珠门组：方解大理岩夹透闪透辉白云石大理岩、透闪透辉变粒岩、变粒岩(隆昌地区)	集安群临江组：白云质大理岩为主
	富含碳质碎屑岩夹火山岩建造	辽河群高家峪组：含石墨黑云片岩、二云片岩、含石榴夕线黑云变粒岩、含石墨透闪透辉石岩、含石墨透闪透辉变粒岩、含石墨石榴黑云变粒岩、透闪变粒岩，夹斜长角闪岩及含石墨大理岩、浅粒岩	老岭群板房沟：碳质板岩、石墨透闪变粒岩，夹大理岩；二云片岩、含石墨石榴黑云变粒岩、透闪变粒岩，夹斜长角闪岩	集安群荒岔沟组：含石墨为特征，透闪片岩、条带状透闪大理岩、黑云变粒岩、透闪石硅质条带大理岩、黑云变粒岩、透闪石大理岩，夹斜长角闪岩
	双峰式火山岩建造	辽河群里尔峪组：含磁铁电气浅(变)粒岩、二长浅粒岩，夹云母片岩、变粒岩、阳起透闪变粒岩、大理岩，顶部为条带状变质钙硅酸盐岩，产硼矿	老岭群新农村组：含磁铁电气钠长浅粒岩、含电气细纹状变质凝灰岩及火山角砾岩、二长浅粒岩、变粒岩，夹白云石大理岩，顶部为含锰大理岩	集安群蚂蚁河组：钠长浅粒岩、电气石石英岩、蛇纹石化大理岩、斜长角闪岩、黑云母变粒岩、电气石石英岩、蛇纹石化大理岩，夹斜长角闪岩
	碎屑岩建造	辽河群浪子山组：含石榴十字蓝晶二云石英片岩、含石墨二云片岩，夹白云石大理岩、透闪大理岩，底部为石英岩，产铀矿		

2. 孔兹岩系

辽河群南带北带沉积环境及岩性组成具有较大区别，产石墨矿床的孔兹岩系主要是南带辽河群—集安群孔兹岩系(吴春林和张福生，1995；王福润，1991；姜春潮等，1987)。

1)*南带辽河群—集安群*

南辽河群中上部孔兹岩系是含石墨黑云变粒岩和富铝片麻岩组合，只在东部宽甸太平哨—牛毛坞至集安的大东岔一带较为典型。其中层状变质岩占 70%～80%，也含有一定量片麻状花岗岩类。孔兹岩系划分为变粒岩-浅粒岩类、富铝片麻岩类、大理岩和钙镁硅酸盐岩类及角闪质岩类等四大类，普遍含石墨，大理岩、钙硅酸盐岩石、长石石英岩等成互层的产状特征。

变粒岩-浅粒岩类：含石墨黑云变粒岩组合，分布面积最广，以含鳞片状石墨的黑云变粒岩为主，夹浅粒岩、夕线石榴黑云片麻岩、长石石英岩、斜长角闪岩和含金云母、透辉石、镁橄榄石等的白云质大理岩，赋存中小型石墨矿床。变粒岩为孔兹岩系中主要岩石类型，呈青灰色—暗灰色，成层性良好，一般为中细粒(1～2mm)鳞片粒状变晶结构，弱片麻状构造，有时显条带状。主要由长英质矿物组成，通常以中酸性斜长石(An 20～30)为主，或还有少量钾长石，也有少数岩石中后者占重要地位。石英含量通常为10%～30%，也有一些变粒岩基本不含石英。暗色矿物一般只有黑云母，含量10%～20%。岩石中还常含少量(2%～5%)细鳞片晶质石墨及磁铁矿、磷灰石、锆石、电气石等副矿物。小部分岩石中还含少量铁铝榴石变斑晶，一些变粒岩含有角闪石或透辉石。有些黑云母变粒岩中暗色矿物含量减少到10%以下，过渡为浅粒岩，甚至出现一些完全不含暗色矿物的浅粒岩或长石石英岩夹层。

浅粒岩包括电气石浅粒岩、含磁铁浅粒岩、透闪钠长浅粒岩、角闪浅粒岩和钾微斜长石浅粒岩等，原岩以长石质粉砂岩等为主，包括一些火山凝灰质岩石，相当部分重熔成的白岗质片麻岩，这套组合是代表陆缘海较深裂陷带形成和发展高峰阶段的沉积建造。

富铝片麻岩类：富铝片麻岩是孔兹岩系的特征岩石，原岩主要为粉砂质黏土岩(页岩)和黏土岩(泥岩)，常含少量有机质。在宽甸太平哨—牛毛坞和集安大东岔等地富铝片麻岩占主要地位，以富含石榴石、夕线石和堇青石等的黑云二长或钾长片麻岩为主，夹黑云变粒岩-浅粒岩、长石石英岩、各种大理岩和斜长角闪岩等或者与含石墨(石榴)黑云母变粒岩等成互层。片麻岩呈青灰至灰黑色，中粗粒鳞片粒状和斑状变晶结构，片麻状构造。通常都含红色铁铝榴石变斑晶，其粒度由3～5mm至1～2cm，有些成5～10cm的球状团块。其中含大量黑云母和长石石英等基质矿物，以及细针状定向排列的夕线石，还有些片麻岩中石榴石经变形成透镜状或条带状出现。不均匀分布的石榴石含量可自5%～10%至20%～30%不等。

基质一般粒度2～3mm，不等粒状，由黑云母、钾长石、斜长石、石英和夕线石、堇青石等特征矿物组成，并含有磁铁矿、石墨、磷灰石等副矿物。夕线石主要成细针状集合体，平行排列，含量5%～15%。有由黑云母分解所成的纤维状第二世代夕线石，少数岩石中还发现残留的红柱石、他形粒状堇青石。黑云母为棕红色，含量10%～20%，钾微斜长石占有主要地位，有时变形成眼球状，含量30%～50%，酸性斜长石次要，含量5%～15%，石英呈粗大不规则粒状，或拉长呈条痕状，含量5%～30%。

辽宁海城—盖县—草河口一带及岫岩、丹东等地的盖县组含有石榴十字石二云片岩，相当于集安群大东岔组和老岭地区的花山组和临江组。以二云片岩及千枚岩为主，部分含石榴石、十字石，少数含红柱石，偶见堇青石，也夹有黑云(或二云)变粒岩及石英岩等。原岩为页岩夹粉砂岩及石英砂岩建造。

大理岩和钙镁硅酸盐岩类：一般在孔兹岩系中成厚度几十厘米到数米的不稳定夹层或透镜体产出，占岩石总量的10%以下。灰白色至暗灰色，中粗粒变晶结构，块状构造，以白云质大理岩为主，除了方解石和白云石外，并含有透辉石、金云母、镁橄榄石和鳞片状石墨。

钙镁硅酸盐岩石常见岩石类型为含辉闪变粒岩和钙质片麻岩等。透辉(或角闪)黑云变粒岩-斜长片麻岩是钙镁硅酸盐岩石和黑云变粒岩-片麻岩之间的过渡类型。岩石呈现灰至暗绿色，细均粒结构，片麻状或条带状构造，有时和大理岩及黑云变粒岩呈薄层至条带状互层，有时只和大理岩伴生或独立在黑云母变粒岩中呈夹层。其组成矿物包括透辉石、钙质角闪石、帘石、黑云母和金云母、钙铝榴石、方柱石、钾微斜长石、酸性斜长石、石英和碳酸盐，还常含榍石和磁铁矿等副矿物。

斜长角闪岩类：孔兹岩系中斜长角闪岩占10%～15%，暗色中粒变晶结构，块状构造为主，在黑云变粒岩和富铝片麻岩中呈整齐的夹层产出，一般厚度几十厘米。大部分斜长角闪岩由普通角闪石和中酸性斜长石组成。角闪石化学成分属钙质角闪石类的亚铁浅闪角闪石和含镁绿钙闪角闪石，斜长石An 30～40，通常强烈绢云母化和钠长黝帘石化，含有少量透辉石。

斜长角闪岩的原岩与大陆裂谷的拉斑玄武岩及碱性玄武岩相近，集安的元宝山石墨矿区细粒变晶结构的斜长角闪岩与大理岩及钙镁硅酸盐岩石呈互层，或沿走向彼此渐变过渡，且斜长角闪岩中也可含有少量均匀分布的鳞片状石墨，这些特征表明它们可能由铁质泥灰岩等沉积岩变质所成。

2) 北带辽河群(老岭群)

北辽河群仅分布于辽吉古元古代裂谷北缘，呈狭长条带状，其北侧与太古宇鞍山群相邻，原岩是一套细陆屑-碳酸盐岩沉积建造，形成于龙岗稳定大陆边缘的陆棚滨海区。它和南辽河群之间一般都是构造接触，或存在韧性变形带，难以直接确定彼此是否存在上下层位关系。考虑到两者的年龄值主要为 1800～2200Ma，但原岩建造和变质作用及花岗岩浆作用方面又有一定差别。所以它们很可能是在构造环境不完全相同的两个相邻地带，基本同时异相沉积。北辽河群代表稳定陆缘的近岸陆棚区沉积，由下向上可分为三套岩石组合。

千枚岩-二云片岩组合：相当于浪子山组，以二云片岩夹变粒岩为主，有些含石榴石、十字石和蓝晶石，偶见石英岩，有些地区为千枚岩，分布于辽宁鞍本地区至祁家堡子一带，通化地区未发现。

微晶浅粒岩及钙硅酸盐岩组合：相当于北辽河群的里尔峪和高家峪组和通化南部的新农村组和板房沟组及浑江板石沟等地的达台山组，以各种微晶浅粒岩为主，夹变粒岩和二云片岩，上部夹有条带状含透闪石等的钙硅酸盐岩和大理岩。

白云质大理岩组合：相当于大石桥组和通化及老岭地区的珍珠门组，以厚层及条带状白云质大理岩为主，少数含方柱石或透闪石，其中产有大型菱镁矿和滑石矿床，辽东地区有时夹云母片岩，可含蓝晶石、十字石和石榴石等矿物。

二、孔兹岩系岩石地球化学

1. 集安群岩石地球化学

集安群由三套不同含矿建造组成，自下而上蚂蚁河组(含硼岩系)、荒岔沟组(含石墨岩系)、大东岔组(高铝岩系)。分析样品分别采自蚂蚁河组(MYH)变粒岩、浅粒岩、透辉透闪变粒岩；荒岔沟组(HCG)含石墨黑云变粒岩、透辉变粒岩；大东岔组斜长变粒岩、片麻岩及浅粒岩(表 8-2)。

岩石样品分为三类，斜长变粒岩-片麻岩类，其 SiO_2 含量平均 57.87%，Al_2O_3 平均 18.08%，FeO 平均 7.52%，钙镁钾钠均较低；K_2O/Na_2O 平均 4.31，A/CNK 平均 2.00，铝强烈过饱和，显示有独立硅铝矿物夕线石等矿物存在。

浅粒岩 SiO_2 含量高，平均 70.84%；Al_2O_3 含量变化较大，平均 11.92%；K_2O-Na_2O-CaO-MgO 含量较低；K_2O/Na_2O 平均 0.90，A/CNK 大部分大于 1，最高 3.70，平均 1.58，表明除了钾钠铝硅酸盐矿物，应该有其他含铝矿物电气石存在。

透辉透闪变粒岩，包括斜长角闪岩，SiO_2-Al_2O_3 含量低，FeO-CaO-MgO 含量都较高，岩石化学显示为副变质岩特征；K_2O/Na_2O 分为大于 1 和小于 1 两种，平均 1.60；A/CNK 均显著小于 1，平均 0.62，而 A/NK 显著大于 1，平均 2.00，显示有钙镁碳酸盐矿物存在；透辉透闪变粒岩 MgO/CaO 最高 1.61，平均 0.84，显示高盐度卤水沉积。

各种岩石微量元素含量变化较大，浅粒岩与斜长片麻岩 Sr/Ba 值较低，平均分别是 0.34 和 0.15，显示陆源碎屑为主，浅粒岩和片麻岩中 Ba 含量高反映有热水活动作用参与；透辉透闪变粒岩 Sr/Ba 值较高，最高 5.31，平均 3.00，显示海源物质为主。

表 8-2 集安群孔兹岩系岩石化学表

成分	电气石浅粒岩					斜长片麻岩			透辉透闪变粒岩					
	MYH1	MYH8	DDC2	MYH01	平均值	DDC3	DDC9	平均值	HCG12	HCG11	DDC1	MYH7	HCG13	平均值
SiO_2	67.50	68.64	74.89	72.33	70.84	58.98	56.75	57.87	57.21	63.71	57.00	46.57	48.07	54.51
TiO_2	0.50	0.44	0.41	0.08	0.36	0.58	0.68	0.63	0.87	0.38	0.80	2.00	1.71	1.15
Al_2O_3	12.21	13.70	6.20	15.63	11.94	18.79	17.38	18.09	12.24	10.85	14.37	12.69	12.83	12.60
Fe_2O_3	5.46	2.17	1.39	0.59	2.40	2.02	1.73	1.88	1.67	1.41	0.95	6.04	2.33	2.48
FeO	1.39	1.65	1.02	0.37	1.11	5.19	9.85	7.52	3.54	4.17	6.03	9.12	11.22	6.82

续表

成分	电气石浅粒岩					斜长片麻岩			透辉透闪变粒岩					
	MYH1	MYH8	DDC2	MYH01	平均值	DDC3	DDC9	平均值	HCG12	HCG11	DDC1	MYH7	HCG13	平均值
MnO	0.07	0.02	0.16	0.04	0.07	0.07	0.51	0.29	0.09	0.10	0.09	0.21	0.20	0.14
MgO	4.24	1.96	3.55	0.58	2.58	3.28	3.45	3.37	5.94	5.21	7.48	6.38	7.15	6.43
CaO	1.15	1.38	4.05	1.82	2.10	1.10	0.91	1.01	7.57	9.99	4.64	11.29	9.97	8.69
Na_2O	0.62	2.46	2.38	5.58	2.76	1.93	0.76	1.35	2.22	1.92	0.86	3.32	2.56	2.18
K_2O	0.17	5.10	1.88	2.64	2.45	4.72	4.69	4.71	3.26	3.13	3.50	1.38	1.09	2.47
P_2O_5	0.12		0.05		0.09	0.06	0.15	0.11	0.11	0.11	0.04		0.12	0.10
Los	5.87	2.49	4.05	0.34	3.19	3.29	3.13	3.21	5.08	0.20	4.23	0.96	2.74	2.64
总量	99.30	100.01	100.03	100.00	99.84	100.01	99.99	100.00	99.80	101.18	99.99	99.96	99.99	100.18
Na_2O+K_2O	0.79	7.56	4.26	8.22	5.21	6.65	5.45	6.05	5.48	5.05	4.36	4.70	3.65	4.65
K_2O/Na_2O	0.27	2.07	0.79	0.47	0.90	2.45	6.17	4.31	1.47	1.63	4.07	0.42	0.43	1.60
MgO/CaO	3.69	1.42	0.88	0.32	1.58	2.98	3.79	3.39	0.78	0.52	1.61	0.57	0.72	0.84
A/CNK	3.70	1.13	0.47	1.02	1.58	1.82	2.17	2.00	0.58	0.44	1.05	0.46	0.54	0.62
A/NK	10.14	1.43	1.04	1.30	3.48	2.26	2.74	2.50	1.70	1.66	2.76	1.82	2.38	2.06
F/M	1.49	1.84	0.64	1.55	1.38	2.14	3.31	2.72	0.85	1.04	0.92	2.28	1.86	1.39
B	7.64	10000		5.36	3337.67	131.59	26.29	78.94	33.19	92.30	17.14	29.46	14.40	37.30
Sr	124.70	168.90			220.40	93.60	85.87	89.74	272.80	227.90		314.75	175.83	247.82
Ba	837.95	316.10		624.40	543.75	640.65	556.78	598.72	53.96	42.90	1136.00	310.12	280.48	364.69
Cr	62.50	74.30		49.35	62.05	98.91	136.04	117.48	92.62	91.96	402.30	110.51	163.13	172.10
Ni	10.62	8.13		5.62	8.12	36.60	27.49	32.05	20.50		127.00	54.42	85.50	71.86
Co	12.87	16.00		6.81	11.89	31.50	21.36	26.43	21.28	29.00	31.07	41.32	42.95	33.12
V	20.72	109.74		649.00	259.82	114.95	108.16	111.56	120.83	102.17	125.20	227.05	228.27	160.70
Sr/Ba	0.15	0.53			0.34	0.15	0.15	0.15	5.06	5.31		1.01	0.63	3.00
V/Cr	0.33	1.48		13.15	4.99	1.16	0.80	0.98	1.30	1.11	0.31	2.05	1.40	1.24
V/(Ni+V)	0.66	0.93		0.99	0.86	0.76	0.80	0.78	0.85	1.00	0.50	0.81	0.73	0.78

注：主量元素含量单位为%，微量元素含量单位为 10^{-6}。

2. 辽河群岩石地球化学

辽河群除了石英岩外，片岩类、斜长片麻岩类、变粒岩及千枚岩类各种岩石化学组成比较接近，岩石化学特征反映基本为变质黏土质沉积岩的面貌(李星云和张丽华，1990；吴春林和孙厚江，1993)。

片岩类、斜长片麻岩类、变粒岩及千枚岩类各种岩石的 SiO_2 为 60.09%～66.88%，平均 63.71%；Al_2O_3 含量在 14.21%以上，最高 19.32%，平均 17.19%；A/CNK、A/NK 均显示铝强烈过剩，表明有独立硅铝矿物夕线石存在。岩石 K_2O/Na_2O 都远大于 1，TFeO＞MgO，原岩沉积分异良好(表 8-3)。

表 8-3　辽河群孔兹岩系岩石化学表

成分	黏土质原岩					石英岩
	千枚岩	片岩	变粒岩	片麻岩	平均值	
SiO_2	64.09	60.65	66.88	63.24	63.71	80.49
TiO_2	0.63	0.62	0.48	0.68	0.61	0.35
Al_2O_3	17.44	19.32	14.21	17.78	17.19	10.28

续表

成分	黏土质原岩					石英岩
	千枚岩	片岩	变粒岩	片麻岩	平均值	
FeO	4.70	6.35	3.82	5.69	5.14	1.34
MnO	0.06	0.05	0.09	0.12	0.08	0.03
MgO	1.89	2.04	2.32	2.44	2.17	0.63
CaO	0.67	0.56	2.70	0.74	1.17	0.17
Na_2O	1.19	0.97	2.94	1.04	1.54	0.27
K_2O	4.07	4.62	3.53	4.38	4.15	3.29
P_2O_5	0.07	0.02	0.11	0.11	0.08	0.02
合计	94.82	95.20	97.10	96.23	95.84	96.87
Na_2O+K_2O	5.25	5.59	6.48	5.42	5.69	3.56
K_2O/Na_2O	3.42	4.76	1.20	4.21	3.40	12.19
A/CNK	2.30	2.53	1.05	2.28	2.04	2.38
A/NK	2.74	2.92	1.64	2.75	2.51	2.56
F/M	2.48	3.11	1.64	2.33	2.39	2.13
Rb	162.30	205.40	147.30	194.60	177.40	135.90
Sr	79.20	93.00	173.40	125.60	117.80	42.00
Ba	775.90	627.80	677.00	862.70	735.85	921.80
Zr	210.40	160.70	219.10	233.50	205.93	156.30
Th	15.60	15.60	13.00	12.40	14.15	8.80
U	1.85	1.93	2.01	2.30	2.02	1.13
Y	24.20	28.90	25.40	27.30	26.45	12.90
Nb	15.40	14.60	14.40	15.75	15.04	10.90
Cr	57.30	85.40	48.80	74.80	66.58	20.10
Ni	19.30	23.40	13.40	15.30	17.85	1.40
Co	13.10	14.20	8.10	13.50	12.23	1.30
V	104.40	98.80	56.20	88.50	86.98	42.50
B	167.72	139.28	183.16	66.78	139.24	21.89
F	819.00	990.00	797.00	720.00	831.50	667.00
Rb/Sr	2.05	2.21	0.85	1.55	1.66	3.24
Sr/Ba	0.10	0.15	0.26	0.15	0.16	0.05
Th/U	8.43	8.08	6.47	5.39	7.09	7.79
V/Cr	1.82	1.16	1.15	1.18	1.33	2.11
V/(Ni+V)	0.84	0.81	0.81	0.85	0.83	0.97
Zr/Y	8.69	5.56	8.63	8.55	7.86	12.12

注：主量元素含量单位为%，微量元素含量单位为 10^{-6}。

微量元素 Ba-Th-U-B-F-Zr 有明显富集，Rb/Sr、Zr/Y 远大于 Sr/Ba，Rb/Sr 值主要在 1.50 以上，只有黑云变粒岩为 0.85，平均 1.66，而 Sr/Ba 均在 0.26 以下，平均 0.16。

这种岩石化学特征显示各种岩石的物质来源以陆源碎屑为主，海源物质较少，沉积环境为浅海沉积特征，V/Cr、V/(Ni+V) 值显示缺氧环境。

辽河群各组主要岩石类型稀土元素总量及地球化学特征存在一定差异，变质岩稀土元素总量 ΣREE

变化较大，黏土质原岩在(142.12～227.34)×10^{-6}，平均 185.72×10^{-6}，以板岩稀土元素总量最高，透辉岩和大理岩最低，平均 85.32×10^{-6}，与大陆地壳(150.68×10^{-6})接近。变质岩轻重稀土元素有一定分馏，轻重稀土元素(LREE/HREE)值 7.06～10.65，黏土质原岩平均 10.21，碳酸盐岩原岩平均 8.20(表 8-4)。

表 8-4　辽河群孔兹岩系稀土元素含量表　(单位：10^{-6})

元素	黏土质原岩					碳酸盐岩原岩		
	板岩	片岩	浅粒岩	变粒岩	平均	透辉岩	大理岩	平均
La	47.90	43.73	31.82	38.35	40.45	28.02	12.31	20.17
Ce	96.92	81.80	60.45	73.76	78.23	38.16	23.80	30.98
Pr	12.53	10.57	7.49	8.57	9.79	5.81	3.23	4.52
Nd	40.71	36.59	24.88	30.99	33.29	21.52	9.92	15.72
Sm	7.95	6.83	4.51	5.84	6.28	4.66	1.99	3.33
Eu	1.27	1.19	0.77	1.07	1.08	1.28	0.45	0.87
Gd	5.85	4.86	3.29	4.40	4.60	4.03	1.52	2.78
Tb	1.06	0.96	0.68	0.75	0.86	0.76	0.34	0.55
Dy	5.22	4.66	3.03	3.89	4.20	3.84	1.39	2.62
Ho	1.03	0.89	0.50	0.77	0.80	0.76	0.30	0.53
Er	2.90	2.68	1.81	3.36	2.69	2.23	0.84	1.54
Tm	0.51	0.47	0.37	0.44	0.45	0.34	0.16	0.25
Yb	3.03	2.76	2.20	2.40	2.60	1.88	0.86	1.37
Lu	0.46	0.42	0.32	0.43	0.41	0.24	0.13	0.19
REE	227.34	198.41	142.12	175.02	185.72	113.53	57.24	85.39
LREE/HREE	10.33	10.21	10.65	9.65	10.21	7.06	9.33	8.20
δCe	0.95	0.92	0.94	0.98	0.95	0.72	0.91	0.81
δEu	0.57	0.63	0.61	0.65	0.61	0.90	0.79	0.85

板岩、片岩、变粒岩、浅粒岩类稀土元素配分曲线为右倾斜斜率较大，具有明显的负铕异常，显示“V”形曲线。透辉岩、大理岩类岩石稀土元素配分曲线斜率较小，负铕异常不明显，但略显负铈异常(图 8-2)。

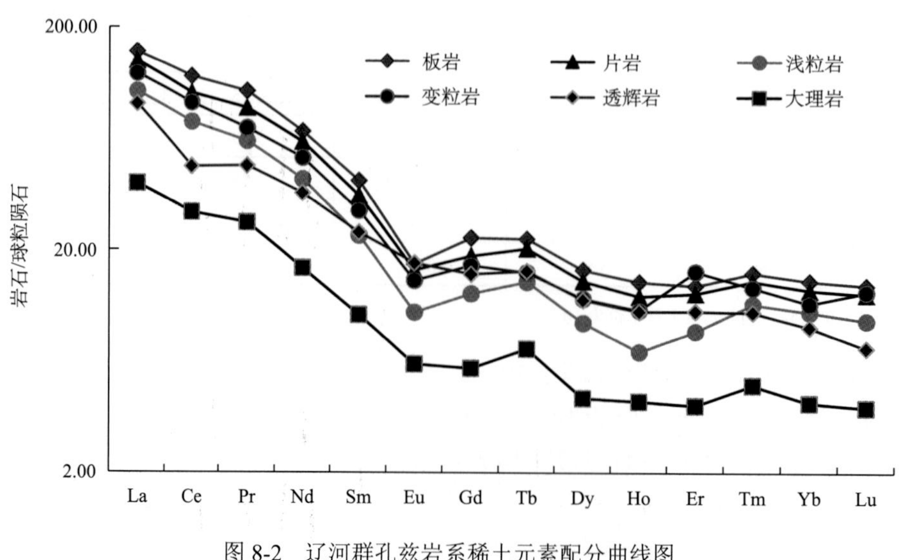

图 8-2　辽河群孔兹岩系稀土元素配分曲线图

这种稀土元素配分模式显示变质原岩为潮坪相及浅海环境沉积特征。

三、含矿地层变形变质作用

1. 构造变形作用

全区变质岩系呈NEE—SWW方向展布，区域性片麻理产状也以NEE到近东西走向为主，发育一系列复杂的褶皱和断裂，本区主要经历了三幕构造变形作用。

第一幕构造变形作用(D_1)主要表现为层内和层间的塑性褶皱，其枢纽近东西向，并发育轴面片理S_1。这些塑性褶皱是岩层间剪切滑动所成。一般认为它们是由近南北向的压缩构造体制所引起，仅在少数富含云母的片麻岩中呈残留状态存在。

第二幕构造变形作用(D_2)是本区的主期褶皱作用，形成一系列轴向NEE，轴面以向南倾为主的紧密同斜复式褶皱，有些地段表现为平卧褶皱，相应地在全区岩石中发育结晶片理S_2，是变质岩现存的主要片麻理。

第三幕构造变形作用(D_3)在南辽河群中表现最强烈，但S_3仅局部发育。属于片理褶皱，与第二幕褶皱大体同轴，形成一系列轴向近东西或NEE的穹隆状宽缓褶皱，常以花岗质岩石为核心，如虎皮峪背斜等。

此外区内还局部发育轴向近南北的小型褶皱，属片理褶皱，是东西向片麻理后期被改造的结果。一些地段(如通化市南)片麻理产状以南北向为主，且影响了通化地区南北辽河群之间的韧性变形带，使其发生褶曲。

NEE到近EW向延伸的韧性变形带在本区也相当发育，特别是集中在南北辽河群的连接带附近，可能主要形成于D_2的压挤和推覆构造过程中。此外NE和NW走向的后期脆性断裂也十分发育。

2. 变质矿物

辽吉裂谷构造带古元古代变质事件的峰期为1800～1900Ma，形成以海城—岫岩—宽甸—集安一线为热轴的大型热背斜和相应的带状变质格局。南辽河群分布面积广，主要位于热轴部位，故其变质峰期温度和地热梯度均较高，大部分属于低压高角闪岩相，且其变质强度小范围内较均匀，侧向分带不很明显，但有些地区上部层位仅达高绿片岩相。区域上由热轴地带向两侧变质程度明显降低，北侧表现更为明显，依次出现低角闪岩相带和绿片岩相带。北辽河群位于活动带北侧边缘带，变质作用温度总体较低，一般为绿片岩相，部分地段为低角闪岩相。空间上变质作用表现出极大的不均匀性，西段的鞍本地区直到东段吉南通化和老岭地区，其间短距离内变质程度即反复大幅度变化。由于部分地段可有蓝晶石出现，说明与南区比较，此带的P/T值相对增高和相应的地热梯度较低。

孔兹岩系在其进变质过程中存在四幕变质重结晶作用(M_1—M_4)和三幕构造变形作用(D_1—D_3)，均具有特征变质矿物出现。

M_1和D_1基本同时，形成粒度很细(0.1～0.2mm)的微晶变粒岩和二云片岩，现成残留状态见于露头或岩石薄片中，如在通化市和平村北常见到灰黑色到灰黄色致密板状的微晶黑云变粒岩残留在含夕线石的较粗粒黑云斜长片麻岩中。在薄片中也常见到极细鳞片状Mus+Bi在相对较粗的黑云或二云斜长片麻岩中成残留的透镜状或条带状，并表现出片理S_1被S_2置换。

M_2开始于D_2的晚期，使云母等矿物重结晶，但M_2的主期是在D_2基本结束之后，此时形成石榴石、红柱石和堇青石等变斑晶。在未受D_3影响的岩石中，石榴石呈现较自形的粒状晶体，其中包裹基质中的长英质矿物，并常可见推开S_2片理现象。红柱石呈长柱状变斑晶，基本不定向，也有推开或切割S_2片理的现象。表明这些变斑晶是形成于S_2结束之后的构造运动较宁静阶段。

M_2的矿物变化特征表明M_1形成的矿物组合中，除黑云母和白云母外，当时还应有若干绿泥石(Chl)

或叶蜡石(Pyp)，即为 Bi+Mus+Pl+Qz±Chl±Pyp 组合。在 M_2 主期的 *P-T* 条件下，它们通过以下反应形成铁铝石榴石：

$$2Chl+4Qz \longrightarrow 3Alm+8H_2O$$

$$6Chl+Mus+Qz \longrightarrow Alm+Bi+H_2O\text{(Thompson and Norton, 1968)}$$

由于残留的 M_1 组合中含 Mus 较多，而组成 S_2 片理的矿物则以黑云母为主，白云母较次要，因此第二个反应式对本区似更为主要。在含红柱石的岩石中则曾出现反应：

$$Pyp \longrightarrow And+Qz+H_2O$$

一些含红柱石的片麻岩中，可见到一些与红柱石接触关系平直的针柱状夕线石，似与红柱石平衡共生，它们可能是直接由叶蜡石转变所成，表明当时 *P-T* 条件处于 And-Sil 单变线附近。M_3 变质重结晶作用的最主要特征是红柱石大量转化为针柱状夕线石：

$$And \longrightarrow Sil$$

在许多薄片中曾见到两者间的转变关系。另一部分是白云母与石英的反应形成针柱状夕线石：

$$Mus+Qz \longrightarrow Sil+Kf+H_2O$$

在残留的 M_1 和 M_2 阶段形成的组合中常含一定量白云母，而在 M_3 组合中则完全不含白云母，相反钾长石大量增加，石英则明显减少，这些特征与上述反应的进行方向完全相符。

这阶段原来的石榴石、堇青石和黑云母等矿物都经重结晶而粒度明显变粗。在同一薄片中不同部位同种矿物粒度明显不同，呈不等粒结构，但片麻理基本平行，表明 M_2 和 M_3 之间并无另一幕新的变形作用。石榴石、堇青石和夕线石等与黑云母仍是平衡共生，彼此接触关系平直，这阶段的平衡组合为 Sil+Gt+Bi+Crd+Kf±Pl±Qz 组合。

M_4 空间分布不均匀，一方面，如在集安大东岔和宽甸太平哨等地表现得特别强烈，它与 D_3 变形作用紧密相联，其特征是沿 S_2 片理滑动形成叶理 S_3，沿这些叶理面及其附近的黑云母转变成毛发状或极细针状新一世代夕线石(Sil_2)。有时针柱状的 Sil_1 两端也转变成纤维状的 Sil_2。另一方面，在这些部位的石榴石或堇青石变斑晶被拉张成透镜状或带状，局部包有大量密集束状夕线石($Si1_2$)的细针，这种现象文献中常与下述反应相联系：

$$Bi+Qz \longrightarrow Gt+Sil+Kf+H_2O$$

本区黑云母纤维夕线石化强烈的岩石中，有些并不含铁铝榴石或堇青石，且黑云母直接变成石榴石的结构也很少见。因此，可以认为两者无直接关系，主要只是黑云母本身的脱水分解过程。这种分解与剪切应力有直接关系，因为同一岩石中另一些部位 M_3 阶段的粗大黑云母和针柱状夕线石及石榴石仍保持良好的平衡变晶结构，没有任何纤维状 Sil_2 出现。

这种现象说明 M_3 到 M_4 阶段，温度升高可能不太大，由于化学动力学因素的制约，M_3 的黑云母一般仍可保持稳定状态，只有在新的剪切应力作用下，在新的片理面(S_3)附近黑云母才能真正转变成纤维状夕线石(Sil_2)。这种黑云母夕线石化的反应式为

$$4Bi \longrightarrow 2Sil+10Qz+12(Mg, Fe)O+2K_2O+4H_2O$$

与脱水重熔作用有关。

在峰期后降温阶段，富铝片麻岩中未见到石榴石转变为 Bi+Sil+Qz 的反应结构，也未发现与减压有关的石榴石转变为堇青石等现象，基性变质岩中辉石转变为角闪石的现象也不普遍。这阶段的矿物变化主要表现为石榴石和黑云母等暗色矿物之间的 Fe—Mg 交换反应和扩散作用，使它们晶体中发育复杂的成分环带。

此外本区稍晚阶段还有一期与降温相联系的白云母化现象，各种片麻岩中出现不定向的粗大白云母鳞片，可交代红柱石、夕线石、黑云母等矿物，其空间分布不均。

3. 变质温压条件

根据前述变质和变形作用演化史和地质温压计的综合分析，可确定本区孔兹岩的 *P-T* 条件，M_1 和 D_1 同时，形成微晶结构的变粒岩和云母片岩，具有特征组合 Mus+Bi±Chl±Pyp+Pl+Qz。因其矿物组合属于低绿片岩相，温度应为 400～500℃，估算的这阶段压力为 0.28GPa。

M_2 开始于第二幕变形作用的后期，形成片理 S_2，由经再次重结晶的中细粒黑云母和白云母等组成。但这期变质重结晶作用的主要阶段是在 D_2 结束之后，形成的特征组合为 And+Sil+Alm±Crd+Bi+Mus+Pl+Qz，由于红柱石和夕线石可以共生，当时 *P-T* 条件应在它们之间的单变反应线附近的红柱石一侧。又由于 Alm+Bi 代替 Chl+Mus，而且 Crd+Gt 代替硬绿泥石出现，M_2 的 *P-T* 条件应在 0.35～0.45GPa，550～600℃。

变质峰期可分为 M_3 和 M_4 两阶段，M_3 的特征矿物组合是 Sil+Gt+Bi±Crd+Kf+Pl±Qz，夕线石和钍铁矿均与黑云母平衡共生，各种矿物呈粒状变晶结构，表明由 M_2 到 M_3 是以升温为主，没有明显变形作用。而一些岩石中 S_3 剪切叶理及其附近的黑云母变形和纤维夕线石化，以及石榴石拉长成透镜状等现象则相当于 M_4 和 D_3，它们在空间上分布不均匀。由于此时黑云母已开始不稳定，表明温度继续升高或同时流体相中水的活度降低。估算 M_3 和 M_4 这两阶段最高温度在 700～750℃，压力则在 0.5～0.6GPa。

本区富铝片麻岩中峰期后开始降温阶段没有见到如 Gt+Kf+H_2O ⟶ Bi+Sil+Qz 等矿物变化，也没有发现石榴石转变为堇青石的减压反应。相反从石榴石和斜长石晶体中心到边缘 Ca 和 Fe、Mg 的成分变化特征分析，它们反映压力变化不大或近于等压的冷却过程。据前文应用它们边缘成分的估算结果，当温度为 550～600℃时，压力仍在 0.45～0.55GPa。

第二节　地层时代分析

辽河群孔兹岩系相当于辽河群高家峪组及辽吉岩套沉积岩系下部。辽河群孔兹岩系，在古元古代末期，经历了辽河运动产生的区域热流变质作用，变质程度达低绿片岩相至低角闪岩相。宽甸地区辽河群和集安地区集安群碎屑锆石的年龄都具有太古宙和古元古代的锆石年龄，表明了辽吉裂谷是在古老地壳基础上发育的。

一、辽河群孔兹岩系

宽甸地区出露大面积南辽河群孔兹岩系，孟恩等(2013)采自黑云石英片岩、含电气石浅粒岩和花岗质片麻岩进行的锆石 LA-ICP-MS　U-Pb 定年分析(表 8-5)。

QP：(DD07-2)，黑云石英片岩，新鲜面呈灰黑色，中细粒粒状片状变晶结构，片状构造；矿物组成主要有石英、黑云母、白云母和少量不透明矿物。QL：(DD07-4)，含电气石浅粒岩，新鲜面呈灰白色，中粒等粒粒状变晶结构，块状或弱片麻状构造；矿物组成主要有斜长石、石英、钾长石、少量电气石和磁铁矿(Mag)等不透明矿物。RM：(DD07-5)，花岗质片麻岩，新鲜面呈灰白色，中粒粒状变晶结构，片麻状构造。矿物组成主要有斜长石、石英、钾长石、角闪石、黑云母、绿泥石和少量不透明矿物。

锆石阴极发光(CL)图像显示三类锆石，第一类无核边结构，呈灰黑色均质特征；第二类发育核边结构，核部不发育或具弱生长环带；第三类锆石整体或者核部发育明显生长环带或具条痕状吸收特点。三类锆石分别代表了碎屑锆石、重结晶锆石和自生及次生锆石的特点，锆石核部显示为碎屑锆石，环带为重结晶锆石，而无核边结构的锆石为自生锆石(照片 8-1)。

两组碎屑锆石和重结晶锆石 U、Th 呈现反相关性，两组碎屑锆石(ThC2、ThC2)均显示 Th 高 U 低，重结晶锆石(ThR)显 Th 低 U 高，碎屑锆石和重结晶锆石 Th-U 分别呈正相关性(图 8-3)。两组碎屑锆石 Th 高于重结晶锆石 Th 含量(表 8-5)，图中碎屑锆石位于 5Th/U 趋势线之上，重结晶锆石位于 5Th/U 趋势线之下。锆石放射性铅与 U 呈正相关，图中与 5Th/U 趋势线平行。

表 8-5　辽河群锆石 LA-ICP-MS U-Pb 年龄数据

测点	元素含量/10^{-6}及比值			同位素比值						表面年龄/Ma					
	Th	U	Th/U	$^{207}Pb/^{206}Pb$	±σ	$^{207}Pb/^{235}U$	±σ	$^{206}Pb/^{238}U$	±σ	$^{207}Pb/^{206}Pb$	±σ	$^{207}Pb/^{235}U$	±σ	$^{206}Pb/^{238}U$	±σ
RM-14	103	221	0.47	0.26637	0.00547	24.37120	0.54625	0.66346	0.01063	3285	17	3283	22	3281	41
QP-01	181	237	0.76	0.15927	0.00233	10.11700	0.17942	0.46059	0.00705	2448	13	2446	16	2442	31
QP-02	260	265	0.98	0.15866	0.00231	10.05240	0.17755	0.45942	0.00701	2441	13	2440	16	2437	31
QP-03	92	127	0.72	0.15795	0.00260	10.30080	0.19590	0.47290	0.00751	2434	15	2462	18	2496	33
QP-04	42	101	0.42	0.16885	0.00269	11.33720	0.21119	0.48686	0.00765	2546	14	2551	17	2557	33
QP-05	357	362	0.99	0.16305	0.00236	10.55620	0.18575	0.46945	0.00715	2488	13	2485	16	2481	31
QP-06	119	139	0.85	0.16280	0.00245	10.95240	0.19724	0.48783	0.00751	2485	14	2519	17	2561	33
QP-08	41	59	0.70	0.15966	0.00273	10.85490	0.21167	0.49297	0.00789	2452	15	2511	18	2584	34
QP-10	966	726	1.33	0.15946	0.00228	9.89346	0.17305	0.44989	0.00681	2450	13	2425	16	2395	30
QP-11	207	370	0.56	0.15901	0.00231	10.16250	0.17931	0.46341	0.00705	2445	13	2450	16	2455	31
QP-12	102	281	0.36	0.15910	0.00236	10.06080	0.17982	0.45853	0.00701	2446	14	2440	17	2433	31
QP-13	123	139	0.88	0.16451	0.00251	10.76020	0.19561	0.47427	0.00732	2503	14	2503	17	2502	32
QP-15	32	187	0.17	0.15735	0.00384	9.45128	0.17947	0.43563	0.00666	2427	42	2383	17	2331	30
QP-16	154	277	0.56	0.15241	0.00228	9.51387	0.17106	0.45265	0.00692	2373	14	2389	17	2407	31
QP-17	81	122	0.67	0.15379	0.00284	9.55340	0.19595	0.45043	0.00739	2389	16	2393	19	2397	33
QP-18	237	230	1.03	0.15367	0.00546	9.45378	0.29387	0.44620	0.00768	2387	62	2383	29	2378	34
QP-19	108	134	0.80	0.15850	0.00247	10.42300	0.19204	0.47683	0.00737	2440	14	2473	17	2513	32
QP-21	299	384	0.78	0.15869	0.00238	10.29040	0.18524	0.47021	0.00717	2442	14	2461	17	2484	31
QP-22	155	170	0.91	0.16391	0.00263	10.82000	0.20301	0.47865	0.00747	2496	14	2508	17	2521	33
QP-23	285	264	1.08	0.16723	0.00255	11.09170	0.20189	0.48093	0.00738	2530	14	2531	17	2531	32
QP-24	367	323	1.14	0.15770	0.00245	10.02930	0.18471	0.46114	0.00711	2431	14	2437	17	2445	31
QP-28	145	218	0.66	0.15849	0.00253	10.51360	0.19669	0.48102	0.00745	2440	14	2481	17	2532	32

续表

测点	元素含量/10^{-6}及比值			同位素比值						表面年龄/Ma					
	Th	U	Th/U	$^{207}Pb/^{206}Pb$	$\pm\sigma$	$^{207}Pb/^{235}U$	$\pm\sigma$	$^{206}Pb/^{238}U$	$\pm\sigma$	$^{207}Pb/^{206}Pb$	$\pm\sigma$	$^{207}Pb/^{235}U$	$\pm\sigma$	$^{206}Pb/^{238}U$	$\pm\sigma$
QP-29	294	462	0.64	0.15774	0.00242	9.86723	0.18032	0.45360	0.00693	2432	14	2422	17	2411	31
QP-30	75	165	0.45	0.16675	0.00270	11.43450	0.21589	0.49724	0.00773	2525	14	2559	18	2602	33
QP-31	222	293	0.76	0.15899	0.00255	10.61350	0.19924	0.48406	0.00749	2445	14	2490	17	2545	33
QP-33	710	950	0.75	0.15534	0.00239	9.47400	0.17351	0.44224	0.00674	2406	14	2385	17	2361	30
QP-35	175	444	0.39	0.15103	0.00237	9.54602	0.17725	0.45831	0.00702	2358	14	2392	17	2432	31
QP-36	250	272	0.92	0.16081	0.00260	10.22300	0.19313	0.46098	0.00713	2464	14	2455	17	2444	31
QP-37	267	613	0.44	0.15717	0.00247	9.95340	0.18468	0.45922	0.00702	2425	14	2430	17	2436	31
QP-38	226	284	0.80	0.16700	0.00267	11.17140	0.20989	0.48508	0.00747	2528	14	2538	18	2549	32
QP-39	298	422	0.71	0.16249	0.00259	10.51290	0.19719	0.46916	0.00721	2482	14	2481	17	2480	32
QP-40	148	286	0.52	0.15963	0.00260	10.32580	0.19603	0.46906	0.00725	2452	15	2464	18	2479	32
QP-46	240	293	0.82	0.16059	0.00267	10.56620	0.20339	0.47710	0.00738	2462	15	2486	18	2515	32
QP-48	225	336	0.67	0.16074	0.00269	10.69450	0.20679	0.48245	0.00746	2463	15	2497	18	2538	32
QP-50	56	84	0.67	0.15702	0.00522	9.52232	0.27173	0.43984	0.00753	2424	58	2390	26	2350	34
QP-53	111	277	0.40	0.15949	0.00282	10.46050	0.21025	0.47559	0.00746	2450	16	2476	19	2508	33
QP-55	80	95	0.84	0.15623	0.00299	10.11890	0.21422	0.46967	0.00757	2415	17	2446	20	2482	33
QP-58	368	308	1.19	0.15431	0.00277	9.49866	0.19287	0.44636	0.00700	2394	16	2387	19	2379	31
QP-59	280	453	0.62	0.16488	0.00289	10.75820	0.21513	0.47313	0.00735	2506	16	2502	19	2497	32
QP-65	265	523	0.51	0.15810	0.00283	10.37200	0.21033	0.47572	0.00741	2435	16	2469	19	2509	32
QP-67	278	411	0.68	0.15430	0.00279	9.65988	0.19745	0.45398	0.00709	2394	16	2403	19	2413	31
QP-73	43	49	0.87	0.15597	0.00330	9.58557	0.21885	0.44564	0.00739	2412	19	2396	21	2376	33
QP-74	106	193	0.55	0.16727	0.00323	11.09710	0.23755	0.48109	0.00766	2531	17	2531	20	2532	33
QP-76	307	344	0.89	0.15640	0.00297	9.62297	0.20371	0.44617	0.00703	2417	17	2399	19	2378	31
QP-78	353	372	0.95	0.16383	0.00313	11.18850	0.23782	0.49521	0.00781	2496	17	2539	20	2593	34

续表

测点	元素含量/10^{-6}及比值			同位素比值						表面年龄/Ma					
	Th	U	Th/U	$^{207}Pb/^{206}Pb$	±σ	$^{207}Pb/^{235}U$	±σ	$^{206}Pb/^{238}U$	±σ	$^{207}Pb/^{206}Pb$	±σ	$^{207}Pb/^{235}U$	±σ	$^{206}Pb/^{238}U$	±σ
QP-80	164	191	0.86	0.16378	0.00320	10.55090	0.22800	0.46715	0.00742	2495	17	2484	20	2471	33
RM-29	85	574	0.15	0.15668	0.00344	9.75607	0.23037	0.45152	0.00730	2420	20	2412	22	2402	32
QP-61	193	232	0.83	0.15965	0.00287	10.87890	0.22139	0.49414	0.00774	2452	16	2513	19	2589	33
平均值	216	299	0.73	0.15958	0.00280	10.29024	0.20250	0.46731	0.00730	2451	17	2460	18	2471	32
最高值	966	950	1.33	0.16885	0.00546	11.43450	0.29387	0.49724	0.00789	2546	62	2559	29	2602	34
最低值	32	49	0.15	0.15103	0.00228	9.45128	0.17106	0.43563	0.00666	2358	13	2383	16	2331	30
QP-07	205	426	0.48	0.14632	0.00214	8.75776	0.15537	0.43400	0.00662	2303	14	2313	16	2324	30
QP-09	314	416	0.75	0.14698	0.00214	8.73566	0.15435	0.43096	0.00656	2311	14	2311	16	2310	30
QP-14	747	973	0.77	0.12956	0.00188	6.84648	0.12100	0.38318	0.00581	2092	14	2092	16	2091	27
QP-20	166	315	0.53	0.13497	0.00209	7.38635	0.13573	0.39684	0.00610	2164	14	2159	16	2154	28
QP-26	212	441	0.48	0.14471	0.00219	8.53045	0.15449	0.42743	0.00652	2284	14	2289	16	2294	29
QP-27	121	300	0.40	0.13407	0.00212	7.53890	0.14015	0.40775	0.00628	2152	15	2178	17	2205	29
QP-32	102	289	0.35	0.13681	0.00220	7.64484	0.14386	0.40518	0.00625	2187	15	2190	17	2193	29
QP-34	467	1287	0.36	0.14057	0.00375	7.71272	0.16731	0.39794	0.00617	2234	47	2198	19	2160	28
QP-41	150	301	0.50	0.14125	0.00233	8.20970	0.15738	0.42146	0.00652	2243	15	2254	17	2267	30
QP-42	71	161	0.44	0.13408	0.00237	7.60639	0.15249	0.41135	0.00649	2152	16	2186	18	2221	30
QP-43	142	319	0.45	0.13695	0.00227	7.52333	0.14470	0.39835	0.00615	2189	15	2176	17	2161	28
QP-44	226	466	0.49	0.13872	0.00406	7.49104	0.18406	0.39166	0.00624	2211	52	2172	22	2131	29
QP-45	272	517	0.53	0.13742	0.00415	7.52542	0.19267	0.39719	0.00638	2195	54	2176	23	2156	29
QP-47	302	396	0.76	0.14620	0.00243	8.23921	0.15861	0.40865	0.00631	2302	15	2258	17	2209	29
QP-49	338	777	0.44	0.14015	0.00232	8.00215	0.15398	0.41403	0.00638	2229	15	2231	17	2233	29
QP-54	277	815	0.34	0.14874	0.00254	8.78650	0.17269	0.42834	0.00662	2331	16	2316	18	2298	30
QP-56	235	414	0.57	0.13775	0.00437	7.62630	0.20723	0.40153	0.00655	2199	56	2188	24	2176	30

续表

测点	元素含量/10^{-6}及比值			同位素比值						表面年龄/Ma					
	Th	U	Th/U	$^{207}Pb/^{206}Pb$	±σ	$^{207}Pb/^{235}U$	±σ	$^{206}Pb/^{238}U$	±σ	$^{207}Pb/^{206}Pb$	±σ	$^{207}Pb/^{235}U$	±σ	$^{206}Pb/^{238}U$	±σ
QP-57	83	412	0.20	0.12879	0.00233	6.59946	0.13455	0.37156	0.00583	2082	17	2059	18	2037	27
QP-60	619	769	0.81	0.14223	0.00504	7.86343	0.24494	0.40096	0.00677	2255	63	2215	28	2173	31
QP-62	1115	1276	0.87	0.14536	0.00255	8.67739	0.17373	0.43288	0.00670	2292	16	2305	18	2319	30
QP-63	83	412	0.20	0.12529	0.00233	6.51046	0.13455	0.37156	0.00583	2033	17	2047	18	2037	27
QP-64	112	536	0.21	0.12567	0.00211	6.50940	0.11978	0.37353	0.00566	2038	15	2047	16	2046	27
QP-66	76	629	0.12	0.13427	0.00347	7.18739	0.14928	0.38822	0.00598	2155	46	2135	19	2115	28
QP-68	259	663	0.39	0.14857	0.00270	8.46735	0.17385	0.41326	0.00645	2330	16	2282	19	2230	29
QP-69	311	643	0.48	0.13432	0.00250	7.08686	0.14769	0.38259	0.00601	2155	17	2122	19	2088	28
QP-70	993	756	1.31	0.14145	0.00262	8.25315	0.17138	0.42309	0.00662	2245	17	2259	19	2274	30
QP-71	219	273	0.80	0.12914	0.00246	6.76449	0.14355	0.37982	0.00600	2086	18	2081	19	2075	28
QP-72	219	273	0.80	0.12914	0.00246	6.76449	0.14355	0.37982	0.00600	2086	18	2081	19	2075	28
QP-75	156	376	0.41	0.13578	0.00259	7.23233	0.15360	0.38625	0.00609	2174	18	2140	19	2105	28
QP-77	107	186	0.58	0.13905	0.00274	8.13639	0.17650	0.42430	0.00677	2215	18	2246	20	2280	31
QP-79	237	812	0.29	0.14643	0.00278	8.66302	0.18353	0.42901	0.00673	2305	17	2303	19	2301	30
QP-81	136	220	0.62	0.14261	0.00498	8.16165	0.24898	0.41508	0.00703	2259	62	2249	28	2238	32
QL-02	382	383	1.00	0.13405	0.00260	7.18421	0.15488	0.38863	0.00617	2152	18	2135	19	2116	29
QL-04	307	564	0.54	0.13514	0.00443	7.17248	0.20298	0.38492	0.00635	2166	58	2133	25	2099	30
QL-05	3284	2501	1.31	0.13797	0.00262	7.76378	0.16509	0.40806	0.00643	2202	18	2204	19	2206	29
QL-06	184	717	0.26	0.12548	0.00244	6.51306	0.14051	0.37412	0.00593	2036	18	2048	19	2049	28
QL-07	73	109	0.67	0.13852	0.00287	7.77338	0.17545	0.40694	0.00664	2209	19	2205	20	2201	30
QL-08	772	537	1.44	0.13515	0.00261	6.98073	0.15015	0.37456	0.00593	2166	18	2109	19	2051	28
QL-09	99	150	0.66	0.13198	0.00483	6.85790	0.22177	0.37687	0.00646	2124	66	2093	29	2062	30
QL-10	457	621	0.74	0.13829	0.00269	7.78621	0.16799	0.40829	0.00647	2206	18	2207	19	2207	30

续表

测点	元素含量/10^{-6}及比值			同位素比值						表面年龄/Ma					
	Th	U	Th/U	$^{207}Pb/^{206}Pb$	±σ	$^{207}Pb/^{235}U$	±σ	$^{206}Pb/^{238}U$	±σ	$^{207}Pb/^{206}Pb$	±σ	$^{207}Pb/^{235}U$	±σ	$^{206}Pb/^{238}U$	±σ
QL-11	137	233	0.59	0.13938	0.00282	7.97559	0.17686	0.41494	0.00669	2220	18	2228	20	2237	30
QL-13	602	913	0.66	0.12910	0.00248	6.87107	0.14778	0.38595	0.00615	2086	18	2095	19	2104	29
QL-15	811	745	1.09	0.13924	0.00273	8.06056	0.17509	0.41978	0.00666	2218	18	2238	20	2259	30
QL-17	96	165	0.58	0.13904	0.00283	7.78501	0.17372	0.40601	0.00654	2215	19	2206	20	2197	30
QL-19	113	233	0.49	0.13733	0.00276	7.64118	0.16900	0.40347	0.00646	2194	18	2190	20	2185	30
QL-21	254	391	0.65	0.13543	0.00271	7.54630	0.16637	0.40406	0.00645	2170	18	2179	20	2188	30
QL-22	81	185	0.44	0.13127	0.00271	7.00768	0.15790	0.38710	0.00625	2115	19	2112	20	2109	29
QL-23	825	672	1.23	0.13497	0.00268	7.30563	0.16007	0.39248	0.00623	2164	18	2149	20	2134	29
QL-24	407	944	0.43	0.13230	0.00262	7.31835	0.16024	0.40111	0.00636	2129	18	2151	20	2174	29
QL-26	172	303	0.57	0.13710	0.00279	7.44268	0.16592	0.39366	0.00630	2191	19	2166	20	2140	29
QL-27	232	414	0.56	0.13731	0.00278	7.63112	0.16968	0.40301	0.00643	2194	19	2189	20	2183	30
QL-29	228	207	1.10	0.13631	0.00283	7.51574	0.17013	0.39981	0.00644	2181	19	2175	20	2168	30
QL-30	217	472	0.46	0.12944	0.00266	6.82575	0.14971	0.38405	0.00601	2090	19	2089	19	2095	28
QL-31	171	347	0.49	0.13730	0.00283	7.41531	0.16703	0.39164	0.00628	2193	19	2163	20	2130	29
QL-32	268	476	0.56	0.13674	0.00280	7.71342	0.17311	0.40904	0.00654	2186	19	2198	20	2211	30
QL-33	233	841	0.28	0.12599	0.00257	6.50209	0.14562	0.37422	0.00597	2043	19	2046	20	2049	28
QL-34	200	338	0.59	0.13878	0.00288	7.66029	0.17341	0.40024	0.00643	2212	19	2192	20	2170	30
QL-35	230	275	0.84	0.13151	0.00278	7.02478	0.16112	0.38733	0.00626	2118	20	2115	20	2110	29
QL-36	183	312	0.58	0.13469	0.00281	7.63449	0.17348	0.41101	0.00660	2160	19	2189	20	2220	30
QL-37	96	157	0.61	0.13178	0.00282	7.24814	0.16797	0.39884	0.00647	2122	20	2142	21	2164	30
QL-38	785	771	1.02	0.13789	0.00286	7.75832	0.17580	0.40797	0.00653	2201	19	2203	20	2206	30
RM-02	326	693	0.47	0.13518	0.00263	7.68503	0.16569	0.41225	0.00649	2166	18	2195	19	2225	30
RM-05	281	571	0.49	0.13729	0.00274	7.38145	0.16197	0.38989	0.00619	2193	18	2159	20	2122	29

续表

测点	元素含量/10^{-6}及比值			同位素比值						表面年龄/Ma					
	Th	U	Th/U	$^{207}Pb/^{206}Pb$	±σ	$^{207}Pb/^{235}U$	±σ	$^{206}Pb/^{238}U$	±σ	$^{207}Pb/^{206}Pb$	±σ	$^{207}Pb/^{235}U$	±σ	$^{206}Pb/^{238}U$	±σ
RM-07	381	451	0.85	0.13807	0.00276	7.75018	0.17019	0.40703	0.00645	2203	18	2202	20	2201	30
RM-08	382	590	0.65	0.13379	0.00268	7.41504	0.16310	0.40188	0.00636	2148	19	2163	20	2178	29
RM-09	56	149	0.38	0.13637	0.00288	7.78739	0.17807	0.41410	0.00671	2182	19	2207	21	2234	31
RM-10	183	465	0.39	0.12908	0.00260	6.79798	0.15037	0.38565	0.00608	2085	19	2085	20	2103	28
RM-13	303	650	0.47	0.13255	0.00270	7.08631	0.15798	0.38767	0.00616	2132	19	2122	20	2112	29
RM-15	83	132	0.63	0.13450	0.00287	7.89415	0.18234	0.42561	0.00689	2158	20	2219	21	2286	31
RM-16	372	691	0.54	0.12969	0.00268	6.83662	0.15697	0.38475	0.00623	2094	20	2090	20	2098	29
RM-17	339	593	0.57	0.13401	0.00280	7.53460	0.17114	0.40770	0.00651	2151	19	2177	20	2204	30
RM-18	102	316	0.32	0.12895	0.00274	6.77465	0.15639	0.38617	0.00615	2084	20	2082	20	2105	29
RM-19	330	641	0.52	0.13086	0.00275	6.93397	0.15822	0.38425	0.00613	2110	20	2103	20	2096	29
RM-20	140	265	0.53	0.13817	0.00296	7.73701	0.17928	0.40605	0.00654	2204	20	2201	21	2197	30
RM-21	163	846	0.19	0.12372	0.00257	6.35489	0.13888	0.36591	0.00580	2011	19	2026	19	2010	27
RM-24	118	554	0.21	0.12474	0.00269	6.36579	0.14828	0.38005	0.00595	2025	21	2028	20	2077	28
RM-25	222	440	0.51	0.13643	0.00294	7.45014	0.17365	0.39598	0.00636	2182	20	2167	21	2151	29
RM-26	677	1615	0.42	0.12505	0.00268	6.39712	0.14849	0.37096	0.00594	2030	20	2032	20	2034	28
RM-27	252	1124	0.22	0.12472	0.00261	6.35223	0.14136	0.36356	0.00583	2025	19	2026	20	1999	28
RM-28	135	706	0.19	0.12399	0.00266	6.33084	0.13629	0.36635	0.00561	2014	19	2023	19	2012	26
RM-31	343	544	0.63	0.13533	0.00300	7.69384	0.18335	0.41226	0.00666	2168	21	2196	21	2225	30
RM-32	217	643	0.34	0.12507	0.00279	6.45891	0.15434	0.37449	0.00605	2030	21	2040	21	2050	28
RM-33	332	591	0.56	0.13618	0.00304	7.46559	0.17880	0.39754	0.00643	2179	21	2169	21	2158	30
RM-34	174	517	0.34	0.12504	0.00281	6.56402	0.15803	0.38067	0.00617	2029	21	2055	21	2079	29
RM-35	163	512	0.32	0.12591	0.00285	6.50766	0.15511	0.36903	0.00599	2042	21	2047	21	2025	28
RM-36	821	652	1.26	0.13794	0.00312	7.60474	0.18390	0.39979	0.00648	2202	21	2185	22	2168	30

续表

测点	元素含量/10^{-6}及比值			同位素比值						表面年龄/Ma					
	Th	U	Th/U	$^{207}Pb/^{206}Pb$	$\pm\sigma$	$^{207}Pb/^{235}U$	$\pm\sigma$	$^{206}Pb/^{238}U$	$\pm\sigma$	$^{207}Pb/^{206}Pb$	$\pm\sigma$	$^{207}Pb/^{235}U$	$\pm\sigma$	$^{206}Pb/^{238}U$	$\pm\sigma$
RM-37	189	404	0.47	0.13184	0.00301	7.12991	0.17358	0.39216	0.00638	2123	22	2128	22	2133	30
RM-38	171	314	0.54	0.13413	0.00308	7.48795	0.18327	0.40482	0.00660	2153	22	2172	22	2191	30
RM-39	5075	3028	1.68	0.12926	0.00293	6.78246	0.16222	0.38305	0.00609	2088	21	2083	21	2091	28
RM-40	148	618	0.24	0.12581	0.00374	6.22351	0.15603	0.35876	0.00574	2040	54	2008	22	1976	27
RM-41	151	1001	0.15	0.12374	0.00278	6.33635	0.14281	0.35992	0.00569	2011	20	2023	20	1982	27
RM-44	177	272	0.65	0.13588	0.00320	7.51144	0.18748	0.40086	0.00658	2175	22	2174	22	2173	30
平均值	367	570	0.58	0.13474	0.00283	7.38682	0.16426	0.39669	0.00631	2159	22	2156	20	2153	29
最高值	5075	3028	1.68	0.14874	0.00504	8.78650	0.24898	0.43400	0.00703	2331	66	2316	29	2324	32
最低值	56	109	0.12	0.12372	0.00188	6.22351	0.11978	0.35876	0.00561	2011	14	2008	16	1976	26
QP-25	33	588	0.06	0.11510	0.00182	5.37882	0.10003	0.33886	0.00521	1881	15	1881	16	1881	25
QP-51	65	939	0.07	0.11527	0.00097	5.39489	0.10411	0.33978	0.00511	1884	16	1884	17	1886	25
QP-52	55	1039	0.05	0.11547	0.00197	5.37789	0.10411	0.33678	0.00511	1887	16	1881	17	1871	25
QL-01	107	1120	0.10	0.11549	0.00219	5.32470	0.11334	0.33862	0.00531	1888	18	1873	18	1880	26
QL-03	129	1525	0.08	0.11509	0.00219	5.37653	0.11443	0.33876	0.00534	1881	18	1881	18	1881	26
QL-12	34	1714	0.02	0.11487	0.00219	5.45033	0.11788	0.34046	0.00553	1878	18	1893	19	1889	27
QL-14	76	1047	0.07	0.11539	0.00226	5.41825	0.11711	0.33843	0.00535	1886	19	1888	19	1879	26
QL-16	55	982	0.06	0.11597	0.00227	5.47742	0.11872	0.34248	0.00542	1895	19	1897	19	1899	26
QL-18	29	990	0.03	0.11488	0.00223	5.48542	0.11757	0.34540	0.00547	1878	18	1898	18	1913	26
QL-20	66	1817	0.04	0.11539	0.00220	5.46671	0.11794	0.35013	0.00554	1886	19	1895	19	1935	26
QL-25	60	1625	0.04	0.11548	0.00230	5.19070	0.11406	0.32594	0.00517	1887	19	1851	19	1819	25
QL-28	210	1624	0.13	0.11504	0.00231	5.29235	0.11690	0.33359	0.00530	1881	19	1868	19	1856	26
RM-01	115	686	0.17	0.11541	0.00228	5.62282	0.12546	0.34964	0.00566	1886	19	1920	19	1933	27
RM-03	17	295	0.06	0.11602	0.00232	5.40817	0.11895	0.33802	0.00537	1896	19	1886	19	1877	26

续表

测点	元素含量/10^{-6}及比值			同位素比值						表面年龄/Ma					
	Th	U	Th/U	$^{207}Pb/^{206}Pb$	$\pm\sigma$	$^{207}Pb/^{235}U$	$\pm\sigma$	$^{206}Pb/^{238}U$	$\pm\sigma$	$^{207}Pb/^{206}Pb$	$\pm\sigma$	$^{207}Pb/^{235}U$	$\pm\sigma$	$^{206}Pb/^{238}U$	$\pm\sigma$
RM-04	20	762	0.03	0.11520	0.00230	5.33092	0.11700	0.33558	0.00532	1883	19	1874	19	1865	26
RM-06	29	543	0.05	0.11513	0.00255	5.27113	0.12325	0.32759	0.00541	1882	21	1864	20	1827	26
RM-11	105	590	0.18	0.11517	0.00241	5.58594	0.12861	0.34267	0.00560	1883	20	1914	20	1900	27
RM-12	13	517	0.03	0.11555	0.00236	5.41334	0.12093	0.33971	0.00540	1888	20	1887	19	1885	26
RM-22	19	658	0.03	0.11580	0.00248	5.58713	0.12934	0.34188	0.00561	1892	20	1914	20	1896	27
RM-23	22	613	0.04	0.11639	0.00252	5.68378	0.13749	0.34658	0.00591	1902	21	1929	21	1918	28
RM-30	69	1578	0.04	0.11548	0.00252	5.36465	0.12617	0.33686	0.00541	1887	21	1879	20	1872	26
RM-42	64	883	0.07	0.11493	0.00268	5.28461	0.13087	0.33344	0.00545	1879	23	1866	21	1855	26
RM-43	46	839	0.05	0.11518	0.00267	5.31074	0.12918	0.33898	0.00539	1883	22	1871	21	1882	26
RM-45	105	811	0.13	0.11651	0.00272	5.52035	0.14197	0.34605	0.00581	1903	24	1904	22	1916	28
平均值	64	991	0.07	0.11543	0.00228	5.41740	0.12023	0.33943	0.00543	1887	19	1887	19	1884	26
最高值	210	1817	0.18	0.11651	0.00272	5.68378	0.14197	0.35013	0.00591	1903	24	1929	22	1935	28
最低值	13	295	0.02	0.11487	0.00097	5.19070	0.10003	0.32594	0.00511	1878	15	1851	16	1819	25

变质重结晶锆石与碎屑锆石 U-Th 分布的不一致性，显示岩石变质过程中外来物质的加入，改变了体系内的平衡。

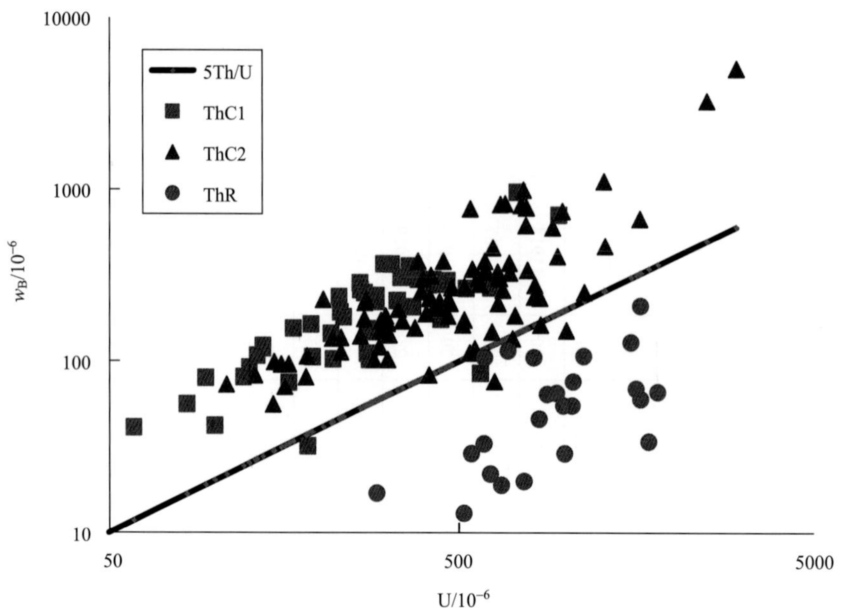

图 8-3　辽河群孔兹岩系锆石 Pb、Th-U 散点图

三类锆石 $^{206}Pb/^{238}U$ 年龄分别显示自生及重结晶锆石年龄为(1819±25)～(1935±28)Ma，平均(1884±26)Ma；碎屑锆石一组为(1976±26)～(2324±32)Ma，平均 2153±29Ma 和(2331±30)～(2602±34)Ma，平均 2471±32Ma；出现最早的碎屑锆石年龄是 3281±41Ma(图 8-4)。

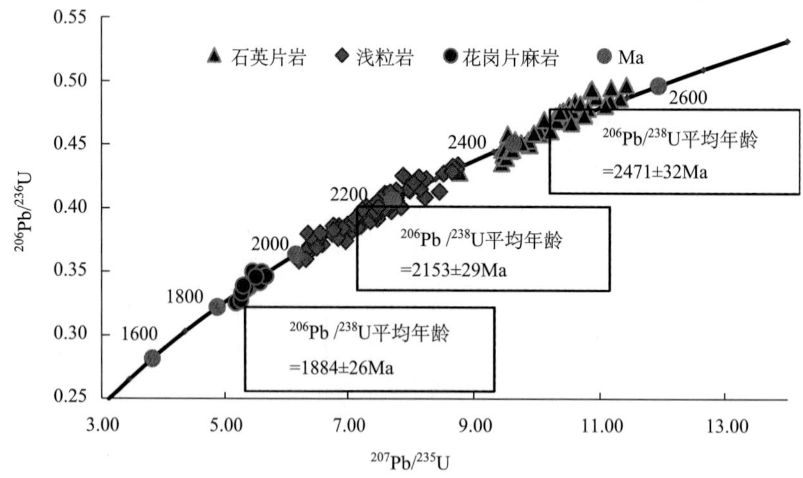

图 8-4　辽河群锆石 U-Pb 年龄谐和曲线

南辽河群孔兹岩系沉积成岩年龄应该在碎屑锆石年龄和重结晶锆石年龄之间，即晚期碎屑锆石峰值年龄 2153Ma 和重结晶锆石峰值年龄 1884Ma 之间的空白期，即 1900～2100Ma，RM(DD07-5)样品中具环带结构的碎屑锆石和变质锆石环带年龄最小间距为(2025±21)～(1902±21)Ma。孔兹岩系的碎屑物质来源主要是古元古界中下部，并有太古宇碎屑物混杂，因此辽东构造演化史从太古宙到古元古代晚期是一个连续沉积演化的，在古元古代末期经历区域性的大规模构造热变动。

前人测得同位素年龄值 1930Ma(Pb-Pb 等时线，王有爵等，1990)、2063Ma(Sm-Nb 等时线，白瑾等，1990)，分析辽河群孔兹岩系形成时限在 2300～2100Ma，变质年龄应为 2000Ma 左右，略早于本次研究年龄，主要是对锆石成因认识定性有差异。

二、集安群孔兹岩系

秦亚等(2014)在集安群自下而上分别采集了蚂蚁河组斜长角闪岩(NMY01)、蚂蚁河组角闪斜长片麻岩(NMY02)、荒岔沟组斜长角闪岩(NH01)、大东岔组黑云变粒岩(ND02)，并分选锆石进行 U-Pb 同位素测年(表 8-6)。

蚂蚁河组斜长角闪岩(NMY01)：呈灰黑色，主要矿物为斜长石、角闪石。斜长石呈不规则粒状，粒径为 0.1～1.0mm，含量在 40%左右；角闪石绿黑色，粒径为 0.2～2.5mm，含量在 65%左右。岩石具有不等粒粒状变晶结构、弱片麻状构造。

蚂蚁河组角闪斜长片麻岩(NMY02)：主要矿物为斜长石、角闪石、石英和黑云母。角闪石，粒径为 0.1～0.8mm，含量在 15%左右；斜长石，粒径为 0.1～1.0mm，含量在 60%左右；石英，粒径为 0.1～0.7mm，含量在 15%左右；另含小于 5%的黑云母。岩石呈柱状粒状变晶结构、片麻状构造。

荒岔沟组斜长角闪岩(NH01)：呈灰黑色，主要矿物为斜长石和角闪石。斜长石不规则粒状，粒径为 0.1～0.8mm，含量 40%左右；角闪石，粒径为 0.1～1.0mm，含量在 50%左右。岩石呈粒状变晶结构、块状构造。

大东岔组黑云变粒岩(ND02)：主要矿物为黑云母、斜长石、微斜长石和石英。黑云母，粒径为 0.1～1mm，含量 10%左右；石英，他形粒状，粒径为 0.1～0.4mm，含量 45%左右；斜长石，粒径为 0.1～0.6mm，发育聚片双晶，含量 15%左右；微斜长石粒径为 0.05～0.40mm，发育格子状双晶，含量 25%左右。岩石呈鳞片粒状变晶结构、块状构造。

根据扫描电镜及阴极发光图鉴定，各种岩石中锆石可以分为四种类型：①碎屑锆石，主要显示为岩浆碎屑锆石来源，具有岩浆锆石环带，大部分被重结晶锆石包裹形成核幔结构的核心，个别成独立的碎屑，没有重结晶边；②变质重结晶锆石，一般他形浑圆状、灰黑色均质形态，或略显示弱环带，一般包裹碎屑锆石，形成核幔结构的增生环带，在角闪岩、麻粒岩变质程度较深的岩石有独立存在的变质重结晶锆石；③自生锆石，在变质程度较深及混合花岗岩中有自生锆石分布，锆石晶体形态类似岩浆锆石，具有较明显的结晶环带(图 8-5)。

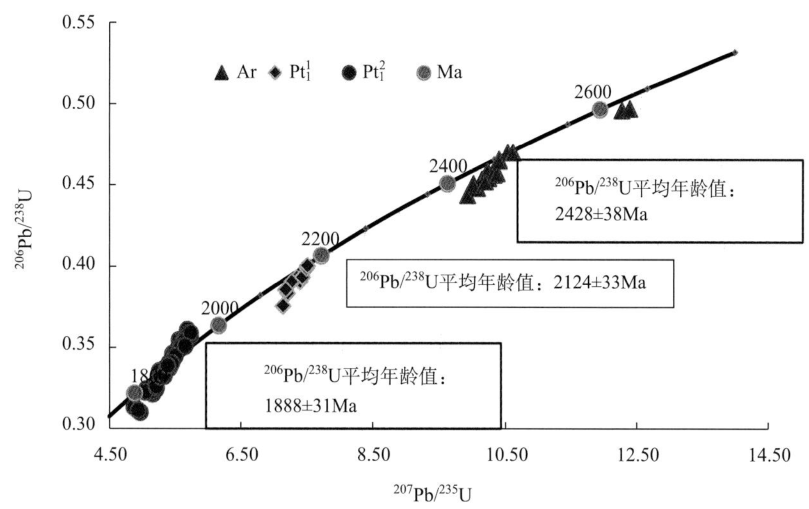

图 8-5　集安群孔兹岩系锆石 U-Pb 年龄谐和曲线

集合四组样品的测年结果，与宽甸辽河群孔兹岩系类似，碎屑锆石年龄有三组，最老的锆石 $^{206}Pb/^{238}U$ 年龄 2602±37Ma；其次一组 $^{206}Pb/^{238}U$ 年龄(2368±17)～(2484±78)Ma，平均年龄 2428±38Ma；第三组 $^{206}Pb/^{238}U$ 年龄(2056±25)～(2171±48)Ma，平均 2124±33Ma；重结晶锆石 $^{206}Pb/^{238}U$ 年龄(1742±13)～(1987±89)Ma，平均 1888±31Ma，上交点在 1950Ma 左右，因此原岩沉积年龄为 1950～

表 8-6　集安群锆石 LA-ICP-MS 锆石 U-Pb 年龄数据

测点	元素含量/10^{-6}及比值			同位素比值						表面年龄/Ma					
	Th	U	Th/U	$^{207}Pb/^{206}Pb$	±1σ	$^{207}Pb/^{235}U$	±1σ	$^{206}Pb^{*}/^{238}U$	±1σ	$^{207}Pb/^{206}Pb$	±1σ	$^{207}Pb/^{235}U$	±1σ	$^{206}Pb/^{238}U$	±1σ
ND0204	854	1256	0.68	0.1779	0.0037	12.2783	0.2701	0.4961	0.0065	2633	20	2626	21	2597	28
ND0215	507	457	1.11	0.1801	0.0050	12.3982	0.3695	0.4971	0.0086	2653	27	2469	28	2602	37
NH0102	336	849	0.40	0.1615	0.0037	10.5400	0.2510	0.4701	0.0054	2471	25	2483	22	2484	23
ND0201	632	803	0.79	0.1630	0.0035	10.3319	0.2402	0.4562	0.0063	2489	21	2465	22	2423	28
ND0202	636	766	0.83	0.1613	0.0054	10.0778	0.5064	0.4481	0.0152	2469	43	2442	46	2387	68
ND0203	337	802	0.42	0.1608	0.0101	9.9272	0.5762	0.4438	0.0066	2464	78	2428	54	2368	29
ND0205	712	1342	0.53	0.1607	0.0040	10.1430	0.2498	0.4534	0.0059	2463	24	2448	23	2410	26
ND0207	368	442	0.83	0.1619	0.0059	10.2514	0.4627	0.4542	0.0092	2475	49	2458	42	2414	41
ND0208	618	859	0.72	0.1603	0.0096	10.2291	0.7221	0.4587	0.0062	2458	102	2456	65	2434	27
ND0211	585	1461	0.40	0.1601	0.0029	10.0152	0.4292	0.4506	0.0175	2457	32	2436	40	2398	78
ND0212	746	1276	0.58	0.1625	0.0033	10.3170	0.2132	0.4578	0.0040	2482	23	2464	19	2430	17
ND0213	824	1473	0.56	0.1613	0.0042	10.4047	0.2607	0.4659	0.0064	2470	24	2464	23	2465	28
ND0214	441	568	0.78	0.1641	0.0043	10.3791	0.2963	0.4572	0.0076	2499	27	2471	26	2427	34
ND0217	362	202	1.79	0.1626	0.0034	10.1970	0.2505	0.4522	0.0068	2482	35	1882	23	2405	30
ND0218	101.5	272	0.37	0.1620	0.0037	10.4123	0.2775	0.4649	0.0089	2476	22	2453	25	2461	39
NH0115	385	345	1.12	0.1637	0.0070	10.6200	0.4218	0.4700	0.0142	2494	31	2490	37	2484	62
平均值	506	819	0.72	0.1618	0.0051	10.2747	0.3684	0.4574	0.0086	2475	38	2417	33	2428	38
最高值	824	1473	1.79	0.1641	0.0101	10.6200	0.7221	0.4701	0.0175	2499	102	2490	65	2484	78
最低值	102	202	0.37	0.1601	0.0029	9.9272	0.2132	0.4438	0.0040	2457	21	1882	19	2368	17
NMY0201	362	779	0.46	0.1349	0.0038	7.2155	0.2075	0.3835	0.0072	2163	26	2138	26	2093	34
NMY0204	525	856	0.61	0.1357	0.0029	7.4060	0.2294	0.3907	0.0104	2173	24	2162	28	2126	48
NMY0205	552	1108	0.50	0.1342	0.0058	7.3541	0.3143	0.3931	0.0058	2154	54	2155	38	2137	27

续表

测点	元素含量/10^{-6}及比值			同位素比值						表面年龄/Ma					
	Th	U	Th/U	$^{207}Pb/^{206}Pb$	±1σ	$^{207}Pb/^{235}U$	±1σ	$^{206}Pb^{*}/^{238}U$	±1σ	$^{207}Pb/^{206}Pb$	±1σ	$^{207}Pb/^{235}U$	±1σ	$^{206}Pb/^{238}U$	±1σ
NMY0207	333	934	0.36	0.1358	0.0031	7.4396	0.1902	0.3934	0.0054	2174	26	2166	23	2139	25
NMY0209	355	587	0.60	0.1353	0.0046	7.5055	0.2584	0.3991	0.0054	2168	41	2174	31	2165	25
NMY0210	356	651	0.55	0.1354	0.0045	7.5171	0.2387	0.4005	0.0067	2169	32	2175	28	2171	31
NMY0213	431	940	0.46	0.1344	0.0033	7.2758	0.2127	0.3905	0.0082	2156	25	2146	26	2125	38
ND0209	435	1121	0.39	0.1369	0.0044	7.1441	0.2410	0.3758	0.0059	2189	37	2130	30	2056	28
ND0210	710	1259	0.56	0.1344	0.0065	7.1857	0.2630	0.3857	0.0087	2155	34	2135	33	2103	41
平均值	451	915	0.50	0.1352	0.0043	7.3382	0.2395	0.3903	0.0071	2167	33	2153	29	2124	33
最高值	710	1259	0.61	0.1369	0.0065	7.5171	0.3143	0.4005	0.0104	2189	54	2175	38	2171	48
最低值	333	587	0.36	0.1342	0.0029	7.1441	0.1902	0.3758	0.0054	2154	24	2130	23	2056	25
NMY0101	589	855	0.69	0.1147	0.0027	5.5682	0.1339	0.3510	0.0038	1875	28	1911	21	1940	18
NMY0102	93	267	0.35	0.1148	0.0035	5.5542	0.1832	0.3502	0.0083	1877	29	1909	28	1936	40
NMY0103	91	241	0.38	0.1143	0.0070	5.6870	0.3090	0.3611	0.0099	1869	59	1929	47	1987	47
NMY0104	142	402	0.35	0.1143	0.0053	5.4600	0.2104	0.3463	0.0073	1869	40	1894	33	1917	35
NMY0105	45	940	0.05	0.1144	0.0043	5.7108	0.2060	0.3588	0.0063	1871	40	1933	31	1977	30
NMY0106	112	283	0.39	0.1146	0.0038	5.4801	0.1724	0.3453	0.0049	1874	36	1897	27	1912	24
NMY0107	134	289	0.47	0.1149	0.0046	5.7115	0.2332	0.3579	0.0062	1878	48	1933	35	1972	30
NMY0108	81	293	0.28	0.1153	0.0054	5.6894	0.2727	0.3545	0.0075	1884	56	1930	41	1956	35
NMY0109	9769	350	7.24	0.1145	0.0029	5.5944	0.1913	0.3513	0.0089	1872	29	1915	29	1941	43
NMY0110	1180	320	0.89	0.1144	0.0036	5.5600	0.2261	0.3548	0.0157	1870	36	1910	35	1958	75
NMY0111	148	338	0.44	0.1140	0.0082	5.5065	0.4071	0.3474	0.0092	1864	95	1902	64	1922	44
NMY0112	162	511	0.32	0.1150	0.0046	5.6801	0.2419	0.3562	0.0076	1879	46	1928	37	1964	36
NMY0113	175	455	0.38	0.1143	0.0048	5.5657	0.2355	0.3510	0.0048	1869	57	1911	36	1939	23
NMY0114	129	308	0.42	0.1147	0.0040	5.3368	0.1867	0.3370	0.0045	1875	44	1875	30	1872	22

续表

测点	元素含量/10^{-6}及比值			同位素比值						表面年龄/Ma					
	Th	U	Th/U	$^{207}Pb/^{206}Pb$	±1σ	$^{207}Pb/^{235}U$	±1σ	$^{206}Pb^{*}/^{238}U$	±1σ	$^{207}Pb/^{206}Pb$	±1σ	$^{207}Pb/^{235}U$	±1σ	$^{206}Pb/^{238}U$	±1σ
NMY0115	134	390	0.34	0.1149	0.0039	5.4063	0.2048	0.3404	0.0064	1879	42	1886	32	1888	31
NMY0116	349	1137	0.31	0.1143	0.0063	5.2624	0.2114	0.3357	0.0131	1868	33	1863	34	1866	63
NMY0117	387	951	0.41	0.1151	0.0021	5.3621	0.1310	0.3367	0.0069	1881	20	1879	21	1871	33
NMY0118	122	289	0.42	0.1147	0.0043	5.6170	0.2164	0.3548	0.0053	1875	48	1919	33	1957	25
NMY0119	146	330	0.44	0.1151	0.0043	5.6365	0.2197	0.3540	0.0062	1881	45	1922	34	1954	29
NMY0202	228	1621	0.14	0.1149	0.0021	4.9738	0.0814	0.3104	0.0045	1878	13	1815	14	1742	22
NMY0203	176	1706	0.10	0.1133	0.0019	5.0700	0.0747	0.3246	0.0026	1853	31	1831	13	1812	13
NMY0206	1282	939	1.37	0.1155	0.0035	5.1627	0.1499	0.3217	0.0058	1887	28	1846	25	1798	28
NMY0208	294	1764	0.17	0.1139	0.0024	5.1135	0.1112	0.3232	0.0035	1862	24	1838	18	1805	17
NMY0211	2813	1454	1.93	0.1156	0.0027	5.2083	0.1164	0.3244	0.0042	1888	22	1854	19	1811	20
NMY0212	123	1907	0.06	0.1153	0.0029	5.1327	0.1154	0.3230	0.0039	1884	47	1842	19	1804	19
NMY0214	229	904	0.25	0.1135	0.0037	5.0510	0.1503	0.3229	0.0043	1855	60	1828	25	1804	21
NMY0215	223	1511	0.15	0.1152	0.0028	5.2167	0.1358	0.3252	0.0038	1883	30	1855	22	1815	18
NMY0216	209	1568	0.13	0.1151	0.0028	5.2127	0.1270	0.3263	0.0047	1881	24	1855	21	1820	23
NMY0217	293	1443	0.20	0.1128	0.0043	4.8766	0.1653	0.3137	0.0054	1844	71	1798	29	1759	27
NMY0218	136	1220	0.11	0.1141	0.0031	4.9394	0.1488	0.3116	0.0052	1866	31	1809	25	1749	20
NH0101	497	1948	0.26	0.1154	0.0058	5.5865	0.0803	0.3505	0.0163	1886	63	1914	12	1937	78
NH0103	556	2058	0.27	0.1143	0.0026	5.4226	0.1226	0.3410	0.0034	1869	26	1888	19	1891	16
NH0104	449	2624	0.17	0.1146	0.0031	5.4757	0.1340	0.3430	0.0043	1874	26	1897	21	1901	21
NH0105	204	1049	0.19	0.1152	0.0050	5.6642	0.2927	0.3517	0.0088	1883	58	1926	45	1943	42
NH0106	132	217	0.61	0.1150	0.0048	5.3352	0.2074	0.3327	0.0073	1880	40	1875	33	1851	35
NH0107	177	1148	0.15	0.1150	0.0033	5.7362	0.1688	0.3568	0.0062	1880	29	1937	25	1967	29

续表

测点	元素含量/10^{-6}及比值			同位素比值						表面年龄/Ma					
	Th	U	Th/U	$^{207}Pb/^{206}Pb$	±1σ	$^{207}Pb/^{235}U$	±1σ	$^{206}Pb^*/^{238}U$	±1σ	$^{207}Pb/^{206}Pb$	±1σ	$^{207}Pb/^{235}U$	±1σ	$^{206}Pb/^{238}U$	±1σ
NH0108	483	2180	0.22	0.1151	0.0072	5.4149	0.1660	0.3383	0.0184	1882	55	1887	26	1878	89
NH0109	229	1911	0.12	0.1148	0.0052	5.5872	0.1831	0.3498	0.0077	1876	30	1914	28	1934	37
NH0110	172	1413	0.12	0.1148	0.0041	5.3314	0.1751	0.3331	0.0057	1876	35	1874	28	1853	28
NH0111	270	1813	0.15	0.1145	0.0032	5.7368	0.1630	0.3590	0.0041	1873	35	1937	25	1977	20
NH0112	201	1234	0.16	0.1147	0.0027	5.5036	0.1270	0.3448	0.0038	1876	26	1901	20	1910	18
NH0113	236	1739	0.14	0.1145	0.0061	5.2778	0.2504	0.3321	0.0076	1872	53	1865	40	1849	37
NH0114	264	1805	0.15	0.1155	0.0028	5.4113	0.1274	0.3374	0.0034	1887	28	1887	20	1874	16
NH0116	342	1793	0.19	0.1152	0.0042	5.4289	0.2061	0.3390	0.0058	1883	44	1889	33	1882	28
NH0117	226	1414	0.16	0.1153	0.0040	5.4495	0.1767	0.3404	0.0040	1884	41	1893	28	1888	19
NH0118	233	1293	0.18	0.1160	0.0031	5.6520	0.1493	0.3510	0.0041	1895	31	1924	23	1939	19
NH0119	295	1748	0.17	0.1146	0.0026	5.3823	0.1233	0.3381	0.0033	1874	27	1882	20	1877	16
NH0120	379	1658	0.23	0.1151	0.0027	5.3917	0.1223	0.3375	0.0032	1881	27	1884	19	1875	15
ND0206	1046	2423	0.43	0.1151	0.0044	5.3274	0.1594	0.3336	0.0091	1881	24	1873	28	1856	44
ND0216	120	1178	0.10	0.1144	0.0033	5.3832	0.1682	0.3389	0.0046	1870	37	2635	27	1881	22
平均值	530	1153	0.47	0.1147	0.0040	5.4169	0.1774	0.3404	0.0064	1875	39	1902	28	1888	31
最高值	9769	2624	7.24	0.1160	0.0082	5.7368	0.4071	0.3611	0.0184	1895	95	2635	64	1987	89
最低值	45	217	0.05	0.1128	0.0019	4.8766	0.0747	0.3104	0.0026	1844	13	1798	12	1742	13

注：Pb^*为放射铅。

表 8-7　石墨矿石锆石 LA-ICP-MS 锆石 U-Pb 年龄数据

测点	测试值/10^{-6}			同位素比值							表面年龄/Ma					
	U	Th	$^{206}Pb^*$	$^{232}Th/^{238}U$	$^{207}Pb^*/^{235}U$	$\pm\sigma$/%	$^{206}Pb^*/^{238}U$	$\pm\sigma$/%	$^{207}Pb^*/^{206}Pb^*$	$\pm\sigma$/%	$^{206}Pb/^{238}U$	$\pm\sigma$	$^{207}Pb/^{206}Pb$	$\pm\sigma$	$^{208}Pb/^{232}Th$	$\pm\sigma$
JA12-1c	1026.86	553.91	325.83	0.5574	6.795551	0.870	0.369312	0.81	0.133453	0.31	2026.16	14.15	2143.91	5.42	1980.72	19.57
JA12-4c	268.46	157.42	92.24	0.6059	7.445951	1.100	0.399753	0.97	0.135091	0.52	2167.90	17.86	2165.20	9.03	2172.35	26.60
JA12-5c	207.07	122.00	68.87	0.6088	7.194319	1.160	0.386896	1.00	0.134863	0.59	2108.42	17.98	2162.25	10.27	2106.64	28.00
JA12-8c	462.44	249.52	162.89	0.5575	7.650750	1.560	0.406065	0.92	0.136649	1.26	2196.91	17.15	2185.17	21.98	2282.36	72.78
KD-16c	755.31	314.52	240.63	0.4303	7.713068	1.210	0.369132	1.13	0.151546	0.42	2025.31	19.67	2363.45	7.14	2110.73	33.92
KD-16-8c	527.00	639.81	169.51	1.2545	7.637281	1.540	0.373500	1.38	0.148302	0.70	2045.85	24.15	2326.44	11.95	2027.69	31.37
JA12-9r	288.45	119.95	87.31	0.4297	6.306207	1.640	0.352186	1.45	0.129866	0.76	1945.03	24.32	2096.16	13.38	2030.61	40.57
KD-16-10r	407.72	129.29	124.49	0.3276	7.036888	1.240	0.355088	1.16	0.143728	0.45	1958.85	19.53	2272.62	7.77	2248.82	32.45
JA12-11r	769.70	461.90	203.74	0.6201	5.318924	1.050	0.307982	0.87	0.125255	0.60	1730.77	13.17	2032.42	10.60	1629.00	27.01
KD-16-1r	989.24	175.75	262.80	0.1836	5.678224	1.180	0.308998	1.11	0.133277	0.39	1735.78	16.95	2141.59	6.87	1916.73	28.62
KD-16-3r	977.03	35.73	249.45	0.0378	4.766718	1.160	0.297104	1.12	0.116362	0.33	1676.93	16.49	1901.07	5.93	1962.29	56.62
KD-16-5r	955.19	15.32	248.44	0.0166	4.652855	1.170	0.302462	1.12	0.111570	0.36	1703.50	16.70	1825.16	6.52	1242.56	182.04
KD-16-6r	548.14	343.08	161.00	0.6467	7.125369	2.650	0.341353	1.26	0.151392	2.33	1893.17	20.65	2361.71	39.83	2349.06	85.12
KD-16-13r	911.19	18.84	237.20	0.0214	4.650805	1.180	0.302736	1.12	0.111420	0.38	1704.86	16.78	1822.71	6.93	1266.55	156.76
KD-16-12r	826.20	10.90	179.26	0.0136	3.841184	1.250	0.252373	1.12	0.110388	0.54	1450.70	14.60	1805.81	9.83	1290.37	223.01
KD-16-14r	1099.63	144.14	240.51	0.1354	3.829786	1.500	0.254163	1.11	0.109285	1.00	1459.91	14.53	1787.54	18.29	1796.81	74.00
JA12-6r	775.63	92.00	170.17	0.1226	3.792447	0.970	0.255311	0.87	0.107733	0.43	1465.81	11.42	1761.43	7.81	1434.23	22.06
JA12-10r	661.22	117.43	143.02	0.1835	3.667910	1.680	0.251600	0.90	0.105732	1.42	1446.72	11.63	1727.09	26.11	1509.89	78.27
KD-16-2r	1106.48	89.46	257.19	0.0835	4.306838	2.150	0.270115	1.13	0.115640	1.83	1541.38	15.44	1889.89	32.86	2324.82	336.22
KD-16-4r	865.93	11.52	202.01	0.0138	4.239091	1.230	0.271353	1.12	0.113302	0.50	1547.66	15.43	1853.05	8.97	2189.47	352.22
KD-16-9r	812.04	143.07	192.83	0.1820	4.447309	1.270	0.275967	1.12	0.116879	0.59	1571.02	15.67	1909.05	10.63	2413.98	204.46
KD-16-11r	1491.34	84.54	258.54	0.0586	2.611421	1.550	0.200660	1.12	0.094388	1.07	1178.86	12.05	1515.89	20.15	776.08	149.15
KD-07-1r	1404.42	20.61	264.06	0.0152	3.046382	1.189	0.218254	1.11	0.101233	0.44	1272.64	12.77	1646.85	8.12	1421.93	252.41
KD-07-2r	1224.03	15.00	293.42	0.0127	4.175184	1.325	0.278108	1.25	0.108883	0.45	1581.83	17.49	1780.82	8.19	1108.54	428.10
KD-07-3r	1368.43	20.72	347.52	0.0156	4.554398	1.145	0.295523	1.11	0.111773	0.30	1669.07	16.27	1828.46	5.38	1715.10	142.78

续表

测点	测试值/10^{-6}			同位素比值						表面年龄/Ma					
	U	Th	$^{206}Pb^*$	$^{232}Th/^{238}U$	$^{207}Pb^*/^{235}U$	$\pm\sigma$/%	$^{206}Pb^*/^{238}U$	$\pm\sigma$/%	$^{207}Pb^*/^{206}Pb^*$	$\pm\sigma$/%	$^{206}Pb/^{238}U$	$\pm\sigma$	$^{207}Pb/^{206}Pb$	$\pm\sigma$	$^{208}Pb/^{232}Th$	$\pm\sigma$
KD-07-5r	1352.64	13.39	274.80	0.0102	3.073113	17.194	0.229197	2.38	0.097245	17.03	1330.29	28.56	1571.95	318.91		
KD-07-8r	1248.71	90.26	244.63	0.0747	3.207338	1.281	0.227299	1.12	0.102340	0.62	1320.33	13.40	1667.00	11.42	1255.90	74.78
KD-07-9r	645.76	54.33	124.57	0.0869	3.308217	1.313	0.224163	1.14	0.107036	0.66	1303.83	13.41	1749.56	12.05	1318.71	74.65
KD-07-10r	1145.16	33.64	220.25	0.0304	3.144716	1.189	0.223540	1.11	0.102029	0.42	1300.55	13.10	1661.37	7.78	844.83	93.21
KD-07-11r	794.42	276.62	210.94	0.3598	5.277083	1.190	0.308750	1.13	0.123961	0.39	1734.55	17.12	2014.02	6.87	1976.31	28.89
KD-07-12r	1509.78	16.03	222.00	0.0110	2.072662	1.981	0.170278	1.23	0.088281	1.55	1013.64	11.58	1388.62	29.74		
JA12-2s	1299.29	23.30	116.06	0.0185	1.014998	1.650	0.103959	0.85	0.070811	1.41	637.57	5.17	951.97	28.90	665.57	53.01
JA12-3s	1241.91	43.46	157.56	0.0362	1.811160	1.860	0.147384	0.84	0.089126	1.66	886.28	6.95	1406.88	31.87	1283.87	69.45
JA12-5s	1314.15	248.05	183.02	0.1950	1.964514	1.000	0.162023	0.87	0.087938	0.48	968.01	7.84	1381.14	9.25	944.21	19.14
JA12-7s	1676.44	132.16	197.00	0.0815	1.599198	1.060	0.136224	0.86	0.085142	0.63	823.28	6.61	1318.79	12.22	1206.96	46.26
JA12-12s	2857.05	507.26	296.29	0.1835	1.315023	0.970	0.120609	0.84	0.079077	0.48	734.07	5.86	1174.08	9.43	692.14	14.92
KD-07-4s	1556.22	19.61	197.13	0.0130	1.568859	16.927	0.137105	1.61	0.082991	16.85	828.27	12.50	1269.00	328.91		
KD-07-6s	1473.05	19.04	190.32	0.0134	1.718494	1.517	0.149917	1.11	0.083137	1.04	900.50	9.32	1272.44	20.20		
KD-07-7s	1421.49	15.77	174.02	0.0115	1.716163	1.209	0.142358	1.11	0.087433	0.49	857.98	8.89	1370.06	9.37	667.83	142.46

注：Pb^*为放射铅。

2100Ma；自生锆石 $^{207}Pb/^{206}Pb$ 加权平均年龄值为 1877±15Ma，与变质重结晶锆石年龄基本一致(图 8-5)。(1742±13)～(1987±89) Ma 的构造热事件极强，大部分重结晶锆石年龄集合在这一时间段，反映古元古代末期全球性构造事件。

三、石墨矿石同位素年龄

石墨矿石样品采自集安财源镇双兴石墨矿床和辽东宽甸石墨矿床，矿石类型为黑云斜长变粒岩型，石墨矿石粒状花岗变晶结构，主要矿物成分是斜长石、石英和黑云母，石墨含量 10%左右。根据黑云斜长变粒岩型石墨矿石分选锆石进行离子探针测年分析(表 8-7)。其中锆石主要具有两种形态，即碎屑锆石，在锆石晶体核部分布；变质重结晶锆石围绕碎屑锆石边缘形成平滑环带，或者主要为重结晶的独立变质锆石，形成平滑的宽阔环带状形态。其次一些锆石最外环具有次生环边，明显显示晚期结晶特征(照片 8-2～照片 8-5)。

探针测点选择锆石核心碎屑锆石和环边变质锆石分别进行探针测试分析，获得有碎屑锆石年龄和变质重结晶锆石年龄。碎屑锆石 $^{206}Pb/^{238}U$ 年龄为(1945.03±24.32)～(2196.91±17.15) Ma；重结晶锆石 $^{206}Pb/^{238}U$ 年龄为(1178.86±12.05)～(1893.17±20.65) Ma；其次获得次生锆石 $^{206}Pb/^{238}U$ 年龄(637.57±5.17)～(968.01±7.84) Ma(表 8-7)。碎屑锆石年龄和变质锆石年龄基本连续没有间断，变质锆石谐和曲线上交点年龄 2100Ma 左右，下交点年龄 1000Ma(图 8-6)。这组锆石年龄值与秦亚(2014)在集安地区获得的孔兹岩系年龄值比较接近，2000～2100Ma 是石墨矿床初始沉积年龄，而在古元古代之后经受区域性高温高压变质作用，形成大量的变质重结晶锆石。

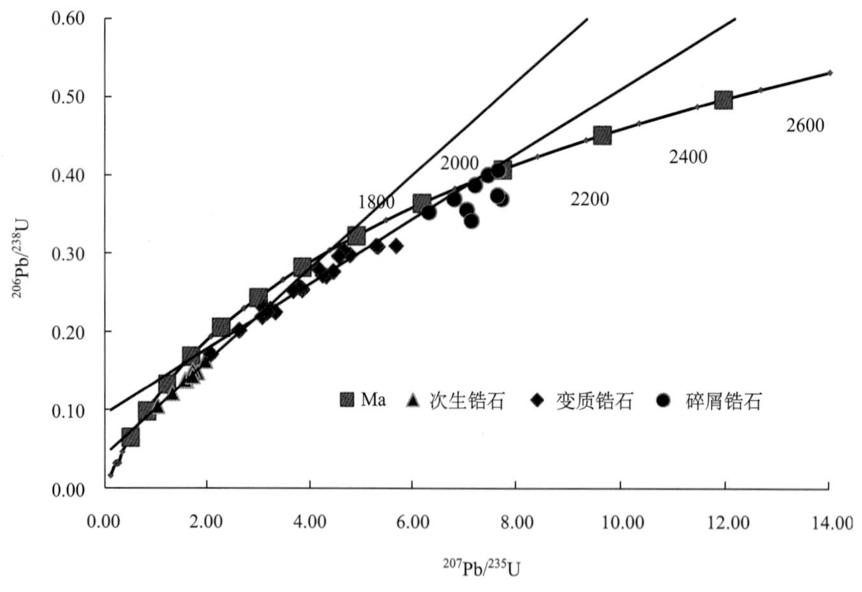

图 8-6　黑云斜长变粒岩型石墨矿石锆石 U-Pb 年龄谐和曲线

第三节　集安地区石墨矿床

一、矿 区 地 质

集安地区代表性石墨矿床有财源镇双兴(泉眼沟)石墨矿、财源镇小黑窝子—报马川石墨矿及通化县三半江石墨矿等(图 8-7)，区域上尚有一系列中小矿床分布(表 8-8)。

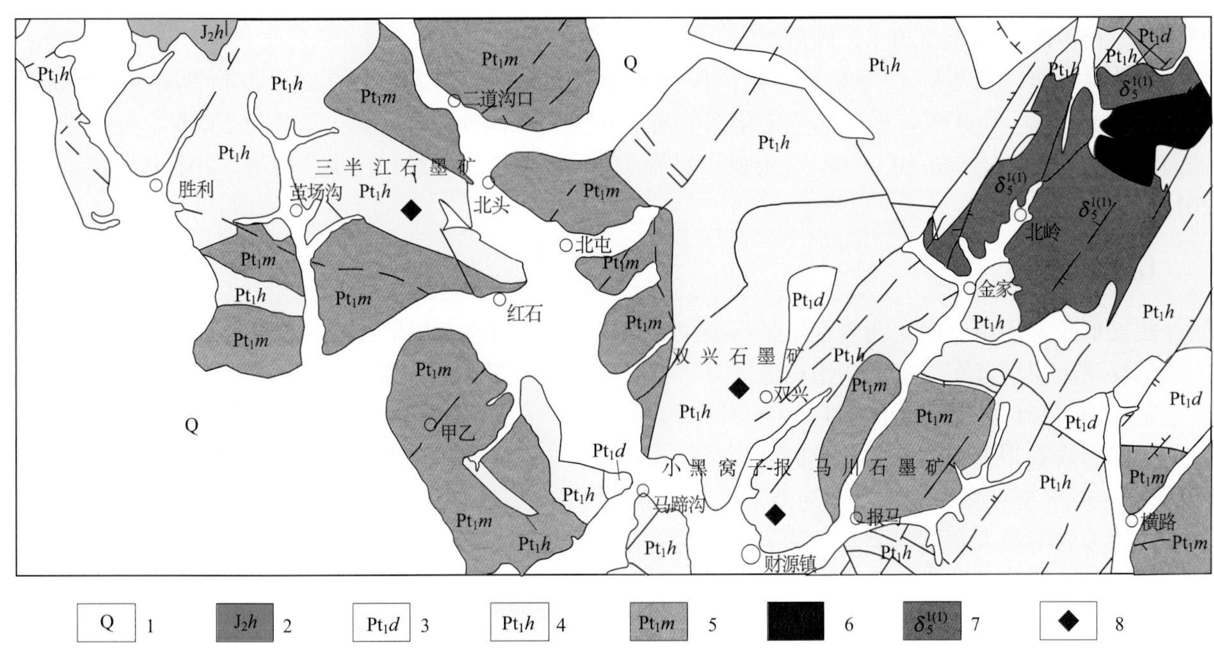

图 8-7　吉林省集安地区石墨矿区域地质图

1.第四系腐殖土、亚砂土、砂砾石 ；2.侏罗系侯家屯组 ：黄绿色泥质粉砂岩、细砂岩、紫色泥质粉砂岩夹灰黑色细砂岩及煤层 ；3.集安群大东岔组 ：混合质含榴夕线堇青片麻岩、变粒岩、片麻岩夹石英岩 ；4. 集安群荒岔沟组 ：含石墨黑云变粒岩、透辉变粒岩、浅粒岩、斜长角闪岩、大理岩，含石墨大理岩夹斜长角闪岩，石墨变粒岩 ；5. 集安群蚂蚁河组 ：均质混合岩夹变粒岩、浅粒岩、斜长角闪岩残留体，顶部蛇纹石化白云质大理岩 ；6.斑状花岗岩 ；7.石英闪长岩；8. 石墨矿床

表 8-8　集安地区深变质型石墨矿床一览表

矿床	矿体矿石特征	品位(固定碳/%)
集安市财源镇双兴	矿石岩性石墨透辉变粒岩、石墨黑云变粒岩，7 层矿体，3～14.10m 厚，累计厚度 53.90m	平均 3.5%，有 23%矿体品位在 5%以上
集安市财源镇双兴三队	矿石岩性石墨透辉变粒岩、石墨绢云片岩和石墨黑云变粒岩	5.25%
集安市财源镇东明	石墨变粒岩，5 层矿体，主矿体长 850m，厚 30m。石墨芯片 0.5～1mm	2.19%～5.10%
集安市金家	透辉变粒岩，矿带长 6～7km，控制 3km，出露宽 20～30m，石墨芯片 0.5～1mm	3.2%～6.4%
通化县三半江	石墨透辉变粒岩型为主次为石墨大理岩型及石墨黑云变粒岩型。主矿体长 1000m，斜深 520m，厚度 7.21～13.23m，平均 10.50m	3.13%～6.28%，平均 4.95%
集安市清河镇头道阳岔	黑云斜长变粒岩及透辉变粒岩，矿带长 3km，7 个矿体群，矿体最长 800m，一般 20～50m，厚度最大 22.90m，一般 3.15m	3.18%
集安市清河镇下三道崴子	黑云斜长变粒岩及透辉变粒岩，矿带长 2km，宽 2km，9 个矿体，主矿体长 200m，厚 23.46m，一般 3～13m	3.65%
集安市复兴屯—金厂沟	矿石石墨黑云变粒岩、石墨透辉变粒岩、石墨变粒岩，2 条矿体，主矿体长 1000m，斜深 150m，厚度 2.26～52.10m，平均厚度 15.82m；石墨呈片状晶体，部分是长条状，叶片晶体 0.15～0.50mm，条状晶体 0.50～1.20mm	2.51%～4.61%，平均 3.17%

双兴(泉眼沟)石墨矿区共查明 20 条矿体，矿体长 300～1000m，厚度 2～26.77m，控制斜深 50～90m，平均品位 3.85%～6.67%，矿体品位变化系数为 3.41%～9.82%，厚度变化系数为 3.62%～30.75%，倾向 210°～260°、倾角 33°～43°。

集安市财源镇小黑窝子—报马川石墨矿区共查明 5 条矿体，矿体长 85～480m，厚度 7.45～19.92m，控制斜深 50～75m，平均品位 2.65%～4.43%，矿体品位变化系数为 3.24%～28.33%，厚度变化系数为

23.18%～65.91%，倾向 220°、倾角 20°～60°。

通化县三半江石墨矿 17 条矿体，矿体长 100～1610m，厚度 4.21～13.23m，控制斜深 50～520m，平均品位 3.13%～10.93%，矿体品位变化系数为 5.36%～37.54%，厚度变化系数为 23.16%～66.50%，倾向 N、NE、SW，倾角 10°～68°（张强和刘帅，2014；曾庆彬，2015；吴彦岭等，2011；郭彦龙等，2015）。

1. 含矿地层

集安群荒岔沟组三段第四岩性层是石墨主矿化层，主要为含石墨黑云变粒岩和含石墨透辉变粒岩，多呈似层状、层状分布，矿层褶皱构造发育，褶皱转折端石墨矿层膨胀加厚。

荒岔沟组(Pt_1h)共分三个岩性段，其中一段和三段为区域石墨矿赋存层位。

一段为含石墨变粒岩和斜长角闪岩多呈互层产出，以含石墨变粒岩和斜长角闪岩互层为主，斜长角闪岩有 3～5 层，变粒岩中石墨局部富集成石墨矿层。

二段为含石墨大理岩夹斜长角闪岩，由含石墨大理岩夹斜长角闪岩组成，岩石组合简单，标志清楚，为荒岔沟组分段和横向区域对比标志。

三段为石墨黑云变粒岩、石墨透辉变粒岩夹斜长角闪岩，以含石墨变粒岩为主，底部见 1～2 层斜长角闪岩，夹 1～2 层薄层大理岩。变粒岩中石墨含量高、鳞片片度大，局部富集成石墨矿。

三段为主矿层，可分为五个岩性层：①黑云母变粒岩、浅粒岩夹斜长角闪岩；②含石墨黑云变粒岩及斜长角闪岩；③斜长角闪岩；④石墨黑云变粒岩、石墨透辉变粒岩夹斜长角闪岩(主矿层)；⑤黑云透闪变粒岩。

2. 岩浆岩

区内岩浆岩较发育，主要为集安期，古元古代斜长花岗岩(γ_1^2)混合岩化作用中等，有后期混合长英质岩脉体发育。

片麻状斜长花岗岩以中粒结构为主，可见巨斑状中粗粒结构。混合花岗岩以中粒结构为主，可见似斑状中粗粒结构。岩浆活动特点以顺层注入交代为主，具重熔岩浆岩特征。该类花岗岩除顺层贯入外，亦可见切穿地层和矿层的现象。

混合岩化及岩浆作用强，有利于石墨发生重结晶，并形成大鳞片，但脉体物质相对增多，造成晶质石墨分散、贫化，混合岩化太弱，结晶鳞片又太小，因此，混合岩化中等程度为宜。

3. 构造

矿区断裂及褶皱构造发育，断裂构造以北东向为主，北西向次之，性质多属逆掩和平移断层，褶皱构造多以北西向开阔背斜为主。

主体构造为从元古宙发展起来的北东、北西向构造，并改造了早期的近东西向构造。北东、北西向构造为本区最主要的控矿构造，其次为近东西向构造。

二、矿层及矿体

1. 含矿岩性

区域内荒岔沟组形成虾蟆沟—复兴屯向背斜叠加褶皱，有泉眼沟—虾蟆沟叠加褶皱、横路西岔—四道阳岔背斜、东江腰营子荒沟复式褶皱构造组成(吴彦岭等，2011)。泉眼沟形成同斜复背斜构造(图 8-8)，石墨含矿岩系荒岔沟组三段(Pt_1h^3)，岩性为石墨黑云透辉变粒岩、含石墨黑云变粒岩、含石墨浅粒岩、斜长角闪岩等。呈北东向展布，总体形态为带状，地层厚度 500～530m。矿区分布由老至新包括 4 个岩性层(图 8-9)。

(1)斜长角闪岩层(Pt_1h^{3-1})：分布于矿区中部，岩性以斜长角闪岩为主，厚度 80～90m。

(2)石墨黑云透辉变粒岩层(Pt_1h^{3-2})：分布于矿区中南部，岩性以黑云斜长片麻岩为主，赋存 3 层石墨矿，为区内石墨矿主要含矿层位，矿层厚度 6～50m，地层厚度 150～160m。

(3)含石墨黑云变粒岩层(Pt_1h^{3-3})：分布于矿区南部，岩性以黑云变粒岩为主，含少量石墨，品位低，厚度 170～180m。

(4)含石墨浅粒岩层(Pt_1h^{3-4})：分布于矿区南东部，岩性以浅粒岩为主，含少量石墨，品位低，厚度＞100m。

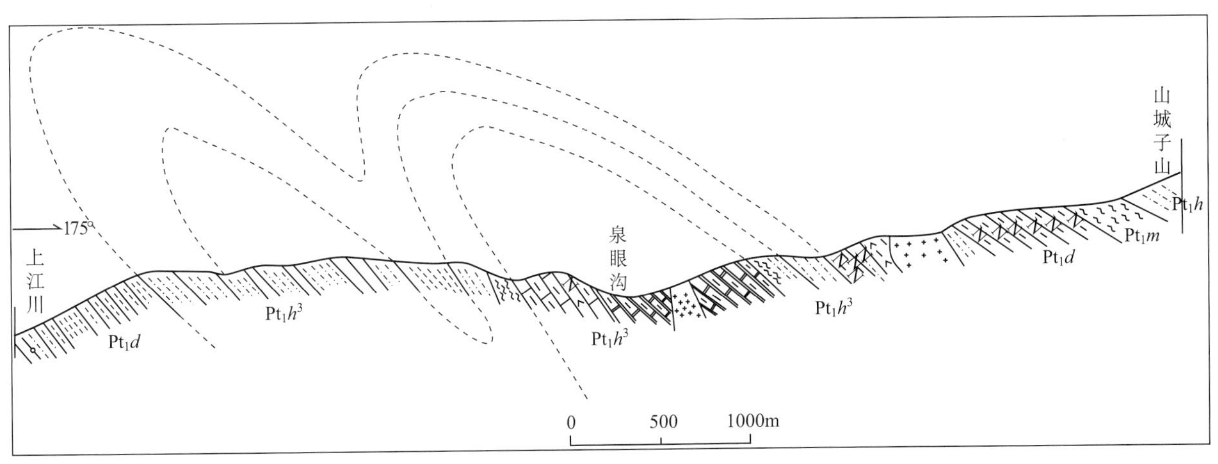

图 8-8　财源镇双兴村泉眼沟石墨矿区构造剖面图

Pt_1d. 集安群大东岔组；Pt_1h. 集安群荒岔沟组；Pt_1m. 集安群蚂蚁河组

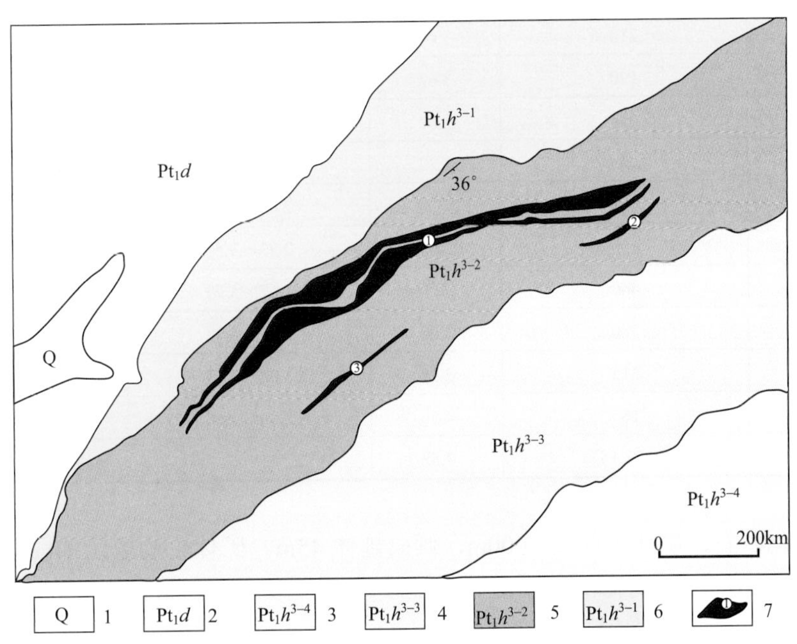

图 8-9　财源镇双兴村六队石墨矿段地质图

1. 第四系残坡积层；2. 大东岔组变粒岩片岩夹石英岩；3. 荒岔沟组含石墨浅粒岩层；4. 荒岔沟组含石墨黑云变粒岩层；5. 荒岔沟组石墨黑云变粒岩层；6. 荒岔沟组斜长角闪岩层；7. 矿体界线及编号

2. 矿体

泉眼沟矿段矿体赋存于古元古界集安群荒岔沟组三段中上部含石墨黑云斜长片麻岩中，总体呈层状、似层状近东西向展布，矿体产状与地层产状一致，倾向 153°～189°，倾角 35°～64°。控制矿体 20 条(表 8-9)，控制矿体长 300～1000m，厚度 2～26.77m，厚度变化系数 0～120.33%，控制矿体倾向延伸 45～440m，1 号矿体走向最长 1000m，17 号矿体倾向延伸最深 440m。其中 5 条矿体为风化矿石，1 条矿体为原生矿石，其他矿体风化原生混合矿石，矿体平均品位(固定碳)2.64%～6.87%，品位变化系数 8%～62%。

表 8-9　泉眼沟矿段石墨矿体特征表

矿体	矿体规模/m			品位(固定碳/%)		
	长	斜深	厚度	范围	平均值	变化系数
1	1000	45	10.97	2.07～3.77	2.88	14
2	300	385	10.35	2.00～8.02	4.19	38
3	600	45	9.25	2.00～6.39	2.85	42
4	600	95	3.52	2.00～5.55	3.19	32
5	600	150	4.89	2.12～8.89	3.27	48
6	300	190	2.00	3.76～11.19	6.52	62
7	300	85	4.46	4.00～9.27	6.67	25
8	300	245	26.77	2.57～4.05	3.26	11
9	600	340	4.86	2.00～7.18	3.60	46
10	600	265	11.15	2.00～5.54	3.29	27
11	700	210	3.00	2.96～3.96	3.17	8
12	700	190	7.62	2.12～5.35	3.31	30
13	300	53	9.00	2.49～4.18	2.89	22
14	300	60	5.52	2.60～3.74	2.90	11
15	300	40	10.84	2.00～5.28	3.24	34
16	300	150	3.05	2.73～3.53	3.02	15
17	300	440	15.54	2.67～5.79	3.26	19
18	300	380	2.00	2.51～3.98	3.28	24
19	600	315	2.28	3.02～4.53	3.85	17
20	600	160	4.50	2.00～4.68	3.29	27
平均值	480.00	192.15	7.58		3.60	27.60

1 号矿体：风化矿石，矿体走向长 1000m，倾向延伸 45m，矿体平均厚度 10.97m，厚度变化系数 120.33%，矿体厚度变化大，矿体品位(固定碳质量分数)最低 2.07%，最高 3.77%，平均品位 2.88%，品位变化系数 14%，矿体品位均匀。

10 号矿体：地表为风化矿石，深部为原生矿石，矿体走向长 600m，倾向延伸 265m，矿体平均厚度 11.15m，厚度变化系数 27.71%，矿体厚度变化很小，矿体品位(固定碳)2.00%～5.54%，平均品位 3.29%，品位变化系数 27%，矿体品位均匀。

三、矿石矿化

1. 矿石类型

主要为石墨黑云斜长片麻岩(照片 8-6)及含石墨黑云斜长变粒岩(照片 8-7)，矿石矿物为鳞片状晶质石墨，脉石矿物为斜长石、石英、黑云母及少量的绿泥石、黄铁矿、褐铁矿、黄铜矿组成(照片 8-6、照片 8-7)。斜长石呈无色，绢云母化，板粒状，0.1～0.15mm，含量 55%；石英呈他形粒状，粒径 0.06～0.1mm，含量 25%；黑云母多已褪色或浅黄褐色，部分绿泥石化，弯曲鳞片状，上述矿物间定向或半定向排列。石墨呈灰黑色、铅灰色，金属光泽，鳞片状，定向分布于长石、石英、云母间或环绕它们生长。石墨鳞片片径一般为 0.1～0.15mm，最大片度 1～3mm。根据工程揭露代表性的矿石样品进行了石墨鳞片片度测试，+50 目(355μm)占 1.72%，80～50 目(180～355μm)占 8.86%，100～80 目(154～180μm)占 19.48%，100～200 目(154～76μm)占 35.06%，−200 目(76μm)占 34.88%。由此可见，该矿石自然类型大鳞片(≥154μm)占 30.06%、中鳞片(154～76μm)占 35.06%、小鳞片占 34.88%，以大、中鳞片为主占 65.12%。

3 号、5 号、6 号和 9 号矿体的石墨碳品位风化矿石品位(固定碳)一般为 2.00%～6.39%，平均品位 3.30%，较深部矿石品位 4.58%变化不大，矿体品位变化比较均匀。

石墨矿层中石英脉及长英质混合岩脉发育(照片 8-8)，石英脉为渗透状的脉体，与基质变粒岩界限不清(照片 8-7)，夹层大理岩具有蛇纹石化蚀变(照片 8-9)，长英质岩脉及石英脉两侧石墨鳞片增大并有富集。

矿体中构造破碎带中石墨鳞片集中富集，但是多被破碎成石墨碎片(照片 8-10、照片 8-11)。片麻岩中鳞片状石墨晶体在拉长粒状矿物颗粒间定向分布(照片 8-12)，或者集中成多晶团块状分布(照片 8-13)；片麻岩白云母条带中多有石墨鳞片分布(照片 8-14、照片 8-15)。

在地表或近地表为风化矿石，风化深度随地形的变化而增减，一般风化带深度在 20m 左右，矿石结构松散。风化矿石品位(固定碳)一般为 2.00%～6.39%，平均品位 3.30%，较深部矿石品位 4.58%变化不大。

矿层顶、底板均为含石墨黑云斜长片麻岩，固定碳含量 1%～2%，局部有灰白色方解石细脉穿插。黑云斜长片麻岩细粒鳞片状粒状变晶结构，块状、片麻状构造，主要矿物成分：斜长石质量分数 55%、石英 30%、黑云母质量分数 5%～10%。

2. 矿化蚀变

荒岔沟组矿石组合样化学成分分析可以看出(表 8-10)，矿石化学组成中 CaO 和 MgO 含量都比较高，它们在沉积原岩中是作为碳酸盐矿物存在的，但是蚀变之后是作为钙镁硅酸盐矿物存在。因此岩石化学组成中，虽然 CaO 和 MgO 很高，而 CO_2 和挥发分并不高，表明已经不是碳酸盐矿物，是蚀变后的硅酸盐矿物成分。

表 8-10　集安地区石墨矿石组合样品化学成分　　(单位：%)

成分	SiO_2	TiO_2	Al_2O_3	Fe_2O_3	FeO	MgO	CaO	K_2O	Na_2O	P_2O_5	C_{org}	烧失量
TC0603	58.07	0.43	10.12	4.46	1.68	9.80	5.25	2.54	2.21	0.15	2.52	2.82
ZK0602	47.48	0.41	8.56	3.6	2.24	16.27	10.13	2.45	1.39	0.14	3.84	1.89

矿石中阳起石，呈无色-淡绿色，长柱状、粒状，大小在(0.05×0.1)～(1.0×2.0)mm，较大者似变斑晶状，含石墨或碳质包裹甚多，略显定向排列，含量 30%～35%。

透辉石化、蛇纹石化、金云母化大理岩一般在区域内作为围岩分布，含少量石墨，不能形成工业矿体。因此在以往矿床勘查中研究较少，但是在区域上及矿层顶底板有广泛分布。

四、矿石地球化学

1. 矿石样品

辽吉裂谷东段集安财源镇双兴石墨矿床采集石墨矿石及夹石和花岗岩脉测试样品，石墨矿石及夹石属于含钙镁较高的透辉透闪变粒岩和片麻岩型石墨矿石及花岗岩脉样品(表 8-11)。

表 8-11 辽吉裂谷石墨矿床岩石化学样品一览表

样号		岩性	主要矿物	组构
集安财源镇双兴石墨矿矿石	JA-01	透辉透闪变粒岩石墨矿石	透辉石、透闪石、斜长石、石英、黑云母、石墨、白云石	石墨 0.3～1mm，粒状变晶结构、鳞片变晶结构、片麻构造
	JA-02	透辉透闪变粒岩石墨矿石	透辉石、透闪石、斜长石、石英、黑云母、石墨、白云石	石墨 0.5～1mm，粒状变晶结构、鳞片变晶结构、具有定向排列
	JA-04	透辉透闪变粒岩石墨矿石	透辉石、透闪石、斜长石、石英、白云母、石墨、白云石	石墨 0.3～0.5mm，粒状变晶结构、鳞片变晶结构、碎裂构造
	JA-05	透辉透闪变粒岩石墨矿石	透辉石、透闪石、斜长石、石英、黑云母、石墨、白云石	石墨 0.3～0.5mm，粒状变晶结构、鳞片变晶结构、致密块状构造
	JA-07	透辉透闪变粒岩石墨矿石	透辉石、透闪石、斜长石、石英、黑云母、石墨、白云石	石墨 0.3～0.5mm，粒状变晶结构、鳞片变晶结构、致密块状构造
	JA-11	透辉透闪变粒岩石墨矿石	透辉石、透闪石、斜长石、石英、黑云母、石墨、白云石	石墨 0.3～0.5mm，粒状变晶结构、鳞片变晶结构、致密块状构造
	JA-13	透辉透闪变粒岩石墨矿石	透辉石、透闪石、斜长石、石英、黑云母、石墨、白云石，绢云母化	石墨 0.2～0.3mm 形成聚合晶条带，鳞片变晶结构、片麻构造
	JA-17	透辉透闪变粒岩石墨矿石	透辉石、透闪石、斜长石、石英、黑云母、石墨、白云石，硅化绢云母化	石墨 0.2～0.3mm 形成聚合晶团块，鳞片变晶结构、片麻构造
	JA-19	透辉透闪变粒岩石墨矿石	透辉石、透闪石、斜长石、石英、黑云母、石墨、白云石，含硫化物	石墨 0.3～0.5mm，粒状变晶结构、鳞片变晶结构、致密块状构造
花岗岩脉	JA-09	似斑状二长花岗岩	斜长石、条纹长石、微斜长石、石英、黑云母	基质 0.2～0.3mm，斑晶 0.5～1mm，中粗粒似斑状花岗结构，块状构造
	JA-12	似斑状二长花岗岩	斜长石、条纹长石、微斜长石、石英、黑云母	基质 0.2～0.3mm，斑晶 0.5～1mm，中粗粒似斑状花岗结构，块状构造
	JA-15	粗粒花岗岩	条纹长石、微斜长石、石英、黑云母	粒度 0.3～0.5，中粗粒状花岗结构，块状构造

2. 岩石化学组分

双兴石墨矿床透辉透闪变粒岩型石墨矿石岩石化学成分比较均一，SiO_2 含量 29.99%～55.46%，平均 47.08%；Al_2O_3 含量 2.14%～11.20%，平均 8.24%；钙镁质较高，平均分别为 MgO 13.08%，CaO 9.04%，岩石 MgO/CaO 均大于 1，平均 1.82，表明原岩 MgO 过剩，除白云石外，应有菱镁矿存在，是高盐度环境沉积，与裂谷环境吻合；钾钠含量较低，但是两者含量高低有明显变化，因此 K_2O/Na_2O 值变化较大，以 K_2O/Na_2O 大于 1 为主，也有小于 1 的样品；A/CNK 均小于 1，表明钙镁不是构成硅酸盐矿物，而是以碳酸盐矿物存在(表 8-12)。该岩石化学组成显示石墨矿石组成中碳酸盐矿物较高，应该含有透辉石和白云石，原岩属于高镁钙碳质泥灰岩。

透辉透闪变粒岩型石墨矿石微量元素富含 Sr、Ba、Zr、F、Cl，Sr/Ba 值高于 Rb/Sr 值，Th/U、V/Cr、Zr/Y、Nb/Ta、F/Cl 与一般泥灰岩类似；V/Ni、V/(Ni+V) 显示弱还原性(表 8-12)。微量元素含量及特征元素比值反映了海源物质为主的泥灰岩特征。

透辉透闪变粒岩型石墨矿石稀土元素总量较低，为 $(35.61\sim162.85)\times10^{-6}$，平均 96.69×10^{-6}；轻重稀土元素(LREE/HREE)比值一般小于 10，δCe 值略大于 1，δEu 小于 1。稀土元素配分曲线图分为两组，一组总量高较高，岩石钙镁含量较低，曲线斜率大，斜率较大的曲线负铕异常明显；另一组稀土元素总量较低，岩石钙镁组分含量高，曲线斜率小，也是曲线斜率大的曲线负铕异常明显(图 8-10)。

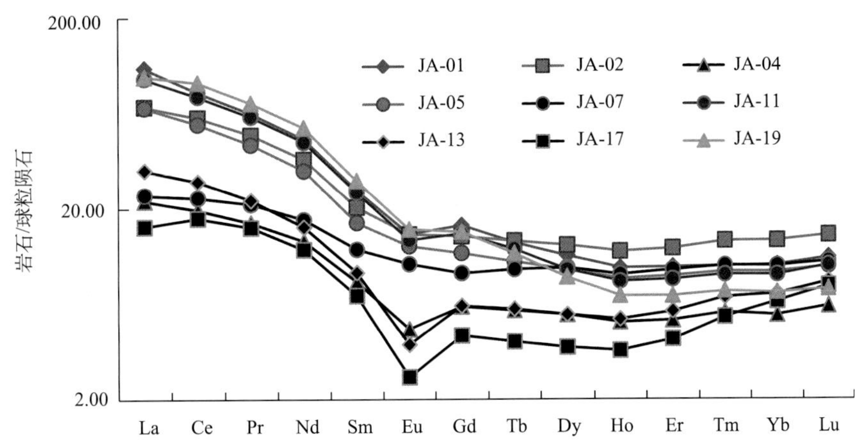

图 8-10　双兴石墨矿石稀土元素配分曲线图，稀土元素分高低两组，高含量组斜率大的曲线负铕异常明显

矿层中层状花岗岩脉的微量元素含量及特征元素比值显示碱性花岗岩特征，Rb/Sr 比值高于 Sr/Ba 值，Th/U、Zr/Y、Nb/Ta 都较高，并且高于黑云斜长变粒岩石墨矿石(表 8-12)。花岗岩脉的稀土元素总量也比较低，平均 73.44×10^{-6}，轻重稀土元素比值较大，平均 15.55，δEu 平均大于 1，稀土元素分异强于透辉透闪变粒岩石墨矿石(图 8-11)。

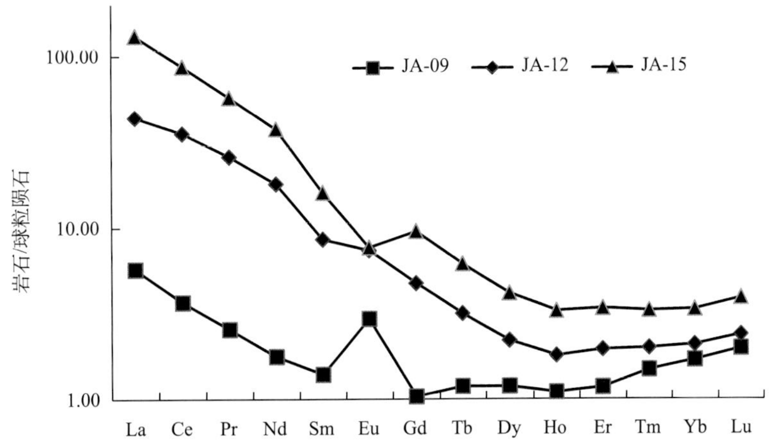

图 8-11　双兴石墨矿条带状混合花岗岩稀土元素配分曲线图，稀土元素总量差别大，JA-09 具有明显正铕异常

表 8-12　财源镇双兴石墨矿岩石化学成分表

成分	透辉透闪变粒岩												花岗岩脉			
	JA-01	JA-02	JA-04	JA-05	JA-07	JA-11	JA-13	JA-17	JA-19	平均值	最高值	最低值	JA-09	JA-12	JA-15	平均值
SiO_2	54.96	44.60	42.78	54.35	55.46	53.67	35.47	29.99	52.44	47.08	55.46	29.99	73.27	70.78	73.83	72.63
TiO_2	0.55	0.45	0.29	0.49	0.51	0.49	0.07	0.04	0.53	0.38	0.55	0.04	0.03	0.23	0.23	0.16
Al_2O_3	10.69	9.45	6.36	10.56	10.45	10.77	2.50	2.14	11.20	8.24	11.20	2.14	14.71	15.60	13.90	14.74
Fe_2O_3	1.46	2.60	1.48	1.09	0.67	1.87	0.57	1.26	0.51	1.28	2.60	0.51	0.08	0.93	0.45	0.49
FeO	1.28	1.68	1.39	1.64	1.12	1.32	1.12	2.40	2.12	1.56	2.40	1.12	0.24	0.40	0.28	0.31
MnO	0.05	0.07	0.08	0.05	0.04	0.05	0.09	0.07	0.05	0.06	0.09	0.04	0.02	0.01	0.02	0.02
MgO	9.99	16.69	18.63	12.48	13.36	9.40	9.06	12.02	16.05	13.08	18.63	9.06	0.30	0.53	0.59	0.47
CaO	6.29	14.70	12.57	7.31	5.67	7.52	16.03	7.89	3.39	9.04	16.03	3.39	0.83	1.16	0.50	0.83
Na_2O	3.70	0.74	0.02	3.37	2.76	3.82	0.02	0.02	1.62	1.79	3.82	0.02	5.02	5.49	4.91	5.14
K_2O	2.49	0.66	2.60	2.45	3.98	2.10	0.73	0.06	3.84	2.10	3.98	0.06	3.99	3.38	4.46	3.94
P_2O_5	0.13	0.15	0.10	0.13	0.05	0.14	0.02	0.01	0.13	0.10	0.15	0.01	0.01	0.06	0.05	0.04
Los	7.77	6.64	13.67	4.59	4.55	7.56	32.61	34.30	7.83	13.28	34.30	4.55	0.56	0.81	0.70	0.69
合计	99.36	98.43	95.98	98.51	98.62	98.71	98.29	90.20	99.72	97.54	99.72	90.20	99.06	99.39	99.92	99.45
C_{org}	5.66	3.92	6.61	3.13	3.18	5.84	16.19	20.89	2.91	7.59	20.89	2.91	0.12	0.12	0.08	0.11
Na_2O+K_2O	6.19	1.40	2.62	5.82	6.74	5.92	0.75	0.08	5.46	3.89	6.74	0.08	9.01	8.87	9.37	9.08
K_2O/Na_2O	0.67	0.89	130.00	0.73	1.44	0.55	36.50	3.00	2.37	19.57	130.00	0.55	0.79	0.62	0.91	0.77
MgO/CaO	1.59	1.14	1.48	1.71	2.36	1.25	0.57	1.52	4.73	1.82	4.73	0.57	0.36	0.46	1.18	0.57
A/CNK	0.53	0.33	0.25	0.49	0.54	0.48	0.08	0.15	0.86	0.41	0.86	0.08	1.04	1.05	1.01	1.03
A/NK	1.22	4.89	2.23	1.29	1.18	1.26	3.03	21.83	1.64	4.28	21.83	1.18	1.17	1.23	1.08	1.16
Rb	44.80	16.70	188.30	82.50	149.00	47.20	43.90	5.60	85.60	73.73	188.30	5.60	72.80	65.10	76.40	71.43
Sr	187.00	152.40	51.20	204.00	278.50	170.90	208.80	79.10	242.50	174.93	278.50	51.20	293.40	384.50	142.70	273.53
Ba	655.40	202.90	532.80	738.50	954.70	545.60	216.20	67.60	1204.20	568.66	1204.20	67.60	1119.80	1486.50	889.70	1165.33

续表

成分	透辉透闪变粒岩												花岗岩脉			
	JA-01	JA-02	JA-04	JA-05	JA-07	JA-11	JA-13	JA-17	JA-19	平均值	最高值	最低值	JA-09	JA-12	JA-15	平均值
Zr	151.90	148.70	83.60	129.50	169.90	115.50	37.80	23.00	141.90	111.31	169.90	23.00	25.30	82.20	112.80	73.43
Hf	5.17	4.02	3.21	4.26	5.33	3.83	1.65	1.01	4.47	3.66	5.33	1.01	1.00	2.28	3.44	2.24
Th	11.95	9.41	3.96	8.99	7.81	9.38	10.67	12.13	11.29	9.51	12.13	3.96	0.87	7.76	25.91	11.51
U	2.12	4.28	1.59	1.13	1.36	1.66	8.15	1.27	1.71	2.58	8.15	1.13	0.46	1.52	2.34	1.44
Y	20.84	23.90	10.64	17.61	18.41	16.73	11.44	7.65	11.78	15.44	23.90	7.65	2.26	3.56	6.78	4.20
Nb	9.62	13.18	6.82	11.04	10.93	9.60	2.34	2.63	12.86	8.78	13.18	2.34	2.64	3.75	11.50	5.97
Ta	0.82	0.75	0.45	0.91	0.87	0.74	0.21	0.19	0.97	0.66	0.97	0.19	0.34	0.57	0.40	0.44
Cr	54.40	46.60	36.60	44.80	45.70	47.20	7.60	7.90	47.70	37.61	54.40	7.60	3.50	1.50	5.00	3.33
Ni	12.40	40.57	14.91	19.86	8.43	16.39	6.10	7.62	26.54	16.98	40.57	6.10	1.38	1.23	3.26	1.95
Co	4.38	13.65	5.02	5.19	3.12	6.47	2.25	4.44	4.83	5.48	13.65	2.25	0.46	4.64	1.18	2.10
V	79.70	92.40	76.70	84.40	85.80	73.20	20.40	13.50	83.70	67.76	92.40	13.50	9.20	17.60	12.20	13.00
F	1283.26	1852.62	2010.14	1573.66	1852.62	964.45	1046.45	1090.03	1510.75	1464.89	2010.14	964.45	62.67	196.44	110.96	123.36
Cl	263.60	603.00	382.50	369.00	331.40	185.70	207.10	185.30	331.90	317.72	603.00	185.30	132.80	191.60	209.50	177.97
Rb/Sr	0.24	0.11	3.68	0.40	0.54	0.28	0.21	0.07	0.35	0.65	3.68	0.07	0.25	0.17	0.54	0.32
Sr/Ba	0.29	0.75	0.10	0.28	0.29	0.31	0.97	1.17	0.20	0.48	1.17	0.10	0.26	0.26	0.16	0.23
Th/U	5.63	2.20	2.50	7.99	5.75	5.65	1.31	9.58	6.59	5.24	9.58	1.31	1.90	5.11	11.08	6.03
V/Cr	1.47	1.98	2.10	1.88	1.88	1.55	2.68	1.71	1.75	1.89	2.68	1.47	2.63	11.73	2.44	5.60
V/(V+Ni)	0.87	0.69	0.84	0.81	0.91	0.82	0.77	0.64	0.76	0.79	0.91	0.64	0.87	0.93	0.79	0.86
Zr/Y	7.29	6.22	7.86	7.35	9.23	6.90	3.30	3.01	12.04	7.02	12.04	3.01	11.22	23.12	16.64	16.99
Nb/Ta	11.79	17.48	15.22	12.16	12.52	12.94	11.34	14.04	13.27	13.42	17.48	11.34	7.78	6.54	28.68	14.33
F/Cl	4.87	3.07	5.26	4.26	5.59	5.19	5.05	5.88	4.55	4.86	5.88	3.07	0.47	1.03	0.53	0.68
La	33.67	21.18	6.80	20.92	7.28	29.73	9.82	4.99	30.44	18.31	33.67	4.99	1.77	13.61	40.73	18.70
Ce	65.71	48.43	15.88	44.76	18.40	62.34	22.34	14.36	73.93	40.68	73.93	14.36	2.97	28.68	70.41	34.02

续表

成分	透辉透闪变粒岩												花岗岩脉			
	JA-01	JA-02	JA-04	JA-05	JA-07	JA-11	JA-13	JA-17	JA-19	平均值	最高值	最低值	JA-09	JA-12	JA-15	平均值
Pr	7.69	5.93	2.05	5.28	2.57	7.38	2.70	1.94	8.71	4.92	8.71	1.94	0.31	3.17	7.02	3.50
Nd	27.74	21.71	8.10	18.97	10.51	26.82	9.60	7.31	31.88	18.07	31.88	7.31	1.07	10.82	22.62	11.50
Sm	4.87	3.97	1.62	3.30	2.39	4.75	1.80	1.37	5.47	3.28	5.47	1.37	0.27	1.68	3.13	1.69
Eu	1.08	1.08	0.34	0.94	0.75	1.01	0.29	0.19	1.15	0.76	1.15	0.19	0.22	0.54	0.57	0.44
Gd	4.24	3.72	1.59	3.03	2.38	3.83	1.60	1.12	3.92	2.83	4.24	1.12	0.27	1.23	2.48	1.33
Tb	0.63	0.64	0.28	0.50	0.46	0.58	0.28	0.19	0.55	0.46	0.64	0.19	0.06	0.15	0.29	0.17
Dy	3.65	4.14	1.79	3.09	3.15	3.09	1.79	1.21	2.82	2.75	4.14	1.21	0.39	0.71	1.34	0.81
Ho	0.70	0.86	0.36	0.62	0.65	0.60	0.38	0.26	0.50	0.55	0.86	0.26	0.08	0.13	0.24	0.15
Er	2.08	2.60	1.09	1.87	2.01	1.79	1.22	0.87	1.47	1.67	2.60	0.87	0.25	0.41	0.71	0.46
Tm	0.32	0.44	0.19	0.30	0.33	0.29	0.22	0.18	0.24	0.28	0.44	0.18	0.05	0.06	0.11	0.07
Yb	2.12	2.84	1.16	1.95	2.09	1.88	1.50	1.36	1.52	1.83	2.84	1.16	0.36	0.44	0.70	0.50
Lu	0.37	0.48	0.20	0.33	0.35	0.34	0.28	0.26	0.25	0.32	0.48	0.20	0.07	0.08	0.13	0.09
REE	154.87	118.02	41.46	105.87	53.31	144.43	53.81	35.61	162.85	96.69	162.85	35.61	8.13	61.71	150.47	73.44
LREE/HREE	9.98	6.51	5.22	8.05	3.67	10.64	6.40	5.54	13.44	7.72	13.44	3.67	4.39	18.17	24.08	15.55
δCe	0.98	1.04	1.02	1.02	1.02	1.01	1.04	1.11	1.09	1.04	1.11	0.98	0.96	1.05	1.00	1.00
δEu	0.73	0.86	0.66	0.90	0.97	0.72	0.51	0.48	0.76	0.73	0.97	0.48	2.44	1.16	0.62	1.41

注：主量元素含量单位为%，微量元素含量单位为 10^{-6}。

第四节　辽东地区石墨矿床

一、区域地质背景

辽东宽甸—桓仁一带辽河群孔兹岩系分布广泛，构成辽吉裂谷中重要的晶质石墨矿带，区域上分布的深变质型晶质石墨矿床有桓仁县黑沟石墨矿、宽甸县杨木杆石墨矿、红石砬子石墨矿及岫岩丰富石墨矿等一系列石墨矿床(吴春林和曲廷耀，1994)。矿石类型为含石墨黑云斜长片麻岩、石墨黑云变粒岩、石墨透闪岩、石墨透闪变粒岩夹斜长角闪岩、浅粒岩等。

1. 区域地层

区内地层以古元古界辽河群为主，出露里尔峪组、高家峪组和大石桥组三个组。

1) 里尔峪组(Pt_1lhlr)

里尔峪组一段(Pt_1lhlr^1)：区内出露面积约 15km^2，厚度大于 465m，在区内主要分布在主向斜核部，其余区域也有零散分布。岩性主要为褐灰色中细粒电气斜长(微斜)变(浅)粒岩、电气黑云变粒岩、磁铁电气变粒岩、灰色黑云角闪变(浅)粒岩和阳起角闪变粒岩，中下部夹黄绿色及黑绿色蛇纹岩、蛇纹石化白云质大理岩和薄层状中细粒斜长角闪岩，与底部磁铁角闪条痕状混合岩呈混合交代接触，混合岩中有斜长角闪岩混合残留体。该段赋存硼矿、与硼矿伴生的铁矿及装饰用大理石矿、水镁石矿等。

里尔峪组二段(Pt_1lhlr^2)：区内出露面积约 50km^2，厚度 7～646m，在区内分布零散，走向与区内地层一致，以南东向为主。主要岩性为浅黄色细粒黄铁浅粒岩、黄褐色含黄铁电气磁铁浅粒岩、灰色磁铁浅粒岩(具混合岩化)和方解钠长浅粒岩、夹青灰色磁铁黑云片麻岩、浅褐色黑云磁铁浅粒岩、电气微斜浅粒岩和灰绿白色混合质阳起电气黑云斜长变粒岩。该段赋存磁铁矿、黄铁矿、铜矿及重晶石矿。本段特征为各种浅粒岩，主要矿物为长石、石英，暗色矿物主要为电气石、磁铁矿，另有少量黄铁矿、黄铜矿等硫化物。

2) 高家峪组(Pt_1lhg)

高家峪组一段(Pt_1lhg^1)：出露面积约 35km^2，厚度 11～211m，走向以南东向为主。主要岩性为灰色中细粒石墨透闪透辉变粒岩，夹褐灰色石墨斜长变(浅)粒岩。底部偶有斜长角闪岩和灰绿色阳起变粒岩。该段地层为区内石墨矿的主要产出层位。

高家峪组二段(Pt_1lhg^2)：出露面积约 18km^2，厚度 13～346m，在区内多处分布。主要为南东走向，岩性主要为褐灰色石墨石榴夕线黑云斜长(微斜)片麻岩(片岩)和褐灰色石墨变粒岩，夹石墨透闪透辉变粒岩。

3) 大石桥组(Pt_1lhd)

为区域辽河群最上部地层，主要分布在区域中部偏北及西北部，出露面积较小，约 15km^2 左右，总体走向南东方向，厚度为 451～1204m。主要岩性为一套以大理岩为主的变质碳酸岩。自下而上可分为三个岩性段。

大石桥组一段(Pt_1lhd^1)：主要出露于矿区中部，雁脖沟—小立志沟，茧窑沟—尖沟一带，区内主向斜的核部两侧；少量出露于矿区西部架沟、孙家堡子、唐家堡，东部赵家沟、殷家沟一带，总面积约 12km^2。南东走向，区内厚度大于 257m。主要岩性灰白色白云质大理岩、灰色等粒含石墨(金云)透闪方解大理岩和瘤状白云质大理岩，夹灰白色石墨透闪(变粒)岩和斜长角闪岩。下部有蛇纹石化橄榄白云质大理岩，赋存石棉矿、滑石矿、菱镁矿和大理石矿。

大石桥组二段(Pt_1lhd^2)：位于矿区中部，大立志沟—周家沟、石灰窑一带，区内主向斜的核部两侧，面积不足 5km^2，南东走向，区内厚度大于 257m。主要岩性为灰白-青灰色含石墨透辉透闪变粒岩、灰白色细粒黑云变粒岩、灰白色含石墨黑云透闪透辉方解变粒岩和含石墨黑云二长透辉变粒岩，夹白色中粒含石墨方解大理岩、青灰色疙瘩状含砂砾结晶灰岩和条带状含石墨透闪透辉方解大理岩。

大石桥组三段(Pt_1lhd^3)：位于矿区中部，棒锤园子沟—四棱顶子—车道岭—顾家东沟一带，面积不足 $10km^2$，南东走向，区内厚度 161～518m。主要岩性为灰白色中粒厚层状含石墨方解大理岩、含石墨金云方解大理岩和白云质大理岩，底部有灰-灰白色疙瘩状含石墨方解大理岩。

2. 岩浆岩

区内岩浆岩主要为古元古代混合花岗岩，其次为元古宙及中生代侵入岩，各种脉岩及第四纪火山岩。

元古宙侵入岩有闪长岩、角闪黑云石英闪长岩。岩体规模均较小，出露位置较分散，尚分布有较多岩脉。

元古宙侵入岩(δ_2)主要分布于区域中部，呈小岩株状产出，均为单岩体，属闪长岩类。该期侵入岩侵入辽河群，产出受纬向构造所控制。与其接触围岩接触交代作用较为发育，围岩蚀变作用强烈，产状较为紊乱。岩体分异性差，但可以大致分为内部相和边缘相，内部相为中粗粒闪长岩，位于岩体中心；边缘相为中细粒闪长岩，位于岩体边部。

闪长岩总体呈淡绿色，中粗粒半自形粒状结构，块状构造。主要矿物成分有斜长石 60%～65%，角闪石 20%～25%，黑云母 5%～10%，石英 2%～5%，少量绿泥石、绢云母、磷灰石、磁铁矿、锆石等。

角闪黑云石英闪长岩呈灰绿色中-细粒半自形粒状结构、块状构造。主要矿物成分为斜长石 55%左右、石英 8%左右、普通角闪石 10%左右、黑云母 20%左右、绿泥石 5%左右、钾长石 5%左右，另有少量磷灰石及黄铁矿等矿物。

3. 变质岩及变质相

区内区域变质岩种类较齐全，分布于辽河群地层及辽河期混合花岗岩中。变质岩可分为片岩、片麻岩、浅粒岩、变粒岩、石英岩、大理岩、斜长角闪岩、钙硅酸盐岩、镁硅酸盐岩、电气石岩、变质碎屑岩等变质岩类，构成辽河群变质地层。

1) 变质岩

片岩类，主要分布在区内高家峪组，其次为大石桥组二段。该类岩石片状构造发育，且多处于片-片麻或半片的过渡状态。其结构多为鳞片变晶结构、鳞片-纤状变晶结构为主，其次为斑状变晶结构。从矿物成分来看，片岩类中黑云母含量 15%～60%，一般石英含量大于长石类，片岩中石榴石多为铁铝石榴石，而夕线石、十字石、红柱石多存在于高家峪组之中。本岩性原岩多为潮湿气候条件下强化学风化的黏土岩，也有少量为弱化学分异的中酸性火山凝灰质砂岩。

片麻岩类，分布较广泛，岩石为片麻状构造，主要为斜长片麻岩，斜长石牌号 An=29～45，晶质石墨普遍出现在片麻岩中，部分可富集成矿，原岩为中等和弱化学分异黏土岩、黏土质砂岩。

浅粒岩，为区内主要岩石，主要分布在里尔峪组二段之中，里尔峪组一段浅粒岩中也常夹有，岩石为块状构造，细粒变晶结构。主要有斜长浅粒岩、微斜浅粒岩、二长浅粒岩三个亚类。原岩主要为火山熔岩、火山碎屑岩。

变粒岩类，各段均有产出，但里尔峪组一段最为发育，里尔峪组二段次之，岩石种类复杂。岩石为块状构造、条带装构造，细粒花岗变晶结构、交代结构及少量斑状结构，该岩类也同样可以根据长石种类与石英含量分为斜长变粒岩、微斜变粒岩及二长变粒岩三个亚类。里尔峪组变粒岩中的暗色矿物以黑云母、角闪石、电气石为主，高家峪组地层中的变粒岩中主要的暗色矿物为黑云母，偶见角闪石。变粒岩原岩多为火山-沉积岩。

大理岩类，主要分布于大石桥组一段与三段。块状、似层状构造，粒状变晶结构。大理岩主要以钙质大理岩、镁质大理岩为主，内含镁橄榄石、金云母、蛇纹石等。其原岩主要为海相化学沉积岩，主要为黏土质白云岩、含石灰黏土质白云岩等。

斜长岩类，在各地层中均有出现，但在混合花岗岩中最为发育，主要分为透辉斜长角闪岩和斜长角闪岩两类，结构为粒状-柱状变晶结构；构造类型复杂，有块状构造、似片麻状构造、斑状构造等。岩石中的斜长石主要为中性斜长石，An=32～35，角闪石属普通角闪石，颜色为绿色、黄绿色至褐色。芝麻点状斜长角闪岩通常与大理岩伴生且渐变过渡，其他构造类型的斜长角闪岩大部分呈夹层与地层产状协调一致。其原岩可能为基性喷出岩，也可能为泥灰岩。

混合花岗岩，区内混合岩化强烈，主要岩性有条痕状混合花岗岩和似条痕状混合花岗岩。

条痕状混合花岗岩呈淡肉红色-粉红色，中细粒花岗变晶结构，部分为中粗粒花岗变晶结构和不等粒花岗变晶结构，特征性的条痕状构造。主要矿物为斜长石、钾长石、石英，暗色矿物有角闪石、黑云母、磁铁矿等，副矿物有锆石、磷灰石、钛铁矿等。交代结构发育，主要有交代条纹、交代净边、交代残留、交代穿孔结构，其次为蠕虫结构、交代反条纹结构。岩石的条痕状构造，主要有磁铁矿、角闪石集合体断续定向排列构成。

似条痕状混合花岗岩呈淡肉红色-灰白色，中细粒花岗变晶结构，似条痕状构造。矿物组成有斜长石、钾长石、石英、角闪石、黑云母、磁铁矿等，副矿物有锆石、磷灰石、钛铁矿等。交代结构较发育而不均匀，常见有交代残蚀、交代条纹结构等。

2) 变质相

区内辽河群里尔峪组、高家峪组、大石桥组变质岩石属于铁铝榴石角闪岩相，根据矿物组成关系，进一步可划分为十字石-蓝晶石亚相和夕线石-铁铝榴石亚相。

十字石-蓝晶石亚相：岩性为变质泥岩、变质基性岩、变质钙质岩和相应的矿物组合。

泥质岩变质岩性：含石墨十字石榴二云片岩、含石墨十字石石榴红柱黑云片岩、含石墨十字夕线黑云片岩、含石墨十字透闪斜长变粒岩等，其矿物组合主要为：石英+铁铝榴石+黑云母+斜长石、石英+十字石+黑云母+斜长石+铁铝榴石、石英+微斜长石+黑云母、石英+斜长石+黑云母。

钙泥质岩变质岩性：含石墨金云方解大理岩、含石墨方柱石方解大理岩、透辉方解大理岩、透闪镁橄榄石白云石大理岩、镁橄榄石方解大理岩等。其矿物组合为：方解石+白云石+透闪石+镁橄榄石、方解石+金云母、方解石+镁橄榄石、方解石+透辉石+镁橄榄石+金云母、方解石+方柱石、白云石+镁橄榄石+金云母。

基性岩变质岩性：斜长角闪岩、透辉斜长角闪岩、角闪岩等，相带内所含矿物组合为：斜长石+普通角闪石+石英、斜长石+普通角闪石+透辉石+石英、斜长石+普通角闪石。

夕线石-铁铝榴石亚相：主要岩石为含石墨夕线黑云片麻岩、石墨石榴夕线黑云斜长片麻岩、夕线石榴黑云斜长片岩、石墨夕线黑云二长片岩、石墨夕线二云石英片岩、黑云斜长片麻岩等。矿物组合为：斜长石+夕线石+黑云母+铁铝榴石、石英+微斜长石+黑云母+铁铝榴石+夕线石、石英+斜长石+黑云母+白云母+夕线石、石英+斜长石+黑云母+铁铝榴石、石英+斜长石+黑云母、石英+微斜长石+黑云母。

二、桓仁县黑沟石墨矿

1. 含矿岩系

黑沟石墨矿位于太子河—浑江台陷的桓仁凸起，出露地层以古元古界辽河群为里尔峪组、高家峪组及大石桥组。里尔峪组主要岩性为磁铁浅粒岩及透闪透辉二长变粒岩；高家峪组主要为黑云石墨透闪二长变粒岩、透闪透辉石岩、斜长角闪岩及含石墨大理岩；大石桥组为方解大理岩。构造为东西向双岭子向斜及各个方向的断裂。向斜核部为大石桥组，向斜南翼为高家峪组、里尔峪组，岩层向北倾，倾角 60° 左右，向斜北翼为高家峪组，向南倾，倾角 50° 左右(吴春林和曲廷耀，1994)。

矿区地层主要为古元古界辽河群高家峪组一段、二段、三段，大石桥组(图 8-12)，高家峪组一段：

分布于矿区南部，主要岩性为疙瘩状黑云透闪二长变粒岩、斜长角闪岩及黑云斜长片麻岩；高家峪组二段：分布在矿区中部，近东西向展布，是矿区的含矿层位。岩性为石墨透闪石岩、石墨透闪二长变粒岩、斜长角闪岩夹石墨黑云二长变粒岩及黑云斜长变粒岩；高家峪组三段：出露于矿区北部，岩性为含石墨方解大理岩；大石桥组：分布于矿区北部，岩性为方解大理岩。

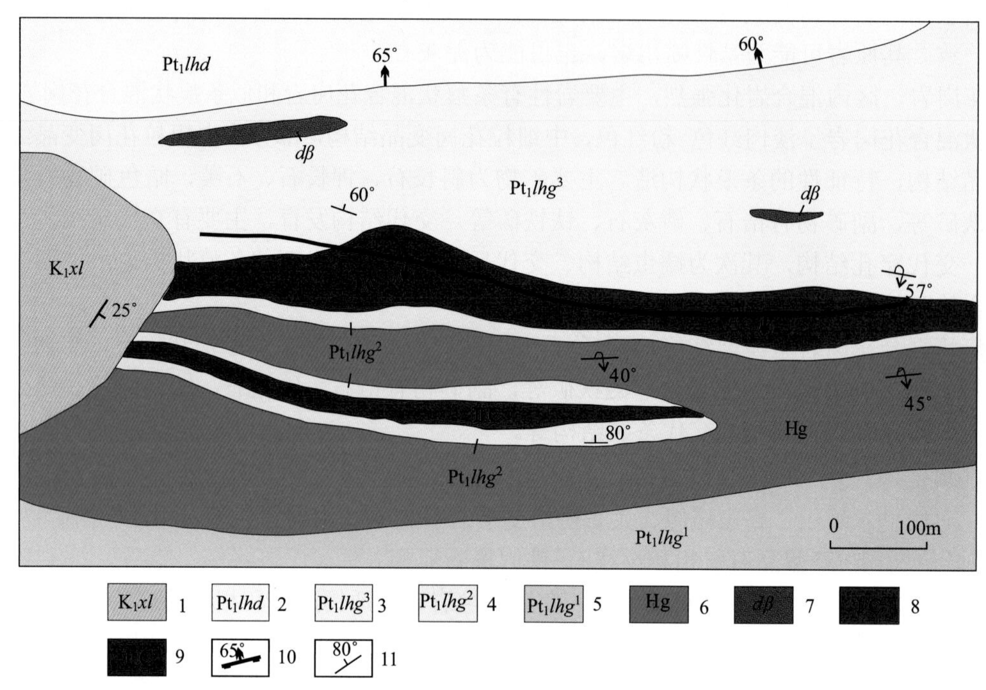

图 8-12　辽东桓仁县黑沟石墨矿地质略图

1. 白垩系小岭组；2. 辽河群大石桥组；3. 辽河群高家峪组三段；4. 辽河群高家峪组二段；5. 辽河群高家峪组一段；6. 斜长角闪岩；7. 安山粉岩；8. 石墨Ⅰ矿体；9. 石墨Ⅱ矿体；10. 断层；11. 地层产状

2. 矿层及矿体

矿层产于高家峪组二段(Pt_1lhg^2)石墨透闪二长变粒岩及石墨透闪石岩中，矿体顶板为高家峪组三段(Pt_1lhg^3)含石墨大理岩或高家峪组二段(Pt_1lhg^2)黑云斜长变粒者，底板为高家峪组二段(Pt_1lhg^2)含石墨黑云二长变粒岩或黑云斜长变粒岩。矿体展布及构造格架与地层一致，呈层状、似层状，矿体走向近东西向(图 8-13)。Ⅰ号矿体长 750m，厚 30～76m，平均厚 48m，Ⅱ号矿体长 200m，厚 17～26m。

石墨透闪二长变粒岩型矿石呈鳞片花岗变晶结构、花岗纤状鳞片变晶结构和斑状变晶结构，块状构造、片状构造、条带-条纹状构造。石墨含量 20%左右，其他矿物为斜长石、微斜长石、石英，透闪石、方解石等，有的地段含黑云母、透辉石、绢云母、黝帘石等。副矿物为磷灰石、锆石、榍石等。

石墨透闪石岩型矿石纤状鳞片花岗变晶结构和斑状变晶结构，块状构造。鳞片状石墨一般含量＞20%，其他矿物以透闪石为主，长石和石英少量。副矿物有磷灰石、锆石等。

矿石化学成分：有益组分是石墨固定碳，有害组分为 Fe_2O_3 和 S。岩石化学组分显示 MgO 高于 CaO，K_2O 高于 Na_2O，挥发分较高，说明具有钙镁碳酸盐矿物存在(表 8-13)。

表 8-13　辽东桓仁县黑沟石墨矿石化学成分表　　(单位：%)

成分	SiO_2	TiO_2	Al_2O_3	Fe_2O_3	FeO	MnO	MnO	MgO	CaO	Na_2O	K_2O	P_2O_5	S	Los
含量	52.50	0.35	12.62	3.49	1.22	0.14	0.14	5.00	2.60	3.25	4.65	0.07	0.12	13.76

矿石品位(固定碳)：Ⅰ号矿体品位一般5.28%～10.41%，平均7.9%，沿走向品位变化系数36.99%；Ⅱ号矿体品位4.62%～5.5%。

鳞片状石墨：硬度低，强非均质，反射色浅棕色，内反射不显。呈叶片状、板条状、纤维状。石墨多呈定向均匀分布，或呈条带状集中分布，有极少的石墨或细晶石墨在其他矿物中呈包体出现(照片8-16～照片8-19)。

矿石中石墨含量最高达60%，一般10%～20%，平均品位9.57%。石墨晶体最大片径0.3～0.5mm，一般为0.05～0.10mm。根据光薄片统计，其中+80目占0.80%，80～100目占10%，100～200目37.65%，–200目占51.57%，明显看出以100～200目和–200目粒径石墨为主。

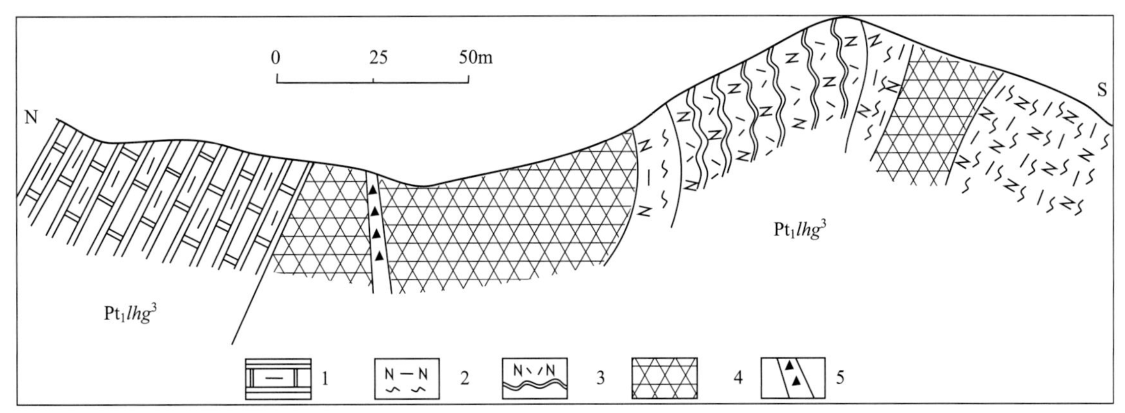

图8-13　辽东桓仁县黑沟石墨矿床剖面图

1. 含石墨大理岩；2. 含石墨黑云二长变粒岩；3. 黑云斜长变粒岩；4. 石墨矿体；5. 构造破碎带

3. 矿化蚀变

辽吉裂谷古元古界高家峪组原岩为一套海相碎屑岩-火山岩-碳酸盐沉积建造。硅酸盐岩石在区域变质作用中主要是矿物的重结晶和次生加大，而碳酸盐岩及碎屑岩中的钙镁质胶结物则发生分解及热液交代作用，形成围岩蚀变。主要的围岩蚀变有透辉石化、蛇纹石化、阳起石化、金云母化，形成石墨透辉变粒岩、含石墨透辉变粒岩、含石墨大理岩，以广泛产出透辉石为特征。

三、宽甸县杨木杆石墨矿

1. 矿区地质

矿区位于鸭绿江断裂中部以西，辽东古裂谷内，区内古元古界辽河群地层发育，混合岩化作用较强，构造较为发育，但岩浆侵入活动一般。

地层：矿区内出露地层为古元古界辽河群里尔峪组、高家峪组、大石桥组和新生界第四系，含矿地层辽河群高家峪组。高家峪组一段为石墨矿主要赋存层位，高家峪组二段也赋存少量低品位石墨矿。

区内高家峪组主要岩性为变粒岩，次要岩性为浅粒岩，依据岩石中标志矿物，可以参与岩石定名，如黑云母、透闪石、透辉石、石墨变粒岩等。

高家峪组一段(Pt_1lhg^1)：出露面积较大，走向以北西向、南东向为主，主要岩性为灰色中细粒石墨透闪透辉变粒岩，夹褐灰色石墨斜长变(浅)粒岩。底部偶有斜长角闪岩。该段地层为矿区内石墨矿的主要产出层位。

高家峪组二段(Pt_1lhg^2)：出露面积约2.5km^{2}左右，走向北东、东向，主要分布在矿区东部孙家堡子及西沟矿段东部，区内岩性主要为褐灰色石墨变粒岩，石墨变粒岩。岩石主要矿物为石英、斜长石少量云母等，局部含 1%～5%的晶质石墨，粒状-鳞片状变晶结构，块状构造。该段有少量较贫的石墨矿体。

大石桥组(Pt_1lhd)：矿区内主要出露一段，走向北西或北，主要岩性灰白色白云质大理岩、灰色等粒含石墨(金云)透闪方解大理岩和疙瘩状白云质大理岩，夹灰白色石墨透闪(变粒)岩和斜长角闪岩。下部有蛇纹石化橄榄白云质大理岩。该段主要岩性为白云质大理岩，岩石灰白色，主要矿物为白云石、方解石，岩石粒状变晶结构，块状构造。局部有少量菱镁矿矿化。

构造：区内断裂构造和褶皱构造发育，部分断裂构造可能沿褶皱核部构造应力方向发育，但主要的断裂构造均与褶皱轴方向相切。

区内褶皱构造主要在古元古界辽河群内部，矿区位于棒槌园子—周家西沟向斜西南翼。矿区内多为复式褶皱。以大韭菜沟江水一线为界，西部为以大房身—小长甸子一线为轴，里尔峪组一段为核，里尔峪组二段—高家峪组一段—高家峪组二段为翼的背斜；大韭菜沟东部也是以北西向为轴杨木杆及鹰嘴砬子处的条痕状花岗岩(γ_2^1)为核的向北东—南西两侧延展的，以里尔峪组、高家峪组为翼的背斜。部分两背斜中可能夹着以高家峪组为核的向斜，但向斜普遍发育不好，延展性不强，两翼展开距离较短。区内石墨矿体与铁矿体多在背斜核部富集。

区内断裂构造具有多期的特点，主要为北西向及北东向，时代为古元古代、中生代，而断裂带属性为压性、张性、压扭性及剪性构造。各断裂构造对区内成矿影响较小，但是部分断裂可能对矿体进行了一定的破坏。

岩浆岩：矿区内岩浆岩发育程度一般，多为古元古代混合花岗岩，其次为各种侵入脉岩。

辽河期条痕状混合花岗岩(γ_2^1)，分布于矿区东部、东南部和南部。岩石总体呈淡肉红色-粉红色，中细粒花岗变晶结构，内部暗色矿物与浅色矿物相交呈条带状(条痕状)，可见石英矿物的重熔再结晶现象。

脉岩类有石英脉、花岗伟晶岩脉、闪长岩脉、闪长玢岩脉和正长斑岩脉。

2. 矿层及矿体

高家峪组一段灰色中细粒石墨透闪透辉变粒岩，夹褐灰色石墨斜长变(浅)粒岩为矿区内石墨矿主要矿化层位。石墨矿呈层状矿化，根据矿区内主要矿层分布及品位变化，划分为五个矿段进行勘查和评价，分别是楼沟石墨矿段、大房身石墨矿段、杨木杆一队石墨矿段、杨木杆四队石墨矿段、西沟石墨矿段。其中楼沟石墨矿段、大房身石墨矿段、杨木杆一队石墨矿段作了工程控制(表 8-14)。

表 8-14　杨木杆石墨矿区主要矿段矿体一览表

矿段	矿体	产状/(°)		规模/m			品位/%	矿石岩性
		倾向	倾角	埋深	延长	平均厚度		
楼沟	18	180～220	45～60	51～494	1130	8.18	3.66	透闪变粒岩、黑云透闪变粒岩
	20	215	44	162～294	100	2.16	2.75	黑云变粒岩
	21	180～220	40～60	204～551	940	9.85	2.64	黑云变粒岩、黑云透闪变粒岩
	22	180	35～50	56～279	100	6.16	5.36	黑云变粒岩
大房身	1	30～50	35～45	0～192	540	$\frac{17.57～101.77}{47.18}$	$\frac{2.76～3.52}{3.11}$	透闪变粒岩
	5	113～139	34～47	0～105	190	9.77	2.44	黑云变粒岩
	6	114～128	32～41	0～124	186	11.19	2.52	黑云变粒岩
	7	25～30	31～50	0～40	320	7.25	2.82	透闪变粒岩

续表

矿段	矿体	产状/(°)		规模/m			品位/%	矿石岩性
		倾向	倾角	埋深	延长	平均厚度		
大房身	9	40～45	35～44	6～60	150	7.00	2.45	透闪变粒岩
	14	208	34～40	3～85	100	14.00	2.62	黑云变粒岩
	20	45～68	30～33	62～109	176	11.80	2.05	透闪黑云变粒岩
杨木杆一队	1	45～75	55～60	0～124	550	4.44～13.78 6.23	3.44～4.22 3.91	黑云变粒岩
	2	20～57	32～55	0～224	326	7.47	2.68	黑云透闪变粒岩
	3	45～80	30～50	0～283	258	8.62	3.34	黑云透闪变粒岩
	8	41～106	50～85	0～142	550	5.31～30.06 18.95	2.21～3.12 2.65	黑云变粒岩

楼沟石墨矿段进行了详查工作，为矿区最主要的石墨矿段，共划分 35 个石墨矿体，均呈层状或似层状产出，矿段西段走向北西，东段走向近东西。根据矿体控制程度，共有 12 个矿体其中 5 个主矿体估算了资源储量(图 8-14、图 8-15)。

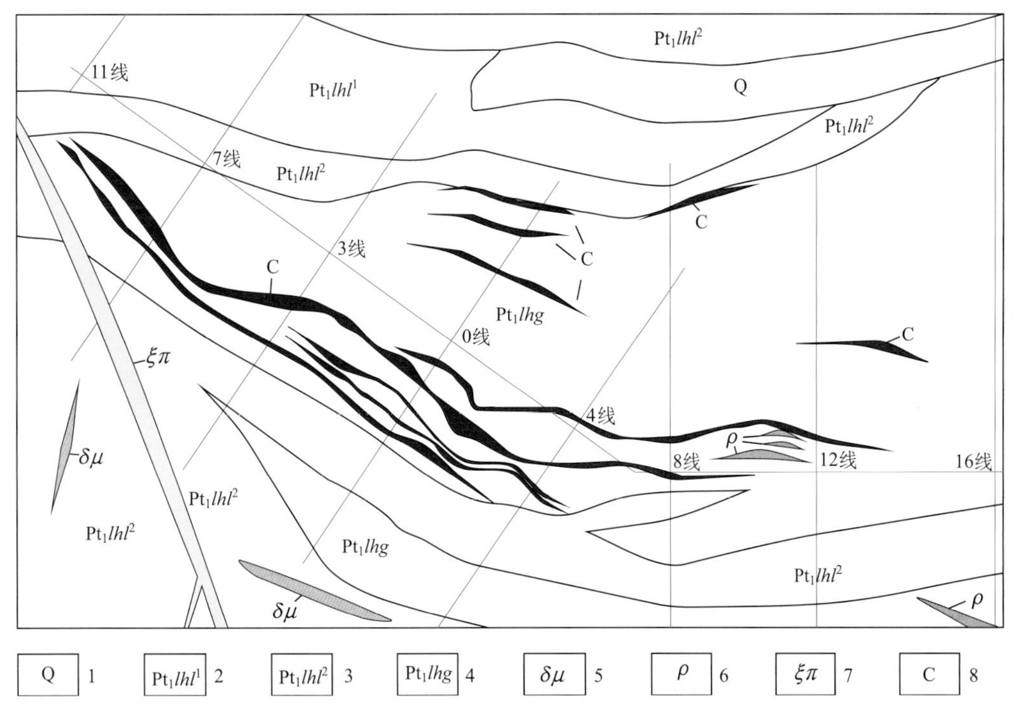

图 8-14　宽甸杨木杆石墨矿区楼沟矿段地质图

1. 第四系；2. 辽河群里尔峪组一段；3. 辽河群里尔峪组二段；4. 辽河群高家峪组；5. 闪长玢岩脉；6. 霏细岩脉；7. 正长斑岩脉；8. 石墨矿体

(1)号矿体，赋存于古元古界辽河群高家峪组一段地层中，矿体走向北西到近东西向，倾向南，倾角 40°～50°。矿体延长近 1200m，最大延深约 220m，西北端部分矿体位于勘查区外。矿体厚 0.71～26.05m，平均真厚度 7.24m，厚度变化系数 65.54%。矿石品位 2.08%～5.92%，平均品位 3.40%，品位变化系数 36.95%。

矿体岩性为石墨黑云变粒岩、石墨透闪变粒岩、石墨浅粒岩、石墨变粒岩，围岩为含石墨透闪变粒岩、含石墨黑云变粒岩等。矿体中夹石主要岩性为斜长角闪岩、黑云变粒岩、含石墨黑云变粒岩和闪长岩等。

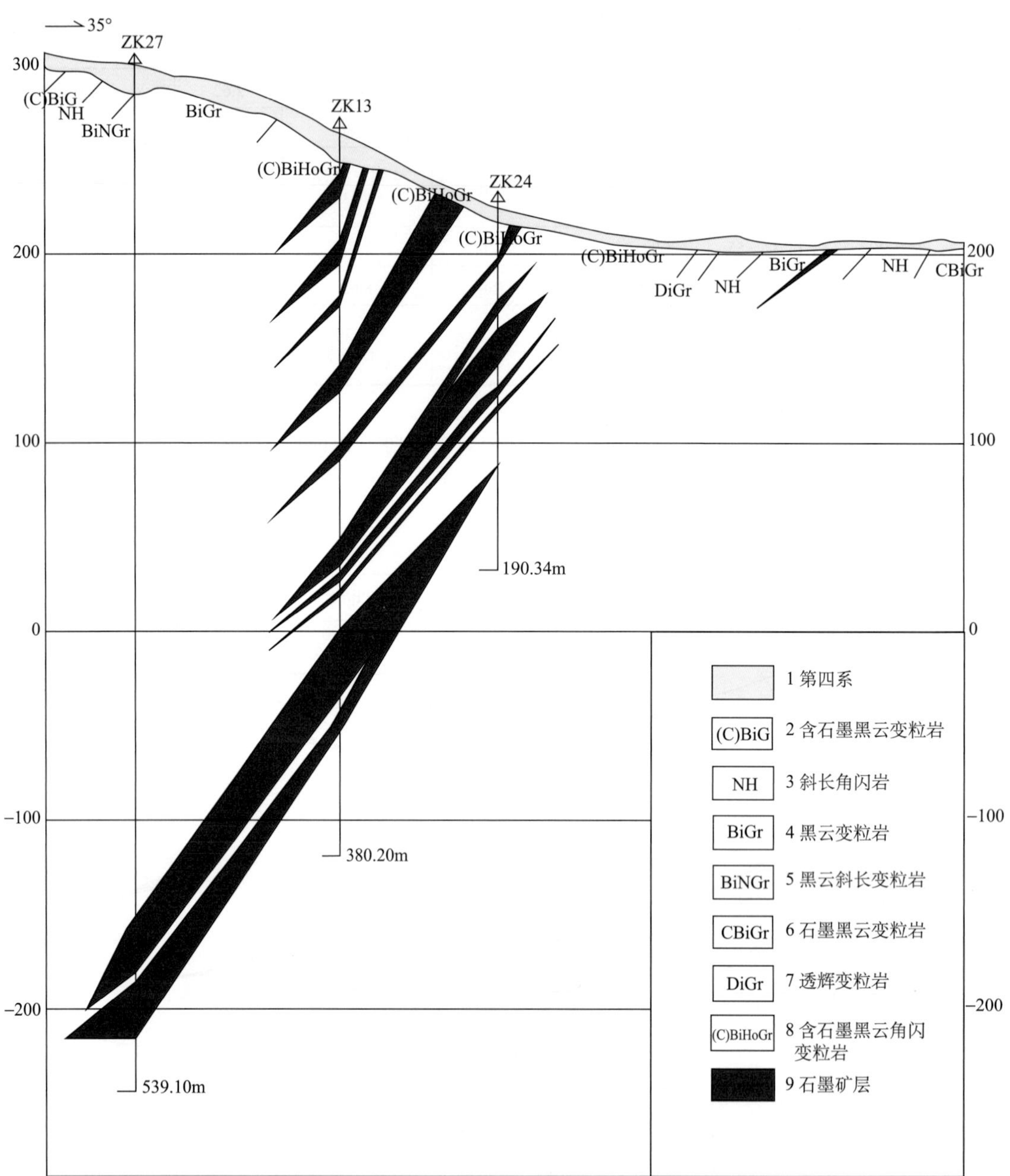

图 8-15　宽甸杨木杆石墨矿区楼沟矿段地质剖面图

(2)号矿体，位于(1)号矿体上盘，赋存层位与分布特征与(1)号矿体基本相同，矿体总体走向300°～310°，到近东西，倾向南西到南，倾角40°～60°。矿体延长近660m，最大延深约370m；矿体厚1.34～15.37m，平均真厚度6.41m，厚度变化系数47.21%。固定碳含量2.06%～7.27%，平均品位3.69%，品位变化系数72.66%。

矿体岩性主要为石墨黑云变粒岩、石墨透闪变粒岩，夹石发育程度一般，以(含石墨)透闪变粒岩为主，其次为(含石墨)黑云变粒岩。

(17)号矿体，位于矿段中北部，(2)号矿体下盘，为盲矿体，赋存层位与分布特征与(2)号矿体基本相同。走向由300°～310°到近东西，倾向南西到南，倾角45°～60°。矿体延长近1060m，最大延深约430m；矿体厚1.29～21.85m，平均真厚度6.58m，厚度变化系数127.64%。固定碳含量2.02%～6.26%，平均品位3.33%，品位变化系数63.80%。

矿体主要岩性为含石墨黑云透闪变粒岩、石墨变粒岩、含石墨黑云变粒岩、含石榴石墨黑云角闪变粒岩、含石榴石墨黑云变粒岩、含石墨透闪变粒岩，围岩为(含石墨)透闪变粒岩、(含石墨)角闪黑云变粒岩及(含石墨)黑云变粒岩。矿体内夹石岩性为含石榴黑云角闪变粒岩、浅粒岩。

(18)号矿体，位于(17)号矿体下盘，为盲矿体。矿体走向300°～310°到近东西，倾向南西，倾角45°～60°。矿体延长近1130m，最大延深约500m；矿体厚1.26～28.28m，平均真厚度8.18m，厚度变化系数64.37%。固定碳含量2.00%～5.12%，平均品位3.66%，品位变化系数31.51%。

矿体由石墨变粒岩、含石墨黑云变粒岩、含石墨黑云透闪变粒岩组成，围岩为(含石墨)透闪变粒岩、(含石墨)黑云变粒岩。

(21)号矿体，位于(18)号矿体下盘，为盲矿体。矿体走向约310°到近东西，倾向南西到南倾，倾角40°～60°。矿体延长近940m，最大延深约370m；矿体厚0.77～27.58m，平均真厚度9.85m，厚度变化系数75.91%；固定碳含量2.03%～4.41%，平均品位2.64%，品位变化系数16.61%。

矿体主要岩性为含石墨黑云变粒岩、含石墨黑云透闪变粒岩，围岩为(含石墨)黑云变粒岩、伟晶岩等。

3. 矿石

矿石岩性主要为各类石墨(含石墨)变粒岩，自然类型为石墨变粒岩型，矿石工业类型为晶质鳞片状石墨矿石。

矿石矿物石墨在矿石中含量一般为1.5%～7.5%，局部可达10%～12%。主要呈鳞片状，定向或集中呈条带排列(照片8-16、照片8-17)，以片状及鳞片状粒状变晶结构产出，部分石墨与白云母片集合成韧性条带发生褶曲变形(照片8-18、照片8-19)。石墨芯片片径大于50目者比例为46.7%，50～80目约为25.6%，80～100目约18.5%，小于100目者比例约为9.2%。

矿石中脉石矿物有针铁矿、黄铁矿、石英、透辉石、透闪石、钾长石、钠长石、白云母、斜长石、黑云母及碳酸盐等。

石墨矿石化学组成，固态碳品位平均6.76%，$K_2O>Na_2O$，含有一定量的钙镁碳酸盐成分(表8-15)。

表8-15 楼沟石墨矿段石墨矿石主要化学成分表 (单位：%)

成分	SiO_2	TiO_2	Al_2O_3	Fe_2O_3	MgO	CaO	Na_2O	K_2O	P_2O_5	C_{org}
含量	55.19	0.565	10.47	5.04	2.58	7.28	1.73	2.58	0.14	6.76

矿石鳞片以变晶结构、粒状变晶结构为主，其次为短柱状粒状变晶结构。块状构造、片状构造、片麻状构造，有时见条带状构造、星点状构造。

石墨矿夹石有斜长角闪岩、黑云变粒岩、含石墨黑云变粒岩、闪长岩、黑云变粒岩、含石墨黑云透闪变粒岩、斜长角闪岩、浅粒岩、伟晶岩、含石榴黑云角闪变粒岩、透闪浅粒岩、石墨透闪变粒岩。

四、矿石地球化学

1. 矿石样品

辽吉裂谷中部宽甸一带石墨矿床采集石墨矿石及夹石和花岗岩脉测试样品，有混合片麻岩、黑云斜长变粒岩型石墨矿石、含石墨变粒岩、透辉透闪变粒岩和花岗岩脉样品(表8-16)。

表 8-16　宽甸杨木杆石墨矿床岩石化学样品一览表

		岩性	主要矿物	组构
石墨矿石	KD-01	混合片麻岩石墨矿石	斜长石、微斜长石、石英、黑云母、石墨	石墨 0.3～0.5mm，粒状变晶结构、鳞片变晶结构、致密块状构造
	KD-a1	混合片麻岩石墨矿石	微斜长石、条纹长石、石英、黑云母、石墨	石墨 0.1～0.5mm，鳞片变晶结构、粒状变晶结构，块状构造、碎裂构造
	KD-08	黑云斜长变粒岩石墨矿石	微斜长石、条纹长石、石英、黑云母	石墨 0.05～0.2mm，细粒变晶结构，块状构造
	KD-14	黑云斜长变粒岩石墨矿石	微斜长石、条纹长石、石英、黑云母、石墨	石墨 0.05～0.2mm，细粒变晶结构，块状构造
	KD-16	黑云斜长变粒岩石墨矿石	微斜长石、条纹长石、石英、黑云母、石墨	石墨 0.1～0.2mm，细粒变晶结构，块状构造、碎裂构造
含石墨围岩	KD-02	含石墨混合片麻岩	斜长石、微斜长石、石英、黑云母、石墨	石墨 0.3～0.5mm，粒状变晶结构、鳞片变晶结构、致密块状构造
	KD-05	含石墨混合片麻岩	微斜长石、条纹长石、石英、黑云母	石墨 0.2～0.3mm，粗粒变晶结构、致密块状构造
	KD-10	含石墨混合片麻岩	微斜长石、条纹长石、石英、黑云母	细粒变晶结构、致密块状构造
	KD-11	含石墨混合片麻岩	微斜长石、条纹长石、石英、黑云母	细粒变晶结构、致密块状构造
	KD-09	含石墨透辉透闪变粒岩	透辉石、透闪石、微斜长石、条纹长石、石英、黑云母、	粗粒花岗结构、致密块状构造
	KD-04	含石墨混合片麻岩	微斜长石、条纹长石、石英、黑云母、	粗粒花岗结构、致密块状构造

2. 岩石化学组分

宽甸石墨矿床矿石主要为黑云斜长变粒岩型和混合片麻岩型，仅一个含石墨透辉透闪变粒岩。混合片麻岩 SiO_2 含量明显比较高，为 67.29%～73.29%，平均 70.77%；Al_2O_3 含量 13.38%～14.85%，平均 14.06%；钙镁质低，平均分别为 MgO 0.78%，CaO 0.35%；K_2O 含量高，在 4.54%～7.63%，平均 6.42%，K_2O/Na_2O 值平均 43.43，最小 1.07；A/CNK 平均 1.52，岩石矿物组成以硅铝酸盐为主，铝过剩(表 8-17)。黑云斜长变粒岩 SiO_2 含量较低，为 53.60%～63.39%，平均 59.85%；Al_2O_3 含量较高，13.10%～16.51%，平均 15.06%；钙镁质低，平均分别为 MgO 2.08%，CaO 1.48%；K_2O 含量高，在 7.15%～8.37%，平均 7.71%，K_2O/Na_2O 值平均 22.82，最小 6.66；A/CNK 平均 1.34，岩石矿物组成以硅铝酸盐为主，铝过剩(表 8-17)。透辉透闪变粒岩显示 Al_2O_3 低，钙镁含量高，MgO/CaO 值为 1.12，与集安双兴石墨矿类似，MgO 过剩，显示高盐度咸水沉积环境，与辽吉陆内封闭裂谷环境吻合。

三类矿石的微量元素都富含 Rb、Ba、Zr、Y、Th、F、Cl；Rb/Sr 值比较大，一般大于 1，平均都大于 2，Sr/Ba 值小于 0.50，F/Cl、Th/U、V/Cr、Zr/Y、Nb/Ta 都较高，与一般碎屑岩类似，V/Cr、V/(Ni+V)显示原岩系缺氧还原环境沉积(表 8-17)。微量元素含量及特征元素比值反映了陆源物质为主的碎屑沉积岩特征。

混合片麻岩稀土元素总量较高，为$(56.86～309.41)\times10^{-6}$，平均 220.58×10^{-6}；轻重稀土元素(LREE/HREE)值一般大于 10，平均 13.83；δCe 值略大于 1，δEu 小于 1 为主，平均 0.56；稀土元素配分曲线比较规则，显轻稀土元素富集重稀土元素亏损，重稀土元素段散开(图 8-16)。黑云斜长变粒岩稀土元素总量稍低，平均 103.39×10^{-6}，轻重稀土元素(LREE/HREE)值也小于片麻岩，δCe 值略小于 1，δEu 大于 1 为主；稀土元素配分曲线比较分散，显示正铕异常。透辉透闪变粒岩的稀土元素化学特征与黑云变粒岩基本一致，但是显示正铈异常和负铕异常(图 8-17)。

表 8-17 宽甸杨木杆石墨矿床石墨矿石化学成分表

成分	混合片麻岩										黑云斜长变粒岩				透辉变粒岩
	KD-01	KD-a1	KD-02	KD-05	KD-10	KD-04	KD-11	平均值	最高值	最低值	KD-08	KD-14	KD-16	平均值	KD-09
SiO_2	70.89	67.29	70.40	69.06	73.29	71.17	73.26	70.77	73.29	67.29	53.60	62.54	63.39	59.85	57.77
TiO_2	0.49	0.59	0.30	0.47	0.26	0.41	0.18	0.39	0.59	0.18	0.66	0.60	0.61	0.63	0.51
Al_2O_3	13.38	14.12	14.85	14.55	13.59	13.56	14.38	14.06	14.85	13.38	15.56	13.10	16.51	15.06	11.13
Fe_2O_3	1.47	2.41	1.81	3.55	1.47	2.26	1.03	2.00	3.55	1.03	3.19	1.92	3.79	2.97	2.93
FeO	0.12	0.35	0.16	0.12	0.30	0.75	0.36	0.31	0.75	0.12	0.16	0.08	0.72	0.32	2.08
MnO	0.02	0.02	0.02	0.01	0.02	0.04	0.03	0.02	0.04	0.01	0.03	0.04	0.05	0.04	0.08
MgO	1.03	1.39	0.93	0.87	0.27	0.64	0.35	0.78	1.39	0.27	3.00	1.68	1.55	2.08	9.31
CaO	0.25	0.22	0.21	0.18	0.36	0.86	0.36	0.35	0.86	0.18	3.89	0.32	0.24	1.48	8.32
Na_2O	0.16	0.09	0.13	0.05	2.42	2.55	4.23	1.38	4.23	0.05	1.14	0.17	0.62	0.64	0.83
K_2O	6.92	5.89	7.63	6.37	7.14	6.47	4.54	6.42	7.63	4.54	7.62	8.37	7.15	7.71	5.36
P_2O_5	0.06	0.06	0.07	0.10	0.08	0.38	0.07	0.12	0.38	0.06	0.14	0.08	0.10	0.10	0.08
Los	5.04	7.39	3.32	4.43	0.65	0.66	1.06	3.22	7.39	0.65	10.76	10.93	5.07	8.92	1.40
合计	99.82	99.82	99.82	99.75	99.85	99.76	99.83	99.81	99.85	99.75	99.76	99.83	99.80	99.80	99.80
C_{org}	3.57	5.15	0.96	1.17	0.09	0.10	0.11	1.59	5.15	0.09	7.84	9.38	0.29	5.84	0.09
Na_2O+K_2O	7.07	5.97	7.76	6.42	9.56	9.02	8.77	7.80	9.56	5.97	8.77	8.53	7.77	8.36	6.19
K_2O/Na_2O	43.88	66.78	58.77	128.00	2.96	2.53	1.07	43.43	128.00	1.07	6.66	50.29	11.52	22.82	6.46
MgO/CaO	4.20	6.45	4.43	4.83	0.75	0.75	0.97	3.20	6.45	0.75	0.77	5.21	6.46	4.15	1.12
A/CNK	1.63	2.04	1.67	1.99	1.10	1.06	1.15	1.52	2.04	1.06	0.90	1.32	1.79	1.34	0.50
A/NK	1.72	2.16	1.75	2.08	1.16	1.21	1.21	1.61	2.16	1.16	1.53	1.40	1.88	1.60	1.55
Rb	138.40	134.10	219.40	119.70	288.60	241.30	126.90	181.20	288.60	119.70	155.20	160.30	155.50	157.00	156.60
Sr	83.30	66.90	87.20	47.50	142.60	120.40	146.80	99.24	146.80	47.50	127.10	38.10	75.80	80.33	73.60
Ba	1207.00	1030.40	1083.40	860.70	787.80	762.40	318.10	864.26	1207.00	318.10	1368.50	1454.60	999.40	1274.17	838.60

续表

成分	混合片麻岩										黑云斜长变粒岩				透辉变粒岩
	KD-01	KD-a1	KD-02	KD-05	KD-10	KD-04	KD-11	平均值	最高值	最低值	KD-08	KD-14	KD-16	平均值	KD-09
Zr	157.20	216.90	116.20	129.00	196.90	131.90	101.00	149.87	216.90	101.00	165.00	128.10	177.30	156.80	144.50
Hf	4.70	6.35	3.37	3.63	5.66	3.84	5.05	4.66	6.35	3.37	4.66	3.66	6.43	4.91	3.83
Th	19.08	19.68	12.14	15.76	31.51	22.58	3.70	17.78	31.51	3.70	16.84	12.69	6.20	11.91	9.76
U	2.00	2.26	4.18	5.38	2.20	4.25	1.79	3.15	5.38	1.79	16.99	26.17	14.91	19.36	1.84
Y	31.48	23.47	29.17	21.81	14.41	39.28	3.91	23.36	39.28	3.91	27.59	10.42	39.60	25.87	20.37
Nb	4.69	4.84	2.62	3.64	10.74	17.03	9.88	7.63	17.03	2.62	12.85	7.23	9.11	9.73	10.84
Ta	0.31	0.31	0.16	0.20	0.45	1.07	0.73	0.46	1.07	0.16	1.15	0.65	0.73	0.84	0.78
Cr	26.10	35.30	27.00	39.20	6.90	16.70	9.30	22.93	39.20	6.90	133.50	109.10	49.90	97.50	41.80
Ni	2.60	3.22	6.92	5.93	4.71	6.75	5.40	5.07	6.92	2.60	84.30	49.60	82.07	71.99	21.81
Co	0.59	0.74	4.13	3.86	2.71	4.37	3.22	2.80	4.37	0.59	8.92	19.39	23.56	17.29	10.27
V	61.10	85.40	53.20	94.00	32.20	36.70	17.20	54.26	94.00	17.20	511.80	1065.00	111.60	562.80	79.80
B	304.10	252.80	535.00	445.10	5.80	7.40	21.30	224.50	535.00	5.80	226.50	23.30	387.30	212.37	233.90
F	875.25	1118.02	1164.57	1263.59	356.71	840.26	536.42	879.26	1263.59	356.71	657.81	989.21	514.97	720.66	1316.21
Cl	65.90	59.20	77.00	99.30	70.90	83.90	100.20	79.49	100.20	59.20	79.00	83.10	74.80	78.97	103.40
Rb/Sr	1.66	2.00	2.52	2.52	2.02	2.00	0.86	1.94	2.52	0.86	1.22	4.21	2.05	2.49	2.13
Sr/Ba	0.07	0.06	0.08	0.06	0.18	0.16	0.46	0.15	0.46	0.06	0.09	0.03	0.08	0.06	0.09
Th/U	9.56	8.71	2.90	2.93	14.30	5.31	2.07	6.54	14.30	2.07	0.99	0.48	0.42	0.63	5.30
V/Cr	2.34	2.42	1.97	2.40	4.67	2.20	1.85	2.55	4.67	1.85	3.83	9.76	2.24	5.28	1.91
V/(V+Ni)	0.96	0.96	0.88	0.94	0.87	0.84	0.76	0.89	0.96	0.76	0.86	0.96	0.58	0.80	0.79
Zr/Y	4.99	9.24	3.98	5.92	13.66	3.36	25.80	9.56	25.80	3.36	5.98	12.29	4.48	7.58	7.09
Nb/Ta	14.98	15.57	16.82	18.13	23.91	15.91	13.53	16.98	23.91	13.53	11.14	11.16	12.52	11.61	13.84
F/Cl	13.28	18.89	15.12	12.72	5.03	10.02	5.35	11.49	18.89	5.03	8.33	11.90	6.88	9.04	12.73
La	54.97	68.73	40.01	45.62	53.71	55.85	10.52	47.06	68.73	10.52	25.91	9.72	24.95	20.19	20.36

续表

成分	混合片麻岩										黑云斜长变粒岩				透辉变粒岩
	KD-01	KD-a1	KD-02	KD-05	KD-10	KD-04	KD-11	平均值	最高值	最低值	KD-08	KD-14	KD-16	平均值	KD-09
Ce	118.83	140.66	88.81	100.04	111.18	119.65	32.02	101.60	140.66	32.02	59.48	16.47	47.78	41.24	57.08
Pr	13.12	15.31	9.92	10.90	10.50	12.39	2.22	10.62	15.31	2.22	6.19	2.30	5.69	4.73	5.85
Nd	47.68	55.84	36.37	39.27	34.52	42.96	7.54	37.74	55.84	7.54	22.44	8.56	22.81	17.94	22.30
Sm	8.13	9.18	6.49	6.68	5.34	7.61	1.27	6.39	9.18	1.27	4.14	1.74	4.84	3.58	4.39
Eu	1.30	1.09	1.30	1.11	0.77	1.06	0.31	0.99	1.30	0.31	1.90	0.61	1.23	1.24	0.95
Gd	6.94	7.39	5.35	5.33	4.28	6.29	1.03	5.23	7.39	1.03	3.84	1.55	4.85	3.41	3.87
Tb	1.01	0.99	0.83	0.76	0.60	1.06	0.14	0.77	1.06	0.14	0.65	0.28	0.88	0.61	0.64
Dy	5.67	4.89	4.95	4.10	3.07	6.40	0.72	4.26	6.40	0.72	4.14	1.83	5.82	3.93	3.79
Ho	1.09	0.85	1.00	0.78	0.53	1.26	0.14	0.81	1.26	0.14	0.89	0.37	1.20	0.82	0.75
Er	3.15	2.23	3.06	2.21	1.34	3.80	0.41	2.32	3.80	0.41	2.69	1.15	3.44	2.42	2.15
Tm	0.46	0.29	0.46	0.31	0.17	0.62	0.06	0.34	0.62	0.06	0.42	0.19	0.52	0.38	0.35
Yb	2.97	1.70	2.98	1.99	0.99	3.97	0.42	2.15	3.97	0.42	2.88	1.34	3.30	2.51	2.28
Lu	0.47	0.25	0.47	0.31	0.13	0.56	0.07	0.32	0.56	0.07	0.46	0.22	0.53	0.41	0.36
REE	265.79	309.41	202.01	219.40	227.14	263.47	56.86	220.58	309.41	56.86	136.01	46.34	127.83	103.39	125.11
LREE/HREE	11.22	15.63	9.57	12.90	19.44	10.00	18.08	13.83	19.44	9.57	7.52	5.68	5.22	6.14	7.82
δCe	1.06	1.04	1.07	1.08	1.13	1.09	1.59	1.15	1.59	1.04	1.13	0.84	0.97	0.98	1.26
δEu	0.53	0.40	0.67	0.57	0.49	0.47	0.82	0.56	0.82	0.40	1.45	1.13	0.78	1.12	0.70

注：主量元素含量单位为%，微量元素含量单位为 10^{-6}。

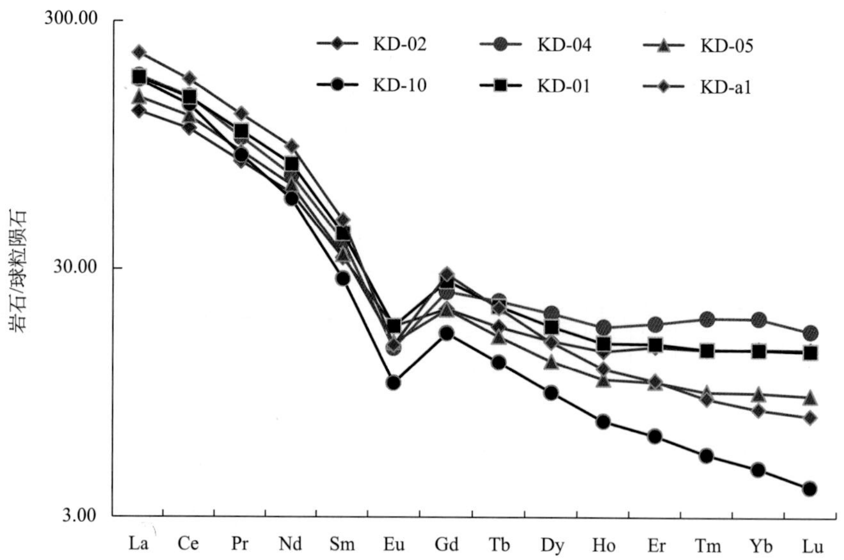

图 8-16　混合片麻岩稀土元素配分曲线图，斜率大的曲线负铕异常明显，大部分样品显正铈异常

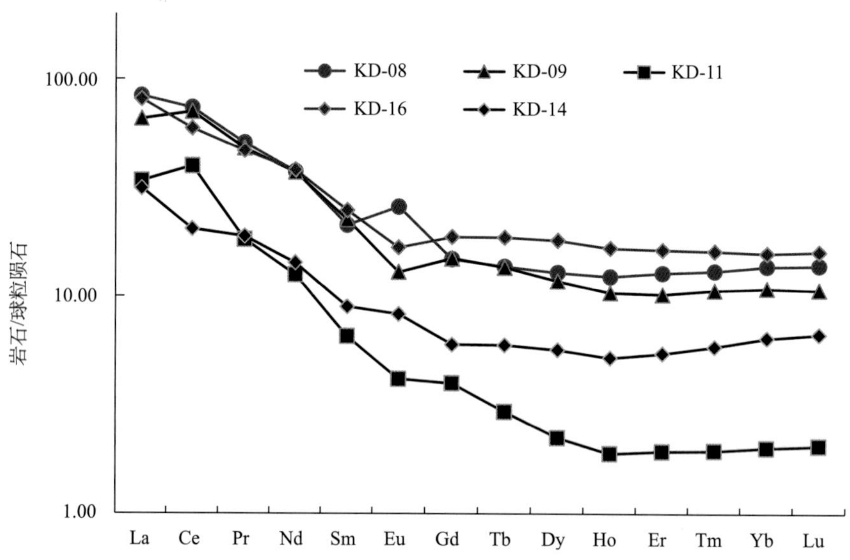

图 8-17　黑云斜长变粒岩稀土元素配分曲线图，三条曲线具有正铈异常，两条曲线具有正铕异常

3. 碳同位素

本书研究中收集了部分前人测试的石墨碳同位素资料，并在宽甸杨木杆石墨矿和集安双兴石墨矿采集了典型石墨矿石分选石墨单矿物委托核工业北京地质研究所实验室进行测试。矿石样品有各类含石墨变粒岩、片麻岩及热液脉状、构造碎裂型矿石，并收集了黑沟矿区大理岩和渤海湾油田原油和浙江康山煤炭的碳同位素资料(表 8-18)。

杨木杆石墨矿和黑沟石墨矿碳同位素组成有较大区别，杨木杆石墨矿碳同位素组成分布范围较大，为−9.30‰～−24.60‰，平均 14.03‰；黑沟石墨矿碳同位素范围较集中，在−17.55‰～−25.43‰，平均较低，为−21.68‰；黑沟两种矿石同位素组成基本接近，透闪石岩型石墨矿石为−17.9‰～−24.9‰，平均−21.92‰；斜长变粒岩型石墨矿石，$\delta^{13}C_{PDB}$ 为−16.546‰～−26.345‰，平均−22.693‰。集安双兴石墨矿碳同位素组成与黑沟石墨矿接近，为−20.90‰～−21.10‰。

表 8-18 辽吉石墨矿床石墨碳同位素组成

矿区	样号	$\delta^{13}C_{PDB}$/‰（石墨）	矿区	地点	样号	$\delta^{13}C_{PDB}$/‰（石墨）	$\delta^{13}C_{PDB}$/‰（大理岩）
宽甸杨木杆黑云斜长变粒岩	KD-03	−24.60	桓仁黑沟斜长变粒岩	霸王朝	CT2	−22.38	−2.32
	KD-06	−12.80		团结	CT4	−20.59	−1.35
	KD-08	−10.40		甲乙川	CT9	−25.43	−0.62
	KD-12	−13.00		三江半	CT11	−24.90	0.82
	KD-13	−9.30			CT12	−22.24	−4.22
	KD-14	−9.30		砬子沟	CT18	−18.65	−1.92
	KD-15	−13.80		清河	CT3	−17.55	−2.70
	KD-16	−19.00		黑沟	平均值	−21.68	−1.76
	平均值	−14.03			最大值	−17.55	0.82
	最大值	−9.30			最小值	−25.43	−4.22
	最小值	−24.60	集安	双兴	JA−04	−20.90	
					JA−17	−21.10	

几个矿区碳同位素组成均高于原油和煤炭的有机碳同位素组成，而低于石墨矿区蚀变大理岩的碳同位素组成，介于有机碳同位素和无机碳同位素组成之间，在蚀变大理岩的无机碳同位素和石油煤炭的有机碳同位素组成之间几乎连续分布(图 8-18)。

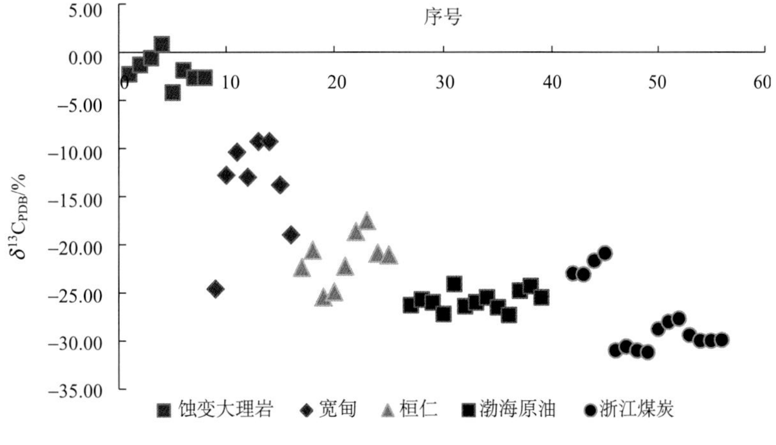

图 8-18 辽吉地区石墨碳同位素组成图解

综合石墨矿石类型中石墨的碳同位素组成明显分为两组，黑沟石墨矿和双兴石墨矿变粒岩型石墨显示轻同位素组成近于石油煤炭的有机碳同位素组成；而杨木杆石墨矿显示重同位素组成，近于无机大理岩的同位素组成。

碳酸盐岩硅酸盐化蚀变释放出的 CO_2 提供石墨无机碳的来源，参与了石墨结晶作用，使变质石墨的碳同位素组成偏离有机碳同位素组成，介于无机碳酸盐和有机碳同位素组成之间(图 8-18)。黑沟和双兴石墨碳同位素组成接近有机碳同位素组成，表明石墨碳以有机来源为主，有无机碳参与；杨木杆石墨矿无机碳参与较多。

第九章　东秦岭石墨矿床

第一节　含 矿 地 层

一、主要成矿带含矿地层对比

东秦岭行政区属陕西中部到豫西地区，大地构造位于华北古陆鄂尔多斯陆块南缘，出露早前寒武系深变质岩，石墨矿化较为普遍，目前已知的石墨矿床、矿点及矿化点有近百处，其中大中型矿床十余处(于吉林和邱冬生，2012；罗铭玖等，2000；张青松，2013；李山坡等，2009；曹芳芳等，2012)。陕西潼关骊山到豫西南阳，被 NWW 构造分割成不同的区带，可以划分为三个石墨矿带，即小秦岭—鲁山石墨矿带、北秦岭商州—镇平石墨矿带、南秦岭山阳—西峡石墨矿带(图 9-1)。

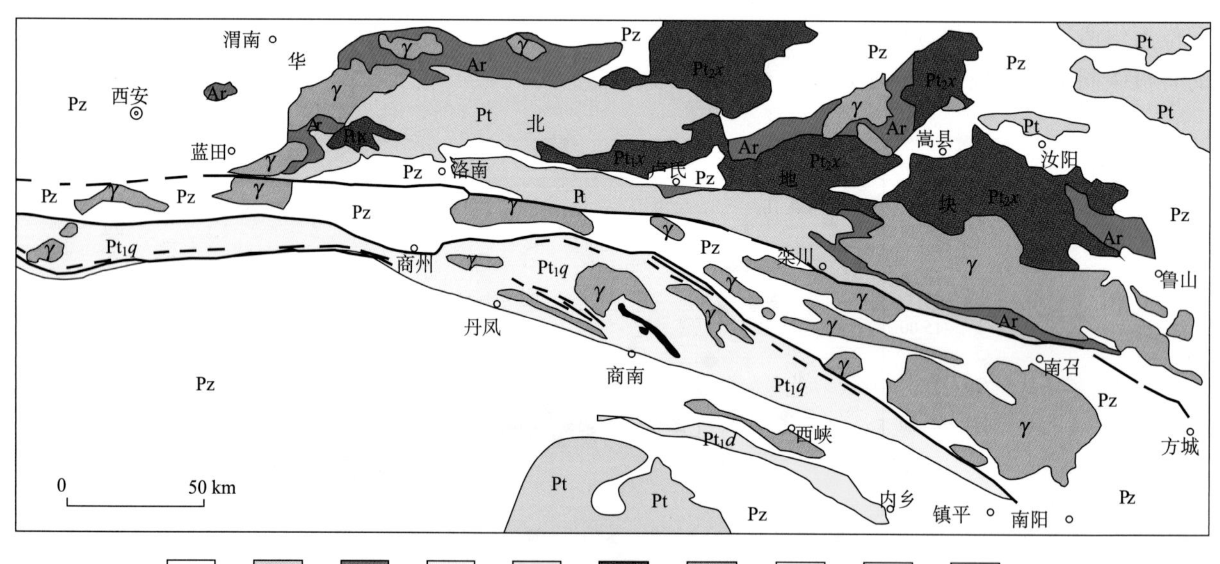

图 9-1　东秦岭区域地质简图

1. 显生宙覆盖层；2. 未分的元古宙地层；3. 太古宙地层；4. 秦岭群；5. 陡岭岩群；6. 熊耳群；7. 未分花岗岩类；8. 麻粒岩；9. 断层及推测断层；10. 糜棱岩带

1. 小秦岭—鲁山石墨矿带

小秦岭—鲁山石墨矿带位于华北古陆陆缘断裂以北，属于陆缘变质岩出露带，含矿地层为太华群上亚群。太华群变质程度较深，一般为麻粒岩和斜长角闪岩相变质岩，变形强烈，因此原岩层序难于判断，不同的研究者观察不同的地质剖面，提出不同的划分方案，难以进行系统对比，我们这里采用陕西地调六队和河南地调一队的调查资料，以及丁莲芳(1996)的划分方案进行比较(表 9-1)。

表 9-1　东秦岭早前寒武纪地层划分表

陕西地调六队，1982			河南地调一队，1982		丁莲芳，1996	
太华群	新太古界	秦仓口组	新太古界太华群	枪马峪组	古元古界	焕池峪组 洞沟组
		三关庙组				
		洞沟组				
	中太古界	板石山组		观音堂组		观音堂组
	古太古界	大月坪组		闾家峪(杨砦峪)组 焕池峪组 蒲峪组	古太古界	金洞岔岩组

上述地层划分为上下两个岩群，下太华群的黑云(二长)片麻岩和各种混合岩都是经变形和变质的TTG 杂岩，有些岩石中还残留半自形花岗结构。在新鲜的斜长角闪岩中可见变余气孔和杏仁构造及辉绿结构等。结合化学成分分析其原岩为拉斑玄武岩系列的基性火山岩，存在明显被 TTG 杂岩侵入的现象(齐进英，1992)。

上亚群观音堂组是一套典型的沉积变质孔兹岩系，属于古元古代孔兹岩系，而其他岩组抢马峪组(洞沟组)及三关庙组和秦仓口组中有少量残留的基性火山岩和硅铁质沉积等表壳岩。

小秦岭—鲁山地区太华群组成一系列近东西向的褶皱构造，太华复背斜在其中占主要地位。岩层主要倾向为 40°～310°，总体形成一个向西倾伏的复式倒转背斜(图 9-2)。

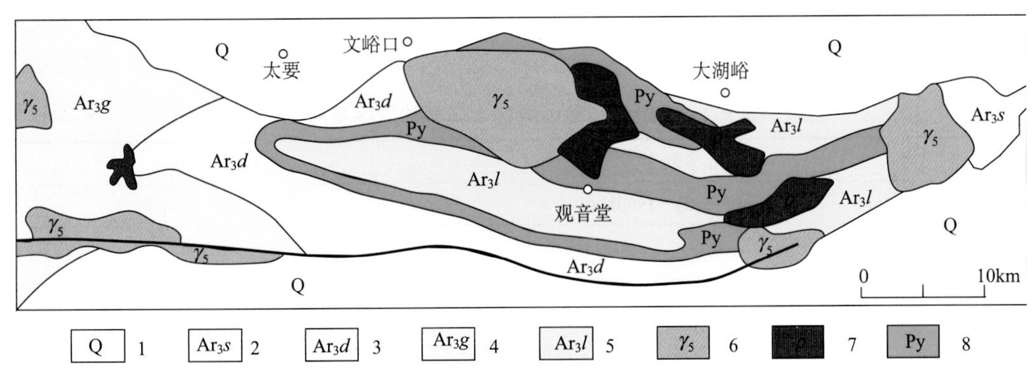

图 9-2　小秦岭地区太华群分布图(林宝钦等，1991)

1. 第四系；2. 太华群三关庙组；3. 太华群洞沟组；4. 太华群观音堂组；5. 太华群闾家峪组；6.燕山期花岗岩；7. 伟晶岩；8. 二辉石麻粒岩相

小秦岭地区太华群中的观音堂组(焕池峪组)属于孔兹岩系，主要由黑云变粒岩-斜长片麻岩、石英岩-浅粒岩、大理岩、斜长角闪岩和麻粒岩等岩石组成，较普遍含少量石墨鳞片。潼关县桐峪剖面太华群变质岩系地层出露较完整，出露总厚度4000 多米，东部鲁山地区太华群出露岩性也基本一致(表 9-2)。

(1)麻粒岩和斜长角闪岩类，包括斜长角闪岩、角闪岩、斜长角闪片麻岩，以及紫苏辉石角闪麻粒岩，花岗变晶结构，有的样品可见到变余拉斑状结构及变余杏仁状构造。岩石矿物成分有斜长石(20%～70%)、角闪石(30%～60%)、石英(<5%)、黑云母(0～10%)、石榴石(0～5%)、紫苏辉石(0～15%)，经过混合岩化的岩石含有钾长石、钠长石。紫苏辉石角闪麻粒岩中含紫苏辉石，副矿物有磁铁矿、榍石、磷灰石及锆石。退变质次生矿物发育，有绿帘石、绢云母、绿泥石和碳酸盐矿物。

麻粒岩在观音堂组孔兹岩系中和洞沟组中均有分布，主要为黑云斜长紫苏麻粒岩，含紫苏二长麻粒岩和角闪二辉斜长麻粒岩，还见有含磁铁石榴紫苏斜长麻粒岩和角闪二辉麻粒岩、石榴角闪斜长透辉石岩、紫苏角闪石岩及石榴紫苏磁铁石英岩等，原岩为中基性火山碎屑岩类。粒状变晶结构，块状或弱片麻状构造，一般矿物组合为 Hy+Di±Pl+Hb±Qz±Bi±Gt±Mt。麻粒岩与斜长角闪岩共生，呈透镜状产于黑云变粒岩或斜长片麻岩中。

(2)黑云母斜长片麻岩及变粒岩，黑云变粒岩分布较广泛，一般为细均粒(0.5～1mm)鳞片粒状变晶结构，弱片麻状构造。主要组成矿物为酸性斜长石(20%～60%)、钾长石(0～15%)、石英(10%～20%)和黑云母(5%～15%)，石榴石 5%～30%，有时还含白云母，副矿物常见有绿色尖晶石、榍石及磁铁矿。含石墨变粒岩和石墨(黑云)斜长片麻岩是重要的岩石类型，石墨含量一般为 2%～5%，少数情况下达 10%～20%，形成小型石墨矿床。有些含一定量夕线石(5%～10%)，还偶见这些矿物含量较高的夕线石榴钾长片麻岩，原岩为含有机质和黏土质矿物的粉砂岩。

(3)石英岩及磁铁石英岩，石英岩是孔兹岩系(观音堂组)中标志性岩层，有两种类型，一类几乎完全由石英组成，SiO_2 含量 96.38%～97.12%，致密块状，单层厚 10m，总厚度 80m。延伸数百米到数十千米，原岩为硅质化学沉积；另一类的石英含量为 60%～85%，其余为钾长石、斜长石及少量黑云母和石榴石等，可见变余砂状结构，它们有时与浅粒岩或石墨黑云变粒岩-斜长片麻岩成韵律式互层，并可见各层之间矿物含量渐变现象。此外是零星分布的磁铁石英岩，它们有时还含石榴石和紫苏辉石等矿物。

(4)片岩，主要为云母石墨片岩，其次为白云母石英片岩。局部云母片径粗大，可达 10cm。在云母石墨片岩中主要为水黑云母，富集处可做为蛭石矿利用。

(5)大理岩，主要见于焕池峪组中，其他岩组分布区仅成少量夹层出露。最常见为含镁橄榄石白云质大理岩，多数已蛇纹石化，其次为含金云母或透闪石透辉石的大理岩及较纯的白色白云质大理岩。这些大理岩中碳酸盐矿物含量通常大于 80%，一般含白云石 10%～25%，含少量透闪石、金云母及石墨，其余矿物含量不定，有些还含少量长石和石英及电气石等副矿物。岩石 MgO 含量较高，在 9.73%～21.29%。原岩为含少量粉砂质的硅质白云质石灰岩，应形成于陆缘半封闭水体中。

表 9-2　小秦岭和鲁山地区太华群的层序及对比

<table>
<tr><td colspan="2">地区</td><td colspan="2">小秦岭</td><td colspan="2">鲁山</td></tr>
<tr><td colspan="2">上覆地层</td><td colspan="2">铁洞沟组(1700～1900Ma)</td><td colspan="2">熊耳群</td></tr>
<tr><td rowspan="5">太华群</td><td rowspan="3">上太华亚群</td><td>抢马峪组(洞沟组)</td><td>主要黑云斜长片麻岩、黑云角闪(或角闪黑云)斜长片麻岩，夹角闪斜长片麻岩、含磁铁斜长角闪岩、多层磁铁石英岩，局部夹透辉斜长角闪岩和紫苏斜长麻粒岩，并夹有黑云及黑云角闪条带状二长片麻岩和黑云片岩等</td><td>雪花沟组</td><td>上部浅粒岩、变粒岩与斜长角闪岩互层，下部为厚层斜长角闪岩、石榴二辉麻粒岩和夕线石榴钾长片麻岩</td></tr>
<tr><td rowspan="2">观音堂组(焕池峪组)</td><td rowspan="2">石英岩、含磁铁石英岩与黑云斜长片麻岩、黑云角闪斜长片麻岩互层，夹石墨斜长片麻岩、石榴黑云斜长片麻岩、夕线黑云斜长片麻岩及条带状长英质片麻岩、紫苏二长麻粒岩，偶见大理岩透镜体。或金云透辉大理岩、大理岩、透闪透辉大理岩、蛭石化大理岩和透辉钾长石岩及透辉石岩为主，夹黑云或黑云角闪斜长片麻岩、石榴长石石英岩、石墨变粒岩、薄层石英岩等</td><td>水底沟组</td><td>石墨片麻岩为主，夹大理岩和薄层斜长角闪岩</td></tr>
<tr><td>铁山岭组</td><td>角闪斜长片麻岩和黑云斜长片麻岩为主，局部夹大理岩及磁铁石英岩、层状角闪石榴斜长辉石岩，夕线石榴钾长片麻岩</td></tr>
<tr><td rowspan="2">下太华亚群</td><td rowspan="2">闾家峪组(大月坪组)</td><td rowspan="2">条带状黑云或黑云角闪斜长(二长)片麻岩，斜长角闪岩及黑云母花岗质片麻岩-花岗岩为主。顶部夹黑云变粒岩，石榴夕线黑云斜长片麻岩和石英岩透镜体</td><td>荡泽河组</td><td>厚层角闪斜长片麻岩，夹黑云斜长片麻岩、角闪石榴斜长片麻岩</td></tr>
<tr><td>耐庄组</td><td>上部以斜长角闪岩为主，夹角闪斜长岩；
下部以黑云斜长片麻岩为主</td></tr>
</table>

鲁山区段上太华群地层划分为铁山岭组、水底沟组、雪花沟组等，水底沟组为石墨矿床含矿地层，主要为含石墨透辉斜长片麻岩、含石墨黑云斜长片麻岩、含石墨斜长片麻岩、含石墨透闪斜长片麻岩、

含石墨透辉石大理岩、含石墨大理岩，夹有含石墨角闪斜长片麻岩、含石墨斜长角闪片麻岩、蛇纹石化大理岩、石英大理岩等，局部地段分布有少量斜长变粒岩、斜长角闪岩。部分地段片麻岩有不同程度的混合岩化，形成混合质片麻岩。片麻岩中石墨含量有时也相对较高，形成中型矿床，石墨矿体主要赋存于各类含石墨片麻岩中。富含夕线石和石榴石的片麻岩为特征，并出现榴线英岩，呈变斑状结构、束状构造，变斑晶为石榴石(25%)，基质为针柱状夕线石(30%)，粒状石英(20%)和少量斜长石(An 25)(5%～10%)。

太华群孔兹岩系的原岩均以含有机质粉砂岩为主，夹富黏土质粉砂岩、铝土质和碳质页岩、长石质石英岩、钙镁质碳酸盐和硅质及硅铁质等化学沉积，形成于较稳定陆缘浅海区陆壳内的拗陷或裂陷带中。

太华群变质岩系混合岩化作用较强烈，斜长角闪岩和黑云母斜长片麻岩混合岩化尤其明显，一般为花岗质脉体及长英质脉体沿片理方向注入，亦有部分伟晶岩脉体，形成平行条带及肠状体，形成条带状混合岩。

2. 北秦岭商州—镇平石墨矿带

北秦岭石墨矿带，西起陕西省蓝田，东至河南省南阳，在商(南)—丹(凤)断裂北侧，含矿地层秦岭群是华北地壳基底(王清廉，1992)。

商(南)—丹(凤)断裂以北，商县—双槐树—夏馆断裂以南，地理属于北秦岭带，是华北地壳基底构造带。在商洛地区柞水县九间房、商县三十里铺—丹凤峦庄—商南栗树坪—西峡一带含矿地层秦岭群，呈 NWW 向狭长透镜层分布，为一套中深变质的岩系，总厚大于 4288m，上下岩层都含有石墨矿化。由下而上分为四个岩性段：第一岩性段上部和第三岩性段、第四岩性段孔兹岩系特征明显，以第一岩性段上部地层为特征，由大理岩、含石墨大理岩、石墨石英片岩、石榴石、石墨、夕线石片岩、黑云片麻岩等组成，一般呈互层出现，厚度约 300m。大理岩富含钙质(方解石大理岩)、片岩中富含铝质(高铝矿物的赋存)、片麻岩多为黑云母片麻岩和石英岩等特征，为一套富含石墨的高铝片岩、石英岩、片麻岩和大理岩等的副变质岩组合。

第一岩性段：出露较全，透辉石、方柱石大理岩夹部分石榴夕线石英岩，普遍含有石墨，可见厚度大于 1565m。下部以含镁橄榄石的大理岩和具透辉石条带的镁橄大理岩为主，底部为透辉石岩夹黑云斜长片麻岩，中部为透辉石条带大理岩、大理岩为主，上部为厚层含石墨大理岩、大理岩夹黑云斜长片麻岩、斜长角闪岩、石墨片岩和石墨夕线石榴片岩等。

丹凤界岭一带秦岭群第一岩性段之变粒岩，石英片岩、大理岩中形成石墨矿床，矿体呈层状、似层状、透镜状等，有矿体 50 多个，矿体一般长 100～500m，厚 3～5m，固定碳含量为 4%～5%，达中型石墨矿床规模。

第二岩性段：主要为薄层的透辉石岩、斜长角闪片岩所组成，厚度 23～298m，该层向上黑云斜长片岩成分增多，向下透辉石岩增多，是秦岭群的标志层。可见到斜长角闪岩与石英岩、黑云斜长片麻岩、透辉岩等呈薄层交替、显示沉积类复理石的建造特征等。

第三岩性段：以黑云斜长片麻岩为主，厚度大于 1230m。下部以黑云斜长片麻岩为主，其中夹黑云石榴石斜长片麻岩和云母石英片岩、石英岩等；中部主要为条带状黑云斜长片麻岩、二云片麻岩夹角闪片岩；上部为黑云斜长片麻岩夹大理岩等。

在丹凤瘦家河等地秦岭群第三岩性段之黑云片麻岩、石英片岩和大理岩等中有石墨产出，其中片岩中含石墨一般为 8%～9%，大理岩中含石墨 3%～5%。

第四岩性段：岩性主要为黑云斜长片麻岩夹斜长角闪片岩、云母石英片岩及石榴石黑云片岩、石墨石榴石黑云片岩等，夹透辉石大理岩，蛇纹石大理岩、石墨大理岩等，厚度大于 1085m。典型含石榴黑云斜长片麻岩，含黑云母 26.73%，普通角闪石 5.1%，石榴石 2.56%，斜长石 27.6%，石英 36.14%，褐帘石 1.40%。不透明矿物少量。岩石具有明显的变余砂状结构，碎屑组分以石英、斜长石为主，少见岩屑。

3. 南秦岭山阳—西峡石墨矿带

商(南)—丹(凤)断裂南侧秦岭带含矿地层是陡岭群，在地理位置上，陡岭群分布于豫西南淅川县大陡岭及西峡县田关一带，总体沿 NWW—SEE 方向呈透镜状展布。向南东延伸到桐柏山北麓出现又一个古元古代孔兹岩系透镜体，地层定名为毛集群。

1)岭群

陡岭群变质杂岩有与秦岭群类似的岩石组合、原岩建造和时代等特征。河南省淅川县大陡岭至西峡县田关一带分布的陡岭群变质杂岩，由角闪岩相的中、深变质杂岩，即主要由黑云斜长片麻岩、石榴黑云斜长片麻岩、变粒岩和石墨片岩、石墨大理岩组成，夹少量斜长角闪岩和透镜状大理岩、石英岩，其中斜长角闪岩呈夹层状或与片麻岩互层。变质杂岩的原岩为泥砂质夹钙泥质为主的沉积碎屑岩，并夹少量的基性火山岩、基性深成侵入体和碳酸盐岩。

片麻岩类原岩为一套泥砂质的沉积碎屑岩，形成于活动大陆边缘环境；透辉石变粒岩的原岩为钙砂质的沉积碎屑岩，但可能与片麻岩有着不同的物源区；两类斜长角闪岩，一类呈夹层状与片麻岩互层产出，稀土元素总量较低和不强的轻重稀土元素分离，原岩为非大洋型的拉斑玄武质火山岩；另一类则呈透镜状产出，并具有很高的稀土元素总量和强的轻重稀土元素分离，以及明显的 Eu 负异常，原岩为拉斑玄武质的深成侵入岩。

陡岭群的构造归属存在两种认识，一种认为陡岭群为北秦岭单元秦岭群的一部分，由于构造作用就位于南秦岭构造单元上；另一种则认为其是南秦岭地壳基底的一部分。根据系统的岩石地球化学资料分析，陡岭群的地球化学特征与南秦岭地区的其他岩群基本相同，而不同于北秦岭地区的秦岭群及其他岩群，因此陡岭群应归属于南秦岭构造单元，它是扬子地壳基底的一部分。

2)毛集群

毛集群分布于河南省东南部桐柏山北麓 NW—SE 延伸的高级变质带，夹持在桐柏断裂和大河断裂带之间，形成复式倒转背斜构造(图 9-3)。背斜核部为麻粒岩相带，主要由一套基性和中酸性麻粒岩、黑云片麻岩、紫苏花岗岩、大理岩、石英岩和一些侵入岩体组成。南北翼部为角闪岩相带，主要是黑云片麻岩-片岩、斜长角闪岩、大理岩和石英岩组成。

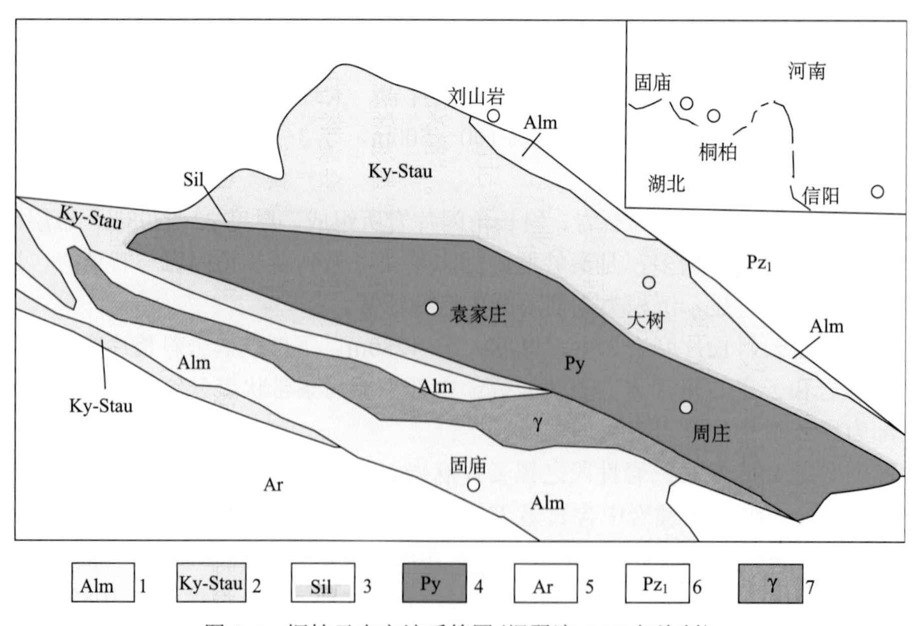

图 9-3　桐柏元古宇地质简图(据翟淳 1989 年资料)

1. 铁铝石榴石带；2. 蓝晶石十字石带；3. 夕线石孔兹岩带；4. 二辉石麻粒岩带；5. 桐柏群花岗片麻岩；6. 下古生界变质火山岩系；7. 花岗岩

麻粒岩相带与角闪岩相带之间分布石榴夕线石英岩和夕线石榴钾长片麻岩等。两侧的角闪岩相带主要由变质沉积岩系组成，在中部的麻粒岩相带有零星残留，这套沉积岩系岩性较复杂，其中以粉砂岩和黏土质粉砂岩及页岩为主夹泥质石英砂岩、白云质灰岩、铁质白云质泥灰岩、钙质页岩及特征的纯高岭石和蒙脱石泥质粉砂岩沉积。富有机质及存在含磷白云质碳酸盐岩沉积表明其形成时为浅海还原环境，且水体有时为较封闭性质，含盐度较高。这些特征与其他地区孔兹岩系的原岩相似，均形成于半稳定-较稳定陆缘浅海区拗陷带内。

毛集群变质岩岩性组合受变质相带影响，且受多期变形作用的影响强烈，形成深浅不同的各类变质岩系。

长英质片麻岩类：是麻粒岩相带变质岩的主体，为中粗粒鳞片粒状变晶结构，片麻状构造或糜棱结构，带状构造。主要由更-中长石、钾微斜长石及强烈变形的石英组成，暗色矿物通常为黄褐色黑云母，有些还含有普通角闪石，偶见少量石榴石，它们都常具有强烈的韧性变形构造。麻粒岩相带常见岩石类型为黑云二长或斜长片麻岩，其次为角闪黑云斜长(二长)片麻岩，原岩很可能是 TTG 系列侵入岩。

富铝片麻岩类：分布广，岩性成分多变，一般为黑云斜长(二长)片麻岩、白云母斜长片麻岩、石榴二云斜长片麻岩及石榴黑云斜长片麻岩，局部有石榴蓝晶黑云斜长片麻岩和十字蓝晶黑云斜长片麻岩。常具有石英岩、石英片岩和斜长角闪岩夹层，构造变形强烈，多期构造变形叠加，有时成为残斑糜棱片岩等岩石。主要矿物组成为更-中长石、钾长石和石英。暗色矿物为黑云母、白云母。二者同时出现，部分岩石含石榴石或还出现少量蓝晶石、十字石等特征矿物，这些成变斑晶的矿物都具有强烈变形。

富夕线石榴钾长片麻岩-石英岩类：本类岩石呈断续的透镜体分布于麻粒岩相带两侧与角闪岩相带的相邻部位。中粗粒纤状-粒状变晶结构，主要由夕线石、铁铝榴石和石英组成，其次为钾长石和少量黑云母及石墨和金红石等矿物。石榴石呈浅粉红色变斑晶，有时含有大量钾长石和石英包体，呈筛状构造，含量 10%～40%；夕线石以针柱状为主，粒度(2×10)～(3×50) mm，成平行的束状分布，褶皱、错断等变形现象常见，有时还在石榴石中成细针状包体，其含量一般为 40%左右，最高达 70%，成为夕线石矿床；石英含量 10%～40%；含少量微斜长石和黑云母；并含大小不等的石墨鳞片。

典型岩石为石榴石夕线石岩-石英片岩(矿体)，含石墨夕线石英片岩，石墨黑云母夕线石英片岩和富夕线石榴钾长片麻岩等。本类岩石的化学成分 Al_2O_3 含量常高达 20%～30%，SiO_2 较低，为 40%～50%，FeO 高达 10%～15%，Na_2O、CaO 极低，K_2O 也不高。原岩沉积物矿物成分相当于高岭石+次要蒙脱石类黏土矿物+硅质矿物。

云母片岩类：是角闪岩相带常见岩石类型，除片麻岩和斜长角闪岩中的夹层之外，主要出露于南部地区，其中最常见为二云石英岩、白云石英片岩、黑云石英片岩和石榴二云片岩等，主要矿物组成是云母和石英，其次含黝帘石、石墨和绿泥石等矿物，有时还含斜长石较高，为云母斜长片岩；另有含透闪石、阳起石和方解石的钙质片岩。本类岩石的原岩为粉砂质和钙质页岩。

石英岩类：一类在麻粒岩相带和角闪岩相带中分布有限，在片麻岩或大理岩层中呈夹层出现。组成矿物以具强烈流变结构的中细粒不等粒石英为主，有些还含石墨鳞片和细粒透闪石或黝帘石；另一类则含白云母、黑云母或石榴石，并与上述各种云母石英片岩呈过渡关系。原岩为含泥质石英砂岩等。

大理岩类：在麻粒岩相带分布普遍，在片麻岩中呈透镜状夹层，粒度变化很大，可为<1mm 的细粒到几厘米的巨晶。最常见为含透辉石、镁橄榄石和少量石墨鳞片的白云质大理岩。角闪岩相带的大理岩集中出现于孔兹岩层的上盘，一般呈层状产出，有些还呈透镜体夹于斜长角闪岩中，或呈过渡关系。组成矿物主要为方解石和白云石，其次为镁橄榄石、透辉石、蛇纹石、透闪石-阳起石、普通角闪石、尖晶石、金云母及少量他形粒状不均匀分布的钾长石、石英和石墨鳞片等。钙镁硅酸盐矿物橄榄石、透辉石及透闪石-阳起石等属于碳酸盐矿石蚀变成因，形成蛇纹石大理岩和含普通角闪石的花斑大理岩。大理岩含自形粒状磷灰石成绿色或无色变斑晶散布于大理岩中，粒度可达 5～8mm，含量为 5%～15%，含磷岩层厚 1～10m，局部富集。大理岩的原岩一般为含少量泥质或粉砂质的白云质灰岩或含磷

质白云岩。

斜长角闪岩：一般呈小透镜体分布于长英质片麻岩中，细粒变晶结构，块状或带状构造，由褐绿色普通角闪石和中长石组成，有些还含若干绿色透辉石。

角闪岩相带中斜长角闪岩呈似层状-透镜状，夹在片麻岩或大理岩中，或呈过渡关系。按矿物成分和构造可分为斜长角闪岩、透辉斜长角闪岩及斜长角闪片岩等，后期变形和糜棱岩化现象也十分普遍。原岩以铁质白云质泥灰岩类为主，部分为镁铁质火山岩或顺层侵入岩。

麻粒岩类：见于彭家寨背斜核部的高级变质带，有些在长英质片麻岩中成薄夹层或小透镜体，有些则呈规模较大的透镜体或不规则块体，与片麻理均为整合关系。一般为粒状变晶结构，以细粒为主，部分达中粒，受变形后可粒化流变，形成变余糜棱结构。多数为暗色矿物总量<30%的较浅色麻粒岩。主要矿物组成为紫苏辉石和 An 35～65 的中基性斜长石，单斜辉石含量较低；有时存在褐色-褐绿色普通角闪石及红褐色黑云母，或含一些浅粉红色石榴石；石英含量变化很大。常见岩石类型为紫苏麻粒岩、二辉麻粒岩、石榴黑云辉石麻粒岩和黑云角闪辉石麻粒岩等。

二、含矿地层变形变质作用

1. 太华群孔兹岩系变形变质

太华群至少经历两幕以上的变形作用（林宝钦等，1989），第一幕为主期构造变形作用(D_1)，形成一系列轴向近东西的平卧褶皱，同时在全区岩层中形成透入性片理 S_1，它们相当于轴面劈理，也是岩石中目前的主期片理。第二幕构造变形作用(D_2)属于同轴褶皱，它以 S_1 为变形面形成轴向近东西的 F_2 褶皱。主期变质作用(M_1)是和 D_1 同期，强烈的重结晶作用使更早期的变形形迹极少保存。

太华群的矿物组合属于角闪岩相，小秦岭地区的洞沟组和观音堂组及鲁山地区的各岩组中表现明显（孙勇，1983；沈福农，1986；林宝钦等，1991；沈其韩等，1992）。局部麻粒岩相，麻粒岩中角闪石和辉石平衡共生，有些麻粒岩中曾见到辉石转变为角闪石。全区总体出现高角闪岩相矿物组合，形成 Hb+Cpx+Opx+Pl 共存的平衡组合。

太华群孔兹岩系存在含蓝晶石的二云片麻岩（王定国，1991；卿敏，1991），片麻岩中有时还有十字石、蓝晶石和夕线石等矿物（沈福农，1986），在观音堂组和洞沟组及闾家峪组底部都出现铁铝榴石蓝晶石石英岩和夕线蓝晶黑云斜长片麻岩。因此太华群孔兹岩系在较早期变质事件中形成 Alm+Ky+Stau+Bi+Mus+Pl+Qz 组合，基性岩中相应组合为 Hb+Pl±Qz±Bi，这种矿物组合属于 D_1 同期的第一幕变质作用(M_1)的产物，属于低角闪岩相。

更普遍存在的特征平衡组合 Sil+Gt+Bi+Pl±Kf+Qz 和 Opx+Cpx+Hb+Pl±Bi±Gt 及 Gt+Cpx±Hb+Pl±Qz 则代表第二幕变质作用(M_2)的平衡组合，这阶段为变质高峰期，属于高角闪岩相到麻粒岩相过渡阶段。

由 M_1 至 M_2 阶段的典型矿物变化在泥砂质岩石中为：$Mus+Qz \rightarrow Sil+kf+H_2O$；基性岩中则为：$Hb_1+Qz \rightarrow Opx+Cpx+Pl+Hb_2+H_2O$。岩石中出现十字石，表明 M_1 阶段温度应>560℃，而 Mus+Qz 的稳定存在，在较高压力下温度应在650℃以下。根据Ky+Alm+Stau组合可知当温度为550～650℃时，压力应在0.6～0.8GPa。根据富铝岩石中白云母分解转变为夕线石和重熔脉体的广泛出现，M_2 阶段温度至少>650℃左右，而紫苏辉石的出现则表明峰期温度上限应为 700～760℃（Binns，1969），麻粒岩中含石榴石及 Gt+Cpx+Pl 组合的表明压力较高，为 0.8～1.0GPa。锆石 U-Pb 同位素年龄比较集中，平均 1882.45Ma，显示的是集中的变质年龄。

太华群中孔兹岩系原岩形成于较稳定陆缘地壳拉张过程中出现的拗陷-裂陷带中，后期在挤压构造体制下发生变质和变形作用。

2. 秦岭群孔兹岩系变形变质

豫西西峡、内乡一带秦岭群及其相邻地层组成的地壳结构型式 NWW 方向平行并列的透镜体群，由变形相对较弱的透镜状域及围绕其边缘的强应变域所构成，此种结构型式在各种尺度上都有显示。

豫西秦岭群露头，在平面上即呈一个大透镜体，商南至五里川之间最宽，向东、向西均较窄。在秦岭群内部尚可认出次一级的透镜体，直至剖面露头和镜下所看到的透镜状组构，但在透镜域内，由于应变相对较弱，先期构造形迹保存较好。

强应变域大多是规模不等、性质不一的断层或韧性剪切带，带内糜棱岩、鞘褶皱等韧性流动现象明显，不同岩性界面也大都发展成剪切面或断层面，因此，在这些强应变域内的主要面理，已被糜棱面理所置换。

秦岭群变形变质较太华群更加复杂，从褶皱形迹分析，至少经历了三期褶皱变形，第一期、第二期均为紧密平卧褶皱，伴随低角度的逆冲断层或推覆构造，第三期为开阔正弦形褶皱，伴以高角度正、逆断层。第三期变形构造比较容易识别，在内乡北的郭庄—柏崖背形，蛇尾南分水岭向形等属于第三期。

在西峡县北秦口村南、瓦房坪南、内乡马山口北西的郭庄等地剖面均可看到三期褶皱叠加格式，平面也清楚可见褶皱叠加格式。第三期褶皱及其伴生构造应该属于较新的加里东运动或更晚期的变形，而第一期、二期变形时代属于前加里东期的中新元古代。

秦岭群经历了区域角闪岩相变质作用基础上叠加后期混合岩化，以及糜棱岩化。

区域高角闪岩相变质表现为：泥质变质岩中出现夕线石+铁铝榴石(Alm 60～75)+黑云母+斜长石(An 25～40)+微斜长石+钛铁矿+石英，石榴石-黑云母矿物温度计证明，属于高角闪岩相；基性变质岩出现普通角闪石+斜长石±黑石母±石英组合；钙质变质岩出现透辉石+镁橄榄石±金云母+方解石组合为特征，属硅质白云岩变质产物。此外另一组合，以普通角闪石+斜长石(An 45～90)±方柱石+方解石为特征，是泥质岩变质产物，均属高角闪岩相变质。

混合岩化作用从东到西逐步增强，内乡北郭庄一带仅见条带状混合岩化、角砾状混合岩化等，西至寨根北捷道沟附近为眼球状混合岩甚至混合片麻岩。

动力变质作用不止一期，早期糜棱岩体伴随局部超碎裂岩，分布为 NWW 向。一些早期糜棱岩，影响到雁岭沟组大理岩及侵入于其中的花岗质岩石，至于沿商丹断裂，筱水断裂出现的千糜岩及片理化带，可能属多期活动的产物，最晚的动力变质可能延续至燕山晚期。

角闪岩相变质和混合岩化作用，应与区域性早期褶皱变形同期，与锆石同位素年龄集中的 1550Ma 和 900Ma 两个峰值比较一致，属于晚前寒武纪的中新元古代。而动力变质作用发生在角闪岩相的区域变质及混合岩化之后，是沿着区域性强应变带发生的。这些强应变带，实际上是一系列线形剪切带，造成西峡—内乡一带秦岭群的透镜状结构。

3. 毛集群孔兹岩系变形变质

毛集群变质作用具有明显对称性空间分带，中部麻粒岩相二辉岩带，两侧依次出现夕线石—钾长石带→十字石—蓝晶石带→铁铝榴石带。在南部又从向斜核部的石榴石带向南北两侧分别递增到十字石—蓝晶石带(表 9-3)。由于变质岩层产状均向北东倾斜，所以出现递进变质带和层序相反的倒转及重复现象。第一期变质作用是沉积原岩仍处于水平状态时完成的，具有埋深性质，即当时等温面等压面和地层层面及深度均一致(翟淳，1989)。从浅部到深部依次由高绿片岩相经低和高角闪岩相递进到麻粒岩相。后来岩层经历了五期变形作用，此过程中地层发生褶皱和各种逆冲推覆作用，致使与原岩层序一致的递增变质带也随之发生倒转和重复叠置现象。同时还发生多次退变质作用，本区变质岩系中韧性和脆性剪切带发育，岩石中矿物的各种塑流变形结构也十分普遍，说明在主期变质结晶作用完成之后，确还存在多期变形和各种退变质作用。

表 9-3　各变质带的矿物组合*

变质带	矿物组合	变质岩石	主要变质矿物特征
铁铝榴石带	Alm+Mus+Qz	云母石英片岩	常有多量粒状绿帘石发育，角闪石多为蓝绿色的低温角闪石，但阳起石少见，石榴石为铁铝石榴石，通常呈自形粒状
	Ep+Mus+Qz	绿帘白云母石英片岩	
	Act+Mus	阳起白云母片岩	
	Mus+Pl+Qz	白云母斜长片麻岩	
	Bi+Mus+Qz+Gt	石榴二云石英片岩	
	Bi+Hb+Pl+Qz	黑云角闪片岩	
	Hb+Pl±Bi，Ep，Cc，Qz	斜长角闪片岩	
	Dol+Cc±Tr±Mus±Qz	透闪白云质大理岩	
十字蓝晶石带	Alm+Bi+Mus+Qz	二云石英片岩	十字石和蓝晶石常共存，其中十字石含 Al_2O_3 高，FeO、MgO 较低，ZnO 为 0.52%～2.77% 普通角闪石为绿色
	Alm+Stau+Ky±Mus	石榴二云片岩	
	±Bi+Qz+Pl	十字蓝晶二云片岩	
	Hb+Pl±Qz	角闪斜长片麻岩，斜长角闪岩	
	Cc±Dol±Cpx	透辉石大理岩	
夕线钾长石带	Alm+Sil±Qz	榴线英(片)岩	夕线石为典型的棱柱状，北带的夕线石比南带含 Al_2O_3 较低，FeO、MgO、Na_2O、K_2O 都稍高。大理岩中可有贵尖晶石出现
	Alm+Sil+Kf±Pl±Qz	富夕线榴钾长片麻岩	
	Sil+Mus+Qz+Gp	石墨夕线白云母石英片岩	
	Di+Fo+Cc+Dol±Sp	镁橄榄石透辉大理岩	
二辉石带	Hy+Cpx+Pl+Qz	二辉麻粒岩	紫苏辉石 Fs 值为 38～61
	Hy+Pl+Qz±Cpx+Hb	角闪二辉麻粒岩	
	Hy+Hb+Bi+Pl+Qz	黑云角闪麻粒岩	
	Alm+Hy+Bi+Pl+Qz	石榴黑云麻粒岩	
	Bi±Hb+Pl+Kf+Qz	黑云(角闪)斜长片麻岩	
	Cc+Dol±Cpx±Fo	含透辉石和镁橄榄石大理岩	有镁橄榄石和贵尖晶石发育

*据翟淳(1989)，稍作修改。

根据产状、岩性和化学成分特征，麻粒岩相带的长英质片麻岩类原岩属于 TTG 系列侵入杂岩，其侵入表壳岩系并一起经历了变形和变质作用。大规模花岗质岩浆将热量带到中上部地壳，形成热轴。在此范围出现高温的麻粒岩相变质作用，两侧则温度逐渐降低，依次发育角闪岩相乃至高绿片岩相的变质作用。区内岩石的主期变质作用可能发生于古元古代末，延续至中新元古代。翟淳(1989)曾应用多种矿物将温压计对麻粒岩相带变质峰期的 *P-T* 条件进行了估算，综合考虑各方面资料，峰期可能处于 *T*=750～800℃，*P*=0.8～10GPa，故与之直接相邻的孔兹岩系的形成条件应与此相似。

第二节　含矿岩石地球化学分析

一、太　华　群

小秦岭—鲁山石墨矿带，含矿地层太华群，从小秦岭到鲁山太华群被新底层覆盖或者晚期岩浆岩侵入分割成小秦岭、嵩县华雄台隆和鲁山三个区段出露(冯建之等，2008)。

小秦岭地区太华群中的观音堂组和焕池峪组属于孔兹岩系，主要由黑云变粒岩-斜长片麻岩、石英岩-浅粒岩、大理岩、斜长角闪岩和麻粒岩等四大类岩石组成，较普遍含少量石墨鳞片。

观音堂组为一套变粒岩、浅粒岩、黑云斜长片麻岩夹石英岩组合，局部夹斜长角闪岩。岩石发育成分－结构层，具明显层状特征。成分层由黑云母、磁铁矿或石英(长石)层组成。两者多相间组合，呈互层状产出。局部地段石英岩中发育磁铁矿条带，形成沉积纹理构造。这种变质成分结构层反映了原岩的沉积层纹(理)和韵律性沉积特征。该组岩石中发育高铝变质矿物夕线石，表明原岩属泥砂质沉积岩。岩石中普遍含石墨、夕线石、铁铝榴石等变质矿物，石墨局部富集成含矿层位。

焕池峪岩组主要岩性为灰白色大理岩、透辉石大理岩、白云石大理岩夹蛇纹石岩及阳起石岩。大理岩多具蛭石化、夕卡岩化、绿帘石化等。

上述特征表明原岩为一套泥质沉积岩，属滨海-潮坪相沉积，同时伴随有基性火山喷发。由观音堂组到焕池峪组表现为泥砂质碎屑沉积-碳酸盐岩沉积，显示出一个完整的海进沉积旋回，代表典型陆源碎屑沉积岩系。

本次研究采集了观音堂组(GY*)黑云变粒岩-黑云斜长片麻岩和透辉透闪变粒岩；焕池峪组(HC*)透辉石镁橄榄石大理岩-蛇纹石阳起石化大理岩和灰白色大理岩-白云石大理岩，分别进行岩石化学测试(表 9-4)。

1. 岩石化学

夕线石榴黑云斜长片麻岩类岩石化学组成 SiO_2 平均 61.35%；Al_2O_3 含量较高，平均 17.27%，最高在 30.60%；K_2O/Na_2O 平均 2.12；A/CNK 平均 2.07。一些 A/CNK 较低的岩石样品是由于含 CaO 较高，其主要是构成碳酸盐矿物，不是铝硅酸盐矿物，因此在铝硅酸盐矿物中铝都是过剩的，A/NK 平均 3.02，显示有独立硅铝矿物夕线石等矿物存在；TFeO/MgO 均大于 1，平均 1.83。

透辉石变粒岩是变质泥灰岩组成的钙镁硅酸盐岩，MgO-CaO 高于硅酸盐岩，K_2O/Na_2O 及 TFeO/MgO 值大于 1，A/CNK 小于 1，显示 CaO、MgO 主要是组成碳酸盐矿物，A/NK 明显偏高，表明 Al_2O_3 是以独立硅铝矿物为主。

大理岩成分比较纯，主要化学组成是 MgO 和 CaO 及挥发分。透辉透闪变粒岩和大理岩 MgO/CaO 比值分别是 0.75 和 0.65，镁钙离子摩尔浓度近相等，表明主要是白云岩成分，原岩泥灰岩和碳酸盐岩是相对高盐度水环境沉积(表 9-4)。

2. 微量元素地球化学

太华群各类沉积变质岩中碱金属、碱土金属元素含量比较高，与地幔岩石比较相对富集 Rb-Sr-Ba-Zr-Th，而亏损过渡元素 Cr-Ni-Co-V。夕线石榴黑云斜长片麻岩类和浅粒岩的 Rb/Sr 值大于 Sr/Ba 值，而透辉大理岩和大理岩是 Sr/Ba 大于 Rb/Sr 值，Sr/Ba 在 1 以上，其他元素比值 Th/U-V/Cr-Zr/Y-Nb/Ta 都明显较高(表 9-4)。

比较三类岩石的微量元素含量(图 9-4)，从片麻岩、透辉变粒岩到大理岩，Rb-Sr-Ba-Th-Nb 依次降低，其他元素 Zr-Hf-U-Ta-Cr-Ni-Co-V 以透辉变粒岩最高，大理岩最低；片麻岩中 Rb/Sr、Th/U、Zr/Y 最高，大理岩最低；大理岩中 Sr/Ba 最高，片麻岩最低；V/Cr、V/(Ni+V)值显示原岩沉积环境属于弱还原环境。

微量元素地球化学显示，沉积碎屑物主要来自大陆风化物，而化学沉积物主要是海洋来源，孔兹岩系沉积物主要是陆源海相沉积特征。

3. 稀土元素地球化学

各类岩石的稀土元素总量均比较低，尤其是以大理岩稀土元素总量最低，为 25.37×10^{-6}；夕线石榴黑云斜长片麻岩类稀土元素总量最高，平均为 204.01×10^{-6}。片麻岩轻重稀土元素(LREE/HREE)值最大，平均为 22.64，大理岩轻重稀土元素(LREE/HREE)值最小，为 5.55。各类岩石 δCe 值平均略小于 1，夕线石榴黑云斜长片麻岩类 δEu 平均 1.55，而透辉大理岩和大理岩的 δEu 值平均 0.80 和 0.77(表 9-4)。

表 9-4　太华群含石墨夕线石榴片麻岩岩石化学成分

成分	黑云斜长片麻岩											透辉透闪变粒岩											大理岩		
	QTH1	QTH2	QTH3	QTH5	QTH6	QTH7	GY21	GY23	平均值	最高值	最低值	QTH4	GY22	GY24	GY26	GY27	HC30	HC32	HC34	平均值	最高值	最低值	HC31	HC33	平均值
SiO_2	68.94	64.60	60.28	58.94	44.60	60.80	63.30	69.34	61.35	69.34	44.60	45.46	51.43	48.67	49.82	50.25	48.92	50.05	54.70	49.91	54.70	45.46	1.20	1.89	1.54
TiO_2	0.75	0.65	0.68	0.74	1.40	1.20	0.60	0.42	0.81	1.40	0.42	0.76	1.38	1.57	1.38	1.18	0.46	0.21	0.16	0.89	1.57	0.16	0.01	0.01	0.01
Al_2O_3	12.53	13.93	17.02	14.67	30.60	18.67	15.97	14.73	17.27	30.60	12.53	14.70	14.01	13.51	14.09	14.29	15.51	12.96	12.94	14.00	15.51	12.94	0.24	0.21	0.23
Fe_2O_3	1.60	4.56	4.73	0.64	3.48	5.13	1.20	0.09	2.68	5.13	0.09	3.00	10.26	6.92	4.50	4.31	2.54	1.40	0.53	4.18	10.26	0.53	0.10	0.08	0.09
FeO	0.35	0.30	1.34	4.48	9.48	5.17	4.13	2.81	3.51	9.48	0.30	8.65	2.61	9.24	8.99	8.24	1.66	1.74	1.74	5.36	9.24	1.66	0.55	0.28	0.42
MnO	0.09	0.09	0.06	0.25	0.18	0.14	0.09	0.04	0.12	0.25	0.04	0.48	0.23	0.28	0.20	0.25	0.14	0.13	0.11	0.23	0.48	0.11	0.14	0.07	0.11
MgO	0.08	0.52	0.60	4.25	3.06	1.45	3.80	0.76	1.82	4.25	0.08	10.04	7.10	5.20	7.12	6.82	9.03	12.28	7.62	8.15	12.28	5.20	21.66	21.10	21.38
CaO	0.29	0.79	0.84	5.71	1.12	0.90	3.19	0.94	1.72	5.71	0.29	8.06	8.16	9.29	7.02	10.04	19.18	18.71	14.29	11.84	19.18	7.02	32.26	33.51	32.89
Na_2O	1.96	3.88	2.00	1.28	0.74	1.02	2.98	2.36	2.03	3.88	0.74	0.54	2.05	2.98	1.78	2.43	0.60	0.45	3.45	1.79	3.45	0.45	0.21	0.01	0.11
K_2O	3.97	3.28	3.06	3.91	1.95	3.06	2.91	6.81	3.62	6.81	1.95	1.89	1.78	1.05	3.12	0.91	0.91	0.17	1.11	1.37	3.12	0.17	0.12	0.04	0.08
P_2O_5	0.12	0.11	0.09	0.10	0.10	0.08	0.27	0.14	0.13	0.27	0.08	0.04	0.21	0.14	0.19	0.16	0.17	0.19	0.09	0.15	0.21	0.04	0.03	0.01	0.02
Los	9.08	6.95	8.53	4.72	2.56	2.36	0.95	0.96	4.51	9.08	0.95	6.25	0.61	0.59	1.16	0.82	1.35	1.50	3.49	1.97	6.25	0.59	43.78	43.07	43.43
合计	99.76	99.66	99.23	99.69	99.27	99.98	99.39	99.41	99.55	99.98	99.23	99.87	99.84	99.43	99.36	99.70	100.45	99.78	100.23	99.83	100.45	99.36	100.32	100.28	100.30
Na_2O+K_2O	5.93	7.16	5.06	5.19	2.69	4.08	5.89	9.17	5.65	9.17	2.69	2.43	3.83	4.03	4.90	3.35	1.51	0.62	4.56	3.15	4.90	0.62	0.33	0.05	0.19
K_2O/Na_2O	2.03	0.85	1.53	3.05	2.64	3.00	0.98	2.88	2.12	3.05	0.85	3.50	0.87	0.35	1.76	0.37	1.51	0.38	0.32	1.13	3.50	0.32	0.59	3.70	2.15
MgO/CaO	0.28	0.66	0.71	0.74	2.73	1.61	1.19	0.81	1.09	2.73	0.28	1.25	0.87	0.56	1.01	0.68	0.47	0.66	0.53	0.75	1.25	0.47	0.67	0.63	0.65
A/CNK	1.55	1.22	2.09	0.88	5.69	2.81	1.15	1.13	2.07	5.69	0.88	0.83	0.69	0.59	0.74	0.61	0.42	0.37	0.39	0.58	0.83	0.37	0.00	0.00	0.00
A/NK	1.66	1.40	2.57	2.31	9.18	3.74	1.98	1.31	3.02	9.18	1.31	5.00	2.64	2.24	2.23	2.86	7.87	14.09	1.88	4.85	14.09	1.88	0.50	3.73	2.11
TFeO/MgO	22.38	8.47	9.33	1.19	4.12	6.75	1.37	3.79	7.18	22.38	1.19	1.13	1.67	2.98	1.83	1.78	0.44	0.24	0.29	1.30	2.98	0.24	0.03	0.02	0.02
Rb							111.90	198.76	155.33	198.76	111.90		50.57	12.19	169.24	13.81	35.05	7.43	32.48	45.82	169.24	7.43	7.62	3.05	5.33
Sr							255.81	248.10	251.96	255.81	248.10		106.76	178.86	168.38	155.33	336.00	189.05	189.90	189.18	336.00	106.76	206.67	123.90	165.29

续表

成分	黑云斜长片麻岩											透辉透闪变粒岩											大理岩		
	QTH1	QTH2	QTH3	QTH5	QTH6	QTH7	GY21	GY23	平均值	最高值	最低值	QTH4	GY22	GY24	GY26	GY27	HC30	HC32	HC34	平均值	最高值	最低值	HC31	HC33	平均值
Ba							448.73	2067.73	1258.23	2067.73	448.73		320.55	258.64	475.73	229.55	284.00	104.00	247.36	274.26	475.73	104.00	53.45	86.91	70.18
Zr							139.71	37.43	88.57	139.71	37.43		120.95	101.33	122.48	94.95	251.71	122.29	123.24	133.85	251.71	94.95	10.00	9.52	9.76
Hf							6.14	1.88	4.01	6.14	1.88		6.70	5.21	7.35	5.48	17.88	9.01	9.46	8.73	17.88	5.21	0.33	0.53	0.43
Th							25.38	1.08	13.23	25.38	1.08		1.52	2.59	1.48	1.39	4.24	16.07	8.18	5.07	16.07	1.39	0.32	0.78	0.55
U							1.50	0.20	0.85	1.50	0.20		0.20	0.25	0.37	0.37	0.44	15.56	0.87	2.58	15.56	0.20	1.52	0.42	0.97
Y							12.88	4.44	8.66	12.88	4.44		41.71	39.61	36.07	29.79	12.59	47.74	15.71	31.89	47.74	12.59	9.52	8.69	9.11
Nb							9.93	5.05	7.49	9.93	5.05		8.18	6.05	9.79	6.17	4.81	7.45	6.22	6.95	9.79	4.81	0.87	0.43	0.65
Ta							0.60	0.25	0.43	0.60	0.25		0.47	0.44	0.56	0.38	0.71	0.97	0.79	0.62	0.97	0.38	0.03	0.06	0.04
Cr							113.11	3.08	58.10	113.11	3.08		100.05	62.22	95.06	181.32	55.51	71.29	40.36	86.54	181.32	40.36	3.00	1.45	2.23
Ni							55.49	2.69	29.09	55.49	2.69		48.34	32.40	48.17	68.21	11.25	16.87	9.94	33.60	68.21	9.94	3.92	3.72	3.82
Co							17.71	6.22	11.97	17.71	6.22		48.75	38.16	40.79	55.74	5.53	4.46	3.63	28.15	55.74	3.63	1.46	0.86	1.16
V							96.00	31.33	63.67	96.00	31.33		309.43	367.90	293.81	263.81	66.57	161.14	47.43	215.73	367.90	47.43	6.95	9.62	8.29
Rb/Sr							0.44	0.80	0.62	0.80	0.44		0.47	0.07	1.01	0.09	0.10	0.04	0.17	0.28	1.01	0.04	0.04	0.02	0.03
Sr/Ba							0.57	0.12	0.35	0.57	0.12		0.33	0.69	0.35	0.68	1.18	1.82	0.77	0.83	1.82	0.33	3.87	1.43	2.65
Th/U							16.92	5.38	11.15	16.92	5.38		7.76	10.31	3.99	3.74	9.64	1.03	9.36	6.55	10.31	1.03	0.21	1.87	1.04
V/Cr							0.85	10.16	5.51	10.16	0.85		3.09	5.91	3.09	1.45	1.20	2.26	1.18	2.60	5.91	1.18	2.32	6.63	4.47
V/（Ni+V）							0.63	0.92	0.78	0.92	0.63		0.86	0.92	0.86	0.79	0.86	0.91	0.83	0.86	0.92	0.79	0.64	0.72	0.68
Zr/Y							10.85	8.43	9.64	10.85	8.43		2.90	2.56	3.40	3.19	20.00	2.56	7.85	6.07	20.00	2.56	1.05	1.10	1.07
Nb/Ta							16.52	20.21	18.37	20.21	16.52		17.22	13.82	17.58	16.28	6.78	7.72	7.88	12.47	17.58	6.78	29.63	7.43	18.53
La							86.68	14.37	50.53	86.68	14.37		21.26	19.13	20.44	13.75	16.88	37.38	17.53	20.91	37.38	13.75	6.36	4.78	5.57
Ce							149.65	31.66	90.66	149.65	31.66		49.49	34.08	47.64	29.18	35.05	85.56	41.92	46.13	85.56	29.18	10.52	8.28	9.40
Pr							17.35	3.93	10.64	17.35	3.93		6.91	4.85	6.57	4.06	4.81	11.81	5.79	6.40	11.81	4.06	1.18	0.98	1.08

续表

成分	黑云斜长片麻岩											透辉透闪变粒岩											大理岩		
	QTH1	QTH2	QTH3	QTH5	QTH6	QTH7	GY21	GY23	平均值	最高值	最低值	QTH4	GY22	GY24	GY26	GY27	HC30	HC32	HC34	平均值	最高值	最低值	HC31	HC33	平均值
Nd							59.89	13.92	36.91	59.89	13.92		27.73	19.57	25.12	16.86	18.19	47.44	21.45	25.19	47.44	16.86	4.54	4.03	4.28
Sm							9.31	2.01	5.66	9.31	2.01		6.40	5.10	5.46	4.09	3.34	9.63	4.02	5.43	9.63	3.34	0.95	0.89	0.92
Eu							1.96	1.25	1.61	1.96	1.25		2.08	1.70	1.72	1.39	0.67	0.89	0.92	1.34	2.08	0.67	0.24	0.26	0.25
Gd							5.87	1.39	3.63	5.87	1.39		6.66	6.04	5.55	4.57	2.62	8.31	3.16	5.27	8.31	2.62	1.10	1.04	1.07
Tb							0.71	0.18	0.45	0.71	0.18		1.24	1.19	1.05	0.89	0.44	1.39	0.52	0.96	1.39	0.44	0.19	0.18	0.19
Dy							2.97	0.86	1.92	2.97	0.86		7.26	7.05	6.06	5.32	2.33	7.55	2.88	5.49	7.55	2.33	1.13	1.01	1.07
Ho							0.46	0.16	0.31	0.46	0.16		1.49	1.44	1.25	1.09	0.45	1.52	0.57	1.12	1.52	0.45	0.25	0.21	0.23
Er							1.21	0.42	0.82	1.21	0.42		4.39	4.18	3.76	3.21	1.28	4.33	1.68	3.26	4.39	1.28	0.71	0.59	0.65
Tm							0.17	0.06	0.12	0.17	0.06		0.74	0.71	0.66	0.55	0.20	0.69	0.28	0.55	0.74	0.20	0.11	0.08	0.10
Yb							1.05	0.34	0.70	1.05	0.34		4.65	4.26	4.11	3.41	1.24	3.83	1.70	3.31	4.65	1.24	0.54	0.44	0.49
Lu							0.15	0.05	0.10	0.15	0.05		0.73	0.65	0.63	0.53	0.20	0.55	0.28	0.51	0.73	0.20	0.07	0.06	0.07
REE							337.43	70.58	204.01	337.43	70.58		141.03	109.93	130.02	88.89	87.70	220.88	102.69	125.88	220.88	87.70	27.90	22.83	25.37
LREE/HREE							25.79	19.49	22.64	25.79	19.49		4.19	3.31	4.64	3.54	9.01	6.84	8.29	5.69	9.01	3.31	5.79	5.32	5.55
δCe							0.93	1.01	0.97	1.01	0.93		0.98	0.85	0.99	0.94	0.94	0.98	1.00	0.95	1.00	0.85	0.93	0.92	0.92
δEu							0.81	2.29	1.55	2.29	0.81		0.98	0.93	0.95	0.98	0.69	0.31	0.79	0.80	0.98	0.31	0.71	0.83	0.77

注：主量元素含量单位为%，微量元素含量单位为 10^{-6}。

夕线石榴黑云斜长片麻岩类稀土元素配分曲线形式差异比较大，两个样品轻重稀土元素曲线斜率较大，表示轻重稀土元素分异明显，一条曲线强烈正铕异常(图 9-4、图 9-5)。透辉变粒岩稀土元素配分曲线斜率分为大斜率和低斜率两组，都略显负铈异常，大斜率曲线负铕异常显著，低斜率曲线略具有负铕异常(图 9-6)。大理岩的稀土元素配分曲线相对平缓，略具有负铕异常和负铈异常。

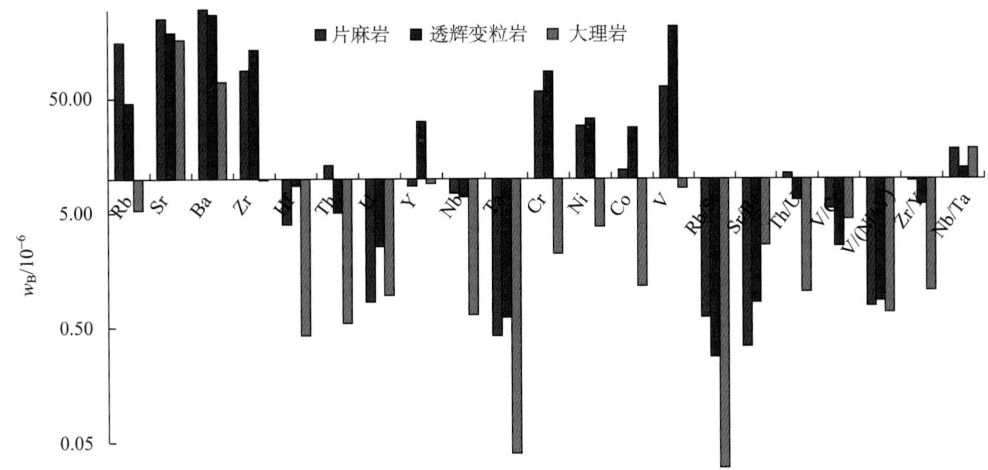

图 9-4　各种岩性与片麻岩比较微量元素变化图解

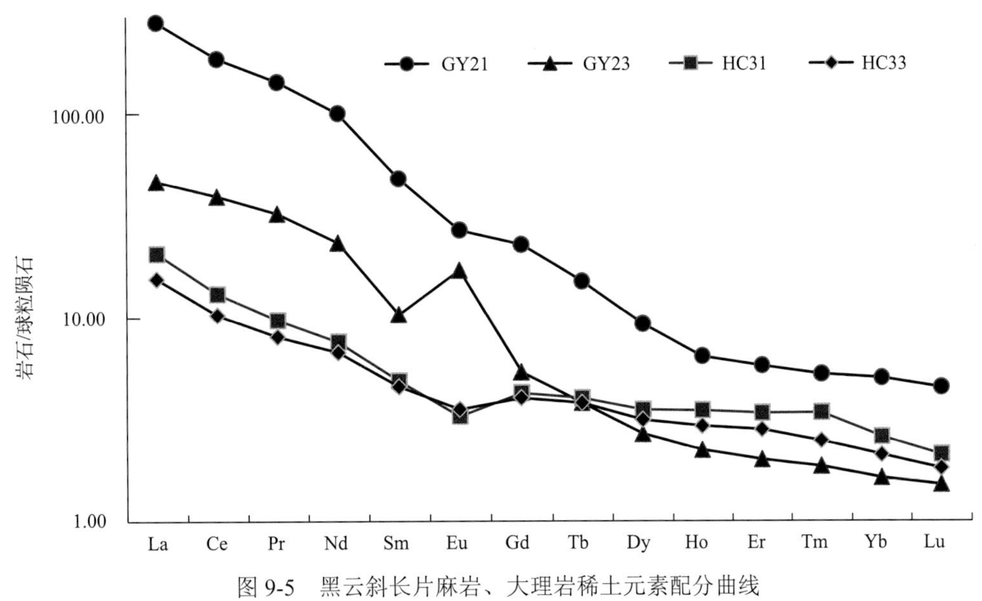

图 9-5　黑云斜长片麻岩、大理岩稀土元素配分曲线

这种稀土元素配分曲线显示原岩沉积物质以海源为主的特征，进一步说明滨浅海沉积特征，包括潮汐带和陆棚相沉积，但是显示正铕异常的热水沉积特征明显。

二、秦　岭　群

1. 岩石地球化学样品

采自河南省内乡县夏馆镇的石榴黑云斜长片麻岩(BQL1)，主要由石英(30%)、斜长石(30%)、黑云母(15%)、钾长石(10%)、石榴石(<10%)和少量的绿泥石(5%)组成，副矿物有锆石、钛铁矿等。黑云母呈强烈定向排列，聚集呈条带状，部分退变为绿泥石。

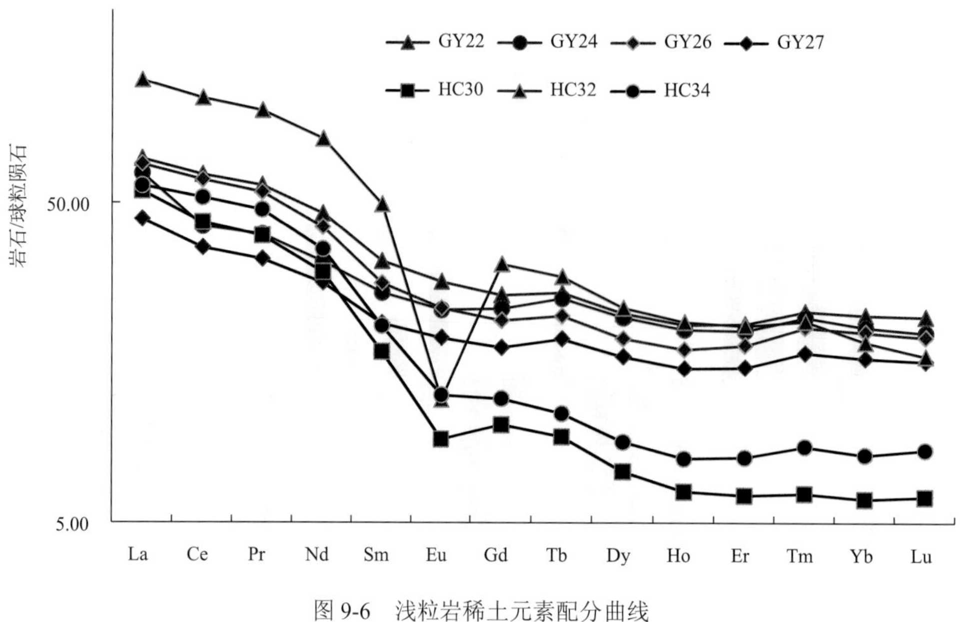

图 9-6　浅粒岩稀土元素配分曲线

采自河南省卢氏县瓦窑沟乡的黑云二长片麻岩(BQL2)，主要由石英(30%)、斜长石(35%)、微斜长石(15%)、黑云母(15%)和少量石榴石(＜5%)组成，副矿物有锆石、钛铁矿等。黑云母呈强烈定向排列，聚集呈条带状。

采自陕西省丹凤县渔岭村黑云斜长片麻岩(BQL3)，主要由石英(25%)、斜长石(43%)、黑云母(22%)和石榴石(＜10%)组成，副矿物有锆石、钛铁矿等，黑云母具有一定的定向性。

黑云斜长片麻岩(BQL4)，主要组成矿物为石英(26%)、斜长石(48%)、黑云母(18%)和石榴石(＜8%)，副矿物有独居石、锆石、钛铁矿等。矿物拉伸线理和眼球状构造发育，眼球体由压扁拉长的灰白色长石定向组成。

内乡郭庄、独榆树的黑云斜长片麻岩(BBL2)，有时含石榴石和少量褐帘石，常见浑圆状石英和斜长石颗粒，外围有褐色黑云母填隙分布，显示为变余碎屑结构，岩石化学相当于硬砂岩(杨力等，2010；游振东等，1987)。

2. 岩石地球化学

黑云斜长片麻岩 SiO_2 较一般富铝片麻岩高，平均含量 69.90%，Al_2O_3 含量平均 13.89%，MgO-CaO 都比较低，K_2O/Na_2O 值平均 2.25，铝过饱和，A/CNK 平均 1.46，TFeO/MgO 平均 3.38(表 9-5)。岩石化学特征为富铝富钾高铁，属于陆源碎屑为主的沉积变质岩系。

秦岭群黑云斜长片麻岩中与地幔岩石比较相对富集 Rb-Ba-Zr-Hf-Th-Y-Nb，而亏损过渡元素 Cr-Ni-Co-V；岩石 Rb/Sr 值平均大于 1.0，而 Sr/Ba 值平均小于 1.0，其他元素比值 Th/U-V/Cr-Zr/Y-Nb/Ta 都明显较高。微量元素地球化学显示，沉积碎屑物主要来自大陆风化物。

黑云斜长片麻岩稀土元素总量较太华群孔兹岩系高，平均 247.00×10^{-6}；轻重稀土元素(LREE/HREE)比值平均为 7.77；δCe 值平均 0.99，δEu 平均 0.55。稀土元素配分曲线显示轻稀土元素富集，重稀土元素亏损，轻重稀土元素配分曲线向右斜率，表示轻重稀土元素有一定分异。配分曲线都呈现负铕异常，但是斜率较大的曲线负铕异常明显(图 9-7)。稀土元素地球化学特征显示主要陆棚相浅海沉积环境沉积。

表 9-5　秦岭群黑云斜长片麻岩岩石化学成分表

成分	BQL1	BQL2	BQL3	BQL4	BBL2	平均值	成分	BQL1	BQL2	BQL3	BQL4	BBL2	平均值
SiO_2	73.54	73.15	67.72	69.09	65.98	69.90	Sm	7.72	3.31	8.38	12.34	11.71	8.69
TiO_2	0.73	0.30	0.82	0.86	0.74	0.69	Eu	1.34	0.69	1.41	1.51	2.11	1.41
Al_2O_3	12.42	13.50	14.57	13.40	15.56	13.89	Gd	6.98	3.06	7.61	10.92	10.1	7.73
Fe_2O_3	5.42	2.85	6.09	6.90	0.59	4.37	Tb	1.05	0.56	1.25	1.63	1.92	1.28
FeO					5.56	5.56	Dy	6.27	3.63	6.79	9.12	12.17	7.60
MnO	0.11	0.05	0.06	0.11	0.08	0.08	Ho	1.33	0.80	1.36	1.88	2.47	1.57
MgO	1.35	0.61	1.71	1.41	1.61	1.34	Er	3.69	2.22	3.46	5.09	7.08	4.31
CaO	0.48	1.64	2.70	1.99	2.75	1.91	Tm	0.57	0.34	0.49	0.80	1.14	0.67
Na_2O	0.41	3.78	2.68	2.73	2.59	2.44	Yb	3.83	2.23	2.91	5.15	7.25	4.27
K_2O	2.98	2.74	3.11	2.54	3.04	2.88	Lu	0.59	0.34	0.46	0.81	1.05	0.65
P_2O_5	0.04	0.12	0.15	0.07	0.11	0.10	REE	226.58	93.47	243.69	365.05	306.23	247.00
Los	2.54	0.74	0.48	0.50	1.33	1.12	LREE/HREE	8.32	6.09	9.02	9.31	6.09	7.77
合计	100.02	99.48	100.09	99.60	99.94	99.83	δCe	0.98	0.97	1.01	0.95	1.01	0.99
Na_2O+K_2O	3.39	6.52	5.79	5.27	5.63	5.32	δEu	0.56	0.66	0.54	0.40	0.59	0.55
K_2O/Na_2O	7.27	0.72	1.16	0.93	1.17	2.25	Rb	130.00	150.00	138.00	157.00	81.00	131.20
A/CNK	2.60	1.11	1.15	1.23	1.24	1.46	Sr	53.00	88.60	199.00	114.00	143.10	119.54
A/NK	3.18	1.47	1.87	1.85	2.06	2.09	Ba	694.00	434.00	595.00	531.00	700.00	590.80
F/M	3.61	4.20	3.21	4.40	3.78	3.84	Zr	356.00	127.00	309.00	366.00	92.58	250.12
La	45.78	18.25	49.34	79.34	57.27	50.00	Hf	10.12	4.09	9.39	10.38		8.50
Ce	93.26	36.78	101.60	149.70	124.42	101.15	Th	18.76	14.84	21.48	30.12	21.03	21.25
Pr	11.36	4.55	11.79	17.97	15.3	12.19	U	2.77	1.37	2.52	2.21	5.30	2.83
Nd	42.81	16.71	46.84	68.79	52.24	45.48	Y	32.37	20.33	35.17	48.31	62.98	39.83

续表

成分	BQL1	BQL2	BQL3	BQL4	BBL2	平均值	成分	BQL1	BQL2	BQL3	BQL4	BBL2	平均值
Nb	14.43	9.83	13.71	14.54	23.38	15.18	Sr/Ba	0.08	0.20	0.33	0.21	0.20	0.21
Ta	1.13	1.34	0.88	0.87		1.06	Th/U	6.77	10.83	8.52	13.63	3.97	8.75
Cr	211.00	150.00	195.00	224.00	89.86	173.97	V/Cr	0.36	0.19	0.34	0.25	2.05	0.64
Ni	24.25	9.04	79.14	18.12	24.93	31.10	V/（Ni+V）	0.76	0.76	0.45	0.75	0.88	0.72
Co	14.16	6.37	14.97	13.80	8.81	11.62	Zr/Y	11.00	6.25	8.79	7.58	1.47	7.02
V	76.80	28.20	65.40	55.40	184.00	81.96	Nb/Ta	12.77	7.34	15.58	16.71		13.10
Rb/Sr	2.45	1.69	0.69	1.38	0.57	1.36							

注：主量元素含量单位为%，微量元素含量单位为 10^{-6}。

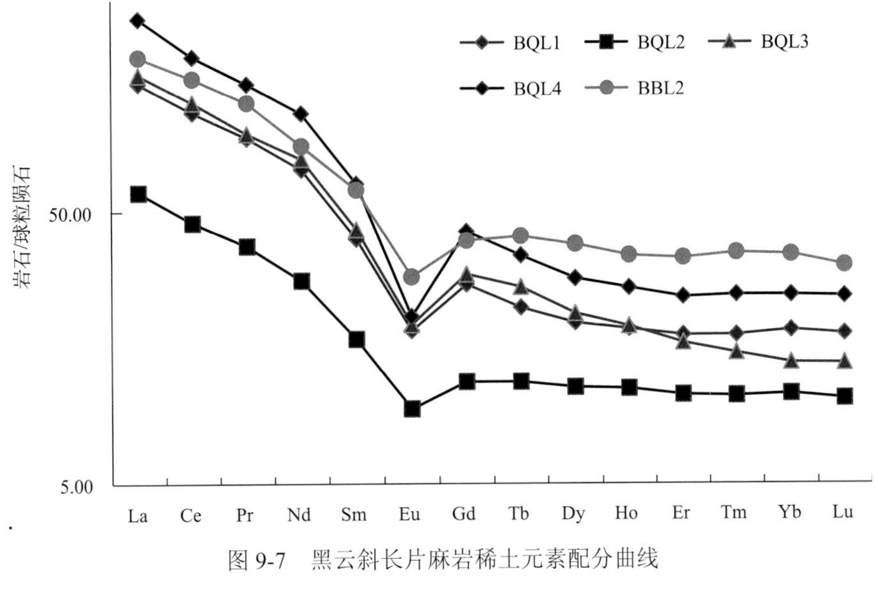

图 9-7　黑云斜长片麻岩稀土元素配分曲线

三、陡　岭　群

陡岭群变质杂岩出露于东秦岭造山带中部南秦岭带，行政区属淅川县大陡岭及西峡县田关一带，由于受到多期侵入体蚕食而支离破碎，出露面积仅为450km²，总体沿北西西—南东东方向呈透镜状展布。南与中新元古代的毛堂群姚营寨组变酸性火山岩为剪切带接触，北与古生代信阳群周进沟组浅变质的杂砂岩为断层接触，因此陡岭群可能为东秦岭造山带中的无根岩片之一(图 9-8)。

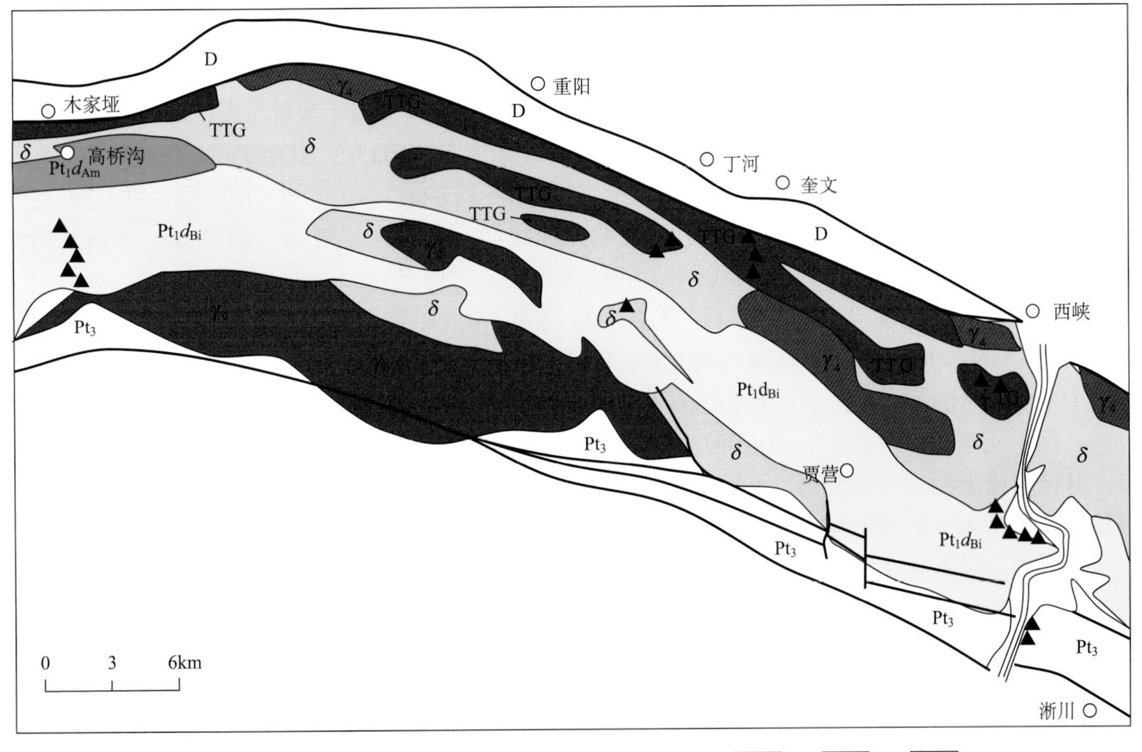

图 9-8　河南省西峡—淅川陡岭群变质杂岩分布地质图(据河南省区调队 1976，1∶50000 地质图绘制)

1. 陡岭群透辉变粒岩夹少量的斜长角闪岩；2. 陡岭群石墨片岩、黑云斜长片麻岩、石榴黑云斜长片麻岩夹斜长角闪岩和透镜状大理岩；3. TTG 灰色片麻岩；4. 毛堂群马头山组火山岩；5. 下古生界泥盆系变砂质板岩、千枚岩；6. 斜长花岗岩；7. 闪长岩；8. 闪长玢岩；9. 剪切带、断层；10. 样点

1. 岩石地球化学样品

黑云斜长片麻岩类测试样品位于西峡县老灌河西岸，主要岩石有黑云斜长片麻岩、石榴黑云斜长片麻岩、含石墨的黑云斜长片麻岩、石墨片岩和云母石英片岩等，矿物组成为斜长石($An_{10\sim30}$)+黑云母+白云母+石英±石榴子石±石墨土绿泥石，副矿物有黄铁矿、榍石、磷灰石和锆石等，以含石榴子石变斑晶的片麻岩最为典型(赵子然等，1995)。

透辉石变粒岩类测试样品位于西部木家垭高桥沟，岩石呈层状产出，分布局限。岩石组合单一，除夹有极少量的斜长角闪岩(JSI5)、大理岩和黑云片岩外，主要为透辉石变粒岩，具中粒花岗变晶结构，块状或条带状构造，成分条带大致代表了原生的沉积层理。主要矿物组合为透辉石(20%～30%)+斜长石(An_{10})+透闪石+石英+方解石+白云母。副矿物以锆石为主，含量较高，深棕色，不透明-半透明，短柱状，晶形较为复杂，部分为遭受过磨蚀的碎屑锆石。

角闪变粒岩相对数量较少，在南秦岭东段以透镜体状态产于片麻岩中，呈块状或片麻状构造，粗粒变晶结构，主要由角闪石(50%～80%)、斜长石(20%～40%)及少量的黑云母、绢云母、绿泥石组成，角闪石呈绿色或绿棕色，斜长石(An_{10})多已发生蚀变。

正变质斜长角闪岩主要以夹层状产出于片麻岩中，部分产于钙硅酸变粒岩中，出露宽度最大达50m。岩石细粒变晶结构，变形片理或片麻理发育，主要矿物组成为角闪石、斜长石，含少量的黑云母、绿帘石及方解石等，部分样品(JSI3，JSI4)含石榴石变斑晶。岩石中角闪石含量 40%～70%，斜长石 20%～50%。角闪石颜色较深，为棕绿色至棕色，组成位于浅闪石、韭闪石和普通角闪石之间。

2. 岩石地球化学特征

黑云斜长片麻岩类岩石岩石化学组成 SiO_2 含量为 57.44%～64.82%，平均 62.45%；Al_2O_3 含量 14.12%～16.17%，平均 15.55%；MgO 含量平均 2.86%，CaO 含量平均 1.70%，FeO 含量大于 Fe_2O_3 含量，K_2O(1.92%～3.37%)的含量明显高于 Na_2O(0.09%～2.33%)；K_2O/Na_2O 平均 7.90；铝过饱和，A/CNK 平均 2.09，显示有独立硅铝矿物存在(表 9-6)。微量元素含量，富集大离子亲石元素(LIL)、高场强不相容元素(HFS)，而相容元素 Cr、Ni 等含量亏损；岩石 Rb/Sr 值大于 Sr/Ba 值，其他 Th/U、Zr/Y、Nb/Ta 值也比较高(表 9-6)。稀土元素组成，以稀土元素总量[$(193.01\sim237.44)\times10^{-6}$，平均 206.91×10^{-6}]，轻稀土元素富集重稀土元素亏损(表 9-6)，稀土元素配分曲线向右倾斜，出现明显的负 Eu 异常为特征，LREE/HREE 值大岩石 δEu 值小，表明斜率大的曲线负铕异常明显(图 9-9)。

透辉变粒岩岩石化学组成以低 Al_2O_3、TiO_2，高 CaO、MgO，特别是以挥发分高为特征，K_2O/Na_2O 大于 1，而 A/CNK 小于 1，表明 CaO、MgO 主要以碳酸盐矿物存在，不构成铝硅酸盐矿物成分，CaO 含量大于 MgO，MgO/CaO 值平均 0.46。岩石 Rb/Sr 值小于 Sr/Ba 值，其他 Th/U、Zr/Y、Nb/Ta 比值则比较高。稀土元素总量[$(62.32\sim106.09)\times10^{-6}$],平均 84.68×10^{-6}，低于黑云斜长片麻岩稀土元素总量很多，但轻重稀土元素较强分离，重稀土元素亏损，显示不同程度负 Eu 异常，稀土元素配分曲线与黑云斜长片麻岩基本一致(图 9-9)。

角闪变粒岩岩石化学组成，SiO_2 含量平均为 48.93%，以富 FeO、MgO 和 CaO 为特征，且 FeO 含量大于 Fe_2O_3，CaO 含量大于 MgO，MgO/CaO 值平均 0.68，Na_2O 含量大于 K_2O。微量元素含量 LIL 元素 Sr、Ba 含量高，特别有很高的稀土元素总量[ΣREE 为$(62.95\sim188.77)\times10^{-6}$]，平均 145.18×10^{-6}，轻重稀土元素分异明显，具有负 Eu 异常(图 9-9)。

以上岩石地球化学特征表明，黑云斜长片麻岩和透辉变粒岩属于沉积变质岩，其沉积碎屑来自陆源风化物，而碳酸盐矿物则属于海相沉积物源，显示为陆源海相宾浅海沉积。

岩系中存在正变质的斜长角闪岩夹层的岩石化学组成与拉斑玄武质的火山弧玄武岩类似，这表明，陡岭群沉积期间构造活动比较强，有岩浆活动。

表 9-6 陡岭群变质岩岩石化学成分表

成分	黑云斜长片麻岩						透辉透闪变粒岩						角闪变粒岩					
	DPM1	DPM2	DPM3	DPM4	TB1		DTH5	DTH6	DTH7	DTH8	DTH9	平均值	JSII6	JSII7	JSII8	JSII9	JSII10	平均值
SiO_2	62.43	63.30	64.82	57.44	64.26	62.45	60.78	69.35	65.88	67.82	67.98	66.36	56.92	47.95	45.52	46.82	47.46	48.93
TiO_2	0.78	0.85	0.86	0.99	0.77	0.85	0.39	0.31	0.36	0.27	0.30	0.33	0.71	0.55	0.56	1.75	1.66	1.05
Al_2O_3	14.12	15.70	16.17	14.99	16.75	15.55	8.39	5.18	7.89	4.23	4.74	6.09	13.73	15.51	14.85	14.17	13.08	14.27
Fe_2O_3	1.82	1.51	2.67	3.13	7.33	3.29	0.82	1.06	1.27	0.48	0.98	0.92	1.50	2.91	9.74	2.96	4.27	4.28
FeO	5.82	5.10	3.66	13.16	0.21	5.59	3.27	1.22	2.34	1.54	1.54	1.98	5.53	6.68	3.30	9.34	5.69	6.11
MnO	0.41	0.41	0.30	0.10	0.07	0.26	0.09	0.06	0.08	0.04	0.06	0.07	0.24	0.21	0.23	0.27	0.16	0.22
MgO	3.94	2.73	2.75	4.10	0.77	2.86	6.68	4.66	6.00	4.56	4.72	5.32	6.07	9.18	8.01	5.36	7.34	7.19
CaO	3.73	1.84	2.13	0.54	0.28	1.70	11.11	13.03	10.14	12.23	12.54	11.81	9.20	10.54	11.46	13.29	9.72	10.84
Na_2O	0.36	2.17	2.33	0.10	2.00	1.39	1.25	0.76	1.22	0.66	0.74	0.93	1.11	2.35	1.47	2.36	2.97	2.05
K_2O	3.37	2.77	1.92	2.62	3.61	2.86	2.70	1.37	1.53	1.29	1.52	1.68	2.39	1.37	1.98	1.20	1.63	1.71
P_2O_5	0.13	0.10	0.13	0.21	0.09	0.13	0.15	0.11	0.15	0.12	0.13	0.13	0.13	0.10	0.23	0.27	0.29	0.20
Los	2.50	2.84	2.81	3.49	4.54	3.24	3.90	3.58	3.06	6.72	4.84	4.42	2.00	1.98	1.94	1.50	5.53	2.59
合计	99.41	99.32	100.55	100.88	100.68	100.17	99.53	100.69	99.92	99.96	100.11	100.04	99.53	99.33	99.29	99.29	99.79	99.45
Na_2O+K_2O	3.73	4.94	4.25	2.72	5.61	4.25	3.95	2.13	2.75	1.95	2.27	2.61	3.50	3.72	3.45	3.56	4.60	3.77
K_2O/Na_2O	9.36	1.28	0.82	26.25	1.81	7.90	2.16	1.80	1.25	1.95	2.04	1.84	2.15	0.58	1.35	0.51	0.55	1.03
MgO/CaO	1.06	1.48	1.29	7.59	2.75	2.83	0.60	0.36	0.59	0.37	0.38	0.46	0.66	0.87	0.70	0.40	0.76	0.68
A/CNK	1.28	1.58	1.65	3.75	2.17	2.09	0.33	0.20	0.36	0.17	0.18	0.25	0.65	0.63	0.58	0.48	0.54	0.58
A/NK	3.32	2.39	2.73	4.98	2.32	3.15	1.68	1.89	2.15	1.70	1.65	1.82	3.11	2.90	3.25	2.73	1.97	2.79
TFeO/MgO	1.89	2.37	2.21	3.90	8.84	3.84	0.60	0.47	0.58	0.43	0.51	0.52	1.13	1.01	1.51	2.24	1.30	1.44
Rb	139.00	99.20	56.90	75.10		92.55	31.00	20.00	10.00	18.00	20.00	19.80	66.40	23.40	54.70	30.60	6.00	36.22
Sr	274.00	306.00	257.00	28.50		216.38	287.00	106.00	178.00	93.00	80.00	148.80	340.00	370.00	309.00	699.00	276.00	398.80

续表

成分	黑云斜长片麻岩						透辉透闪变粒岩						角闪变粒岩					
	DPM1	DPM2	DPM3	DPM4	TB1		DTH5	DTH6	DTH7	DTH8	DTH9	平均值	JSII6	JSII7	JSII8	JSII9	JSII10	平均值
Ba	882.00	995.00	1100.00	396.00		843.25	943.00	281.00	299.00	316.00	357.00	439.20	710.00	320.00	651.00	889.00	493.00	612.60
Zr	137.00	158.00	118.00	149.00		140.50	139.00	85.00	56.00	122.00	126.00	105.60	125.00	24.70	50.80	148.00	90.00	87.70
Hf	4.92	3.25	4.10	5.60		4.47	3.00	2.70	2.50	3.20	4.30	3.14	33.82	0.49	3.15	2.92	3.10	8.70
Th	10.20	13.60	13.40	13.10		12.58	8.20	9.20	11.00	5.80	9.20	8.68	1.04	3.06	3.86	6.12	4.60	3.74
U	2.00	10.16	2.70	2.60		4.37	2.10	1.30	1.90	1.70	1.50	1.70	1.84	0.22	1.52	2.05	1.30	1.39
Y	26.10	29.00	35.50	36.80		31.85	15.90	11.70	13.40	9.75	8.41	11.83	29.90	11.50	25.20	21.20	19.22	21.40
Nb	13.10	15.30	17.00	17.00		15.60	8.60	4.20	4.60	3.30	3.60	4.86	13.90	3.58	5.32	20.10	16.00	11.78
Ta	0.57	0.95	1.50	1.70		1.18	0.72	1.50	1.40	0.28	0.50	0.88	1.04	0.11	0.30	1.01	1.20	0.73
Cr	106.00	105.00	56.00	90.10		89.28	55.00	64.00	37.00	37.00	22.00	43.00	75.70	480.00	632.00	99.20	182.00	293.78
Ni	44.00	44.40	15.90	22.30		31.65	21.00	13.00	12.00	11.00	8.70	13.14	36.60	139.00	57.20	72.80	60.00	73.12
Co	14.80	16.60	10.70	6.50		12.15	11.00	6.10	5.50	6.40	4.30	6.66	13.10	36.10	41.20	38.80	14.00	28.64
Rb/Sr	0.51	0.32	0.22	2.64		0.92	0.11	0.19	0.06	0.19	0.25	0.16	0.20	0.06	0.18	0.04	0.02	0.10
Sr/Ba	0.31	0.31	0.23	0.07		0.23	0.30	0.38	0.60	0.29	0.22	0.36	0.48	1.16	0.47	0.79	0.56	0.69
Th/U	5.10	1.34	4.96	5.04		4.11	3.90	7.08	5.79	3.41	6.13	5.26	0.57	13.91	2.54	2.99	3.54	4.71
Zr/Y	5.25	5.45	3.32	4.05		4.52	8.74	7.26	4.18	12.51	14.98	9.54	4.18	2.15	2.02	6.98	4.68	4.00
Nb/Ta	22.98	16.11	11.33	10.00		15.11	11.94	2.80	3.29	11.79	7.20	7.40	13.37	32.55	17.73	19.90	13.33	19.38
La	40.70	41.10	41.70	49.10		43.15	23.00	16.30	22.90	17.10	12.50	18.36	39.50	13.00	37.10	32.60	24.60	29.36
Ce	75.90	79.60	78.90	99.00		83.35	43.70	29.40	44.40	33.40	26.20	35.42	74.41	24.80	65.40	66.50	53.70	56.96
Pr	9.68	9.75	9.91	10.90		10.06	5.05	3.48	5.29	3.68	3.01	4.10	8.36	2.59	8.68	8.19	6.60	6.88
Nd	37.80	37.00	37.90	41.80		38.63	19.20	13.60	19.00	14.00	11.30	15.42	36.00	10.20	32.30	34.30	26.50	27.86
Sm	7.42	7.46	7.10	7.98		7.49	3.51	2.37	3.47	2.56	2.26	2.83	7.15	2.18	6.20	7.14	5.56	5.65
Eu	1.33	1.08	1.27	2.00		1.42	0.64	0.53	0.63	0.55	0.60	0.59	1.38	0.52	1.68	1.95	1.50	1.41

续表

成分	黑云斜长片麻岩						透辉透闪变粒岩						角闪变粒岩					
	DPM1	DPM2	DPM3	DPM4	TB1		DTH5	DTH6	DTH7	DTH8	DTH9	平均值	JSII6	JSII7	JSII8	JSII9	JSII10	平均值
Gd	7.68	7.89	4.90	8.80		7.32	3.17	2.22	2.80	2.47	2.23	2.58	7.72	3.82	8.14	7.85	5.39	6.58
Tb	0.76	0.72	1.09	1.30		0.97	0.35	0.38	0.49	0.20	0.24	0.33	0.84	0.58	0.59	0.75	0.82	0.72
Dy	5.30	5.80	7.09	6.56		6.19	2.74	1.92	2.35	1.73	1.62	2.07	5.80	2.35	4.10	5.11	4.16	4.30
Ho	1.06	1.14	1.34	1.34		1.22	0.64	0.35	0.49	0.30	0.24	0.40	1.20	0.43	0.86	0.90	0.82	0.84
Er	2.68	3.04	3.79	3.89		3.35	1.66	1.06	1.47	0.95	0.97	1.22	3.08	1.23	2.50	2.20	2.20	2.24
Tm	0.26	0.26	0.57	0.43		0.38	0.20	0.16	0.21	0.14	0.11	0.16	0.45	0.18	0.33	0.30	0.33	0.32
Yb	2.21	2.62	3.50	3.64		2.99	1.40	0.98	1.20	0.83	0.67	1.02	2.53	1.07	2.24	1.70	1.60	1.83
Lu	0.26	0.35	0.45	0.53		0.40	0.30	0.10	0.15	0.14	0.12	0.16	0.36	0.10	0.30	0.20	0.19	0.23
REE	193.04	197.81	199.51	237.28		206.91	105.56	72.85	104.85	78.05	62.08	84.68	188.78	63.05	170.42	169.69	133.97	145.18
LREE/HREE	8.55	8.07	7.78	7.95		8.09	9.09	9.16	10.45	10.55	9.00	9.65	7.59	5.46	7.94	7.93	7.64	7.31
δCe	0.92	0.96	0.93	1.03		0.96	0.98	0.94	0.97	1.01	1.03	0.99	0.99	1.03	0.88	0.98	1.01	0.98
δEu	0.54	0.43	0.66	0.73		0.59	0.59	0.71	0.62	0.67	0.82	0.68	0.57	0.55	0.72	0.80	0.84	0.70

注：主量元素含量单位为%，微量元素含量单位为 10^{-6}。

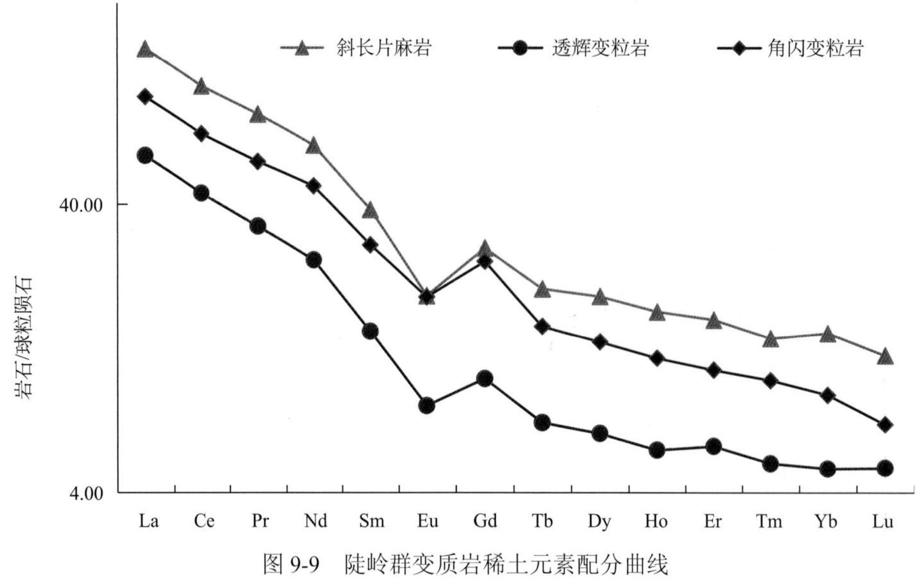

图 9-9　陡岭群变质岩稀土元素配分曲线

第三节　石墨含矿地层时代分析

东秦岭是华北重要的石墨矿化带，目前已知的石墨矿床、矿点及矿化点有近百处，其中大中型矿床约十余处。依据大地构造分区及石墨矿床矿化分布，可以划分为三个次级矿化带，即灵宝小秦岭—鲁山石墨成矿带、北秦岭朱阳关—柳泉铺石墨矿带和南秦岭陡岭成矿带。含矿地层主要是太华群、秦岭群和陡岭群，对其年龄时代进行比较发现，秦岭地区孔兹岩系及含石墨地层的形成时代基本一致，是可以比较的。几个石墨成矿带是否在统一的地质背景下形成的，而被后期的构造地质作用分割成不同的块段或成矿带，还有待深入研究。从几个矿带石墨矿床类型及其结构构造分析，几个含矿地层及经历的变质作用程度也是一致的，应该属于同一时代的产物。

一、太华群孔兹岩系地层时代

1. 生物年龄

对比陕西地调队(1982)、河南地调队(1982)与丁莲芳(1996)的研究资料，太华群由下至上划分为金桐岔岩组、观音堂组、洞沟组(抢马峪组)及焕池峪组，在岩石组合上划分为下亚群和上亚群，金桐岔岩组(Ar_3j)属于下岩组，其他三个组属于上岩组。

下亚群金桐岔岩组(Ar_3j)，主要分布在研究区中部大月坪、老雅岔、金桐岔、间家峪、娘娘山一带，出露厚度近 1700m，主要岩性为斜长角闪岩及各种片麻岩，顶部有含石榴子石黑云斜长片麻岩，该岩组受混合岩化作用最强，形成各种混合岩，如条带状混合岩等。在斜长角闪片麻岩中能见到残留的杏仁构造和变余斑晶，说明原岩为基性火山岩，此岩组内含较多的 TTG 组合，经区域变质，重熔混合交代形成钠质和钾质花岗质片麻岩(混合岩)，属于拉斑玄武岩系和 TTG 岩系。

上亚群观音堂组(Pt_1g)分布在麻峪、东岔、板石山、枣香峪、观音堂、黑峪子一带，厚度约 600 余米，上亚群主要岩性为石英岩、石墨夕线黑云斜长片麻岩、富铝片麻岩、大理岩和磁铁石英岩等，是具有孔兹岩系特征的一套沉积变质岩系，其次为黑云斜长角闪岩，局部夹薄层大理岩及透镜体。尤其以顶底分布有中厚层石英岩及长石石英岩为其特征，虽厚度及层数在不同地段有变化，但全区层位延伸稳定。中部以石墨片岩、石墨斜长片麻岩及少量蛇纹石大理岩为其特征。

在石墨片岩、石英岩、长石石英岩及大理岩中含有丰富的微生物化石(丁莲芳，1996)，发现的化石有：

Scillatoriopsis sp.，*Veteronostocale* sp.，*Heliconema* sp.，*Siphonophycus* sp.，*Cyanonema inflatum Oehler*，*Myxococcoides* sp.，*Lieopsophosphaera* sp.，*Eosynechococcus* sp.，*Trachysphaerisium Planum Sin*；*T.chihsienense Liu et Sin.Trematosphaerium holtedahlii Tim.*，*T.*sp.，*Eosphaera* sp.，*Laminarites antiquessimuus Eiehw*，*Palaeoanacystis* sp.，*Palaeolynbya* sp.，*Lieopsophosphaera* sp.，*Trachysphaeridium planum Sin et Liu.*，*T.*sp.，*Leiofusa* sp.，*Veteronostocale* sp.，*Heliconema* sp.，*Trematosphaeridium holtedahlii Tim.*，*T* sp.，*Prototracheites Porus Ouyang*，*Yin et Li.*，*P.*sp.，*Paleamorpha striata Ding.*，*Lignum striatum Sin et Liu.*

对比加拿大、澳大利亚、中国鞍山等地国内外已有资料后，这些微生物属于古元古代，因此小秦岭地区太华群含石墨矿层上亚群应归属古元古界，与华北古陆其他区域石墨矿床含矿地层沉积时代是一致的。

2. 同位素年龄

太华群主要由黑云斜长片麻岩、斜长角闪岩、孔兹岩、黑云母变粒岩，以及石英岩、大理岩和磁铁石英岩等组成，是一套经受中深变质的海相中基性火山岩和沉积岩组合。

时毓等(2011)在华山岩体南侧采集的低角闪岩相黑云斜长片麻岩岩石进行锆石 U-Pb 同位素测年分析。锆石大部分具有核幔结构，核心部位包裹碎屑锆石，具有变质重结晶环带，也有一些独立的重结晶锆石，呈现暗色均质锆石晶体(照片 9-1)。黑云斜长片麻岩具有正变质岩夹层，其中锆石为自生岩浆结晶锆石，锆石多为浑圆-椭圆状，但大都具强金刚光泽，不同于受磨损的沉积锆石，这种浑圆-椭圆状为多晶面造成的假象，且这些锆石内部显示宽的环带。不同于岩浆成因的柱状+锥形的紧闭振荡环带(时毓等，2009)，少量锆石呈柱状自形-半自形晶，因此锆石年龄可以代表地层岩石形成年龄。鲁山太华群斜长角闪岩中锆石显示岩浆锆石核心和变质环带，核心与环带年龄均显示为新太古代年龄(照片 9-2)，表明是太华群孔兹岩系的基底地层。

黑云斜长片麻岩中 43 颗锆石的 U-Pb 测年结果(表 9-7)，除 31 号锆石 $^{206}Pb/^{238}U$ 年龄为 2994±49Ma，其余 42 颗锆石年龄集中在(1727±18)～(1948±45)Ma 和(1952±20)～(2068±33)Ma 两个年龄组，(1727±18)～(1948±45)Ma 年龄组主要为变质重结晶锆石年龄，其谐和曲线上交点为 1940Ma 左右，表示变质作用中有外来物质加入改变原有同位素体系；5 号、11 号、20 号、34 号、42 号 5 颗年龄(1952±20)～(2068±33)Ma 可能有岩浆岩夹层的岩浆锆石，这一年龄应该代表了地层形成年龄(图 9-10)。31 号锆石 $^{206}Pb/^{238}U$ 年龄为 2994±49Ma 应为原岩捕获的碎屑锆石。

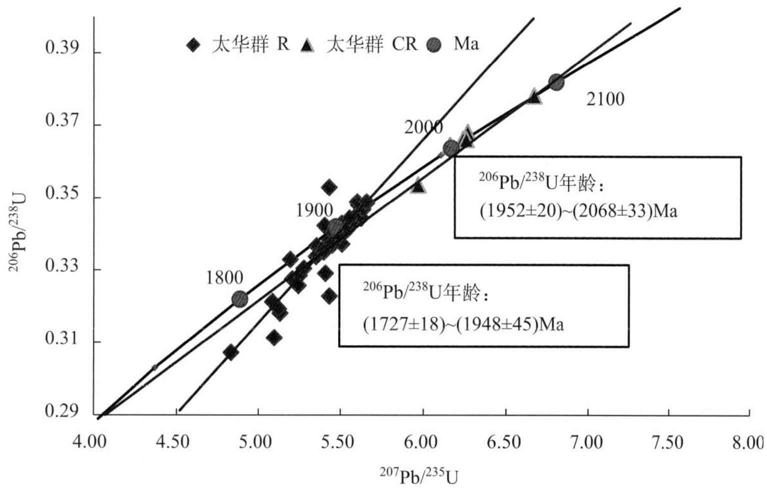

图 9-10　太华群孔兹岩系锆石 U-Pb 谐和曲线图

表 9-7　小秦岭太华群黑云斜长片麻岩中锆石 LA-ICP-MS 定年结果

测点	元素含量/10^{-6}		Th/U	同位素比值						表面年龄/Ma					
	Th	U		$^{207}Pb/^{206}Pb$	±σ	$^{207}Pb/^{235}U$	±σ	$^{206}Pb/^{238}U$	±σ	$^{207}Pb/^{206}Pb$	±σ	$^{207}Pb/^{23}5U$	±σ	$^{206}Pb/^{238}U$	±σ
01	463.0	1779	0.26	0.1170	0.0014	5.6110	0.0701	0.3480	0.0039	1911	22	1918	11	1925	19
02	16.7	336	0.05	0.1163	0.0015	5.3518	0.0717	0.3338	0.0038	1900	24	1877	11	1857	18
03c	18.8	281	0.07	0.1174	0.0016	5.5382	0.0773	0.3423	0.0039	1917	25	1907	12	1898	19
04c	15.1	287	0.05	0.1166	0.0015	5.5093	0.0736	0.3429	0.0040	1904	23	1902	11	1900	19
06c	29.0	410	0.07	0.1166	0.0018	5.4363	0.0881	0.3383	0.0044	1904	28	1891	14	1879	21
07r	57.6	548	0.11	0.1173	0.0016	5.5032	0.0762	0.3403	0.0039	1916	25	1901	12	1888	19
08	344.0	1745	0.20	0.1173	0.0017	5.4964	0.0831	0.3399	0.0041	1915	27	1900	13	1886	20
09	142.0	1156	0.12	0.1164	0.0015	5.4578	0.0759	0.3403	0.0040	1901	24	1894	12	1888	19
10	29.3	432	0.07	0.1173	0.0016	5.4491	0.0790	0.3369	0.0040	1916	25	1893	12	1872	19
12c	24.4	502	0.05	0.1172	0.0015	5.4510	0.0740	0.3375	0.0041	1913	23	1893	12	1874	20
13	458.0	1759	0.26	0.1177	0.0014	5.6114	0.0713	0.3457	0.0040	1922	22	1918	11	1914	19
14	411.0	2332	0.18	0.1178	0.0014	5.5726	0.0715	0.3431	0.0040	1923	22	1912	11	1901	19
15c	24.6	387	0.06	0.1178	0.0015	5.5426	0.0740	0.3412	0.0039	1924	23	1907	11	1892	19
16	24.7	491	0.05	0.1185	0.0016	5.6267	0.0758	0.3444	0.0039	1934	24	1920	12	1908	19
17r	25.1	408	0.06	0.1171	0.0016	5.5567	0.0778	0.3443	0.0040	1912	25	1909	12	1908	19
18r	32.8	467	0.07	0.1192	0.0016	5.4101	0.0746	0.3292	0.0038	1944	24	1886	12	1835	18
19	91.2	879	0.10	0.1186	0.0016	5.5104	0.0756	0.3372	0.0039	1934	24	1902	12	1873	19
21	244.0	1723	0.14	0.1179	0.0016	5.6371	0.0794	0.3468	0.0040	1925	25	1922	12	1919	19
22r	420.0	968	0.43	0.1145	0.0013	5.4054	0.0713	0.3423	0.0043	1873	21	1886	11	1898	21
23	11.1	142	0.08	0.1148	0.0014	5.0860	0.0707	0.3213	0.0041	1877	23	1834	12	1796	20
24	92.7	350	0.26	0.1131	0.0013	5.1939	0.0699	0.3330	0.0042	1850	22	1852	11	1853	20
25	2.7	57	0.05	0.1170	0.0016	5.1323	0.0777	0.3182	0.0042	1911	25	1841	13	1781	20
26	0.3	5	0.07	0.1222	0.0067	5.4337	0.2811	0.3229	0.0092	1988	100	1890	44	1804	45
27	23.8	248	0.10	0.1153	0.0015	5.2081	0.0748	0.3276	0.0042	1885	24	1854	12	1827	20
28	16.2	202	0.08	0.1159	0.0015	5.2496	0.0764	0.3286	0.0042	1894	24	1861	12	1832	20

续表

测点	元素含量/10^{-6}		Th/U	同位素比值						表面年龄/Ma					
	Th	U		$^{207}Pb/^{206}Pb$	$\pm\sigma$	$^{207}Pb/^{235}U$	$\pm\sigma$	$^{206}Pb/^{238}U$	$\pm\sigma$	$^{207}Pb/^{206}Pb$	$\pm\sigma$	$^{207}Pb/^{23}5U$	$\pm\sigma$	$^{206}Pb/^{238}U$	$\pm\sigma$
29	2.0	44	0.05	0.1178	0.0018	5.6603	0.0907	0.3485	0.0047	1924	27	1925	14	1927	22
30	14.0	145	0.10	0.1141	0.0016	4.8320	0.0749	0.3073	0.0041	1866	26	1790	13	1727	20
32	3.5	30	0.12	0.1175	0.0019	5.4956	0.0936	0.3393	0.0046	1919	30	1900	15	1883	22
33	8.0	119	0.07	0.1164	0.0015	5.3598	0.0771	0.3342	0.0042	1901	24	1878	12	1858	20
35	3.2	63	0.05	0.1167	0.0018	5.2435	0.0858	0.3258	0.0045	1907	28	1860	14	1818	22
36	26.1	185	0.14	0.1116	0.0020	5.4319	0.1019	0.3529	0.0052	1826	33	1890	16	1948	25
37	24.3	399	0.06	0.1154	0.0015	5.3557	0.0777	0.3367	0.0043	1886	24	1878	12	1871	20
38	21.3	263	0.08	0.1164	0.0015	5.1251	0.0739	0.3194	0.0041	1902	24	1840	12	1787	20
39	12.0	163	0.07	0.1158	0.0016	5.2778	0.0801	0.3305	0.0042	1893	26	1865	13	1841	20
40	5.6	78	0.07	0.1187	0.0018	5.0969	0.0845	0.3114	0.0043	1937	28	1836	14	1747	21
41	173.0	721	0.24	0.1165	0.0016	5.6029	0.0851	0.3489	0.0045	1903	25	1917	13	1929	21
43	116.0	743	0.16	0.1165	0.0016	5.3862	0.0837	0.3355	0.0043	1903	26	1883	13	1865	21
平均值	92.6	563	0.11	0.1168	0.0017	5.4013	0.0838	0.3356	0.0043	1907	27	1885	13	1865	21
最大值	463.0	2332	0.43	0.1222	0.0067	5.6603	0.2811	0.3529	0.0092	1988	100	1925	44	1948	45
最小值	0.3	5	0.05	0.1116	0.0013	4.8320	0.0699	0.3073	0.0038	1826	21	1790	11	1727	18
05	3.0	43	0.07	0.1236	0.0033	6.2697	0.1676	0.3681	0.0064	2008	49	2014	23	2020	30
11	1.7	22	0.08	0.1236	0.0030	6.2404	0.1461	0.3662	0.0055	2009	44	2010	20	2011	26
20	84.8	613	0.14	0.1226	0.0023	6.1599	0.1111	0.3645	0.0043	1994	34	1999	16	2003	20
34	0.8	20	0.04	0.1224	0.0038	5.9697	0.1789	0.3536	0.0069	1992	56	1971	26	1952	33
42	2.5	16	0.16	0.1278	0.0027	6.6654	0.1435	0.3782	0.0059	2068	39	2068	19	2068	28
平均值	18.6	143	0.10	0.1240	0.0030	6.2610	0.1494	0.3661	0.0058	2014	44	2012	21	2011	27
最大值	84.8	613	0.16	0.1278	0.0038	6.6654	0.1789	0.3782	0.0069	2068	56	2068	26	2068	33
最小值	0.8	16	0.04	0.1224	0.0023	5.9697	0.1111	0.3536	0.0043	1992	34	1971	16	1952	20
31	0.4	2.2	0.18	0.2222	0.0060	18.1087	0.4698	0.5912	0.0121	2997	44	2996	25	2994	49

3. 太华群石墨矿床

鲁山区段太华群地层划分为铁山岭组、水底沟组、雪花沟组等，水底沟组为石墨矿床含矿地层，主要为含石墨透辉斜长片麻岩、含石墨黑云斜长片麻岩、含石墨斜长片麻岩、含石墨透闪斜长片麻岩、含石墨透辉石大理岩、含石墨大理岩，夹有含石墨角闪斜长片麻岩、含石墨斜长角闪片麻岩、蛇纹石化大理岩、石英大理岩等，局部地段分布有少量斜长变粒岩、斜长角闪岩。

鲁山汝阳地区发现汝州拉台石墨矿床、汝州市范庄石墨矿及鲁山县背孜石墨矿等石墨矿床，石墨赋存在水底沟组以片麻岩为主的变质岩系中，主要含矿岩性为黑云斜长片麻岩、黑云二长片麻岩、透辉斜长片麻岩、斜长透辉片麻岩和大理岩等，矿体顶底板为黑云斜长片麻岩或大理岩，是一套典型的变质沉积岩组合含矿建造(王志山等，2015；张青松，2013；王凤茹和薛基强，2010)。各矿体呈层状、似层状、透镜状，产状与地层产状一致(表 9-8)。

表 9-8　汝州拉台石墨矿床矿体特征

矿体编号		Ⅰ号	Ⅱ号	Ⅲ号	Ⅳ号	Ⅴ号
形态		似层状	似层状	似层状	似层状	似层状
长度/m		200	500	580	800	800
厚度/m	最小值	3.50	8.44	10.79	1.35	1.25
	最大值	10.58	13.08	38.62	12.44	18.23
	平均值	7.99	11.10	24.02	4.78	6.08
厚度变化系数/%		34.04	19.64	35.60	65.52	74.02
品位/%	最低值	3.39	3.10	3.49	3.13	3.01
	最高值	5.67	5.05	6.06	4.49	4.73
	平均值	4.72	4.19	4.11	3.62	3.50
品位变化系数/%		20.00	15.66	16.47	11.85	15.29

石墨呈鳞片状，片度 0.075～1.500mm，根据矿石结构和脉石矿物组合不同，矿石的自然类型可分为石墨片麻岩型和石墨大理岩型两种类型。以石墨片麻岩型为主，矿石矿物为石墨(3%～10.51%)，另外有少量黄铁矿、褐铁矿等，脉石矿物主要为斜长石(35%～40%)、石英(15%～20%)、角闪石(10%～15%)黑云母(5%～15%)、钾长石(5%～8%)，含微量锆石、磷灰石、绢云母、绿泥石等。

二、秦岭群孔兹岩系地层时代

1. 区域对比

秦岭岩群是一套受多期变质变形混合岩化影响的结晶杂岩系，主要由片麻岩、斜长角闪岩、钙硅酸盐岩、大理岩等组成(张国伟等，1995)。上部由黑云斜长片麻岩、角闪岩、钙质硅酸岩、石榴夕线片麻岩和大理岩组成(Xue et al.，1996)，下部为大理岩夹少量角闪岩和石榴夕线片麻岩(You et al.，1993)。地处华北古陆南部边缘与扬子古陆的结合带，构造活动频繁而强烈，构造热事件中锆石重结晶作用强，并且每次构造热事件中外来物质加入已经多次改变秦岭群地质体中的同位素组成体系，所以秦岭群同位素测年非常复杂，对秦岭群的时代归属也有不同认识(宋子季和周青山，1988)。

张宗清等(1994)测试了秦岭群黑云斜长片麻岩的锆石 U-Pb 年龄 2226±173Ma(下交点 357±44Ma)；黑云斜长片麻岩单锆石年龄 2172±5Ma；斜长角闪岩全岩 Sm-Nd 年龄 1987±49Ma($\varepsilon_{\mathrm{Nd}}(t)$=+7.3±0.4)；黑云斜长片麻岩和斜长透辉岩 Sm-Nd 模式年龄 1991±77Ma。

李英等(1994)根据与太华群及扬子古陆变质岩时代的比较认为，秦岭群最初沉积年龄在古元古代2000～2200Ma前后，与太华群一组年龄数据(锆石U-Pb年龄)一致，扬子地块碧口群中最老的年龄为2657±9Ma和2656Ma(李英等，1994)，扬子古陆腔岭群的Rb-Sr全岩等时线年龄为2332Ma，由于侵入其中的黄陵花岗岩锆石Pb-Pb年龄为2375Ma，故认为这可能是一变质时限。

因此，秦岭群的年龄与太华群上亚段年龄一致，是在古元古代形成于靠近华北地核的南部边缘区的沉积变质岩系。

陆松年等(2006)测试了北秦岭地块中秦岭岩群夕线石黑云石英片岩61个碎屑锆石测点的$^{207}Pb/^{206}Pb$年龄测试结果，锆石年龄以1.5～1.9Ga为主，1粒碎屑锆石显示新太古代年龄，5粒显示中元古代晚期年龄，4粒显示0.9～1.0Ga。这些年龄值应该主要显示的是岩石沉积之后经历的区域变质及岩浆侵入的热变质年龄。

2. 丹凤地区秦岭岩群

秦岭岩群分为上下两个构造岩层段：下岩段主要由黑云斜长片麻岩、石墨大理岩夹少量角闪岩和石榴夕线片麻岩组成，原岩主要为陆源碎屑和基性-酸性火山岩，西部太白地区以碎屑岩为主(You et al.，1993；张国伟等，2001)；上岩段由黑云斜长片麻岩、角闪岩、钙质硅酸岩、石榴夕线片麻岩、大理岩、黑云斜长变粒岩和云母石英片岩组成，原岩以陆源碎屑岩为主(Xue et al.，1996；张国伟等，2001)。

杨力等(2010)分别对陕西省丹凤县渔岭村黑云斜长片麻岩(HN77#；HN79#)与河南内乡县夏馆镇的混合岩(HN18#)、石榴黑云斜长片麻岩(HN31#)、卢氏县瓦窑沟乡黑云二长片麻岩(HN62#)样品进行Pb-U同位素测年分析(表9-8)。

黑云斜长片麻岩及混合岩样品中锆石可以分为两类，一类具有核幔结构的碎屑锆石核心被重结晶锆石环带环绕，另一类是均一自生锆石，没有结晶环带(照片9-3)。

年龄测试分为四组，具有核幔结构的锆石针对核心进行探针测试年龄，所获得年龄分为三组，一组$^{206}Pb/^{238}U$年龄为2569～2584Ma，显然是碎屑锆石年龄，显示碎屑锆石来自新太古界；第二组$^{206}Pb/^{238}U$年龄为1041～1829Ma，虽然针对碎屑核心进行探针测试，但是并未穿透重结晶环带，因此反映的是较早的重结晶年龄，而非碎屑锆石年龄；第三组$^{206}Pb/^{238}U$年龄677～1053Ma，是晚期重结晶环带年龄。自生锆石不具有环带结构，$^{206}Pb/^{238}U$年龄比较接近，为456～510Ma。

三组重结晶锆石和自生锆石一致曲线，分别显示不同的上交点，$^{206}Pb/^{238}U$年龄为1041～1829Ma锆石上交点接近1800Ma；$^{206}Pb/^{238}U$年龄677～1053Ma上交点近于1400Ma；$^{206}Pb/^{238}U$年龄456～510Ma上交点800Ma(图9-11)。不同构造阶段重结晶锆石与协和曲线形成不同的上交点表示区域内在多期次构造活动中并非封闭的体系，而是有成分的带入带出，改变了原始的同位素组成体系。

片麻岩变质重结晶锆石U-Pb年龄记录了中元古代(1041～1829Ma)、新元古代早期(677～1053Ma)和早古生代泛非期的主要构造岩浆作用事件。片麻岩沉积成岩时间应该介于碎屑锆石2569～1829Ma，根据区域对比，应该在2000Ma前后。

第一、二组碎屑锆石和早期重结晶锆石Th高U低，第三组晚期重结晶锆石锆石Th、U高低变化较大，碎屑锆石和重结晶锆石的Th-U分别呈正相关性(图9-12)。第一、二组碎屑锆石和早期重结晶锆石Th含量均较高(表9-9)，图中碎屑锆石位于5Th/U趋势线之上；晚期重结晶锆石在5Th/U趋势线上下都有分布；晚期次生锆石Th含量较低，图中位于5Th/U趋势线之下。锆石放射性铅与U呈正相关，图中与5Th/U趋势线平行。

碎屑锆石与重结晶锆石Th-U含量分布规律基本一致，表明岩石经历变质过程中较少外来物质加入，地质体内ZrO_2的含量及元素保持基本平衡。只是晚期次生锆石的Th-U显示不一致性，改变了体系内的平衡，由于外来物质加入导致不平衡。

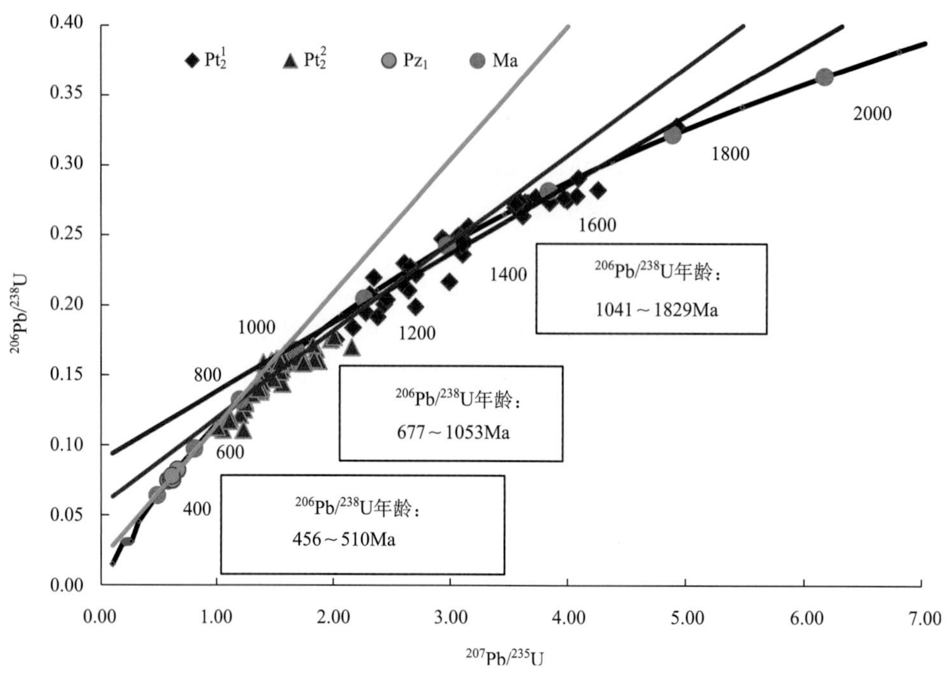

图 9-11　秦岭群孔兹岩系锆石 U-Pb 谐和曲线图

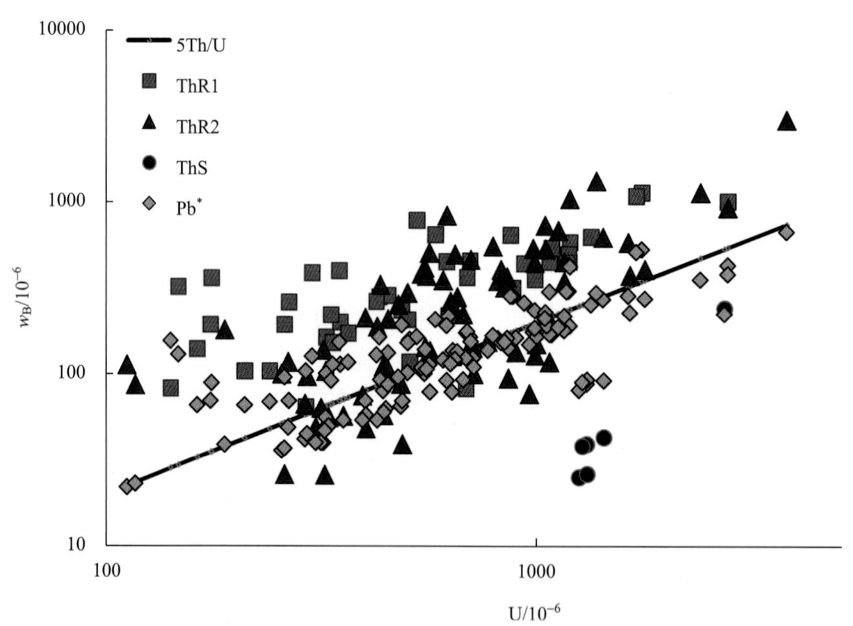

图 9-12　秦岭群孔兹岩系锆石 Pb、Th-U 相关散点图

3. 长安县喂子坪秦岭群

时毓等(2009)在陕西省长安县喂子坪采集了秦岭群黑云斜长片麻岩样品(图 9-13)，进行锆石 U-Pb 同位素测年。锆石成因类型与河南秦岭群类似，锆石有碎屑锆石(核部)以及大量增生重结晶锆石环边，变质增生重结晶锆石的测试分析显示年龄为中新元古代，集中于早古生代(表 9-9)。

在年龄频谱图上显示一个 430Ma 左右的年龄峰值，平均年龄值为 426±6Ma。碎屑锆石核的 22 次定年分析显示其大多数年龄分散且年龄跨度大，最老碎屑锆石 ^{206}Pb/^{238}U 年龄为 2064Ma，最年轻的不谐和 ^{206}Pb/^{238}U 年龄为 513Ma。碎屑锆石核年龄主要是新元古代，部分为古—中元古代，说明沉积物来自复杂的源区。碎屑锆石的内部构造和其 Th/U 值表明主要是岩浆成因的，也有少量属于早期的变质成

表 9-9　丹凤县—内乡县—卢氏县秦岭岩群片麻岩锆石 LA-ICP-MS U-Pb 同位素分析数据

样号	元素含量/10^{-6}				同位素比值						表面年龄/Ma		
	U	Th	$^{206}Pb^*$	Th/U	$^{207}Pb/^{206}Pb$	±2σ	$^{207}Pb/^{235}U$	±2σ	$^{206}Pb/^{238}U$	±2σ	$^{207}Pb/^{206}Pb$	$^{207}Pb/^{235}U$	$^{206}Pb/^{238}U$
3102	142	82	156	0.58	0.1615	0.0143	10.7600	0.0067	0.4897	0.0053	2472	2503	2569
7721	148	321	130	2.17	0.1747	0.0114	11.8600	0.0096	0.4932	0.0134	2603	2593	2584
08HN18	混合岩												
1801	326	163	101	0.50	0.0958	0.0029	3.1000	0.0012	0.2364	0.0054	1545	1434	1368
1802	351	200	114	0.57	0.0894	0.0029	3.1500	0.0011	0.2560	0.0016	1412	1446	1469
1817	337	152	114	0.45	0.1088	0.0034	4.9200	0.0016	0.3280	0.0002	1780	1806	1829
3101	2728	1009	432	0.37	0.0850	0.0073	2.0230	0.0012	0.1753	0.0014	1315	1123	1041
3103	509	117	159	0.23	0.0978	0.0084	3.6320	0.0226	0.2736	0.0042	1582	1557	1559
3105	1186	451	429	0.38	0.1037	0.0088	3.8440	0.0240	0.2735	0.0040	1691	1602	1559
3106	1741	1132	533	0.65	0.0819	0.0071	2.3080	0.0148	0.2076	0.0030	1244	1215	1216
3107	700	455	165	0.65	0.0866	0.0075	2.1660	0.0140	0.1839	0.0026	1352	1170	1088
3108	261	193	96	0.74	0.0984	0.0099	3.5450	0.0266	0.2701	0.0061	1595	1537	1541
3109	935	439	260	0.47	0.0834	0.0072	2.6000	0.0016	0.2300	0.0026	1279	1301	1334
3110	292	64	104	0.22	0.1108	0.0095	4.2550	0.0258	0.2826	0.0026	1813	1685	1605
3111	624	218	217	0.35	0.0994	0.0085	3.6580	0.0223	0.2731	0.0036	1612	1562	1556
3112	433	281	164	0.65	0.0995	0.0087	3.7250	0.0235	0.2774	0.0038	1615	1577	1578
3113	176	194	70	1.10	0.0962	0.0085	3.5890	0.0244	0.2740	0.0067	1552	1547	1561
3114	349	398	153	1.14	0.1067	0.0092	3.9930	0.0261	0.2753	0.0058	1744	1633	1567
3115	1690	1082	514	0.64	0.0861	0.0073	2.6510	0.0160	0.2272	0.0020	1340	1315	1320
3116	454	286	133	0.63	0.0786	0.0073	2.3410	0.0167	0.2197	0.0032	1161	1225	1280
3117	302	387	127	1.28	0.1031	0.0092	4.0880	0.0263	0.2910	0.0054	1681	1652	1647
3118	1191	584	424	0.49	0.0958	0.0082	3.5410	0.0214	0.2729	0.0027	1544	1536	1555
3119	617	450	192	0.73	0.0897	0.0078	2.7020	0.0168	0.2220	0.0024	1419	1329	1292
3120	1182	496	305	0.42	0.1017	0.0087	2.9900	0.0181	0.2167	0.0018	1655	1405	1264

续表

样号	元素含量/10^{-6}				同位素比值						表面年龄/Ma		
	U	Th	$^{206}Pb^{*}$	Th/U	$^{207}Pb/^{206}Pb$	±2σ	$^{207}Pb/^{235}U$	±2σ	$^{206}Pb/^{238}U$	±2σ	$^{207}Pb/^{206}Pb$	$^{207}Pb/^{235}U$	$^{206}Pb/^{238}U$
3121	164	139	66	0.85	0.1018	0.0091	3.6130	0.0233	0.2638	0.0039	1657	1552	1509
3122	488	234	193	0.48	0.0964	0.0082	3.5530	0.0225	0.2723	0.0056	1555	1539	1552
3123	686	82	174	0.12	0.0926	0.0079	2.6400	0.0161	0.2104	0.0020	1480	1312	1231
3124	528	781	165	1.48	0.0855	0.0076	2.2730	0.0156	0.1949	0.0029	1327	1204	1148
6201	334	220	92	0.66	0.0860	0.0032	2.5800	0.0118	0.2153	0.0033	1338	1295	1257
6211	1333	627	255	0.47	0.0973	0.0041	2.6990	0.0128	0.1988	0.0015	1574	1328	1169
6216	881	317	285	0.36	0.1030	0.0036	3.9680	0.0170	0.2766	0.0022	1679	1628	1574
6220	177	361	89	2.04	0.1074	0.0038	4.0730	0.0173	0.2782	0.0026	1756	1649	1582
7701	1069	449	302	0.42	0.0900	0.0058	3.0090	0.0243	0.2424	0.0063	1426	1410	1399
7702	1170	445	303	0.38	0.0900	0.0068	3.0490	0.0028	0.2475	0.0071	1426	1420	1426
7705	241	104	69	0.43	0.0857	0.0067	2.9300	0.0259	0.2477	0.0074	1332	1390	1427
7707	504	207	152	0.41	0.0888	0.0060	3.0650	0.0235	0.2495	0.0037	1399	1424	1436
7708	1081	541	170	0.50	0.0873	0.0059	2.9550	0.0242	0.2457	0.0067	1366	1396	1416
7711	582	646	208	1.11	0.0902	0.0059	3.0870	0.0256	0.2480	0.0071	1430	1430	1428
7713	869	643	285	0.74	0.0926	0.0059	3.0970	0.0247	0.2427	0.0064	1479	1432	1401
7718	990	356	235	0.36	0.0899	0.0057	2.3760	0.0188	0.1917	0.0051	1424	1235	1131
7719	366	172	117	0.47	0.0913	0.0060	3.1020	0.0254	0.2467	0.0070	1453	1433	1421
7723	267	262	70	0.98	0.0876	0.0060	2.4320	0.0210	0.2007	0.0057	1373	1252	1179
7724	211	103	66	0.49	0.0921	0.0067	3.0810	0.0258	0.2459	0.0072	1470	1428	1417
7725	426	264	129	0.62	0.0858	0.0057	2.9330	0.0244	0.2470	0.0069	1333	1391	1423
7712	689	365	177	0.53	0.0871	0.0056	2.4520	0.0198	0.2041	0.0055	1364	1258	1198
平均值	701	383	200	0.63	0.0935	0.0068	3.1378	0.0183	0.2437	0.0042	1490	1430	1404
最大值	2728	1132	533	2.04	0.1108	0.0099	4.92	0.0266	0.328	0.0074	1813	1806	1829
最小值	164	64	66	0.12	0.0786	0.0029	2.023	0.0011	0.1753	0.0002	1161	1123	1041
6209	564	508	114	0.90	0.0911	0.0039	2.1540	0.0111	0.1699	0.0019	1448	1166	1011

续表

样号	元素含量/10^{-6}			Th/U	同位素比值						表面年龄/Ma		
	U	Th	$^{206}Pb^{*}$		$^{207}Pb/^{206}Pb$	±2σ	$^{207}Pb/^{235}U$	±2σ	$^{206}Pb/^{238}U$	±2σ	$^{207}Pb/^{206}Pb$	$^{207}Pb/^{235}U$	$^{206}Pb/^{238}U$
1803	190	181	39	0.95	0.0696	0.0032	1.4690	0.0065	0.1528	0.0025	918	918	916
1804	2367	1136	356	0.48	0.0709	0.0023	1.3840	0.0047	0.1417	0.0009	954	882	854
1805	442	111	80	0.25	0.0758	0.0024	1.7160	0.0058	0.1646	0.0012	1090	1015	982
1806	895	134	163	0.15	0.0736	0.0023	1.6800	0.0056	0.1655	0.0009	1030	1001	987
1807	980	539	176	0.55	0.0742	0.0024	1.5302	0.0053	0.1496	0.0012	1046	943	898
1808	401	213	70	0.53	0.0685	0.0029	1.2480	0.0053	0.1321	0.0009	884	823	800
1809	550	418	101	0.76	0.0707	0.0027	1.3680	0.0053	0.1409	0.0012	948	875	850
1810	860	95	142	0.11	0.0674	0.0027	1.3720	0.0054	0.1478	0.0013	851	877	889
1811	813	350	161	0.43	0.0695	0.0023	1.5810	0.0053	0.1653	0.0009	913	963	986
1812	992	129	181	0.13	0.0729	0.0023	1.6450	0.0053	0.1637	0.0009	1012	988	977
1813	1419	624	273	0.44	0.0689	0.0022	1.5370	0.0053	0.1617	0.0018	896	945	966
1814	541	384	109	0.71	0.0719	0.0024	1.5350	0.0055	0.1553	0.0015	983	944	931
1815	999	150	165	0.15	0.0717	0.0023	1.4620	0.0053	0.1478	0.0014	976	915	888
1816	1069	118	171	0.11	0.0710	0.0023	1.4440	0.0048	0.1476	0.0011	958	907	887
1818	3720	3013	675	0.81	0.0681	0.0020	1.2960	0.0040	0.1381	0.0008	871	844	834
1819	854	367	162	0.43	0.0694	0.0022	1.5290	0.0050	0.1599	0.0015	909	942	956
1820	771	154	138	0.20	0.0679	0.0029	1.5130	0.0059	0.1617	0.0017	864	935	966
1821	712	142	124	0.20	0.0675	0.0023	1.4830	0.0053	0.1594	0.0016	853	923	953
1822	2730	928	383	0.34	0.0716	0.0021	1.2390	0.0039	0.1255	0.0012	975	818	762
1823	685	130	124	0.19	0.0732	0.0024	1.5570	0.0051	0.1544	0.0012	1019	953	925
1824	827	405	153	0.49	0.0679	0.0022	1.4290	0.0049	0.1527	0.0011	866	901	916
1825	266	117	49	0.44	0.0667	0.0023	1.4730	0.0055	0.1601	0.0012	829	919	958
HN31	黑云斜长片麻岩												
3104	1047	534	229	0.51	0.0809	0.0069	1.8500	0.0114	0.1685	0.0023	1219	1064	1004
3125	325	104	56	0.32	0.0708	0.0066	1.3660	0.0096	0.1434	0.0019	951	874	864

续表

样号	元素含量/10^{-6}			Th/U	同位素比值						表面年龄/Ma		
	U	Th	$^{206}Pb^{*}$		$^{207}Pb/^{206}Pb$	±2σ	$^{207}Pb/^{235}U$	±2σ	$^{206}Pb/^{238}U$	±2σ	$^{207}Pb/^{206}Pb$	$^{207}Pb/^{235}U$	$^{206}Pb/^{238}U$
HN62	黑云斜长片麻岩												
6202	1621	584	286	0.36	0.0759	0.0028	1.6900	0.0078	0.1596	0.0018	1093	1005	954
6203	503	297	102	0.59	0.0750	0.0027	1.6800	0.0072	0.1607	0.0014	1067	1001	961
6204	556	373	107	0.67	0.0676	0.0027	1.5150	0.0069	0.1607	0.0014	856	937	961
6205	435	331	93	0.76	0.0834	0.0055	1.8720	0.0137	0.1602	0.0015	1279	1071	958
6206	638	249	137	0.39	0.0807	0.0031	1.9750	0.0090	0.1758	0.0018	1213	1107	1044
6207	1635	376	228	0.23	0.0707	0.0041	1.2020	0.0086	0.1217	0.0022	948	802	740
6208	1769	407	275	0.23	0.0755	0.0025	1.6910	0.0070	0.1603	0.0015	1083	1005	958
6210	654	281	135	0.43	0.0760	0.0041	1.8220	0.0115	0.1717	0.0017	1096	1053	1021
6212	606	351	121	0.58	0.0688	0.0031	1.5400	0.0077	0.1609	0.0014	894	946	962
6213	646	497	122	0.77	0.0695	0.0025	1.5600	0.0066	0.1606	0.0014	914	954	960
6214	1370	1329	297	0.97	0.0679	0.0024	1.5210	0.0065	0.1606	0.0011	865	939	960
6215	1190	1047	191	0.88	0.0781	0.0062	1.5620	0.0012	0.1439	0.0028	1149	955	867
6217	479	254	96	0.53	0.0730	0.0026	1.6360	0.0069	0.1607	0.0015	1014	984	960
6218	1054	221	191	0.21	0.0694	0.0026	1.5490	0.0065	0.1603	0.0016	912	950	959
6219	703	464	155	0.66	0.0726	0.0029	1.5430	0.0074	0.1523	0.0017	1002	948	914
6221	1155	450	180	0.39	0.0697	0.0028	1.5530	0.0072	0.1601	0.0016	919	952	957
6222	618	834	92	1.35	0.0795	0.0031	1.2320	0.0058	0.1108	0.0016	1185	815	677
6223	792	554	168	0.70	0.0818	0.0036	1.8310	0.0089	0.1609	0.0022	1240	1057	962
6224	1045	732	212	0.70	0.0717	0.0027	1.6040	0.0071	0.1603	0.0011	977	972	959
6225	1156	347	218	0.30	0.0698	0.0024	1.5600	0.0064	0.1605	0.0010	923	954	960
08HN77	黑云斜长片麻岩												
7704	675	223	93	0.33	0.0681	0.0045	1.1170	0.0091	0.1194	0.0032	870	762	727
7706	566	136	79	0.24	0.0820	0.0055	2.0030	0.0163	0.1774	0.0048	1246	1117	1053
7709	1120	683	188	0.61	0.0698	0.0047	1.2500	0.0104	0.1301	0.0034	922	824	789

续表

样号	元素含量/10^{-6}			Th/U	同位素比值						表面年龄/Ma		
	U	Th	$^{206}Pb^{*}$		$^{207}Pb/^{206}Pb$	±2σ	$^{207}Pb/^{235}U$	±2σ	$^{206}Pb/^{238}U$	±2σ	$^{207}Pb/^{206}Pb$	$^{207}Pb/^{235}U$	$^{206}Pb/^{238}U$
7710	552	144	139	0.26	0.0760	0.0057	1.6950	0.0146	0.1620	0.0047	1096	1007	968
7714	989	445	185	0.45	0.0709	0.0046	1.5710	0.0127	0.1610	0.0044	954	959	962
7715	961	77	149	0.08	0.0730	0.0049	1.4850	0.0124	0.1472	0.0043	1014	924	885
7716	715	100	110	0.14	0.0725	0.0057	1.3760	0.0123	0.1381	0.0040	1000	879	834
7717	454	209	87	0.46	0.0710	0.0047	1.5770	0.0129	0.1613	0.0043	957	961	964
7720	843	320	154	0.38	0.0726	0.0050	1.5870	0.0133	0.1588	0.0042	1003	965	950
7722	636	127	79	0.20	0.0694	0.0053	1.0560	0.0096	0.1110	0.0034	910	732	679
HN79	黑云斜长片麻岩												
7901	321	138	40	0.43	0.0685	0.0047	1.1090	0.0069	0.1174	0.0024	884	758	716
7902	257	100	36	0.39	0.0706	0.0049	1.3520	0.0089	0.1387	0.0023	945	868	838
7903	630	265	115	0.42	0.0794	0.0038	1.7500	0.0081	0.1595	0.0013	1183	1027	954
7904	486	87	65	0.18	0.0692	0.0033	1.3460	0.0066	0.1407	0.0017	904	866	849
7905	403	48	58	0.12	0.0698	0.0036	1.5170	0.0075	0.1589	0.0013	924	937	951
7906	449	112	63	0.25	0.0698	0.0033	1.3890	0.0064	0.1444	0.0011	923	884	869
7908	291	67	42	0.23	0.0696	0.0037	1.3890	0.0070	0.1446	0.0014	917	884	871
7910	317	63	40	0.20	0.0691	0.0046	1.3000	0.0093	0.1364	0.0029	902	846	824
7911	261	26	37	0.10	0.0799	0.0045	1.7390	0.0097	0.1584	0.0016	1195	1023	948
7913	395	75	54	0.19	0.0711	0.0038	1.3820	0.0074	0.1403	0.0017	959	881	846
7914	444	58	60	0.13	0.0687	0.0033	1.3400	0.0062	0.1408	0.0011	890	863	849
7915	330	56	50	0.17	0.0693	0.0034	1.5170	0.0072	0.1587	0.0013	908	937	949
7916	112	113	22	1.01	0.0681	0.0037	1.4840	0.0079	0.1585	0.0018	872	924	949
7918	323	26	47	0.08	0.0676	0.0034	1.4770	0.0072	0.1585	0.0015	858	921	949
7919	490	39	70	0.08	0.0712	0.0040	1.5540	0.0082	0.1581	0.0020	963	952	946
7920	294	97	45	0.33	0.0640	0.0033	1.4040	0.0066	0.1589	0.0023	741	891	951
7921	308	49	40	0.16	0.0702	0.0035	1.3590	0.0066	0.1401	0.0014	933	871	845

续表

样号	元素含量/10^{-6}			Th/U	同位素比值						表面年龄/Ma		
	U	Th	$^{206}Pb^{*}$		$^{207}Pb/^{206}Pb$	±2σ	$^{207}Pb/^{235}U$	±2σ	$^{206}Pb/^{238}U$	±2σ	$^{207}Pb/^{206}Pb$	$^{207}Pb/^{235}U$	$^{206}Pb/^{238}U$
7922	117	87	23	0.74	0.0708	0.0046	1.5740	0.0011	0.1608	0.0029	950	960	961
7923	357	57	54	0.16	0.0700	0.0035	1.5430	0.0076	0.1590	0.0013	927	948	951
7924	428	188	54	0.44	0.0644	0.0031	1.0040	0.0050	0.1128	0.0012	755	706	689
平均值	776	336	134	0.42	0.0719	0.0035	1.5099	0.0075	0.1515	0.0019	979	931	909
最大值	3720	3013	675	1.35	0.0911	0.0069	2.1540	0.0163	0.1774	0.0048	1448	1166	1053
最小值	112	26	22	0.08	0.0640	0.0020	1.0040	0.0011	0.1108	0.0008	741	706	677
7907	1303	39	88	0.03	0.0557	0.0030	0.5757	0.0301	0.0747	0.0060	441	462	465
7909	1250	25	81	0.02	0.0576	0.0029	0.6004	0.0297	0.0754	0.0006	514	477	469
7912	1427	43	92	0.03	0.0569	0.0037	0.6067	0.0393	0.0767	0.0011	487	481	477
7917	1307	26	93	0.02	0.0590	0.0031	0.6140	0.0307	0.0753	0.0070	568	486	468
7703	2685	242	224	0.09	0.0581	0.0038	0.6577	0.0538	0.0823	0.0021	532	513	510
7925	1274	38	90	0.03	0.0567	0.0027	0.6091	0.0281	0.0778	0.0005	480	483	483
平均值	1541	69	111	0.04	0.0573	0.0032	0.6106	0.0353	0.0770	0.0029	504	484	479
最大值	2685	242	224	0.09	0.0590	0.0038	0.6577	0.0538	0.0823	0.0070	568	513	510
最小值	1250	25	81	0.02	0.0557	0.0027	0.5757	0.0281	0.0747	0.0005	441	462	465

注：Pb^{*}代表放射成因铅。下同。

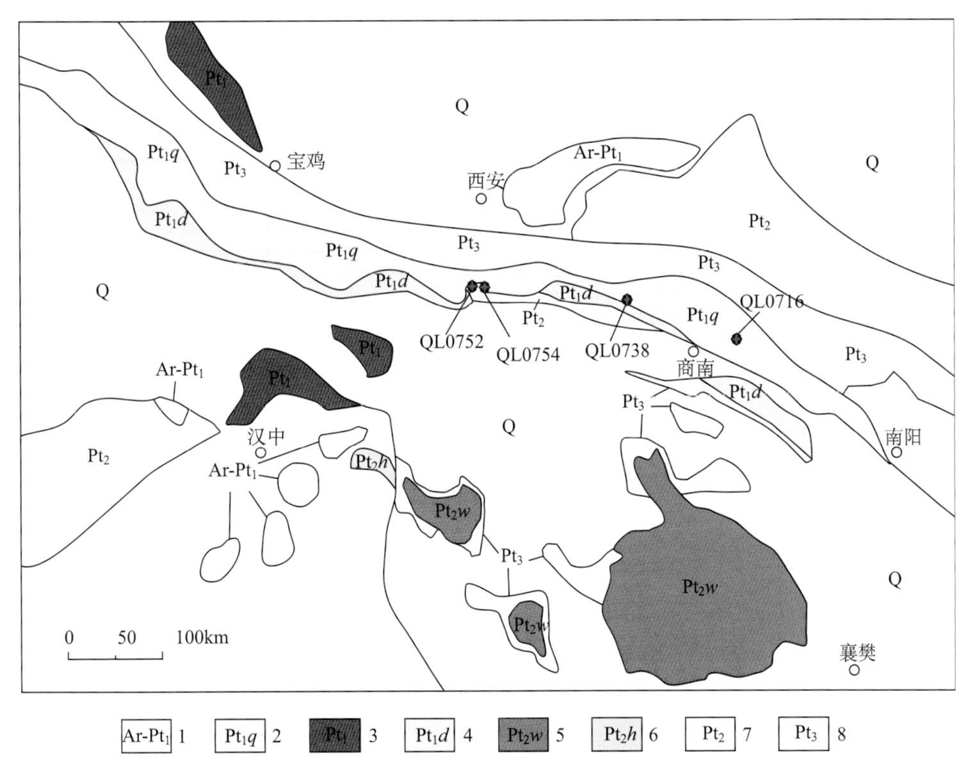

图 9-13　东秦岭主要前寒武纪变质地层分布简图(据陆松年等，2003)

1. 太古宇－古元古界；2. 古元古界秦岭岩群；3. 古元古界长角坝岩群、陇山岩群；4. 古元古界陡岭岩群；5. 中元古界武当岩群；6. 中元古界火地垭群；7. 中－新元古界碧口岩群、耀岭河群；8. 新元古界

因锆石。去掉最大年龄的锆石，其他锆石 $^{206}Pb/^{238}U$ 年龄为(391±5)～(1516±20)Ma，不一致曲线与协和曲线上交点 1500Ma(图 9-14)，与河南 $^{206}Pb/^{238}U$ 年龄 677～1053Ma 年龄组曲线基本一致，反映的是新元古代到早古生代的多期构造事件。

4. 镇平县小岔沟石墨矿床

本书采集了镇平小岔沟石墨矿床黑云斜长变粒岩型石墨矿石样品进行同位素测年分析，黑云斜长变粒岩型石墨矿石呈粒状花岗变晶结构，主要矿物成分是斜长石、石英和黑云母，石墨含量 10%以上。锆石均呈自形半自形粒状，均具有明显的核幔结构，显示两种成因形态，即碎屑锆石，在锆石晶体核部分布；变质重结晶锆石围绕碎屑锆石边缘形成平滑宽层环带(照片 9-4)。锆石 SHRIMP U-Pb 探针分析主要打到外层环带，只有一个 ZP07-7 点打到碎屑锆石核部，获得碎屑锆石 $^{206}Pb/^{238}U$ 年龄为 2146.69±21.17Ma，其他大部分锆石为变质自生锆石，$^{206}Pb/^{238}U$ 年龄分别为(420.02±7.63)～(728.94±51.84)Ma(表 9-10、表 9-11)。变质自生锆石 $^{206}Pb/^{238}U$-$^{207}Pb/^{235}U$ 谐和曲线上交点年龄在 2000Ma 左右(图 9-15)。

上述北秦岭不同地段样品碎屑锆石均显示古元古代年龄，变质重结晶锆石年龄在中元古代、新元古代及早古生代各个阶段均有显示，表明古元古代晚期沉积的秦岭群经历了连续复杂的构造热事件，形成复杂的变质岩系。而石墨矿床是长期变质重结晶的，在泛亚构造运动中构造岩浆作用石墨晶体进一步增生形成巨晶鳞片状石墨。

表 9-10　陕西省长安县秦岭岩群麻岩锆石 LA-ICP-MS U-Pb 同位素分析数据

测点	测试值/10^{-6}		Th/U	同位素比值						表面年龄/Ma					
	Th	U		$^{207}Pb/^{20}6pb$	$\pm2\sigma$	$^{207}Pb/^{235}U$	$\pm2\sigma$	$^{206}Pb/^{238}U$	$\pm2\sigma$	$^{207}Pb/^{206}Pb$	$\pm2\sigma$	$^{207}Pb/^{235}U$	$\pm2\sigma$	$^{206}Pb/^{238}U$	$\pm2\sigma$
1s	13	191	0.07	0.0843	0.0013	2.2385	0.0360	0.1926	0.0025	1298	30	1193	11	1136	14
2s	123	243	0.52	0.0694	0.0010	1.3917	0.0228	0.1453	0.0019	912	32	885	10	875	11
3s	9	473	0.02	0.0556	0.0009	0.5152	0.0086	0.0672	0.0009	435	35	422	6	419	5
4s	199	808	0.25	0.1071	0.0017	3.6594	0.0659	0.2478	0.0036	1750	30	1563	14	1427	18
4hs	57	238	0.24	0.0609	0.0052	0.7865	0，0665	0.0937	0.0014	634	191	589	38	578	8
5s	113	191	0.59	0.0680	0.0010	1.3353	0.0221	0.1425	0.0019	868	32	861	10	859	11
6s	924	907	1.02	0.0560	0.0008	0.5632	0.0086	0.0730	0.0009	451	31	454	6	454	6
7s	103	415	0.25	0.0549	0.0009	0.5108	0.0088	0.0674	0.0009	410	37	419	6	421	5
8s	22	470	0.05	0.0558	0.0012	0.4927	0.0107	0.0641	0.0008	443	50	407	7	400	5
9s	240	534	0.45	0.0661	0.0012	1.0087	0.0195	0.1106	0.0016	809	38	708	10	676	9
9hs	67	177	0.38	0.0565	0.0018	0.5185	0.0164	0.0666	0.0010	471	74	424	11	416	6
10s	111	254	0.44	0.0506	0.0014	0.5308	0.0139	0.0688	0.0011	451	57	432	9	429	7
11s	83	420	0.2	0.0561	0.0010	0.4892	0.0090	0.0633	0.0009	455	38	404	6	395	5
12s	80	382	0.21	0.0552	0.0009	0.5279	0.0097	0.0694	0.0009	420	38	430	6	432	6
13sh	33	274	0.12	0.0625	0.0024	0.5798	0.0204	0.0673	0.0010	690	83	464	13	420	6
14s	404	581	0.7	0.0980	0.0016	2.1827	0.0409	0.1616	0.0024	1585	32	1176	13	966	13
14sh	10	496	0.02	0.0583	0.0013	0.5716	0.0123	0.0711	0.0009	541	49	459	8	443	6
15s	124	483	0.26	0.0638	0.0013	0.7280	0.0143	0.0828	0.0011	734	43	555	8	513	6
16s	102	211	0.48	0.0557	0.0011	0.5595	0.0111	0.0729	0.0010	439	43	451	7	454	6
17s	164	422	0.39	0.0568	0.0010	0.5681	0.0100	0.0726	0.0009	483	38	457	6	452	6
18s	14	382	0.04	0.0591	0.0019	0.5387	0.0168	0.0661	0.0010	571	72	438	11	413	6
19s	75	497	0.15	0.0549	0.0009	0.5079	0.0088	0.0671	0.0009	409	37	417	6	419	5
20s	95	426	0.22	0.0552	0.0009	0.5017	0.0089	0.0659	0.0009	420	39	413	6	412	5
21s	72	355	0.2	0.0561	0.0010	0.5085	0.0093	0.0658	0.0009	454	39	417	6	411	5

续表

测点	测试值/10^{-6}		Th/U	同位素比值						表面年龄/Ma					
	Th	U		$^{207}Pb/^{20}6pb$	±2σ	$^{207}Pb/^{235}U$	±2σ	$^{206}Pb/^{238}U$	±2σ	$^{207}Pb/^{206}Pb$	±2σ	$^{207}Pb/^{235}U$	±2σ	$^{206}Pb/^{238}U$	±2σ
22s	195	298	0.65	0.0684	0.0012	1.2523	0.0223	0.1329	0.0017	880	37	824	10	804	10
23s	591	563	1.05	0.0686	0.0012	1.1318	0.0198	0.1197	0.0015	886	36	769	9	729	9
24s	15	241	0.06	0.0543	0.0012	0.4675	0.0103	0.0625	0.0008	384	51	389	7	391	5
25s	139	627	0.22	0.0730	0.0015	1.0413	0.0211	0.1035	0.0014	1015	41	725	10	635	8
27sh	117	154	0.76	0.0717	0.0019	1.3446	0.0354	0.1361	0.0019	978	56	865	15	822	11
28s	28	26	1.1	0.0720	0.0025	1.3198	0.0442	0.1329	0.0022	987	72	854	19	805	12
29sh	364	295	1.23	0.0563	0.0015	0.5336	0.0137	0.0688	0.0010	464	58	434	9	429	6
30s	95	401	0.24	0.0558	0.0010	0.4950	0.0091	0.0644	0.0008	444	40	408	6	402	5
31s	118	130	0.91	0.0735	0.0017	1.5050	0.0355	0.1484	0.0022	1029	48	932	14	892	13
32s	113	179	0.63	0.1021	0.0015	3.7293	0.0609	0.2651	0.0035	1662	29	1578	13	1516	18
33s	383	459	0.83	0.0555	0.0010	0.5001	0.0091	0.0654	0.0009	430	39	412	6	409	5
34s	125	338	0.37	0.0828	0.0016	2.4331	0.0465	0.2133	0.0027	1264	37	1252	14	1247	15
34sh	95	421	0.22	0.0811	0.0017	2.0463	0.0447	0.1830	0.0028	1225	41	1131	15	1083	15
35s	101	159	0.63	0.0836	0.0026	2.4493	0.0767	0.2126	0.0039	1283	62	1257	23	1243	20
35sh	16	250	0.06	0.0714	0.0019	0.9562	0.0253	0.0971	0.0014	969	56	681	13	598	8
36s	29	546	0.05	0.0556	0.0010	0.5242	0.0100	0.0685	0.0009	434	41	428	7	427	6
37s	18	206	0.08	0.0559	0.0015	0.5374	0.0145	0.0697	0.0010	449	62	437	10	435	6
38s	283	223	1.27	0.0653	0.0014	1.0983	0.0240	0.1221	0.0016	783	47	753	12	743	9
38sh	498	420	1.19	0.0627	0.0016	0.8532	0.0229	0.0987	0.0016	698	57	626	13	607	9
平均值	153	367	0.44	0.0657	0.0015	1.0705	0.0230	0.1077	0.0015	753	49	679	11	652	9
最大值	924	937	1.27	0.1071	0.0052	3.7293	0.0767	0.2651	0.0039	1750	191	1578	38	1516	20
最小值	9	26	0.02	0.0506	0.0008	0.4675	0.0086	0.0625	0.0008	384	29	389	6	391	5
26sh	251	270	0.93	0.1580	0.0020	8.2170	0.1167	0.3773	0.0047	2434	22	2255	13	2064	22

表 9-11 镇平小岔沟石墨矿黑云斜长变粒岩型矿石锆石 SHRIMP U-Pb 同位素分析数据

测点	测试值/10^{-6}			同位素比值							表面年龄/Ma					
	U	Th	$^{206}Pb^*$	$^{232}Th/^{238}U$	$^{207}Pb^*/^{235}U$	±σ/%	$^{206}Pb^*/^{238}U$	±σ/%	$^{207}Pb^*/^{206}Pb^*$	±σ/%	$^{206}Pb/^{238}U$	±σ	$^{207}Pb/^{206}Pb$	±σ	$^{208}Pb/^{232}Th$	±σ
ZP07-7	1026.64	255.16	348.68	0.2568	7.05	1.36	0.395154	1.16	0.129366	0.71	2146.69	21.17	2089.38	12.42	2092.01	27.14
ZP07-1	1542.03	607.88	161.67	0.4073	1.13	15.03	0.119718	7.52	0.068271	13.02	728.94	51.84	876.81	269.47	528.89	170.75
ZP07-5	1529.95	152.12	131.68	0.1027	0.99	1.33	0.100145	1.14	0.071687	0.69	615.26	6.69	977.08	14.10	1190.62	16.65
ZP07-11	1324.91	110.04	109.54	0.0858	0.81	1.59	0.096133	1.16	0.060813	1.09	591.71	6.57	632.64	23.39	1085.15	29.36
ZP07-12	2975.36	158.73	249.34	0.0551	0.80	1.44	0.097503	1.16	0.059228	0.85	599.76	6.66	575.48	18.44	657.26	19.20
ZP19-12	680.70	151.53	61.15	0.2300	0.91	8.01	0.097727	1.30	0.067435	7.90	601.07	7.47	851.25	164.17	701.17	143.85
ZP07-2	2212.59	9.63	136.45	0.0045	0.53	2.59	0.070633	1.14	0.054095	2.32	439.97	4.86	374.99	52.19		
ZP07-3	2870.09	31.76	179.01	0.0114	0.55	1.53	0.072279	1.14	0.055408	1.03	449.87	4.94	428.72	22.98	516.13	184.69
ZP07-4	2469.16	61.61	153.67	0.0258	0.55	1.46	0.072305	1.14	0.055534	0.92	450.03	4.95	433.81	20.43	510.44	74.18
ZP07-6	1676.62	7.05	104.68	0.0043	0.54	2.14	0.072124	1.16	0.054497	1.80	448.94	5.02	391.67	40.28	−1016.04	−902.22
ZP07-8	3112.12	47.45	205.60	0.0158	0.59	1.32	0.076853	1.15	0.055282	0.65	477.31	5.27	423.66	14.55	493.29	38.48
ZP07-9	2881.06	71.94	179.40	0.0258	0.55	1.36	0.072423	1.14	0.054897	0.74	450.74	4.96	408.05	16.48	376.84	37.59
ZP07-10	2420.17	31.39	150.16	0.0134	0.55	1.34	0.072180	1.14	0.055650	0.71	449.28	4.94	438.44	15.86	380.26	60.71
ZP19-1	470.75	11.07	28.55	0.0243	0.59	2.81	0.070033	1.22	0.061320	2.53	436.36	5.14	650.48	54.26	780.64	214.28
ZP19-2	480.31	353.84	29.30	0.7612	0.56	3.99	0.070403	1.31	0.057937	3.77	438.59	5.57	527.40	82.61	425.63	13.60
ZP19-3	231.72	9.62	15.26	0.0429	0.64	9.20	0.073913	1.44	0.063138	9.08	459.68	6.37	712.89	193.03	1087.59	486.72
ZP19-4	137.16	2.28	9.99	0.0171	0.98	8.83	0.079646	1.70	0.089436	8.66	494.01	8.08	1413.51	165.67	7847.75	1736.99
ZP19-5	775.99	92.00	48.37	0.1225	0.54	5.57	0.070533	1.39	0.055391	5.40	439.37	5.90	428.06	120.35	435.43	98.27
ZP19-6	191.10	15.55	12.90	0.0841	0.56	11.62	0.075676	1.54	0.053875	11.52	470.26	7.00	365.82	259.63		
ZP19-7	410.60	142.88	28.44	0.3595	0.61	11.54	0.074052	1.49	0.059389	11.45	460.52	6.61	581.41	248.64	455.17	94.28
ZP19-8	372.19	74.39	22.45	0.2065	0.57	7.11	0.069168	1.39	0.059935	6.97	431.14	5.79	601.23	150.98	538.70	69.24
ZP19-9	191.08	8.75	16.13	0.0473	1.19	29.34	0.075454	6.50	0.113969	28.61	468.93	29.41	1863.66	516.43	4507.06	2105.26
ZP19-10	335.79	142.14	20.91	0.4374	0.39	30.71	0.067324	1.88	0.041752	30.65	420.02	7.63	−241.48	774.25	332.63	95.24
ZP19-11	470.39	277.60	34.75	0.6098	0.65	15.72	0.073676	1.71	0.064290	15.62	458.27	7.57	751.19	329.96	563.82	92.36
ZP19-13	200.85	46.17	14.67	0.2375	0.69	6.45	0.083552	1.41	0.059644	6.29	517.29	7.01	590.68	136.47	536.27	73.55

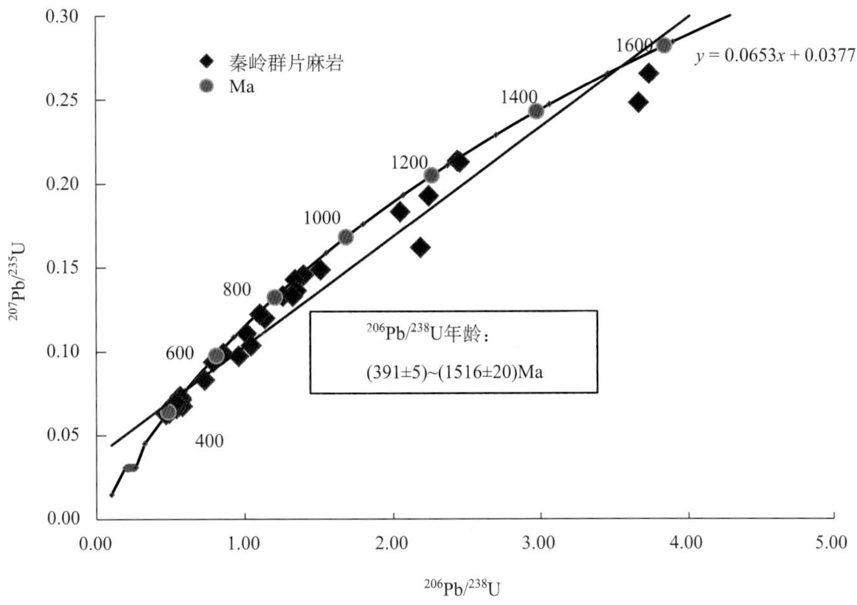

图 9-14　长安县秦岭群黑云斜长片麻岩锆石 U-Pb 谐和曲线图

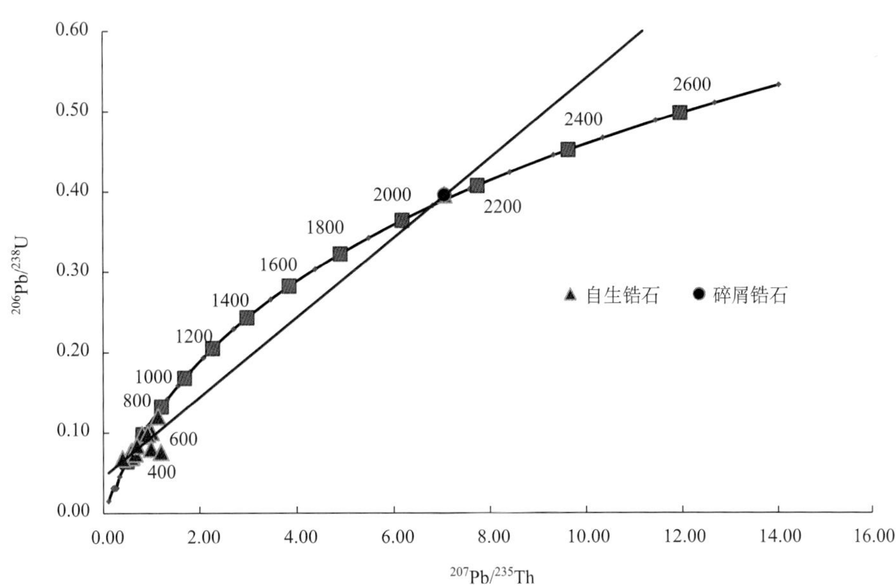

图 9-15　镇平小岔沟石墨矿石锆石 LA-ICP-MS 年龄谐和曲线图

三、南秦岭孔兹岩系地层时代

1. 区域对比

南秦岭淅川、西峡两县交界的大陡岭一带深变质岩系定名为陡岭岩群（河南省区测队，1976），包括瓦屋场组和大沟岩组。特征岩石类型主要包括钙硅酸盐岩（透辉变粒岩）、石墨大理岩、石墨片岩、石英岩、斜长角闪岩、云母石英片岩及（石墨）黑云斜长片麻岩等。钙硅酸盐岩多发育条带状构造，有些地段的岩石中可见石墨矿物形成；石墨片岩与石墨大理岩可呈互层状或构成条带状构造，并见岩石遭受了复杂变形作用的改造。陡岭岩群的岩石类型组成与秦岭岩群类似，形成于相似的沉积构造环境，但也存在较为明显的差异，如陡岭岩群中的石墨大理岩内多含有 5%～10%呈星散状分布的石英，并且当石墨大理岩遭受后期剪切变形作用改造时，石英明显呈拔丝状，而秦岭岩群中的石墨大理岩未见此现象，且秦岭岩群中的石墨大理岩的规模远大于陡岭岩群中的石墨大理岩。另外，陡岭岩群相对不发育夕线黑云斜长片麻岩和石英岩-云母石英岩组合，也未发现确凿的麻粒岩相变质作用的遗迹。

根据单颗粒锆石逐级蒸发 Pb-Pb、Sm-Nd、Rb-Sr、$^{40}Ar/^{39}Ar$ 同位素年代学方法测得陡岭群变质杂岩的形成年龄和变质时间(沈洁等，1997；陆松年等，2009)，陡岭群变质杂岩形成于古元古代，年龄为 2000Ma 左右，在其形成后遭受了多期变质作用。片麻岩 Sm-Nd 等时年龄 1878±256Ma ($\varepsilon_{Nd}(t)$=+2.8±2.6)代表了 Sm-Nd 同位素系统重新发生均一化作用的时间(表 9-12)。主期变质作用发生在 833±17Ma(角闪石 $^{40}Ar/^{39}Ar$ 高温坪年龄)；另一期变质作用发生于 422±16Ma(片麻岩 Rb-Sr 等时年龄)；此外，还有一期热事件，为 323±8Ma(角闪石 $^{40}Ar/^{39}Ar$ 低温坪年龄)。

表 9-12　片麻岩 Sm-Nd 同位素年龄测试表

岩性	样品号	$Sm/10^{-6}$	$Nd/10^{-6}$	$^{147}Sm/^{144}Nd$	$^{143}Nd/^{144}Nd$	$\pm2\sigma$	$\varepsilon_{Nd}(0)$	t_{DM}/Ma
片麻岩	PM1	4.9410	25.761	0.1160	0.511777	9	−16.8	2134
	PM2	5.8031	29.259	0.1200	0.511843	10	−15.5	2118
	PM2	4.3286	24.007	0.1091	0.511706	11	−18.2	2096
	PM4	6.5247	33.087	0.1193	0.522831	12	−15.7	2122
	PM5	6.860	33.493	0.1239	0.511882	14	−14.7	2144
斜长角闪岩	JS1	3.3212	19.357	0.1038	0.511638	11	−19.5	2089
	JS2	3.8791	21.419	0.1095	0.511711	8	−18.1	2097
	JS3	4.9558	24.985	0.1200	0.511790	6	−16.6	2203
	JS4	6.7738	33.857	0.1210	0.511814	10	−16.1	2188
	JS5	6.1626	32.831	0.1136	0.511666	9	−19.0	2250

注：模式年龄 $t_{DM}=1/\lambda\times\ln\{1+[(^{143}Nd/^{144}Nd)_s-(^{143}Nd/^{144}Nd)_{DM}]/[(^{147}Sm/^{144}Nd)_s-(^{147}Sm/^{144}Nd)_{DM}]$，表中：$t_{DM}$ 为相对亏损地幔(DM)的模式年龄；下标 s 为样品；下标 DM 为亏损的地幔，假设亏损地幔 $\varepsilon_{Nd}(0)$=+10，$(^{143}Nd/^{144}Nd)_{DM}$=0.51315，$(^{147}Sm/^{144}Nd)_{DM}$=0.2137；$2\text{-}\varepsilon_{Nd}(0)=[(^{143}Nd/^{144}Nd)_s/0.51264-1]\times10^4$。

沈洁等(1997)在 209 国道 1195km 处采集陡岭岩群瓦屋场组云母石英片岩，锆石具有多来源性，锆石 LA-ICP-MS 测年结果，有 26 个测点的年龄为 800～1200Ma，占所有 LA-ICP-MS 测点的 62%，年龄峰值为 1000Ma。这些测点 Th/U 值为 0.20～0.96，显示岩浆结晶成因锆石的特点，说明陡岭岩群云母石英片岩中的物源岩石主要形成于中元古代晚期到新元古代早期。还有部分锆石(约占 33%)呈现出中元古代、古元古代至太古宙的 $^{207}Pb/^{206}Pb$ 表面年龄，其中最大者为 3027±8Ma。这些年龄数值反映了陡岭岩群黑云石英片岩碎屑物来源的复杂性，其中可能包括太古宙物源岩石。

东段桐柏山孔兹岩系地质时代有不同认识，Kroner(1987)在侵入麻粒岩的花岗质片麻岩中获得锆石的 U-Pb 一致线年龄为 1967Ma，因此表壳岩形成年龄应大于此值，属于古元古代。翟淳(1989)还获得麻粒岩中 Rb-Sr 全岩等时年龄 879Ma 和锆石 U-Pb 一致线年龄为 1146Ma，说明与秦岭群及陡岭群一样，这套岩系又经受了中—新元古代的多期变质作用，这是由于它们处于同一构造活动带的不同地段，构造活动形式是类似的，都表现了多期活动的特点。

2. 桐柏随州群

桐柏山造山带随州群变沉积岩经历过强烈的变形和蓝片岩相的低温-高压变质作用，但目前大多已退变为绿片岩相岩石组合，蓝片岩仅仅呈条带状残留于绿片岩中。岩性主要包括变酸性火山岩(千枚状片岩、黑云母二长片麻岩和钠长片麻岩等)、变镁铁质火山岩(绿帘钠长角闪片岩、钠长阳起绿帘绿泥片岩、钠长绿泥阳起片岩等)和变沉积岩(千枚状片岩、绢云钠长石英片岩、钠长石英片岩、白云片岩等)。变沉积岩的原岩包括砂岩、粉砂岩、泥岩、粉砂质泥岩等。

随州群划分为三段：下段主要由变双峰式火山岩组成，含少量变沉积岩夹层，它们主要构成两个次级倒转背斜的核部；中段主要为变沉积岩，夹变流纹质火山碎屑岩及少量变中-基性熔岩；上段以变沉积岩为主，局部地段出现较多的变粗面安山岩或碱性流纹岩，它们主要构成三个次级倒转向斜的核部。

薛怀民和马芳(2013)采集随州群中段(样品 SZ-162 和 SZ-175)和上段(样品 SZ-184)进行锆石 U-Pb 同位素测年研究。样品 SZ-162 为绢云钠长石英片岩，样品 SZ-175 为黑云钠长片麻岩，样品 SZ-184 为斜长石英变粒岩。

样品 SZ-162 中锆石以浑圆状为主，少数呈短柱状，锆石颜色上显为两类：一类颜色较深，呈棕色-咖啡色，这类锆石的 CL 图像大多较暗；另一类锆石颗粒几乎无颜色，它们的 CL 图像较明亮。两类锆石颗粒中的绝大多数具明显的磨圆现象，其中颜色较深的一类磨圆度总体更好(可能指示其具有更复杂的搬运—沉积过程)。CL 图像显示该样品中锆石的内部结构复杂多样，既有震荡生长环带发育的锆石颗粒(照片 9-5b、d～f)，也有颗粒发育中-基性岩中常见的直纹(照片 9-5a)，还有些颗粒中仅见有稀疏的条带(照片 9-5c)或仅隐见一些吸收条痕状的条带(照片 9-5g)，显示沉积岩的物源多样性。

样品 SZ-175 中的锆石以短柱状为主，部分呈浑圆状，与 SZ-162 类似，按颜色也显为两类：一类颜色较深，呈棕色-咖啡色，锆石颗粒的磨圆度较好，多呈浑圆状，CL 图像大多较暗；另一类锆石颗粒几乎无颜色，从无明显磨圆到具较好的磨圆现象都有，CL 图像较明亮。CL 图像显示大多数锆石颗粒内部发育密切的震荡生长环带(照片 9-5i、j、m、p)，部分颗粒内部还见有类似沙钟结构的特征(照片 9-5i、j)，少数锆石颗粒的内部环带不发育，仅见些吸收条痕状的条带(照片 9-5k、n)。

样品 SZ-184 中的锆石以浑圆状为主，部分短柱状，大多数经过了长距离的搬运磨圆。CL 图像显示该样品中锆石的内部结构复杂多样，既有震荡生长环带发育的锆石颗粒(照片 9-5r、v)，也有些颗粒内部仅隐见一些吸收条痕状的条带(照片 9-5q)或稀释的直纹，还有些颗粒内部具有复杂的核边结构(照片 9-5t)，显示沉积多来源的物源特征。

上述锆石可以分为三种类型，即碎屑锆石、变质重结晶锆石和自生锆石，分别进行 LA-ICP-MS 法测年(表 9-13)。

测年显示三类锆石年龄，自生锆石 $^{206}Pb/^{238}U$ 年龄为 720～1032Ma；变质重结晶锆石 $^{206}Pb/^{238}U$ 年龄主要在 1700～2082Ma，最年轻的变质重结晶锆石年龄与自生锆石年龄接近；碎屑锆石 $^{206}Pb/^{238}U$ 年龄为古元古代早期(图 9-16)。

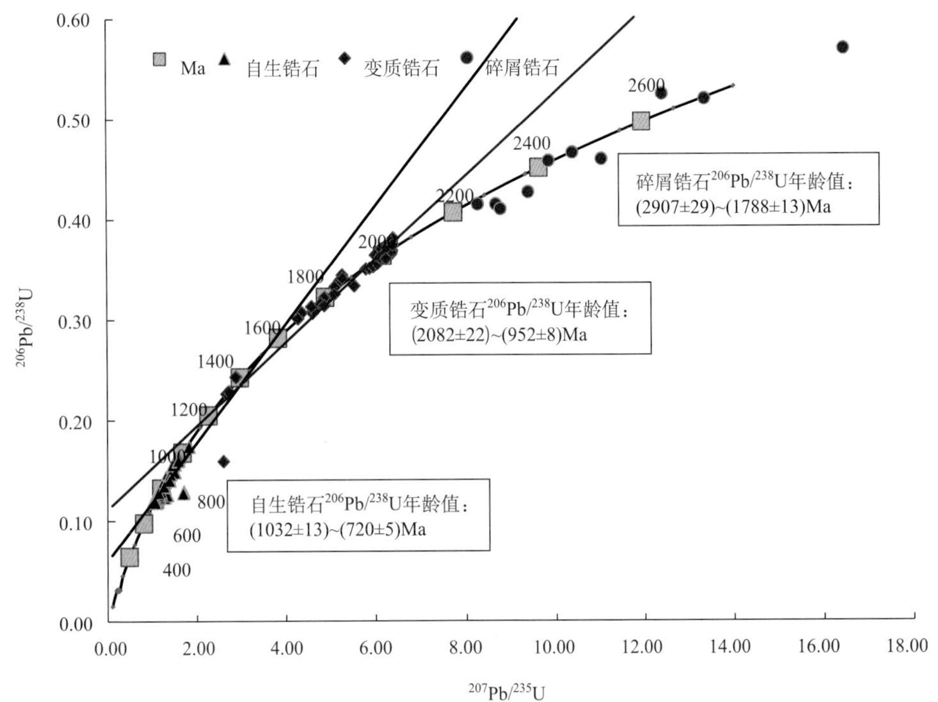

图 9-16 随州群孔兹岩系锆石 U-Pb 年龄谱和曲线图

表 9-13 随州群变质沉积岩中碎屑锆石的 LA-ICP-MS U-Pb 同位素分析结果

测点	元素含量/10^{-6}			同位素比值									表面年龄/Ma					
	Th	U	Pb	Th/U	$^{207}Pb/^{206}Pb$	$\pm 1\sigma$	$^{207}Pb/^{235}U$	$\pm 1\sigma$	$^{206}Pb/^{238}U$	$\pm 1\sigma$	$^{208}Pb/^{232}Th$	$\pm 1\sigma$	$^{207}Pb/^{206}Pb$	$\pm 1\sigma$	$^{206}Pb/^{238}U$	$\pm 1\sigma$	$^{208}Pb/^{232}Th$	$\pm 1\sigma$
162-03	116	161	181	0.72	0.0649	0.0010	1.13448	0.0168	0.12679	0.0011	0.04096	0.0006	771	33	770	6	811	12
162-04	115	100	186	1.15	0.06744	0.0016	1.18088	0.0270	0.12701	0.0013	0.04143	0.0008	851	49	771	7	821	15
162-08	31	45	220	0.67	0.06866	0.0017	1.45188	0.0348	0.15338	0.0016	0.04755	0.0011	889	51	920	9	939	21
162-10	70	70	200	0.99	0.06687	0.0015	1.27559	0.0267	0.13836	0.0013	0.04438	0.0008	834	45	835	8	878	15
162-12	207	134	180	1.54	0.06942	0.0013	1.18968	0.0209	0.12431	0.0011	0.04089	0.0006	911	38	755	6	810	11
162-13	57	52	193	1.10	0.06707	0.0017	1.21673	0.0299	0.13158	0.0014	0.04286	0.0008	840	53	797	8	848	16
162-15	147	459	206	0.32	0.06765	0.0008	1.38245	0.0144	0.14822	0.0011	0.01683	0.0007	858	24	891	6	925	13
162-16	525	296	187	1.77	0.0661	0.0008	1.21008	0.0134	0.13279	0.0010	0.04347	0.0005	809	25	804	6	860	1
162-17	73	63	370	1.15	0.09589	0.0028	1.70342	0.0473	0.12885	0.0017	0.04169	0.0010	1548	55	781	10	826	19
162-18	21	51	206	0.41	0.06951	0.0016	1.3737	0.0305	0.14334	0.0014	0.04775	0.0012	914	47	864	8	943	24
162-21	91	112	200	0.81	0.06664	0.0012	1.28879	0.0224	0.14027	0.0012	0.04478	0.0008	827	38	846	7	885	14
162-23	82	73	186	1.13	0.06506	0.0015	1.14691	0.0243	0.12786	0.0012	0.04185	0.0007	776	46	776	7	829	14
162-26	45	57	190	0.80	0.0681	0.0016	1.22752	0.0271	0.13074	0.0013	0.0444	0.0009	872	47	792	7	878	16
162-28	89	197	226	0.45	0.07044	0.0010	1.58404	0.0200	0.16311	0.0013	0.05045	0.0008	941	28	974	7	995	14
162-29	77	111	194	0.70	0.06675	0.0014	1.23791	0.0248	0.13452	0.0013	0.04062	0.0008	830	44	814	7	805	16
162-30	226	65	188	3.46	0.06574	0.0017	1.15555	0.0279	0.12749	0.0013	0.0384	0.0006	798	52	774	8	762	11
162-31	82	80	194	1.02	0.06495	0.0014	1.20566	0.0240	0.13464	0.0012	0.04065	0.0007	773	44	814	7	805	13
162-33	79	165	190	0.48	0.06928	0.0012	1.27332	0.0206	0.13332	0.0012	0.04361	0.0008	907	35	807	7	863	16
162-34	102	154	194	0.66	0.06573	0.0011	1.24131	0.0187	0.13699	0.0011	0.04027	0.0007	798	34	828	6	798	13
162-35	51	99	200	0.52	0.6629	0.0020	1.23589	0.0353	0.13523	0.0016	0.04074	0.0013	816	61	818	9	807	24
162-36	16	29	220	0.54	0.07349	0.0027	1.50165	0.0519	0.14821	0.0020	0.04844	0.0017	1028	71	891	11	956	33

续表

测点	元素含量/10^{-6}			同位素比值									表面年龄/Ma					
	Th	U	Pb	Th/U	$^{207}Pb/^{206}Pb$	±1σ	$^{207}Pb/^{235}U$	±1σ	$^{206}Pb/^{238}U$	±1σ	$^{208}Pb/^{232}Th$	±1σ	$^{207}Pb/^{206}Pb$	±1σ	$^{206}Pb/^{238}U$	±1σ	$^{208}Pb/^{232}Th$	±1σ
162-37	119	117	187	1.02	0.06419	0.0011	1.1561	0.0185	0.13064	0.0011	0.04001	0.0006	748	36	792	6	793	12
162-39	64	51	188	1.25	0.06403	0.0017	1.12166	0.0289	0.12707	0.0013	0.03805	0.0007	743	56	771	8	755	14
162-43	180	187	192	0.96	0.06638	0.0010	1.23829	0.0175	0.13532	0.0011	0.04064	0.0006	818	32	818	6	805	11
162-44	58	93	189	0.63	0.06653	0.0013	1.20441	0.0226	0.13132	0.0012	0.03952	0.0008	823	41	795	7	783	15
162-52	49	54	209	0.92	0.06613	0.0020	1.29569	0.0373	0.14212	0.0017	0.0405	0.0010	811	62	857	9	802	19
162-53	82	11	180	0.75	0.06362	0.0014	1.08044	0.0217	0.12319	0.0012	0.03721	0.0007	729	44	749	7	738	14
162-56	42	37	205	1.12	0.03716	0.0028	1.24144	0.0487	0.13409	0.0020	0.04162	0.0012	843	83	811	11	824	23
175-01	95	104	184	0.92	0.06555	0.0015	1.14087	0.0244	0.12625	0.0012	0.03831	0.0007	792	47	766	7	760	14
175-02	15	22	196	0.66	0.06422	0.0031	1.10193	0.0508	0.12447	0.0018	0.03868	0.0014	749	97	756	10	767	28
175-03	73	75	187	0.97	0.06377	0.0018	1.10721	0.0299	0.12595	0.0014	0.03826	0.0008	734	59	765	8	759	16
175-04	39	25	192	1.57	0.06157	0.0029	1.02883	0.0474	0.12122	0.0018	0.03756	0.0010	659	99	738	11	745	19
175-06	193	194	173	1.00	0.06315	0.0012	1.03485	0.0182	0.11887	0.0010	0.03596	0.0006	713	39	724	6	714	11
175-07	238	317	175	0.75	0.06465	0.0010	1.09048	0.0153	0.12235	0.0010	0.03618	0.0006	763	32	744	6	718	11
175-08	53	61	205	0.87	0.06854	0.0017	1.33272	0.0319	0.14106	0.0015	0.04205	0.0009	885	51	851	8	833	17
175-09	38	38	188	1.00	0.06386	0.0021	1.09588	0.0343	0.12449	0.0014	0.03907	0.0009	737	67	756	8	775	17
175-10	179	74	184	2.41	0.06752	0.0015	1.17477	0.0248	0.12622	0.0012	0.03851	0.0006	854	46	766	7	764	12
175-11	167	146	174	1.14	0.06862	0.0015	1.12419	0.0232	0.11885	0.0012	0.0362	0.0006	887	45	724	7	719	12
175-13	96	42	183	2.29	0.06471	0.0020	1.08288	0.0328	0.12139	0.0014	0.03686	0.0007	765	65	739	8	732	13
175-15	307	311	183	0.99	0.06501	0.0010	1.14985	0.0167	0.12832	0.0011	0.04002	0.0006	775	33	778	6	793	12
175-17	178	134	178	1.32	0.0648	0.0013	1.09597	0.0208	0.1227	0.0011	0.03807	0.0006	768	42	764	6	755	12
175-18	128	69	181	1.86	0.06533	0.0019	1.09256	0.0297	0.12132	0.0013	0.03844	0.0007	785	59	738	8	762	14
175-19	31	41	190	0.75	0.06444	0.0020	1.12196	0.0340	0.12631	0.0015	0.04026	0.0011	756	65	767	8	798	20

续表

测点	元素含量/10^{-6}			同位素比值									表面年龄/Ma					
	Th	U	Pb	Th/U	$^{207}Pb/^{206}Pb$	±1σ	$^{207}Pb/^{235}U$	±1σ	$^{206}Pb/^{238}U$	±1σ	$^{208}Pb/^{232}Th$	±1σ	$^{207}Pb/^{206}Pb$	±1σ	$^{206}Pb/^{238}U$	±1σ	$^{208}Pb/^{232}Th$	±1σ
175-20	31	24	195	1.28	0.06814	0.0030	1.17354	0.0502	0.12494	0.0019	0.04022	0.0011	873	89	759	11	797	21
175-21	41	28	199	1.45	0.06428	0.0034	1.09853	0.0564	0.12399	0.0022	0.03818	0.0012	751	109	754	13	757	23
175-22	57	61	187	0.95	0.06453	0.0017	1.1255	0.0275	0.12654	0.0013	0.03969	0.0008	759	53	768	7	787	16
175-23	69	45	198	1.53	0.06503	0.0018	1.20466	0.0325	0.13438	0.0015	0.0429	0.0008	775	58	813	8	849	16
175-24	125	116	176	1.08	0.06343	0.0016	1.03311	0.0255	0.11817	0.0012	0.03806	0.0008	723	54	720	7	755	15
175-25	80	96	178	0.84	0.06672	0.0020	1.0862	0.0310	0.11811	0.0014	0.0386	0.0010	829	61	720	8	766	19
175-27	59	47	190	1.26	0.0622	0.0025	1.05582	0.0401	0.12315	0.0017	0.03857	0.0010	681	82	749	10	765	19
175-28	215	298	201	0.72	0.06638	0.0010	1.30295	0.0187	0.1424	0.0012	0.04589	0.0007	818	32	858	7	907	14
175-29	19	12	205	1.53	0.06148	0.0046	1.01642	0.0743	0.11993	0.0023	0.03704	0.0013	656	152	730	13	735	25
175-30	134	137	181	0.98	0.06544	0.0013	1.13051	0.0205	0.12533	0.0011	0.0383	0.0007	788	40	761	6	760	13
175-31	132	147	175	0.89	0.06417	0.0013	1.06299	0.0203	0.12018	0.0011	0.0381	0.0007	747	42	732	6	756	13
175-32	46	46	196	0.98	0.06686	0.0020	1.21841	0.0353	0.1322	0.0015	0.04209	0.0010	834	62	800	9	833	19
175-33	179	254	180	0.71	0.06467	0.0010	1.1247	0.0163	0.12618	0.0010	0.03856	0.0006	764	33	766	6	765	12
175-34	32	22	194	1.44	0.0751	0.0036	1.27541	0.0584	0.12321	0.0020	0.04009	0.0012	1071	93	749	11	794	22
175-35	141	69	181	2.04	0.0631	0.0016	1.06529	0.0257	0.12247	0.0012	0.03812	0.0007	712	53	745	7	756	13
175-36	33	42	188	0.78	0.06192	0.0021	1.05842	0.0349	0.12401	0.0015	0.03795	0.0010	671	72	754	9	753	20
175-38	51	58	188	0.89	0.06471	0.0017	1.13432	0.0284	0.12717	0.0013	0.04009	0.0009	765	54	772	8	794	17
175-41	22	39	188	0.57	0.07708	0.0024	1.33595	0.0392	0.12574	0.0015	0.04113	0.0012	1123	62	764	9	815	24
175-42	236	156	177	1.51	0.06179	0.0012	1.03427	0.0192	0.12144	0.0011	0.03729	0.0006	670	42	739	6	740	12
175-43	29	24	201	1.21	0.06882	0.0034	1.207	0.0576	0.12723	0.0021	0.03828	0.0013	894	99	772	12	759	25
175-44	245	132	204	1.85	0.06588	0.0013	1.3003	0.0244	0.14319	0.0013	0.05247	0.0009	803	41	863	7	1034	16
175-46	59	51	185	1.14	0.0646	0.0019	1.10191	0.0311	0.12376	0.0014	0.03929	0.0009	761	61	752	8	779	16

续表

测点	元素含量/10^{-6}			同位素比值									表面年龄/Ma					
	Th	U	Pb	Th/U	$^{207}Pb/^{206}Pb$	±1σ	$^{207}Pb/^{235}U$	±1σ	$^{206}Pb/^{238}U$	±1σ	$^{208}Pb/^{232}Th$	±1σ	$^{207}Pb/^{206}Pb$	±1σ	$^{206}Pb/^{238}U$	±1σ	$^{208}Pb/^{232}Th$	±1σ
175-47	85	84	185	1.00	0.06423	0.0016	1.10903	0.0267	0.12526	0.0013	0.03863	0.0008	749	53	761	7	766	16
175-48	49	68	208	0.72	0.06942	0.0015	1.36403	0.0285	0.14256	0.0014	0.04259	0.0009	911	45	859	8	843	71
175-49	165	163	178	1.01	0.06709	0.0015	1.12746	0.0230	0.12193	0.0012	0.03741	0.0007	840	44	742	7	742	14
175-50	707	463	193	1.53	0.06533	0.0011	1.22551	0.0185	0.13609	0.0011	0.04018	0.0006	785	34	823	6	796	12
175-52	141	100	175	1.41	0.06284	0.0015	1.02812	0.0225	0.1187	0.0012	0.03575	0.0007	703	48	723	7	710	13
175-54	89	121	180	0.74	0.06789	0.0014	1.15832	0.0232	0.12379	0.0012	0.04113	0.0008	865	43	752	7	815	16
175-56	69	58	182	1.19	0.06321	0.0019	1.05017	0.0305	0.12055	0.0014	0.03594	0.0008	715	63	734	8	714	16
184-02	242	367	199	0.66	0.06894	0.0008	1.35854	0.0147	0.14295	0.0010	0.03928	0.0005	897	25	861	6	779	10
184-03	137	87	189	1.57	0.06503	0.0013	1.17438	0.0221	0.13099	0.0012	0.0374	0.0006	775	42	794	7	742	11
184-04	156	293	204	0.53	0.06971	0.0009	1.40364	0.0166	0.14606	0.0011	0.04205	0.0006	920	27	879	6	833	12
184-07	83	147	225	0.56	0.07097	0.0010	1.5937	0.0196	0.1629	0.0013	0.04418	0.0007	957	28	973	7	874	13
184-10	207	213	182	0.97	0.06503	0.0009	1.15137	0.0139	0.12843	0.0010	0.03588	0.0005	775	28	779	5	713	9
184-11	718	591	177	1.21	0.06613	0.0008	1.14708	0.0118	0.12583	0.0009	0.03428	0.0004	810	24	794	5	681	8
184-12	110	102	181	1.08	0.06315	0.0016	1.06285	0.0259	0.12208	0.0013	0.03412	0.0007	713	54	743	7	678	14
184-13	131	376	216	0.35	0.0699	0.0008	1.50452	0.0157	0.15614	0.0011	0.04573	0.0006	925	24	935	6	904	12
184-16	410	401	188	1.02	0.06706	0.0008	1.23664	0.0129	0.13378	0.0010	0.03357	0.0004	840	24	809	5	667	8
184-18	262	821	215	0.32	0.06789	0.0007	1.4571	0.0135	0.15569	0.0011	0.03623	0.0004	865	22	933	6	719	9
184-19	55	364	220	0.15	0.07132	0.0009	1.56606	0.0175	0.15928	0.0012	0.05318	0.0009	967	25	953	7	1047	18
184-23	72	140	222	0.52	0.07195	0.0010	1.5864	0.0200	0.15995	0.0012	0.04622	0.0007	985	28	957	7	913	14
184-24	129	252	185	0.51	0.06702	0.0012	1.1925	0.0188	0.12907	0.0011	0.03639	0.0007	838	35	783	6	722	13
184-25	50	51	265	0.99	0.07617	0.0017	1.82324	0.0370	0.17365	0.0017	0.04914	0.0010	1099	43	1032	10	970	19
184-27	229	130	191	1.77	0.06505	0.0009	1.21356	0.0149	0.13534	0.0010	0.03996	0.0005	776	28	818	6	792	10
184-28	177	264	170	0.67	0.06544	0.0010	1.06652	0.0154	0.11822	0.0009	0.03356	0.0005	789	33	720	5	667	10

续表

测点	元素含量/10^{-6}			同位素比值									表面年龄/Ma					
	Th	U	Pb	Th/U	$^{207}Pb/^{206}Pb$	±1σ	$^{207}Pb/^{235}U$	±1σ	$^{206}Pb/^{238}U$	±1σ	$^{208}Pb/^{232}Th$	±1σ	$^{207}Pb/^{206}Pb$	±1σ	$^{206}Pb/^{238}U$	±1σ	$^{208}Pb/^{232}Th$	±1σ
184-32	97	109	182	0.89	0.06458	0.0010	1.13961	0.0155	0.12801	0.0010	0.03635	0.0005	761	31	777	6	722	1
184-36	91	206	189	0.44	0.06817	0.0009	1.26393	0.0151	0.13451	0.0010	0.04108	0.0006	874	27	814	6	814	12
184-39	84	142	182	0.59	0.06663	0.0011	1.6931	0.1777	0.12732	0.0010	0.03686	0.0006	826	34	773	6	732	12
184-43	72	409	196	0.18	0.07173	0.0010	1.38522	0.0164	0.14009	0.0010	0.04578	0.0008	978	27	845	6	905	15
最大值	718	821	370	3.46	0.6629	0.0046	1.82324	0.1777	0.17365	0.0023	0.05318	0.0017	1548	152	1032	13	1047	71
最小值	15	11	170	0.15	0.03716	0.0007	1.01642	0.0118	0.11811	0.0009	0.01683	0.0004	656	22	720	5	667	1
162-11	26	556	406	0.05	0.10971	0.0010	4.86855	0.0399	0.32187	0.0023	0.05076	0.0011	1795	17	1799	11	1001	21
162-20	31	44	451	0.71	0.12171	0.0017	6.3971	0.0838	0.38124	0.0034	0.11407	0.0019	1981	25	2082	16	2183	35
162-40	13	15	461	0.85	0.12236	0.0028	6.15314	0.1307	0.36477	0.0044	0.10067	0.0025	1991	39	2005	21	1939	46
175-05	56	367	443	0.15	0.11998	0.0014	5.79685	0.0589	0.35049	0.0026	0.10133	0.0016	1956	20	1937	12	1951	29
162-01	21	29	467	0.74	0.12616	0.0020	6.35399	0.0928	0.36528	0.0035	0.1111	0.0021	2045	28	2007	17	2129	38
162-02	136	417	444	0.33	0.12088	0.0012	6.08673	0.0499	0.36521	0.0026	0.10898	0.0014	1969	17	2007	12	2091	25
162-05	35	43	452	0.82	0.12195	0.0017	6.08879	0.0773	0.36213	0.0032	0.10878	0.0017	1985	24	1992	15	2087	31
162-06	38	41	448	0.93	0.12069	0.0017	6.08217	0.0800	0.36553	0.0033	0.10851	0.0017	1966	25	2008	15	2082	31
162-09	56	58	448	0.97	0.12108	0.0016	6.2289	0.0738	0.37313	0.0032	0.11046	0.0016	1972	23	2044	15	2118	29
162-14	35	36	448	0.97	0.12077	0.0018	6.09777	0.0814	0.3662	0.0033	0.10931	0.0017	1968	53	2012	15	2097	31
162-22	105	49	451	2.17	0.1219	0.0016	6.191429	0.0751	0.36839	0.0031	0.11032	0.0014	1984	23	2022	15	2115	26
162-24	20	24	448	0.83	0.1197	0.0021	6.10061	0.1018	0.36968	0.0038	0.00316	0.0022	1952	31	2028	18	2167	40
162-25	52	50	453	1.04	0.12216	0.0017	6.37235	0.0835	0.37835	0.0034	0.11127	0.0017	1988	25	2069	16	2133	31
162-27	115	102	455	1.14	0.12362	0.0014	6.3361	0.0653	0.37177	0.0029	0.10954	0.0014	2009	20	2038	14	2101	26
162-32	24	24	466	0.97	0.12515	0.0023	6.37111	0.1118	0.36927	0.0040	0.10472	0.0021	2031	33	2026	19	2013	39
162-38	14	19	470	0.73	0.12498	0.0029	6.27526	0.1395	0.36421	0.0047	0.10613	0.0029	2029	41	2002	22	2039	54
162-41	90	87	452	1.04	0.12247	0.0016	6.15836	0.0714	0.36476	0.0030	0.10034	0.0014	1993	22	2005	14	1933	26

续表

测点	元素含量/10^{-6}			同位素比值									表面年龄/Ma					
	Th	U	Pb	Th/U	$^{207}Pb/^{206}Pb$	±1σ	$^{207}Pb/^{235}U$	±1σ	$^{206}Pb/^{238}U$	±1σ	$^{208}Pb/^{232}Th$	±1σ	$^{207}Pb/^{206}Pb$	±1σ	$^{206}Pb/^{238}U$	±1σ	$^{208}Pb/^{232}Th$	±1σ
162-42	35	54	454	0.64	0.1225	0.0017	6.23575	0.0814	0.36925	0.0033	0.10401	0.0018	1993	25	2026	15	2000	33
162-45	50	51	453	0.99	0.12241	0.0018	5.97264	0.0788	0.35392	0.0031	0.098	0.0016	1992	25	1953	15	1890	29
162-46	20	26	453	0.79	0.12136	0.0022	5.87496	0.0980	0.35116	0.0036	0.09796	0.0020	1976	31	1940	17	1889	37
162-48	50	52	454	0.96	0.12248	0.0018	6.11261	0.0803	0.36202	0.0032	0.1003	0.0016	1993	25	1992	15	1932	29
162-49	81	44	454	1.85	0.12259	0.0018	5.96196	0.0816	0.35278	0.0032	0.09736	0.0014	1994	26	1948	15	1878	26
162-50	17	18	452	0.92	0.12018	0.0025	6.13923	0.1208	0.37057	0.0042	0.10075	0.0023	1959	37	2032	20	1940	42
162-54	91	71	456	1.27	0.12345	0.0016	6.05396	0.0732	0.35573	0.0030	0.10019	0.0014	2007	23	1962	14	1930	26
162-55	159	86	455	1.86	0.12317	0.0016	6.13115	0.0733	0.36108	0.0030	0.09756	0.0013	2003	23	1987	14	1882	24
175-12	76	52	445	1.46	0.11949	0.0018	6.00458	0.0843	0.36454	0.0033	0.10026	0.0015	1949	27	2004	15	1931	28
175-14	62	62	455	0.99	0.12295	0.0018	6.20778	0.0838	0.36628	0.0032	0.09982	0.0016	1999	26	2012	15	1923	30
175-16	197	210	415	0.94	0.11156	0.0014	5.20556	0.0594	0.33851	0.0026	0.09933	0.0014	1825	23	1880	13	1914	26
175-26	27	31	455	0.87	0.12214	0.0021	6.10812	0.0986	0.3628	0.0035	0.10468	0.0020	1988	30	1995	16	2012	36
175-37	38	46	419	0.84	0.11092	0.0021	5.26586	0.0935	0.34443	0.0035	0.10031	0.0020	1815	34	1908	17	1932	37
175-39	95	105	421	0.91	0.11209	0.0018	5.27409	0.0802	0.34136	0.0031	0.09746	0.0017	1834	29	1893	15	1880	31
175-51	46	39	467	1.20	0.1256	0.0023	6.36583	0.1110	0.3677	0.0036	0.10222	0.0019	2037	32	2019	17	1967	35
175-53	26	30	457	0.86	0.12218	0.0023	6.25711	0.1098	0.37155	0.0037	0.10631	0.0021	1988	33	2037	17	2042	39
175-55	15	20	398	0.74	0.10319	0.0029	4.3644	0.1149	0.30686	0.0039	0.08666	0.0025	1682	50	1725	19	1680	47
184-05	186	176	32	1.06	0.08588	0.0010	2.8789	0.0282	0.24315	0.0018	0.0677	0.0008	1336	21	1403	9	1324	15
184-06	82	308	421	0.27	0.12039	0.0013	5.53698	0.0507	0.33363	0.0024	0.10398	0.0014	1962	19	1856	11	2000	26
184-08	285	458	460	0.62	0.12553	0.0013	6.24598	0.0567	0.36093	0.0026	0.07269	0.0009	2036	18	1987	12	1418	17
184-14	133	98	406	1.36	0.10912	0.0014	4.61172	0.0512	0.30658	0.0024	0.08086	0.0010	1785	23	1724	12	1572	19
184-17	139	193	408	0.72	0.10994	0.0013	4.79099	0.0490	0.31612	0.0023	0.08454	0.0011	1798	21	1771	11	1640	20
184-22	270	360	382	0.76	0.10319	0.0011	4.28366	0.0407	0.30114	0.0021	0.07842	0.0009	1682	20	1697	11	1526	17

续表

测点	元素含量/10^{-6}			同位素比值									表面年龄/Ma					
	Th	U	Pb	Th/U	$^{207}Pb/^{206}Pb$	±1σ	$^{207}Pb/^{235}U$	±1σ	$^{206}Pb/^{238}U$	±1σ	$^{208}Pb/^{232}Th$	±1σ	$^{207}Pb/^{206}Pb$	±1σ	$^{206}Pb/^{238}U$	±1σ	$^{208}Pb/^{232}Th$	±1σ
184-26	23	107	465	0.22	0.12382	0.0014	6.39773	0.0656	0.37482	0.0028	0.11374	0.0019	2012	20	2052	13	2177	34
184-29	83	8	395	1.04	0.10907	0.0014	4.64545	0.0536	0.30896	0.0024	0.08491	0.0011	1784	23	1736	12	1647	21
184-31	164	382	519	0.43	0.14642	0.0017	5.10148	0.0501	0.33274	0.0018	0.0652	0.0008	2305	19	1453	9	1277	16
184-33	22	38	304	0.57	0.08548	0.0014	2.67018	0.0402	0.22662	0.0019	0.06649	0.0012	1326	31	1317	10	1301	23
184-37	195	466	395	0.42	0.10631	0.0012	4.58432	0.0464	0.31283	0.0022	0.0823	0.0010	1737	21	1755	11	1599	19
184-41	102	318	421	0.32	0.11353	0.0013	5.09098	0.0531	0.32532	0.0023	0.09233	0.0013	1857	21	1816	11	1785	23
184-42	62	69	306	0.90	0.08621	0.0013	2.72132	0.0366	0.22901	0.0018	0.06695	0.0010	1343	28	1329	10	1310	19
184-45	37	74	444	0.50	0.11835	0.0021	2.59555	0.0425	0.1591	0.0015	0.05725	0.0012	1932	32	952	8	1125	23
184-46	185	249	418	0.74	0.11246	0.0014	4.86685	0.0514	0.31395	0.0023	0.08739	0.0011	1840	22	1760	11	1693	21
最大值	285	556	519	2.17	0.14642	0.0029	6.39773	0.1395	0.38124	0.0047	0.11407	0.0029	2305	53	2082	22	2183	54
最小值	13	8	32	0.05	0.08548	0.001	2.59555	0.0282	0.1591	0.0015	0.00316	0.0008	1326	17	952	8	1001	15
162-51	76	92	516	0.83	0.14441	0.0019	8.25648	0.0979	0.41472	0.0035	0.11028	0.0017	2281	22	2237	16	2115	31
175-45	11	12	419	0.90	0.52975	0.0129	13.34378	0.4999	0.5197	0.0059	0.51122	0.0118	2326	35	1788	29	1846	158
175-40	30	93	653	0.32	0.20936	0.0029	16.43987	0.2099	0.56968	0.0047	0.15555	0.0028	2901	22	2907	19	2922	49
184-01	124	313	577	0.40	0.17142	0.0017	12.39771	0.1047	0.52462	0.0037	0.13272	0.0016	2572	16	2719	15	2519	28
184-30	276	334	549	0.83	0.15593	0.0017	9.84096	0.0945	0.45783	0.0032	0.12631	0.0015	2412	19	2430	14	2404	21
184-34	84	392	532	0.22	0.15147	0.0017	8.65922	0.0852	0.4147	0.0030	0.1204	0.0016	2363	19	2236	13	2298	29
184-35	52	69	553	0.75	0.15948	0.0020	9.38389	0.1051	0.42685	0.0033	0.11535	0.0017	2450	21	2292	15	2207	30
184-38	91	96	557	0.96	0.16152	0.0019	10.37848	0.1092	0.46613	0.0035	0.12258	0.0016	2472	20	2467	15	2337	29
184-40	366	446	549	0.82	0.15827	0.0018	11.02751	0.0997	0.45962	0.0033	0.11744	0.0014	2437	19	2438	14	2244	26
184-44	196	152	542	1.29	0.15504	0.0019	8.76273	0.0938	0.41002	0.0030	0.11021	0.0014	2402	20	2215	14	2113	26
最大值	366	446	653	1.29	0.52975	0.0129	16.43987	0.4999	0.56968	0.0059	0.51122	0.0118	2901	35	2907	29	2922	158
最小值	11	12	419	0.22	0.14441	0.0017	8.25648	0.0852	0.41002	0.003	0.11021	0.0014	2281	16	1788	13	1846	21

注：绢云钠长石英片岩(–162)；黑云钠长片麻岩(–175)；变粒岩(–184)。

表 9-14　浙川五里梁石墨矿黑云斜长变粒岩型矿石锆石 SHRIMP U-Pb 同位素分析数据

测点	测试值/10^{-6}			同位素比值							表面年龄/Ma				
	U	Th	$^{206}Pb^*$	$^{232}Th/^{238}U$	$^{207}Pb^*/^{235}U$	±σ/%	$^{206}Pb^*/^{238}U$	±σ/%	$^{207}Pb^*/^{206}Pb^*$	±σ/%	$^{206}Pb/^{238}U$	±σ	$^{207}Pb/^{206}Pb$	±σ	$^{208}Pb/^{232}Th$	±σ
XC12-13c	429.15	217.99	153.87	0.5249	9.12	1.28	.417212	1.19	.158579	0.46	2247.81	22.63	2440.57	7.83	2248.98	31.91
XC12-4r	1485.09	71.43	260.63	0.0497	2.55	2.16	.202298	1.16	.091570	1.82	1187.65	12.56	1458.49	34.60	1159.60	354.67
XC12-2r	1401.15	25.44	226.43	0.0188	2.39	1.47	.186424	1.15	.093019	0.91	1101.98	11.61	1488.29	17.32		
XC12-1r	249.65	156.61	30.55	0.6482	1.34	1.68	.142481	1.23	.068243	1.14	858.67	9.88	875.95	23.61	939.30	14.44
XC12-11r	749.31	504.50	104.18	0.6957	2.38	1.53	.161670	1.26	.106655	0.86	966.05	11.34	1743.03	15.69	1410.38	24.98
XC15-12r	154.18	83.65	18.99	0.5606	1.36	2.12	.143297	1.38	.069005	1.60	863.28	11.18	898.91	33.02	845.16	17.42
XC12-5s	4328.81	25.02	274.85	0.0060	0.61	1.36	.073617	1.12	.059672	0.77	457.91	4.97	591.70	16.62	506.71	294.41
XC12-8s	2141.90	606.56	152.50	0.2926	0.70	1.55	.082541	1.15	.061613	1.04	511.27	5.63	660.72	22.34		
XC12-12s	1965.50	320.03	139.57	0.1682	0.72	1.52	.082482	1.14	.062943	1.01	510.92	5.58	706.33	21.51	17.88	9.70
XC15-6s	2019.39	27.11	136.19	0.0139	0.68	2.28	.078209	1.14	.063000	1.97	485.42	5.35	708.23	41.92		
XC12-13s	2080.83	305.80	137.26	0.1518	0.66	1.64	.076531	1.15	.062937	1.18	475.39	5.26	706.10	25.03	27.26	14.52
XC15-7s	2357.08	122.25	129.67	0.0536	0.54	2.17	.063399	1.16	.062227	1.84	396.27	4.44	681.93	39.27		
XC15-4s	2506.52	204.00	134.44	0.0841	0.53	1.68	.062125	1.18	.062003	1.19	388.53	4.45	674.21	25.51	60.26	24.60
XC15-9s	2086.75	45.49	107.39	0.0225	0.50	1.68	.059617	1.15	.060928	1.22	373.29	4.16	636.70	26.36		
XC15-10s	2488.57	121.04	127.35	0.0503	0.52	1.62	.059371	1.14	.063087	1.15	371.80	4.13	711.19	24.42	94.18	39.24
XC15-11s	1544.33	647.16	75.11	0.4330	0.41	1.57	.056513	1.15	.052710	1.06	354.38	3.96	316.35	24.18	332.23	5.17
XC15-2s	2340.98	64.54	110.85	0.0285	0.46	1.86	.054589	1.14	.060898	1.47	342.63	3.81	635.64	31.68		
XC12-6s	2175.51	970.22	91.70	0.4608	0.42	1.90	.048655	1.14	.062742	1.52	306.26	3.41	699.51	32.34		
XC15-1s	3061.19	302.25	91.60	0.1020	0.30	1.65	.034596	1.14	.062895	1.19	219.25	2.45	704.68	25.36	20.05	14.13
XC15-3s	1153.21	91.70	24.00	0.0822	0.25	2.63	.024047	1.22	.075106	2.32	153.18	1.85	1071.35	46.67	311.73	24.98
XC15-5s	3607.47	593.10	68.66	0.1699	0.19	4.59	.021440	1.19	.062783	4.43	136.75	1.62	700.89	94.30	133.50	21.81
XC12-3s	5687.67	1102.14	101.56	0.2002	0.19	1.74	.020662	1.13	.066612	1.32	131.84	1.48	825.69	27.65	10.65	4.77
XC12-9s	2489.10	1890.66	96.37	0.7848	0.38	1.91	.044719	1.14	.062053	1.54	282.02	3.15	675.95	32.89		
XC12-10s	1390.87	1025.15	46.32	0.7616	0.36	2.44	.038568	1.44	.067494	1.97	243.95	3.44	853.06	40.92	241.53	5.63
XC15-8s	2964.43	232.35	115.54	0.0810	0.38	1.83	.045017	1.15	.061235	1.42	283.85	3.19	647.50	30.51	36.60	26.28
XC12-7s	2863.41	971.82	115.22	0.3507	0.40	1.64	.046605	1.13	.062302	1.18	293.64	3.25	684.49	25.28		

3. 淅川五里梁石墨矿

本书采集了淅川县五里梁石墨矿床黑云斜长变粒岩型石墨矿石样品分选锆石进行同位素测年分析，黑云斜长变粒岩型石墨矿石呈粒状花岗变晶结构，主要矿物成分是斜长石、石英和黑云母，石墨含量 10%以上。

锆石均呈自形半自形粒状，均具有明显的核幔结构，核部碎屑锆石呈现不规则碎粒状，变质重结晶环带发育较宽，为平滑宽阔环带(照片 9-6)。

锆石 SHRIMP U-Pb 探针分析主要打到外层环带，只有一个 XC12-13c 点测到碎屑锆石核部，获得碎屑锆石 $^{206}Pb/^{238}U$ 年龄为 2247.81±22.63Ma，XC15-3 和 XC15-5 虽然位于碎屑锆石核部，但是没有穿透环带，只获得 153.18±1.85Ma 和 136.75±1.62Ma。其他大部分锆石变质自生锆石环带，$^{206}Pb/^{238}U$ 年龄为新元古代、早古生代、晚古生代到中生代多期年龄(表 9-14)，较秦岭群变质岩更为复杂，尤其是显示中生代构造热事件更为强烈。

变质自生锆石 $^{206}Pb/^{238}U$-$^{207}Pb/^{235}U$ 谐和曲线上交点年龄在 2200Ma 左右(图 9-17)。综合分析，含石墨地层形成于古元古代晚期 2000Ma 左右。

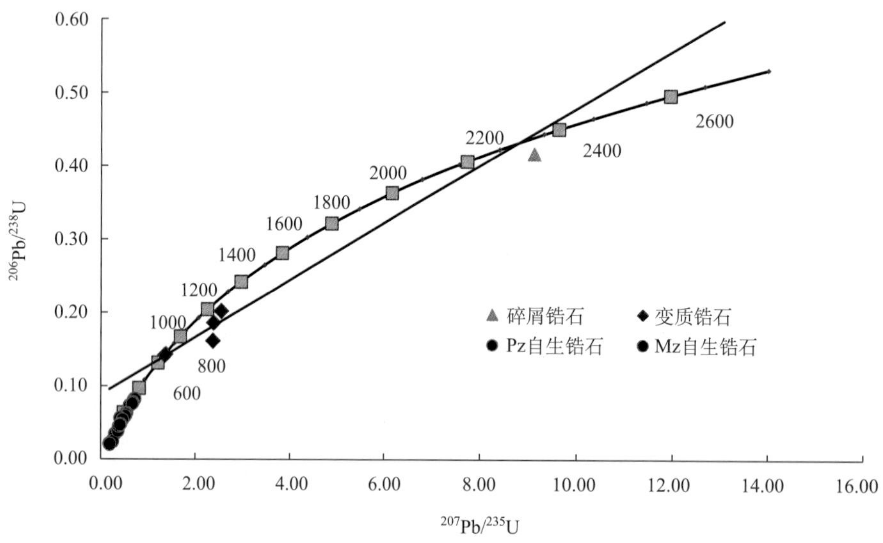

图 9-17　淅川县五里梁石墨矿床黑云斜长变粒岩型石墨矿石

第四节　北秦岭小岔沟石墨矿床

北秦岭朱阳关—柳泉铺石墨成矿带已经发现石墨矿床、矿(化)点 80 余处。其中具中—大型矿产地 10 余处，如小岔沟、二龙、横岭、独埠岭、内乡县蛮子营、内乡县午阳山、西峡县军马河石墨矿、陕西省丹凤县庾家河石墨矿等矿床，已勘查开采矿床 30 余处。成矿带区域出露的地层有古元古界秦岭群含矿岩系、中—新元古界浅变质岩系及中—新生界碎屑岩盖层(图 9-18)。

区域上含矿地层划分为雁岭沟组(Pt_1y)、石槽沟组(Pt_1s)，主要为钙质晶质石墨片岩、黝帘石晶质石墨片岩夹斜长角闪片麻岩、斜长片麻岩、大理岩等组成的含矿岩层，以较多钙质大理岩型石墨矿石为特征。地层走向北西—南东，倾向变化较大，局部出现地层倒转现象，倾角一般为 55°～80°，局部出现直立现象，该组地层原岩为一套碳酸盐岩夹钙泥质碎屑岩建造(于吉林和邱冬生，2012；张青松，2013；郭甲一，2013；刘环等，2015；崔海洲等，2015)。石墨矿石一般具鳞片粒状变晶结构，石墨 3%～7%，石墨呈鳞片状，一般片径(长)0.06～0.80mm，(宽)0.01～0.14mm，呈斑点状集中、不均匀分布方解石间。

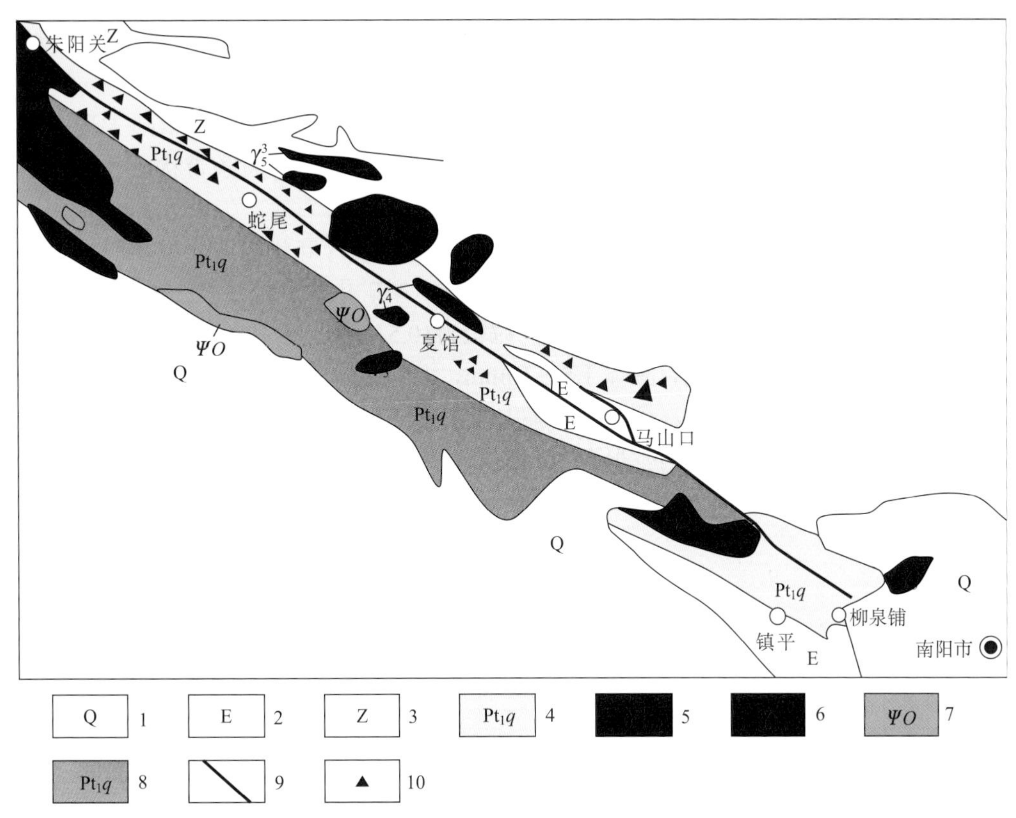

图 9-18 北秦岭石墨成矿带区域地质图

1. 第四系；2. 古近系；3. 震旦系；4. 元古宇秦岭组；5. 燕山期花岗岩、似斑状花岗岩；6. 海西期花岗岩；7. 加里东期角闪岩；8. 秦岭群混合岩化岩石；9. 断层；10. 石墨矿点

小岔沟石墨矿位于北秦岭成矿带南东段，行政区属镇平县寺山乡—内乡县马山口乡。矿区内秦岭群由下而上为四个岩性段，第一岩性段上部和第三岩性段是主要含矿地层。第一岩性段下部以含镁橄榄石的大理岩和具透辉石条带的镁橄大理岩为主，底部为透辉石岩夹黑云斜长片麻岩；中部为透辉石条带大理岩、大理岩为主；上部为厚层含石墨大理岩、大理岩夹黑云斜长片麻岩-变粒岩、斜长角闪岩、石墨石英片岩和石榴石石墨夕线石片岩等，区域上形成石墨矿床，矿体呈层状、似层状、透镜状等，有矿体 50 多个，矿体一般长 100～500m，厚 3～5m，固定碳含量为 4%～5%，达中型石墨矿床规模。

第三岩性段下部以黑云斜长片麻岩为主，其中夹黑云石榴石斜长片麻岩和云母石英片岩、石英岩等；中部主要为条带状黑云斜长片麻岩、二云片麻岩夹角闪片岩；上部为黑云斜长片麻岩夹大理岩等。在丹凤瘦家河等地第三岩性段之黑云片麻岩、石英片岩和大理岩等中有石墨产出，其中片岩中含石墨一般为 8%～9%，大理岩中含石墨 3%～5%。

一、矿 区 地 质

(1)含矿岩系：20 世纪 80 年代的资料把矿区含矿岩系定为震旦系燕岭沟组，从区域地层岩系对比，应该属于古元古界秦岭群。根据晶质石墨结构的对比，中—新元古界的浅变质岩中一般只有微晶石墨，没有粗晶鳞片石墨，而北秦岭成矿带的石墨都是粗晶鳞片石墨，与华北其他地区古元古界深变质岩中的石墨结构是一致的(表 9-15)。

主要矿化层为 3、6、9 岩性段，矿化具明显的层控特征。区域上矿化带出露长一般为 150～2500m，最长 6000 余米；宽一般为 5～250m，最宽 450m。小岔沟矿化带长 6000m，宽 450m，其中分三个矿化层，其中 9 和 6 矿层是主矿层。

(2)矿体围岩建造：矿化围岩主要为大理岩类、花岗岩类，次为片岩、片麻岩类、变粒岩类副变质岩。

大理岩类构成矿体顶底板及矿体中夹层，主要为含石墨条带状大理岩、白云质大理岩、含云母、透辉石条带状大理岩、燧石团块大理岩、白云质大理岩、含金云母透辉石条带状大理岩、燧石团块大理岩等。

石榴夕线石英片岩为含矿层顶层标志层，变斑结构，片状—片麻状构造。主要矿物为石英、夕线石、铁铝石榴子石(变斑晶)，其次为长石、云母、有时具石墨矿化。夕线石多为毛发状，少数为柱状，在岩石中多为条带状集中，少数分布于石英粒间，粒径为(0.5×0.05)～(7×0.1)mm，含量25%左右。自形粒状铁铝石榴子石呈变斑晶产出，晶体1.5～10mm，大者20mm，含量多者可达10%～15%。石英大小不等的粒状、伸长状，定向分布，在岩石中集中成条带产出；少数为0.05～0.15mm的砂状碎屑包裹在石榴石中，含量多者可达60%左右，少者30%左右。斜长石和钾长石呈他形粒状和半自形板条状，具定向分布和绢云母化特点，含量5%～10%。绢云母、白云母、黑云母，呈鳞片状集合体产出，含量10%～25%。

表9-15　矿区含矿岩系剖面由上到下岩性表

层号	主要岩性层	厚度/m	备注
13	石榴黑云斜长片麻岩	500	
12	斜长角闪片麻岩夹大理岩透镜体	320	
11	黑云斜长片麻岩夹大理岩透镜体	450	
10	含石墨铁质石英岩	15～75	
9	二云石英片岩夹钙质石墨片岩	50～350	石墨矿层
8	硅灰石大理岩，黑云斜长片麻岩互层	50～250	
7	白云母透辉石硅灰石化含石墨大理岩	150～250	
6	钙质石墨片岩夹钙质云母片岩及大理岩透镜体	5～450	石墨矿层
5	石榴夕线石英片岩	0～25	
4	含石墨条带大理岩，白云质大理岩互层	150～350	
3	黑云斜长片麻岩夹钙质石墨片岩及大理岩透镜体	15～300	石墨矿层
2	含石墨厚层状大理岩	20～50	
1	角闪斜长片麻岩夹云英片岩	150～250	

片麻岩类岩石有黑云斜长片麻岩、石榴黑云斜长片麻岩、斜长角闪片麻岩等。黑云斜长片麻呈鳞片花岗变晶结构，片麻状构造。主要矿物组成是斜长石、黑云母、石英等，有时含有少量的角闪石。石榴黑云斜长片麻岩呈纤维花岗变晶结构，片麻状构造。主要矿物组成为长石、石英、云母、石榴子石，有时有夕线石和石墨矿化，特征矿物是含自形粒状铁铝石榴子石，呈星散状分布，含量3%～5%，石榴石中包裹微粒石英和黑云母等。

变粒岩类主要是角闪变粒岩，花岗纤维变晶结构，条带状构造。主要矿物为斜长石、普通角闪石，其次为黑云母等。角闪石呈不规则状、柱状，定向排列，含量40%～50%；斜长石呈他形粒状，少数为半自形板柱状，定向排列，粒径0.25～0.5mm，少量达0.5～1.5mm，含量20%～25%；黑云母呈叶片状，集中成条带定向分布，片径1～3mm，含量20%左右。

(3)区构造：矿区含矿岩系形成一轴向北西—南东的双垛山背斜构造，东北翼为小岔沟石墨矿床。背斜轴部为含石墨铁质石英岩段，北翼含矿岩系出露较全，南翼受花岗岩侵入破坏，仅能见到部分残留体(图9-19)。

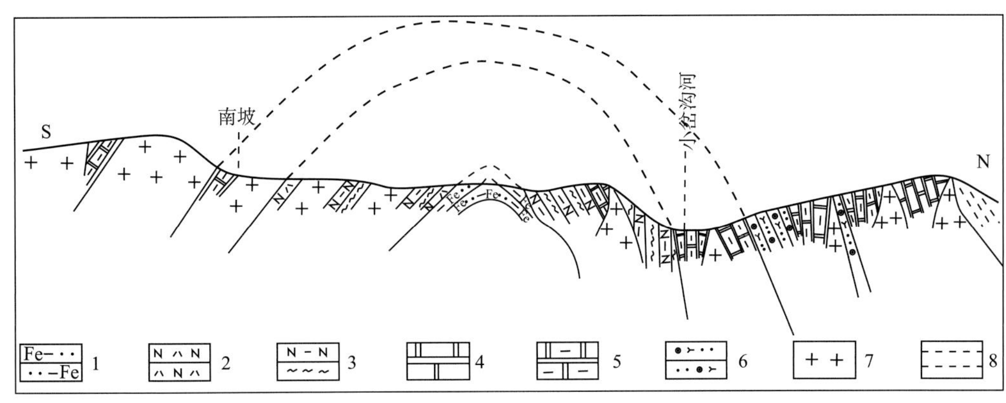

图 9-19　矿区中段双垛山背斜剖面示意图

1. 含石墨铁质石英岩；2. 斜长角闪岩；3. 黑云斜长片麻岩；4. 大理岩；5. 含石墨条带状大理岩；6. 石榴夕线石英片岩；7. 花岗岩；8. 钙质晶质石墨片岩

矿区纵向断裂构造发育，以压扭性为主，表现为层间滑动及层间破碎，没有明显的断距，且距离含矿层较远。含矿层的上、下部各有一挤压破碎带，对矿体有轻微的破坏作用。

二、矿 床 矿 化

1. 矿体矿层

矿体呈层状、似层状、透镜状，产状与围岩一致，随地层褶皱而弯曲，小岔沟石墨矿体已呈弧形褶皱构造。矿体与围岩中的石墨含量呈渐变关系。

含矿层主要为结晶片岩，其中包括钙质晶质石墨片岩、极少量的黝帘石晶质石墨片岩夹斜长角闪岩、石榴黑云斜长片麻岩、大理岩等。晶质石墨片岩即为本区石墨矿层。

矿区内长英质混合岩脉发育，形成片麻状花岗岩分布零星，中细粒黑云母花岗岩岩枝分布广泛，并分布有基性、超基性岩脉，主要为黑云角闪石岩、斜长辉石角闪石岩，呈小岩株和脉状产出，被后期中细粒黑云母花岗岩、中粗粒似斑状花岗岩穿切破坏。

矿层走向为近东西向，从西向东产状及矿化特征都有变化，西段处于双垛山背斜西部倾伏端附近，中段和东段位于双垛山背斜 NE 翼。西段总体走向 70°，倾向 260°～350°，倾角 25°～45°，由于地层倾角缓，含矿层在地表的出露水平宽度一般为 300m 左右；中段长 3200m，总体走向 100°，倾向北北东，含矿层地表出露的水平宽度一般为 200m 左右，矿体总厚度为 61.49m，为主矿段；东段含矿层东段长 800m，总体走向 105°，倾向 190°～210°，倾角 70°～80°，含矿层地表出露的水平宽度为 120～150m，矿体总厚度为 12.00m，规模较小。

2. 矿石矿化

矿石类型：矿石类型主要为钙质石墨片岩、黝帘石石墨片岩，其次为片麻岩型，大理岩中很少单独构成工业矿体，不同类型矿石的矿物组成不同(照片 9-7～照片 9-10)。

矿石矿物是粗晶鳞片状石墨，矿石品位最高为 17.84%，平均 4.70%，品位变化系数 7.32%。

矿石石墨有三种结构状态：粗晶鳞片状石墨片径大于 0.15mm 的单晶片状石墨，片径最大 1.12mm，一般为 0.315～0.15mm，占 72%～75%；细晶石墨片径 0.045mm 左右的石墨鳞片集中呈集合体分布；微晶石墨片径小于 0.045mm，呈星点状布于脉石矿物中。变粒岩及片麻岩型矿石混合岩化强，长英脉体及石英脉发育(照片 9-9、照片 9-10)，矿层中粗晶鳞片石墨矿化与混合岩化或花岗岩侵入有关，混合岩脉体边侧及花岗岩脉边缘粗晶鳞片石墨发育。

大理岩夹层热液交代强，大部分发生蛇纹石化、透辉石化及金云母化蚀变，大理岩边缘形成大鳞片金云母(照片 9-11、照片 9-12)。

脉石矿物主要是沉积变质矿物和热液矿物，有方解石、斜黝帘石、透辉石、钙铁辉石、石英、斜长石；其次是白云母、黑云母、粒硅镁石、绿帘石、多水高岭石、透闪石、钙柱石、绿泥石、石膏、橄榄石、锆石、尖晶石、石榴石、白云石、榍石、磁铁矿、磁黄铁矿、黄铁矿，萤石、电气石、磷灰石等。

石墨呈条带或单晶片状紧密地嵌布在方解石、黝帘石、透辉石、石英、长石等脉石矿物颗粒间，脉石矿物常包裹微晶石墨，并见有石墨晶片与云母晶片叠加连生现象，沿脉石矿物裂隙及岩石节理面有微晶石墨呈薄膜状分布。

变粒岩及蚀变大理岩中石墨与白云母聚合形成条带，与压扁粒状矿物平行定向排列(照片 9-13、照片 9-14)，构造薄弱地段的黑云斜长变粒岩及透辉石化大理岩中石墨聚合晶呈交织状不定向分布(照片 9-15、照片 9-16)。

矿石结构构造：石墨矿石主要为鳞片变晶结构、片状构造，石墨鳞片与片状、柱状脉石矿物平行排列呈片状构造、条纹状或条带状构造，与围岩层理基本一致；鳞片花岗变晶结构、片麻状构造，石墨单晶或聚片定向的分布在脉石矿物间，构成片麻理，与围岩层理方向基本一致；交代溶蚀结构，团块状、细脉状、浸染状构造，石墨鳞片集合体与脉石矿物接触处，白云石、方解石、钾长石、石英被透辉石、硅灰石、蛇纹石、金云母交代溶蚀呈不规则的接触界限，石墨鳞片集合体呈不规则的团块状、细脉状、浸染状分布于矿石中。

碎裂结构，角砾状、糜棱构造，石墨鳞片受后期构造挤压搓揉，呈碎片状、粉末状混合于脉石矿物中。

3. 围岩蚀变

矿化围岩蚀变是碳酸盐岩的硅酸盐化蚀变，矿体的顶底板及夹层均为透辉石、硅灰石、蛇纹石、透闪石化含石墨大理岩、含石墨白云质大理岩及钙质云母片岩。矿化围岩的碳酸盐矿物组分主要是白云石，而矿体内均蚀变为透辉石、硅灰石、金云母。

小岔沟石墨矿大理岩类岩石分布较多，有含石墨条带状大理岩、白云质大理岩、含云母、透辉石条带状大理岩、燧石团块大理岩等，构成矿体的顶底板和矿体层，并不构成矿体含矿岩石，但是空间上又和矿体密切共生，并且硅酸盐化交代蚀变较强，形成钙镁硅酸盐岩石。

顶板含石墨条带状大理岩和白云质大理岩是蚀变较弱的岩石，主要矿物是白云石，其次为方解石、透辉石、黄铁矿等，透辉石是硅酸盐热液交代白云石形成的蚀变矿物。金云母透辉石条带状大理岩则是蚀变较强的白云质大理岩，主要矿物为方解石，次为透辉石、金云母或者白云母等，可见不同程度的蛇纹石化。透辉石呈粒状、柱状，粒径 1～3mm，聚集成条带，定向排列，含量 30%左右，云母为片状，含量 3%～5%。

三、矿石地球化学

1. 矿石样品

镇平县小岔沟石墨矿床属于北秦岭石墨成矿带，在石墨矿床采区采集了蚀变大理岩型和透辉透闪变粒岩型石墨矿石及条带状花岗岩样品(表 9-16)。

2. 岩石化学

蛇纹石化蚀变大理岩型和透辉透闪变粒岩型石墨矿石样品岩石化学组成具有相关性和可比性(表 9-16)。蛇纹石大理岩型石墨矿石岩石化学组成基本稳定，SiO_2 含量 14.14%～35.78%，平均 24.98%；

Al_2O_3 含量 5.16%～10.23%，平均 8.31%；CaO 较高，24.71%～39.55%，平均 30.77%，MgO/CaO 为 0.01～0.07，平均 0.04，显示为低盐度陆缘海环境沉积；钾钠组分较低。大部分样品 K_2O/Na_2O 比较高，最大 61.50；A/CNK 均显著小于 1，A/NK 远大于 1，表明 CaO 主要以碳酸盐矿物存在，并且具有 Al_2O_3 过剩的独立矿物。透辉石变粒岩型石墨矿石主要为蛇纹石化、金云母化、透辉石化蚀变，岩石化学组成比较稳定，SiO_2 含量 42.93%～52.26%，平均 49.22%，说明蚀变均匀；Al_2O_3 含量 1.73%～23.95%，平均 10.42%；CaO 高于 MgO，分别 1.27%～28.39%，平均 17.45%和 0.73%～14.54%，平均 6.42%，MgO/CaO 平均 0.37，表明原岩沉积环境是低盐度开阔海环境，与大理岩沉积环境是一致的；钾钠组分高于弱蚀变大理岩。K_2O/Na_2O 比较高，均大于 1；A/CNK 一般显著小于 1，A/NK 远大于 1，表明 CaO 主要以碳酸盐矿物存在，并且具有 Al_2O_3 过剩的独立矿物。

表 9-16　镇平县小岔沟石墨矿床样品一览表

矿石	样号	岩石	组成矿物	组构
蛇纹大理岩型石墨矿石	ZP-01	蚀变大理岩型石墨矿石	斜长石、石英、黑云母、白云石、蛇纹石、石墨	石墨 0.2～0.5mm，最大晶体 1mm，粒状变晶结构、鳞片变晶结构，矿物具有定向排列
	ZP-02	蛇纹石大理岩石墨矿石	白云石、白云母、蛇纹石、石墨	石墨 0.2～0.5mm，最大晶体 1mm，粒状变晶结构、鳞片变晶结构，矿物具有定向排列
	ZP-03	蛇纹石大理岩石墨矿石	白云石、白云母、蛇纹石、石墨	石墨 0.2～0.5mm，最大晶体 1mm，粒状变晶结构、鳞片变晶结构，矿物具有定向排列
	ZP-04	蛇纹石大理岩石墨矿石	白云石、白云母、蛇纹石、石墨	石墨 0.1～0.3mm，最大晶体 1mm，粒状变晶结构、鳞片变晶结构，矿物具有定向排列
	ZP-07	蛇纹石大理岩石墨矿石	白云石、白云母、蛇纹石、石墨	石墨 0.1～0.3mm，最大晶体 1mm，粒状变晶结构、鳞片变晶结构，矿物具有定向排列
透辉变粒岩型矿石	ZP-06	黑云斜长变粒岩石墨矿石	斜长石、石英、黑云母、白云石、石墨	石墨 0.2～0.5mm，粒状变晶结构、鳞片变晶结构，矿物具有定向排列
	ZP-11	透辉石变粒岩	白云石、透辉石、石英	粗粒变晶结构、致密块状构造
	ZP-12	透辉石变粒岩	白云石、透辉石、石英	粗粒变晶结构、致密块状构造
	ZP-15	含石墨透闪石变粒岩	白云石、透闪石、石墨，含硫化物	粗粒变晶结构、块状构造
	ZP-16	含石墨透辉透闪变粒岩	白云石、透闪石、石墨	粗粒变晶结构、块状构造
条带状花岗岩	ZP-08	粗粒钾长花岗岩	条纹斜长石、石英、黑云母	粗粒花岗变晶结构，块状构造
	ZP-13	黑云斜长片麻岩	条纹斜长石、石英、黑云母	粗粒花岗变晶结构，片麻状构造
	ZP-17	花岗伟晶岩脉	条纹长石、石英、黑云母	花岗微晶结构、块状构造
	ZP-18	黑云花岗岩	条纹长石、微斜长石、石英、黑云母	粗粒花岗结构、块状构造
	ZP-09	石英岩	石英	粒状变晶结构、致密块状构造

层状碱性花岗岩脉岩石化学组成具有高硅高碱富铝特征，K_2O+Na_2O 平均 9.50%，K_2O/Na_2O 平均 3.28；A/CNK 平均 1.05，A/NK 平均 1.22。岩石化学组成显示为高钾碱性花岗岩特征，为陆壳重熔型花岗岩。

比较蛇纹石大理岩、透辉变粒岩和碱性花岗岩脉岩石化学组成，SiO_2、Al_2O_3、Na_2O、K_2O 依次升高，Fe_2O_3、MnO、CaO 依次降低，透辉变粒岩中 MgO 最高，P_2O_5 最低；特征指数 K_2O+Na_2O、A/CNK 依次升高，K_2O/Na_2O、A/NK 依次降低(图 9-20)。

上述岩石化学特征显示，大理岩的蚀变主要与岩浆热液和变质热液作用有关，同时与原岩化学组成有关，泥灰岩质岩石更容易发生蚀变，透辉石变粒岩原岩主要是泥灰岩。

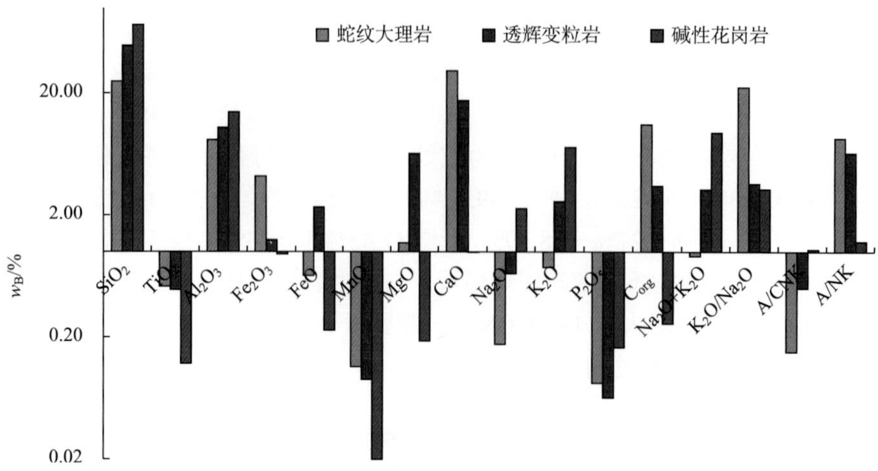

图 9-20　镇平县小岔沟石墨矿石与花岗岩岩石化学对比图

3. 微量元素

两组石墨矿石样品微量元素含量不同(表 9-16)，蛇纹石大理岩型石墨矿石富含 Sr、Ba、Zr、U、Th、V、F、Cl，Rb/Sr 小于 Sr/Ba，平均值分别为 0.17 和 1.33；Th/U 小于 1，平均为 0.59；Nb/Ta 较高，平均值 14.76。ZP-09 石英岩微量元素含量特征与蚀变大理岩基本类似，也显示为 Rb/Sr 小于 Sr/Ba、Th/U 小于 1，为 0.61。透辉石变粒岩型石墨矿石也是富含 Sr、Ba、Zr、U、Th、V、F、Cl，Rb/Sr 小于 Sr/Ba，平均值分别为 0.46 和 1.80；Th/U 平均为 2.86；Nb/Ta 较高，平均值为 10.81。两组矿石样品 V/Cr、V/(Ni+V)比值均显示为弱还原沉积环境。

层状花岗岩脉岩石微量元素特征与两种石墨矿石不同，Rb/Sr 大于 Sr/Ba，平均值分别为 1.99 和 0.27；Th/U 平均为 6.90；Zr/Y、Nb/Ta 较高，平均值分别为 11.60 和 14.01。

比较蛇纹石大理岩、透辉石变粒岩和碱性花岗岩脉微量元素含量变化，Rb、Ba、Zr、F 依次升高，Sr、U、Nb、Cr、Ni、Co、V、Cl 等降低；Rb/Sr、Th/U、Zr/Y、F/Cl 升高(图 9-21)。

这种微量元素地球化学特征表明，微量元素的含量及特征比值变化除了与沉积物源、沉积环境有关，也受后期变质作用及岩浆热液作用影响而发生变化。

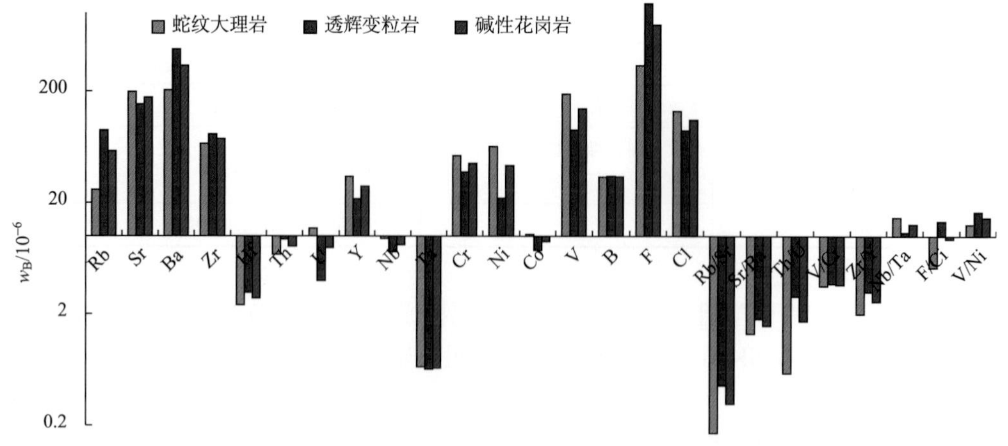

图 9-21　镇平县小岔沟石墨矿矿石与花岗岩微量元素含量对比图

4. 稀土元素

蛇纹石大理岩型石墨矿石和透辉石变粒岩型含石墨变粒岩的稀土元素总量相近，稀土元素总量平均分别为 150.59×10^{-6} 和 146.19×10^{-6}，但是石英岩最低，仅 25.18×10^{-6}；三种岩石轻重稀土元素(LREE/HREE)比值基本一致，分别为 6.54、8.76 和 7.53；蚀变大理岩型矿石和石英岩显弱负铈异常，δCe 平均 0.95 和 0.99；各种变质岩均为负铕异常，δEu 均小于 1(表 9-17)。

碱性花岗岩脉的稀土元素总量稍高，平均 161.67×10^{-6}；轻重稀土元素(LREE/HREE)比值较大，平均 18.11；显负铕异常，δEu 值 0.47。

蛇纹石大理岩型矿石稀土元素配分曲线形态基本一致，呈轻稀土元素富集重稀土元素亏损型，具有负铕异常，斜率大的曲线负铕异常明显，具有弱负铈异常(图 9-22)。

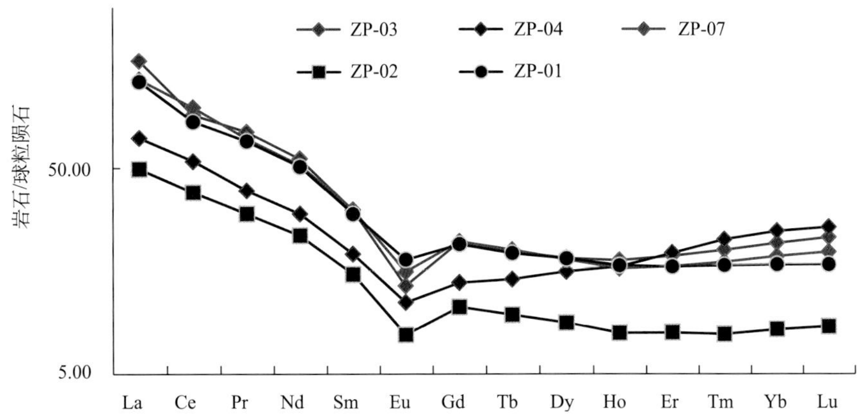

图 9-22　蛇纹石大理岩石墨矿石稀土元素配分曲线，具有弱负铈异常，斜率大的曲线负铕异常明显

透辉石变粒岩型矿石稀土元素配分曲线基本一致，但是分稀土元素总量高低两个组，都具有负铕异常，斜率大的曲线负铕异常稍显明显，石英片岩稀土元素配分曲线与低稀土元素含量组一致(图 9-23)。

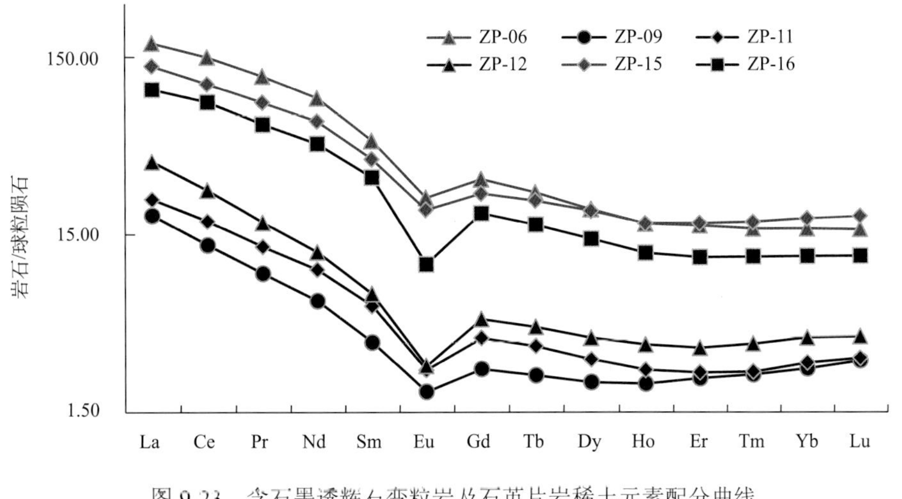

图 9-23　含石墨透辉石变粒岩及石英片岩稀土元素配分曲线

碱性花岗岩脉的稀土元素配分曲线斜率较大，轻重稀土元素分异明显，斜率小的曲线负铕异常明显，显示陆壳重熔岩浆岩特征(图 9-24)。

表 9-17　镇平小岔沟石墨矿岩石化学成分表

（单位：%）

成分	蛇纹石大理岩型矿石								透辉变粒岩型矿石								混合花岗岩脉							石英岩
	ZP-01	ZP-02	ZP-03	ZP-04	ZP-07	平均值	最高值	最低值	ZP-06	ZP-11	ZP-12	ZP-15	ZP-16	平均值	最高值	最低值	ZP-08	ZP-13	ZP-18	ZP-17	平均值	最高值	最低值	ZP-09
SiO_2	35.78	14.14	21.60	22.79	30.58	24.98	35.78	14.14	52.26	48.14	42.93	50.92	51.86	49.22	52.26	42.93	71.30	71.69	73.82	74.21	72.76	74.21	71.30	92.08
TiO_2	0.54	0.29	0.63	0.60	0.54	0.52	0.63	0.29	1.30	0.04	0.03	0.70	0.36	0.49	1.30	0.03	0.34	0.02	0.09	0.03	0.12	0.34	0.02	0.04
Al_2O_3	8.11	5.16	9.89	8.13	10.23	8.31	10.23	5.16	23.95	2.37	1.73	14.25	9.82	10.42	23.95	1.73	14.34	14.33	13.72	13.61	14.00	14.34	13.61	1.66
Fe_2O_3	4.29	2.77	4.47	3.96	5.43	4.18	5.43	2.77	2.56	0.11	0.11	0.45	3.04	1.25	3.04	0.11	0.74	1.09	0.69	1.30	0.95	1.30	0.69	1.00
FeO	0.08	0.28	0.16	0.73	1.93	0.64	1.93	0.08	0.20	2.63	1.90	5.49	1.48	2.34	5.49	0.20	0.79	0.08	0.01	0.04	0.23	0.79	0.01	0.40
MnO	0.08	0.06	0.10	0.19	0.14	0.11	0.19	0.06	0.01	0.12	0.11	0.11	0.10	0.09	0.12	0.01	0.03	0.02	0.02	0.01	0.02	0.03	0.01	0.03
MgO	0.35	1.17	0.88	2.10	1.43	1.19	2.10	0.35	0.73	14.54	13.72	1.35	1.72	6.41	14.54	0.73	0.54	0.02	0.14	0.05	0.19	0.54	0.02	0.22
CaO	24.71	39.55	29.71	32.20	27.65	30.77	39.55	24.71	1.27	23.31	28.39	16.88	17.38	17.45	28.39	1.27	1.69	0.58	0.94	0.77	0.99	1.69	0.58	2.59
Na_2O	0.09	0.02	0.03	0.33	0.41	0.17	0.41	0.02	2.02	0.08	0.02	0.55	0.64	0.66	2.02	0.02	1.87	2.13	2.18	2.95	2.28	2.95	1.87	0.03
K_2O	1.16	1.23	1.11	0.17	0.05	0.75	1.23	0.05	7.50	0.11	0.08	3.32	1.99	2.60	7.50	0.08	6.68	8.81	7.32	6.05	7.22	8.81	6.05	0.31
P_2O_5	0.07	0.05	0.08	0.13	0.10	0.08	0.13	0.05	0.08	0.04	0.04	0.09	0.08	0.06	0.09	0.04	0.10	0.22	0.30	0.04	0.16	0.30	0.04	0.01
Los	24.57	35.08	31.16	28.46	21.34	28.12	35.08	21.34	7.93	8.35	10.77	5.70	11.31	8.81	11.31	5.70	1.40	0.78	0.59	0.70	0.86	1.40	0.59	1.49
合计	99.83	99.80	99.82	99.79	99.83	99.82	99.83	99.79	99.81	99.82	99.83	99.81	99.75	99.80	99.83	99.75	99.81	99.76	99.81	99.76	99.79	99.81	99.76	99.84
C_{org}	10.07	10.90	12.90	12.13	9.48	11.09	12.90	9.48	3.72	2.31	3.13	2.71	5.57	3.49	5.57	2.31	0.24	0.33	0.24	0.22	0.26	0.33	0.22	0.63
Na_2O+K_2O	1.25	1.25	1.14	0.50	0.46	0.92	1.25	0.46	9.53	0.19	0.10	3.87	2.62	3.26	9.53	0.10	8.56	10.94	9.50	9.01	9.50	10.94	8.56	0.34
K_2O/Na_2O	13.00	61.50	37.00	0.53	0.13	22.43	61.50	0.13	3.71	1.38	4.00	6.02	3.11	3.64	6.02	1.38	3.57	4.15	3.36	2.05	3.28	4.15	2.05	10.33
MgO/CaO	0.01	0.03	0.03	0.07	0.05	0.04	0.07	0.01	0.57	0.62	0.48	0.08	0.10	0.37	0.62	0.08	0.32	0.03	0.15	0.06	0.14	0.32	0.03	0.08
A/CNK	0.17	0.07	0.18	0.14	0.20	0.15	0.20	0.07	1.74	0.06	0.03	0.40	0.28	0.50	1.74	0.03	1.07	1.02	1.04	1.06	1.05	1.07	1.02	0.32
A/NK	5.77	3.76	7.86	11.22	14.03	8.53	14.03	3.76	2.09	9.48	14.53	3.16	3.06	6.47	14.53	2.09	1.39	1.10	1.19	1.19	1.22	1.39	1.10	4.33
Rb	37.30	46.50	33.80	9.00	3.80	26.08	46.50	3.80	287.70	3.80	3.90	86.30	65.50	89.44	287.70	3.80	224.20	292.10	238.80	183.50	234.65	292.10	183.50	11.90
Sr	139.70	179.90	118.10	278.50	270.50	197.34	278.50	118.10	196.50	77.80	76.80	203.60	208.60	152.66	208.60	76.80	197.20	146.50	131.60	60.80	134.03	197.20	60.80	49.90
Ba	284.50	218.90	288.80	98.80	126.80	203.56	288.80	98.80	739.50	41.80	12.50	1212.20	358.50	472.90	1212.20	12.50	840.70	429.80	690.40	194.70	538.90	840.70	194.70	49.70

续表

成分	蛇纹石大理岩型矿石								透辉变粒岩型矿石								混合花岗岩脉							石英岩
	ZP-01	ZP-02	ZP-03	ZP-04	ZP-07	平均值	最高值	最低值	ZP-06	ZP-11	ZP-12	ZP-15	ZP-16	平均值	最高值	最低值	ZP-08	ZP-13	ZP-18	ZP-17	平均值	最高值	最低值	ZP-09
Zr	79.70	39.00	95.70	56.40	66.80	67.52	95.70	39.00	229.30	14.60	10.20	89.40	68.40	82.38	229.30	10.20	184.50	72.00	36.10	36.50	82.28	184.50	36.10	12.80
Hf	3.20	1.36	3.66	1.24	2.53	2.40	3.66	1.24	7.31	0.69	0.51	4.29	2.75	3.11	7.31	0.51	4.76	2.84	1.50	1.44	2.64	4.76	1.44	0.38
Th	8.51	4.67	8.74	3.69	8.66	6.85	8.74	3.69	16.91	3.60	2.01	12.32	11.90	9.35	16.91	2.01	41.40	12.49	11.54	33.76	24.80	41.40	11.54	1.29
U	13.33	8.93	9.99	8.22	18.33	11.76	18.33	8.22	3.08	2.84	0.98	2.84	10.27	4.00	10.27	0.98	2.51	3.83	3.51	7.46	4.33	7.46	2.51	2.12
Y	39.20	17.47	41.57	35.97	36.72	34.19	41.57	17.47	33.88	5.69	8.86	34.88	24.40	21.54	34.88	5.69	5.38	16.20	13.75	7.23	10.64	16.20	5.38	4.85
Nb	12.10	6.35	12.68	5.80	10.56	9.50	12.68	5.80	4.82	2.51	3.00	13.80	12.07	7.24	13.80	2.51	7.26	1.51	2.80	2.19	3.44	7.26	1.51	2.22
Ta	0.88	0.43	0.94	0.31	0.79	0.67	0.94	0.31	0.33	0.29	0.45	1.07	1.09	0.64	1.09	0.29	0.36	0.11	0.27	0.20	0.23	0.36	0.11	0.19
Cr	48.60	30.00	68.10	61.60	54.20	52.50	68.10	30.00	102.10	7.30	3.10	42.40	33.30	37.64	102.10	3.10	9.60	7.60	5.30	6.30	7.20	9.60	5.30	9.10
Ni	77.83	53.01	106.77	3.00	79.65	64.05	106.77	3.00	2.93	9.33	7.37	44.58	45.43	21.93	45.43	2.93	5.18	4.85	4.59	3.13	4.44	5.18	3.13	10.84
Co	14.33	8.13	15.82	0.31	13.53	10.42	15.82	0.31	1.11	4.97	2.93	18.23	10.11	7.47	18.23	1.11	2.92	2.08	0.85	0.67	1.63	2.92	0.67	2.29
V	232.60	100.90	314.10	162.90	135.10	189.12	314.10	100.90	209.70	37.50	20.50	78.60	103.50	89.96	209.70	20.50	28.10	14.80	14.30	8.20	16.35	28.10	8.20	17.10
B	27.60	22.20	59.40	17.80	42.40	33.88	59.40	17.80	24.00	11.50	8.90	41.60	87.10	34.62	87.10	8.90	7.50	8.00	10.10	7.20	8.20	10.10	7.20	9.90
F	290.88	474.62	342.44	356.71	237.20	340.37	474.62	237.20	743.46	2743.28	1614.06	685.20	342.44	1225.69	2743.28	342.44	371.56	171.14	403.15	96.67	260.63	403.15	96.67	72.65
Cl	226.80	28.60	94.20	239.10	74.90	132.72	239.10	28.60	50.80	127.40	79.40	82.30	106.60	89.30	127.40	50.80	89.90	43.40	77.40	110.40	80.28	110.40	43.40	93.20
Rb/Sr	0.27	0.26	0.29	0.03	0.01	0.17	0.29	0.01	1.46	0.05	0.05	0.42	0.31	0.46	1.46	0.05	1.14	1.99	1.81	3.02	1.99	3.02	1.14	0.24
Sr/Ba	0.49	0.82	0.41	2.82	2.13	1.33	2.82	0.41	0.27	1.86	6.14	0.17	0.58	1.80	6.14	0.17	0.23	0.34	0.19	0.31	0.27	0.34	0.19	1.00
Th/U	0.64	0.52	0.87	0.45	0.47	0.59	0.87	0.45	5.49	1.27	2.06	4.34	1.16	2.86	5.49	1.16	16.52	3.26	3.29	4.52	6.90	16.52	3.26	0.61
V/Cr	4.79	3.36	4.61	2.64	2.49	3.58	4.79	2.49	2.05	5.14	6.61	1.85	3.11	3.75	6.61	1.85	2.93	1.95	2.70	1.30	2.22	2.93	1.30	1.88
V/(V+Ni)	0.75	0.66	0.75	0.98	0.63	0.75	0.98	0.63	0.99	0.80	0.74	0.64	0.69	0.77	0.99	0.64	0.84	0.75	0.76	0.72	0.77	0.84	0.72	0.61
Zr/Y	2.03	2.23	2.30	1.57	1.82	1.99	2.30	1.57	6.77	2.57	1.15	2.56	2.80	3.17	6.77	1.15	34.27	4.44	2.63	5.05	11.60	34.27	2.63	2.64
Nb/Ta	13.73	14.70	13.43	18.53	13.41	14.76	18.53	13.41	14.68	8.59	6.72	12.95	11.12	10.81	14.68	6.72	20.33	14.13	10.45	11.12	14.01	20.33	10.45	11.69
F/Cl	1.28	16.60	3.64	1.49	3.17	5.23	16.60	1.28	14.63	21.53	20.33	8.33	3.21	13.61	21.53	3.21	4.13	3.94	5.21	0.88	3.54	5.21	0.88	0.78

续表

成分	蛇纹石大理岩型矿石								透辉变粒岩型矿石								混合花岗岩脉								石英岩
	ZP-01	ZP-02	ZP-03	ZP-04	ZP-07	平均值	最高值	最低值	ZP-06	ZP-11	ZP-12	ZP-15	ZP-16	平均值	最高值	最低值	ZP-08	ZP-13	ZP-18	ZP-17	平均值	最高值	最低值	ZP-09
La	40.47	15.30	51.06	21.63	41.51	33.99	51.06	15.30	55.72	7.34	11.95	41.31	30.51	29.36	55.72	7.34	75.34	29.44	18.24	26.94	37.49	75.34	18.24	5.97
Ce	67.47	30.65	72.72	43.47	79.06	58.67	79.06	30.65	120.97	14.39	21.53	85.34	67.44	61.94	120.97	14.39	133.11	64.69	37.49	54.27	72.39	133.11	37.49	10.57
Pr	8.20	3.65	9.11	4.73	8.46	6.83	9.11	3.65	14.23	1.56	2.14	10.13	7.61	7.13	14.23	1.56	13.17	7.56	4.46	6.44	7.91	13.17	4.46	1.10
Nd	30.42	14.08	33.26	17.93	30.98	25.33	33.26	14.08	52.75	5.69	7.16	38.98	29.10	26.74	52.75	5.69	42.81	27.41	17.47	23.14	27.70	42.81	17.47	3.81
Sm	5.82	2.97	6.06	3.72	6.10	4.94	6.10	2.97	9.85	1.16	1.35	7.76	6.13	5.25	9.85	1.16	5.81	6.49	4.81	5.26	5.59	6.49	4.81	0.72
Eu	1.32	0.57	0.98	0.82	1.15	0.97	1.32	0.57	1.78	0.19	0.20	1.51	0.75	0.89	1.78	0.19	1.01	0.69	0.94	0.40	0.76	1.01	0.40	0.14
Gd	5.51	2.75	5.66	3.60	5.69	4.64	5.69	2.75	7.96	1.02	1.30	6.60	5.11	4.40	7.96	1.02	3.90	5.49	4.38	3.89	4.41	5.49	3.89	0.68
Tb	0.91	0.46	0.94	0.68	0.95	0.79	0.95	0.46	1.22	0.17	0.21	1.10	0.81	0.70	1.22	0.17	0.39	0.84	0.72	0.49	0.61	0.84	0.39	0.11
Dy	5.85	2.85	5.88	5.06	5.78	5.08	5.88	2.85	6.69	0.96	1.26	6.56	4.55	4.00	6.69	0.96	1.29	3.91	3.40	1.86	2.61	3.91	1.29	0.71
Ho	1.21	0.57	1.28	1.19	1.17	1.08	1.28	0.57	1.24	0.19	0.26	1.24	0.85	0.75	1.24	0.19	0.20	0.59	0.49	0.25	0.38	0.59	0.20	0.16
Er	3.48	1.67	3.93	4.06	3.50	3.33	4.06	1.67	3.53	0.53	0.73	3.63	2.34	2.15	3.63	0.53	0.56	1.43	1.07	0.57	0.91	1.43	0.56	0.49
Tm	0.55	0.25	0.65	0.73	0.57	0.55	0.73	0.25	0.52	0.08	0.12	0.57	0.36	0.33	0.57	0.08	0.06	0.19	0.13	0.07	0.11	0.19	0.06	0.08
Yb	3.54	1.72	4.51	5.14	3.89	3.76	5.14	1.72	3.38	0.59	0.82	3.85	2.36	2.20	3.85	0.59	0.38	1.18	0.79	0.45	0.70	1.18	0.38	0.55
Lu	0.56	0.28	0.76	0.85	0.65	0.62	0.85	0.28	0.53	0.10	0.13	0.63	0.38	0.35	0.63	0.10	0.06	0.17	0.11	0.06	0.10	0.17	0.06	0.10
REE	175.32	77.77	196.79	113.61	189.45	150.59	196.79	77.77	280.36	33.97	49.16	209.20	158.29	146.19	280.36	33.97	278.06	150.07	94.48	124.08	161.67	278.06	94.48	25.18
LREE/HREE	7.11	6.37	7.34	4.33	7.54	6.54	7.54	4.33	10.18	8.37	9.16	7.65	8.45	8.76	10.18	7.65	39.77	9.88	7.53	15.25	18.11	39.77	7.53	7.77
δCe	0.89	0.99	0.81	1.03	1.02	0.95	1.03	0.81	1.03	1.02	1.03	1.00	1.07	1.03	1.07	1.00	1.02	1.04	1.00	0.99	1.01	1.04	0.99	0.99
δEu	0.71	0.61	0.51	0.68	0.60	0.62	0.71	0.51	0.61	0.54	0.46	0.65	0.41	0.53	0.65	0.41	0.65	0.35	0.63	0.27	0.47	0.65	0.27	0.63

注：主量元素含量单位为%，微量元素含量单位为 10^{-6}。

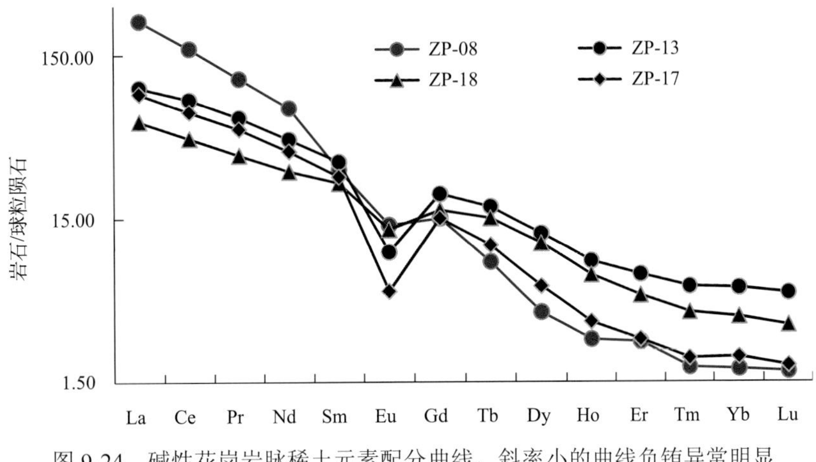

图 9-24　碱性花岗岩脉稀土元素配分曲线，斜率小的曲线负铕异常明显

5. 石墨碳同位素

石墨矿的碳质来源主要存在两种情况：有机碳来源和无机碳来源。我国石墨矿床中，经过区域变质作用而形成的石墨矿床，根据其原岩特征、沉积构造环境、变质变形作用、石墨矿体、矿石、矿物特征等方面综合分析可得，其碳质来源也主要为原岩中的有机碳，这一点可以通过测试石墨样品中碳同位素的数据，然后与生物碳同位素数据对比而得到相关结论；经过煤系地层变质而形成的石墨矿床，它的碳质主要来源于煤层中的生物碳，即有机碳；还有一种石墨矿类型就是与岩浆热液有关而形成的石墨矿床，一般认为其石墨碳来源于无机碳。此外，在一些区域变质作用形成的石墨矿床中，存在着不同时期不同作用形成的石墨矿，因此其可能存在不同的碳质来源。总之，在石墨矿的形成过程中，两种碳质来源都能形成石墨的可能性是存在的，只是在某些特定的地质背景下，可能只以其中某一种碳质来源为主。

从目前情况看来，中国不同成因的石墨矿床的石墨碳质来源主要为生物碳，但并不排除有无机碳来源的可能。

对石墨矿石碳同位素样进行 $\delta^{13}C_{PDB}$ 值的测定(表 9-18)，小岔沟石墨矿所采 8 块样品的 $\delta^{13}C$ 值变化范围是−17.3‰～−18.1‰，均值为−17.68‰，总体变化幅度不是很大。把小岔沟石墨矿石碳同位素组成与其他地区样品进行对比发现(表 9-17)，小岔沟石墨矿石 $\delta^{13}C$ 值变化范围与黑龙江柳毛石墨矿、吉林集安群、山东南墅等石墨矿的 $\delta^{13}C$ 值保持一致，而上述几个石墨矿的碳质来源基本都来自于有机碳；与现代有机质、现代动植物、沥青、煤、各地石灰岩等对比发现，小岔沟石墨矿石 $\delta^{13}C_{PDB}$ 值变化范围与有机碳的 $\delta^{13}C_{PDB}$ 值极为相似，与无机碳的 $\delta^{13}C_{PDB}$ 值相差较大，因此小岔沟石墨矿的碳物质来源主要为有机碳来源，叠加了部分无机碳。

表 9-18　小岔沟石墨矿石与其他地区样品碳稳定同位素组成对比表

矿区	样号	$\delta^{13}C_{PDB}$/‰	矿区	$\delta^{13}C_{PDB}$/‰	资料来源
镇平小岔沟石墨矿*	ZP–02	−18.1	黑龙江柳毛	−16.8～−24.4	李光辉等，2008
	ZP–05	−18.0	鄂西二郎庙、三叉垭	−9.67～−16.19	姜继圣，1992
	ZP–07	−17.9	吉林集安群	−17.55～−25.43	王福润，1991
	ZP–09	−17.6	内蒙古兴和	−20.49～−24.13	王时麒，1989
	ZP–10	−17.4	河南灵宝	−26.5～−28.7	田煦等，1989
	ZP–14	−17.3	山东南墅	−14.0～−26.0	兰心俨，1981
	ZP–15	−17.6	渤海湾原油	−24.1～−27.2	
	ZP–20	−17.5	沥青煤	−30.6～−31.2	
			各地石灰岩	−1.5～−9.2	

*镇平小岔沟石墨矿由核工业北京地质研究院分析测试研究中心测试，2014。

第五节　南秦岭五里梁石墨矿床

矿区属于南秦岭东西成矿荆紫关—师岗复向斜北翼，行政区属淅川县荆紫关镇小陡岭村。淅川县是南秦岭重要的石墨矿床矿集区，已探明石墨储量约 8100 万 t。区域上该矿带上尚有淅川县长岭沟石墨矿，扬子古陆北缘南秦岭构造带向东到安徽桐城也有石墨矿床分布，与五里梁石墨矿床类似(吴晓清，1989)，属于细晶鳞片石墨，主要是 0.15mm 小鳞片石墨，固定碳含量 3%～5%。

湖北黄陵背斜一系列石墨矿床也属于扬子古陆北缘南秦岭同一条成矿带(田成胜等，2011；谢小芳和周亚涛，2015；邱凤等，2015)，石墨矿主要产于两个岩组内，主矿层产于富铝质片岩大理岩(岩)组的下段；其次钙硅酸盐岩组为次要石墨矿层位。

富铝质片岩大理岩(岩)组分布于三岔垭、二郎庙、谭家河、东冲河等矿区及兴山大垭一带，矿石岩性为石墨片岩、石墨二云片岩，其次为石墨黑云斜长片麻岩。矿体多呈似层状、透镜状顺层分布，单个矿体长度 100～1320m，厚度 1.00～38.17m，固定碳含量 2.57%～18.49%，一般大理岩为其直接顶底板。钙硅酸盐岩组石墨矿层含矿岩性为石墨黑云斜长片麻岩夹石墨片岩、石墨二云片岩，矿层(体)多呈透镜状、似层状产出，长度 100～1600m，厚度 1.00～6.18m，固定碳含量 3.00%～9.48%，矿层顶、底板多为含石墨黑云斜长片麻岩。

一、矿 区 地 质

五里梁矿区含矿地层古元古界陡岭群孔兹岩系，划分为大沟组和瓦屋场组，大沟组是石墨矿床主要含矿层。

大沟组主要岩性为混合质角闪斜长片麻岩、黑云斜长片麻岩、角闪斜长条带状混合岩及石墨斜长片麻岩、石墨斜长片岩等(含矿层)，厚度大于 1829m。瓦屋场组黑云斜长混合片麻岩、眼球状混合岩、混合质斜长角闪片麻岩夹大理岩，厚度大于 2601m。

区内石墨矿体(层)主要赋存于古元古界陡岭群大沟组地层中，呈 NE—SW 向产出。根据目前工作程度，区内已发现 3 个石墨矿化层，编号分别为 C1、C2、C3(图 9-25、表 9-19)。

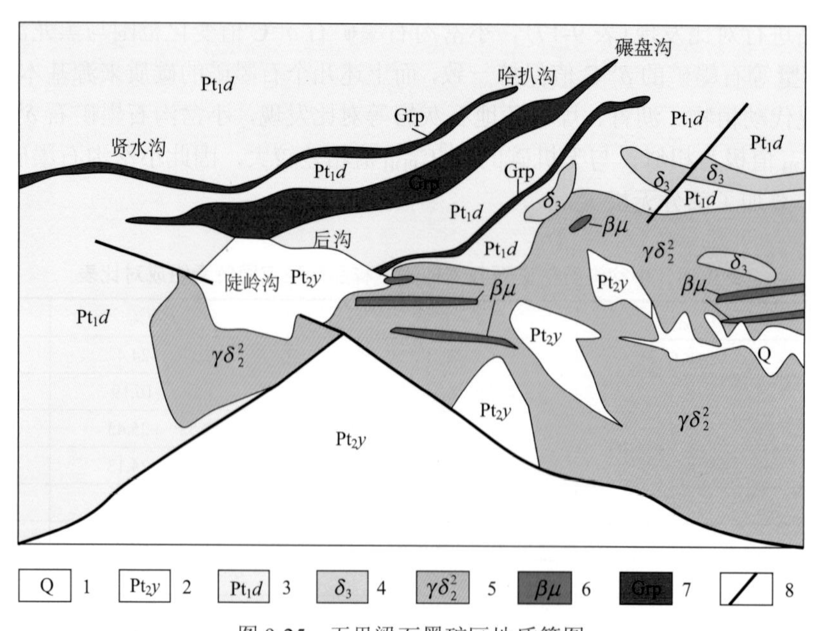

图 9-25　五里梁石墨矿区地质简图

1. 第四系；2. 中元古界姚营寨组；3. 古元古界大沟组；4. 石英闪长岩；5. 花岗闪长岩；6. 辉绿玢岩；7. 矿体；8. 断层

表 9-19　五里梁矿区石墨矿层特征一览表

编号	形态	夹石	长度/m	厚度/m			品位/%			
				最小值	最大值	平均值	最低值	最高值	平均值	变化系数
C1	层状	少量夹石	4500	1	65	36	3.34	12.93	6.31	42.34
C2	似层状	无夹石	6500	2	230	126	8.72	16.25	11.17	25.65
C3	似层状、层状	大量夹石	3700	1	55	45	4.45	10.84	7.26	37.24

C1：西起贤水沟，东至哈扒爬沟一带，区内地表延长约 4500m，宽度 1～125m，平均宽度约 65m，厚度 1～65m，平均厚度约 36m。产状为 330°～340° ∠35°～40°。石墨矿石主要为石墨斜长片麻岩型，主要成分为晶质鳞片状石墨，有少量夹石。固定碳品位 3.34%～12.93%，平均 6.31%。

C2：是区内最大的石墨矿层，呈 NW—SE 向分布在后沟—碾盘沟一带，矿体长约 6500m，宽度 5～225m，平均宽度约 155m，厚度 2～230m，平均厚度约 126m。产状为 330°～340° ∠31°～40°。石墨矿石主要为石墨斜长片麻岩型，主要成分为晶质鳞片状石墨，无夹石。固定碳品位 8.72%～16.25%，平均 11.17%。

C3：位于矿区的南部，倾向 315°～330°，倾角 35°～45°。矿石类型为石墨片麻岩、石墨片岩透镜体。

矿区岩浆岩较发育，中酸性到中基性岩脉均有分布，约占矿区面积近 30%，有石英闪长岩、花岗岩及辉绿岩，呈小岩体及岩脉产出。岩脉时代有新元古代震旦纪石英闪长岩（δo_2），早古生代花岗岩、花岗伟晶岩（$\rho\gamma_3$）、斜长花岗岩（γo_3）、白云母花岗岩（γi_3）、早古生代辉绿岩（$\beta\mu_3$）等。

二、矿 床 矿 化

1. 石墨矿层

五里梁矿区小陡岭矿段是 C2 矿带南段，是石墨矿区主采段。矿化地层为古元古界陡岭群大沟组，按岩性组合分上、下两岩性段，处于一向北倒转的单斜层间褶皱构造内，构造线近东西走向。两条 NWW 纵向挤压断裂构造和一条 SWW 拉张断裂分割矿层成多个断块，并对矿石形成挤压破碎（图 9-26）。

上段石墨斜长片（麻）岩段（Pt_1d^2）：是矿区石墨主矿层，分布在 F_3 以南，倾向 344°～28°，倾角 40°～62°，主要由石墨斜长片麻岩、含石墨斜长片麻岩、石墨（斜长）片岩组成。它们呈互层状产出。岩层东北部为石英闪长岩体吞噬，出露不完整，西部被 F_1 分成南北两部分。

根据岩石结构构造，分层界限不明显，单层平均厚度 7.10～158.92m，总厚度 180.95～624.94m。石墨矿层岩性层序自上而下划分 7 个矿层，其中 3 号矿层是主矿层。

K7：石墨斜长片麻岩，暗灰-灰黑色，鳞片变晶结构、片麻状构造。该层普遍斜长花岗岩脉及透镜体发育，褐铁矿化，呈团块状分布。石墨在岩石中呈鳞片状定向分布，多与云母一起呈不规则的条带分布，近接触带处呈窝状富集。主要矿物石墨 15%～20%，石英 25%～65%，斜长石+绢云母 30%～38%。少量矿物有赤铁矿+褐铁矿 1%～3%，副矿物有金红石，厚度 25.71～80.21m，平均 60.71m。

K6：石墨斜长片岩，石英 25%～55%，斜长石及绢云母 40%～60%；次有褐铁矿 1%～3%，白云母和黑云母 3%～5%，厚度 3.68～58.89m，平均 31.29m。石墨矿石品位 6.75%～8.58%，平均 7.45%。

K5：石墨斜长片麻岩，暗灰-灰黑色，鳞片变晶结构、片麻状构造。主要矿物石英 20%～45%，斜长石+绢云母 35%～70%，次为黑云母及白云母 1%～8%，少量矿物有石榴石、褐铁矿、赤铁矿，微量矿物有金红石、磷灰石、电气石、锆石，厚度 10.39～71.59m，平均 44.08m。石墨矿石品位 6.72%～11.73%，平均 9.01%。

K4：含石墨斜长片岩，灰-灰黑色，鳞片变晶结构，片麻状及片状构造。岩性同第 6 层，褐铁矿化较强，大部呈细脉状分布。主要矿物石英 15%～30%，斜长石+绢云母 60%～75%，其次为白云母 1%～8%，少量及微量矿物有帘石、绿泥石、石榴石、褐铁矿、榍石等，厚度 3.86～13.38m，平均 7.10m。石墨矿石品位 3.98%～12.46%，平均 8.56%。

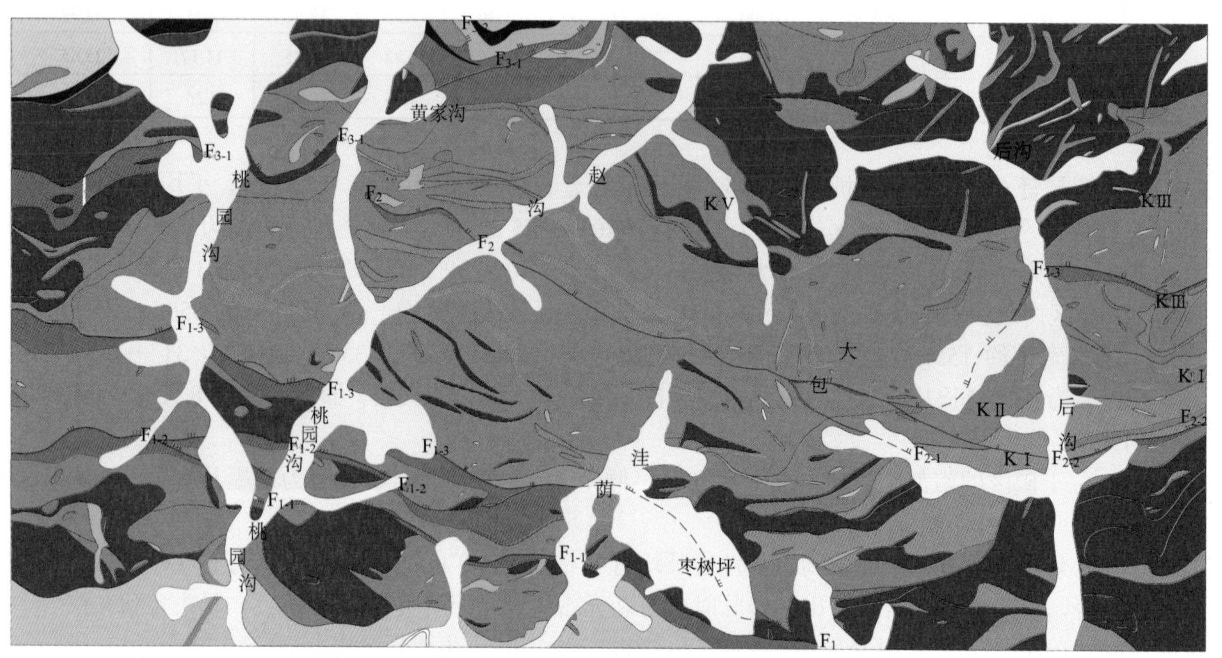

图 9-26　淅川县小陡岭石墨矿段地质图

1. 碎石亚砂土；2. 石英片岩；3. 石墨斜长片麻岩；4. 混合岩化石墨斜长片麻岩；5. 斜长角闪片麻岩；6. 辉绿岩；7. 花岗岩；8. 构造角砾带；9. 石墨千糜岩；10. 断层；11. 推测断层；12. 角度不整合地质界线

K3：石墨斜长片麻岩，暗灰-灰黑色，鳞片变晶结构、片麻状构造。层内脉岩不发育，是矿区主要矿层。局部可见少许的灰白色球状石榴子石，沿片理分布，有拉长现象。该层富含石墨，呈条带状定向分布，沿接触带呈窝状富集，鳞片石墨最低 1.79%，最高 14.51%；一般 8%～10%；平均 8.31%。该层厚度 113.17～232m，平均 158.92m，比较稳定，是矿区主矿层。矿层伴生有益组分，V_2O_5 含量为 0.11%～0.3%，平均 0.17%，低于工业要求。矿层内有辉绿岩、石英闪长岩、花岗岩脉侵入。

K2：含石墨片岩，灰黑色，片状结构、片状构造。该层岩石受挤压作用，褶曲发育，浅色矿物沿构造具拉长现象，褐铁矿化，呈团块状及透镜状分布，因此石墨片度细小，有时似隐晶质状。主要矿物，石英 15%～30%，斜长石+绢云母 60%～75%，次要矿物，白云母 1%～8%，少量及微量矿物有帘石、绿泥石、石榴石、褐铁矿、榍石等，厚度 1～54.55m，平均 22.32m。石墨矿石品位 4.19%～14.32%，平均 8.79%。

K1：混合岩化斜长片麻岩，灰黑-暗灰色，鳞片状结构、片麻状构造，混合岩化强烈。混合岩化石墨斜长片麻岩及含石墨斜长片麻岩呈互层状产出，大部褐铁矿化，呈团块及透镜状分布。主要矿物石英 25%～30%，斜长石+绢云母 50%～55%，黑云母 15%～18%，次要矿物钾长石 3%～5%，白云母约 1%，微量矿物有磷灰石，厚度 23.14～114.32m，平均 73.89m。石墨矿石品位 3.34%～12.93%，平均 5.16%。

下段含石墨角闪片麻岩段(Pt_1d^1)，分布在矿区北部(F_3以北)、走向 259°，与 F_3 基本一致。倾向北北西、倾角 40°～70°。由斜长角闪片麻岩、角闪斜长片麻岩及黑云斜长片麻岩组成，主要矿物普通角闪石 65%～70%，斜长石+绢云母+斜黝帘石 25%～30%，石英 3%～5%，微量矿物有磷灰石、榍石及其他金属矿物。层内夹有若干层石墨斜长片麻岩、石墨片岩透镜体。透镜体由数厘米至 2m，长度数十厘米至数十米，本层厚度大于121m。岩石片理受挤压作用影响，褶曲发育，局部可见较强的高岭土化及褐铁矿化、碳酸盐化，呈细脉状及网格状分布，厚度＞121m。

2. 矿石类型

石墨矿矿石成因类型主要有石墨(斜长)片岩型、石墨斜长片麻岩型及混合岩化石墨斜长片麻岩型三种。

(1)石墨(斜长)片岩型：是矿区主要的矿石类型(照片9-17、照片9-18)，K2、K4、K6三矿层矿石属此类型，显微鳞片变晶结构-花岗鳞片变晶结构，片状-皱纹片状或条带状构造。矿石中的主要有用矿物是石墨，其含量5%～20%，呈鳞片状沿云母、石英颗粒间定向分布。脉石矿物主要有斜长石、绢云母、石英，次要脉石矿物有黑云母、白云母，微量赤铁矿、褐铁矿、黄铁矿、金红石等，含量随具体岩性而变化。副矿物有磷灰石、锆石。

(2)石墨斜长片麻岩型：K3、K5、K7三矿层属此类型。矿石呈鳞片粒状变晶结构，片状—片麻状构造。

(3)混合岩化石墨斜长片麻岩型：K1矿层矿石属此类型，矿石呈鳞片花岗变晶结构，片麻状构造，岩层中长英质脉体及石英脉发育，脉体边缘及构造破碎带中石墨集中富集，而构造破碎中石墨被挤压破碎(照片9-19、照片9-20)。石墨在矿石中分布不均匀，呈不规则条带状或断续条带状富集，含量5%～8%。主要脉石矿物有斜长石、绢云母、石英，次要脉石矿物有黑云母、白云母、钾长石，微量矿物有赤铁矿、黄铁矿。

矿石矿物石墨含量一般约10%，主要是细晶鳞片状石墨，石墨呈宽0.02～0.2mm的条纹状断续分布，少数为单晶或集合体，分布不均匀，且70%和白云母、绢云母鳞片连晶共生，或分别聚集呈条纹状，石墨条纹与白云母、绢云母条纹相间分布(照片9-21～照片9-24)。另外约有30%的石墨鳞片不均匀地嵌布在石英或斜长石颗粒间。

构造挤压带中石墨多混杂在压碎成糜棱状的石英微粒集合体间或混合在较大的晶质石墨或绢云母集合体中，呈微晶石墨。

石墨粒度多为0.045～0.15mm，极少数达0.3mm以上和0.001mm以下的晶片。微晶粉晶石墨多是鳞片状石墨由于构造挤压破碎形成的，粗晶鳞片是混合岩脉附近热液交代重结晶作用形成的(表9-20)。

表9-20　五里梁石墨矿床石墨粒度统计表

晶形	筛分粒级/目	粒径/mm	含量比例/%
鳞片状	100～50	0.15～0.30	5.28
	200～100	0.075～0.15	36.57
	325～200	0.045～0.075	31.12
微晶	500～325	0.001～0.045	25.17
粉晶	–500	＜0.001	1.86

石墨晶体在透射光下不透明，反射光下呈浅棕色、灰白色，反射多色性强，R_o灰带棕色，R_e深蓝灰色，反射率R_o≈20，强非均性。

据X光衍射分析，石墨为六方晶形，属通常的2H型，晶胞参数a_0=2.462±0.0002Å，c_0=6.703±0.0005Å，z=4。主要粉晶谱线为3.3628(100)、2.1326(30)、2.0358(60)、1.6781(80)。

三、矿石地球化学

1. 矿石样品

南秦岭石墨成矿带在淅川县五里梁石墨矿床采集黑云斜长变粒岩、片麻岩石墨矿石及含石墨变粒岩、片岩夹石和富铝质透辉变粒岩夹石样品(表 9-21)。

表 9-21　淅川县五里梁石墨矿床样品一览表

样号		岩石	组成矿物	组构
石墨矿石	XC-03	细粒黑云斜长片麻岩石墨矿石	斜长石、石英、黑云母、石墨	石墨 0.05～0.1mm，鳞片变晶结构，片麻构造
	XC-07	细粒黑云斜长片麻岩石墨矿石	斜长石、石英、黑云母、石墨	石墨 0.05～0.1mm，鳞片变晶结构，片麻构造
	XC-08	细粒黑云斜长片麻岩石墨矿石	斜长石、石英、黑云母、石墨	石墨 0.05～0.1mm，鳞片变晶结构，片麻构造
	XC-12	黑云斜长片麻岩石墨矿石	斜长石、石英、黑云母、石墨	石墨 0.05～0.1mm，鳞片变晶结构，片麻构造
	XC-13	细粒黑云斜长片麻岩石墨矿石	斜长石、石英、黑云母、石墨	石墨 0.05～0.1mm，鳞片变晶结构，片麻构造
含石墨夹石	XC-04	富铝细粒黑云斜长变粒岩	斜长石、石英、黑云母、白云母，绢云母化蚀变	粒状变晶结构，变余碎屑结构，定向排列
	XC-06	富铝细粒黑云石英片岩	石英、黑云母、白云母，绢云母化斜长石	粒状变晶结构，变余碎屑结构，定向排列
	XC-09	富铝绿泥透辉片岩	斜长石、石英、绢云母绿泥石	鳞片变晶结构，变余碎屑结构，定向排列
	XC-11	含石墨透辉透闪变粒岩	斜长石、石英、黑云母、石墨	石墨 0.05～0.1mm，鳞片变晶结构，片麻构造

2. 岩石化学成分

淅川五里梁石墨矿采集三种岩石类型，一是黑云斜长变粒岩石墨矿石，二是含石墨黑云斜长变粒岩，三是透辉变粒岩类岩石，三者岩石化学组成具有可比性(图 9-27)，石墨矿石和含石墨变粒岩 SiO_2 含量相近，平均值分别是 57.67%和 59.59%；含石墨变粒岩和透辉变粒岩的 Al_2O_3 含量高于石墨矿石，平均含量分别是 18.79%、15.67%和 11.13%；透辉变粒岩钙镁质高于石墨变粒岩和石墨矿石的钙镁含量；钾钠含量比较接近，K_2O+Na_2O 平均值分别是 3.76%，5.08%和 3.05%，但是石墨矿石和含石墨变粒岩 K_2O/Na_2O 一般大于 1，而透辉变粒岩仅 0.21；透辉变粒岩 MgO/CaO 平均 0.37，显示低盐度水沉积环境(表 9-21)。

石墨矿石、含石墨变粒岩及透辉变粒岩的微量元素含量都有较大变化(表 9-21)，一般富含 Rb、Sr、Ba、Zr、Y、Cr、V、F，但是透辉变粒岩的 Sr、Y、Co、F、Cl 含量最高，特征元素比值有变化，石墨矿石和变粒岩的 Rb/Sr 值大于 Sr/Ba 值，而透辉变粒岩则相反，是 Rb/Sr 值小于 Sr/Ba 值；石墨矿石、透辉变粒岩的 Th/U 值大于含石墨变粒岩，而 Zr/Y、Nb/Ta 值均是含石墨变粒岩大于石墨矿石，透辉变粒岩最低；V/Cr、V/(Ni+V)显示缺氧还原环境(图 9-28)。

石墨矿石、含石墨变粒岩稀土元素总量相近，但是石英片岩最低，透辉变粒岩最高，石墨矿石和透辉变粒岩轻重稀土元素分异不明显，轻重稀土元素(LREE/HREE)值平均 5.95 和 6.36；而含石墨变粒岩轻重稀土元素分异明显，轻重稀土元素(LREE/HREE)值平均 16.16。石墨矿石的 δCe 略大于 1，可能与矿石组成中 Fe_2O_3 较高有关；而透辉变粒岩 δCe 值略小于 1，显示潮坪沉积环境；石英片岩的 δEu 大于 1，显示正铕异常(表 9-22)。

表 9-22　淅川五里梁石墨矿岩石化学成分表

成分	黑云斜长变粒岩片岩型石墨矿石								黑云斜长变粒岩			透辉岩		
	XC-03	XC-07	XC-08	XC-12	XC-13	矿石			XC-04	XC-06		XC-09	XC-11	
SiO_2	49.48	63.54	62.92	60.32	52.06	57.67	63.54	49.48	57.00	72.10	64.55	57.42	51.84	54.63
TiO_2	0.73	1.22	1.24	1.27	0.64	1.02	1.27	0.64	1.44	0.14	0.79	0.69	3.06	1.87
Al_2O_3	11.55	10.81	10.95	11.00	11.36	11.13	11.55	10.81	20.79	16.79	18.79	18.94	12.41	15.67
Fe_2O_3	10.56	0.51	0.65	1.11	12.68	5.10	12.68	0.51	4.83	0.91	2.87	4.18	4.98	4.58
FeO	0.40	1.02	1.18	0.04	1.18	0.76	1.18	0.04	1.12	0.12	0.62	1.48	10.04	5.76
MnO	0.40	0.75	2.00	0.13	0.66	0.79	2.00	0.13	0.10	0.02	0.06	0.19	0.24	0.21
MgO	0.97	0.83	0.79	1.04	0.92	0.91	1.04	0.79	2.27	0.32	1.29	2.08	3.62	2.85
CaO	4.57	0.23	0.78	2.09	0.52	1.64	4.57	0.23	0.87	0.47	0.67	6.47	8.65	7.56
Na_2O	0.91	1.12	2.57	1.77	0.56	1.39	2.57	0.56	0.47	3.77	2.12	3.30	1.49	2.40
K_2O	2.19	2.91	1.47	2.81	2.51	2.38	2.91	1.47	2.99	2.92	2.96	1.25	0.06	0.65
P_2O_5	0.24	0.03	0.06	0.04	0.34	0.14	0.34	0.03	0.08	0.02	0.05	0.23	0.35	0.29
Los	17.83	16.81	15.19	18.15	16.40	16.88	18.15	15.19	7.87	2.23	5.05	3.61	3.05	3.33
合计	99.82	99.77	99.80	99.77	99.84	99.80	99.84	99.77	99.83	99.83	99.83	99.85	99.78	99.81
C_{org}	11.24	13.86	12.94	15.39	10.67	12.82	15.39	10.67	0.10	0.10	0.10	0.13	0.12	0.13
Na_2O+K_2O	3.09	4.03	4.04	4.58	3.07	3.76	4.58	3.07	3.47	6.70	5.08	4.55	1.55	3.05
K_2O/Na_2O	2.42	2.60	0.57	1.59	4.47	2.33	4.47	0.57	6.31	0.78	3.54	0.38	0.04	0.21
MgO/CaO	0.21	3.70	1.01	0.50	1.77	1.44	3.70	0.21	2.60	0.69	1.64	0.32	0.42	0.37
A/CNK	0.95	2.00	1.51	1.13	2.47	1.61	2.47	0.95	3.70	1.64	2.67	1.02	0.68	0.85
A/NK	2.99	2.16	1.88	1.85	3.12	2.40	3.12	1.85	5.16	1.79	3.48	2.79	4.92	3.85
Rb	47.20	62.50	34.20	65.20	44.70	50.76	65.20	34.20	82.70	53.70	68.20	30.00	3.00	16.50
Sr	80.30	57.40	129.10	90.50	98.70	91.20	129.10	57.40	113.10	350.00	231.55	587.20	622.90	605.05

续表

成分	黑云斜长变粒岩片岩型石墨矿石								黑云斜长变粒岩			透辉岩		
	XC-03	XC-07	XC-08	XC-12	XC-13	矿石			XC-04	XC-06		XC-09	XC-11	
Ba	629.20	637.30	294.20	631.20	484.30	535.24	637.30	294.20	754.80	1127.70	941.25	370.10	246.30	308.20
Zr	164.70	284.90	233.20	281.00	132.10	219.18	284.90	132.10	163.30	68.30	115.80	126.60	186.50	156.55
Hf	3.62	8.72	5.03	6.16	3.26	5.36	8.72	3.26	4.86	1.96	3.41	3.26	4.80	4.03
Th	7.19	5.78	7.74	2.81	8.07	6.32	8.07	2.81	6.56	0.83	3.69	5.28	6.16	5.72
U	21.91	0.76	15.80	9.28	27.77	15.10	27.77	0.76	19.85	0.73	10.29	3.39	1.76	2.58
Y	36.83	15.54	52.08	10.59	66.33	36.27	66.33	10.59	8.44	1.84	5.14	34.04	59.56	46.80
Nb	9.36	16.63	10.40	14.70	6.24	11.46	16.63	6.24	12.77	4.36	8.56	7.68	21.83	14.75
Ta	0.61	1.10	0.63	0.83	0.46	0.73	1.10	0.46	0.82	0.16	0.49	0.47	1.57	1.02
Cr	297.90	323.90	208.60	328.40	399.90	311.74	399.90	208.60	217.70	15.10	116.40	7.40	16.90	12.15
Ni	396.46	5.24	16.28	6.67	120.21	108.97	396.46	5.24	81.01	3.64	42.32	75.93	52.60	64.26
Co	24.28	4.17	3.65	2.11	5.07	7.86	24.28	2.11	15.80	0.57	8.19	25.33	40.86	33.10
V	1614.10	1529.20	915.50	1368.40	2243.10	1534.06	2243.10	915.50	354.30	42.80	198.55	218.70	407.60	313.15
B	5.90	4.20	3.30	5.00	5.50	4.78	5.90	3.30	4.80	16.70	10.75	3.80	3.50	3.65
F	536.42	419.94	302.99	356.71	494.38	422.09	536.42	302.99	949.67	247.08	598.37	494.38	806.67	650.52
Cl	54.90	43.50	49.40	54.90	42.30	49.00	54.90	42.30	50.20	36.40	43.30	36.20	67.60	51.90
Rb/Sr	0.59	1.09	0.26	0.72	0.45	0.62	1.09	0.26	0.73	0.15	0.44	0.05	0.00	0.03
Sr/Ba	0.13	0.09	0.44	0.14	0.20	0.20	0.44	0.09	0.15	0.31	0.23	1.59	2.53	2.06
Th/U	0.33	7.61	0.49	0.30	0.29	1.81	7.61	0.29	0.33	1.13	0.73	1.56	3.50	2.53
V/Cr	5.42	4.72	4.39	4.17	5.61	4.86	5.61	4.17	1.63	2.83	2.23	29.55	24.12	26.84
Zr/Y	4.47	18.34	4.48	26.54	1.99	11.16	26.54	1.99	19.34	37.06	28.20	3.72	3.13	3.43
Nb/Ta	15.26	15.07	16.40	17.81	13.47	15.60	17.81	13.47	15.50	26.74	21.12	16.33	13.89	15.11
F/Cl	9.77	9.65	6.13	6.50	11.69	8.75	11.69	6.13	18.92	6.79	12.85	13.66	11.93	12.79

续表

成分	黑云斜长变粒岩片岩型石墨矿石								黑云斜长变粒岩			透辉岩		
	XC-03	XC-07	XC-08	XC-12	XC-13	矿石			XC-04	XC-06		XC-09	XC-11	
V/Ni	4.07	291.80	56.25	205.20	18.66	115.20	291.80	4.07	4.37	11.77	8.07	2.88	7.75	5.32
V/(V+Ni)	0.80	1.00	0.98	1.00	0.95	0.95	1.00	0.80	0.81	0.92	0.87	0.74	0.89	0.81
La	10.98	31.55	42.30	6.44	42.12	26.68	42.30	6.44	30.94	5.62	18.28	37.49	35.23	36.36
Ce	22.37	62.85	84.58	11.39	91.64	54.57	91.64	11.39	78.67	7.84	43.26	78.83	73.11	75.97
Pr	2.79	6.51	8.99	0.96	10.14	5.88	10.14	0.96	9.38	0.80	5.09	11.00	9.78	10.39
Nd	12.20	21.89	33.79	3.17	40.24	22.26	40.24	3.17	36.67	2.76	19.72	40.67	41.98	41.32
Sm	3.12	3.76	6.71	0.83	8.34	4.56	8.34	0.83	6.38	0.45	3.41	7.88	10.22	9.05
Eu	0.87	0.76	1.34	0.24	1.99	1.04	1.99	0.24	1.35	0.16	0.75	2.16	2.78	2.47
Gd	3.45	3.02	5.96	0.99	8.01	4.29	8.01	0.99	4.05	0.39	2.22	6.82	10.23	8.52
Tb	0.69	0.46	1.02	0.21	1.43	0.76	1.43	0.21	0.54	0.06	0.30	1.07	1.79	1.43
Dy	5.12	2.67	6.98	1.52	9.57	5.17	9.57	1.52	2.39	0.30	1.35	6.09	10.90	8.50
Ho	1.19	0.54	1.64	0.34	2.09	1.16	2.09	0.34	0.38	0.06	0.22	1.15	2.06	1.61
Er	3.95	1.60	5.44	1.07	6.18	3.65	6.18	1.07	0.96	0.16	0.56	3.17	5.65	4.41
Tm	0.68	0.26	0.94	0.19	0.99	0.61	0.99	0.19	0.12	0.03	0.08	0.46	0.82	0.64
Yb	4.57	1.83	6.60	1.49	6.23	4.14	6.60	1.49	0.78	0.16	0.47	2.88	5.01	3.95
Lu	0.74	0.29	1.07	0.29	0.99	0.68	1.07	0.29	0.11	0.03	0.07	0.42	0.72	0.57
REE	72.72	138.00	207.36	29.12	229.96	135.43	229.96	29.12	172.73	18.82	95.78	200.10	210.29	205.19
LREE/HREE	2.57	11.93	5.99	3.78	5.48	5.95	11.93	2.57	17.50	14.82	16.16	8.07	4.66	6.36
δCe	0.97	1.06	1.04	1.10	1.07	1.05	1.10	0.97	1.11	0.89	1.00	0.93	0.95	0.94
δEu	0.81	0.69	0.65	0.80	0.75	0.74	0.81	0.65	0.81	1.16	0.98	0.90	0.83	0.87

注：主量元素含量单位为%，微量元素含量单位为 10^{-6}。

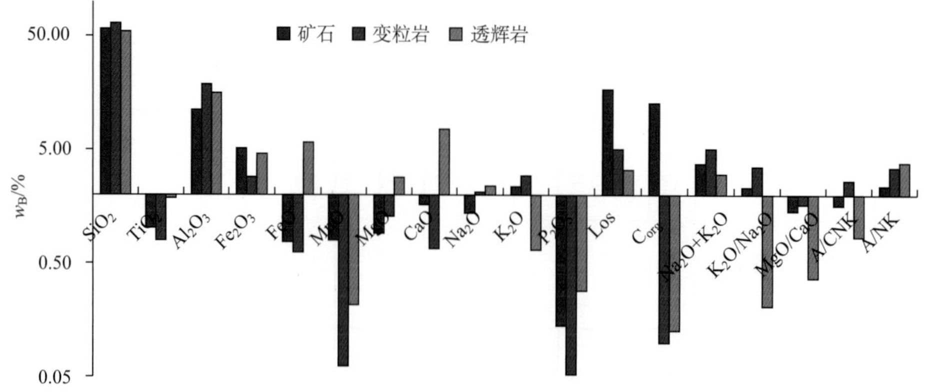

图 9-27　淅川五里梁石墨矿石与含石墨变粒岩岩石化学对比图

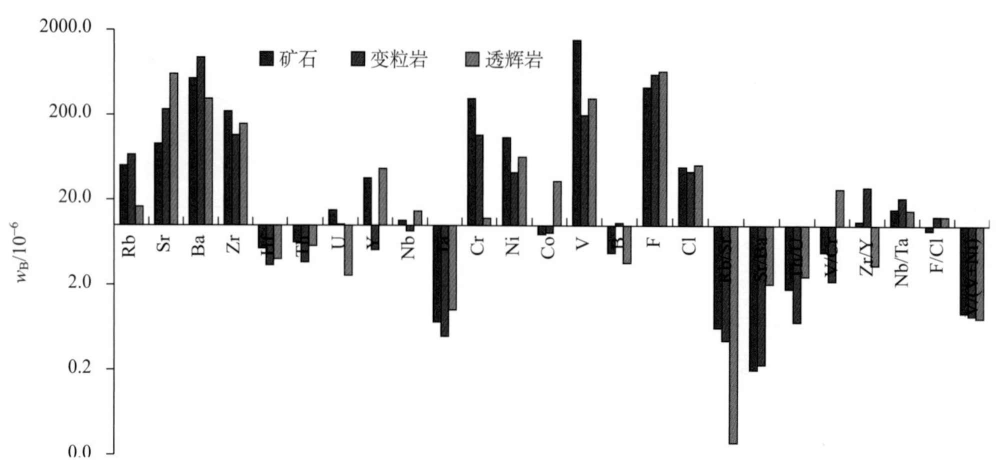

图 9-28　五里梁石墨矿石与含石墨变粒岩微量元素及特征值对比图

石墨矿石的稀土元素配分曲线斜率较小，相对平缓，负铕异常明显(图 9-29)，透辉变粒岩与石墨矿石类似，斜率小，而含石墨变粒岩的稀土元素配分曲线斜率较大，负铕异常不明显(图 9-30)。结合石墨矿石及含石墨变粒岩稀土元素配分曲线显示斜率大的曲线负铕异常不显著，而斜率小的曲线负铕异常显著(图 9-31)，这种特征是表现的陆源物质为主的稀土元素配分特征。

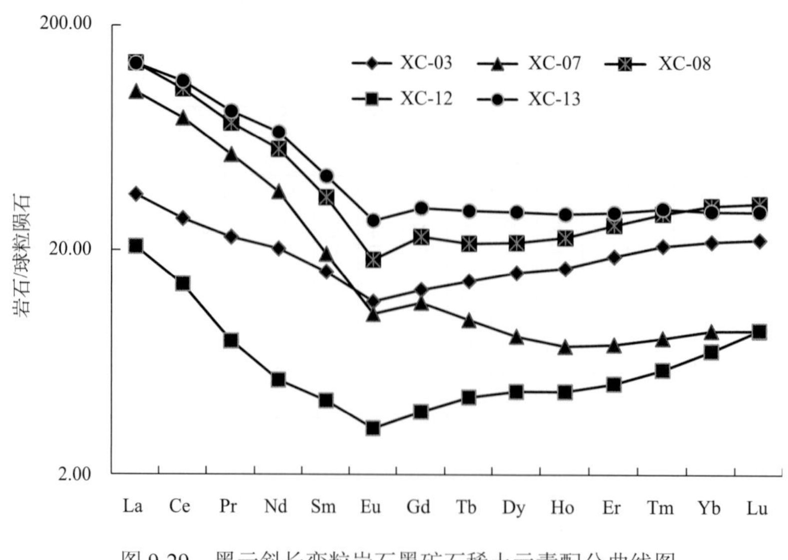

图 9-29　黑云斜长变粒岩石墨矿石稀土元素配分曲线图

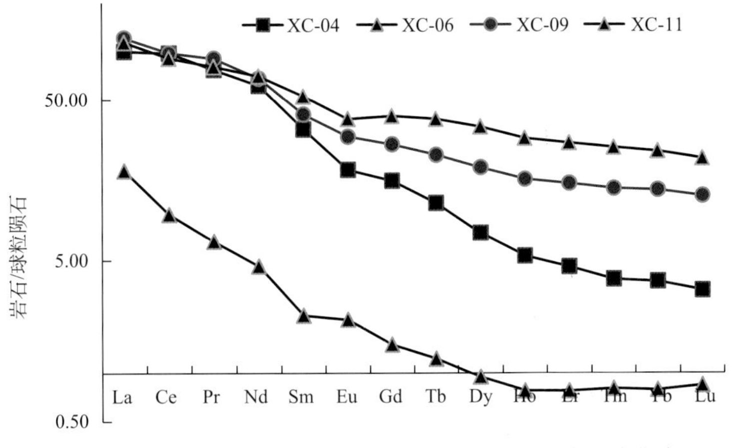

图 9-30　含石墨黑云斜长变粒岩-石英片岩稀土元素配分曲线

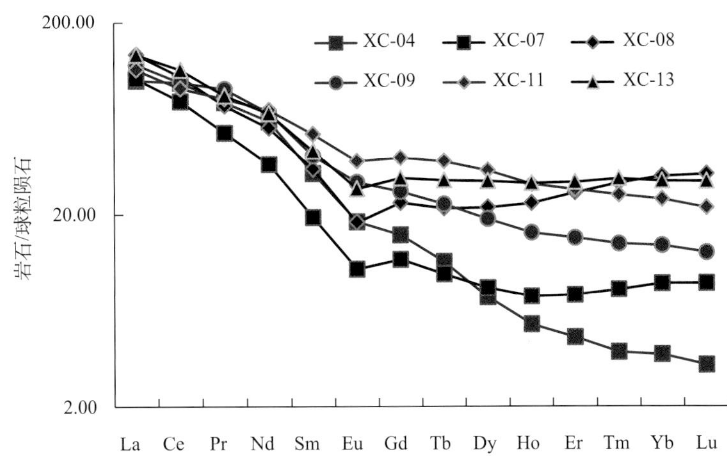

图 9-31　稀土元素总量较高的黑云斜长变粒岩稀土元素配分曲线，斜率小的曲线负铕异常明显

四、秦岭石墨矿碳同位素

本书研究中收集了前人测试的鲁山石墨碳同位素资料，并在北秦岭镇平小岔沟石墨矿和南秦岭淅川五里梁石墨矿采集了典型石墨矿石，分选石墨单矿物委托核工业北京地质研究所实验室进行测试。矿石样品有各类含石墨变粒岩、片麻岩及热液脉状、构造碎裂型矿石，并收集了大青山地区石墨矿区大理岩和渤海湾油田原油及浙江康山煤炭的碳同位素资料。

北秦岭小岔沟石墨矿和南秦岭五里梁石墨矿碳同位素组成有较大区别，小岔沟石墨矿同位素组成比较集中，同位素值较高，分布范围为–18.10‰～–17.30‰,平均–17.68‰；南秦岭五里梁石墨矿同位素值较低，分布范围为–26.20‰～–19.0‰，平均–24.70‰；鲁山石墨矿碳同位素组成与北秦岭接近，平均为–19.19‰(表 9-23)。

几个矿区碳同位素组成均高于原油和煤炭的有机碳同位素组成，而低于石墨矿区蚀变大理岩的碳同位素组成，介于有机碳同位素和无机碳同位素组成之间(图 9-32)。

但是小岔沟石墨矿和鲁山石墨矿同位素组成接近大理岩的无机同位素组成，表明无机碳参与较多；而五里梁石墨矿碳同位素组成接近有机同位素组成，表明有机碳为主。

两个石墨矿区矿石类型和变质程度都有差异，小岔沟石墨矿石主要是蚀变大理岩和透辉透闪变粒岩型矿石，变质程度达到高角闪岩相，而五里梁石墨矿主要是黑云绿泥片岩、黑云斜长变粒岩型矿石，为低角闪岩相变质岩。较多的碳酸盐岩和较高的变质程度，使碳酸盐岩蚀变释放出更多的无机碳参与石墨结晶，提高石墨的碳同位素组成。

表 9-23　秦岭地区石墨矿床碳同位素组成表

矿区	矿石	样号	测试矿物	$\delta^{13}C_{PDB}$/‰	矿区	矿石	样号	测试矿物	$\delta^{13}C_{PDB}$/‰
北秦岭镇平小岔沟	蛇纹石大理岩	ZP–02	石墨	–18.10	南秦岭淅川五里梁	斜长片麻岩	XC–01	石墨	–25.20
		ZP–05	石墨	–18.00			XC–02	石墨	–25.10
		ZP–07	石墨	–17.90			XC–05	石墨	–25.60
		ZP–09	石墨	–17.60			XC–07	石墨	–25.60
	透辉变粒岩	ZP–10	石墨	–17.40			XC–08	石墨	–25.60
		ZP–14	石墨	–17.30			XC–10	石墨	–26.20
		ZP–15	石墨	–17.60			XC–12	石墨	–25.30
		ZP–20	石墨	–17.50			XC–14	石墨	–19.00
	平均值			–17.68		平均值			–24.70
	最高值			–17.30		最高值			–19.00
	最低值			–18.10		最低值			–26.20
鲁山	石墨片麻岩	LS1	石墨	–21.69					
	方解透辉岩	LS2	石墨	–18.45					
		LS3	石墨	–18.33					
		LS4	石墨	–18.28					
	平均值			–19.19					

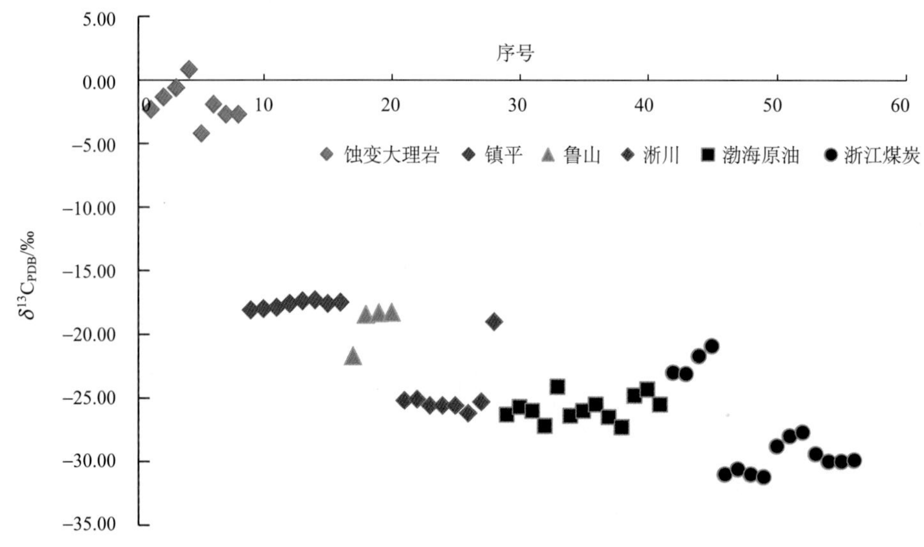

图 9-32　秦岭地区石墨矿床碳同位素分布图

第十章　胶北地区石墨矿床

第一节　地 质 背 景

一、含 矿 地 层

1. 含矿层分布

区内早前寒武纪变质岩主要包括中—新太古代TTG片麻岩、古元古界荆山群和粉子山群孔兹岩系、新元古代蓬莱群浅变质岩系、变质超镁铁质岩、斜长角闪岩和基性高压麻粒岩。

中—新太古代TTG片麻岩主要分布在栖霞地区，主要岩性有英云闪长质片麻岩、奥长花岗质片麻岩和花岗闪长质片麻岩，TTG片麻岩形成时代至少可分为两期，分别为2900～2700Ma和～2500Ma（Zhou et al.，2008；Jahn et al.，2008；刘建辉等，2011）。新元古界蓬莱群主要分布在蓬莱地区和栖霞北部，主要岩性有结晶灰岩、板岩、石英岩等，仅遭受了绿片岩相变质作用，有石墨矿床发现（李雷等，2013），矿石类型为含石墨黑云变粒岩。

古元古界荆山群和粉子山群孔兹岩系是胶北石墨矿床的主要含矿岩系，粉子山群位于北段，荆山群位于南段（图10-1），两个岩群地层时代及沉积建造可以进行对比（表10-1）。

表10-1　古元古界荆山群和粉子山群孔兹岩系对比表

<table>
<tr><th colspan="2">地层</th><th>岩性</th><th colspan="2">地层</th><th>岩性</th></tr>
<tr><td rowspan="5">荆山群</td><td rowspan="2">陡崖组</td><td rowspan="2">水桃林片岩段：石榴夕线黑云母斜长片麻岩；
徐村石墨岩系段：石墨黑云变粒岩、石墨透辉岩、黑云变粒岩、黑云斜长片麻岩、局部形成石墨矿床</td><td rowspan="5">粉子山群</td><td>岗嵛组</td><td>瘤状石榴夕线黑云片岩、黑云片岩、夕线二云片岩夹黑云变粒岩</td></tr>
<tr><td>巨屯组</td><td>石墨白云大理岩、石墨透闪岩、石墨透闪大理岩、石墨透闪变粒岩、石墨变粒岩、石墨片岩</td></tr>
<tr><td>野头组</td><td>定国寺大理岩段：蛇纹石化白云质大理岩、透辉大理岩、肉红色大理岩；
祥山透辉变粒岩段：黑云变粒岩、透辉变粒岩、夹透辉透闪岩、大理岩、浅粒岩、斜长角闪岩</td><td rowspan="2">张格庄组</td><td rowspan="2">三段：白云大理岩、大理岩为主，次菱铁矿滑石矿
二段：黑云变粒岩、透闪变粒岩、透闪片岩、滑石透闪岩；
一段：白云大理岩、透辉白云大理岩</td></tr>
<tr><td rowspan="2">禄格庄组</td><td rowspan="2">光山大理岩段：蛇纹石化橄榄大理岩、白云质大理岩夹透辉大理岩、黑云变粒岩；
安吉村片岩段：石墨石榴黑云片岩夹透辉变粒岩、长石石英岩、透辉黑云大理岩</td></tr>
<tr><td>祝家夼组</td><td>变粒岩、片岩、石英岩、大理岩</td></tr>
</table>

一般认为荆山群和粉子山群是古元古代同时异相沉积，碎屑锆石和变质锆石年龄测定，两者为同时产物（2.2～1.9Ga）；两者变质岩类型基本相似，普遍含石墨（或碳质），黑云变粒岩及含透辉石等的钙硅酸盐变粒岩和长石石英岩等在两套岩层中均相当常见；岗嵛组的部分二云片岩中也含夕线石和石榴石，它们与陡崖组中的夕线石榴黑云片岩-片麻岩也颇相似；层序相似，下部都是以变粒岩-浅粒岩和长石石英岩为主，中部大理岩较多，上部则以黑云片岩-片麻岩为特征（林润生和于志臣，1988；王沛成，1995）。

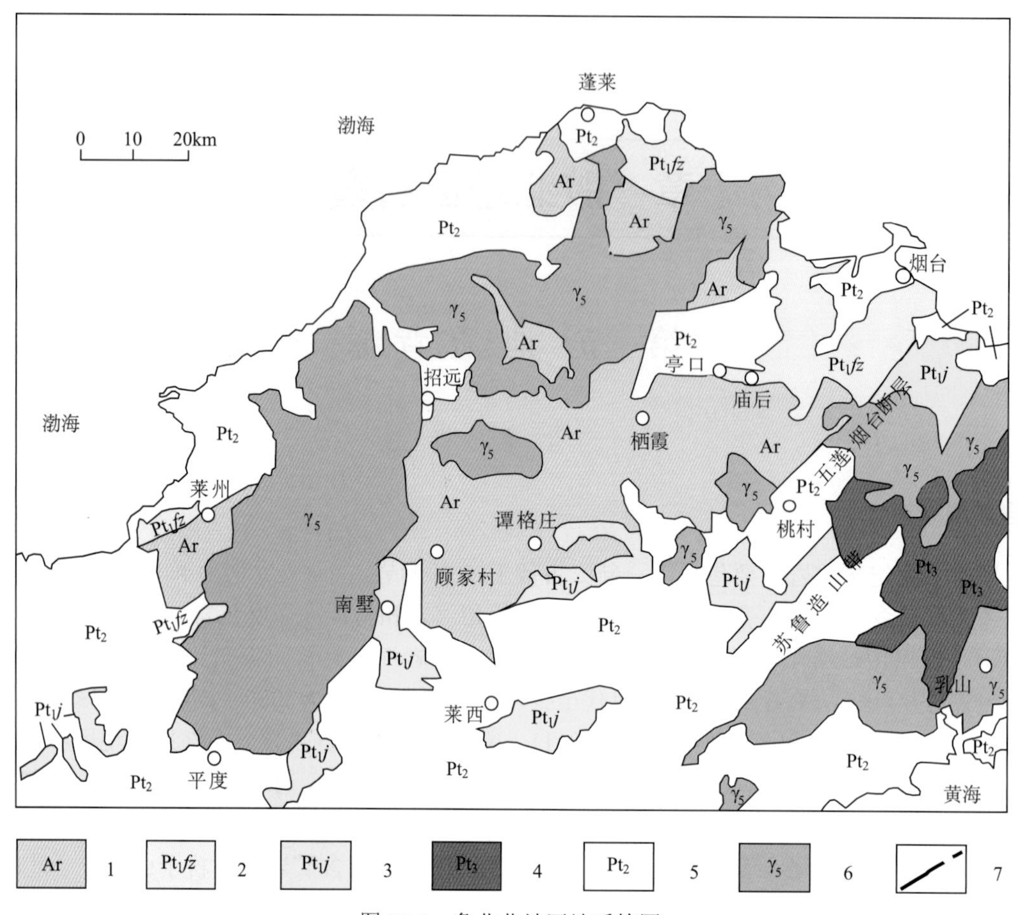

图 10-1　鲁北北地区地质简图

1. 太古宙基底；2. 古元古界粉子山群；3. 古元古界荆山群；4. 新元古代花岗质岩石；5. 中元古界及更年轻盖层；6. 中生代花岗岩；7. 断层

古元古界荆山群孔兹岩系分布于胶北莱阳荆山、旌旗山、莱西南墅、平度仙山、乳山午极等地，呈近东西向环绕太古宇TTG花岗质片麻岩展布，划分为禄格庄组、野头组和陡崖组。与其他典型孔兹岩系类似，荆山群主要由成熟度高的含石墨变泥砂质岩石（夕线石榴片麻岩等）、钙镁硅酸岩和大理岩组成，变质程度达高角闪岩相—麻粒岩相，其中发现高压麻粒岩(Zhou et al.，2004)。岩性主要为富铝的片岩-片麻岩、变粒岩、大理岩、长石石英岩和含石墨岩系，变质作用为高角闪岩相—麻粒岩相，局部可见高压麻粒岩，有夕线石榴黑云片岩-片麻岩、大理岩、石墨片岩-片麻岩、长石石英岩、黑云变粒岩等(周喜文等，2003，2004，2007；王世进等，2009；王舫等，2010)。荆山群孔兹岩系是鲁北变质结晶基底重要组成部分，亦是石墨矿、滑石矿及大理石饰材的赋存层位。

荆山群总体相当于孔兹岩系，按岩石组合自下而上划分为三个组。

禄格庄组：下部为(含石墨)夕线石榴黑云片麻岩-片岩，黑云变粒岩夹透辉变粒岩，斜长角闪岩及长石石英岩等，各种变粒岩常呈条带状互层；上部为透辉石大理岩夹薄层斜长角闪岩。

野头组：下部岩性为黑云变粒岩，浅粒岩-长石石英岩，含透辉石、透闪石等的变粒岩夹斜长角闪岩和少量透辉石岩透镜体；上部为含透辉石、镁橄榄石和金云母等的白云质大理岩，偶夹黑云变粒岩、透辉石岩和透辉变粒岩薄层。

陡崖组：下部以石墨黑云(透辉)变粒岩为主，夹黑云变粒岩、浅粒岩、大理岩、黑云片岩和斜长角闪岩等，局部出现角闪二辉麻粒岩夹层，是本区石墨矿的主要含矿层位，南墅大型石墨矿床即赋存于此层位中；上部以夕线石榴黑云片岩-片麻岩及二云片岩为主，夹大理岩、浅粒岩和黑云变粒岩薄层。

粉子山群主要分布在栖霞庙后、蓬莱和莱州粉子山等地，岩性主要由含磁铁石英岩系和富铝片岩-片麻岩、含石墨岩系组成，主要岩性为大理岩、黑云变粒岩、透闪岩、石墨透闪岩、含石墨岩系夹菱镁矿、滑石矿、浅粒岩、斜长角闪岩、长石石英岩、夕线黑云片岩-片麻岩等，变质程度达高绿片岩相—低角闪岩相。石榴石-白云母-石英片岩中碎屑锆石 SHRIMP 年龄为 2.9～2.2Ga(Wan et al.，2006)，形成于古元古代晚期(王世进等，2009)。

粉子山群(福山群)自下而上划分为祝家夼组、张格庄组、巨屯组和岗嵛组四个组，原岩建造与荆山群类似，但变质程度通常仅为绿片岩相，与荆山群为韧性剪切构造接触。

祝家夼组：由黑云变粒岩-浅粒岩、长石石英岩夹黑云片岩及石墨黑云片岩等组成。

张格庄组：中下部以细粒石墨黑云片岩和变粒岩为主，夹大理岩和钙硅酸盐岩石；上部以细粒含石墨硅质和白云质大理岩为主，亦夹石墨片岩及透闪片岩等各种钙硅酸盐岩石。

巨屯组：致密状黑色碳质大理岩和石墨大理岩为特征，部分为硅质或白云质大理岩，中夹含石墨的黑云或二云片岩、绿泥片岩、浅粒岩、变粒岩及透闪长石石英岩等夹层。

岗嵛组：以瘤状二云和黑云片岩为特征，少数含有石榴石或十字石，有些瘤状层中也可出现夕线石，中夹黑云变粒岩、长石石英岩及钙质片岩和透闪石大理岩等。

2. 胶北孔兹岩系

区内荆山群-粉子山群主要岩性属于孔兹岩系，区内孔兹岩系中石墨矿床的含矿岩石是黑云石墨片麻岩-变粒岩和透辉透闪石墨变粒岩及黑云石墨片岩等重要岩石类型，以莱西—平度地区具有代表性。孔兹岩系主要岩石由变粒岩-浅粒岩-长石石英岩，富铝云母片岩-片麻岩，大理岩、钙镁硅酸盐岩、角闪质岩石和麻粒岩等四大类岩石组成。孔兹岩系原岩以长石质粉砂岩和富黏土质长石杂砂岩类岩石为主，夹黏土岩(页岩)、泥灰岩和碳酸盐沉积。是长英质细陆屑和黏土质风化产物及钙镁质碳酸盐化学沉积三者的混杂沉积建造，且富含有机质。是半稳定—较稳定构造环境下的陆壳内拗陷-裂陷带的浅海相沉积。

(1)变粒岩-浅粒岩-长石石英岩类：是荆山群中最主要的变质岩类型，以细粒变晶结构的黑云变粒岩为主，主要由中酸性斜长石(次有钾微斜长石)和石英组成，黑云母含量 10%～20%，有些还含角闪石或少量石墨鳞片。也有相当一部分岩石中含暗色矿物<5%～10%，过渡为浅粒岩，有些层位长石含量降低，成为长石石英岩。另有一部分岩石则以含透辉石为特征(透辉变粒岩、石墨黑云透辉变粒岩及长石石英岩等)。原岩为长石质粉砂岩和含钙质粉砂岩类。

(2)富铝云母片岩-片麻岩类：只占岩石总量的 10%～20%，但分布普遍，是孔兹岩系的特征岩石。

片岩类一般为中粒鳞片变晶结构，斜长石和石英总含量达 60%～70%，暗色矿物主要为黑云母，但常含夕线石、石榴石，最高含量可达 15%～20%，有些则还含少量白云母。常见类型有石榴夕线黑云片岩、夕线黑云片岩、石榴黑云或二云片岩，瘤状含电气石夕线黑云石英片岩及黑云片岩等。部分片岩含少量鳞片状石墨，成为石墨矿体的夹层，与富铝片麻岩之间存在相变关系，原岩为泥质页岩。

富铝片麻岩分布较广，青灰色至灰黑色或灰黄色，中粗粒鳞片变晶结构，片麻状构造明显。矿物组成浅色矿物以钾微斜长石为主，其次在二长片麻岩中有斜长石(<5%)，常被交代成不规则残留状态(钾长片麻岩)，另一些岩石中则只含斜长石(斜长片麻岩)；石英含量 10%～25%；暗色矿物一般以棕红—浅黄褐色黑云母为主(10%～30%)，以富含 TiO_2 和高 MgO 为特征。红色较自形的石榴石通常呈变斑晶出现，有时其中含有石英、斜长石、黑云母及呈束状的细针状夕线石包体。夕线石呈针柱状或者毛发状，一般含量为 5%～15%，最高可达 25%～30%；少数岩石中还含堇青石。

最常见岩石类型为夕线石榴黑云二长片麻岩，有些斜长片麻岩中，除夕线石外，还同时存在蓝晶石或红柱石，也有些黑云或二云斜长片麻岩中只含蓝晶石和石榴石，各种片麻岩中均常含少量石墨鳞片。

在南墅石墨矿区见到粗粒的夕线石榴钾长片麻岩，特征是以钾长石为主，石英较少，石榴石呈粗大晶体和针柱状夕线石共占 20%～40%，另有少量石墨鳞片，黑云母细鳞片<5%。

本类岩石含 Al_2O_3 最高达 20.20%，原岩主要为粉砂质黏土岩和富黏土质长石杂砂岩。

(3) 大理岩和钙镁硅酸盐岩类：分布较普遍，但总量<10%，一般呈数米到十余米的透镜状夹层，在莱西南墅和平度明村及莱阳以南的吕格庄等地区较为常见。岩石一般为灰白色的粗粒厚层白云质大理岩，含有镁橄榄石(多已蛇纹石化)、透辉石、金云母和尖晶石等钙镁硅酸盐矿物及少量石墨鳞片，钙镁硅酸盐矿物总含量最高达 20%～30%，有时这些矿物还呈团块状聚集。有含少量透闪石的大理岩和不含硅酸盐矿物的纯白色大理岩等，以及红色金云母透辉石大理岩和黄绿色斑杂状蛇纹石化大理岩。

钙镁硅酸盐岩石相当普遍，占孔兹岩系岩石总量 20%左右，或与大理岩共生，或在黑云变粒岩中呈夹层，或为石墨矿层的夹层，岩石类型复杂多样。岩石外观灰黄、灰黑或灰绿色，多数为细均粒变晶结构，块状或条带状构造。最常见的岩石类型为透辉石变粒岩-浅粒岩-长石石英岩-石英岩系列岩石，有时还含阳起石、透闪石、富镁的黑云母及石墨鳞片。

石墨钙硅酸盐(透辉石为主)变粒岩是本区主要石墨矿石类型，其次是不含长英质矿物或其含量极少的钙硅酸盐(片)岩。石墨钙硅酸盐(透辉石为主)变粒岩主要矿物组成是透辉石、透闪石、帘石及金云母等，呈不均粒块状或片状构造，常见岩石有透辉岩、透闪岩、透辉透闪岩和角闪斜长透辉岩等。有时在大理岩中还出现粗粒—巨晶的金云母透辉石岩透镜体或团块，均可含石墨，还曾见含磁铁矿 10%～20%的透辉石岩和方柱石含量较高的透辉石岩及成层性较好的中细粒斜长透辉石岩。在吕格庄以南还见到红色粗粒的钙质片麻岩与大理岩成互层，矿物组成以钾微斜长石、石英及碳酸盐为主(60%～75%)，其余为透辉石、阳起石、方柱石、(金云母)及榍石、磁铁矿等副矿物。与其伴生的细粒含透辉石黑云角闪斜长片岩-黑云斜长角闪片岩也可能属于钙镁硅酸盐岩类。本类岩石的原岩属于包括钙质粉砂岩-页岩和白云质泥灰岩等细碎屑岩-泥灰岩组合。

(4) 斜长角闪岩和麻粒岩类：斜长角闪岩较常见，在黑云变粒岩中呈厚数十厘米至数米的夹层产出。岩石显示为中细粒粒状变晶结构，片麻理不明显，主要由斜长石(An 30～50)和黄褐色普通角闪石组成，通常还含透辉石，部分含石榴石，后者有时具白色斜长石边缘，或聚集成粗大晶体，少数情况下也见到黑云斜长角闪岩。

麻粒岩分布有限，主要为中基性角闪二辉麻粒岩，也曾见紫苏角闪麻粒岩，其岩性特征和斜长角闪岩基本相同，但是含斜方辉石。辉石总量最高可达 30%～40%，它们一般和角闪石平衡共生，当斜方辉石含量很少时，即过渡为透辉斜长角闪岩，有些麻粒岩中还含方柱石(中柱石)。浅色麻粒岩更为少见，其岩性与黑云斜长片麻岩基本相似，只是存在斜方辉石，且其含量大于黑云母，也可同时含少量单斜辉石。本类岩石的原岩部分为基性火山岩及顺层小侵入体，但也有一部分属于由富铁的泥灰岩或钙质杂砂岩变质所成，后者与石墨片麻岩呈互层，且本身常含有少量均匀分布的石墨鳞片。

二、荆山群孔兹岩系岩石化学

1. 岩石化学组成

孔兹岩系中含夕线石、红柱石高铝云母片岩和透辉变粒岩变质沉积建造，地层时代属于古元古界荆山群禄格庄组下部(安吉村片岩段)及五莲地区粉子山群祝家夼组以高铝片岩为主的岩石组合(王沛成和张成基，1996；杨忠芳和徐景魁，1992)。

岩石化学组成划分为三类，石英片岩类 SiO_2 含量平均 69.46%，黑云斜长变粒岩类平均 57.85%，透辉变粒岩类平均 52.80%；黑云斜长变粒岩类 Al_2O_3 最高平均 18.73%，透辉变粒岩 17.04%，石英片岩最低 13.05%；三类岩石 K_2O/Na_2O 值平均都在大于 1，属于富钾沉积岩，K_2O/Na_2O 值与 A/CNK 呈正比关系，K_2O/Na_2O 值小于 1 的样品一般 Al_2O_3 比较低(表 10-2)。微量元素测试不全，显示 Sr、Ba 都比较高，其他过渡元素含量较低，石英片岩和黑云斜长变粒岩 Sr/Ba 值小于 0.5，透辉变粒岩值 Sr/Ba 大于 0.5，显示前者陆源碎屑为主，后者海源物质为主(表 10-2)。

在胶北隆起荆山群分布区主要岩性组合为石榴夕线黑云片岩、石榴夕线黑云斜长片麻岩、夹黑云变粒岩、大理岩、长石石英岩及透辉变粒岩等。其中的含高铝矿物岩石-石榴夕线黑云片(麻)岩呈灰褐色、粒状鳞片变晶结构，片状构造；主要矿物成分有石榴子石(10%～20%)、夕线石(20%～30%)、黑云母(20%～30%)、石英(30%)(片麻岩中则含较多的斜长石和钾长石)；岩石以富铝和富含高铝矿物夕线石为特征，Al_2O_3 含量一般为 18.27%～22.43%（表 10-2），夕线石含量高者达 30%以上(如族旗山地区)。

在胶莱拗陷南缘五莲地区的高铝云母片岩建造的主要岩石组合为黑云变粒岩、黑云片岩、大理岩、石英岩及斜长角闪岩，夹红柱石黑云片岩及红柱石黑云变粒岩，总厚 584m。红柱石黑云片岩呈灰黑色，斑状变晶结构，片状构造。主要矿物成分为红柱石(20%～30%)、黑云母(36%)、石英(24%)、石墨(8%)、绢云母(4.7%)及少量金属矿物。含红柱石黑云片岩 Al_2O_3 含量一般为 16%～20%。

该含矿变质沉积建造主要由含高铝矿物(红柱石、蓝晶石或夕线石)黑云片岩、变粒岩、大理岩及长石石英岩等组成，从岩石组合、变余组构及一系列岩石化学变异图解等多方面因素分析，其原岩无疑为一套正常沉积的黏土岩及部分成熟度比较高的细碎屑岩及碳酸盐岩等。是胶北地区太古宙地壳演化进入元古宙以后所形成的一套槽盆型复理式沉积建造。

2. 稀土元素地球化学

胶北荆山-粉子山岩系在区域分布和变质相上有一定的差异，但是均由富 Al、含石墨的片岩、片麻岩及大理岩、石英岩等副变质岩系和少量变质的基性—中酸性火山岩、火山碎屑岩组成的火山-沉积孔兹岩系建造，稀土元素特征对原岩沉积环境判别具有指示意义(表 10-2)。

富铝质片麻岩类稀土元素总量较高，平均 254.97×10^{-6}；透辉透闪岩(JDD1 和 JS39-JS41)稀土元素总量较低，平均 112.75×10^{-6}，富铝质片麻岩类轻重稀土元素比值大于透辉透闪岩，并且富铝质岩石轻重稀土元素分异明显；富铝质岩石 δEu 小于透辉透闪岩和石英片岩(徐兵等，1995)。

孔兹岩系岩石稀土元素配分显示三种类型，一是负铕异常+负铈异常型，轻重稀土元素比值较大，轻重稀土元素分异明显，斜率大的曲线负铕异常更明显(图 10-2)；二是负铕异常型，基本不具有负铈异常，轻重稀土元素比值较大，轻重稀土元素分异明显，斜率大的曲线负铕异常更明显(图 10-3)；三是略显正铈异常+负铕异常型，轻重稀土元素比值稍小，斜率大的曲线负铕异常更明显，其中 JDD1 可能属于正变质斜长角闪岩夹层，轻重稀土元素分异不明显，负铕异常较弱(图 10-4)。

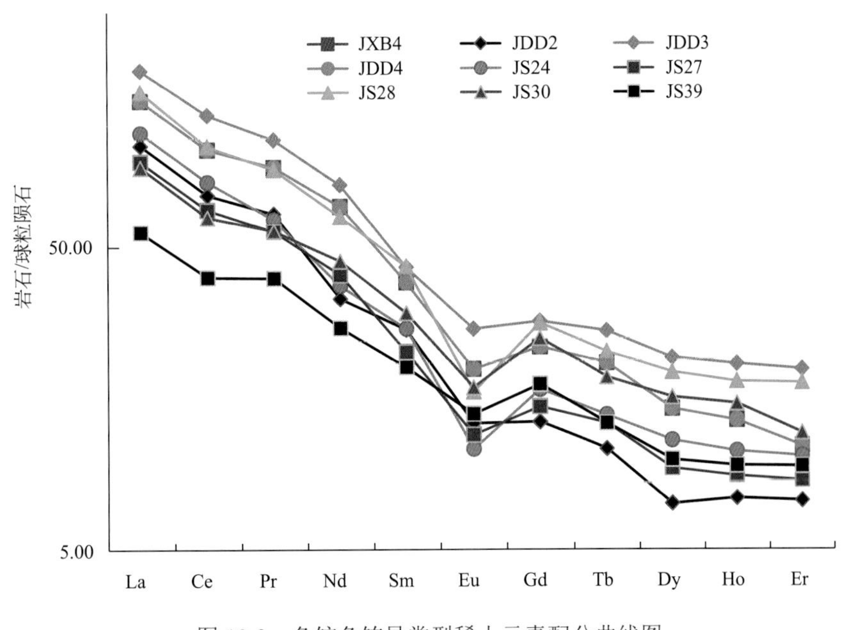

图 10-2　负铈负铕异常型稀土元素配分曲线图

表 10-2　鲁北地区古元古界高铝云母片岩化学成分表

成分	石英片岩							富铝黑云斜长变粒岩片麻岩											透辉变粒岩				
	JDD2	JXB3	JS27	JS29	JS30	JS32	平均值	Ld3	Ld4	Ld5	Ld6	JXB2	JS43	JS44	JXB4	JDD3	JDD4	平均值	JDD1	Ld1	Ld2	JXB1	平均值
SiO_2	70.42	68.50					69.46	57.06	59.56	54.02	55.68	64.03			56.07	57.94	58.47	57.85	50.07	58.35	54.88	47.90	52.80
TiO_2								0.80	0.63	0.68	0.58							0.67		0.44	0.60		0.52
Al_2O_3	12.66	13.44					13.05	22.43	18.27	20.56	19.61	14.02			18.41	17.76	18.79	18.73	13.28	20.04	20.78	14.07	17.04
Fe_2O_3								1.10	1.96	0.84	2.71							1.65		1.73	0.69		1.21
FeO	4.20	4.65					4.43	9.40	6.20	9.08	5.24	4.66			9.59	8.88	8.39	7.68	12.50	6.52	8.06	14.04	10.28
MnO								0.14	0.06	0.12	1.12							0.36		0.07	0.13		0.10
MgO	0.93	1.95					1.44	4.06	3.82	5.08	4.36	1.18			3.96	3.30	1.86	3.45	5.90	3.23	4.65	6.99	5.19
CaO	1.05	1.99					1.52	1.00	0.63	1.37		3.19			1.46	1.33	1.21	1.46	10.53	5.00	5.00	10.51	7.76
Na_2O	2.82	2.02					2.42	0.65	1.05	0.67	1.76	3.03			1.09	1.30	0.35	1.24	2.17	0.70	0.80	1.98	1.41
K_2O	2.08	3.92					3.00	3.48	3.92	4.62	4.64	2.26			3.64	4.03	4.75	3.92	0.68	3.86	4.11	0.33	2.25
P_2O_5								0.03	0.10	0.09	0.08							0.08		0.05	0.08		0.07
Los									4.67	3.20	2.55							3.47					
合计	94.16	96.47					95.32	100.15	100.87	100.33	98.33	92.37			94.22	94.54	93.82	96.83	95.13	99.99	99.78	95.82	97.68
Na_2O+K_2O	4.90	5.94					5.42	4.13	4.97	5.29	6.40	5.29			4.73	5.33	5.10	5.16	2.85	4.56	4.91	2.31	3.66
K_2O/Na_2O	0.74	1.94					1.34	5.35	3.73	6.90	2.64	0.75			3.34	3.10	13.57	4.92	0.31	5.51	5.14	0.17	2.78
MgO/CaO	0.89	0.98					0.93	4.06	6.06	3.71		0.37			2.71	2.48	1.54	2.99	0.56	0.65	0.93	0.67	0.70
A/CNK	1.44	1.20					1.32	3.36	2.56	2.39	2.47	1.06			2.19	1.99	2.37	2.30	0.57	1.39	1.40	0.62	0.99
A/NK	1.84	1.77					1.80	4.63	3.05	3.36	2.47	1.89			3.21	2.73	3.28	3.08	3.08	3.75	3.60	3.89	3.58
F/M	4.52	2.38					3.45	2.56	2.08	1.94	1.76	3.95			2.42	2.69	4.51	2.74	2.12	2.50	1.87	2.01	2.12
Sr	176.2	142.33					159.27					193.25			80.77			137.01	243.37			220.15	231.76
Ba	591.19	373.17					482.18					422.1			503.85	1345.1		757.02	839.91			250.16	545.04
Zr	132.57	178.6					155.59					130.6			188.08	153.04		157.24	76.94			81.77	79.36
Cr	30.3	58.16					44.23					55.18			124.62	109.7	73.26	90.69	110.17			112.32	111.25
Ni	12.19	39.08					25.64					19.23			99.23	25.4	29.21	43.27	32.96			144.1	88.53
Co	10.9	14.83					12.87					9.51			32.69	10.59	8.91	15.43	16.6			50.21	33.41

续表

成分	石英片岩							富铝黑云斜长变粒岩片麻岩											透辉变粒岩				
	JDD2	JXB3	JS27	JS29	JS30	JS32	平均值	Ld3	Ld4	Ld5	Ld6	JXB2	JS43	JS44	JXB4	JDD3	JDD4	平均值	JDD1	Ld1	Ld2	JXB1	平均值
V	37.87	62.92					50.40					76.01			101.54	86.55	100.28	91.10	132.77			94.58	113.68
Sr/Ba	0.30	0.38					0.34					0.46			0.16			0.31	0.29			0.88	0.58
V/Cr	1.25	1.08					1.17					1.38			0.81	0.79	1.37	1.09	1.21			0.84	1.02
V/(Ni+V)	0.76	0.62					0.69					0.80			0.51	0.77	0.77	0.71	0.80			0.40	0.60
La	33.54	19.57	29.66	27.72	28.40	42.32	30.20	60.69	53.80	50.55	58.83	81.36	57.67	53.55	47.22	59.35	47.22	57.02	12.16	17.33	28.99	23.40	20.47
Ce	59.95	47.77	53.62	49.39	50.60	79.81	56.86	116.70	105.00	86.83	115.90	159.90	113.10	100.70	84.79	110.11	84.79	107.78	29.69	32.06	57.12	52.21	42.77
Pr	7.85	4.56	6.87	5.66	6.89	8.99	6.80	12.14	10.91	11.01	12.09	17.20	12.04	11.09	11.20	13.78	11.20	12.27	4.42	4.81	6.94	6.18	5.59
Nd	20.23	21.49	24.30	17.85	26.94	28.18	23.17	39.20	35.69	37.81	39.15	57.10	39.32	37.49	40.88	48.16	40.88	41.57	20.53	16.20	22.96	22.20	20.47
Sm	5.20	4.24	4.39	4.33	5.90	6.20	5.04	8.98	8.16	8.41	9.14	13.85	9.74	9.00	7.45	8.35	7.45	9.05	5.42	3.90	5.64	5.68	5.16
Eu	0.96	0.97	0.88	0.78	1.26	0.79	0.94	1.78	1.16	1.22	1.37	1.41	1.64	1.27	1.45	1.97	1.45	1.47	1.35	1.03	1.10	1.21	1.17
Gd	3.42	4.00	3.84	3.39	6.46	4.70	4.30	7.84	6.66	7.27	7.34	12.47	8.61	8.67	6.06	7.35	6.06	7.83	5.94	4.55	5.08	5.36	5.23
Tb	0.51	0.61	0.62	0.50	0.88	0.61	0.62	1.25	0.98	1.07	1.11	1.96	1.28	1.43	0.98	1.25	0.98	1.23	1.06	0.62	0.69	0.81	0.80
Dy	2.28	3.77	2.99	2.82	5.13	3.10	3.35	6.17	5.34	6.21	6.28	12.66	7.60	8.59	4.70	6.92	4.70	6.92	6.11	3.19	3.63	4.65	4.40
Ho	0.53	0.70	0.63	0.53	1.09	0.66	0.69	1.45	1.03	1.29	1.14	3.12	1.58	1.86	0.96	1.47	0.96	1.49	1.31	0.68	0.72	0.93	0.91
Er	1.52	1.76	1.78	1.33	2.55	1.90	1.81	3.48	3.24	3.74	3.41	7.48	4.60	4.87	2.31	4.13	2.31	3.96	3.74	1.98	2.10	2.69	2.63
Tm	0.26	0.27	0.27	0.19	0.36	0.28	0.27	0.59	0.38	0.55	0.50	0.78	0.86	0.77	0.46	0.68	0.40	0.60	0.56	0.28	0.30	0.39	0.38
Yb	1.49	1.92	1.75	1.20	1.84	1.74	1.66	2.99	3.18	3.44	3.29	6.76	4.51	0.81	2.13	3.14	2.13	3.24	3.50	1.68	1.93	2.53	2.41
Lu	0.23	0.23	0.26	0.19	0.24	0.25	0.23	0.42	0.49	0.51	0.52	0.93	0.67	0.80	0.32	0.47	0.32	0.55	0.54	0.25	0.29	0.36	0.36
REE	137.97	111.86	131.86	115.88	138.54	179.53	135.94	263.68	236.02	219.91	260.07	376.98	263.22	240.90	210.91	267.13	210.85	254.97	96.33	88.56	137.49	128.60	112.75
LREE/HREE	12.47	7.44	9.86	10.42	6.47	12.56	9.87	9.90	10.08	8.13	10.02	7.17	7.86	7.67	10.77	9.51	10.81	9.19	3.23	5.69	8.33	6.26	5.88
δCe	0.89	1.22	0.90	0.95	0.87	0.98	0.97	1.03	1.04	0.89	1.05	1.03	1.03	0.99	0.89	0.93	0.89	0.98	0.97	0.85	0.97	1.04	0.96
δEu	0.70	0.72	0.66	0.62	0.62	0.45	0.63	0.65	0.48	0.48	0.51	0.33	0.55	0.44	0.66	0.77	0.66	0.55	0.73	0.75	0.63	0.67	0.69

注：Ld1~Ld6. 石榴夕线石墨变粒岩片麻岩；JXB-JDD. 荆山群孔兹岩系；JS24-32 号为片岩类；JS39-JS41 号为透辉透闪岩；JS42-JS44 号为片麻岩变粒岩类。主量元素含量单位为%，微量元素含量单位为 10^{-6}。

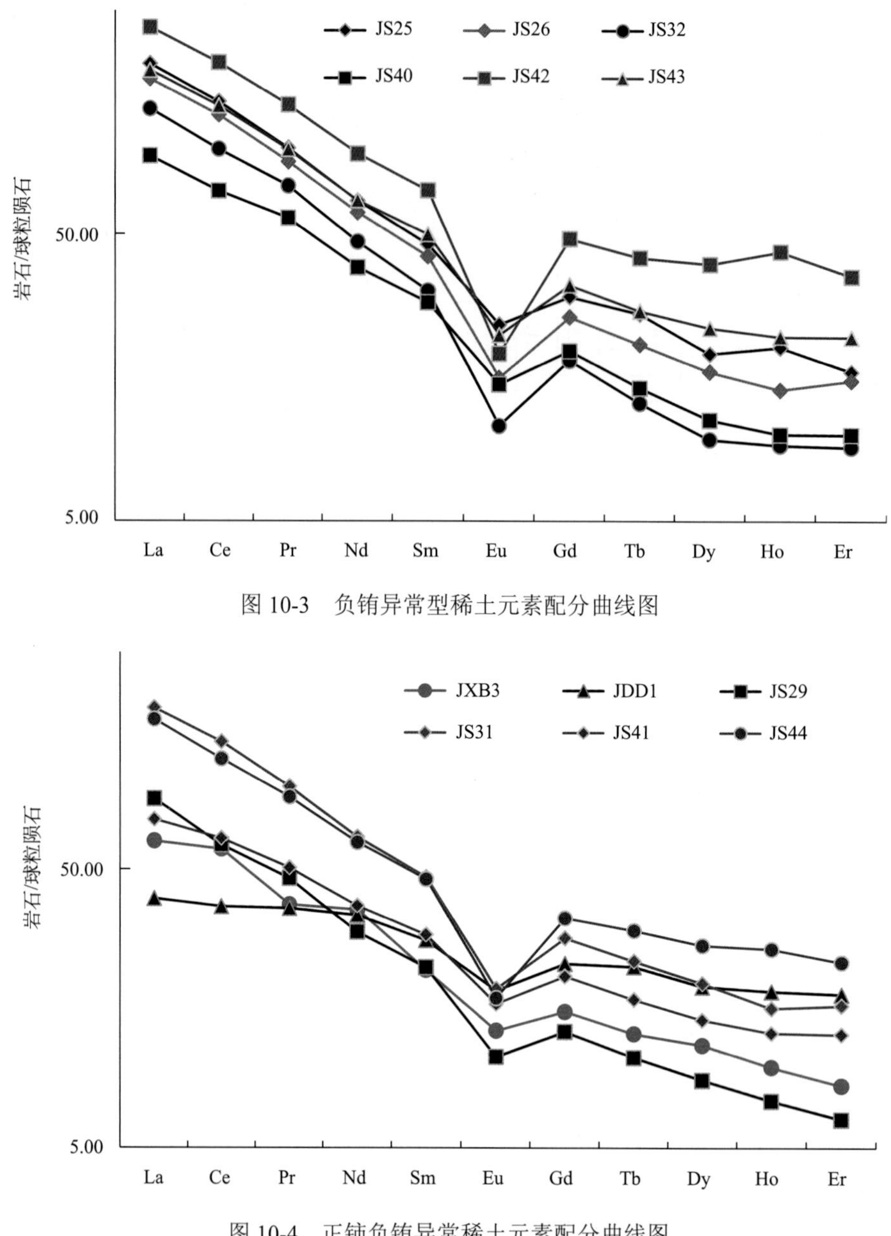

图 10-3　负铕异常型稀土元素配分曲线图

图 10-4　正铈负铕异常稀土元素配分曲线图

这种稀土元素地球化学特征显示，荆山群孔兹岩系原岩为滨浅海沉积环境沉积，具有潮汐相为负铕异常+负铈异常型特征、陆棚浅海相负铕异常型，基本不具有负铈异常特征，局部显半深水环境略显正铈异常+负铕异常型特征。

三、含矿地层变形变质作用

1. 构造变形

区域构造格架是以太古宇胶东杂岩组成的栖霞复背斜为中心，四周环绕分布古元古界表壳岩层，胶东杂岩中的太古期构造变形形迹已被彻底改造，难于识别。目前胶东杂岩与古元古界岩层的构造型式一致，区域性片麻理都以近东西向为主，形成大型片麻岩穹隆，两者属于“构造整合”接触关系，表明本区目前的构造样式是古元古代末构造热事件的产物(周喜文等，2001；靳是琴等，1987)。

经活化隆起的太古宇基底与其上覆的古元古代沉积建造一起经历多幕的变形和变质作用，只是两者的岩性及埋深不同，表现出构造形态也有一定差异。胶东杂岩以花岗质片麻岩为主，所处深度相对较大，处于塑性状态，形成一系列穹隆和卵形构造，上覆的古元古界为层状沉积岩，所处深度相对较小，则以发育线状褶皱和韧性变形带为特征。

古元古代旋回经历了三幕构造变形作用。

第一幕(D_1)为强烈的近南北向水平挤压，形成轴向东西的平卧褶皱(F_1)和韧性变形带。在古元古界岩层中发育透入性片理(S_1)，为现在岩石中的主要片理，多数露头中与层理基本一致。太古宇基底活化，前期的片麻理被彻底改造，并形成新的顺层强塑性滑动带和层间无根褶皱等。

第二幕(D_2)构造变形作用与第一幕基本同轴，属于片理褶皱，形成一系列不同幅度的复杂复向斜构造，轴向近东西，常为中等倾角的同斜褶皱，有些则为歪斜或较开阔的直立褶皱。目前全区岩层的总体分布格局和构造样式，如栖霞复背斜等都基本反映这一幕构造作用。与此有关的次一级褶皱相当发育，一些地区存在片理 S_2 置换片理 S_1 的现象。

第三幕(D_3)构造变形作用主要在荆山群中表现为 NW 向至近南北向开阔褶皱的叠加，早期近东西向的褶皱改造成轴向 NW 或 NE 向，同时发育折劈理(S_3)。在胶东杂岩中也局部形成 NNW 的片麻理产状。

以上三幕构造变形作用发生于古元古代末，但新元古代本区仍有多期明显的构造活动，对孔兹岩系的变形有重要影响。

胶东杂岩与古元古代变质地层一样主要反映古元古代末这一变质事件的特征，在空间上有明显的分带性。平度—莱西一线为近东西向的热轴，达角闪麻粒岩相，向东北依次出现高角闪岩相、角闪岩相和低角闪岩相。向南至莱阳的荆山地区亦降低为高角闪岩相。总体为中低压相系，以含红柱石和堇青石为特征，但局部亦有蓝晶石出现。

2. 变质作用

区内古元古界在进变质过程中存在三幕变质重结晶作用(M_1—M_3)，与构造变形作用(D_1—D_3)基本同步，在富铝的泥砂质岩石中变质矿物演化特征最明显(王德洪和林润生，1991；王舫等，2010)。

M_1 的早期阶段与 D_1 同时，在全区形成二云片岩和细粒黑云变粒岩等岩石，在栖霞以北和蓬莱等地区保留较多，基本矿物组合为黑云母+白云母+斜长石+石英，其结晶片理相当 S_1。部分岩石中存在石榴石、红柱石或蓝晶石变斑晶，个别岩石中还见十字石，它们不定向生长，常显示推开或穿切 S_1 片理的现象，有些较粗大石榴石中还可见早期较细粒的黑云母、斜长石、石英等包体，这些都表明其生长应在 S_1 片理形成之后，且处于构造较静态的环境下，此时相当于 M_1 的较晚阶段，绝大部分地区都达到了低角闪岩相。特征矿物平衡组合为①Gt+Bi+Mus+Pl+Qz；②Ky+Gt+Bi+Mus+Pl+Qz；③And+Gt+Bi+Mus+Pl+Qz。

据这些组合分析，M_1 早期阶段形成的定向矿物组合中，除黑云母和白云母外，应还有绿泥石、叶蜡石等存在，即为 Bi+Mus+Pl+Qz±Chl±Pyp。

在 M_1 晚期的 P-T 条件下通过以下反应形成铁铝榴石和蓝晶石或红柱石：

$$2\mathrm{Chl}+4\mathrm{Qz} \longrightarrow 3\mathrm{Alm}+8\mathrm{H_2O}$$

$$\mathrm{Pyp} \longrightarrow \mathrm{And}(\text{或 Ky})+\mathrm{H_2O}$$

附近的二云片麻岩中有些含蓝晶石或含红柱石，且两者都可在后来变质峰期转变成针柱状夕线石，推测仍是同阶段形成，表明当时 P-T 条件可能处于 Ky—And 单变平衡线附近。

M_2—M_3 相当于本区变质作用高峰期，M_2 与 D_2 基本同时，最主要矿物特征是较普遍出现针柱状夕线石，其含量视原岩成分而定，最高可达 20%以上。

是通过以下反应产生：

$$\mathrm{And}(\text{或 Ky}) \longrightarrow \mathrm{Sil}$$

几个地区均见到红柱石压扁变形并转变成夕线石现象，也见有板状蓝晶石晶体被针柱状夕线石穿切现象。一大部分针柱状夕线石可能通过下述反应形成：

$$Mus+Qz \longrightarrow Sil+Kf+H_2O$$

因为这些岩石中定向排列的针柱状夕线石呈束状较均匀分布，未见任何残留的红柱石或蓝晶石。

前述 M_1 阶段形成的组合中以普遍含白云母和斜长石为特征，但 M_2 阶段的组合中则完全不含白云母，只有黑云母和夕线石平衡共生，同时有不同数量的钾长石出现，石英含量则降低。这些特征均与 $Mus+Qz \longrightarrow Sil+Kf+H_2O$ 向右侧进行的结果完全吻合。

与此同时，前一阶段的石榴石和黑云母等也普遍重结晶，粒度加粗，化学成分也发生了变化，局部见 S_2 对 S_1 的置换关系。这阶段的典型矿物平衡组合是 Alm+Sil+Bi+Kf+Pl+Qz，反映高角闪岩相条件，各种矿物的相对含量受控于原岩总化学成分。

M_3 主要发育于栖霞复背斜南端的平度—莱西热轴地带，与 D_3 同期，露头范围内即可见这期变形作用的出现在空间上极不均匀。在剪切叶理 S_3 发育的岩石中，矿物变化最明显，沿叶理面及其附近黑云母广泛纤维夕线石化，附近已有的针柱状夕线石（Sil_1）也可纤维化。反应较彻底时，黑云母完全变为纤维状夕线石集合体，中夹有少量浸染状不透明的铁矿，一般并未见任何其他新生矿物，或仅有若干钾长石出现。但也有少数岩石中同时出现相当数量的新生堇青石，它们呈外形不规则的条痕状或透镜状，中包裹大量极细针状定向排列的夕线石（Sil_2），或还有浸染状磁铁矿，同时薄片中处于不同转变阶段的黑云母也大量存在。这种片麻岩有时并不含石榴石，或虽含不少铁铝榴石，但它们部分变形成透镜状，且与 S_3 叶理一致，表明是 M_2 阶段所成，石榴石与新生堇青石平衡共生。

这阶段的变化属于黑云母的脱水反应，其最常见形式可能与 Chinner（1961）研究所得的反应式相似，即

$$4Bi \longrightarrow 2Sil+12(Mg, Fe)O+10SiO_2+2K_2O+4H_2O$$

岩石中出现不少堇青石，但不出现钾长石时的反应：

$$Bi \longrightarrow Sil+Crd+Mt+K_2O+SiO_2+H_2O$$

当岩石中同时出现堇青石、磁铁矿和钾长石时，则可能为基本等化学的脱水反应：

$$Bi+Qz \longrightarrow Sil+Crd+Mt+Kf+H_2O$$

本区峰期后降温过程较早阶段的矿物变化不明显，主要只表现为石榴石和黑云母等暗色矿物接触时彼此之间的 Fe-Mg 交换反应和扩散作用，形成成分环带，以石榴石晶体边缘 X_{Fe} 增加而黑云母晶体边缘则 X_{Mg} 增加为特征。在东部文登地区的古元古界同类富铝黑云母片麻岩中则发现这阶段新生的板状蓝晶石，它们明显穿切由峰期夕线石（Sil_1）组成的片理，也可能存在 $Sil \rightarrow Ky_2$ 的反应关系。

低温退变质现象，如石榴石和峰期黑云母转变为细鳞片状黑云母或绿泥石及滑石等的现象则十分常见，还有一些角闪质岩石和麻粒岩夹层，在平度—莱西地区的角闪麻粒岩相带范围内，其峰期（M_2—M_3）典型平衡组合为 Opx+Cpx+Hb+Pl+Qz，但常和 Cpx+Hb+Pl 组合相邻，表明两者都是峰期组合。一些峰期紫苏辉石晶体中见有黄绿色细粒的普通角闪石包体，可能属于 M_1 阶段的矿物包体，峰期后降温过程，本类岩石中辉石转变为黄色角闪石现象较普遍。在东部小石岛的麻粒岩中还曾见斜方辉石周围发育石榴石的反应边，反映降温阶段曾出现 $Opx+Pl \rightarrow Gt+Cpx+Qz$ 的反应，因此应为近等压冷却过程（IBc），这和上述泥质岩石中所见的 Sil—Ky_2 现象完全符合。

大理岩中一般只保存峰期矿物组合，典型代表为 Di±Fo+Phl+Dol+Cc±Scp，反映高角闪岩相—麻粒岩相条件，个别露头中见有 Tr+Dol+Cc 组合，可能反映残留的峰期前 M_1 阶段的组合。

3. 变质温度压力条件

据本区荆山群孔兹岩系的变形和变质作用过程的矿物演化史及地质温压计数据，可确定其 *P-T-t* 轨迹：

M_1 代表第一幕变质作用的 *P-T*。一方面由于相邻岩石中可分别出现 M_1 阶段形成的蓝晶石或红柱

石，而且见到两者后来都可转变成夕线石，这表明当时 P-T 条件应在 Ky—And 单变线附近，且温度不超过 Al_2SiO_5 三相点。另一方面十字石的存在表明温度应不低于 550～575℃(Winkler，1965)。但形成基质中 Mus+Bi±Gt+Qz 时的温度可能相对较低，且与 D_1 同时。据以上分析，这阶段的温压范围在 500～600℃，0.4～0.5GPa。

M_2 代表第二幕变质作用的 P-T，与 D_2 同期，其特征平衡组合是 Alm+Sil+Bi+Kf+Qz。由于红柱石和白云母均转变成针柱状夕线石，表明当时温度＞600～640℃，大量花岗质脉体的出现也说明温度已达到最低重熔温度。根据前述温压计估算结果，这阶段温度为 630～650℃，压力为 0.4～0.5GPa，形成高角闪岩相组合，由 M_1 到 M_2 为等压增温过程。

M_3 代表第三幕变质作用的 P-T，也是本区早前寒武纪变质作用的温度最高峰期，以莱西—平度地区为代表。这阶段的特征矿物变化是黑云母脱水反应和脱水重熔作用，同时形成大量毛发状 Sil_2，或还有堇青石、磁铁矿及钾长石。黑云母稳定的温度上限和分解具有较宽的温度区间，与 P_{H_2O} 关系很大，一般不低于 700℃左右。同时基性变质岩中开始出现斜方辉石(但与角闪石平衡共生)，表明温度不应低于 700℃左右。另一方面 Alm+Crd+Sil+Qz 的平衡共生表明当时压力大致在 0.4～0.6GPa。根据前述地质温压计估算结果，这阶段温度为 700～750℃，压力为 0.5～0.6GPa。

从 M_2 到 M_3 仍是近等压的增温过程。M_2 与 D_3 基本同时，且矿物变化的强度明显受这期变形的应力作用所控制。由于本区存在夕线石转变为蓝晶石的现象，由石榴石晶体边缘和基质中斜长石成分所测得的压力为 0.43GPa，它们代表两者之间转换反应停止时(约在 570℃左右)的压力。此值与峰期压力 0.5～0.6GPa 差别不大，而温度则下降 200℃以上，这些现象证明变质峰期后为近等压的冷却过程。

依据变质作用各阶段的平衡矿物组合分析，本区进变质过程中 M_2 阶段的温度为 630～650℃，压力 0.4～0.5GPa，形成高角闪岩相组合；变质峰期(M_3)阶段的温度在 650～750℃，但很可能在 700℃以上，压力为 0.5～0.65GPa，很可能在 0.6GPa 左右，角闪麻粒岩相组合即形成于这种条件下；峰期后降温过程中 Gt-Bi 之间 Fe-Mg 交换反应停止时的封闭温度为 570℃左右，压力为 0.4～0.5GPa。

第二节 地层时代分析

应用锆石定年方法，粉子山群和荆山群锆石年龄为 1.85～3.34Ga，大多数为 1.85～2.22Ga，应用 SHRIMP 技术对粉子山群(S0116-1)和荆山群(S0141-1)变质碎屑沉积岩锆石进行定年，碎屑锆石年龄变化很大，可大致划分为四组(2.9～2.8Ga、～2.6Ga、2.5～2.4Ga、2.3～2.2Ga)，具岩浆结构的碎屑锆石最小年龄约为 2.2Ga，结合荆山群 1.90～1.85Ga 的变质锆石年龄，将粉子山群和荆山群的沉积时代限定在 1.9～2.2Ga(Wan et al.，2006)。

在粉子山群中具岩浆结构的碎屑锆石的谐和年龄(刘平华等，2011)，最小年龄为 2033±26Ma(点 46.1)，两个位于谐和线上的数据点，年龄分别为 2078±16Ma 和 2072±45Ma(点 25.1 和 45.1)。据此推测，粉子山群的沉积时代不早于 2.1Ga。尽管本次研究未获得可靠的变质年龄，但是，鲁北地区早前寒武纪基底普遍经历了 1.85～1.90Ga 的变质作用。可把粉子山群沉积时代进一步限制在 1.9～2.1Ga。

1. 荆山群变质岩中锆石年龄

荆山群富铝片麻岩广泛分布于山东半岛，刘平华等(2011)分别在莱西南墅镇—日庄镇和莱阳沐浴店镇—观里镇两个地区采集了富铝片麻岩样品分选锆石进行 SHRIMP U-Pb 同位素测年研究(表 10-3)。

富铝片麻岩呈青灰色至灰黑色，夹白色和红色斑点，中粗粒鳞片变晶结构，片麻状构造明显，主要是夕线石榴斜长片麻岩(PD-3c-2)和泥质高压麻粒岩(PD-8a-2)。夕线石榴斜长片麻岩(PD-3c-2)的特征是以斜长石和石英为主，含量约占 65%，其中大部分斜长石遭受了不同程度的绢云母化等蚀变，不规则粒状石英常常具有波状消光等变形效应。粗粒石榴石呈变斑晶出现，裂纹发育，有的含有浑圆状

表 10-3 荆山群富铝片麻岩锆石 SHRIMP U-Pb 年龄测试表

测点	元素含量/10^{-6}			元素及同位素比值							表面年龄/Ma			
	U	Th	$^{206}Pb^*$	Th/U	$^{207}Pb^*/^{206}Pb^*$	$\pm\sigma$/%	$^{207}Pb^*/^{235}U$	$\pm\sigma$/%	$^{206}Pb^*/^{238}U$	$\pm\sigma$/%	$^{207}Pb^*/^{206}Pb^*$	$\pm\sigma$	$^{206}Pb^*/^{238}U$	$\pm\sigma$
PD-8a-2.19	90	51	40	0.59	0.1782	0.67	12.460	2.0	0.5070	1.9	2636	11	2644	41
PD-3C-2.6	213	197	67	0.96	0.1356	0.59	6.840	1.5	0.3659	1.4	1472	10	2010	24
PD-3C-2.8	328	59	105	0.19	0.1332	2.00	6.840	2.8	0.3724	2.0	2140	35	2041	35
PD-3C-2.12	85	212	28	2.58	0.1391	2.40	7.290	3.8	0.3800	2.9	2216	42	2078	51
PD-3C-2.13	201	191	67	0.98	0.1301	0.59	6.960	1.5	0.3877	1.4	2100	10	2112	25
平均值	207	165	67	1.18	0.1345	1.40	6.983	2.4	0.3765	1.9	1982	24	2060	34
最高值	328	212	105	2.58	0.1391	2.40	7.290	3.8	0.3877	2.9	2216	42	2112	51
最低值	85	59	28	0.19	0.1301	0.59	6.840	1.5	0.3659	1.4	1472	10	2010	24
PD-8a-2.4	1385	16	398	0.01	0.1149	0.28	5.299	1.3	0.3340	1.3	1879	5	1860	21
PD-8a-2.1	345	11	98	0.03	0.1148	0.49	5.225	1.4	0.3300	1.3	1877	9	1838	21
PD-8a-2.16	348	14	101	0.04	0.1148	0.49	5.325	1.4	0.3370	1.3	1876	9	1870	21
PD-8a-2.2	642	21	186	0.03	0.1147	0.36	5.338	1.3	0.3380	1.3	1875	6	1875	20
PD-8a-2.22	943	12	270	0.01	0.1146	0.28	5.267	1.3	0.3330	1.2	1874	5	1854	20
PD-8a-2.27	1076	12	307	0.01	0.1145	0.26	5.241	1.3	0.3320	1.2	1872	5	1848	20
PD-8a-2.18	885	11	258	0.01	0.1145	0.58	5.359	1.4	0.3390	1.2	1872	10	1884	20
PD-8a-2.5	459	20	133	0.05	0.1144	0.48	5.316	1.4	0.3370	1.3	1871	9	1872	21
PD-8a-2.25	1520	17	440	0.01	0.1144	0.23	5.311	1.2	0.3370	1.2	1871	4	1871	20
PD-8a-2.21	905	10	263	0.01	0.1144	0.30	5.339	1.3	0.3390	1.2	1870	5	1879	20
PD-8a-2.24	213	13	62	0.06	0.1144	0.63	5.363	1.7	0.3400	1.6	1870	11	1887	26
PD-8a-2.10	780	10	225	0.01	0.1143	0.35	5.295	1.5	0.3360	1.4	1869	6	1867	23
PD-8a-2.12	819	31	241	0.04	0.1143	0.31	5.398	1.3	0.3430	1.2	1868	6	1899	20

续表

测点	元素含量/10^{-6}			元素及同位素比值							表面年龄/Ma			
	U	Th	$^{206}Pb^*$	Th/U	$^{207}Pb^*/^{206}Pb^*$	±σ/%	$^{207}Pb^*/^{235}U$	±σ/%	$^{206}Pb^*/^{238}U$	±σ/%	$^{207}Pb^*/^{206}Pb^*$	±σ	$^{206}Pb^*/^{238}U$	±σ
PD-8a-2.17	267	16	77	0.06	0.1141	1.10	5.257	1.7	0.3340	1.4	1865	20	1859	22
PD-8a-2.6	926	9	270	0.01	0.1140	0.29	5.328	1.3	0.3390	1.2	1865	5	1881	20
PD-8a-2.26	844	12	247	0.01	0.1140	0.30	5.344	1.3	0.3400	1.2	1864	5	1887	20
PD-8a-2.14	274	18	79	0.07	0.1140	0.57	5.281	1.5	0.3360	1.3	1864	10	1867	22
PD-8a-2.9	882	17	256	0.02	0.1140	0.30	5.298	1.3	0.3370	1.2	1864	5	1873	20
PD-8a-2.15	609	31	176	0.05	0.1138	0.35	5.278	1.3	0.3360	1.3	1864	6	1869	20
PD-8a-2.7	375	18	107	0.05	0.1137	0.46	5.228	1.4	0.3330	1.3	1860	8	1855	21
PD-8a-2.23	323	16	91	0.05	0.1137	0.49	5.125	1.4	0.3270	1.3	1859	9	1824	21
PD-8a-2.3	321	23	93	0.07	0.1136	0.49	5.268	1.4	0.3360	1.3	1858	9	1869	21
PD-8a-2.20	276	19	78	0.07	0.1136	0.59	5.176	1.4	0.3300	1.3	1858	11	1840	21
PD-8a-2.8	343	16	98	0.05	0.1134	0.49	5.186	1.4	0.3320	1.3	1854	9	1847	21
PD-8a-2.13	620	21	179	0.03	0.1133	0.37	5.246	1.3	0.3360	1.3	1853	9	1866	21
PD-8a-2.11	468	13	134	0.03	0.1129	0.44	5.178	1.4	0.3330	1.3	1847	8	1851	21
PD-3C-2.9	490	20	129	0.04	0.1177	0.67	4.957	1.5	0.3054	1.3	1922	12	1718	19
PD-3C-2.14	424	3	123	0.01	0.1164	1.10	5.414	1.7	0.3374	1.3	1901	10	1874	21
PD-3C-2.4	740	3	206	0.00	0.1152	0.44	5.144	1.3	0.3240	1.3	1883	8	1809	20
PD-3C-2.15	739	12	209	0.02	0.1148	0.60	5.203	1.5	0.3286	1.4	1877	11	1831	22
PD-3C-2.24	419	5	120	0.01	0.1145	0.43	5.261	1.3	0.3332	1.3	1872	7	1854	21
PD-3C-2.21	891	30	253	0.03	0.1144	1.10	5.211	1.7	0.3305	1.3	1870	20	1841	21
PD-3C-2.20	1223	12	351	0.01	0.0043	0.61	5.271	1.4	0.3346	1.2	1868	11	1861	20
PD-3C-2.1	1035	13	281	0.01	0.1134	0.30	4.940	1.3	0.3158	1.2	1855	5	1769	19
PD-3C-2.2	707	16	194	0.02	0.1134	0.35	4.995	1.3	0.3195	1.3	1854	6	1787	20

续表

测点	元素含量/10^{-6}			元素及同位素比值							表面年龄/Ma			
	U	Th	$^{206}Pb^*$	Th/U	$^{207}Pb^*/^{206}Pb^*$	$\pm\sigma$/%	$^{207}Pb^*/^{235}U$	$\pm\sigma$/%	$^{206}Pb^*/^{238}U$	$\pm\sigma$/%	$^{207}Pb^*/^{206}Pb^*$	$\pm\sigma$	$^{206}Pb^*/^{238}U$	$\pm\sigma$
PD-3C-2.3	495	10	135	0.02	0.1133	0.42	4.962	1.4	0.3177	1.3	1853	8	1778	20
PD-3C-2.7	357	15	96	0.04	0.1127	0.60	4.840	1.5	0.3114	1.3	1844	11	1748	20
PD-3C-2.23	866	15	241	0.02	0.1127	0.48	5.032	1.3	0.3237	1.2	1844	8	1808	20
PD-3C-2.17	440	179	123	0.42	0.1127	0.43	5.064	1.3	0.3258	1.3	1844	8	1818	20
PD-3C-2.5	470	4	127	0.01	0.1127	0.47	4.892	1.7	0.3148	1.6	1843	9	1764	25
PD-3C-2.16	757	15	210	0.02	0.1126	0.33	4.999	1.3	0.3220	1.2	1842	6	1799	19
PD-3C-2.10	323	195	91	0.62	0.1124	0.53	5.092	1.4	0.3284	1.3	1839	10	1831	21
PD-3C-2.25	518	125	146	0.25	0.1124	0.40	5.083	1.3	0.3280	1.3	1839	7	1829	20
PD-3C-2.11	803	10	229	0.01	0.1124	0.33	5.137	1.3	0.3315	1.3	1839	6	1846	21
PD-3C-2.19	508	31	140	0.06	0.1124	0.47	4.976	1.4	0.3211	1.3	1838	8	1795	20
PD-3C-2.18	302	97	82	0.33	0.1124	0.56	4.910	1.5	0.3169	1.4	1838	10	1775	21
PD-3C-2.26	404	5	114	0.01	0.1123	0.47	5.077	1.4	0.3278	1.3	1837	9	1828	20
PD-3C-2.22	1285	13	362	0.01	0.1121	0.26	5.067	1.3	0.3278	1.2	1834	4	1828	20
PD-3C-2.27	466	33	135	0.07	0.1121	0.48	5.217	1.3	0.3376	1.4	1833	9	1875	23
平均值	643	26	183	0.06	0.1116	0.47	5.184	1.4	0.3304	1.3	1861	8	1840	21
最高值	1520	195	440	0.62	0.1177	1.10	5.414	1.7	0.3430	1.6	1922	20	**1899**	26
最低值	213	3	62	0.00	0.0043	0.23	4.840	1.2	0.3054	1.2	1833	4	**1718**	19

石英、斜长石、黑云母和束状-细针状夕线石包体。夕线石常常为柱状，横向裂纹发育，有的夕线石沿石榴石边部分布，与石榴石直接接触。石榴石和夕线石含量约占 30%，其他次要矿物主要包括黑云母、磁铁矿、金红石和锆石，含量约占 5%。泥质高压麻粒岩外观上亦具有灰黑色，夹红色斑点，中粗粒鳞片变晶结构，片麻状构造明显。其主要构成矿物为斜长石、钾长石、石英、蓝晶石、夕线石、石榴石和棕红色黑云母。其中，粗粒浑圆状石榴石变斑晶亦含石英、斜长石和黑云母等包体矿物。

锆石阴极发光图像显示泥质高压麻粒岩(PD-8a-2)和夕线石榴斜长片麻岩(PD-3c-2)中锆石均分为核幔结构锆石和自生锆石两类。核幔结构的碎屑锆石核被重结晶锆石环边包裹，具有明暗不同的阴极发光特征；第二类自生锆石阴极发光特征均匀，不具有生长环带，是高级变质阶段体系内生成的锆石(照片 10-1)。

碎屑锆石年龄明显大于变质重结晶锆石环边和自生锆石。碎屑(岩浆或碎屑)锆石，U-Pb 定年结果显示该类锆石微区记录了 $^{206}Pb/^{238}U$ 年龄 2644±41Ma 和平均 2060±34Ma 两组年龄，这表明研究区变质基底在中太古代末期和古元古代早期至少存在两期岩浆-热事件，同时说明荆山群原岩形成时代晚于 2100Ma；变质重结晶锆石和自生锆石记录的 $^{206}Pb/^{238}U$ 年龄集中在(1718±19)～(1899±26) Ma，应代表荆山群富铝片麻岩峰期高压麻粒岩相变质时代(图 10-5)。

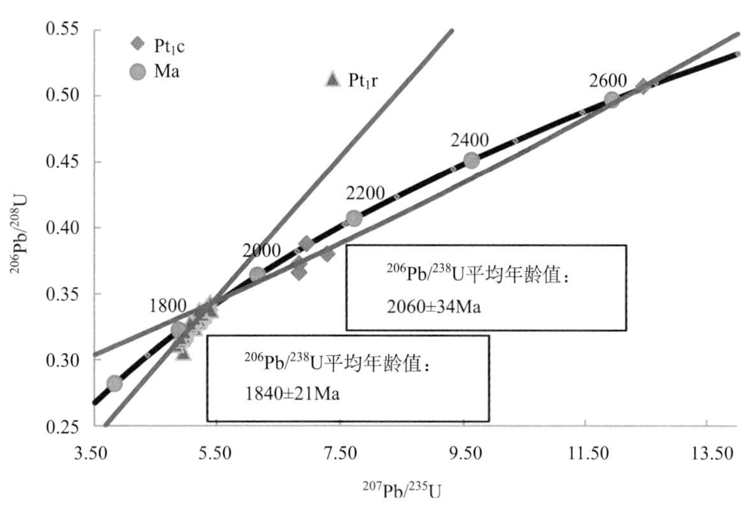

图 10-5　荆山群孔兹岩系锆石 U-Pb 谐和曲线图

2. 孔兹岩系中侵入岩年龄

在鲁北地区，一些蛇纹岩、角闪石岩、斜长角闪岩等呈规模不等的岩株、岩瘤、岩墙状零星分布，展布方向与区域构造线一致。其变质原岩为超基性、基性侵入岩。它们侵入荆山群、粉子山群和太古宇变质基底，遭受绿片岩相角闪岩相变质(董春艳等，2010)。

变质闪长岩脉样品(S0835)采自莱阳城西南 10km 吕格庄南，与荆山群大理岩侵入关系。岩石呈块状，主要由斜长石、黑云母、角闪石和绿帘石组成，未见辉石。大部分斜长石具聚片双晶，仍保留岩浆斜长石特征。黑云母呈黄绿色，无定向分布，为变质成因。角闪石呈黄绿-绿色，部分转变为黑云母。绿帘石为细粒集合体，由斜长石、角闪石转变而来。矿物组合表明岩石遭受绿片岩相变质。

变质辉长岩(S0816)样品取自莱西市南墅镇建新村北西水夼，辉长岩中残留荆山群变质岩，与荆山群大理岩的侵入关系清楚。岩石变质变形，具片麻理构造，主要由斜长石和角闪石组成，为角闪岩相变质矿物组合。但是，围岩荆山群记录了麻粒岩相变质矿物组合，所以，辉长岩可能也曾遭受麻粒岩相变质，角闪岩相变质矿物组合为后期退变质作用产物。

变质闪长岩(S0835)大部分锆石呈柱状，柱状锆石阴极发光图像中具板状环带(照片 10-2a)，一些

表 10-4　莱西南墅变基性侵入岩锆石 SHRIMP U-Pb 年龄测试表

测点	元素含量/10^{-6}			同位素比值							表面年龄/Ma			
	U	Th	$^{206}Pb^*$	Th/U	$^{207}Pb^*/^{206}Pb^*$	$\pm\sigma$	$^{207}Pb^*/^{235}U$	$\pm\sigma$	$^{206}Pb^*/^{238}U$	$\pm\sigma$	$^{207}Pb^*/^{206}Pb^*$	$\pm\sigma$	$^{206}Pb^*/^{238}U$	$\pm\sigma$
5-1.1	353	416	100.0	1.22	0.11181	0.00084	5.084	0.011	0.3298	0.0024	1829	14	1837	12
5-2.1	547	844	155.0	1.59	0.11347	0.00071	5.171	0.009	0.3305	0.0022	1856	11	1841	11
5-3.1	235	300	67.0	1.32	0.11535	0.00077	5.269	0.010	0.3313	0.0026	1885	12	1845	13
5-4.1	238	233	67.2	1.01	0.11530	0.00111	5.218	0.012	0.3281	0.0026	1885	17	1829	13
5-5.1	156	122	44.2	0.80	0.11600	0.00139	5.255	0.015	0.3287	0.0030	1895	21	1832	14
5-6.1	696	1170	198.0	1.74	0.11289	0.00050	5.152	0.008	0.3310	0.0022	1846	8	1843	11
5-7.1	836	1521	240.0	1.88	0.11269	0.00046	5.181	0.008	0.3335	0.0022	1843	7	1855	10
5-8.1	1161	2408	338.0	2.14	0.11314	0.00035	5.280	0.007	0.3385	0.0021	1850	6	1879	10
5-9.1	317	421	92.0	1.37	0.11322	0.00075	5.256	0.010	0.3367	0.0025	1852	12	1871	12
5-10.1	334	423	96.7	1.31	0.11438	0.00074	5.308	0.010	0.3366	0.0025	1870	12	1870	12
5-11.1	380	629	109.0	1.71	0.11232	0.00065	5.160	0.009	0.3332	0.0024	1837	11	1854	12
5-12.1	362	417	103.0	1.19	0.11400	0.00076	5.194	0.010	0.3305	0.0024	1864	12	1841	12
5-13.1	142	66	41.2	0.48	0.11300	0.00158	5.257	0.017	0.3375	0.0031	1848	25	1874	15
5-13.2	2342	427	96.4	1.29	0.11247	0.00075	5.072	0.010	0.3271	0.0024	1840	12	1824	11
平均值	579	671	124.8	1.36	0.11357	0.00081	5.204	0.010	0.3324	0.0025	1857	13	1850	12
最大值	2342	2408	338.0	2.14	0.11600	0.00158	5.308	0.017	0.3385	0.0031	1895	25	1879	15
最小值	142	66	41.2	0.48	0.11181	0.00035	5.072	0.007	0.3271	0.0021	1829	6	1824	10
6-1.1	213	97	59.2	0.47	0.11462	0.00085	5.112	0.016	0.3235	0.0049	1874	13	1807	23
6-2.1	82	69	22.5	0.86	0.11800	0.00153	5.167	0.018	0.3176	0.0038	1926	23	1778	19
6-3.1	251	111	69.7	0.46	0.11280	0.00102	5.013	0.012	0.3223	0.0028	1845	16	1801	14
6-4.1	308	203	87.9	0.68	0.11373	0.00084	5.205	0.011	0.3319	0.0027	1860	13	1848	13

续表

测点	元素含量/10^{-6}			同位素比值						表面年龄/Ma			
	U	Th	$^{206}Pb^*$	Th/U	$^{207}Pb^*/^{206}Pb^*$	$\pm\sigma$	$^{207}Pb^*/^{235}U$	$\pm\sigma$	$^{206}Pb^*/^{238}U$	$\pm\sigma$	$^{207}Pb^*/^{206}Pb^*$	$\pm\sigma$	$^{206}Pb^*/^{238}U$	$\pm\sigma$
6-5.1	259	135	72.7	0.54	0.11380	0.00114	5.097	0.013	0.3250	0.0028	1860	18	1814	13
6-6.1	69	46	19.4	0.68	0.11130	0.00245	4.950	0.026	0.3228	0.0042	1821	41	1803	20
6-7.1	164	85	47.2	0.53	0.11490	0.00126	5.304	0.014	0.3349	0.0032	1878	19	1862	15
6-8.1	231	108	64.4	0.48	0.11397	0.00088	5.100	0.011	0.3246	0.0027	1864	14	1812	13
6-9.1	71	50	19.7	0.74	0.11680	0.00269	5.200	0.026	0.3229	0.0039	1908	42	1804	19
6-10.1	168	80	48.2	0.49	0.11580	0.00116	5.327	0.014	0.3337	0.0030	1892	19	1856	14
6-11.1	135	96	38.3	0.73	0.11340	0.00136	5.131	0.015	0.3281	0.0031	1855	21	1829	15
6-12.1	149	106	42.9	0.73	0.11320	0.00136	5.194	0.015	0.3330	0.0031	1851	22	1853	15
平均值	175	99	49.3	0.62	0.11436	0.00138	5.150	0.016	0.3267	0.0033	1870	22	1822	16
最大值	308	203	87.9	0.86	0.11800	0.00269	5.327	0.026	0.3349	0.0049	1926	42	1862	23
最小值	69	46	19.4	0.46	0.11130	0.00084	4.950	0.011	0.3176	0.0027	1821	13	1778	13

锆石边部存在窄的增生边(照片 10-2b)。变质辉长岩(斜长角闪岩，S0816)锆石呈等粒状，阴极发光图像中，常见核-边结构，核部锆石阴极发光下呈暗色，通常具杉叶状结构(照片 10-2c、d)，这种结构在基性岩浆岩和麻粒岩相高级变质岩中常见(董春艳，2008；Santosh et al.，2009)。

锆石 SHRIMP U-Pb 测年变质闪长岩脉样品(S0835)数据点在谐和线及其附近集中分布，$^{206}Pb/^{238}U$ 加权平均年龄为 1850±12Ma(MSWD=2.1)，该年龄被解释为闪长岩的形成时代(表 10-4)。变质辉长岩(S0816)数据点在谐和线和其附近集中分布，$^{206}Pb/^{238}U$ 加权平均年龄为 1822±16Ma(MSWD=0.76)，该年龄被解释为麻粒岩相变质时代，因此岩体围岩荆山群孔兹岩系年龄应该在 1850±12Ma 以前(表 10-4、图 10-6)。

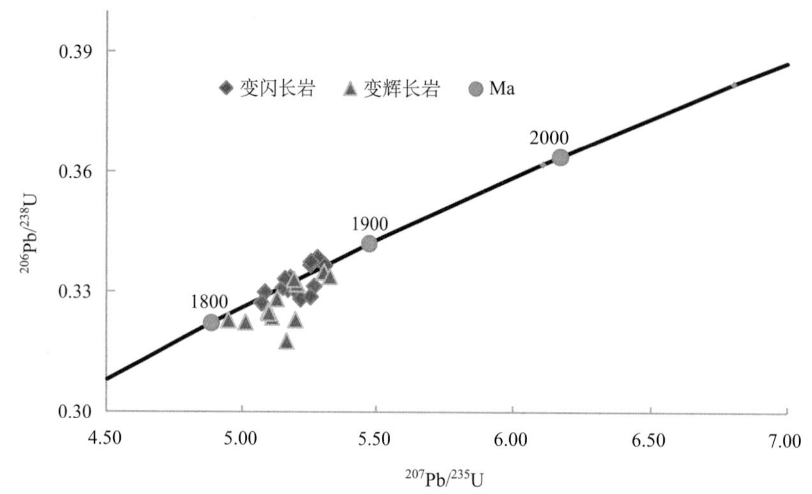

图 10-6　基性侵入岩锆石谐和曲线图

3. 粉子山群孔兹岩系锆石年龄

庙后地区粉子山群的祝家夼组长石石英片岩(S1233)，由石英、斜长石、钾长石和少量黑云母及白云母组成，斜长石绢云母化强。一些片岩中存在团粒状矿物集合体，由长石和石英及白云母、黑云母、夕线石、堇青石等矿物组成团粒(谢士稳等，2014)。

碎屑锆石以自形-半自形、长柱状-椭球状为主，阴极发光图像中显示三种锆石类型，一是碎屑锆石内部具有清晰或较清晰的振荡环带，显岩浆锆石成因特征；二是碎屑锆石外有增生边现重结晶锆石环带；三是组成均匀无环带结构的自生锆石(照片 10-3)。

一般碎屑锆石及含重结晶环边的碎屑锆石年龄较大，重结晶锆石和自生锆石年龄较小。碎屑锆石 $^{206}Pb/^{238}U$ 年龄有三组，第一组(2517±17)～(3438±29) Ma；第二组(2028±15)～(2553±30) Ma；第三组(1770±13)～(2190±28) Ma；变质重结晶环带锆石及自生锆石年龄(901±7)～(1802±27) Ma(图 10-7)。

锆石年龄分析显示粉子山群碎屑锆石来源复杂，有太古宇岩浆锆石、古元古界变质碎屑锆石等多来源，年龄最小岩浆成因碎屑锆石限定粉子山群的沉积时代应不早于 2.1Ga。在中元古界粉子山群孔兹岩系经历区域变质作用，形成变质重结晶锆石及滋生锆石，粉子山群孔兹岩系的沉积成岩年龄应该是古元古代晚期(表 10-5)。粉子山群与荆山群碎屑锆石年龄谱明显不同，表明其物源区存在差异。

碎屑锆石(ThC)和重结晶锆石(ThR)中 U、Th 含量分布比较一致(表 10-5)，Th-U 呈正相关性(图 10-8)，图中主要位于 5Th/U 趋势线之上，个别位于 5Th/U 趋势线之下。锆石放射性铅与 U 呈正相关，图中与 5Th/U 趋势线平行。

碎屑锆石与重结晶锆石这种 U、Th 及放射性 Pb 含量变化规律及含量分布的一致性，显示物源介质体系的一致性，表明锆石变质重结晶过程中外来物质加入较少。

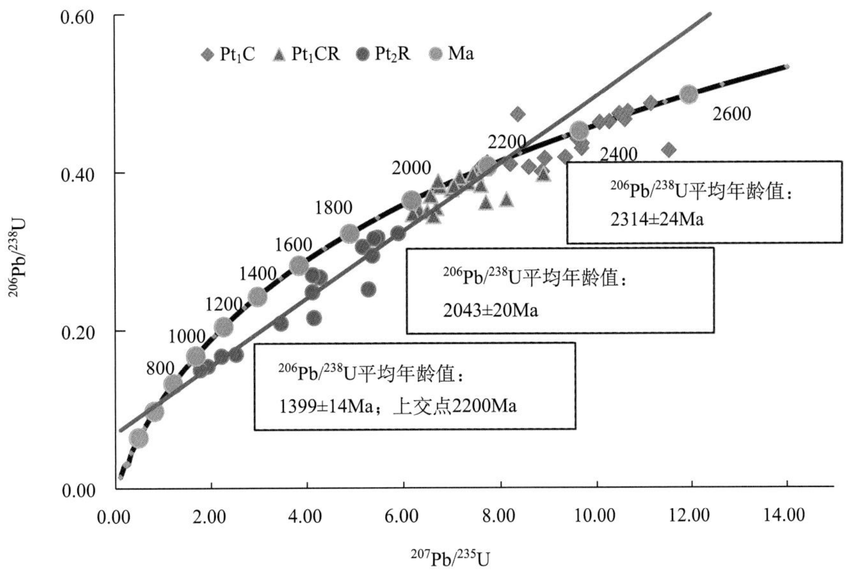

图 10-7　粉子山群锆石 U-Pb 谐和曲线图

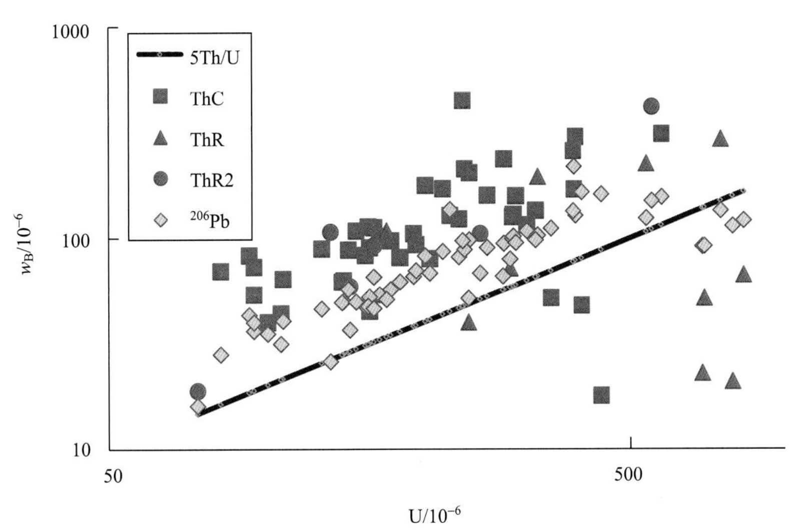

图 10-8　粉子山群孔兹岩系锆石 ^{206}Pb、Th-U 相关图解

4. 石墨矿石锆石年龄

石墨矿石样品采自莱西南墅石墨矿床和平度刘戈庄石墨矿床，矿石类型为黑云斜长变粒岩型，石墨矿石粒状花岗变晶结构，主要矿物成分是斜长石、石英和黑云母，石墨含量 10%左右。根据黑云斜长变粒岩型石墨矿石分选锆石进行离子探针测年分析(表 10-3)。

其中锆石主要具有两种形态，即碎屑锆石，在锆石晶体核部分布；变质重结晶锆石围绕碎屑锆石边缘形成平滑环带，或者主要为重结晶的独立变质锆石，形成平滑的宽阔环带状形态。其次一些锆石最外环具有次生环边，明显显示晚期结晶特征(照片 10-4、照片 10-5)。

锆石测点选择锆石核心碎屑锆石和环边变质锆石分别进行探针测试分析，获得有碎屑锆石年龄和变质重结晶锆石年龄，平度石墨矿锆石以碎屑锆石为主，碎屑锆石 ^{206}Pb/^{238}U 年龄为(2941.95±21.92)～(2051.34±18.50)Ma，莱西南墅石墨矿以重结晶锆石为主，^{206}Pb/^{238}U 年龄为(1741.29±26.87)～(1913.65±15.80)Ma(表 10-6)。

表 10-5　鲁北庙后地区粉子山群祝家夼组长石石英片岩(S1233)锆石 SHRIMP U-Pb 年龄测试表

地层	测点	元素含量/10^{-6}			同位素比值							表面年龄/Ma			
		U	Th	^{206}Pb	Th/U	$^{207}Pb/^{206}Pb$	$\pm2\sigma$	$^{207}Pb/^{235}U$	$\pm2\sigma$	$^{206}Pb/^{238}U$	$\pm2\sigma$	$^{206}Pb^*/^{238}U$	$\pm2\sigma$	$^{207}Pb^*/^{206}Pb^*$	$\pm2\sigma$
太古宇	4.2C	224	128	136.0	0.59	0.2921	0.0021	28.37	0.3688	0.7045	0.0077	3438	29	3429	11
	38.1C	387	170	218.0	0.45	0.2792	0.0010	25.26	0.2475	0.6563	0.0060	3253	23	3358	6
	31.2R	401	48	165.0	0.12	0.2063	0.0009	13.59	0.1277	0.4777	0.0040	2517	17	2876	7
	33.1RC	93	83	43.2	0.92	0.2011	0.0030	15.00	0.3300	0.5411	0.0092	2788	37	2835	24
早古元古界	3.1C	314	115	108.0	0.38	0.1604	0.0012	8.85	0.1151	0.4003	0.0044	2170	20	2460	12
	7.2C	191	105	65.8	0.57	0.1374	0.0011	7.59	0.1063	0.4006	0.0044	2172	21	2195	14
	15.1C	233	123	81.5	0.54	0.1532	0.0051	8.58	0.3003	0.4063	0.0045	2198	20	2382	56
	27.1C	180	81	62.1	0.46	0.1361	0.0013	7.51	0.1202	0.4004	0.0048	2171	23	2178	17
	28.1C	193	93	70.1	0.50	0.1549	0.0025	8.91	0.1782	0.4173	0.0050	2248	23	2401	27
	30.1C	161	112	65.5	0.72	0.1603	0.0016	10.47	0.1571	0.4736	0.0052	2499	24	2459	17
	30.2C	95	73	36.3	0.79	0.1574	0.0022	9.58	0.1916	0.4416	0.0062	2358	27	2428	24
	32.1C	95	54	39.9	0.59	0.1662	0.0023	11.14	0.2228	0.4860	0.0068	2553	30	2520	24
	34.1C	217	171	86.5	0.82	0.1606	0.0013	10.26	0.1334	0.4636	0.0046	2455	21	2462	13
	35.1C	144	88	57.2	0.63	0.1577	0.0039	10.05	0.2915	0.4624	0.0065	2450	28	2431	42
	37.1C	141	63	50.2	0.46	0.1360	0.0018	7.72	0.1390	0.4118	0.0049	2223	23	2177	22
	43.1C	140	62	49.5	0.46	0.1452	0.0019	8.20	0.1558	0.4098	0.0057	2214	25	2290	23
	47.1C	201	177	82.3	0.91	0.1284	0.0023	8.36	0.1923	0.4725	0.0066	2495	29	2076	31
	52.1C	101	40	35.3	0.41	0.1356	0.0015	7.58	0.1440	0.4056	0.0065	2195	29	2172	19
	5.1RC	128	89	46.3	0.71	0.1618	0.0012	9.33	0.1213	0.4184	0.0046	2253	20	2474	12
	8.1RC	244	203	98.1	0.86	0.1647	0.0013	10.59	0.1483	0.4661	0.0051	2466	23	2505	13
	10.1RC	239	212	88.3	0.92	0.1632	0.0013	9.67	0.1451	0.4298	0.0056	2305	24	2489	13
	31.1RC	438	18	161.0	0.04	0.1955	0.0025	11.51	0.2302	0.4270	0.0064	2292	29	2789	21
	39.1RC	237	447	97.1	1.95	0.1624	0.0011	10.66	0.1279	0.4762	0.0048	2510	22	2481	11
	44.1RC	108	64	40.6	0.61	0.1610	0.0034	9.68	0.2420	0.4359	0.0061	2332	28	2466	35
	4.1R	349	52	111.0	0.16	0.2322	0.0010	11.84	1.1840	0.3698	0.0033	2028	15	3067	7
	平均值	198	116	73.0	0.64	0.1586	0.0020	9.43	0.2212	0.4321	0.0053	2314	24	2424	22

续表

地层	测点	元素含量/10^{-6}			同位素比值							表面年龄/Ma			
		U	Th	^{206}Pb	Th/U	$^{207}Pb/^{206}Pb$	$\pm 2\sigma$	$^{207}Pb/^{235}U$	$\pm 2\sigma$	$^{206}Pb/^{238}U$	$\pm 2\sigma$	$^{206}Pb^*/^{238}U$	$\pm 2\sigma$	$^{207}Pb^*/^{206}Pb^*$	$\pm 2\sigma$
早古元古界	最高值	438	447	161.0	1.95	0.2322	0.0051	11.84	1.1840	0.4860	0.0068	2553	30	3067	56
	最低值	95	18	35.3	0.04	0.1284	0.0010	7.51	0.1063	0.3698	0.0033	2028	15	2076	7
晚古元古界	2.1C	158	45	49.8	0.29	0.1613	0.0011	8.12	0.1137	0.3653	0.0044	2007	21	2469	11
	9.1C	205	80	68.2	0.40	0.1377	0.0012	7.33	0.1100	0.3861	0.0046	2105	21	2199	16
	11.1C	165	102	53.9	0.64	0.1339	0.0020	6.98	0.1396	0.3780	0.0049	2067	22	2150	26
	12.1C	155	83	47.7	0.55	0.1366	0.0034	6.67	0.1868	0.3543	0.0046	1955	22	2184	44
	14.1C	158	90	52.6	0.59	0.1435	0.0029	7.59	0.1898	0.3835	0.0061	2093	28	2270	34
	18.1C	284	236	94.3	0.86	0.1341	0.0025	7.14	0.1571	0.3863	0.0042	2105	20	2152	34
	22.1C	295	126	99.6	0.44	0.1319	0.0020	7.15	0.1359	0.3931	0.0047	2137	22	2124	26
	24.1C	296	129	102.0	0.45	0.1364	0.0010	7.49	0.0899	0.3985	0.0038	2162	17	2182	12
	25.1C	299	158	95.1	0.55	0.1285	0.0012	6.55	0.0852	0.3698	0.0033	2028	16	2078	16
	36.1C	157	113	47.5	0.74	0.1308	0.0029	6.33	0.1583	0.3509	0.0042	1939	20	2108	39
	41.1C	329	195	103.0	0.61	0.1543	0.0026	7.69	0.1538	0.3615	0.0040	1989	19	2394	29
	45.1C	173	97	57.0	0.58	0.1281	0.0032	6.74	0.1887	0.3815	0.0050	2083	23	2072	45
	49.1C	390	302	128.0	0.80	0.1336	0.0009	7.03	0.0844	0.3818	0.0036	2085	17	2146	12
	50.1C	82	70	28.2	0.88	0.1622	0.0036	8.88	0.2398	0.3971	0.0060	2156	28	2479	38
	1.2RC	170	108	51.2	0.66	0.1346	0.0015	6.49	0.0973	0.3496	0.0035	1932	17	2158	19
	6.1RC	386	258	134.0	0.69	0.1372	0.0006	7.65	0.0742	0.4046	0.0035	2190	16	2192	8
	13.1RC	107	44	31.6	0.43	0.1391	0.0028	6.61	0.1653	0.3443	0.0052	1907	24	2216	35
	20.2RC	326	135	97.9	0.43	0.1294	0.0017	6.19	0.0990	0.3469	0.0034	1920	16	2089	23
	29.2RC	574	311	156.0	0.56	0.1233	0.0009	5.37	0.0591	0.3159	0.0027	1770	13	2004	13
	40.1RC	264	159	90.0	0.62	0.1356	0.0009	7.42	0.0891	0.3969	0.0038	2155	17	2172	11
	46.1RC	149	108	49.8	0.75	0.1253	0.0018	6.71	0.1275	0.3883	0.0050	2115	23	2033	26
	平均值	244	140	78.0	0.60	0.1370	0.0019	7.05	0.1307	0.3731	0.0043	2043	20	2184	25
	最高值	574	311	156.0	0.88	0.1622	0.0036	8.88	0.2398	0.4046	0.0061	2190	28	2479	45
	最低值	82	44	28.2	0.29	0.1233	0.0006	5.37	0.0591	0.3159	0.0027	1770	13	2004	8

续表

地层	测点	元素含量/10^{-6}			同位素比值							表面年龄/Ma			
		U	Th	^{206}Pb	Th/U	$^{207}Pb/^{206}Pb$	$\pm 2\sigma$	$^{207}Pb/^{235}U$	$\pm 2\sigma$	$^{206}Pb/^{238}U$	$\pm 2\sigma$	$^{206}Pb^*/^{238}U$	$\pm 2\sigma$	$^{207}Pb^*/^{206}Pb^*$	$\pm 2\sigma$
中元古界	1.1R	292	72	79.5	0.25	0.1238	0.0009	5.39	0.0701	0.3160	0.0035	1770	16	2011	13
	7.1R	789	21	114.0	0.03	0.0958	0.0009	2.21	0.0287	0.1673	0.0015	997	9	1544	17
	16.1R	748	294	135.0	0.41	0.1199	0.0012	3.45	0.0449	0.2088	0.0018	1223	9.5	1955	19
	19.1R	690	23	91.5	0.03	0.0904	0.0022	1.92	0.0481	0.1543	0.0013	925	7.3	1434	45
	20.1R	696	52	91.8	0.08	0.0855	0.0036	1.77	0.0778	0.1500	0.0018	901	10	1327	82
	21.1R	535	225	124.0	0.43	0.1160	0.0019	4.26	0.0768	0.2666	0.0022	1523	11	1896	28
	26.1R	243	40	51.9	0.17	0.1199	0.0011	4.11	0.0534	0.2484	0.0023	1430	12	1955	17
	28.2R	828	67	121.0	0.08	0.1076	0.0038	2.52	0.0906	0.1696	0.0014	1010	7.6	1759	65
	34.2R	283	2	66.1	0.01	0.1106	0.0018	4.11	0.0781	0.2697	0.0024	1539	12	1809	30
	42.1RC	74	19	16.1	0.26	0.1520	0.0035	5.27	0.1634	0.2515	0.0053	1446	27	2368	40
	23.1RC	133	107	26.1	0.83	0.1394	0.0079	4.14	0.2443	0.2155	0.0030	1258	16	2219	100
	51.1C	145	59	36.8	0.42	0.1319	0.0024	5.35	0.1177	0.2942	0.0038	1662	18	2123	31
	48.1C	549	418	150.0	0.79	0.1248	0.0019	5.46	0.0983	0.3173	0.0030	1777	15	2027	27
	29.1C	256	105	68.3	0.42	0.1224	0.0026	5.15	0.1185	0.3051	0.0028	1717	14	1992	38
	17.1C	161	92	46.4	0.59	0.1325	0.0042	5.89	0.2003	0.3225	0.0042	1802	20	2131	56
	平均值	428	106	81.2	0.32	0.1182	0.0026	4.07	0.1007	0.2438	0.0027	1399	14	1903	41
	最高值	828	418	150.0	0.83	0.1520	0.0079	5.89	0.2443	0.3225	0.0053	1802	27	2368	100
	最低值	74	2	16.1	0.01	0.0855	0.0009	1.77	0.0287	0.1500	0.0013	901	7	1327	13

表 10-6　平度刘戈庄石墨矿与莱西南墅石墨矿矿石锆石 SHRIMP U-Pb 年龄测试表

测点	测试值/10^{-6}			同位素比值							表面年龄/Ma					
	U	Th	$^{206}Pb^*$	$^{232}Th/^{238}U$	$^{207}Pb^*/^{235}U$	±σ/%	$^{206}Pb^*/^{238}U$	±σ/%	$^{207}Pb^*/^{206}Pb^*$	±σ/%	$^{206}Pb/^{238}U$	±σ	$^{207}Pb/^{206}Pb$	±σ	$^{208}Pb/^{232}Th$	±σ
PD12-1c	359.28	89.32	174.54	0.2569	16.470632	2.69	0.565668	2.54	0.211178	0.88	2890.01	59.22	2914.61	14.31	3034.57	88.26
PD12-2c	1080.10	143.59	464.28	0.1374	12.358913	0.99	0.500264	0.86	0.179176	0.49	2614.93	18.42	2645.27	8.06	2578.29	37.00
PD12-3c	411.95	309.51	204.71	0.7763	17.575797	1.15	0.578334	0.93	0.220412	0.68	2941.95	21.92	2983.71	10.90	2951.73	42.13
PD12-3.2	363.21	144.61	148.85	0.4114	11.291379	1.73	0.477051	1.05	0.171665	1.38	2514.41	21.82	2573.95	23.04	2531.68	43.14
PD12-4c	338.39	164.33	128.88	0.5018	9.659680	1.19	0.443370	0.95	0.158014	0.73	2365.71	18.74	2434.53	12.36	2357.22	26.96
PD12-5c	889.95	331.46	365.81	0.3848	11.448698	1.07	0.478412	0.87	0.173561	0.63	2520.34	18.05	2592.29	10.52	2541.22	25.30
PD12-7c	652.85	87.33	247.96	0.1382	9.820812	0.95	0.442116	0.89	0.161105	0.34	2360.11	17.53	2467.30	5.74	2383.33	31.33
PD12-8c	200.95	88.43	75.91	0.4547	9.134264	1.37	0.439559	1.04	0.150714	0.89	2348.67	20.45	2354.05	15.19	2388.03	94.83
PD12-6c	395.72	202.08	127.40	0.5277	5.825502	1.16	0.374670	1.05	0.112767	0.49	2051.34	18.50	1844.49	8.84	2016.61	148.36
PD12-6r	597.68	1160.85	170.80	2.0069	5.179060	1.31	0.332617	1.16	0.112929	0.61	1851.06	18.68	1847.08	10.99	1840.73	23.86
LX27-1r	871.89	290.45	232.32	0.3442	4.778342	1.79	0.310119	1.76	0.111750	0.31	1741.29	26.87	1828.07	5.63	1716.27	31.67
LX27-2r	651.36	113.44	181.34	0.1799	5.009762	1.09	0.324138	1.01	0.112095	0.41	1809.91	15.87	1833.65	7.51	1833.45	25.37
LX27-3r	3196.25	138.07	915.23	0.0446	5.149208	0.98	0.333311	0.96	0.112044	0.21	1854.41	15.49	1832.84	3.88	1758.59	21.67
LX27-4r	4033.20	321.85	1105.76	0.0825	4.982734	1.13	0.318924	0.95	0.113313	0.62	1784.47	14.73	1853.21	11.22	1304.93	39.51
LX27-5r	1944.12	204.57	559.52	0.1087	5.185408	1.34	0.335008	1.31	0.112260	0.26	1862.61	21.27	1836.33	4.76	1753.52	29.76
LX27-6r	994.59	210.58	265.71	0.2188	4.800508	1.53	0.310977	1.49	0.111959	0.32	1745.51	22.80	1831.45	5.83	1783.74	28.83
LX27-7r	1209.77	290.89	340.56	0.2485	5.022480	1.01	0.327594	0.97	0.111194	0.27	1826.71	15.47	1819.02	4.95	1818.71	27.14
LX27-8r	1388.55	181.45	389.29	0.1350	5.048238	1.04	0.325998	0.99	0.112311	0.34	1818.95	15.62	1837.15	6.16	1659.75	38.82
LX27-9r	2692.55	187.89	770.24	0.0721	5.219189	1.04	0.332962	0.97	0.113686	0.38	1852.72	15.64	1859.15	6.83	1811.57	22.36
LX27-10r	1777.63	316.61	498.02	0.1840	5.074266	1.01	0.325999	0.98	0.112890	0.23	1818.96	15.57	1846.45	4.07	1031.08	26.37
LX27-11r	2308.11	133.98	645.81	0.0600	5.018597	1.21	0.325697	1.16	0.111755	0.36	1817.49	18.30	1828.15	6.49	1783.04	25.84
LX27-12r	1460.29	356.48	433.91	0.2522	5.708781	0.98	0.345620	0.95	0.119796	0.24	1913.65	15.80	1953.18	4.22	2144.31	39.00
LX27-13r	3909.73	292.27	1155.83	0.0772	5.398652	1.43	0.344112	1.42	0.113785	0.15	1906.42	23.42	1860.72	2.77	1894.89	36.14
LX27-14r	4424.89	287.45	1284.16	0.0671	5.262120	1.03	0.337793	1.00	0.112982	0.23	1876.04	16.34	1847.92	4.20	1830.63	21.85
LX27-15r	2538.06	171.63	735.45	0.0699	5.267031	0.98	0.337268	0.96	0.113263	0.20	1873.51	15.55	1852.42	3.64	1865.56	22.24

其中 PD12-6 锆石核部碎屑锆石年龄 2051.34±18.50Ma，环带变质锆石年龄 1851.06±18.68Ma，是碎屑锆石和变质锆石年龄最接近的锆石颗粒。变质锆石谐和曲线上交点年龄 1900Ma 左右，下交点年龄 1200Ma(图 10-9)。

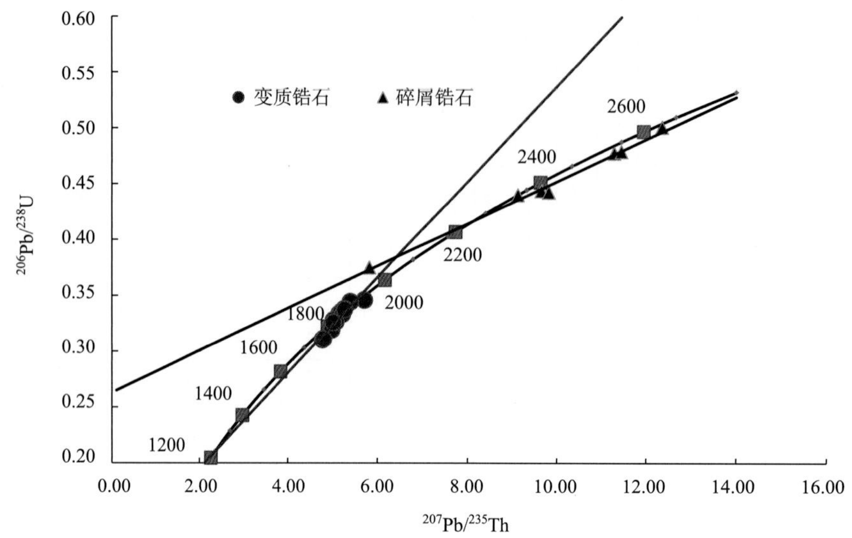

图 10-9　荆山群石墨矿石锆石 U-Pb 谐和曲线图

这组锆石年龄值与刘平华等(2011)获得的荆山群孔兹岩系年龄值比较一致，在 1900～2000Ma 是石墨矿床初始沉积年龄，而在古元古代之后经受区域性高温高压变质作用，形成大量的变质重结晶锆石。

第三节　南墅石墨矿床

南墅石墨矿盛产优质鳞片石墨近百年历史，系统的地质勘探及矿山地质工作，基本掌握了矿床地质特征。现在由于开采深度较大，已经基本闭坑，露天采场闲置积水形成水塘(照片 10-6)。

一、矿 区 地 质

南墅石墨矿床位于鲁北莱西市南墅镇，主要包括岳石矿段、刘家庄矿段及院后矿段，自西而东断续延伸总长约 4km。院后矿段基本为扁豆体，长约 600m，最厚达 80m 左右，向北倾斜，倾角 70°±(图 10-10、图 10-11)。岳石矿段、刘家庄矿段位于院后矿体北部，在一南北宽约 270m 东西长约 600m 的面积内，由数层厚度不等(n～20m)的石墨矿层经褶曲形成复杂的矿层群(图 10-12)。自刘家庄往西，石墨矿层延展约 2000m 到小沽河东岸，即为刘家庄矿段，其北盘围岩主要是石榴石斜长片麻岩，南盘围岩主要是白云质大理岩，靠近矿体常有透辉岩和长石透辉岩分布。岳石矿段分布在小沽河西岸，长 1000 余米，为复式矿体，总计厚度 100～200m(王克勤，1989；苏旭亮，2013)。

1. 石墨含矿岩系

石墨矿床含矿岩系古元古界荆山群陡崖组，主要为一套白云质大理岩、角闪斜长片麻岩和石墨片麻岩。其中主要是角闪斜长片麻岩，它在剖面上的厚度占 60%以上，其次是橄榄石大理岩为主的白云质大理岩类，约占 25%左右，再次就是石墨片麻岩类，占 7%～8%，其他岩性只占少量。因此，含石墨建造可称为“含石墨橄榄大理岩-角闪斜长片麻岩建造”。

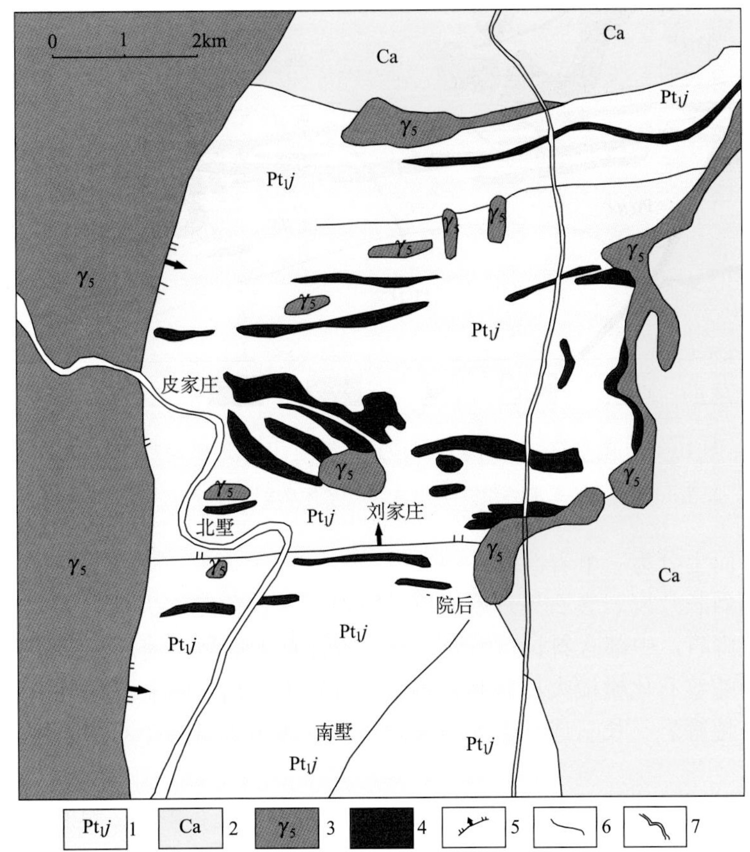

图 10-10　南墅地区晶质石墨矿床地质简图(据兰心俨，1980)

1. 胶东群；2. 大理岩；3. 燕山期花岗岩；4. 石墨矿层；5. 向斜；6. 断层；7. 地质界线

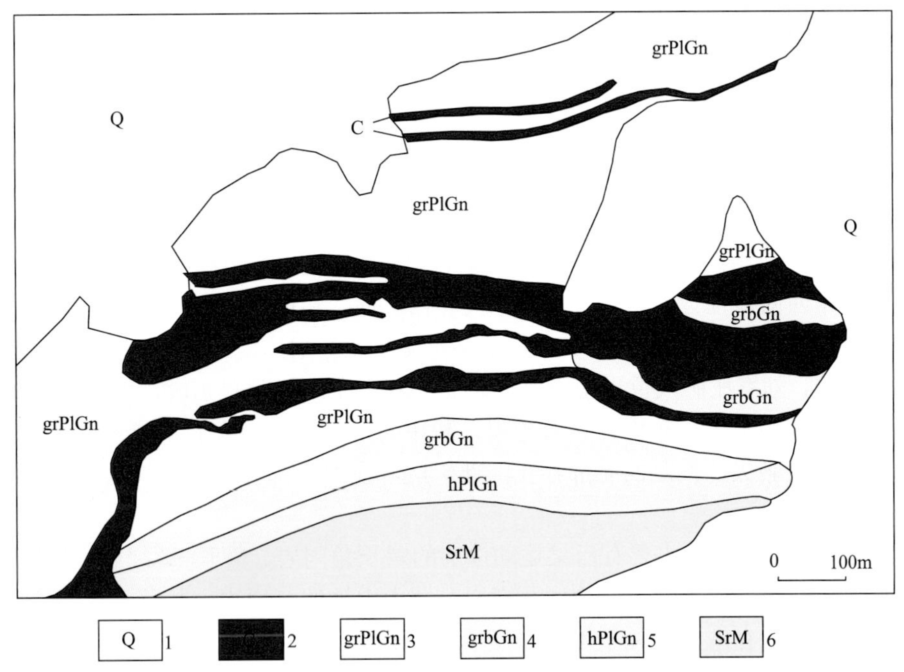

图 10-11　岳石石墨矿床地质图(据兰心俨，1980)

1. 第四系及人工堆积；2. 晶质石墨矿体；3. 混合岩化石榴斜长片麻岩；4. 石榴黑云片麻岩；5.角闪斜长片麻岩；6. 蛇纹石化大理岩

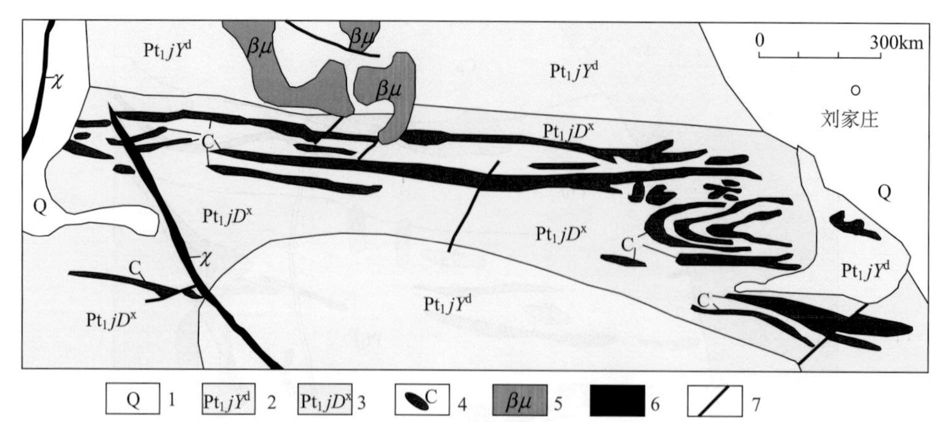

图 10-12　南墅石墨矿刘家庄矿段地质简图(山东地矿局三队，1966)

1. 第四系；2. 荆山群野头组；3. 陡崖组徐村段；4. 石墨矿体及编号；5. 变辉绿岩；6. 煌斑岩；7. 断层

含石墨建造自下而上分为三个岩性段。

(1) 大理岩-角闪斜长片麻岩夹石墨片麻岩段：以厚层灰白色蛇纹大理岩为主，夹石榴黑云斜长片麻岩及含石墨长石透辉石，中部有斜长角闪岩，该岩段含有大量晶质鳞片石墨矿床。

该段岩性主要为蛇纹石化橄榄大理岩和角闪斜长片麻岩互层，夹有石墨片麻岩、石榴斜长片麻岩及少量斜长角闪岩、透辉岩、长石透辉岩和石英岩等，该段内含有一个石墨矿层，剖面最大厚度约为420m。

(2) 角闪斜长片麻岩夹大理岩和石墨片麻岩段：斜长角闪岩夹石墨黑云母斜长片麻岩、黑云变粒岩及大理岩，顶部有数米石榴黑云片麻岩。

以角闪斜长片麻岩为主，夹金云母大理岩、方镁石橄榄大理岩和石墨片麻岩，有少量的黑云母变粒岩、斜长角闪岩等，产第二个石墨矿层，剖面的最大厚度约为950m。

(3) 大理岩-角闪斜长片麻岩段：主要由白色大理岩、蛇纹石化橄榄大理岩和角闪斜长片麻岩互层组成，有少量含石墨岩石，不构成工业石墨矿层，最大厚度约510m。

2. 矿区构造

矿区构造主要为近东西向的紧密褶皱构造及走向断裂构造发育。区内南墅倒转复向斜，其轴位于杏花山至院上村一带，轴的东西延长方向又均遭后期断裂切割，复向斜的翼部有许多更次一级的褶曲，如刘家庄背斜，皮家院向斜，石木头洼—唐家复杂背斜等。后期以断裂对前期褶皱破坏较大，在本区大致可分三组，即东西向多位背向斜轴部、北东向和西北向，后两者均切割岩层。

在约100km^{2}面积的断块拗陷中，由于地层复杂褶皱石墨矿层广泛出露，刘家庄矿段和岳石矿段构成刘家庄背斜一部分，刘家庄矿段位于南墅复向斜北翼刘家庄次级背斜东段，岳石矿段位于背斜南翼。断块西北部分陷落的断距最大，东南角相对翘起，断块的西南部分，含石墨建造继续往西南延展，因而东南部的含矿层已被剥失，推测西北部存在深部矿层，在西南部并往外延展地区，是石墨矿层存在的远景地区。

岩浆岩较发育，种类繁多，主要有吕梁运动以前的斜长角闪岩、辉长-辉绿岩、煌斑岩类，吕梁运动期的混合花岗岩类与后期的古元古代玲珑花岗岩，燕山中期的花岗岩、长英质伟晶岩脉(图 10-10)。

石墨矿床的形成和赋存严格受控于地层、变质作用和构造，所以石墨矿体一般呈层状、似层状和透镜状，个别为扁豆状、马鞍状、长条状。总体上分布较为稳定，沿走向一般百米到2000余米，沿倾向一般几十米到600余米，延长和延深都比较大，故形成矿床的规模往往也很大。矿体产状与地层产状基本一致，界线清晰，但矿体局部有膨胀收缩、分支复合或直立倒转现象(图 10-13)。

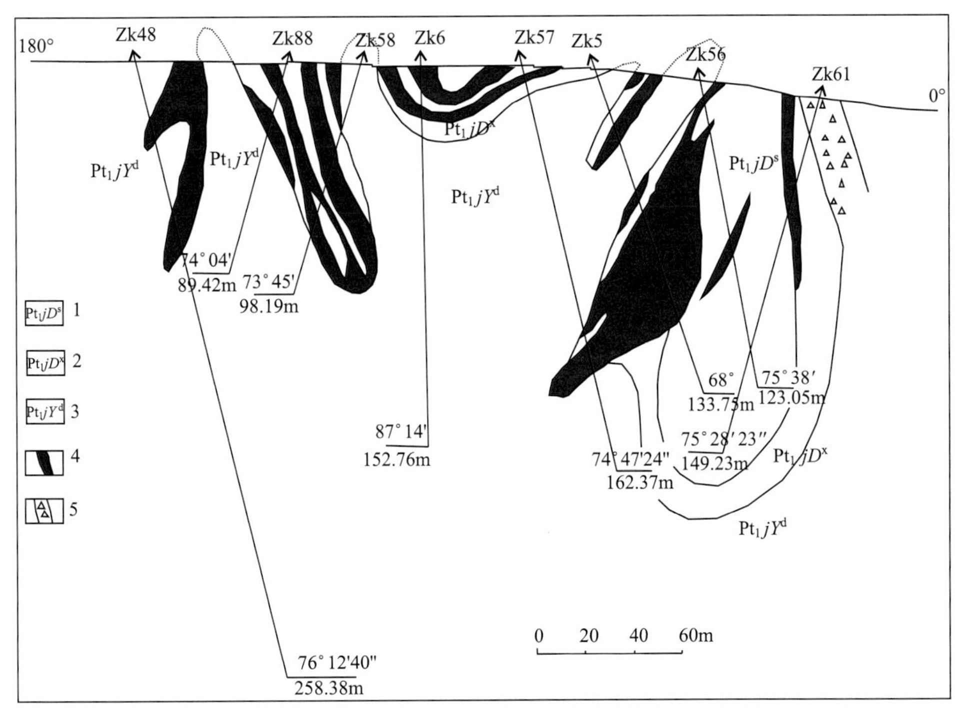

图 10-13　南墅石墨矿刘家庄矿段地质剖面图（山东地矿局三队，1966）

1. 荆山群陡崖组水桃林片岩组；2. 荆山群陡崖组徐村石墨岩系；3. 荆山群野头组定国寺大理岩段；4. 石墨矿体；5. 破碎带

二、矿床矿化

1. 含矿岩性

石墨矿层均产于陡崖组第一、二两个岩段中，分属两个石墨矿层，含矿岩石有片麻岩、混合片麻岩、透辉变粒岩、大理岩四种岩性。

片麻岩类岩石：呈鳞片粒状变晶结构，片麻状构造，主要矿物为斜长石、石英、角闪石、铁铝榴石等，还含有蛇纹石、白云石、白云母、黑云母，副矿物为磷灰石、夕线石、金红石、锆石等。此类岩石可划分为石墨斜长片麻岩、石墨角闪斜长片麻岩、角闪石墨斜长片麻岩、铁铝榴石二长片麻岩、铁铝榴石斜长片麻岩等。

混合片麻岩类岩石：呈鳞片粒状变晶结构，条带-条纹状构造。混合岩化强烈则形成均质混合花岗岩。主要矿物成分为石英、斜长石、钾长石、角闪石，其次有少量石墨、黑云母、白云母、方解石、黄铁矿等，副矿物为锆石、磷灰石。

透辉变粒岩类岩石：呈鳞片状柱（粒）状变晶结构，主要矿物成分为透辉石，一些岩石中含有大量的金云母（20%～25%），其次有少量钾长石、蛇纹石、石墨、黄铁矿、方解石、磷灰石、榍石等。此类岩石可细分为透辉石岩、蚀变透辉石岩（透闪石岩）、金云母透辉石岩。

蛇纹石化大理岩类岩石：灰白色块状构造，粒状变晶结构、鳞片状变晶结构，主要矿物为方解石（40%～90%）、白云石（0～40%）、蛇纹石（0～30%）、镁橄榄石（0～30%），其次有绿泥石、辉石、金云母等。经区域变质成顽辉橄榄大理岩，再经后期热液的钾交代而成，并沿矿体分布，直接控制了矿体，在矿体与大理岩间并有一宽窄不等一般 5～20m 的透辉岩蚀变带，形成大理岩—透辉岩—含石墨透辉岩—石墨矿体一系列过渡的特点。在大理岩的蚀变带中尚有黄铁矿化硅化、碳酸盐化及绿泥石化等。

石墨矿体多呈似层状或大透镜状赋存于大理岩或大理岩与片麻岩之间，在大理岩中的矿体又多呈团块状及细脉状小矿体，矿体一般出露几十米至上千米，矿体沿倾斜最大 200m 以下，矿体厚度从数米至十多米。在矿体沿走向或倾斜方向皆有膨大和缩小、分支复合和尖灭现象。

矿体产状基本与围岩一致，即走向东西，南倾，局部有小倒转，与大理岩虽呈过渡状态，但界线清楚而不规则，矿体与片麻岩界线亦可分清。

矿体直接围岩为透辉岩、微斜长石透辉岩和白云质大理岩，岳石矿段和刘家庄矿段矿体均赋存大理岩段，矿体与围岩片理方向一致，均为似层状、透镜状。刘家庄矿段矿体主要赋存在蛇纹石化大理岩及石榴斜长片麻岩中及两者接触带，主要为石墨透辉岩型矿石，少量为长英片麻岩型矿石；岳石矿段矿体主要赋存于石榴斜长片麻岩内和石榴斜长片麻岩与大理岩间，以片麻岩型矿石为主，矿层底部为石墨透闪片麻岩，往上依次为石墨黑云母透闪片麻岩—石墨白云母石英透闪片岩—石墨黑云母片麻岩。刘家庄矿段蛇纹石化强烈，岳石矿段长英质混合岩化作用较强烈。

2. 石墨矿石

石墨矿体呈层状或扁豆状与围岩整合接触，界限比较清晰。石墨矿石中存在着多期叠加矿物，鳞片状石墨主要共生矿物是黑云母、透闪石、石英和斜长石，其次有白云母、微斜长石和少量的斜黝帘石、石榴石、磷灰石和榍石等。两矿段均以晶质石墨矿石为主，岳石片麻岩型矿石组成矿物主要有斜长石、透闪石、透辉石、石英等，刘家庄透辉岩型矿石主要有透辉石、透闪石、微斜长石、斜长石、石英、磁黄铁矿、黄铁矿等。

混合岩化叠加的矿物，早期有透辉石化和微斜长石化，在晚期热液作用中，大量的斜长石分解为细粒状黝帘石和绢云母，透闪石则发生了纤闪石化。

矿石中的锆石呈细粒球形分布于变质矿物晶粒中，为原始碎屑沉积变质矿物，并含有黄铁矿、磁黄铁矿和少量的闪锌矿、黄铜矿等热液矿物。

矿石类型可以划分为片麻岩型、混合片麻岩型、变粒岩型及透闪透辉岩型、透辉大理岩型等类型，发育碎裂岩型等(照片 10-6～照片 10-23)。矿石以鳞片花岗变晶结构为主，其次为中-细粒鳞片变晶结构等。矿石构造以片麻状构造为主，其次为块状构造、条带状构造等。

片麻岩型矿石：可以划分为石墨黑云母片麻岩(照片 10-7)、石榴斜长片麻岩型，石墨 5%～8%，黑云母 15%，斜长石+石英 80%；石墨黑云母透闪片麻岩，矿物成分界于上述两类矿石之间；石墨片麻岩，石墨 10%，石英 30%，斜长石 60%；副矿物为磷灰石、锆石等。构造破碎带中石墨富集，并呈碎裂构造(照片 10-8)。

混合片麻岩型矿：鳞片粒状变晶结构，条带状构造，主要矿物为钾长石(50%)、斜长石(20%)、石英(15%)，石墨、黑云母约 5%。矿石由基体与脉体组成，脉体主要为钾长石，其次石英，基体成分为斜长石、钾长石与部分透闪石、石墨、黑云母、石英等(照片 10-9)。

蛇纹透辉大理岩型矿石：柱粒状变晶结构，脉石矿物为透辉石(90%)、蛇纹石(0～5%)，石墨含量 5%～20%。划分为石墨透闪透辉片麻岩、石墨白云母石英透闪片岩及石墨透闪岩。透闪透辉变粒岩型矿石，透闪透辉石 70%，少量石英、斜长石、微斜长石、斜黝帘石。岩石透辉石、透闪石化、蛇纹石化、绿泥石化蚀变是特征的蚀变类型(照片 10-10、照片 10-13)。

片麻岩型、透闪透辉变粒岩型矿石中，石墨鳞片片径一般为 6～0.01mm，但多为 0.1～0.4mm，混合岩型矿石中，石墨鳞片片径稍大，达 6～15mm，以 6～8mm 为主(照片 10-14、照片 10-15)。

石墨鳞片有两种赋存状态，一是以分布在脉石矿物颗粒晶间为主，呈定向排列(照片 10-16、照片 10-17)；次呈裂隙充填状态，主要充填在脉石矿物的解理或裂隙中与黑云母聚合无定向分布(照片 10-18、照片 10-19)。在片麻岩型矿石中两种状态石墨相互叠加(照片 10-20、照片 10-21)；一些石墨与黑云母、硫化物集合在粒状矿物粒间充填(照片 10-22、照片 10-23)；在大理岩、透辉石岩中裂隙充填石墨则形成独立的脉状石墨集合体。这两种赋存状态代表着两期生成的石墨，同时表明石墨形成过程中具有迁移富集现象。

石墨矿石构造有片麻状构造的矿石和花斑状构造的矿石，它们之间有过渡类型。岳石矿段主要为片麻状构造矿石，石墨鳞片大小不均，片径从 140～1500μm，在矿石中较均匀分布，并平行片麻理向排列。

在石墨透闪片麻岩型矿石中，可以见到石英斜长石组成浅色细条带与透闪石石墨组成的深色细条带相间排列。在石墨黑云母透闪片麻岩型矿石中，可以见到石墨黑云母细条带、石墨透闪石细条带与石英和斜长石组成浅色细条带相间平行排列，反映原始不同成分微层理构造。

院后村矿体中主要为花斑状构造的矿石，石墨鳞片比片麻状矿石大，晶片片径从 200～2150μm，最大达 5720μm，即 5.72mm，集中呈团块分布在粗粒变晶矿物颗粒之间，晶片排列不规则。

在花岗伟晶岩脉边侧石墨矿石重结晶明显，斜长石晶面可达 7mm×10mm，石墨晶片也变得粗大，并集中呈不规则的脉状-斑杂状分布。在透辉岩、透闪岩等夹石与石墨矿石接触处，也见有局部变为粗晶矿石，由粗鳞片石墨组成的脉状体宽 1cm 左右。

院后村矿体被北东向断裂切断，断裂带上的石墨因糜棱岩化成为碎裂状，岳石矿体中顺走向的破碎带时窄时宽，所经过的部位常是石墨含量很高，石墨同其他矿物一起被碾碎变成土状碎片。

矿石品位固定碳含量一般为 2.5%～6.5%，最高含量为 11.95%。

三、矿石地球化学

1. 矿石样品

在莱西南墅石墨矿采集黑云斜长变粒岩、透辉变粒岩石墨矿石及大理岩、斜长角闪岩和混合花岗岩脉测试样品(表 10-7)。

表 10-7　南墅石墨矿床矿石样品登记表

样号		岩性	主要矿物	组构
南墅片麻岩石墨矿石	LX-02	黑云斜长片麻岩石墨矿石	斜长石、石英、黑云母、石墨	石墨 0.5～1mm，粒状变晶结构、鳞片变晶结构，片麻构造
	LX-03	黑云斜长片麻岩石墨矿石	斜长石、石英、黑云母、石墨	石墨 0.2～0.5mm，大鳞片 1mm 以上，粒状变晶结构、鳞片变晶结构，片麻构造
	LX-06	透辉变粒岩石墨矿石	透辉石、斜长石、石英、黑云母、石墨，含硫化物	石墨 0.2～0.5mm，斜列式大鳞片 1mm 以上，粒状变晶结构、鳞片变晶结构，片麻构造
	LX-08	黑云斜长片麻岩石墨矿石	斜长石、石英、黑云母、石墨	石墨 0.2～0.5mm，多鳞片聚合晶在 2mm，粒状变晶结构、鳞片变晶结构，片麻构造
	LX-10	透辉变粒岩石墨矿石	透辉石、斜长石、石英、黑云母、石墨，含硫化物	石墨 0.2～0.5mm，粒状变晶结构、鳞片变晶结构，片麻构造
	LX-15	透辉变粒岩石墨矿石	透辉石、斜长石、石英、黑云母、石墨，含硫化物	石墨 0.5～1mm，粒状变晶结构、鳞片变晶结构，片麻构造
	LX-18	黑云斜长变粒岩石墨矿石	斜长石、石英、黑云母、石墨	石墨 0.5～1mm，粒状变晶结构、鳞片变晶结构，片麻构造
	LX-24	黑云斜长变粒岩石墨矿石	斜长石、石英、黑云母、石墨	石墨 0.3～0.5mm，粒状变晶结构、鳞片变晶结构，片麻构造
	LX-27	黑云斜长变粒岩石墨矿石	斜长石、石英、黑云母、石墨	石墨 0.5～1mm，粒状变晶结构、鳞片变晶结构，片麻构造
石墨矿夹石	LX-11	蛇纹石化大理岩	白云石、球粒状蛇纹石	细粒变晶结构，块状构造
	LX-26	蛇纹石化大理岩	白云石、球粒状蛇纹石	细粒变晶结构，块状构造
	LX-19	混合花岗岩	石英、斜长石，绢云母化蚀变	粒状变晶结构、块状条带状构造
	LX-20	斜长角闪岩	斜长石、角闪石、黑云母	粒状变晶结构、条带状构造

2. 岩石化学成分

南墅石墨矿床黑云斜长片麻岩型矿石岩石化学组成比较均一稳定，SiO_2 含量 53.08%～64.97%，平均 57.16%；Al_2O_3 含量 9.63%～15.31%，平均 15.31%；MgO、CaO 含量平均分别是 3.23%和 1.50%，钙镁含量高的样品 Al_2O_3 含量低；K_2O+N_2O 平均 5.58%，$K_2O>Na_2O$；A/CNK 大于 1，平均 1.26。岩石化学组成显示原始沉积以陆源物质为主，沉积分异较好，成熟度较高，有 Al_2O_3 过剩独立矿物存在(表 10-8)。

透辉变粒岩和大理岩夹层以钙镁质为主，其中钾钠组分，$K_2O>Na_2O$，A/CNK 远小于 1，表明钙镁质主要以碳酸盐矿物存在；A/NK 远大于 1，显示有 Al_2O_3 过剩独立矿物存在；MgO/CaO 平均值在 0.60 左右，显示中等盐度沉积环境。

比较黑云斜长片麻岩和透辉变粒岩-大理岩的化学成分组成，透辉变粒岩-大理岩主要的氧化物成分只有 MgO、CaO，挥发分高于黑云斜长片麻岩，特征元素比值只有 K_2O/Na_2O 和 A/NK 值高于黑云斜长片麻岩，其他氧化物及特征元素比值均低于黑云斜长片麻岩(图 10-14)。

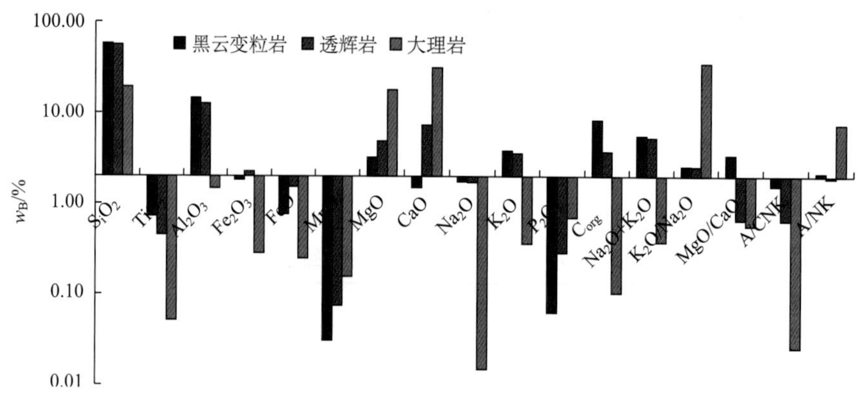

图 10-14　南墅石墨矿黑云斜长片麻岩与大理岩化学组成比较图

黑云斜长片麻岩石墨矿石微量元素显示 Rb、Ba、Zr、Y、Cr、V、F、Cl 含量较高，Rb/Sr 值大于 1，平均 1.80；Sr/Ba 值远小于 1，平均 0.09；Zr/Y、Nb/Ta、V/Ni 值都比较高(表 10-8)。这种微量元素特征显示的陆源物质为主的特征，与岩石氧化物组成特征是一致的。

透辉变粒岩和大理岩的微量元素含量以高 Sr、U 为特征，Rb/Sr 值低，平均 0.87 和 0.14；Sr/Ba 值高，平均 0.22 和 2.59；Th/U 值低为特征。微量元素含量特征反映了海陆物质来源混合的沉积特征。

微量元素比较，大理岩的微量元素含量 F、Cl 卤素元素与片麻岩含量接近，透辉变粒岩 Cl 含量低，其他微量元素含量都低于片麻岩的微量元素含量，但是大理岩的 Sr/Ba 值高于片麻岩的 Sr/Ba 值(图 10-15)。

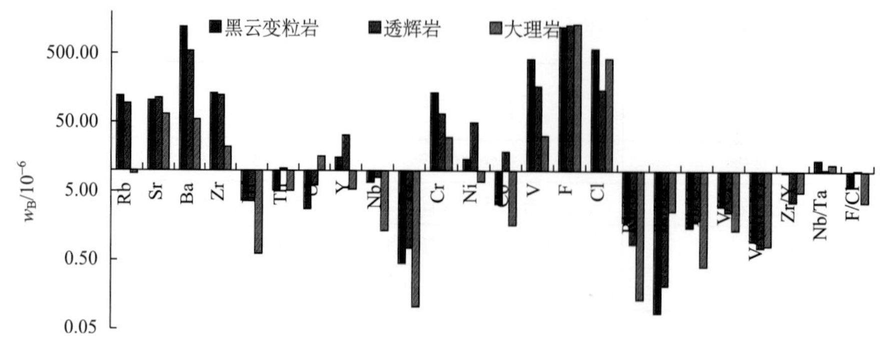

图 10-15　南墅石墨矿黑云斜长片麻岩与大理岩微量元素含量比较图

表 10-8 南墅石墨矿床矿石化学成分表

成分	黑云斜长片麻岩									透辉变粒岩				大理岩			花岗岩	角闪岩
	LX-02	LX-03	LX-08	LX-18	LX-24	LX-27	平均值	最高值	最低值	LX-06	LX-10	LX-15	平均值	LX-11	LX-26	平均值	LX-19	LX-20
SiO_2	58.83	57.10	57.13	54.98	64.97	53.08	57.68	64.97	53.08	53.68	55.69	59.00	56.12	13.49	25.21	19.35	80.22	45.23
TiO_2	0.76	0.70	0.84	0.53	0.74	0.78	0.73	0.84	0.53	0.50	0.47	0.39	0.45	0.03	0.07	0.05	0.21	2.03
Al_2O_3	14.76	14.54	13.90	14.05	15.31	14.88	14.57	15.31	13.90	9.63	13.02	15.35	12.67	1.08	1.86	1.47	10.31	15.65
Fe_2O_3	2.29	1.97	1.57	2.70	1.01	1.41	1.82	2.70	1.01	2.60	2.89	1.31	2.27	0.26	0.31	0.28	0.38	6.64
FeO	0.56	0.72	0.96	0.84	0.72	0.8	0.77	0.96	0.56	1.64	1.60	1.34	1.53	0.24	0.26	0.25	0.76	9.44
MnO	0.02	0.03	0.02	0.06	0.01	0.04	0.03	0.06	0.01	0.06	0.04	0.13	0.08	0.29	0.02	0.16	0.02	0.24
MgO	2.28	3.23	2.75	4.35	2.84	3.95	3.23	4.35	2.28	7.10	4.77	2.77	4.88	18.37	17.73	18.05	0.39	5.05
CaO	0.51	0.54	0.54	3.86	1.80	1.76	1.50	3.86	0.51	10.08	5.64	6.27	7.33	33.07	30.08	31.58	0.30	6.64
Na_2O	3.03	1.10	1.65	1.58	2.22	0.92	1.75	3.03	0.92	1.05	1.45	2.66	1.72	0.02	0.01	0.02	2.24	3.01
K_2O	3.17	3.71	3.60	2.11	5.82	4.54	3.83	5.82	2.11	3.29	5.47	2.01	3.59	0.05	0.68	0.37	3.96	1.16
P_2O_5	0.05	0.03	0.13	0.04	0.05	0.08	0.06	0.13	0.03	0.10	0.08	0.69	0.29	0.15	1.26	0.70	0.01	0.32
los	13.94	16.60	16.65	12.30	2.86	16.29	13.11	16.65	2.86	9.84	8.40	6.84	8.36	33.09	22.55	27.82	0.72	2.08
合计	100.20	100.28	99.76	97.40	98.35	98.52	99.08	100.28	97.40	99.57	99.53	98.75	99.28	100.15	100.04	100.09	99.52	97.49
C_{org}	9.20	10.59	12.12	7.32	0.23	10.52	8.33	12.12	0.23	5.76	3.53	1.96	3.75	0.09	0.12	0.10	0.06	0.04
S	0.22	0.19	0.27	0.10	0.03	0.40	0.20	0.40	0.03	0.98	1.13	0.14	0.75	0.04	0.01	0.02	0.01	0.05
Na_2O+K_2O	6.20	4.81	5.25	3.69	8.04	5.46	5.58	8.04	3.69	4.34	6.92	4.67	5.31	0.07	0.69	0.38	6.20	4.17
K_2O/Na_2O	1.05	3.37	2.18	1.34	2.62	4.93	2.58	4.93	1.05	3.13	3.77	0.76	2.55	2.50	68.00	35.25	1.77	0.39
MgO/CaO	4.47	5.98	5.09	1.13	1.58	2.24	3.42	5.98	1.13	0.70	0.85	0.44	0.66	0.56	0.59	0.57	1.30	0.76
A/CNK	1.58	2.13	1.83	1.18	1.16	1.54	1.57	2.13	1.16	0.41	0.70	0.85	0.65	0.02	0.03	0.03	1.21	0.85
A/NK	1.75	2.49	2.10	2.87	1.54	2.31	2.18	2.87	1.54	1.82	1.56	2.34	1.91	12.39	2.47	7.43	1.29	2.52
F/M	1.15	0.77	0.86	0.75	0.57	0.52	0.77	1.15	0.52	0.56	0.88	0.91	0.78	0.03	0.03	0.03	2.82	3.05

续表

成分	黑云斜长片麻岩									透辉变粒岩				大理岩			花岗岩	角闪岩
	LX-02	LX-03	LX-08	LX-18	LX-24	LX-27	平均值	最高值	最低值	LX-06	LX-10	LX-15	平均值	LX-11	LX-26	平均值	LX-19	LX-20
Rb	108.30	124.30	130.20	72.70	152.20	133.90	120.27	152.20	72.70	83.90	137.20	59.10	93.40	2.80	15.20	9.00	70.60	41.40
Sr	86.20	47.20	55.90	111.80	279.60	39.40	103.35	279.60	39.40	96.60	106.30	134.30	112.40	65.10	66.10	65.60	84.10	382.50
Ba	973.20	1108.70	959.40	621.70	2219.00	1400.60	1213.77	2219.00	621.70	525.00	683.70	434.50	547.73	14.50	95.60	55.05	1608.60	882.90
Zr	118.20	124.00	92.20	101.30	236.50	116.90	131.52	236.50	92.20	141.10	181.60	48.40	123.70	10.00	34.10	22.05	180.10	145.00
Hf	3.40	3.54	2.68	2.86	6.21	3.42	3.68	6.21	2.68	5.00	5.21	1.40	3.87	0.31	0.92	0.62	5.28	8.11
Th	1.72	1.74	2.04	4.58	18.91	2.20	5.20	18.91	1.72	13.07	15.07	4.11	10.75	1.62	8.64	5.13	0.69	0.70
U	1.57	1.90	1.66	3.91	6.00	1.52	2.76	6.00	1.52	8.74	4.27	5.38	6.13	3.06	29.29	16.18	0.36	0.34
Y	9.25	9.03	20.29	24.65	16.50	13.91	15.60	24.65	9.03	40.84	35.45	21.70	32.66	6.78	3.98	5.38	0.64	36.09
Nb	5.05	6.99	5.51	3.40	14.30	5.36	6.77	14.30	3.40	8.22	9.84	5.91	7.99	1.21	1.46	1.34	1.33	14.29
Ta	0.33	0.47	0.40	0.29	0.80	0.40	0.45	0.80	0.29	0.79	0.91	0.56	0.75	0.10	0.11	0.11	0.08	0.86
Cr	129.80	133.80	168.10	118.50	107.50	152.10	134.97	168.10	107.50	87.10	67.10	46.60	66.93	14.40	46.80	30.60	12.90	190.00
Ni	14.58	10.19	6.60	47.81	6.80	2.39	14.73	47.81	2.39	54.63	64.42	30.80	49.95	5.71	8.18	6.94	2.92	65.99
Co	2.25	1.86	2.97	9.13	2.88	0.73	3.30	9.13	0.73	20.74	23.03	12.95	18.91	1.86	1.37	1.62	2.28	48.25
V	418.30	424.80	541.80	374.90	270.90	495.10	420.97	541.80	270.90	197.80	188.00	117.20	167.67	28.80	35.40	32.10	31.40	237.70
B	24.80	30.60	21.90	13.40	15.50	30.00	22.70	30.60	13.40	9.20	5.50	16.40	10.37	18.10	6.90	12.50	2.70	6.20
Cl	187.90	2272.60	202.40	122.00	661.60	99.60	591.02	2272.60	99.60	188.10	102.90	152.20	147.73	289.90	569.20	429.55	92.40	748.70
F	1004.61	1135.42	1046.45	1283.26	1450.35	1450.35	1228.41	1450.35	1004.61	591.08	1929.78	1392.36	1304.41	1450.35	1231.96	1341.15	83.39	591.08
Rb/Sr	1.26	2.63	2.33	0.65	0.54	3.40	1.80	3.40	0.54	0.87	1.29	0.44	0.87	0.04	0.23	0.14	0.84	0.11
Sr/Ba	0.09	0.04	0.06	0.18	0.13	0.03	0.09	0.18	0.03	0.18	0.16	0.31	0.22	4.49	0.69	2.59	0.05	0.43
Th/U	1.09	0.92	1.23	1.17	3.15	1.44	1.50	3.15	0.92	1.50	3.53	0.76	1.93	0.53	0.29	0.41	1.90	2.08
V/Cr	3.22	3.17	3.22	3.16	2.52	3.26	3.09	3.26	2.52	2.27	2.80	2.52	2.53	2.00	0.76	1.38	2.43	1.25
Zr/Y	12.78	13.73	4.54	4.11	14.33	8.41	9.65	14.33	4.11	3.45	5.12	2.23	3.60	1.48	8.56	5.02	281.12	4.02

续表

成分	黑云斜长片麻岩									透辉变粒岩				大理岩			花岗岩	角闪岩
	LX-02	LX-03	LX-08	LX-18	LX-24	LX-27	平均值	最高值	最低值	LX-06	LX-10	LX-15	平均值	LX-11	LX-26	平均值	LX-19	LX-20
Nb/Ta	15.25	14.83	13.77	11.71	17.85	13.56	14.50	17.85	11.71	10.45	10.82	10.59	10.62	12.13	13.04	12.59	16.00	16.69
V/(Ni+V)	0.97	0.98	0.99	0.89	0.98	1.00	0.97	0.92	0.99	0.78	0.74	0.79	0.77	0.83	0.81	0.82	0.91	0.78
La	16.67	8.80	32.33	30.03	41.96	11.95	23.62	41.96	8.80	45.16	42.65	47.14	44.98	9.35	7.50	8.42	3.53	26.62
Ce	31.88	17.51	65.15	59.02	85.78	24.76	47.35	85.78	17.51	90.73	81.77	90.99	87.83	13.46	12.54	13.00	6.62	63.01
Pr	3.97	2.27	8.23	7.23	9.75	3.24	5.78	9.75	2.27	10.54	9.52	9.83	9.96	1.31	1.30	1.31	0.76	8.50
Nd	14.39	8.65	30.86	27.16	34.22	12.59	21.31	34.22	8.65	38.45	34.96	35.22	36.21	4.37	4.26	4.31	2.46	35.76
Sm	2.40	1.59	5.50	5.15	5.22	2.36	3.71	5.50	1.59	7.02	6.57	6.23	6.61	0.64	0.64	0.64	0.30	7.33
Eu	0.59	0.38	1.07	1.34	1.47	0.57	0.90	1.47	0.38	1.35	1.48	1.74	1.52	0.19	0.17	0.18	0.40	1.99
Gd	1.96	1.44	4.36	4.55	4.12	2.15	3.10	4.55	1.44	6.72	6.13	5.70	6.18	0.67	0.55	0.61	0.23	6.88
Tb	0.27	0.23	0.61	0.70	0.56	0.35	0.45	0.70	0.23	1.08	1.00	0.78	0.95	0.10	0.08	0.09	0.03	1.16
Dy	1.49	1.39	3.29	4.13	2.95	2.15	2.57	4.13	1.39	6.71	6.19	3.91	5.60	0.67	0.49	0.58	0.13	6.98
Ho	0.29	0.29	0.64	0.79	0.54	0.44	0.50	0.79	0.29	1.34	1.23	0.68	1.09	0.15	0.10	0.12	0.02	1.36
Er	0.90	0.90	1.97	2.35	1.57	1.32	1.50	2.35	0.90	4.07	3.70	1.76	3.18	0.50	0.31	0.40	0.07	3.91
Tm	0.14	0.15	0.30	0.35	0.23	0.22	0.23	0.35	0.14	0.65	0.60	0.23	0.50	0.08	0.05	0.06	0.01	0.59
Yb	0.93	1.02	1.85	2.28	1.44	1.29	1.47	2.28	0.93	4.25	3.74	1.29	3.09	0.48	0.28	0.38	0.09	3.71
Lu	0.17	0.18	0.32	0.38	0.26	0.21	0.25	0.38	0.17	0.72	0.64	0.21	0.52	0.08	0.04	0.06	0.02	0.64
REE	76.03	44.78	156.48	145.46	190.08	63.60	112.74	190.08	44.78	218.80	200.18	205.73	208.24	32.04	28.30	30.17	14.66	168.44
LREE/HREE	11.38	7.01	10.74	8.37	15.27	6.82	9.93	15.27	6.82	7.56	7.62	13.12	9.43	10.77	13.99	12.38	23.71	5.68
δCe	0.94	0.94	0.96	0.96	1.02	0.96	0.96	1.02	0.94	1.00	0.98	1.02	1.00	0.92	0.97	0.94	0.97	1.01
δEu	0.83	0.76	0.67	0.84	0.97	0.77	0.81	0.97	0.67	0.60	0.71	0.89	0.74	0.87	0.90	0.88	4.70	0.86

注：主量元素含量单位为%，微量元素含量单位为10^{-6}。

黑云斜长片麻岩矿石稀土元素总量平均 112.74×10^{-6}，轻重稀土元素（LREE/HREE）比值平均 9.93，有一定分异；具有弱负铈异常，δCe 平均 0.96；δEu 均小于 1，平均 0.81（表 10-8）。稀土元素配分曲线表现为轻稀土元素富集重稀土元素亏损的右倾曲线，配分曲线基本平行、形态一致，可以分为稀土元素总量高低两个组，但是都表现为斜率小的曲线略显负铕异常明显，并显弱负铈异常（图 10-16）。

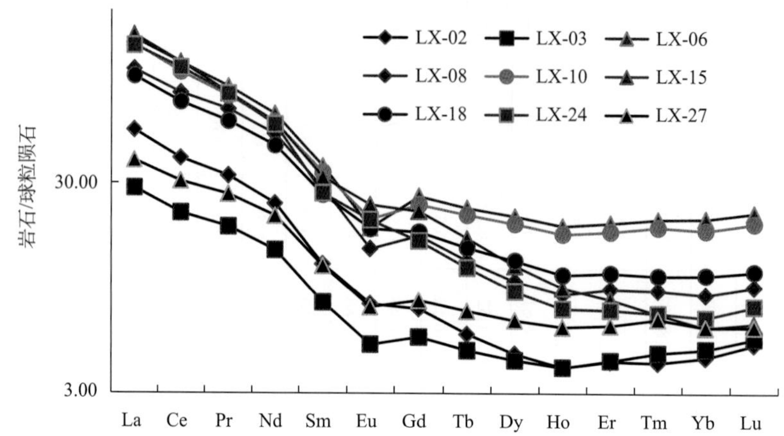

图 10-16　黑云斜长变粒岩石墨矿石稀土元素配分曲线图，斜率大的曲线负铕异常明显

透辉变粒岩的稀土元素总量较高，平均 208.24×10^{-6}，而大理岩稀土元素总量较低，平均仅 30.17×10^{-6}，轻重稀土元素（LREE/HREE）比值分别是 9.42 和 12.38；透辉变粒岩属于高稀土元素配分曲线组（图 10-16），大理岩稀土元素配分曲线与片麻岩稀土元素配分曲线类似，曲线斜率较小，并且负铕异常不明显，略显负铈异常（图 10-17）。

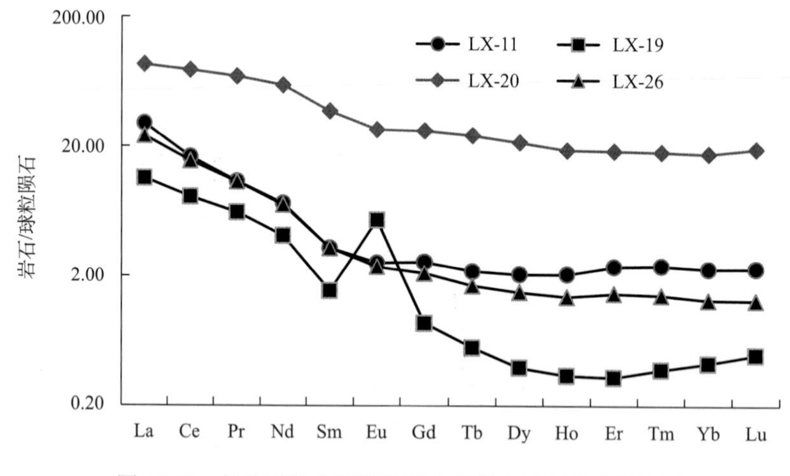

图 10-17　蛇纹石化大理岩及混合岩稀土元素配分曲线图

LX-19 混合岩显示富钾铝过饱和重熔岩浆岩特征；而 LX-20 则显示为正变质斜长角闪岩特征。LX-19 混合岩的微量元素特征与黑云斜长片麻岩类似，显示高 Rb/Sr 值，低 Sr/Ba 值，高 Zr/Y、Nb/Ta、V/Ni 值的特征，这显示陆壳重熔成因的，与混合岩的特征是一致的。LX-20 斜长角闪岩的微量元素特征与大理岩类似，Rb/Sr 值低，Sr/Ba 值高，显示幔源岩浆岩特征。

LX-20 斜长角闪岩稀土元素配分曲线比较平缓，轻重稀土元素（LREE/HREE）分异不明显，不具负铕异常，显示与玄武岩稀土元素配分曲线类似，为正变质岩特征。混合岩稀土元素配分曲线轻重稀土元素分异明显，具有明显的正铕异常，这一特征与许多石墨矿中条带花岗岩的稀土元素配分曲线类似，可能反映了石墨矿床中的特殊现象（图 10-17）。

3. 碳同位素

本书研究中收集了前人测试的石墨碳同位素资料，并采集了典型石墨矿石分选石墨单矿物委托核工业北京地质研究所实验室进行测试。在南墅院后、岳石、平度刘戈庄不同矿段分别采集了样品，矿石样品有各类含石墨变粒岩、片麻岩及热液脉状、构造碎裂型矿石，并收集了院后、岳石矿段大理岩、渤海湾油田原油和浙江康山煤炭的碳同位素资料(表 10-9)。

表 10-9 荆山群石墨碳同位素比较表

矿区	矿石	样号	测试矿物	$\delta^{13}C_{PDB}$/‰	矿区	矿石	样号	测试矿物	$\delta^{13}C_{PDB}$/‰
莱西南墅院后	混合片麻岩	YH1	石墨	−24.80	南墅	斜长片麻岩	LX-03	石墨	−21.70
		YH2	石墨	−20.70			LX-08	石墨	−21.50
		YH3	石墨	−24.00	刘戈庄	透辉变粒岩	PD-10	石墨	−21.30
		YH4	石墨	−26.60			PD-17	石墨	−24.70
		YH5	石墨	−21.20	石墨精粉	80 目	NS80	石墨	−21.80
		YH6	石墨	−26.80		200 目	NS200	石墨	−23.10
		YH7	石墨	−16.30		50 目	NS50	石墨	−22.70
		YH8	石墨	−22.80		−100 目	NS100	石墨	−23.90
		YH9	石墨	−22.41		32 目	NS32	石墨	−23.30
莱西南墅岳石	片麻状矿石	YS1	石墨	−25.90		325 目	NS325	石墨	−24.10
		YS2	石墨	−25.90	胶北	平均值			−22.61
		YS3	石墨	−25.10		最高值			−14.70
		YS4	石墨	−25.10		最低值			−26.80
		YS5	石墨	−24.10	院后	白云大理岩	NYHC1	全岩	1.50
		YS6	石墨	−25.80			NYHC2	全岩	0.80
		YS7	石墨	−23.40	岳石	白云大理岩	NYSC3	全岩	−2.70
	混合片麻岩	YS8	石墨	−16.10			NYSC4	全岩	−2.30
		YS9	石墨	−18.20			NYSC5	全岩	−1.40
		YS10	石墨	−24.50			NYSC6	全岩	0.10
		YS11	石墨	−24.10	大理岩	平均值			−3.46
	脉状矿石	YS12	石墨	−22.90		最高值			1.50
		YS13	石墨	−22.60		最低值			−13.40
		YS14	石墨	−14.70					
	混合岩矿石	YS15	石墨	−16.70					

南墅石墨矿碳同位素最高−14.70‰，最低−26.80‰，平均−22.61‰，高于原油和煤炭的有机碳同位素组成，而明显低于矿区蚀变大理岩的碳同位素组成，介于有机碳同位素和无机碳同位素组成之间，而靠近有机同位素一端(图 10-18)。表明石墨碳质来源以有机碳为主，而有无机碳参与。

碳酸盐岩硅酸盐化蚀变释放出的 CO_2 提供石墨无机碳的来源，参与了石墨结晶作用，使变质石墨的碳同位素组成偏离有机碳同位素组成，介于无机碳酸盐和有机碳碳同位素组成之间(图 10-18)。

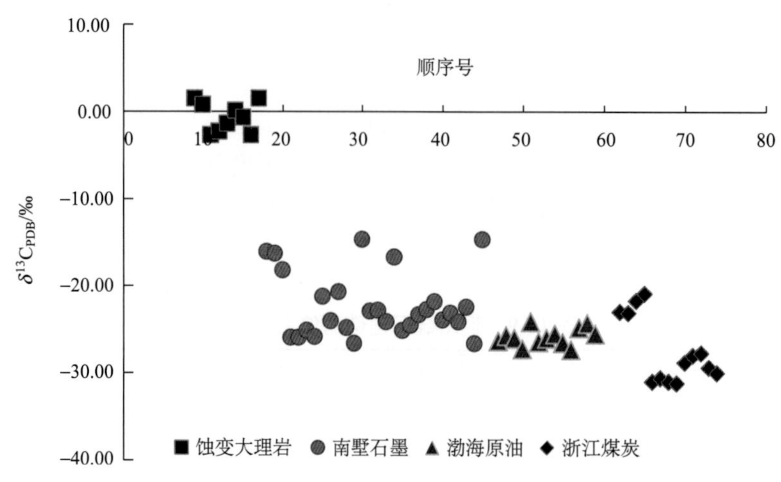

图 10-18　石墨碳同位素与碳酸盐岩及有机质碳同位素组成比较图

第四节　平度刘戈庄石墨矿床

刘戈庄石墨矿区位于平度市城西北 27km 处，行政区划隶属于平度市官庄乡，主矿段西部开采深度较大，已经闭坑积水成水塘，东部新采区进行露天开采(照片 10-24)。区内广泛出露古元古界荆山群野头组和陡崖组变质地层。褶皱构造较发育，主要发育刘戈庄—田庄复式向斜和北部紧密背斜，NE 向走向断裂也较发育。NW 向倾向断裂断距达 800m，对矿层起破坏作用，在矿区西部的水桃林片岩段发现少量的石英脉和伟晶岩脉。

石墨矿产于荆山群陡崖组徐村段，其岩性为石墨黑云斜长片麻岩、石墨透闪透辉岩、混合质石墨黑云斜长片麻岩、斜长角闪岩、蛇纹透辉大理岩。含矿岩层厚度 124.02～437.85m。由于受 NW 和近 SN 断裂(多为正断层)影响，地层沿 NE 方向被切成 4 段(图 10-19)。

一、矿 化 特 征

1. 矿层特征

矿区位于刘戈庄—田庄复式向斜南翼及 NE 倾没端，矿区分 4 个含矿带、11 个含矿层，形成 29 个石墨矿体，矿体均产于陡崖组徐村段(图 10-20)。

第Ⅱ含矿带规模最大，位于刘戈庄向斜南翼，产于陡崖组徐村段中部，由含石墨岩石组成，岩性为石墨黑云斜长片麻岩、石墨透闪透辉岩和混合质石墨黑云斜长片麻岩，在折曲转折端，石墨矿层厚度增大(颜玲亚等，2012)。

主矿层Ⅱ-1 规模大，地表分布于 F9 和 F11 断裂之间，中间被 F10、F16、F17 切割成 4 段。矿层产状和地层一致，总体走向 55°，倾向NW，倾角 45°～55°。矿层呈层状，长度 2454m，控制最大斜深 420m，厚度 15～72m，平均厚 43m，变化系数 38%，变化很小，具有东厚西薄、东部完整西部夹石较多的特点。其他矿层多为透镜状、扁豆状夹层，沿走向长几十米至 300m，斜深 30～180m，厚度 4～40m，倾角 30°～65°(图 10-21)。

矿层围岩为徐村段斜长角闪岩，直接顶、底板往往为含石墨黑云斜长片麻岩或石墨透闪透辉岩，厚度数米至十余米，与矿层呈渐变过渡关系。

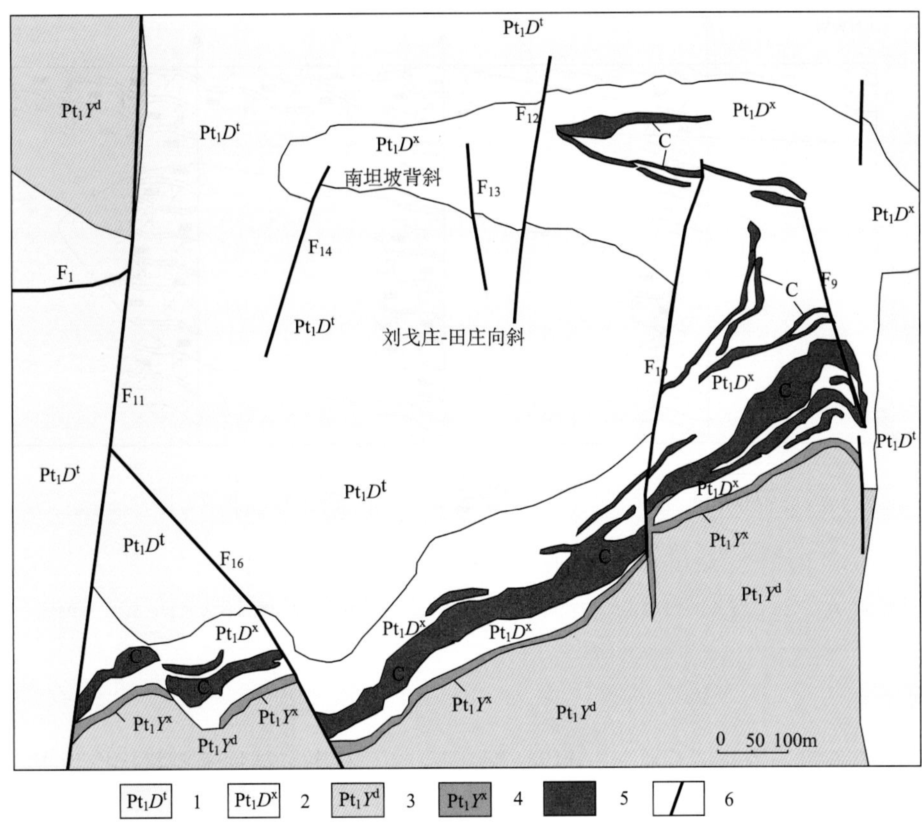

图 10-19 平度刘戈庄石墨矿床地质简图

1. 陡崖组水桃林段；2. 陡崖组徐村段；3. 野头组定国寺段；4. 野头组祥山段；5. 石墨矿层及编号；6. 断层

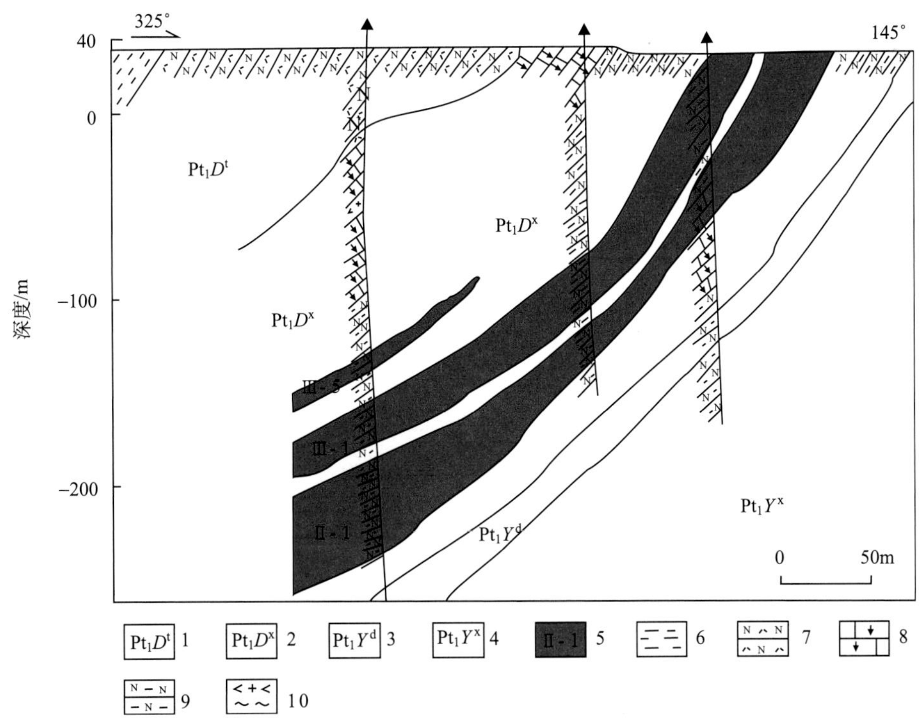

图 10-20 平度市刘戈庄矿区 8 勘探线剖面图

1. 石墨矿体及编号；2. 黑云变粒岩；3. 斜长角闪岩；4. 透辉斜长角闪岩；5. 蛇纹大理岩；6. 石墨黑云斜长片麻岩；7. 斜长角闪混合岩；8. 长石石英岩；9. 斜长片麻岩；10. 混合岩

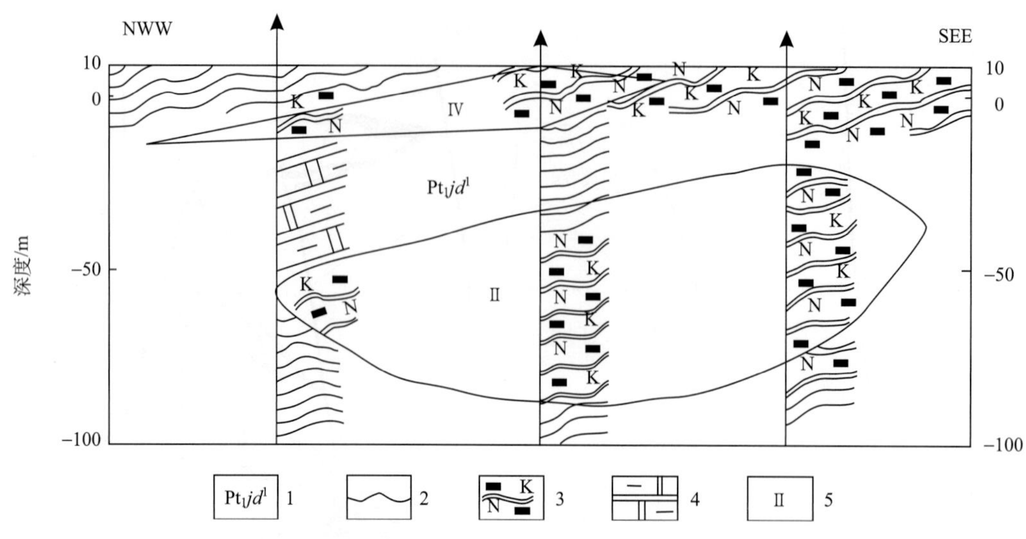

图 10-21　平度景村石墨矿 04 线地质剖面图

1. 荆山群陡崖组徐村段；2. 黑云母变粒岩；3. 石墨黑云二长片麻岩；4. 透辉石大理岩；5. 矿体编号

2. 石墨矿石

刘戈庄石墨矿矿石均为含鳞片状石墨片麻岩、变粒岩，石墨呈鳞片浸染状构造为主，极少数为块状、斑点状构造(照片 10-25)。

(1)混合片麻岩型石墨矿石：主要发育在Ⅱ-1 矿层底部，深部变薄或尖灭，此类矿石占矿区总资源储量的 15%～17%。矿石为鳞片花岗变晶结构，片麻状、条带状、眼球状构造。矿石基体矿物组成斜长石 20%，为更-中长石、中-拉长石，有的被钾长石交代，普遍被绢云母或后期碳酸盐岩矿物交代；石英 20%，粒状，多呈残留体、条状集合体；黑云母 10%；石墨 8%～15%，石墨晶体平直，少数弯曲，多与黑云母间叠出现，有的石墨晶体间隙有碳酸盐岩或金属矿物，极少量石墨分布于长石、石英之间。长英质脉体以微斜长石为主，20%～40%，呈条纹状，在微斜长石脉体边缘，石墨鳞片明显增大。含有磁黄铁矿、黄铁矿，少量磁铁矿、钛铁矿、黄铜矿及锆石、磷灰石、榍石等副矿物。

(2)变粒岩型矿石：依其组成的矿物成分又可分为黑云透辉变粒岩型、透闪透辉变粒岩型、黑云变粒岩型等亚类型(照片 10-26)，其中石英脉分布处石墨集中富集(照片 10-27)。主要出现在片麻岩型矿石组成的小矿体的顶部，矿石具粒状变晶结构，块状、浸染状构造。矿物成分主要有石墨、斜长石、透辉石、黑云母、石英及少量黄铁矿、磁黄铁矿、磷灰石、榍石等。石墨多为单体，分散分布，部分与透辉石、黑云母连生或分布在透辉石晶体中，石墨片径一般为 0.3～0.5mm。

(3)透闪透辉岩型石墨矿石：矿石为鳞片状粒状变晶结构，少数为鳞片纤维状变晶结构，鳞片浸染状、片麻状构造(照片 10-28)。矿物组成有透辉石 10%～50%，透闪石 10%～50%，局部被后期碳酸盐岩矿物交代；斜长石 5%～30%，多为中长石，常被绢云母交代；黑云母 5%～10%；石墨 7%～12%，多为单晶片浸染状分散分布，少数呈集合体；含有磁黄铁矿、黄铁矿、磁铁矿、黄铜矿、白铁矿等，以及副矿物锆石、磷灰石。

(4)大理岩型矿石：靠近石墨矿体或夹在矿体中间的蛇纹石化大理岩中(照片 10-29)，大理岩被石墨浸染，当其含量达到工业品位时，即构成大理岩型矿石。其往往受强烈蛇纹石化，故多以蛇纹石化大理岩型矿石出现。常与透闪透辉岩型矿石呈渐变过渡关系。矿石为不等粒变晶结构，块状构造。主要矿物成分为石墨(<5%)方解石、白云石等，石墨鳞片沿方解石、白云石颗粒呈浸染状分布，鳞片片径一般为 0.1～0.5mm。

(5)碎裂岩型石墨矿石，沿走向断裂带、层间挤压构造带分布(照片 10-30、照片 10-31)。此类矿石较多是碎裂岩，具有不同程度的富集和破碎，一般原岩成分及结构保留较清楚，石墨鳞片呈弯曲状，局部碾成粉末。在应力集中的断裂面附近，出现糜棱岩、千糜岩，其中石墨大都变为隐晶质粉末，该类矿石仅占矿区资源储量的3%左右。

在斜长透辉岩型、透闪透辉岩型及透辉变粒岩型矿石中，石墨多呈细小鳞片分布于透辉石、透闪石的边缘，少数在透辉石中呈包体，石墨鳞片多在0.5mm以下。黑云斜长片麻岩型矿石中，石墨多与黑云母连生或间叠，石墨鳞片直径0.5～1mm(照片10-32、照片10-33)。

根据景村矿段矿石中石墨鳞片统计，石墨片度一般0.1～1.0mm，按＞0.3mm(＞50目)、0.287mm(50～80目)、0.175mm(80～100目)、＜0.147mm(＜100目)4个目级统计，分别约为15%、22%、15%、40%(李振来，2014)。

3. 矿石化学成分

石墨矿石中固定碳含量一般为2.5%～6.5%，最高7.93%。Ⅱ-1矿层平均品位为3.34%，变化系数28%，具有东富西贫、浅富深贫的特征。轻微混合岩化品位增高，强烈混合岩化品位降低。原生石墨矿石中，硫含量一般2%～5%，最高6.85%，Ⅱ-1矿层勘探地段，硫含量2.83%。景村矿段矿石的固定碳含量3.53%～9.95%，平均3.47%，矿石的固定碳含量3.53%～9.95%，平均3.47%。

含硫矿物中，主要是磁黄铁矿占60%，黄铁矿占40%，多沿片理呈不规则脉状或团块状分布，局部可见磁黄铁矿沿石墨解理裂隙充填交代。矿石中亲硫元素(Cu-Mo-Pb-Zn)总量与固定碳含量呈正相关关系，相关系数0.994。

矿石氧化物特征，原生矿Al_2O_3含量低，氧化矿Al_2O_3高，MgO-CaO含量都比较高，K_2O＞Na_2O(表10-10)。

表10-10　矿石化学成分表　(单位：%)

成分	透闪透辉岩型		混合片麻岩型	
	原生	风化	原生	风化
SiO_2	54.09	53.26	58.49	62.80
TiO_2	0.50	0.64	0.78	0.69
Al_2O_3	11.55	14.74	14.80	15.54
Fe_2O_3	4.10	5.52	3.72	3.06
FeO	4.14	0.43	3.48	0.52
MnO	0.02	0.01	0.04	0.04
MgO	6.37	4.57	3.37	8.23
CaO	7.16	4.87	3.46	0.80
K_2O	2.17	2.84	4.34	3.69
Na_2O	1.97	2.07	1.81	1.67
P_2O_5	0.07	0.04	0.08	0.05
烧失量	7.30	10.67	6.09	3.74
合计	99.44	99.66	100.46	100.83
S	3.53	0.08	2.36	0.19
固定碳	3.99	2.09	6.20	6.64

二、围岩蚀变

鲁北莱西南墅石墨矿及平度刘戈庄石墨矿基本特征是大理岩的硅酸盐化交代蚀变强，发育各种透辉透闪大理岩，区域上在石墨矿床附近形成透辉岩矿床，作为具有经济价值的非金属矿产开采。含石墨建造为大理岩(透辉石岩)-片麻岩-石墨片麻岩，基本是透辉橄榄大理岩类和片麻岩类岩石。大理岩和透辉石大理岩建造单层厚度从十几米到140多米，呈层状、透镜状，化学组成显示为硅镁质大理岩，有橄榄大理岩、透辉大理岩、金云母大理岩、金云母橄榄大理岩，并有滑石大理岩和方镁石橄榄大理岩等。分布较多的橄榄大理岩进一步发生蛇纹石化，垂直层面橄榄石逐渐减少，橄榄大理岩渐变为大理岩。还有少量透辉大理岩，含条纹长石大理岩和微斜长石透辉大理岩，当方解石-白云石含量少时，就成为碳酸盐微斜长石透辉岩。透辉石大理岩包括透辉岩、斜长透辉岩、透闪透辉岩，多为块状构造，微斜长石透辉岩具明显的薄层理及条带状构造。

岩石学特征显示钙镁硅酸盐矿物橄榄石、透辉石、透闪石、金云母均属于钙镁碳酸盐岩被硅酸盐交代形成的蚀变矿物。

三、矿石地球化学

1. 矿石样品

胶北石墨成矿带平度刘戈庄石墨矿采集了黑云斜长变粒岩和蛇纹石化大理岩、石英岩和斜长角闪岩夹石样品(表10-11)。

表10-11　刘戈庄石墨矿床矿石样品一览表

岩性	样号	岩性	主要矿物	组构
平度刘戈庄石墨矿矿石	PD-01	透辉透闪变粒岩石墨矿石	透辉石、透闪石、斜长石、石英、黑云母、石墨，含硫化物	石墨0.2～0.5mm，粒状变晶结构、鳞片变晶结构，条带状构造
	PD-03	透辉透闪变粒岩石墨矿石	透辉石、透闪石、斜长石、石英、黑云母、石墨，含硫化物	石墨0.2～0.5mm，粒状变晶结构、鳞片变晶结构，条带状构造
	PD-05	透辉透闪变粒岩石墨矿石	透辉石、透闪石、斜长石、石英、黑云母、石墨，含硫化物	石墨0.2～0.5mm，大鳞片1mm以上，粒状变晶结构、鳞片变晶结构，条带状构造
	PD-06	透辉透闪变粒岩石墨矿石	透辉石、透闪石、斜长石、石英、黑云母、石墨，含硫化物	石墨0.2～0.5mm，粒状变晶结构、鳞片变晶结构，条带状构造
	PD-10	透辉透闪变粒岩石墨矿石	透辉石、透闪石、斜长石、石英、黑云母、石墨，含硫化物	石墨0.05～0.1mm细鳞片聚合体，粒状变晶结构、鳞片变晶结构，变余碎屑结构，条带状构造
	PD-11	透辉透闪变粒岩石墨矿石	透辉石、透闪石、斜长石、石英、黑云母、石墨，含硫化物	石墨0.2～0.5mm，粒状变晶结构、鳞片变晶结构，条带状构造
	PD-13	透辉透闪变粒岩石墨矿石	透辉石、透闪石、斜长石、石英、黑云母、石墨，含硫化物	石墨0.5～1mm，粒状变晶结构、鳞片变晶结构，条带状构造
	PD-17	透辉透闪变粒岩石墨矿石	透辉石、透闪石、斜长石、石英、黑云母、石墨，含硫化物	石墨0.5～1mm，鳞片聚合晶2mm以上，粒状变晶结构、鳞片变晶结构，条带状构造
	PD-23	透辉透闪变粒岩石墨矿石	透辉石、透闪石、斜长石、石英、黑云母、石墨，含硫化物	石墨0.5～1mm，粒状变晶结构、鳞片变晶结构，条带状构造
夹石	PD-20	斜长角闪岩	斜长石、石英、角闪石、黑云母、岩屑	粒状变晶结构、条带状构造
	PD-12	石英岩	石英、岩屑	粒状变晶结构、条带构造
	PD-14	蛇纹石化大理岩	蛇纹石、白云石	变余粒状变晶结构、条带构造、球粒构造

2. 岩石化学组成

刘戈庄石墨矿床透辉透闪变粒岩型矿石化学组成比较均一稳定，SiO_2 含量 31.51%～57.15%，平均 49.27%；Al_2O_3 含量 7.64%～12.89%，平均 10.57%；MgO、CaO 含量较高，平均分别是 8.57%和 9.10%，钙镁含量高的样品 Al_2O_3 含量低，平均 10.57；K_2O+N_2O 平均 4.79%，K_2O/Na_2O 大于 1，平均 2.59；A/CNK 小于 1，平均 0.49，表明 CaO 主要以碳酸盐矿物存在。岩石化学组成显示原始沉积以海陆源物质混合特征，沉积分异较好，成熟度较高；A/NK 平均 1.96，有 Al_2O_3 过剩独立矿物存在；MgO/CaO 平均 0.99，显示高盐度水环境沉积(表 10-12)。

PD14 大理岩夹层以钙镁质为主，MgO、CaO 含量较高，分别是 20.94%和 31.92%，并且挥发分比较高；A/CNK 接近 0，表明钙镁质主要以碳酸盐矿物存在；A/NK 为 3.66，显示有 Al_2O_3 过剩独立矿物存在；MgO/CaO 值 0.64 低于透辉变粒岩。

比较透辉透闪变粒岩和大理岩的化学成分组成，大理岩主要的氧化物成分只有 MgO、CaO、挥发分高于片麻岩，特征元素比值只有 K_2O/Na_2O 和 A/NK 值高于片麻岩，其他氧化物及特征元素比值均低于片麻岩(图 10-22)。

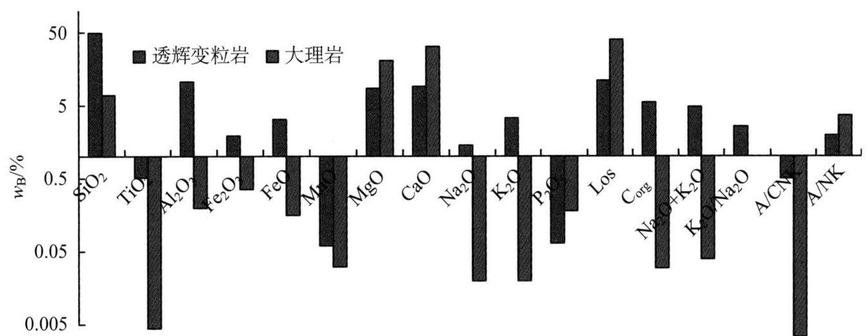

图 10-22　平度刘戈庄石墨矿黑云斜长变粒岩与大理岩化学组成比较图

透辉透闪变粒岩型石墨矿石微量元素显示 Rb、Ba、Zr、Y、Cr、V、F、Cl 含量较高，Rb/Sr 值平均 0.70；Sr/Ba 值 0.52；Nb/Ta、F/Cl、V/Ni 值都比较高(表 10-12)。这种微量元素特征显示的海陆混合物质特征，与岩石氧化物组成特征是一致的。

大理岩的微量元素含量以高 Sr、U 为特征，Rb/Sr 值低，为 0.03；Sr/Ba 值高，1.08；Th/U 值低为特征。微量元素含量特征反映了海源物质来源的沉积特征。

微量元素比较，大理岩的微量元素含量只有 Cl 卤素元素高于透辉透闪变粒岩，其他微量元素含量都低于透辉透闪变粒岩的微量元素含量，但是大理岩的 Sr/Ba 值高于透辉透闪变粒岩的 Sr/Ba 值(图 10-23)。

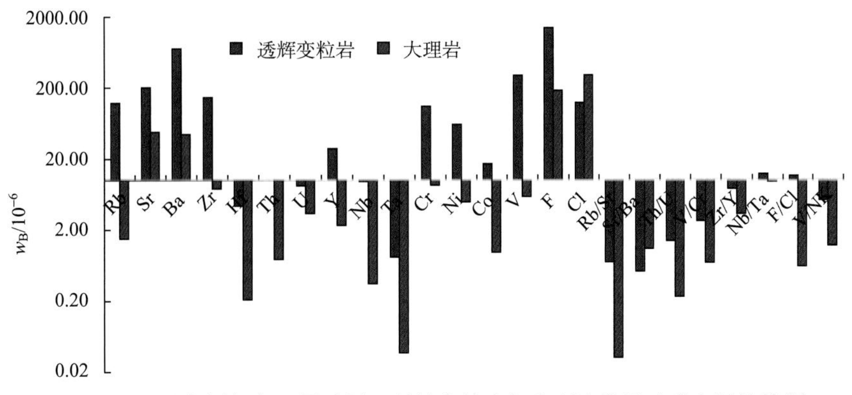

图 10-23　平度刘戈庄石墨矿黑云斜长变粒岩与大理岩微量元素含量比较图

表 10-12　平度刘戈庄石墨矿岩石化学成分表

成分	透辉透闪变粒岩												石英岩	大理岩	角闪岩
	PD-01	PD-03	PD-05	PD-06	PD-10	PD-11	PD-13	PD-17	PD-23	平均值	最高值	最低值	PD-12	PD-14	PD-20
SiO_2	49.87	46.54	52.32	48.86	49.45	57.15	53.55	31.51	54.22	49.27	57.15	31.51	85.95	6.95	59.47
TiO_2	0.37	0.40	0.39	0.34	0.37	0.60	0.57	1.02	0.56	0.51	1.02	0.34	0.10	0.00	0.54
Al_2O_3	9.55	10.19	10.27	9.77	9.97	12.30	12.51	7.64	12.89	10.57	12.89	7.64	5.53	0.20	15.93
Fe_2O_3	0.68	0.85	0.59	0.73	1.93	0.68	2.67	6.92	2.16	1.91	6.92	0.59	0.70	0.36	0.79
FeO	1.64	2.40	3.12	9.12	3.52	2.72	2.40	2.72	1.52	3.24	9.12	1.52	0.70	0.16	5.20
MnO	0.07	0.05	0.07	0.11	0.05	0.06	0.03	0.06	0.04	0.06	0.11	0.03	0.04	0.03	0.09
MgO	11.97	10.10	10.87	8.23	10.03	7.08	7.65	2.48	8.69	8.57	11.97	2.48	0.73	20.54	4.41
CaO	15.86	11.57	9.99	9.91	11.03	5.89	6.16	5.95	5.58	9.10	15.86	5.58	0.86	31.92	6.37
Na_2O	1.51	1.80	1.20	1.15	1.61	1.01	1.90	0.61	1.93	1.41	1.93	0.61	0.20	0.02	0.70
K_2O	1.34	2.61	4.90	1.02	3.02	6.20	4.02	1.83	5.47	3.38	6.20	1.02	4.20	0.02	2.12
P_2O_5	0.07	0.07	0.07	0.05	0.07	0.07	0.08	0.03	0.08	0.06	0.08	0.03	0.05	0.18	0.10
Los	5.52	14.32	4.01	9.15	8.11	4.28	7.21	39.82	5.88	10.92	39.82	4.01	0.34	39.61	2.48
合计	98.44	91.90	97.80	95.44	96.16	98.03	98.75	92.58	99.02	96.46	99.02	91.90	99.40	99.98	98.20
C_{org}	3.52	3.07	2.09	2.73	2.92	1.72	3.25	27.17	3.28	5.53	27.17	1.72	0.03	0.03	0.17
Na_2O+K_2O	2.85	4.41	6.10	2.17	4.63	7.21	5.92	2.44	7.40	4.79	7.40	2.17	4.40	0.04	2.82
K_2O/Na_2O	0.89	1.45	4.08	0.89	1.88	6.14	2.12	3.00	2.83	2.59	6.14	0.89	21.00	1.00	3.03
MgO/CaO	0.75	0.87	1.09	0.83	0.91	1.20	1.24	0.42	1.56	0.99	1.56	0.42	0.85	0.64	0.69
A/CNK	0.29	0.38	0.40	0.46	0.38	0.64	0.67	0.55	0.67	0.49	0.67	0.29	0.86	0.00	1.06
A/NK	2.42	1.76	1.41	3.26	1.68	1.47	1.67	2.56	1.41	1.96	3.26	1.41	1.13	3.66	4.61
Rb	47.70	111.00	145.30	47.80	121.80	187.10	151.70	83.10	207.90	122.60	207.90	47.70	35.10	1.50	118.40
Sr	166.90	291.70	147.40	143.70	190.40	280.20	272.40	49.20	278.40	202.26	291.70	49.20	36.50	47.70	151.40

续表

成分	透辉透闪变粒岩												石英岩	大理岩	角闪岩
	PD-01	PD-03	PD-05	PD-06	PD-10	PD-11	PD-13	PD-17	PD-23	平均值	最高值	最低值	PD-12	PD-14	PD-20
Ba	449.80	370.40	726.40	69.00	793.70	1821.30	711.50	243.00	1235.70	713.42	1821.30	69.00	1008.10	44.30	421.40
Zr	92.70	114.20	104.10	143.80	97.30	125.80	89.30	426.90	122.10	146.24	426.90	89.30	64.80	7.60	106.50
Hf	3.31	4.28	2.88	4.37	3.17	3.56	2.58	11.15	3.46	4.31	11.15	2.58	2.67	0.21	3.30
Th	10.76	15.22	7.48	12.52	9.88	5.19	8.65	13.57	8.92	10.24	15.22	5.19	6.01	0.77	12.40
U	8.57	11.11	7.60	15.97	7.31	6.64	4.52	9.83	3.37	8.33	15.97	3.37	1.20	3.37	4.12
Y	45.76	38.33	22.98	29.88	31.38	16.52	26.80	12.40	25.61	27.74	45.76	12.40	4.05	2.30	37.36
Nb	8.67	13.59	10.57	6.47	8.23	5.10	14.29	4.77	14.43	9.57	14.43	4.77	1.45	0.35	13.90
Ta	0.98	1.29	0.81	0.61	0.66	0.48	1.18	0.25	1.15	0.82	1.29	0.25	0.14	0.04	1.29
Cr	71.10	76.60	73.60	59.90	69.40	160.20	99.50	271.30	99.40	109.00	271.30	59.90	22.50	8.50	94.10
Ni	22.18	34.70	36.35	105.60	72.07	67.18	76.25	77.99	52.26	60.51	105.60	22.18	8.35	4.88	39.88
Co	6.90	10.46	17.59	45.72	23.56	10.81	14.16	9.86	13.87	16.99	45.72	6.90	2.34	0.96	16.59
V	136.30	132.20	287.00	222.70	132.80	604.60	197.00	757.20	189.40	295.47	757.20	132.20	25.60	5.80	99.90
F	668.05	1450.35	1450.35	1392.36	1046.45	1392.36	1778.56	925.89	2366.48	1385.65	2366.48	668.05	120.39	181.05	786.47
Cl	138.30	117.10	108.50	97.20	118.50	109.50	130.60	135.20	142.10	121.89	142.10	97.20	122.90	297.40	99.10
Rb/Sr	0.29	0.38	0.99	0.33	0.64	0.67	0.56	1.69	0.75	0.70	1.69	0.29	0.96	0.03	0.78
Sr/Ba	0.37	0.79	0.20	2.08	0.24	0.15	0.38	0.20	0.23	0.52	2.08	0.15	0.04	1.08	0.36
Th/U	1.26	1.37	0.98	0.78	1.35	0.78	1.91	1.38	2.64	1.38	2.64	0.78	5.01	0.23	3.01
V/Cr	1.92	1.73	3.90	3.72	1.91	3.77	1.98	2.79	1.91	2.62	3.90	1.73	1.14	0.68	1.06
V/(Ni+V)	0.86	0.79	0.89	0.68	0.65	0.90	0.72	0.91	0.78	0.80	0.91	0.65	0.75	0.54	0.71
Zr/Y	2.03	2.98	4.53	4.81	3.10	7.61	3.33	34.42	4.77	7.51	34.42	2.03	15.98	3.30	2.85
Nb/Ta	8.89	10.53	13.02	10.56	12.39	10.54	12.11	18.99	12.57	12.18	18.99	8.89	10.40	9.46	10.81
F/Cl	4.83	12.39	13.37	14.32	8.83	12.72	13.62	6.85	16.65	11.51	16.65	4.83	0.98	0.61	7.94

续表

成分	透辉透闪变粒岩												石英岩	大理岩	角闪岩
	PD-01	PD-03	PD-05	PD-06	PD-10	PD-11	PD-13	PD-17	PD-23	平均值	最高值	最低值	PD-12	PD-14	PD-20
La	57.68	59.04	17.67	51.89	32.27	10.25	29.92	35.59	25.25	35.51	59.04	10.25	9.56	2.86	38.67
Ce	115.46	121.54	38.24	87.82	69.22	23.23	60.55	61.37	54.64	70.23	121.54	23.23	22.10	4.54	76.97
Pr	12.80	13.79	5.03	10.24	8.59	3.61	7.44	6.92	7.04	8.39	13.79	3.61	2.63	0.50	9.18
Nd	47.37	52.58	18.69	37.47	32.15	15.06	28.05	24.08	26.43	31.33	52.58	15.06	9.50	1.68	34.58
Sm	8.47	9.38	3.60	6.44	5.93	3.17	5.24	3.72	5.07	5.67	9.38	3.17	1.64	0.27	7.03
Eu	1.47	1.46	0.93	1.13	1.15	1.60	1.08	0.84	1.26	1.21	1.60	0.84	0.38	0.08	1.27
Gd	7.51	7.83	3.38	5.63	5.35	2.85	4.61	2.99	4.42	4.95	7.83	2.85	1.23	0.24	6.65
Tb	1.20	1.21	0.58	0.87	0.88	0.48	0.77	0.41	0.73	0.79	1.21	0.41	0.16	0.04	1.14
Dy	7.47	6.90	3.79	5.10	5.26	2.97	4.57	2.29	4.45	4.76	7.47	2.29	0.80	0.23	6.90
Ho	1.49	1.31	0.79	1.03	1.04	0.59	0.88	0.44	0.87	0.94	1.49	0.44	0.15	0.05	1.30
Er	4.61	3.92	2.38	3.04	3.15	1.78	2.66	1.29	2.59	2.83	4.61	1.29	0.40	0.17	3.79
Tm	0.76	0.62	0.41	0.48	0.50	0.28	0.43	0.21	0.42	0.46	0.76	0.21	0.06	0.02	0.59
Yb	4.94	3.91	2.63	3.01	3.30	1.82	2.78	1.52	2.60	2.95	4.94	1.52	0.36	0.14	3.76
Lu	0.87	0.67	0.45	0.50	0.56	0.31	0.49	0.29	0.45	0.51	0.87	0.29	0.06	0.03	0.60
REE	272.10	284.15	98.59	214.65	169.36	68.00	149.49	141.97	136.27	170.51	284.15	68.00	49.03	10.85	192.42
LREE/HREE	8.43	9.78	5.84	9.91	7.44	5.14	7.69	14.02	7.24	8.39	14.02	5.14	14.26	10.74	6.78
δCe	1.02	1.03	0.98	0.92	1.00	0.92	0.98	0.94	0.99	0.97	1.03	0.92	1.06	0.91	0.98
δEu	0.56	0.52	0.82	0.57	0.62	1.62	0.67	0.77	0.81	0.77	1.62	0.52	0.82	0.96	0.57

注：主量元素含量单位为%，微量元素含量单位为 10^{-6}。

PD-12 石英岩以 SiO_2 为主，含量 85.95%；K_2O/Na_2O 值 21，显示陆源沉积变质特征；微量元素特征与黑云斜长变粒岩类似，显示 Rb、Ba、Zr、Th 含量高，Rb/Sr 值大于 Sr/Ba 值，Zr/Y、Nb/Ta 值高为特征，是陆源碎屑沉积特征。

PD-20 斜长角闪变粒岩具有高铝，Al_2O_3 含量 15.93%；富钾，K_2O/Na_2O 值 3.03；微量元素 Rb/Sr 值 0.78，大于 Sr/Ba 值，Th/U、Nb/Ta 值高，显示为碱性副变质岩特征。

透辉变粒岩石墨矿石稀土元素总量平均 170.51×10^{-6}，轻重稀土元素(LREE/HREE)值平均 8.39；δCe 值 0.97，略具有负铈异常；δEu 小于 1，其中 PD-11 样品 δEu 值 1.62(表 10-12)。

稀土元素配分曲线显示均一平行的右倾曲线大部分显负铕异常，仅 PD-11 样品显示正铕异常。斜率的曲线负铕异常明显，一些样品略显负铈异常(图 10-24)。这种稀土元素特征显示为海陆物质混合滨浅海相沉积的特征，局部有热水沉积作用。

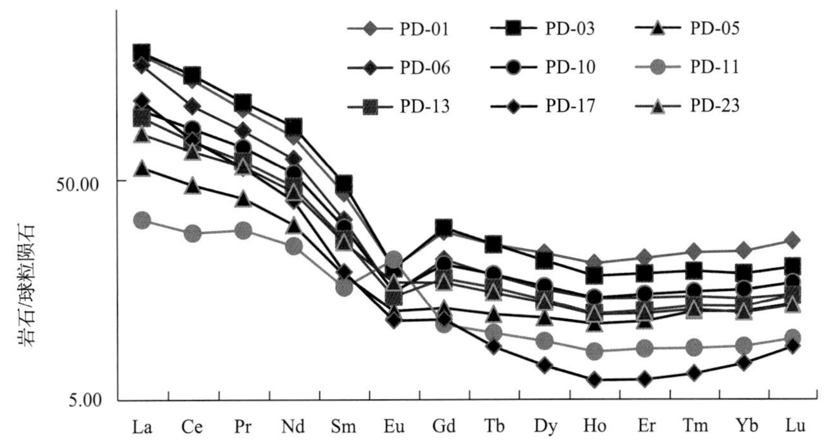

图 10-24　透辉变粒岩石墨矿石稀土元素配分曲线图，斜率大的曲线负铕异常明显，个别曲线具有负铈异常，PD-11 显正铕异常

大理岩和石英片岩的稀土元素总量都较低，石英片岩稀土元素总量高于大理岩，轻重稀土元素(LREE/HREE)比值均稍高，较黑云斜长变粒岩分异稍优。大理岩和石英片岩的稀土元素配分曲线均右倾，负铕异常不明显(图 10-25)。

PD-20 斜长角闪岩的稀土元素总量较高，含量为 192.42×10^{-6}，但轻重稀土元素(LREE/HREE)值较小，仅 6.78，稀土元素配分曲线显负铕异常(图 10-25)。

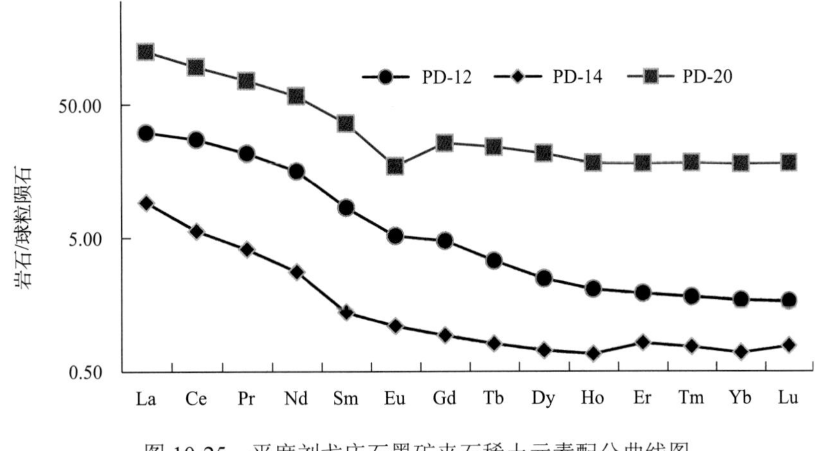

图 10-25　平度刘戈庄石墨矿夹石稀土元素配分曲线图

第十一章　浅变质岩型石墨矿床

第一节　大乌淀石墨矿床

内蒙古乌拉特中旗大乌淀石墨矿床是产于华北古陆北缘中元古界白云鄂博群黑色页岩中浅变质微晶石墨矿床，其矿床矿化特征与深变质岩型石墨矿床有明显不同。

一、区域地质背景

1. 区域构造格架

华北古陆基底形成于早前寒武纪，在古元古代末形成了与华北统一的克拉通基底，中元古代进入古大陆边缘的构造发展期。晚前寒武纪被动大陆边缘构造格局是隆起、裂陷相间的构造环境，形成了多条、多期裂谷(图 11-1)。

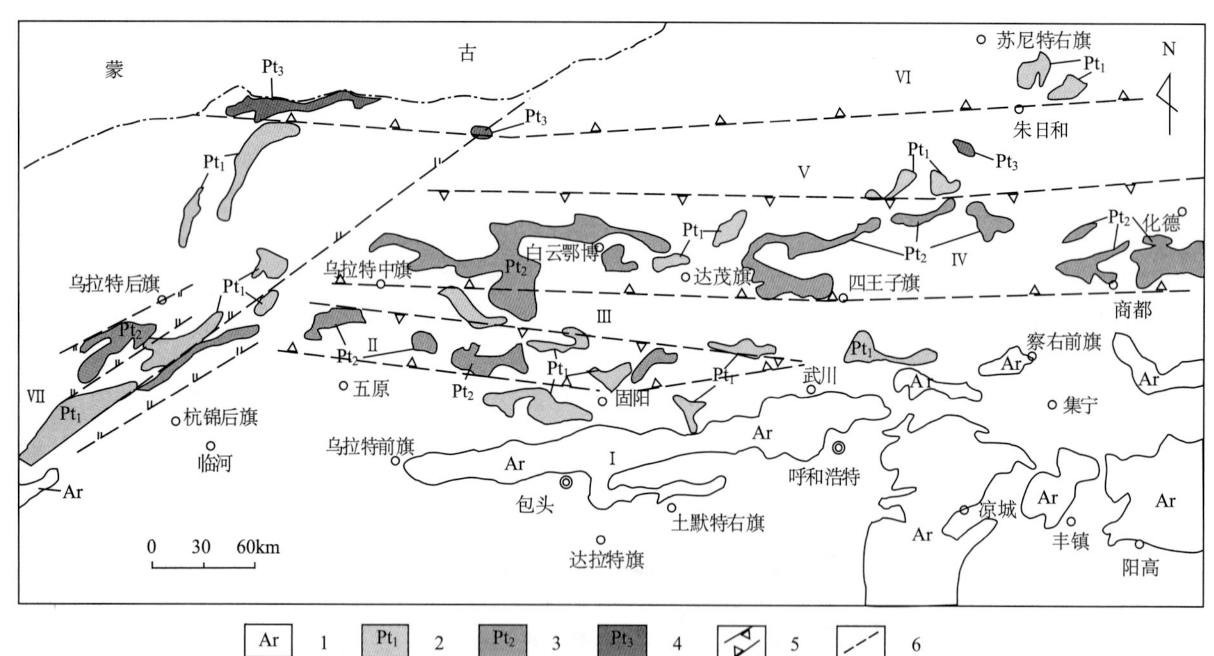

图 11-1　华北古大陆北缘构造分区简图

1. 太古宇；2. 古元古界；3. 中元古界；4. 新元古界；5. 断陷边界；6. 剪切断裂带；

Ⅰ. 乌拉山—色尔滕山—大青山陆内隆起带；Ⅱ. 渣尔泰山裂陷带；Ⅲ. 石哈河陆缘隆起带；Ⅳ.白云鄂博陆缘裂陷带；Ⅴ. 白乃庙—白银都西隆起—裂陷带；Ⅵ. 温都尔庙—爱力格庙裂陷带；Ⅶ. 狼山剪裂带

(1)乌拉山—大青山陆内隆起带，主要地层是太古宇乌拉山群及古元古界色尔腾山群斜长角闪岩到麻粒岩相深变质岩系。该带中元古代隆起之后长期处于正向单元，接受剥蚀，直到中侏罗世之后，在色尔腾山与乌拉山之间形成断陷盆地接受陆相沉积，控制含煤盆地分布。在燕山运动中，含煤盆地两侧隆起带向盆中逆冲，形成一系列推覆构造。

(2)东升庙—渣尔泰山陆内裂陷带，为中元古代裂陷，其内沉积建造表现为完整的裂谷沉积序列，有裂陷初期的粗粒碎屑岩夹火山岩开始，沉降期的钙碱性岩浆喷发、热水喷流到含碳质钙质细碎屑岩系沉积，直到裂陷封闭的类磨拉石沉积建造，裂陷盆地南缘不整合于古元古界色尔腾山群之上，具有边缘相沉积，北缘被色尔腾山群逆掩推覆其上，其间为大型糜棱岩带，根据地层分布，该裂陷呈一楔形槽向东插入华北古陆内。

(3)狼山—石哈河陆缘隆起带，该区带内大部分地段是加里东期与海西期花岗岩侵位，且是内蒙古高原的主体，被新生界广泛覆盖，但一些局部地段仍可以见到色尔腾山群变质岩零星分布。狼山地区总体构造线方向成 NE 向，与其他地段明显不协调，一般认为是后期构造作用使其转向造成。因此狼山东侧东升庙及西侧霍各乞地区的地层可以与渣尔泰山裂陷及白云鄂博裂陷内的地层相连或对比。

(4)霍各乞—白云鄂博陆缘裂陷带，该裂陷内分布地层可以与东升庙—渣尔泰山陆内裂陷区对比，但其沉积建造有一些不同，主要是该裂陷内火山活动较强，钙碱性、碱性火山岩浆、碳酸岩浆及喷流沉积岩大量分布，具有陆坡裂陷槽特征。

(5)白乃庙—白银都西隆起裂陷带，该带内地层分布特点与狼山—石哈河隆起类似，古元古界色尔腾山群断续分布，大部分地段被新生代覆盖。白乃庙群出露局限，仅限于白乃庙地区，两侧都有色尔腾山群变质岩分布。因此白乃庙群可能是夹持于隆起带中岛弧裂谷盆地，以基性火山岩为主。

(6)温都尔庙—爱力格庙裂陷带，该带大部分被新生代覆盖，东部温都尔庙地区与西部爱力格庙基性岩可以进行对比。与前述两个裂陷不同，该裂陷带以基性火山岩系产出为主，一些研究者认为典型的大洋玄武岩，但我们的工作证明仍是一套钙碱性岩系，与大洋玄武岩组成有一定区别。

(7)苏左旗—锡林浩特槽内隆起带，温都尔庙以北地区过去都认为是海西褶皱带，其沉积建造自然应该是晚古生代以后的地槽建造了，但古元古界到新元古界的变质岩建造，使得古陆边缘又向北推进或者把该区变质岩出露地带作为槽内隆起区，或者岛弧带。

在不同的构造背景中形成不同的矿产，隆起带上主要分布早前寒武纪的深变质岩型晶质石墨矿床，如乌拉山—大青山陆内隆起带分布一系列的深变质岩型石墨矿床，而中元古代的裂谷沉陷带中主要分布浅变质岩型微晶石墨矿床，如霍各乞—白云鄂博陆缘裂陷带是目前发现浅变质岩微晶石墨的主要地带，现有达茂旗查干文都日区石墨矿和乌拉特中旗大乌淀石墨矿。

2. 黑色碳质岩系

区内黑色碳质岩系主要在东升庙—渣尔泰山裂陷带和霍各乞—白云鄂博裂陷带内分布，其中霍各乞—白云鄂博裂陷带是目前发现浅变质岩微晶石墨的主要地带。

1)白云鄂博群

白云鄂博群是组成白云鄂博裂谷建造的主要地层，西起白云鄂博以西，东经四子王旗延至商都、太仆寺旗一带，长约500km，南北被断层切割或花岗岩侵入接触，宽20～60km，裂谷中局部可见基底地层深变质岩系出露，并可以见到其中的不整合接触关系(图 11-2)。

白云鄂博群是一套低绿片岩相的火山及陆源沉积岩系，主要由变质砂砾岩、长石石英砂岩、板岩、结晶灰岩组成，调查发现了确切的碱性火山岩、热水沉积富钾硅质岩及火成碳酸岩等火山岩系。根据前人资料，白云鄂博群划分为六个岩组，十八个岩段(H_1-H_{18})，即都拉哈拉岩组(H_1-H_4)、尖山岩组(H_4-H_5)、哈拉霍各特岩组(H_6-H_8)、比鲁特岩组(H_9-H_{10})、白音宝拉格岩组(H_{11}-H_{13})、呼吉尔图岩组(H_{14}-H_{18})。

由于白云鄂博矿区构造的复杂性及不同的认识，不同的人对白云鄂博含矿白云岩、富钾板岩的岩段归属存在有明显异议，王楫等(1992)将含矿白云岩、富钾板岩统归于 H_5，放在尖山组；中科院地球化学所(1988)将含矿白云岩划为 H_8，富钾板岩划为 H_9。其分歧在于含矿岩层与两侧围岩是连续或是断层接触。

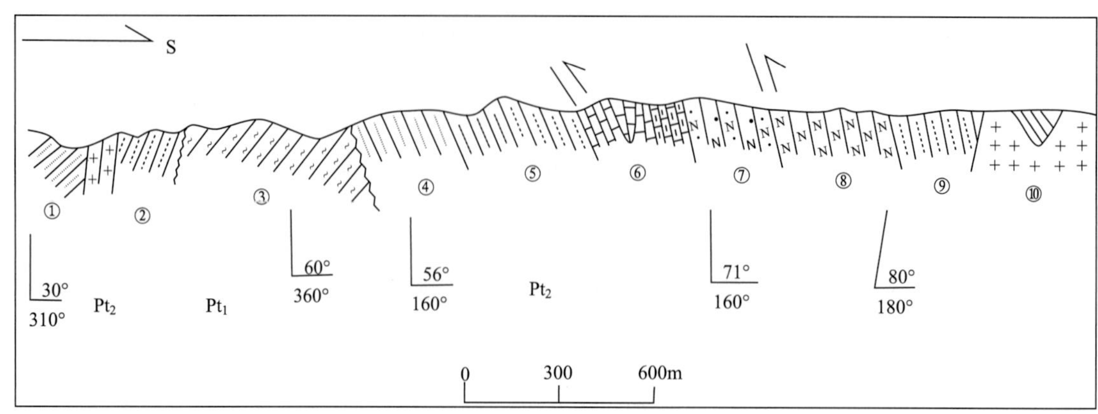

图 11-2　白云鄂博宽沟背斜剖面素描图

①石英砂岩，上覆褐铁矿硅质岩；②石英岩夹碳质板岩；③黑云斜长片麻岩、黑云石英变粒岩；④细粒粗砂岩；⑤细粒石英岩夹钙硅质砂岩；⑥黑色碳质绿泥板岩，富钾硅质板岩，上部白云质灰岩；⑦霓闪钠长火山碎屑岩；⑧霓闪钠长火山岩，黑云角闪片岩夹白云质大理岩；⑨黑色硅板岩；⑩黑云斜长花岗岩，钠长板岩捕虏体

剖面层序显示含矿白云岩、富钾板岩、黑云母片岩位于 H_4 之上，相当于 H_5 的层位，归于尖山组，这套含矿岩性是一套火山岩组合，主要为碱性-碳酸岩组合，层位上相当于尖山组，区域上黑色碳质岩系产于尖山组下部层位，与富钾板岩层位相当，是同时异相相变产物。

白云鄂博地层建造反映了裂谷沉积建造的发育特征，都拉哈拉组和尖山组是裂陷期沉积，由类磨拉石粗碎屑岩建造和火山岩建造组成。上部四个岩组为裂谷沉降期沉积物，表现水体深浅频繁变化的多旋回韵律型沉降，由细碎屑岩、碳酸盐岩互层构成了多个沉降旋回韵律。狼山西坡霍各乞地区地层建造可与之对比，以陆源碎屑沉积到海相火山建造，缺失上部沉积岩系(表 11-1)。

表 11-1　白云鄂博黑色岩系地层表

岩组		岩性	厚度/m
秘鲁特组	上段	上部千枚状板岩夹变质细砂岩；下部千枚状板岩夹变质硬砂岩	392.9
	下段	黑灰色粉砂质碳质板岩夹浅灰色薄层状碳质钙质板岩	62.4
哈拉霍疙特组	上段	上部泥沙质灰岩夹薄层泥灰岩；下部深灰色薄层碎屑灰岩	250.7
	中段	深灰色泥砂质硅质灰岩夹变质石英砂岩或者两者互层	346.9
	下段	灰白色厚层中粒石英砂岩夹薄层钙质灰岩	92
尖山组	上段	深灰色中厚层状泥质硅质灰岩夹变质石英砂岩	225.9
	中段	上部深灰色中厚层变质含砾中粒长石石英砂岩与碳质、砂质板岩互层；中部千枚状砂质板岩；下部灰褐色厚层变质中细粒长石石英砂岩夹砂质板岩，长石石英砂岩中含大小不等砾石	458.7
	下段	上部灰白色厚层状石英砂岩夹砂质板岩；中部红柱石石墨板岩，含微晶鳞片状石墨；下部灰褐色变质长石石英砂岩夹砂质板岩	218.2
都拉哈拉组		灰色、灰黑色石英砂岩、变质不等粒石英砂岩夹砾岩	>46

2)渣尔泰山群

渣尔泰山群沉积特征与白云鄂博群沉积特征类似，其沉积层序可以对比，但其岩性特点有所区别。渣尔泰山群分布于狼山与渣尔泰山地区，由于受后期构造及岩浆侵入破坏，分布比较分散，但区域上仍可以断续相连，构成渣尔泰山裂谷的主要沉积地层。整体呈东西向展布，在狼山地区受后期及同生剪切断裂影响呈 NE 向展布。渣尔泰山群可以划分四个岩组，从下至上为书记沟组、增隆昌组、阿古鲁沟组、刘洪湾组。

书记沟组(Pt_2s)：分别在小佘太北部渣尔泰山及固阳北对该岩群进行了地质剖面调查(图 11-3)，是裂谷底部岩组，以碎屑岩建造为主，包括灰白色砂砾岩、石英砂岩、粉砂岩、板岩，含火山岩夹层。碎屑岩粒度由下至上变细，底部以砾岩、砂砾岩为主、岩层成中厚层状，发育中大型斜层理，层面发育不对称流水波痕。沉积特征表现为海陆交互相、三角洲相沉积环境，总厚度>800m，底部砂砾岩不整合覆盖于古元古界片麻岩之上。

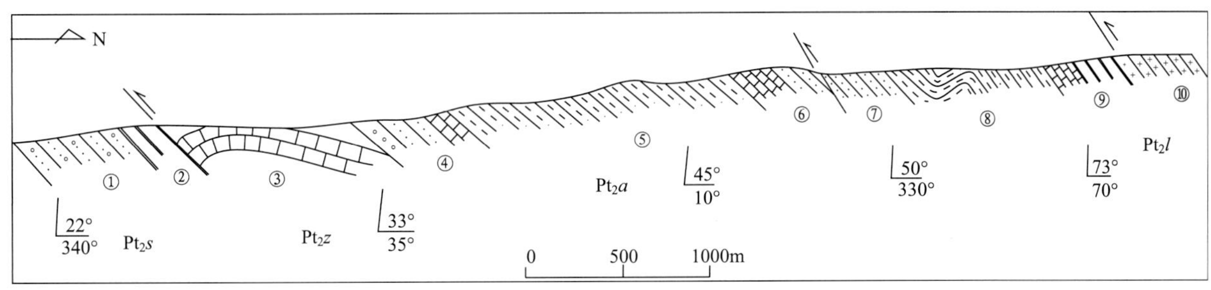

图 11-3　固阳北渣尔泰山群剖面

①石英细砂岩有粗砾岩夹层，斜层理发育；②黑色绢云母片岩夹绢云石英片岩，边缘糜棱岩化强；③厚层灰岩夹燧石条带灰岩；④底部为砂岩、绢云石英片岩(糜棱岩)，黑色碳质板岩，上部为燧石条带灰岩；⑤黑色碳质板岩，局部夹绢云石英片岩；⑥薄层泥石灰岩，上部绢云石英片岩，钙质粉砂岩；⑦下部黑色碳质板岩，上部钙质粉砂岩；⑧黑色碳质板岩；⑨下部薄层灰岩、白云岩及碳质绢云片岩，上部绢云黑云石英片岩(糜棱岩)；⑩斜长花岗岩，边部糜棱岩化

书记沟组中上部夹碱性、基性火山岩，形成厚度不等的变质安山岩、绿片岩，保留有变余杏仁构造，有些杏仁被拉成线理构造形态，杏仁体主要成分是碳酸盐、石英、绿泥石等。

增隆昌组(Pt_2z)：下部为灰色板岩，上部碳酸盐岩，总厚度 294m。本组是由细碎屑岩到碳酸盐岩构成一个沉积旋回的上部韵律，碳酸盐岩占 2/3。碳酸盐岩为燧石条带灰岩、白云质灰岩至白云岩，以富镁为特征，MgO 含量 18%左右，叠层石丰富，局部形成生物礁。从沉积组成分析本组为滨海到潟湖相沉积。

阿古鲁沟组(Pt_2a)：本组由碳质泥页岩夹碳酸盐岩组成，形成多旋回沉积特征，厚度巨大，>1500m。发育薄层、水平层理，高碳质，富硫，属浅海或封闭海湾环境沉积。

刘洪湾组(Pt_2l)：厚度>300m，以中细砂岩为主，中夹灰岩透镜体(图 11-4)。小佘太北渣尔泰山剖面北端，斜长片麻岩糜棱片理发育，属古元古界深变质岩推覆于刘洪湾组之上。

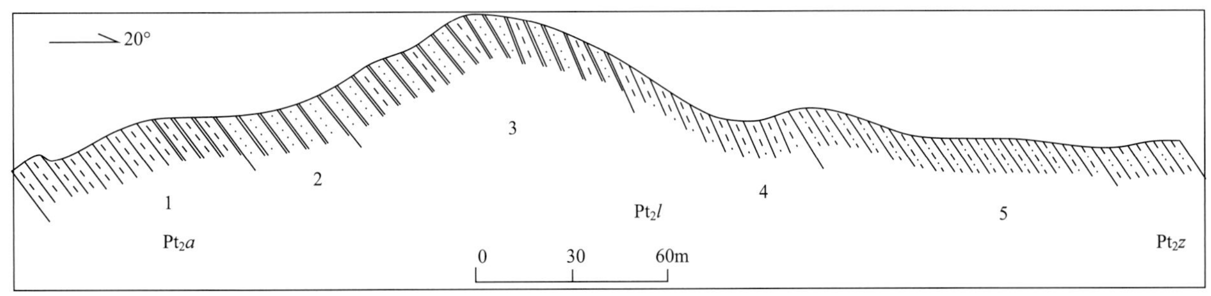

图 11-4　书记沟石龙湾渣尔泰山群刘洪湾组剖面图(据内蒙古区测一队资料修改)

1. 灰白色二云石英片岩；2. 灰白色薄层状石英岩，具小型交错层和不对称波痕；3. 灰白、灰黄色中—厚层状含砾石英岩夹二云石英片岩，具小型交错层；4. 灰棕色薄层状长石石英岩夹黑云母石英片岩，具小型交错层；5. 灰色、灰棕色中—薄层状石英岩，含砾长石石英岩夹黑云母片岩及二云石英片岩

渣尔泰山群地层东西延长较大，书记沟组构成了裂陷期沉积物，有火山喷发沉积，纵向上东西可以对比。狼山东坡东升庙矿区 1—2 岩组，与之相当，部分跨越增隆昌组。

渣尔泰山群增隆昌期之后进入裂谷沉降期，狼山地区由于构造隆起强烈，部分被剥蚀，或者缺失主要沉降期地层。

横向渣尔泰山群层序及岩性组成可与白云鄂博群对比，底部以磨拉石建造到火山岩建造为主，中上部为碎屑岩、碳酸盐岩建造，但白云鄂博群缺失顶部的海退粗碎屑岩沉积层。

3. 构造变形形迹

根据沉积地层建造对比，古陆边缘经历了多期裂陷造山运动，各期构造运动在沉积盖层中都留下了变形遗迹，可以根据各种变形面理进行分析。

白云鄂博、渣尔泰山裂谷沉积经历了长期的构造演化，多期次构造变形、构造叠加现象比较明显，各期次面理都比较发育。裂谷沉积层褶皱发育，尤其是在裂谷边缘地带褶皱极其紧密，有的成为同斜倒转褶皱，甚至平卧褶皱。

裂谷内在同生断裂基础上叠加了后期断裂，它们控制了沉积及其后期变形构造演化。在多期构造运动中，岩石经历了中低级变质作用，岩石大部分成为绿片岩相低级变质岩。盖层沉积岩中发育有褶皱、面理、线理等构造形迹，下面分别描述。

1）*褶皱构造*

褶皱构造可以分为 F_1—F_3 三期。

F_1 褶皱： 区内盖层 F_1 主褶皱线一般东西走向，局部紧密成倒转褶皱，尤其在各矿区比较发育。相对比较，北部白云鄂博群褶皱较渣尔泰山群更强烈。渣尔泰山群构成单斜及宽缓褶皱形态，而白云鄂博群则构成了复式紧密褶皱形态，以中小型紧密同斜褶皱，尤其是层间褶皱发育，如白乃庙南白云鄂博群碳酸盐岩中发育的同斜尖棱褶皱(照片 11-1)，小佘太书记沟渣尔泰山群薄层泥灰岩中的层间柔皱构造(照片 11-2)。

这种褶皱寄生于区域主褶皱的一翼或两翼，褶皱总体走向东西向，一般在薄细纹层状泥灰岩、石灰岩中发育构成同斜褶皱，而强弱相间的塑性岩层中则发育一些无根、勾状褶皱。

F_2 褶皱： 是叠加于 F_1 之上的褶皱变形构造，由于受力方向及强度不同，使早期褶皱发生进一步变形。根据杨海明等(1993)对霍各乞矿床构造的研究，F_2 褶皱有三种类型，即以 S_1 为变形面的褶皱、以 S_0 为变形面的褶皱、F_1 的重褶皱，其轴面和两翼同时弯曲形成的褶皱(图 11-5)。

霍各乞一、二号矿床，均属 F_2 褶皱叠加构造形成，F_1 褶皱轴被改造，成为 S 形态(图 2-21)。

F_3 褶皱： 主要是一些小型直立褶皱，以 S_1、S_2 为变形面，千枚岩中的膝折及尖棱褶皱构造。

2）*面理构造*

面理构造也可以划分 S_1—S_3 三期，尤其 S_1 面理发育。

S_1 面理： 是 F_1 褶皱的轴面劈理构造，在塑性岩层中发育，以黑云母片岩、绿泥石片岩、千枚岩片理表现出来，镜下可以见到云母类片状矿物的定向排列。变形强地段 S_1 面理置换 S_0 面理。

S_2 面理： 在片岩、千枚岩中发育，可以见到 S_2 与 S_1 的交叉现象，石哈河北部黑脑包地区白云鄂博群中绢云片岩中可以见两期面理构造，其产状分别为 170°∠55°，10°∠38°，呈交叉现象(照片 11-3)。面理有多种形态，一是折劈理，由 S_1 褶皱而成，二是二期褶皱的轴面劈理(图 11-6)。

S_3 面理： 主要表现为 S_1、S_2 面理的膝折构造，一段规模不大，但在片岩中较为发育。

3）*线理构造*(L_1)

主要表现为各期褶皱的线理、矿物的拉张线理、杆状构造及褶皱构造等。刚性岩层在褶皱变形中被切割成不连续的柱状体、扁豆体(照片 11-4)，塑性岩层中的矿物颗粒被压扁拉伸成透镜体，如长石、石英等矿物、线理倾伏方向经常与区域或局部褶皱轴向是一致的，表明其主要是在褶皱变形作用中形成的。

白云鄂博群尖山组含石墨岩段，经历了两次区域变质作用，变质程度属绿片岩相。第一次变质作用发生于吕梁运动第一幕，随着构造变形，产生了 S_1 片理，形成大的构造岩片和一系列的掩卧褶皱，变质矿物有红柱石、红柱石、角闪石、黑云母等。第二次变质作用为吕梁运动第二幕，近东西向挤压为主。形成了全区 S_2 片理，构造形迹为紧密褶皱和韧性剪切带，吕梁早期基性岩脉和超基性岩脉常被拉断呈透镜状、布丁状。

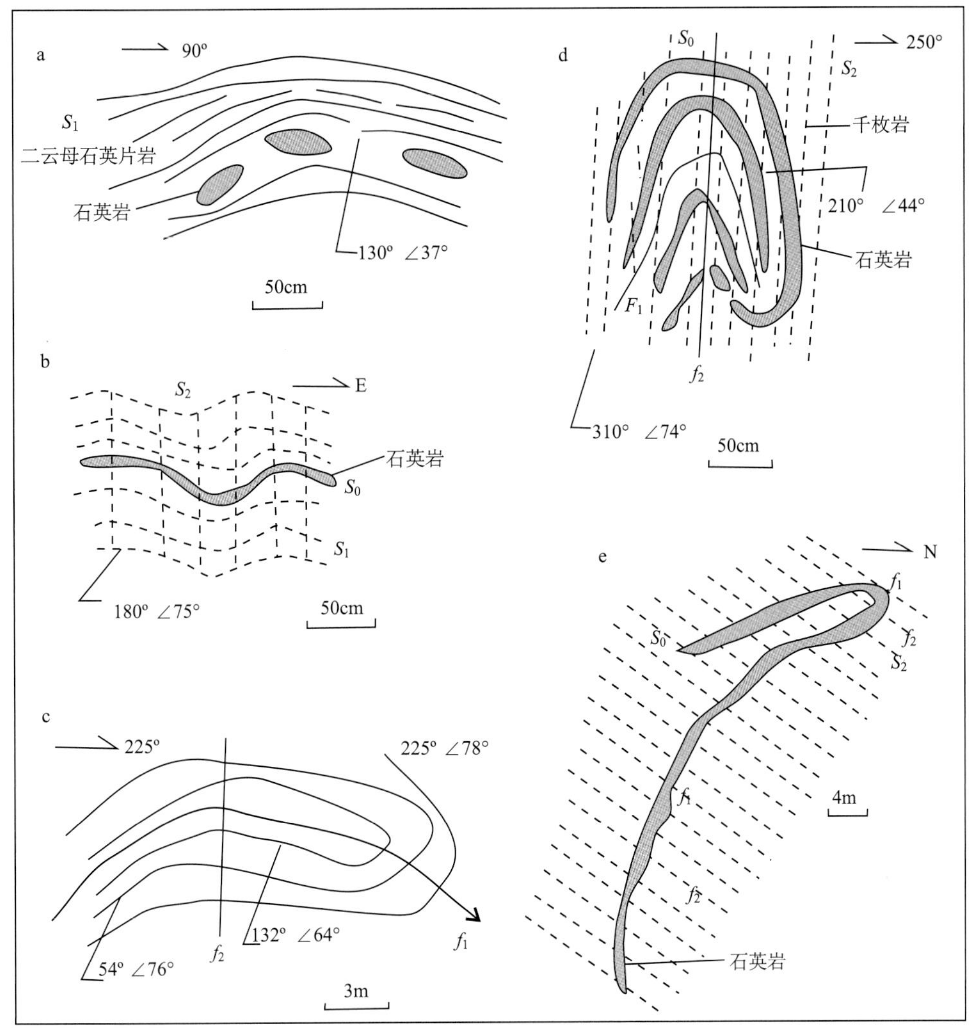

图 11-5　霍各乞矿区第二期褶皱素描图

a. 以 S_1 为变形面褶皱；b. 以 S_0 为变形面褶皱；c、d、e.二号矿床 17 号勘探线 f_1 重褶为 f_2

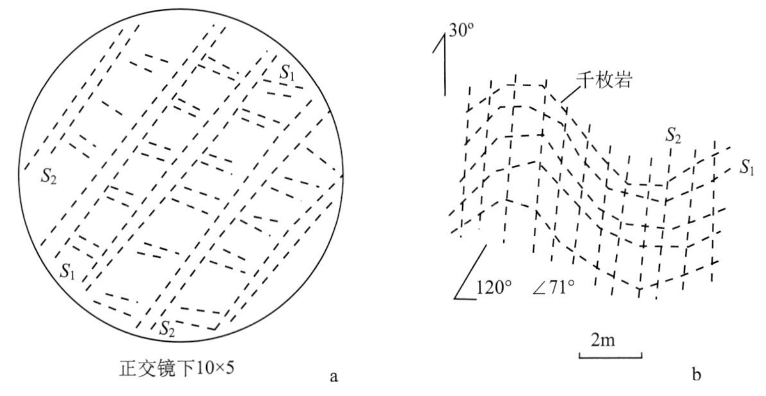

图 11-6　霍各乞矿区 S_2 置换 S_1 素描图

在白云鄂博黑色板岩中以 S_1 面理最为发育(照片 11-5)，密集平行的 S_1 辟理切割岩石形成微薄层页岩，沿着 S_1 面理发育系列充填型石英细脉(照片 11-6)及渗透型石英脉(照片 11-7、照片 11-8)。

二、含矿地层

1. 地层时代分析

前人工作一般认为含矿地层白云鄂博群尖山岩组的地层时代属于中元古代，也有资料认为是古元古代。我们采集大乌淀石墨矿区夕线绢云母石英片岩分选锆石，在中国地质科学院地质研究所北京离子探针中心 SHRIMPⅡ上采用锆石 SHRIMP U-Pb 法进行系统测年。

将分选出来的锆石与标准锆石 TEM 一起制靶并进行透、反射光和阴极发光(CL)照相，在同位素质谱仪 SHRIMPⅡ上完成测年(Williams，1998)。一次离子流 O^{2-}强度为 2.5nA，束斑大小为 25～30μm。标准锆石 M257(U=840×10^{-6})和 TEM(年龄=417Ma)分别用于待测样品的 U、Th 含量和 $^{206}Pb/^{238}U$ 年龄校正，并据实测 ^{204}Pb 进行普通铅年龄校正(Cumming and Richarda，1975)。

由于为碎屑锆石定年，待测样品采用 3～4 组扫描，但标准锆石仍采用 5 组扫描。标准样 TEM 和待测样之比为 1∶5。数据处理采用 SQUID1.02 和 ISOPLOT2.49 程序(Ludwig，2001a，b)。分别获得样品年龄：$^{206}Pb/^{238}U$、$^{208}Pb/^{232}Th$ 和 $^{207}Pb/^{206}Pb$ 表面年龄，并根据 $^{207}Pb/^{235}U$-$^{206}Pb/^{238}U$ 求出谐和曲线与年龄模拟曲线的交点年龄，本书主要考虑变质重结晶锆石的模拟曲线和交点年龄。

大乌淀石墨矿石中分选出的锆石均为碎屑锆石(照片 11-1)，没有沉积期后变质重结晶环带，因此所求锆石只能是判别沉积物质来源，以最年轻的碎屑锆石推测最早的沉积年龄。

石墨矿石碎屑锆石 $^{206}Pb/^{238}U$ 表面年龄(2590.57±32.92)～(1792.09±15.72)Ma(表 11-2)，为古元古代锆石来源，因此可以推测石墨矿石沉积年龄小于 1792.09±15.72Ma(图 11-7)。

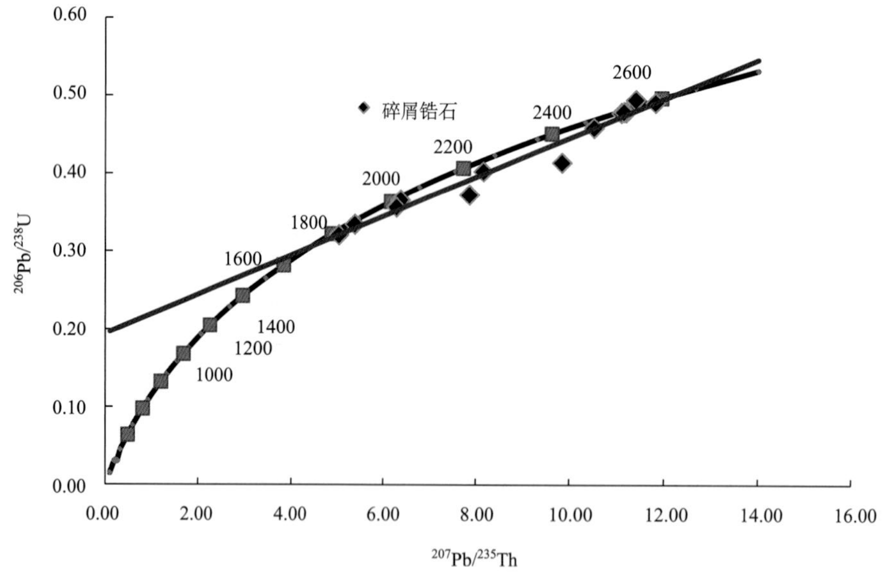

图 11-7　大乌淀石墨矿石碎屑锆石 SHRIMP U-Pb 年龄

这一分析结果与马铭株等(2014)研究结果一致，马铭株等(2014)采集了宽沟背斜东段和黑脑包地区腮林忽洞白云鄂博群底砾岩，分选的锆石形态类似，锆石呈紫红色、椭圆-圆形、半透明，粒径一般为 100～250μm，锆石表面发育搬运过程中形成的撞击坑；少量锆石为无色透明、浅黄色、长柱状，个别还有较高的自形程度。

锆石内部结构显示多种形态(照片 11-2)，根据结构特征，锆石划分为继承或捕获锆石(I)、岩浆锆石(MA)、变质锆石(ME)和不完全重结晶锆石(RC)，其中变质锆石包括完全重结晶锆石、增生锆石和深熔成因锆石。

表 11-2　大乌淀石墨矿石碎屑锆石 SHRIMP U-Pb 年龄

测点	测试值/10^{-6}			同位素比值							表面年龄/Ma					
	U	Th	$^{206}Pb^*$	$^{232}Th/^{238}U$	$^{207}Pb^*/^{235}U$	$\pm\sigma$/%	$^{206}Pb^*/^{238}U$	$\pm\sigma$/%	$^{207}Pb^*/^{206}Pb^*$	$\pm\sigma$/%	$^{206}Pb/^{238}U$	$\pm\sigma$	$^{207}Pb/^{206}Pb$	$\pm\sigma$	$^{208}Pb/^{232}Th$	$\pm\sigma$
WLT21-1.1	201.41	141.02	82.69	0.7235	11.093289	1.13	.477930	1.02	.168343	0.49	2518.24	21.26	2541.24	8.14	2556.87	31.19
WLT21-2.1	74.80	57.98	31.54	0.8009	11.815031	1.52	.490816	1.32	.174588	0.74	2574.21	28.08	2602.13	12.35	2531.99	42.26
WLT21-3.1	181.89	139.69	77.26	0.7936	11.402178	1.32	.494606	1.06	.167197	0.79	2590.57	22.62	2529.78	13.26	2700.58	42.90
WLT21-5.1	219.28	163.74	90.17	0.7715	11.194245	1.13	.478733	1.02	.169590	0.48	2521.74	21.30	2553.61	8.06	2595.50	31.34
WLT21-7.1	572.92	196.27	204.32	0.3540	9.847306	0.98	.413983	0.89	.172518	0.40	2233.11	16.76	2582.23	6.73	2028.50	72.49
WLT21-8.1	101.55	41.60	35.17	0.4233	8.159590	1.91	.402205	1.66	.147136	0.94	2179.18	30.68	2312.91	16.06	2613.67	91.01
WLT21-9.1	48.12	33.12	19.85	0.7110	11.145033	2.02	.478859	1.58	.168800	1.27	2522.29	32.92	2545.79	21.21	2434.36	69.56
WLT21-10.1	290.35	207.86	114.44	0.7397	10.516225	1.11	.458413	1.00	.166380	0.48	2432.55	20.22	2521.56	7.99	2463.63	29.76
WLT21-11.1	255.62	117.56	80.36	0.4752	6.380305	1.61	.365677	1.14	.126544	1.15	2009.03	19.64	2050.52	20.24	1956.28	30.55
WLT21-13.1	973.52	1529.82	311.37	1.6237	7.860314	1.03	.372264	0.90	.153140	0.50	2040.04	15.72	2381.29	8.54	1935.84	18.86
WLT21-6.1	262.94	187.98	80.58	0.7387	6.286562	1.11	.356578	0.97	.127867	0.54	1965.93	16.47	2068.86	9.46	2027.36	33.15
WLT21-4.1	206.85	74.37	59.27	0.3715	5.385657	1.33	.334158	1.04	.116892	0.83	1858.50	16.75	1909.25	14.88	1955.71	39.49
WLT21-12.1	208.38	67.04	57.40	0.3324	5.043251	1.31	.320484	1.09	.114131	0.73	1792.09	17.12	1866.21	13.11	1771.89	31.05

碎屑锆石的 $^{206}Pb/^{238}U$ 表面年龄集中在新太古代(3037±120)～(2449±14)Ma 和古元古代晚期(2243±38)～(1785±10)Ma 两个年龄段(表 11-3)。这些锆石都是经过搬运的碎屑锆石，其搬运摩擦面外没有新增生边，表明沉积之后没有新的结晶，即没有高级变质作用，其年龄都是寄主岩石的沉积前的年龄，沉积年龄明显晚于古元古代碎屑锆石年龄，接近于最年轻的碎屑锆石年龄 1785±10Ma(图 11-8)。

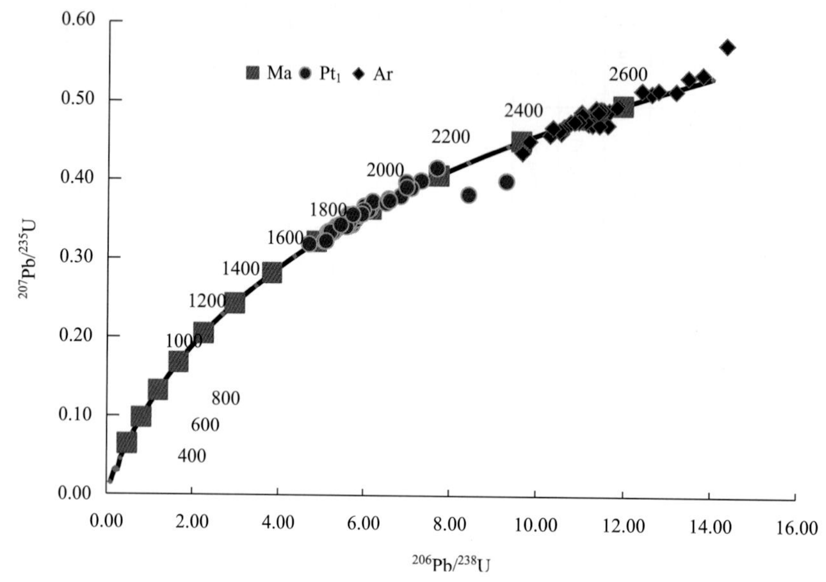

图 11-8　白云鄂博群底砾岩碎屑锆石 SHRIMP U-Pb 年龄

白云鄂博群底砾岩锆石同时进行的 Hf 同位素测试，集中显示为新太古代的年龄(图 11-9)。宽沟白云鄂博群中-粗粒砂岩(10912-1)的 12 个岩浆锆石 $\varepsilon_{Hf}(t)$、t_{DM1}(Hf)和 t_{DM2}(Hf)分别为−5.4～+6.8、2106～2811Ma 和 2178～2873Ma；21 个变质锆石的 $\varepsilon_{Hf}(t)$、t_{DM1}(Hf)和 t_{DM2}(Hf)分别为−5.9～+3.1、2311～2690Ma 和 2539～2888Ma；除 7-1RC 外，16 个不完全变质重结晶锆石的 $\varepsilon_{Hf}(t)$、t_{DM1}(Hf)和 t_{DM2}(Hf)分别为−4.7～+6.4、2258～2779Ma 和 2331～2872Ma。7-1RC 是该样品中 U-Pb 年龄、Hf 模式年龄最大的锆石，应来自更古老的陆壳物质。15-1MA、19-1RC、33-1MA 和 49-1RC 位于古元古代晚期锆石上，具有高的 $\varepsilon_{Hf}(t)$值，而不同于其他古元古代晚期锆石。

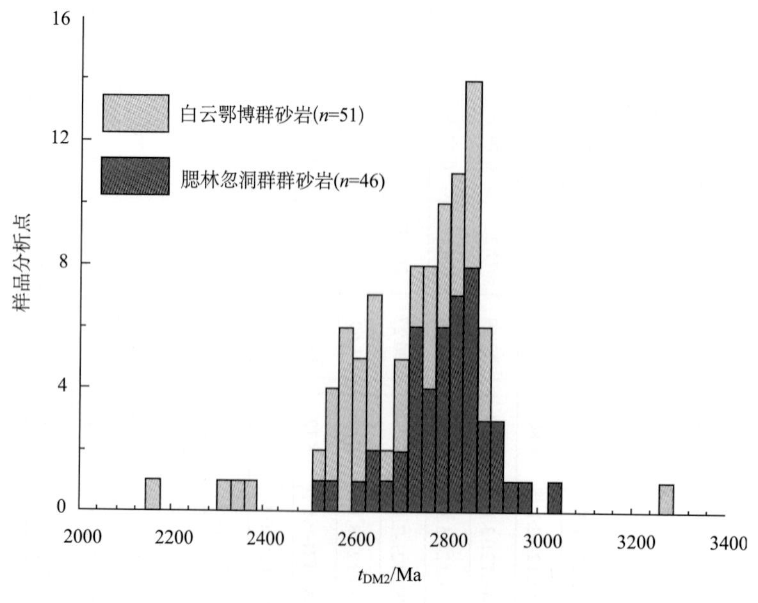

图 11-9　白云鄂博群和腮林忽洞群中-粗粒砂岩的碎屑锆石 Hf 同位素二阶段模式年龄直方图

表 11-3　白云鄂博群中-粗粒砂岩的碎屑锆石 SHRIMP U-Pb 年龄(据马铭株等，2014)

测点	元素含量/10^{-6}			同位素比值							表面年龄/Ma			
	U	Th	$^{206}Pb^*$	Th/U	$^{207}Pb^*/^{206}Pb^*$	±σ%	$^{207}Pb^*/^{235}U$	±σ%	$^{206}Pb^*/^{238}U$	±σ%	$^{206}Pb/^{238}U$	±σ	$^{207}Pb/^{206}Pb$	±σ
B7.1RC	47	27	24	0.60	0.2345	0.91	19.46	1.50	0.6019	1.20	3037	30	3083	15
B12.1RC	23	7	11	0.32	0.1831	1.80	13.44	2.40	0.5324	1.60	2752	35	2681	30
B16.1MA	91	36	42	0.40	0.1864	0.78	13.78	1.20	0.5362	0.94	2768	21	2711	13
B19.1MA	94	48	41	0.52	0.1784	1.00	12.60	1.30	0.5120	0.82	2665	18	2638	17
B24.1RC	105	26	47	0.26	0.1792	0.78	12.75	1.10	0.5160	0.77	2682	17	2646	13
B26.1MA	48	26	20	0.56	0.1719	2.00	11.49	2.30	0.4848	1.10	2548	24	2576	34
B32.1RC	48	14	19	0.30	0.1653	1.40	10.53	1.80	0.4620	1.20	2449	23	2511	23
B34.1ME	198	131	80	0.68	0.1637	0.61	10.59	0.90	0.4694	0.66	2481	14	2494	10
B40.1MA	33	17	13	0.53	0.1782	1.70	11.59	2.80	0.4720	2.30	2492	47	2636	28
B44.1ME	66	43	26	0.67	0.1623	1.20	10.28	1.50	0.4593	0.95	2436	19	2480	20
B50.1MA	131	76	54	0.60	0.1671	0.77	11.08	1.00	0.4810	0.70	2532	15	2529	13
H2.1MA	375	223	166	0.61	0.1854	0.38	13.16	1.10	0.5150	1.10	2678	23	2701	6
H2.2ME	244	85	103	0.36	0.1720	0.50	11.62	1.20	0.4898	1.10	2570	24	2577	8
H3.1MA	326	211	136	0.67	0.1706	0.53	11.42	1.30	0.4855	1.10	2551	24	2564	9
H4.1ME	36	32	15	0.92	0.1706	1.40	11.15	2.30	0.4740	1.90	2501	39	2564	23
H5.1ME	137	143	58	1.08	0.1688	0.68	11.44	1.50	0.4914	1.30	2577	29	2546	11
H6.1ME	69	55	29	0.83	0.1677	1.00	11.23	1.90	0.4858	1.60	2553	35	2535	17
H7.1I	150	57	62	0.39	0.1681	0.69	11.20	1.50	0.4832	1.30	2541	28	2539	12
H8.1RC	43	22	19	0.53	0.1726	1.40	11.83	2.20	0.4971	1.80	2601	37	2583	23
H9.1MA	128	111	54	0.90	0.1683	0.71	11.39	1.50	0.4908	1.30	2574	27	2541	12
H10.1ME	68	136	28	2.08	0.1647	1.10	10.87	1.80	0.4787	1.50	2521	31	2505	18

续表

测点	元素含量/10^{-6}			同位素比值							表面年龄/Ma			
	U	Th	$^{206}Pb^*$	Th/U	$^{207}Pb^*/^{206}Pb^*$	±σ%	$^{207}Pb^*/^{235}U$	±σ%	$^{206}Pb^*/^{238}U$	±σ%	$^{206}Pb/^{238}U$	±σ	$^{207}Pb/^{206}Pb$	±σ
H11.1RC	142	60	58	0.44	0.1651	0.72	10.86	1.40	0.4771	1.30	2515	26	2509	12
H12.1MA	89	37	36	0.43	0.1677	0.85	11.03	1.70	0.4772	1.50	2515	32	2535	14
H14.1MA	77	35	31	0.47	0.1725	0.92	11.24	1.70	0.4726	1.40	2495	30	2582	15
H15.1MA	269	154	111	0.59	0.1661	0.51	11.03	1.20	0.4815	1.10	2534	23	2519	9
H16.1I	29	15	12	0.54	0.1753	1.60	11.40	2.70	0.4720	2.20	2490	46	2609	26
H16.2RC	176	76	72	0.45	0.1669	0.61	11.00	1.30	0.4777	1.20	2517	25	2527	10
H17.1RC	193	167	86	0.89	0.1740	0.54	12.37	1.30	0.5157	1.20	2681	26	2596	9
H17.2ME	147	27	62	0.19	0.1632	0.66	10.99	1.40	0.4883	1.20	2564	26	2489	11
H19.1RC	170	139	64	0.84	0.1603	0.79	9.65	1.50	0.4363	1.20	2334	24	2459	13
H19.2RC	33	32	13	1.02	0.1642	1.50	10.64	2.50	0.4702	2.00	2484	42	2499	25
H20.1RC	95	50	40	0.54	0.1685	0.85	11.37	1.60	0.4893	1.40	2568	29	2543	14
H20.2I	39	20	16	0.54	0.1687	1.30	11.09	2.20	0.4767	1.80	2513	37	2545	22
H21.1MA	28	21	11	0.78	0.1635	1.50	10.49	2.60	0.4650	2.20	2462	45	2493	25
H22.1RC	238	118	92	0.51	0.1578	0.54	9.81	1.30	0.4510	1.20	2400	24	2433	9
H24.1ME	46	32	19	0.72	0.1637	1.20	10.74	2.20	0.4756	1.90	2508	39	2494	20
H25.1I	5	6	2	1.35	0.1811	3.40	14.33	6.00	0.5740	4.90	2923	120	2663	56
H25.2RC	111	44	46	0.41	0.1644	0.77	11.00	1.60	0.4851	1.40	2549	29	2501	13
H26.1I	51	27	22	0.55	0.1698	1.10	11.49	2.10	0.4909	1.80	2575	37	2555	18
H27.1ME	37	21	15	0.59	0.1602	1.40	10.34	2.30	0.4682	1.80	2476	36	2458	24
H33.1RC	144	91	61	0.65	0.1664	0.65	11.32	1.50	0.4931	1.40	2584	30	2522	11
H34.1ME	52	45	22	0.90	0.1684	1.10	11.41	2.10	0.4912	1.80	2576	37	2542	18
H35.1RC	40	48	17	1.23	0.1663	1.20	10.93	2.10	0.4767	1.70	2513	36	2520	21

续表

测点	元素含量/10^{-6}			同位素比值							表面年龄/Ma			
	U	Th	$^{206}Pb^*$	Th/U	$^{207}Pb^*/^{206}Pb^*$	±σ%	$^{207}Pb^*/^{235}U$	±σ%	$^{206}Pb^*/^{238}U$	±σ%	$^{206}Pb/^{238}U$	±σ	$^{207}Pb/^{206}Pb$	±σ
H37.1ME	46	50	19	1.13	0.1649	1.40	10.83	2.70	0.4760	2.30	2511	49	2506	23
H39.1MA	60	34	25	0.58	0.1691	1.00	11.38	1.90	0.4881	1.50	2562	32	2549	17
H40.1MA	58	30	25	0.53	0.1730	1.00	11.80	1.90	0.4949	1.60	2592	33	2586	17
B1.1RC	83	59	25	0.74	0.1204	1.70	5.70	1.90	0.3436	0.87	1904	14	1961	30
B2.1ME	62	46	20	0.76	0.1182	1.60	5.99	1.90	0.3675	1.10	2018	20	1929	28
B3.1ME	72	51	22	0.73	0.1142	1.80	5.61	2.00	0.3561	0.93	1964	16	1868	32
B4.1ME	74	57	21	0.80	0.1144	1.50	5.29	1.80	0.3351	0.92	1863	15	1871	27
B5.1MA	132	65	40	0.51	0.1195	1.10	5.76	1.30	0.3493	0.70	1931	12	1949	20
B6.1MA	156	76	48	0.50	0.1182	0.91	5.81	1.10	0.3563	0.62	1965	10	1929	16
B8.1RC	50	27	16	0.57	0.1307	2.40	6.85	2.70	0.3803	1.20	2078	22	2107	43
B9.1RC	110	45	38	0.43	0.1328	1.30	7.32	1.60	0.4000	0.85	2169	16	2135	24
B10.1MA	96	67	30	0.72	0.1202	1.10	5.94	1.50	0.3585	0.92	1975	16	1959	20
B10.2RC	58	32	18	0.57	0.1196	1.40	5.78	1.90	0.3502	1.20	1936	21	1950	25
B11.1ME	62	47	20	0.79	0.1208	1.70	6.14	2.10	0.3688	1.20	2024	20	1968	31
B13.1ME	38	23	11	0.62	0.1183	2.30	5.63	2.70	0.3451	1.50	1911	24	1930	41
B14.1RC	138	41	41	0.30	0.1135	1.20	5.34	1.40	0.3414	0.70	1893	11	1855	22
B15.1MA	41	15	13	0.37	0.1213	2.50	6.18	2.80	0.3694	1.30	2027	22	1975	44
B17.1RC	78	40	23	0.53	0.1175	1.50	5.56	1.80	0.3430	1.00	1901	17	1919	27
B18.1RC	39	33	13	0.87	0.1317	2.00	7.09	2.50	0.3905	1.50	2125	27	2121	35
B20.1ME	132	214	41	1.68	0.1220	1.20	6.13	1.40	0.3645	0.72	2004	12	1986	21
B21.1ME	100	89	31	0.92	0.1198	1.30	5.91	1.50	0.3577	0.82	1971	14	1954	23
B22.1ME	86	84	25	1.00	0.1117	1.80	5.13	2.00	0.3332	0.89	1854	14	1827	33

续表

测点	元素含量/10^{-6}			同位素比值							表面年龄/Ma			
	U	Th	$^{206}Pb^*$	Th/U	$^{207}Pb^*/^{206}Pb^*$	$\pm\sigma\%$	$^{207}Pb^*/^{235}U$	$\pm\sigma\%$	$^{206}Pb^*/^{238}U$	$\pm\sigma\%$	$^{206}Pb/^{238}U$	$\pm\sigma$	$^{207}Pb/^{206}Pb$	$\pm\sigma$
B23.1RC	29	7	10	0.25	0.1273	2.70	6.98	3.10	0.3979	1.50	2160	27	2061	47
B25.1MA	170	268	52	1.64	0.1155	0.98	5.64	1.20	0.3545	0.74	1956	12	1887	18
B27.1RC	97	23	29	0.25	0.1192	1.40	5.62	1.60	0.3421	0.84	1897	14	1944	24
B29.1ME	136	58	42	0.44	0.1197	1.10	5.86	1.30	0.3552	0.71	1959	12	1952	20
B30.1ME	64	58	19	0.94	0.1154	1.70	5.42	2.00	0.3407	1.00	1890	17	1886	31
B31.1ME	77	97	24	1.30	0.1217	1.20	6.08	1.80	0.3624	1.30	1994	22	1981	22
B33.1MA	83	43	30	0.54	0.1337	1.30	7.68	1.60	0.4162	1.00	2243	19	2148	22
B35.1MA	61	59	20	1.00	0.1272	1.60	6.52	1.90	0.3720	1.00	2039	18	2059	27
B36.1ME	94	96	28	1.06	0.1137	1.50	5.36	1.70	0.3419	0.85	1896	14	1860	26
B37.1RC	87	50	30	0.59	0.1293	1.40	6.99	1.60	0.3918	0.86	2131	16	2089	24
B38.1ME	92	73	28	0.81	0.1164	1.40	5.58	1.90	0.3478	1.30	1924	22	1901	25
B39.1RC	62	27	20	0.45	0.1203	1.90	6.19	2.20	0.3733	1.10	2045	19	1960	34
B41.1ME	53	37	17	0.73	0.1271	1.90	6.51	2.10	0.3717	1.10	2037	19	2058	33
B42.1RC	73	33	22	0.47	0.1191	1.40	5.84	1.70	0.3558	0.93	1962	16	1943	26
B43.1ME	78	43	23	0.56	0.1181	1.40	5.59	1.70	0.3432	0.91	1902	15	1928	25
B45.1ME	66	62	20	0.98	0.1177	1.50	5.64	1.70	0.3474	0.96	1922	16	1921	26
B46.1ME	47	30	14	0.66	0.1184	2.10	5.57	2.50	0.3414	1.20	1893	19	1933	38
B47.1ME	62	40	19	0.67	0.1195	1.60	5.97	1.90	0.3622	1.10	1992	19	1949	28
B48.1RC	53	44	16	0.84	0.1132	2.60	5.27	2.90	0.3374	1.10	1874	18	1851	48
B49.1RC	162	59	53	0.38	0.1265	10.00	6.57	1.20	0.3767	0.65	2061	11	2049	18
B51.1ME	54	30	17	0.57	0.1203	2.10	5.93	2.40	0.3575	1.10	1971	19	1960	38
H1.1RC	40	27	14	0.68	0.1684	1.50	9.29	2.30	0.4001	1.80	2170	33	2542	25

续表

测点	元素含量/10^{-6}			同位素比值							表面年龄/Ma			
	U	Th	$^{206}Pb^{*}$	Th/U	$^{207}Pb^{*}/^{206}Pb^{*}$	±σ%	$^{207}Pb^{*}/^{235}U$	±σ%	$^{206}Pb^{*}/^{238}U$	±σ%	$^{206}Pb/^{238}U$	±σ	$^{207}Pb/^{206}Pb$	±σ
H18.1MA	138	55	40	0.41	0.1140	0.93	5.26	1.60	0.3345	1.20	1860	20	1864	17
H23.1ME	99	78	31	0.81	0.1162	1.10	5.72	1.80	0.3568	1.40	1967	23	1899	20
H28.1RC	49	21	14	0.45	0.1117	2.40	5.16	2.90	0.3348	1.70	1862	27	1828	44
H29.1RC	91	53	25	0.61	0.1133	1.40	5.05	1.90	0.3234	1.40	1806	22	1854	24
H30.1RC	49	36	14	0.75	0.1126	2.30	5.20	2.90	0.3347	1.70	1861	27	1842	42
H31.1ME	27	19	7	0.71	0.1072	2.20	4.71	3.00	0.3190	2.10	1785	32	1752	40
H32.1ME	76	68	21	0.91	0.1146	1.50	5.10	2.10	0.3229	1.40	1804	23	1874	26
H36.1RC	50	23	17	0.46	0.1594	1.20	8.41	2.40	0.3829	2.10	2090	38	2449	20
H38.1RC	82	75	27	0.94	0.1276	1.10	6.59	1.80	0.3747	1.40	2051	25	2065	19
H41.1MA	72	52	21	0.74	0.1148	1.30	5.44	2.10	0.3439	1.60	1905	27	1876	23

注：B 代表白云鄂博宽沟东白云鄂博群中-粗粒砂岩(10912-1)，H 代表黑脑包腮林忽洞白云鄂博群中-粗粒砂岩；I 代表继承或捕获锆石；MA. 岩浆锆石；ME. 变质锆石；RC.不完全变质重结晶锆石。

黑脑包腮林忽洞中-粗粒砂岩(10991)的 5 个继承或捕获锆石的 $\varepsilon_{Hf}(t)$、t_{DM1}(Hf) 和 t_{DM2}(Hf) 分别为 +3.5～+6.2、2648～2741Ma 和 2714～2825Ma；11 个岩浆锆石的 $\varepsilon_{Hf}(t)$、t_{DM1}(Hf) 和 t_{DM2}(Hf) 分别为−2.3～+5.6、2277～2807Ma 和 2531～2936Ma；13 个变质锆石的 $\varepsilon_{Hf}(t)$、t_{DM1}(Hf) 和 t_{DM2}(Hf) 分别为−6.1～+6.0、2360～2797Ma 和 2628～2977Ma；16 个不完全变质重结晶锆石的 $\varepsilon_{Hf}(t)$、t_{DM1}(Hf) 和 t_{DM2}(Hf) 分别为 −8.8～+5.5、2279～2759Ma 和 2555～3033Ma。

2. 岩石地球化学

矿床勘探过程中，系统采集的矿床岩石化学样品主要为含石墨红柱石绢云绿泥石英片岩、绿泥石英片岩和石英岩样品(表 11-4)。

表 11-4　岩石化学样品登记表

样号	岩石	主要矿物组成	组构
WLT-01	红柱石墨绢云绿泥石英片岩	石英、绢云母、绿泥石、红柱石、石墨	片状，鳞片变晶结构
WLT-02	红柱石墨绢云绿泥石英片岩	石英、绢云母、绿泥石、红柱石、石墨	片状，鳞片变晶结构
WLT-03	红柱石墨绢云绿泥石英片岩	石英、绢云母、绿泥石、红柱石、石墨	片状，鳞片变晶结构
WLT-04	红柱石墨绢云绿泥石英片岩	石英、绢云母、绿泥石、红柱石、石墨	片状，鳞片变晶结构
WLT-06	红柱石墨绢云绿泥石英片岩	石英、绢云母、绿泥石、红柱石、石墨	片状，鳞片变晶结构
WLT-16	红柱石墨绢云绿泥石英片岩	石英、绢云母、绿泥石、红柱石、石墨	片状，鳞片变晶结构
WLT-17	镁质石墨红柱石绢云片岩	石英、绢云母、绿泥石、方解石、红柱石、石墨	片状，鳞片变晶结构
WLT-07	石墨绢云绿泥石英片岩	石英、绢云母、绿泥石、石墨	片状，鳞片变晶结构
WLT-09	石墨绢云绿泥石英片岩	石英、绢云母、绿泥石、石墨	片状，鳞片变晶结构
WLT-13-2	石墨绢云绿泥石英片岩	石英、绢云母、绿泥石、石墨	片状，鳞片变晶结构
WLT-21	石墨绢云绿泥石英片岩	石英、绢云母、绿泥石、石墨	片状，鳞片变晶结构
WLT-11	石英岩	主要石英，少量绢云母	粒状变晶结构

石墨红柱绢云绿泥石英片岩 SiO_2 含量比较均匀，为 70.63%～54.14%，平均为 64.70%；以高铝富钾为特征，Al_2O_3 含量平均 16.26%，最高 19.34%，高钾低钠，K_2O/Na_2O 值平均 158.58；个别样品钙镁含量稍高。绢云绿泥石英片岩与红柱石绢云绿泥石石英片岩特征基本一致，只是 SiO_2 含量稍高，平均 70.07%，Al_2O_3 含量较低，平均 10.95%。这种岩石化学组分特征表明沉积环境比较稳定，沉积物以含钾矿物为主，分异分选较好，是稳定沉积环境沉积物；WLT-07 镁质绢云石英片岩，MgO/CaO 值较高为 6.35，具有镁碳酸盐矿物，显示高盐度沉积环境，与裂谷环境是一致的。石英岩的成分比较纯，以 SiO_2 为主，含量 95.33%，少量其他氧化物，虽然其他成分含量较少，但是氧化物比值与绢云石英片岩的特征是一致的(表 11-5)。

含红柱石和不含红柱石的绢云石英片岩的微量元素含量相对石英岩明显富集，尤其是富含 Rb、Ba、F、Th、Zr、Y 的特点，特征元素比值 Rb/Sr、Th/U 均较高，而 Sr/Ba 较低(表 11-4)，这种特征显示了陆源碎屑来源为主的特征，海源物质较少；V/Ni、V/(Ni+V) 值显示缺氧还原沉积环境。

两种绢云绿泥石英片岩稀土元素含量较高，稀土元素总量平均是 289.43×10^{-6} 和 264.38×10^{-6}；LREE/HREE 平均分别是 9.81 和 10.06；δCe 值略大于 1，δEu 值平均分别是 0.57 和 0.47；而石英岩稀土元素总量明显较低，δCe 值略小于 1，δEu 值为 0.49(表 11-4)。

稀土元素配分曲线显示为右倾斜性，显示轻稀土元素富集重稀土元素亏损，明显负铕异常，红柱石墨绢云绿泥石英片岩和绢云绿泥石英片岩不具有铈异常，石英岩略具有负铈异常(图 11-10、图 11-11)。这种稀土元素配分模式显示大乌淀石墨矿含矿建造是滨浅海环境沉积特征，石英岩原岩系潮坪相沉积，而绢云绿泥石英片岩原岩系潮下浅海环境沉积，两种沉积环境是连续过渡环境。

表 11-5　大乌淀石墨矿岩石化学成分表

成分	红柱石绢云绿泥石英片岩										绢云绿泥石英片岩					石英岩
	WLT-01	WLT-02	WLT-03	WLT-04	WLT-06	WLT-16	WLT-17	平均值	最高值	最低值	WLT-09	WLT-13-2	WLT-07	WLT-21	平均值	WLT-11
SiO_2	70.63	69.62	61.84	65.86	70.44	60.40	54.14	64.70	70.63	54.14	68.18	62.88	73.54	75.66	70.07	95.33
TiO_2	0.76	0.79	1.18	1.07	0.89	0.74	0.71	0.88	1.18	0.71	0.74	0.40	0.84	0.60	0.64	0.07
Al_2O_3	14.90	16.72	19.34	16.40	15.40	16.86	14.20	16.26	19.34	14.20	12.43	11.41	9.67	10.28	10.95	1.83
Fe_2O_3	0.48	0.80	0.67	0.11	0.28	0.92	3.45	0.96	3.45	0.11	0.90	5.29	0.09	1.24	1.88	0.07
FeO	0.48	0.40	0.24	0.32	0.24	2.88	0.44	0.71	2.88	0.24	0.16	0.80	0.24	0.26	0.36	0.18
MnO	0.01	0.02	0.03	0.03	0.01	0.09	0.04	0.03	0.09	0.01	0.01	0.02	0.01	0.01	0.01	0.02
MgO	0.18	0.72	0.33	0.61	0.17	2.81	6.92	1.68	6.92	0.17	0.25	1.05	0.11	0.22	0.41	0.16
CaO	0.22	0.14	0.53	0.36	0.19	0.91	1.09	0.49	1.09	0.14	0.10	0.07	0.14	0.10	0.10	0.13
Na_2O	0.05	0.01	0.02	0.02	0.14	0.74	0.02	0.14	0.74	0.01	0.02	0.05	0.01	0.02	0.03	0.02
K_2O	3.84	4.22	3.67	4.14	4.66	4.05	3.64	4.03	4.66	3.64	2.66	3.59	2.90	3.08	3.06	0.25
P_2O_5	0.09	0.09	0.14	0.24	0.06	0.16	0.08	0.12	0.24	0.06	0.10	0.12	0.07	0.04	0.08	0.02
LOI	8.14	6.47	10.39	9.31	6.16	7.42	14.05	8.85	14.05	6.16	11.00	11.70	11.77	7.25	10.43	1.55
合计	99.78	99.99	98.39	98.46	98.64	97.97	98.78	98.86	99.99	97.97	96.55	97.38	99.40	98.74	98.02	99.64
Corg.	5.27	2.49	6.97	5.58	2.43	4.47	7.90	5.02	7.90	2.43	7.38	5.20	9.49	4.37	6.61	0.11
Na_2O+K_2O	3.89	4.23	3.69	4.16	4.80	4.79	3.66	4.17	4.80	3.66	2.68	3.64	2.91	3.10	3.08	0.27
K_2O/Na_2O	76.80	422.00	183.50	207.00	33.29	5.47	182.00	158.58	422.00	5.47	133.00	71.80	290.00	154.00	162.20	12.50
MgO/CaO	0.82	5.14	0.62	1.69	0.89	3.09	6.35	2.66	6.35	0.62	2.50	15.00	0.79	2.20	5.12	1.23
A/CNK	3.20	3.45	3.88	3.17	2.73	2.32	2.38	3.02	3.88	2.32	4.01	2.78	2.83	2.89	3.13	3.38
A/NK	3.51	3.64	4.82	3.62	2.91	3.00	3.57	3.58	4.82	2.91	4.26	2.87	3.06	3.05	3.31	6.02
Rb	147	157	157	159	179	197	197	170.33	197.30	146.90	94	175	104	109	120.48	13
Sr	174	144	117	661	145	139	141	217.19	660.90	116.70	85	114	187	71	114.20	25

续表

成分	红柱石绢云绿泥石英片岩										绢云绿泥石英片岩					石英岩
	WLT-01	WLT-02	WLT-03	WLT-04	WLT-06	WLT-16	WLT-17	平均值	最高值	最低值	WLT-09	WLT-13-2	WLT-07	WLT-21	平均值	WLT-11
Ba	929	1017	967	1090	1137	892	695	960.71	1137.30	694.80	894	665	795	797	787.73	106
Zr	276	223	300	239	224	208	254	246.34	300.30	207.60	271	183	283	283	255.03	71
Hf	8.02	6.49	7.97	6.60	6.13	5.35	6.98	6.79	8.02	5.35	8.05	5.35	7.71	7.24	7.09	2.08
Th	20.20	18.58	23.09	20.68	20.33	16.05	17.07	19.43	23.09	16.05	22.02	14.45	17.77	17.63	17.97	2.34
U	3.74	3.44	5.48	5.05	5.62	2.31	6.11	4.54	6.11	2.31	3.88	4.42	2.69	3.54	3.63	0.79
Y	33.37	33.56	42.34	41.22	36.37	37.15	34.69	36.96	42.34	33.37	36.10	24.94	37.83	37.53	34.10	4.35
Nb	5.47	7.56	7.69	10.16	5.12	5.93	5.81	6.82	10.16	5.12	7.24	3.17	4.62	5.24	5.07	0.66
Ta	0.50	0.55	0.61	0.75	0.41	0.44	0.52	0.54	0.75	0.41	0.65	0.30	0.38	0.44	0.44	0.06
Cr	53.40	52.30	151.30	79.30	71.70	75.80	51.80	76.51	151.30	51.80	40.70	36.50	53.50	44.70	43.85	8.10
Ni	3.96	1.33	17.27	4.98	2.37	12.43	19.22	8.79	19.22	1.33	1.49	21.88	2.67	1.96	7.00	3.06
Co	0.76	0.25	11.94	2.52	1.39	4.63	11.66	4.74	11.94	0.25	0.42	15.07	1.73	0.99	4.55	0.45
V	81.10	72.10	153.20	115.70	88.70	82.50	77.50	95.83	153.20	72.10	81.20	63.50	66.50	72.10	70.83	6.90
F	222	426	295	502	205	786	1639	582.32	1639.19	204.62	251	819	160	222	363.09	213
Cl	120	94	76	58	114	118	93	96.11	120.00	58.30	54	65	72	65	64.13	40
Rb/Sr	0.84	1.09	1.35	0.24	1.23	1.42	1.39	1.08	1.42	0.24	1.11	1.53	0.56	1.53	1.18	0.51
Sr/Ba	0.19	0.14	0.12	0.61	0.13	0.16	0.20	0.22	0.61	0.12	0.09	0.17	0.24	0.09	0.15	0.24
Th/U	5.40	5.40	4.21	4.10	3.62	6.94	2.79	4.64	6.94	2.79	5.68	3.27	6.61	4.97	5.14	2.97
V/Cr	1.52	1.38	1.01	1.46	1.24	1.09	1.50	1.31	1.52	1.01	2.00	1.74	1.24	1.61	1.65	0.85
V/(Ni+V)	0.95	0.98	0.90	0.96	0.97	0.87	0.80	0.92	0.98	0.80	0.98	0.74	0.96	0.97	0.92	0.69
Zr/Y	8.27	6.65	7.09	5.80	6.17	5.59	7.32	6.70	8.27	5.59	7.49	7.34	7.48	7.55	7.47	16.21
Nb/Ta	11.00	13.77	12.55	13.58	12.36	13.36	11.20	12.55	13.77	11.00	11.09	10.48	12.25	11.89	11.43	10.43
F/Cl	1.85	4.54	3.91	8.61	1.80	6.67	17.55	6.42	17.55	1.80	4.66	12.62	2.22	3.39	5.72	5.33
La	55.36	54.37	74.45	69.57	61.44	51.14	51.74	59.72	74.45	51.14	68.93	43.52	59.18	52.28	55.98	7.11

续表

成分	红柱石绢云绿泥石英片岩										绢云绿泥石英片岩					石英岩
	WLT-01	WLT-02	WLT-03	WLT-04	WLT-06	WLT-16	WLT-17	平均值	最高值	最低值	WLT-09	WLT-13-2	WLT-07	WLT-21	平均值	WLT-11
Ce	115.05	116.18	151.62	141.32	128.44	109.18	111.14	124.70	151.62	109.18	141.01	91.23	122.67	105.58	115.12	13.04
Pr	13.13	13.51	17.47	16.26	14.95	12.66	12.66	14.38	17.47	12.66	16.03	10.52	13.79	11.58	12.98	1.71
Nd	48.57	49.60	64.32	59.23	54.93	46.04	47.80	52.93	64.32	46.04	57.86	38.82	49.67	41.82	47.04	6.61
Sm	8.77	8.50	11.45	10.64	9.53	8.09	8.70	9.38	11.45	8.09	9.85	6.93	8.71	7.39	8.22	1.22
Eu	1.54	1.49	1.81	1.74	1.81	1.27	1.33	1.57	1.81	1.27	1.07	1.22	1.24	0.93	1.11	0.17
Gd	7.00	6.68	9.63	8.66	7.84	7.19	6.95	7.71	9.63	6.68	7.81	5.54	7.22	6.46	6.76	0.95
Tb	1.09	1.02	1.44	1.29	1.21	1.15	1.10	1.19	1.44	1.02	1.17	0.82	1.15	1.04	1.05	0.14
Dy	6.36	6.02	8.24	7.71	6.88	6.99	6.42	6.95	8.24	6.02	6.71	4.76	6.79	6.41	6.17	0.78
Ho	1.24	1.20	1.54	1.50	1.33	1.35	1.25	1.35	1.54	1.20	1.28	0.90	1.35	1.28	1.20	0.15
Er	3.74	3.72	4.57	4.49	4.01	4.05	3.85	4.06	4.57	3.72	3.91	2.67	4.12	3.99	3.67	0.47
Tm	0.60	0.60	0.72	0.72	0.66	0.63	0.62	0.65	0.72	0.60	0.63	0.44	0.67	0.65	0.60	0.08
Yb	3.96	3.86	4.62	4.54	4.17	3.91	3.98	4.15	4.62	3.86	4.16	2.75	4.27	4.17	3.84	0.49
Lu	0.66	0.63	0.75	0.77	0.72	0.65	0.66	0.69	0.77	0.63	0.71	0.48	0.72	0.68	0.65	0.09
REE	267.08	267.41	352.65	328.44	297.92	254.30	258.20	289.43	352.65	254.30	321.12	210.58	281.56	244.26	264.38	33.01
LREE/HREE	9.84	10.26	10.19	10.06	10.11	8.81	9.40	9.81	10.26	8.81	11.17	10.47	9.71	8.90	10.06	9.48
δCe	1.03	1.03	1.01	1.01	1.02	1.03	1.05	1.03	1.05	1.01	1.02	1.03	1.03	1.03	1.03	0.90
δEu	0.60	0.60	0.53	0.55	0.64	0.51	0.52	0.57	0.64	0.51	0.37	0.60	0.48	0.41	0.47	0.49

注：主量元素含量单位为%，微量元素含量单位为 10^{-6}。

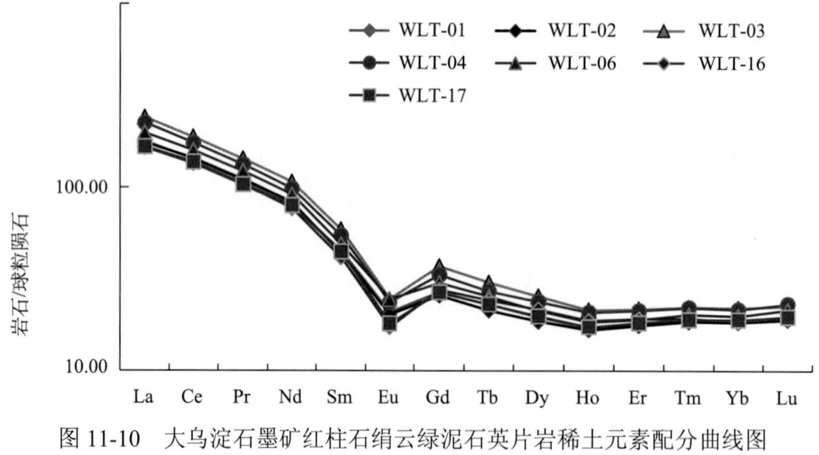

图 11-10　大乌淀石墨矿红柱石绢云绿泥石英片岩稀土元素配分曲线图

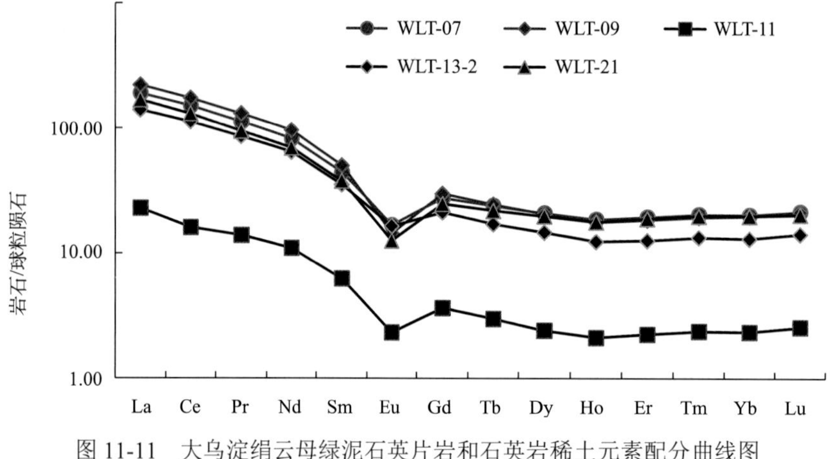

图 11-11　大乌淀绢云母绿泥石英片岩和石英岩稀土元素配分曲线图

三、矿 区 地 质

1. 含矿岩系

大乌淀石墨矿床含矿岩系是白云鄂博群尖山组黑色岩系，原岩为碎屑岩-含碳粉屑岩-泥质岩-碳酸盐岩组合，属于白云鄂博裂谷下部沉积岩系。底部粗粒碎屑沉积岩，黑色页岩分南北两支分布(图 11-12)。在大乌淀矿区位于南支黑色页岩，黑色页岩下部为厚层石英岩，上部为碳酸盐岩，在白云鄂博矿区，该岩组属于一套碱性火成岩系。北支黑色页岩中也有石墨矿床产出，如达茂旗查干文都日区石墨矿床。

区域上石墨矿层为尖山组一段，岩性为深灰色(粉砂质)绢云母板岩、变质微粒长石石英砂岩、变质中细粒石英砂岩、绢云母板岩、灰黑色粉砂质碳质板岩夹微粒石英砂岩透镜体等。粉砂质绢云母板岩呈灰黑色，鳞片粒状变晶结构，板状构造，矿物成分有绢云母约占 18%、石墨 15%、斜长石 40%、石英 25%等。

矿区内出露地层主要为中元古界白云鄂博群尖山岩组，分布于区内滚呼都格的南东部。

(1)红柱石石墨绢云母石英片岩：走向北东 60°，厚度约 385m，灰黑色，鳞片交晶结构，片状构造。主要矿物成分：石英 50%～55%，拉长粒状，晶体(0.02×0.06)～(0.1×0.2)mm；红柱石 15%，柱状，0.5cm×2cm；绢云母 15%～25%；石墨 5%～10%，黑色微晶鳞片状，0.001～0.01mm。

(2)变质石英砂岩夹石英岩：厚度约 390m，灰白色，变余砂状结构，块状及层状构造，石英 95%，白云母 3%及少量的斜长石组成。

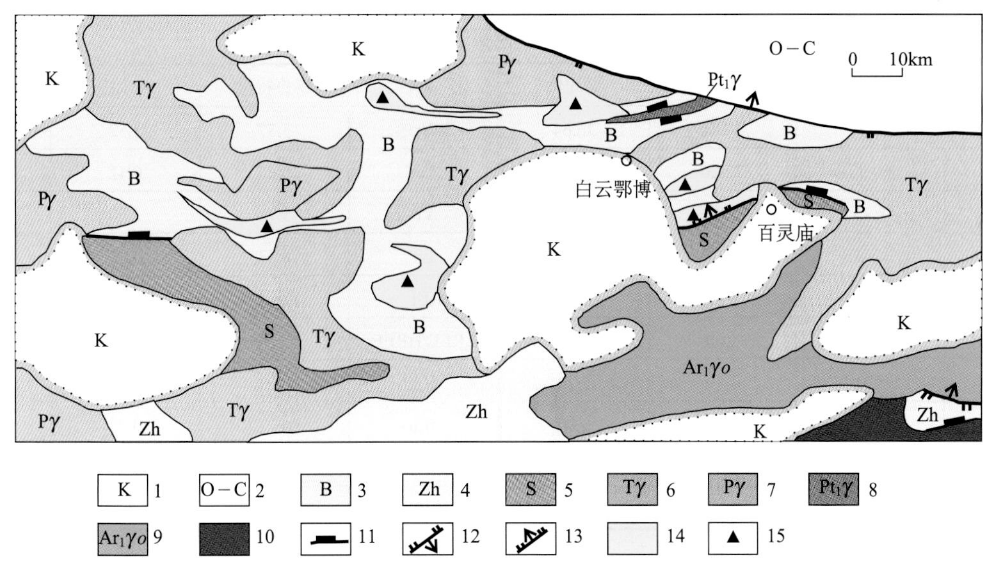

图 11-12　内蒙古中部白云鄂博地区地质简图

1. 白垩系；2. 奥陶系—石炭系；3. 白云鄂博群；4. 渣尔泰山群；5. 色尔腾山群；6. 三叠纪花岗岩；7. 二叠纪花岗岩；8. 古元古代侵入岩；9. 新太古代片麻状英云闪长岩；10. 糜棱岩化；11. 拆离断层；12. 逆断层；13. 正断层；14. 白云鄂博群黑色岩系；15. 采样点

区域上秘鲁特岩组和尖山岩组岩石稀土元素地球化学特征类似，稀土元素总量分别平均为 176.46×10^{-6}、175.16×10^{-6}，两者平均为 175.79×10^{-6}；轻重稀土元素比值分别为 7.17、9.30；δCe 值略小于 1，δEu 均较小(表 11-6)。稀土元素配分曲线基本一致，显右倾曲线，轻稀土元素段斜率大于重稀土元素段，显示轻稀土元素分异较好，略显负铈异常(图 11-13)。表明区域上白云鄂博群黑色页岩沉积环境基本一致，以潮坪-浅水相沉积为主。

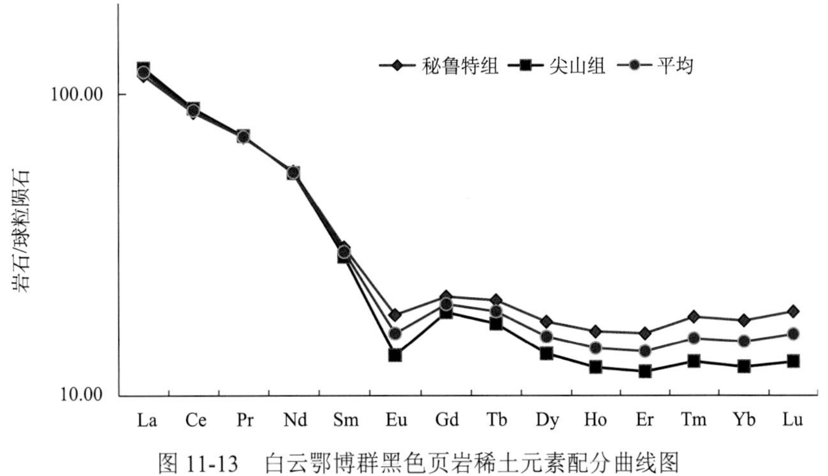

图 11-13　白云鄂博群黑色页岩稀土元素配分曲线图

2. 矿区构造

矿区褶皱构造为大乌淀背斜构造，位于高勒图、石崩两断裂带中间，且为两断裂带切通的交切部位，背斜核部出露厚层石英岩，为尖山组底部类磨拉石建造，原岩为含砾砂岩。背斜的两翼为红柱石石墨透闪石英片岩。

背斜北翼产状：倾向 330°，倾角 36°～74°；南翼产状：倾向 165°～170°，倾角 54°～63°。受两断裂带的挤压、剪切和多期活动的影响，此套残留地层发育一条顺层破碎带，且沿破碎带普遍发生了糜棱岩化作用(图 11-14)。

表 11-6　白云鄂博群黑色页岩稀土元素含量平均值表　　(单位：10^{-6})

成分	秘鲁特组	尖山组	平均值	成分	秘鲁特组	尖山组	平均值
La	35.57	37.71	36.64	Er	3.37	2.52	2.94
Ce	69.98	72.20	71.09	Tm	0.59	0.42	0.50
Pr	8.75	8.84	8.79	Yb	3.70	2.60	3.15
Nd	33.16	32.79	32.97	Lu	0.63	0.43	0.53
Sm	6.04	5.62	5.83	REE	176.46	175.16	175.79
Eu	1.36	1.00	1.18	LREE/HREE	7.17	9.30	8.11
Gd	5.51	4.89	5.20	δCe	0.95	0.95	0.95
Tb	0.98	0.82	0.90	δEu	0.72	0.58	0.66
Dy	5.65	4.43	5.04	La/Eu	26.15	37.71	31.05
Ho	1.17	0.89	1.03	Gd/Lu	8.75	11.37	9.81

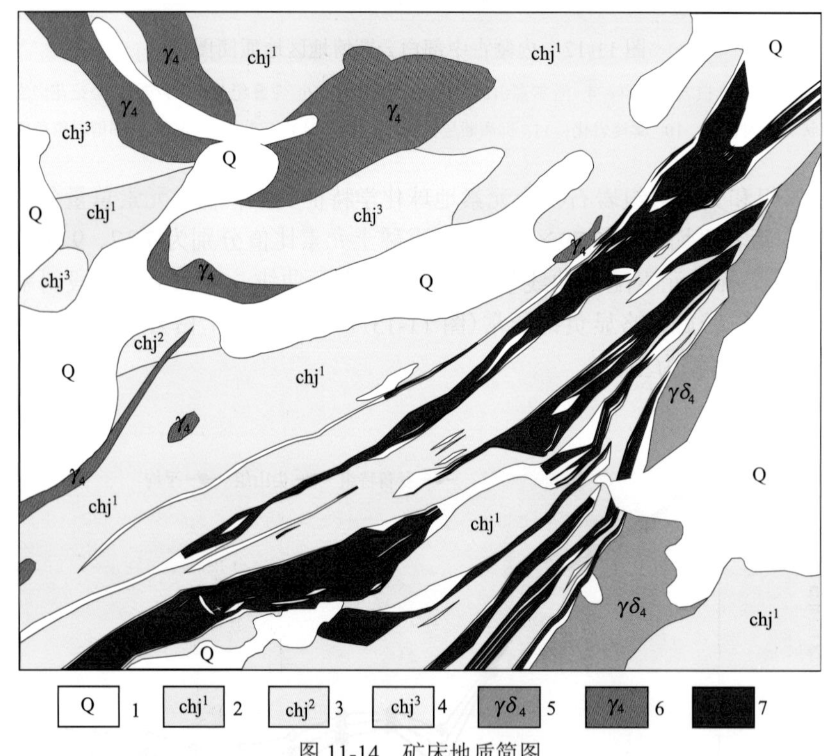

图 11-14　矿床地质简图

1. 全新统：含砂砾土及碎石砂砾层；2. 白云鄂博群尖山组一段：上部为厚层状中粒石英砂岩；下部为变质长石石英砂岩；3. 白云鄂博群尖山组二段：变质含砾中粒石英砂岩与碳质砂质板岩互层、千枚状砂质板岩、变质长石石英砂岩；4. 白云鄂博群尖山组三段：深灰色中厚层状薄层状泥质灰岩、钙质灰岩夹变质石英砂岩；5. 晚石炭世：花岗闪长岩；6. 早二叠世：中细粒斑状黑云母花岗岩；7. 石墨矿体及编号

3. 矿床特征

大乌淀矿区白云鄂博群尖山岩组红柱石石墨绢云母绿泥石英片岩是主要石墨矿化岩层，分布于区内大乌淀南东滚呼都格，呈紧密复式向斜褶皱构造，走向 NEE，主要矿层倾向 NNW(图 11-14)。

石墨矿化层与变质粉砂岩呈互层条带构造，形成石墨层和夹石的互层，经 1∶2000 地质填图及探槽工程揭露等详查工作，矿体严格受地层控制，走向北东—南西，以品位变化圈定八条层状矿体(表 11-7)，其中以Ⅴ、Ⅵ、Ⅷ矿层厚度大、走向延伸长、品位稳定，Ⅳ号矿体局部增厚呈透镜状，受勘查程度控制，矿层延深没有控制(图 11-15)。

表 11-7 石墨矿体一览表

矿体编号	矿体出露宽×长	控制工程	走向	倾向	倾角	平均品位/%
Ⅰ	(10～20) m×800m	TC005，TC806，TC1606	N60° E	NW	50°～70°	3.45
Ⅱ	(20～250) m×2600m	TC3202 等 16 条探槽	N60° E	NW	35°～65°	5.16
Ⅲ	(20～130) m×1400m	TC2401 等 9 条探槽	N60° E	NW	40°～63°	5.98
Ⅳ	(110～200) m×1000m	TC3601 等 7 条探槽	N40° E	NW	48°～73°	3.90
Ⅴ	(20～400) m×2600m	TC2401 等 14 条探槽	N40° E	NW	60°～85°	5.25
Ⅵ	(30～80) m×1400m	TC1201 等 8 条探槽	N60° E	NW	40°～50°	3.94
Ⅶ	(50～60) m×600m	TC801，TC401，TC001	N60° E	NW	70°～80°	3.83
Ⅷ	(30～40) m×2600m	TC801，TC40l，TC001	N60° E	NW	60°～70°	4.23

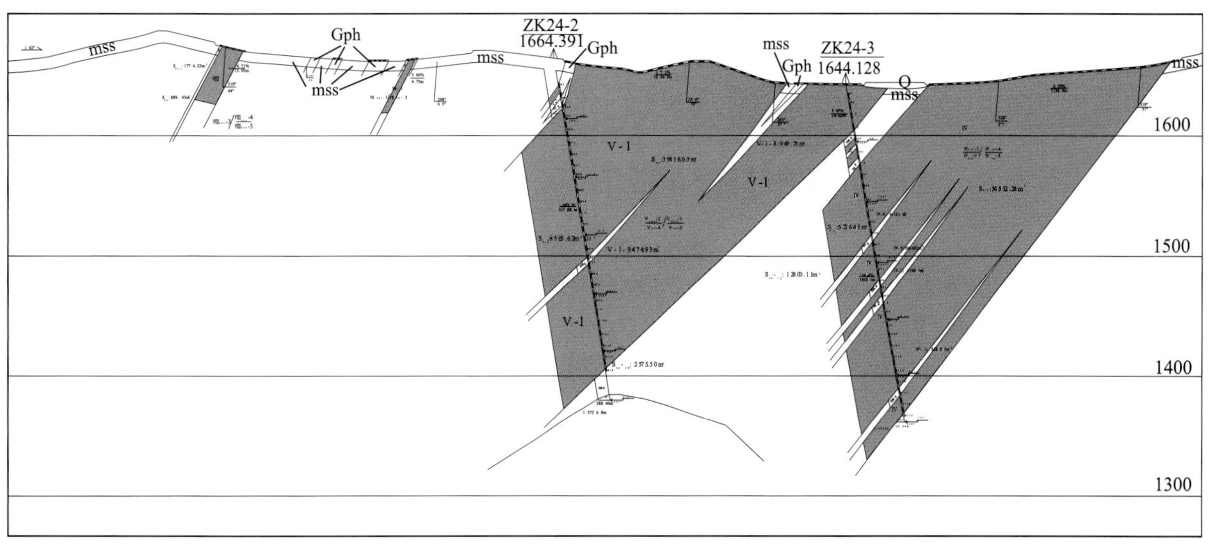

图 11-15 大乌淀矿床 14 号勘探线剖面图

1. 残坡积、冲洪积物；2. 变质石英砂岩；3. 含红柱石二云石墨片岩；4. 石墨矿体及编号；5. 辉长岩；6. 钻孔编号/孔口标高

查干文都日石墨矿床位于白云鄂博西北，赋存于中元古界白云鄂博群尖山组一段(Chj1)，含石墨变质岩系岩性为粉砂质绢云母板岩，形成北东倾向的单斜构造(图 11-16)。

矿体呈层状、似层状近南北向展布，详查区控制 2 条主矿带，5 条矿体(表 11-8)。1 号带 3 条石墨矿体，编号Ⅰ号、Ⅱ号、Ⅲ号矿体，控制矿体长 1200～2300m，厚度 25.38～41.15m，厚度变化系数 79.94%～99.73%，控制矿体倾向延伸 318.64～354.84m。矿体平均品位(固定碳质量分数) 5.21%～6.55%，品位变化系数 34.68%～51.51%。矿体产状与地层产状一致，走向 287°～343°，两端略向西偏转，倾向 NE，倾角 55°～64°。2 号带控制 2 条石墨矿体，编号Ⅳ号、Ⅴ号石墨矿。控制矿体长 400～800m，厚度 33.44～35.38m，厚度变化系数 87.64%～90.34%，控制矿体倾向延伸 174.16～179.88m。矿体平均品位(固定碳质量分数) 4.76%～5.27%，品位变化系数 35.64%～40.54%。矿体产状与地层产状一致，走向 340°，倾向 NE，倾角 56°～61°。

Ⅰ号矿体：矿体走向最长 2300m，控制倾斜延伸 30.78～513.33m，真厚度 0.47～169.60m，平均 41.15m，厚度变化系数 99.73%。呈厚层状，由 38 个钻孔和 5 条探槽控制，矿体控制长 2300m，矿体两端略向西偏转，走向在 312°～15°，平均 287°，倾向 NE，倾角一般在 40°～69°，平均 55°。固定碳品位 2.53%～12.66%，平均品位 5.21%，品位变化系数 34.68%。

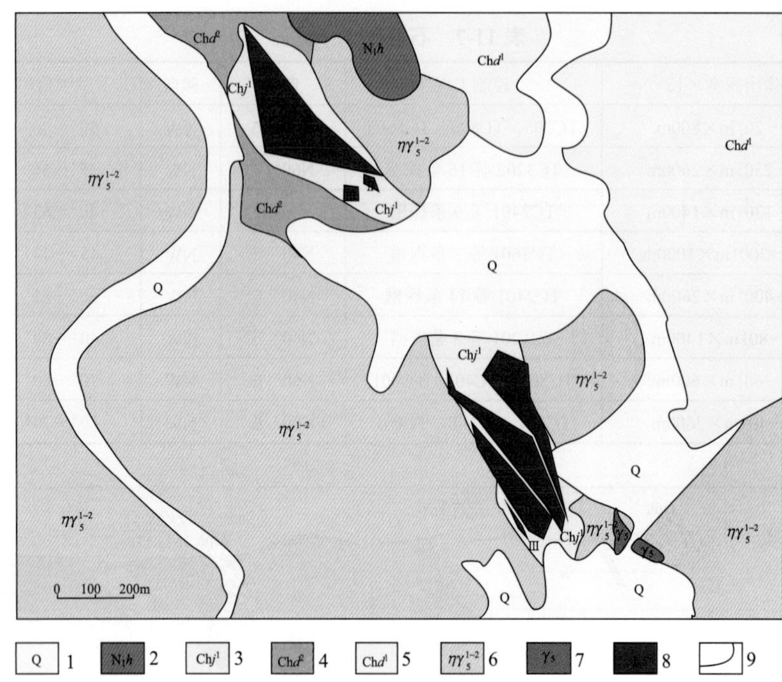

图 11-16　查干文都日石墨矿床地质略图

1. 冲积砂砾层；2. 气孔状玄武岩；3. 粉砂质绢云母板岩、变质中细粒石英砂岩、绢云母板岩、粉砂质碳质板岩；4. 变质粗粒长石石英砂岩、变质中细粒长石石英砂岩、石英岩等；5. 变质粗粒石英砂岩、细砾岩、变质长石石英砂岩、顶部夹粉砂质板岩；6. 中粗粒斑状黑云母二长花岗岩；7. 花岗细晶岩脉；8. 地质界线；9. 石墨矿体及编号

表 11-8　查干文都日石墨矿床矿体特征表

矿体	线号	标高/m	形态	规模/m			产状/(°)			平均品位(C_{GD}%)
				长度	斜深	厚度	走向	倾向	倾角	
Ⅰ	19～26	1240～1601	厚层状	2300	328.45	41.15	343	NE	55	5.21
Ⅱ	13～26	1240～1603	厚层状	2000	354.84	28.00	340	NE	60	5.97
Ⅲ	13～10	1240～1599	厚层状	1200	318.64	25.38	329	NE	64	6.55
Ⅳ	5～10	1345～1596	厚层状	800	174.16	35.38	340	NE	61	5.27
Ⅴ	2～20	1198～1491	层状	400	179.88	33.44	340	NE	56	4.76

Ⅱ号矿体：矿体控制长 2000m，控制倾斜延伸 160.57～571.64m，真厚度 1.71～65.36m，平均在 28.00m，厚度变化系数 80.93%。呈厚层状，由 35 个钻孔和 3 条探槽控制，矿体两端略向西偏转，走向在 320°～15°，平均在 343°，倾向 NE，倾角一般在 46°～81°，平均在 60°。固定碳品位 2.54%～24.34%，平均品位 5.97%，品位变化系数 51.51%。

矿体顶板围岩为黑云母花岗岩；底板围岩为变质长英质粉砂岩；夹层与夹石岩性较单一，多数为粉砂质绢云母板岩，少见有花岗岩等。

四、矿石矿化特征

大乌淀矿床含矿岩石片理发育，S_1面理密集平行排列，切割岩石呈叶片状，透镜块状(照片 11-3)，岩石中柱状针状红柱石平行片理分布，页理面上显示交织状分布(照片 11-4)。

石墨矿石主要矿物有石英碎屑、绢云母等黏土矿物、红柱石、石墨，石英碎屑呈颗粒状，绢云母等黏土矿物呈鳞片状围绕碎屑矿物分布。变余碎屑结构，绢云母等黏土矿物及红柱石等矿物系原胶结物变质矿物。

微晶石墨小于 50μm，一般 20μm 左右，在胶结物矿物中分布(照片 11-5、照片 11-6)，呈交织状(照片 11-7、照片 11-8)、集中呈束状(照片 11-9、照片 11-10)、团块状(照片 11-11、照片 11-12)、毡状(照片 11-13、照片 11-14)分布，或者包裹在重结晶的绢云母–白云母中(照片 11-15、照片 11-16)。

查干文都日石墨矿矿化特征类似，也是产于白云鄂博群中微晶石墨矿床，石墨矿物微晶在胶结物中呈集合体或者团块状分布(照片 11-17、照片 11-18)。

区内石墨矿石有两种类型，一类含红柱石较多为含石墨红柱石粉砂质绢云母板岩；另一类含红柱石较少，为含石墨粉砂质绢云母板岩，其他基本矿物组成都是一致的。

含石墨粉砂质绢云母板岩：岩石呈灰黑色，微晶鳞片粒状变晶结构，以稀疏-星散浸染状、薄板状构造为主。矿石矿物为石墨，脉石矿物有绢云母、石英、少量黑云母、黄铁矿、金红石等。石英呈显微变晶粒状、不规则状，趋于定向排列，粒度<0.05mm，质量分数 28%～30%。绢云母呈鳞片状-叶片状或显微鳞片状集合体定向分布，其内部富含碳质包体(石墨)，片径<0.1mm。质量分数 57%～60%。石墨显黑色，反射光浅棕灰色，叶片状、鳞片状，总体呈稀疏-散浸染状嵌布在由石英和绢云母混杂交生构成的脉石基底中，粒径为 10～1μm，质量分数 5%～10%。

含石墨红柱石粉砂质绢云母板岩：岩石呈灰黑色夹灰白色斑点，显微鳞(叶)片粒状变晶结构，以稀疏-星散浸染状、薄板状构造为主。矿石矿物为石墨，脉石矿物为红柱石、绢云母、石英、少量黑云母、黄铁矿、金红石等。石英呈显微变晶粒状、不规则状，趋于定向排列，粒度<0.05mm，质量分数 28%～30%。绢云母呈鳞片状-叶片状或显微鳞片状集合体定向分布，其内部富含碳质包体(石墨)，片径<0.1mm，质量分数 60%。石墨为黑色，反射光浅棕灰色，叶片状、鳞片状，总体呈稀疏-散浸染状嵌布在由石英和绢云母混杂交生构成的脉石基底中，粒径为 10～1μm，质量分数 5%～10%。红柱石呈柱状晶体，粒度在 0.5～1.0mm，晶体均蚀变为绢云母，并被鳞片状绢云母的集合体所取代，仅保留其柱状或立方体晶形，晶体均呈方向性沿板状劈理的方向分布，质量分数 5%。

石墨矿物呈细小的叶片状，常呈稠密浸染状-稀疏浸染状嵌布在由石英和绢云母混杂交生构成的脉石基底中，与绢云母的关系相对较为密切，定向排列的特征较为明显，部分可聚合形成束状或不规则状集合体，经过光片鉴定统计，样品中片宽大于 20.0μm 部分的石墨约占 5.66%、20.0～10.0μm 则占 11.23%，10.0～1.0μm 则占 81.59%，小于 1.0μm 的约占 1.52%。

第二节　辽宁北镇石墨矿床

矿区位于北镇县北东正安堡镇杜屯村，2013 年提交详查报告，处于可行性研究和预开发阶段。

一、区域地质背景

1. 区域构造

辽宁北镇杜屯石墨矿床处于华北古陆北缘燕山构造带东段，北侧为兴蒙构造带东段和松辽盆地；区域内阴山—燕山造山带由 EW 向转向近 NE 向延伸，主体表现为近 NE 向延伸的盆-岭构造格式，隆起带经由不同类型的断层与盆地相接触(图 11-17)。区内医巫闾山东侧为下辽河盆地，西侧为阜新—义县盆地和金岭寺—羊山盆地(金—羊盆地)，阜新—义县盆地和金—羊盆地之间为松岭隆起(李刚，2013)。这些盆地和隆起带都具有 NNE 向展布的特点，构成了区内 NNE 向延伸的盆-岭格局(朱大岗等，2002)。

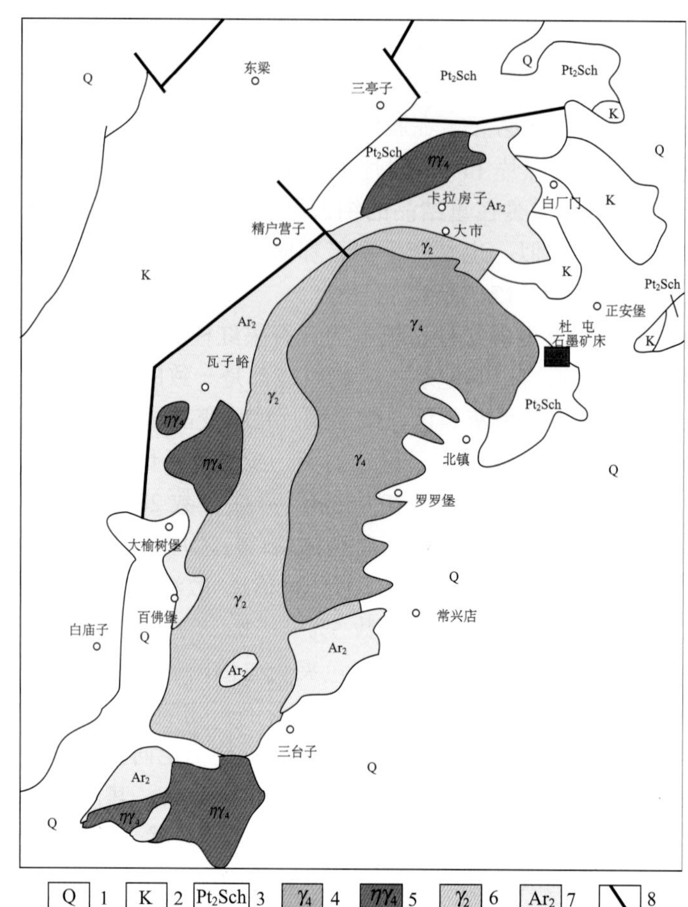

图 11-17　区域构造地质图(据朱大岗等，2002)

1. 第四系；2. 白垩系；3. 中—新元古界糜棱片岩带；4. 医巫闾山花岗岩体；5. 海里西晚期二长花岗岩；6. 花岗糜棱岩带；7. 太古宇片麻岩带；8. 断层

2. 区域地层

区域前寒武纪地层有太古宇建平群大营子组和瓦子峪组，中元古界长城系大红峪组和高于庄组、蓟县系杨庄组和雾迷山组，主要在内隆起带内出露(辽宁省地质矿产局，1989)。

太古宇地层主要岩性一系列 TTG 片麻岩和副变质片麻岩。元古宇主要分布长城系、蓟县系，其次青白口系。医巫闾山隆起带内长城系地层经历了动力变质作用形成糜棱岩、构造片岩、碎裂岩等构造岩。其他地区元古宇的变质、变形程度相对较低，多表现为断层带内的碎裂化作用和局部微弱的顺层滑动，很少发生较强的韧性变形。区内地层走向及变质岩叶理的走向整体表现为近 NNE 向延伸，仅局部因为褶皱、断层发育或岩体就位导致地层走向与整体趋势不一致。

建平群大营子组：分布于阜新上押京、大巴、大东屯，义县大榆树堡，北镇大市堡子，锦县双羊店等地，整合覆盖于小塔子沟组之上。主要为黑云母质岩石，岩性有黑云斜长片麻岩、角闪黑云斜长片麻岩、浅粒岩，夹斜长角闪岩、角闪斜长片麻岩、角闪变粒岩、大理岩及磁铁石英岩。原岩主要为中酸性火山熔岩和火山碎屑岩，夹基性火山岩(拉斑玄武岩)、碎屑岩及碳酸盐岩。

建平群瓦子峪组：分布于义县瓦子峪，阜新半截塔、杨家店、颜家沟等地区，整合于大营子组之上。自下而上可分为三个岩性段：一段为片岩夹浅粒岩、二云斜长片麻岩、黑云变粒岩；二段为方解大理岩、千枚岩，夹黑云石英片岩，钠长阳起片岩；三段为绢云石英片岩、千枚岩，夹角闪片岩、石墨片岩。本组岩性三分性在阜新东部较明显，而南部义县瓦子峪等地则不能细分，岩性为黑云石英片岩、绢云绿泥片岩、黑云绿泥片岩、黑云角闪石英片岩，夹磁铁石英岩。原岩为黏土岩、细碎屑岩，夹白云质灰岩。

长城系大红峪组：在锦西、义县、北镇等地均有分布。在锦西、北镇等地直接超覆在常州沟组及太古宇建平群或混合花岗岩之上。岩性以灰白、灰、暗灰色石英砂岩、含长石石英砂岩、长石砂岩，钙质砂岩为主，夹钙质粉砂岩及白云岩。

长城系高于庄组：与大红峪组分布范围一致，整合于大红峪组之上。可划分为上岩性段和下岩性段。

上岩性段：主要为碳酸盐岩段，上部为灰黑色中厚层、厚层燧石条带白云岩；中部为浅灰—灰色薄板状及中厚层含燧石结核白云岩，夹硅化白云岩及薄层石英砂岩；下部为灰黑色薄层、中厚层含燧石结核含锰白云岩、燧石条带含锰白云岩、灰质白云岩、白云岩，夹钙质粉砂岩、粉砂质白云岩。

下岩性段：为北镇石墨矿化岩段，厚度>1000m。主要由灰色到灰黑色片状岩石组成，有千糜岩、千枚岩、石英片岩、云母片岩、变粒岩等，以含有石墨矿和含有白色红柱石斑晶为特征。本组岩层发育水平层理、斜层理和波痕构造等滨浅海沉积构造。

蓟县系杨庄组：分布于义县、北镇等地。岩性有粉红色及紫红色砂质白云岩、含石英粒白云岩及灰白、灰黑色燧石条带或结核白云岩、含燧石结核角砾岩，底部以一层角砾状硅质岩与高于庄组平行不整合接触。本组岩层具水平层理、交错层理和波痕等滨浅海沉积构造。

蓟县系雾迷山组：与杨庄组分布范围一致，在阜新大巴—新立屯间有零星出露。本组主要岩性为深灰、灰白色中厚层、厚层白云质灰岩、燧石条带或含燧石结核白云质灰岩、条纹状灰岩、夹叠层石灰岩及硅质层，底部以一层石英砂岩或石英角砾岩与杨庄组分界，其上以平行不整合接触与洪水庄组分界。本组发育微细水平层理、波状层理、交错层理，鲕粒结构，包粒结构，具鸟眼构造及不对称的穹状修饰波痕等滨浅海沉积构造。

3. 构造演化

区域地质构造特点为基底盖层双层结构叠加中生代活化构造为特征。早前寒武纪基底由新太古界和古元古界组成，区域构造方向近东西向。新太古界基底构造表现为中深层次韧性变形，区域片麻理、流褶皱及韧性剪切带发育；古元古界构造为中深层次韧性变形，构造样式也为区域片麻理、流褶皱及韧性剪切带。

晚前寒武纪中新元古代继承早前寒武纪基底构造方向，表现为升降构造为主，导致沉积环境的演变。长城纪属于拗陷盆地环境；蓟县纪至新元古代青白口纪大地构造背景转化为陆表海盆地(张璟，2012)。

生代辽西地区处于濒太平洋活动带形成一系列NNE向展布的陆内盆地和火山断陷盆地及NW向斜切断裂(图11-18)。构造特点主要表现为褶皱韧脆性断裂相间的构造形态，以医巫闾山大型韧性剪切带和颜家沟—大堡子韧性剪切带为代表，内部常见次级韧性剪切带、紧闭同斜褶皱(表11-9)。

表11-9　区域主要构造形迹

构造类型	构造方向	构造	编号	板块构造意义	形成时代
断裂	EW	赤峰—开原	1	发育于叶柏寿—旧庙新太古代岩浆弧及赤峰呼兰元古宙岩浆弧	Pt
		凌源—北票—沙河	2	发育于叶柏寿—旧庙新太古代岩浆弧及赤峰—呼兰元古宙岩浆弧。辽西段，大致为叶柏寿—旧庙新太古代岩浆弧的南缘边界	Pt
	NE	哈尔滨—锦州	3(9)	锦州—阜新CA变质深成岩的西部边界	Mz
	NW	北票—义县	4(11)	发育燕山期羊山断陷盆地和燕山期阜新断陷盆地部位	Mz
		柳河断裂	5(12)	辽西构造区与辽北构造区分界线	Mz
韧性剪切带	NEE	颜家沟—大堡子	6(17)	发育于叶柏寿—旧庙新太古代岩浆弧内部	An
	NE	大巴—瓦子峪—后三角山	7(18)	发育于燕山期新立屯断陷盆地、锦州—阜新CA变质深成岩、闾山侏罗纪同碰撞岩浆岩中	Mz

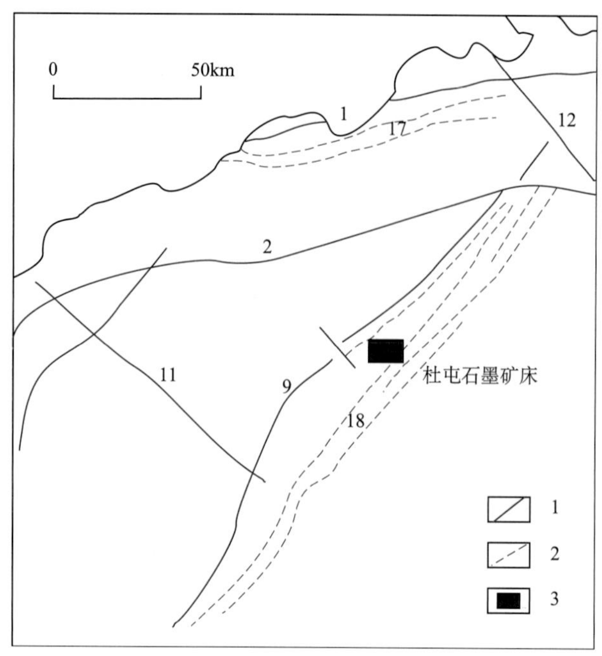

图 11-18　区域主要构造形迹

1. 断裂；2. 韧性剪切带；3. 石墨矿床位置

二、含矿地层对比

区域内中元古界长城系高于庄地层与河北(含天津蓟县)北部的中元古长城系地层沉积环境及岩性可以对比。

全区沉积稳定，局部见有沉积间断。隆化王家台地区沉积环境属滨海潮坪相；迁西东部地区岩石组合特征反映沉积环境由岸边砂泥相、海湾潟湖相向浅海陆棚盐泥相过渡，海水深浅变化大，相变明显；密云、南口一带沉积环境属潮间—潮下带的潮坪相和陆棚相；涿鹿、宣化一带沉积环境以滨海—浅海相沉积为主；易县、曲阳一带为平缓的水下浅滩，从岸边砂泥相和潮坪相逐步过渡到浅海陆棚相；井陇、赞皇一带高于庄组出露不全，沉积环境为潮间带上部至潮见带下部，岸边砂泥相过渡为潮坪相(河北省地质矿产局，1989)

地层层序和变质岩岩石组合对比：二者地层层序一致，但与其上下地层层位接触关系不一样，辽西高于庄组与上伏地层为杨庄组平行不整合接触，与下伏地层大红峪组整合接触，冀北高于庄组与上伏地层为杨庄组整合接触，与下伏地层大红峪组假整合接触。辽西高于庄组岩性主要为薄层到厚层燧石条带或燧石结核白云岩、叠层石泥晶白云岩、粉晶白云岩夹细粒石英砂岩、含锰砂质白云岩和含锰粉砂岩等，冀北高于庄组岩性主要为薄层到厚层的含燧石结核白云岩、叠层石泥晶白云岩、白云质灰岩、硅质岩、砂岩和页岩等，二者主体岩性一致，均为白云岩。

1. 辽西高于庄组

葫芦岛小红石砬子—秋皮沟剖面岩性主要为薄层到厚层燧石条带或燧石结核白云岩、叠层石泥晶、粉晶白云岩夹细粒石英砂岩、含锰砂质白云岩、含锰粉砂岩(辽宁省地质矿产局，1989)。含叠层石：*Conophyton f.*、*Cylindricus f.*、*Scopulimorpha f.*、Straifera *f.*等；含微古植物：A*speratopsophaera Partiali Schep*、*A.wumishanensis Sin et Liu*、*Leiopsophosphaera crassaa Tim* 等(图 11-19)。

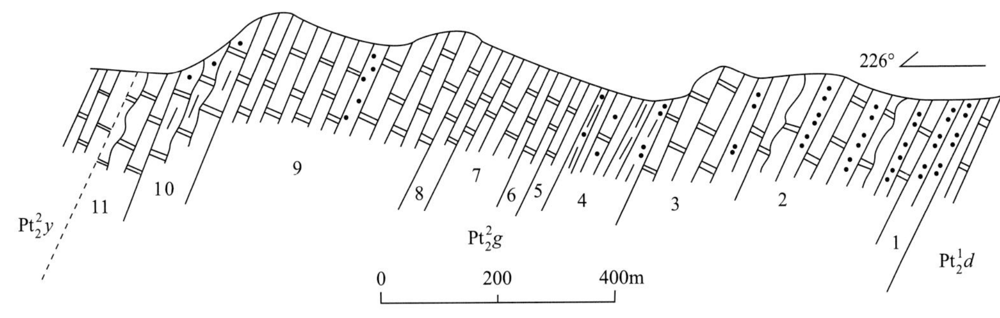

图 11-19 锦西小红石砬子—秋皮沟高于庄组剖面图

上覆地层：蓟县系杨庄组角砾状白云岩

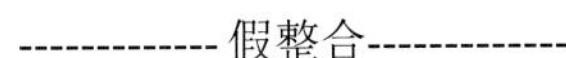

	高于庄组	1309.1m
11	深灰色厚层白云岩，夹硅质条带白云岩。	78.7m
10	灰黑色中厚层燧石条带含砂质白云岩，夹白云岩。	98.7m
9	灰黑、灰色薄层、中厚层含硅质结核白云岩，局部夹少量薄层石英砂岩。	355.8m
8	灰色中厚层白云岩，夹灰褐、灰白色薄层细粒石英砂岩	35.9m
7	灰、灰白色板状含硅质结核白云岩，顶部为灰白色中厚层叠层石白云岩。	99.4m
6	浅灰色微薄层灰质白云岩，夹薄层板状白云岩。	36.8m
5	灰白色中厚层、厚层白云岩，夹灰白色薄层、微薄层板状白云岩。	29.0m
4	灰黑色中薄层、微薄层硅质粉砂岩，夹粉砂质页岩及夹砂质白云岩。	121.3m
3	深灰色中厚层、厚层含燧石结核含锰白云岩，底部夹褐紫色薄层含锰细砂岩及粉砂岩。	162.5m
2	灰褐色中厚层，厚层燧石条带含锰白云岩，夹黄褐、黑、紫红色薄层细砂岩及黄绿色微薄层粉砂岩。	243.2m
1	灰、红褐色薄层石英粉砂岩、砂岩、夹含锰砂质白云岩。	47.8m

———整合———

下伏地层：大红峪组白云岩

本组与下伏大红峪组为整合接触，与上覆蓟县系杨庄组为平行不整合接触。该组中下部发育波状层理及脉状层理；中部发育白云岩纹状层理，产大型柱状叠层石，石英砂岩中发育交错层理及波浪，局部发育有帐篷构造；上部白云岩中产大型柱状叠层石及藻席纹层。表明早期为滨岸潮坪相，代表海进退积结构；中期为滨岸潟湖-潮坪相的半封闭环境，代表海退进积结构，中晚期为滨岸潮坪相的砂泥坪；末期海水由深变浅，沉积环境为台地内潟湖及台缘礁相。

2. 冀北高于庄组

天津市蓟县大红峪至翟庄高于庄剖面是一套以碳酸盐岩占绝对优势(95%以上)的地层，其特点是下部含叠层石较丰富，中部普遍含锰较多，上部含各种形态的结核，顶部含钙质、沥青质。总体自下而上是一套滨海潮坪相含砂含藻灰质白云岩及浅海页岩、泥质白云岩沉积(河北省地质矿产局，1989)。

含叠层石：*Confusoconophyion multiangulum*、*Gaoyuzhuangia crassibrevis*、*G.bulbosa*、*G.gaoyuzhangensis Stratiferabiforis*、*Jacutophyton*、*Tabuloconigera Paraepephyta*、*Sveliella Polyclada*、*Conophyton gargamicum*、*C.cylindricun* 等，多为硅质，并以具有复杂分叉的柱状、锥状为特征。

古植物：*Trematos phaeridium miutum*、*Trachysohueridium cullum*、*T.incrassatum*、*T.hyalinum Pseudozonosphaera asperlla*、*Polyporala obsolete*、*Protophaeridium gibberosum*、*Asperatopsoposphjaera bavensis*、*A.umishaensis*、*A.partialis*、*A.glassa*、*A.bacca*。

以疣面舌形球形藻居多。

上覆地层：杨庄组暗紫色砾岩、含砾石英粗砂岩

———整合———

高于庄组		1596m
25	灰色、灰黑色含燧石条带和结核的硅质岩，夹含碎屑硅质含灰白云岩。含结核率为 33%，具猫眼状、扁饼状、放射状、条带状。燧石有黑色和白色两种。	131m
24	上部白色含核形石的含灰白云岩与黑色含燧石结核的含灰白云岩组成韵律层，含结核率自下而上增加，最高为 35.66%；下部黑灰色厚层粗晶白云岩，含内碎屑、含沥青，具纹层状构造。	65m
23	上部为黑白相间纹层状沥青质白云岩，夹核形石白云岩；下部核形石白云质灰岩。	50m
22	沥青质灰岩和微晶白云岩互层；底部为不稳定的角砾岩。	25m
21	灰黑色厚层含灰结晶白云岩，与灰白色含球状结核含灰白云岩构成韵律层。	28m
20	灰黑色厚层夹板层含结核含灰白云岩、白云质灰岩互层。结核形态有饼状、球状、皮壳状，成分有白云质和硅质，疏密不均。	115m
19	上部灰黑色厚层、中厚层含砂泥的含结核白云质灰岩；下部中厚层含砂泥的含灰白云岩，有大量的白云质结核，其形状为皮壳和猫眼状。	85m
18	黑色块层状含碳质白云质灰岩与板层状含灰泥晶白云岩互层。具白云质结核和内碎屑，水平层理发育。	60m
17	黑色厚、中厚层与板层含泥砂含灰白云岩互层。含白云质结核。具水平纹层状层理。底部有一层(2m)灰白色块层含灰白云岩。	40m
16	上部灰黑色厚层、中厚层与板层含盆屑含灰白云岩互层；下部黑色薄层与板层、厚层与板层含灰白云岩互层。具纹层状，局部有粒级层理和水下滑动构造。	130m
15	灰黑色厚层及板层含盆屑含灰白云岩及含泥含灰白云岩，夹碳质页岩、薄层白云岩。下部有白云质结核及平立的纹层状层理。	90m
14	灰黑色中厚层含砂泥晶白云岩，含铁质、白云质结核。	30m
13	上部灰黑色厚层与薄层白云质灰岩互层，下部泥晶白云岩与泥质粉砂岩互层，含白云质结核。	80m
12	灰白色与粉红色中厚层含灰白云岩与白云质灰岩互层，顶部为厚层泥晶白云岩，底部含泥砂质泥晶白云岩，具纹层状层理和燧石及白云质结核。	120m
11	灰白色、灰色厚层和巨厚层结晶白云岩，含泥白云岩，偶含燧石层，具交错层理，波痕和水下滑动构造。	70m
10	灰色厚层结晶白云岩与泥质含锰泥晶白云岩互层，下部夹含锰白云质粉砂岩。	30m
9	青灰色、粉红色含锰含砂泥晶白云岩，偶夹白云质砂岩和砾岩透镜体。	40m
8	灰色厚层、中厚层含锰含结核砂质泥晶白云岩，夹白云质粉砂岩和硅质岩。	60m
7	灰色巨厚层含燧石条带、含白云质结核白云岩与不规则燧石条带白云岩互层。底部有内碎屑和白云质结核。	70m
6	灰色厚层含燧石条带泥晶白云岩，含燧石叠层石泥晶白云岩，夹内碎屑白云岩。具硅质和白云质结核。	70m
5	灰黑色薄层、中厚层粉砂质白云岩，粉砂岩，含燧石叠层石泥晶白云岩，含内碎屑白云岩。中部夹两层中粒石英砂岩，底部有砾岩。	95m
4	灰色巨厚层含燧石结核内碎屑白云岩及灰黑色含叠层石泥晶白云岩互层，夹深灰色白云质灰岩、细晶白云岩或硅质层，具波状纹层状层理或交错层理。	70m
3	灰色，灰黑色薄层泥晶白云岩夹钙质页岩。	15m
2	灰黑色含燧石结核白云岩。	17m
1	长石石英砂岩夹页岩。具波痕、交错层理。	10m

------------- 假整合 -------------

下伏地层：大红峪组叠层石、燧石、白云岩

3. 年代学对比

研究区处于大地构造单元边界，构造活动强，区域性构造运动使得岩石发生多期次构造变质变形，形成区域变质和变形破碎的动力变质岩。区内早前寒武纪地层经受多次区域深变质作用，岩石重结晶作用显著，还受定向压力的作用，矿物常呈定向性排列，形成明显的结晶片理构造；晚前寒武纪地层主要是经受低级区域变质和构造变质作用形成动力变质岩石，如黑云母片岩、千糜岩、糜棱岩、长英质碎斑岩、碎裂石英岩等。区域变质变形使得岩石面貌复杂，地层划分对比困难，因此同位素年代学是地层对比的有效补充。

北京延庆高于庄组张家峪亚组上部凝灰岩锆石 SHRIMP U-Pb 年龄 1559±12Ma 和 LA-ICP-MS U-Pb 年龄 1560±5Ma(李怀坤等，2010)，结合区域其他年代学数据，可以将区域高于庄组的底界年龄限定在 1600Ma 左右，为中元古代；杜建军等(2007)测得医巫闾山花岗岩锆石 SHRIMP U-Pb 年龄为 2500Ma。本次研究辽宁北镇杜屯石墨矿，测得碎屑锆石 SHRIMP U-Pb 表面年龄为 2535.64±25.59Ma，与医巫闾山花岗岩年龄一致，重结晶环带 $^{206}Pb/^{238}U$ 表面年龄为(1216.75±12.33)～(1675.70±17.46)Ma，是地层沉积前碎屑锆石重结晶年龄，地层沉积年龄应该小于这个年龄。

我们采集北镇石墨矿区夕线绢云母绿泥石英片岩分选锆石，采用锆石 SHRIMP U-Pb 定年在中国地质科学院地质研究所北京离子探针中心 SHRIMPⅡ上完成测年工作。

将分选出来的锆石与标准锆石 TEM 一起制靶并进行透、反射光和阴极发光(CL)照相，在同位素质谱仪 SHRIMPⅡ上完成测年(Williams，1998)。一次离子流 O^{2-}强度为 2.5nA，束斑大小为 25～30μm。标准锆石 M257($U=840\times10^{-6}$)和 TEM(年龄=417Ma)分别用于待测样品的 U、Th 含量和 $^{206}Pb/^{238}U$ 年龄校正，并据实测 ^{204}Pb 进行普通铅年龄校正(Cumming and Richarda，1975)。

由于为碎屑锆石和自结晶锆石定年，待测样品采用 3～4 组扫描，但标准锆石仍采用 5 组扫描。标准样 TEM 和待测样之比为 1∶5。数据处理采用 SQUID1.02 和 ISOPLOT2.49 程序(Ludwig，2001a，b)。分别获得样品年龄：$^{206}Pb/^{238}U$、$^{208}Pb/^{232}Th$ 和 $^{207}Pb/^{206}Pb$ 表面年龄，并根据 $^{207}Pb/^{235}U$-$^{206}Pb/^{238}U$ 求出谐和曲线与年龄模拟曲线的交点年龄，本书主要考虑变质重结晶锆石的模拟曲线和交点年龄。

北镇石墨矿石中分选出的锆石具有碎屑锆石和自生锆石两种(照片 11-1)，碎屑锆石具有核幔结构，即内核和变质重结晶环带，测得碎屑锆石 $^{206}Pb/^{238}U$ 表面年龄为 2535.64±25.59Ma，重结晶环带 $^{206}Pb/^{238}U$ 表面年龄为(1216.75±12.33)～(1675.70±17.46)Ma。自生锆石显示震荡环带结构，类似岩浆锆石，$^{206}Pb/^{238}U$ 表面年龄为(174.85±2.46)～(312.26±6.64)Ma，平均 212.53±3.69Ma(表 11-10)。这组自生锆石显示中生代的锆石年龄，显然是早燕山期岩浆作用影响的自结晶锆石年龄，这组锆石 $^{206}Pb/^{238}U$-$^{207}Pb/^{235}Th$ 上交点 1500Ma，表明地层沉积年龄为 15 亿年的中元古代，与区域地层基本是一致的(图 11-20、图 11-21)。

考虑自生锆石上交点 1500Ma 年龄与碎屑锆石重结晶变质环带年龄(1216.75±12.33)～(1675.70±17.46)Ma 接近，因此，高于庄组是吕梁期区域性构造运动之后的产物，含石墨黑色页岩是该期稳定的低盐度边缘海沉积环境沉积物。

三、矿石地球化学特征

1. 矿石样品

野外工作沿矿区垂直矿层剖面系统采集了矿石及岩石样品，主要是红柱石绢云绿泥石英片岩型石墨矿石、含红柱石较少的绢云绿泥石英片岩夹石及矿区内出露的大理岩围岩(表 11-11)。

表 11-10　北镇石墨矿床红柱石绢云绿泥片岩锆石 SHRIMP U-Pb 测年表

样号	测试值/10^{-6}			同位素比值							表面年龄/Ma					
	U	Th	$^{206}Pb^*$	$^{232}Th/^{238}U$	$^{207}Pb^*/^{235}U$	$\pm\sigma/\%$	$^{206}Pb^*/^{238}U$	$\pm\sigma/\%$	$^{207}Pb^*/^{206}Pb^*$	$\pm\sigma/\%$	$^{206}Pb/^{238}U$	$\pm\sigma$	$^{207}Pb/^{206}Pb$	$\pm\sigma$	$^{208}Pb/^{232}Th$	$\pm\sigma$
BZ-04-6c	166.18	116.79	69.49	0.726159	11.184438	1.41	.485955	1.26	.166923	0.62	2553.15	26.62	2527.03	10.40	2388.84	38.29
BZ-04-10c	179.57	107.67	75.56	0.619523	11.175477	1.40	.489104	1.25	.165716	0.65	2566.80	26.40	2514.84	10.85	2463.48	39.53
BZ-04-13c	272.43	260.24	112.36	0.987028	11.049962	1.29	.479027	1.20	.167301	0.48	2523.03	25.07	2530.83	8.13	2513.35	35.15
BZ-07-9c	379.56	284.20	154.64	0.773663	10.824301	1.23	.473659	1.17	.165742	0.38	2499.59	24.25	2515.11	6.31	2452.16	31.53
平均	249.44	192.22	103.01	0.776593	11.058544	1.33	0.481936	1.22	0.166421	0.53	2535.64	25.59	2521.95	8.92	2454.46	36.13
BZ-04-2m	482.57	530.79	125.92	1.136513	6.422437	2.02	.296857	1.18	.156910	1.64	1675.70	17.46	2422.64	27.75	1142.64	46.50
BZ-07-4m	1177.93	300.28	212.12	0.263403	4.180957	1.24	.207738	1.11	.145968	0.55	1216.75	12.33	2299.23	9.38	1131.56	37.97
BZ-04-1r	1042.07	379.49	37.66	0.376289	0.296001	3.22	.041760	1.15	.051408	3.01	263.73	2.96	259.19	69.15	247.74	8.65
BZ-04-3r	504.15	468.92	12.85	0.961072	0.205531	8.57	.028892	1.36	.051594	8.46	183.61	2.46	267.46	194.00	185.76	8.59
BZ-04-4r	307.78	178.83	13.21	0.600360	0.349542	3.95	.049631	1.26	.051079	3.74	312.26	3.84	244.41	86.25	302.88	10.73
BZ-04-5r	400.69	275.01	10.25	0.709168	0.230521	10.23	.029233	1.43	.057192	10.13	185.75	2.63	498.96	223.09	202.20	12.68
BZ-04-7r	390.02	728.62	10.57	1.930306	0.226575	10.39	.030819	1.45	.053321	10.29	195.67	2.80	342.49	232.85	183.90	5.57
BZ-04-8r	149.22	135.76	3.97	0.940108	0.295067	3.89	.030805	1.71	.069470	3.49	195.58	3.30	912.74	71.92	202.96	6.58
BZ-04-9r	1258.68	672.23	46.76	0.551848	0.301559	2.52	.042962	1.13	.050908	2.25	271.17	3.00	236.66	52.02	260.24	5.72
BZ-04-11r	380.77	300.50	11.33	0.815447	0.254625	13.43	.032932	1.55	.056077	13.34	208.87	3.19	455.41	296.03	248.15	17.73
BZ-04-12r	113.92	159.95	3.04	1.450773	0.210846	22.38	.030096	2.07	.050811	22.28	191.15	3.89	232.26	514.44	176.11	13.01
BZ-07-1r	197.91	216.35	6.86	1.129546	0.420099	9.12	.039401	1.65	.077330	8.97	249.12	4.03	1129.71	178.56	273.17	13.98
BZ-07-2r	170.99	325.89	4.31	1.969353	0.185353	16.98	.028999	2.32	.046357	16.82	184.28	4.21	16.21	404.18	173.44	7.43
BZ-07-3r	176.74	235.24	4.48	1.375300	0.165653	18.42	.028876	1.68	.041606	18.35	183.51	3.03	-250.32	464.32	171.50	9.07

续表

样号	测试值/10^{-6}			同位素比值							表面年龄/Ma					
	U	Th	$^{206}Pb^*$	$^{232}Th/^{238}U$	$^{207}Pb^*/^{235}U$	±σ/%	$^{206}Pb^*/^{238}U$	±σ/%	$^{207}Pb^*/^{206}Pb^*$	±σ/%	$^{206}Pb/^{238}U$	±σ	$^{207}Pb/^{206}Pb$	±σ	$^{208}Pb/^{232}Th$	±σ
BZ-07-5r	467.75	316.63	13.66	0.699448	0.201032	35.57	.031651	1.87	.046065	35.52	200.87	3.70	1.05	856.00	213.87	29.06
BZ-07-6r	437.74	470.61	11.44	1.110836	0.179450	14.39	.029200	1.46	.044572	14.31	185.54	2.67	−79.00	350.21	191.95	9.98
BZ-07-7r	368.41	411.33	10.68	1.153656	0.209392	34.73	.029409	2.32	.051639	34.66	186.85	4.27	269.47	794.75	201.77	24.73
BZ-07-8r	209.66	140.96	5.77	0.694694			.028311	2.88			179.97	5.10	187.59	3.96	114.58	46.47
BZ-07-10r	184.57	139.65	6.69	0.781781	0.258328	42.34	.035262	3.02	.053133	42.23	223.40	6.64	334.51	957.22	218.66	56.33
BZ-07-11r	448.39	264.79	12.33	0.610189	0.145832	34.88	.027495	2.18	.038469	34.81	174.85	3.77	−452.81	917.69	163.25	40.18
BZ-07-12r	100.48	44.51	3.94	0.457670	0.284982	22.50	.044582	1.95	.046362	22.41	281.17	5.36	16.48	538.59	260.99	50.71
BZ-07-13r	195.81	232.74	5.25	1.228149	0.166029	17.03	.030420	1.59	.039585	16.96	193.17	3.03	−377.97	440.32	165.75	9.34
平均值	375.29	304.90	11.75	0.977300	0.241390	17.08	0.033537	1.80	0.051420	16.95	212.53	3.69	212.22	382.28	207.94	19.33
最大值	1258.68	728.62	46.76	1.969353	0.420099	42.34	0.049631	3.02	0.077330	42.23	312.26	6.64	1129.71	957.22	302.88	56.33
最小值	100.48	44.51	3.04	0.376289	0.145832	2.52	0.027495	1.13	0.038469	2.25	174.85	2.46	−452.81	3.96	114.58	5.57

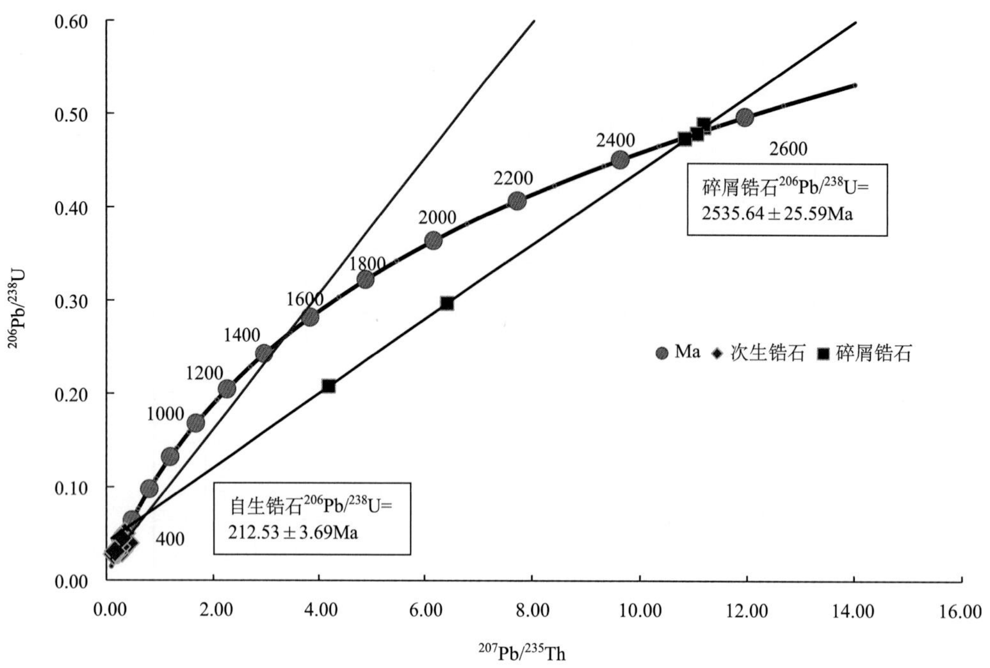

图 11-20　北镇石墨矿石碎屑锆石和自生锆石 SHRIMP U-Pb 年龄

野外采集岩石样品通过标本选择，分别切制光薄片进行显微鉴定、岩石化学分析，并分选锆石、石墨单矿物进行同位素测试。

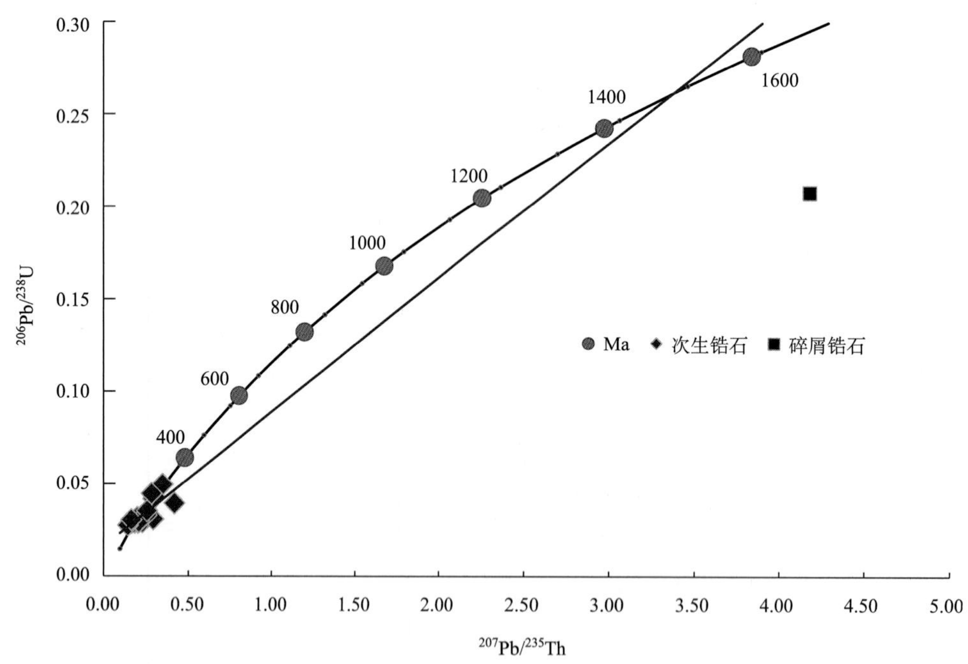

图 11-21　北镇石墨矿石自生锆石 SHRIMP U-Pb 年龄

表 11-11　辽东北镇石墨矿岩石化学样品登记表

岩石	样品号	岩性	主要矿物	结构构造
主要矿石	BZ-01	红柱石绢云绿泥石英片岩	石英、斜长石、石墨、绢云母、绿泥石、透闪石、红柱石等	鳞片变晶结构，片状构造
	BZ-02	红柱石绢云绿泥石英片岩	石英、斜长石、石墨、绢云母、绿泥石、透闪石、红柱石等	鳞片变晶结构，片状构造
	BZ-05	红柱石绢云绿泥石英片岩	石英、斜长石、石墨、绢云母、绿泥石、透闪石、红柱石等	鳞片变晶结构，片状构造

续表

岩石	样品号	岩性	主要矿物	结构构造
主要矿石	BZ-11	红柱石绢云绿泥石英片岩	石英、斜长石、石墨、绢云母、绿泥石、透闪石、红柱石等	鳞片变晶结构，片状构造
	BZ-13	红柱石绢云绿泥石英片岩	石英、斜长石、石墨、绢云母、绿泥石、透闪石、红柱石等	鳞片变晶结构，片状构造
	BZ-16	红柱石绢云绿泥石英片岩	石英、斜长石、石墨、绢云母、绿泥石、透闪石、红柱石等	鳞片变晶结构，片状构造
	BZ-21	红柱石绢云绿泥石英片岩	石英、斜长石、石墨、绢云母、绿泥石、透闪石、红柱石等	鳞片变晶结构，片状构造
	BZ-24	红柱石绢云绿泥石英片岩	石英、斜长石、石墨、绢云母、绿泥石、透闪石、红柱石等	鳞片变晶结构，片状构造
夹石	BZ-18	绢云绿泥石英片岩	石英、斜长石、石墨、绢云母、绿泥石、透闪石、少量红柱石等	鳞片变晶结构，片状构造
	BZ-19	绢云绿泥石英片岩	石英、斜长石、石墨、绢云母、绿泥石、透闪石、少量红柱石等	鳞片变晶结构，片状构造
	BZ-20	绢云绿泥石英片岩	石英、斜长石、石墨、绢云母、绿泥石、透闪石、少量红柱石等	鳞片变晶结构，片状构造
	BZ-23	绢云绿泥石英片岩	石英、斜长石、石墨、绢云母、绿泥石、透闪石、少量红柱石等	鳞片变晶结构，片状构造
围岩	BZ-22	大理岩	方解石、白云石、蛇纹石，少量绢云母、石英	粒状变晶结构，块状构造

2. 岩石化学组成

红柱石绢云绿泥石英片岩石墨矿石主要化学组成 SiO_2 含量 53.49%～69.80%，平均 62.72%；岩石钙镁含量较低，以高铝高钾为特征，Al_2O_3 含量 15.28%～21.78%，平均 18.01%，K_2O 平均含量 4.46%，K_2O/Na_2O 平均 8.56；A/CNK 铝指数明显高，平均 2.35，显示独立铝矿物存在。绢云绿泥石英片岩夹石主要化学组成与红柱石绢云绿泥石英片岩矿石类似，但是铝含量较低，Al_2O_3 含量 11.73%～14.28%，平均 13.59%，A/CNK 铝指数平均 1.01，Al_2O_3 略饱和(表 11-12)。

含红柱石和不含红柱石的石墨绢云石英片岩的微量元素含量相对石英岩明显富集，尤其是富含 Rb、Ba、F、Th、Zr、V、Y 的特点，特征元素比值 Rb/Sr、Th/U 均较高，而 Sr/Ba 较低(表 11-12)，这种特征显示了陆源碎屑来源为主的特征；V/Ni、V/(Ni+V)值显示缺氧还原沉积环境。

两种绢云绿泥石英片岩稀土元素含量稍高，稀土元素总量平均是 129.92×10^{-6} 和 149.02×10^{-6}，大理岩只有 11.42×10^{-6}；LREE/HREE 平均分别是 9.03 和 8.77，大理岩 LREE/HREE 值略大，为 10.06；红柱石绢云绿泥石英片岩和大理岩 δCe 值小于 1，而绢云绿泥石英片岩 δCe 值略大于 1；几种岩石 δEu 值平均值均小于 1(表 11-12)。

两种片岩的轻重稀土元素比值与稀土元素总量显示近直线相关关系(图 11-22)，δEu-LREE/HREE 二次相关曲线呈上凸曲线相关性(图 11-23)。红柱石绢云绿泥石英片岩石墨矿石的稀土元素配分曲线显

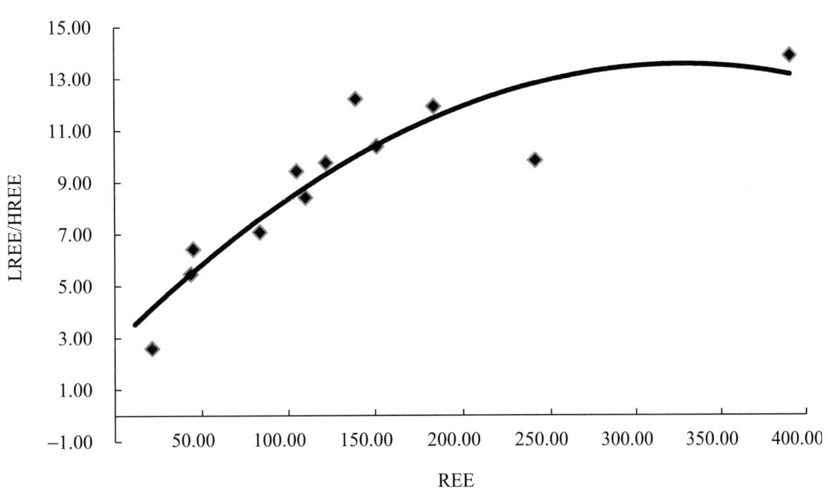

图 11-22　北镇石墨矿床红柱石绢云绿泥石英片岩矿石和夹石的 LREE/HREE-REE 二次相关曲线图

表 11-12　北镇石墨矿床岩石化学成分表

成分	红柱石绢云绿泥石英片岩											绢云绿泥石英片岩							大理岩
	BZ-01	BZ-02	BZ-05	BZ-11	BZ-13	BZ-16	BZ-21	BZ-24	平均值	最高值	最低值	BZ-18	BZ-19	BZ-20	BZ-23	平均值	最高值	最低值	BZ-22
SiO_2	53.49	69.80	62.21	68.33	62.23	67.88	55.70	62.14	62.72	69.80	53.49	75.16	73.71	73.53	67.15	72.39	75.16	67.15	9.18
TiO_2	0.55	0.42	0.52	0.65	0.66	0.54	0.78	0.77	0.61	0.78	0.42	0.03	0.29	0.07	0.39	0.20	0.39	0.03	0.01
Al_2O_3	16.21	15.28	19.49	16.23	21.78	17.81	16.95	20.30	18.01	21.78	15.28	14.28	14.09	14.28	11.73	13.59	14.28	11.73	0.32
Fe_2O_3	0.74	1.17	1.01	2.20	1.29	0.51	1.87	0.61	1.18	2.20	0.51	0.31	1.55	0.36	0.11	0.58	1.55	0.11	0.11
FeO	1.70	0.55	0.51	0.55	0.48	0.91	5.25	3.34	1.66	5.25	0.48	0.31	0.47	0.71	2.91	1.10	2.91	0.31	0.32
MnO	0.04	0.02	0.03	0.03	0.03	0.04	0.13	0.05	0.05	0.13	0.02	0.18	0.06	0.12	0.42	0.20	0.42	0.06	0.14
MgO	0.97	0.52	0.52	0.66	0.72	0.46	4.28	1.38	1.19	4.28	0.46	0.06	0.40	0.16	3.32	0.99	3.32	0.06	9.39
CaO	1.20	0.30	0.21	0.34	0.11	0.36	4.24	0.54	0.91	4.24	0.11	0.33	0.96	1.04	4.79	1.78	4.79	0.33	42.03
Na_2O	0.55	0.95	0.66	1.01	0.20	0.95	3.60	0.79	1.09	3.60	0.20	4.78	4.91	4.42	0.21	3.58	4.91	0.21	0.02
K_2O	3.83	3.86	5.29	3.45	6.74	4.64	2.53	5.36	4.46	6.74	2.53	3.76	2.70	4.02	6.33	4.20	6.33	2.70	0.04
P_2O_5	0.05	0.02	0.02	0.03	0.01	0.02	0.29	0.21	0.08	0.29	0.01	0.09	0.09	0.07	0.14	0.10	0.14	0.07	0.01
LOI	20.44	6.87	9.31	6.27	5.50	5.62	4.20	4.31	7.81	20.44	4.20	0.54	0.56	0.99	2.36	1.11	2.36	0.54	38.22
合计	99.77	99.76	99.76	99.76	99.76	99.75	99.83	99.81	99.78	99.83	99.75	99.83	99.80	99.77	99.85	99.81	99.85	99.77	99.78
C_{org}	15.05	4.38	6.14	3.23	2.35	3.12	0.64	1.82	4.59	15.05	0.64	0.10	0.19	0.21	1.16	0.42	1.16	0.10	9.60
Na_2O+K_2O	4.39	4.81	5.94	4.46	6.94	5.59	6.13	6.16	5.55	6.94	4.39	8.53	7.61	8.44	6.54	7.78	8.53	6.54	0.06
K_2O/Na_2O	6.93	4.04	8.01	3.40	33.80	4.86	0.70	6.75	8.56	33.80	0.70	0.79	0.55	0.91	30.19	8.11	30.19	0.55	2.00
MgO/CaO	0.81	1.77	2.52	1.91	6.55	1.28	1.01	2.57	2.30	6.55	0.81	0.18	0.42	0.15	0.69	0.36	0.69	0.15	0.22
A/CNK	2.24	2.43	2.71	2.69	2.78	2.46	1.03	2.51	2.35	2.78	1.03	1.14	1.11	1.06	0.74	1.01	1.14	0.74	0.00
A/NK	3.20	2.65	2.86	3.00	2.85	2.70	1.95	2.85	2.76	3.20	1.95	1.20	1.28	1.23	1.63	1.33	1.63	1.20	4.19
Rb	114	94	128	76	128	82	132	109	107.71	131.50	76.30	197	68	147	132	135.90	196.80	67.60	2
Sr	183	105	88	141	42	82	394	106	142.55	393.50	41.90	18	276	126	242	165.33	275.50	17.50	217

续表

成分	红柱石绢云绿泥石英片岩											绢云绿泥石英片岩							大理岩
	BZ-01	BZ-02	BZ-05	BZ-11	BZ-13	BZ-16	BZ-21	BZ-24	平均值	最高值	最低值	BZ-18	BZ-19	BZ-20	BZ-23	平均值	最高值	最低值	BZ-22
Ba	1005	765	1112	897	1530	1295	500	1083	1023.29	1530.10	499.70	54	1024	243	1227	637.05	1226.60	54.40	19
Zr	166	121	169	174	141	123	59	164	139.46	173.70	58.70	27	108	30	166	82.70	166.20	26.50	3
Hf	3.91	3.26	4.78	4.87	4.08	3.76	2.02	4.76	3.93	4.87	2.02	1.95	3.09	1.69	5.68	3.10	5.68	1.69	0.08
Th	6.91	6.06	7.05	5.83	5.90	6.25	3.21	7.93	6.14	7.93	3.21	0.48	15.96	1.23	14.59	8.06	15.96	0.48	0.25
U	3.08	0.81	0.98	1.04	0.87	0.83	1.53	1.48	1.33	3.08	0.81	2.12	2.27	1.58	4.13	2.52	4.13	1.58	0.13
Y	32.05	13.44	17.22	16.58	9.76	15.75	14.27	19.62	17.34	32.05	9.76	10.89	35.20	11.09	14.14	17.83	35.20	10.89	2.25
Nb	6.80	11.09	12.97	12.74	15.63	14.33	12.08	16.93	12.82	16.93	6.80	48.07	6.28	32.17	12.57	24.77	48.07	6.28	1.32
Ta	0.36	0.77	0.87	0.81	1.13	0.97	1.27	1.16	0.92	1.27	0.36	5.68	0.53	3.07	1.13	2.60	5.68	0.53	0.03
Cr	72.20	25.40	36.90	55.50	39.20	35.60	126.50	55.70	55.88	126.50	25.40	5.90	14.20	5.70	43.90	17.43	43.90	5.70	0.02
Ni	16.21	7.62	9.03	20.38	6.35	10.63	42.14	18.36	16.34	42.14	6.35	2.56	15.08	2.69	18.61	9.73	18.61	2.56	7.32
Co	6.91	2.74	3.24	6.44	2.08	5.12	22.19	13.32	7.76	22.19	2.08	0.81	13.50	0.97	9.58	6.21	13.50	0.81	1.19
V	112.90	59.50	89.70	72.30	97.50	68.10	195.60	114.90	101.31	195.60	59.50	7.50	35.20	8.50	51.00	25.55	51.00	7.50	5.50
F	475	237	342	279	387	303	1264	475	470.22	1263.59	237.20	515	372	387	989	565.69	989.21	371.56	316
Cl	61	27	34	38	33	59	32	104	48.30	104.00	26.80	35	29	38	41	35.63	40.60	28.60	30
Rb/Sr	0.62	0.89	1.45	0.54	3.05	1.00	0.33	1.03	1.11	3.05	0.33	11.25	0.25	1.17	0.55	3.30	11.25	0.25	0.01
Sr/Ba	0.18	0.14	0.08	0.16	0.03	0.06	0.79	0.10	0.19	0.79	0.03	0.32	0.27	0.52	0.20	0.33	0.52	0.20	11.35
Th/U	2.24	7.48	7.20	5.61	6.79	7.54	2.09	5.37	5.54	7.54	2.09	0.22	7.03	0.78	3.53	2.89	7.03	0.22	1.89
V/Cr	1.56	2.34	2.43	1.30	2.49	1.91	1.55	2.06	1.96	2.49	1.30	1.27	2.48	1.49	1.16	1.60	2.48	1.16	275.00
V/(Ni+V)	0.87	0.89	0.91	0.78	0.94	0.86	0.82	0.86	0.87	0.94	0.78	0.75	0.70	0.76	0.73	0.73	0.76	0.70	0.43
Zr/Y	5.18	8.98	9.82	10.48	14.41	7.82	4.11	8.34	8.64	14.41	4.11	2.43	3.08	2.68	11.75	4.99	11.75	2.43	1.29
Nb/Ta	18.69	14.40	14.87	15.68	13.85	14.82	9.54	14.54	14.55	18.69	9.54	8.46	11.95	10.48	11.14	10.51	11.95	8.46	42.62
F/Cl	7.84	8.85	10.19	7.29	11.87	5.15	39.74	4.56	11.94	39.74	4.56	14.59	12.99	10.19	24.36	15.53	24.36	10.19	10.38

续表

成分	红柱石绢云绿泥石英片岩											绢云绿泥石英片岩							大理岩
	BZ-01	BZ-02	BZ-05	BZ-11	BZ-13	BZ-16	BZ-21	BZ-24	平均值	最高值	最低值	BZ-18	BZ-19	BZ-20	BZ-23	平均值	最高值	最低值	BZ-22
La	47.80	20.83	26.40	23.56	8.39	22.40	12.74	34.78	24.61	47.80	8.39	3.29	87.00	9.78	28.45	32.13	87.00	3.29	2.62
Ce	102.71	38.28	65.60	51.62	13.75	37.70	33.71	86.15	53.69	102.71	13.75	7.08	173.60	18.32	62.64	65.41	173.60	7.08	4.77
Pr	12.02	6.55	8.28	6.52	2.64	6.82	4.37	9.06	7.03	12.02	2.64	0.88	19.66	2.07	6.99	7.40	19.66	0.88	0.55
Nd	46.33	23.88	30.76	23.68	9.88	25.58	17.91	32.47	26.31	46.33	9.88	3.17	70.63	7.12	25.33	26.56	70.63	3.17	1.96
Sm	8.24	4.25	5.59	4.15	1.78	4.67	3.68	5.50	4.73	8.24	1.78	0.96	11.77	1.49	4.24	4.61	11.77	0.96	0.35
Eu	1.85	0.97	1.15	0.96	0.39	1.05	0.85	1.21	1.06	1.85	0.39	0.07	1.60	0.23	0.87	0.69	1.60	0.07	0.08
Gd	6.92	2.97	4.11	3.29	1.41	3.47	2.89	4.30	3.67	6.92	1.41	0.98	9.50	1.36	3.44	3.82	9.50	0.98	0.31
Tb	1.03	0.47	0.62	0.50	0.25	0.56	0.47	0.65	0.57	1.03	0.25	0.25	1.30	0.28	0.50	0.58	1.30	0.25	0.05
Dy	5.73	2.58	3.34	2.89	1.69	3.11	2.72	3.62	3.21	5.73	1.69	1.76	6.75	1.76	2.62	3.22	6.75	1.76	0.28
Ho	1.11	0.50	0.63	0.57	0.36	0.60	0.51	0.70	0.62	1.11	0.36	0.32	1.23	0.32	0.49	0.59	1.23	0.32	0.05
Er	3.17	1.45	1.86	1.69	1.11	1.65	1.53	2.10	1.82	3.17	1.11	1.02	3.46	0.92	1.49	1.72	3.46	0.92	0.18
Tm	0.49	0.23	0.29	0.27	0.20	0.26	0.25	0.33	0.29	0.49	0.20	0.17	0.48	0.15	0.23	0.26	0.48	0.15	0.03
Yb	3.30	1.60	2.08	1.82	1.47	1.74	1.71	2.17	1.99	3.30	1.47	1.25	3.08	1.13	1.52	1.74	3.08	1.13	0.17
Lu	0.52	0.26	0.35	0.28	0.24	0.28	0.27	0.34	0.32	0.52	0.24	0.19	0.47	0.17	0.25	0.27	0.47	0.17	0.03
REE	241.21	104.82	151.05	121.81	43.58	109.88	83.61	183.37	129.92	241.21	43.58	21.41	390.54	45.08	139.04	149.02	390.54	21.41	11.42
LREE/HREE	9.83	9.43	10.38	9.76	5.47	8.41	7.08	11.92	9.03	11.92	5.47	2.60	13.86	6.42	12.21	8.77	13.86	2.60	9.44
δCe	1.03	0.79	1.07	1.00	0.70	0.73	1.09	1.17	0.95	1.17	0.70	1.00	1.01	0.98	1.07	1.01	1.07	0.98	0.96
δEu	0.75	0.83	0.74	0.80	0.76	0.80	0.80	0.76	0.78	0.83	0.74	0.23	0.46	0.49	0.70	0.47	0.70	0.23	0.77

注：主量元素含量单位为%，微量元素含量单位为 10^{-6}。

示轻稀土元素富集重稀土元素亏损，轻稀土元素段斜率大于重稀土元素段的斜率；一半曲线具有负铈异常，另一半显正铈异常；所有配分曲线都为负铕异常(图 11-24)。与红柱石绢云绿泥石英片岩石墨矿石的稀土元素配分曲线类似，绢云绿泥石英片岩夹石的稀土元素配分曲线也是轻稀土元素段斜率大于重稀土元素段，但是绢云绿泥石英片岩夹石的稀土元素配分曲线无铈异常，或者略显正铈异常，斜率大的曲线和斜率小的曲线负铕异常明显，而斜率中等的曲线负铕异常较弱。大理岩的稀土元素配分轻重稀土元素段斜率变化不大，负铕异常较弱(图 11-25)。

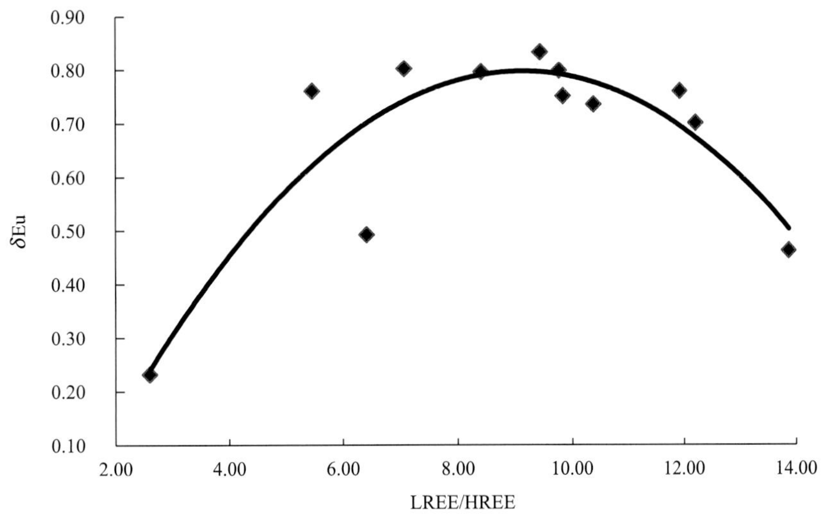

图 11-23　北镇石墨矿床红柱石绢云绿泥石英片岩矿石和夹石的 δEu-LREE/HREE 二次相关曲线图

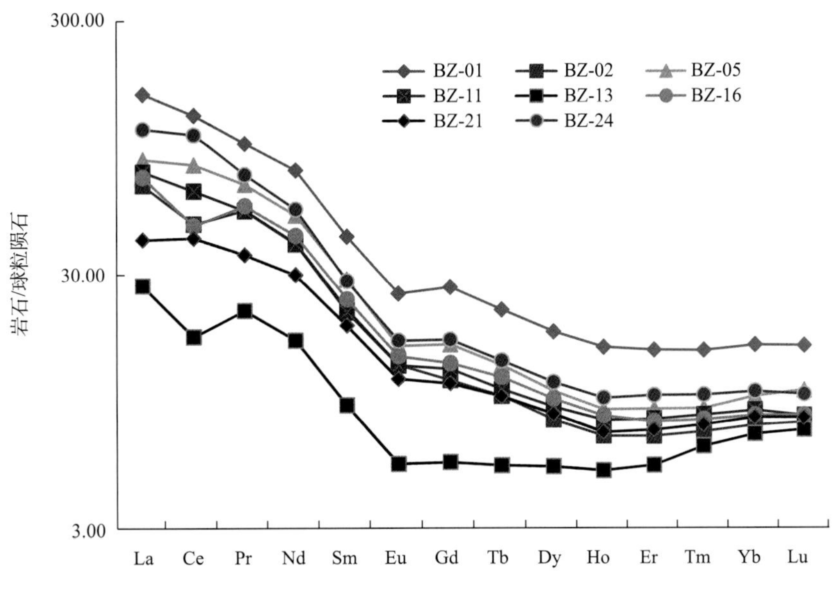

图 11-24　红柱石绢云绿泥石英片岩稀土元素配分曲线图

上述红柱石绢云绿泥石英片岩石墨矿石和大理岩显示原岩以潮坪相沉积为主，而绢云绿泥石英片岩夹石主要为近浅海相沉积，大理岩较低的 MgO/CaO 值显示低盐度的开阔海环境。沉积物质来源主要为陆源碎屑物质，并有海源物质混入。

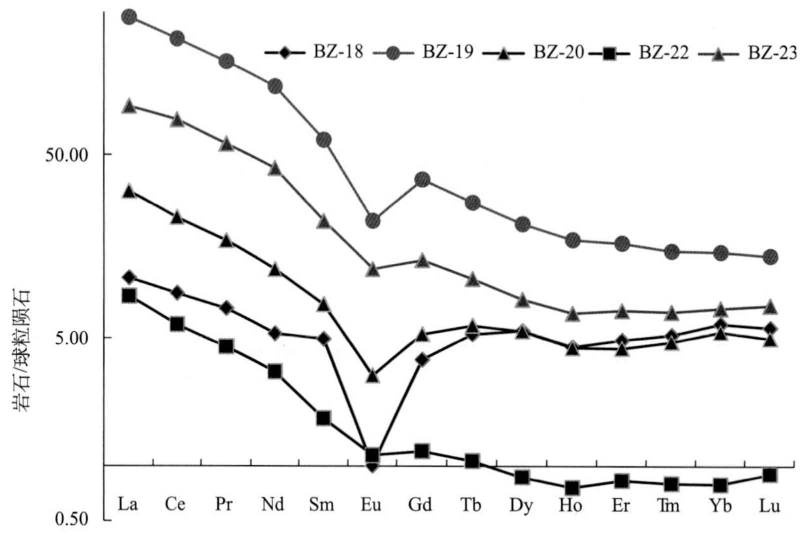

图 11-25　绢云绿泥石英片岩和大理岩稀土元素配分曲线图

3. 石墨碳同位素

本书系统采集了石墨矿石样品，分选石墨单矿物委托核工业北京地质研究所实验室进行测试，并收集了一些石墨矿区大理岩和渤海湾油田原油和浙江康山煤炭的碳同位素资料(表 11-13)。矿石样品主要为石墨红柱石绢云母绿泥石石英片岩，碳同位素组成分布较为集中，为–19.20‰～–26.00‰，平均21.14‰；内蒙古乌拉特中旗大乌淀浅变质岩石石墨矿碳同位素组成稍低，在–24.60‰～–25.30‰，平均较低，为–24.95‰。

表 11-13　浅变质岩型石墨矿床石墨碳同位素组成表

矿床	样品号	测试矿物	$\delta^{13}C_{PDB}$/‰
辽东北镇石墨矿床	BZ-01	石墨	–19.40
	BZ-03	石墨	–19.20
	BZ-04	石墨	–19.90
	BZ-05	石墨	–20.70
	BZ-09	石墨	–21.10
	BZ-10	石墨	–21.40
	BZ-11	石墨	–20.80
	BZ-13	石墨	–21.10
	BZ-15	石墨	–21.80
	BZ-16	石墨	–26.00
	平均值		–21.14
	最高值		–19.20
	最低值		–26.00
内蒙古乌拉特中旗大乌淀石墨矿床	WLT-06	石墨	–25.30
	WLT-13-2	石墨	–24.60
	平均值		–24.95

碳同位素组成均高于原油和煤炭的有机碳同位素组成，而低于石墨矿区蚀变大理岩的碳同位素组成，接近有机碳同位素组成(图 11-26)。表明在浅变质岩型石墨矿床中由于碳酸盐岩蚀变作用较低，释放的无机 CO_2 有限，很少有无机碳参与石墨成矿，而主要有机碳形成石墨。

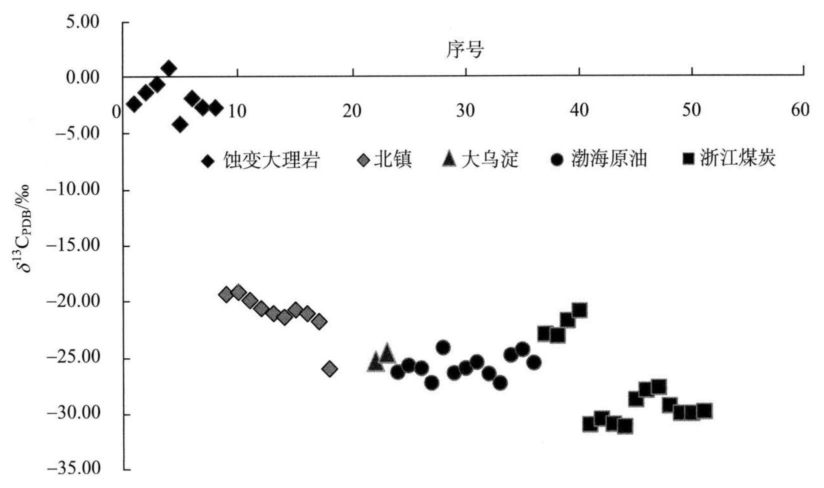

图 11-26　浅变质型石墨矿碳同位素组成比较图

四、矿 床 矿 化

矿区石墨矿体呈层状赋存于中元古界高于庄组地层发生强烈变质作用的片麻岩中，加里东运动以及后期的岩浆活动，使黑色岩系碳质重结晶形成晶质的石墨矿床。区域上地质活动强烈，岩浆活动频繁，同时也控制了本区内石墨矿产的成生和富集。

1. 含矿岩系

矿区内石墨含矿层为中元古界长城系高于庄组中部层位，矿区地层呈现为向 NNE 向展布，向 SEE 方向倾斜的波浪式单斜构造。

依据岩石组合的特点，高于庄组自下而上分为四个岩段。

下段：仅在钻孔中见到，为灰白—浅灰色，主要由长石、石英等矿物组成的岩段，由长英岩、长英质碎斑岩、糜棱岩等组成，岩石具碎斑状结构，硬度大，厚度>260m。

中段：浅灰—灰黑色，以含有石墨矿和红柱石斑晶，具有千糜构造为特征，具有不同程度的绿泥石化、绢云母化及高岭土化。由红柱石黑云母石墨片岩、红柱石二云母石墨片岩、红柱石石墨千糜岩等组成，是本区的主要含矿段之一，厚度>200m。

上段：灰—灰黑色，由千枚岩、千糜岩、黑云母片岩、白云石英片岩及少量石墨片麻岩等组成，厚度比较稳定，但是分布范围较中段有所缩减，是区内的主要含矿层位之一，厚度>150m。以含有石墨矿和具有不同程度的高岭土化为特征，且以很少(不)含有红柱石斑晶与中段相区别。

顶部：浅灰—灰色，由一套由陆源碎屑物和中酸性火山碎屑物沉积岩，经过变质作用，强烈高岭土化伴随绿泥石化的变粒岩、糜棱岩等组成，主要分布在本区中南部，厚度>100m。本段地层与其下部的含矿层位为不整合接触；与其上部的高于庄组白云岩及灰质白云岩，呈角度不整合接触。

2. 矿区构造

矿区位于闾山背斜东翼，矿区经受晚古生代和中生代构造改造作用，可见构造以断裂构造和背斜褶皱为主，由于区内大部被第四系覆盖，除可见两条大的区域断裂(F_1、F_2)外，其他断裂发育程度不详；

背斜褶皱的轴部由长城系高于庄组石灰岩组成，地层走向北西。这个背斜的轴部被 F_2 号断层切割，断层两侧地层相背倾斜。

构造总体表现为北西向占主导地位的构造形迹，其次为北北东向构造形迹。古生代之后地层总体表现为走向 NNE 走向、倾向 SEE 方向倾没的波浪式单斜构造，地层走向近北北东，地层倾角变化较大，大多在 0°～35°，局部地段见有 40°。

NW 向构造：在矿区非常发育，地层呈北西向展布，遭北东向断裂横切，因此呈现出多个断块的构造格局。断层显示张扭性特征，是受医巫闾山韧性剪切带影响所致，同时伴有大范围的燕山期岩浆岩分布，是医巫闾山山脉主体岩性。

NNE 向构造：显示为走向 NE 向的逆掩断层和剪切断层，两侧有海西期岩浆岩分布，对 NW 向断裂和石墨矿床有一定的破坏作用。NNE 向次生节理发育，并多被石英脉所充填。

3. 石墨矿石

根据本区矿石结构、构造、矿物共生组合特征，主要两种矿石自然类型：含红柱石较多的石墨绢云绿泥石英片岩、含红柱石较少的石墨绢云绿泥石英片岩，岩石片理构造发育，矿物组成为石英、斜长石、石墨、绢云母、绿泥石、透闪石、红柱石等，以及变余碎屑矿物等，矿石矿物为微晶质石墨矿，石墨矿物显钢灰色，金属光泽，条痕光亮黑色，呈鳞片状或聚片状，与黑云母等片状矿物或透闪石、红柱石等纤维状矿物紧密共生，一般顺片麻理作定向排列，较均匀地分布于粒状脉石矿物颗粒之间。

第三节　南秦岭微晶石墨矿床

我国华南地区晚前寒武纪及早古生代黑色岩系分布区微晶石墨矿床分布较广，现以陕西洋县铁河石墨矿为代表，分析此类型石墨矿床的矿化特征。

陕西省洋县铁河矿床是晶质石墨、金红石、夕线石复合型矿床，其中大安沟矿段为微晶质石墨矿床。矿床处于秦岭褶皱系印支褶皱带白水江—白河褶皱束的中部，含矿地层为中—上志留统(李明昌，1992)。

一、成 矿 岩 系

1. 区域志留系分布

根据沉积岩相和地层接触关系，东秦岭地区志留系地层南、中、北三个带特征有所不同。

南带高滩一兵房街区，即所谓过渡带，变质程度和沉积厚度都较小，下伏地层与下—中奥陶统页岩呈平行不整合。中志留世灰岩沉积之上的黄绿色页岩为上志留统，其实这一套灰岩并不稳定，由东向西厚度递减，厚度在岚皋附近 240～315m，向西白崖里 100～110m，再向西明珠坝五峡河 25～30m。在瓦房店镇分布有一套紫红、米黄、浅灰白色组成的杂色页岩与砂砾岩互层，它以产状近于直立和含有较细粒沉积而属滨海相。这种由含笔石的细腻海相沉积向富于砂砾质的滨海相沉积的巨大转变与靠近秦岭槽向斜边缘的正性隆起区有关，这样可以证明这个小区中志留世灰岩以上正常浅海相的页岩仍属中志留统。

中带紫阳—竹溪区，东部变质较浅，西部较深，下伏地层是巨厚的洞河群千枚岩、钙质千枚岩、石煤、硅岩、片岩系。以湖北竹溪梅子娅—杨家山剖面为标准，而陕西境内平利大贵发现有早志留世初期笔石，向下仅隔 20m 左右便是洞河群凝灰质千枚岩。本区下志留统可分三套：S_1^1 大贵组碳质硅质板岩；S_1^2 梅子娅组灰色板岩；S_1^3 梅子亚上组，基本上是一套砂岩和砂质板岩，化石稀少。

中带 S_{2-3} 竹溪群在竹溪基本上以灰岩为主间夹页岩，厚达 300 余米，本群应包括中—上志留统。

此灰岩向西逐渐变薄，至陕西境内平利老县一带仅厚 20～30m，到紫阳焕古滩就全部变为黑色笔石页岩相了。

北带洵阳—淅川区，靠近秦岭核心部分，变质尤以西部为深，西延至洋县、佛坪一带成为混合岩、片岩。下伏地层是晚奥陶世珊瑚化石的灰岩、泥质灰岩。北带志留系都齐全，具有代表性的剖面在洵阳蜀河仙滩沟口—双河镇。下统下部为碳质板岩，下统上部为浅灰色板岩、千枚岩。中统双河镇组仍以黑色板岩为主，但底部和下部夹有钙质砂砾岩和含砾板岩及灰岩凸镜体。上统水桐沟组为鲜蓝绿色、浅紫红色板岩和灰色板岩，所夹灰岩凸镜体中产鳞巢珊瑚 *Squameofavosites* 等。向东至淅川下志留统底部有火山碎屑岩，称柞曲组。

这三带的上覆地层只有北带较为清楚是泥盆系韩城沟组，在洵阳双河东北的龙家河，上志留统水洞沟群平行不整合覆以 121m 的厚层砾岩夹紫红、鲜绿色板岩，再上为 608m 厚的白云质灰岩，然后进入化石丰富的中泥盆统灰岩，因此东秦岭北带的志留系与下泥盆统是假整合关系。

2. 志留系岩性岩相

下志留统普遍以笔石相为主，最低部在陕西南郑一带有少量小达尔曼虫层的壳相沉积，东秦岭梅子娅大贵等地，下志留统中较高层位含珊瑚、腕足类局部的壳相夹层。秦岭东端河南淅川有志留纪初期的火山碎屑沉积。在垂直变化上，早志留世早期沉积普遍含碳含硅质高，中期颗粒逐渐加粗，至晚期砂质明显增加，这种现象在秦岭和大巴山的连续剖面上最为明显。

中志留统普遍含有壳相灰岩沉积，但各地程度不等，东秦岭南带和中带总的趋势是灰岩东厚西薄，以至尖灭，如南带的岚皋附近灰岩厚 240～315m，向西白崖垭为 100～110m，明珠坝五峡河 25～30m，瓦房店任河相变为钙质砂岩。中带的竹溪县城近 300 余米，平利老县为 20～30m 大的灰岩凸镜体，至安康县河口则只有钙质砂岩，紫阳焕古滩尖灭。

东秦岭北带中志留统的钙质岩石是伴随着底部含砾板岩和富含砂质的沉积出现的。西秦岭中志留统的钙质比下志留统有所增加，但同时较粗颗粒的砂质沉积却有更显著的增多。

志留纪钙质沉积这样大的岩相变化，说明钙质沉积作为中志留统的标志只能是相对的，如竹溪的志留纪灰岩中就有相当一部分属于上志留统，平利的灰岩凸镜体之上仍然必须划为中志留统，而紫阳焕古滩无论中志留统还是上志留统都完全缺少灰岩沉积。

上志留统在许多地方与中志留统无法分开，有由东向西钙质减少的规律。在略阳西北白水江群出露地区，这个灰岩及硅质灰岩较厚，武都以西舟曲附近，这种上志留统的灰岩每层厚度至多百余米，而且层数也有减少，到迭部一带，这个灰岩已变为夹层，只剩数十米至十余米了，再往西白义沟一带上志留统的灰岩夹层就更加稀少，以至于与东面志留系各统的确切对比都发生了困难。此外，上志留统底部的火山岩可以从武都两水之西一直延续到略阳以北，在两水一带还可以同时见到深色安山岩、深绿色晶屑凝灰岩、富含硅质条带浅色酸性凝灰质岩石，以及半透明浅蓝绿色的海底喷发沉积物，说明晚志留世早期这一带的火山活动还是相当剧烈的。

东秦岭的上志留统在南带为红色建造，北带上志留统碎屑岩经常出现紫红、鲜绿色调沉积物，似乎与南带在古气候或古地理环境上也有某些接近的地方。只有中带是正常海相沉积，不过东段以钙质、西段以碳质硅质笔石相沉积为主。

区域上志留统沉积岩性岩相变化较大，但总体以槽状滨浅海相沉积为主，笔石动物化石指示生活环境是潮下微波带的浅水区，并处于较平静的海水环境。区域上志留统及下寒武统是富含有机质的黑色页岩，是油气勘探的目标层，也是形成石墨的有利地层。

东秦岭地区早志留世大贵坪组和梅子娅组的黑色页岩内含有石煤和伴生的 U-V-Mo-Ni 等元素富集成矿。石煤层宏观特征为高变质的无烟煤，暗黑色，断口平坦，结构均一，致密块状，坚硬，比重大，燃点 600℃±，燃烧无烟，煤渣保持原状，煤中杂质较高，有硅质、黏土等物质和星散状黄铁矿。石煤中有机组分一般形态为炭化不完全的球状菌藻类遗体，碎屑矿物以石英、黄铁矿为主，粒度小于

0.01mm，含量 50%～60%，被有机质胶结(邓宝，1981)。

区域上下寒武统和志留系都存在高成熟度、高有机质丰度黑色页岩，是较好的油气烃源岩，所生成的天然气均为腐泥型有机质形成的油型气。下寒武统页岩烃源岩以川西南地区厚度最大，呈辐射状减薄，其累计厚度在 100～400m，有机碳含量在 0.2%～9.98%，平均值为 0.97%；下志留统页岩烃源岩主要分布在川南、川东地区，累计厚度在 100～700m，平均厚度为 203m，其中黑色页岩厚度为 20～120m，富含笔石，有机碳含量在 0.4%～1.6%，有机质类型主要为腐泥型干酪根，生烃能力强，热演化程度高，已演化至过成熟阶段，历史上曾经大量生成天然气(王兰生等，2009)。

3. 矿区含矿岩段

矿区地层志留系下统由碳质千枚岩、绿泥钠长片岩夹薄层硅质岩组成，厚度 2800m。中—上志留统是一套连续沉积岩系，为区内金红石、石墨、夕线石复合矿产赋存层位，属一套以滨-浅海相泥质岩、碎屑岩及碳酸盐岩组成黑色岩系。岩石变质形成千枚岩、板岩，局部变质程度较深，出现片麻岩-大理岩组合，岩系厚度 2100～4500m。石墨矿体处于关帝庙—酉水复式背斜的北东翼的铁河复式向斜部位，总体走向 295°～115°，向南东翘起，向北西倾状撒开，倾角约 25°。

矿区内明崖沟、大安沟、毛家沟及七星沟均有矿化，分明崖沟、大安沟两个矿段进行勘查。矿区中—上志留统($S_{2\text{-}3}$)地层划分为 8 个岩性段，自下而上为：

Sb_1：下志留统岩性层上部为含石墨、夕线石、石榴石黑云母石英片岩，下部为石英岩，层位稳定，岩性变化不大，黑云母石英片岩为灰色—深灰色，片状—片麻状构造，片理不十分发育，石墨大部呈星点状散布于片岩中，局部沿片理密集形成石墨条纹或细条带。

$S_{2\text{-}3}^1$：与下部(Sb_1)为整合接触，以其间的石英岩为标志进行划分。岩性以含夕线石、石榴石黑云斜长片麻岩及变粒岩为主，中、上部常夹薄层大理岩透镜体，底部有一层不很稳定的薄层石英岩。

$S_{2\text{-}3}^2$：主要为含石墨硅质大理岩，中厚层状石英岩夹黑云斜长片麻岩，仅局部以黑云斜长片麻岩为主，夹有大理岩及石英岩。

$S_{2\text{-}3}^3$：岩性比较单一，以含石榴石黑云母斜长片麻岩为主，局部含石墨，夹有薄层状石英岩及大理岩透镜体，厚度 513.9m。

$S_{2\text{-}3}^4$：岩性以含石墨大理岩为主，普遍含较多的黑色硅质岩条带为其特征，石墨均呈星点状分布。该层顶部常有一薄层石英岩，为石墨、金红石、夕线石复合矿层底板，厚度 116～409m。

$S_{2\text{-}3}^5$：含石墨、金红石、夕线石斜长片麻岩，局部夹大理岩透镜体，主要含矿层位。依所含矿物的不同，其主要岩石类型有：石墨斜长片麻岩、石墨夕线石二云母石英片麻岩、夕线石、堇青石斜长片麻岩，含黄铁矿黑云石英片岩等，厚度 11～90m。

$S_{2\text{-}3}^6$：含石墨大理岩，局部夹含石墨黑云母片麻岩透镜体，底部常见一层薄层石英岩，该层石英岩较稳定，可作为与下部地层的分层标志，厚度 114～332m。

$S_{2\text{-}3}^7$：黑云母斜长片麻岩与大理岩互层，顶部有一层 10～20m 的薄层石英岩，岩性均较稳定，是与第八岩性层的分层标志，厚度 397～440m。

$S_{2\text{-}3}^8$：以黑云母斜长片麻岩为主，夹薄层石英岩，厚度大于 100m。

石墨矿主矿体产于中—上志留统第五岩性层内，矿床成因类型属于变成矿床，其工业类型属于中—深变质岩系中的晶质石墨矿床；矿体的分布严格受地层层位和褶皱构造的控制，由于矿体产状较平缓且呈舒缓的波状变化，其出露形态和分布受地形影响也较明显。区内构造以北西西向褶皱为主，局部发育小的断裂构造，褶皱构造造成石墨矿体地表出露形态多样化。

沿断层常见有小的花岗岩脉侵入，长度几米至十余米，宽度 0.5m 以下，局部可见断破碎带，但宽度均很小，在 0.2～0.6m。区内岩浆岩不发育，仅分布有印支期(γ_5^1)酸性侵入岩体，对矿体无破坏作用。

二、矿层矿体

矿体赋存于中—上志留统第五岩性层($S_{2\text{-}3}^5$)黑云斜长片麻岩内，层位稳定，工业矿体主要出露在铁河向斜的南翼，根据矿体构造位置不同和矿体的自然连续性，圈定明崖沟矿段15个矿体，大安沟矿段两个矿体。

明崖沟矿段15个矿体呈层状，似层状产出，沿纵横向均具波状变化，有分支复合现象。其中两个主矿体长度分别为950m和152m，平均厚度8.3～16.98m。其余矿体多数长百米，矿体厚一般3～8m。矿体倾向200°～220°，倾角35°～55°。

大安沟矿段两个石墨矿体编号为Ⅻ－1和Ⅻ－2，控制长度850～1100m，平均厚度15～28.4m，层状产出，环状出露，向内倾斜，一般倾角25°～38°，金红石、石墨与夕线石在空间共生(赵福来，2014)。

Ⅻ-1矿体大部分位于地下，矿体形态呈似层状，矿体厚度变化无明显的规律，大致的变化情况是南边厚，北边薄，东边厚，西边薄。

矿体产状各处不一，矿体四周向矿体中心倾斜，总体呈舒缓的波浪状，变化幅度不太大，总体倾角变化18°～36°。

Ⅻ-2矿体，大部分位于地下，矿体产状各处不一，总体情况是矿体四周向矿体中心倾斜，呈舒缓的波浪状，变化幅度为3°～22°。

其他次要矿体产于第五层和第六层中，规模较小(表11-14)。

表11-14　大安沟石墨矿次级矿体统计表

矿体	品位/%	产状	矿体规模	地层
C－1	3.36	倾向100°，倾角28°	走向长35m，厚度1.05m，呈透镜体状	$S_{2\text{-}3}^5$
C－2	3.82	倾向280°，倾角20°	走向长24m，厚度1.00m，小扁豆体	$S_{2\text{-}3}^5$
C－3	4.18～4.51	倾向南，平均倾角25°	钻孔中倾斜延390m，厚度4.85～11.73m	$S_{2\text{-}3}^6$
C－4	3.14	倾向南，倾角30°	钻孔中倾斜延深67m，厚度1.02m	$S_{2\text{-}3}^6$
C－5	6.24	倾向南，倾角35°	钻孔中倾斜延深40m，厚度1.27m	$S_{2\text{-}3}^6$

矿体的底板主要为中—上志留统第五岩性层($S_{2\text{-}3}^5$)下部的含石墨黑云斜长片麻岩，固定碳含量为0.5%～2.1%，其含量与距离矿体的远近无相关关系。矿体的另一直接底板为中—上志留统第四岩性层的中厚—厚层大理岩或薄层石英岩，大理岩中部分地段可见星点状石墨，在2m范围内的近矿底板大理岩中，固定碳含量均低于1%，一般在0.1%～0.6%。

矿体顶板围岩也有两种：一种是中—上志留统第五岩性层($S_{2\text{-}3}^5$)含石墨黑云母斜长片麻岩，在5m以内的近矿顶板围岩中，固定碳含量为0.1%～2%；矿体的另一种直接顶板围岩为中—上志留统第六岩性层的含硅质条带大理岩，或石英岩，与矿体界线清楚，不含或含星散状石墨，局部地段形成石墨细线，在2m范围内的顶板大理岩围岩中，固定碳含量为0.1%～0.7%。

矿体内的夹石岩性为含石墨黑云斜长片麻岩及薄层大理岩，夹石中固定碳的含量为0.12%～3.25%。

三、矿石矿物

按自然类型划分，矿石类型有含石墨、金红石、夕线石二长片麻岩型矿石，含石墨、金红石、夕线石黑云母斜长片麻岩型矿石两种自然类型。矿石呈鳞片粒状变晶结构，片麻状构造，局部呈叶片状结构，片状构造等。

矿石矿物组成，石墨 5%～9%，金红石 2%～4%，夕线石 8%～25%。脉石矿物石英 25%～35%，黄铁矿 3%～5%，长石 8%～12%，黑云母 8%～10%，绿泥石 6%～7%及微量的电气石、高岭石、锆石、磷灰石等。

金红石：褐黑色、半透明、金刚光泽，自形-半自形柱状，多以单晶颗粒分布。粒度大小不一，为 0.02～0.5mm。金红石较均匀地分布于其他矿物粒间，部分被长石、云母、黄铁矿所包裹。

石墨：自然片径 0.01～0.03mm 的占 40%左右，0.03～0.1mm 的约占 5%，0.01mm 以下的约占 45%，呈浸染状定向排列分布于其他矿物颗粒之间。

夕线石：呈纤维柱状、束状、针状集合体分布，其集合体大小为 (0.2×0.6)～(2.5×11.8) mm，其中常见石墨、金红石包体。

矿石化学成分固定碳含量 4%～6%，TiO_2 1.7%～2.2%，TFe_2O_3 7%～9%，Al_2O_3 14%～17%，SiO_2 50%～52%，P_2O_5 0.3～0.5。

石墨矿石的工业类型为中品位，微晶-细晶质石墨矿石，矿石的自然类型划分为斑杂状石墨、夕线石、金红石晶质石墨矿石和片麻状石墨、夕线石、金红石晶质石墨矿石，以后者为主。

结 语

历时五年时间完成《华北显晶质石墨矿床》的项目研究和专著撰写工作，对本项研究工作和专著作一个简要总结，有以下几方面的深刻体会。

1. 科技进步的促进作用

这五年时间中国科技界经历了重大变化和进步，其中三个事件对本项目研究和专著撰写有较大的促进作用，值得一书记入历史。

(1)中国科学家首次获得诺贝尔奖，屠呦呦获得诺贝尔奖不仅是中国科学研究成果获得世界承认，也使我们重新认识科学创新的概念和科研工作的评价标准。科研工作包括科研立项及研究思路的提出和实际艰苦的研究工作进程：科研立项、研究思路是科研创新的关键，一个创新的项目思路才能取得创新的成果；认真踏实的科研工作，才能使项目研究取得预期成果，达到创新的目标。

(2)石墨烯的发现推进了石墨产业和石墨应用研究，取得了长足的进步，使得新材料研究成为科技研究的热点和新经济增长点。石墨矿物是生产石墨烯的基础原料，对石墨材料的需求无疑对石墨矿床的理论研究起到促进作用。本专著的及时出版，无疑为石墨烯新材料的科研开发奠定了基础。

(3)这五年互联网技术获得快速发展，信息技术进步促进了信息共享、电子图书馆建设，给科研工作带来极大便利。能够在短时间内完成这样一个系统全面的研究项目，撰写出一部专业巨著，得益于现代的办公条件和技术的进步。现在热门的导向是互联网+，加什么？不同的行业加的内容不同，“互联网+科研”极大地促进了科研的进步，才使得我们能够在短时间内完成这样一项工作。

2. 石墨矿物的认识及应用历史

石墨矿物特殊的晶体结构，晶体中每个碳原子结合其他三个碳原子形成三个共价键，每个碳原子仍然保留一个空置化合键，而石墨单层间靠结合力薄弱的分子键结合，因此石墨具有特殊的物理化学性质。

(1)耐高温性：石墨的熔点为 3850±50℃，沸点为 4250℃，即使经超高温电弧灼烧，重量的损失很小，热膨胀系数也很小。石墨强度随温度提高而加强，在 2000℃时，石墨强度提高一倍。

(2)导电、导热性：石墨的导电性比一般非金属矿物高一百倍；导热性超过普通金属材料；导热系数随温度升高而降低，甚至在极高的温度下，石墨成绝热体。

(3)润滑性：石墨层间结合力薄弱，易碾成微薄片，因此具有良好润滑性。石墨的润滑性能取决于石墨鳞片的大小，鳞片越大，摩擦系数越小，润滑性能越好。

(4)物理化学稳定性：石墨具有较大的膨胀系数和韧性，能经受住温度的剧烈变化而不发生破裂的物理稳定性；具有常温下耐酸、耐碱和耐有机溶剂腐蚀的化学稳定性。

在我国石墨是一个历史悠久而古老的矿产，早在新石器时代开始就逐渐认识了石墨的特性，并开始应用。辽宁省沈阳新乐遗址出土的新石器时代遗物中发现大量多棱状石墨碎块(一般直径 4.5cm)，石墨块表面具有摩擦痕迹，表明新乐人在约 7000 年前已经开始注意石墨的特性并开始使用石墨。《新疆历史词典》中介绍：“石墨即煤炭，始为西域人发现使用，后赵建都于邺，采石墨，以之为书，又以为火，燃之难尽，亦谓之石炭，宋以后始大盛于中原。”春秋时代范蠡所著《范子计然书》有“石墨出三辅，上石价八百”的记载。

在不同时期石墨由于不同用途而有不同的名称。汉代初期楚人所作《山海经·西山经》:“女床之山，其阳多赤铜，其阴多石涅”，称石墨为石涅；百度百科文字解释认为：“高山向西南三百里的地方，叫做女床山。山向阳的南坡产铜，背阴的北坡遍布石墨” 。我们分析认为，楚地位于秦岭大别山以南湖北，是长江中下游铜铁多金属成矿带，湖北大冶铜铁矿、安徽铜陵铜矿早在青铜器时代就采铜，春秋楚国是铜产丰富的国家。而秦岭大别山北带则是主要的石墨成矿带，现在也是石墨的主要产地，楚人应该了解该带有石墨存在。因此女床山就是秦岭大别山脉，而不是其他山脉。

南朝陈·徐陵《玉台新咏》序：“南都石黛最发双蛾，北地胭脂偏开两靥。”唐·杜甫《阆水歌》:“嘉陵江色何所似，石黛碧玉相因依。”

《明一统志》：“南雄府上产石墨……人或取以画眉，故又名画眉石。”《本草纲目》卷九《石部·五色石脂·墨石脂》引《名医别录》“一名石墨，一名石涅”“黑石脂”释名：“(黑石脂)乃石脂之黑者，亦可为墨，其性粘舌，与石炭不同，南人谓之画眉石。”

清·陈元龙《格致镜原》卷三七《文具类·异墨》引《丹铅续录》：“《山海经》有石涅，《孝经·援神契》有黑丹，石涅。黑丹，即今石黑也，一名画眉石。”清·袁枚《随园诗话》卷一引清·裘曰修诗:“玉镜台前一笑时，石螺亲为画双眉。”

近代工业发展和科技进步使石墨具有了更广泛的用途，在冶金工业、机械制造业、电子工业、建材工业、环境保护、航天业各行业都具有广泛的用途。石墨用于加工制作电加热元件、结构铸造模、冶炼高纯金属用坩埚器皿、单晶炉用加热器、电火花加工、烧结模具、电子管阳极、金属涂镀、半导体技术用的石墨坩埚、发射电子管、闸流管和汞弧整流器用的石墨阳极、栅极等。特种石墨应用于光伏产业生产多晶硅，单晶硅炉中粗结构材料及保温原件，还广泛应用于铸造、化工、电子、有色金属、高温处理、石英玻璃、陶瓷及耐火材料等行业。等静压石墨用于制造单晶炉、金属连铸石墨结晶器、电火花加工用石墨电极等，更是制造火箭喷嘴、石墨反应堆的减速材料和反射材料、异形模具的绝佳材料等。石墨烯的发现及其特性和应用研究给石墨矿产开发应用带来更广阔的前景。

新中国成立以来我国的石墨矿产业获得了快速发展，国家投入资金人力进行石墨矿产勘查开发研究，获得了重要的勘查研究成果。目前已经查明，我国是世界上石墨矿产最丰富的国家，石墨资源储量和产量都居世界第一。我国各地都有石墨矿床分布，但是鳞片状晶质石墨主要集中在华北古陆。

3. 研究过程及成果检验

地质科研是一个过程，是一个循序渐进的过程，地质理论是归纳总结性的理论，是根据系列地质现象的观察分析总结出的理论，理论要符合实际，要有地质现象作依据！

已有的石墨矿床资料反映鳞片状晶质石墨是产于早前寒武纪深变质岩中，那么地球早期没有或者很少有生物，这个石墨就只能是无机成因，这是我们的最初的认识；随后的矿山考察，发现石墨矿层本身就是深变质的黑色页岩(孔兹岩系)，因此应该在早前寒武纪就有生物，这是第二个认识；黑色页岩应该经过热变质作用，不定形有机碳热变质形成石墨，这是第三个认识；那么进一步就要探讨生物的出现与生态演化和有机碳形成石墨的证据，进一步要探讨红柱石角岩相的土状微晶石墨如何变成鳞片状石墨。

矿山采场考察，晚前寒武纪及早古生代的浅变质石墨矿床均产于红柱石片岩中，被花岗岩侵入的煤层可以形成土状及微晶石墨，热可以使固态不定形碳转变定形石墨；深变质鳞片状晶质石墨矿层混合岩化强，花岗岩脉、石英脉、挤压破碎带中石墨富集，一些花岗岩脉中和石英脉中有石墨分布，这表明石墨是可以迁移的，有热液富集现象，这是第四个认识；热液是如何迁移富集的，是要进一步探讨的问题。沉积岩中有机质可以固态不定形碳存在，也可以碳氢化合物形式存在，碳氢化合物是可以随溶液迁移的，于是联想到具有碳硅有机热液迁移交代早期热结晶石墨晶核重结晶的结晶形式；一些大理岩中普遍有碳酸盐岩透辉石化、金云母化、蛇纹石化蚀变，蚀变释放出二氧化碳可以提供石墨无机碳源进入溶液，因此热液交代阶段是有机碳和无机碳混合的阶段，这就得出第五个认识。而在晚前寒武纪低级浅变质岩中石墨矿区也有花岗岩脉、石英脉，但是其矿化富集并不明显，因此认为花岗岩脉或者石英脉对初生石墨的形成主要是热变质作用，而深变质的混合花岗岩热液交代才对大鳞片石墨矿床形成有效！

本书通过步步深入，不断发现新问题，不断深入探讨，第一次全面系统地研究总结了石墨矿床形成的一些基础理论问题，作为一个单矿种进行的全面系统总结，只有石墨矿床才是有可能和有必要的。

本书中分析总结几十年来国内外老一辈地质学家的基础研究成果，通过对典型石墨矿床进行研究，从石墨矿床成矿涉及的地球动力学及生态演化、各种地质作用，包括生物-岩浆-沉积-变质-热液各种地质作用的基础地质问题入手，深入对比不同区域、不同地质时代、不同类型石墨矿床的矿化特征，系统总结出石墨矿床的成矿作用。本书以下六方面创新认识具有合理性。

(1) 运用同位素地层学研究确定华北深变质型晶质石墨矿床成矿岩系沉积年龄是古元古代晚期2.0Ga前后，这一结论符合地质演化历史。地球在早古生代时期是动力学和生态学转变的重大地质时期，动力学由动态向稳定转变，生态学由原核生物向真核生物转变，生物有机质过度聚集的缺氧环境使有机质得以保存。

(2) 石墨碳同位素研究认为石墨碳质是有机碳和无机碳的混合来源，与矿化特征吻合。石墨岩系包括深变质型石墨矿床的孔兹岩系和浅变质型石墨矿床的黑色岩系，是含有机质细碎屑岩和碳酸盐岩、硅质岩的组合，石墨矿石类型有铝硅酸盐型片麻岩-变粒岩-片岩石墨矿石、大理岩型石墨矿石和蚀变大理岩透辉变粒岩型矿石。有机碳和碳酸盐岩分解的无机碳都可以作为石墨的碳质来源，而石墨碳同位素组成正是位于无机碳和有机碳同位素组成之间。

有机碳与无机碳混合程度同地质作用环境有关，在开放环境中有机碳被氧化，无机碳被释放，石墨碳同位素将保持有机碳为主，$\delta^{13}C_{PDB}$基本没有明显变化；在封闭环境中还原性质的有机碳与氧化态的无机碳发生氧化还原反应，石墨$\delta^{13}C_{PDB}$值发生漂移，介于无机碳和有机碳同位素组成之间；浅变质型矿床中，碳酸盐岩蚀变弱，释放出的无机碳有限，石墨碳同位素组成以有机碳为主。

(3) 本书研究中采用了大量岩石化学、微量元素、稀土元素数据分析的地球化学方法探讨石墨岩系的沉积环境，获得开阔海洋滨浅海沉积和封闭裂谷咸化沉积的结论，比较符合华北古陆的大地构造背景。从大地构造背景分析可以看出，辽东—吉南石墨带、胶北石墨带属于古陆内裂谷性质，古元古代时期是拗拉槽裂谷环境，大青山—燕山—太行山石墨带是向西开口的半封闭裂谷，而佳木斯地块和秦岭则位于华北古陆南北边缘广海环境，各种沉积地理环境在地球沉积地球化学方面都具有明显的表现。

(4) 总结晶质石墨矿床的三阶段成矿模式："原生碳沉积富集→无定形碳热变质转变为石墨核晶→碳硅有机热液氧化还原交代石墨核晶生长形成粗晶鳞片状石墨"的三阶段成矿模式，符合石墨矿床形成的地质背景。华北晶质石墨矿床都是产于斜长角闪岩相到麻粒岩相的深变质相中，变质峰期的温度、压力达760℃、1.0GPa，这个温度与石墨的燃烧氧化温度(687℃)比较接近，反之在这个变质温度下有机碳氢化合物与无机二氧化碳氧化还原反应可以生成石墨。

(5) 把石墨矿床划分为深变质矿床、浅变质矿床和煤变质矿床，与石墨矿物晶体结构一致，深变质矿床是粗晶鳞片状石墨为主，浅变质是微晶石墨为主，煤变质则属于隐晶质土状石墨。石墨矿物结构不仅反映矿床成因，也反映成矿地质时代，粗晶鳞片状晶质石墨矿床产于早前寒武纪深变质岩中；微晶细晶石墨矿床产于晚前寒武纪或早古生代的浅变质黑色岩系中；土状石墨一般产于晚古生代到中生代的煤变质岩系中。

(6) 石墨的原始用途是利用它的润滑性能，现代主要利用它的导电性能，石墨烯无疑是最好的导电材料。石墨烯的研究开发也是一个过程，石墨烯是单原子层厚度的石墨晶体层，只有1.5Å碳原子直径的厚度，因此目前的工艺技术只是无限接近于石墨烯的理论厚度，第二步生成一个多孔面网石墨烯材料，是进一步探讨的技术问题。目前石墨烯研制有人工合成技术及自然石墨材料加工技术两种，自然石墨材料加工石墨烯有物理法和化学法等；人工合成可以用碳化硅脱硅法或者碳氢化合物催化法等。石墨矿床及矿物学研究的目的则是根据矿床成因类型、石墨矿物结构研究寻找探讨适合于生产石墨烯的石墨矿物类型。

通过石墨项目专题研究可以看出石墨矿床是一个成矿地质历史漫长、成矿作用全面、成矿过程连续、矿石类型多样的矿床类型，从事石墨矿床研究需要地质知识全面、研究技术方法系统的工作，因此是地质矿产知识的全面系统训练和应用。

此专著研究撰写过程中得到了地质矿产同仁的支持帮助，仅以此专著献给关心支持石墨矿床及石墨资源产业发展的同仁，让我们一起努力为石墨矿床研究和石墨资源开发作出更大贡献。

主要参考文献

白瑾. 1987. 从五台山下前寒武系变形特征论某些构造形迹的运动学意义. 中国地质科学院文集, (16)

白瑾, 戴凤岩. 1990. 中国的太古宙. 地球学报, (1): 23-24

白瑾, 王汝铮, 郭进京. 1992. 五台山早前寒武纪重大地质事件及年代. 北京: 地质出版社

白瑾, 黄学光, 戴凤岩, 等. 1993. 中国前寒武纪地壳演化. 北京: 地质出版社, 65-79

白瑾, 黄学光, 王惠初, 等. 1996. 中国前寒武纪地壳演化. 第二版. 北京：地质出版社

保广普, 拜永山, 付军, 等. 2013. 东昆仑地区石墨矿地质特征及找矿前景初探. 青海大学学报(自然科学版), 31(5): 74-78

蔡春红, 赵国春, 任留东, 等. 2015. 辽西建平杂岩中新太古代变质基性岩的地球化学、年代学及其地质意义. 现代地质, 29(4): 844-854

蔡德陵, 韩贻兵, 高素兰. 1999. 食物网示踪剂的研究. 海洋与湖沼, 30(6): 671-678

蔡锋, 苏贤泽, 刘建辉. 2008. 全球气候变化背景下我国海岸侵蚀问题及防范对策. 自然科学进展, 18(10): 1093-1103

曹芳芳, 王喜亮, 耿同升. 2012. 淅川县五里梁石墨矿区地质特征及成因浅析. 中国非金属矿工业导刊, (1): 43-44

曹国权, 董南庭, 彭语林, 等. 1955. 庞家堡铁矿 1955 年年终地质勘探报告. 华北地质局 221 队

曹国权, 王致本, 张成基. 1996. 鲁西早前寒武纪地质. 北京：地质出版社

曹圣恩, 赵纯礼. 1993. 鸡西市岭南石墨矿床地质特征. 建材地质, 66(2): 8-13

曹熹, 党增欣, 张兴洲, 等. 1992. 佳木斯复合地体. 长春: 吉林科学技术出版社, 1-224

柴静, 刘树友. 1992. 鸡西柳毛石墨矿床地质特征及成因浅析. 黑龙江地质, 3(2): 47-55

陈二虎, 张选固, 刘萍. 2013. 宝鸡地区石墨矿开发利用现状及外围找矿潜力. 甘肃冶金, 35(5): 88-91

陈刚, 李凤鸣, 彭湘萍. 2009. 新疆玉泉山石墨矿床地质特征及成因探讨. 新疆地质, 27(4): 325-329

陈晋镳. 1983. 中朝准地台中-末元古代地质演化的初步探讨. 地质论评, 29(1): 1-8

陈科. 2011. 大沟石墨矿地质概况及矿床特征. 矿业工程, 9(3): 10-11

陈兰, 钟宏, 胡瑞忠, 等. 2006. 黔北早寒武世缺氧事件——生物标志化合物及有机碳同位素特征. 岩石学报, 22(9): 2413-2423

陈孟莪, 郑文武. 1986. 先伊迪卡拉期的淮南生物群. 地质科学, 3: 221-231

陈衍景, 刘丛强, 陈华勇, 等. 2000. 中国北方石墨矿床及赋矿孔达岩系碳同位素特征及有关问题讨论. 岩石学报, 16(2): 233-244

陈正乐, 杨农, 王平安, 等. 2011. 江西临川地区相山铀矿田构造应力场分析. 地质通报, 31(4): 514-531

程素华, 李江海, 陈征, 等. 2006. 山东蒙阴科马提岩地球化学特征及其意义. 岩石矿物学杂志, 25(2): 119-126

程裕淇, 贾跃明, 李廷栋. 1994. 我国跨世纪的地质科学技术工作与社会发展. 中国地质, 10: 3-7

崔海洲, 王菊婵, 马晔. 2015. 陕西省丹凤县庾家河石墨矿地质特征及成因浅析. 地下水, 37(4): 181-183

代堰锫, 张连昌, 王长乐, 等. 2012. 辽宁本溪歪头山条带状铁矿的成因类型, 形成时代及构造背景. 岩石学报, 28(11): 3574-3594

邓宝. 1981. 东秦岭地区笔石地层及有关矿产. 西安矿业学院学报, (2): 20-26

邓平, 舒良树, 杨明桂, 等. 2003. 赣江断裂带地质特征及其动力学演化. 地质论评, 2: 113-122

丁建华, 肖成东, 秦正永. 2005. 洞子沟地区大红峪组富钾火山岩岩石学、地球化学特征. 地质调查与研究, 28(2): 100-105

丁莲芳. 1996. 豫西太华群微体植物的发现及其意义. 地质论评, 42(5): 459-464

东野脉兴. 1989. 中国北方早、中前寒武纪磷矿. 长春地质学院学报, (2): 63-68

董春艳, 王世进, 刘敦一, 等. 2010. 华北克拉通古元古代晚期地壳演化和荆山群形成时代制约——胶东地区变质中-基性侵入岩锆石 SHRIMP U-Pb 定年. 岩石学报, 27(6): 1699-1706

董春艳, 万渝生, 徐仲元, 等. 2012. 华北克拉通大青山地区古元古代晚期孔兹岩系锆石 SHRIMP U-Pb 定年. 中国科学(D), 42(12): 1851-1862

杜建军, 马寅生, 赵越, 等. 2007. 辽西医巫闾山花岗岩锆石 SHRIMP U-Pb 测年及其地质意义. 中国地质, 34(1): 26-33

杜汝霖. 1991. 试论前寒武纪的主要地质事件. 石家庄经济学院学报, (3): 232-240

段吉业, 刘鹏举, 夏德馨. 2002. 浅析华北板块中元古代—古生代构造格局及其演化. 现代地质, 16(4): 331-338
范德廉, 张焘, 叶杰. 1998. 缺氧环境与超大矿床的形成. 中国科学(D), 28(增): 57-62
范德廉, 张焘, 叶杰. 2004. 中国的黑色岩系及其有关矿床. 北京: 科学出版社
房俊伟, 李晓军, 刘彦林. 2009. 萝北县四方山林场东部大鳞片石墨矿地质特征. 建筑材料装饰, 10(60): 43-53
冯本智, 朱国林, 董清水, 等. 1995. 辽东海城—大石桥超大型菱镁矿矿床的地质特点及成因. 长春地质学院学报, 25(2): 121-124
冯建之, 肖荣阁, 等. 2008. 小秦岭金矿深部找矿勘查模型. 北京: 地质出版社
付茂英. 2014. 河北省石墨矿床及找矿方向. 中国非金属矿工业导刊, 109(2): 50-51
高坪仙. 1992. 前寒武纪地质作用演化及地球动力学. 国外前寒武纪地质, 58(2): 36-44
格利格森 A Y. 1996. 小行星/彗星巨型冲击可能触发重要的地壳演化幕. 地质科技动态, (2): 41-42
耿元生, 刘敦一, 宋彪. 1997. 冀西北麻粒岩区早前寒武纪主要地质事件的年代格架. 地质学报, 71(4): 316-327
龚世福, 林锦雄. 1987. 试论福建前寒武纪地层的划分对比. 福建地质, 2: 71-107, 164-169
巩丽, 翟福君. 1998. 鸡西市东沟石墨矿地质特征及成因. 黑龙江地质, 9(1): 17-26
关培彦, 张庆奎, 邵学峰, 等. 2014. 花岗岩类长石化学成分特征及二长温度计的应用——以乌其哈锡—大牛圈侵入体为例. 经济与社会, (9): 268-269
郭海珠. 1989. 中国鳞片石墨的研究. 中国建筑材料科学研究院学报, 1(3): 267-278
郭甲一. 2013. 西峡县军马河石墨矿床地质特征及成因浅析. 中国非金属矿工业导刊, 110(3): 36-39
郭丽娜, 郭荣涛. 2012. 国际前寒武纪地质年代表划分方案研究进展. 地质学刊, 36(1): 1-7
郭彦龙, 沈济篷, 焦兴来, 等. 2015. 集安市复兴屯—金厂沟一带晶质石墨矿地质特征及找矿标志. 吉林地质, 34(2): 85-88
哈因 B E. 1994. 太陆演化历史中的加积和解体作用. 胡正国译. 地质地球化学, (3): 25-28
韩裕川, 夏学惠, 肖荣阁, 等. 2012. 中国磷矿床. 北京: 地质出版社
河北省地质矿产局. 1989. 河北省区域地质志. 北京: 地质出版社
贺高品, 叶慧文. 1998. 辽东—吉南地区早元古代两种类型变质作用及其构造意义. 岩石学报, 14(2): 152-162
黑龙江省地质矿产局. 1993. 黑龙江省区域地质志. 北京：地质出版社
黄伯钧, Buseek P R. 1986. 变质岩中碳质物质的石墨化作用. 矿物学报, 6(4): 350-353
江思宏, 梁清玲, 聂凤军, 等. 2013. 西澳皮尔巴拉地区鲸背山铁矿床地质特征与形成规律. 地质科技情报, 32(5): 95-105
姜春潮. 1987. 辽吉东部前寒武纪地质. 沈阳: 辽宁科学技术出版社
姜继圣, 刘祥. 1992. 中国早前寒武纪沉积变质型晶质石墨矿床. 建材地质, 63(5): 18-22
姜继圣. 1985. 孔达岩的研究历史及现状. 地质调查与研究, (2): 3-5
姜继圣. 1989. 麻山群变质地质及佳木斯地块的地壳演化. 长春: 长春地质学院博士学位论文
姜继圣. 1990. 孔兹岩系及其研究概况. 长春地质学院学报, 20(2): 167-175
姜继圣. 1992. 麻山群孔兹岩系主期区域变质作用及演化. 岩石矿物学杂志, (2): 97-110
姜继圣. 1993. 麻山群孔兹岩系的地球化学特征. 地球化学, (4): 363-372
蒋宏意. 1994. 湖南省类石墨矿床成因类型及其地质特征. 非金属矿, (4): 12-15
金巍, 李树勋, 刘喜山. 1991. 内蒙大青山地区早前寒武纪高级变质岩系特征和变质动力学. 岩石学报, 4: 27-36
靳是琴, 李殿超, 李宪洲, 等. 1987. 胶东莱西—平度一带麻粒岩相岩石的变质作用特征. 地质学报, 1987(3): 240-252
柯叶艳, 齐文同. 2002. 前寒武纪生物起源时间的化石和分子钟研究. 地质论评, 48(5): 457-462
赖小东, 杨晓勇. 2012. 鲁西杨庄条带状铁建造特征及锆石年代学研究. 岩石学报, 28(11): 3612-3622
兰心俨. 1981. 山东南墅前寒武纪含石墨建造的特征及石墨矿床的成因研究. 长春地质学院学报, 30-42
蓝廷广, 范宏瑞, 胡芳芳, 等. 2012. 鲁东昌邑古元古代 BIF 铁矿矿床地球化学特征及矿床成因讨论. 岩石学报, 28(11): 3595-3611
雷加锦, 李任伟. 2000. 上扬子区早寒武世黑色页岩磷结核特征及生化淀磷机制. 地质科学, 35(3): 277-287
李碧乐, 霍亮, 李永胜. 2007. 条带状铁建造 BIFs 研究的几个问题. 矿物学报, 27(2): 205-210
李才. 2003. 羌塘基底质疑. 地质论评, 1: 4-6
李琛, 陈方溥. 2014. 内蒙古自治区乌拉特中旗大钨淀石墨矿成矿地质背景及成矿条件分析. 理论广角, (4): 238-239
李刚. 2013. 辽西医巫闾山变质核杂岩的形成过程及其区域地质意义. 长春: 吉林大学博士学位论文
李光辉, 黄永卫, 吴润堂, 等. 2008. 鸡西柳毛石墨矿碳质来源及铀-钒的富集机制. 世界地质, 27(1): 19-22
李厚民, 王登红, 李立兴, 等. 2012. 中国铁矿成矿规律及重点矿集区资源潜力分析. 中国地质, 39(3): 559-580

李怀坤, 朱士兴, 相振群, 等. 2010. 北京延庆高于庄组凝灰岩的锆石 U-Pb 定年研究及其对华北北部中元古界划分新方案的进一步约束. 岩石学报, 26(7): 2131-2140

李江海. 1998. 前寒武纪的超大陆旋回及其板块构造演化意义. 地学前缘, 5(增): 141-151

李江海, 钱祥麟, 翟明国, 等. 1997. 华北北部麻粒岩相带的构造区划与早期构造演化. 地质科学, 32(3): 254-266.

李江海, 翟明国, 李永刚, 等. 1998. 冀北滦平—承德一带晚太古代高压麻粒岩的发现及其构造地质意义. 岩石学报, 14(1): 34-41

李江海, 钱祥麟, 刘树文. 1999. 华北克拉通中部孔兹岩系的地球化学特征及其大陆克拉通化意义. 中国科学(D), 29(3): 193-203

李江海, 钱祥麟, 黄雄南, 等. 2000. 华北陆块基底构造格局及早期大陆克拉通化过程. 岩石学报, 16(1): 1-10

李江海, 侯贵廷, 钱祥鳞, 等. 2001. 恒山中元古代早期基性岩墙群的单颗粒锆石 U-Pb 年龄及其克拉通构造演化意义. 地质论评, 47(3): 234-238

李雷, 赵体群, 周广海, 等. 2013. 莱芜市独路石墨矿矿床地质特征及矿床成因. 山东国土资源, 29(10-11): 27-30

李明昌. 1992. 陕西省洋县铁河金红石晶质石墨夕线石复合型矿床特征及开发应用前景. 陕西地质科技情报, 17(3): 29-32

李山坡, 刘宝宏, 张丽娜. 2009. 河南省鲁山县背孜矿区石墨矿床地质特征及其成因探讨. 化工矿产地质, 31(2): 207-212

李上森. 1994. 前寒武纪富电气石岩石的成因和意义. 国外前寒武纪地质, 66(2): 60-73

李曙光, 支霞臣, 陈江峰, 等. 1983. 鞍山前寒武纪条带状含铁建造中石墨的成因. 地球化学, (2): 162-169

李双保. 1993. 太古代的花岗质岩石. 国外前寒武纪地质, 63(3): 72-81

李铁胜. 1999. 冀东太平寨—遵化新太古代古岛弧地体及其大陆生长. 北京: 中国科学院地质与地球物理研究所硕士学位论文, 82-88

李星云, 张丽华. 1990. 辽河群几种主要变质岩地球化学特征. 辽宁地质, (3): 199-211

李彦斌. 2010. 浅析福建安溪陈五阆石墨矿床地质特征及成因. 资源与环境, (1): 108-113

李英, 赵东林, 何瑞芳. 1994. 北秦岭东部变质岩系同位素年代学及热历史研究. 西安地质学院学报, 16(3): 1-9

李振来. 2014. 平度市景村石墨矿床地质特征及利用前景. 中国非金属矿工业导刊, 12(5): 45-62

李志晖. 2014. 汝州拉台石墨矿床地质特征及成因浅析. 中国非金属矿工业导刊, 111(4): 47-50

辽宁省地质矿产局. 1989. 辽宁省区域地质志. 北京: 地质出版社

廖慧元. 1994. 隐晶质石墨与无烟煤的简单鉴别. 非金属矿, 98(2): 10-11

林润生, 于志臣. 1988. 山东胶北隆起区荆山群. 山东地质, 4(1): 1-21

刘福生. 1990. 山西大同六亩地一带石墨成矿地质特征. 四川建材举院学报, 5(2): 29-35

刘富, 郭敬辉, 路孝平. 2009. 华北克拉通 2.5 Ga 地壳生长事件的 Nd-Hf 同位素证据: 以怀安片麻岩地体为例. 科学通报, (17): 2517-2526

刘环, 王小高, 李志晖, 等. 2015. 内乡县蛮子营晶质石墨矿床地质特征及成因. 河南科学, 33(9): 1614-1617

刘劲鸿. 2001. 华北地块东段和龙超镁铁质科马提岩的发现及特征. 地质论评, 47(4): 420-425

刘敬党, 肖荣阁, 王文武, 等. 2007. 辽东硼矿区域成矿模型. 北京: 地质出版社, 122-138

刘俊. 2005. 地球早期的生命. 化石, (3): 2-7

刘利, 张连昌, 代堰锫, 等. 2012. 内蒙古固阳绿岩带三合明 BIF 型铁矿的形成时代, 地球化学特征及地质意义. 岩石学报, 28(11): 3623-3637

刘平华, 刘福来, 王舫, 等. 2011. 山东半岛荆山群富铝片麻岩锆石 U-Pb 定年及其地质意义. 岩石矿物学杂志, 30(5): 829-843

刘树文. 1994. TTG 片麻岩与地壳早期动力学. 地学前缘, 1(1-2): 151-157

刘松柏, 杨梅珍, 吴洪恩, 等. 2011. 新疆苏吉泉球状石墨矿床成矿模式. 新疆地质, 29(2): 178-182

刘铁军. 1982. 麻山群原岩恢复及古地理环境的探讨. 黑龙江地质, (2): 13-25

刘喜山, 金巍, 李勋. 1992. 内蒙古中部早元古代造出事件中麻粒岩相低压变质作用. 地质学报, 66(3): 244-256

卢良兆, 徐学纯, 刘富来. 1996. 中国北方早前寒武纪孔兹岩系. 长春: 吉林科学技术出版社, 16-67

陆松年. 1996. 前寒武纪地质学在当代地球科学中的地位与作用. 地质论评, 42(4): 311-316

陆松年. 2000. 中国古陆块构造演化与超大陆旋回专题学术会议论文摘要集

陆松年, 陈志宏, 相振群, 等. 2006. 秦岭岩群副变质岩碎屑锆石年龄谱及其地质意义探讨. 地学前缘, 13(6): 303-310

陆松年, 李怀坤, 王惠初, 等. 2009. 秦—祁—昆造山带元古宙副变质岩层碎屑锆石年龄谱研究. 岩石学报, 25(9): 2195-2208

罗铭玖, 黎世美, 卢欣祥, 等. 2000. 河南省主要矿产的成矿作用及矿床成矿系列. 北京: 地质出版社

马杏垣, 白瑾, 索书田, 等. 1987. 中国前寒武纪构造格架及研究方法. 北京: 地质出版社
门三贵. 2015. 赤城县雀沟一带石墨矿床地质特征. 中国非金属矿工业导刊, 116(3): 35-37
孟恩, 刘福来, 刘平华, 等. 2013. 辽东半岛东北部宽甸地区南辽河群沉积时限的确定及其构造意义. 岩石学报, 29(7): 2465-2480
孟凡巍, 周传明, 袁训来, 等. 2006. 通过C27/C29甾烷和有机碳同位素来判断早古生代和前寒武纪的烃源岩的生物. 微体古生物学报, 23(1): 51-56
莫如爵. 1989. 中国石墨矿床地质. 北京: 中国建筑工业出版社
牛树银, 孙爱群, 张建珍. 1997. 华北古陆的形成与构造演化史. 地学前缘, 4(3-4): 291-298
彭澎, 翟明国. 2002. 华北陆块前寒武纪两次重大地质事件的特征和性质. 地球科学进展, 17(6): 818-825
皮道会, 刘丛强, 邓海琳, Shields G. 2008. 贵州遵义牛蹄塘组黑色岩系有机质的稀土元素地球化学研究. 矿物学报, 28(3): 303-310
齐进英. 1992. 东秦岭太华群变质岩系及其形成条件. 地质科学, (增刊): 94-107
齐文同. 1990. 事件地层学概论. 北京: 地质出版社
齐文同. 1995. 近代地层学——原理和方法. 北京: 北京大学出版社
钱青. 2001. Adakite的地球化学特征及成因. 岩石矿物学杂志, 20(3): 297-306
秦亚, 陈丹丹, 梁一鸿, 等. 2014. 吉林南部通化地区集安群的年代学. 地球科学, 39(11): 1587-1599
秦志刚, 黄生龙, 张青. 2009. 江西省弋阳县管坑石墨矿床地质特征. 铜矿工程, (4): 34-37
邱凤, 高建营, 裴银, 等. 2015. 黄陵背斜石墨矿地质特征及成矿规律. 资源环境与工程, 29(3): 280-285
任留东, 王彦斌, 杨崇辉, 等. 2010. 麻山杂岩的变质-混合岩化作用和花岗质岩浆活动. 岩石学报, 26(7): 2005-2014
茹德俊, 张兆华, 王剑新, 等. 1994. 浙江石墨矿物学特征的初步研究. 浙江大学学报, 28(3): 323-330
森原望, 传秀云, 鲍莹, 等. 2007. 日本北海道音调津的球状石墨. 矿物岩石地球化学通报, 26(增): 143-144
邵志富, 车勤建. 1988. 湖南省地质矿产桂阳县荷叶石墨矿床地质特征. 湖南地质, 7(1): 25-30
沈保丰, 翟安民, 杨春亮, 等. 2005. 中国前寒武纪铁矿床时空分布和演化特征. 地质调查与研究, 28(4): 196-206
沈保丰, 翟安民, 杨春亮. 2010. 古元古代——中国重要的成矿期. 地质调查与研究, 33(4): 241-256
沈洁, 张宗清, 刘敦一. 1997. 东秦岭陡岭群变质杂岩 Sm-Nd, Rb-Sr, ^{40}Ar / ^{39}Ar, ^{207}Pb/^{206}Pb 年龄. 地球学报, 18(3): 248-254
沈其韩, 程裕淇. 1998. 华北地台早前寒武纪条带状铁英岩地质特征和形成的地质背景. 华北地台早前寒武纪地质研究论文集. 北京: 地质出版社
沈其韩, 钱祥麟. 1995. 中国太古代地质体成分、阶段划分和演化. 地球学报, (2): 113-120
沈其韩, 刘敦一, 王平, 等. 1987. 内蒙古集宁群变质岩系 U-Pb 和 Rb-Sr 协同位素年龄的讨论. 中国地质科学院院报, (16): 165-178
沈其韩, 张荫芳, 高吉凤, 等. 1990. 内蒙古中南部太古宙变质岩. 中国地质科学院地质研究所所刊, 21: 192
沈其韩, 许慧芬, 张宗清, 等. 1992. 中国早前寒武纪麻粒岩. 北京: 地质出版社, 389-400
沈其韩, 宋会侠, 赵子然. 2009. 山东韩旺新太古代条带状铁矿的稀土和微量元素特征. 地球学报, 30(6): 693-699
时毓, 于津海, 徐夕生, 等. 2009. 秦岭造山带东段秦岭岩群的年代学和地球化学研究. 岩石学报, 25(10): 2651-2670
时毓, 于津海, 徐夕生, 等. 2011. 陕西小秦岭地区太华群的锆石 U-Pb 年龄和 Hf 同位素组成. 岩石学报, 27(10): 3095-3108
宋瑞先, 魏明辉, 何宇青. 2012. 张家口地质矿产. 北京: 地质出版社
宋子季, 周青山. 1988. 宽坪群区域变质作用特征. 陕西地质, 6(2): 21-32
苏旭亮. 2013. 胶东西部石墨矿地质特征及资源量预测. 中国非金属矿工业导刊, 107(6): 44-47
孙大中, 胡维兴. 1993. 中条山前寒武纪年代构造格架合年代地壳结构. 北京: 地质出版社, 77-117
孙淑芬, 朱士兴, 黄学光. 2006. 天津蓟县中元古界高于庄组宏观化石的发现及其地质意义. 古生物学报, 45(2): 207-220
汤好书, 陈衍景, 武广, 等. 2009. 辽东辽河群大石桥组碳酸盐岩稀土元素地球化学及其对 Lomagundi 事件的指示. 岩石学报, 25(11): 3075-3093
汤贺军, 张宝林, 叶荣, 等. 2015. 陕西勉县庙坪石墨矿床地质特征与成因初步探讨. 地质与勘探, 53(3): 534-543
汤懋苍, 高晓清, 董文杰. 1997. 银河旋臂、地核环流与地球大冰期. 地学前缘, 4(1-2): 169-177
唐建文. 1966. 山东某菱镁矿床地质特征及其成因. 地质学报, 46(1): 41-46
陶继雄, 胡凤翔. 2002. 内蒙卓资山地区深熔作用形成的石榴混合花岗岩. 前寒武纪研究进展, 25(1): 59-64
田成胜, 黄如生, 张清平. 2011. 湖北省夷陵区石墨矿地质特征及找矿前景分析. 资源环境与工程, 25(4): 310-322

万渝生, 耿元生, 刘福来, 等. 2000a. 华北克拉通及邻区孔兹岩系的时代及对太古宙基底组成的制约. 前寒武纪研究进展, 23(4): 221-237
万渝生, 耿元生, 沈其韩. 2000b. 孔兹岩系-山西吕梁地区界河口群的年代学和地球化学. 岩石学报, 16(1): 49-55
万渝生, 刘敦一, 董春艳, 等. 2009. 中国最古老岩石和锆石. 岩石学报, 25(8): 1793-1807
万渝生, 董春艳, 颉颃强, 等. 2012. 华北克拉通早前寒武纪条带状铁建造形成时代——SHRIMP锆石U-Pb定年. 地质学报, 86(9): 1447-1478
汪洋. 1992. 北京平谷大红峪组火山岩中响岩富钾原因初探. 北京地质, (3): 8-12
王琛, 林丽, 李德亮, 等. 2011. 黔西纳雍地区下寒武统牛蹄塘组黑色岩系生物标志物的特征. 地质通报, 30(1): 106-111
王德洪, 林润生. 1991. 山东省平度地区下元古界荆山群变质作用特征. 山东地质, 7(2): 1-16
王舫, 刘福来, 刘平华, 等. 2010. 胶北地区早前寒武纪孔兹岩系的变质演化. 岩石学报, 26(7): 2057-2072
王凤茹, 薛基强. 2010. 河南省鲁山县背孜晶质石墨矿地质特征及成因浅析. 矿产勘查, (3): 248-253
王福润. 1991. 吉林省南部下元古界集安群地质特征与沉积期古环境分析. 吉林地质, (2): 31-41
王福润. 1995. 浅谈吉南地区早元古代变质岩系区域构造地质特征. 吉林地质, 14(2): 10-17
王海明, 孙静, 张立剑, 等. 2011. 梁底下大鳞片石墨矿矿床地质特征. 河北地质, (1): 17-20
王鸿祯. 1997. 地球的节律与大陆动力学思考. 地学前缘, 4(3): 1-12
王楫, 李双庆, 王保良, 等. 1992. 狼山-白云鄂博裂谷系. 北京: 北京大学出版社
王将克, 钟月田, 等. 1995. 关于生命起源研究的问题及其主攻方向的探讨. 地球科学进展, (2): 196-201
王杰, 陈践发. 2004. 华北北部前寒武纪有机质碳同位素组成特征及其地球化学意义. 矿物岩石, 24(1): 83-87
王克勤. 1988. 山东省南墅石墨矿石墨矿物学研究. 全国非金属矿学术会议论文集, (1)
王克勤. 1989a. 山东南墅石墨矿床地质特征及矿床成因的新认识. 建材地质, (1): 1-9
王克勤. 1989b. 石墨矿物的一些基本性质及与变质程度关系初探. 建材地质, (2): 20-30
王兰生, 邹春艳, 郑平, 等. 2009. 四川盆地下古生界存在页岩气的地球化学依据. 天然气工业, 29(5): 59-62
王沛成. 1995a. 论胶北地区荆山群与粉子山群之关系. 中国区域地质, (3): 15-20
王沛成. 1995b. 胶北地区粉子山群荆山群关系研究新知. 地层学杂志, 1: 77-78
王沛成. 1999. 胶南－荣成碰撞带的结构分带. 华南地质与矿产, 2: 43-46
王沛成, 张成基. 1996. 鲁东地区元古宙中深变质岩系非金属矿含矿变质建造. 山东地质, 12(2): 31-47
王启超. 1996. 华北陆台早前寒武纪地质年代讨论. 华北地质矿产杂质, 11(1): 43-50
王清廉. 1992. 秦岭岛弧带中的孔达岩系雏议. 陕西地质科技情报, 17(2): 7-10
王蓉宾. 2008. 都兰县巴勒木特尔石墨矿床简介. 中国非金属矿工业导刊, 67(2): 52-55
王时麒. 1989. 内蒙兴和石墨矿含矿建造特征与矿床成因. 矿床地质, 8(1): 85-96
王时麒. 1994. 内蒙古乌拉山石墨矿床碳同位素组成及成因分析. 见: 钱祥麟, 王仁民. 华北北部麻粒岩带地质演化. 北京: 地震出版社, 210-217
王世杰, 王书芬, 宾金来, 等. 2014. 马岛百佛若纳石墨矿地质特征及原岩探讨. 河北国土资源与海洋科技信息, (1): 19-20
王世进, 万渝生, 张成基, 等. 2009. 山东早前寒武纪变质地层形成年代: 锆石 SHRIMP U-Pb 测年的证据. 山东国土资源, 10: 18-24
王伟, 王世进, 刘敦一, 等. 2010. 鲁西新太古代济宁群含铁岩系形成时代——SHRIMP U-Pb 锆石定年. 岩石学报, (4): 1175-1181
王小高, 李彬. 2012. 河南省西峡县军马河石墨矿详查报告. 郑州: 河南省有色金属地质勘查总院
王秀娟, 武彦博. 2015. 山西省大同市新荣区碓臼沟石墨矿矿床地质特征及经济意义研究. 华北国土资源, 67(4): 83-85
王有爵, 王文清. 1990. 辽西火山岩型金矿地质特征及成因讨论. 国土资源, (4): 289-303
王真, 徐华, 匡加才, 等. 2015. 天然隐晶质石墨矿组成及结构分析. 山东化工, 44(10): 59-62
王志山, 王云鹏, 李铁军. 2015. 汝州市范庄石墨矿矿床地质特征与成因浅析. 西部探矿工程, (6): 149-153
魏春景, 周喜文, 2003. 变质相平衡的研究进展, 地学前缘, 10(4): 341-351
魏怀瑞, 杨瑞东, 高军波, 等. 2012. 贵州寒武系底部黑色岩系型矿床沉积构造特征研究. 现代地质, 26(4): 673-681
温世达, 陈平德, 马乐群, 等. 1983. 电子显微镜和电子探针在研究石墨和高岭石矿床成因方面的应用. 武汉理工大学学报, (3): 65-72
文凤英. 2001. 前寒武纪—寒武纪边界处的海洋缺氧事件. 海洋地质动态, 18(4): 33-35
吴昌华, 李惠民, 钟长汀, 等. 1998. 内蒙古黄土窑孔兹岩系的错石与金红石年龄研究. 地质论评, 44(6): 618-626

吴朝东, 陈其英, 雷家锦. 1999. 湘西震旦—寒武纪黑色岩系的有机岩石学特征及其形成条件. 岩石学报, 15(3): 453-462

吴春林, 曲廷耀. 1994. 桓仁县黑沟石墨矿床地质特征及成因研究. 建材地质, 74(4): 25-27

吴春林, 孙厚江. 1993. 辽河群变质岩稀土元素地球化学. 辽宁地质, (3): 222-229

吴春林, 张福生. 1995. 辽河群孔达岩系原岩建造及沉积环境分析. 辽宁地质, (4): 298-304

吴鸣谦, 左梦璐, 张德会, 等. 2014. TTG 岩套的成因及其形成环境. 地质论评, 60(3): 503-514

吴佩珠, 赵彦明. 1996. 前寒武纪碳质板岩中氨基酸的赋存状态及其地球化学意义. 国外前寒武纪地质, 75(3): 53-61

吴素珍. 1994. 太古宙地表环境特征太古宙地表环境特征. 国外前寒武纪地质, 67(3): 91-95

吴文芳, 李一良, 潘永信. 2012. 微生物参与前寒武纪条带状铁建造沉积的研究进展. 地质科学, 47(2): 548-560

吴晓清. 1989. 桐城石墨矿的分选及综合利用的研究. 金属矿山, (12): 63-65

吴彦岭, 解立发, 张宇亮, 等. 2011. 集安市泉眼晶质石墨矿地质特征及找矿方向. 吉林地质, 30(3): 62-65

伍家善, 耿元生, 沈其韩, 等. 1991. 华北陆台早前寒武纪重大地质事件. 北京: 地质出版社, 10-11

伍家善, 耿元生, 沈其韩, 等. 1998. 中朝古大陆太古宙地质特征及构造演化. 北京: 地质出版社, 1-104

武铁山. 2002. 华北晚前寒武纪(中、新元古代)岩石地层单位及多重划分对比. 中国地质, 29(2): 143-154

相鹏, 崔敏利, 吴华英, 等. 2012. 河北滦平周台子条带状铁矿地质特征, 围岩时代及其地质意义. 岩石学报, 28(11): 3655-3669

肖荣阁, 费红彩, 王安建, 等. 2012. 白云鄂博含矿碱性火山岩建造及其地球化学. 地质学报, 86(5): 735-752

肖荣阁, 刘敬党, 费红彩, 等. 2015. 沉积相稀土地球化学标志. 地球科学前沿, (5): 193-234

校培喜, 由伟丰, 谢从瑞, 等. 2011. 贺兰山北段贺兰山岩群富铝片麻岩碎屑锆石 LA-ICP-MS U-Pb 定年及区域对比. 地质通报, 30(1): 26-36

谢国刚, 李武显. 1997. 庐山前震旦纪岩石中锆石 U-Pb 法定年与其地质意义. 地质科学, 1: 110-115

谢士稳, 王世进, 颉颃强, 等. 2014. 华北克拉通胶东地区粉子山群碎屑锆石 SHRIMP U-Pb 定年. 岩石学报, 30(10): 2989-2998

谢小芳, 周亚涛. 2015. 淅川县长岭沟石墨矿区地质特征及成因探讨. 内蒙古科技与经济, 335(13): 71-72

谢有赞, 聂荣华, 哀常芝, 等. 1994. 隐晶质石墨的结构变化. 湖南大学学报, 21(4): 55-60

熊德信, 孙晓明, 翟伟, 等. 2006. 云南大坪金矿含金石英脉中高结晶度石墨包裹体——下地壳麻粒岩相变质流体参与成矿的证据. 地质学报, 80(9): 1448-1456

徐兵, 胡受奚, 赵靛英, 等. 1995. 胶北地体早前寒武纪地层的稀土演化特征. 地球化学, 24(增): 105-114

徐学纯. 1995. 内蒙古乌拉山地区变质作用的 P-T 条件和 P-T-t 轨迹. 吉林地质, 14(2): 1-9

徐衍强, 韩振新, 徐爱民. 2010. 佳木斯地块大型晶质石墨矿集区的形成和演化. 黑龙江地质, 12(3): 1-10

徐仲元, 刘正宏, 杨振升, 等. 2007. 内蒙古中部大青山—乌拉山地区孔兹岩系的变质地层结构及动力学意义. 地质通报, 26(5): 526-536

徐仲元, 刘正宏, 董晓杰, 等. 2011. 内蒙古大青山北麓蓝晶石榴长英质片麻岩的发现: 岩相学、地球化学和锆石 SHRIMP 定年. 地质论评, 57(2): 243-252

许靖华, 孙枢, 高计元, 等. 1986. 寒武纪生物爆发前的死劫难海洋. 地质科学, 1: 1-6

薛怀民, 马芳. 2013. 桐柏山造山带南麓随州群变沉积岩中碎屑锆石的年代学及其地质意义. 岩石学报, 29(2): 564-580

颜玲亚, 陈军元, 杜华中, 等. 2012. 山东平度刘戈庄石墨矿地质特征及找矿标志. 山东国土资源, 28(2): 11-17

杨春亮, 沈保丰, 宫晓华. 2005. 我国前寒武纪非金属矿产的分布及其特征. 地质调查与研究, 28(4): 257-264

杨剑, 易发成. 2005. 贵州-湖南黑色岩系的有机碳和有机硫特征及成因意义. 地质科学, 40(4): 457-463

杨兢红, 蒋少涌, 凌洪飞, 等. 2005. 黑色页岩与大洋缺氧事件的 Re-Os 同位素示踪与定年研究. 地学前缘, 12(2): 143-150

杨力, 陈福坤, 杨一增, 等. 2010. 丹凤地区秦岭岩群片麻岩锆石 U-Pb 年龄——北秦岭地体中-新元古代岩浆作用和早古生代变质作用的记录. 岩石学报, 26(5): 1589-1603

杨平, 谢渊, 汪正江, 等. 2012. 金沙岩孔灯影组古油藏沥青有机地球化学特征及油源分析. 地球化学, 41(5): 452-465

杨书桐, 胡受奚. 1993. 关于冀西北孔达岩系时代的新认识. 地层学杂志, 17(3): 228-231

杨文光, 林丽, 朱利东, 等. 2004. 重庆城口黑色岩系中铂矿的分子古生物学特征研究. 成都理工大学学报, 31(5): 457-460

杨晓勇, 王波华, 杜贞保, 等. 2012. 论华北克拉通南缘霍邱群变质作用, 形成时代及霍邱 BIF 铁矿成矿机制. 岩石学报, 28(11): 3476-3496

杨兴莲, 朱茂炎, 赵元龙, 等. 2007. 黔东前寒武纪—寒武纪转换时期微量元素地球化学特征研究. 地质学报, 81(10):

1391-1397
杨忠芳, 徐景魁. 1992. 胶东前寒武纪地层元素丰度及陆壳成分. 自然科学进展, (2): 136-141
易发成, 杨剑, 陈兴长, 等. 2005. 贵州金鼎山下寒武统黑色岩系的有机地球化学特征. 岩石矿物学杂志, 24(4): 294-300
尹丽文. 2011. 世界石墨资源开发利用现状. 国土资源情报, (6): 29-32
游振东, 索书田, 陈能松, 等. 1987. 豫西秦岭群变质岩岩相学特征及早期地壳演化. 地球科学, 12(3): 321-328
于恩君. 2008. 佳木斯地块麻山岩群的地质特征及构造演化机制探讨. 吉林地质, 27(4): 16-25
于吉林, 邱冬生. 2012. 河南省石墨成矿地质特征及远景预测. 中国非金属矿工业导刊, 98(4): 60-62
于磊. 2012. 山西省大同市新荣区白山村石墨矿床特征浅析. 科学之友, (9): 119-120
于志臣. 1999. 鲁东胶西南地区早前寒武纪地壳演化探讨. 华南地质与矿产, 1: 38-45
余金杰, 杨海明, 叶会寿, 等. 1993. 霍各乞铜多金属矿床的地质-地球化学特征及矿质来源. 矿床地质, 12(1): 67-76
郁建华, 傅会芹, 张凤兰, 等. 1996. 华北地台北部非造山环斑花岗岩及有关岩石. 北京: 中国科学技术出版社, 1-96
袁见齐, 朱上庆, 翟裕生, 等. 1979. 矿床学. 北京: 地质出版社
曾庆彬. 2015. 集安市双兴六队晶质石墨矿床地质特征及成因. 中国非金属矿工业导刊, (1): 42-45
翟安民, 沈保丰, 杨春亮, 等. 2005. 辽吉古裂谷地质演化与成矿. 地质调查与研究, 28(4): 213-220
翟明国. 2010. 华北克拉通的形成演化与成矿作用. 矿床地质, 29(1): 24-36
翟明国, 郭敬辉, 阎月华, 等. 1992. 中国华北太古宙高压基性麻粒岩的发现及其初步研究. 中国科学(B), 12: 1325-1330
张本臣. 2005. 穆棱县光义石墨矿地质特征及成因浅析. 吉林地质, 24(4): 47-53
张待时. 1987. 南部非洲太古代金矿化的特征和成因. 国外铀矿地质, (2): 68-74
张待时. 1994. 中国碳硅泥岩型铀矿床成矿规律探讨. 铀矿地质, (4): 207-211
张国伟, 于在平, 董云鹏, 等. 2000. 秦岭前寒武纪构造格局与演化问题探讨. 岩石学报, 16(1): 11-21
张璟. 2012. 辽西地区金矿成矿规律及成矿预测. 长春: 吉林大学博士学位论文
张连昌, 张晓静, 崔敏利, 等. 2011. 华北克拉通 BIF 铁矿形成时代与构造环境. 矿物学报, (增刊): 666-667
张连昌, 翟明国, 万渝生, 等. 2012. 华北克拉通前寒武纪 BIF 铁矿研究: 进展与问题. 岩石学报, 28(11): 3431-3445
张培善, 陶克捷, 杨主明, 等. 2001. 白云鄂博稀土, 铌钽矿物及其成因探讨. 中国稀土学报, 19(2): 97-102
张旗, 周国庆. 2001. 中国蛇绿岩. 北京: 科学出版社
张强, 刘帅. 2014. 吉林省集安地区晶质石墨矿矿床特征及找矿标志. 吉林地质, 33(3): 60-69
张青松. 2013. 河南省内乡县午阳山矿区石墨矿矿床地质特征及成因. 化工矿产地质, 35(3): 175-178
张晴远. 1979. 蓟县蓟县系雾迷山组多核体绿藻化石, 地质学报, 59(2): 87-91
张秋生, 等. 1984. 中国早前寒武纪地质及成矿作用. 长春: 吉林人民出版社, 100-128
张秋生, 李守义, 刘连登. 1984. 中国早前寒武纪地质及成矿作用. 长春: 吉林人民出版社
张荣隋, 唐好生, 孔令广, 等. 2001. 山东蒙阴苏家沟科马提岩的特征及其意义. 中国区域地质, 20(3): 236-244
张世红, 李正祥, 吴怀春, 等. 2000. 华北地台新元古代古地磁研究新成果及其古地理意义. 中国科学(D), 30(增刊): 138-147.
张蔚语. 2010. 福建老鹰山矿区石墨矿床特征及成因. 地质学刊, 34(4): 377-381
张兴春, 秦朝建. 2009. 云南中甸浪都铜金矿床流体包裹体中发现石墨. 矿物学报, (增刊): 267-268
张艳飞, 刘敬党, 肖荣阁, 等. 2010. 辽宁后仙峪硼矿区古元古代电气石岩锆石特征及 SHRIMP 定年. 地球科学—中国地质大学学报, 35(6): 985-999
张昀. 1989. 前寒武纪生命演化与化石记录. 北京: 北京大学出版社, 192-198
张宗清, 刘敦一, 付国民. 1994. 北秦岭变质地层同位素年代研究. 北京: 地质出版社, 1-191
赵百胜, 刘家军, 王建平, 等. 2007. 白云鄂博群黑色岩系微量元素地球化学特征及地质意义. 现代地质, 21(1): 87-94
赵春荆. 1997. 佳木斯地块基底地质构造. 中国地质科学院沈阳地质矿产研究所集刊, (526): 1-118
赵福来. 2014. 洋县铁河石墨矿区大安沟矿段成矿地质特征及成矿浅析. 陕西地质, 32(2): 31-35
赵亮. 2007. 应用地震波横波分裂观测研究华北克拉通的上地幔形变. 中国地球物理学会第二十三届年会论文集
赵庆英. 2003. 内蒙古大青山地区孔兹岩系的岩石地球化学特征及原岩建造. 长春: 吉林大学硕士学位论文
赵然然, 宋守永. 2013. 黑龙江省石墨矿成矿条件探究. 产业与科技论坛, 12(6): 64-65
赵想安. 2015. 都兰县查汗达洼特石墨矿矿床特征及成因分析. 中国非金属矿工业导刊, 114(1): 54-55
赵子然, 万渝生, 张寿广, 等. 1995. 早元古陡岭群变质杂岩的岩石地球化学特征. 岩石学报, 11(2): 148-159
赵子然, 宋会侠, 沈其韩, 等. 2011. 沂水杂岩中超镁铁质岩的岩石地球化学特征. 岩石矿物学杂志, 30(5): 853-864
赵宗溥. 1993. 华北古陆前寒武纪地壳演化. 北京: 科学出版社, 357-364

郑永飞, 徐宝龙, 周根陶. 2000. 矿物稳定同位素地球化学研究. 地学前缘, 7(2): 299-320
中国科学院地球化学研究所. 1982. 中国科学院地球化学研究所年报(1980—1981). 贵阳：贵州人民出版社
周鼎武, 张成立, 刘良, 等. 2000. 秦岭造山带及相邻地块元古代基性岩墙群研究综述及相关问题对论. 岩石学报, 16(1): 22-28
周建波, 张兴洲, Simon A W, 等. 2011. 中国东北—500Ma 泛非期孔兹岩带的确定及其意义. 岩石学报, 27(4): 1235-1245
周树亮, 王云佩, 张旭, 等. 2015. 内蒙古达茂旗查干文都日区石墨矿地质特征及开发经济意义. 吉林地质, 34(1): 61-66
周喜文. 2004. 胶北地块高压与低压泥质麻粒岩的岩石学、微区矿物学与变质相平衡研究. 地学前缘，14(1): 135-143
周喜文, 董永胜, 魏存弟. 2001. 山东南墅地区孔兹岩系变质矿物的成因及演化. 长春科技大学学报, 31(2): 116-121
周喜文, 魏春景, 董永胜. 2003a. 胶北荆山群富铝岩系石榴石扩散环带特征及其成因指示意义. 岩石学报, 4: 752-760
周喜文, 魏春景, 卢良兆. 2003b. 高温变泥质岩石中石榴石－黑云母地质温度计的应用——以胶北荆山群富铝岩石为例. 地学前缘, 4: 353-353
周喜文, 魏春景, 耿元生. 2004. 胶北栖霞地区泥质高压麻粒岩的发现及其地质意义. 科学通报, 14: 1424-1431
周喜文, 魏春景, 耿元生. 2007. 胶北地块高压与低压泥质麻粒岩的相平衡关系与 *P-T* 演化轨迹. 地学前缘, 1: 135-144
朱大岗, 孟宪刚, 马寅生, 等. 2002. 辽西医巫闾山变质核杂岩构造特征及其对金矿床的控制作用. 大地构造与成矿学, 26(2): 156-161
朱上庆, 池三川. 1983. 层控矿床(上). 地质科技情报, (1): 138-146
朱上庆, 黄华盛, 池三川, 等. 1983. 层控矿床与构造, 岩浆及沉积作用的相互关系. 地质论评, 5: 33
朱士兴. 1998. 元古宙生物圈的研究意义, 现状和关键. 国外前寒武纪地质, (1): 61-72
邹日, 冯本智. 1993. 辽吉地区早元古代含硼建造中电英岩的特征及成因. 长春地质学院学报, 23(4): 373-379
邹日, 冯本智. 1995. 营口后仙峪硼矿容矿火山-热水沉积岩系特征. 地球化学, 24: 46-54
Allègre C J, Moreira M, Staudacher T. 1995. $^4He/^3He$ dispersion and mantle convection. Geophysical Research Letters, 22(17): 2325-2328
Amelin Y V, Heaman L M, Semennov V S. 1995. U-Pb geochronology of layered mafic intrusions in the eastern Baltic Shield: Implications for the timing and duration of Paleoproterozoic continental rifting. Precambrian Research, 75: 3146
Arriens. 1971. Data acquistion and control of mass spectrometers used for rock age determination. Australian Naitonal Univ, Canberra
Arthur M A, Schlanger S O, Jenkyns H C. 1987. The Cenomanian Turonian oceanic anoxic event, Ⅱ-Palaeoceanographic controls on organic matter production and preservatopn. In: Brooks J, Fleet A J. Marine Petroleum Source Rocks, 401-420
Bai J, Dai F Y. 1998. Archean ernst of China. In: Ma X Y, Bai J. Precambrian Crust Evolution of China. Beijing: Springer Geological Publishing, 15-86
Balasubrahmanyan M N. 1965. Note on kornerupine from ellammankovilpatti, madras, india. Mineralogical Magazine, 35(272): 662-664
Barbey P, Cuney M. 1982. K, Rb, Sr, Ba, U and Th geochemistry of the lapland granulites (fennoscandia). LILE fractionation controlling factors. Contributions to Mineralogy and Petrology, 81(4): 304-316
Barbey P, Capdevila R, Hameurt J. 1982. Major and transition trace element abundances in the khondalite suite of the granulite belt of lapland (fennoscandia): Evidence for an early proterozoic flysch belt. Precambrian Research, 16(4): 273-290
Bernaconi S M. 1994. Geochemical and microbial controls on dolomite formation in anoxic environment: A case study from the middle triassic(Ticino, Switzerland). Contributions to Sedimentology, Stuttgart: Schweizerbart sche Verlagsbuchhandlund, 19: 1-109
Berry W B N, Wilde P. 1978. Progressive ventilation of the oceans-An explanation for the distribution of the Lower Palaeozoic black shales. Amer J Sci, 257-275
Bleeker W. 2003. The late archean record: A puzzle in ca. 35 pieces. Lithos, 71(2-4): 99-134
Bonijoly M, Oberlin M, Oberlin A. 1982. A possible mechanism for natural graphite formation. International Journal of Coal Geology, 1(4): 283-312
Bottinga Y. 1969. Calculated fractionation factors for carbon and hydrogen isotope exchange in the system calcite-carbon dioxide-graphite-methane-hydrogen-water vapor. Geochimica Et Cosmochimica Acta, 33(1): 49-64
Brocks J J, Summons R E. 2003. 8.03–sedimentary hydrocarbons, biomarkers for early life. Treatise on Geochemistry, 8: 63-115
Burne S J, Mckenzie J A, Vasconcelos C. 2000. Dolomite formation and biogeochemical cycles in the Phanerozoic. Sedimentary Geology, 47(supp1.): 49-61

Chacko T, Newton R C. 1987. Metamorphic *P-T* conditions of the kerala (south india) khondalite belt, a granulite facies supracrustal terrain. Journal of Geology, 95(3): 343-358

Chen Y J, Zhao Y C. 1997. Geochemical charactefistics and evolution of REE in the early Prec ambrian sediments: Evidence from the solithern nlargin of the NE China craton. Episodes, 20(2): 109-116

Chinner G A. 1961. The origin of sillimanite in Glen Clova, Angus. Journal of Petrology, 2(3): 312-323

Choukroune P, Ludden J N, Chardon D, et al. 1997. Archean ernstgroh and tectonic processes: A comparison of the Superior probinse, Canada and the Dharwar Craton, India. In: Burg J P, Ford M. Orogeny through Time. Blackwell, Oxford: Geological Society Special Publication, 121: 63-98

Cloud P. 1987. A new earth history for undergraduates. Journal of Geological Education, 36(4): 208-214

Cloud P. 1973. Paleoecological significance of the banded iron-formation. Economic Geology, 68(7): 1135-1143

Cloud P, Germs A. 1972. New pre-paleozoic nannofossils from the stoer formation (torridonian), Northwest Scotland. Geological Society of America Bulletin, 82(12): 3469-3474

Cloud P, Licari G R. 1972. Ultrastructure and geologic relations of some 2-aeon old nostocacean algae from northeastern minnesota. American Journal of Science, 272(2): 138-149

Cloud P, Morrison K. 1979. Onmicrobial contaminants, micropseudofossils, and the oldest records of life. Precambrian Research, 9(1/2): 81-91

Cloud P, Semikhatov M A. 1969. Proterozoic stromatolite zonation. American Journal of Science, 267(9): 1017-1061

Condie K C. 1989. Plate Tectonics&Crustal Evolution(3rd). New York: Pergamon Press, 1-60

Condie K C. 1992. Proterozoic Crustal Evolution. Armsterdam: Elsevier Science Publishers

Condie K C. 1996. 绿岩的幕式年代是打开地幔动力学大门的钥匙吗？曲赞译. 地质科学译丛,13(2): 25-28

Condie K C. 2005. TTGs and adakites: Are they both slab melts. Lithos, 80(1): 33-44

Cooray P G. 1962. Charnockites and their associated gneisses in the precambrian of ceylon. Quarterly Journal of the Geological Society of London 118, Part 3(471): 239-273, 239-266

Cumming G L, Richards J R. 1975. Ore lead isotope ratios in a continuously changing Earth. Earth and Planetary Science Letters, 28(2): 155-171

Defant M J, Drummond M. 1990. Derivation of some modern arc magmas by melting of young subducted lithosphere. Nature, 347(6294): 662-665

Diwu C , Sun Y , Guo A, et al. 2011. Crustal growth in the North China Craton at ~2.5 Ga: Evidence from in situ zircon U–Pb ages, Hf isotopes and whole-rock geochemistry of the Dengfeng complex. Gondwana Research, 20(1): 149-170

Drake M J. 1975. The oxidation state of europium as an indicator of oxygen fugacity. Geochimica Et Cosmochimica Acta, 39(1): 55-64

Du R, Tian L F. 1985. Algal macrofossils from the Qiabaikou system in the Yanshan range of North China. Precambrian Research, 29: 5-14

Elderfield H, Greaves M J. 1982. The rare earth elements in seawater. Nature, 296(5854): 214-219

Eriksson P G, Mazumder R, Sarkar S, et al. 1999. The 2.7-2.0 Ga volcanosed imentary recort of Africa, India and Australia: Evidence for global and local changes in sea level and continentalfreeboard. Precambrian Research, 97: 269-302

Ernst R E, Head J W, Parfitt E, et al. 1995. Giant radiating dyke warlTis on Earth and Venus. Earth Science Reviews, 39: 1-58

Farmer G J, De Paolo D J. 1983. Origin of Mesozoic and Tertiary granite in the Western United States and implications for pre-Mesozoic crustal structure 1. Nd and Sr isotopic studies in the Geocline of the North Creat Basin. Geophys Res, 88: 3379-3401

Farquhar J, Bao H, Thiemens M. 2000. Atmospheric influence of earth's earliest sulfur cycle. Science, 289(5480): 756-759

Flynn J J. 1990. A Geologic Time Scale 1989. Press Syndicate of the University of Cambridge: 1433-1496

Fortin D, Ferris F G, Scott S D. 1998. Fomation of Fe-silicates and Fe-oxides on bacterial surfaces in samples collected near hydrothermal vents on the Southern Explorer Ridge in the northeast Pacific Ocean. American Mineralogist, 83: 1399-1408

Gains A M. 1980. Dolomitization kinetics: Recent experimental studies. In: Zenger D H, Dunham J B, Rthington R L. Concept and Models of Dolomitization: Society Economie Paleontologists and Mineralogists. Special Publication 28, 81-86

Geng Y, Du L, Ren L. 2012. Growth and reworking of the early Precambrian continental crust in the North China Craton: Constraints from zircon Hf isotopes. Gondwana Research, 21(2): 517-529

Gournay J, Folk R L, Kirkland B L. 1997. Evidence for nannobacterially precipitated dolomite in Pennsylvanian carbonates. In:

Camoin G, Arnaud Vanneau A. convenors. Intemational Workshop on Microbial Mediation in Carbonate Diagenesis. 97: 33(Abstract Bok, International Association of Sedimentologists)

Gradstein F, Ogg J. 2004. Geologic time scale 2004 - why, how, and where next! Lethaia, 2004, 37(2): 175-181

Grew E S. 1982. Sapphirine, kornerupine, and sillimanite + orthopyroxene in the charnockitic region of south India. Geological Society of India, 23(10): 469-505

Grew E S, Manton W I. 1986. A new correlation of sapphirine granulites in the indo-antarctic metamorphic terrain: Late proterozoic dates from the eastern ghats province of india. Precambrian Research, 33(1-3): 123-137

Grotzinger T P, Bowring S A, Saylor B Z, et al. 1995. Biostratigraphic and geochronologic constraints on early animal evolution. Science, 270: 598-604

Hapuarachchi D J A C. 1977. Decarbonation reactions and the origin of vein-graphite in Sri Lanka. J Nat Sci Council Sri Lanka, 5: 29-32

Harder E C. 1919. Iron-depositing bacteria and their geologic relations (Vol. 113). US Government Printing Office

Hardie L A. 2003. Secular variations in Precambrian seawater chemistry and the timing of Precambrian aragonite seas and calcite seas. Geology, 31: 785-788

Hayes J M. 1994. Global methanotrophy at the Archean Proterozoic transition. In: Bengtson S. Early Life on Earth. New York: Columbia University Press, 220-236

Heaman L M. 1997. Global mafic magmatism at 2.45Ga: Remnants of anancient large igneous province. Geology, 25: 299-302

Hoffman A W. 1988. Chemical differentiation of the Earth: The relationship between mantle, continental crust, and oceanic crust. Earth Planet Sci Lett, 90: 297-314

Hoffman P F. 1984. The proterozoic eon. Science, 225(4657): 46-47

Holland H D, Zimmermann H. 2000. The dolomite problem revisited. International Geology Review, 42: 481-490

Hou G T, Li J H, Qian X L, et al. 2001. The paleomagnetismand geological sigmificance of Mesoproterozoic dyke swarms in the central North China craton. Science in China(D), 4(2): 185-192

Hüneke H, Joachimski M , Buggisch W, et al. 2001. Marine carbonate facies in response to climate and nutrient level: The upper carboniferous and permian of central spitsbergen (Svalbard). Facies, 45(1): 93-135

Hunter D R. 1974. Crustal development in the Kaapvaal craton, I. The Archaean. Precambrian Research, 1(4): 259-294

Jahn B M, Cui J J, Zhang Y Q, et al. 2013. Late Mesozoic orogenesis along the coast of Southeast China and its geological significance. Geology in China, 40(1): 86-105

Juniper S K, Fouquet Y. 1988. Filamentous iron silica deposits from modern and ancient hydrothermal sites. Canadian Mineralogist, 26: 859-869

Kamineni D C, Rao A T. 1988. Sapphirine-bearing quartzite from the eastern ghats granulite terrain, vizianagaram, india. Journal of Geology, 96(2): 209-220

Katz A J, Thompson A H. 1987. Quantitative prediction of permeability in porous rock. Physical Review B Condensed Matter, 34(11): 8179-8181

Kay R W. 1978. Aleutian magnesian andesites: melts from subducted pacific ocean crust. Journal of Volcanology & Geothermal Research, 4(1-2): 117-132

Keith M L, Anderson G M, Eichler R . 1964. Carbon and oxygen isotopic composition of mollusk shells from marine and fresh-water environments. Geochimica Et Cosmochimica Acta, 28(10–11): 1757-1786

Kern K, Wells G L. 1977. Simple analysis and working equations for the solidification of cylinders and spheres. Metallurgical Transactions B, 99-105

Kiehl R. 1968. Divisoren auf abelschen Mannigfaltigkeiten. Archiv der Mathematic, 19(2): 131-136

Klein R, Zeiss C, Chew E Y, et al. 2005. Complement factor H polymorphism in age-related macular degeneration. Science, 308(5720): 385-389

Konhauser K O, Kappler A, Roden E E. 2011. Iron in microbial metabolisms. Elements, 7(2): 89-93

Kramers J D. 1988. An open-system fraetional crystallization model for very early continental crust. Precambrian Res, 38: 281-295

Kroner A. 1985. Evolution of the Arehean continental crust. Annu Rev Earth Planet Sci, 13: 49-74

Kroner A, Cui W Y, Wang S Q, et al. 1998. Single giicon ages from high grade rocks of the Jianping complex, Liaoning province, NE China. Journal of Asia Earth Science, 16(5-6): 519-532

Kwieeinska B. 1980. Mineralogy of Natural GraPhites. Wroelaw

Lamba D M, Awramik S M, Zhu S X. 2007. Paleoproterozoiccompression like structures from the Changzhougou Formation, China: Eukaryotes or clasts. Precambrian Res, 154: 236-247

Lambert D L, Ries L M . 1981. Carbon, nitrogen, and oxygen abundances in G and K giants. The Astrophysical Journal, 248: 228-248

Lambert R. 1987. 地球构造和热史: 太古代综述和热点模式. 袁廷佐, 张治平译. 前寒武纪板块构造. 北京: 地质出版社, 127-135

Land L S. 1998. Failure to precipitate dolomite at 25 degrees C from dilute solution despite 1000-fold oversaturation after 32years. Aquat & Geochemistry, 4: 361-368

Le Bas M J. 2000. IUGS reclassification of the high-Mg and picritic volcanic rocks. Journal of Petrology, 41(10): 1467-1470

Li Z X, Zhang L, Powell C M, et al. 1997. Position of the East Asian cratonsin the Neoproterozoic supercontinent Rodinia. Australian Journal of Earth Sciences, 43: 593-604

Lindsley H, Davidson M. 1981. Discussion of "thermodynamic parameters of $CaMgSi_2O_6$-$Mg_2Si_2O_6$ pyroxenes based on regular solution and cooperative disordering models" by Holland, Navrotsky , and Newton. Contrib Mineral Petrol, 75: 301-304

Lipson H, Stokes A R. 1942. The structure of graphite. Proceedings of the Royal Society of London, 181(984): 749-773

Liu D Y, Nutman A P, Compston W, et al. 1992. Remnants of 3800Ma crust in the Chinese part of the Sino Korean craton. Geology, 20: 339-342

Lovley D R. 1993. Dissimilatory metal reduction. Annual Reviews in Microbiology, 47(1): 263-290

Lowenstein T K, Hardie L A, Timofeef M N, et al. 2003. Secular variation in seawater chemistry and the origin of calcium chloridebasinal brines. Geology, 31: 857-860

Ludwing K R. 2001. Users manual for Isoplot/EX (Rev. 2. 49): A geochronological toolkit for Microsoft Excel. Berkeley Geochronology Center Special Publication, 1: 55

Lumsden D N, Lloyd R V. 1997. Three dolomites. Journal of Sedimentary Research, 67: 381-396

Martin H, Smithies R H, Rapp R, et al. 2005. An overview of adakite, tonalite trondhjemite granodiorite(TYG), and sanukitoid: Relationships and some implications for crustal evolution. Lithos, 79(1): 1-24

Maruyama S. 1994. Plume tectonics. J Geol Soc Japan, (100): 26-49

Mckenzie J A, Vasconcelos C. 2005. How comparative carbonate sedimentology helped to solve the "dolomite problem". Geological Society of America Abstracts with Programs, 37: 182

Moreira N F, Walter L M, Vasconcelos C, et al. 2004. Role of sulfide oxidation in dolomization: Sediment and porewater geochemistry of a modern hypersaline lagoon system. Geology, 32: 701-704

Moyen J F, Martin H. 2012. Forty years of ttg research. Lithos, 148(148): 312-336

Mukherjee M M. 1986. Tectonically-controlled gold mineralisation in chigargunta area, south kolar schist belt, chittoor district, andhra pradesh. Geological Society of India, 27(6): 517-526

Naqvi S M, Rogers J J W. 1987. Precambrian Geology of India. Oxford: Oxford University Press

Nealson K H, Rye R. 2003. Evolution of metabolism. Treatise on Geochemistry, 8: 41-61

Nisbet E G. 1991. Of clocks and rocks –the 4 aeons of earth. Episodes, 14(4): 327-330

Nutman A P, Bennett V C, Friend C R L, et al. 1999. Meta-igneous (non-gneissic) tonalites and quartz-diorites from an extensive ca. 3800 Ma terrain south of the Isua supracrustal belt, southern West Greenland: Constraints on early crust formation. Contributions to Mineralogy and Petrology, 137(4): 364-388

Ohmoto H, Kakegawa T, Lowe D R. 1993. 3.4 billion year old biogenic pyrites from Barberton, South Africa: Sulfur isotope evidence. Nature, 262: 555-557

Pavlov A A, Kasting J F. 2002. Mass-independent fractionation of sulfur isotopes in archean sediments: Strong evidence for an anoxic archean atmosphere. Astrobiology, 2(1): 27-41

Peacock S M, Rushmer T, Thompson A B. 1994. Partial melting of subducting oceanic crust. Earth & Planetary Science Letters, 121(1–2): 227-244

Perry E C, Ahmad S N. 1977. Carbon isotope composition of graphite and carbonate minerals from 3. 8-ae metamorphosed sediments, isukasia, greenland. Earth & Planetary Science Letters, 36(2): 280-284

Pidgeon R T. 1978. 3450-m. y. -old volcanics in the Archaean layered greenstone succession of the Pilbara Block, Western

Australia. Earth & Planetary Science Letters, 37(3): 421-428

Qian X L, Chen Y P. 1987. Late precambrianmafic dyke swarms of the North China Craton. In: Halls H C, Fahrig W F. Mafic Dykes Swarms. Geology Association of Canada Special Paper, 34: 385-391

Rollinson H, Martin H. 2005. Geodynamic controls on adakite, ttg and sanukitoid genesis: Implications for models of crust formation: Introduction to the special issue. Lithos, 79(1): ix–xii

Rosing M T. 1999. ^{13}C-depleted carbon microparticles in >3700Ma seafloor sedimentary rocks from West Greenland. Science, 283: 674-676

Sadowski G R, Bettencourt J S. 1996. Mesoproterozois tectonic correlations between eastern Laurentis and the western border of the Amazon craton Precambrian Research, 76: 213-227

Sandiford M, Powell R. 1988. Thermal and baric evolution of garnet granulites from sri lanka. Journal of Metamorphic Geology, 6(3): 351-364

Santosh M. 1987. Cordierite gneisses of southern kerala, india: Petrology, fluid inclusions and implications for crustal uplift history. Contributions to Mineralogy and Petrology, 96(3): 343-356

Santosh M, Maruyama S, Sato K. 2009. Anatomy of a Cambrian suture in Gondwana: Pacific-type orogeny in southern India. Gondwana Research, 16(2): 321-341

Schidlowski M, Appel P W U, Eichmann R, et al. 1979. Carbon isotope geochemistry of the 3.7×10^9-yr-old isua sediments, west greenland: Implications for the archaean carbon and oxygen cycles. Geochimica Et Cosmochimica Acta, 43(43): 189-199

Schlanger S O, Jenkyns H C. 1976. Cretaceous oceanic anoxic events: Cause and consequence. Geol Mijinboun, 55: 179-184

Schopf J W. 1993. Microfossils of the early Archean apex chart: New evidence of the antiquity of life. Science, 260: 640-646

Schopf J W. 1999. Deep divisions in the tree of lifewhat does the fossi l record reveal. Biol Bu1l, 196: 351-355

Sharkov E V, Snyder G A, Taylor L A, et al. 1999. An early Proterozoic large igneous Province in the eastern Baltic shield: Evidence from the mallc drosite complex, Belomorian mbile belt, Russia. International Geological Review, 41: 73-93

Silva K. 1974. Tectonic control of graphite mineralization in sri lanka. Geological Magazine, 111(4): 307-312

Sinha-Roy S. 1983. Structure and tectonics of precambrian rocks of India. Hindustan Publishing Corp

Sivaprakash C. 1984. Petrology of sillimanite gneisses from garividi, andhra pradesh. Geological Society of India, 25(11): 725-743

Song B, Nutman A P, Liu D Y, et al. 1996. 3800 to 2500 Ma crustal evolution in Anshan area of Liaoning province, Northeastern China. Precambrian Research, 78: 79-94

Steiner, Glaser D, Hawilo M E, Berridge K C. 2001. Comparative expression of hedonic impact: affective reactions to taste by human infants and other primates. Neuroscience & Biobehavioral Reviews, 25(1): 53-74

Tarney T, Weaver B L. 1987. Geochemistry of the Scourian Comples: Petrogenis and Tectonic Models. Blackwell, Oxford: Geological Society Special Publication, 27: 45-56

Taylor D, Dalstra H J, Harding A E, et al. 2001. Genesis of high grade hematite orebodies of the Hamersley province, Western Australia. Economic Geology, 96: 837-873

Taylor J, Guo H, Wang J. 2001. Ab initio modeling of quantum transport properties of molecular electronic devices. Physical Review B, 63(24): 245-407

Trendall A F. 1968. Three great basins of precambrian banded iron formation deposition: A systematic comparison. Geological Society of America Bulletin, 79(11): 1527-1544

Unrung R. 1992. The supercontinent cycte and Gondwanaland assembly: Component cratons and the timing suturinge events. Journal of Geodynamics, 16: 215-240

Usdowski E. 1994. Synthesis of dolomite and geochemical implications. In: Purser B M, Zenger D H. Dolomites: A Volume in Honor of Doloieu: International Association of Sedimentogists, Special Publication. Oxford: Blackwell, 345-360

Valentine J W. 1989. How good was the fossil record? clues from the california pleistocene. Paleobiology, 15(2): 83-94

Van Lith Y, Warthmann R, Vasconeelos C, et al. 2003. Microbial fossilization in carbonate sediments: A result of the bacterial surface involvement in dolomite precipitation. Sedimentology, 50: 237-245

Vasconcelos C, Mckenzie J A. 1997. Microbial mediation of moderndolomite precipitation and diagenesis under anoxic conditions, Lagoa Vermelha, Riode Janeiro, Bruzil. Journal of Sedimentary Research, 67: 378-390

Vasconcelos C, Mckenzie J A, Bernaconi S. et al. 1995. Microbial mediation as a possible mechanism for nature dolomite formation at low temperature. Nature, 377: 220-222

Wada H, Suzuki K. 1983. Carbon isotopic thermometry calibrated by dolomite-calcite solvus temperatures. Geochimica et Cosmochimica Acta, 47: 697-706

Waldbauer J R, Sherman L S, Sumner D Y. 2009. Late archean molecular fossils from the transvaal supergroup record the antiquity of microbial diversity and aerobiosis. Precambrian Research, 169(1–4): 28-47

Wang Y, Houseman G A, Lin G. 2005. Mesozoic lithospheric deformation in the North China block: Numerical simulation of evolution from orogenic belt to extensional basin system. Tectonophysics, 405(1): 47-63

Wan Y, Liu D, Song B. 2006. SHRIMP U–Pb zircon geochronology of Palaeoproterozoic metasedimentary rocks in the North China Craton: Evidence for a major Late Palaeoproterozoic tectonothermal event. Precambrian Research, 149(3–4): 249-271

Wan Y, Liu D, Wang S. 2011. ~2.7 Ga juvenile crust formation in the North China Craton (Taishan-Xintai area, western Shandong Province): Further evidence of an understated event from U–Pb dating and Hf isotopic composition of zircon. Precambrian Research, 186(1): 169-180

Warthmann R, Van Lith Y, Vasconcelos C, et al. 2000. Bacterially induced dolomite precipitation in anoxic culture experiments. Geology, 28: 1091-1094

Washington J. 2000. The possible role of volcanic aquifers in prebiologic genesis of organic compounds and RNA. Origins Life Evol Biosphere, 30(1): 53-79

Wilde S A, Cawood P A, Wang K Y. 1997. SHRIMP U-Pb data of granires and gneisses in the Tmhangshan-Wutaishan area: Implications for the timing of crustal growth in the Noah China craton. China Science Bulletin, 43(supp): 144

Wilde S A, Zhao G, Sun M. 2002. Development of the North China Craton during the late Archaean and its final amalgamation at 1. 8 Ga: Some speculations on its position within a global Palaeoproterozoic supercontinent. Gondwana Research, 5(1): 85-94

Wilde S A, 吴福元, 张兴洲. 2001. 中国东北麻山杂岩晚泛非期变质的锆石 Shrimp 年龄证据及全球大陆再造意义. 地球化学, 30(1): 35-50

Wilkin R T, Barnes H L, Brantley S L. 1996. The size distribution of framboidal pyrite in modern sediments: An indicator of redox conditions. Geochimica et Cosmochimica Acta, 60(20): 3897-3912

Wilson J T. 1973. Mantle plume and plate motions. Tectonophysics, (19): 149-164

Windley B F. 1993a. Uniformitarianisra today: Plate tectonics is the key to the past. Journal of the Geological Society(London), 150: 7-19

Windley B F. 1993b. Proterozoic anorogenic magmatism and its orogenic connections. Journal of the Geological Society (London), 150: 39-50

Windley B F, Ackermand D, Herd R K. 1984. Sapphirine/kornenipine-bearing rocks and crustal uplift history of the Limpopo belt, Southern Africa. Contributions to Mineralogy and Petrology, 86(4): 342-358

Windley D E. 1995. Calcareous nannofossil applications in the study of cyclic sediments of the Cenomanian. University College London

Winkler H G F. 1965. Change of Chemical Composition of Minerals with Progressive Metamorphism. Springer Berlin Heidelberg

Wood B J, Banno S. 1973. Garnet-orthopyroxene and orthopyroxene-clinopyroxene relationships in simple and complex systems. Contributions to mineralogy and petrology, 42(2): 109-124

Xiao S, Hagadom J W, Zhou C, et al. 2007. Rare helical spheroidal fossils from the Doushantuo Lagerstätte: Ediacaran animal embryos come of age. Geology, 35(2): 115-118

Yin L M, Zhu M Y, Knoll A H, et al. 2007. Doushantuo embryos preserved inside diapause egg cysts. Nature, 446: 661-663

Zhai M G, Santosh M. 2011. The early Precambrian odyssey of the North China Craton: A synoptic overview. Gondwana Research, 20(1): 6-25

Zhai M G, Yan Y H, Lu W J, et al. 1985. Geochemistry and evolution of the Qingyuan Archean granite-greonstone terrain, North China . Precambrian Research, 27: 37-62

Zhai M G, Windley B F, Sills J D. 1990. Archean gneisses, amphibolites, banded iron-formation from Anshan area of Liaoning, NE China: Their geochemistry, metamorphism and petrogenesis. Precambrian Research, 46: 195-216

Zhai M G, Guo J H, Li J H, et al. 1996. Retrograded eclogites in the Archaean North China craton and their geological implication. Chinese Science Bulletin, 41(4): 1315-1320

Zhai M G, Guo J H, Li Y G, et al. 1999. Eclogite-high-pressure granulite belt in northern edge of the Archean North China Craton. Journal of China University of Geoscience, 9(1): 6-13

Zhai M G, Cong B L, Guo J H, et al. 2000. Sm-Nd geochronology and petrn graphy of garnet pyroxene granulites in the northern Sulu region of China and their geotectonic implication. Lithosphere, 52: 23-33

Zhang X, Zhang L, Xiang P, et al. 2011. Zircon U-Pb age, Hf isotopes and geochemistry of Shuichang Algoma-type banded iron-formation, North China Craton: Constraints on the ore-forming age and tectonic setting. Gondwana Research, 20(1): 137-148

Zhao G C, Wilde S A, Caweod P A, et al. 2001. Archean blocks and their boundaries in the North China craton: Lithological, geochemical, structural and P-T path constraints and tectonic evolution. Precambrian Research, 107: 45-73

Zhou J B, Wilde S A, Zhao G C. 2008. SHRIMP U-Pb zircon dating of the Neoproterozoic Penglai Group and Archean gneisses from the Jiaobei Terrane, North China, and their tectonic implications. Precambrian Research, 160(3-4): 323-340

Zhu S X. 1995. Chen H N. Megascopic multice Uular organisms from the 1700 million old Tuanshanzi Formation in the Jixian area. North China Science, 270: 620-622

Глебовицкий Б А. 1989. Зволюция Процессов Метаморфизма В Главных Структурах Докембрийской Литосферы И Геодинамиика

附表 变质矿物代码简表

矿物代码	矿物名称	英文名称	矿物化学式
Alm	铁铝榴石	Almandine Garnet	$Fe_3Al_2(SiO_4)_3$
And	红柱石	Andalusite	Al_2SiO_5
Ap	磷灰石	Apatite	$Ca_5PO_4(F,Cl,OH)_3$
Atg	叶蛇纹石	Antigorite	$Mg_6[Si_4O_{10}](OH)_8$
Ath	直闪石	Anthophyllite	$(Ca,Na)_{2\text{-}3}(Mg^{2+},Fe^{2+},Fe^{3+},Al^{3+})_5[(Al,Si)_8O_{22}](OH)_2$
Bi(Bt)	黑云母	Biotite	$K(Mg,Fe^{2+})_3(Al,Fe^{3+})Si_3O_{10}(OH,F)_2$
Brc	水镁石	Brucite	$Mg(OH)_2$
Cal	方解石	Calcite	$CaCO_3$
Ccn	钙霞石	Cancrinite	$3NaAlSiO_4 \cdot CaCO_3$
Chl	绿泥石	Chlorite	$(Mg,Fe,Al)_3[(Si,Al)_4O_{10}](OH)_2 \cdot (Mg,Fe,Al)_3(OH)_6$
Chn	粒硅灰石	Chondrodite	$CaSiO_3$
Chu	粒硅镁石	Clinohumite	$Mg_5[SiO_4]_2(F,OH)_2$
Cpx	单斜辉石	Clinopyroxene	$Mg_2[Si_2O_6]$—$Fe_2[Si_2O_6]$
Crd	堇青石	Cordierite	$Mg_2Al_4Si_5O_{18}$
Crn	刚玉	Corundum	Al_2O_3
Ctl	纤蛇纹石	Chrysotile	$(Mg,Fe)_3Si_2O_5(OH)_4$
Di	透辉石	Diopside	$CaMg[Si_2O_6]$
Dol	白云石	Dolomite	$CaMg(CO_3)_2$
Drv	镁电气石	Dravite	$NaMg_3Al_6(BO_3)_3Si_6O_{18}(OH)_3(OH)$
Elb	锂电气石	Elbaite	$Na(Li,Al),Al_6B_3Si6O_{27}(OH,F)_4$
En	顽火辉石	Enstatite	$Mg_2[Si_2O_6]$—$Fe_2[Si_2O_6]$
Ep	绿帘石	Epidote	$Ca_2Fe^{3+}Al_2[SiO_4][Si_2O_7]O(OH)$
Fe2-Act	镁阳起石	Ferro-Actinolite	$Ca_2(Mg,Fe)_5Si_8O_{22}(OH)_2$
Fe2-Hbl	铁角闪石	Ferro hornblende	$(Ca,Na)_{2\text{-}3}(Mg^{2+},Fe^{2+},Fe^{3+},Al^{3+})_5[(Al,Si)_8O_{22}](OH)_2$
Fo	镁橄榄石	Forsterite	Mg_2SiO_4
Ga(Grt)	石榴子石	Garnet	$(Ca,Mg,Fe,Mn)_3(Al,Fe,Cr)_2[SiO_4]_3$
Gln	蓝闪石	Glaucophane	$Na_2(Mg,Fe)_3Al_2Si_8O_{22}(OH)_2$
Glt	海绿石	Glauconite	$K_{1-x}\{(Fe^{3+},Al,Fe^{2+},Mg)_2[Al_{1-x}Si_3+xO_{10}](OH)_2\} \cdot nH_2O$
Gre	铁蛇纹石	Greenalite	$Mg_6[Si_4O_{10}](OH)_8$
Grp	石墨	Graphite	C
Grs(Gros)	钙铝榴石	Grossular	$(Ca,Mg,Fe,Mn)_3(Al,Fe,Cr)_2[SiO_4]_3$
Gt	针铁矿	Goethite	α-Fe_2O_3
Hal	多水高岭石	Halloysite	$Al_4[Si_4O_{10}](OH)_8 \cdot 4H_2O$
Hbl	普通角闪石	Hornblende	$(Ca,Na)_{2\text{-}3}(Mg^{2+},Fe^{2+},Fe^{3+},Al^{3+})_5[(Al,Si)_8O_{22}](OH)_2$
Hem	赤铁矿	Hematite	α-Fe_2O_3

续表

矿物代码	矿物名称	英文名称	矿物化学式
Hu	硅镁石	Humite	$Mg_3[SiO_4](F,OH)_2$
Hy	紫苏辉石	Hypersthene	$Mg_2[Si_2O_6]—Fe_2[Si_2O_6]$
Ill	伊利石	Illite	$K_{0.75}(Al_{1.75}Mg,Fe)[Si_{3.5}Al_{0.5}O_{10}](OH)_2$
Ilm	钛铁矿	Ilmenite	$FeTiO_3$
Kf(Kfs)	钾长石	K-feldspar	$K_2O·Al_2O_3·6SiO_2$
Kor	柱晶石	Kornerpine	$Mg_3Al_6(Si,Al,B)_5O_{21}(OH)$
Ky	蓝晶石	Kyanite	Al_2SiO_5
Mgs	菱镁矿	Magnesite	$MgCO_3$
Mi	云母	Mica	$KAl_2[AlSi_3O_{10}][OH]_2$
Mic	微斜长石	Microcline	$KAlSi_3O_8$
Ms(Mus)	白云母	Muscovite	$KAl_2[Si_3AlO_{10}](OH,F)_2$
Mt(Mag)	磁铁矿	Magnetite	Fe_3O_4
Ol	橄榄石	Olivine	$Mg_2SiO_4—Fe_2SiO_4$
Opx	斜方辉石	Orthopyroxene	$Mg_2[Si_2O_6]Fe_2[Si_2O_6]$
Or	正长石	Orthoclase	$KAlSi_3O_8$
Phl	金云母	Phlogopite	$K_2Mg_6[Al_2Si_6O_{20}](OH,F)_4$
Pl	斜长石	Plagioclase	$Na[AlSi_3O_8]—Ca[Al_2Si_2O_8]$
Prp	镁铝榴石	Pyrope	$Mg_3Al_2(SiO_4)_3$
Pth	条纹长石	Perthite	$Na[AlSi_3O_8]—KAlSi_3O_8$
Py	石榴二辉麻粒岩	Pyrigarnite	
Pyp	叶蜡石	Pyrophyllite	$Al_2Si_4O_{10}(OH)_2$
Qz	石英	Quartz	SiO_2
Rds	菱锰矿	Rhodochrosite	$MnCO_3$
Scp	方柱石	Scapolite	$Na_4[AlSi_3O_8]_3(Cl,OH)-Ca_4[Al_2SiO_8]_3(CO_3,SO_4)$
Ser	绢云母	Sericite	$K_{0.5\text{-}1}(Al,Fe,Mg)_2(SiAl)_4O_{10}(OH)_2 \cdot nH_2O$
Sil	夕线石	Sillimanite	Al_2SiO_5
Spl	尖晶石	Spinel	$MgAl_2O_4$
Spn	榍石	Sphere	$CaTiSiO_5$
Srl	黑电气石	Schorl	$NaFe_3Al_6(BO_3)_3Si_6O_{18}(OH)_3(OH)$
Srp	蛇纹石	Serpentine	$(Mg,Fe)_3Si_2O_5(OH)_4$
St(Stau)	十字石	Staurolite	$(Fe^{2+},Mg,Mn)_2(Al,Fe^{3+})_9(Si,Al)_4O_{22}(OH,O)_2$
Tlc	滑石	Talc	$3MgO_4SiO_2·H_2O$
Tr	透闪石	Tremolite	$Ca_2Mg_5Si_8O_{22}(OH)_2$
Tur	电气石	Tourmaline	$Na(Mg,Fe)_3Al_6(BO_3)_3Si_6O_{18}(OH)_3(OH)$
Ves	符山石	Vesuvianite	$Ca_{10}Mg_2Al_4[SiO_4]_5[Si_2O_7]_2(OH,F)_4$
Vrm	蛭石	Vermiculite	$(Mg,Ca)_{0.3\text{-}0.45}(H_2O)n\{(Mg,Fe^{3+},Al)_3[(Si,Al)_4O_{12}](OH)_2\}$
Wo	硅灰石	Wollastonite	$Ca_3[Si_3O_9]$
Zo	黝帘石	Zoisite	$Ca_2Al_3(SiO_4)(Si_2O_7)O(OH)$
Zr	锆石	Zircon	$ZrSiO_4$

图　　版

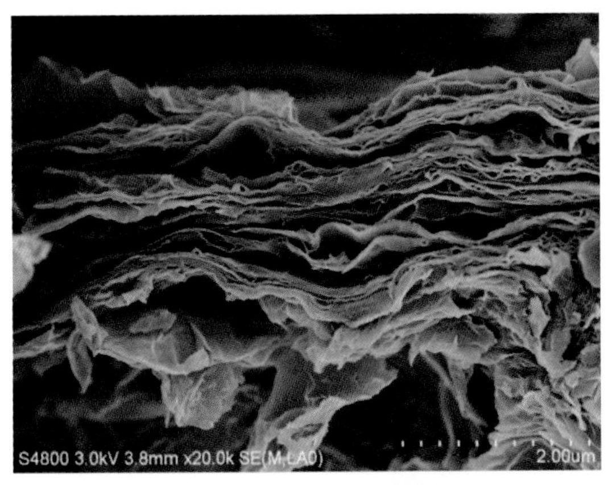

照片1-1　天然石墨电镜照片[导热系数300~700W/(m·K)]

照片1-2　苏吉泉混染花岗岩中的石墨球粒

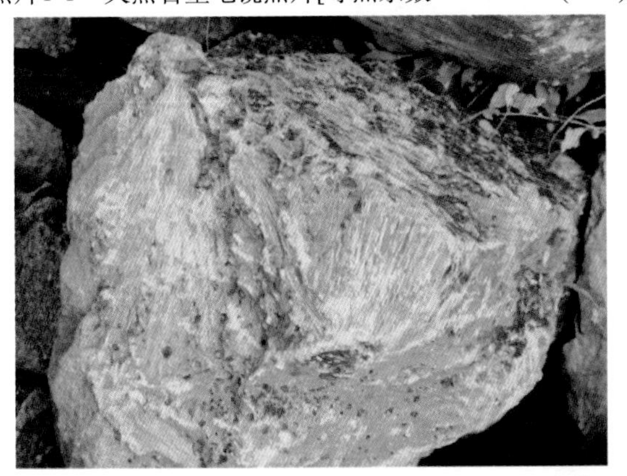

照片3-1　鞍山弓长岭铁矿底板变余科马提岩鬣刺构造

照片3-2　鞍山弓长岭铁矿条纹构造

照片3-3　昆阳磷矿剖面，下部磷块岩，上部黑色页岩

照片3-4　磷块岩的潮汐层理及干裂构造

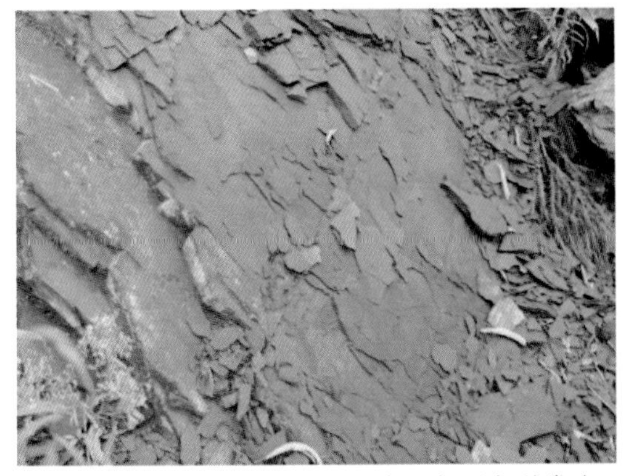

照片3-5　四川省绵竹县龙王庙黑色页岩型磷矿

照片3-6　龙王庙黑色页岩型磷矿的层状构造

照片3-7　平利钼钒矿志留系黑色高碳质板岩

照片3-8　平利钼钒矿志留系黑色高碳质板岩中的铜矿化

照片3-9　广西上林县大丰黑色页岩型铜钼钒矿

照片3-10　大丰黑色页岩型铜钼钒矿的铜矿化

照片4-1　条带(纹)状电气石岩、厚层状电气石岩被石英细脉切割

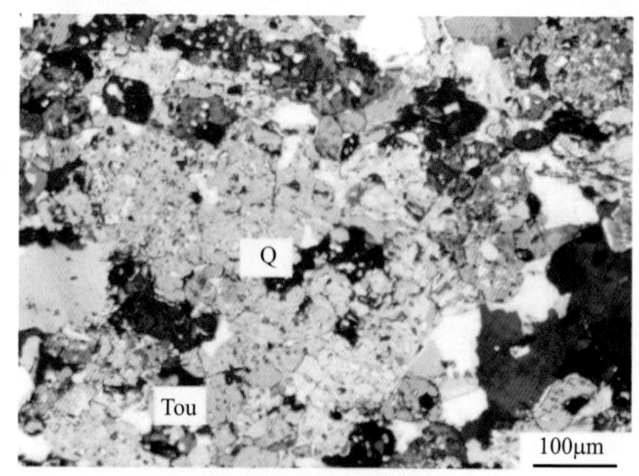

照片4-2　电气石岩显微照片

电气石的筛状结构；Tou. 电气石；Q. 石英

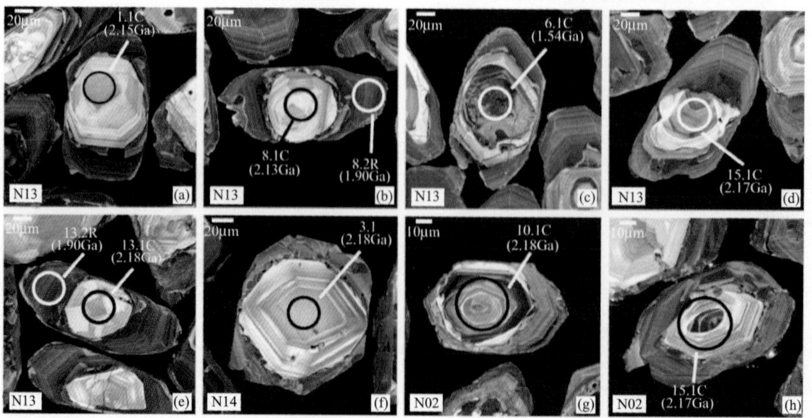

照片4-3　后仙峪硼矿区电气石岩(N13、N14、N02)的锆石阴极发光照片

图中椭圆(～30μm)为锆石SHRIMP U-Pb测点，其编号与表4-24中一致

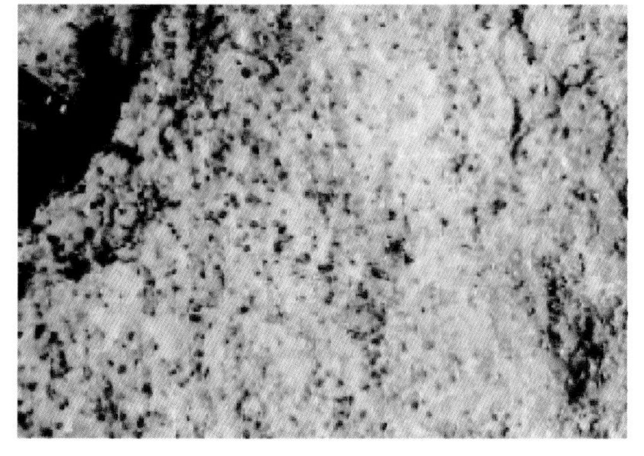

照片5-1　青海省都兰县查汗达洼特石墨矿大理岩中浸染状石墨

照片5-2　青海省都兰县查汗达洼特石墨矿大理岩裂隙带中条带状石墨

照片6-1　萝北石墨矿(LB09)锆石阴极发光图像

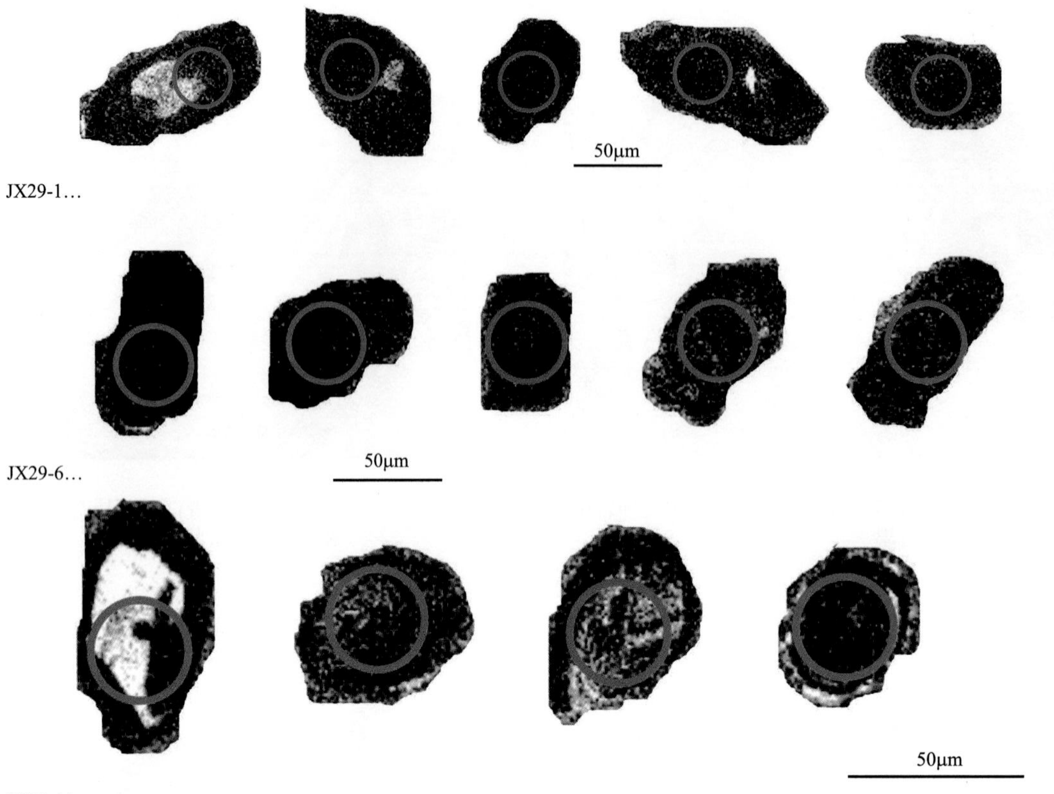

照片6-2 鸡西柳毛石墨矿石锆石(JX29-1—JX29-14)阴极发光图

照片6-3 萝北石墨岩系平卧褶皱构造

照片6-4 萝北含石墨黑云斜长变粒岩

照片6-5 含石墨黑云斜长变粒岩中长英岩脉

照片6-6 含石墨黑云斜长变粒岩中石英脉

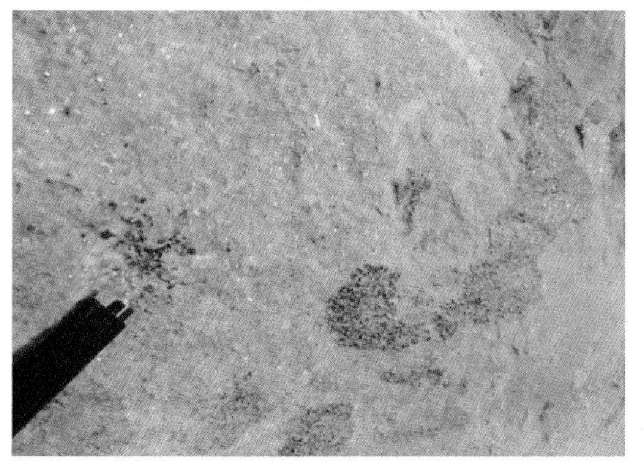

照片6-7　萝北透辉石化大理岩

照片6-8　阳起石化大理岩

照片6-9　蛇纹石化大理岩，显微照片，正交偏光

照片6-10　蛇纹石化大理岩，显微照片，正交偏光

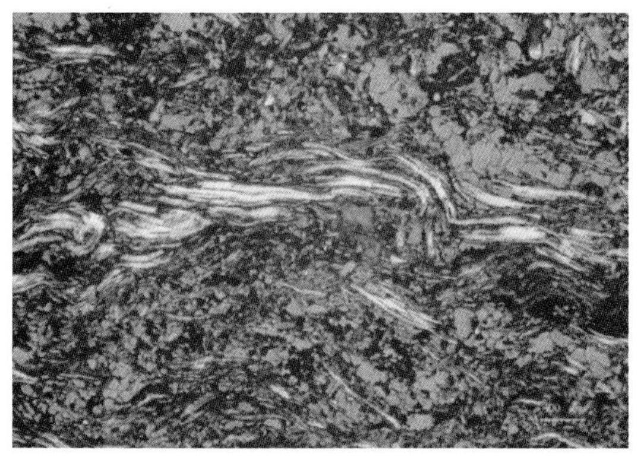

照片6-11　萝北片岩型石墨矿石显微照片，多期叠加晶体，反射光

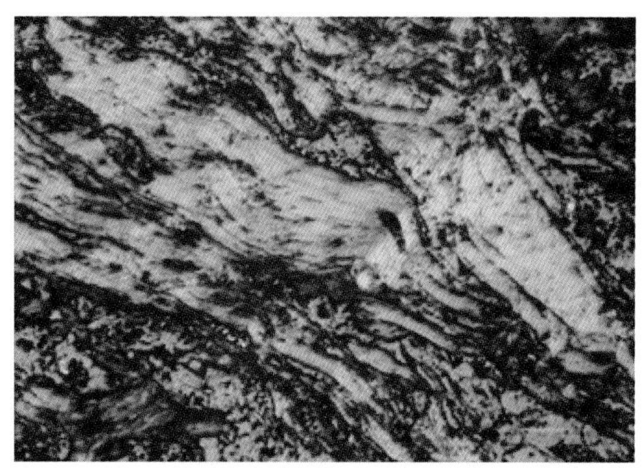

照片6-12　萝北片麻岩型石墨矿显微照片，定向排列构造，反射光

照片6-13　鸡西柳毛含石墨黑云斜长变粒岩夹大理岩层

照片6-14　条带状含石墨黑云斜长变粒岩

照片6-15　厚层含石墨黑云斜长变粒岩

照片6-16　黑云斜长变粒岩中沿层理发育的石英细脉

照片6-17　柳毛含石墨黑云斜长变粒岩夹大理岩层

照片6-18　柳毛蛇纹石化大理岩沿层理蚀变

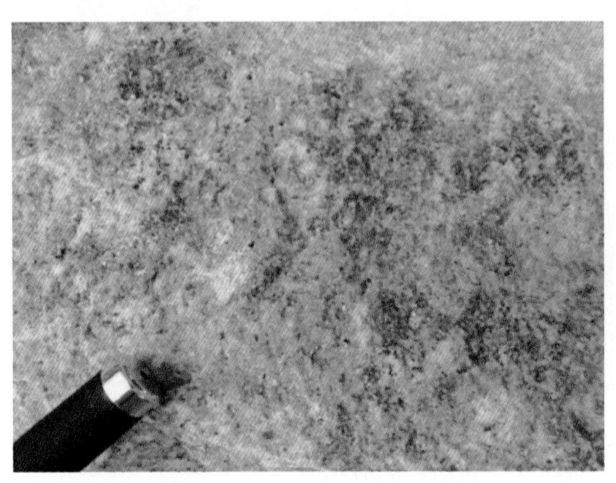

照片6-19　鸡西柳毛浸染状团块状金云母化大理岩

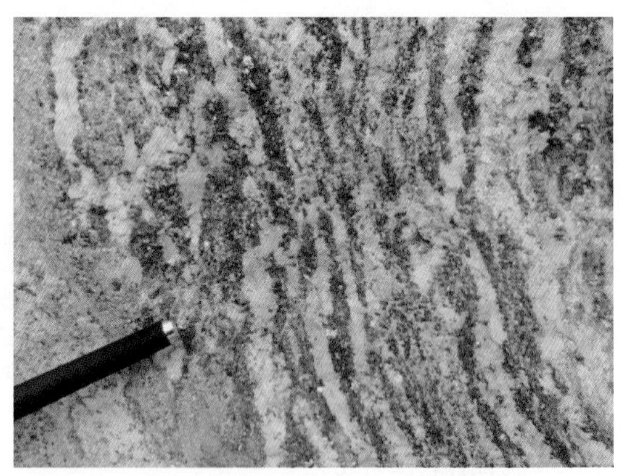

照片6-20　条带状金云母化大理岩

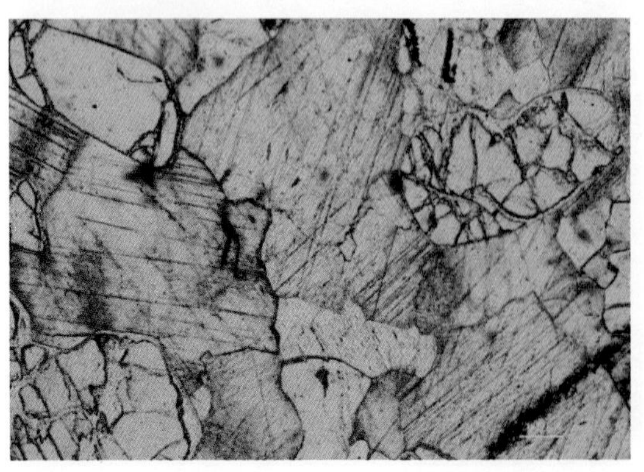

照片6-21　透辉石化大理岩，显微照片，单偏光

照片6-22　透辉石化大理岩，显微照片，正交偏光

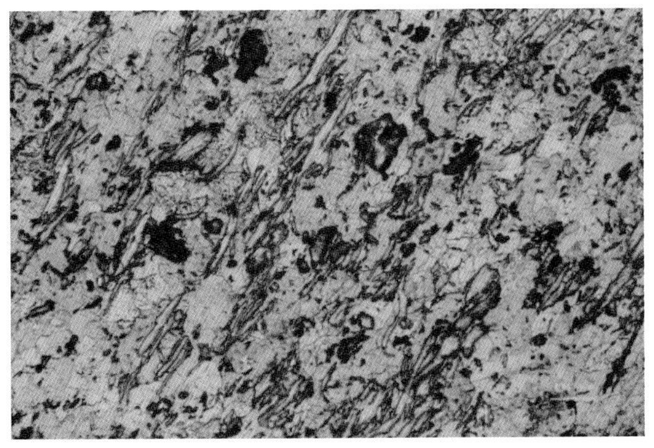

照片6-23　含石墨黑云变粒岩，显微照片，反射光

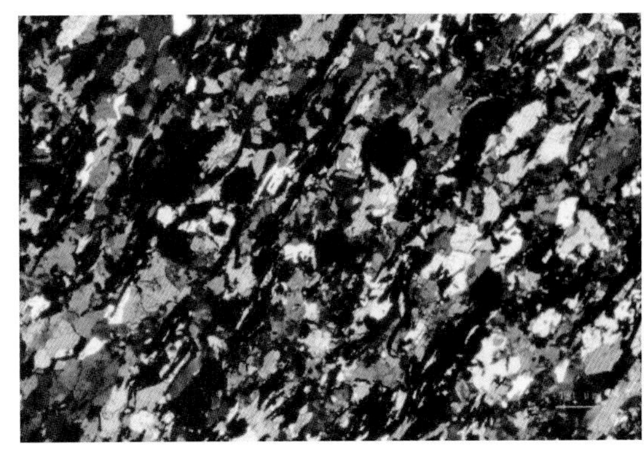

照片6-24　含石墨黑云变粒岩，显微照片，正交偏光

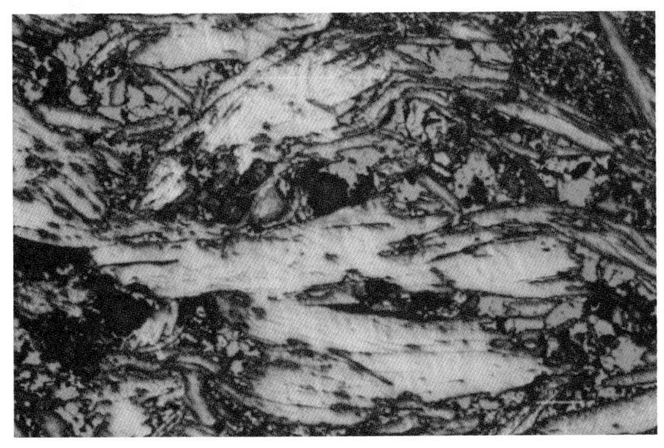

照片6-25　柳毛多期叠加石墨晶体，显微照片，反射光

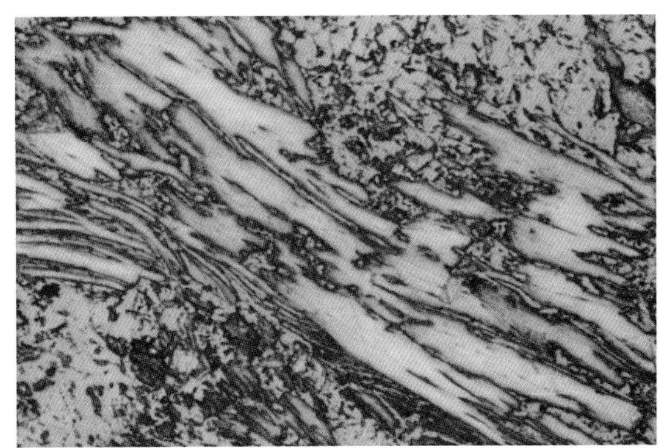

照片6-26　石墨鳞片定向排列，显微照片，反射光

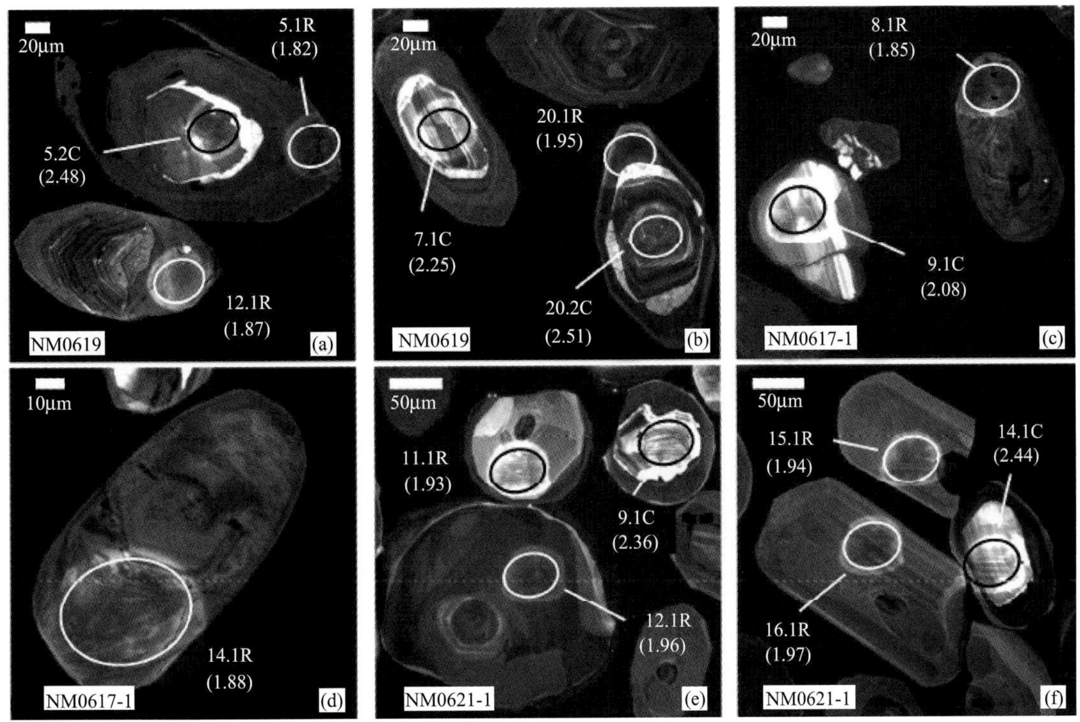

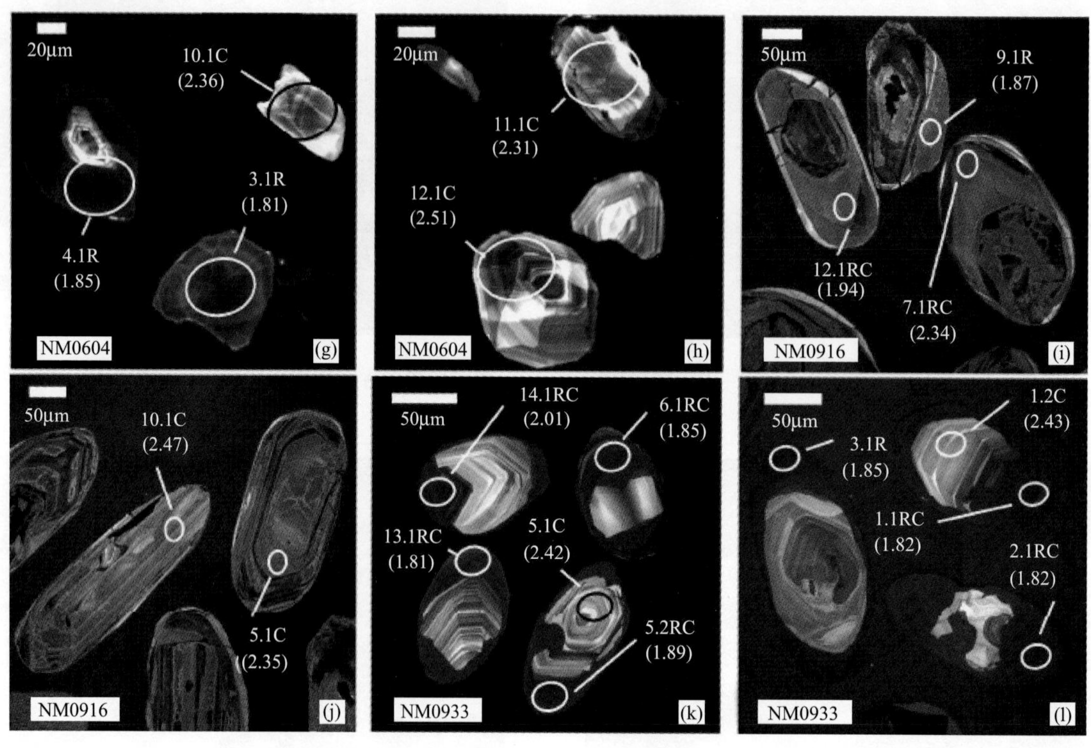

照片7-1　大青山地区孔兹岩系锆石阴极发光图像

NM0619. 石英岩；NM0617-1. 榴云片麻岩；NM0621-1. 堇青夕线榴云片麻岩；NM0604. 含石墨长石石英岩；NM0916. 榴云片麻岩；NM0933. 变质长石砂岩；图中数字标号为测点号，括号内年龄单位为 Ga

照片7-2　黄土窑石墨矿(XH14)含石墨黑云斜长变粒岩锆石阴极发光图像

照片7-3　黄土窑厚层含石墨黑云斜长变粒岩

照片7-4　黄土窑含石墨黑云斜长变粒岩

照片7-5　黄土窑复杂褶曲的含石墨黑云变粒岩

照片7-6　黄土窑金云母化大理岩

照片7-7　黄土窑充填型石英脉，边界清晰，边缘有石墨鳞片集中

照片7-8　黄土窑充填型石英脉边侧富集石墨条带

照片7-9　黄土窑含石墨黑云斜长变粒岩中渗透型石英脉与基质渐变接触或呈团块状

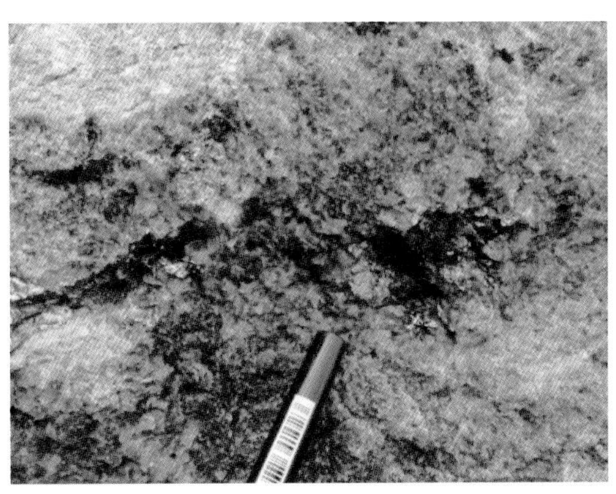

照片7-10　黄土窑含石墨黑云斜长变粒岩中渗透型石英脉团块中聚集了团块状石墨

照片7-11　黄土窑石墨非定向交织状分布，显微照片，反射光

照片7-12　黄土窑石墨非定向交织状分布，显微照片，反射光

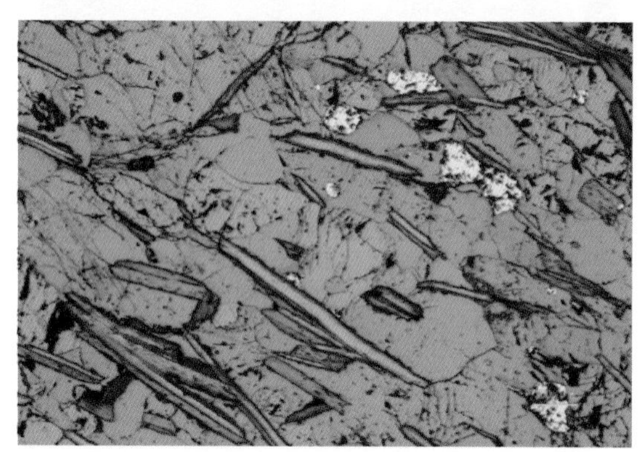

照片7-13　黄土窑石墨矿，石墨与黑云母交错连晶共生，显微照片，反射光

照片7-14　黄土窑石墨矿，石墨与黑云母交错连晶共生，显微照片，单偏光

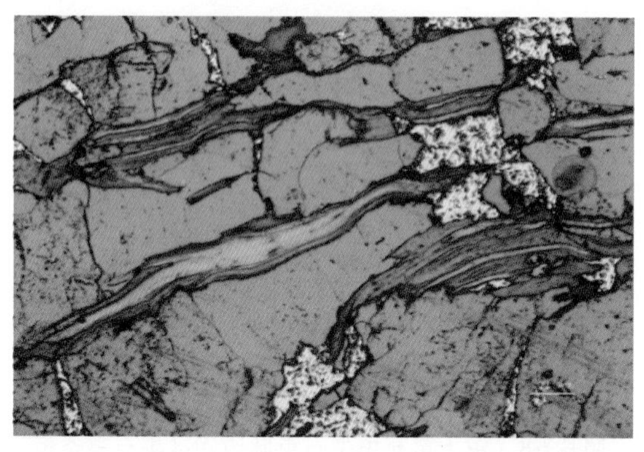

照片7-15　黄土窑石墨矿，石墨与黑云母交错连晶共生，显微照片，反射光

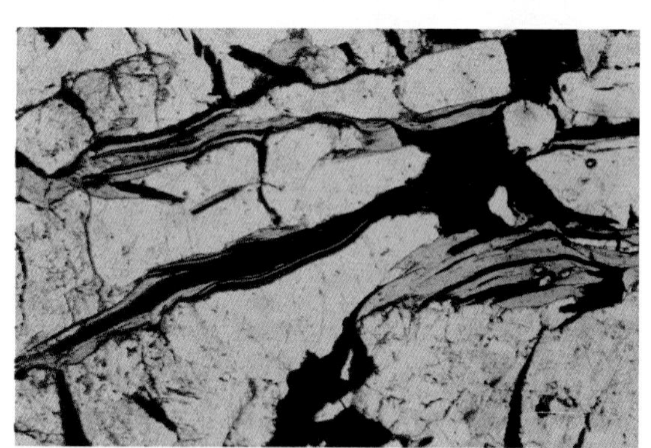

照片7-16　黄土窑石墨矿，石墨与黑云母交错连晶共生，显微照片，单偏光

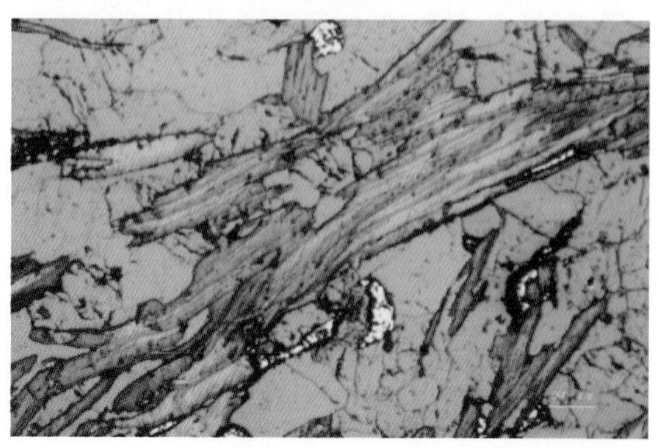

照片7-17　黄土窑石墨矿，石墨与黑云母交错连晶共生，显微照片，反射光

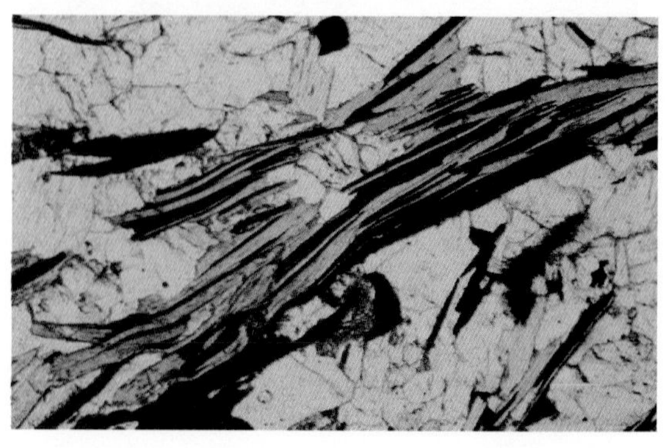

照片7-18　黄土窑石墨矿，石墨与黑云母交错连晶共生，显微照片，单偏光

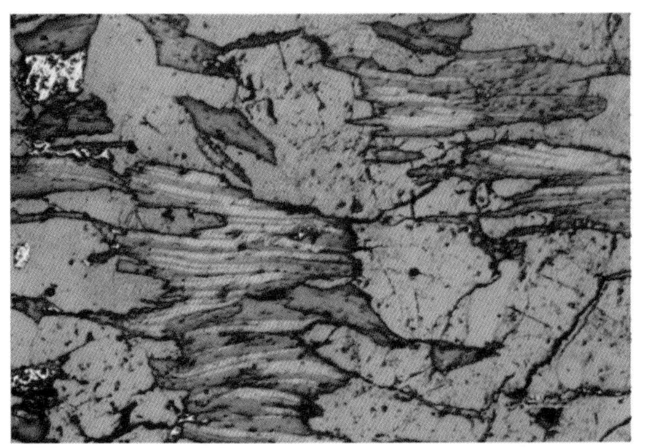

照片7-19　黄土窑石墨矿，石墨与黑云母交错连晶共生，显微照片，反射光

照片7-20　黄土窑石墨矿，石墨与黑云母交错连晶共生，显微照片，单偏光

照片7-21　新荣含石墨黑云斜长片麻岩

照片7-22　新荣黑云斜长片麻岩破碎带中石墨富集

照片7-23　新荣黑云斜长片麻岩中石英细脉两侧石墨富集

照片7-24　新荣石英脉有石墨分布，两侧鳞片状石墨富集

照片7-25　新荣花岗岩脉中浸染状石墨鳞片

照片7-26　新荣石英脉中团块状石墨鳞片

照片7-27　什报气含石墨黑云斜长片麻岩石墨矿层

照片7-28　什报气含石墨斜长变粒岩石墨矿层中发育石英细脉

照片7-29　什报气石墨矿层中发育含石墨石英脉

照片7-30　什报气石英脉中浸染状石墨鳞片

照片7-31　新荣石墨矿，石墨与白云母交错连晶共生，显微照片，反射光

照片7-32　新荣石墨矿，石墨与白云母交错连晶共生，显微照片，正交偏光

照片7-33　新荣石墨矿，石墨与白云母交错连晶共生，显微照片，反射光

照片7-34　新荣石墨矿，石墨与白云母交错连晶共生，显微照片，正交偏光

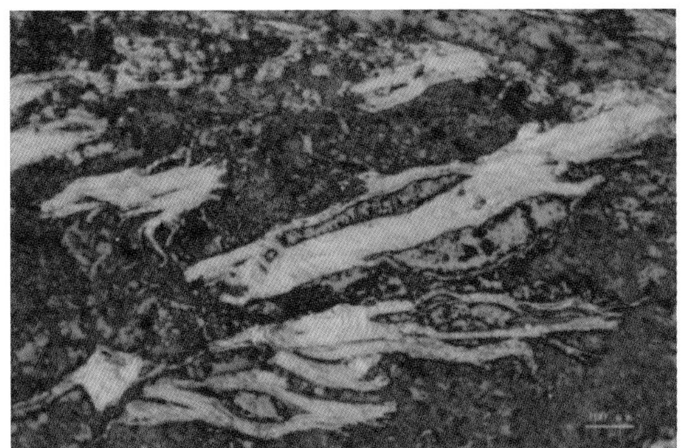

照片7-35　什报气石墨矿多期石墨连晶，显微照片，反射光

照片7-36　什报气多期石墨交织，显微照片，反射光

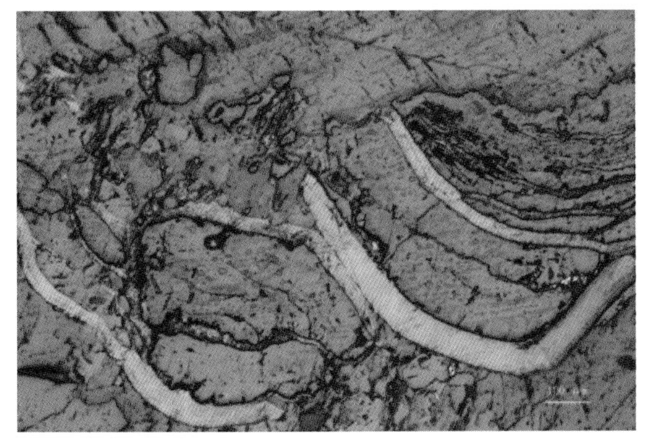

照片7-37　什报气石墨沿裂隙充填，显微照片，反射光

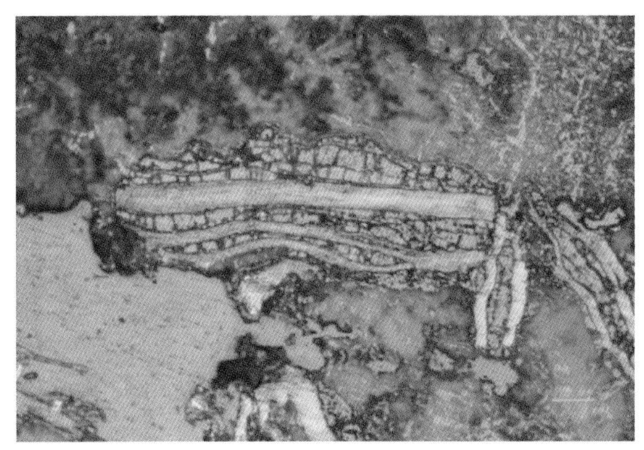

照片7-38　什报气石墨与夕线石共生，显微照片，反射光

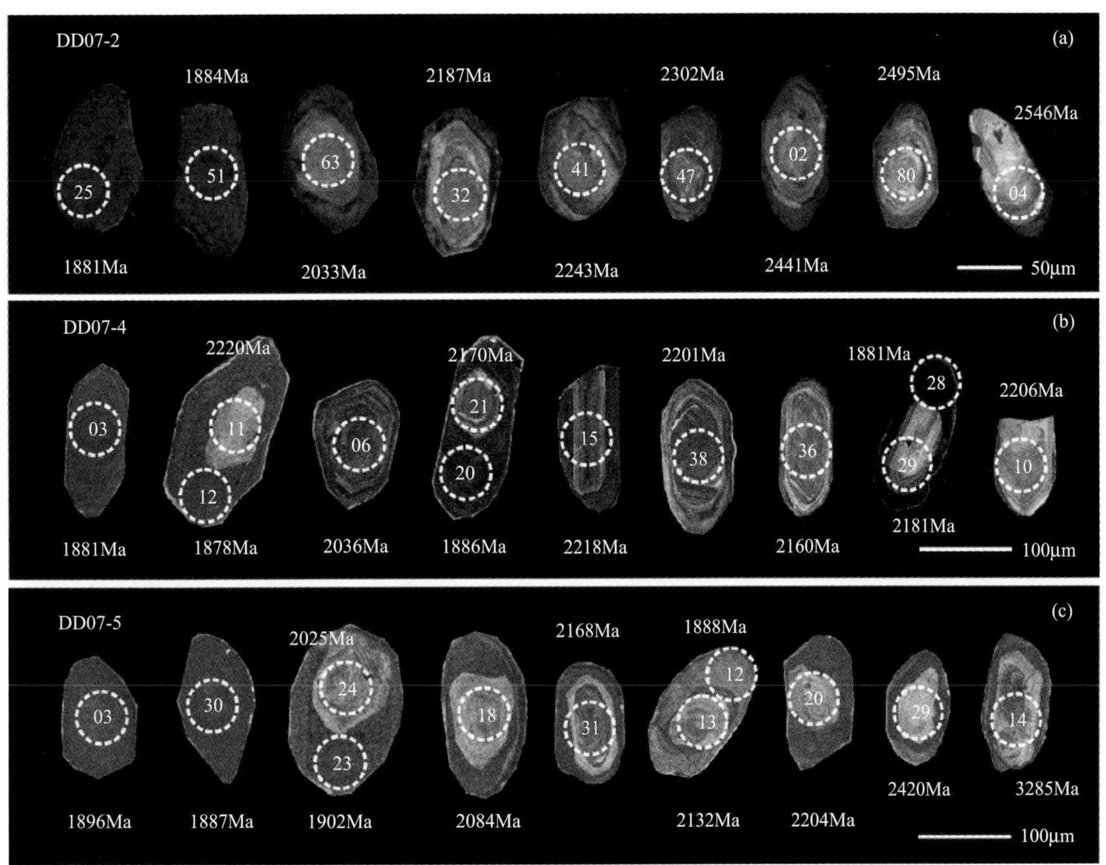

照片8-1　宽甸南辽河群孔兹岩系锆石阴极发光图像

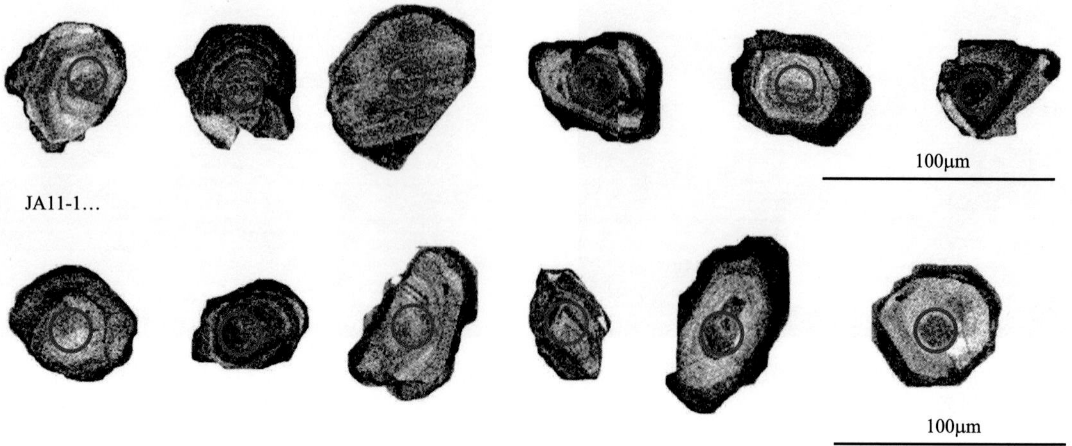

照片8-2　集安(JA11)含石墨黑云斜长变粒岩锆石阴极发光图像

照片8-3　集安(JA12)含石墨黑云斜长变粒岩锆石阴极发光图像

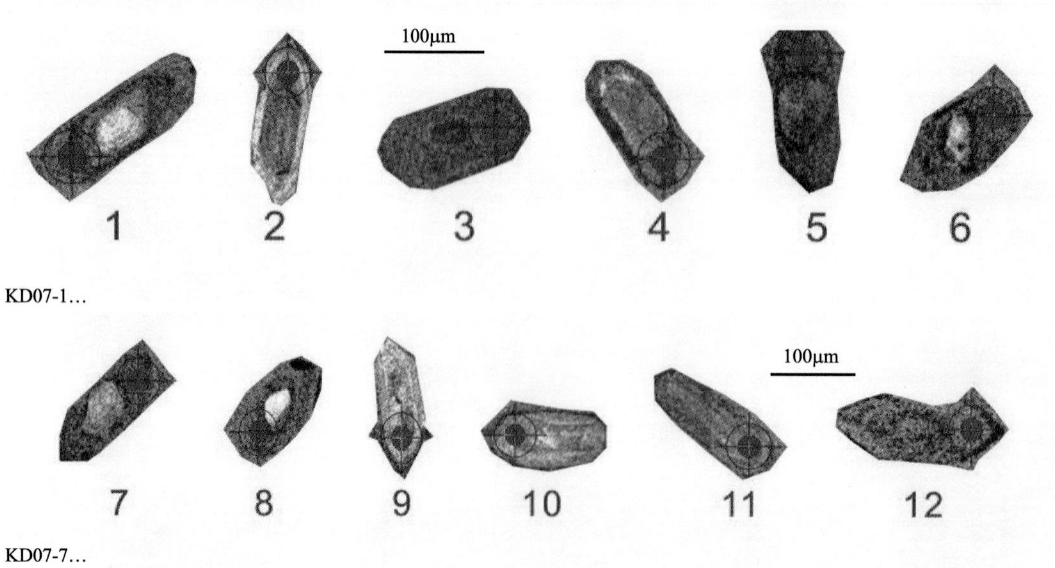

照片8-4　宽甸含石墨黑云斜长片麻岩(KD07)锆石阴极发光图

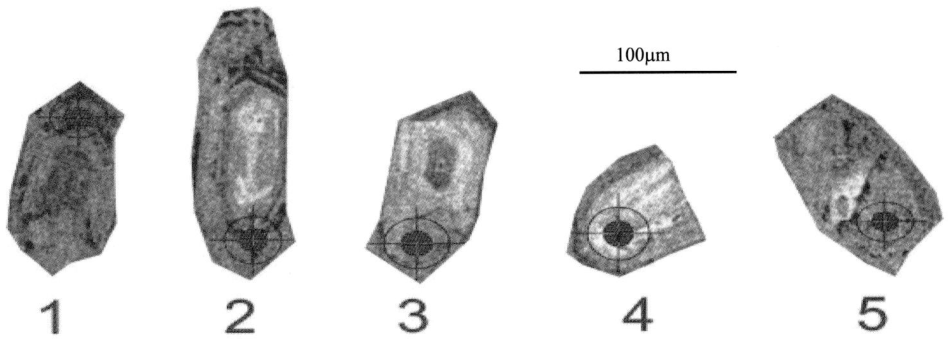

100μm

1 2 3 4 5

KD16-1…

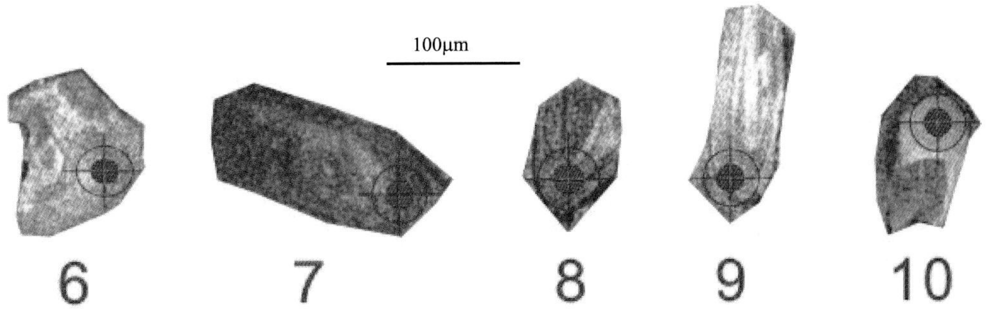

100μm

6 7 8 9 10

KD16-6…

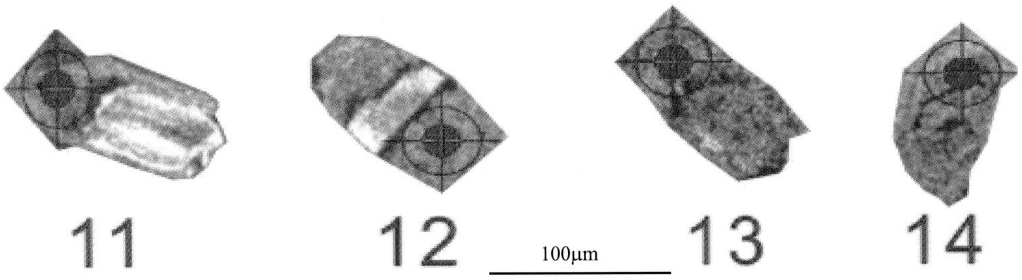

11 12 100μm 13 14

KD16-11…

照片8-5　宽甸含石墨黑云斜长变粒岩(KD16)锆石阴极发光图

照片8-6　双兴条带状含石墨黑云斜长片麻岩

照片8-7　双兴含石墨黑云斜长变粒岩，发育渗透状石英脉

照片8-8　双兴层状花岗岩脉两侧石墨富集

照片8-9　双兴石墨矿层中蛇纹石化大理岩夹层

照片8-10　双兴挤压破碎带中石墨呈带状富集

照片8-11　双兴石墨沿裂隙富集并被挤压破碎

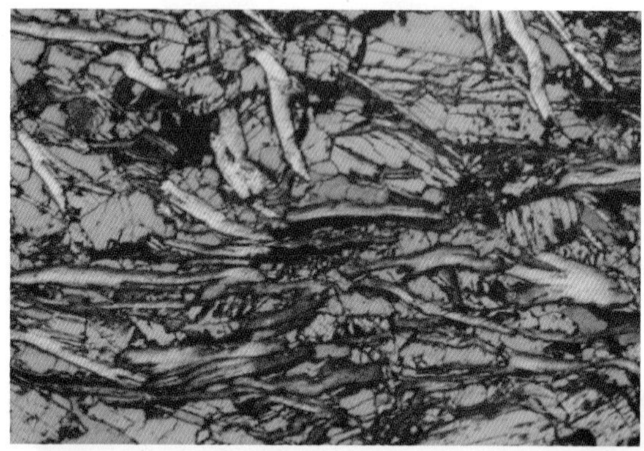

照片8-12　双兴石墨呈交织状，显微照片，反射光

照片8-13　双兴石墨定向排列，显微照片，反射光

照片8-14　双兴石墨晶体与白云母交错共生，显微照片，反射光

照片8-15　双兴石墨晶体与白云母交错共生，显微照片，正交偏光

照片8-16　宽甸石墨呈带状集中，显微照片，反射光

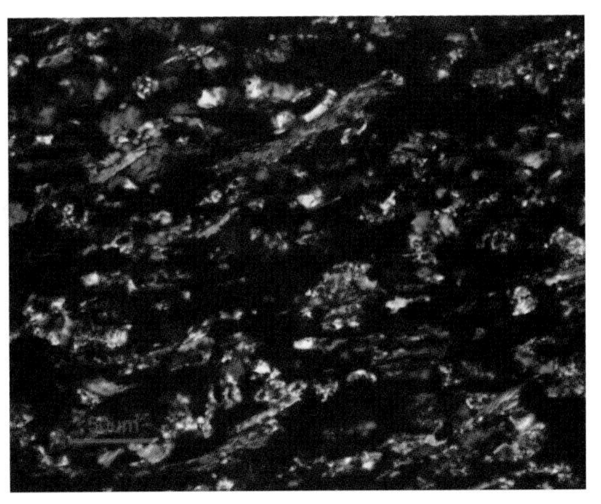

照片8-17　宽甸含石墨黑云斜长变粒岩，显微照片，正交偏光

照片8-18　宽甸石墨与白云母呈交错连晶，显微照片，反射光

照片8-19　石墨与白云母呈现交错连晶，显微照片，正交偏光

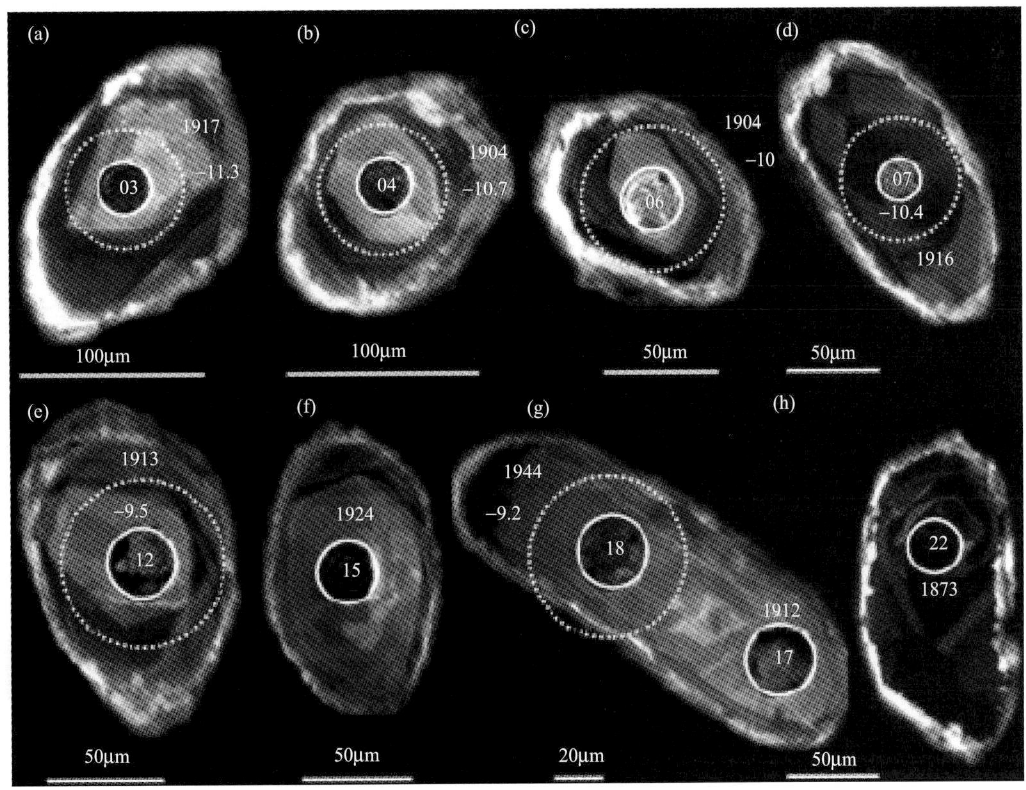

照片9-1　太华群孔兹岩系锆石阴极发光图像

小圈为U-Pb分析点，内部数字为分析点号；大圈为Hf同位素分析点，外部数字为年龄和$\varepsilon_{Hf}(t)$值

TH-29-03
TH-29-21
TH-29-19
(a)
(b)
(c)
(d)
2.0
2773
2778
6.3
3092
2779
6.6
6.7
5.7
1.6
2907
2790
TH-05-03
TH-29-02
100μm
TH-29-18

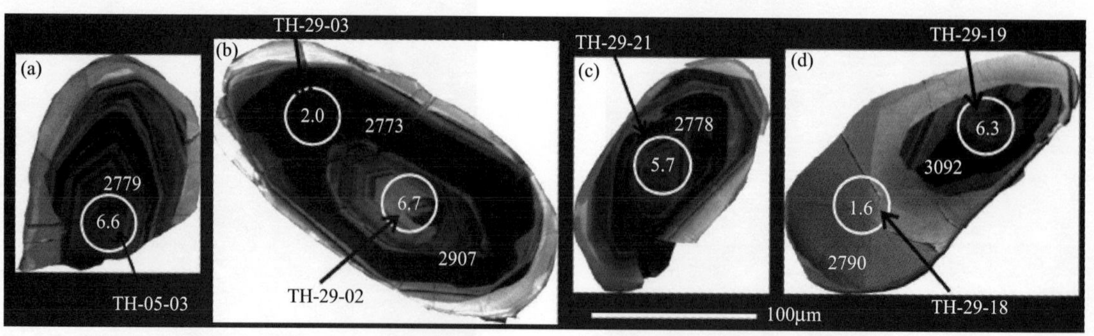

照片9-2 鲁山太华群斜长角闪岩锆石的CL图像

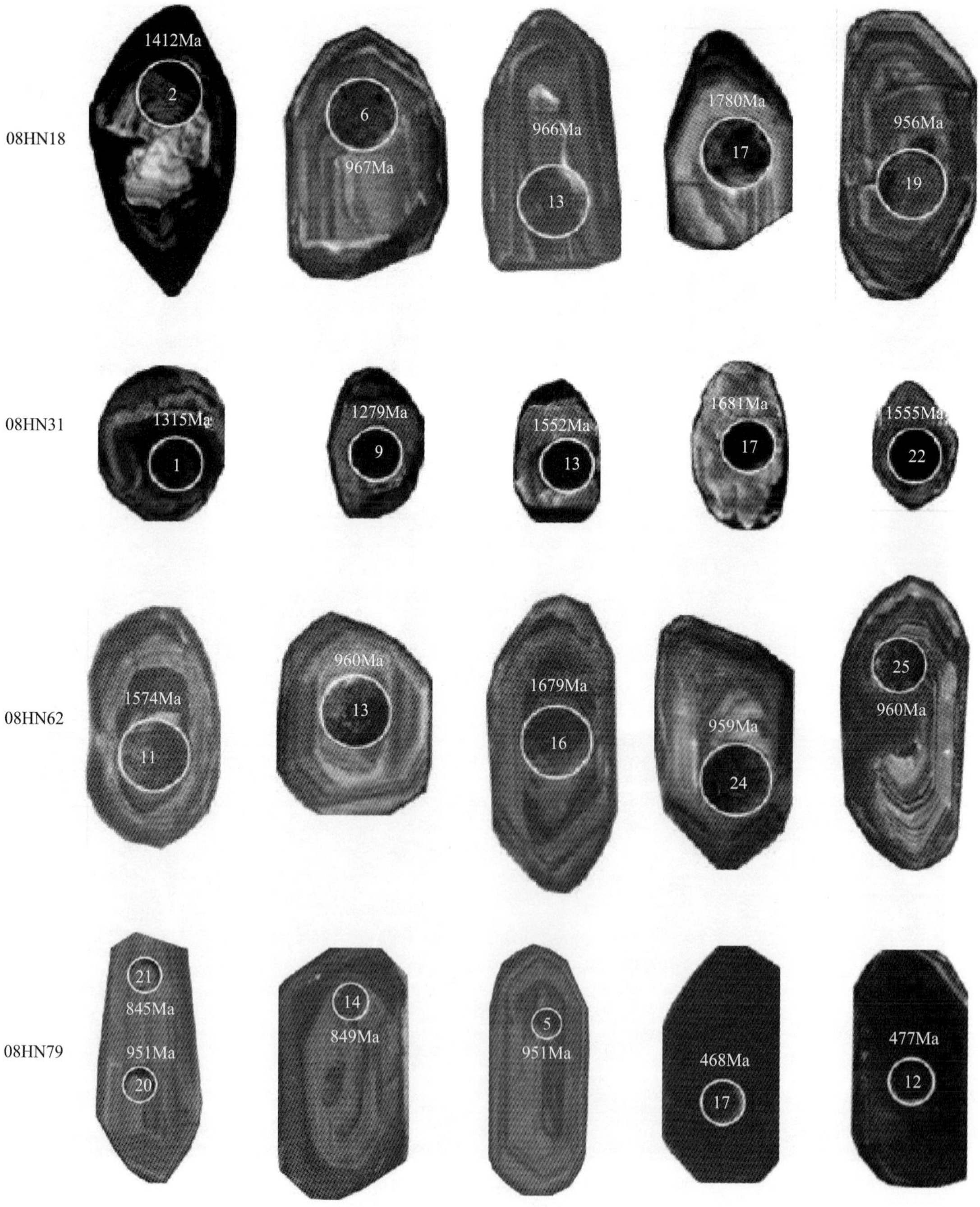

08HN18
1412Ma
2
6
967Ma
966Ma
13
1780Ma
17
956Ma
19
08HN31
1315Ma
1
1279Ma
9
1552Ma
13
1681Ma
17
1555Ma
22
08HN62
1574Ma
11
960Ma
13
1679Ma
16
959Ma
24
25
960Ma
08HN79
21
845Ma
951Ma
20
14
849Ma
5
951Ma
468Ma
17
477Ma
12

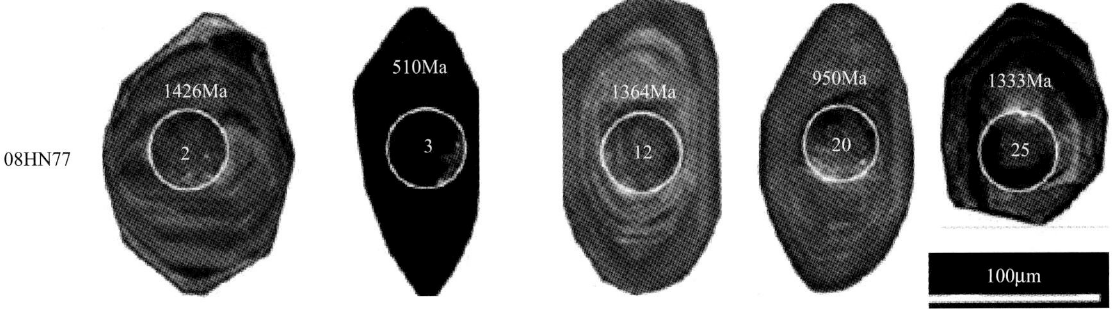

照片9-3 丹凤地区秦岭岩群片麻岩锆石阴极发光图像

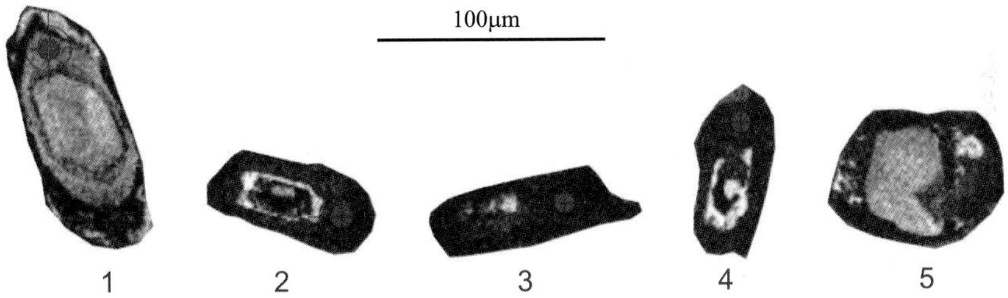

100μm

1 2 3 4 5

ZP07-1…

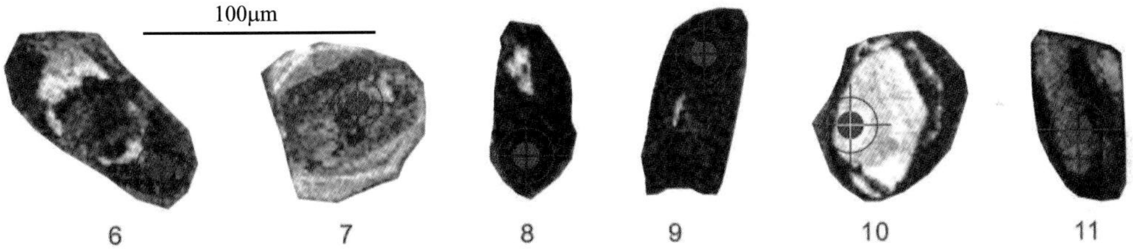

100μm

6 7 8 9 10 11

ZP07-6…

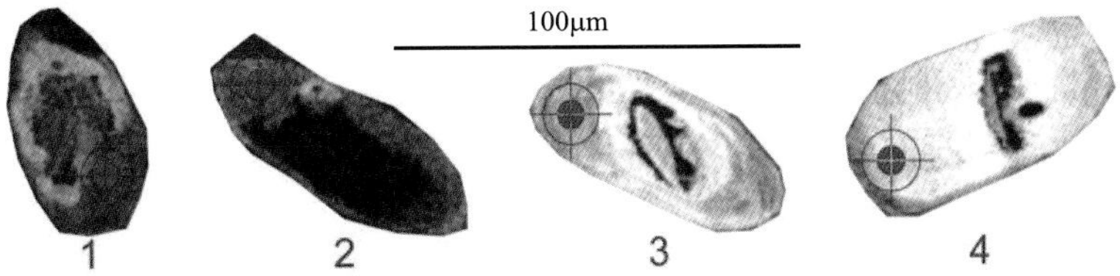

100μm

1 2 3 4

ZP19-1…

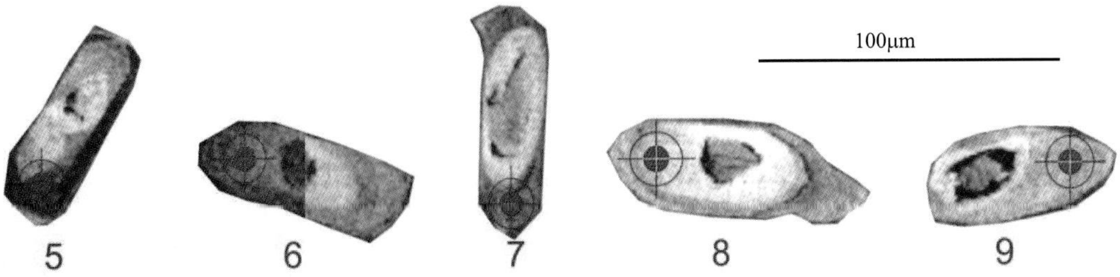

100μm

5 6 7 8 9

ZP19-5…

100μm
10
11
12
13

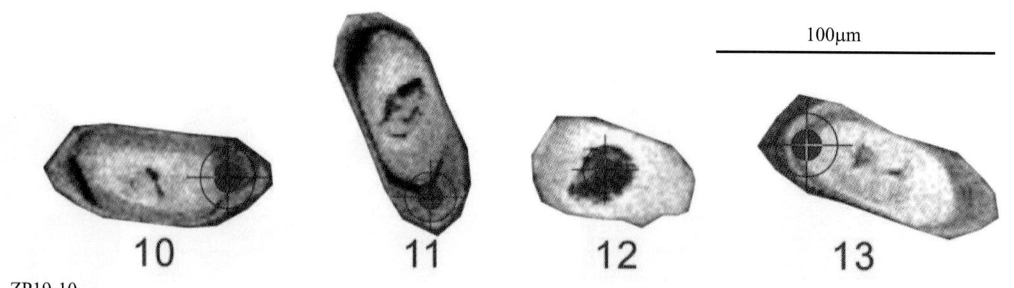

ZP19-10…

照片9-4　镇平小岔沟石墨矿锆石阴极发光图像

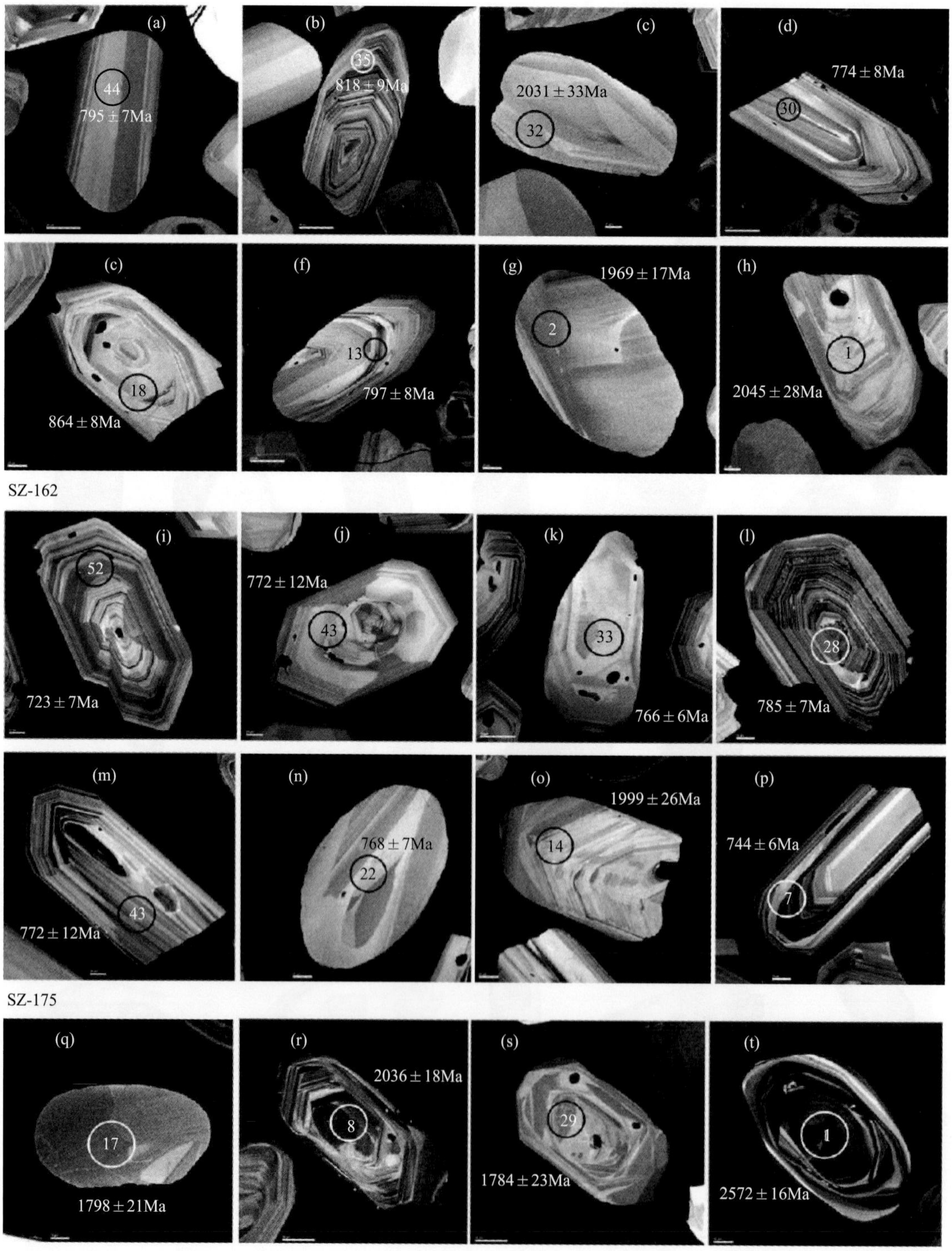

(a)
44
795±7Ma
(b)
35
818±9Ma
(c)
2031±33Ma
32
(d)
774±8Ma
30
(c)
18
864±8Ma
(f)
13
797±8Ma
(g)
1969±17Ma
2
(h)
1
2045±28Ma
SZ-162
(i)
52
723±7Ma
(j)
772±12Ma
43
(k)
33
766±6Ma
(l)
28
785±7Ma
(m)
43
772±12Ma
(n)
768±7Ma
22
(o)
1999±26Ma
14
(p)
744±6Ma
7
SZ-175
(q)
17
1798±21Ma
(r)
2036±18Ma
8
(s)
29
1784±23Ma
(t)
1
2572±16Ma

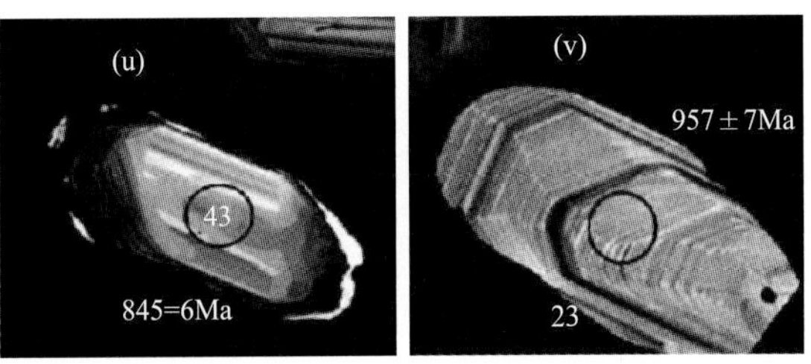

SZ-184

照片9-5　随州群变沉积岩中碎屑锆石的阴极发光照片(CL)

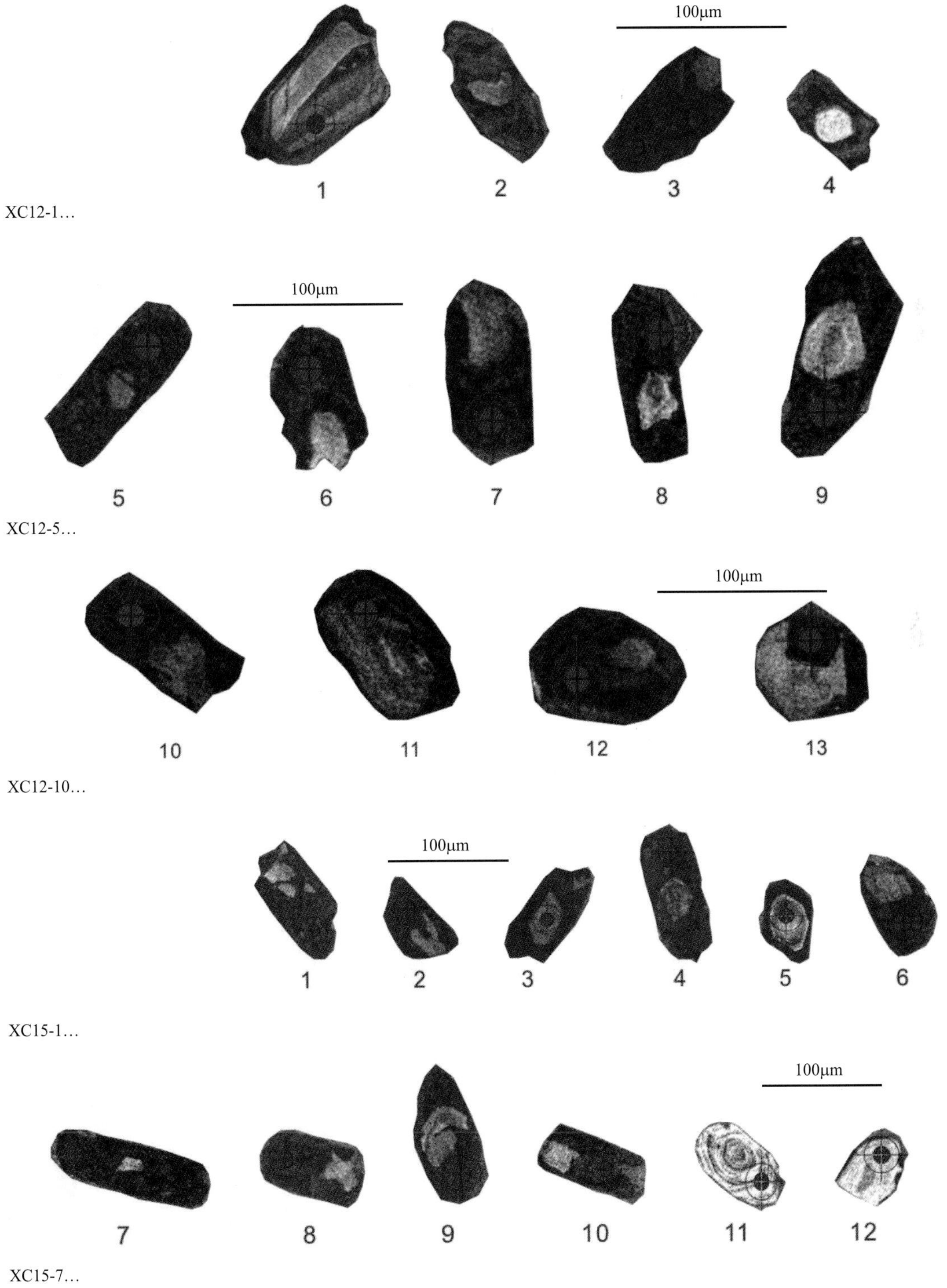

100μm

1　2　3　4

XC12-1…

100μm

5　6　7　8　9

XC12-5…

100μm

10　11　12　13

XC12-10…

100μm

1　2　3　4　5　6

XC15-1…

100μm

7　8　9　10　11　12

XC15-7…

照片9-6　淅川县五里梁石墨矿锆石阴极发光图像

照片9-7　小岔沟厚层条带状含石墨黑云斜长变粒岩

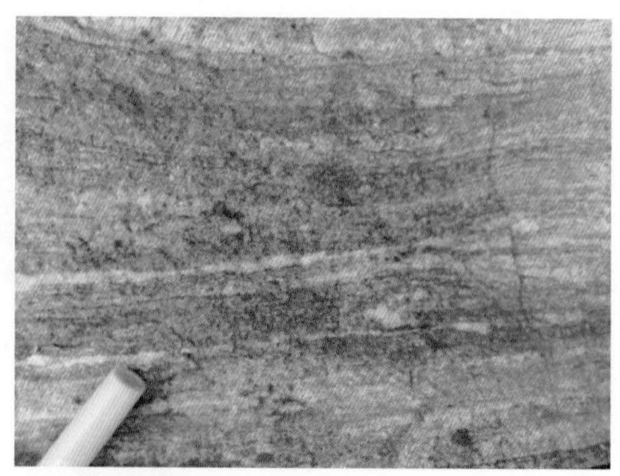

照片9-8　小岔沟条带状含石墨黑云斜长变粒岩

照片9-9　小岔沟含石墨黑云斜长片麻岩，具混合岩化

照片9-10　小岔沟黑云斜长变粒岩中发育充填型石英细脉

照片9-11　小岔沟黑云斜长片麻岩与花岗岩脉接触关系

照片9-12　小岔沟金云母化大理岩

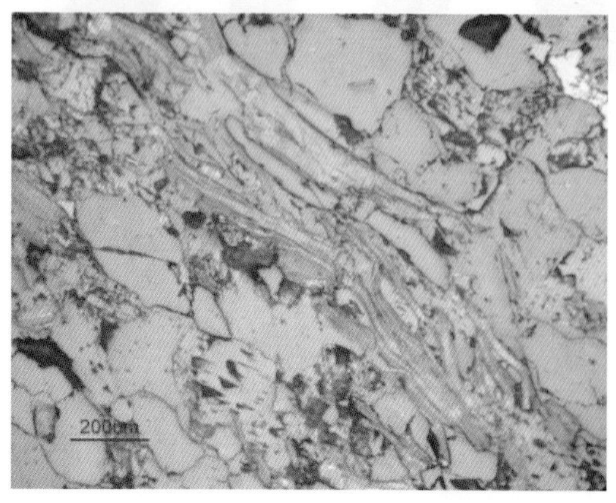

照片9-13　小岔沟石墨与白云母交错呈聚合晶条带，显微照片，反射光

照片9-14　小岔沟含石墨大理岩，石墨与白云母晶片交错连生，显微照片，正交偏光

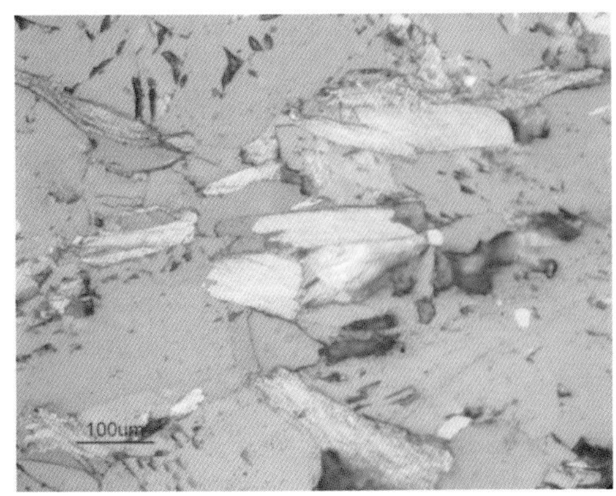

照片9-15　小岔沟变粒岩中石墨聚合晶交织状分布，显微照片，反射光

照片9-16　小岔沟石墨透辉石化大理岩中交织状石墨鳞片，显微照片，正交偏光

照片9-17　五里梁厚层石墨黑云斜长片岩

照片9-18　石墨黑云斜长片岩变粒岩

照片9-19　黑云斜长片岩沿片理发育充填型石英脉

照片9-20　五里梁构造破碎带中石英脉发育、石墨富集

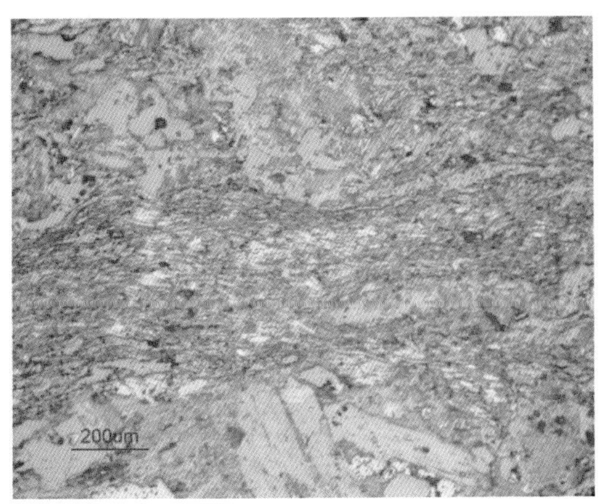

照片9-21　五里梁石墨细鳞片石墨集中呈条带分布，显微照片，反射光

照片9-22　五里梁石墨条纹与云母石英条纹相间分布，显微照片，正交偏光

照片9-23　五里梁石墨细鳞片石墨与白云母聚集成带，显微照片，反射光

照片9-24　五里梁石墨细鳞片石墨与白云母聚集成带，显微照片，正交偏光

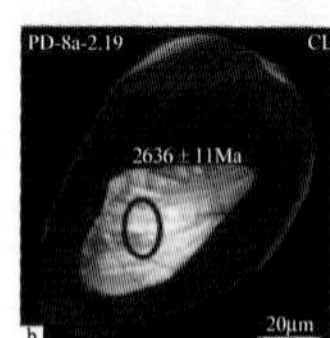

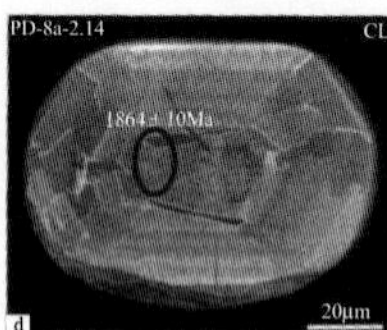

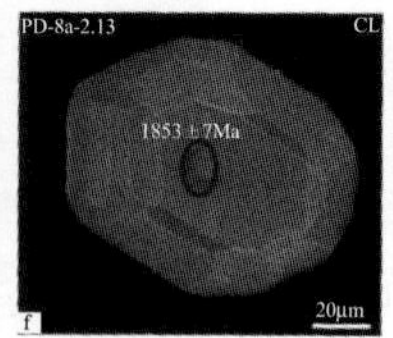

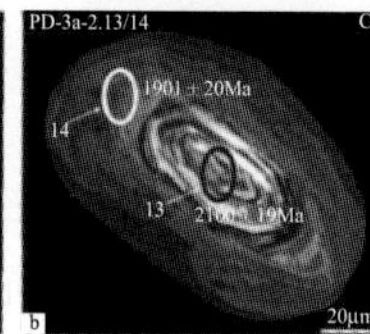

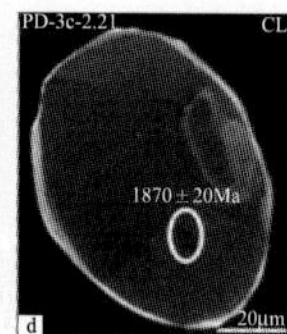

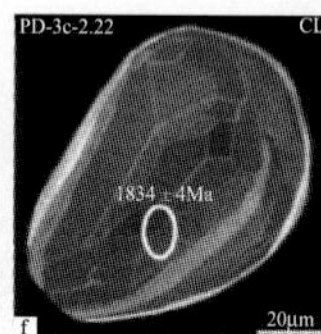

照片10-1　荆山群富铝片麻岩锆石阴极发光图像

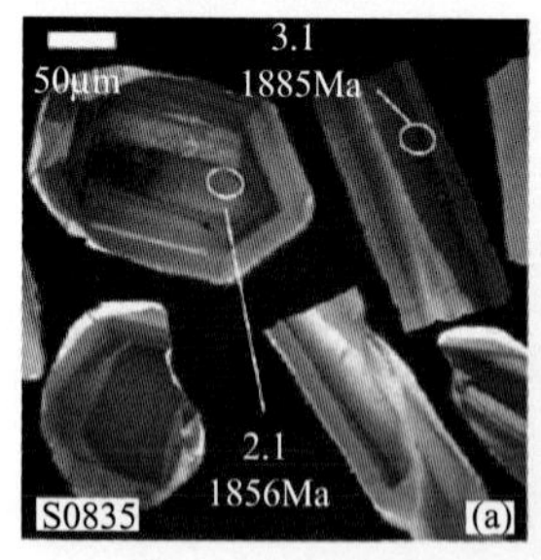

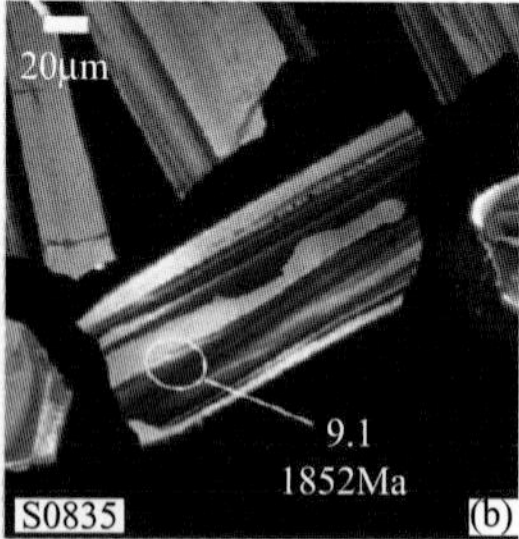

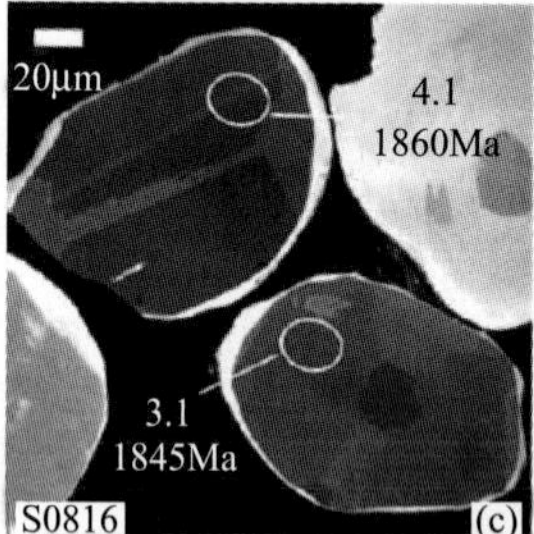

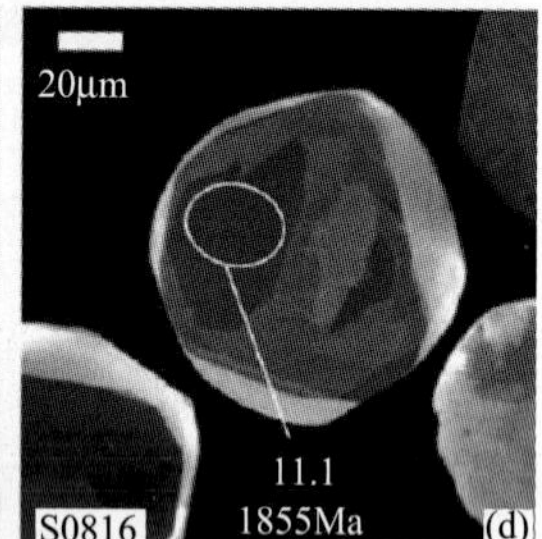

照片10-2　荆山群孔兹岩系中基性岩脉锆石阴极发光图像

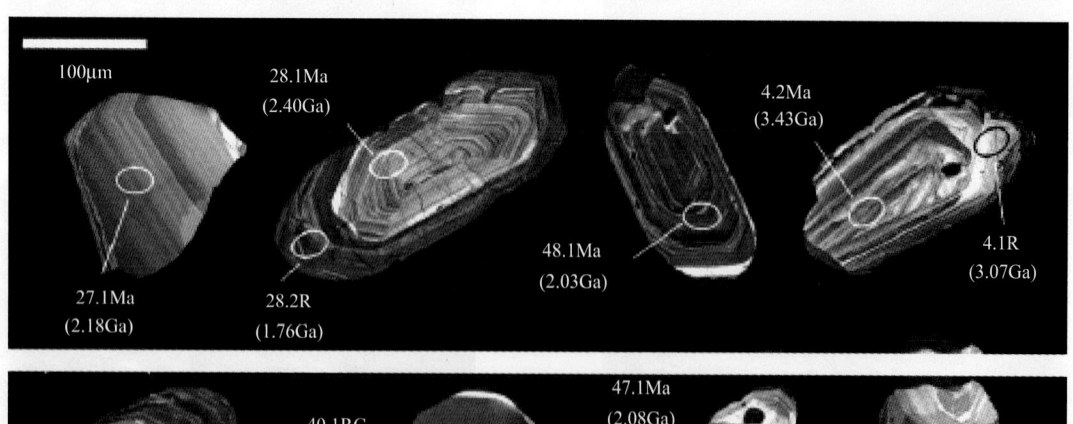

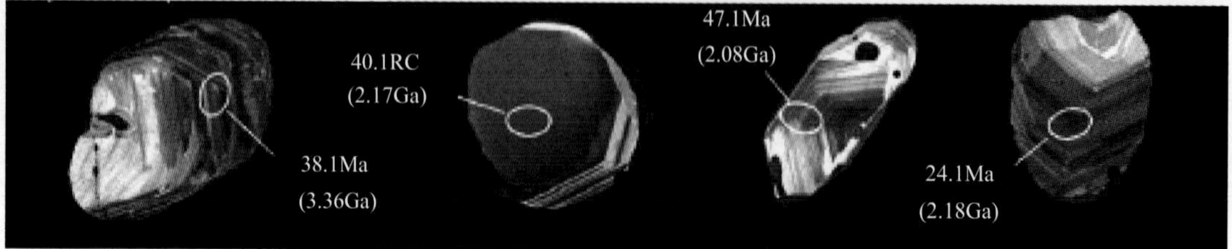

照片10-3　粉子山群孔兹岩系锆石阴极发光图像

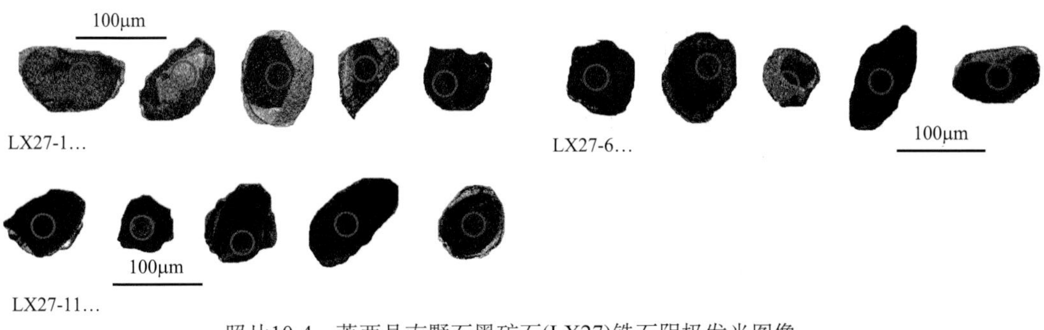

照片10-4　莱西县南墅石墨矿石(LX27)锆石阴极发光图像

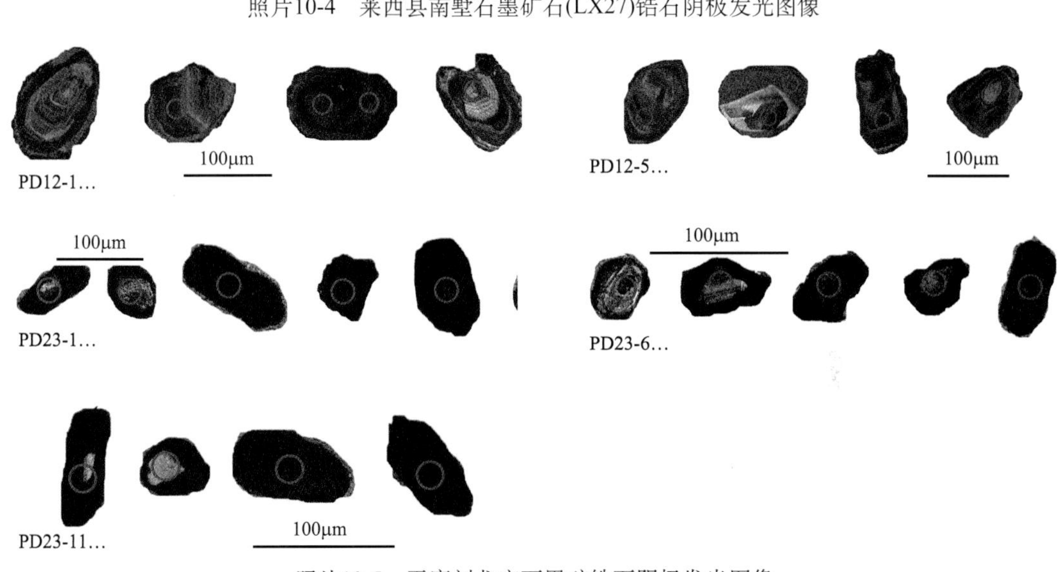

照片10-5　平度刘戈庄石墨矿锆石阴极发光图像

照片10-6　南墅石墨矿采坑遗址，遗留蛇纹石化大理岩夹石

照片10-7　南墅含石墨黑云斜长片麻岩

照片10-8　构造破碎型石墨矿石

照片10-9　含石墨黑云斜长片麻岩与长英岩脉接触

照片10-10 南墅透辉石化大理岩

照片10-11 蛇纹石化透辉石化大理岩

照片10-12 南墅蛇纹石化大理岩，显微照片，正交偏光

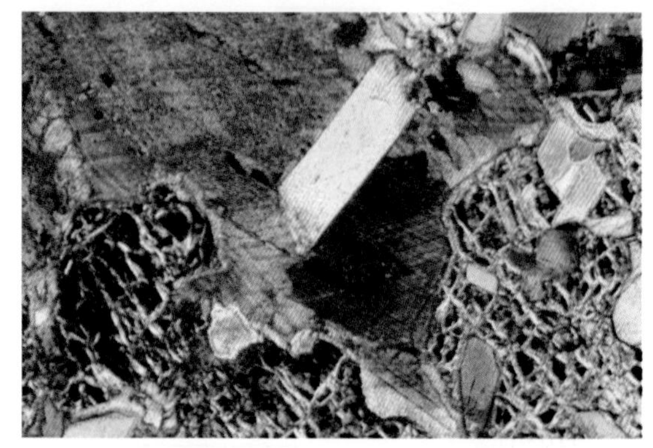

照片10-13 南墅蛇纹石化大理岩，显微照片，正交偏光

照片10-14 南墅石墨矿多期石墨连晶，显微照片，反射光

照片10-15 南墅石墨矿多期石墨连晶，显微照片，单偏光

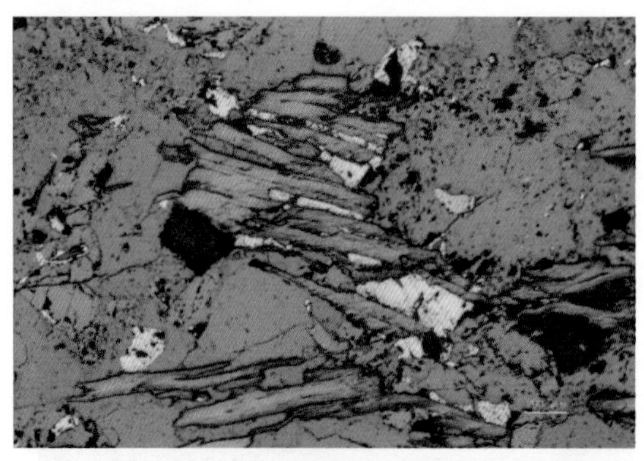

照片10-16 南墅墨晶间充填硫化物矿物，显微照片，反射光

照片10-17 南墅多次结晶增生形成的石墨复合晶，显微照片，反射光

照片10-18　南墅石墨与黑云母连晶共生，显微照片，反射光

照片10-19　南墅石墨与黑云母连晶共生，显微照片，单偏光

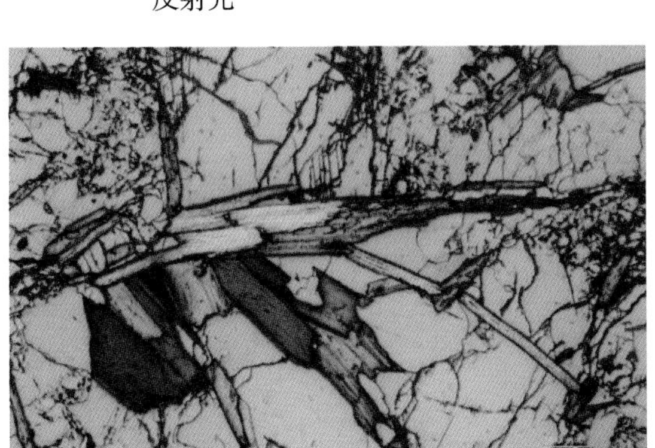

照片10-20　南墅石墨与黑云母连晶共生，显微照片，反射光

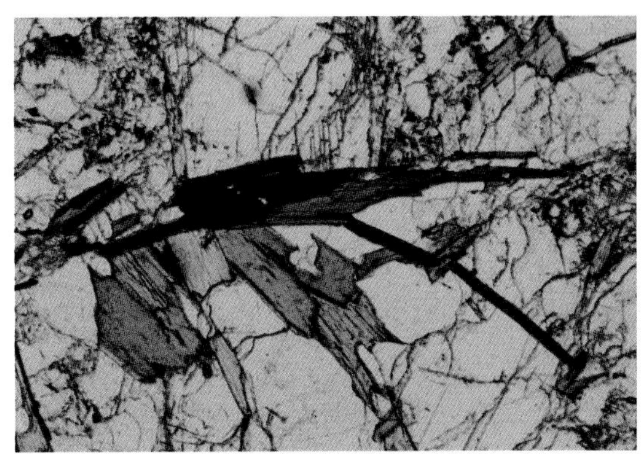

照片10-21　南墅石墨与黑云母连晶共生，显微照片，单偏光

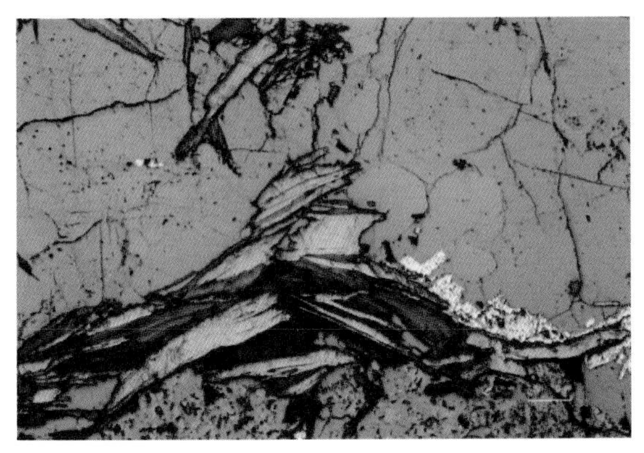

照片10-22　南墅石墨与黑云母连晶共生，边缘与硫化物连晶，显微照片，反射光

照片10-23　南墅石墨与黑云母连晶共生，显微照片，反射光

照片10-24　刘戈庄厚层石墨矿层开采面

照片10-25　刘戈庄厚层含石墨黑云斜长变粒岩

照片10-26　刘戈庄条带状含石墨黑云斜长变粒岩

照片10-27　刘戈庄条带状含石墨黑云斜长片麻岩，发育渗透性石英脉

照片10-28　刘戈庄透辉石化大理岩

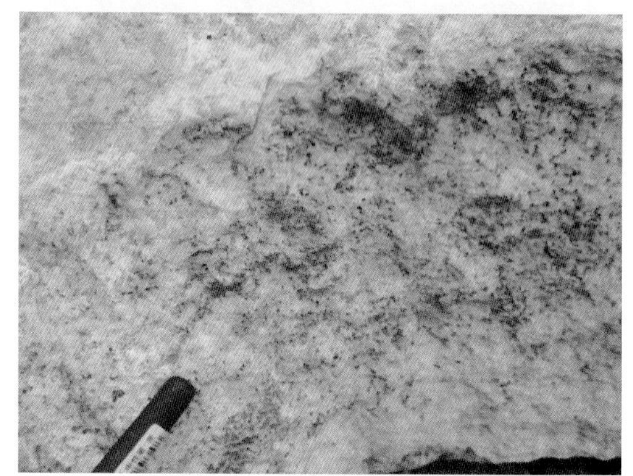
照片10-29　刘戈庄蛇纹石化大理岩

照片10-30　刘戈庄条带状含石墨黑云斜长变粒岩，石墨呈带状分布

照片10-31　刘戈庄破碎带中石墨富集成带

照片10-32　刘戈庄石墨矿，石墨与黑云母交错连晶共生，显微照片，反射光

照片10-33　刘戈庄石墨矿，石墨与黑云母连晶共生，显微照片，单偏光

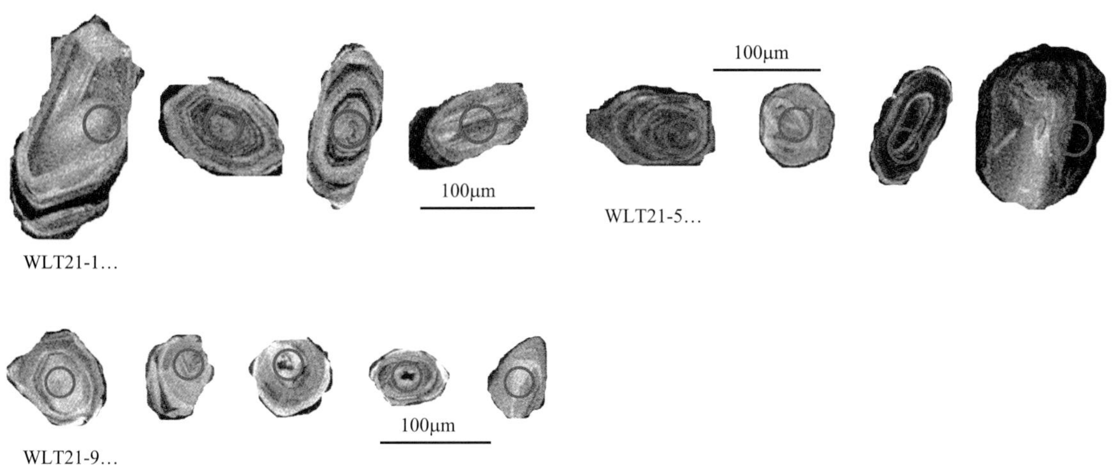

照片11-1　乌拉特中旗大乌淀石墨矿锆石阴极发光图像

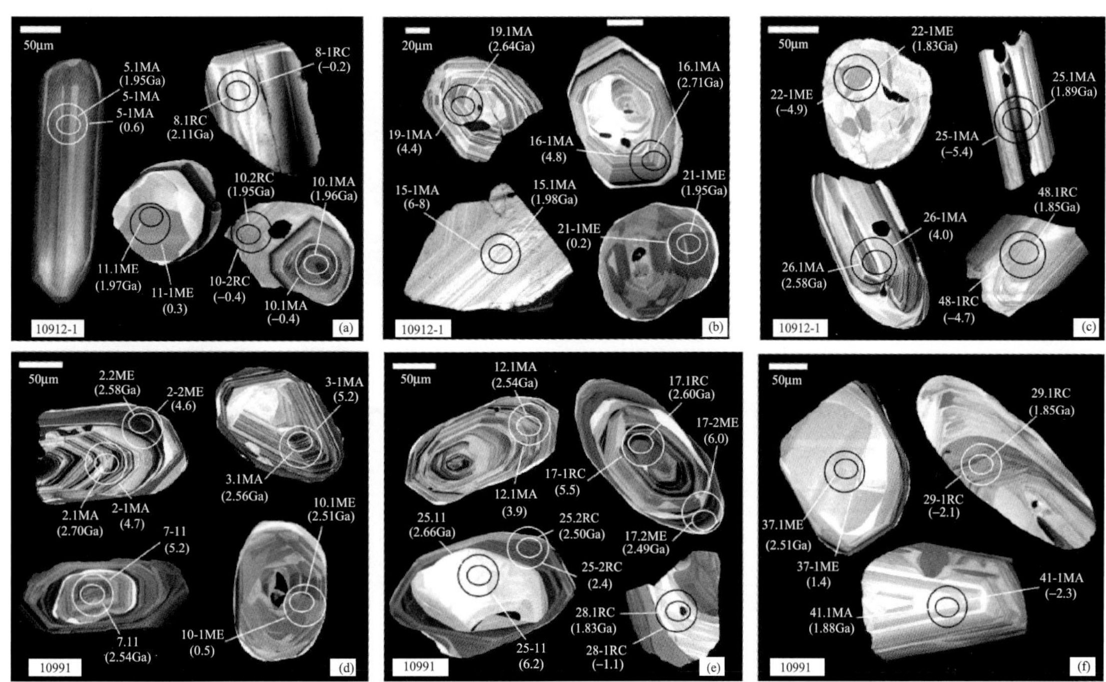

照片 11-2　白云鄂博群(a~c)和腮林忽洞群(d~f)中—粗粒砂岩的碎屑锆石阴极发光图像

I. 继承或捕获锆石；MA. 岩浆锆石；ME. 变质锆石；RC. 不完全变质重结晶锆石

照片11-3　乌拉特中旗大乌淀石墨矿厚层夕线石石墨片岩

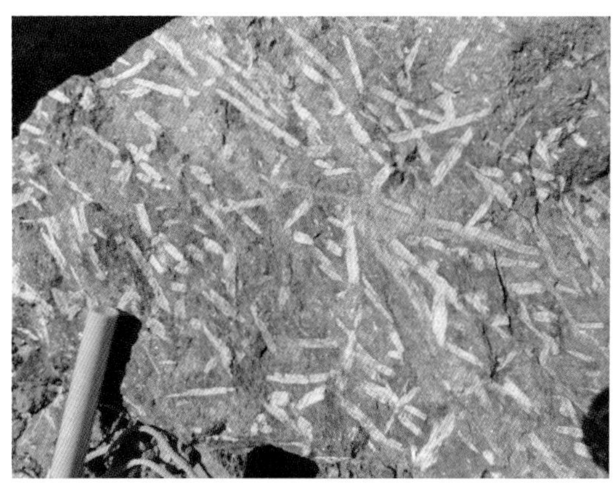

照片11-4　夕线石石墨片岩层面上夕线石交织状分布

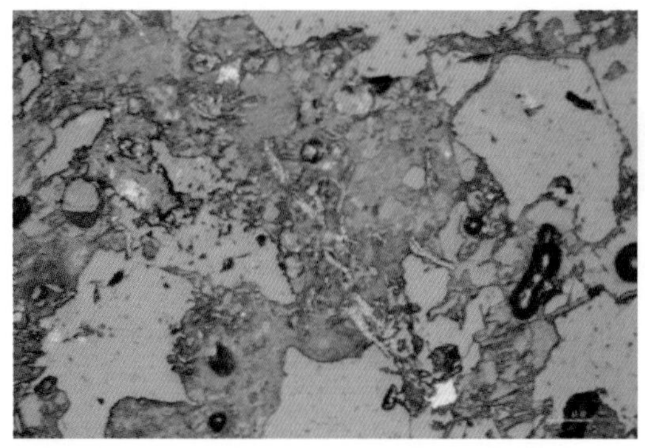

照片 11-5　大乌淀微晶石墨在碎屑颗粒边缘胶结物中分布，显微照片，反射光

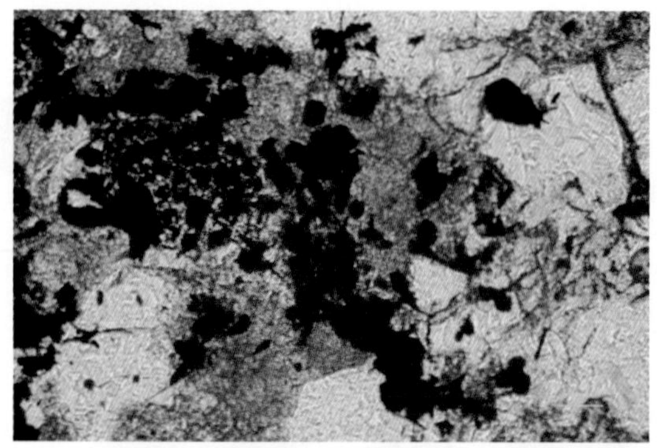

照片 11-6　大乌淀微晶石墨在碎屑颗粒边缘胶结物中分布，显微照片，反射光

照片11-7　大乌淀微晶石墨，显微照片，反射光

照片11-8　大乌淀微晶石墨团块，钙泥质胶结，显微照片，正交偏光

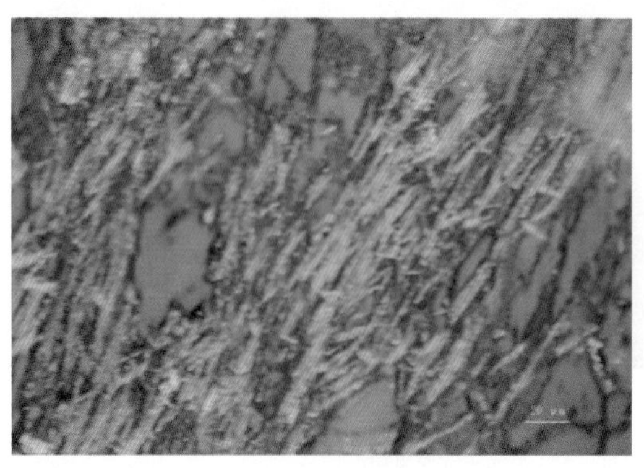

照片11-9　大乌淀微晶石墨集中呈束状分布，显微照片，单偏光

照片11-10　大乌淀微晶石墨集中呈束状分布，钙泥质胶结，显微照片，单偏光

照片11-11　大乌淀微晶石墨团块，显微照片，反射光

照片11-12　大乌淀微晶石墨团块，钙泥质胶结，显微照片，单偏光

照片11-13　大乌淀微晶石墨呈毡状联晶团块，显微照片，反射光

照片11-14　大乌淀微晶石墨呈毡状联晶团块，显微照片，单偏光

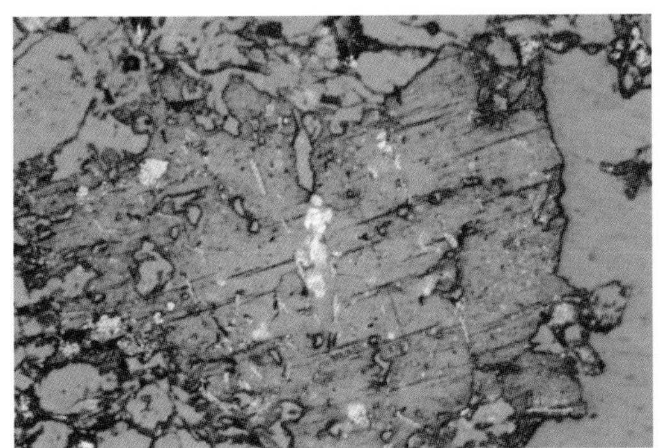

照片11-15　重结晶白云母中包裹微晶石墨，显微照片，反射光

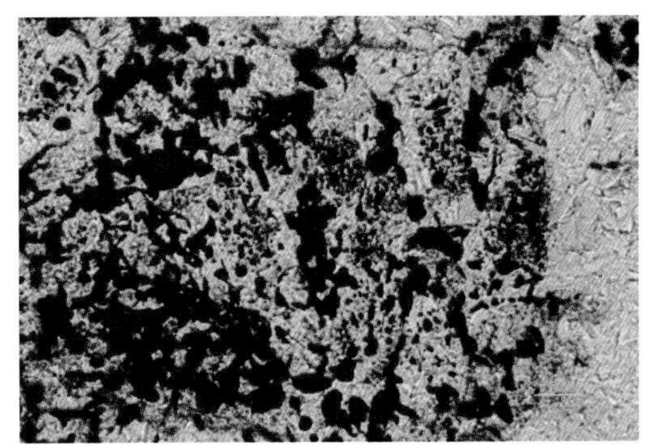

照片11-16　重结晶白云母中包裹微晶石墨，显微照片，单偏光

照片11-17　微细石墨呈浸染状挠曲状分布，显微照片，反射光；C. 石墨；G. 脉石矿物；R. 金红石

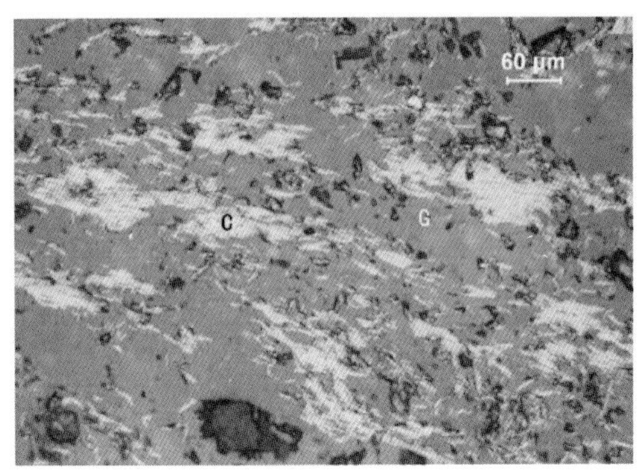

照片11-18　微细石墨集中呈条带定向排列，显微照片，反射光；C. 石墨；G. 脉石矿物

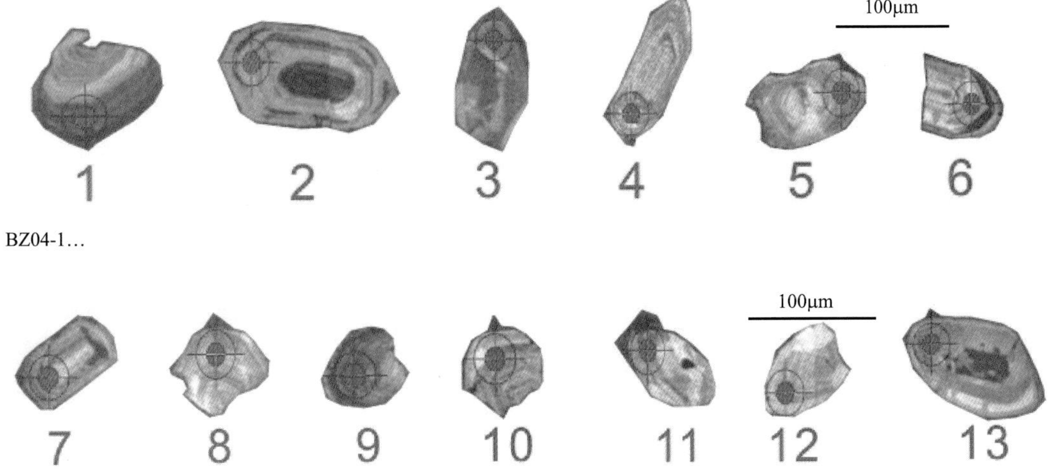

BZ04-7…

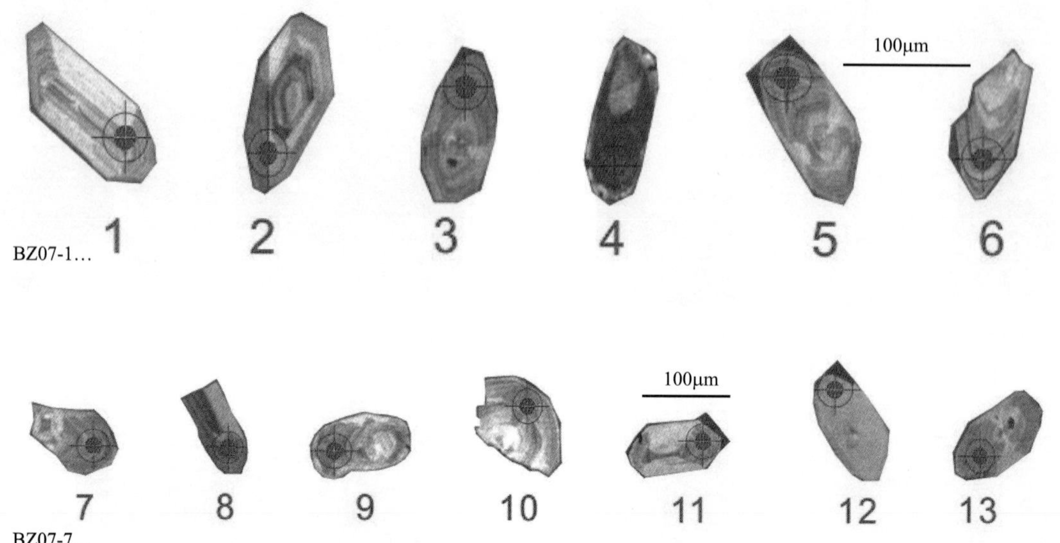

照片11-19　辽宁北镇石墨矿锆石阴极发光图像

照片11-20　辽宁北镇厚层夕线石石墨片岩剖面上针状夕线石定向排列

照片11-21　夕线石石墨片岩层面上针状夕线石呈交织状分布

照片11-22　北镇夕线石石墨片岩中针状夕线石，显微照片，单偏光

照片11-23　夕线石石墨片岩中针状夕线石，一级灰干涉色，显微照片，正交偏光

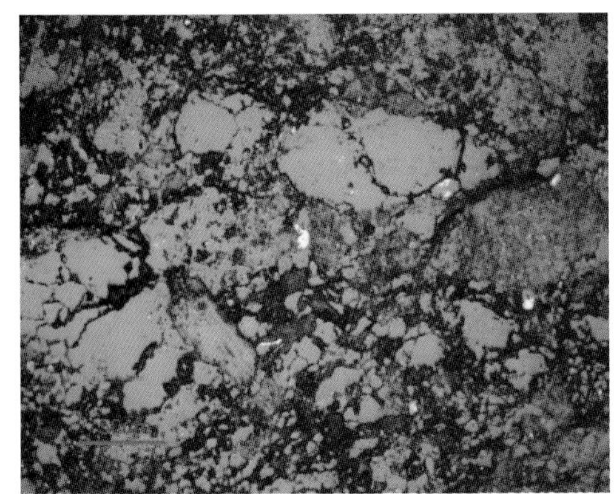

照片11-24　微晶石墨在胶结物中分布，显微照片，反射光

照片11-25　微晶石墨在胶结物中分布，显微照片，正交偏光

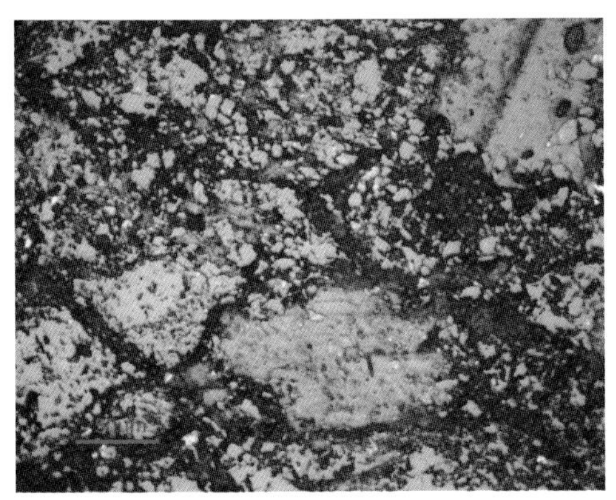

照片11-26　微晶石墨在碎屑胶结物或者重结晶矿物中分布，显微照片，反射光

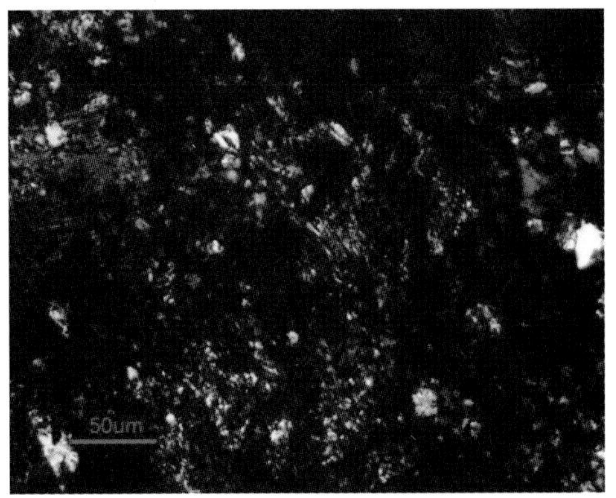

照片11-27　微晶石墨在碎屑胶结物或者重结晶矿物中分布，显微照片，正交偏光

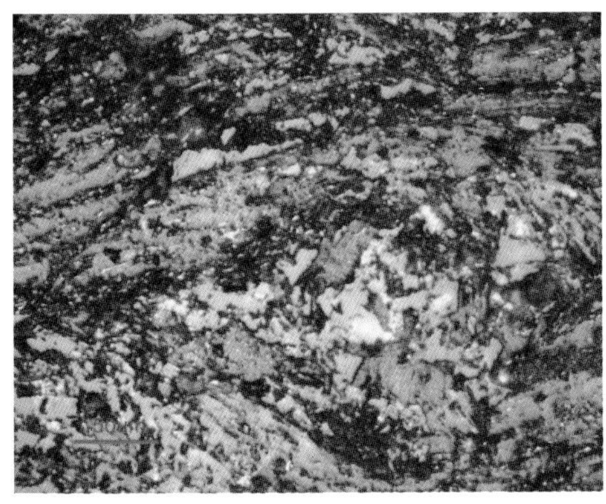

照片11-28　北镇石墨片岩中微晶石墨沿片理定向分布，显微照片，反射光

照片11-29　石墨与绢云母聚合呈相间条带定向排列，石英聚合形成眼球构造，显微照片，正交偏光

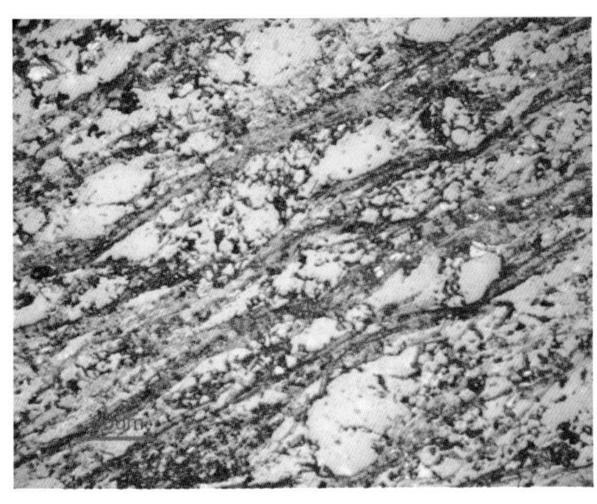

照片11-30　微晶石墨沿页理分布，显微照片，反射光

照片11-31　蛇纹石化大理岩，显微照片，正交偏光